DELIUS KLASING

Herausgeber: R. Etzold

Peter T Gill

So wird's gemacht

pflegen – warten – reparieren

Übertragen und bearbeitet
von Udo Stünkel

Band 160

Nissan Qasqhai

Benziner
1,6 l (1598 cm³) ab 2/07
1,6 l (1598 cm³) ab 7/10
2,0 l (1997 cm³) ab 2/07

Diesel
1,5 l (1461 cm³) ab 2/07
1,5 l (1461 cm³) ab 3/10
2,0 l (1995 cm³) ab 2/07

Delius Klasing Verlag

Die englische Originalausgabe mit dem Titel »Nissan Qashqai Owners Workshop Manual« erschien 2013 bei Haynes Publishing.

Autor: Peter T Gill

Bibliografische Information der Deutschen Nationalbibliothek
Die Deutsche Nationalbibliothek verzeichnet diese Publikation in der Deutschen Nationalbibliografie; detaillierte bibliografische Daten sind im Internet über http://dnb.dnb.de abrufbar.

1. Auflage
ISBN 978-3-667-11408-2
Die Rechte für die deutsche Ausgabe liegen beim Verlag Delius Klasing & Co. KG, Bielefeld.

Übertragen und bearbeitet von Udo Stünkel
Lektorat: Hanno Vienken
Umschlaggestaltung: Gabriele Engel
Satz: Bernd Pettke · Digitale Dienste, Bielefeld
Printed in Malaysia 2018

Delius Klasing Verlag, Siekerwall 21, D - 33602 Bielefeld
Tel.: 0521/559-0, Fax: 0521/559-115
E-Mail: info@delius-klasing.de
www.delius-klasing.de

Inhalt

Einleitung

Nissan präsentierte 2006 auf dem Pariser Automobilsalon den fünftürigen Kompakt-SUV Qashqai, dessen Name auf das turkmenische Nomadenvolk der Kaschgai zurückzuführen ist. Der im Werk der Nissan Motor Manufacturing (UK) Ltd. im nordenglischen Washington (Tyne and Wear) gebaute Wagen wurde ab Februar 2007 in Deutschland verkauft. Ab Oktober 2008 wurde der um 21 cm verlängerte Qashqai+2 als Siebensitzer angeboten. Im Frühjahr 2010 wurden beide Modelle einem Facelift unterzogen, bei dem vor allem das Design überarbeitet wurde.

Das Modellprogramm umfasste zwei Benzinmotoren und drei Dieselmotoren. In diesem Handbuch behandelt werden die 1,6- und 2,0 l-Benzinmotoren (beide mit DOHC 16V-Zylinderköpfen und Saugrohr-Einspritzung sowie umfangreicher Abgasregelung) sowie die von Renault zugelieferten 1,5- und 2,0 l-Dieselmotoren (ebenfalls mit DOHC 16V-Zylinderköpfen, Common-Rail-Einspritzung und Turbolader).

Die mit MacPherson-Federbeinen geführten Vorderräder und die in einer Mehrlenker-Hinterachse einzeln aufgehängten Hinterräder stützen die selbsttragende Karosserie.

1,6 l-Benzinmotoren waren stets mit einem 5-Gang-Schaltgetriebe gekoppelt, alle anderen Modelle hatten ein 6-Gang-Schaltgetriebe; die 2,0 l-Dieselvariante war zudem mit einem sechsstufigen Automatikgetriebe erhältlich (die beim 2,0 l-Benziner optional angebotene CVT-Automatik wurde sehr selten nachgefragt und wird in diesem Buch nicht behandelt). Beide 2,0 l-Triebwerke konnten auch mit einem Allradantrieb gekoppelt werden – ab Ende 2011 auch der 1,6 l-Dieselmotor.

Je nach Ausstattungsvariante waren verschiedene Extras serienmäßig oder optional erhältlich, darunter eine Zentralverriegelung, elektrische Fensterheber, ein elektrisches Schiebedach, eine Wegfahrsperre, Airbags, eine Klimaanlage und ABS.

Für den Hobbyschrauber ist der Qashqai ein unkompliziert zu wartendes Fahrzeug, bei dem die meisten der regelmäßige Aufmerksamkeit erfordernden Bauteile leicht zugänglich sind.

Über dieses Handbuch

Der Sinn dieses Buches ist es, Ihnen dabei zu helfen, mit Ihrem Fahrzeug viel Freude zu haben. Diese Hilfe kann auf verschiedenen Wegen geschehen: Sie können entscheiden, welche Arbeiten erledigt werden müssen und was Sie davon selbst ausführen können; Ihnen werden Informationen zur Instandhaltung und Pflege Ihres Autos gegeben; es werden Ihnen Diagnosen und Reparatur-Reihenfolgen angeboten, um Störungen zu beseitigen.

Wir wünschen uns, dass Sie mit diesem Handbuch viele Arbeiten selber erledigen können. Bei vielen simplen Arbeiten kann es einfacher sein, sie selber auszuführen, als einen Werkstatttermin auszumachen und das Auto zum Händler zu bringen und wieder abzuholen. Noch wichtiger ist, dass man schon viel Geld sparen kann, wenn man auch nur einige Vorarbeiten erledigt – noch mehr, wenn man alle Reparaturen selber erledigt. Ebenfalls ein wichtiger Punkt ist das gute Gefühl, das entsteht, wenn man eine Arbeit erfolgreich zu Ende gebracht hat.

Angaben für die rechte oder linke Seite beziehen sich – soweit nicht anders angegeben – auf die Fahrtrichtung.

Danksagung

Dank an an Draper Tools, die uns einige der gezeigten Werkzeuge zur Verfügung gestellt haben. Wir möchten auch allen Menschen in Sparkford danken, die uns bei der Produktion dieses Handbuchs geholfen haben.

Wir sind stets sehr um die Richtigkeit der Informationen in allen unseren Büchern bemüht, doch es kommt immer wieder vor, dass Fahrzeughersteller während der Produktion technische Veränderungen vornehmen, von denen wir nichts wissen. Autor und Verlag können deshalb keine Verantwortung für fehlende oder falsche Informationen übernehmen, die dem Kunden Schaden oder Verletzungen zugefügt haben.

Sicherheit geht vor!

Professionelle Mechaniker haben während ihrer Ausbildung viel über Arbeitssicherheit gelernt. Doch auch der Enthusiast sollte sich bei seinen Tätigkeiten die Zeit nehmen, um sicherzustellen, dass er sich nicht unnötig in Gefahr begibt. Eine kurze Unachtsamkeit kann genauso zu einem Unfall führen wie die Nichtbeachtung simpler Vorsichtsmaßnahmen.
Es gibt unendlich viele Möglichkeiten, einen Unfall herbeizuführen – und es kann hier keine umfassende Liste aller Gefahren wiedergegeben werden; vielmehr soll auf das Risiko hingewiesen und auf eine sichere Herangehensweise an alle Arbeiten am Auto aufmerksam gemacht werden.

Asbest

- Verschiedene Reibmaterialien, Isolierungen und Dichtungen (z. B. Brems- und Kupplungsbeläge, Kopfdichtungen, Hitzeschilde usw.) können Asbest enthalten. Absolute Vorsicht ist beim Einatmen des Staubs solcher Teile geboten, da dieser äußerst gesundheitsschädlich ist. Im Zweifelsfall sollte man immer davon ausgehen, dass Asbest enthalten ist.

Feuer

- Denken Sie immer daran, dass Benzin leicht entzündbar ist. Rauchen Sie niemals bei der Arbeit am Fahrzeug, und lassen Sie keine offenen Flammen in die Nähe kommen. Hiermit ist das Feuerrisiko jedoch noch nicht gebannt, denn Funken durch einen elektrischen Kurzschluss, das Aufeinanderschlagen zweier Metallteile, der unbedachte Einsatz von Werkzeugen oder die statische Aufladung des Körpers oder der Kleidung können in geschlossenen Räumen Benzindämpfe entzünden, die sich zu einem hochexplosiven Gemisch entwickelt haben. Verwenden Sie Benzin niemals als Reinigungsmittel, sondern benutzen Sie ungefährlichere Lösungsmittel.
- Trennen Sie vor jeder Arbeit am Kraftstoff- oder Zündsystem den Masseanschluss (–) von der Batterie. Lassen Sie niemals Benzin auf den heißen Motor oder Auspuff tropfen.
- Es wird empfohlen, in der Garage oder der Werkstatt einen für brennende Flüssigkeiten geeigneten Feuerlöscher griffbereit zu halten. Löschen Sie niemals brennendes Benzin oder unter Strom stehende Teile mit Wasser!

Dämpfe

- Manche Dämpfe sind hochgiftig und können schnell zur Bewusstlosigkeit oder gar zum Tod führen, wenn sie in einer bestimmten Konzentration eingeatmet werden. Benzindämpfe gehören genauso dazu wie Dämpfe von Lösungsmitteln wie Trichlorethylen. Sämtlicher Umgang mit solch flüchtigen Stoffen darf nur in gut belüfteten Bereichen geschehen.
- Bei der Verwendung von Reinigungs- oder Lösungsmitteln müssen stets sorgfältig die Anwendungshinweise durchgelesen werden. Benutzen Sie niemals Stoffe aus unbeschrifteten Behältern, und mischen Sie niemals verschiedene an sich harmlose Lösungsmittel – sie können giftige Dämpfe freisetzen.
- Lassen Sie niemals einen Verbrennungsmotor in geschlossenen Räumen laufen. Auspuffgase enthalten Kohlenmonoxid, das extrem giftig ist. Wenn ein Motor gestartet werden muss, hat dies möglichst im Freien zu geschehen, zumindest ist das Auto so hinzustellen, dass der Auspuff nach draußen zeigt.

Batterie

- Setzen Sie die Batterie nie offenem Feuer oder Funken aus, da sie immer etwas Wasserstoff abgibt, der hochexplosiv ist.
- Trennen Sie vor der Arbeit am Kraftstoff- oder Zündsystem den Masse-Anschluss (–) von der Batterie – außer, die Stromzufuhr wird ausdrücklich verlangt.
- Lockern Sie beim Laden der Batterie die Einfüllstopfen. Laden Sie die Batterie nicht mit einer zu hohen Rate, da sie hierdurch beschädigt wird.
- Seien Sie beim Auffüllen, Reinigen und Tragen der Batterie vorsichtig. Die Batteriesäure ist auch im verdünnten Zustand stark ätzend. Haut- und Augenkontakt muss durch das Tragen von Gummihandschuhen und einer Schutzbrille mit Gesichtsschutz vermieden werden. Muss die Batteriesäure selber vorbereitet werden, darf nur die Säure langsam dem Wasser zugefügt werden – kippen Sie niemals das Wasser in die Säure!

Elektrizität

- Beim Einsatz von Elektrowerkzeugen, Lampen usw. muss immer ein korrekter Stromanschluss und ggf. Masseanschluss sichergestellt sein. Verwenden Sie keine Elektrogeräte in feuchter Umgebung oder in der Nähe von Benzin oder Benzindämpfen. Achten Sie darauf, dass alle Geräte und das Stromnetz den Sicherheitsstandards entsprechen.
- Einen starken Stromschlag kann man beim Berühren bestimmter Teile der elektrischen Anlage bekommen, so zum Beispiel beim Anfassen der Zündkabel bei laufendem oder durchgedrehtem Motor – und besonders, wenn Bauteile feucht sind oder eine defekte Isolierung haben. Bei elektronischen Zündanlagen kann die Zündspannung lebensgefährlich sein!

Niemals ...

- den Motor starten, ohne geprüft zu haben, dass sich das Getriebe im Leerlauf befindet.
- plötzlich den Deckel eines heißen Kühlsystems entfernen – sondern ihn mit Lappen abdecken und langsam den Druck ablassen, um sich nicht durch austretendes Kühlmittel zu verbrühen.
- aus einem heißen Motor Öl ablassen, sondern ihn erst etwas abkühlen lassen, um sich nicht zu verbrennen.
- Teile eines heißen Motors oder Auspuffs anfassen, um sich nicht zu verbrennen.
- Bremsflüssigkeit oder Kühlmittel auf Lack oder Kunststoffteile gelangen lassen.
- giftige Flüssigkeiten wie Benzin, Bremsflüssigkeit oder Frostschutzmittel mit dem Mund ansaugen oder auf die Haut gelangen lassen.
- Staub einatmen, der gesundheitsschädlich sein kann (siehe oben unter Asbest).
- Öl oder Fett auf dem Boden belassen, sondern es aufwischen, bevor jemand darauf ausrutscht.
- verschlissene Werkzeuge benutzen, da man damit abrutschen und sich verletzen kann.
- schwere Bauteile allein heben, sondern einen Assistenten zu Hilfe holen.
- in Zeitnot arbeiten oder die Arbeit auf gefährlichen Wegen abkürzen.
- Kindern oder Tieren ermöglichen, sich in der Nähe eines unbeobachteten Fahrzeugs aufzuhalten.
- einen Reifen über den erlaubten Maximaldruck aufpumpen. Abgesehen von der Überlastung der Karkasse kann er in Extremfällen platzen.

Stets ...

- dafür sorgen, dass das Fahrzeug sicher steht. Besonders wichtig ist dies, wenn das Auto für den Ausbau eines Rades oder einer Radaufhängung aufgebockt wird.
- festsitzende Schrauben oder Muttern vorsichtig lockern. An einem Schlüssel zu ziehen, ist immer besser als ihn zu drücken, damit man beim Abrutschen nicht gegen das Bauteil stößt.
- beim Einsatz von Bohrern, Schleifern und anderen Maschinen eine Schutzbrille tragen.
- beim Arbeiten in schmutzigen Bereichen die Hände mit Schutzcreme versehen, die nicht nur vor Infektionen schützt, sondern auch das Reinigen erleichtert. Längerer Kontakt mit Motoröl kann ein Gesundheitsrisiko sein. Passen Sie auf, dass die Hände durch die Creme nicht rutschig werden.
- Kleidungsstücke wie Ärmel, Halstücher oder lange Haare außerhalb des Arbeitsbereichs beweglicher Teile halten.
- Schmuck und Uhren vor der Arbeit – besonders an elektrischen Bauteilen – ablegen.
- den Arbeitsbereich sauber und geordnet halten, um nicht über herumliegende Teile zu fallen.
- beim Zusammendrücken von Federn für den Aus- oder Einbau, Spannen und Entspannen vorsichtig sein.
- Federn nur mit geeigneten Werkzeugen greifen, die die Feder nicht plötzlich wegspringen lassen.
- aufpassen, dass Hebevorrichtungen genügend Tragkraft für die zu verrichtende Arbeit haben.
- jemanden regelmäßig die Arbeit kontrollieren lassen, wenn man allein am Fahrzeug arbeitet.
- die Arbeit in einer logischen Reihenfolge ausführen und anschließend prüfen, ob alles korrekt montiert und gesichert ist.
- daran denken, dass die Sicherheit des Fahrzeugs auch Ihre eigene Sicherheit und die anderer bedeutet. Bei jedem Zweifel muss professioneller Rat eingeholt werden.
- **Da man sich trotz des Befolgens dieser Hinweise verletzen kann, muss dafür gesorgt werden, dass immer jemand (nötigenfalls per Telefon) erreichbar ist, der einem zu Hilfe kommen kann.**

Straßenrand-Reparaturen

Auf den folgenden Seiten werden typische Pannen und Startprobleme behandelt. Detailliertere Fehlersuchen finden sich im Anhang dieses Buchs; Informationen zu Reparaturen sind in den entsprechenden Kapiteln zu finden.

Motor startet nicht und Anlasser dreht nicht

☐ Prüfen Sie bei einem Automatikmodell zunächst, ob der Wählhebel auf P oder N steht.

☐ Öffnen Sie die Motorhaube und prüfen Sie, ob die Batteriekabel sauber sind und fest sitzen.

☐ Schalten Sie das Fahrlicht ein und versuchen Sie, den Motor zu starten – wenn das Licht dabei sehr schwach wird, wird die Batterie wahrscheinlich stark entladen sein. Lassen Sie sich Starthilfe geben (siehe nächste Seite).

Motor startet nicht, obwohl der Anlasser normal dreht

☐ Befindet sich Kraftstoff im Tank?

☐ Sind elektrische Komponenten im Motorraum feucht? Schalten Sie die Zündung aus, und wischen Sie Feuchtigkeit mit einem trockenen Lappen ab. Sprühen Sie Kontakte des Zündsystems und der Kraftstoffversorgung mit wasserverdrängendem Mittel (z. B. WD 40) ein (siehe Abbildungen) – achten Sie dabei besonders auf den Zündspulenstecker und die Zündkabel. **Anmerkung:** Dieselmotoren leiden üblicherweise nicht unter Feuchtigkeit.

A Entfernen Sie die Kunststoffabdeckung und kontrollieren Sie die Festigkeit und den Zustand der Batterieanschlüsse.

B Drücken Sie bei Dieselmotoren mehrmals den Vorfüllbalg, um sicherzugehen, dass der Motor mit Kraftstoff versorgt werden kann.

C Prüfen Sie, ob die Nockenwellensensor-Stecker sicher verbunden sind (gezeigt am 1,5 l-Dieselmotor).

D Entfernen Sie bei abgeschalteter Zündung den Deckel der Sicherungsbox und prüfen Sie, ob sich die Sicherungen in einem guten Zustand befinden und nicht durchgebrannt sind.

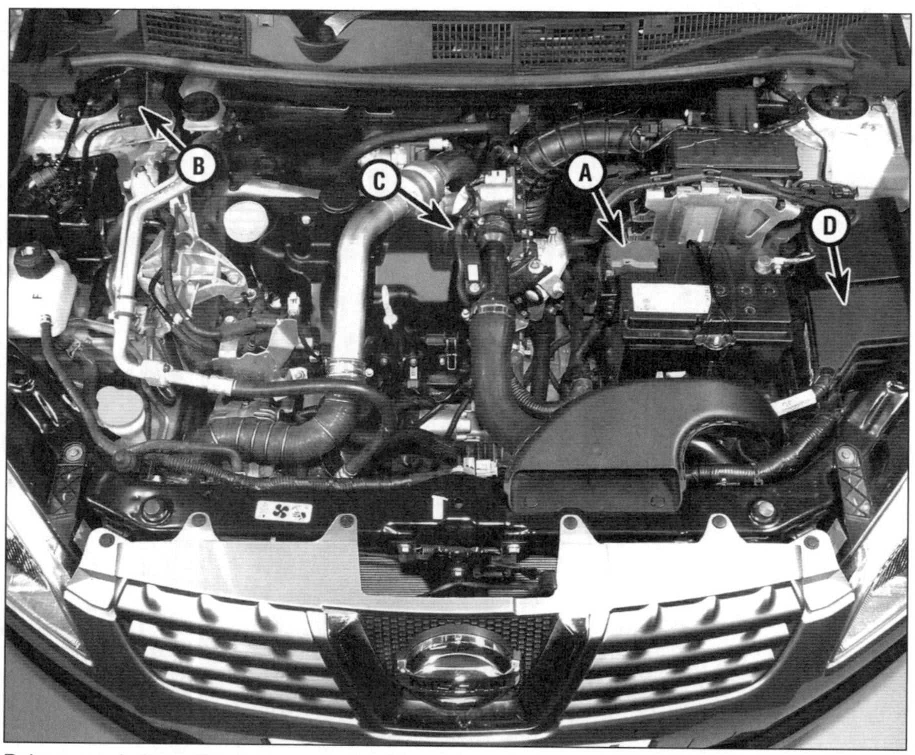

Bei ausgeschalteter Zündung muss geprüft werden, ob alle elektrischen Anschlüsse sicher verbunden sind. Sprühen Sie alle Kontakte mit wasserverdrängendem Mittel (z. B. WD 40) ein, falls Feuchtigkeit das Problem sein kann.

Starthilfe

Beim Überbrücken eines Fahrzeugs mithilfe einer Fremdbatterie müssen die folgenden Vorsichtsmaßnahmen berücksichtigt werden:

- ✓ Vor dem Anklemmen der Fremdbatterie muss die Zündung ausgeschaltet werden.

Achtung: Ziehen Sie den Zündschlüssel ab, falls die Zentralverriegelung beim Anschließen der Fremdbatterie das Fahrzeug verriegelt.

- ✓ Sämtliche elektrischen Verbraucher (Licht, Lüftung, Scheibenwischer etc.) müssen abgeschaltet sein.
- ✓ Alle auf der Batterie zu findenden Sicherheitshinweise müssen beachtet werden.
- ✓ Die Fremdbatterie muss die gleiche Spannung haben wie die Fahrzeugbatterie.
- ✓ Falls die Fremdbatterie in einem anderen Auto eingebaut ist, dürfen sich die beiden Autos keinesfalls berühren.
- ✓ Das Schaltgetriebe muss sich im Leerlauf befinden; das Automatikgetriebe auf P stehen.

Praxis-Tipp

Starthilfe bringt den Wagen zwar erst einmal wieder in Fahrt, doch muss der Fehler umgehend behoben werden, der die Batterie zum Schwächeln brachte. Es gibt drei Möglichkeiten:

1. ***Die Batterie wurde durch wiederholte Startversuche oder Anlassen der Beleuchtung entleert.***
2. ***Das Ladesystem funktioniert nicht richtig (Lichtmaschinen-Keilrippenriemen locker oder gerissen, Kabel mit Kontaktproblemen, Lichtmaschine selbst defekt).***
3. ***Die Batterie ist defekt (Säurepegel niedrig oder physikalische Schäden).***

1 Eine Klemme des roten Überbrückungskabels wird mit dem Pluspol (+) der leeren Batterie verbunden.

2 Die andere Klemme des roten Überbrückungskabels wird mit dem Pluspol (+) der Starthilfebatterie verbunden.

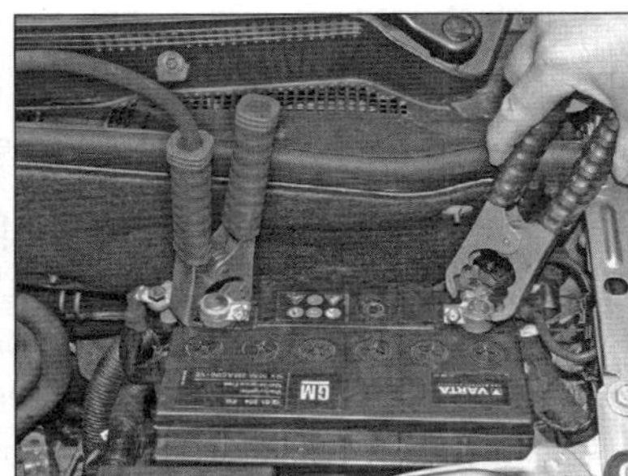

3 Eine Klemme des schwarzen Überbrückungskabels wird mit dem Minuspol (–) der Starthilfebatterie verbunden.

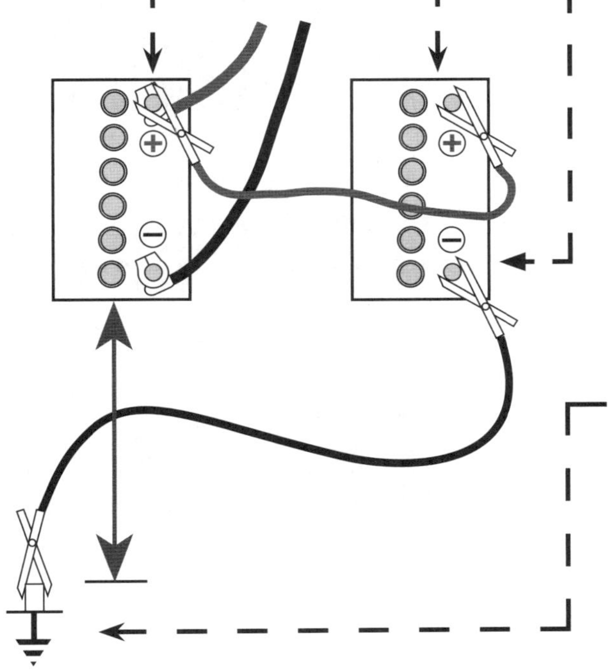

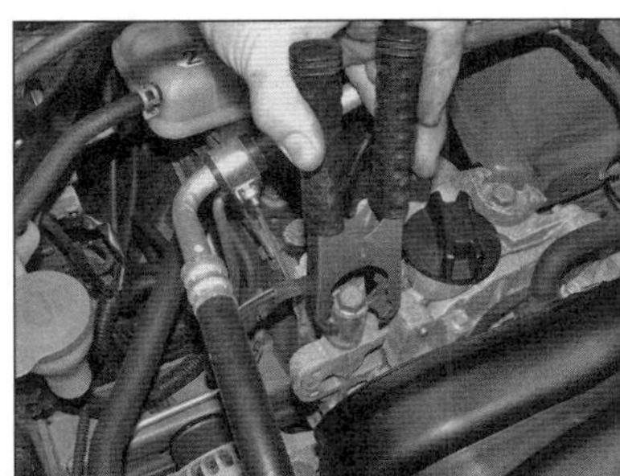

4 Die andere Klemme des schwarzen Überbrückungskabels wird möglichst weit entfernt von der Batterie mit einer Schraube oder einem blanken Halter des zu startenden Motors verbunden.

5 Die Überbrückungskabel dürfen nicht mit dem Kühlventilator, einem Riemen oder anderen beweglichen Teilen in Berührung kommen.

6 Starten Sie den Motor mithilfe der Fremdbatterie und lassen Sie ihn im Standgas laufen. Schalten Sie alle Lampen, die Heckscheibenheizung und das Gebläse an, bevor die Überbrückungskabel in exakt der umgekehrten Anschluss-Reihenfolge wieder getrennt werden. Schalten Sie alle elektrischen Verbraucher wieder ab.

Radwechsel

Warnung: Ein Radwechsel darf niemals in Situationen durchgeführt werden, wo ein Gefährdungsrisiko durch andere Verkehrsteilnehmer besteht. An belebten Straßen muss versucht werden, in einer Parkbucht oder einer Einfahrt zu halten. Bei Radwechsel muss der Verkehr stets beobachtet werden – bei der Arbeit kann man leicht abgelenkt werden.

Vorbereitung

- ☐ Sobald ein Druckverlust bemerkt wird, muss angehalten werden, solange dies gefahrlos möglich ist.
- ☐ Gestoppt werden muss möglichst auf einem ebenen Untergrund und abseits des Verkehrs.
- ☐ Falls nötig, muss die Warnblinkanlage eingeschaltet werden.
- ☐ Falls das Fahrzeug am Straßenrand steht, müssen andere Verkehrsteilnehmer mithilfe des Warndreiecks gewarnt werden.
- ☐ Ziehen Sie die Handbremse an, und legen Sie den ersten oder den Rückwärtsgang ein (oder P bei Automatikmodellen).
- ☐ Auf weichem Untergrund muss die Last unterhalb des Wagenhebers mit einem Stück Holz oder Ähnlichem verteilt werden.
- ☐ Das dem Plattfuß diagonal gegenüberliegende Rad muss verkeilt werden – ein paar größere Steine reichen aus.

Austausch der Räder

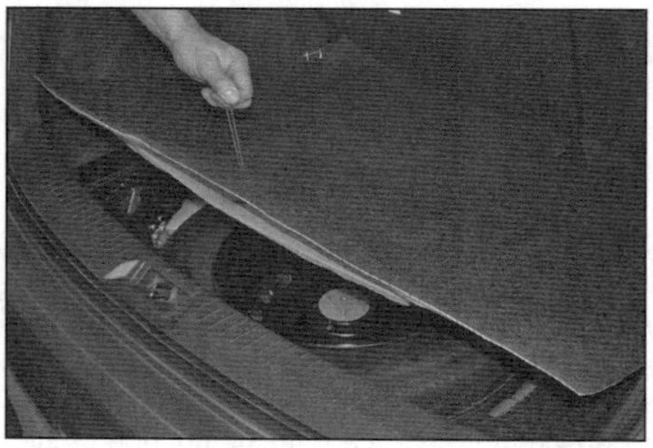

1 Das Reserverad befindet sich unter einer Abdeckung im Kofferraumboden. Der Wagenheber und der Radschlüssel befinden sich seitlich vom Reserverad.

2 Lösen Sie die zentrale Befestigung und heben Sie das Reserverad aus seiner Mulde.

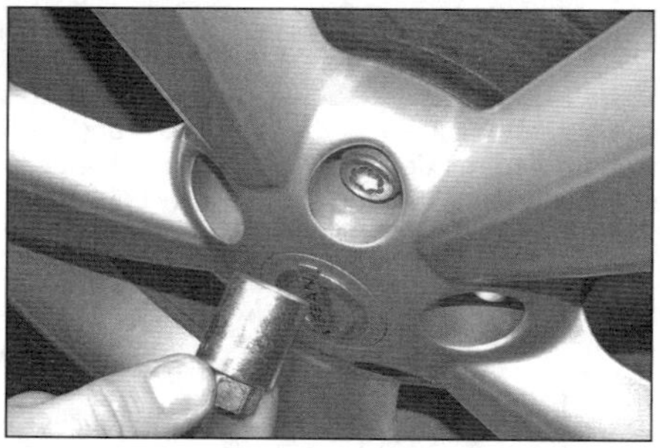

3 Falls die Räder mit diebstahlsicheren Muttern befestigt sind, muss der spezielle Steckschlüssel aus dem Handschuhfach oder dem Werkzeugset verwendet werden.

4 Lockern Sie bei noch auf dem Boden stehendem Rad die Muttern um etwa eine halbe Umdrehung.

5 Positionieren Sie den Wagenheber unter der mit zwei Ausschnitten markierten Verstärkung des Schwellers und heben Sie das Fahrzeug an, bis das Rad nicht mehr den Boden berührt.

6 Lösen Sie die Radmuttern vollständig und entnehmen Sie das Rad – legen Sie es zur Sicherheit unter den Schweller, falls der Wagenheber aus irgendeinem Grund nachgibt.

7 Setzen Sie das Reserverad an der Radnabe an, installieren Sie die Muttern handfest und senken Sie das Fahrzeug ab.

8 Ziehen Sie die Radmuttern über Kreuz in der gezeigten Reihenfolge fest an, und montieren Sie ggf. die Radkappe. Verstauen Sie das defekte Rad und das Werkzeug in der Radmulde unter dem Kofferraum.

Zum Schluss ...

- ☐ ... wird der Keil entfernt.
- ☐ ... wird der Luftdruck des soeben montierten Rades geprüft. Falls er niedrig ist oder kein Messgerät zur Hand ist, muss langsam zur nächsten Werkstatt oder Tankstelle gefahren werden, um dort den Reifen aufzupumpen.
- ☐ ... werden die Radmuttern bei nächster Gelegenheit gelockert und mit dem korrekten Drehmoment (113) angezogen.
- ☐ ... wird der defekte Reifen möglichst bald repariert oder ausgetauscht.

Abschleppen

Wenn nichts mehr geht, muss das Auto abgeschleppt werden. Lange Strecken sollten nur von einem professionellen Abschleppdienst bewältigt werden. Kurze Strecken können mithilfe eines anderen Autos erledigt werden – dabei sind folgende Hinweise zu beachten:

- ☐ Abschleppen darf nur mit einem speziellen Abschleppseil oder einer Abschleppstange erfolgen. Bei beiden Fahrzeugen müssen die Warnblinkanlagen eingeschaltet sein.
- ☐ Beim gezogenen Fahrzeug muss der Zündschlüssel so weit gedreht werden, bis das Lenkschloss entriegelt ist und die Bremsleuchten funktionieren.
- ☐ Die Abschleppöse ist zusammen mit dem Bordwerkzeug in der Reserveradmulde verstaut. Entfernen Sie die Abdeckung aus der entsprechenden Stoßstange, drehen Sie die Öse in das dahinter sitzende Gewinde und ziehen Sie sie fest an (siehe Abbildungen).

Die Abschleppöse gehört zum Bordwerkzeug.

Entfernen Sie die Abdeckung aus der entsprechenden Stoßstange, ...

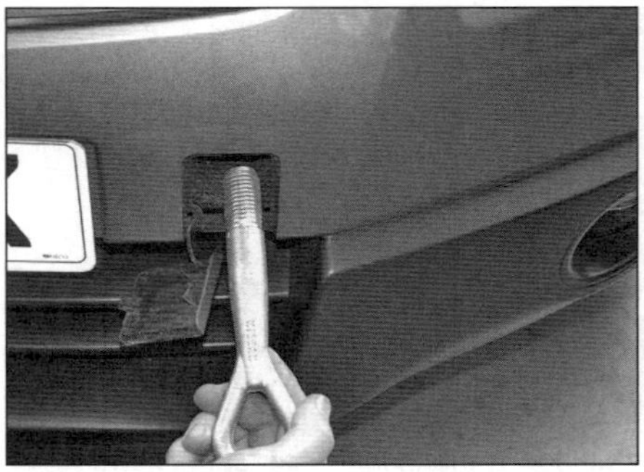

. . . drehen Sie die Öse in das dahinter sitzende Gewinde ...

. . . und ziehen Sie sie mithilfe des Radmutternschlüssels fest an.

Abdeckkappe in der hinteren Stoßstange

- ☐ Das Abschleppseil oder die Abschleppstange darf nur an der Abschleppöse befestigt werden.
- ☐ Vor dem Abschleppen muss die Handbremse gelöst und der Leerlauf eingelegt sein.

Achtung: Automatikmodelle dürfen nur mit maximal 50 km/h und nicht weiter als 50 km abgeschleppt werden, da ansonsten das Getriebe beschädigt werden kann. Transportieren Sie das Fahrzeug nötigenfalls mit einem Abschleppwagen.

- ☐ Weil die Bremskraftverstärkung des Motors fehlt, muss mit erhöhtem Pedaldruck beim Bremsen gerechnet werden.
- ☐ Auch die Lenkung wird bei einer nicht funktionierenden Servolenkung deutlich schwergängiger.
- ☐ Der Fahrer des gezogenen Fahrzeugs muss stets dafür sorgen, dass das Abschleppseil gespannt ist.
- ☐ Beide Fahrer müssen vor Abfahrt die Route besprechen.
- ☐ Das Tempo muss moderat sein, die abzuschleppende Distanz möglichst gering. Der Fahrer des Zugfahrzeugs darf nur sanft an Kreuzungen usw. heranfahren.

Undichtigkeiten

Pfützen auf dem Garagenboden oder in der Einfahrt, eine triefende Motorhaube und eine komplett durchfeuchtete Fahrzeug-Unterseite weisen auf Lecks hin, die abgedichtet werden müssen. Manchmal ist es nicht einfach, die Quelle zu entdecken (vor allem, wenn der Motorraum und die Unterseite stark verschmutzt sind. Fahrtwind-Verwirbelungen tragen ebenfalls dazu bei, die Ursache zu verschleiern.

***Warnung:** Die meisten im Fahrzeug verwendeten Schmiermittel und Flüssigkeiten sind giftig! Falls man mit ihnen in Berührung kommt, muss kontaminierte Bekleidung unverzüglich ausgezogen und verunreinigte Haut abgewaschen werden.*

Praxis-Tipp

Der Geruch der aus dem Auto tropfenden Flüssigkeit kann Hinweise auf deren Ursprung geben. Manche Flüssigkeiten haben auch eine spezielle Farbe. Um den Austrittspunkt zu bestimmen, kann hilfreich sein, den Motorraum und den Unterboden sorgfältig zu reinigen und über Nacht sauberes Papier unter das Auto zu legen.
Manche Flüssigkeiten treten allerdings nur aus, wenn der Motor läuft und/oder das Fahrzeug bewegt wird.

Ölwanne

Motoröl kann an der Ablassschraube ...

Ölfilter

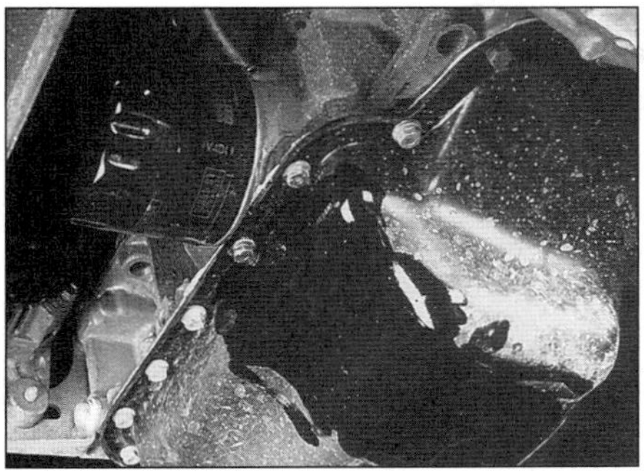

. . . oder am Ölfilter austreten.

Getriebeöl

Getriebeöl hat einen speziellen Geruch. Es kann durch die Dichtringe zur Kupplung oder an den Antriebswellen-Flanschen austreten.

Frostschutzmittel

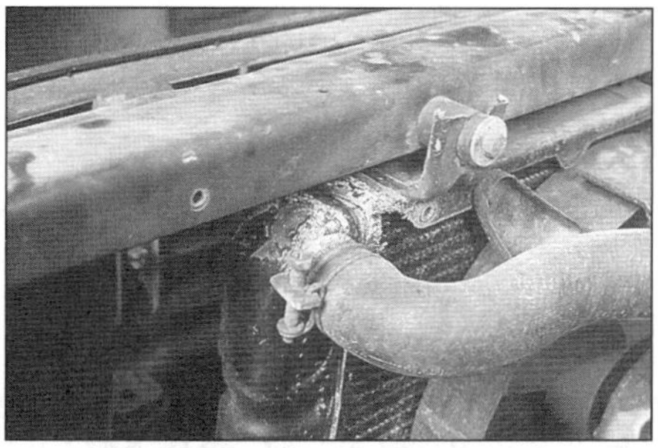

Ausgetretenes Kühlmittel hinterlässt oft kristalline Ablagerungen.

Bremsflüssigkeit

Flüssigkeit im Bereich der Radaufhängungen stammt mit großer Sicherheit aus der Bremse.

Servolenkung-Hydraulikflüssigkeit

Diese Flüssigkeit tritt zumeist an den Anschlüssen am Lenkgetriebe aus.

Einleitung

Es gibt einige sehr simple Checkpunkte, die nur wenige Minuten dauern – aber vor reichlich Unannehmlichkeiten und hohen Kosten schützen können.
Diese »Wöchentlichen Kontrollen« erfordern keine großen Kenntnisse oder Spezialwerkzeuge; und das bisschen Zeit für ihre Ausführung kann eine sehr gute Investition sein. Zum Beispiel:

- ☐ Ein gelegentlicher Blick auf den Zustand und den Luftdruck der Reifen schützt nicht nur vor frühzeitigem Verschleiß und höherem Kraftstoffverbrauch, sondern kann tatsächlich Leben retten.
- ☐ Viele Pannen sind auf Elektrikprobleme zurückzuführen. Besonders häufig sind defekte Batterien die Ursache. Regelmäßige Schnell-Checks können die Mehrzahl dieser Pannen verhindern.
- ☐ Falls im Bremssystem eine Undichtigkeit auftritt, merkt man dies möglicherweise erst, wenn die Bremse nicht mehr korrekt funktioniert. Eine regelmäßige Kontrolle des Flüssigkeitspegels kann vorzeitig auf Probleme hinweisen.
- ☐ Falls Öl oder Kühlmittel austritt, ist eine Abdichtung des Lecks deutlich billiger als die Reparatur eines Motorschadens.

Motorraum-Checkpunkte

(abgebildet sind Rechtslenkermodelle – einige Bauteile sind bei Linkslenkern anders positioniert.)

◀ 2,0 l Benzinmotor

A *Motoröl-Peilstab*
B *Motoröl-Einfülldeckel*
C *Kühlmittel-Ausgleichsbehälter*
D *Brems- und Kupplungsflüssigkeitsbehälter (bei Linkslenkern auf der anderen Seite)*
E *Wischwasserbehälter*
F *Batterie*

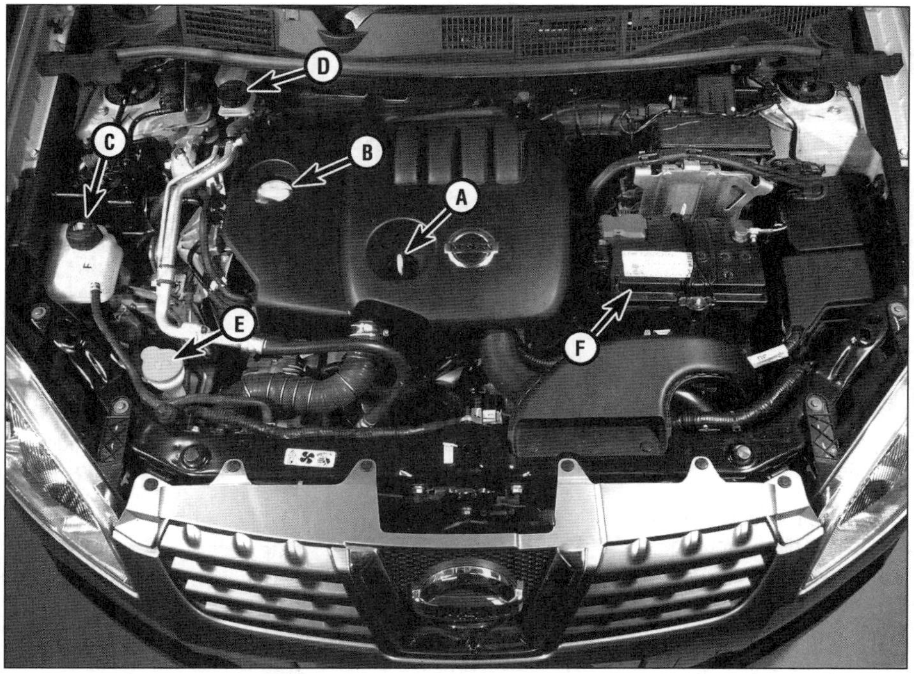

◀ 1,5 l Dieselmotor

A *Motoröl-Peilstab*

B *Motoröl-Einfülldeckel*

C *Kühlmittel-Ausgleichsbehälter*

D *Brems- und Kupplungsflüssigkeitsbehälter (bei Linkslenkern auf der anderen Seite)*

E *Wischwasserbehälter*

F *Batterie*

Motorölpegel

Vor Beginn:

- ✓ Das Fahrzeug muss auf einem ebenen Untergrund stehen.
- ✓ Der Ölpegel sollte vor Fahrtantritt oder mindestens fünf Minuten nach dem Abschalten des Motors kontrolliert werden.

Das richtige Öl

Moderne Motoren stellen hohe Ansprüche an ihr Öl. Die von Nissan vorgeschriebenen Schmiermittel finden sich auf Seite 27.

Vorsichtsmaßnahmen:

- Ein geringer Ölverbrauch ist normal. Falls jedoch regelmäßig Öl nachgefüllt werden muss, sollten die Gründe des Ölverlustes gefunden werden (siehe Praxis-Tipp auf Seite 15). Sind keine Anzeichen von Lecks an Verbindungen und Dichtungen festzustellen, wird das Öl vom Motor verbrannt (siehe *Fehlersuche*).
- Der Ölpegel muss stets zwischen den beiden Markierungen am Peilstab stehen (Abb. 3). Bei zu niedrigem Pegel können schwere Motorschäden entstehen. Falls das Motoröl überfüllt wird, können Dichtringe und Dichtungen beschädigt werden.

Praxis-Tipp

Falls das Öl direkt nach dem Abschalten des Motors kontrolliert wird, sorgt das noch im oberen Bereich des Motors befindliche Öl dafür, dass am Peilstab möglicherweise ein niedriger Pegel festgestellt wird.

1 Der vorn am Motor sitzende Peilstab ist durch eine markante Farbgebung (gelb oder orange) oder eine abgebildete Ölkanne gut erkennbar – ziehen Sie ihn heraus (gezeigt am 2,0 l-Benzinmotor). **Anmerkung**: *Bei 2,0 l-Dieselmotoren sitzt der Peilstab am Öleinfülldeckel.*

2 Der Peilstab wird mithilfe eines sauberen Lappens oder Papiertuchs abgewischt und wieder bis zum Anschlag in sein Rohr gesteckt.

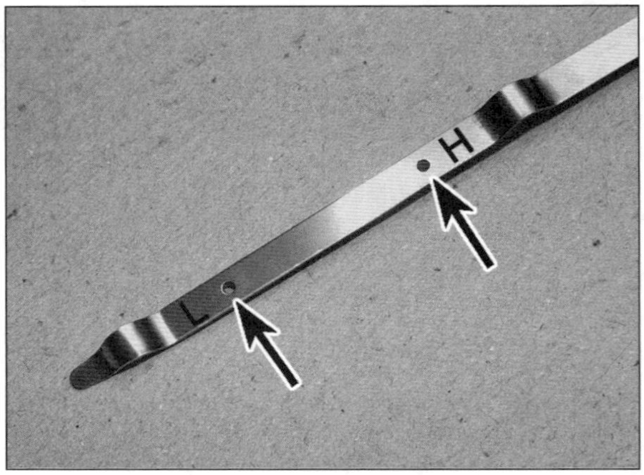

3 Am unteren Ende des wieder herausgezogenen Peilstabs wird kontrolliert, ob der Ölpegel im Bereich zwischen den Löchern für L (niedrig) und H (hoch) steht. Die Differenz zwischen der unteren und der oberen Markierung beträgt etwa 1,0 Liter.

4 Falls Öl nachgefüllt werden muss, geschieht dies über den Einfülldeckel am Zylinderkopf – nötigenfalls mithilfe eines Trichters. Da das Öl erst durch den Motor laufen muss, sollte vor der erneuten Kontrolle einen Moment gewartet werden. Der Motor darf nicht überfüllt werden (siehe oben).

Brems- und Kupplungsflüssigkeit

Warnung:

• Bremsflüssigkeit kann zu Augenverletzungen führen und Lackoberflächen angreifen, bewahren Sie deshalb beim Umgang hiermit größte Sorgfalt.

• Benutzen Sie keine Bremsflüssigkeit, die längere Zeit offen gestanden hat, da sie Feuchtigkeit aus der Luft absorbiert, was zu einem gefährlichen Verlust an Bremswirkung führen kann.

Praxis-Tipp

• Das Fahrzeug muss auf ebenem Untergrund stehen.

• Der Pegel im Ausgleichsbehälter sinkt langsam ab, da die Bremsbeläge verschleißen. Der Pegel darf jedoch NIEMALS unter den MIN-Pegel sinken!

Sicherheit geht vor!

• Falls der Ausgleichsbehälter regelmäßig aufgefüllt werden muss, ist dies ein Hinweis auf ein Leck im Hydrauliksystem, das unverzüglich abgedichtet werden muss.

• Falls ein Leck vermutet wird, darf das Fahrzeug nicht gefahren werden, solange das Bremssystem nicht kontrolliert wurde. Schadhafte Bremsen stellen ein extrem hohes Sicherheitsrisiko dar.

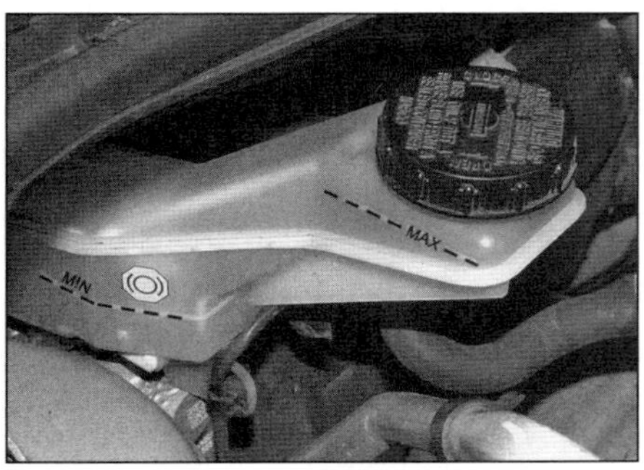

1 Die MIN- und MAX-Markierungen sind seitlich am Ausgleichsbehälter zu sehen, der sich hinten im Motorraum befindet. Der Bremsflüssigkeitspegel muss stets zwischen diesen beiden Markierungen stehen.

2 Falls Hydraulikflüssigkeit nachgefüllt werden muss, sollte zuerst der Bereich um den Einfülldeckel herum abgewischt werden, damit kein Schmutz ins Hydrauliksystem gerät.

3 Schrauben Sie den Deckel auf, und entnehmen Sie ihn samt der Gummimanschette; vor dem Einfüllen sollte kontrolliert werden, ob sich im Behälter Ablagerungen gebildet haben – in diesem Fall sollte die Bremsflüssigkeit ausgetauscht werden (siehe Kapitel 9).

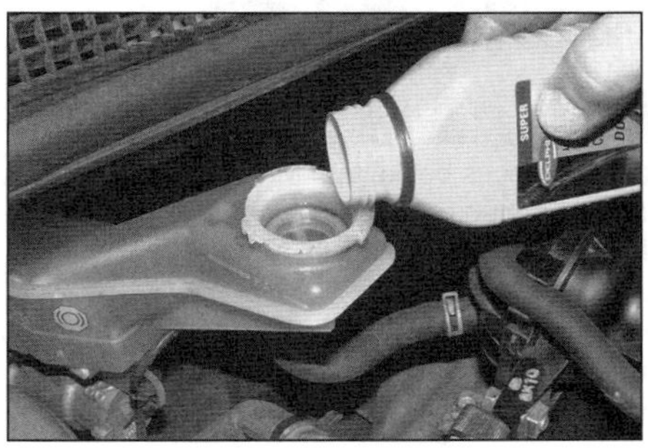

4 Füllen Sie vorsichtig frische Hydraulikflüssigkeit auf, ohne dass dabei Spritzer auf umliegende Bauteile gelangen. Verwenden Sie ausschließlich Bremsflüssigkeit vom Typ DOT 4 – das Mischen unterschiedlicher Typen kann dem Bremssystem schaden! Nach dem Auffüllen werden die Manschette installiert und der Deckel aufgeschraubt und mögliche Spritzer abgewischt.

Kühlmittelpegel

Warnung: NIEMALS darf bei heißem Motor der Deckel des Ausgleichsbehälters entfernt werden, da eine hohe Verbrühungsgefahr besteht. Kühlmittel darf niemals in offenen Behältern gelagert werden – es ist giftig und kann durch seinen süßlichen Geruch Kindern und Tieren zum Verhängnis werden.

Vorsichtsmaßnahmen

- Bei einem abgedichteten Kühlsystem sollte nicht regelmäßig Kühlflüssigkeit nachgefüllt werden müssen. Falls der Pegel stetig abfällt, wird wahrscheinlich ein Leck entstanden sein. Überprüfen Sie den Kühler, alle Schläuche und Anschlüsse auf Flecken und Feuchtigkeit. Alle Schäden müssen umgehend behoben werden.
- Es ist wichtig, Frostschutz das ganze Jahr über zu verwenden und nicht nur im Winter. Füllen Sie bei gesunkenem Pegel nicht nur Wasser auf, um die Flüssigkeit nicht zu verdünnen.

1 Der Kühlmittelpegel muss bei kaltem Motor kontrolliert werden – er muss zwischen der MAX- und der MIN-Markierung des Ausgleichsbehälters (rechts im Motorraum) liegen.

2 Falls Kühlmittel nachgefüllt werden muss, wird der Deckel entfernt (siehe Warnung oben).

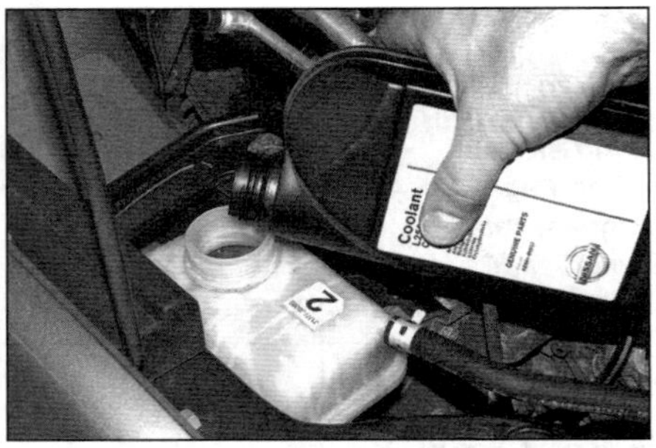

3 Füllen Sie das aus Wasser und Frostschutzmittel bestehende Kühlmittel bis zur MAX-Markierung auf. Drehen Sie den Deckel fest zu.

Reifen – Zustand und Luftdruck

Die Reifen müssen sich stets in einem guten Zustand befinden und den korrekten Luftdruck aufweisen – ein Reifenschaden kann bei jeder Geschwindigkeit ein hohes Risiko darstellen. Der Reifenverschleiß hängt stark von der Fahrweise ab – starkes Beschleunigen und Bremsen sowie hohe Kurvengeschwindigkeiten beschleunigen den Verschleiß. Bei Fahrzeugen, die ausschließlich über Frontantrieb verfügen, verschleißen die Vorderreifen schneller als Hinterreifen. Gleichzeitig gilt, dass bei unterschiedlich abgefahrenen Reifen diejenigen mit der größeren Profiltiefe hinten montiert sein sollten. Generell wird jedoch empfohlen, alle vier Reifen gleichzeitig auszutauschen.

Entfernen Sie alle Nägel, scharfkantigen Steine und andere Fremdkörper aus dem Reifenprofil, bevor sie sich nach innen arbeiten können. Falls nach dem Entfernen eines Nagels Luft entweicht, muss er wieder hineingesteckt werden, um die Stelle für eine Reparatur zu markieren. Tauschen Sie das Rad gegen das Reserverad aus, und lassen Sie den Reifen unverzüglich reparieren.

Die Seitenwände der Reifen müssen regelmäßig auf Risse oder Beulen überprüft werden. Demontieren Sie die Räder gelegentlich, um sie innen und außen zu reinigen. Kontrollieren Sie regelmäßig die Felgen auf Korrosion und Beschädigungen. Leichtmetallfelgen können leicht beim Überfahren von Bordsteinen beschädigt werden; auch Stahlfelgen können hier verbeult werden. Bei größeren Schäden hilft meistens nur der Austausch der Felge.

Neue Reifen müssen nach der Montage ausgewuchtet werden. Allerdings müssen sie manchmal bei einem gewissen Verschleiß neu gewuchtet werden; das Gleiche gilt, wenn Gewichte verloren gegangen sind. Nicht ausgewuchtete Reifen beeinträchtigen nicht nur den Fahrkomfort, sondern lassen auch Federelemente, die Lenkung und die Reifen selbst schneller verschleißen. Eine Unwucht zeigt sich üblicherweise durch Vibrationen – meistens bei Geschwindigkeiten um 80 km/h herum. Falls diese Vibrationen lediglich im Lenkrad fühlbar sind, sind wahrscheinlich nur die Vorderräder nicht ausgewuchtet. Sind die Vibrationen im gesamten Auto spürbar, werden die Hinterräder nicht ausgewuchtet sein. Räder können bei jedem Reifenhändler ausgewuchtet werden.

1 Profiltiefe – Sichtkontrolle

Die meisten Reifen besitzen Profiltiefen-Indikatoren (B), auf die an den Flanken mit Dreiecken oder der Bezeichnung TWI hingewiesen wird (A). Diese Indikatoren müssen **nicht** den vorgeschriebenen 1,6 mm entsprechen!

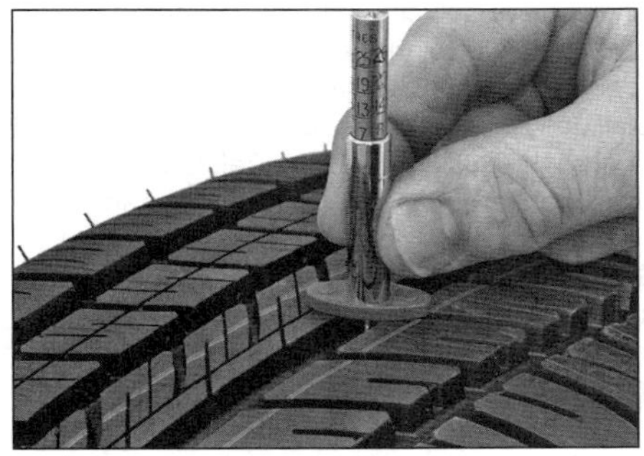

2 Profiltiefe – Messen

Mithilfe eines einfachen und preiswerten Profiltiefen-Messgeräts wird die Profiltiefe an der am stärksten verschlissenen Stelle des Reifens ermittelt – die Polizei wird es bei einer Kontrolle ebenso tun.

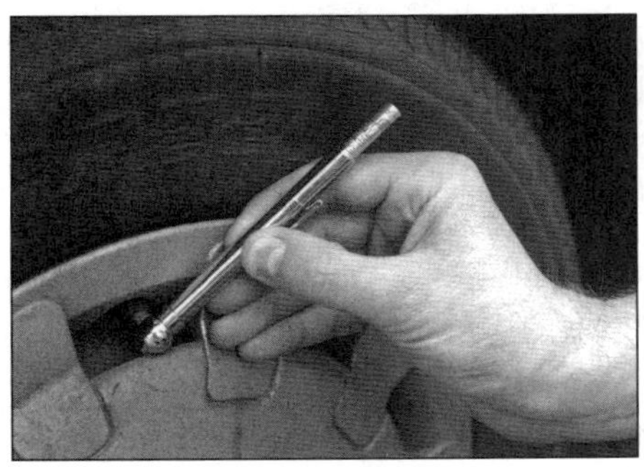

3 Luftdruck – Kontrolle

Der Luftdruck muss bei **kaltem** Reifen überprüft werden – also nicht direkt nach längerer Fahrt, denn hierbei wird der Reifen warm und der Luftdruck steigt. Der korrekte Druck kann bei geöffneter Fahrertür auf einem Aufkleber an der A-Säule abgelesen werden.

Reifenverschleißmuster

Seitlicher Verschleiß

Zu niedriger Luftdruck (Verschleiß an beiden Rändern)
Geringer Luftdruck sorgt für starke Erwärmung des Reifens, da er während der Fahrt zu stark walkt. Überhitzung kann zum plötzlichen Ausfall des Reifens führen! Da die Lauffläche nicht korrekt auf der Fahrbahn aufliegt, wird die Traktion vermindert und der Verschleiß stark erhöht. *Der Luftdruck muss sofort auf den korrekten Wert gebracht werden!*

Unkorrekter Sturz (Verschleiß an einer Seite)
Der Sturzwinkel des Fahrzeugs muss eingestellt werden. Beschädigte Teile des Fahrwerks müssen ersetzt werden.

Hohe Kurvengeschwindigkeiten
Der Reifen kann von der Felge springen! Langsam fahren und bei nächster Gelegenheit den Luftdruck erhöhen!

Mittiger Verschleiß

Zu hoher Luftdruck
Zu hoher Reifendruck erhöht den Verschleiß in der Laufflächenmitte, verringert die Traktion, verschlechtert den Fahrkomfort und erhöht die Gefahr eines plötzlichen Schadens an der Reifenstruktur.
Der Luftdruck muss sofort auf den korrekten Wert gebracht werden!

Falls die Reifen manchmal wegen höherer Beladung oder hoher Reisegeschwindigkeiten stärker aufgepumpt werden müssen, darf nicht vergessen werden, den Druck anschließend wieder auf die normalen Werte abzusenken.

Ungleichmäßiger Verschleiß

Vorderreifen verschleißen manchmal aufgrund falscher Spureinstellungen ungleichmäßig. Viele Reifenhändler und Werkstätten sind in der Lage, die Spur zu kontrollieren und korrekt einzustellen.

Unkorrekter Sturz oder Nachlauf
Verschlissene oder beschädigte Teile des Fahrwerks müssen ersetzt werden.

Ungewuchtete Räder
Die Räder müssen ausgewuchtet werden.

Unkorrekte Spureinstellung
Die Spur der Vorderräder muss eingestellt werden.

Anmerkung: Ungleichmäßig verschlissene Profilblöcke, die auf eine unkorrekte Spureinstellung hinweisen, lassen sich am besten per Auge und Fingergefühl ermitteln.

Lampen und Sicherungen

✓ Kontrollieren Sie alle Leuchten außen am Fahrzeug sowie die Hupe. Falls Stromkreise nicht funktionieren, müssen die Hinweise in Kapitel 12, Sektion 2 beachtet werden.
✓ Begutachten Sie alle zugänglichen Kabelstecker sowie die Verkabelungen und ihre Befestigungen auf sichere Anschlüsse und Hinweise auf Scheuerstellen und Beschädigungen.

Praxis-Tipp

Um Bremslichter ohne fremde Hilfe kontrollieren zu können, wird das Fahrzeug rückwärts vor eine helle Wand oder ein Garagentor gefahren und die Bremse betätigt – durch die Reflexionen lässt sich erkennen, ob alle Bremsleuchten funktionieren.

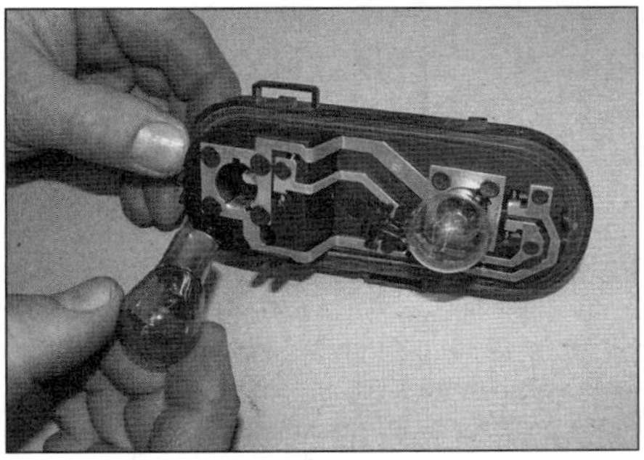

1 Falls ein einzelner Blinker, ein Bremslicht, ein Standlicht, ein Rücklicht oder ein Scheinwerfer ausfällt, muss wahrscheinlich die Lampe ersetzt werden (siehe Kapitel 12, Sektion 5). Falls alle Bremsleuchten ausfallen, wird wahrscheinlich der Bremslichtschalter defekt sein (siehe Kapitel 12, Sektion 18).

2 Falls mehr als ein Blinker oder beide Rücklichter ausfallen, wird wahrscheinlich eine Sicherung durchgebrannt sein oder im Stromkreis ein Defekt vorliegen. Sicherungen befinden sich hinter einer Abdeckung links unten am Armaturenbrett.

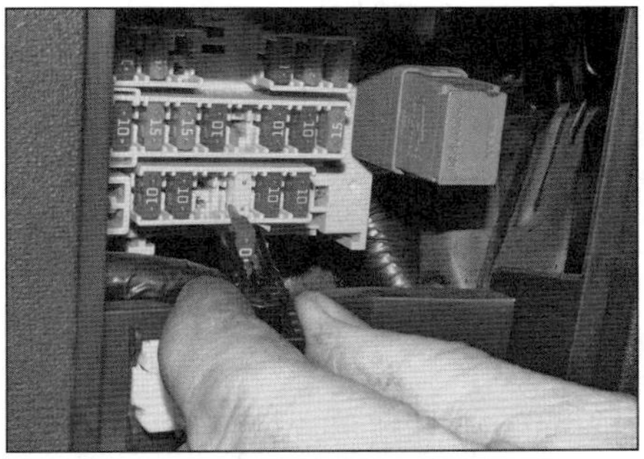

3 In der Sicherungsbox befinden sich mehrere Sicherungen sowie Ersatzsicherungen. Ziehen Sie mithilfe der beigefügten kleinen Zange die defekte Sicherung heraus, und installieren Sie eine gleich starke Ersatzsicherung. Im Deckel kann (auf englisch) abgelesen werden, welche Sicherung für welchen Stromkreis zuständig ist – beachten Sie die Schaltpläne am Ende von Kapitel 12. Falls die neue Sicherung sofort wieder durchbrennt, muss vor dem Einbau der nächsten Sicherung die Ursache gefunden und beseitigt werden (siehe Kapitel 12, Sektion 2).

Batterie

Achtung: Bevor an der Fahrzeugbatterie gearbeitet wird, müssen die Hinweise in der Sektion »Sicherheit geht vor!« am Anfang dieses Kapitels durchgelesen werden.

✓ Der Batteriehalter muss sich in einem guten Zustand befinden, und die Halterung muss fest sitzen. Korrosion am Halter, der Klemme und der Batterie selbst kann mithilfe von Sodalauge entfernt werden, anschließend werden alle gereinigten Bereiche mit Wasser abgespült. Durch Korrosion beschädigte Metallteile sollten umgehend mit Zink-Grundierung behandelt und anschließend lackiert werden.

✓ Etwa vierteljährlich sollte der Ladezustand der Batterie überprüft werden (siehe Kapitel 5A).

✓ Muss das Fahrzeug wegen einer entladenen Batterie überbrückt werden, sind die Hinweise auf Seite 11 zu beachten.

Praxis-Tipp

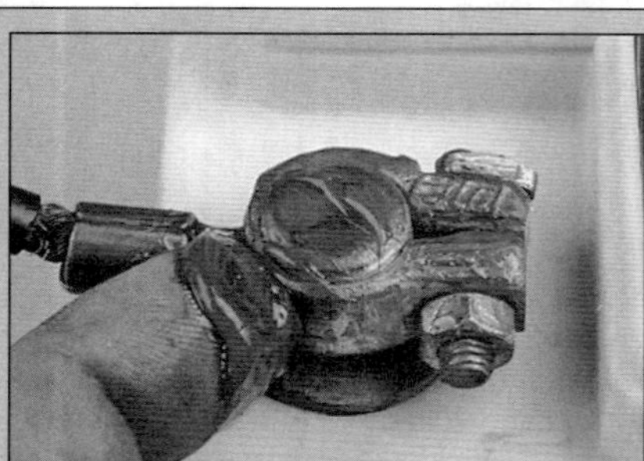

Korrosion der Batteriepole kann auf ein Minimum reduziert werden, wenn man sie nach dem Anschließen der Kabel mit Polfett oder Vaseline versieht. Für diesen Zweck sind auch Sprays erhältlich. Verwenden Sie kein Fett auf Mineralbasis.

1 Die Batterie ist links im Motorraum untergebracht. Kontrollieren Sie regelmäßig das Batteriegehäuse auf starke Verschmutzung (die zu Entladung durch Kriechstrom führen kann) sowie Risse und andere Schäden.

2 Prüfen Sie die Festigkeit der Batterieklemmen, um eine gute elektrische Verbindung sicherzustellen. Alle Batteriekabel müssen auf Risse in der Isolierung und abgerissene Litzen überprüft werden.

3 Falls Korrosion (weiße, flockige Ablagerungen) festgestellt wird, müssen die Kabelklemmen von den Batteriepolen befreit, die Pole mit einer kleinen Drahtbürste gereinigt und die Klemmen wieder gesichert werden. Im Autozubehörhandel sind Werkzeuge erhältlich, mit denen sich sowohl die Batteriepole ...

4 . . . als auch die Kabelklemmen reinigen lassen.

Scheibenwischer

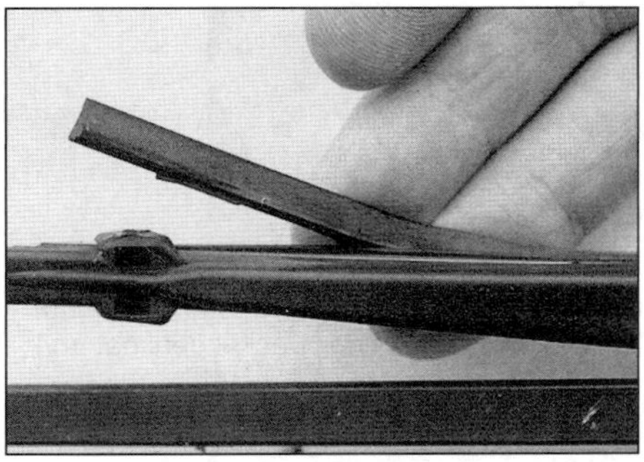

1 Kontrollieren Sie den Zustand der Wischerblätter. Ist ein Blatt eingerissen oder spröde oder erzeugt es auf der Windschutzscheibe Schlieren, muss es ersetzt werden. Wischerblätter sollten jährlich erneuert werden.

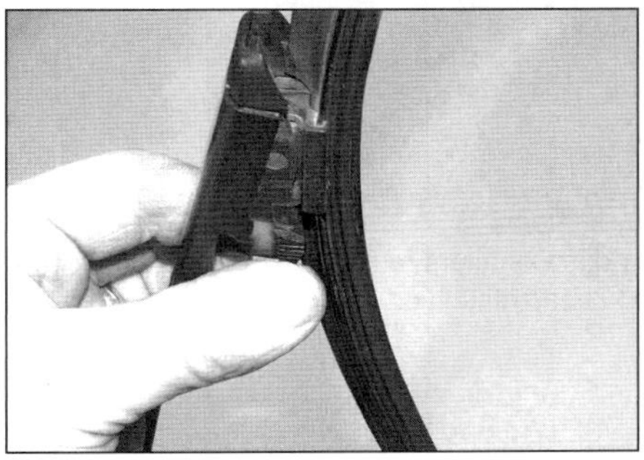

2 Um ein Front-Wischerblatt zu demontieren, wird die Zündung eingeschaltet und wieder abgeschaltet und dann der Scheibenwischer-Schalter einmal heruntergedrückt – die Scheibenwischer werden jetzt in die »Service«-Position bewegt. Heben Sie den Wischer von der Windschutzscheibe, drücken Sie die unteren Enden des Halteclips zusammen ...

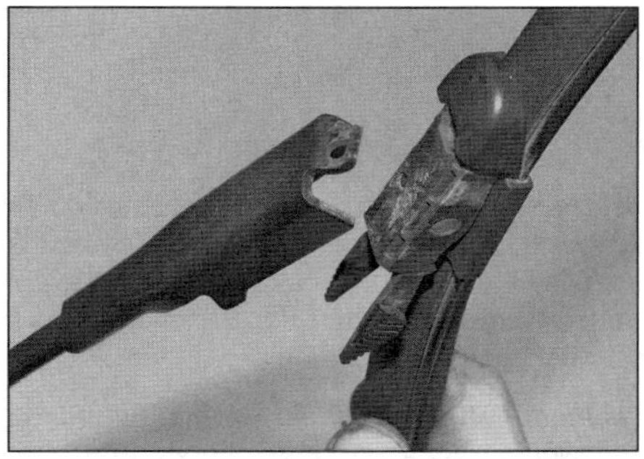

3 . . . und hängen Sie den Scheibenwischer am Wischerarm aus – lassen Sie diesen nicht zurückspringen und die Windschutzscheibe beschädigen. Drücken Sie den neuen Scheibenwischer in seinen Sitz, bis er einrastet. Bringen Sie die Scheibenwischer zum Schluss in die Ruheposition, indem Sie erneut den Schalter herunterdrücken.

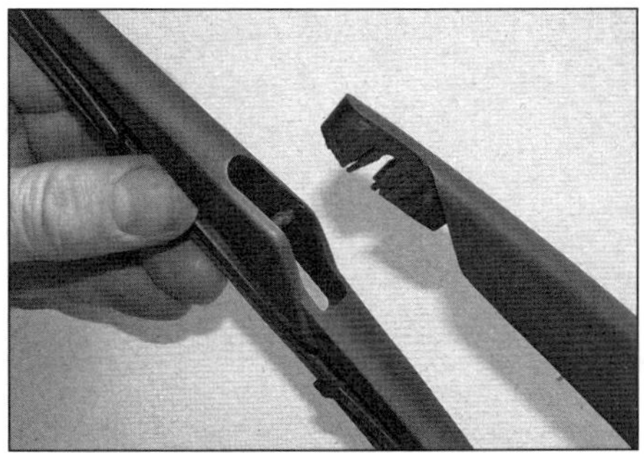

4 Um das Heck-Wischerblatt zu demontieren, wird der Wischerarm angehoben und der Scheibenwischer abgezogen – lassen Sie den Arm nicht zurückspringen und die Heckscheibe beschädigen. Drücken Sie den neuen Scheibenwischer in seinen Sitz, bis er einrastet.

Wischwasserpegel

Wischwasserzusätze sorgen nicht nur für klare Sicht durch die Windschutzscheibe, sondern verhindern auch, dass das Wischwasser im Winter einfriert – eine Zeit, in der es am häufigsten gebraucht wird. Daher darf der Behälter niemals mit klarem Wasser nachgefüllt werden.

⚠ ***Auf keinen Fall darf Kühler-Frostschutzmittel für die Scheibenwaschanlage verwendet werden, da es den Lack des Fahrzeug angreift!***

1 Der Wischwasserbehälter sitzt rechts vorn im Motorraum. Für die Kontrolle des Pegels muss der Deckel geöffnet und hineingeschaut werden.

2 Zum Auffüllen des Behälters muss das korrekte Gemisch aus Wasser und Zusatzmittel verwendet werden.

Schmierstoffe und Flüssigkeiten

Motoröl	
Benzinmotoren	Mehrbereichsöl SAE 5W-30, API-Klasse SL oder SM
Dieselmotoren	
K9K-Motor ohne Partikelfilter	Mehrbereichsöl SAE 5W-30, ACEA C4
K9K-Motor mit Partikelfilter	Original Nissan-Mehrbereichsöl SAE 5W-30 DPF oder SAE 5W-30 Low SAPS, ACEA C4
M9R-Motor ohne Partikelfilter	Original Nissan-Mehrbereichsöl SAE 5W-40 oder SAE 0W-40, ACEA B4
M9R-Motor mit Partikelfilter	Original Nissan-Mehrbereichsöl SAE 5W-30 DPF oder SAE 5W-30 Low SAPS, ACEA C4
Kühlmittel	Original Nissan-Langzeit-Kühlmittel oder Vergleichbares
Getriebeöl	
Schaltgetriebe	
RS5F 92R (5-Gang) und RS6F 94R (6-Gang)	Original Nissan MT-XZ-Getriebeöl Typ TL/JR oder API GL-4, Viskosität: SAE 75/80
RS6F 94R (6-Gang)	Original Nissan MT-XZ-Getriebeöl für Sport- und Offroad-Fahrzeuge oder API GL-4, Viskosität: SAE 75/85
Automatikgetriebe	
bis 12/2008	Original Nissan Matic-Fluid J – ATF
ab 01/2009	Original Nissan Matic-Fluid J oder S – ATF
Verteilergetriebe und Hinterachsantrieb (4WD)	Original Nissan Differenzialöl oder API GL-5, Viskosität: SAE 80/90
Brems- und Kupplungsflüssigkeit	Original Nissan Bremsflüssigkeit oder DOT 4-Bremsflüssigkeit

Reifendruck

Anmerkung 1: *Die Luftdruckempfehlungen sind auf einem Aufkleber an der A-Säule der Fahrertür vermerkt (siehe Abbildung). Bei Modellen mit platzsparendem Not-Reserverad sind auch hierfür Luftdruck-werte angegeben, die deutlich höher sind als bei normalen Rädern – verwechseln Sie die Angaben nicht. Beachten Sie, dass mit einem Notrad nur kurzzeitig und nicht schneller als 80 km/h gefahren werden darf.*

Anmerkung 2: *Die auf dem Aufkleber angegebenen Werte sind Empfehlungen, die für die Originalbereifung gelten. Falls Reifen anderer Marken oder Größen montiert werden, müssen entsprechende Hinweise beim Hersteller oder Reifenhändler eingeholt werden.*

Anmerkung 3: *Der angegebene Luftdruck gilt nur für kalte Reifen. Reifen erwärmen sich während der Fahrt und die Luft darin dehnt sich aus, sodass der Luftdruck ansteigt. Lassen Sie die Reifen nach der Fahrt abkühlen, bevor Sie den Luftdruck überprüfen.*

Luftdrucktabelle an der A-Säule der Fahrertür

Kapitel 1A

Einstellungs- und Wartungsarbeiten – Modelle mit Benzinmotoren

Inhalt — Sektion

Schwierigkeitsgrade

Leicht. Geeignet für Anfänger mit wenig Erfahrung.	**Relativ leicht.** Geeignet für Anfänger mit etwas Erfahrung.	**Relativ schwierig.** Geeignet für geübte Selbstschrauber.	**Schwer.** Geeignet für Selbstschrauber mit viel Erfahrung.	**Sehr schwer.** Geeignet für Experten und Profis.

Spezifikationen

Schmiermittel und Flüssigkeiten	**siehe *Wöchentliche Kontrollen***	
Füllmengen		
Motoröl (Öl- und Filterwechsel)		
1,6 l-Motoren	4,3 Liter	
2,0 l-Motoren	4,4 Liter	
Differenz zwischen MIN- und MAX-Markierung am Peilstab	ca. 1,0 Liter	
Kühlsystem		
1,6 l-Motoren	6,4 Liter	
2,0 l-Motoren		
mit Schaltgetriebe	7,0 Liter	
mit Automatikgetriebe	7,4 Liter	
Getriebeöl		
Schaltgetriebe		
5.Gang-Modelle	2,3 Liter	
6.Gang-Modelle	2,0 Liter	
Automatikgetriebe	7,5 Liter	
Verteilergetriebe (4WD)	0,4 Liter	
Hinterachsantrieb (4WD)	0,6 Liter	
Kraftstofftank	65 Liter	
Kühlsystem		
Frostschutzgemisch (Ethylenglykol)	Frostschutzmittel	Wasser
Frostschutz bis –15 °C	30 %	70 %
Frostschutz bis –30 °C	50 %	50 %

Anmerkung: *Beachten Sie die Hinweise des Herstellers auf der Verpackung.*

Kraftstoffsystem

Standgasdrehzahl (nicht einstellbar, vom Motorsteuergerät überwacht)		
1,6 l-Motoren	650 ± 50/min	
2,0 l-Motoren	700 ± 50/min	
Leerlauf-CO-Gehalt	0,3 % (nicht einstellbar, vom Motorsteuergerät überwacht)	

Zündsystem (1,6- und 2,0 l-Motoren)

Zündkerzen	NGK PLZKAR 6A oder Bosch FR7 ME	
Elektrodenabstand	1,1 mm	
Zündzeitpunkt (nicht einstellbar, vom Motorsteuergerät überwacht)	15 ± 5° bei 700/min	

Keilrippenriemen

Durchhang (nur 1,6 l-Motoren)*	Einstellung	Limit
Gebrauchter Keilrippenriemen		
mit Klimaanlage	4,8 bis 5,3 mm	8,2 mm
ohne Klimaanlage	4,3 bis 4,7 mm	7,4 mm
Neuer Keilrippenriemen		
mit Klimaanlage	4,1 bis 4,4 mm	
ohne Klimaanlage	3,7 bis 3,9 mm	

** gemessen mit 98 N (10 kg) Last – siehe Text*

Bremsen

Bremsbelag-Verschleißgrenze (Vorderräder)	2,0 mm
Bremsbelag-Verschleißgrenze (Hinterräder)	1,5 mm
Bremsscheibenverzug (max.)	0,035 mm
Handbremsbacken-Verschleißgrenze	1,5 mm
Handbremse – Anzahl der Klicks bis volle Bremswirkung	7 bis 8
Handbremse – Anzahl der Klicks bis Aufleuchten der Warmlampe	1

Fahrwerk und Lenkung

Vorderräder – Spur	2,0 ± 1,0 mm Vorspur

Anzugsdrehmomente

5-Gang-Schaltgetriebe	
Einfüll-/Kontrollschraube (Kunststoff)	3 Nm
Ablassschraube	25 Nm
6-Gang-Schaltgetriebe	
Einfüll-/Kontrollschraube (Kunststoff)	3 Nm
Ablassschraube	23 Nm
Automatikgetriebe	
Ablassschraube (äußere Sechskantschraube)	8 Nm
Kontrollschraube (innere Schraube / Rohr)	8 Nm
Hinterachsantrieb (4WD)	
Einfüll-/Kontrollschraube	35 Nm
Ablassschraube	35 Nm
Keilrippenriemenspannrollen-Mutter (1,6 l-Motoren)	
Erstanzug (Einstellposition)	5 Nm
Endzug	35 Nm
Kühlmittelablassschraube im Motorblock	10 Nm
Motoröl-Ablassschraube	34 Nm
Radmuttern	113 Nm
Sicherheitsgurt-Befestigungen hinten (alle Schrauben)	49 Nm
Sicherheitsgurt-Befestigungen vorn	
A-Säulen-Verankerung	25 Nm
Schweller-Verankerung	49 Nm
Gurtrollen-Schraube	40 Nm
Gurtstraffer-Schraube an Schweller	50 Nm
Turbinen-Drehzahlsensor	6 Nm
Verteilergetriebe (4WD)	
Einfüll-/Kontrollschraube	35 Nm
Ablassschraube	35 Nm
Zündkerzen	20 Nm

Wartungsplan – Modelle mit Benzinmotoren

Die in diesem Handbuch angegebenen Wartungsintervalle beziehen sich darauf, dass der Fahrzeugbesitzer – und nicht die Werkstatt – die Arbeiten durchführt. Es sind die von uns empfohlenen Minimum-Wartungsintervalle für täglich bewegte Fahrzeuge. Wer sein Auto in einem hervorragenden Zustand erhalten will, muss einige dieser Punkte öfter ausführen. Wir empfehlen, alle Wartungen regelmäßig durchzuführen, da hierdurch die Wirtschaftlichkeit, die Leistungsfähigkeit und der Wiederverkaufswert des Fahrzeugs erhalten bleiben. Falls der Wagen vor allem im Winter, mit geringem Tempo (viel Stadtverkehr), auf kurzen Strecken viel mit Anhänger oder regelmäßig im Gelände gefahren wird, empfiehlt Nissan, die Wartungsintervalle zu verkürzen oder gar zu halbieren.

Alle 400 km oder wöchentlich

- ☐ Alle auf den Seiten 16 bis 27 beschriebenen »Wöchentlichen Kontrollen«

Alle 20.000 km oder spätestens nach 12 Monaten

Führen Sie neben den oben angegebenen Punkten die folgenden aus:

- ☐ Wechsel des Motoröls und des Ölfilters (Sektion 3)*

* **Anmerkung**: *Der Austausch des Motoröls und des Ölfilters wirkt sich äußerst positiv auf den Motor aus. Wir empfehlen daher, diesen Wechsel mindestens einmal jährlich durchzuführen – besonders wenn das Fahrzeug viel auf Kurzstrecke eingesetzt wird.*

- ☐ Kontrolle des Motorraums auf Undichtigkeiten (Sektion 4)
- ☐ Kontrolle und ggf. Ersetzen der Bremsbeläge (Sektion 5)
- ☐ Kontrolle der Handbremsenfunktion (Sektion 6)
- ☐ Kontrolle der Kupplungsfunktion (Sektion 7)
- ☐ Kontrolle der Klimaanlagen-Komponenten (Sektion 8)
- ☐ Kontrolle der Schadstoffregelungs-Komponenten und ihrer Schläuche (Sektion 9)
- ☐ Kontrolle und ggf. Ersetzen des Keilrippenriemens (Sektion 10)
- ☐ Kontrolle der Lenkung und der Radaufhängungen (Sektion 11)
- ☐ Kontrolle der Antriebswellenmanschetten (Sektion 12)
- ☐ Kontrolle der Spureinstellung der Vorderräder (Sektion 13)
- ☐ Kontrolle der Auspuffanlage und ihrer Aufnahmen (Sektion 14)
- ☐ Kontrolle der Sicherheitsgurte und ihrer Funktion (Sektion 15)
- ☐ Funktionskontrolle aller elektrischen Systeme (Sektion 16)
- ☐ Schmieren aller Schlösser und Scharniere (Sektion 17)
- ☐ Austausch des Pollenfilters (Sektion 18)
- ☐ Austausch des Luftfilterelements (Sektion 19)
- ☐ Kontrolle des Automatikgetriebe-Ölpegels (Sektion 20)
- ☐ Kontrolle des Schaltgetriebe-Ölpegels (Sektion 21)
- ☐ Kontrolle des Hinterachsantrieb-Ölpegels (Sektion 22)
- ☐ Kontrolle des Verteilergetriebe-Ölpegels (Sektion 21)
- ☐ Probefahrt (Sektion 24)

Alle 40.000 km oder spätestens nach zwei Jahren

Führen Sie neben den oben angegebenen Punkten die folgenden aus:

- ☐ Austausch der Zündkerzen (Sektion 25)
- ☐ Austausch der Bremsflüssigkeit (Sektion 26)
- ☐ Austausch des Kühlmittels (Sektion 27)

Lage der Baugruppen – Modelle mit Benzinmotoren

Unterseite – Frontbereich

1 Motoröl-Ablassschraube
2 Getriebeöl-Ablassschraube
3 Getriebe
4 Vorderes Auspuffrohr
5 Motor-Gegenlager
6 Hilfsrahmen
7 Klimaanlagen-Kompressor
8 Unterer Querlenker
9 Bremssattel
10 Spurstangen-Ende

Unterseite – Heckbereich

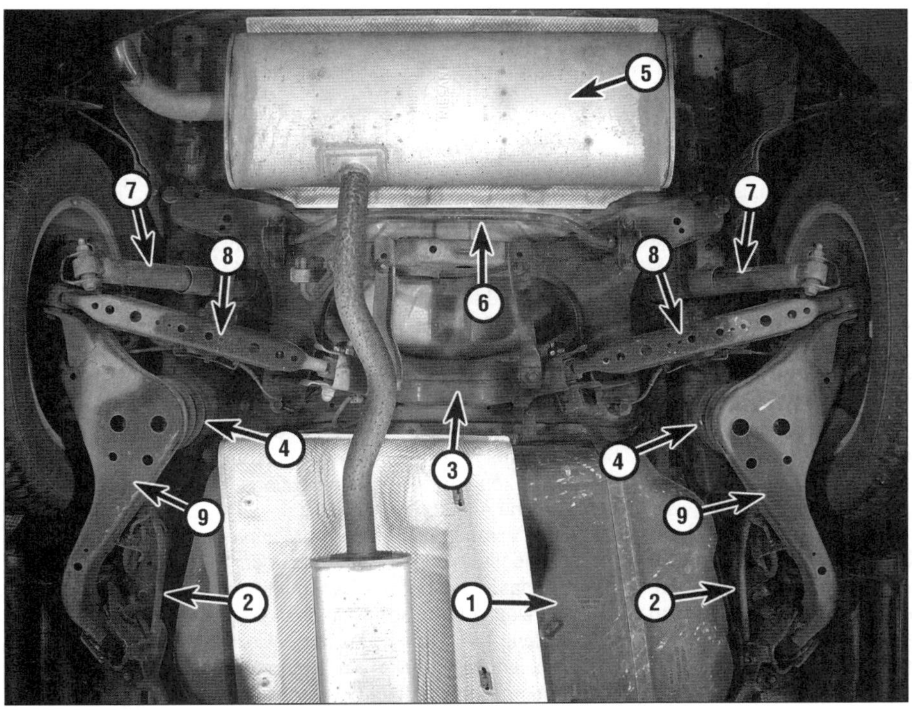

1 Kraftstofftank
2 Handbremsseil
3 Hinterachsen-Baugruppe
4 Schraubenfeder
5 Endschalldämpfer
6 Querstabilisator
7 Stoßdämpfer
8 Unterer Querlenker
9 Hinterachslenker

Motorraum

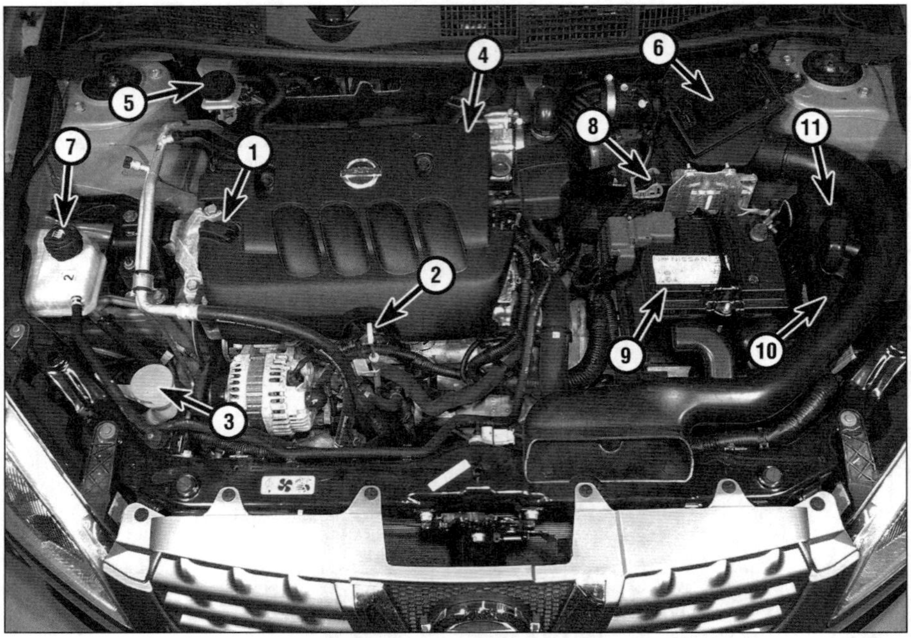

1 *Motoröl-Einfülldeckel*
2 *Motoröl-Peilstab*
3 *Wischwasserbehälter*
4 *AGR-Ventil*
5 *Bremsflüssigkeitsbehälter (bei Linkslenkern auf der anderen Seite)*
6 *Luftfiltergehäuse*
7 *Kühlmittel-Ausgleichsbehälter*
8 *Motorsteuerung (ECU)*
9 *Batterie*
10 *Sicherungs/Relaisbox*
11 *Intelligentes Energieverteilungs-Modul (IPDM)*

Wartungsprozedur – Modelle mit Benzinmotoren

1 Einleitung

Dieses Kapitel soll dem Hobbyschrauber helfen, sein Fahrzeug in einem sicheren und technisch guten Zustand zu halten, sodass es immer voll leistungsfähig ist und eine lange Lebensdauer erreicht.

Dieses Kapitel beinhaltet einen Master-Wartungsplan und Sektionen, die sich im Einzelnen mit jeder Aufgabe in diesem Plan beschäftigt; darin finden sich Sichtkontrollen, Einstellungen, der Austausch von Komponenten und andere hilfreiche Dinge. Das Auffinden der diversen Komponenten wird mithilfe der Motorraum- und Unterseitenbilder auf den vorherigen Seiten erleichtert.

Arbeiten am Fahrzeug entsprechend des Wartungsplans auf Seite 30 und den folgenden Sektionen bieten ein planmäßiges Wartungsprogramm, das zu einem lange und zuverlässig funktionierendem Fahrzeug führen sollte. Es handelt sich um einen sehr umfangreichen Plan – und das regelmäßige Warten einiger Komponenten, aber die Vernachlässigung anderer Baugruppen bringt nicht die gleichen Ergebnisse.

Während der Wartungsarbeiten wird auffallen, dass viele Prozeduren gemeinsam erledigt werden können – entweder wegen der speziellen Prozeduren oder der unmittelbaren Nähe zweier ansonsten nicht zusammenhängender Komponenten. Wird das Fahrzeug beispielsweise aus einem bestimmten Grund angehoben, kann neben einer Kontrolle der Lenkung und Radaufhängungen auch gleich eine Inspektion des Auspuffs durchgeführt werden.

Der erste Schritt dieses Wartungsprogramms ist, sich selbst vor der eigentlichen Arbeit korrekt vorzubereiten. Alle relevanten Sektionen müssen sorgfältig durchgelesen werden. Dann wird eine Liste erstellt, und alle erforderlichen Teile und Werkzeuge müssen beschafft werden. Falls ein Problem auftritt, muss Rat bei einem Ersatzteilhändler oder einer Fachwerkstatt gesucht werden.

2 Große Inspektion

1 Wenn das Fahrzeug von Beginn an entsprechend des Wartungsplans inspiziert wurde und entsprechend der Hinweise in diesem Handbuch regelmäßig Flüssigkeitspegel und Verschleißteile überprüft wurden, kann davon ausgegangen werden, dass sich der Motor in einem relativ guten Zustand befindet und kaum zusätzliche Arbeiten nötig sind.

2 Möglicherweise lief der Motor mangels regelmäßiger Wartung nicht korrekt. Dies kann bei Gebrauchtwagen, die nicht regelmäßig gewartet wurden, durchaus auftreten. In solchen Fällen können neben den üblichen Wartungsintervallen zusätzliche Arbeiten auftreten.

3 Bei Verdacht auf erhöhten Motorverschleiß kann ein Kompressionstest (siehe Kapitel 2A oder B, Sektion 2) wertvolle Informationen über die Gesamtperformance wichtiger Motorinnereien liefern. Solch ein Test kann als Grundlage genutzt werden, um zu entscheiden, wie umfangreich die Arbeit ausfallen wird. Falls ein Kompressionstest beispielsweise auf einen hochgradigen Verschleiß von Motorkomponenten hinweist, würde die in diesem Kapitel beschriebene konventionelle Wartung die Leistungsfähigkeit des Motors kaum verbessern und sich stattdessen als Zeit- und Geldverschwendung erweisen, solange nicht zuvor umfangreiche Überholungen (siehe Kapitel 2E) stattgefunden haben.

4 Die folgenden Arbeitsabläufe sind oft nötig, um die Leistungsfähigkeit eines generell schlecht laufenden Motors zu verbessern:

Primär-Tätigkeiten

a) Kontrolle aller für den Motor wichtigen Betriebsflüssigkeiten (siehe Wöchentliche Kontrollen*).*
b) Kontrolle aller Schläuche auf Undichtigkeit (Sektion 4).
c) Reinigung, Kontrolle und Testen der Batterie (siehe Wöchentliche Kontrollen *sowie Kapitel 5A, Sektion 2).*
d) Austausch der Zündkerzen (Sektion 25).
e) Kontrolle des Zustands und der Spannung des Keilrippenriemens (Sektion 10).
e) Kontrolle und ggf. Austausch des Luftfilterelements (Sektion 19).

5 Falls die oben beschriebenen Tätigkeiten nicht das gewünschte Ergebnis bringen, müssen zusätzlich die folgenden Arbeiten durchgeführt werden:

Sekundär-Tätigkeiten

a) Kontrolle des Batterieladesystems (siehe Kapitel 5A).
b) Kontrolle des Zündsystems (siehe Kapitel 5B).
c) Kontrolle der Kraftstoff-, Auspuff- und Schadstoffregelungssysteme (siehe Kapitel 4A und C).

Alle 20.000 km oder spätestens nach 12 Monaten

3 Motoröl und Ölfilter – Austausch

1 Ein regelmäßiger Öl- und Filterwechsel ist die wichtigste präventive Wartungsarbeit, die ein Hobbyschrauber zum Erhalt seines Fahrzeugs erledigen kann. Motoröl wird mit der Zeit schlecht und verunreinigt, sodass vorzeitiger Motorverschleiß einsetzt.

2 Bevor mit dieser Prozedur begonnen wird, müssen alle erforderlichen Werkzeuge beschafft sein. Um Spritzer aufzuwischen, werden Lappen oder Zeitungspapier benötigt. Motoröl sollte möglichst gewechselt werden, wenn der Motor nach einer Fahrt auf Betriebstemperatur ist; warmes Öl und Ölschlamm fließen so leichter ab.

3 Bei Arbeiten unter dem Fahrzeug dürfen weder der Auspuff noch andere heiße Komponenten berührt werden. Um Verbrühungen vorzubeugen und sich selbst vor Hautreizungen und im Öl enthaltenen giftigen Stoffen zu schützen, sollten bei dieser Arbeit Handschuhe getragen werden.

4 Der Zugang zur Unterseite des Autos wird deutlich besser, wenn es angehoben, auf Rampen gefahren oder mit Böcken abgestützt wird (siehe Seite 533). Bei allen Methoden muss sichergestellt sein, dass das Fahrzeug waagerecht steht, damit sämtliches Öl aus der Ablassbohrung fließen kann. Die Ablassschraube sitzt hinten an der Ölwanne (siehe Abbildung). Lösen Sie die Schrauben des Unterfahrschutzes, um diesen vom Motor zu befreien.

3.4 Motoröl-Ablassschraube

5 Entfernen Sie den rechts im Ventildeckel sitzenden Öleinfülldeckel, indem Sie ihn nach links drehen und herausziehen (siehe Abbildung).

3.5 Entfernen Sie den Öleinfülldeckel.

6 Lockern Sie die Ablassschraube etwa eine halbe Umdrehung, stellen Sie einen geeigneten Sammelbehälter unter die Ablassschraube, und drehen Sie diese vollständig heraus – während der letzten Umdrehungen sollte sie von Hand gegen die Ölwanne gedrückt werden (siehe Abbildungen).

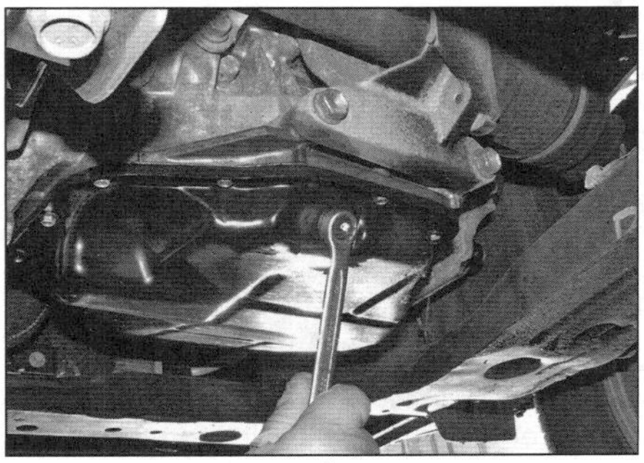

3.6a Lockern Sie die Ölablassschraube ...

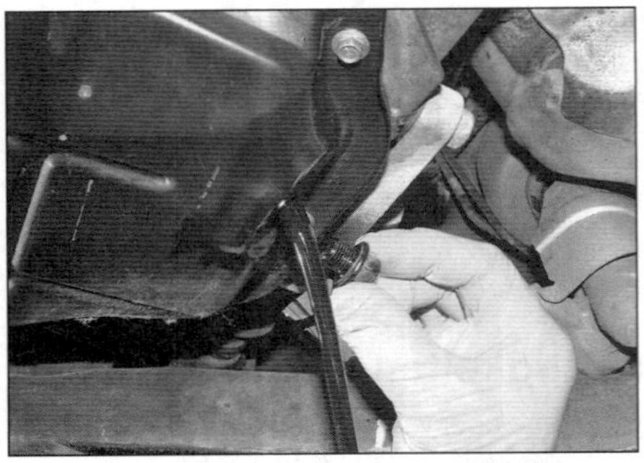

3.6b ... und drehen Sie sie aus der Ölwanne – verbrühen Sie sich dabei nicht die Hand!

7 Geben Sie dem Öl genug Zeit zum Ablaufen – nötigenfalls muss der Behälter umgesetzt werden, wenn es nur noch tröpfelt.

8 Nachdem das Öl vollständig abgelaufen ist, werden die Ablassschraube und ihr Gewinde in der Ölwanne gesäubert und die mit der neuen Dichtung ausgerüstete Schraube mit 34 Nm angezogen (siehe Abbildung).

3.8 Rüsten Sie die Ablassschraube mit einem neuen Dichtring aus.

9 Der Ölfilter sitzt vorn am Motorblock und ist besser von unten zugänglich (siehe Abbildung).

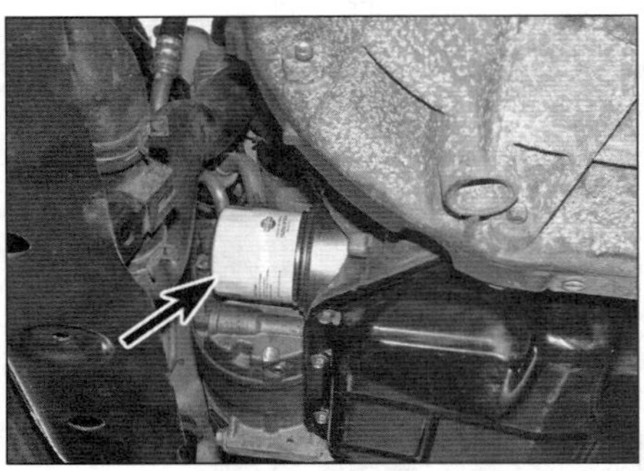

3.9 Der vorn am Motor sitzende Ölfilter ist von unten zugänglich.

10 Stellen Sie den Auffangbehälter unter den Ölfilterflansch.
11 Lockern Sie die Patrone nötigenfalls mithilfe eines Ölfilterschlüssels. Drehen Sie den Filter von Hand ab – seien Sie dabei auf austretendes Öl vorbereitet (siehe Abbildung). Das im Filter befindliche Öl wird in den Auffangbehälter gegossen.

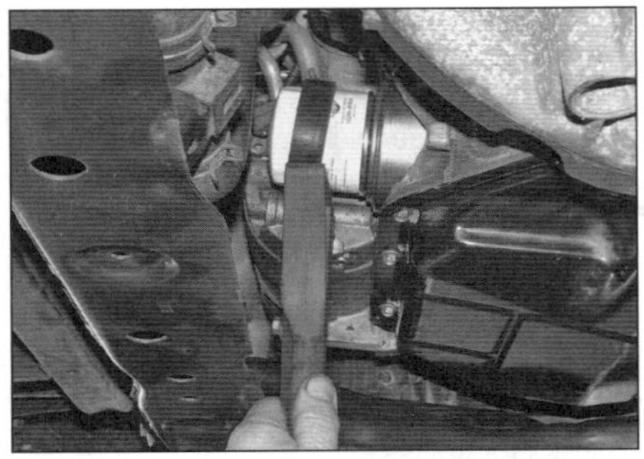

3.11 Die Ölfilterpatrone kann mit einem Band- oder Kettenschlüssel gelockert werden.

12 Wischen Sie die Ölfilter-Dichtfläche am Motorblock mit einem Lappen sauber (die Gummidichtung des alten Filters darf nicht dort kleben geblieben sein).
13 Benetzen Sie den Gummi-Dichtring des neuen Filters mit sauberem Motoröl und füllen Sie die Filterpatrone mit etwas frischem Öl auf. Drehen Sie den Filter dann auf seinen Stutzen – nur so fest, wie dies von Hand möglich ist (siehe Abbildungen). **Verwenden Sie dazu keinen Ölfilterschlüssel!**

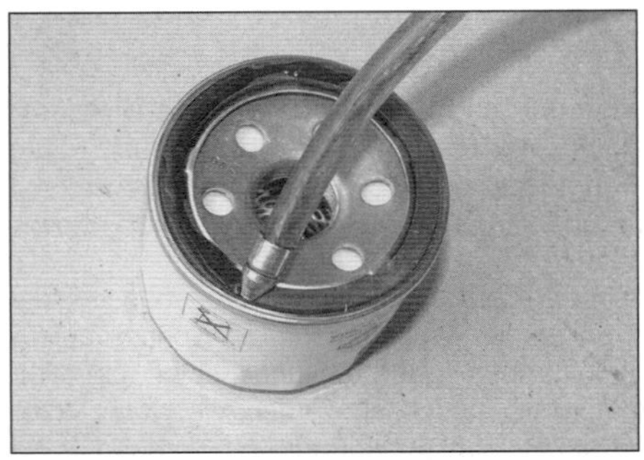

3.13a Füllen Sie die Filterpatrone mit frischem Motoröl auf ...

3.13b ... und drehen Sie sie auf den Gewindestutzen.

14 Entfernen Sie den mit Altöl gefüllten Sammelbehälter und sämtliches unter dem Fahrzeug liegendes Werkzeug, montieren Sie den Unterfahrschutz, und senken Sie den Wagen ggf. ab.
15 Füllen Sie etwa die Hälfte des vorgeschriebenen Motoröls durch die Öffnung im Ventildeckel ein (siehe *Wöchentliche Kontrollen*). Warten Sie ein paar Minuten, damit das Öl in die Ölwanne sickern kann. Füllen Sie dann Öl in kleinen Mengen nach, bis der Pegel an der unteren Markierung des Peilstabs

erreicht ist. Bis zur oberen Markierung muss jetzt noch etwa 1,0 Liter nachgefüllt werden. Installieren Sie den Einfülldeckel.
16 Starten Sie den Motor. Die Öldruck-Warnlampe wird noch einige Sekunden leuchten, bis der Ölfilter und alle Ölkanäle im Motor gefüllt sind. Die Drehzahl darf in diesem Zeitraum nicht erhöht werden. Lassen Sie den Motor einige Minuten laufen, und kontrollieren Sie die Bereiche um den Ölfilter und die Ablassschraube auf Undichtigkeiten.
17 Schalten Sie den Motor ab, und warten Sie einige Minuten, damit sich das Öl wieder in der Ölwanne gesammelt hat. Kontrollieren Sie erneut den Pegel und füllen Sie nötigenfalls etwas Öl nach.
18 Das alte Motoröl kann nicht mehr verwendet werden und muss in einen auslaufsicheren Behälter gefüllt werden. Jeder Händler, der technische Öle verkauft, ist auch dazu verpflichtet, entsprechende Mengen Altöl zurückzunehmen und zur fachgerechten Entsorgung oder zum Recycling zu bringen. Lassen Sie nie Altöl in die Kanalisation gelangen oder im Boden versickern!

4 Schläuche und Undichtigkeiten – Kontrolle

Kühlsystem

1 Unterziehen Sie alle Motor-Dichtflächen, Dichtungen und Dichtringe auf Spuren ausgetretenen Öls oder Kühlmittels – beachten Sie dabei besonders die Bereiche um die Zylinderkopf-, die Ventildeckel-, die Ölfilter- und die Ölwannendichtung. Mit der Zeit können Dichtungen zu »schwitzen« beginnen, was aber normal ist; an »echten« Undichtigkeiten tropft Flüssigkeit ab. Werden solche Lecks entdeckt, muss die entsprechende Dichtung oder der Dichtring erneuert werden – beachten Sie das entsprechende Kapitel in diesen Handbuch.
2 Kontrollieren Sie ebenfalls sorgfältig sämtliche mit dem Motor verbundenen Schläuche und Rohre; diese müssen korrekt (ggf. mit Schellen) an ihren Anschlüssen und in ihren Halterungen gesichert sein. Gerissene oder fehlende Halterungen können dazu führen, dass Rohre reißen und Schläuche scheuern – mit entsprechenden ernsthaften Folgen.
3 Überprüfen Sie sorgfältig alle Kühler- und Heizungsschläuche auf ihrer gesamten Länge. Alle Schläuche, die Risse aufweisen, angeschwollen oder spröde sind, müssen ersetzt werden. Risse zeigen sich besser, wenn man den Schlauch von Hand an mehreren Stellen quetscht. Achten Sie besonders auf die Schellen, mit denen die Schläuche an den Kühlsystem-Komponenten gesichert sind. Eine zu fest angezogene Schlauchschelle kann einen Schlauch abklemmen oder durchstechen, sodass Kühlmittel austritt.
4 Kontrollieren Sie alle Kühlsystem-Komponenten (Schläuche, Anschlüsse, Verbindungsstücke) auf Undichtigkeit. Wo Probleme dieser Art entdeckt werden, müssen entsprechende Bauteile oder Dichtungen ersetzt werden (siehe Kapitel 3). Ein Leck im Kühlsystem hinterlässt üblicherweise rostbraune oder weiße Ablagerungen (siehe Praxis-Tipp).

Praxis-Tipp

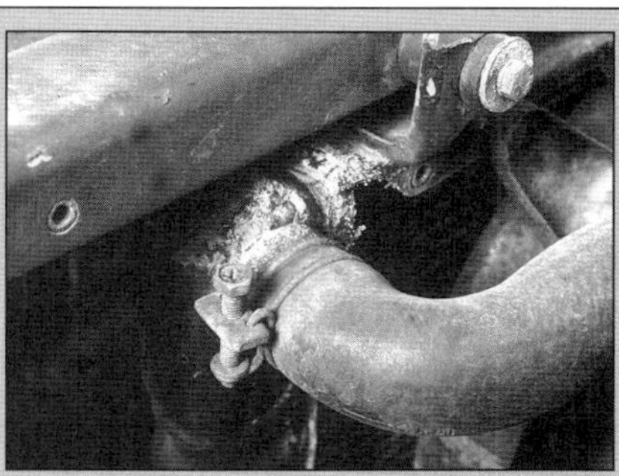

Ein Leck im Kühlsystem zeigt sich normalerweise als weiße oder rostbraune Ablagerung.

5 Kontrollieren Sie bei einem Automatikmodell die zum Getriebeöl-Kühler führenden Schläuche auf Undichtigkeiten und Alterungserscheinungen (siehe Abbildung).

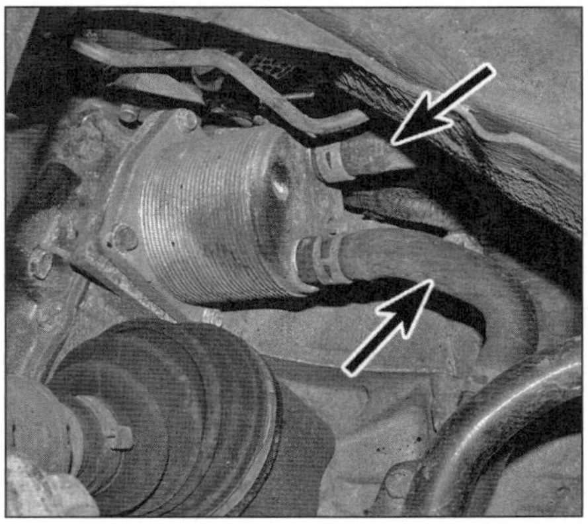

4.5 Schläuche zum Getriebeölkühler (nur Automatikmodelle)

6 Kontrollieren Sie bei angehobenem Fahrzeug den Tank und den Einfüllstutzen auf Beulen, Risse und andere Beschädigungen (die Verbindung zwischen Stutzen und Tank ist besonders kritisch). Manchmal leckt ein Gummistutzen oder ein Verbindungsschlauch aufgrund lockerer Schellen oder Rissen im Gummi.
7 Überprüfen Sie sorgfältig alle vom Tank wegführenden Schläuche und Rohre. Achten Sie auf lockere Anschlüsse, spröde Schläuche, geknickte Rohre und andere Schäden. Begutachten Sie auch alle Ent- und Belüftungsleitungen, die oft am Einfüllstutzen entlang verlaufen und leicht verstopfen oder gequetscht werden können. Folgen Sie der Kraftstoffleitung und der Rücklaufleitung nach vorn in den Motorraum und achten Sie auf Schäden oder Korrosion. Ersetzen Sie nötigenfalls schadhafte Segmente.
8 Inspizieren Sie alle Bremsleitungen (siehe Kapitel 9).
9 Kontrollieren Sie im Motorraum alle Benzinschläuche und Benzinleitungsanschlüsse auf Alterungserscheinungen und Scheuerstellen. Prüfen Sie die Schläuche besonders in Biegungen und an Anschlüssen auf Risse. Kontrollieren Sie Rohrleitungen auf Knicke, Korrosion und Scheuerstellen.

5 Bremsbeläge – Verschleißkontrolle

Vorderradbremsen

1 Ziehen Sie die Handbremse fest an, heben Sie dann das Fahrzeug vorn an, und stützen Sie es sicher ab (siehe Seite 535). Demontieren Sie die Vorderräder.

2 Die Belagstärke kann jetzt durch die Öffnung im Bremssattel kontrolliert werden – siehe Praxis-Tipp. Falls das Belagmaterial auch nur eines Bremsbelages unter der Verschleißgrenze von 2 mm liegt, müssen alle vier Bremsbeläge als Set ausgetauscht werden.

Praxis-Tipp

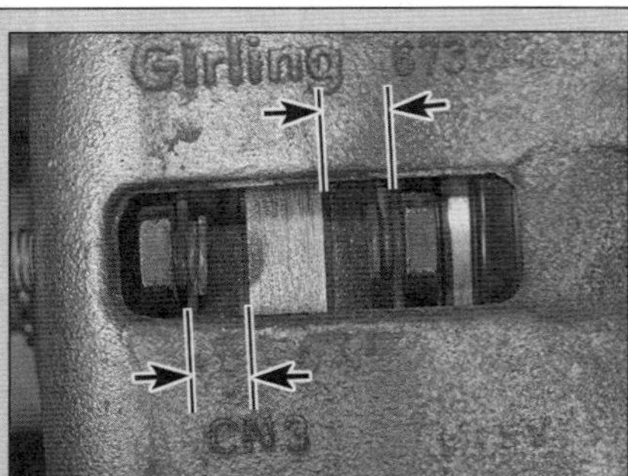

Für eine schnelle Kontrolle kann die Stärke des Belagmaterials durch die Öffnung im Bremssattel kontrolliert werden.

3 Für eine umfangreiche Kontrolle müssen die Bremsbeläge ausgebaut und gereinigt werden (siehe Kapitel 9) – hierbei können auch die Funktion der Bremssättel und die Bremsscheiben überprüft werden.

Hinterradbremsen

4 Blockieren Sie die Vorderräder, heben Sie dann das Fahrzeug hinten an, und stützen Sie es sicher ab (siehe Seite 535). Demontieren Sie die Hinterräder.

5 *Kontrollieren Sie die Bremsbeläge wie in den Schritten 2 und 3 beschrieben.*

6 Handbremse – Kontrolle und Einstellung

Kontrolle

1 Die mit moderater Kraft betätigte Handbremse muss in der Lage sein, das geparkte Fahrzeug auch an stärkeren Neigungen sicher zu halten. Der Mechanismus muss ein direktes und positives Gefühl vermitteln und darf nicht auf klemmende Bremsbacken oder eine schwammige Betätigung hinweisen. Die Bremse muss beim Lösen des Handbremshebels unverzüglich öffnen. Bei anderen Ergebnissen muss der Mechanismus überprüft werden:

2 Blockieren Sie für eine Kontrolle der Handbremse die Vorderräder, heben Sie dann das Fahrzeug hinten an, und stützen Sie es sicher ab (siehe Seite 535).

3 Bei gelöster Handbremse müssen sich die Hinterräder frei von Hand drehen lassen – ein leichtes Schleifen der Scheibenbremse ist normal.

4 Betätigen Sie etwa zehnmal die Handbremse, um den korrekten Abstand zwischen den Bremsbacken und den Bremstrommeln sicherzustellen.

5 Nachdem die Handbremse wieder gelöst ist, wird erneut geprüft, ob sich die Hinterräder frei drehen lassen.

6 Ziehen Sie die Handbremse mit moderater Kraft an, und zählen Sie dabei die Klicks – es müssen 7 bis 8 sein. Prüfen Sie, ob die Hinterräder blockiert sind.

Einstellung

7 Falls bis zur vollständig angezogenen Handbremse nicht 7 bis 8 Klicks zu hören sind, muss die Handbremse wie folgt eingestellt werden:

8 Befreien Sie die Getränkehalter-Abdeckung von der Mittelkonsole (siehe Abbildung).

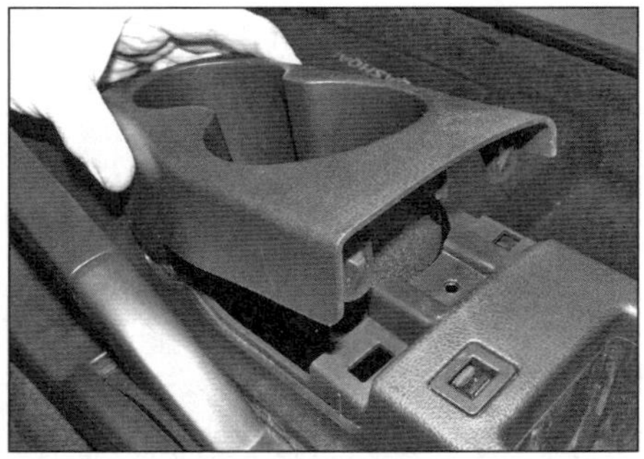

6.8 Entnehmen Sie die Getränkehalter-Abdeckung von der Mittelkonsole.

9 Die Handbremsen-Einstellmutter befindet sich auf dem Gewinde-Ende des vorderen Bowdenzuges. Messen Sie als Einbauhinweis, wie weit das Gewinde aus der Mutter ragt (siehe Abbildung). Lockern Sie die Mutter bis zum Ende des Gewindes.

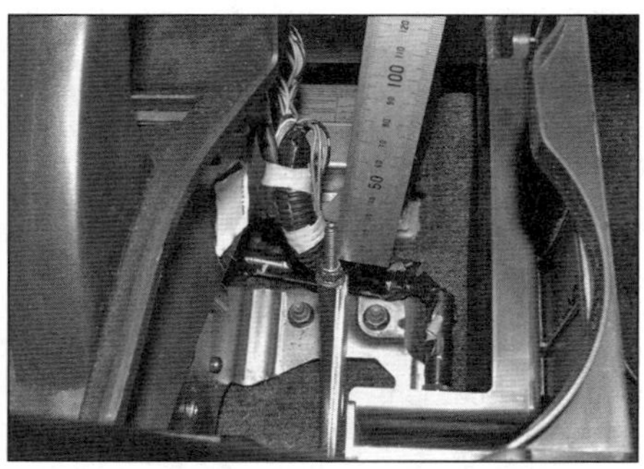

6.9 Messen Sie vor dem Lockern der Mutter die Länge des herausragenden Gewindes.

10 Falls noch nicht geschehen, müssen die Vorderräder blockiert, dann wird das Fahrzeug hinten angehoben und sicher abgestützt (siehe Seite 535). Demontieren Sie die Hinterräder.

11 Zur Zeit an einer Seite arbeitend, wird wie folgt die Position der Bremsbacken eingestellt: Entfernen Sie den Gummistopfen aus dem Radträger, und drehen Sie die Bremsscheibe, bis die Zugangsbohrung über der Einstellverzahnung liegt. Führen Sie einen Schraubendreher ein, und drehen Sie den Einsteller, bis sich die Bremsscheibe nicht mehr drehen lässt. Drehen Sie ihn dann so weit wieder zurück, bis sich die Bremsscheibe gerade wieder drehen lässt (siehe Abbildungen). Wiederholen Sie die Einstellung an der anderen Hinterradbremse. Drücken Sie die Gummistopfen wieder in die Bohrungen.

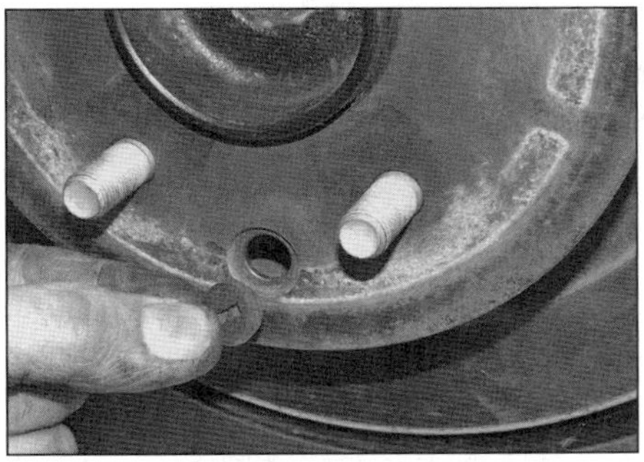

6.11a Entfernen Sie den Gummistopfen ...

6.11b ... und drehen Sie den Einsteller, ...

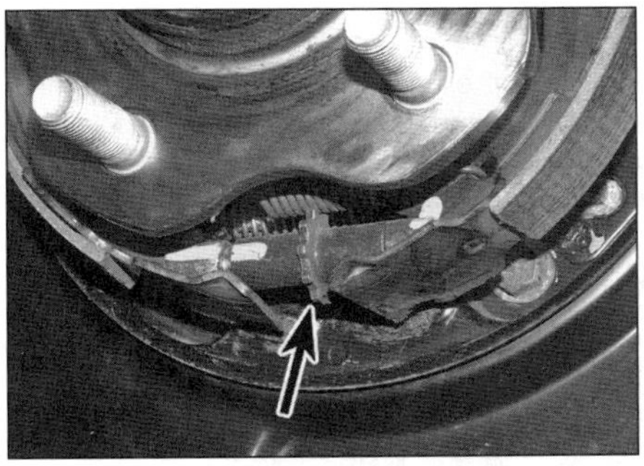

6.11c ... der sich unten zwischen den Bremsbacken befindet.

12 Ziehen Sie in der Mittelkonsole die Einstellmutter des vorderen Bremsseils an, bis die Handbremse korrekt mit 7 bis 8 Klicks arbeitet.

13 Achten Sie beim Anziehen de Einstellmutter darauf, dass die beiden hinteren Züge im Ausgleichsgestänge (hinten in der Mittelkonsole) eingehängt sind (siehe Abbildung).

6.13 Die hinteren Bremsseile müssen im Waagebalken eingehängt sein.

14 Prüfen Sie, ob die Handbremsen-Warnleuchte im Cockpit bereits nach dem ersten Klick aufleuchtet.

15 Installieren Sie die Mittelkonsolen-Abdeckung, und prüfen Sie die Funktion der Handbremse (siehe oben).

16 Falls keine korrekte Einstellung möglich ist, müssen die Bremsbacken und Bremsseile demontiert und überprüft werden (siehe Kapitel 9).

17 Montieren Sie die Hinterräder, und senken Sie das Fahrzeug ab.

7 Kupplung – Funktionsprüfung

Das Kupplungspedal muss sich sanft und leichtgängig durch den gesamten Pedalweg bewegen lassen. Kontrollieren Sie die Kupplungshydraulik auf Undichtigkeiten. Prüfen Sie, ob die Kupplung selbst korrekt funktioniert und weder unter Last durchrutscht noch schleift (sodass sich Gänge im Stand nur schwergängig einlegen lassen). Falls die Kupplungsbetätigung schwergängig ist, muss kontrolliert werden, ob das Pedalgelenk korrekt geschmiert ist. Weitere Informationen finden sich in Kapitel 6.

8 Klimaanlage – Kontrolle

Anmerkung: ***Beachten Sie vor der Arbeit an Klimaanlagen-Komponenten die Warnhinweise in Kapitel 3, Sektion 10.***

1 Kontrollieren Sie die Spannung und den Zustand des Keilrippenriemens, da dieser auch den Klimaanlagen-Kompressor antreibt (siehe Sektion 10).

2 Kontrollieren Sie die Kühlrippen des Verflüssigers und reinigen Sie sie nötigenfalls (für den Zugang muss die vordere Stoßstange entfernt werden – siehe Kapitel 11). Entfernen Sie Verschmutzungen mithilfe von Druckluft oder einer weichen Bürste – beschädigen Sie dabei nicht den Verflüssiger.

3 Aktivieren Sie die Klimaanlage jeden Monat für mindestens zehn Minuten – auch im Winter; so werden Dichtungen und andere Dinge nicht spröde und halten länger.

4 Inspizieren Sie regelmäßig die Kühlmittelrohre und -schläuche samt ihrer Anschlüsse auf festen Sitz und Beschädigungen.

5 Der häufigste Grund für eine schlechte Kühlfunktion ist fehlendes Kühlmittel. Falls spürbar weniger kalte Luft in den Innenraum geblasen wird, hilft eine der folgenden Kontrollen, einen niedrigen Kühlmittelpegel als Ursache zu bestimmen:
6 Bringen Sie zunächst den Motor auf Betriebstemperatur.
7 Stellen Sie die Temperaturregelung auf den niedrigsten Wert und die Gebläseregelung auf die höchste Stufe. Öffnen Sie die Türen (um sicherzustellen, dass die Klimaanlage nicht abschaltet, sobald der Innenraum heruntergekühlt ist).
8 Sobald der Kompressor läuft (die Kompressorkupplung rückt mit einem hörbaren Klicken ein und die Kupplungsnabe dreht sich), wird durch das ggf. vorhandene Sichtfenster oben im Flüssigkeitsbehälter beobachtet, ob Luftblasen oder Schaumbildung zu sehen sind – in diesem Fall ist der Kühlmittelpegel zu niedrig.
9 Falls kein Sichtfenster vorhanden ist, muss an den Einlass- und Auslassrohren des Kompressors gefühlt werden, ob ein Rohr warm und das andere kalt ist. Wenn beide Rohre kaum Temperaturunterschiede aufweisen, ist entweder der Kompressor defekt, der Kühlmittelpegel zu niedrig oder es liegt ein anderer Fehler im Klimaanlagen-System vor – konsultieren Sie dazu eine Nissan-Werkstatt oder einen Klimaanlagen-Fachbetrieb.
10 Die Klimaanlage verliert mit der Zeit einen gewissen Teil des Kühlmittels, sodass sie regelmäßig nachgefüllt werden muss – diese Aufgabe muss auf jeden Fall einer Nissan-Werkstatt oder einem Klimaanlagen-Fachbetrieb überlassen werden.
11 Versuchen Sie NIEMALS Bauteile des Klimaanlagen-Systems zu öffnen oder Einzelteile zu ersetzen, solange nicht von einer Fachwerkstatt das Kühlmittel abgelassen wurde – beachten Sie die Warnhinweise in Kapitel 3, Sektion 10.

9 Schadstoffregelung – Kontrolle

Details zu den Komponenten der Schadstoffregelung und deren Überprüfung finden sich in Kapitel 4C, Sektion 2. Führen Sie an den Schläuchen und Anschlüssen eine regelmäßige Sichtkontrolle durch, um mögliche Schäden oder Undichtigkeiten zu entdecken.

10 Keilrippenriemen – Kontrolle und Ersetzen

Kontrolle

1 Ziehen Sie die Handbremse fest an, und heben Sie das Fahrzeug vorn an, um es sicher abzustützen (siehe Seite 535). Demontieren Sie das rechte Vorderrad.
2 Um Zugang zum Riemenscheiben-Bolzen in der Kurbelwelle zu erhalten, müssen vorn im Radhaus die Clips der inneren Radhaus-Abdeckung gelöst und diese befreit werden (siehe Abbildung). Nötigenfalls müssen auch die Schrauben des Unterfahrschutzes gelöst und dieser abgenommen werden.

10.2 Ausbau der inneren Radhaus-Abdeckung

3 Drehen Sie mithilfe eines Steckschlüssels samt Verlängerung die Kurbelwelle im Uhrzeigersinn, um den/die Riemen über die gesamte Länge auf glänzende Scheuerstellen, Risse, ablösendes oder ausgefranstes Gewebe und andere Schäden inspizieren zu können (siehe Abbildung). Ein schadhafter Riemen muss ersetzt werden.

10.3 Kontrollieren Sie den Keilrippenriemen auf Verschleiß.

4 Bei 2,0 l-Motoren sorgt eine federbelastete Spannvorrichtung für die korrekte Riemenspannung. Falls der Pfeil am Spannergehäuse außerhalb der Bereichsanzeige liegt, muss der Keilrippenriemen ersetzt werden (siehe Abbildung).

10.4 Riemenspannungs-Anzeige bei 2,0 l-Motoren

5 Falls der Riemen in Ordnung ist, muss bei 1,6 l-Motoren die Riemenspannung wie unten beschrieben kontrolliert und ggf. eingestellt. Die Einstellung der Riemenspannung bei 2,0 l-Motoren ist in den Schritten 20 und 21 beschrieben.

1,6 l-Motoren

Ausbau

6 Führen Sie – falls noch nicht geschehen – Schritte 1 und 2 durch.

7 Lockern Sie durch das rechte Radhaus die Spannrollen-Mutter um eine Viertelumdrehung (siehe Abbildung) – weiteres Lockern würde zum Verdrehen der Spannrolle führen, sodass der Riemen beim Einbau nicht mehr korrekt gespannt wird.

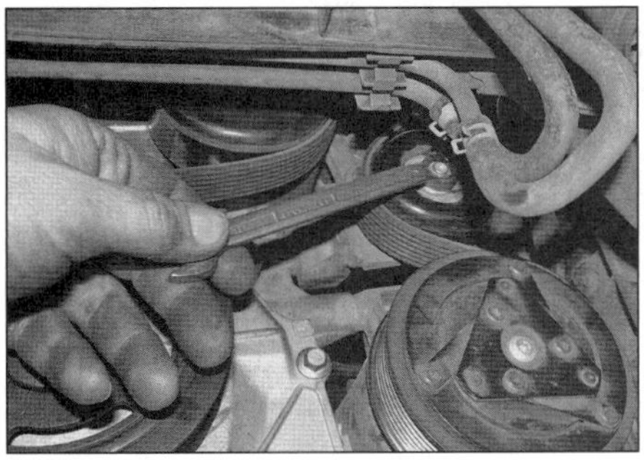

10.7 Lockern Sie die Spannrollen-Mutter.

8 Drehen Sie die Einstellschraube, um die Spannrolle so weit zu lockern, bis der Riemen von den Riemenscheiben genommen werden kann (siehe Abbildungen) – merken Sie sich dabei seine Verlegung. Falls der Riemen wiederverwendet werden soll, muss seine Laufrichtung markiert werden.

10.8a Lockern Sie die Spannrollen-Einstellschraube ...

10.8b ... und befreien Sie den Keilrippenriemen von allen Riemenscheiben.

Einbau

9 Beschaffen Sie ggf. einen neuen Zahnriemen des korrekten Typs. Legen Sie den Riemen wie beim Ausbau notiert um die Riemenscheiben (siehe Abbildung). Ziehen Sie die Einstellschraube an, bis der Riemen einigermaßen stramm sitzt.

10.9 Der Keilrippenriemen muss korrekt verlegt sein – 1,6 l-Motor

10 Die korrekte Spannung des Keilrippenriemens sorgt für eine lange Lebensdauer und die korrekte Funktion der damit angetriebenen Nebenaggregate. Ein zu stramm gespannter Riemen kann Schäden an Wellenlagern verursachen.

11 Die Riemenspannung wird mittig zwischen den unteren Riemenscheiben kontrolliert. Belasten Sie den Riemen mit 98 Newton (10 kg), und messen Sie, ob der Durchhang den Vorgaben in den technischen Daten entspricht.

12 Um die Spannung zu verändern, muss die Spannrollen-Einstellschraube entsprechend verdreht werden (siehe Abbildung) – achten Sie darauf, dass die Spannrollen-Mutter mit dem Einstellwert von 5 Nm angezogen ist; ansonsten kann sich die Spannrolle verdrehen, sodass der Riemen nicht korrekt eingestellt ist.

10.12 Messen Sie, wie weit sich der Riemen zwischen den unteren Rollen bei einer Belastung von 98 N bewegt.

13 Sobald der Riemen korrekt gespannt ist, wird die Kurbelwelle einige Umdrehungen durchgedreht und der Durchhang erneut kontrolliert.

14 Wenn alles korrekt ist, wird die Spannrollen-Mutter mit 35 Nm angezogen.

15 Montieren Sie die Radhaus-Abdeckung und den Unterfahrschutz. Montieren Sie das Rad, senken Sie das Fahrzeug ab, und ziehen Sie die Radmuttern mit 113 Nm an.

2,0 l-Motoren

Ausbau

16 Führen Sie – falls noch nicht geschehen – Schritte 1 und 2 durch.

17 Lockern Sie durch das rechte Radhaus den Zahnriemen, indem Sie den Spannmechanismus im Uhrzeigersinn bewegen; nötigenfalls kann ein 6-mm-Inbusschlüssel oder ein entsprechender Bohrer in das Loch des Spannergehäuses gesteckt werden, um ihn in dieser entspannten Position zu halten (siehe Abbildungen).

10.17a Schwenken Sie die Spannrolle hoch ...

10.17b ... und blockieren Sie den Spanner, sobald die Löcher fluchten (Pfeil).

18 Merken Sie sich die Verlegung des Riemens, und befreien Sie ihn von den Riemenscheiben (siehe Abbildung). Falls der Riemen wiederverwendet werden soll, muss seine Laufrichtung markiert werden.

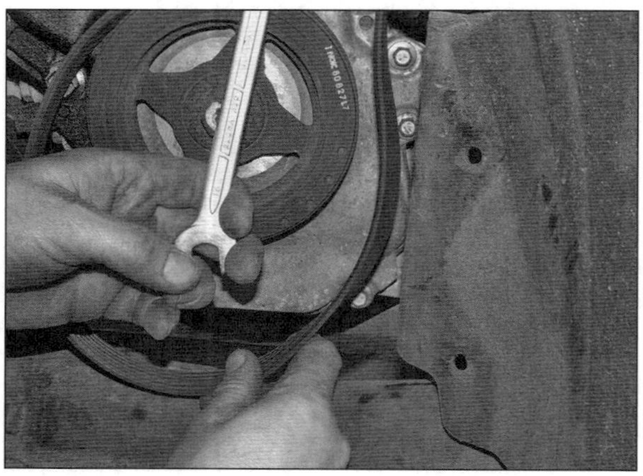

10.18 Befreien Sie den Keilrippenriemen von allen Riemenscheiben.

Einbau

19 Beschaffen Sie ggf. einen neuen Zahnriemen des korrekten Typs. Legen Sie den Riemen wie beim Ausbau notiert um die Riemenscheiben (siehe Abbildung).

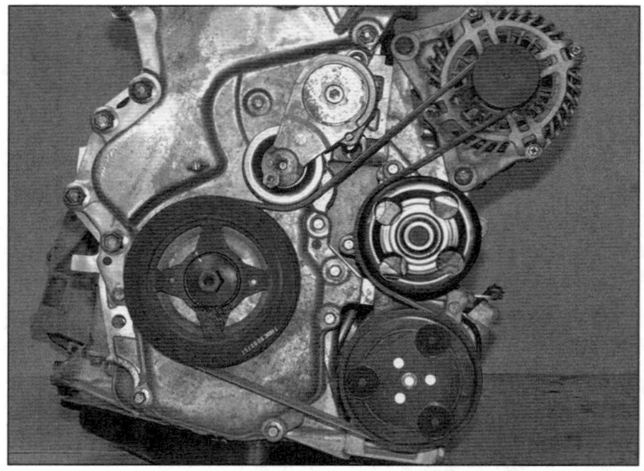

10.19 Der Keilrippenriemen muss korrekt verlegt sein – 2,0 l-Motor

20 Halten Sie den Spanner mit einem Steck- oder Ringschlüssel in Position, während der Inbusschlüssel oder der Bohrer entfernt wird. Entlasten Sie dann vorsichtig den Druck, sodass sich der federbelastete Spanner gegen den Uhrzeigersinn dreht und dabei den Riemen automatisch spannt (siehe Abbildung).

10.20 Entlasten Sie den Spanner, sobald der Riemen montiert ist.

21 Sobald der Riemen korrekt sitzt, wird die Kurbelwelle einige Umdrehungen durchgedreht und der Durchhang wie in Schritt 4 beschrieben erneut kontrolliert.

22 Montieren Sie die Radhaus-Abdeckung und den Unterfahrschutz. Montieren Sie das Rad, senken Sie das Fahrzeug ab, und ziehen Sie die Radmuttern mit 113 Nm an.

11 Lenkung und Radaufhängungen – Kontrolle

Vorderradfederung und Lenkung

1 Ziehen Sie die Handbremse an, heben Sie das Fahrzeug vorn an, und stützen Sie es sicher ab (siehe Seite 535).

2 Begutachten Sie die Staubkappen der Spurstangenköpfe und die Lenkstangen-Manschetten auf Risse, Scheuerstellen und Alterungserscheinungen (siehe Abbildungen). Jeder Schaden an diesen Komponenten lässt Schmutz und Wasser eindringen und Schmiermittel verschwinden, sodass die Spurstangenköpfe und das Lenkgestänge rapide verschleißen.

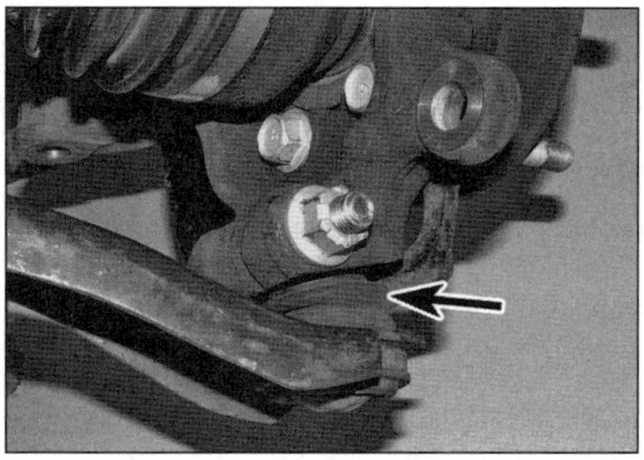

11.2a Überprüfen Sie die Gummikappen der Spurstangenköpfe ...

11.2b ... die Manschetten der Lenkstangen ...

11.2c ... und die Staubmanschetten der Querstabilisator-Anlenkungen.

3 Greifen Sie das Rad in der 12-Uhr- und der 6-Uhr-Position, und versuchen Sie, daran zu wackeln (siehe Abbildung). Sehr geringes Spiel ist normal, doch wenn deutliche Bewegung spürbar ist, müssen weitere Untersuchungen die Ursache ermitteln. Wackeln Sie weiter am Rad, während ein Assistent das Bremspedal betätigt. Wenn die Bewegung jetzt verschwunden oder deutlich verringert ist, werden wahrscheinlich die Radlager defekt sein oder ggf. Einstellungen benötigen. Ist das Spiel auch bei betätigter Bremse vorhanden, wird der Verschleiß an den Radaufhängungen oder Federsystemen zu suchen sein.

11.3 Wackeln Sie so am angehobenen Rad, um mögliches Spiel der Radlager zu ermitteln.

4 Greifen Sie jetzt das Rad in der 9-Uhr- und der 3-Uhr-Position, und versuchen Sie erneut, daran zu wackeln (siehe Abbildung). Jede jetzt fühlbare Bewegung kann wieder auf defekte Radlager zurückzuführen sein – oder auf Verschleiß in den Spurstangenköpfen. Falls das innere oder äußere Lenkgestänge-Kugelgelenk verschlissen ist, wird seine Bewegung deutlich zu beobachten sein.

11.4 Wackeln Sie so am angehobenen Rad, um mögliches Spiel in der Lenkung oder den Spurstangenköpfen zu ermitteln.

5 Mithilfe eines zwischen die Federelemente und ihren Befestigungspunkten eingesetzten großen Schraubendrehers oder einer flachen Stange kann durch Hebeln Verschleiß in den Lagerbuchsen ermittelt werden. Da die Buchsen aus Gummi bestehen, ist etwas Bewegung normal, doch übermäßiger Verschleiß sollte deutlich fühlbar sein. Kontrollieren Sie auch den Zustand aller sichtbaren Gummibuchsen; achten Sie auf Risse und sprödes Gummi.

6 Während das Fahrzeug wieder auf seinen Rädern steht, dreht ein Assistent das Lenkrad etwa eine achtel Umdrehung hin und her – die Räder müssen sich ein kleines Stück bewegen. Ist dies nicht der Fall, müssen alle zuvor beschriebenen Gelenke und Halterungen genau untersucht werden, zusätzlich müssen auch die Kreuzgelenke und das Zahnstangengetriebe auf Verschleiß überprüft werden.

Hinterradaufhängung

7 Blockieren Sie die Vorderräder, heben Sie das Fahrzeug hinten an, und stützen Sie es sicher ab (siehe Seite 535).

8 Kontrollieren Sie wie bei den Vorderrädern, ob die Radlager, die Lagerbuchsen der Radaufhängung und die Stoßdämpferaufnahmen erhöhtes Spiel aufweisen.

Federbeine / Stoßdämpfer

9 Kontrollieren Sie das Federbein- oder Stoßdämpfergehäuse sowie die Gummidichtung der Kolbenstange auf ausgetretenes Öl – in diesem Fall ist das Bauteil defekt und muss ersetzt werden.

Anmerkung: *Die Federbeine oder Stoßdämpfer einer Achse müssen stets paarweise ersetzt werden.*

10 Die Funktion der Federbeine oder Stoßdämpfer kann geprüft werden, indem das Fahrzeug an jeder Ecke heruntergedrückt wird. Die Karosserie sollte in ihre normale Position zurückkehren und dort verbleiben; falls sie sich über die ursprüngliche Lage hinaus anhebt und wieder einsackt, wird das Federbein oder der Stoßdämpfer wahrscheinlich defekt sein. Kontrollieren Sie auch seine oberen und unteren Aufnahmen auf Verschleiß.

12 Antriebswellenmanschetten – Kontrolle

1 Das Fahrzeug muss angehoben und sicher abgestützt sein (siehe Seite 525). Drehen Sie das Lenkrad nach links oder rechts bis zum Anschlag, und drehen Sie dann langsam eines der Vorderräder, um den Zustand der Manschette über dem äußeren Gleichlaufgelenk zu ermitteln – drücken Sie diese an verschiedenen Stellen von Hand, um die Bereiche in den Falten freizulegen (siehe Abbildung). Falls Risse oder andere Beschädigungen festgestellt werden, die Fett austreten lassen, kann hierdurch auch Wasser und Schmutz eindringen. Kontrollieren Sie ebenfalls die Schellen. Wiederholen Sie die Kontrolle an der inneren Manschette und am anderen Vorderrad. Falls irgendwelche Schäden oder Hinweise auf Alterung festgestellt werden, müssen die Manschetten ersetzt werden (siehe Kapitel 8, Sektion 3).

12.1 Kontrollieren Sie die Antriebswellenmanschetten.

2 Kontrollieren Sie gleichzeitig den Zustand des Gleichlaufgelenks selbst, indem Sie die Antriebswelle festhalten und versuchen, das Rad zu drehen. Wiederholen Sie die Kontrolle, indem Sie den inneren Flansch halten und versuchen, die Antriebswelle zu drehen. Jedes fühlbare Spiel weist auf Verschleiß im Gelenk oder in den Mitnehmerverzahnungen hin – oder auf eine lockere Antriebswellenmutter.

3 Führen Sie bei 4WD-Modellen eine Kontrolle der hinteren Antriebswellenmanschetten durch.

13 Räder – Spurkontrolle

Definitionen

1 Die Lenk- und Fahrwerksgeometrie eines Automobils wird durch vier Grundeinstellungen definiert: Spur, Sturz, Nachlauf und Lenkrollradius. Alle Winkel werden in Grad ausgedrückt, nur die Spur-Einstellungen werden auch als Längenmaß angegeben. Vorspur bedeutet, dass die Räder etwas nach innen laufen; bei Nachspur laufen sie nach außen. Manche dieser Vorgaben sind einstellbar, andere durch die Radaufhängungs-Komponenten vorgegeben. Bei einem Unfall oder anderen Beschädigungen können sämtliche Einstellungen nicht mehr stimmen.

Kontrolle und Einstellung

2 Aufgrund spezieller Messausrüstungen, die für eine akkurate Kontrolle der Rad-Einstellung benötigt wird, sollte die Kontrolle und Einstellung besser einer Fachwerkstatt überlassen werden. Heute bieten auch viele Reifenhändler einen solchen Service an.

14 Auspuffanlage – Kontrolle

1 Kontrollieren Sie die (mindestens eine Stunde lang) abgekühlte Auspuffanlage vom Krümmerflansch bis zum Endrohr am Heck. Dies sollte möglichst beim vorn und hinten angehobenen und sicher abgestützten Fahrzeug geschehen (siehe Seite 535).

2 Überprüfen Sie alle Rohre und Anschlüsse auf Undichtigkeit, starke Korrosion und Beschädigungen. Alle Halterungen und Gummis müssen in Ordnung sein und zusammen mit allen fest angezogenen Schrauben und Muttern den Auspuff sicher halten (siehe Abbildung). Falls eine der Halterungen ersetzt werden muss, ist sicherzustellen, dass baugleiche Ersatzteile beschafft werden. Undichtigkeiten an Anschlüssen oder anderen Bereichen des Auspuffsystems zeigen sich üblicherweise durch schwarze Ablagerungen.

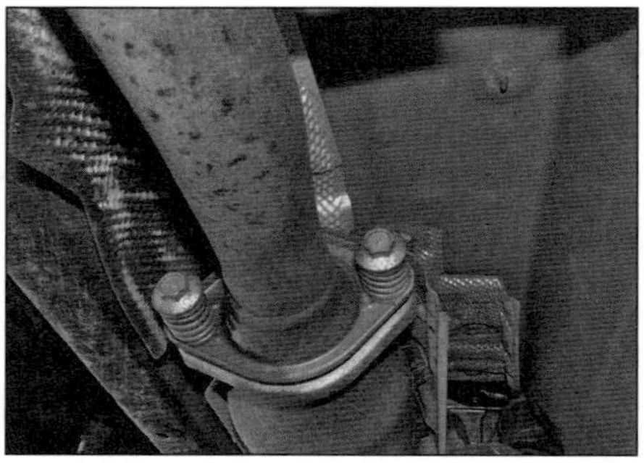

14.2 Kontrollieren Sie alle Auspuff-Verbindungen auf festen Sitz.

3 Klappern und andere Geräusche weisen oft auf Defekte an der Auspuffanlage hin – meistens auf schadhafte Haltegummis (siehe Abbildung). Versuchen Sie, an den Schalldämpfern und am Katalysator zu wackeln; falls dabei Auspuffteile gegen die Karosserie schlagen, müssen sie mit neuen Halterungen gesichert werden. Trennen Sie nötigenfalls – und falls möglich – die Auspuff-Komponenten, und verdrehen Sie die Rohre, um den Abstand zur Karosserie zu vergrößern.

14.3 Kontrollieren Sie die Haltegummis der Auspuffanlage.

15 Sicherheitsgurte – Kontrolle

1 An allen Sitzen befinden sich Dreipunkt-Automatikgurte.
2 Kontrollieren Sie die Gurte auf Ausfransungen und andere Schäden. Prüfen Sie auch die Funktion der Gurtschlösser und den Rückhaltemechanismus. Alle Befestigungsschrauben müssen fest angezogen sein (die am Bund der Schrauben aufgehängten Gurtanker sind dennoch frei drehbar).
3 Bei jeder Beschädigung oder jedem Zweifel über den Zustand eines Gurtes muss dieser ersetzt werden. Falls das Fahrzeug in einen Unfall verwickelt war, müssen alle zu diesem Zeitpunkt verwendeten Gurte generell ausgetauscht werden (alle anderen Gurte müssen sorgfältig überprüft werden).
4 Reinigen Sie Gurte nur mit warmem Wasser und milder Seife. Verwenden Sie niemals chemische Reinigungsmittel wie Verdünner oder Terpentinersatz, Färbe- oder Bleichmittel. Lassen Sie die gereinigten Gurte ausgerollt an der Luft trocknen – verwenden Sie keinen Föhn oder andere Hilfsmittel.

16 Elektrik – Kontrolle

1 Überprüfen Sie alle elektrischen Komponenten: Lampen, Blinker, Hupe usw. Beachten Sie für Details die Hinweise in Kapitel 12, falls in einem Stromkreis ein Defekt vorliegt.
2 Die Einstellung des Bremslichtschalters ist in Kapitel 9, Sektion 18 beschrieben.
3 Kontrollieren Sie alle zugänglichen Kabelstecker, Kabelbefestigungen und Kabelverbindungen auf festen Sitz, Scheuerstellen und andere Beschädigungen. Beseitigen Sie alle gefundenen Defekte (siehe Kapitel 12).

17 Scharniere und Schlösser – Schmieren

1 Schmieren Sie alle Tür-, Motorhauben- und ggf. Heckklappenscharniere mit Mehrzweck- oder Maschinenöl.
2 Schmieren Sie die Motorhaubenverriegelung und den offenen Teil des Öffnerzugs mit etwas Fett. Schmieren Sie ebenfalls den zugänglichen Bereich am Entriegelungsmechanismus der Heckklappe und des Tankdeckels.
3 Kontrollieren Sie sorgfältig die Sicherheit und Funktion aller Scharniere, Verriegelungen und Schlösser und stellen Sie sie nötigenfalls ein (siehe Kapitel 11). Prüfen Sie die Funktion der Zentralverriegelung.
4 Prüfen Sie ggf. die Funktion der Heckklappen-Gasdruckfedern – falls sie undicht sind oder die Heckklappe nicht sicher offen halten können, müssen sie ersetzt werden.

18 Pollenfilter – Ersetzen

1 Demontieren Sie das Handschuhfach (siehe Kapitel 11, Sektion 26).
2 Trennen Sie links hinten am Heizungsgehäuse den Stecker des Regelklappen-Motors (siehe Abbildung).

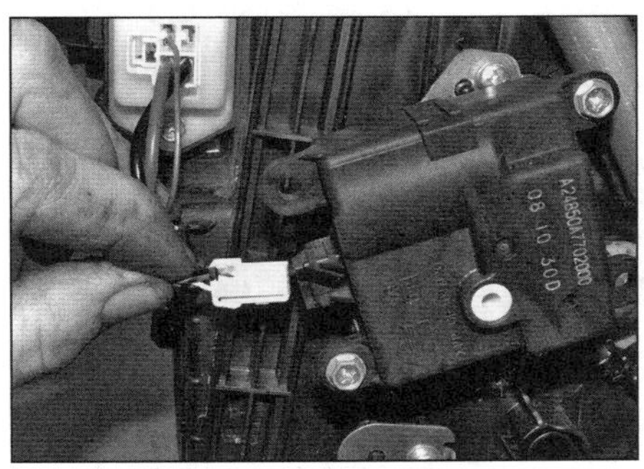

18.2 Trennen Sie den Stecker des Regelklappen-Motors.

3 Befreien Sie den unteren Teil des Filterdeckels, und lösen Sie ihn von der Rückseite des Heizungsgehäuses (siehe Abbildung).

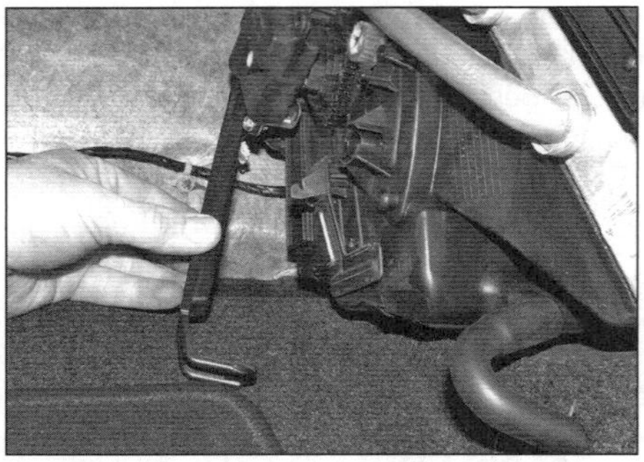

18.3 Befreien Sie den Pollenfilter-Deckel.

4 Drücken Sie das Filterelement innerhalb des Gehäuses zusammen, und ziehen Sie es heraus (siehe Abbildung). Wischen Sie den Bereich um das Gehäuse sauber.

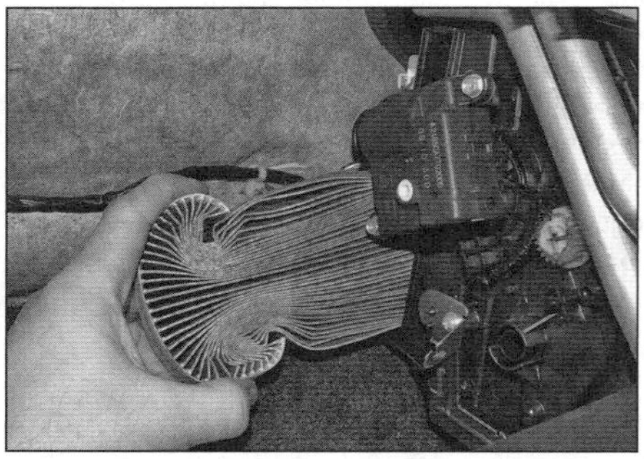

18.4 Ziehen Sie den Pollenfilter aus dem Gehäuse.

5 Richten Sie das neue Filterelement mit den Pfeilen zur Innenseite des Fahrzeugs aus, und installieren Sie es in das Gehäuse (siehe Abbildung).

18.5 Beachten Sie beim Einbau des neuen Filters die Luftstrom-Richtungspfeile.

6 Installieren Sie den Filterdeckel an das Gehäuse – die Lasche an der Unterseite muss korrekt einrasten (siehe Abbildung).

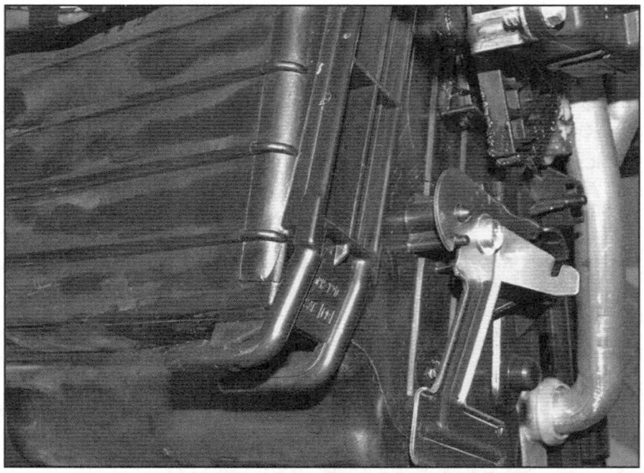

18.6 Der Filterdeckel muss unten korrekt am Gehäuse einrasten.

7 Verbinden Sie den Stecker des Regelklappen-Motors, und montieren Sie das Handschuhfach ins Armaturenbrett.

19 Luftfilterelement – Ersetzen

1 Das Luftfiltergehäuse sitzt links hinten im Motorraum. Öffnen Sie die Motorhaube, lösen Sie die zwei Haltebügel des Luftfilterelemente-Trägers, und ziehen Sie diesen aus dem Gehäuse (siehe Abbildungen).

19.1a Lösen Sie die zwei Bügel ...

19.1b ... und ziehen Sie den Luftfilter-Träger aus dem Gehäuse.

2 Befreien Sie das alte Filterelement aus dem Träger, merken Sie sich die Einbaurichtung, und installieren Sie das neue Filterelement (siehe Abbildung).

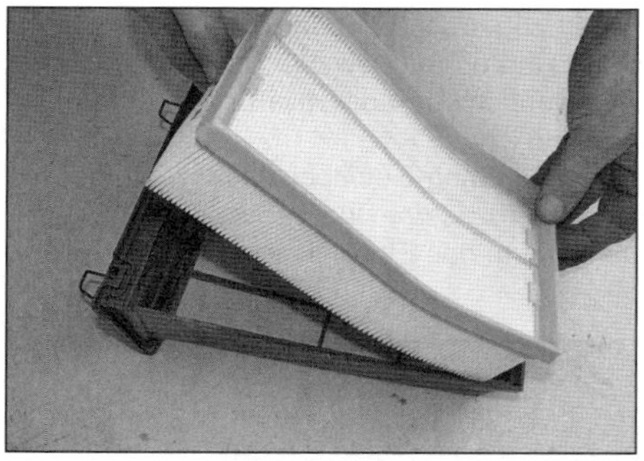

19.2 Befreien Sie das alte Filterelement aus dem Träger.

3 Wischen Sie das Gehäuse innen mit einem feuchten Lappen sauber, und entfernen Sie alle hineingefallenen Partikel.
4 Installieren Sie den Luftfilter in der umgekehrten Ausbaureihenfolge – er muss korrekt sitzen und mit den zwei Bügeln gesichert sein (siehe Abbildung).

19.4 Der Luftfilter-Träger muss korrekt im Gehäuse sitzen und mit den Bügeln gesichert sein.

20 Automatikgetriebe – Ölpegelkontrolle

Anmerkung 1: *Das Getriebeöl muss für diese Kontrolle eine Temperatur von 40 °C haben. Bei Nissan verwendet man für diese Kontrolle eine spezielle Ausrüstung – erkundigen Sie sich nötigenfalls bei einer Nissan-Werkstatt danach.*
Anmerkung 2: *Manche Automatikgetriebe sind nicht mit der hier beschriebenen Kontroll- und Ablassschraube ausgerüstet – hier muss die Ölpegelkontrolle von einer Nissan-Werkstatt durchgeführt werden.*
1 Stellen Sie das Fahrzeug auf ebenem Untergrund ab, ziehen Sie die Handbremse an, entfernen Sie den Unterfahrschutz, und inspizieren Sie das Getriebegehäuse auf ausgetretenes Öl. Um den Zugang zu verbessern, kann das Fahrzeug über eine Grube gefahren oder so angehoben und abgestützt werden (siehe Seite 535), dass es weiterhin waagerecht steht.
2 Starten Sie den Motor, bewegen Sie den Wahlhebel durch alle Schaltstufen, und belassen Sie ihn am Ende in Position P.
3 Das Getriebeöl muss eine Temperatur von 40 °C aufweisen, um im Gehäuse den korrekten Pegel zu erreichen. Nissan-Werkstätten verfügen über eine Diagnoseausrüstung, mit der die gewünschte Temperatur erzeugt werden kann. **Anmerkung**: *Das Getriebeöl erreicht diese Temperatur auch, nachdem der Motor etwa zehn Minuten im Standgas lief.*
4 Positionieren Sie einen geeigneten Behälter unter die unten im Getriebe sitzende kombinierte Ablass- und Kontrollschraube, und lösen Sie deren äußeren Teil (die Verschlussschraube) – die Dichtscheibe muss später durch ein Neuteil ersetzt werden.
Warnung: Falls das Getriebeöl heiß ist, müssen Vorsichtsmaßnahmen gegen Verbrühungen getroffen werden.
5 Wenn etwas Getriebeöl durch das hinter der Ablassschraube sitzende Kontrollrohr abläuft, ist der Pegel korrekt (siehe Abbildung).

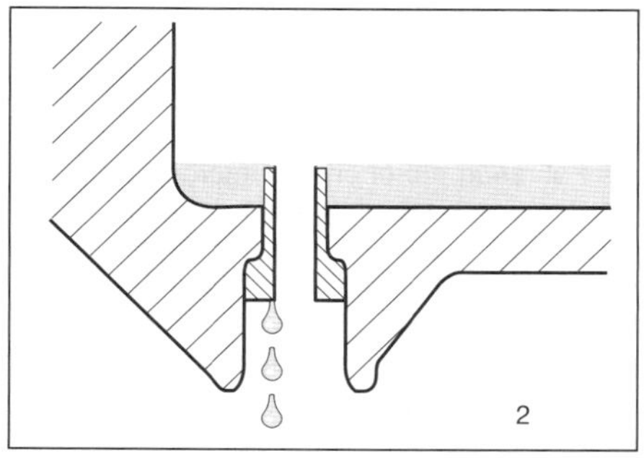

20.5 Die Ölpegel-Kontrollschraube im Automatikgetriebe ist mit einem Rohr ausgerüstet.

Wenn Öl heraustropft, ist der Pegel korrekt.

6 Falls kein Getriebeöl austritt, muss wie folgt Getriebeöl aufgefüllt werden:
7 Das Automatikgetriebe hat keine Einfüllschraube, sodass der Sensor oben am Gehäuse herausgeschraubt werden muss, um durch seine Öffnung Öl aufzufüllen. Um den Zugang zum Sensor zu verbessern, muss die Batterie ausgebaut werden (siehe Kapitel 5A, Sektion 3).
8 Wischen Sie oben am Automatikgetriebe den Bereich um den Turbinen-Drehzahlsensor sauber (siehe Abbildung). Trennen Sie den Sensorstecker, lösen Sie die Schraube und entfernen Sie den Sensor oben aus dem Gehäuse – Nissan empfiehlt, den O-Ring und die Schraube nach jedem Ausbau des Sensors zu erneuern.

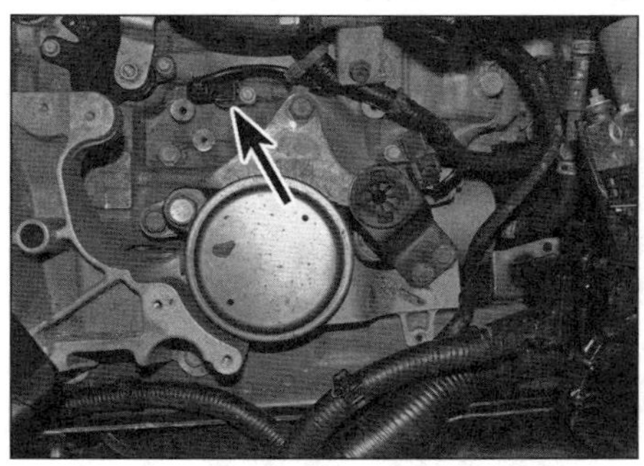

20.8 Position des Turbinen-Drehzahlsensors

9 Füllen Sie vorsichtig das empfohlene Öl (siehe Seite 27) auf, bis es aus der Kontrollschraube unten am Getriebe herausläuft.

10 Sobald das Öl nur noch tropft, wird die Verschlussschraube mit einer neuen Dichtscheibe ausgerüstet, in die Ablaufbohrung installiert und mit 8 Nm angezogen.

11 Rüsten Sie den Sensor mit einem neuen O-Ring aus, installieren Sie ihn in seinen Sitz oben am Getriebe, drehen Sie die neue Schraube ein, und ziehen Sie sie mit 6 Nm an.

12 Montieren Sie die Batterie (siehe Kapitel 5A, Sektion 3).

13 Unternehmen Sie eine kleine Probefahrt, um das Öl im Getriebe zu verteilen, und wiederholen Sie die Ölpegelkontrolle wie oben beschrieben.

21 Schaltgetriebe – Ölpegelkontrolle

1 Stellen Sie das Fahrzeug auf ebenem Untergrund ab. Vor der Kontrolle des Ölpegels muss der Motor mindestens fünf Minuten abgeschaltet worden sein, da sich andernfalls noch nicht das gesamte Getriebeöl unten im Gehäuse gesammelt hat. Um den Zugang zu verbessern, kann das Fahrzeug über eine Grube gefahren oder so angehoben und abgestützt werden (siehe Seite 535), dass es weiterhin waagerecht steht.

2 Wischen Sie den Bereich um die Einfüll-/Kontrollschraube sauber, und drehen Sie diese aus dem Getriebe. Die Schraube sitzt bei 5-Gang-Getrieben vorn am Getriebe; bei 6-Gang-Getrieben befindet sie sich hinter der linken Antriebswelle hinten am Getriebe (siehe Abbildungen). Stellen Sie einen geeigneten Auffangbehälter unter die Schraube.

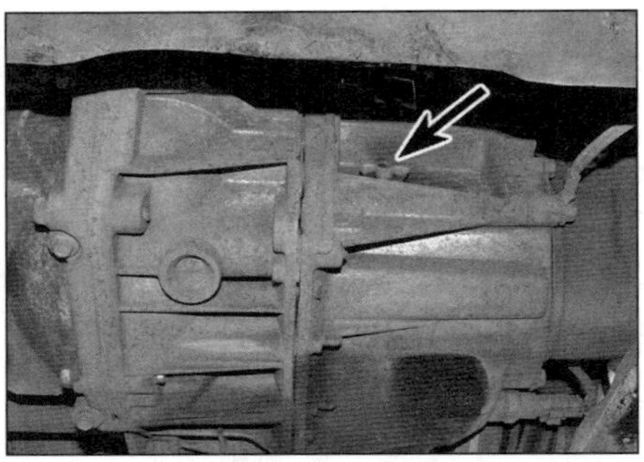

21.2a Einfüll-/Kontrollschraube vorn am 5-Gang-Getriebe

21.2b Einfüll-/Kontrollschraube links hinten am 6-Gang-Getriebe

3 Der Ölpegel soll am unteren Rand der Gewindebohrung stehen – eventuell tropft nach dem Entfernen der Schraube etwas Öl heraus, doch dies bedeutet nicht, dass der Pegel korrekt ist. Um den tatsächlichen Pegel festzustellen, wird gewartet, bis das Öl abgetropft ist, dann eine kleine Menge Getriebeöl eingefüllt und erneut gewartet, bis das Abtropfen erneut aufhört. Verwenden Sie ausschließlich hochwertiges Getriebeöl (siehe Seite 27).

4 Demontieren Sie bei 6-Gang-Getrieben das linke Vorderrad, um den Zugang zu verbessern, und verwenden Sie einen Trichter mit Schlauch, um das Einfüllen zu erleichtern (siehe Abbildungen).

21.4a Verwenden Sie einen Trichter samt Schlauch, ...

21.4b ... um das Getriebeöl aufzufüllen.

5 Das Auffüllen des Getriebes ist keine leichte Aufgabe. Vor allem geht viel Zeit beim Stabilisieren des Ölpegels verloren; wenn eine größere Menge Öl aufgefüllt wird, dauert es eventuell sehr lange, bis der Pegel wieder korrekt ist. Installieren Sie die Getriebeöl-Einfüll- und Kontrollschraube, führen Sie eine kurze Fahrt durch, um das Öl im Getriebe zu verteilen, und kontrollieren Sie den Pegel – nach 5 Minuten Wartezeit – erneut.

6 Falls nach dem Lösen der Getriebeöl-Einfüll- und Kontrollschraube eine große Menge Öl austritt, muss nachgeprüft werden, ob das Fahrzeug wirklich auf einem ebenen Untergrund steht.

7 Wenn der Pegel korrekt ist, wird die Getriebeöl-Einfüll-/Kontrollschraube installiert und ggf. mit 3 Nm angezogen.

22 Hinterachsantrieb (4WD) – Ölpegelkontrolle

1 Stellen Sie das Fahrzeug auf ebenem Untergrund ab. Vor der Kontrolle des Ölpegels muss der Motor mindestens fünf Minuten abgeschaltet worden sein, da sich andernfalls noch nicht das gesamte Öl unten im Gehäuse gesammelt hat. Um den Zugang zu verbessern, kann das Fahrzeug über eine Grube gefahren oder so angehoben und abgestützt werden (siehe Seite 535), dass es weiterhin waagerecht steht.
2 Wischen Sie am Hinterachsantrieb den Bereich um die (obere) Einfüll-/Kontrollschraube sauber, und drehen Sie diese aus dem Gehäuse (siehe Abbildung).

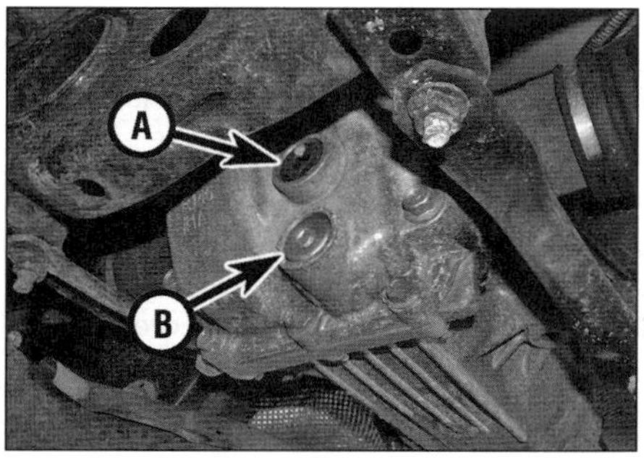

22.2 Hinterachsantrieb
A Einfüll-/Kontrollschraube
B Ablassschraube

3 Der Ölpegel soll am unteren Rand der Gewindebohrung stehen – eventuell tropft nach dem Entfernen der Schraube etwas Öl heraus, doch dies bedeutet nicht, dass der Pegel korrekt ist. Um den tatsächlichen Pegel festzustellen, wird gewartet, bis da Öl abgetropft ist, dann eine kleine Menge Differenzialöl eingefüllt und erneut gewartet, bis das Abtropfen erneut aufhört. Verwenden Sie ausschließlich hochwertiges Differenzialöl (siehe Seite 27).
4 Geben Sie dem Öl vor der Kontrolle genügend Zeit, um sich zu setzen. Falls viel Öl nachgefüllt werden musste und viel wieder durch die Bohrung abgelaufen ist, muss die Einfüll-/Kontrollschraube wieder installiert und eine kurze Fahrt unternommen werden, um das Öl im Getriebe zu verteilen. Kontrollieren Sie den Pegel – nach 5 Minuten Wartezeit – erneut.
5 Falls nach dem Lösen der Einfüll- und Kontrollschraube eine große Menge Öl austritt, muss nachgeprüft werden, ob das Fahrzeug wirklich waagerecht (vorn/hinten und auch seitlich) steht.
6 Wenn der Pegel korrekt ist, wird die Einfüll-/Kontrollschraube mit einer neuen Dichtscheibe ausgerüstet und mit 35 Nm angezogen.
7 Falls das Öl im Hinterachsantrieb irgendwann ausgetauscht werden soll, muss die (untere) Ablassschraube herausgedreht werden, um das Öl abzulassen. Diese Schraube muss beim Einbau ebenfalls mit einer neuen Dichtscheibe ausgerüstet werden (Abb. 22.2). Weitere Details finden sich in Kapitel 7C, Sektion 6.

23 Verteilergetriebe (4WD) – Ölpegelkontrolle

1 Stellen Sie das Fahrzeug auf ebenem Untergrund ab. Vor der Kontrolle des Ölpegels muss der Motor mindestens fünf Minuten abgeschaltet worden sein, da sich andernfalls noch nicht das gesamte Öl unten im Gehäuse gesammelt hat. Um den Zugang zu verbessern, kann das Fahrzeug über eine Grube gefahren oder so angehoben und abgestützt werden (siehe Seite 535), dass es weiterhin waagerecht steht.
2 Wischen Sie am Verteilergetriebe den Bereich um die Einfüll-/Kontrollschraube sauber und drehen Sie diese aus dem Gehäuse (siehe Abbildung). Die Schraube sitzt rechts über der Antriebswelle.

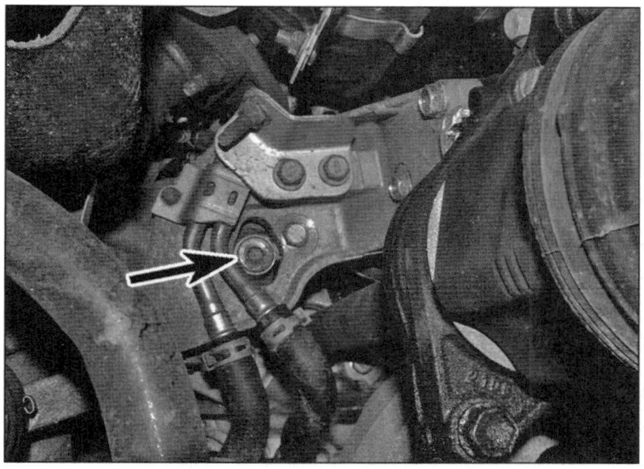

23.2 Einfüll-/Kontrollschraube am Verteilergehäuse

3 Der Ölpegel soll am unteren Rand der Gewindebohrung stehen – eventuell tropft nach dem Entfernen der Schraube etwas Öl heraus, doch dies bedeutet nicht, dass der Pegel korrekt ist. Um den tatsächlichen Pegel festzustellen, wird gewartet, bis da Öl abgetropft ist, dann eine kleine Menge Differenzialöl eingefüllt und erneut gewartet, bis das Abtropfen erneut aufhört. Verwenden Sie ausschließlich hochwertiges Differenzialöl (siehe Seite 27).
4 Geben Sie dem Öl vor der Kontrolle genügend Zeit, um sich zu setzen. Falls viel Öl nachgefüllt werden musste und viel wieder durch die Bohrung abgelaufen ist, muss die Einfüll-/Kontrollschraube wieder installiert und eine kurze Fahrt unternommen werden, um das Öl im Getriebe zu verteilen. Kontrollieren Sie den Pegel – nach 5 Minuten Wartezeit – erneut.
5 Falls nach dem Lösen der Einfüll- und Kontrollschraube eine große Menge Öl austritt, muss nachgeprüft werden, ob das Fahrzeug wirklich waagerecht (vorn/hinten und auch seitlich) steht.
6 Wenn der Pegel korrekt ist, wird die Einfüll-/Kontrollschraube mit einer neuen Dichtscheibe ausgerüstet und mit 35 Nm angezogen.
7 Falls das Öl im Verteilergetriebe irgendwann ausgetauscht werden soll, muss die Ablassschraube unten im Gehäuse herausgedreht werden, um das Öl abzulassen – es handelt sich um die rechte der beiden Schrauben (siehe Abbildung)! Diese Schraube muss beim Einbau ebenfalls mit einer neuen Dichtscheibe ausgerüstet werden. Weitere Details finden sich in Kapitel 7C, Sektion 2.

23.7 Verteilergetriebe-Ölablassschraube

24 Probefahrt

Instrumente und Elektrik

1 Kontrollieren Sie die Funktion aller Instrumente, aller Lampen und anderen elektrischen Bauteile.
2 Stellen Sie sicher, dass alle Instrumente korrekt anzeigen und sämtliche Schalter korrekt funktionieren.

Lenkung und Radaufhängungen

3 Vergewissern Sie sich, dass die Lenkung, die Federung, das Handling und die Straßenlage keine Auffälligkeiten aufweisen.
4 Kontrollieren Sie beim Fahren, ob keine ungewöhnlichen Vibrationen oder Geräusche auftreten.
5 Die Lenkung darf sich nicht schwammig oder rau anfühlen. Beim Durchfahren von Kurven oder auf schlechten Straßen dürfen die Federelementen keine Geräusche erzeugen.

Antrieb

6 Kontrollieren Sie die Leistungsfähigkeit des Motors, der Kupplung (falls vorhanden), des Getriebes und der Antriebswellen. Der Motor muss sich warm und kalt problemlos starten lassen.
7 Aus dem Motor und dem Antrieb dürfen keine ungewöhnlichen Geräusche zu hören sein.
8 Der Motor muss im Standgas rund laufen und verzögerungsfrei beschleunigen.
9 Falls vorhanden, muss die Kupplung muss sanft und progressiv die Kraft übertragen und darf weder schleifen noch rutschen. Der Pedalweg darf nicht zu lang sein. Bei gedrücktem Kupplungspedal dürfen keine Geräusche auftreten. Details finden sich in Kapitel 6.
10 Alle Gänge des manuellen Schaltgetriebes müssen sich sanft und geräuschfrei einlegen lassen. Im Schalthebel muss das Einrasten der Gänge deutlich fühlbar sein.
11 Prüfen Sie bei Modellen mit Automatikgetriebe, ob der Antrieb ohne Ruckeln oder hochschnellende Drehzahlen durchschaltet. Alle Wahlhebel-Positionen müssen sich bei stehendem Fahrzeug einlegen lassen. Bei irgendwelchen Problemen sollte eine Nissan-Werkstatt zurate gezogen werden.
12 Bei langsamer Fahrt mit vollständig eingeschlagener Lenkung dürfen im Frontbereich keine klickenden Geräusche auftreten. Führen Sie diesen Test in beide Richtungen durch. Klicken würde auf einen Schmierungsmangel oder Verschleiß in den äußeren Gleichlaufgelenken der Antriebswellen hinweisen (siehe Kapitel 8, Sektion 2)

Bremsanlage

13 Prüfen Sie, ob das Fahrzeug beim Bremsen nicht zu einer Seite zieht und die Räder bei Vollbremsungen nicht frühzeitig blockieren.
14 Beim Bremsen dürfen in der Lenkung keine Vibrationen auftreten.
15 Prüfen Sie, ob die Handbremse korrekt funktioniert – sie muss das Fahrzeug problemlos an einem Gefälle halten können.
16 Prüfen Sie die Funktion der Servobremse bei ausgeschaltetem Motor wie folgt: Treten Sie vier- bis fünfmal auf die Bremse, um den Unterdruck zu entfernen. Starten Sie dann den Motor – das Bremspedal muss sich unverzüglich durch den aufgebauten Unterdruck weiter herunterdrücken lassen. Lassen Sie den Motor mindestens zwei Minuten laufen, und schalten Sie ihn wieder ab. Wird die Bremse nun erneut gedrückt, sollte dabei ein Zischen aus der Servopumpe zu hören sein. Nach vier bis fünf Tritten auf die Bremse sollte kein Zischen mehr hörbar sein und der Pedaldruck deutlich härter werden.

Alle 40.000 km oder spätestens nach zwei Jahren

25 Zündkerzen – Ersetzen

1 Damit ein Motor rund, leistungsfähig und wirtschaftlich läuft, müssen die Zündkerzen mit maximaler Effizienz funktionieren. Der wichtigste Faktor hierfür ist, dass die von Nissan empfohlenen Zündkerzen installiert sind (siehe technische Daten). Befindet sich der Motor in einem guten Zustand und sind die korrekten Zündkerzen installiert, sollten diese zwischen den Wechselintervallen keine Aufmerksamkeit verlangen. Zündkerzen müssen bei Einspritzmotoren nur selten gereinigt werden. Solange nicht die nötigen Hilfsmittel zur Hand sind, sollten Reinigungsversuche auch unterbleiben, damit die Elektroden nicht beschädigt werden.
2 Demontieren Sie den Einlassstutzen (siehe Kapitel 4A, Sektion 11).
3 Trennen Sie die Kabelstecker von den vier kombinierten Zündspulen/Zündkerzensteckern (siehe Abbildung).

25.3 Trennen Sie die Stecker von den kombinierten Zündspulen/Zündkerzensteckern.

4 Lösen Sie die Sicherungsschrauben und ziehen Sie die Zündspulen/Kerzenstecker aus dem Motor (siehe Abbildungen).

25.4a Lösen Sie die Schrauben ...

25.4b ... und ziehen Sie die Zündspulen/Kerzenstecker aus dem Motor.

5 Vor dem Ausbau der Zündkerzen sollten ihre Sitze mit einer Bürste, Druckluft und/oder einem Sauger von Verunreinigungen befreit werden, damit nichts in die Brennräume fallen kann (siehe Abbildung).

25.5 Reinigen Sie die Zündkerzenkanäle im Zylinderkopf.

6 Der Austausch von Zündkerzen erfordert einen geeigneten Schlüssel samt Verlängerung und Knarre – möglichst auch einen Drehmomentschlüssel. Ein Zündkerzenschlüssel ist innen mit einem Gummiring ausgerüstet, damit der aus Porzellan bestehende Isolator nicht beschädigt wird und die Kerze aus ihrem Sitz im Zylinderkopf herausgehoben werden kann (siehe Abbildung). Begutachten Sie die Zündkerzen anschließend folgendermaßen:

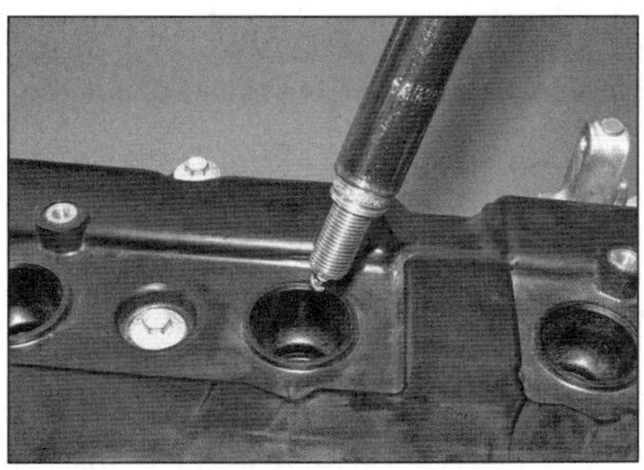

25.6 Drehen Sie die Zündkerzen mit einem geeigneten Kerzenschlüssel heraus.

7 Begutachten Sie die Zündkerzen, um gute Hinweise über den Zustand des Motors zu erhalten. Hellbraune oder graubraune Ablagerungen weisen darauf hin, dass das Gemisch korrekt ist und der Motor sich in einem guten Zustand befindet.

Praxis-Tipp

Zündkerzen können für viele Symptome verantwortlich sein: Schlechtes Anspringen, ungleichmäßiges Standgas, Fehlzündungen, hoher Verbrauch, mangelnde Leistung usw. Ein Kerzenwechsel bewirkt hier oft Wunder.

8 Falls die in den Brennraum ragende Isolatorspitze weiß und ohne Ablagerungen ist, kann dies an einem falschen Wärmewert der Zündkerze liegen (eine »heiße« Zündkerze führt Wärme nur langsam ab, eine »kalte« dagegen schneller). Möglicherweise liegt auch in der Motorsteuerung ein Defekt vor – mögliche Folgen sind zu heiße Verbrennungen bis hin zu in den Kolbenboden gebrannten Löchern.
9 Angebrannte schwarze Ablagerungen weisen auf ein zu fettes Gemisch hin – als mögliche Ursache kommt wieder ein Defekt im Motorsteuergerät in Frage. Ölig schwarze Ablagerungen weisen darauf hin, dass der Motor Öl verbrennt und überholt werden muss.
10 Der Elektrodenabstand bestimmt die Länge des Zündfunkens, die wiederum für eine korrekte Verbrennung sehr wichtig ist. Für einen optimalen Zündfunken muss der Abstand zwischen der Mittelelektrode und dem Masseelektroden-Bügel 1,1 mm betragen.
11 Messen Sie den Abstand möglichst mithilfe einer Drahtlehre – notfalls kann auch eine Fühlerlehre verwendet werden (siehe Abbildung). Verbiegen Sie dann ggf. vorsichtig die Masseelektrode, um den korrekten Wert zu erhalten. Niemals darf die Mittelelektrode verbogen werden – hierbei würde der Isolator brechen und schlimmstenfalls im laufenden Betrieb in den Brennraum fallen.

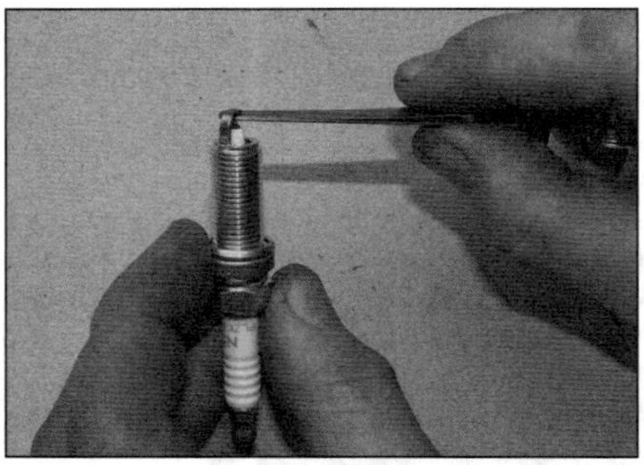

25.10 Der Elektrodenabstand kann mit einer Fühlerlehre ermittelt werden.

12 Im Fachhandel sind spezielle Werkzeuge zum Einstellen des Elektrodenabstands erhältlich.
13 Vor dem Einbau der Zündkerze muss ggf. geprüft werden, ob die Hülse fest auf die Gewindespitze geschraubt ist. Die Zündkerze und ihr Gewinde müssen sauber sein. Versehen Sie das Zündkerzengewinde zum Schutz vor Korrosion dünn mit Kupferpaste, und drehen Sie die Kerze möglichst weit per Hand in den Motor – so wird verhindert, dass die Zündkerze verkantet.

Praxis-Tipp

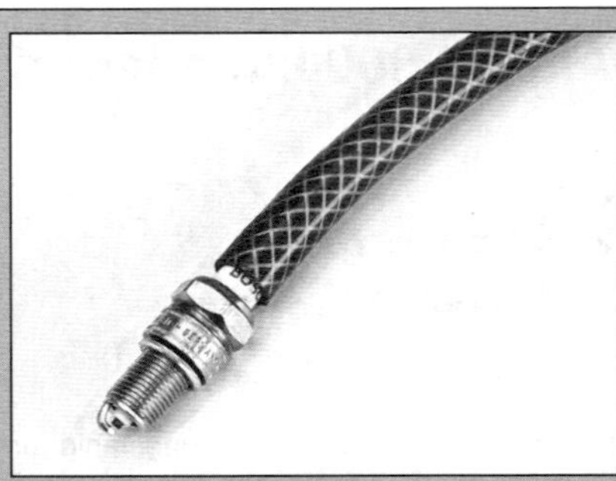

Zündkerzen lassen sich oft nur schwer in den Motor schrauben. Damit sie auch in tiefere Kanäle von Hand geschraubt werden können (sodass sie nicht verkanten), wird ein Schlauch aufgeschoben, der flexibel genug ist, die Kerze senkrecht zu ihrem Gewinde aufzusetzen. Sollte die Zündkerze beim Einschrauben verkanten, wird der Schlauch überrutschen, und es muss ein neuer Versuch gestartet werden.

14 Sobald die Zündkerze handfest eingeschraubt ist, wird sie mithilfe des Drehmomentschlüssels mit 20 Nm angezogen. Installieren Sie die anderen Zündkerzen auf die gleiche Weise.
15 Stecken Sie die Zündspulen/Kerzenstecker auf die Zündkerzen, und sichern Sie sie mit den Schrauben. Verbinden Sie die Kabelstecker mit den Zündspulen.
16 Installieren Sie den Einlassstutzen (siehe Kapitel 4A, Sektion 11).

26 Bremsflüssigkeit – Austausch

Warnung:
- ***Bremsflüssigkeit kann zu Augenverletzungen führen und Lackoberflächen angreifen, bewahren Sie deshalb beim Umgang hiermit größte Sorgfalt.***
- ***Benutzen Sie keine Bremsflüssigkeit, die längere Zeit offen gestanden hat, da sie Feuchtigkeit aus der Luft absorbiert, was zu einem gefährlichen Verlust an Bremswirkung führen kann.***

Achtung: Trennen Sie bei Modellen mit ABS zunächst die Batterie vom Bordnetz – und verbinden Sie sie erst wieder, wenn die Arbeit beendet ist. Bei Missachtung dieser Warnung könnte Luft in die Hydraulikeinheit gelangen, die sich nur sehr schwer (in manchen Fällen auch gar nicht) wieder entfernen lässt. Beachten Sie zum Trennen der Batterie die Hinweise auf Seite 532.

1 Die Prozedur ähnelt dem Entlüften der Bremse, wie in Kapitel 9, Sektion 2 beschrieben. Nur wird hier der Ausgleichsbehälter zunächst entleert – möglichst durch Abpumpen – und dann beim Herauspumpen beobachtet, wann frische Bremsflüssigkeit austritt.

2 Gehen Sie wie in Kapitel 9, Sektion 2 beschrieben vor, öffnen Sie das erste Entlüftungsventil, und pumpen Sie sanft mit dem Bremspedal, bis fast die gesamte Bremsflüssigkeit aus dem Ausgleichsbehälter abgepumpt ist.

Praxis-Tipp ***Alte Bremsflüssigkeit ist deutlich dunkler als frische. Pumpen Sie so lange Bremsflüssigkeit heraus, bis helle Flüssigkeit austritt.***

3 Füllen Sie bis zur MAX-Markierung frische Bremsflüssigkeit in den Ausgleichsbehälter, und pumpen Sie sie so lange durch, bis sämtliche alte Flüssigkeit aus dem System gepumpt ist. Füllen Sie dabei regelmäßig frische Bremsflüssigkeit nach (siehe Abbildung). Ziehen Sie die Entlüftungsschraube anschließend sorgfältig an, und stecken Sie die Kappe auf.

26.3 Füllen Sie den Ausgleichsbehälter des Hauptbremszylinders mit frischer Bremsflüssigkeit auf.

4 Gehen Sie bei den anderen Entlüftungsschrauben genauso vor (siehe Abbildung). Achten Sie darauf, dass der Pegel im Ausgleichsbehälter nicht unter die MIN-Markierung fällt – falls Luft ins Bremssystem eindringt, muss es zeitaufwendig entlüftet werden.

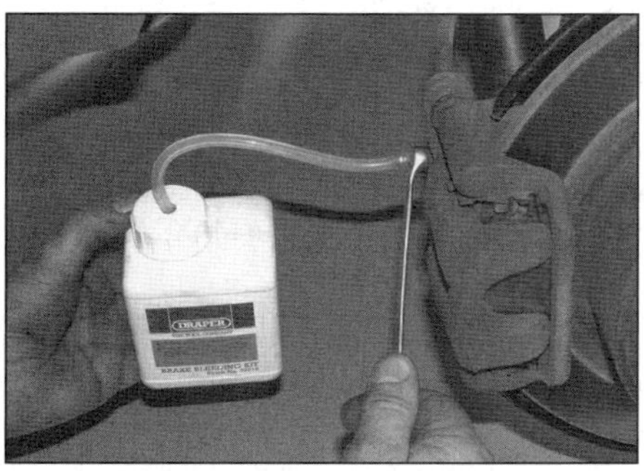

26.4 Entlüften Sie alle vier Bremssättel.

5 Prüfen Sie zum Schluss, ob alle Entlüftungsschrauben fest sitzen und mit den Gummikappen ausgerüstet sind (siehe Abbildung). Waschen Sie Bremsflüssigkeitsspritzer ab, und kontrollieren Sie erneut den Pegel im Ausgleichsbehälter.

26.5 Alle Entlüftungsschrauben müssen mit ihren Staubkappen versehen sein.

6 Prüfen Sie die Funktion der Bremse, bevor Sie das Fahrzeug im Straßenverkehr bewegen.
7 Entsorgen Sie die alte Bremsflüssigkeit (separat von Ölen!) im Fachhandel, wo sie auch verkauft wird – hier ist man verpflichtet, »handelsübliche« Mengen wieder zurückzunehmen.

27 Kühlflüssigkeit – Austausch

Warnung: Diese Arbeit darf erst ausgeführt werden, wenn der Motor abgekühlt ist. Lassen Sie Frostschutzmittel nicht auf die Haut oder lackierte Teile des Fahrzeugs gelangen. Spülen Sie Spritzer umgehend mit reichlich Wasser ab. Kühlmittel darf niemals in offenen Behältern gelagert werden – es ist giftig und kann durch seinen süßlichen Geruch Kindern und Tieren zum Verhängnis werden.

Ablassen

1 Um das Kühlmittel abzulassen, muss zuerst der Deckel des Ausgleichsbehälters entfernt werden: Drehen Sie ihn dazu nach links, bis der erste Anschlag erreicht ist. Warten Sie, bis jeglicher Druck abgebaut ist, drücken Sie ihn herunter, und drehen Sie ihn weiter nach links bis zum zweiten Anschlag – jetzt kann er entnommen werden.
2 Stellen Sie den Heizungsregler auf die höchste Stufe (HOT).
3 Demontieren Sie den Unterfahrschutz, und stellen Sie einen ausreichend großen Behälter unter den unteren Kühlerschlauch. Lockern Sie die Schlauchschelle, ziehen Sie den Schlauch ab, und lassen Sie das Kühlmittel in den Sammelbehälter ablaufen (siehe Abbildung).

27.3 Ziehen Sie den unteren Kühlerschlauch ab, um das Kühlmittel abzulassen.

4 Demontieren Sie nötigenfalls den Kühlmittel-Ausgleichsbehälter, um ihn zu entleeren. Achten Sie beim Montieren des Behälters darauf, dass alle Schläuche korrekt angeschlossen sind. Waschen Sie Kühlmittelspritzer auf umliegenden Bauteilen unverzüglich ab.

5 Positionieren Sie den Sammelbehälter unter der hinten rechts am Motorblock sitzenden Kühlmittel-Ablassschraube (siehe Abbildung).

27.5 Kühlmittel-Ablassschraube hinten im Motorblock

6 Lösen Sie die Ablassschraube aus dem Motor, und lassen Sie das Kühlmittel in den Behälter ablaufen.

7 Falls das Kühlmittel nicht gewechselt werden soll, sauber und noch keine vier Jahre alt ist, kann es wiederverwendet werden – empfehlenswert ist jedoch ein genereller Austausch.

Spülen

8 Weil der Kühler mit der Zeit durch Rost, Rückstände aus dem Wasser und andere Ablagerungen verstopft wird und dadurch langsam seine Wirkung verliert, müssen nicht nur hochwertiges Frostschutzmittel und weiches Wasser verwendet werden, sondern das Kühlsystem nach dem Austausch irgendeines seiner Bauteile oder des Kühlmittels auch gespült werden.

9 Um eine Verunreinigung der jeweils anderen Komponente zu vermeiden, muss der Kühler unabhängig vom Motor gespült werden.

10 Installieren Sie zum Spülen des Kühlers den Deckel des Ausgleichsbehälters. Wenn der Kühler im Fahrzeug eingebaut ist, muss der Schlauch oben vom Kühler zum Ausgleichsbehälter abgeklemmt werden.

11 Trennen Sie den oberen und unteren Kühlerschlauch vom Kühler. Stecken Sie einen Gartenschlauch in den oberen Schlauchstutzen, und lassen Sie so lange Wasser durch den Kühler laufen, bis unten klares Wasser austritt. Falls das Wasser auch nach längerer Zeit nicht klar wird, muss das System mit speziellem Kühler-Reinigungsmittel gespült werden – beachten Sie exakt die Hinweise des Herstellers. Ein besonders stark verschmutzter Kühler sollte auch von unten in die andere Richtung gespült werden.

12 Demontieren Sie den Thermostat (siehe Kapitel 3, Sektion 4), und installieren Sie übergangsweise wieder den Thermostatdeckel.

13 Nachdem beide Kühlerschläuche vom Kühler getrennt sind, wird der Gartenschlauch mit dem unteren Schlauch verbunden. Lassen Sie so lange Wasser durch den Motor laufen, bis am oberen Schlauch klares Wasser austritt.

14 Installieren Sie nach dem Spülen den Thermostat (siehe Kapitel 3, Sektion 4), und verbinden Sie die Kühlerschläuche.

Auffüllen

15 Zunächst muss geprüft werden, ob alle Schläuche und Schellen in Ordnung und fest verbunden sind. Prüfen Sie auch den festen Sitz aller die Ablass- und Entlüftungsschrauben. Um Korrosion im Motor zu verhindern, muss das Kühlsystem ganze Jahr über mit Frostschutzmittel befüllt sein (siehe unten).

16 Falls noch nicht geschehen, wird der untere Kühlerschlauch verbunden und dann der obere Heizungsschlauch am Stutzen der Spritzwand getrennt (siehe Abbildung). Heben Sie den Schlauch an, bis er sich über der MAX-Markierung am Ausgleichsbehälter befindet.

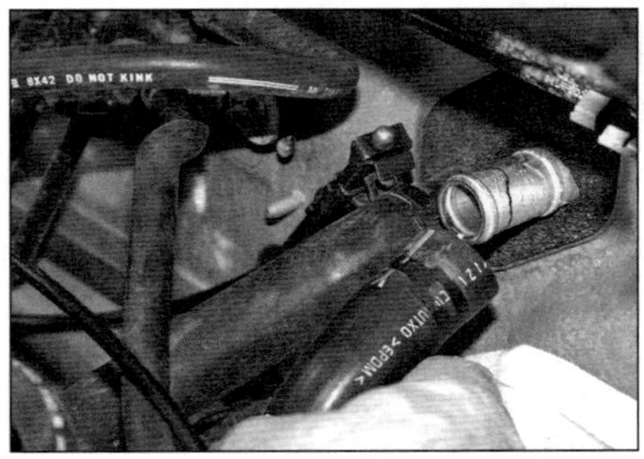

27.16 Trennen Sie den oberen Heizungsschlauch.

17 Positionieren Sie den Sammelbehälter unter der Kühlmittel-Ablassschraube im Motorblock, und befüllen Sie das Kühlsystem über den Ausgleichsbehälter, bis es aus der Bohrung im Motor austritt. Versehen Sie das Gewinde der Ablassschraube mit geeignetem Dichtmittel, installieren Sie sie, und ziehen Sie sie mit 10 Nm an.

18 Füllen Sie weiter Kühlmittel auf, bis es blasenfrei aus dem Heizungsschlauch austritt; verbinden Sie den Schlauch dann mit dem Stutzen an der Spritzwand.

19 Füllen Sie den Ausgleichsbehälter bis zur MAX-Markierung auf.

20 Starten Sie den Motor, und lassen Sie ihn zwei bis drei Minuten mit ca. 1.500/min laufen; halten Sie dabei den Pegel im Ausgleichsbehälter bei der MAX-Markierung, und installieren Sie den Deckel.

21 Lassen Sie den Motor etwa zehn Minuten mit ca. 2.500/min laufen (bis der Thermostat öffnet). Kontrollieren Sie dabei die Temperaturanzeige, und lassen Sie den Motor nicht überhitzen.

22 Schalten Sie den Motor ab, und lassen Sie ihn komplett abkühlen. Kontrollieren Sie alle zuvor getrennten Komponenten auf Undichtigkeiten. Prüfen Sie bei komplett abgekühltem Motor den Pegel im Ausgleichsbehälter.

23 Füllen Sie den Behälter nötigenfalls wieder bis zur MAX-Markierung auf (siehe Abbildung). Montieren Sie ggf. den Unterfahrschutz.

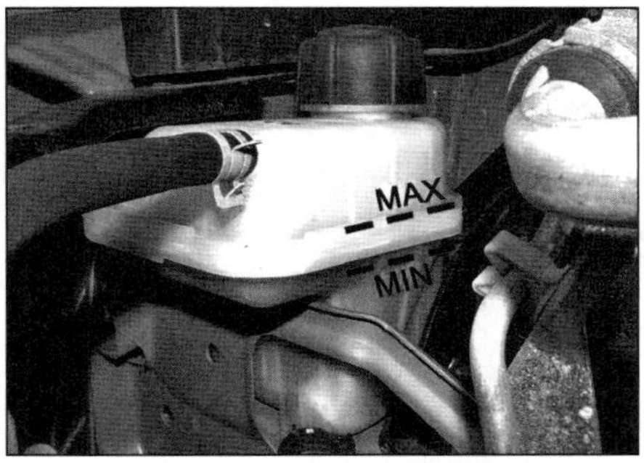

27.23 Der Pegel im Kühlmittel-Ausgleichsbehälter muss bei kaltem Motor kurz unter der MAX-Markierung liegen.

Frostschutzgemisch

24 Das Kühlmittel sollte alle 40.000 km oder alle zwei Jahre ausgetauscht werden. Dies garantiert nicht nur einen Schutz gegen zerstörerische Eisbildung, sondern auch gegen Korrosion – beide Eigenschaften gehen im Frostschutzmittel mit der Zeit verloren.

25 Verwenden Sie stets das vorgeschriebene Frostschutzmittel (siehe Seite 27) – die Füllmengen finden sich in den technischen Daten.

26 Bevor Frostschutzmittel zugefügt wird, muss das gesamte Kühlsystem entleert, möglichst gespült und auf Undichtigkeiten überprüft werden. Beachten Sie für die Schläuche die Hinweise in Sektion 4.

27 Nach dem Auffüllen frischen Kühlmittels muss am Ausgleichsbehälter ein Hinweis angebracht werden, auf dem der Typ, die Konzentration, das Datum und die Laufleistung vermerkt ist. Zum Nachfüllen darf nur das gleiche Mittel verwendet werden.

Achtung: Verwenden Sie kein Motor-Kühlmittel im Wischwasserbehälter, da es den Lack angreift; hierfür gibt es spezielle Frostschutzmittel.

Kapitel 1B

Einstellungs- und Wartungsarbeiten – Modelle mit Dieselmotoren

Inhalt — Sektion

Schwierigkeitsgrade

Leicht. Geeignet für Anfänger mit wenig Erfahrung.	**Relativ leicht.** Geeignet für Anfänger mit etwas Erfahrung.	**Relativ schwierig.** Geeignet für geübte Selbstschrauber.	**Schwer.** Geeignet für Selbstschrauber mit viel Erfahrung.	**Sehr schwer.** Geeignet für Experten und Profis.

Spezifikationen

Schmiermittel und Flüssigkeiten . . . . . siehe *Wöchentliche Kontrollen*

Füllmengen

Motoröl (Öl- und Filterwechsel)

1,5 l-Motoren	4,5 Liter
2,0 l-Motoren	7,4 Liter
Differenz zwischen MIN- und MAX-Markierung am Peilstab	ca. 1,0 Liter

Kühlsystem

1,5 l-Motoren	
ohne Partikelfilter	7,9 Liter
mit Partikelfilter	9,1 Liter
2,0 l-Motoren	
mit Schaltgetriebe	8,4 Liter
mit Automatikgetriebe	8,8 Liter

Getriebeöl

Schaltgetriebe	
5-Gang-Modelle	2,3 Liter
6-Gang-Modelle	2,0 Liter
Automatikgetriebe	7,5 Liter
Verteilergetriebe (4WD)	0,4 Liter

Hinterachsantrieb (4WD)	0,6 Liter	
Kraftstofftank	65 Liter	
Kühlsystem		
Frostschutzgemisch (Ethylenglykol)	Frostschutzmittel	Wasser
Frostschutz bis –15 °C	30 %	70 %
Frostschutz bis –30 °C	50 %	50 %

Anmerkung: *Beachten Sie die Hinweise des Herstellers auf der Verpackung.*

Kraftstoffsystem

Standgasdrehzahl (nicht einstellbar, vom Motorsteuergerät überwacht)

1,6 l-Motoren	650 ± 50/min
2,0 l-Motoren	700 ± 50/min
Leerlauf-CO-Gehalt	0,3 % (nicht einstellbar, vom Motorsteuergerät überwacht)

Bremsen

Bremsbelag-Verschleißgrenze (Vorderräder)	2,0 mm
Bremsbelag-Verschleißgrenze (Hinterräder)	1,5 mm
Bremsscheibenverzug (max.)	0,035 mm
Handbremsbacken-Verschleißgrenze	1,5 mm
Handbremse – Anzahl der Klicks bis volle Bremswirkung	7 bis 8
Handbremse – Anzahl der Klicks bis Aufleuchten der Warmlampe	1

Fahrwerk und Lenkung

Vorderräder – Spur	2,0 ± 1,0 mm Vorspur

Anzugsdrehmomente

5-Gang-Schaltgetriebe	
Einfüll-/Kontrollschraube (Kunststoff)	3 Nm
Ablassschraube	25 Nm
6-Gang-Schaltgetriebe	
Einfüll-/Kontrollschraube (Kunststoff)	3 Nm
Ablassschraube	23 Nm
Automatikgetriebe	
Ablassschraube (äußere Sechskantschraube)	8 Nm
Kontrollschraube (innere Schraube / Rohr)	8 Nm
Hinterachsantrieb (4WD)	
Einfüll-/Kontrollschraube	35 Nm
Ablassschraube	35 Nm
Keilrippenriemenspanner-Befestigungsschraube (1,5 l-Motoren)	40 Nm
Motoröl-Ablassschraube (1,5 l-Motoren)	20 Nm
Radmuttern	113 Nm
Sicherheitsgurt-Befestigungen hinten (alle Schrauben)	49 Nm
Sicherheitsgurt-Befestigungen vorn	
A-Säulen-Verankerung	25 Nm
Schweller-Verankerung	49 Nm
Gurtrollenschraube	40 Nm
Gurtstrafferschraube an Schweller	50 Nm
Turbinen-Drehzahlsensor	6 Nm
Verteilergetriebe (4WD)	
Einfüll-/Kontrollschraube	35 Nm
Ablassschraube	35 Nm

Wartungsplan – Modelle mit Dieselmotoren

Die in diesem Handbuch angegebenen Wartungsintervalle beziehen sich darauf, dass der Fahrzeugbesitzer – und nicht die Werkstatt – die Arbeiten durchführt. Es sind die von uns empfohlenen Minimum-Wartungsintervalle für täglich bewegte Fahrzeuge. Wer sein Auto in einem hervorragenden Zustand erhalten will, muss einige dieser Punkte öfter ausführen. Wir empfehlen, alle Wartungen regelmäßig durchzuführen, da hierdurch die Wirtschaftlichkeit, die Leistungsfähigkeit und der Wiederverkaufswert des Fahrzeugs erhalten bleiben. Falls der Wagen vor allem im Winter, mit geringem Tempo (viel Stadtverkehr), auf kurzen Strecken viel mit Anhänger oder regelmäßig im Gelände gefahren wird, empfiehlt Nissan, die Wartungsintervalle zu verkürzen oder gar zu halbieren.

Alle 400 km oder wöchentlich

☐ Alle auf den Seiten 16 bis 27 beschriebenen *Wöchentlichen Kontrollen*

Alle 15.000 km oder spätestens nach 12 Monaten

☐ Wechsel des Motoröls und des Ölfilters (Sektion 3)*
☐ Ablassen von Wasser aus dem Dieselfilter (Sektion 4)

* **Anmerkung**: *Der Austausch des Motoröls und des Ölfilters wirkt sich äußerst positiv auf den Motor aus. Wir empfehlen daher, diesen Wechsel mindestens einmal jährlich durchzuführen – besonders wenn das Fahrzeug viel auf Kurzstrecke eingesetzt wird.*

Alle 30.000 km oder spätestens nach 12 Monaten

Führen Sie neben den oben angegebenen Punkten die folgenden aus:

☐ Kontrolle des Motorraums auf Undichtigkeiten (Sektion 5)
☐ Kontrolle und ggf. Ersetzen der Bremsbeläge (Sektion 6)
☐ Kontrolle der Handbremsenfunktion (Sektion 7)
☐ Kontrolle der Kupplungsfunktion (Sektion 8)
☐ Kontrolle der Klimaanlagen-Komponenten (Sektion 9)
☐ Kontrolle und ggf. Ersetzen des Keilrippenriemens (Sektion 10 und 11)
☐ Kontrolle der Lenkung und der Radaufhängungen (Sektion 12)
☐ Kontrolle der Antriebswellenmanschetten (Sektion 13)
☐ Kontrolle der Spureinstellung der Vorderräder (Sektion 14)
☐ Kontrolle der Auspuffanlage und ihrer Aufnahmen (Sektion 15)
☐ Kontrolle der Sicherheitsgurte und ihrer Funktion (Sektion 16)
☐ Funktionskontrolle aller elektrischen Systeme (Sektion 17)
☐ Schmieren aller Schlösser und Scharniere (Sektion 18)
☐ Austausch des Pollenfilters (Sektion 19)
☐ Austausch des Luftfilterelements (Sektion 20)*
☐ Austausch des Kraftstofffilters (Sektion 21)
☐ Kontrolle des Automatikgetriebe-Ölpegels (Sektion 22)
☐ Kontrolle des Schaltgetriebe-Ölpegels (Sektion 23)
☐ Kontrolle des Hinterachsantrieb-Ölpegels (Sektion 24)
☐ Kontrolle des Verteilergetriebe-Ölpegels (Sektion 25)
☐ Probefahrt (Sektion 26)

* *Nissan empfiehlt zwar den Austausch des Luftfilters erst nach 60.000 km, doch wir raten dazu, ihn bereits nach 30.000 km oder zwei Jahren auszuwechseln – vor allem, wenn das Fahrzeug viel in staubiger Umgebung gefahren wird.*

Alle 60.000 km oder spätestens nach vier Jahren

Führen Sie neben den oben angegebenen Punkten die folgenden aus:

☐ Austausch des Zahnriemens (1,5 l-Motoren) (Sektion 27)
☐ Austausch der Bremsflüssigkeit (Sektion 28)
☐ Austausch des Kühlmittels (Sektion 29)

Lage der Baugruppen – Modelle mit Dieselmotoren

Unterseite – Frontbereich

1 Motoröl-Ablassschraube
2 Getriebeöl-Ablassschraube
3 Getriebe
4 Vorderes Auspuffrohr
5 Motor-Gegenlager
6 Hilfsrahmen
7 Klimaanlagen-Kompressor
8 Unterer Querlenker
9 Bremssattel
10 Spurstangen-Ende

Unterseite – Heckbereich

1 Kraftstofftank
2 Handbremsseil
3 Hinterachsen-Baugruppe
4 Schraubenfeder
5 Endschalldämpfer
6 Querstabilisator
7 Stoßdämpfer
8 Unterer Querlenker
9 Hinterachslenker

Motorraum

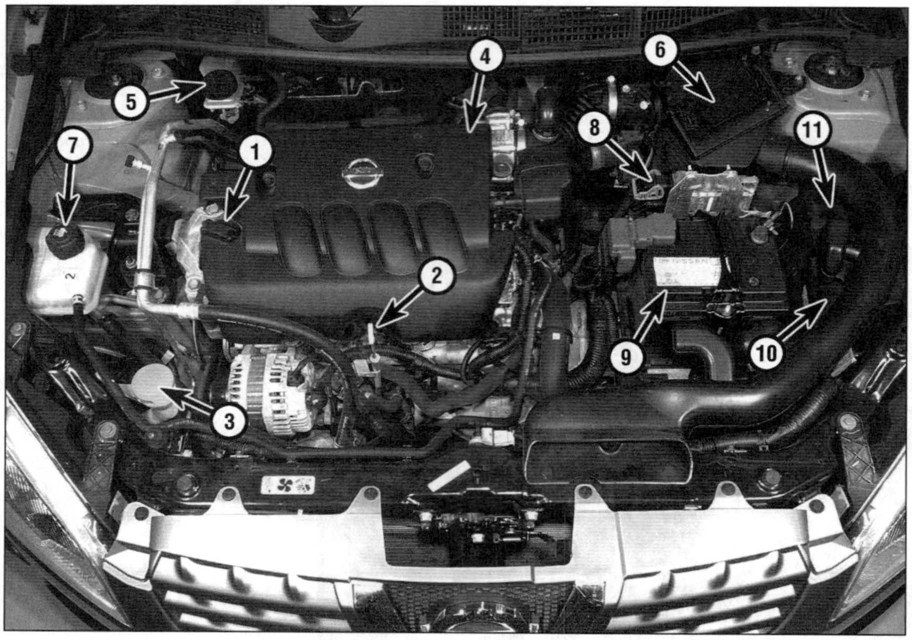

1 Motoröl-Einfülldeckel
2 Motoröl-Peilstab
3 Wischwasserbehälter
4 AGR-Ventil
5 Bremsflüssigkeitsbehälter (bei Linkslenkern auf der anderen Seite)
6 Luftfiltergehäuse
7 Kühlmittel-Ausgleichsbehälter
8 Motorsteuerung (ECU)
9 Batterie
10 Sicherungs/Relaisbox
11 Intelligentes Energieverteilungs-Modul (IPDM)

Wartungsprozeduren – Modelle mit Dieselmotoren

1 Einleitung

Dieses Kapitel soll dem Hobbyschrauber helfen, sein Fahrzeug in einem sicheren und technisch guten Zustand zu halten, sodass es immer voll leistungsfähig ist und eine lange Lebensdauer erreicht.

Dieses Kapitel beinhaltet einen Master-Wartungsplan und Sektionen, die sich im Einzelnen mit jeder Aufgabe in diesem Plan beschäftigt; darin finden sich Sichtkontrollen, Einstellungen, der Austausch von Komponenten und andere hilfreiche Dinge. Das Auffinden der diversen Komponenten wird mithilfe der Motorraum- und Unterseitenbilder auf den vorherigen Seiten erleichtert.

Arbeiten am Fahrzeug entsprechend des Wartungsplans (Seite 56) und den folgenden Sektionen bieten ein planmäßiges Wartungsprogramm, das zu einem lange und zuverlässig funktionierendem Fahrzeug führen sollte. Es handelt sich um einen sehr umfangreichen Plan – und das regelmäßige Warten einiger Komponenten, aber die Vernachlässigung anderer Baugruppen bringt nicht die gleichen Ergebnisse.

Während der Wartungsarbeiten wird auffallen, dass viele Prozeduren gemeinsam erledigt werden können – entweder wegen der speziellen Prozeduren oder der unmittelbaren Nähe zweier ansonsten nicht zusammenhängender Komponenten. Wird das Fahrzeug beispielsweise aus einem bestimmten Grund angehoben, kann neben einer Kontrolle der Lenkung und Radaufhängungen auch gleich eine Inspektion des Auspuffs durchgeführt werden.

Der erste Schritt dieses Wartungsprogramms ist, sich selbst vor der eigentlichen Arbeit korrekt vorzubereiten. Alle relevanten Sektionen müssen sorgfältig durchgelesen werden. Dann wird eine Liste erstellt und alle erforderlichen Teile und Werkzeuge werden beschafft. Falls ein Problem auftritt, muss Rat bei einem Ersatzteilhändler oder einer Fachwerkstatt gesucht werden.

2 Große Inspektion

1 Wenn das Fahrzeug von Beginn an entsprechend des Wartungsplans inspiziert wurde und entsprechend der Hinweise in diesem Handbuch regelmäßig Flüssigkeitspegel und Verschleißteile überprüft wurden, kann davon ausgegangen werden, dass sich der Motor in einem relativ guten Zustand befindet und kaum zusätzliche Arbeiten nötig sind.

2 Möglicherweise lief der Motor mangels regelmäßiger Wartung nicht korrekt. Dies kann bei Gebrauchtwagen, die nicht regelmäßig gewartet wurden, durchaus auftreten. In solchen Fällen können neben den üblichen Wartungsintervallen zusätzliche Arbeiten auftreten.

3 Bei Verdacht auf erhöhten Motorverschleiß kann ein Kompressionstest (siehe Kapitel 2C oder D, Sektion 2) wertvolle Informationen über die Gesamtperformance wichtiger Motorinnereien liefern. Solch ein Test kann als Grundlage genutzt werden, um zu entscheiden, wie umfangreich die Arbeit ausfallen wird. Falls ein Kompressionstest beispielsweise auf einen hochgradigen Verschleiß von Motorkomponenten hinweist, würde die in diesem Kapitel beschriebene konventionelle Wartung die Leistungsfähigkeit des Motors kaum verbessern und sich stattdessen als Zeit- und Geldverschwendung erweisen, solange nicht zuvor umfangreiche Überholungen (siehe Kapitel 2F) stattgefunden haben.
4 Die folgenden Arbeitsabläufe sind oft nötig, um die Leistungsfähigkeit eines generell schlecht laufenden Motors zu verbessern:

Primär-Tätigkeiten

a) Reinigung, Kontrolle und Testen der Batterie (siehe Wöchentliche Kontrollen*).*
b) Kontrolle aller für den Motor wichtigen Betriebsflüssigkeiten (siehe Wöchentliche Kontrollen*).*
c) Kontrolle des Zustands und der Spannung des Keilrippenriemens (Sektion 10 oder 11).
d) Kontrolle und ggf. Austausch des Luftfilterelements (Sektion 20).
e) Kontrolle, Entwässern und ggf. Austausch des Kraftstofffilters (Sektion 21).
f) Kontrolle aller Schläuche auf Undichtigkeit (Sektion 5).

5 Falls die oben beschriebenen Tätigkeiten nicht das gewünschte Ergebnis bringen, müssen die folgenden Arbeiten durchgeführt werden:

Sekundär-Tätigkeiten

a) Kontrolle des Batterieladesystems (siehe Kapitel 5A).
b) Kontrolle der Glühkerzen (siehe Kapitel 5C).
c) Kontrolle des Kraftstoffsystems (siehe Kapitel 4B).

Alle 15.000 km oder spätestens nach 12 Monaten

3 Motoröl und Ölfilter – Austausch

1 Ein regelmäßiger Öl- und Filterwechsel ist die wichtigste präventive Wartungsarbeit, die ein Hobbyschrauber zum Erhalt seines Fahrzeugs erledigen kann. Motoröl wird mit der Zeit schlecht und verunreinigt, sodass vorzeitiger Motorverschleiß einsetzt.
2 Bevor mit dieser Prozedur begonnen wird, müssen alle erforderlichen Werkzeuge beschafft sein. Um Spritzer aufzuwischen, werden Lappen oder Zeitungspapier benötigt. Motoröl sollte möglichst gewechselt werden, wenn der Motor nach einer Fahrt auf Betriebstemperatur ist; warmes Öl und Ölschlamm fließen so leichter ab.
3 Bei Arbeiten unter dem Fahrzeug dürfen weder der Auspuff noch andere heiße Komponenten berührt werden. Um Verbrühungen vorzubeugen und sich selbst vor Hautreizungen und im Öl enthaltenen giftigen Stoffen zu schützen, sollten bei dieser Arbeit Handschuhe getragen werden.
4 Der Zugang zur Unterseite des Autos wird deutlich besser, wenn es angehoben, auf Rampen gefahren oder mit Böcken abgestützt wird (siehe Seite 535). Bei allen Methoden muss sichergestellt sein, dass das Fahrzeug waagerecht steht, damit sämtliches Öl aus der Ablassbohrung fließen kann. Die Ablassschraube sitzt hinten an der Ölwanne. Lösen Sie die Schrauben des Unterfahrschutzes, um diesen vom Motor zu befreien.
5 Entfernen Sie den oben im Motor sitzenden Öleinfülldeckel. Anmerkung: Bei 2,0 l-Motoren ist der Peilstab in den Öleinfülldeckel integriert (siehe Abbildung).

3.5 Entfernen Sie den Öleinfülldeckel – 2,0 l-Motor

6 Lockern Sie die Ablassschraube etwa eine halbe Umdrehung, stellen Sie einen geeigneten Sammelbehälter unter die Ablassschraube, und drehen Sie diese vollständig heraus – während der letzten Umdrehungen sollte sie von Hand gegen die Ölwanne gedrückt werden (siehe Abbildungen).

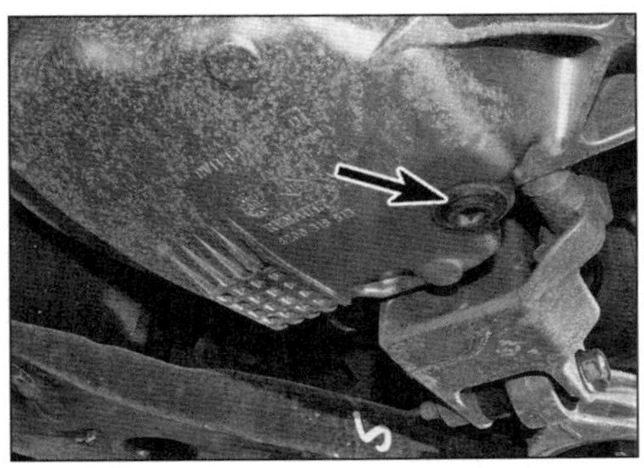

3.6a Ölablassschraube bei 1,5 l-Motoren

3.6b Ölablassschraube bei 2,0 l-Motoren

7 Geben Sie dem Öl genug Zeit zum Ablaufen – nötigenfalls muss der Behälter umgesetzt werden, wenn es nur noch tröpfelt.
8 Nachdem das Öl vollständig abgelaufen ist, werden die Ablassschraube und ihr Gewinde in der Ölwanne gesäubert und die mit der neuen Dichtung ausgerüstete Schraube bei 1,5 l-Motoren mit 20 Nm angezogen – für 2,0 l-Motoren liegen keine Anzugswerte vor (siehe Abbildung).

3.8 Rüsten Sie die Ablassschraube mit einem neuen Dichtring aus.

9 Der Ölfilter sitzt vorn am Motorblock. Bei 2,0 l-Motoren ist er besser von unten zugänglich, bei 1,5 l-Motoren besser von oben (siehe Abbildungen).

3.9a Der vorn am Motor sitzende Ölfilter ist bei 1,5 l-Motoren von oben zugänglich ...

3.9b ... und bei 2,0 l-Motoren von unten.

10 Stellen Sie den Auffangbehälter unter den Ölfilter-Flansch.

1,5 l-Motoren

11 Lockern Sie die Patrone nötigenfalls mithilfe eines Ölfilterschlüssels. Drehen Sie den Filter von Hand ab – seien Sie dabei auf austretendes Öl vorbereitet (siehe Abbildung). Das im Filter befindliche Öl wird in den Auffangbehälter gegossen.

3.11 Lockern Sie die Ölfilterpatrone mit einem speziellen Ölfilterschlüssel.

12 Wischen Sie die Ölfilter-Dichtfläche am Motorblock mit einem Lappen sauber (die Gummidichtung des alten Filters darf nicht dort kleben geblieben sein).
13 Benetzen Sie den Gummi-Dichtring des neuen Filters mit sauberem Motoröl, und füllen Sie die Filterpatrone mit etwas frischem Öl auf. Drehen Sie den Filter dann auf seinen Stutzen – nur so fest, wie dies von Hand möglich ist (siehe Abbildung). **Verwenden Sie dazu keinen Ölfilterschlüssel!**

3.13 Füllen Sie die Filterpatrone mit frischem Motoröl auf.

2,0 l-Motoren

14 Der Filter sitzt als Einsatz im Ölfiltergehäuse, dessen Deckel mit einem geeigneten Steckschlüssel gelöst werden kann. Ziehen Sie dann das Filterelement heraus, und lassen Sie es im Sammelbehälter abtropfen (siehe Abbildung).

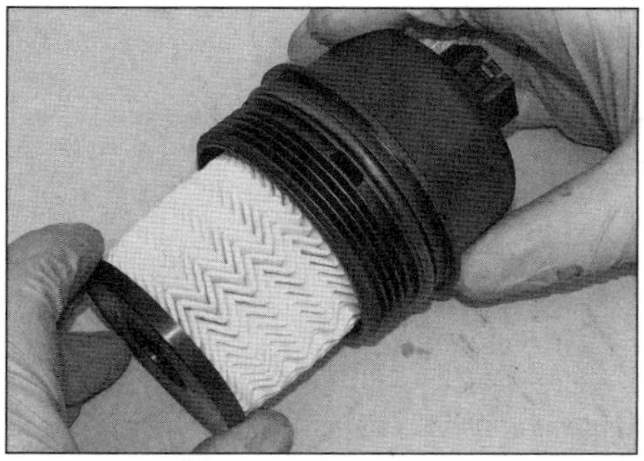

3.14 Ziehen Sie das Filterelement aus dem Deckel.

15 Wischen Sie das Gehäuse mit einem Lappen sauber. Ersetzen Sie alle Gummidichtungen des Gehäuses und des Deckels durch die Neuteile, die dem neuen Filter beigefügt sein sollten (siehe Abbildung).

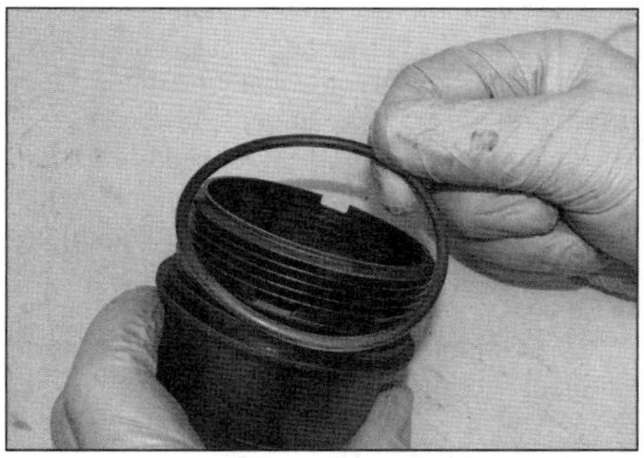

3.15 Rüsten Sie den Filterdeckel mit dem neuen O-Ring aus.

16 Benetzen Sie den O-Ring mit Motoröl (siehe Abbildung), und installieren Sie den Filtereinsatz. Drehen Sie den Filterdeckel von Hand in den Motor, und ziehen Sie ihn mit dem Steckschlüssel sorgfältig an.

3.16 Schmieren Sie den O-Ring mit Motoröl.

Alle Modelle

17 Entfernen Sie den mit Altöl gefüllten Sammelbehälter und sämtliches unter dem Fahrzeug liegendes Werkzeug, montieren Sie den Unterfahrschutz und senken Sie den Wagen ggf. ab.

18 Füllen Sie etwa die Hälfte des vorgeschriebenen Motoröls durch die Öffnung im Ventildeckel ein (siehe *Wöchentliche Kontrollen*). Warten Sie ein paar Minuten, damit das Öl in die Ölwanne sickern kann. Füllen Sie dann Öl in kleinen Mengen nach, bis der Pegel an der unteren Markierung des Peilstabs erreicht ist. Bis zur oberen Markierung muss jetzt noch etwa 1,0 Liter nachgefüllt werden. Installieren Sie den Einfülldeckel.

19 Starten Sie den Motor. Die Öldruck-Warnlampe wird noch einige Sekunden leuchten, bis der Ölfilter und alle Ölkanäle im Motor gefüllt sind. Die Drehzahl darf in diesem Zeitraum nicht erhöht werden. Lassen Sie den Motor einige Minuten laufen, und kontrollieren Sie die Bereiche um den Ölfilter und die Ablassschraube auf Undichtigkeiten.

20 Schalten Sie den Motor ab, und warten Sie einige Minuten, damit sich das Öl wieder in der Ölwanne gesammelt hat. Kontrollieren Sie erneut den Pegel, und füllen Sie nötigenfalls etwas Öl nach.

21 Montieren Sie ggf. entfernte Motorabdeckungen.

22 Das alte Motoröl kann nicht mehr verwendet werden und muss in einen auslaufsicheren Behälter gefüllt werden. Jeder Händler, der technische Öle verkauft, ist auch dazu verpflichtet, entsprechende Mengen Altöl zurückzunehmen und zur fachgerechten Entsorgung oder zum Recycling zu bringen. Lassen Sie nie Altöl in die Kanalisation gelangen oder im Boden versickern!

4 Kraftstofffilter – Entwässern

1 Bei den meisten Modellen sitzt unten am Kraftstofffiltergehäuse eine Entwässerungsschraube (siehe Abbildung).

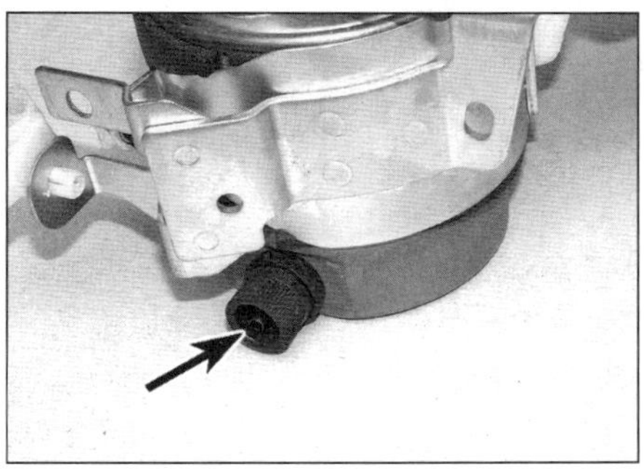

4.1 Entwässerungsschraube am Kraftstofffiltergehäuse

2 Stellen Sie einen geeigneten Behälter unter die Ablassschraube. Um das Ablassen zu erleichtern, kann ein Schlauch auf den zentralen Stutzen gesteckt werden; bei manchen Modellen ist serienmäßig ein Ablaufrohr vorhanden.

Anmerkung: *Der Zugang kann nötigenfalls verbessert werden, wenn die Muttern gelöst werden, die den oberen Halter des Filters am Gehäuse sichern, und die komplette Filtereinheit in eine bequemere Position angehoben wird – belasten Sie dabei keine Kraftstoffschläuche und Kabel.*

3 Öffnen Sie die Entwässerungsschraube, indem Sie sie gegen den Uhrzeigersinn drehen. Betätigen Sie mehrmals den Vorfüllbalg, um Kraftstoff durch den Filter zu pumpen (siehe Abbildung).

4.3 Position des Vorfüllbalgs

4 Lassen Sie den gesamten Inhalt des Filters in den Behälter ablaufen, und ziehen Sie den Entwässerungsstopfen sorgfältig an.
5 Füllen und entlüften Sie das Kraftstoffsystem (siehe Kapitel 4B, Sektion 5).
6 Das ausgetretene Wasser-Öl-Gemisch muss fachgerecht bei einer entsprechenden Annahmestelle entsorgt werden.

5 Schläuche und Undichtigkeiten – Kontrolle

Beachten Sie die Hinweise in Kapitel 1A, Sektion 4.

6 Bremsbeläge – Verschleißkontrolle

Beachten Sie die Hinweise in Kapitel 1A, Sektion 5.

7 Handbremse – Kontrolle und Einstellung

Beachten Sie die Hinweise in Kapitel 1A, Sektion 6.

8 Kupplung – Funktionsprüfung

Beachten Sie die Hinweise in Kapitel 1A, Sektion 7.

9 Klimaanlage – Kontrolle

Beachten Sie die Hinweise in Kapitel 1A, Sektion 8.

10 Keilrippenriemen (1,5 l-Motoren) – Kontrolle und Ersetzen

Anmerkung: *Nissan empfiehlt, den Keilrippenriemen nach jeder Demontage zusammen mit dem automatischen Spanner durch Neuteile zu ersetzen. Beide Teile müssen ungeachtet ihres Zustandes alle 120.000 km oder spätestens nach fünf Jahren ausgetauscht werden.*

Kontrolle

1 Der Keilrippenriemen verläuft rechts am Motor.
2 Der zum Antreiben diverser Nebenaggregate eingesetzte Riemen unterliegt einem gewissen Verschleiß und muss daher regelmäßig überprüft und nötigenfalls eingestellt werden.
3 Eine einfache Sichtkontrolle kann im Motorraum erfolgen. Weil der Riemen jedoch sehr dicht am rechten Innenkotflügel verläuft, kann eine genauere Inspektion nur von unten durchgeführt werden.
4 Heben Sie das Fahrzeug vorn an, und stützen Sie es sicher ab (siehe Seite 535). Demontieren Sie das rechte Vorderrad und die innere Radhaus-Abdeckung (siehe Abbildung).

10.4 Entfernen Sie die innere Radhaus-Abdeckung.

5 Kontrollieren Sie bei abgeschaltetem Motor den gesamten Riemen auf Risse und Auflösungserscheinungen (siehe Abbildung). Drehen Sie den Motor mit einem am Kurbelwellen-Riemenrad angesetzten Schlüssel langsam durch, um ihn auf der gesamten Länge zu überprüfen. Verdrehen Sie den Riemen, um beide Seiten betrachten zu können. Kontrollieren Sie ihn auf Ausfransungen und verglaste (glänzende) Stellen, die auf Durchrutschen hinweisen. Kontrollieren Sie die Riemenräder auf Einkerbungen, Risse, Verzug und Korrosion.

10.5 Kontrollieren Sie den Keilrippenriemen auf Verschleiß.

Ersetzen

Anmerkung: *Notieren Sie zunächst die Einbaulage des Riemens. Bei manchen Modellen hat das Kompressor-Riemenrad sechs Nuten und der Riemen hat fünf. In diesem Fall bleibt die innere Nut des Riemenrades frei, damit der Riemen gerade läuft.*

6 Setzen Sie an der äußeren Mutter des Riemenspanners einen Schlüssel an, und schwenken Sie ihn damit im Uhrzeigersinn, um den Riemen zu entspannen (siehe Abbildungen) und ihn von den Riemenrädern heben zu können – merken Sie sich die Einbaulage.

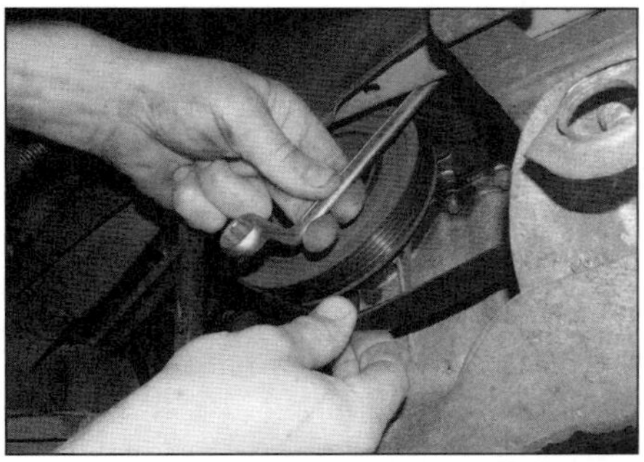

10.6a Um den Spanner im Uhrzeigersinn drehen zu können, muss von unten ...

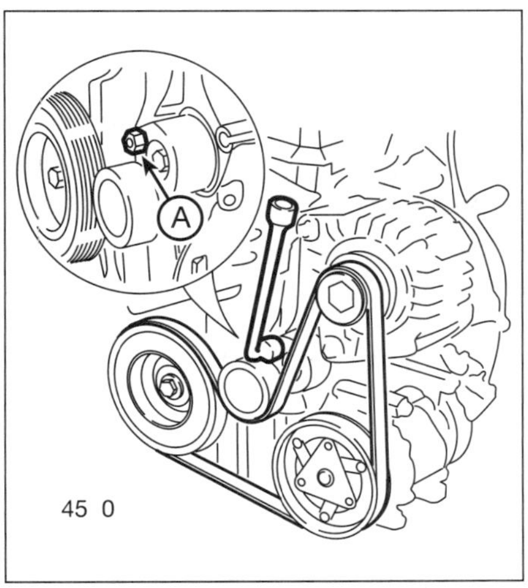

10.6b ... oder von oben ein Schlüssel an der äußeren Mutter (A) angesetzt werden – 1,5 l-Motor.

7 Nachdem der Keilrippenriemen entfernt ist, muss laut Nissan ein Neuteil installiert werden.

8 Schrauben Sie auch den Riemenspanner ab, und ersetzen Sie ihn durch ein Neuteil – ziehen Sie die Schraube mit 40 Nm an.

9 Setzen Sie an der äußeren Mutter des Spanners wieder einen Schlüssel an, um ihn im Uhrzeigersinn zu verdrehen und den neuen Riemen auflegen zu können – achten Sie auf die korrekte Positionierung (siehe Anmerkung oben).

10 Drehen Sie den Motor mit einem am Kurbelwellen-Riemenrad angesetzten Schlüssel einige Umdrehungen durch, um sicherzugehen, dass der Riemen korrekt installiert ist.

11 Montieren Sie die innere Radhaus-Abdeckung und das rechte Vorderrad, und senken Sie das Fahrzeug ab. Ziehen Sie die Radmuttern mit 113 Nm an.

11 Keilrippenriemen (2,0 l-Motoren) – Kontrolle und Ersetzen

Anmerkung: *Nissan empfiehlt, den Keilrippenriemen nach jeder Demontage zusammen mit dem automatischen Spanner samt Umlenkrolle durch Neuteile zu ersetzen. Diese Teile müssen ungeachtet ihres Zustandes alle 120.000 km oder spätestens nach fünf Jahren ausgetauscht werden.*

Kontrolle

1 Der Keilrippenriemen verläuft rechts am Motor.

2 Der zum Antreiben diverser Nebenaggregate eingesetzte Riemen unterliegt einem gewissen Verschleiß und muss daher regelmäßig überprüft und nötigenfalls eingestellt werden.

3 Eine einfache Sichtkontrolle kann im Motorraum erfolgen. Weil der Riemen jedoch sehr dicht am rechten Innenkotflügel verläuft, kann eine genauere Inspektion nur von unten durchgeführt werden. Heben Sie das Fahrzeug vorn an, und stützen Sie es sicher ab (siehe Seite 535). Demontieren Sie das rechte Vorderrad und die innere Radhaus-Abdeckung (Abb. 10.4) sowie ggf. den Unterfahrschutz.

4 Kontrollieren Sie bei abgeschaltetem Motor den gesamten Riemen auf Risse und Auflösungserscheinungen (Abb. 10.5). Drehen Sie den Motor mit einem am Kurbelwellen-Riemenrad angesetzten Schlüssel langsam durch, um ihn auf der gesamten Länge zu überprüfen. Verdrehen Sie den Riemen, um beide Seiten betrachten zu können. Kontrollieren Sie ihn auf Ausfransungen und verglaste (glänzende) Stellen, die auf Durchrutschen hinweisen. Kontrollieren Sie die Riemenräder auf Einkerbungen, Risse, Verzug und Korrosion.

5 Ein federbelasteter Spanner stellt automatisch die korrekte Riemenspannung sicher. Falls die Linie am Spannergehäuse außerhalb des vorgegebenen Bereichs liegt, muss der Keilrippenriemen ausgetauscht werden (siehe Abbildung). Falls der Riemen bereits durchgerutscht ist oder durch Quietschgeräusche auffällig wurde, muss er erneuert werden; lässt sich das Problem hierdurch nicht lösen, muss die Spanner-Baugruppe ersetzt werden.

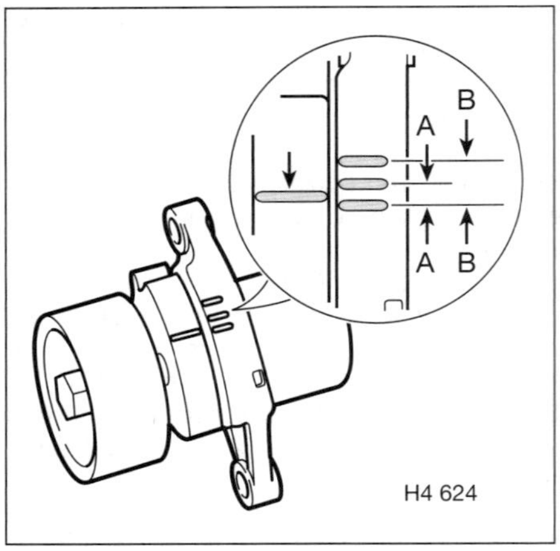

11.5 Markierungen am automatischen Keilrippenriemenspanner von 2,0 l-Motoren

A-A Bereich für neuen Riemen
B-B Bereich für gebrauchten Riemen
C Linie am Spannergehäuse

Ersetzen

6 Stecken Sie einen Torxschlüssel in die dafür vorgesehene Bohrung, um den Spanner (von rechts betrachtet) im Uhrzeigersinn zu drehen. Stecken Sie einen Inbusschlüssel oder einen Bohrer mit 3 mm Durchmesser in die Bohrung des Spannergehäuses, um es in der gelösten Position zu arretieren.
7 Merken Sie sich die Verlegung des Keilrippenriemens, und ziehen Sie ihn von den Riemenrädern (siehe Abbildung).

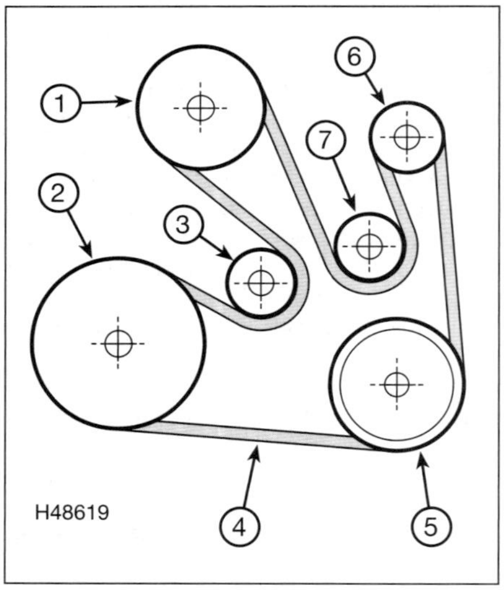

11.7 Verlauf des Keilrippenriemens bei 2,0 l-Motoren

1 Wasserpumpe
2 Kurbelwellenrad
3 Riemenspanner
4 Keilrippenriemen
5 Klimaanlagen-Kompressor
6 Lichtmaschine
7 Umlenkrolle

8 Legen Sie den neuen Riemen korrekt um die Riemenräder und Rollen.
9 Wenn der Riemen korrekt positioniert ist, wird der Spanner mit dem Torxschlüssel in Position gehalten, während die Arretierung entfernt wird. Lösen Sie mit dem Torxschlüssel den Spanner vorsichtig gegen den Uhrzeigersinn, damit der Riemen automatisch gespannt wird.
10 Drehen Sie den Motor mit einem am Kurbelwellen-Riemenrad angesetzten Schlüssel einige Umdrehungen durch, um sicherzugehen, dass der Riemen korrekt installiert ist. Prüfen Sie, ob die Linien am Riemenspanner korrekt ausgerichtet sind (Abb. 11.5).
11 Montieren Sie die innere Radhaus-Abdeckung und das rechte Vorderrad, und senken Sie das Fahrzeug ab. Ziehen Sie die Radmuttern mit 113 Nm an.

12 Lenkung und Radaufhängungen – Kontrolle

Beachten Sie die Hinweise in Kapitel 1A, Sektion 11.

13 Antriebswellenmanschetten – Kontrolle

Beachten Sie die Hinweise in Kapitel 1A, Sektion 12.

14 Räder – Spurkontrolle

Beachten Sie die Hinweise in Kapitel 1A, Sektion 13.

15 Auspuffanlage – Kontrolle

Beachten Sie die Hinweise in Kapitel 1A, Sektion 14.

16 Sicherheitsgurte – Kontrolle

Beachten Sie die Hinweise in Kapitel 1A, Sektion 15.

17 Elektrik – Kontrolle

Beachten Sie die Hinweise in Kapitel 1A, Sektion 16.

18 Scharniere und Schlösser – Schmieren

Beachten Sie die Hinweise in Kapitel 1A, Sektion 17.

19 Pollenfilter – Ersetzen

Beachten Sie die Hinweise in Kapitel 1A, Sektion 18.

20 Luftfilterelement – Ersetzen

1,5 l-Motoren

1 Das Luftfiltergehäuse sitzt links hinten im Motorraum.
2 Öffnen Sie die Motorhaube, lösen Sie die zwei Haltebügel des Luftfilterdeckels, und befreien Sie diesen vom Gehäuse (siehe Abbildung).

20.2 Entfernen Sie den Luftfilterdeckel.

3 Ziehen Sie das alte Filterelement aus dem Gehäuse – merken Sie sich die Einbaurichtung (siehe Abbildung).

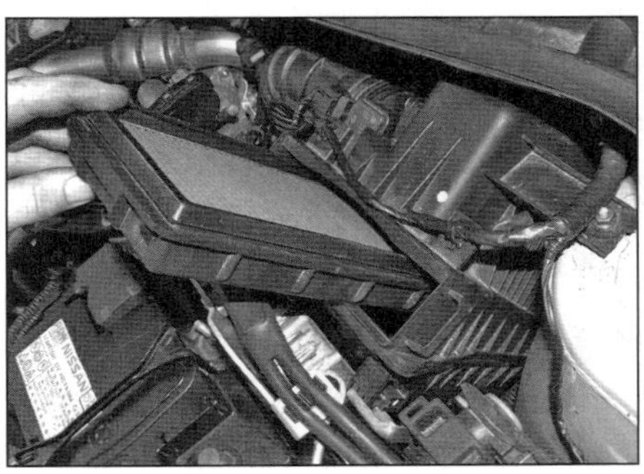

20.3 Ziehen Sie das Filterelement aus dem Gehäuse.

4 Wischen Sie das Gehäuse innen mit einem feuchten Lappen sauber, und entfernen Sie alle hineingefallenen Partikel.
5 Installieren Sie das neue Filterelement, sodass es korrekt im Gehäuse sitzt. Setzen Sie den Deckel auf – er muss korrekt sitzen und mit den zwei Bügeln gesichert sein (siehe Abbildung).

20.5 Der Luftfilterdeckel muss korrekt am Gehäuse sitzen und mit den Bügeln gesichert sein.

2,0 l-Motoren

6 Das Luftfiltergehäuse sitzt links hinten im Motorraum.
7 Öffnen Sie die Motorhaube, lösen Sie die zwei Haltebügel des Luftfilterelemente-Trägers, und ziehen Sie diesen aus dem Gehäuse (siehe Abbildungen).

20.7a Lösen Sie die zwei Bügel ...

20.7b ... und ziehen Sie den Luftfilter-Träger aus dem Gehäuse.

8 Befreien Sie das alte Filterelement aus dem Träger, merken Sie sich die Einbaurichtung, und installieren Sie das neue Filterelement (siehe Abbildung).

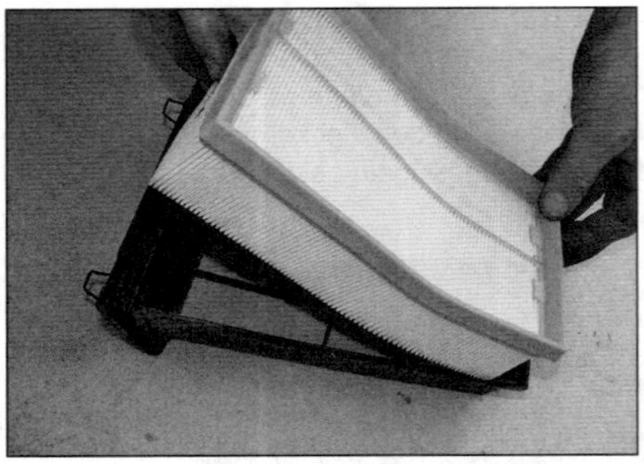

20.8 Befreien Sie das alte Filterelement aus dem Träger.

9 Wischen Sie das Gehäuse innen mit einem feuchten Lappen sauber, und entfernen Sie alle hineingefallenen Partikel.
10 Installieren Sie den Luftfilter in der umgekehrten Ausbaureihenfolge – er muss korrekt sitzen und mit den zwei Bügeln gesichert sein.

21 Kraftstofffilter – Ersetzen

Achtung: Bei dieser Prozedur darf kein Schmutz in das Filtergehäuse gelangen; zudem dürfen keine Kraftstoffspritzer an die Kupplung gelangen.

1 Das Ablassen des Kraftstofffilters ist in Sektion 4 beschrieben. Legen Sie einen Lappen um den Filter, um beim Trennen der Kraftstoffleitungen austretendes Dieselöl aufzusaugen.
2 Falls vorhanden, muss der Stecker der Kraftstoff-Vorwärmung oben am Filtergehäuse abgezogen werden.
3 Lösen Sie an den Leitungen vom Vorfüllbalg zum Filtergehäuse die Clips, und trennen Sie diese (siehe Abbildungen). Befreien Sie den Vorfüllbalg vom Innenkotflügel, und verlagern Sie ihn zu einer Seite. Beschädigen Sie nicht die Kraftstoffleitungen beim Ausbau, und bedecken Sie ihre Enden, damit kein Schmutz eindringt.

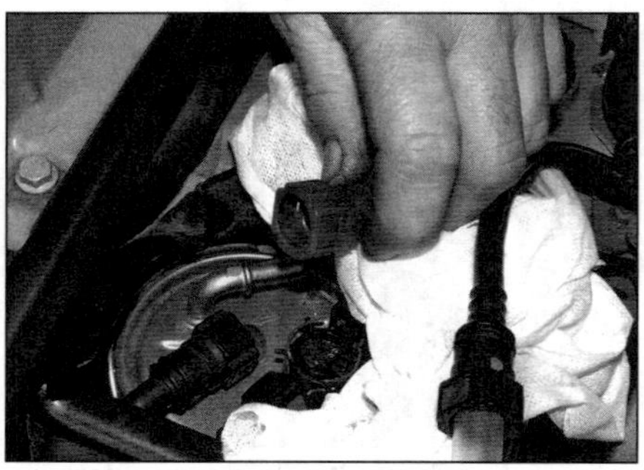

21.3a Trennen Sie die Kraftstoffleitung, ...

21.3b ... verstopfen Sie deren Enden ...

21.3c ... und befreien Sie den Vorfüllbalg samt seiner Leitungen.

4 Lösen Sie die zwei Muttern, die den Kraftstofffilter-Halter am Innenkotflügel sichern, und entnehmen Sie ihn (siehe Abbildung).

21.4 Entfernen Sie den Filtergehäuse-Halter.

5 Notieren Sie die Anschlusspositionen der Kraftstoffleitungen oben am Filter, und trennen Sie sie – beschädigen Sie dabei nicht die Kraftstoffleitungen, und bedecken Sie ihre Enden, damit kein Schmutz eindringt (siehe Abbildung).

21.5 Notieren Sie die Anschlusspositionen der Kraftstoffleitungen.

6 Befreien Sie die Kraftstoffleitung vom Halteclip am Filtergehäuse-Halter, und entnehmen Sie den Kraftstofffilter aus dem Motorraum (siehe Abbildung).

21.6 Befreien Sie den Kraftstofffilter aus dem Motorraum.

7 Lockern Sie jetzt die Klemmschraube der Halterung, und ziehen Sie den Filter aus dem Halter (siehe Abbildung).

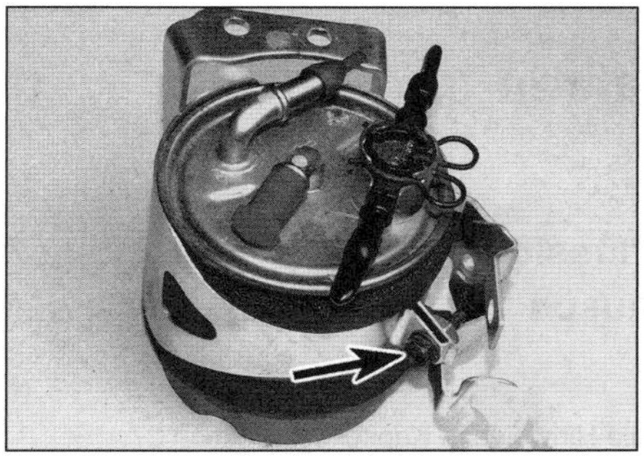

21.7 Kraftstofffilter-Klemmschraube (Pfeil)

8 Lösen Sie den Clip oben am Filter, und entfernen Sie den Anschlussstecker – falls seine Dichtung beschädigt ist, muss sie erneuert werden.

9 Installieren Sie den neuen Filter in den Halter, und ziehen Sie die Klemmschraube an. Verbinden Sie den Anschlussstecker oben am Filter, und sichern Sie ihn mit dem Clip.

10 Prüfen Sie, ob die Ablassschraube unten am Filter angezogen ist.

11 Halten Sie den Filter samt Halter an den Innenkotflügel, und verbinden Sie die Kraftstoffleitungen – beschädigen Sie nicht ihre Rohre (siehe Abbildung).

21.11 Die Kraftstoffleitungs-Sicherungsclips dürfen nicht beschädigt werden.

12 Sichern Sie die Kraftstoffleitung im seitlich am Halter sitzenden Klemmstück (siehe Abbildung).

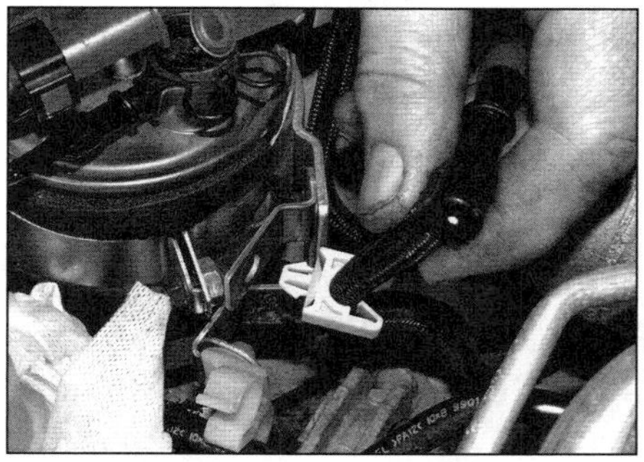

21.12 Sichern Sie die Kraftstoffleitung im Klemmstück.

13 Installieren Sie den Filtergehäusehalter am Innenkotflügel, und ziehen Sie die zwei Muttern sorgfältig an (siehe Abbildung).

21.13 Muttern des Filtergehäusehalters

14 Installieren Sie die Leitungen des Vorfüllbalgs an den Kraftstofffilter, und sichern Sie den Balg an seiner Position.

15 Verbinden Sie ggf. den Stecker der Kraftstoff-Vorwärmung oben am Filtergehäuse.

16 Nachdem alle Kraftstoffleitungen angeschlossen sind, wird der Vorfüllbalg einige Male gedrückt, um wieder Diesel durch den Filter zu pumpen.

17 Schalten Sie die Zündung ein, und starten Sie den Motor; falls er nicht anspringt, muss erneut mit dem Vorfüllbalg Diesel durch das System gepumpt werden.

18 Sobald der Motor läuft, müssen der Kraftstofffilter und alle Anschlüsse auf Undichtigkeiten überprüft werden.

22 Automatikgetriebe – Ölpegelkontrolle

Beachten Sie die Hinweise in Kapitel 1A, Sektion 20.

23 Schaltgetriebe – Ölpegelkontrolle

Beachten Sie die Hinweise in Kapitel 1A, Sektion 21.

24 Hinterachsantrieb (4WD) – Ölpegelkontrolle

Beachten Sie die Hinweise in Kapitel 1A, Sektion 22.

25 Verteilergetriebe (4WD) – Ölpegelkontrolle

Beachten Sie die Hinweise in Kapitel 1A, Sektion 23.

26 Probefahrt

Beachten Sie die Hinweise in Kapitel 1A, Sektion 24.

Alle 60.000 km oder spätestens nach vier Jahren

27 Zahnriemen – Ersetzen (1,5 l-Motoren)

Anmerkung: Diese Sektion trifft nur für 1,5 l-Dieselmotoren zu.
Beachten Sie die Hinweise in Kapitel 2C, Sektion 6.

28 Bremsflüssigkeit – Austausch

Beachten Sie die Hinweise in Kapitel 1A, Sektion 26.

29 Kühlflüssigkeit – Austausch

Beachten Sie die Hinweise in Kapitel 1A, Sektion 27.

Kapitel 2, Teil A

Reparaturen am eingebauten 1,6 l-Benzinmotor

Inhalt — Sektion

Schwierigkeitsgrade

Leicht. Geeignet für Anfänger mit wenig Erfahrung.	**Relativ leicht.** Geeignet für Anfänger mit etwas Erfahrung.	**Relativ schwierig.** Geeignet für geübte Selbstschrauber.	**Schwer.** Geeignet für Selbstschrauber mit viel Erfahrung.	**Sehr schwer.** Geeignet für Experten und Profis.

Spezifikationen

Motor (allgemein)	
Bezeichnung	HR16DE
Motorleistung	
02/2007 bis 07/2010	84 kW/114 PS bei 6000/min
07/2010 bis 11/2013	86 kW/117 PS bei 6000/min
Hubraum	1598 cm³
Bohrung	78,0 mm
Hub	83,6 mm
Kurbelwellen-Drehrichtung	vorwärts (von rechts gesehen im Uhrzeigersinn)
Position von Zylinder Nr. 1	rechts (an Steuerkette)
Zündfolge	1-3-4-2
Zylinder-Kompressionsdruck	
Standard	15,0 bar
Minimum	14,7 bar
Maximale Differenz zwischen Zylindern	0,6 bar
Ventilspiel (Motor kalt)	
Einlass	0,26 bis 0,34 mm
Auslass	0,29 bis 0,37 mm
Nockenwelle und Stößel	
Antrieb	Kette
Anzahl der Lager	5
Axialspiel	0,075 bis 0,153 mm
Nockenhöhe	
Einlass	45,265 bis 45,455 mm
Auslass	43,775 bis 43,965 mm

Lagerzapfen-Außendurchmesser	
Lager Nr. 1	27,935 bis 27,955 mm
Lager Nr. 2 bis 5	24,950 bis 24,970 mm
Lagersitz-Innendurchmesser	
Lager Nr. 1	28,000 bis 28,021 mm
Lager Nr. 2 bis 5	25,000 bis 25,021 mm
Lagerzapfen-Radialspiel	
Lager Nr. 1	0,045 bis 0,086 mm
Lager Nr. 2 bis 5	0,030 bis 0,071 mm
Nockenwellen-Verzug	
Standard	0,02 mm
Verschleißgrenze	0,05 mm
Steuerkettenritzel-Verzug	unter 0,15 mm
Tassenstößel-Außendurchmesser	
Einlass	33,977 bis 33,987 mm
Auslass	29,977 bis 29,987 mm
Stößelbohrung in Zylinderkopf – Innendurchmesser	
Einlass	34,000 bis 34,021 mm
Einlass	30,000 bis 30,021 mm
Tassenstößel-Spiel in Zylinderkopf	0,013 bis 0,044 mm

Schmiersystem

Ölpumpe – Typ	Rotorpumpe, per Kette rechts von der Kurbelwelle angetrieben
Minimaler Öldruck bei ca. 80 °C	
bei Standgas	0,8 bar (min.)
bei 2000/min	4,5 bar (min.)

Anzugsdrehmomente

Hauptlagerdeckel-Schrauben	
Schritt 1	33 Nm
Schritt 2	60° weiter
Motor/Getriebe – hintere Halterung/Stützlager	
Halterung an Hilfsrahmen – Schraube	110 Nm
Halterung an Getriebe – Schraube	110 Nm
Motor/Getriebe – linke Halterung	
Durchgangsbolzen / Stehbolzenmutter	65 Nm
Durchgangsbolzen / Stehbolzen in Halter	65 Nm
Halterung an Aufnahme – Muttern	105 Nm
Halterung an Innenkotflügel – Schrauben	80 Nm
Halterung an Getriebe – Schrauben	45 Nm
Motor/Getriebe – rechte Halterung	
Halterung an Motor – Schrauben	55 Nm
Halterung an Innenkotflügel – Schrauben	55 Nm
Halterung an Motoraufnahme (horizontal)	125 Nm
Strebenhalter an Halterung (kleine Schrauben – falls vorhanden)	12 Nm
Motor/Getriebe-Verbindungsschrauben	48 Nm
Motoröl-Ablassschraube	35 Nm
Nockenwellen-Lagerdeckelschrauben (siehe Text)	
Schritt 1 – Schrauben 9 bis 11	2 Nm
Schritt 2 – Schrauben 1 bis 8	2 Nm
Schritt 3 – Schrauben 1 bis 11	6 Nm
Schritt 4 – Schrauben 1 bis 11	11 Nm
Nockenwellenritzel-Schrauben (variable Steuerzeiten)	79 Nm
Ölpegelsensor-Schraube	8 Nm
Ölpumpenrad-Mutter	25 Nm
Ölwanne – obere Schrauben an Getriebe	48 Nm
Ölwanne – untere Schrauben	10 Nm
Pleuelfußmuttern	
Schritt 1	27 Nm
Schritt 2	komplett lockern
Schritt 3	20
Schritt 4	60° weiter
Radmuttern	113 Nm

Schwungscheiben-Schrauben	108 Nm
Steuerkettendeckel-Schrauben (siehe Text)	
untere M6-Schrauben (9 Stück)	25 Nm
obere M8-Schrauben (5 Stück)	55 Nm
Steuerkettenführungs-Schrauben	25 Nm
Steuerkettenspanner-Inspektionsstopfen	20 Nm
Steuerkettenspanner-Schrauben	10 Nm
Ventildeckelschrauben	10 Nm
Zahnrippenriemenrad-Bolzen in Kurbelwellen	
Schritt 1	35 Nm
Schritt 2	60° weiter
Zylinderkopfschrauben	
Schritt 1	67 Nm
Schritt 2	komplett lockern
Schritt 3	40
Schritt 4	75° weiter
Schritt 5	weitere 75° weiter

1 Allgemeine Informationen

Der Zweck dieses Kapitels

Dieser Teil von Kapitel 2 beinhaltet Reparaturen, die bei im Fahrzeug montierten 1,6 l-Benzinmotoren durchgeführt werden können (andere Motortypen finden sich in den Kapiteln 2B, C oder D). Falls der Motor ausgebaut und entsprechend freigelegt ist, können nicht zutreffende Schritte ignoriert werden. Kapitel 2E beinhaltet den Ausbau des Motors samt Getriebe aus dem Fahrzeug und die dann mögliche Komplettüberholung.

Obwohl es technisch möglich ist, Bauteile wie Kolben und Pleuelstangen bei eingebautem Motor zu überholen, werden solche Tätigkeiten normalerweise nicht als separate Arbeiten durchgeführt. Üblicherweise müssen verschiedene weitere Prozeduren (nicht zu vergessen die Reinigung von Bauteilen und Ölkanälen) durchgeführt werden, sodass solche Aufgaben zu den größeren Überholprozessen gezählt werden, die in Kapitel 2E beschrieben sind.

Motor – Beschreibung

Der Vierzylindermotor wird mit zwei obenliegenden Nockenwellen (DOHC) und vier Ventilen je Zylinder gesteuert. Der Motor ist quer eingebaut und das Getriebe ist links angeflanscht.

Die Kurbelwelle des komplett gleitgelagerten Motors läuft in fünf Lagerschalen. Ihr Axialspiel wird durch Anlaufscheiben am Hauptlager Nr. 3 (obere Hälfte) begrenzt.

Die Pleuel drehen sich mit horizontal gebrochenen Lagerschalen auf den Hubzapfen. Die aus einer Aluminiumlegierung bestehenden Kolben sind mit drei Kolbenringen (zwei Kompressionsringen und einem Ölabstreifring) ausgerüstet und mit Kolbenbolzen im oberen Pleuelauge gelagert.

Der aus Aluminium bestehende Zylinderblock ist mit eingegossenen Zylinderbohrungen versehen; das Kühlmittel durchströmt integrierte Kanäle.

Die im Zylinderkopf hängenden Ein- und Auslassventile werden durch Spiralfedern geschlossen. Sowohl ihre Führungen als auch ihre abdichtenden Sitzringe sind in den Kopf eingepresst und können nötigenfalls separat ersetzt werden. Die per Steuerkette angetriebenen zwei Nockenwellen sind direkt im Zylinderkopf gelagert und öffnen die Ventile über Tassenstößel. Das Ventilspiel wird mit unterschiedlich hohen Tassenstößeln sichergestellt – falls es korrigiert werden muss, ist der entsprechende Tassenstößel auszutauschen. An der Einlassnockenwelle kann das Steuerkettenritzel zur Anpassung der variablen Steuerzeiten hydraulisch per Magnetventil gesteuert werden.

Das Schmiersystem besteht aus einem Druckumlaufsystem. Die rechts am Motor sitzende Ölpumpe wird per Kette von der Kurbelwelle angetrieben. Sie saugt das Öl durch ein Sieb aus der Ölwanne an und pumpt es durch einen extern sitzenden Ölfilter in die Ölkanäle des Motorgehäuses, um die Kurbelwellen-Hauptlager und Nockenwellenlager mit Drucköl zu versorgen. Auch die Pleuelfußlager werden durch Bohrungen in der Kurbelwelle mit Öldruck versorgt. Die Nocken und der gesamte Ventiltrieb werden lediglich durch Spritzöl geschmiert.

Reparaturen, die bei eingebautem Motor möglich sind

Die folgenden Arbeiten können erledigt werden, ohne dass der Motor dafür aus dem Fahrzeug ausgebaut werden muss:

a) *Kompressionsprüfung*
b) *Ventildeckel – Ausbau und Einbau*
c) *Steuerkettendeckel – Ausbau und Einbau*
d) *Steuerkette – Ausbau, Kontrolle und Einbau*
e) *Steuerkettenspanner, Führungen und Ritzel – Ausbau, Kontrolle und Einbau*

f) Nockenwellen und Tassenstößel – Ausbau, Kontrolle und Einbau
g) Ventilspiel – Einstellen
h) Zylinderkopf – Ausbau und Einbau
i) Zylinderkopf und Kolben – Ablagerungen entfernen
j) Ölwanne – Ausbau und Einbau
k) Ölpumpe – Ausbau, Kontrolle und Einbau
l) Kurbelwellen-Dichtringe – Ersetzen
m) Motorhalterungen – Kontrolle und Ersetzen
n) Schwungscheibe – Ausbau, Kontrolle und Einbau

2 Kompressionsprüfung – Beschreibung und Auswertung

1 Wenn die Motorleistung sinkt oder Fehlzündungen entstehen, die nicht auf das Zünd- oder Kraftstoffsystem zurückzuführen sind, kann eine Kompressionsprüfung Hinweise auf den Zustand des Motors liefern. Wenn dieser Test regelmäßig durchgeführt wird, kann er vor Problemen warnen, bevor andere Symptome offensichtlich werden.
2 Der Motor muss vollständig auf Betriebstemperatur gebracht werden, und die Batterie muss komplett geladen sein. Für den Test wird ein Assistent benötigt.
3 Machen Sie das Kraftstoffsystem drucklos, indem Sie die Kraftstoffpumpen-Sicherung aus der Sicherungsbox ziehen – nutzen Sie zur Identifikation die Beschriftungen innerhalb des Sicherungsbox-Deckels (englisch) oder die Schaltpläne am Ende von Kapitel 12. Starten Sie jetzt den Motor, und lassen Sie ihn laufen, bis er abstirbt. Versuchen Sie noch mindestens zweimal, den Motor zu starten, um sicherzugehen, dass sämtlicher Druck abgelassen ist.
4 Demontieren Sie die Zündkerzen (siehe Kapitel 1A, Sektion 25).
5 Drehen Sie den passenden Adapter in das Zündkerzengewinde von Zylinder Nr. 1, und schließen Sie den Kompressionsprüfer an.
6 Lassen Sie den Assistenten auf dem Fahrersitz Platz nehmen und das Gaspedal durchdrücken. Gleichzeitig muss er den Motor mit dem Anlasser durchdrehen – nach ein bis zwei Umdrehungen sollte der Kompressionsdruck seinen maximalen Wert erreicht haben und sich dort stabilisieren. Notieren Sie den höchsten gemessenen Wert.
7 Wiederholen Sie den Test an den anderen Zylindern, und notieren Sie alle Messwerte.
8 Alle Zylinder sollten ähnliche Kompressionswerte erreichen – Unterschiede von mehr als 0,6 bar weisen auf einen Defekt hin. Beachten Sie, dass sich die Kompression in einem gesunden Motor sehr schnell aufbaut; niedrige Kompression im ersten Kolbenhub gefolgt von schrittweisen Anstiegen in den folgenden Hüben weist auf verschlissene Kolbenringe hin. Niedrige Kompression im ersten Kolbenhub, der auch in den folgenden Hüben keine höheren Werte folgen, weist auf verschlissene Ventile oder eine durchgebrannte Zylinderkopfdichtung hin (ein Riss im Zylinderkopf kann auch möglich sein). Ablagerungen an den Ventilen können ebenfalls zu niedriger Kompression führen.
9 Falls der Druck in einem Zylinder zu niedrig ist, muss der folgende Test durchgeführt werden, um den Grund herauszufinden: Füllen Sie einen Teelöffel Motoröl durch das Zündkerzenloch ein, und wiederholen Sie den Test.
10 Wenn das zugegebene Öl den Kompressionsdruck zeitweise erhöht, werden der Kolben oder die Zylinderbohrung verschlissen sein. Keine Druckveränderung lässt auf undichte oder verbrannte Ventile oder auf eine schadhafte Zylinderkopfdichtung schließen.
11 Niedrige Drücke in zwei benachbarten Zylindern weisen fast immer darauf hin, dass die Kopfdichtung zwischen ihnen durchgebrannt ist – Kühlmittel im Motoröl bestätigt dies.
12 Wenn ein Zylinder um etwa 20 % unter den anderen liegt und der Motor im Standgas etwas unrund läuft, kann ein verschlissener Nocken die Ursache hierfür sein.
13 Falls die Kompression ungewöhnlich hoch ist, haben sich wahrscheinlich Kohleablagerungen in den Brennräumen gebildet. In diesem Fall muss der Zylinderkopf demontiert und samt Kolbenboden gereinigt werden.
14 Nach Beendigung des Tests werden die Zündkerzen und die Kraftstoffpumpen-Sicherung installiert.

3 Oberer Totpunkt (OT) – Positionierung

1 Trennen Sie zunächst den Masseanschluss (–) der Batterie (siehe Seite 532). Entfernen Sie die Zündkerzen (siehe Kapitel 1A, Sektion 25.
2 Ziehen Sie die Handbremse an, legen Sie den Leerlauf ein, heben Sie das Fahrzeug vorn an, und stützen Sie es sicher ab (siehe Seite 532). Demontieren Sie das rechte Vorderrad.
3 Lösen Sie von der Unterseite des Kotflügels her die Befestigungen der Radhaus-Abdeckung, und entfernen Sie diese, um Zugang zum Keilrippenrad der Kurbelwelle zu erhalten (siehe Abbildungen). Lösen Sie nötigenfalls auch die Schrauben des Unterfahrschutzes, um diesen zu entfernen.

3.3a Lösen Sie die Clips ...

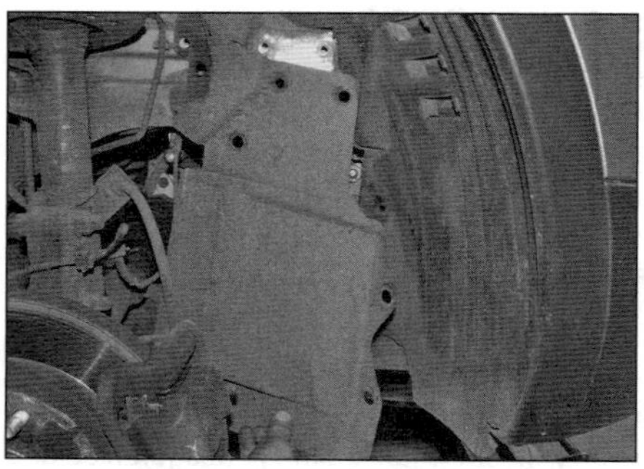

3.3b ... und entfernen Sie die innere Radhausabdeckung.

4 Am Riemenrad sind mehrere Kerben angebracht; wenn (von unten durch den Radkasten betrachtet) die linke der drei Kerben zum Pfeil am Steuerkettendeckel ausgerichtet ist, stehen die Kolben der Zylinder 1 und 4 im Oberen Totpunkt (OT); welcher von ihnen im Verdichtungstakt steht, lässt sich an der Nockenwelle bestimmen.

5 Drehen Sie nötigenfalls mithilfe eines an der Riemenradschraube angesetzten Steckschlüssels die Kurbelwelle im Uhrzeigersinn, bis die Markierungen fluchten (siehe Abbildung).

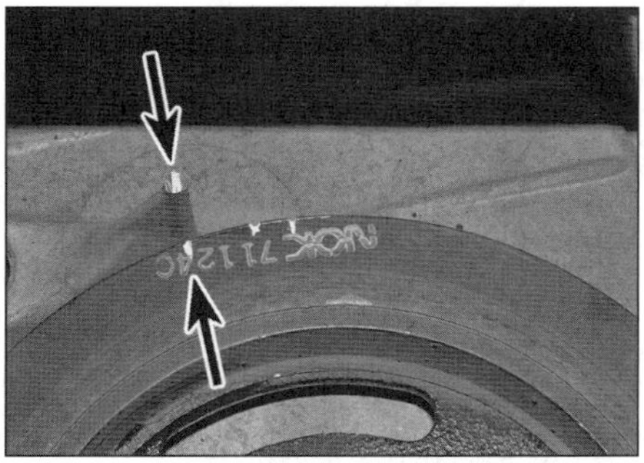

3.5 Wenn die linke Kerbe im Riemenrad zum Pfeil am Deckel fluchtet, stehen Zylinder 1 und 4 im OT.

4 Ventildeckel – Ausbau und Einbau

Ausbau

1 Trennen Sie zunächst den Masseanschluss (–) der Batterie (siehe Seite 532)

2 Demontieren Sie den Einlassstutzen (siehe Kapitel 4A, Sektion 11).

3 Kleben Sie die Einlasskanäle des Zylinderkopfes mit Klebeband ab, damit keine Fremdkörper in den Motor fallen können (siehe Abbildung).

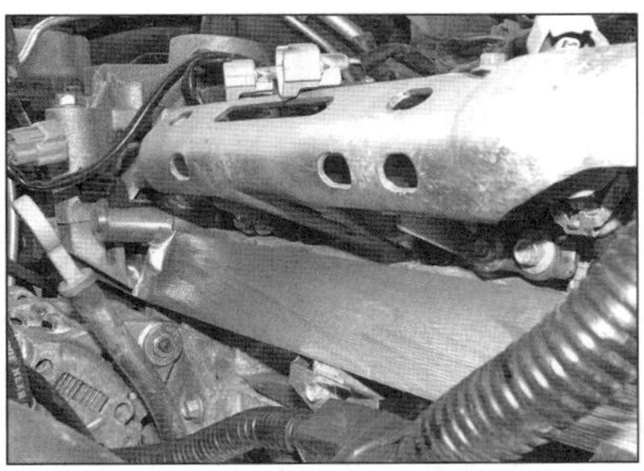

4.3 Kleben Sie die Einlasskanäle des Zylinderkopfes mit Klebeband ab.

4 Trennen Sie die Kabelstecker von den vier kombinierten Zündspulen/Zündkerzensteckern, lösen Sie die Sicherungsschrauben, und ziehen Sie die Zündspulen/Kerzenstecker aus dem Motor (siehe Abbildung).

4.4 Entfernen Sie die kombinierten Zündspulen/ Zündkerzenstecker.

5 Lösen Sie die Sicherungs-Clips am Stecker des Magnetventil am Steuerzeiten-Verstellmechanismus der Einlassnockenwelle und den vier Einspritzdüsen-Steckern, und trennen Sie diese (siehe Abbildungen).

4.5a Trennen Sie den Stecker vom Magnetventil der Nockenwellenverstellung ...

4.5b ... und von den Einspritzdüsen.

6 Lösen Sie die zwei Schrauben der Druckspeicher-Abdeckung aus dem Ventildeckel, und nehmen Sie sie beiseite. Lösen Sie nötigenfalls die Clips, und befreien Sie den Kabelbaum von der Abdeckung (siehe Abbildungen).

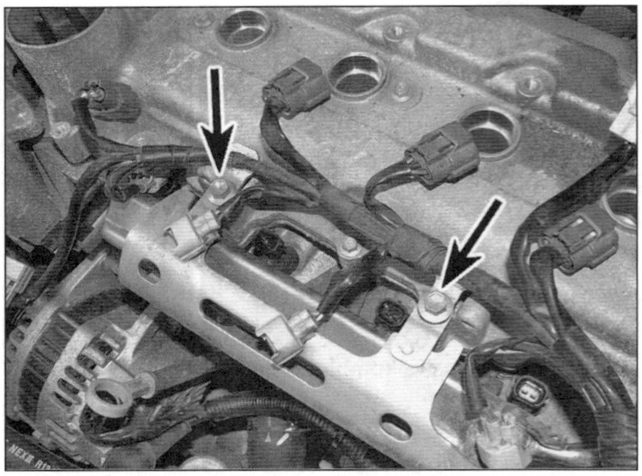

4.6a Lösen Sie die zwei Schrauben, ...

4.6b ... entfernen Sie die Druckspeicher-Abdeckung ...

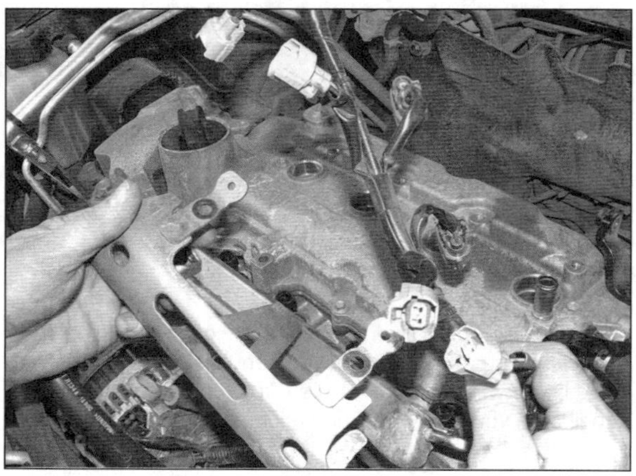

4.6c ... und befreien Sie den Kabelbaum.

7 Befreien Sie den Entlüftungsschlauch vom Getriebe-Ende des Ventildeckels (siehe Abbildung).

4.7 Ziehen Sie den Entlüftungsschlauch ab.

8 Stützen Sie den Motor mithilfe eines Rangierwagenhebers ab (siehe Abbildung), und lösen Sie die Schrauben der rechten Motorhalterung (siehe Sektion 15).

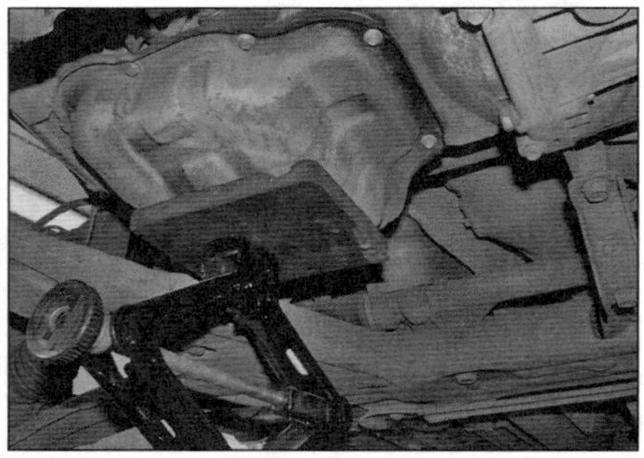

4.8 Schützen Sie die Ölwanne beim Abstützen mit einem Holz.

9 Lockern Sie **entgegen** der in Abb. 4.16 gezeigten Anzugsreihenfolge die Ventildeckelschrauben – die Schrauben 13 und 14 sind bereits entfernt, da sie auch die Druckspeicher-Abdeckung sichern.
10 Heben Sie den Ventildeckel ab, und stellen Sie die umlaufende Gummidichtung samt der damit verbundenen Dichtungen der Zündkerzenkanäle sicher (siehe Abbildungen).

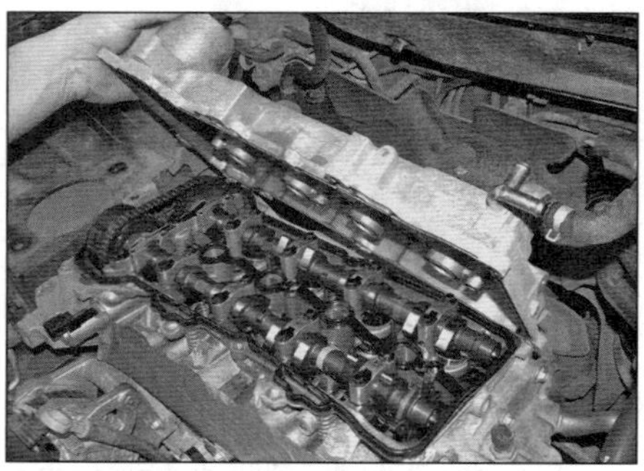

4.10a Heben Sie den Ventildeckel ab ...

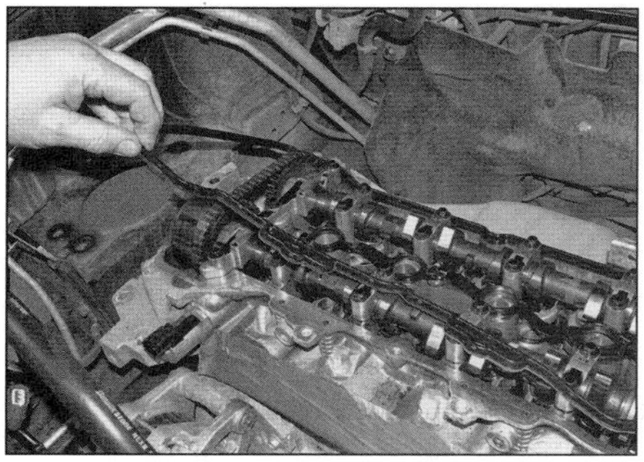

4.10b ... und stellen Sie die Dichtungen sicher

11 Kontrollieren Sie die Dichtungen auf Beschädigungen und Alterungserscheinungen, und ersetzen Sie sie nötigenfalls; Nissan empfiehlt, sie nach jeder Demontage des Ventildeckels zu erneuern.

Einbau

12 Reinigen Sie sorgfältig die Dichtflächen des Zylinderkopfes und des Ventildeckels, sodass sie absolut fettfrei sind.
13 Tragen Sie im Bereich der Kontaktflächen des oberen Steuerkettendeckels etwas Dichtmasse auf (siehe Abbildungen).

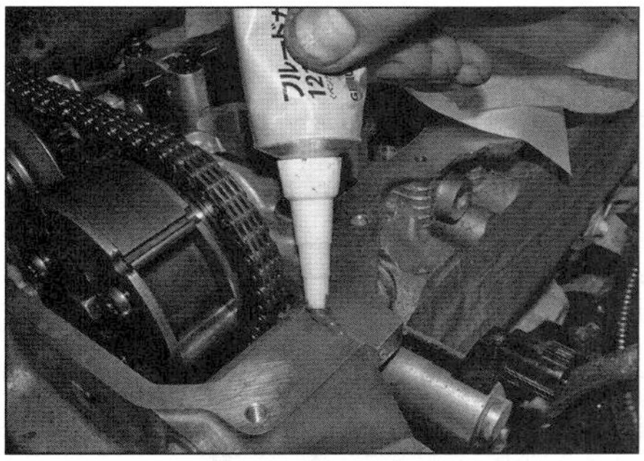

4.13a Tragen Sie an beiden Seiten ...

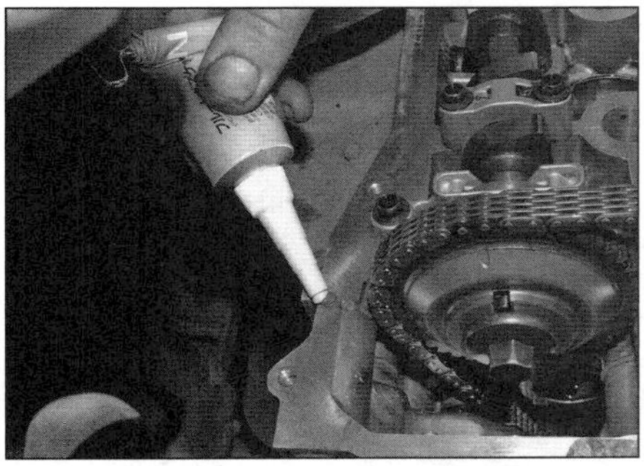

4.13b ... der Steuerkettenritzel etwas Dichtmasse auf.

14 Installieren Sie die Gummidichtung in die Nut des Ventildeckels und die Nuten der Zündkerzenkanäle – sie muss überall korrekt sitzen (siehe Abbildung).

4.14 Die Gummidichtung muss korrekt am Ventildeckel installiert sein.

15 Setzen Sie den Ventildeckel vorsichtig auf, sodass die Gummidichtung nicht verrutscht.
16 Wenn feststeht, dass der Deckel korrekt sitzt, werden die Schrauben installiert und schrittweise in der gezeigten Reihenfolge bis zum Drehmoment von 10 Nm angezogen (siehe Abbildung) – die Schrauben 13 und 14 sichern auch die Druckspeicher-Abdeckung.

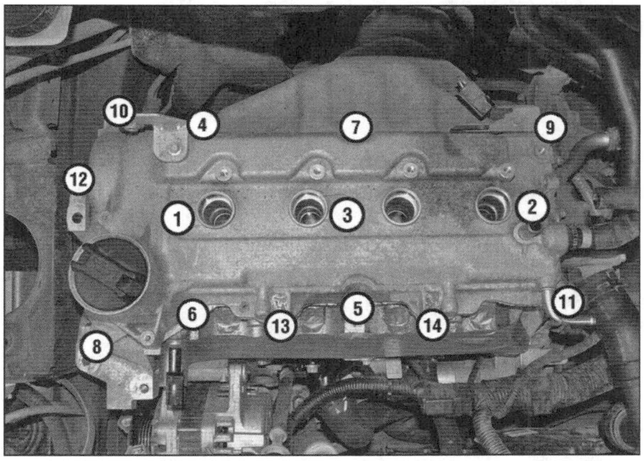

4.16 ANZUGS-Reihenfolge der Ventildeckel-Schrauben

17 Installieren Sie die Druckspeicher-Abdeckung, und ziehen Sie ihre zwei Schrauben mit 10 Nm an. Sichern Sie ggf. den Kabelbaum an der Abdeckung.
18 Verbinden Sie die Stecker des Einlassnockenwellen-Verstellers und der vier Einspritzdüsen.
19 Stecken Sie den Entlüftungsschlauch auf den Stutzen, und sichern Sie ihn mit der Schelle.
20 Installieren Sie die Zündspulen/Kerzenstecker, und verbinden Sie die Stecker.
21 Montieren Sie die rechte Motorhalterung (siehe Sektion 15). Entfernen Sie anschließend die Abstützung des Motors.
22 Entfernen Sie ggf. das Klebeband von den Einlasskanälen des Zylinderkopfes, und reinigen Sie die Einlassstutzen-Dichtfläche. Montieren Sie den Einlassstutzen (siehe Kapitel 4A, Sektion 11).
23 Schließen Sie die Batterie an, starten Sie den Motor und überprüfen Sie den Bereich um den Ventildeckel auf Undichtigkeiten.

5 Kurbelwellen-Keilrippenriemenrad – Ausbau und Einbau

Ausbau

1 Entfernen Sie den Keilrippenriemen (siehe Kapitel 1A, Sektion 10).
2 Positionieren Sie ggf. Zylinder Nr. 1 im Verdichtungs-OT (siehe Sektion 7 Schritt 4).
3 Damit das Riemenrad beim Lösen des Bolzens nicht mitdreht, muss es mit einem geeigneten Werkzeug, das in seine Speichen greift, blockiert werden (siehe Abbildung). Falls kein Werkzeug vorhanden ist, kann ein hoher Gang eingelegt werden, und ein Assistent drückt fest auf die Bremse.

5.3 Selbst gebautes Werkzeug zum Blockieren des Riemenrades

4 Lösen Sie den Riemenradbolzen, entfernen Sie ggf. die Scheibe, und ziehen Sie das Riemenrad von der Kurbelwelle (siehe Abbildung).

5.4 Entfernen Sie den Riemenradbolzen.

5 Falls das Riemenrad fest auf der Kurbelwelle sitzt, muss es mithilfe eines Abziehers befreit werden, der entweder bei Nissan beschafft oder selbst gebaut werden kann. Drehen Sie dazu den Riemenradbolzen in die Kurbelwelle, sodass der Kopf etwa 5 mm über dem Riemenrad steht. Installieren Sie den Abzieher mit den kleinen Schrauben in die Gewindebohrungen des Riemenrades, und ziehen Sie den mittleren Bolzen an, bis das Riemenrad locker ist; entfernen Sie den Abzieher, drehen Sie den Bolzen heraus, und entnehmen Sie das Riemenrad (siehe Abbildungen).

5.5a Ziehen Sie nötigenfalls das Riemenrad ...

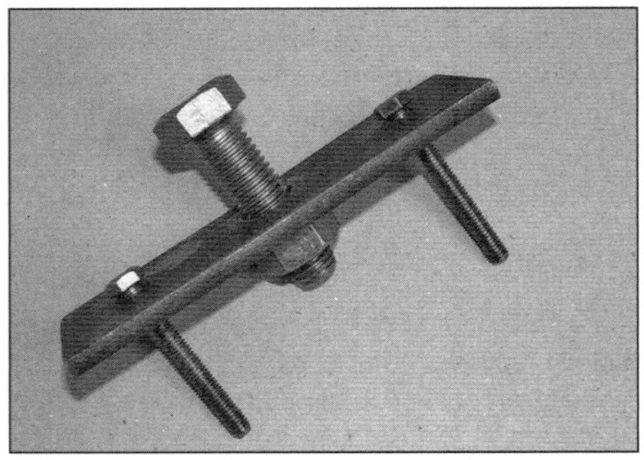

5.5b ... mit einem solchen selbst gebauten Abzieher ab.

6 Falls der in der Kurbelwellennut sitzende Keil locker ist, muss er sichergestellt werden (siehe Abbildung).

5.6 Stellen Sie ggf. den Keil aus der Kurbelwelle sicher.

Einbau

7 Stecken Sie ggf. den Keil in die Nut der Kurbelwelle.
8 Richten Sie die Riemenrad-Nut zum Keil aus, und schieben Sie das Rad auf die Kurbelwelle (siehe Abbildung).

5.8 Schieben Sie das korrekt ausgerichtete Riemenrad auf die Kurbelwelle.

9 Schmieren Sie das Gewinde und die Kopf-Unterseite des Riemenradbolzens mit Motoröl (siehe Abbildung), und installieren Sie ihn ggf. samt Scheibe.

5.9 Ölen Sie das Gewinde und die Unterseite des Schraubenkopfes vor dem Einbau.

10 Blockieren Sie die Kurbelwelle mit der beim Lösen eingesetzten Methode, und ziehen Sie den Riemenradbolzen zunächst mit 35 Nm an und dann ggf. mithilfe einer Gradscheibe um 60° weiter. Weil die Ecken einer Sechskantschraube jeweils um 60° auseinanderliegen, kann auch mit entsprechenden Farbmarkierungen gearbeitet werden (siehe Abbildungen).

5.10a Bringen Sie an einer Ecke des Schraubenkopfes sowie eine Ecke weiter rechts am Riemenrad Markierungen an ...

5.10b ... und ziehen Sie die Schraube an, bis diese fluchten.

11 Montieren Sie den Keilrippenriemen, und spannen Sie ihn (siehe Kapitel 1B, Sektion 10).

6 Steuerkettendeckel – Ausbau und Einbau

Ausbau

1 Trennen Sie zunächst den Masseanschluss (–) der Batterie (siehe Seite 532)
2 Ziehen Sie die Handbremse an, legen Sie den Leerlauf ein, heben Sie das Fahrzeug vorn an, und stützen Sie es sicher ab (siehe Seite 535). Demontieren Sie das rechte Vorderrad.
3 Lösen Sie die Befestigungen der Radlaufschale und anderer Kotflügeleinsätze rechts und unterhalb des Motors, und entfernen Sie diese (siehe Abbildung).

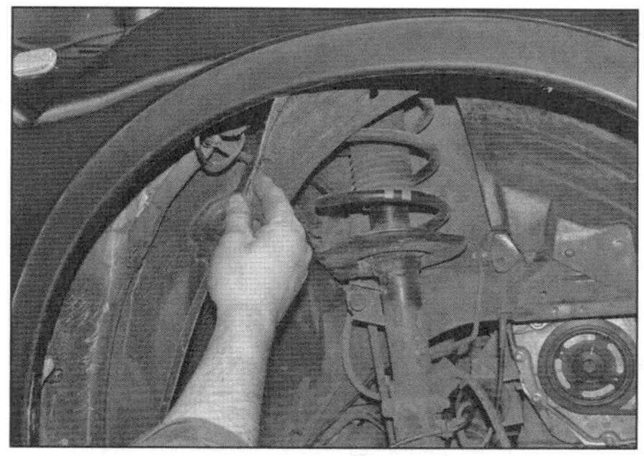

6.3 Entfernen Sie die Radlaufschale.

4 Lassen Sie das Motoröl ab (siehe Kapitel 1A, Sektion 3). Reinigen Sie die Ablassschraube, und rüsten Sie sie mit einer neuen Dichtscheibe aus, bevor sie mit 34 Nm angezogen wird. Falls bald ein Ölwechsel ansteht (siehe Wartungsplan), sollte dieser vorgezogen und jetzt auch der Ölfilter entfernt und später durch ein Neuteil ersetzt werden.
5 Demontieren Sie den Ventildeckel (siehe Sektion 4).
6 Entfernen Sie das Keilrippenriemenrad von der Kurbelwelle (siehe Sektion 5).
7 Demontieren Sie die Lichtmaschine (siehe Kapitel 5A, Sektion 4).
8 Lösen Sie die drei Schrauben des Wasserpumpenrades, und entfernen Sie dieses (siehe Abbildung).

6.8 Entfernen Sie das Wasserpumpen-Riemenrad.

9 Lockern Sie **entgegen** der in Abb. 6.17 gezeigten Anzugsreihenfolge die Steuerkettendeckelschrauben, und entfernen Sie sie – notieren Sie ihre Positionen, oder stecken Sie sie in eine der Form des Deckels entsprechende Pappe, da sie unterschiedliche Längen aufweisen; die oberen fünf

Schrauben haben zudem einen größeren Durchmesser als die neun unteren (siehe Abbildung).

6.9 Die acht von unten zugänglichen Steuerkettendeckelschrauben

10 Die Schrauben 10 und 12 (s. Abb. 6.17) sind besser durch den Radkasten zugänglich (siehe Abbildung). Eventuell muss der den Motor stützenden Rangierwagenheber angehoben oder abgesenkt werden, um die Schrauben zu den Löchern im Innenkotflügel auszurichten.

6.10 Zwei der Schrauben sind durch Löcher im Innenkotflügel zugänglich.

11 Der Steuerkettendeckel wurde mit Dichtmasse montiert, sodass er am Motorgehäuse haften wird. Im unteren Bereich des Deckels befinden sich zwei Punkte, an denen ein Hebel angesetzt werden darf – an anderen Stellen kann jedoch die Dichtfläche beschädigt werden. Oben sitzt der Deckel auf zwei Passstiften, von denen er eventuell ebenfalls schwer zu lösen ist (siehe Abbildungen).

6.11a Die von Nissan vorgesehenen Hebelpunkte des Steuerkettendeckels

6.11b Hier ist der Steuerkettendeckel mit Passstiften gesichert.

Einbau

12 Vor dem Einbau des Steuerkettendeckels ist es ratsam, den Kurbelwellen-Dichtring zu ersetzen (siehe Sektion 13).
13 Die Dichtflächen des Steuerkettendeckels und des Motorgehäuses müssen sauber und frei von Fett und Dichtungsresten sein. Reinigen Sie die Passstifte im Motorblock, und versehen Sie sie mit etwas Öl, um den Einbau zu erleichtern.
14 Tragen Sie eine 3 bis 4 mm starke Raupe aus geeigneter Dichtmasse am Außenrand des Steuerkettendeckels (aber innerhalb der Schraubenlöcher) auf – vergessen Sie nicht die Bereiche um die beiden zentralen Schrauben 10 und 12 (siehe Abbildungen).

6.14a Tragen Sie Dichtmasse am Außenrand des Steuerkettendeckels ...

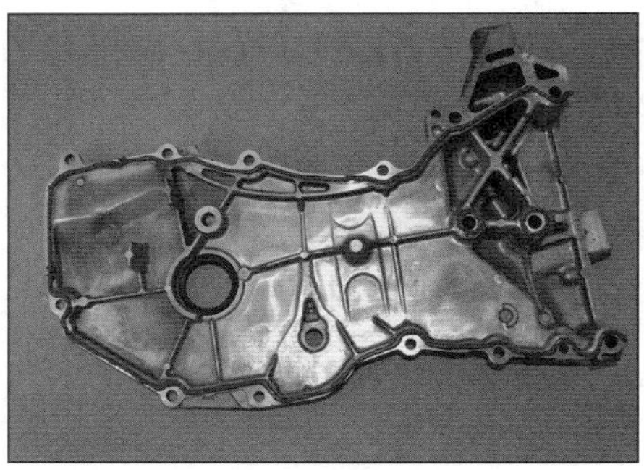

6.14b ... und um die zentralen Schraubensitze herum auf.

15 Tragen Sie außerdem an der Verbindung der zwei Motorgehäusehälften Dichtmasse auf (siehe Abbildung).

6.15 Dichten Sie die Kontaktflächen der Motorgehäusehälften ab.

16 Für die Montage des Steuerkettendeckels sollte ein Assistent bereitstehen. Senken Sie den Deckel von oben am Motor entlang ab, ohne dabei die Dichtmasse zu verschmieren. Lassen Sie den Assistenten den Deckel von unten über der Kurbelwelle ausrichten, ohne dabei den Dichtring zu beschädigen.

17 Sobald der Deckel korrekt sitzt, werden die Schrauben installiert und in der gezeigten Reihenfolge schrittweise angezogen (siehe Abbildung).

Anmerkung: *Nissan gibt unserer Meinung zu hohe Anzugswerte an (M6-Schrauben: 25 Nm; M8-Schrauben: 55 Nm).* Die Schrauben 10 und 12 sind besser durch den Radkasten zugänglich.

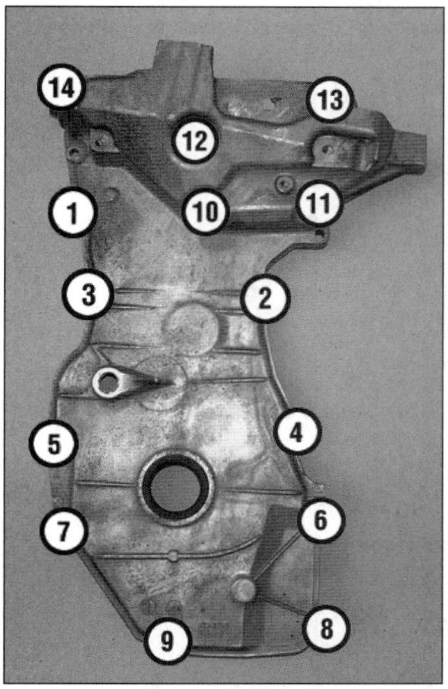

6.17 ANZUGS-Reihenfolge der Steuerkettendeckel-Schrauben

18 Montieren Sie das Wasserpumpenrad, und sichern Sie es mit den drei Schrauben.

19 Montieren Sie die Lichtmaschine (siehe Kapitel 5A, Sektion 5).

20 Installieren das Keilrippenriemenrad auf die Kurbelwelle (siehe Sektion 5).

21 Montieren Sie den Ventildeckel (siehe Sektion 4).

22 Installieren Sie ggf. einen neuen Ölfilter, und füllen Sie Motoröl auf (siehe Kapitel 1A, Sektion 3).

23 Montieren Sie die Radlaufschale und alle entfernten Kotflügeleinsätze.

24 Montieren Sie das rechte Vorderrad, senken Sie das Fahrzeug ab, und ziehen Sie die Radmuttern mit 113 Nm an.

7 Steuerkette, Spanner, Führungen und Ritzel – Ausbau, Kontrolle und Einbau

Ausbau

1 Drehen Sie die Kurbelwelle so, dass die Zylinder 1 und 4 im OT stehen (siehe Sektion 3).

2 Entfernen Sie den Ventildeckel (siehe Sektion 4), und befreien Sie das Keilrippenriemenrad der Kurbelwelle (siehe Sektion 5).

3 Demontieren Sie den Steuerkettendeckel (siehe Sektion 6).

4 Der Zylinder Nr. 1 muss im Verdichtungs-OT stehen, sodass die Markierungen an den Nockenwellenritzeln und die Nocken wie gezeigt ausgerichtet sind (siehe Abbildungen). Bringen Sie an der Steuerkette Farbmarkierungen an, die zu den Ritzel-Markierungen fluchten. Da die Nockenwellen mit halber Kurbelwellen-Drehzahl laufen, kann es sein, dass Zylinder Nr. 1 nicht im Verdichtungs-OT, sondern im Gaswechsel-OT steht; drehen Sie in diesem Fall die Kurbelwelle eine volle Umdrehung im Uhrzeigersinn, um die Nockenwellen wie gezeigt auszurichten.

7.4a Wenn Zylinder Nr. 1 (rechts an der Steuerkettenseite) im Verdichtungs-OT steht, müssen die Markierungen an den Nockenwellenritzeln ...

7.4b ... und die über ihm liegenden Nocken wie gezeigt ausgerichtet sein.

5 Halten Sie den Spannerhebel herunter, drücken Sie den Spannerkolben in sein Gehäuse zurück, und richten Sie die Bohrungen im Hebel und im Spannergehäuse zueinander aus, um alles mit einer eingeschobenen kleinen Stange oder einem Inbusschlüssel zu arretieren (siehe Abbildungen).

7.5a Drücken Sie den Spannerhebel herunter, schieben Sie den Kolben ein ...

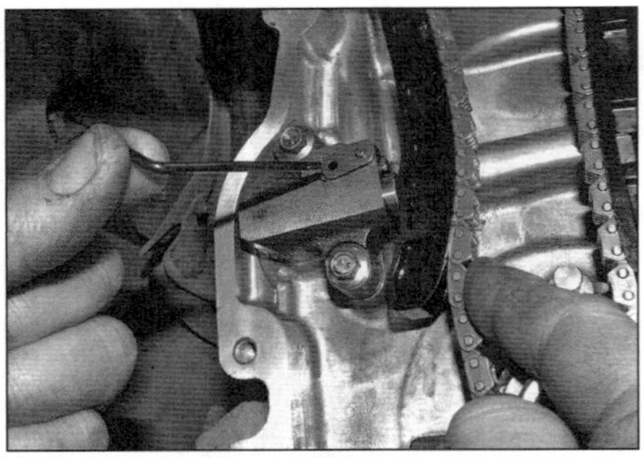

7.5b ... und arretieren Sie den Spanner mit einer kleinen Stange.

6 Lösen Sie die zwei Schrauben des Kettenspanners, um diesen vom Zylinderblock zu befreien – belassen Sie die Stange im Gehäuse, um den Kolben am Herausspringen zu hindern (siehe Abbildungen).

7.6a Lösen Sie die Schrauben des Steuerkettenspanners und entfernen Sie diesen, ...

7.6b ... belassen Sie die Stange im Gehäuse, damit der Kolben nicht herausspringt.

7 Ziehen Sie die Spannerschiene vom oberen Gelenkzapfen, und befreien Sie sie vom Motor (siehe Abbildungen).

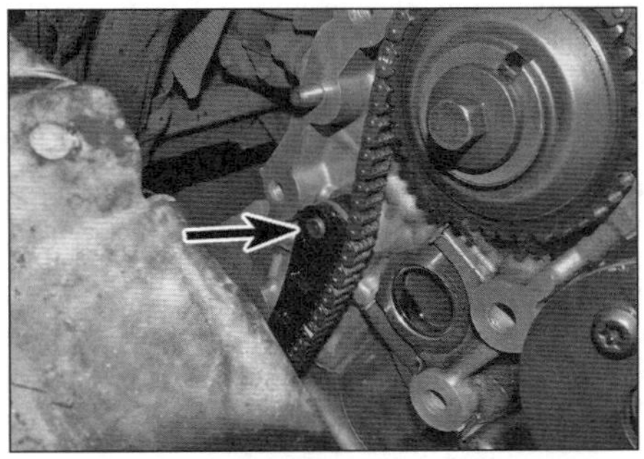

7.7a Gelenkzapfen der Steuerketten-Spannerschiene

7.7b Ziehen Sie die Schiene aus dem Motor.

8 Lösen Sie die zwei Schrauben der vorderen Führungsschiene, um diese von Motor zu befreien (siehe Abbildung).

7.8 Entfernen Sie die Steuerketten-Führungsschiene nach unten aus dem Motor.

9 Heben Sie die Steuerkette vom Kurbelwellenritzel, und befreien Sie sie aus dem Motorgehäuse (siehe Abbildung).

Warnung: Drehen Sie keinesfalls die Kurbelwelle oder die Nockenwellen, nachdem die Steuerkette entfernt ist; andernfalls können Kolben und Ventile in Kontakt kommen und beschädigt werden.

7.9 Befreien Sie die Steuerkette vom Kurbelwellenritzel.

10 Blockieren Sie die Auslassnockenwelle mit einem am Sechskant angesetzten Maulschlüssel, und lockern Sie die Ritzelschraube. Entfernen Sie die Schraube ggf. samt Scheibe, und ziehen Sie das Ritzel von der Nockenwelle (siehe Abbildungen).

7.10a Kontern Sie die Nockenwelle mit einem Maulschlüssel ...

7.10b ... und lösen Sie die Ritzelschraube.

11 Um das mit dem variablen Steuerzeitenmechanismus ausgerüstete Einlassnockenwellenritzel entfernen zu können, muss die Einlassnockenwelle ausgebaut werden (siehe Sektion 9).
12 Um das Steuerkettenritzel von der Kurbelwelle ziehen zu können, müssen die Ölpumpenkette und das für beide Ketten zuständige Doppelritzel gemeinsam entfernt werden (siehe Sektion 12).

Kontrolle

13 Begutachten Sie die Zähne der Nockenwellen- und Kurbelwellenritzel auf Verschleiß und Beschädigungen wie gerissene oder fehlende Zähne. Falls an einem Ritzel oder der Steuerkette Schäden entdeckt werden, müssen alle Ritzel und die Kette ersetzt werden.
14 Kontrollieren Sie die Steuerkette auf fehlende, verbogene oder anderweitig beschädigte Laschen. Eine verschlissene Kette lässt sich aufgrund ausgeschlagener Laschen und Bolzen seitlich deutlich stärker biegen als ein Neuteil; holen Sie sich nötigenfalls Rat in einer Fachwerkstatt.
15 Generell ist man mit einer prophylaktisch montierten neuen Steuerkette immer auf der sicheren Seite, falls der Motor bereits eine hohe Laufleistung hinter sich hat oder die Kette bereits Geräusche verursacht hat. Obwohl nicht zwingend nötig, sollten neben der Kette auch alle Ritzel durch Neuteile ausgetauscht werden, da verschlissene Teile immer erhöhten Verschleiß am Gegenstück – auch am neuen – zur Folge haben. Bei jedem Zweifel über den Zustand der Ritzel und der Kette sollte Rat bei einer Nissan-Werkstatt oder einem Motorenspezialisten gesucht werden.
16 Kontrollieren Sie die Spanner- und Führungsschienen auf Verschleiß oder Beschädigungen an den Gleitflächen, und ersetzen Sie entsprechende Teile.
17 Überprüfen Sie den Kettenspanner auf Verschleiß: Der Kolben muss frei im Gehäuse gleiten können; die Feder kann nur im direkten Vergleich mit einem Neuteil auf Ermüdung kontrolliert werden. Ersetzen Sie den Kettenspanner, falls er verschlissen ist oder irgendein Zweifel über den Zustand der Feder besteht.

Einbau

18 Die Kurbelwelle muss weiterhin so stehen, dass die Zylinder 1 und 4 im OT stehen (die Keilnut in der Welle muss von rechts betrachtet in der 12-Uhr-Position stehen.
19 Setzen Sie das Auslassnockenwellenritzel so an, dass die Steuerzeitenmarkierungen wie beim Ausbau markiert zueinander zeigen. Lassen Sie das Ritzel so in die Steuerkette greifen, dass die zwei dunkelblauen Laschen der Kette zu den Markierungen beider Nockenwellenritzel ausgerichtet sind (siehe Abbildungen).

7.19a Richten Sie die Nut hinten am Ritzel zur Nockenwelle aus, ...

7.19b ... und legen Sie die dunkelblaue Laschen der Kette über die Markierungen des Auslass- ...

7.19c ... und des Einlassnockenwellenritzels.

20 Kontern Sie die Auslassnockenwelle wieder mit dem Maulschlüssel (Abb. 7.10a), und ziehen Sie die Ritzelschraube mit 79 Nm an.

21 Schieben Sie das Kurbelwellenritzel zusammen mit der Ölpumpenkette auf (siehe Sektion 12), und legen Sie die Steuerkette so um das, dass ihre farbige Lasche zur Markierung am Ritzel ausgerichtet ist (siehe Abbildung). Überprüfen Sie, ob alle Steuerzeitenmarkierungen der Ritzel mit den farbigen Laschen fluchten.

7.21 Richten Sie die farbige Lasche zur Markierung am Kurbelwellenritzel aus.

22 Installieren Sie die vordere Führungsschiene an den Motorblock, und ziehen Sie ihre Schrauben mit 25 Nm an.

23 Positionieren Sie die hintere Spannerschiene, und stecken Sie sie auf den Gelenkzapfen (siehe Abbildung).

7.23 Positionieren Sie die Spannerschiene am Motor.

24 Positionieren Sie den Steuerkettenspanner am Motor, und ziehen Sie seine Schrauben mit 10 Nm an. Drücken Sie die Spannerschiene gegen den Kolben, und ziehen Sie die Arretierung heraus – der Kolben muss die Schiene gegen die Steuerkette drücken, um jeglichen Durchhang aufzunehmen (siehe Abbildung).

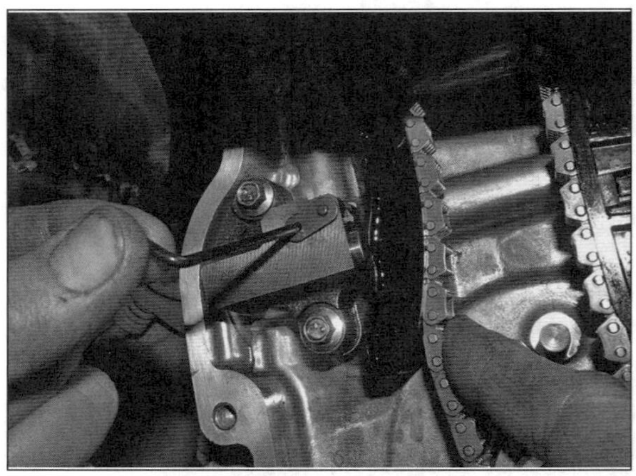

7.24 Drücken Sie den Kolben ins Gehäuse und entfernen Sie die Arretierstange.

25 Prüfen Sie erneut, ob alle Steuerzeitenmarkierungen der Ritzel zu den farbigen Laschen der Kette ausgerichtet sind. Wenn alles passt, wird das Kurbelwellen-Riemenrad montiert und die Kurbelwelle zwei ganze Umdrehungen durchgedreht, um erneut zu prüfen, ob alle Steuerzeitenmarkierungen zueinander ausgerichtet sind. **Anmerkung**: *Die farbigen Laschen der Steuerkette fluchten erst wieder nach mehreren Kurbelwellenumdrehungen mit allen Steuerkettenritzel-Markierungen. Sie dienen nur der ursprünglichen Einstellung.*

26 Entfernen Sie das Kurbelwellen-Riemenrad und montieren Sie den Steuerkettendeckel (siehe Sektion 6).

27 Montieren Sie das Kurbelwellen-Riemenrad (siehe Sektion 5) und den Ventildeckel (siehe Sektion 4).

8 Ventilspiel – Kontrolle und Einstellung

Anmerkung: *Das Ventilspiel wird nicht im Zug des Wartungsplans kontrolliert, sondern nur nach einer sehr hohen Laufleistung, einer Motorüberholung oder wenn Geräusche oder Leistungsmangel auf den Ventiltrieb zurückzuführen sind. Die Einstellung erfordert den Ausbau der jeweiligen Nockenwelle und den Austausch der entsprechenden Tassenstößel – diese sind in 26 verschiedenen Maßen von 3,0 bis 3,5 mm Stärke (in Schritten zu 0,02 mm) erhältlich.*

Kontrolle

1 Korrekt eingestellte Ventile beeinflussen direkt die Leistungsfähigkeit und Haltbarkeit des Motors. Zu viel Spiel erzeugt klappernde oder ratternde Geräusche, erhöht den Verschleiß und verringert die Motorleistung (Ventil öffnet zu spät und schließt zu früh). Zu geringes Ventilspiel kann dazu führen, dass das Ventil bei heißem Motor nicht richtig schließt, sodass es selbst (wegen mangelhafter Wärmeabfuhr) und sein Ventilsitz verbrennen kann; ein abreißendes Ventil kann den Kolben durchschlagen und ernsthafte Motorschäden verursachen. Das Ventilspiel wird wie folgt kontrolliert und eingestellt:

2 Zeichnen Sie die Umrisse des Zylinderkopfes auf einem Papier auf. Nummerieren Sie die Zylinder von der Steuerkette zum Getriebe mit 1 bis 4, und zeichnen Sie je Zylinder vier Ventile ein. Geben Sie darin das korrekte Ventilspiel an, und zeichnen Sie zwei Linien darüber, auf denen das tatsächliche Ventilspiel und die erforderliche Einstellung eingetragen werden können.

3 Lassen Sie den Motor zunächst vollständig abkühlen. Demontieren Sie den Ventildeckel (siehe Sektion 4).

4 Bringen Sie Zylinder Nr. 1 in den Verdichtungs-OT (siehe Sektion 3 sowie Sektion 7, Schritt 4).

5 Messen Sie mithilfe einer Fühlerlehre das Spiel zwischen der Nockenwelle und den Tassenstößeln der folgenden Ventile, und notieren Sie die Werte in die Zeichnung (siehe Abbildungen):

Zylinder Nr. 1 – Ein- und Auslassventile
Zylinder Nr. 2 – Einlassventile
Zylinder Nr. 3 – Auslassventile

8.5a Messen Sie das Ventilspiel zwischen der Nockenwelle und dem Tassenstößel.

6 Drehen Sie die Kurbelwelle eine vollständige Umdrehung (360°), bis die OT-Kerbe des Riemenrades wieder zum Pfeil ausgerichtet ist – jetzt steht Zylinder Nr. 4 im Verdichtungs-OT.

7 Ermitteln Sie auf die gleiche Weise das Spiel folgender Ventile, und notieren Sie die Werte in die Zeichnung (siehe Abbildung):

Zylinder Nr. 2 – Auslassventile
Zylinder Nr. 3 – Einlassventile
Zylinder Nr. 4 – Ein- und Auslassventile

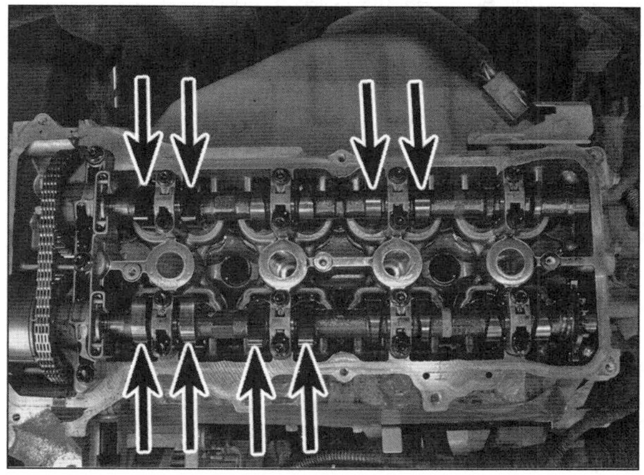

8.5b Kontrollieren Sie folgende Ventile:

Zylinder Nr. 1 – Ein- und Auslassventile
Zylinder Nr. 2 – Einlassventile
Zylinder Nr. 3 – Auslassventile

8 Errechnen Sie die Differenz zwischen dem gemessenen Spiel und dem vorgegebenen Wert, und notieren Sie auch diese.

Einstellung

Anmerkung: *Hierfür werden eine Mikrometerschraube oder eine Messuhr mit geeigneten Tastern benötigt.*

9 Falls das Ventilspiel von den Vorgaben abweicht, muss der entsprechende Tassenstößel durch ein dickeres oder dünneres Teil ersetzt werden. Die Stärke des Stößels ist an seiner Innenseite eingeschlagen: 324 bedeutet, dass er zwischen der Oberseite und der auf das Ventil drückenden Verdickung 3,24 mm stark ist (siehe Abbildung).

8.9 Die Stärke des Tassenstößels ist an seiner Innenseite eingeschlagen – hier: 3,24 mm.

10 Ermitteln Sie mithilfe einer Mikrometerschraube oder Messuhr die tatsächliche Stärke des Tassenstößels, da diese durch Verschleiß verringert sein kann. **Anmerkung**: *Tassen-*

stößel sind in 26 verschiedenen Maßen von 3,0 bis 3,5 mm Stärke (in Schritten zu 0,02 mm) erhältlich.

11 Um Zugang zu den Tassenstößeln zu erhalten, müssen zunächst die Nockenwellen entfernt werden (siehe Sektion 9). Arbeiten Sie jeweils nur an einem Tassenstößel, um Verwechslungen zu vermeiden.

12 Die Stärke des erforderlichen Tassenstößels wird wie folgt berechnet: Wenn das gemessene Spiel geringer als vorgegeben war, muss der Messwert von der Vorgabe abgezogen werden – beachten Sie die unterschiedlichen Werte für Ein- und Auslassventile. Subtrahieren Sie das Ergebnis dann von der Stärke des vorhandenen Stößels. Ein Beispiel:

Berechnungsbeispiel – Ventilspiel zu gering

Gemessenes Spiel (A) =	0,16 mm
Vorgegebenes Spiel (B) =	0,30 mm
Differenz (B – A) =	0,14 mm
Stärke des vorh. Stößels =	3,50 mm
Erforderlicher Stößel =	3,5 – 0,14 = 3,36 mm

13 Wenn das gemessene Spiel größer als vorgegeben war, muss die Vorgabe vom Messwert abgezogen werden – beachten Sie die unterschiedlichen Werte für Ein- und Auslassventile. Addieren Sie das Ergebnis dann zur Stärke des vorhandenen Stößels hinzu. Ein Beispiel:

Berechnungsbeispiel – Ventilspiel zu groß

Gemessenes Spiel (A) =	0,40 mm
Vorgegebenes Spiel (B) =	0,30 mm
Differenz (A – B) =	0,10 mm
Stärke des vorh. Stößels =	3,26 mm
Erforderlicher Stößel =	3,26 + 0,10 = 3,36 mm

14 Bearbeiten Sie die zu ersetzenden Stößel nacheinander. Ölen Sie den neuen Tassenstößel, und installieren Sie ihn senkrecht in die Bohrung des Zylinderkopfes.

15 Installieren Sie die Nockenwelle(n) (siehe Sektion 9).

16 Für zukünftige Einstellungen kann es hilfreich sein, die Stärken aller 16 vorhandenen Tassenstößel zu notieren; so können eventuell erforderliche Tassenstößel bereits vor dem Ausbau beschafft werden.

17 Sobald das Spiel aller Ventile justiert ist, wird die Kurbelwelle mindestens vier volle Umdrehungen im Uhrzeigersinn gedreht, damit sich alle Tassenstößel setzen können. Kontrollieren Sie dann das Spiel erneut.

18 Montieren Sie den Ventildeckel (siehe Sektion 4) und alle anderen entfernten Komponenten.

9 Nockenwellen und Stößel – Ausbau, Kontrolle und Einbau

Anmerkung: *Bevor das mit dem Verstellmechanismus ausgerüstete Ritzel der Einlassnockenwelle entfernt werden kann, müssen hier mindestens 3 bar Luftdruck angesetzt und das Ritzel mit einer 3 mm starken Stange arretiert werden.*

Ausbau

1 Bringen Sie Zylinder Nr. 1 in den Verdichtungs-OT (siehe Sektion 3 sowie Sektion 7, Schritt 4).

2 Demontieren Sie den Ventildeckel (siehe Sektion 4).

3 Lösen Sie die Schraube des Nockenwellensensors, und ziehen Sie diesen seitlich aus dem Zylinderkopf (siehe Abbildung).

9.3 Ausbau des Nockenwellensensors

4 Der Zylinder Nr. 1 muss im Verdichtungs-OT stehen, sodass die Markierungen an den Nockenwellenritzeln und die Nocken wie gezeigt ausgerichtet sind (siehe Abbildung). Bringen Sie an der Steuerkette Farbmarkierungen an, die zu den Ritzel-Markierungen fluchten. Da die Nockenwellen mit halber Kurbelwellen-Drehzahl laufen, kann es sein, dass Zylinder Nr. 1 nicht im Verdichtungs-OT, sondern im Gaswechsel-OT steht; drehen Sie in diesem Fall die Kurbelwelle eine volle Umdrehung im Uhrzeigersinn, um die nach oben stehenden Nockenspitzen über Zylinder Nr. 1 leicht zueinander auszurichten (Abb. 7.4b).

9.4 Ausrichtung der Markierungen an den Nockenwellenritzeln

5 Arbeiten Sie innerhalb des rechten Radkastens, und entfernen Sie den Inspektionsstopfen aus dem Steuerkettendeckel (siehe Abbildung).

9.5 Schrauben Sie den Inspektionsdeckel aus dem Steuerkettendeckel.

6 Halten Sie mit einem kleinen Schraubendreher den Spannerhebel herunter, damit der Spannerkolben in sein Gehäuse gedrückt werden kann (siehe Abbildung).

9.6 Schwenken Sie den Spannerhebel herunter ...

7 Lassen Sie einen Assistenten das Kurbelwellenritzel ein Stück gegen den Uhrzeigersinn drehen, während Sie das Ritzel der Auslassnockenwelle ein Stück im Uhrzeigersinn verdrehen – hierdurch wird die Steuerkette im Bereich des Spanners gestrafft und der Spannerkolben eingedrückt. Richten Sie dabei die Bohrungen im Hebel und im Spannergehäuse zueinander aus, um alles mit einer eingeschobenen kleinen Stange oder einem Inbusschlüssel zu arretieren (siehe Abbildung). **Anmerkung**: *Weitere Informationen über den Aus- und Einbau des Steuerkettenspanners (bei demontiertem Steuerkettendeckel) finden sich in Sektion 7).*

9.7 ... und stecken Sie eine 3 mm starke Stange hinein, um den Spanner zu blockieren.

8 Drehen Sie bei blockiertem Spanner das Kurbelwellenritzel ein Stück im Uhrzeigersinn, damit die Steuerkette nur noch locker über den Nockenwellenritzeln liegt.
9 Kontern Sie die Auslassnockenwelle mit einem an ihrem Sechskant angesetzten Maulschlüssel (siehe Abbildung), und lockern Sie die Schraube des Ritzels.

9.9 Kontern Sie die Nockenwelle mit einem großen Maulschlüssel.

10 Entfernen Sie die Schraube ggf. samt Scheibe, ziehen Sie das Ritzel von der Nockenwelle, und befreien Sie es aus der Steuerkette (siehe Abbildungen).

⚠ ***Warnung: Drehen Sie keinesfalls die Kurbelwelle oder die Nockenwellen, nachdem die Steuerkette entfernt ist; andernfalls können Kolben und Ventile in Kontakt kommen und beschädigt werden.***

9.10a Entfernen Sie die Ritzelschraube ...

9.10b ... und ziehen Sie das Ritzel von der Auslassnockenwelle.

11 Lösen Sie die drei Schrauben des (in Fahrtrichtung) rechts liegenden Lagerdeckels, und heben Sie ihn von beiden Nockenwellen (siehe Abbildung).

9.11 Entfernen Sie rechts den doppelten Lagerdeckel.

12 Setzen Sie an der Ölkanalbohrung der Einlassnockenwelle eine Druckluftpistole an, und geben Sie mindestens 3 bar Luftdruck auf den Steuerzeiten-Verstellmechanismus (siehe Abbildungen).

9.12a Setzen Sie am rechten Lagerzapfen der Einlassnockenwelle ...

9.12b ... an der Ölbohrung mindestens 3 bar Druckluft an.

13 Während der Verstellmechanismus unter Luftdruck steht, wird er im Uhrzeigersinn gedreht (siehe Abbildung) – hierbei muss sich der darin sitzende Arretierstift mit einem hörbaren Klicken lösen. **Anmerkung**: *Falls kein Klicken zu hören ist, muss am Nockenwellenritzel leicht gewackelt werden, während der Verstellmechanismus sanft mit einem Kunststoffhammer abgeklopft wird.*

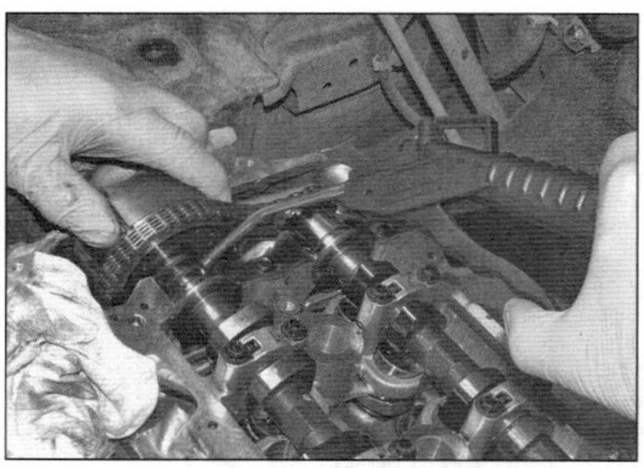

9.13 Drehen Sie den unter Luftdruck stehenden Mechanismus im Uhrzeigersinn.

14 Während weiterhin Luftdruck anliegt, wird der Mechanismus nach dem Klick langsam gegen den Uhrzeigersinn (nach hinten) in die Position der maximalen Frühverstellung gedreht, wo die Nut und die Bohrung fluchten.

15 Stecken Sie einen 2,5-mm-Inbusschlüssel in die Bohrung des Mechanismus, um diesen in Position zu halten (siehe Abbildungen); stecken Sie das kurze Ende des Schlüssels in die etwa 15 mm tiefe Bohrung, und sichern Sie den Schlüssel mit Klebeband am Mechanismus. Die Druckluftpistole kann jetzt entfernt werden.

Warnung: Diese Arretierung darf bis zur Montage des Einlassnockenwellenritzels nicht entfernt werden, da der Arretierstift im Mechanismus durch die seitliche Belastung abscheren kann – wenn dies geschieht, muss ein neues Ritzel samt Verstellmechanismus beschafft und installiert werden.

9.15a Blockieren Sie den Verstellmechanismus mit einem 2,5 mm starken Inbusschlüssel ...

9.15b ... und sichern Sie diesen mit Klebeband, damit er nicht herausfällt.

16 Alle verbliebenen (einzelnen) Nockenwellen-Lagerdeckel sind auf der Oberseite mit Markierungen versehen: Die der Auslassnockenwelle mit den Ziffern 2 bis 5 und die der Einlassnockenwelle mit den Buchstaben A bis D; die Deckel 2 und A sitzen neben dem bereits entfernten doppelten Lagerdeckel (siehe Abbildung). Falls die Deckel nicht markiert sein sollten, müssen mit weißer Farbe oder einem Filzstift Kennzeichnungen so angebracht werden, dass die Deckel korrekt ausgerichtet wieder an ihre ursprüngliche Positionen gelangen.

9.16 Markierungen auf den Nockenwellen-Lagerdeckeln

17 Lockern Sie **entgegen** der Anzugsreihenfolge (Abb. 9.35) jeweils um eine Umdrehung die 16 verbliebenen Lagerdeckel-Schrauben, um den durch die Ventilfedern ausgeübten

Druck gleichmäßig abzubauen und die Nockenwellen nicht verkanten zu lassen. Sobald alle Schrauben locker sind, können sie herausgedreht und die Deckel entnommen werden (siehe Abbildung).

9.17 Demontieren Sie wie vorgeschrieben die Lagerdeckel.

18 Die Auslassnockenwelle kann jetzt einfach aus dem Zylinderkopf gehoben werden – merken Sie sich ihre Einbaulage (die Position des Passstifts für das Ritzel und die Stellungen der Nocken), um beim Einbau die korrekten Steuerzeiten sicherstellen zu können.

19 Zum Ausbau der Einlassnockenwelle muss das mit dem Verstellmechanismus ausgerüstete Ritzel von der Welle befreit werden; um Zugang zur Schraube zu erhalten, wird die Welle leicht angehoben, auf Lappen gelegt und mit einem am Sechskant angesetzten Maulschlüssel gekontert, während die Ritzelschraube gelockert wird (siehe Abbildung).

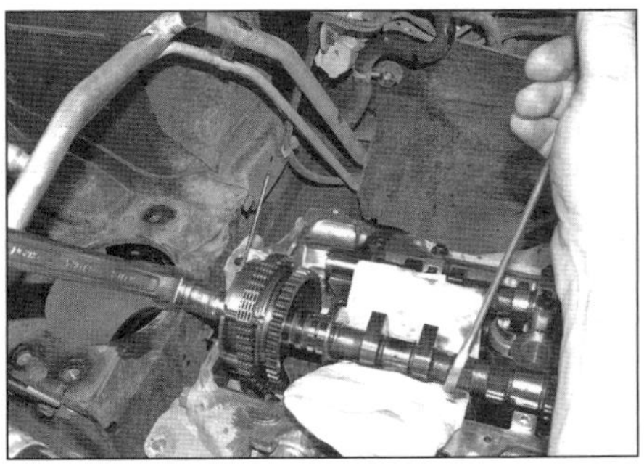

9.19 Kontern Sie zum Lösen der Ritzelschraube die auf Lappen abgelegte Einlassnockenwelle mit einem Maulschlüssel.

20 Entfernen Sie die Ritzelschraube, ziehen Sie das Ritzel von der Nockenwelle, und befreien Sie es aus der Steuerkette (siehe Abbildungen). Die Steuerkette kann weder in den Kettenschacht fallen noch sich vom Kurbelwellenritzel lösen, sodass sie einbaubereit an ihrer Position verbleiben kann.

9.20a Entfernen Sie die Ritzelschraube ...

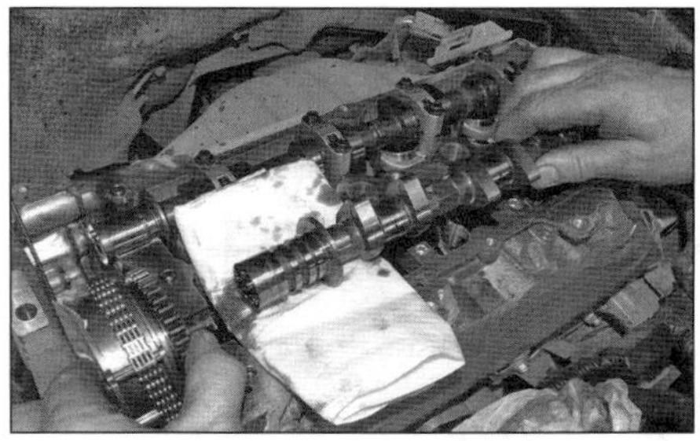

9.20b ... trennen Sie das Ritzel von der Einlassnockenwelle ...

9.20c ... und heben Sie die Kette vom Ritzel.

21 Beschaffen Sie 16 kleine, saubere Behälter, und markieren Sie sie entsprechend der Ventilposition (Einlass oder Auslass, Zylindernummer, links oder rechts); alternativ kann auch ein größerer Behälter in 16 Fächer unterteilt werden. Ziehen Sie mit einem kleinen Gummi-Saugnapf nach und nach die Stößel aus ihren Sitzen, und legen Sie sie in den entsprechenden Behälter (siehe Abbildung) – durch Vertauschen würde nach dem Einbau das Ventilspiel nicht mehr stimmen.

9.21 Entfernen Sie die Tassenstößel.

22 Lösen Sie nötigenfalls die Schraube des Verstellmechanismus-Magnetventils, und entfernen Sie dies vorn vom Zylinderkopf (siehe Abbildung).

9.22 Das Magnetventil für den Steuerzeiten-Verstellmechanismus am Einlassnockenwellen-Ritzel

Kontrolle

23 Entfernen Sie den unterhalb des Verstellmechanismus-Magnetventils sitzenden Stopfen, und reinigen oder ersetzen Sie das Filtersieb des Verstellsystems (siehe Abbildung).

9.23 Der Filter für den Steuerzeiten-Verstellmechanismus sitzt hinter diesem Stopfen.

24 Inspizieren Sie die Lagerflächen der Nockenwellen im Zylinderkopf und die Lagerdeckel auf Riefen und tiefe Kratzer. Inspizieren Sie die Nocken und die Lagerflächen der Nockenwelle(n) auf Riefen und andere Verschleißmerkmale. Sobald die gehärtete Oberfläche der Nocken angegriffen wurde, nimmt der Verschleiß massiv zu.
25 Der Verzug der Nockenwellen kann geprüft werden, indem die Enden der Wellen in Prismenböcken gelagert und die von einer Messuhr abgetastete Welle langsam gedreht wird. Liegt der Verzug über 0,05 mm, muss die Nockenwelle ersetzt werden.
26 Messen Sie die Höhe der Nocken mit einer Mikrometerschraube, und vergleichen Sie die Ergebnisse mit den Angaben in den technischen Daten (siehe Abbildung). Fall Beschädigungen oder übermäßiger Verschleiß festgestellt werden, muss die entsprechende Nockenwelle ersetzt werden.

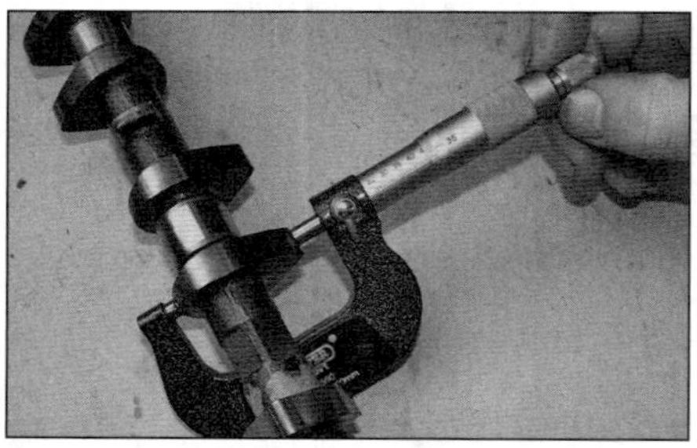

9.26 Messen Sie die Höhe der Nocken mit einer Mikrometerschraube.

27 Jetzt kann das Radialspiel der Nockenwelle kontrolliert werden:
28 Setzen Sie die Lagerdeckel entsprechend der Markierungen auf (Abb. 9.16) – die Ziffern und Buchstaben müssen vor dem Fahrzeug stehend richtig herum zu lesen sein. Installieren Sie die Schrauben, und ziehen Sie sie entsprechend der Vorgaben in den technischen Daten und der gezeigten Reihenfolge (Abb. 9.35) in vier Schritten an. Messen Sie nun den Durchmesser aller zehn Nockenwellenlager, und vergleichen Sie die Ergebnisse mit den Angaben in den technischen Daten. Falls auch nur eines der Lager größer als vorgegeben ist, muss der gesamte Zylinderkopf erneuert oder entsprechender Rat in einer Fachwerkstatt eingeholt werden. Das Radialspiel wird errechnet, indem der Außendurchmesser der Nockenwellen-Gleitflächen von den Innendurchmessern der Lager subtrahiert wird.
29 Kontrollieren Sie die Tassenstößel und ihre Sitze im Zylinderkopf auf Riefenbildung und Beschädigungen.

Einbau

30 Ölen Sie die Tassenstößelbohrungen im Zylinderkopf und die Stößel ausgiebig. Setzen Sie die Stößel senkrecht in ihre ursprünglichen Bohrungen – hierbei ist anfangs Vorsicht geboten, um sie nicht zu verkanten. Ölen Sie auch die Kontaktflächen der Nocken und die Gleitflächen der Nockenwellen (siehe Abbildung).

9.30 Versehen Sie alle Kontaktflächen der Nockenwelle ausgiebig mit Motoröl.

31 Legen Sie die Auslassnockenwelle richtig herum und in der beim Ausbau notierten Position in den Zylinderkopf.
32 Setzen Sie das Ritzel mit dem Steuerzeiten-Verstellmechanismus an die Einlassnockenwelle, während diese in den Zylinderkopf gelegt wird (siehe Abbildung). Das Ritzel kann nur jetzt daran gesichert werden, weil die Schraube bei eingebauter Nockenwelle nicht mehr zugänglich ist. Legen Sie die Nockenwelle wieder auf Lappen, und kontern Sie sie mit dem am Sechskant angesetzten Maulschlüssel (Abb. 9.19), während die Ritzelschraube mit 79 Nm angezogen wird.
Anmerkung: *Die Steuerkette muss korrekt um das Ritzel liegen, bevor die Nockenwelle im Zylinderkopf positioniert wird.*

9.32 Richten Sie den Zapfen der Nockenwelle zur Bohrung im Ritzel aus.

33 Die Kontaktflächen der Lagerdeckel und des Zylinderkopfes müssen absolut sauber und fettfrei sein.

34 Setzen Sie die Lagerdeckel entsprechend der Markierungen auf (Abb. 9.16) – die Ziffern und Buchstaben müssen vor dem Fahrzeug stehend richtig herum zu lesen sein.

35 Installieren Sie die Schrauben, und ziehen Sie sie nach und nach mit jeweils einer Umdrehung an, bis die Deckel den Zylinderkopf berühren. Ziehen Sie die Schrauben dann entsprechend der Vorgaben in den technischen Daten und der gezeigten Reihenfolge (siehe Abbildung) in vier Schritten an.

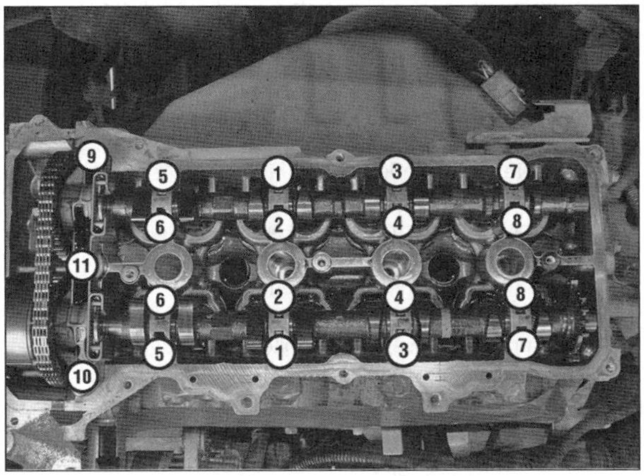

9.35 Anzugsreihenfolge für die Nockenwellen-Lagerdeckel

36 Setzen Sie das Ritzel korrekt an die Auslassnockenwelle – der Zapfen der Welle muss in die Nut des Ritzels greifen (siehe Abbildungen). Kontern Sie die Nockenwelle mit dem am Sechskant angesetzten Maulschlüssel (Abb. 9.9), während die Ritzelschraube mit 79 Nm angezogen wird. Die Steuerkette muss korrekt um das Ritzel liegen, und die Steuerzeitenmarkierungen müssen wie beim Ausbau notiert ausgerichtet sein.

9.36a Richten Sie den Zapfen der Welle zur Nut des Ritzels aus ...

9.36b ... und kontern Sie die Nockenwelle mit einem Maulschlüssel, während Sie die Ritzelschraube anziehen.

37 Während die Steuerzeitenmarkierungen am Kurbelwellen-Riemenrad und den Nockenwellenritzeln so ausgerichtet sind, dass Zylinder Nr. 1 im Verdichtungs-OT steht (weitere Informationen in Sektion 7), wird der Arretierstift aus dem Steuerkettenspanner entfernt (siehe Abbildung). Drehen Sie nun die Kurbelwelle ein Stück weit im Uhrzeigersinn, damit der Kettenspanner den Durchhang der Kette aufnehmen kann.

9.37 Entfernen Sie den Arretierstift.

38 Versehen Sie den Inspektionsstopfen mit Dichtmasse, und schrauben Sie ihn in den Steuerkettendeckel (siehe Abbildungen).

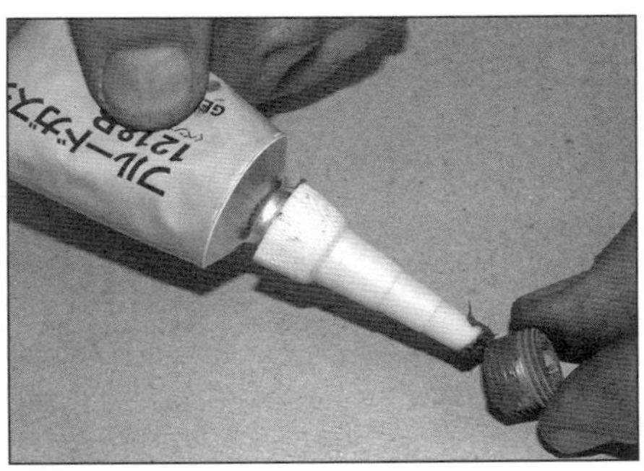

9.38a Versehen Sie das Gewinde des Stopfens mit Dichtmasse ...

9.38b ... und drehen Sie ihn in den Steuerkettendeckel.

39 Entfernen Sie am Verstellmechanismus das Klebeband, und ziehen Sie den Inbusschlüssel heraus (siehe Abbildung). Drehen Sie die Kurbelwelle dann langsam im Uhrzeigersinn, damit das Ritzel in die maximale Spätverstellung gelangt.

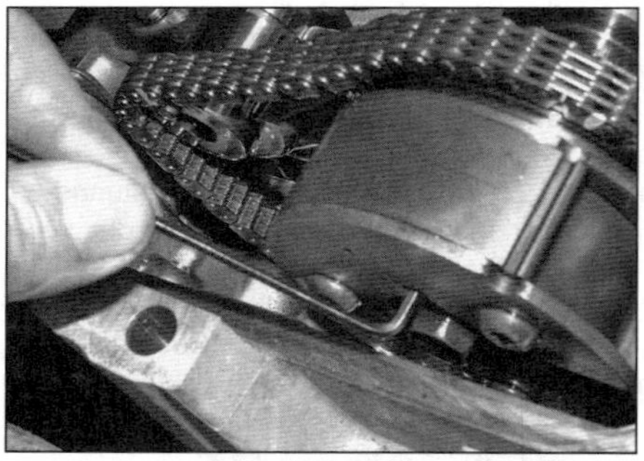

9.39 Entfernen Sie den Inbusschlüssel aus dem Verstellmechanismus.

40 Prüfen Sie, ob die Steuerzeitenmarkierungen weiterhin korrekt mit den farbigen Kettenlaschen fluchten und das Kurbelwellenrad im OT steht. Wenn alles fluchtet, wird die Kurbelwelle zwei volle Umdrehungen gedreht und erneut die korrekte Ausrichtung überprüft. **Anmerkung**: *Die farbigen Laschen der Steuerkette fluchten erst wieder nach mehreren Kurbelwellenumdrehungen mit allen Steuerkettenritzel-Markierungen. Sie dienen nur der ursprünglichen Einstellung.*
41 Falls der Zylinderkopf oder die Nockenwellen überholt wurden, muss das Ventilspiel überprüft werden (siehe Sektion 8).
42 Montieren Sie den Nockenwellensensor an den Zylinderkopf.
43 Montieren Sie den Ventildeckel (siehe Sektion 4).

10 Zylinderkopf – Ausbau und Einbau

Ausbau

1 Machen Sie das Kraftstoffsystem drucklos (siehe Kapitel 4A, Sektion 6).
2 Trennen Sie den Masseanschluss (–) der Batterie (siehe Seite 532).
3 Entfernen Sie die Steuerkette (siehe Sektion 7).
4 Demontieren Sie die Nockenwellen (siehe Sektion 9).
5 Führen Sie die folgenden in Kapitel 4A beschriebenen Arbeiten durch:
a) Trennen Sie das vordere Auspuffrohr vom Auspuffstutzen.
b) Trennen Sie den Kraftstoff-Zulaufschlauch und den Rücklaufschlauch vom Druckspeicher.
c) Trennen Sie den Schlauch des Bremskraftverstärkers, alle Kühlerschläuche und alle Entlüftungsschläuche vom Einlassstutzen und den daran sitzenden Ventilen.
6 Lockern Sie am Zylinderkopf die Schellen aller Kühlerschläuche, und trennen Sie diese.
7 Lockern Sie **entgegen** der Anzugsreihenfolge in Abb. 10.21 schrittweise um jeweils eine halbe Umdrehung die Zylinderkopfschrauben, bis alle locker sind und von Hand gelöst werden können.
8 Ziehen Sie die Zylinderkopfschrauben ggf. zusammen mit ihren Scheiben heraus – beachten Sie die Einbaurichtung der Schrauben.
9 Heben Sie den Zylinderkopf mithilfe eines Assistenten ab – er hat ein beträchtliches Gewicht. Entfernen Sie die Zylinderkopfdichtung vom Motorblock – beachten Sie die Passhülsen. Falls eine Hülse locker ist, muss sie unter Beachtung ihrer Einbaurichtung sichergestellt werden.
10 Falls der Zylinderkopf für eine Überholung zerlegt werden soll, müssen die Hinweise in Kapitel 2E, Sektion 6 beachtet werden.

Vorbereitung für den Einbau

11 Kontrollieren Sie die Zylinderkopfschrauben – und vor allem ihre Gewinde. Waschen Sie die Schrauben, und trocknen Sie sie ab; inspizieren Sie sie dann auf Verschleiß und Beschädigungen, und ersetzen Sie sie nötigenfalls. Kontrollieren Sie die Schrauben wie folgt auf Überdehnung (siehe Abbildung): Messen Sie den Durchmesser der Schraube – einmal 10 mm oberhalb des unteren Gewinde-Endes (D1) und einmal 40 mm darüber (D2). Die Differenz zwischen D2 und D1 darf nicht mehr als 0,15 mm betragen. Obwohl Nissan hierzu keine Vorgaben macht, ist es sehr empfehlenswert, die Zylinderkopfschrauben nach jedem Ausbau durch Neuteile zu ersetzen.

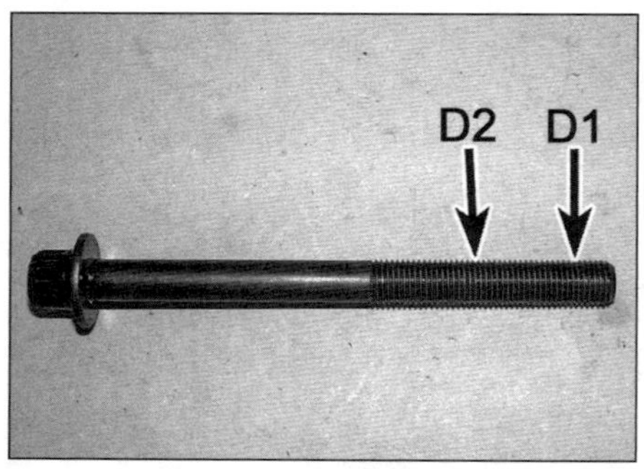

10.11 Die Zylinderkopfschraube ist überdehnt, wenn sie bei D2 mehr als 0,15 mm dünner ist als an D1.

12 Die Dichtflächen des Zylinderkopfes und des Zylinderblocks müssen absolut sauber sein. Entfernen Sie dazu Dichtungsreste und Kohleablagerungen mithilfe eines Hartplastik- oder Holzschabers; reinigen Sie auch die Kolbenböden. Achten Sie bei der Reinigung darauf, nicht das relativ weiche Aluminium abzutragen. Die Ablagerungen dürfen keinesfalls in Öl- oder Wasserkanäle gelangen – bereits kleinste Partikel können Öldüsen verstopfen! Kleben Sie daher alle Bohrungen des Zylinderkopfs/Motorgehäuses mit Kreppband ab. Damit keine Ablagerungen zwischen die Kolben und Zylinderwände gelangen, muss hier etwas Fett aufgetragen werden (anschließend kann es samt anhaftender Partikel mit einem sauberen Lappen abgewischt werden).

13 Kontrollieren Sie die Dichtflächen des Zylinderkopfes und des Zylinderblocks auf Riefen, tiefe Kratzer und andere Schäden. Kleine Unebenheiten können mit einer Feile geschlichtet werden; größere erfordern jedoch maschinelles Planen oder den Austausch.

14 Falls ein Verzug des Zylinderkopfes vermutet wird, muss dieser mit einem Richtwinkel geprüft werden (siehe Kapitel 2E, Sektion 7).

Einbau

15 Reinigen Sie die Dichtflächen des Zylinderkopfs und des Motorgehäuses. An beiden Seiten des Zylinderblocks müssen die Passhülsen installiert sein.

16 Legen Sie die neue Zylinderkopfdichtung über den Passhülsen auf den Motorblock.

17 Heben Sie den Zylinderkopf mithilfe eines Assistenten vorsichtig über die Passhülsen auf den Motorblock.

18 Schmieren Sie die Gewinde und die Unterseite der Zylinderkopfschrauben dünn mit frischem Motoröl.

19 Schieben Sie die Scheiben mit der angeschrägten Seite voran auf die Schrauben.

20 Stecken Sie die Zylinderkopfschrauben vorsichtig in ihre Bohrungen (lassen Sie sie nicht hineinfallen), und drehen Sie sie handfest ein.

21 Ziehen Sie die Schrauben schrittweise in der vorgegebenen Anzugsreihenfolge (siehe Abbildung) zunächst bis zum Drehmoment von 67 Nm an.

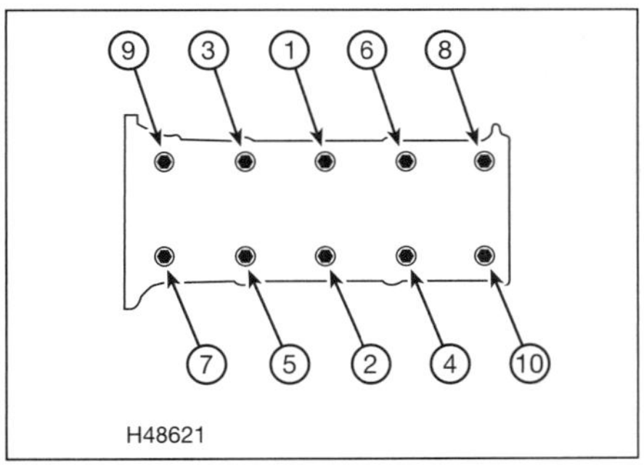

10.21 Anzugsreihenfolge der Zylinderkopfschrauben

22 Belassen Sie die Schraube eine Minute so, und lockern Sie sie dann in der **entgegengesetzten** Anzugsreihenfolge um jeweils eine halbe Umdrehung, bis sie sich von Hand drehen lassen.

23 Ziehen Sie die Schrauben erneut in der in Abb. 10.21 gezeigten Anzugsreihenfolge schrittweise bis zum Drehmoment von 40 Nm an.

24 Verbinden Sie jetzt eine Gradscheibe oder eine entsprechend vorbereitete Schablone mit dem Steckschlüssel, und ziehen Sie die Schrauben in der gleichen Reihenfolge in einem Zug um 75° weiter an.

25 Ziehen Sie die Schrauben im letzten Durchgang noch einmal in einem Zug um 75° weiter an.

26 Verbinden Sie alle Kühlerschläuche mit dem Zylinderkopf, und sichern Sie sie mit den Schellen.

27 Führen Sie die folgenden in Kapitel 4A beschriebenen Arbeiten durch:

a) Verbinden Sie alle getrennten Kabel, Kraftstoffschläuche und Bowdenzüge mit dem Einlassstutzen und den Kraftstoffsystem-Komponenten.

b) Verbinden Sie das vordere Auspuffrohr mit dem Auspuffstutzen.

c) Montieren Sie den Einlassstutzen.

28 Installieren Sie die Nockenwellen in den Zylinderkopf (siehe Sektion 9).

29 Montieren Sie die Steuerkette samt Ritzeln (siehe Sektion 7). **Anmerkung**: *Falls der Zylinderkopf oder die Nockenwellen überholt wurden, muss das Ventilspiel überprüft werden (siehe Sektion 8).*

30 Starten Sie den Motor, bringen Sie ihn auf Betriebstemperatur, und kontrollieren Sie den Zylinderkopf, das Kühlsystem und das Kraftstoffsystem auf Undichtigkeiten.

11 Ölwanne – Ausbau und Einbau

Anmerkung: *Das Motoröl befindet sich nicht nur in der aus Stahlblech bestehenden Ölwanne, sondern auch im unteren Teil des Motorgehäuses, das aus Aluminium hergestellt ist. In dieser Sektion wird lediglich die Stahlwanne behandelt. Zum Trennen der beiden Motorgehäusehälften muss der Motor ausgebaut werden.*

Ausbau

1 Ziehen Sie die Handbremse, heben Sie das Fahrzeug vorn an, und stützen Sie es sicher ab (siehe Seite 535).

2 Lösen Sie die Schrauben des Unterfahrschutzes, und entfernen Sie diesen von der Fahrzeug-Unterseite.

3 Lassen Sie das Motoröl ab. Reinigen Sie die Ablassschraube, installieren Sie sie mit einer neuen Dichtscheibe, und ziehen Sie sie mit 35 Nm an. Falls demnächst ein regulärer Ölwechsel ansteht, sollte jetzt auch der Ölfilter durch ein Neuteil ersetzt werden (siehe Kapitel 1A, Sektion 3). Nach dem Einbau kann dann der Motor mit frischem Öl befüllt werden.

4 Lockern Sie schrittweise die Ölwannen-Schrauben.

5 Die Stahl-Ölwanne sitzt mit stark klebender Dichtmasse am unteren Motorgehäuse, die sich nur mit einem Spachtel oder dünnen Messer gut trennen lässt (siehe Abbildung) – beschädigen Sie dabei nicht die Dichtflächen der beiden Teile (vor allem das Aluminium kann leicht abgetragen werden). Treffen Sie Vorbereitungen, um das restliche Öl der Ölwanne aufzunehmen.

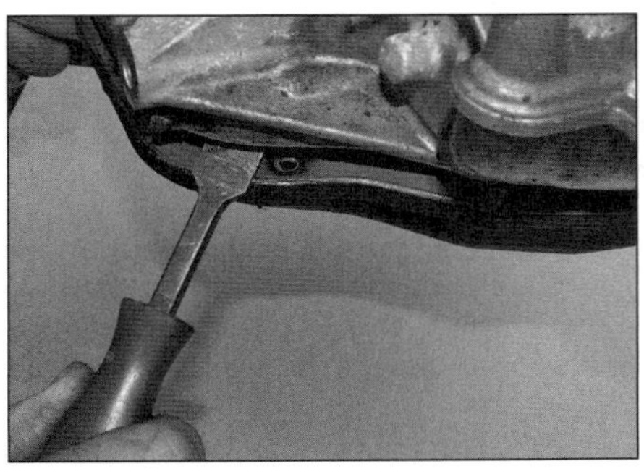

11.5 Die Ölwanne lässt sich mit einem Spachtel vom Motorgehäuse trennen.

Einbau

6 Reinigen Sie die Ölwanne von innen. Befreien Sie die Dichtflächen des Motorgehäuses und der Ölwanne von alten Dichtungsresten.

7 Die Dichtflächen des Motorgehäuses und der Ölwanne müssen sauber und trocken sein. Tragen Sie eine 4 bis 5 mm starke Raupe eines geeigneten Dichtmittels auf der Dichtfläche der Ölwanne (innerhalb der Schraubenbohrungen) auf (siehe Abbildung).

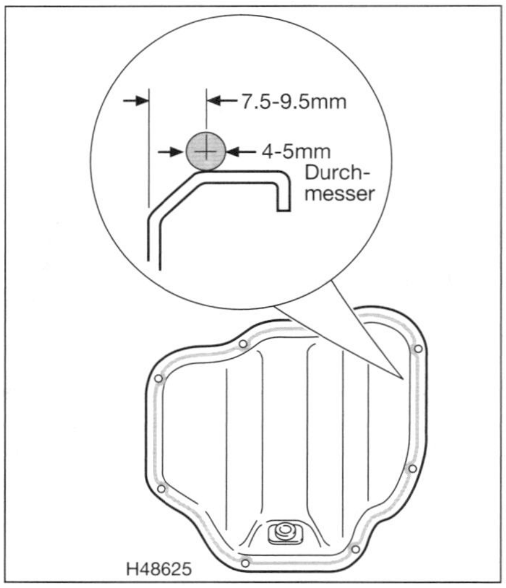

11.7 Tragen Sie im gezeigten Bereich eine 4 bis 5 mm starke Dichtmasse-Raupe auf.

8 Setzen Sie die Ölwanne korrekt ausgerichtet an die untere Motorgehäusehälfte, und installieren Sie die Schrauben; ziehen Sie diese schrittweise in der gezeigten Reihenfolge bis zum Drehmoment von 10 Nm an (siehe Abbildung).

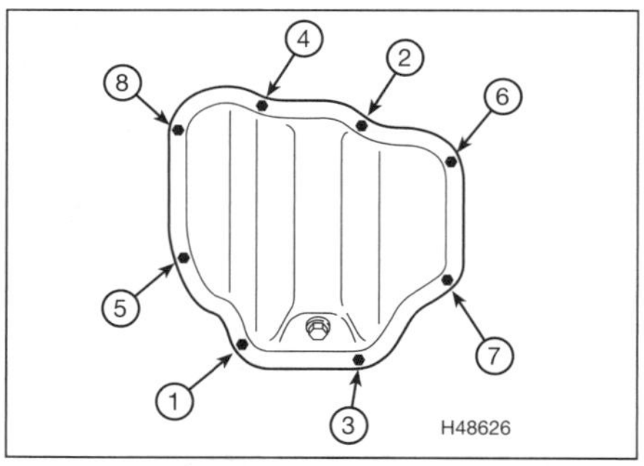

11.8 Anzugsreihenfolge der Ölwannenschrauben

9 Montieren Sie den Unterfahrschutz, und ziehen Sie seine Schrauben sorgfältig an.

10 Füllen Sie Motoröl auf (siehe Kapitel 1A, Sektion 3).

11 Starten Sie den Motor, bringen Sie ihn auf Betriebstemperatur, und kontrollieren Sie den Bereich um die Ölwanne auf Undichtigkeiten.

12 Ölpumpe, Antriebskette und Ritzel – Ausbau, Kontrolle und Einbau

Ausbau

1 Entfernen Sie die Steuerkette (siehe Sektion 7).

2 Entfernen Sie die Ölwanne (siehe Sektion 11).

3 Befreien Sie das Ende der Spannerfeder aus der Bohrung im Motorgehäuse, und ziehen Sie den Kettenspanner von seinem Gelenkzapfen (siehe Abbildung).

12.3 Entfernen Sie den Ölpumpenkettenspanner.

4 Lösen Sie die Mutter des Ölpumpenritzels – blockieren Sie nötigenfalls die Kurbelwelle (siehe Abbildung).

12.4 Entfernen Sie die Ölpumpenritzel-Mutter.

5 Entfernen Sie die Ölpumpenkette zusammen mit dem Ölpumpenritzel und dem Kurbelwellenritzel (siehe Abbildung).

12.5 Entfernen Sie die Ölpumpenkette zusammen mit beiden Ritzeln.

6 Lösen Sie die Ölpumpen-Schrauben, und befreien Sie diese aus der unteren Mororgehäusehälfte (siehe Abbildung).

12.6 Ölpumpen-Schrauben

Kontrolle

7 Reinigen Sie alle Komponenten, und inspizieren Sie sorgfältig die Kette, die Ritzel und die Pumpe auf übermäßigen Verschleiß; nötigenfalls müssen alle Komponenten als Set ausgetauscht werden (siehe Abbildung).

12.7 Kontrollieren Sie die Kette und beide Ritzel.

8 Füllen Sie die Ölpumpe vor dem Einbau mit Öl auf – drehen Sie sie dabei im Uhrzeigersinn. So baut die Pumpe nach dem Motorstart schneller Druck auf.

Einbau

9 Installieren Sie die Ölpumpe in die untere Motorgehäusehälfte, und ziehen Sie ihre Schrauben sorgfältig an.
10 Installieren Sie beide Ritzel mit der aufgelegten Kette als Baugruppe auf die Kurbelwelle und die Ölpumpenwelle (siehe Abbildung).

12.10 Die Kette muss korrekt um das Kurbelwellenritzel liegen.

11 Installieren Sie die Mutter des Ölpumpenritzels – blockieren Sie nötigenfalls die Kurbelwelle – und ziehen Sie sie mit 25 Nm an.
12 Schieben Sie den Kettenspanner auf den Gelenkzapfen, und hängen Sie das Ende seiner Feder in der Gehäusebohrung ein (siehe Abbildung).

12.12 Die Feder des Kettenspanners muss korrekt in der Gehäusebohrung eingehängt sein.

13 Montieren Sie alle entfernten Komponenten in der umgekehrten Ausbaureihenfolge, und füllen Sie zum Schluss Motoröl auf (siehe Kapitel 1A, Sektion 3).

13 Kurbelwellen-Dichtringe – Ersetzen

Steuerkettendeckel-Dichtring (rechts)

1 Demontieren Sie das Kurbelwellen-Riemenrad (siehe Sektion 5).
2 Hebeln Sie den Dichtring vorsichtig mit einem großen Schraubendreher aus seinem Sitz – beschädigen Sie dabei nicht den Wellenstumpf und den Deckel (siehe Abbildung).

13.2 Hebeln Sie den Dichtring vorsichtig aus dem Steuerkettendeckel.

3 Reinigen Sie den Dichtring-Sitz, und schleifen Sie Grate am Wellenstumpf weg, die den Ausfall des alten Dichtrings herbeigeführt haben könnten.
4 Schmieren Sie die Dichtlippe des neuen Dichtrings mit Motoröl, und setzen Sie ihn mit der Lippe nach innen zeigend an – achten Sie darauf, sie nicht zu beschädigen. Treiben Sie den Dichtring senkrecht in seinen Sitz, bis er rundherum bündig im Deckel sitzt (siehe Abbildungen).

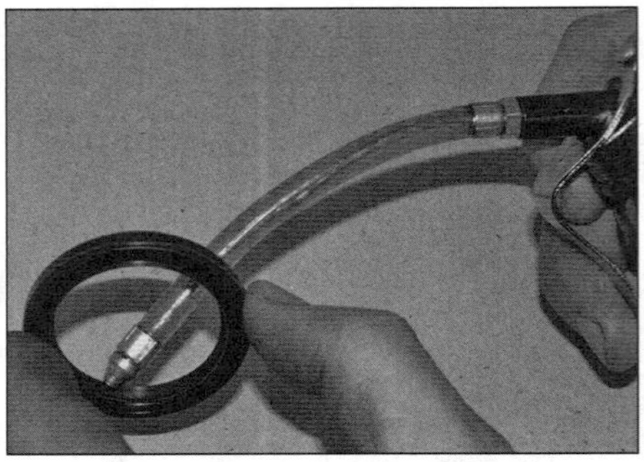

13.4a Ölen Sie die Dichtlippe, ...

13.4b ... drücken Sie den Dichtring über die Welle in seinen Sitz ...

13.4c ... und treiben Sie ihn senkrecht ein.

5 Reinigen und entfetten Sie den Kurbelwellenstumpf, und installieren Sie das Riemenrad (siehe Sektion 5).

Schwungscheiben-Dichtring (links)

6 Demontieren Sie die Schwungscheibe (siehe Sektion 14).
7 Notieren Sie die Einbautiefe des Dichtrings in seinem Gehäuse. Der alte Dichtring kann entweder mit einem großen Schraubendreher herausgehebelt oder mit einer selbst gebauten Ausziehvorrichtung entfernt werden (beschädigen Sie dabei nicht die Dichtfläche der Kurbelwelle): Schlagen oder bohren Sie vorsichtig ein kleines Loch in den Dichtring, und drehen Sie eine selbstschneidende Schraube hinein, um diese mit einer Zange greifen und den Ring herausziehen zu können (siehe Abbildungen). **Anmerkung:** ***Achten Sie beim Bohren des Lochs darauf, nicht den Sitz oder die Kurbelwelle zu beschädigen.***

13.7a Bohren Sie vorsichtig ein Loch in den Dichtring, ...

13.7b ... drehen Sie eine selbstschneidende Schraube hinein ...

13.7c ... und ziehen oder hebeln Sie mit dieser den Dichtring heraus.

8 Reinigen Sie den Dichtring-Sitz und schleifen Sie Grate am Wellenstumpf weg, die den Ausfall des alten Dichtrings herbeigeführt haben könnten (siehe Abbildung).

13.8 Reinigen Sie den Dichtring-Sitz.

9 Schmieren Sie die Dichtlippe des neuen Dichtrings mit Motoröl, und setzen Sie ihn mit der Lippe nach innen zeigend an – achten Sie darauf, sie beim Aufschieben auf den Wellenstumpf nicht zu beschädigen. Treiben Sie den Dichtring senkrecht über seinen Sitz (siehe Abbildungen).

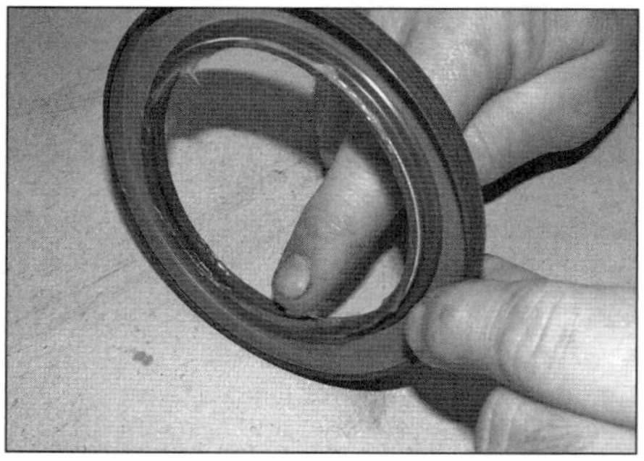

13.9a Schmieren Sie den neuen Dichtring innen mit Öl, ...

13.9b ... und drücken Sie ihn über die Welle auf seinen Sitz.

10 Tragen Sie am noch aus dem Motorgehäuse ragenden Dichtring rundherum Dichtmasse auf. Treiben Sie den Dichtring dann ein, bis er bündig zum Motorblock sitzt. Wischen Sie überschüssige Dichtmasse ab (siehe Abbildungen).

13.10a Tragen Sie Dichtmasse am Außenrand des Dichtrings auf, ...

13.10b ... drücken Sie ihn bündig ins Motorgehäuse ...

13.10c ... und entfernen Sie überschüssige Dichtmasse.

11 Reinigen und entfetten Sie den Kurbelwellenstumpf, und installieren Sie die Schwungscheibe (siehe Sektion 14).

14 Schwungscheibe – Ausbau, Kontrolle und Einbau

Ausbau

1 Demontieren Sie das Getriebe (siehe Kapitel 7A, Sektion 6).
2 Demontieren Sie die Kupplung (siehe Kapitel 6, Sektion 6).
3 Hindern Sie die Schwungscheibe am Mitdrehen, indem Sie den Anlasserring blockieren (siehe Abbildung). Alternativ kann die Schwungscheibe mit einem Spanngurt am Motorblock gesichert werden.

14.3 Die Schwungscheibe kann mit einem solchen Werkzeug blockiert werden, ...

4 Lockern und entfernen Sie die Schwungscheiben-Schrauben (siehe Abbildung). Nehmen Sie die Schwungscheibe ab – sie ist ziemlich schwer. Stellen Sie ggf. die lockere Passhülse aus dem Kurbelwellenflansch sicher.

14.4 ... um die Schwungscheiben-Schrauben zu lösen.

Kontrolle

5 Falls die Schwungscheiben-Kontaktfläche zur Kupplung stark riefig ist, Risse oder andere Schäden aufweist, muss die Schwungscheibe ersetzt werden. Holen Sie jedoch zuvor bei einer Fachwerkstatt oder einem Motorenspezialisten Rat ein, ob sie geschliffen werden kann.

6 Falls der Anlasserzahnkranz stark verschlissen ist oder Zähne fehlen, muss er erneuert werden – erkundigen Sie sich bei einer Nissan-Werkstatt oder einem Motorenspezialisten, ob die Schwungscheibe repariert werden kann.

Einbau

7 Installieren Sie ggf. die Passhülsen.

8 Reinigen Sie die Kontaktfläche der Schwungscheibe und der Kurbelwelle.

9 Heben Sie die Schwungscheibe in Position, und installieren Sie die Schrauben.

10 Blockieren Sie die Schwungscheibe wie beim Ausbau, und ziehen Sie die Schrauben schrittweise und über Kreuz bis zum Drehmoment von 108 Nm an.

11 Montieren Sie die Kupplung (siehe Kapitel 6, Sektion 6), entfernen Sie ggf. das Arretierwerkzeug und bauen Sie das Getriebe an (siehe Kapitel 7A, Sektion 6).

15 Motor- und Getriebehalterungen – Kontrolle und Ersetzen

Kontrolle

1 Um den Zugang zu verbessern, muss das Fahrzeug vorn angehoben und sicher abgestützt werden (siehe Seite 535).

2 Prüfen Sie, ob die Gummilager irgendwo gerissen, verhärtet oder vom Metall getrennt sind – ersetzen Sie entsprechende Halterungen.

3 Kontrollieren Sie die Festigkeit aller Schrauben und Muttern – die Anzugsdrehmomente sind in den technischen Daten angegeben.

4 Hebeln Sie vorsichtig mit einem großen Schraubendreher oder einem Brecheisen an den Halterungen, um Spiel und Verschleiß zu ermitteln. Drücken Sie nötigenfalls die Antriebseinheit vor und zurück sowie nach links und rechts – etwas Spiel tritt auch bei neuwertigen Komponenten auf, übermäßiger Verschleiß darf jedoch nicht feststellbar sein; kontrollieren Sie ggf. die Festigkeit aller Schrauben und Muttern, und tauschen Sie alle verschlissenen Teile aus.

Ersetzen

Rechte Halterung

5 Trennen Sie den Masseanschluss (–) der Batterie (siehe Seite 532).

6 Stützen Sie den Motor mit einem Rangierwagenheber ab, schützen Sie dabei die Ölwanne mit einem Stück Holz (siehe Abbildung).

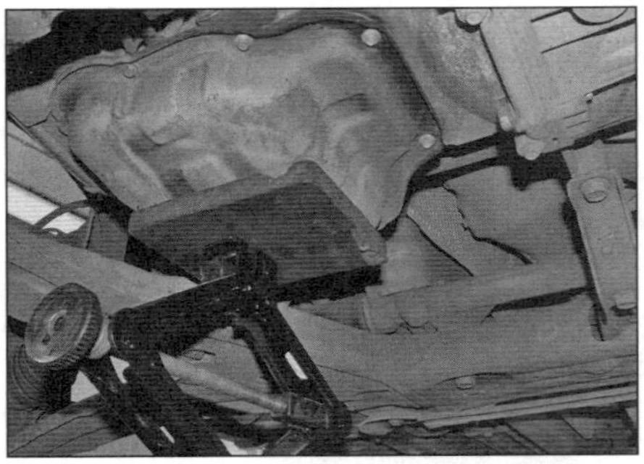

15.6 Stützen Sie den Motor unter der Ölwanne ab – schützen Sie diese mit einem Holz.

7 Lösen Sie am Motorträger die Massekabel-Schraube und befreien Sie das Kabel (siehe Abbildung).

15.7 Lösen Sie die Massekabel-Schraube.

8 Bei manchen Modellen müssen die Schrauben der kleinen Haltestreben gelöst und diese von der Motorhalterung des Ventildeckels entfernt werden (siehe Abbildung).

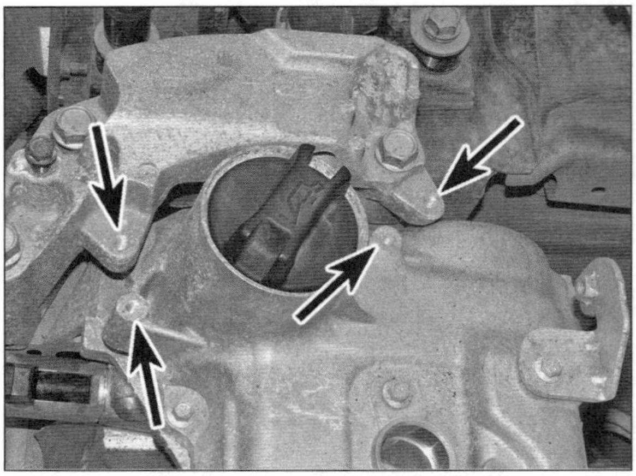

15.8 Manche Motoren sind hier mit Haltestreben ausgerüstet.

9 Lösen Sie die jeweils drei Schrauben aus dem Innenkotflügel und der Motorhalterung, und entnehmen Sie die gesamte Halterung aus dem Motorraum (siehe Abbildungen).

15.9a Lösen Sie die insgesamt sechs Schrauben ...

15.9b ... und befreien Sie die Halterung.

10 Kontrollieren Sie alle Bauteile sorgfältig auf Verschleiß und Beschädigungen, und ersetzen Sie sie nötigenfalls.

11 Setzen Sie die gesamte Halterung beim Einbau an den Innenkotflügel und den Motor, installieren Sie die Schrauben, und ziehen Sie sie mit 55 Nm an.

12 Montieren Sie ggf. die kleinen Streben an den Ventildeckel, und ziehen Sie sie mit 12 Nm an.

13 Sobald die Motorhalterung wieder installiert ist, kann der Rangierwagenheber entfernt werden.

14 Sichern Sie das Massekabel an der Motorhalterung, und schließen Sie die Batterie wieder an.

Linke Halterung

15 Entfernen Sie die Batterie und den Batteriehalter (siehe Kapitel 5A, Sektion 3).

16 Stützen Sie das Getriebe mit einem Rangierwagenheber ab, schützen Sie dabei das Gehäuse mit einem Stück Holz.

17 Lösen Sie die zentrale Mutter des durchgehenden Bolzens/Stehbolzens (siehe Abbildung).

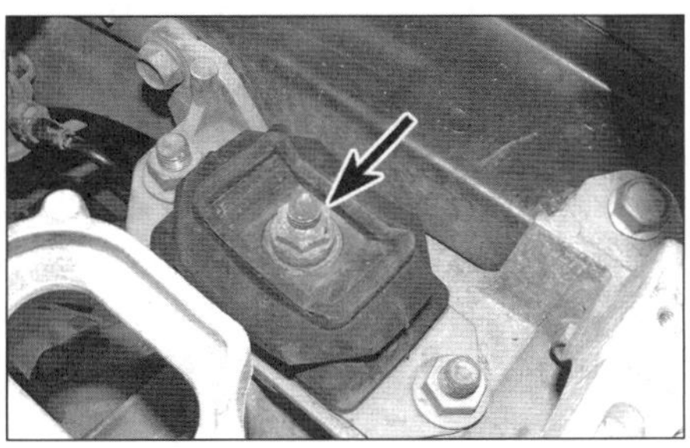

15.17 Lösen Sie die zentrale Mutter.

18 Lösen Sie die zwei äußeren Muttern, und befreien Sie die Halterung vom oberen Halter (siehe Abbildung).

15.18 Lösen Sie die zwei äußeren Muttern.

19 Lösen Sie nötigenfalls die Schrauben aus dem Innenkotflügel, um die obere Halterung zu entfernen.

20 Lösen Sie nötigenfalls auch die Schrauben aus dem Getriebe, um die untere Halterung zu entfernen (siehe Abbildung).

15.20 Schrauben der unteren Halterung am Getriebe

21 Kontrollieren Sie alle Bauteile sorgfältig auf Verschleiß und Beschädigungen, und ersetzen Sie sie nötigenfalls.

22 Setzen Sie beim Einbau ggf. die obere und untere Halterung an, und ziehen Sie die Schrauben mit den vorgegebenen Drehmomenten an.

23 Richten Sie das linke Gummilager zum Bolzen/Stehbolzen der unteren Halterung aus, und ziehen Sie die Mutter mit 65 Nm an.

24 Installieren Sie die zwei äußeren Muttern, und ziehen Sie sie mit 65 Nm an.

25 Sobald die Getriebehalterungen wieder installiert sind, kann der Rangierwagenheber entfernt werden.

26 Montieren Sie den Batterieträger und die Batterie (siehe Kapitel 5A, Sektion 3).

Hintere untere Halterung

27 Falls noch nicht geschehen, muss die Handbremse gezogen und das Fahrzeug vorn angehoben und sicher abgestützt werden (siehe Seite 535).

28 Lösen und entfernen Sie die Schrauben, mit denen die hintere Haltestrebe am Getriebe gesichert ist, und ziehen Sie sie dort ab (siehe Abbildung).

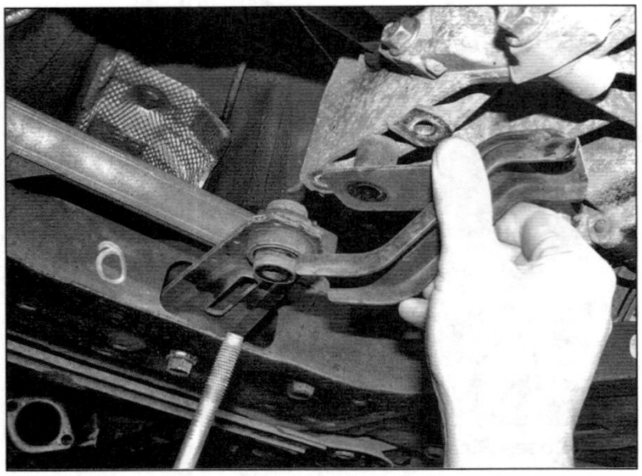

15.28 **Befreien Sie die Haltestrebe vom Getriebe.**

29 Lösen Sie die Schraube, die das hintere Verbindungssegment am Hilfsrahmen sichert, und ziehen Sie es dort ab (siehe Abbildung).

15.29 **Entfernen Sie das Verbindungssegment vom Hilfsrahmen.**

30 Kontrollieren Sie alle Bauteile sorgfältig auf Verschleiß und Beschädigungen, und ersetzen Sie sie nötigenfalls.
31 Montieren Sie beim Einbau die hintere Halterung an den Hilfsrahmen, und ziehen Sie die Schraube mit 110 Nm an.
32 Montieren Sie die Halterung unten ans Getriebe, und ziehen Sie die Schrauben mit 110 Nm an.
33 Sobald die hintere Motorhalterung wieder installiert sind, kann das Fahrzeug wieder abgesenkt werden.

Kapitel 2, Teil B

Reparaturen am eingebauten 2,0 l-Benzinmotor

Inhalt — Sektion

Schwierigkeitsgrade

Leicht. Geeignet für Anfänger mit wenig Erfahrung.	**Relativ leicht.** Geeignet für Anfänger mit etwas Erfahrung.	**Relativ schwierig.** Geeignet für geübte Selbstschrauber.	**Schwer.** Geeignet für Selbstschrauber mit viel Erfahrung.	**Sehr schwer.** Geeignet für Experten und Profis.

Spezifikationen

Motor (allgemein)	
Bezeichnung	MR16DE
Motorleistung	104 kW/141 PS bei 6000/min
Hubraum	1997 cm³
Bohrung	84,0 mm
Hub	90,1 mm
Kurbelwellen-Drehrichtung	vorwärts (von rechts gesehen im Uhrzeigersinn)
Position von Zylinder Nr. 1	rechts (an Steuerkette)
Zündfolge	1-3-4-2
Zylinder-Kompressionsdruck	
Standard	13,9 bar
Minimum	11,4 bar
Maximale Differenz zwischen Zylindern	1,0 bar
Ventilspiel (Motor kalt)	
Einlass	0,26 bis 0,34 mm
Auslass	0,29 bis 0,37 mm
Nockenwelle und Stößel	
Antrieb	Kette
Anzahl der Lager	5
Axialspiel	0,075 bis 0,153 mm
Nockenhöhe	
Einlass	45,265 bis 45,455 mm
Auslass	43,775 bis 43,965 mm

Lagerzapfen-Außendurchmesser	
Lager Nr. 1	27,935 bis 27,955 mm
Lager Nr. 2 bis 5	24,950 bis 24,970 mm
Lagersitz-Innendurchmesser	
Lager Nr. 1	28,000 bis 28,021 mm
Lager Nr. 2 bis 5	25,000 bis 25,021 mm
Lagerzapfen-Radialspiel	
Lager Nr. 1	0,045 bis 0,086 mm
Lager Nr. 2 bis 5	0,030 bis 0,071 mm
Nockenwellen-Verzug	
Standard	0,02 mm
Verschleißgrenze	0,05 mm
Steuerkettenritzel-Verzug	unter 0,15 mm
Tassenstößel-Außendurchmesser	
Einlass	33,977 bis 33,987 mm
Auslass	29,977 bis 29,987 mm
Stößelbohrung in Zylinderkopf – Innendurchmesser	
Einlass	34,000 bis 34,021 mm
Einlass	30,000 bis 30,021 mm
Tassenstößel-Spiel in Zylinderkopf	0,013 bis 0,044 mm

Schmiersystem

Ölpumpe – Typ	Rotorpumpe, per Kette rechts von der Kurbelwelle angetrieben
Minimaler Öldruck bei ca. 80 °C	
bei Standgas	0,8 bar (min.)
bei 2000/min	4,5 bar (min.)

Anzugsdrehmomente

Antriebsplatten-Schrauben (Automatikmodelle)	98 Nm
Ausgleichswellenritzel-Schraube	55 Nm
Ausgleichswellen-Kettenspannerschrauben	10 Nm
Hauptlagerdeckel-Schrauben	
Schritt 1	34 Nm
Schritt 2	60° weiter
Motor/Getriebe – hintere Halterung/Stützlager	
Halterung an Hilfsrahmen – Schraube	110 Nm
Halterung an Getriebe – Schraube	110 Nm
Motor/Getriebe – linke Halterung	
Durchgangsbolzen / Stehbolzenmutter	65 Nm
Durchgangsbolzen / Stehbolzen in Halter	65 Nm
Halterung an Aufnahme – Muttern	105 Nm
Halterung an Innenkotflügel – Schrauben	80 Nm
Halterung an Getriebe – Schrauben	45 Nm
Motor/Getriebe – rechte Halterung	
Halterung an Motor – Schrauben	55 Nm
Halterung an Innenkotflügel – Schrauben	55 Nm
Dynamischer Dämpfer – Mutter	21 Nm
Strebenhalter an Halterung und Innenkotflügel – Schrauben	21 Nm
Motor/Getriebe-Verbindungsschrauben	
Automatikgetriebe	62 Nm
Schaltgetriebe	48 Nm
Motorgehäuse-Verbindungsschrauben	25 Nm
Motoröl-Ablassschraube	35 Nm
Nockenwellenrahmen-Schrauben (siehe Text)	
Schritt 1	2 Nm
Schritt 2	6 Nm
Schritt 3	10 Nm
Nockenwellenritzel-Schrauben	
Einlass	
Schritt 1	35 Nm
Schritt 2	67° weiter
Auslass	88 Nm
Nockenwellensensor-Schraube	7 Nm
Nockenwellen-Signalgeberring-Schraube (Einlass-Nockenwelle)	55 Nm

Ölfilter/Ölkühler-Bolzen	50 Nm
Ölpegelsensor	25 Nm
Ölpumpenrad-Mutter	25 Nm
Ölwanne – untere Schrauben	10 Nm
Pleuelfußmuttern	
Schritt 1	27 Nm
Schritt 2	komplett lockern
Schritt 3	20
Schritt 4	60° weiter
Radmuttern	113 Nm
Schwungscheiben-Schrauben (Modelle mit Schaltgetriebe)	108 Nm
Steuerkettendeckel-Schrauben (siehe Text)	
M6-Schrauben	10 Nm
M8-Schrauben	25 Nm
M10-Schrauben	55 Nm
M12-Schrauben	75 Nm
Steuerkettenführungs-Schrauben	25 Nm
Steuerkettenspanner-Schrauben	10 Nm
Untere Motorgehäusehälfte – obere Schrauben an Getriebe	26 Nm
Ventildeckelschrauben	
Schritt 1	3 Nm
Schritt 2	9 Nm
Zahnrippenriemenrad-Bolzen in Kurbelwellen	
Schritt 1	68 Nm
Schritt 2	komplett lockern
Schritt 3	30 Nm
Schritt 4	60° weiter
Zylinderkopfschrauben	
Schritt 1	40 Nm
Schritt 2	100° weiter
Schritt 3	komplett lockern
Schritt 4	40
Schritt 5	100° weiter
Schritt 6	weitere 100° weiter

1 Allgemeine Informationen

Der Zweck dieses Kapitels

Dieser Teil von Kapitel 2 beinhaltet Reparaturen, die bei im Fahrzeug montierten 2,0 l-Benzinmotoren durchgeführt werden können (andere Motortypen finden sich in den Kapiteln 2A, B, C oder D). Falls der Motor ausgebaut und entsprechend freigelegt ist, können nicht zutreffende Schritte ignoriert werden. Kapitel 2E beinhaltet den Ausbau des Motors samt Getriebe aus dem Fahrzeug und die dann mögliche Komplettüberholung.

Obwohl es technisch möglich ist, Bauteile wie Kolben und Pleuelstangen bei eingebautem Motor zu überholen, werden solche Tätigkeiten normalerweise nicht als separate Arbeiten durchgeführt. Üblicherweise müssen verschiedene weitere Prozeduren (nicht zu vergessen die Reinigung von Bauteilen und Ölkanälen) durchgeführt werden, sodass solche Aufgaben zu den größeren Überholprozessen gezählt werden, die in Kapitel 2E beschrieben sind.

Motor – Beschreibung

Der Vierzylindermotor wird mit zwei obenliegenden Nockenwellen (DOHC) und vier Ventilen je Zylinder gesteuert. Der Motor ist quer eingebaut und das Getriebe ist links angeflanscht.

Die Kurbelwelle des komplett gleitgelagerten Motors läuft in fünf Lagerschalen. Ihr Axialspiel wird durch Anlaufscheiben am Hauptlager Nr. 3 (obere Hälfte) begrenzt.

Die Pleuel drehen sich mit horizontal gebrochenen Lagerschalen auf den Hubzapfen. Die aus einer Aluminiumlegierung bestehenden Kolben sind mit drei Kolbenringen (zwei Kompressionsringen und einem Ölabstreifring) ausgerüstet und mit Kolbenbolzen im oberen Pleuelauge gelagert.

Der aus Aluminium bestehende Zylinderblock ist mit eingegossenen Zylinderbohrungen versehen; das Kühlmittel durchströmt integrierte Kanäle.

Die im Zylinderkopf hängenden Ein- und Auslassventile werden durch Spiralfedern geschlossen. Sowohl ihre Führungen als auch ihre abdichtenden Sitzringe sind in den Kopf eingepresst und können nötigenfalls separat ersetzt werden. Die per Steuerkette angetriebenen zwei Nockenwellen sind direkt im Zylinderkopf gelagert und öffnen die Ventile über Tassenstößel. Das Ventilspiel wird mit unterschiedlich hohen Tassenstößeln sichergestellt – falls es korrigiert werden muss, ist der entsprechende Tassenstößel auszutauschen. An der Einlassnockenwelle kann das Steuerkettenritzel zur Anpassung der variablen Steuerzeiten hydraulisch mit einem Magnetventil gesteuert werden.

Das Schmiersystem besteht aus einem Druckumlaufsystem. Die unten am Motor sitzende Ölpumpe sitzt auf der von der Kurbelwelle per Kette angetriebenen Ausgleichswelle. Die Ölpumpe saugt das Öl durch ein Sieb aus der Ölwanne an und pumpt es durch einen extern sitzenden Ölfilter in die Ölkanäle des Motorgehäuses, um die Kurbelwellen-Hauptlager und Nockenwellenlager mit Drucköl zu versorgen. Auch die Pleuelfußlager werden durch Bohrungen in der Kurbelwelle mit Öldruck versorgt.

Die Nocken und der gesamte Ventiltrieb werden lediglich durch Spritzöl geschmiert.

Reparaturen, die bei eingebautem Motor möglich sind

Die folgenden Arbeiten können erledigt werden, ohne dass der Motor dafür aus dem Fahrzeug ausgebaut werden muss:

a) *Kompressionsprüfung*
b) *Ventildeckel – Ausbau und Einbau*
c) *Steuerkettendeckel – Ausbau und Einbau*
d) *Steuerkette – Ausbau, Kontrolle und Einbau*
e) *Steuerkettenspanner, Führungen und Ritzel – Ausbau, Kontrolle und Einbau*
f) *Nockenwellen und Tassenstößel – Ausbau, Kontrolle und Einbau*
g) *Ventilspiel – Einstellen*
h) *Zylinderkopf – Ausbau und Einbau*
i) *Zylinderkopf und Kolben – Ablagerungen entfernen*
j) *Ölwanne – Ausbau und Einbau*
k) *Kurbelwellen-Dichtringe – Ersetzen*
l) *Motorhalterungen – Kontrolle und Ersetzen*
m) *Schwungscheibe/Antriebsplatte – Ausbau, Kontrolle und Einbau*
n) *Ausgleichswelle – Ausbau und Einbau*

2 Kompressionsprüfung – Beschreibung und Auswertung

1 Wenn die Motorleistung sinkt oder Fehlzündungen entstehen, die nicht auf das Zünd- oder Kraftstoffsystem zurückzuführen sind, kann eine Kompressionsprüfung Hinweise auf den Zustand des Motors liefern. Wenn dieser Test regelmäßig durchgeführt wird, kann er vor Problemen warnen, bevor andere Symptome offensichtlich werden.

2 Der Motor muss vollständig auf Betriebstemperatur gebracht werden, und die Batterie muss komplett geladen sein. Für den Test wird ein Assistent benötigt.

3 Machen Sie das Kraftstoffsystem drucklos, indem Sie die Kraftstoffpumpen-Sicherung aus der Sicherungsbox ziehen – nutzen Sie zur Identifikation die Beschriftungen innerhalb des Sicherungsbox-Deckels (englisch) oder die Schaltpläne am Ende von Kapitel 12. Starten Sie jetzt den Motor, und lassen Sie ihn laufen, bis er abstirbt. Versuchen Sie noch mindestens zweimal, den Motor zu starten, um sicherzugehen, dass sämtlicher Druck abgelassen ist.

4 Demontieren Sie die Zündkerzen (siehe Kapitel 1A, Sektion 25).

5 Drehen Sie den passenden Adapter in das Zündkerzengewinde von Zylinder Nr. 1, und schließen Sie den Kompressionsprüfer an.

6 Lassen Sie den Assistenten auf dem Fahrersitz Platz nehmen und das Gaspedal durchdrücken. Gleichzeitig muss er den Motor mit dem Anlasser durchdrehen – nach ein bis zwei Umdrehungen sollte der Kompressionsdruck seinen maximalen Wert erreicht haben und sich dort stabilisieren. Notieren Sie den höchsten gemessenen Wert.

7 Wiederholen Sie den Test an den anderen Zylindern, und notieren Sie alle Messwerte.

8 Alle Zylinder sollten ähnliche Kompressionswerte erreichen – Unterschiede von mehr als 1,0 bar weisen auf einen Defekt hin. Beachten Sie, dass sich die Kompression in einem gesunden Motor sehr schnell aufbaut; niedrige Kompression im ersten Kolbenhub gefolgt von schrittweisen Anstiegen in den folgenden Hüben weist auf verschlissene Kolbenringe hin. Niedrige Kompression im ersten Kolbenhub, der auch in den folgenden Hüben keine höheren Werte folgen, weist auf verschlissene Ventile oder eine durchgebrannte Zylinderkopfdichtung hin (ein Riss im Zylinderkopf kann auch möglich sein). Ablagerungen an den Ventilen können ebenfalls zu niedriger Kompression führen.

9 Falls der Druck in einem Zylinder zu niedrig ist, muss der folgende Test durchgeführt werden, um den Grund herauszufinden: Füllen Sie einen Teelöffel Motoröl durch das Zündkerzenloch ein, und wiederholen Sie den Test.

10 Wenn das zugegebene Öl den Kompressionsdruck zeitweise erhöht, werden der Kolben oder die Zylinderbohrung verschlissen sein. Keine Druckveränderung lässt auf undichte oder verbrannte Ventile oder auf eine schadhafte Zylinderkopfdichtung schließen.

11 Niedrige Drücke in zwei benachbarten Zylindern weisen fast immer darauf hin, dass die Kopfdichtung zwischen ihnen durchgebrannt ist – Kühlmittel im Motoröl bestätigt dies.

12 Wenn ein Zylinder um etwa 20 % unter den anderen liegt und der Motor im Standgas etwas unrund läuft, kann ein verschlissener Nocken die Ursache hierfür sein.

13 Falls die Kompression ungewöhnlich hoch ist, haben sich wahrscheinlich Kohleablagerungen in den Brennräumen gebildet. In diesem Fall muss der Zylinderkopf demontiert und samt Kolbenboden gereinigt werden.

14 Nach Beendigung des Tests werden die Zündkerzen installiert und die Kraftstoffpumpen-Sicherung installiert.

3 Oberer Totpunkt (OT) – Positionierung

1 Trennen Sie zunächst den Masseanschluss (–) der Batterie (siehe Seite 532). Entfernen Sie die Zündkerzen (siehe Kapitel 1A, Sektion 25.

2 Ziehen Sie die Handbremse an, legen Sie den Leerlauf ein, heben Sie das Fahrzeug vorn an, und stützen Sie es sicher ab (siehe Seite 535). Demontieren Sie das rechte Vorderrad.

3 Lösen Sie von der Unterseite des Kotflügels her die Befestigungen der Radhaus-Abdeckung, und entfernen Sie diese, um Zugang zum Keilrippenrad der Kurbelwelle zu erhalten (siehe Abbildungen). Lösen Sie nötigenfalls auch die Schrauben des Unterfahrschutzes, um diesen zu entfernen.

3.3a Lösen Sie die Clips ...

3.3b ... und entfernen Sie die innere Radhaus-Abdeckung.

4 Am Riemenrad sind mehrere Kerben angebracht; wenn (von unten durch den Radkasten betrachtet) die linke der drei Kerben zum Pfeil am Steuerkettendeckel ausgerichtet ist, stehen die Kolben der Zylinder 1 und 4 im Oberen Totpunkt (OT); welcher von ihnen im Verdichtungstakt steht, lässt sich an der Nockenwelle bestimmen.

5 Drehen Sie nötigenfalls mithilfe eines an der Riemenradschraube angesetzten Steckschlüssels die Kurbelwelle im Uhrzeigersinn, bis die Markierungen fluchten (s. Abbildung).

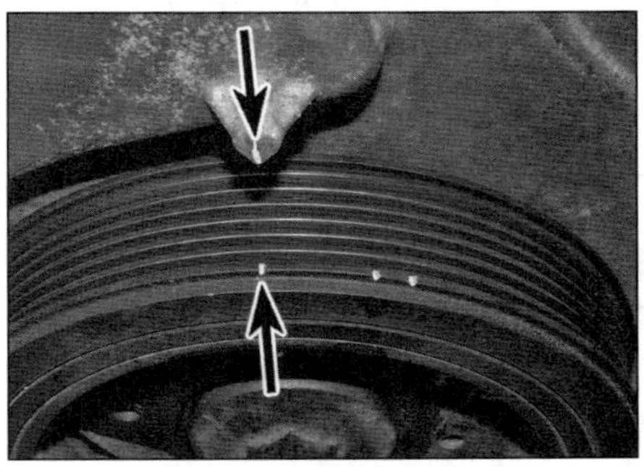

3.5 Wenn die linke Kerbe im Riemenrad zum Pfeil am Deckel fluchtet, stehen Zylinder 1 und 4 im OT.

4 Ventildeckel – Ausbau und Einbau Die Schlüssel nach rechts!

Ausbau

1 Trennen Sie zunächst den Masseanschluss (–) der Batterie (siehe Seite 532)

2 Demontieren Sie den Einlassstutzen (siehe Kapitel 4A, Sektion 11).
3 Kleben Sie die Einlasskanäle des Zylinderkopfes mit Klebeband ab, damit keine Fremdkörper in den Motor fallen können (siehe Abbildung).

4.3 Kleben Sie die Einlasskanäle des Zylinderkopfes mit Klebeband ab.

4 Trennen Sie die Kabelstecker von den vier kombinierten Zündspulen/Zündkerzensteckern, lösen Sie die Sicherungsschrauben, und ziehen Sie die Zündspulen/Kerzenstecker aus dem Motor (siehe Abbildung).

4.4 Entfernen Sie die kombinierten Zündspulen/ Zündkerzenstecker.

5 Lösen Sie die Sicherungsclips des Kabelbaums, um diesen vom vorderen und Getriebe-Ende des Ventildeckels zu trennen (siehe Abbildung).

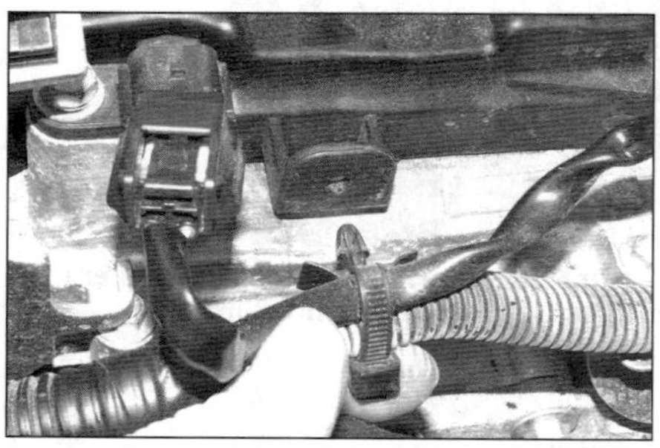

4.5 Befreien Sie den Kabelbaum vom Ventildeckel.

6 Falls noch nicht erledigt, muss die Schelle des PVC-Schlauchs an der Steuerkettenseite des Ventildeckels gelockert und dieser abgezogen werden.
7 Lockern Sie **entgegen** der in Abb. 4.13 gezeigten Anzugsreihenfolge die Ventildeckelschrauben, und entfernen Sie sie.
8 Heben Sie den Ventildeckel ab, und trennen Sie den an der Steuerkettenseite sitzenden Kabelbaum-Clip. Stellen Sie die umlaufende Gummidichtung samt der damit verbundenen Dichtungen der Zündkerzenkanäle sicher (siehe Abbildungen).

4.8a Befreien Sie den Kabelbaum-Clip, ...

4.8b ... und heben Sie den Ventildeckel ab ...

9 Kontrollieren Sie die Dichtungen auf Beschädigungen und Alterungserscheinungen, und ersetzen Sie sie nötigenfalls; Nissan empfiehlt, sie nach jeder Demontage des Ventildeckels zu erneuern.

Einbau

10 Reinigen Sie sorgfältig die Dichtflächen des Zylinderkopfes und des Ventildeckels, sodass sie absolut fettfrei sind.
11 Installieren Sie die Gummidichtung in die Nut des Ventildeckels und die Nuten der Zündkerzenkanäle – sie muss überall korrekt sitzen (siehe Abbildung).

4.11 Die Gummidichtung muss korrekt am Ventildeckel installiert sein.

12 Setzen Sie den Ventildeckel vorsichtig auf, sodass die Gummidichtung nicht verrutscht.
13 Wenn feststeht, dass der Deckel korrekt sitzt, werden die Schrauben installiert und schrittweise in der gezeigten Reihenfolge zunächst mit 3 Nm und dann bis zum endgültigen Anzugswert von 9 Nm angezogen (siehe Abbildung).

4.13 ANZUGS-Reihenfolge der Ventildeckel-Schrauben

14 Sichern Sie die Kabelbaum-Clips in den Löchern am äußeren Rand des Ventildeckels.
15 Installieren Sie die Zündspulen/Kerzenstecker, und verbinden Sie die Stecker.
16 Stecken Sie den PVC-Schlauch auf, und sichern Sie ihn mit der Schelle.
17 Entfernen Sie ggf. das Klebeband von den Einlasskanälen des Zylinderkopfes, und reinigen Sie die Einlassstutzen-Dichtfläche. Montieren Sie den Einlassstutzen (siehe Kapitel 4A, Sektion 11).
18 Schließen Sie die Batterie an, starten Sie den Motor, und überprüfen Sie den Bereich um den Ventildeckel auf Undichtigkeiten.

5 Kurbelwellen-Keilrippenriemenrad – Ausbau und Einbau

Ausbau

1 Entfernen Sie den Keilrippenriemen (siehe Kapitel 1A, Sektion 10).
2 Positionieren Sie ggf. Zylinder Nr. 1 im Verdichtungs-OT (siehe Sektion 7, Schritt 7).
3 Damit das Riemenrad beim Lösen des Bolzens nicht mitdreht, muss es mit einem geeigneten Werkzeug, das in seine Speichen greift, blockiert werden (siehe Abbildung). Falls kein Werkzeug vorhanden ist, kann ein hoher Gang eingelegt werden und ein Assistent drückt fest auf die Bremse. Bei Automatikmodellen muss die Antriebsplatte blockiert werden – hierzu ist eventuell der Anlasser zu demontieren (siehe Kapitel 5A, Sektion 8).

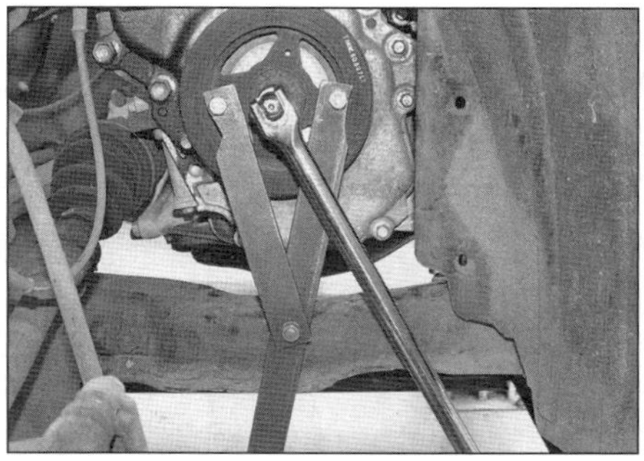

5.3 Selbst gebautes Werkzeug zum Blockieren des Riemenrades

4 Lösen Sie den Riemenradbolzen, entfernen Sie ggf. die Scheibe, und ziehen Sie das Riemenrad von der Kurbelwelle (siehe Abbildung).

5.4 Entfernen Sie den Riemenradbolzen.

5 Falls das Riemenrad fest auf der Kurbelwelle sitzt, muss es mithilfe eines Abziehers befreit werden, der entweder bei Nissan beschafft oder selbst gebaut werden kann. Drehen Sie dazu den Riemenradbolzen in die Kurbelwelle, sodass der Kopf etwa 5 mm über dem Riemenrad steht. Installieren Sie den Abzieher mit den kleinen Schrauben in die Gewindebohrungen des Riemenrades, und ziehen Sie den mittleren Bolzen an, bis das Riemenrad locker ist; entfernen Sie den Abzieher, drehen Sie den Bolzen heraus, und entnehmen Sie das Riemenrad (siehe Abbildungen).

5.5a Ziehen Sie nötigenfalls das Riemenrad ...

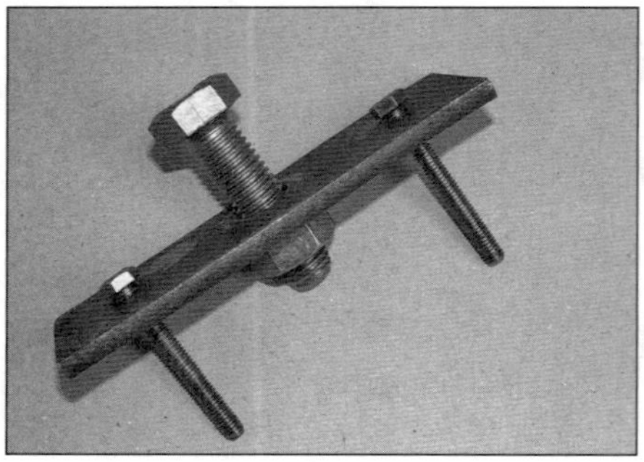

5.5b ... mit einem solchen selbst gebauten Abzieher ab.

6 Falls der in der Kurbelwellennut sitzende Keil locker ist, muss er sichergestellt werden (siehe Abbildung).

5.6 Stellen Sie ggf. den Keil aus der Kurbelwelle sicher.

Einbau

7 Stecken Sie ggf. den Keil in die Nut der Kurbelwelle.
8 Richten Sie die Riemenrad-Nut zum Keil aus, und schieben Sie das Rad auf die Kurbelwelle (siehe Abbildung).

5.8 Schieben Sie das korrekt ausgerichtete Riemenrad auf die Kurbelwelle.

9 Schmieren Sie das Gewinde und die Kopf-Unterseite des Riemenradbolzens mit Motoröl (siehe Abbildung), und installieren Sie ihn ggf. samt Scheibe.

5.9 Ölen Sie das Gewinde und die Unterseite des Schraubenkopfes vor dem Einbau ein.

10 Blockieren Sie die Kurbelwelle mit der beim Lösen eingesetzten Methode, und ziehen Sie den Riemenradbolzen zunächst mit 35 Nm an und dann ggf. mithilfe einer Gradscheibe um 60° weiter. Weil die Ecken einer Sechskantschraube jeweils um 60° auseinanderliegen, kann auch mit entsprechenden Farbmarkierungen gearbeitet werden (siehe Abbildungen).

5.10a Bringen Sie an einer Ecke des Schraubenkopfes sowie eine Ecke weiter rechts am Riemenrad Markierungen an ...

5.10b ... und ziehen Sie die Schraube an, bis diese fluchten.

11 Montieren Sie den Keilrippenriemen, und spannen Sie ihn (siehe Kapitel 1B, Sektion 10).

6 Steuerkettendeckel – Ausbau und Einbau

Ausbau

1 Trennen Sie zunächst den Masseanschluss (–) der Batterie (siehe Seite 532)
2 Ziehen Sie die Handbremse an, legen Sie den Leerlauf ein, heben Sie das Fahrzeug vorn an, und stützen Sie es sicher ab (siehe Seite 535). Demontieren Sie das rechte Vorderrad.
3 Lösen Sie die Befestigungen der Radlaufschale und anderer Kotflügeleinsätze rechts und unterhalb des Motors, und entfernen Sie diese (siehe Abbildung).

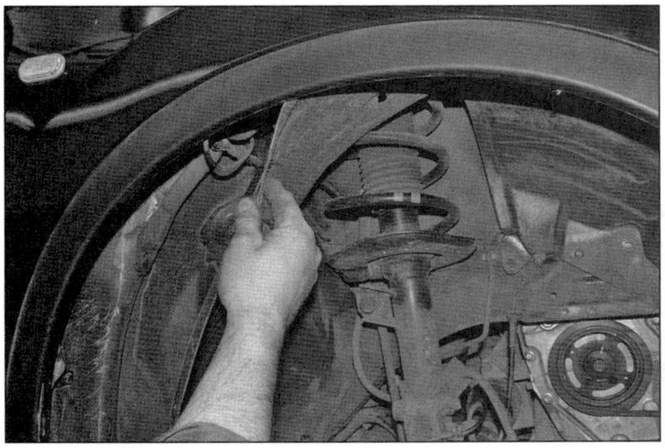

6.3 Entfernen Sie die Radlaufschale.

4 Lassen Sie das Motoröl ab (siehe Kapitel 1A, Sektion 3). Reinigen Sie die Ablassschraube, und rüsten Sie sie mit einer neuen Dichtscheibe aus, bevor sie mit 34 Nm angezogen wird. Falls bald ein Ölwechsel ansteht (siehe Wartungsplan), sollte dieser vorgezogen und jetzt auch der Ölfilter entfernt und später durch ein Neuteil ersetzt werden.
5 Demontieren Sie den Ventildeckel (siehe Sektion 4).
6 Entfernen Sie das Keilrippenriemenrad von der Kurbelwelle (siehe Sektion 5).
7 Stützen Sie den Motor mit einem Rangierwagenheber ab, schützen Sie dabei die Ölwanne mit einem Stück Holz (siehe Abbildung). Lösen Sie dann die Schrauben der rechten Motorhalterung (siehe Sektion 16).

6.7 Stützen Sie den Motor mit einem Rangierwagenheber und einem Holz ab.

8 Trennen Sie den Stecker vom Magnetventil des Steuerzeiten-Verstellmechanismus an der Einlassnockenwelle, und befreien Sie den Kabelbaum-Clip vom Steuerkettendeckel (siehe Abbildung).

6.8 Befreien Sie den Kabelbaum-Clip vom Steuerkettendeckel.

9 Lösen Sie die Schraube des Verstellmechanismus-Magnetventils und ziehen Sie dieses aus dem Steuerkettendeckel (siehe Abbildungen) – der Zugang kann durch leichtes Anheben des Motors mit dem Rangierwagenheber verbessert werden. **Anmerkung**: *Beim Herausziehen des Magnetventils wird Öl herausspritzen. Bauen Sie später ein neues Magnetventil ein.*

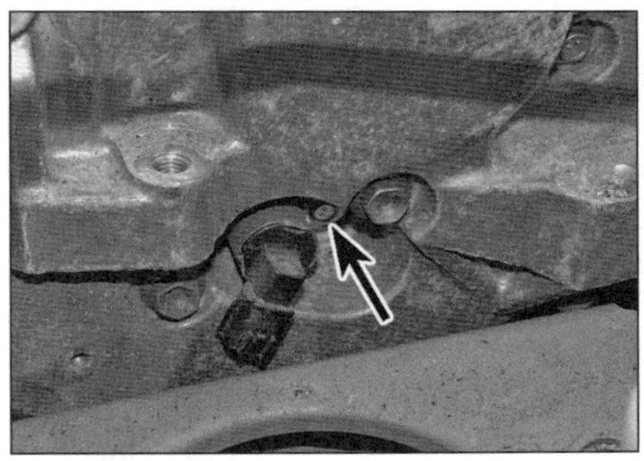

6.9a Lösen Sie die Schraube ...

6.9b ... und ziehen Sie das Verstellmechanismus-Magnetventil heraus.

10 Lösen Sie die Schraube des Keilrippenriemenspanners, und ziehen Sie diesen aus dem Steuerkettendeckel (siehe Abbildung).

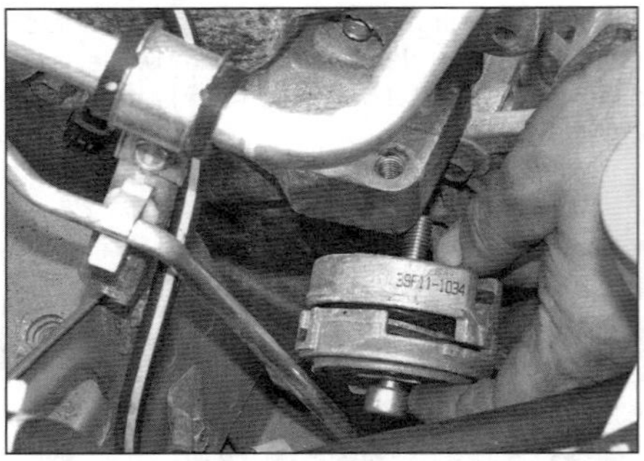

6.10 Entfernen Sie den Keilrippenriemenspanner.

11 Lockern Sie **entgegen** der in Abb. 6.20 gezeigten Anzugsreihenfolge die Steuerkettendeckelschrauben, und entfernen Sie sie – notieren Sie ihre Positionen, oder stecken Sie sie in eine der Form des Deckels entsprechende Pappe, da sie unterschiedliche Längen und Durchmesser aufweisen.
12 Der Steuerkettendeckel wurde mit Dichtmasse montiert, sodass er am Motorgehäuse haften wird. Im unteren Bereich des Deckels befinden sich zwei Punkte, an denen ein Hebel angesetzt werden darf – an anderen Stellen kann jedoch die Dichtfläche beschädigt werden. Im unteren Bereich sitzt der Deckel auf zwei Passstiften, von denen er eventuell ebenfalls schwer zu lösen ist (siehe Abbildungen).

6.12a Hier ist der Steuerkettendeckel mit Passstiften gesichert.

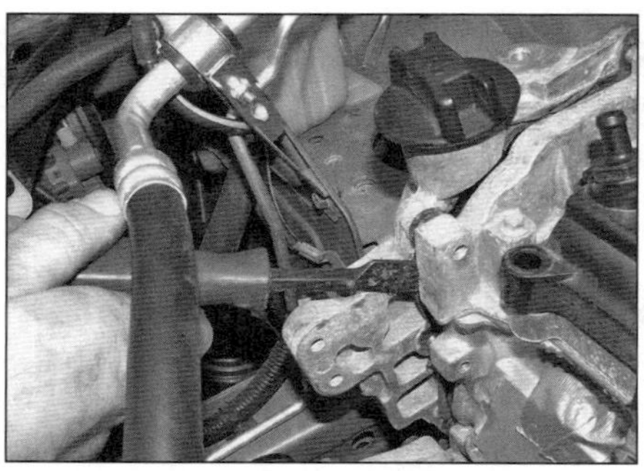

6.12b Hebeln Sie den Deckel an den dafür vorgesehenen Stellen ab ...

6.12c ... und befreien Sie ihn vom Motorblock.

13 Vor der Steuerketten-Führungsschiene sitzt ein O-Ring im Motorblock (siehe Abbildung) – dieser muss später durch ein Neuteil ersetzt werden.

6.13 Stellen Sie den O-Ring aus dem Motorblock sicher.

Einbau

14 Vor dem Einbau des Steuerkettendeckels ist es ratsam, den Kurbelwellen-Dichtring zu ersetzen (siehe Sektion 13).
15 Die Dichtflächen des Steuerkettendeckels und des Motorgehäuses müssen sauber und frei von Fett und Dichtungsresten sein. Reinigen Sie die Passstifte im Motorblock, und versehen Sie sie mit etwas Öl, um den Einbau zu erleichtern.
16 Installieren Sie einen neuen O-Ring in den Sitz vor der Steuerketten-Führungsschiene – »kleben« Sie ihn dort mit etwas Fett an (siehe Abbildung).

6.16 Installieren Sie einen neuen O-Ring in den Sitz im Motorblock.

17 Tragen Sie eine 3 bis 4 mm starke Raupe aus geeigneter Dichtmasse am Außenrand des Steuerkettendeckels (aber innerhalb der Schraubenlöcher) auf – vergessen Sie nicht die Bereiche um die drei oberen zentralen Schrauben 1, 10 und 11 (siehe Abbildungen).

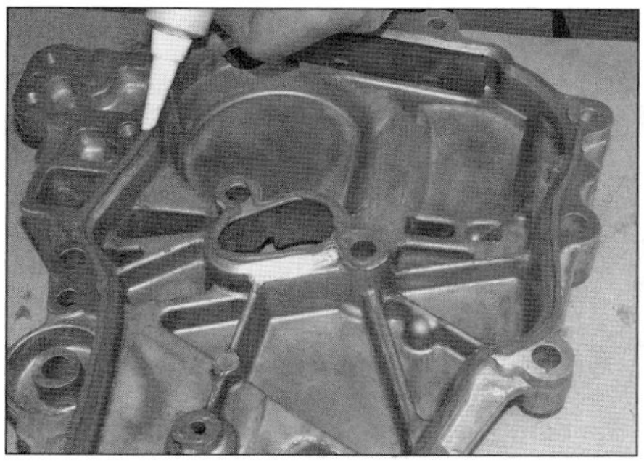

6.17a Tragen Sie Dichtmasse am Außenrand des Steuerkettendeckels ...

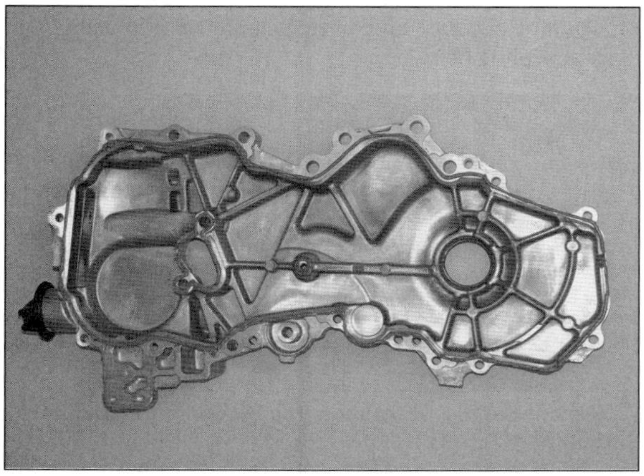

6.17b ... und um die zentralen Schraubensitze herum auf.

18 Tragen Sie außerdem an der Verbindung der Motorgehäusehälften sowie am Kontaktbereich des Zylinderkopfs Dichtmasse auf (siehe Abbildung).

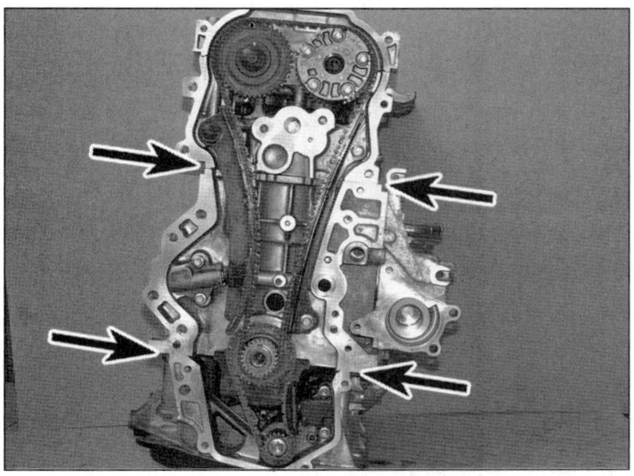

6.18 Dichten Sie die Kontaktflächen der Motorgehäusehälften und des Zylinderkopfs ab.

19 Für die Montage des Steuerkettendeckels sollte ein Assistent bereitstehen. Senken Sie den Deckel von oben am Motor entlang ab, ohne dabei die Dichtmasse zu verschmieren. Lassen Sie den Assistenten den Deckel von unten über der Kurbelwelle ausrichten, ohne dabei den Dichtring zu beschädigen.

20 Sobald der Deckel korrekt sitzt, werden die Schrauben installiert und in der gezeigten Reihenfolge schrittweise bis zu den vorgegebenen Drehmomenten angezogen (M6-Schrauben: 10 Nm; M8-Schrauben: 25 Nm; M10-Schrauben: 55 Nm; M12-Schrauben: 75 Nm) (siehe Abbildung).

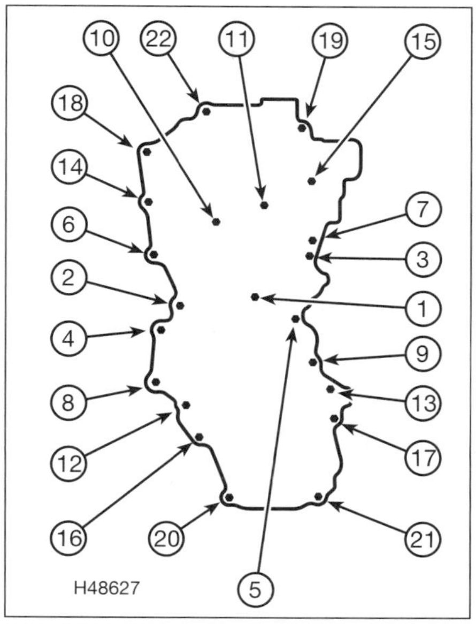

6.20 ANZUGS-Reihenfolge der Steuerkettendeckel-Schrauben

21 Montieren Sie den automatischen Keilrippenriemenspanner an den Steuerkettendeckel, und ziehen Sie seine Schraube sorgfältig an.

22 Installieren Sie das Verstellmechanismus-Magnetventil, und ziehen Sie seine Schraube sorgfältig an. Verbinden Sie den Kabelstecker, und sichern Sie den Kabelbaum-Clip im Deckel.

23 Montieren Sie die rechte Motorhalterung (siehe Sektion 16), und entfernen Sie den Rangierwagenheber.

24 Installieren das Keilrippenriemenrad auf die Kurbelwelle (siehe Sektion 5).

25 Montieren Sie den Ventildeckel (siehe Sektion 4).

26 Installieren Sie ggf. einen neuen Ölfilter, und füllen Sie Motoröl auf (siehe Kapitel 1A, Sektion 3).

27 Montieren Sie die Radlaufschale und alle entfernten Kotflügeleinsätze.

28 Montieren Sie das rechte Vorderrad, senken Sie das Fahrzeug ab, und ziehen Sie die Radmuttern mit 113 Nm an.

7 Steuerkette, Spanner, Führungen und Ritzel – Ausbau, Kontrolle und Einbau

Ausbau

1 Drehen Sie die Kurbelwelle so, dass die Zylinder 1 und 4 im OT stehen (siehe Sektion 3).

2 Entfernen Sie den Ventildeckel (siehe Sektion 4), und befreien Sie das Keilrippenriemenrad der Kurbelwelle (siehe Sektion 5).

3 Demontieren Sie den Steuerkettendeckel (siehe Sektion 6).
4 Der Zylinder Nr. 1 muss im Verdichtungs-OT stehen, sodass die Markierungen an den Nockenwellenritzeln und die Nocken wie gezeigt ausgerichtet sind (siehe Abbildungen). Bringen Sie an der Steuerkette Farbmarkierungen an, die zu den Ritzel-Markierungen fluchten. Da die Nockenwellen mit halber Kurbelwellen-Drehzahl laufen, kann es sein, dass Zylinder Nr. 1 nicht im Verdichtungs-OT, sondern im Gaswechsel-OT steht; drehen Sie in diesem Fall die Kurbelwelle eine volle Umdrehung im Uhrzeigersinn, um die Nockenwellen wie gezeigt auszurichten.

7.4a Wenn Zylinder Nr. 1 (rechts an der Steuerkettenseite) im Verdichtungs-OT steht, müssen die Markierungen an den Nockenwellenritzeln ...

7.4b ... und die über ihm liegenden Nocken wie gezeigt ausgerichtet sein.

5 Das Kurbelwellenritzel muss wie gezeigt in der OT-Position stehen (siehe Abbildung). **Anmerkung**: *Von rechts betrachtet muss auch die Keilnut in der 12-Uhr-Position stehen.*

7.5 OT-Markierungen am Kurbelwellenritzel

6 Drücken Sie den Spannerkolben in sein Gehäuse zurück, und stecken Sie eine kleine Stange in die Gehäusebohrung, um ihn zu arretieren (siehe Abbildung).

7.6 Arretieren Sie den Spannerkolben mit einer kleinen Stange.

7 Lösen Sie die zwei Schrauben des Kettenspanners, um diesen vom Zylinderblock zu befreien – belassen Sie die Stange im Gehäuse, um den Kolben am Herausspringen zu hindern (siehe Abbildung).

7.7 Lösen Sie die Schrauben des Steuerkettenspanners, und entfernen Sie diesen.

8 Lösen Sie die Schraube des oberen Spannerschienen-Gelenks, und befreien Sie die Schiene aus dem Motor (siehe Abbildung).

7.8 Lösen Sie die Gelenkschraube, und entfernen Sie die Spannerschiene.

9 Lösen Sie die zwei Schrauben der vorderen Führungsschiene, um diese von Motor zu befreien (siehe Abbildung).

7.9 Entfernen Sie die Steuerketten-Führungsschiene nach unten aus dem Motor.

10 Heben Sie die Steuerkette vom Kurbelwellenritzel, und befreien Sie sie aus dem Motorgehäuse (siehe Abbildung).
Warnung: Drehen Sie keinesfalls die Kurbelwelle oder die Nockenwellen, nachdem die Steuerkette entfernt ist; andernfalls können Kolben und Ventile in Kontakt kommen und beschädigt werden.

7.10 Befreien Sie die Steuerkette von allen drei Ritzeln.

11 Blockieren Sie die Nockenwellen mit einem am Sechskant der entsprechenden Welle angesetzten Maulschlüssel, und lockern Sie die Ritzelschrauben. Entfernen Sie die Schrauben ggf. samt Scheiben, und ziehen Sie die Ritzel von den Nockenwellen (siehe Abbildungen).

7.11a Lösen Sie die Ritzelschrauben, indem Sie die Nockenwellen ...

7.11b ... mit einem Maulschlüssel kontern.

7.11c Lösen Sie auch die Ritzelschraube der Einlassnockenwelle.

12 Um das Steuerkettenritzel von der Kurbelwelle ziehen zu können, müssen die Ausgleichswellenkette und das für beide Ketten zuständige Doppelritzel gemeinsam entfernt werden (siehe Sektion 15).

Kontrolle

13 Begutachten Sie die Zähne der Nockenwellen- und Kurbelwellenritzel auf Verschleiß und Beschädigungen wie gerissene oder fehlende Zähne. Falls an einem Ritzel oder der Steuerkette Schäden entdeckt werden, müssen alle Ritzel und die Kette ersetzt werden.
14 Kontrollieren Sie die Steuerkette auf fehlende, verbogene oder anderweitig beschädigte Laschen. Eine verschlissene Kette lässt sich aufgrund ausgeschlagener Laschen und Bolzen seitlich deutlich stärker biegen als ein Neuteil; holen Sie sich nötigenfalls Rat in einer Fachwerkstatt.
15 Generell ist man mit einer prophylaktisch montierten neuen Steuerkette immer auf der sicheren Seite, falls der Motor bereits eine hohe Laufleistung hinter sich hat oder die Kette bereits Geräusche verursacht hat. Obwohl nicht zwingend nötig, sollten neben der Kette auch alle Ritzel durch Neuteile ausgetauscht werden, da verschlissene Teile immer erhöhten Verschleiß am Gegenstück – auch am neuen – zur Folge haben. Bei jedem Zweifel über den Zustand der Ritzel und der Kette sollte Rat bei einer Nissan-Werkstatt oder einem Motorenspezialisten gesucht werden.
16 Kontrollieren Sie die Spanner- und Führungsschienen auf Verschleiß oder Beschädigungen an den Gleitflächen, und ersetzen Sie entsprechende Teile.
17 Überprüfen Sie den Kettenspanner auf Verschleiß: Der Kolben muss frei im Gehäuse gleiten können; die Feder kann nur im direkten Vergleich mit einem Neuteil auf Ermüdung kontrolliert werden. Ersetzen Sie den Kettenspanner, falls er verschlissen ist oder irgendein Zweifel über den Zustand der Feder besteht.

Einbau

18 Die Kurbelwelle muss weiterhin in der OT-Position so stehen (siehe Abbildung). Die Markierungen auf der Ausgleichswellenkette und ihrem Ritzel dürfen nicht voneinander abweichen – beachten Sie dazu die Hinweise in Sektion 15.

7.18 Prüfen Sie, ob die Kurbelwelle weiterhin in der OT-Position steht.

19 Setzen Sie das Einlassnockenwellenritzel so an, dass der Arretierstift der Nockenwelle in seine Bohrung greift (siehe Abbildungen). Blockieren Sie die Nockenwelle mit dem Maulschlüssel, und ziehen Sie die Schraube zunächst mit 35 Nm an und dann mithilfe einer Gradscheibe um 67° weiter.

7.19a Setzen Sie das ausgerichtete Ritzel über den Stift der Einlassnockenwelle ...

7.19b ... und ziehen Sie die Schraube bei blockierter Welle in zwei Schritten mit 35 Nm an, und dann um 67° weiter.

20 Setzen Sie das Auslassnockenwellenritzel so an, dass die Steuerzeitenmarkierungen wie beim Ausbau markiert zueinander zeigen (siehe Abbildungen). Blockieren Sie die Nockenwelle mit dem Maulschlüssel, und ziehen Sie die Schraube mit 88 Nm an.

7.20a Richten Sie die Nut am Ritzel zum Stift der Nockenwelle aus ...

7.20b ... und ziehen Sie die Schraube bei blockierter Welle mit 88 Nm an.

21 Legen Sie die Steuerkette so um alle Ritzel, dass die dunkelblauen Laschen über den Markierungen der Nockenwellenritzel und die orange gefärbte Lasche über der Markierung des Kurbelwellenritzels liegen (siehe Abbildungen).

7.21a Richten Sie die dunkelblauen Laschen zu den Markierungen der Nockenwellenritzel ...

7.21b ... und die orange Lasche zur Markierung am Kurbelwellenritzel aus.

22 Installieren Sie die vordere Führungsschiene und die hintere Spannerschiene, und ziehen Sie die Schrauben mit 25 Nm an (siehe Abbildung).

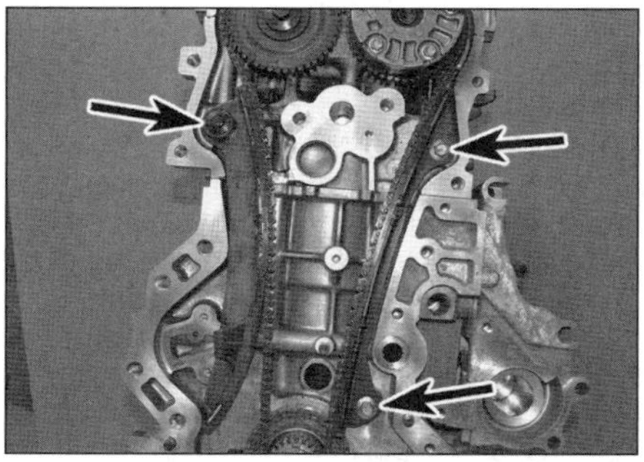

7.22 Sichern Sie die Spanner- und Führungsschienen mit den drei Schrauben.

23 Positionieren Sie den Steuerkettenspanner am Motor, und ziehen Sie seine Schrauben mit 10 Nm an. Drücken Sie die Spannerschiene gegen den Kolben, und ziehen Sie die Arretierung heraus – der Kolben muss die Schiene gegen die Steuerkette drücken, um jeglichen Durchhang aufzunehmen (siehe Abbildungen).

7.23a Montieren Sie den Steuerkettenspanner.

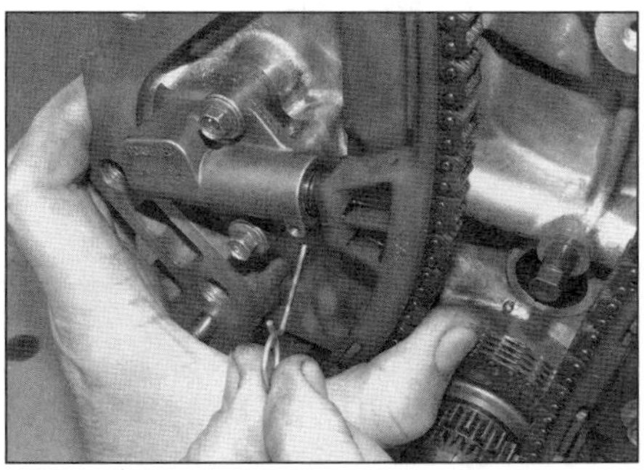

7.23b Drücken Sie den Kolben ins Gehäuse, und entfernen Sie die Arretierstange.

24 Prüfen Sie erneut, ob alle Steuerzeitenmarkierungen der Ritzel zu den farbigen Laschen der Kette ausgerichtet sind. Wenn alles passt, wird das Kurbelwellen-Riemenrad montiert und die Kurbelwelle zwei ganze Umdrehungen durchgedreht, um erneut zu prüfen, ob alle Steuerzeitenmarkierungen zueinander ausgerichtet sind. **Anmerkung**: *Die farbigen Laschen der Steuerkette fluchten erst wieder nach mehreren Kurbelwellenumdrehungen mit allen Steuerkettenritzel-Markierungen. Sie dienen nur der ursprünglichen Einstellung.*

25 Entfernen Sie das Kurbelwellen-Riemenrad, und montieren Sie den Steuerkettendeckel (siehe Sektion 6).

26 Montieren Sie das Kurbelwellen-Riemenrad (siehe Sektion 5) und den Ventildeckel (siehe Sektion 4).

8 Ventilspiel – Kontrolle und Einstellung

Anmerkung: *Das Ventilspiel wird nicht im Zue des Wartungsplans kontrolliert, sondern nur nach einer sehr hohen Laufleistung, einer Motorüberholung oder wenn Geräusche oder Leistungsmangel auf den Ventiltrieb zurückzuführen sind. Die Einstellung erfordert den Ausbau der jeweiligen Nockenwelle und den Austausch der entsprechenden Tassenstößel – diese sind in 26 verschiedenen Maßen von 3,0 bis 3,5 mm Stärke (in Schritten zu 0,02 mm) erhältlich.*

Kontrolle

1 Korrekt eingestellte Ventile beeinflussen direkt die Leistungsfähigkeit und Haltbarkeit des Motors. Zu viel Spiel erzeugt klappernde oder ratternde Geräusche, erhöht den Verschleiß und verringert die Motorleistung (Ventil öffnet zu spät und schließt zu früh). Zu geringes Ventilspiel kann dazu führen, dass das Ventil bei heißem Motor nicht richtig schließt, sodass es selbst (wegen mangelhafter Wärmeabfuhr) und sein Ventilsitz verbrennen kann; ein abreißendes Ventil kann den Kolben durchschlagen und ernsthafte Motorschäden verursachen. Das Ventilspiel wird wie folgt kontrolliert und eingestellt:

2 Zeichnen Sie die Umrisse des Zylinderkopfes auf einem Papier auf. Nummerieren Sie die Zylinder von der Steuerkette zum Getriebe mit 1 bis 4, und zeichnen Sie je Zylinder vier Ventile ein. Geben Sie darin das korrekte Ventilspiel an, und zeichnen Sie zwei Linien darüber, auf denen das tatsächliche Ventilspiel und die erforderliche Einstellung eingetragen werden können.

3 Bringen Sie den Motor auf Betriebstemperatur, und schalten Sie ihn dann ab. Demontieren Sie den Ventildeckel (siehe Sektion 4).

4 Bringen Sie Zylinder Nr. 1 in den Verdichtungs-OT (siehe Sektion 3 sowie Sektion 7, Schritt 4).

5 Messen Sie mithilfe einer Fühlerlehre das Spiel zwischen der Nockenwelle und den Tassenstößeln der folgenden Ventile, und notieren Sie die Werte in die Zeichnung (siehe Abbildungen):

Zylinder Nr. 1 – Ein- und Auslassventile
Zylinder Nr. 2 – Einlassventile
Zylinder Nr. 3 – Auslassventile

8.5a Messen Sie das Ventilspiel zwischen der Nockenwelle und dem Tassenstößel.

6 Drehen Sie die Kurbelwelle eine vollständige Umdrehung (360°), bis die OT-Kerbe des Riemenrades wieder zum Pfeil ausgerichtet ist – jetzt steht Zylinder Nr. 4 im Verdichtungs-OT.
7 Ermitteln Sie auf die gleiche Weise das Spiel folgender Ventile, und notieren Sie die Werte in die Zeichnung (siehe Abbildung):
Zylinder Nr. 2 – Auslassventile
Zylinder Nr. 3 – Einlassventile
Zylinder Nr. 4 – Ein- und Auslassventile

8.5b Kontrollieren Sie folgende Ventile:

Zylinder Nr. 1 – Ein- und Auslassventile
Zylinder Nr. 2 – Einlassventile
Zylinder Nr. 3 – Auslassventile

8 Errechnen Sie die Differenz zwischen dem gemessenen Spiel und dem vorgegebenen Wert, und notieren Sie auch diese.

Einstellung

Anmerkung: *Hierfür werden eine Mikrometerschraube oder eine Messuhr mit geeigneten Tastern benötigt.*
9 Falls das Ventilspiel von den Vorgaben abweicht, muss der entsprechende Tassenstößel durch ein dickeres oder dünneres Teil ersetzt werden. Die Stärke des Stößels ist an seiner Innenseite eingeschlagen: 324 bedeutet, dass er zwischen der Oberseite und der auf das Ventil drückenden Verdickung 3,24 mm stark ist (siehe Abbildung).

8.9 Die Stärke des Tassenstößels ist an seiner Innenseite eingeschlagen – hier: 3,24 mm.

10 Ermitteln Sie mithilfe einer Mikrometerschraube oder einer Messuhr die tatsächliche Stärke des Tassenstößels, da diese durch Verschleiß verringert sein kann. **Anmerkung**: *Tassenstößel sind in 26 verschiedenen Maßen von 3,0 bis 3,5 mm Stärke (in Schritten zu 0,02 mm) erhältlich.*
11 Um Zugang zu den Tassenstößeln zu erhalten, müssen zunächst die Nockenwellen entfernt werden (siehe Sektion 9). Arbeiten Sie jeweils nur an einem Tassenstößel, um Verwechslungen zu vermeiden.
12 Die Stärke des erforderlichen Tassenstößels wird wie folgt berechnet: Wenn das gemessene Spiel geringer als vorgegeben war, muss der Messwert von der Vorgabe abgezogen werden – beachten Sie die unterschiedlichen Werte für Ein- und Auslassventile. Subtrahieren Sie das Ergebnis dann von der Stärke des vorhandenen Stößels. Ein Beispiel:

Berechnungsbeispiel – Ventilspiel zu gering

Gemessenes Spiel (A) =	0,16 mm
Vorgegebenes Spiel (B) =	0,30 mm
Differenz (B – A) =	0,14 mm
Stärke des vorh. Stößels =	3,50 mm
Erforderlicher Stößel =	3,5 – 0,14 = 3,36 mm

13 Wenn das gemessene Spiel größer als vorgegeben war, muss die Vorgabe vom Messwert abgezogen werden – beachten Sie die unterschiedlichen Werte für Ein- und Auslassventile. Addieren Sie das Ergebnis dann zur Stärke des vorhandenen Stößels hinzu. Ein Beispiel:

Berechnungsbeispiel – Ventilspiel zu groß

Gemessenes Spiel (A) =	0,40 mm
Vorgegebenes Spiel (B) =	0,30 mm
Differenz (A – B) =	0,10 mm
Stärke des vorh. Stößels =	3,26 mm
Erforderlicher Stößel =	3,26 + 0,10 = 3,36 mm

14 Bearbeiten Sie die zu ersetzenden Stößel nacheinander. Ölen Sie den neuen Tassenstößel, und installieren Sie ihn senkrecht in die Bohrung des Zylinderkopfes.
15 Installieren Sie die Nockenwelle(n) (siehe Sektion 9).
16 Für zukünftige Einstellungen kann es hilfreich sein, die Stärken aller 16 vorhandenen Tassenstößel zu notieren; so können eventuell erforderliche Tassenstößel bereits vor dem Ausbau beschafft werden.
17 Sobald das Spiel aller Ventile justiert ist, wird die Kurbelwelle mindestens vier volle Umdrehungen im Uhrzeigersinn gedreht, damit sich alle Tassenstößel setzen können. Kontrollieren Sie dann das Spiel erneut.
18 Montieren Sie den Ventildeckel (siehe Sektion 4) und alle anderen entfernten Komponenten.

9 Nockenwellen und Stößel – Ausbau, Kontrolle und Einbau

Ausbau

1 Entfernen Sie den Steuerkettendeckel (siehe Sektion 6).
2 Demontieren Sie die Nockenwellenritzel (siehe Sektion 7).
3 Entfernen Sie den vorn am Zylinderkopf sitzenden Kraftstoff-Druckspeicher (siehe Kapitel 4A, Sektion 10). Verstopfen Sie alle Öffnungen, um den Verlust an Kraftstoff zu minimieren und keinen Schmutz eindringen zu lassen.
4 Kleben Sie die Einlasskanäle und Einspritzdüsen-Sitze des Zylinderkopfes mit Klebeband ab, damit keine Fremdkörper in den Motor fallen können (siehe Abbildung).

9.4 Kleben Sie die Einlasskanäle und Einspritzdüsen-Sitze des Zylinderkopfes mit Klebeband ab.

5 Befreien Sie am Getriebe-Ende des Zylinderkopfs den Kabelbaum und alle Schläuche aus ihren Halterungen; lösen Sie dann die Schrauben der Halterungen, und entfernen Sie diese (siehe Abbildungen).

9.5a Entfernen Sie die vorn links am Zylinderkopf sitzende Halterung ...

9.5b ... und die hinten links am Zylinderkopf sitzende Halterung.

6 Lösen Sie die Schraube des Nockenwellensensors, und ziehen Sie diesen aus dem Nockenwellenrahmen (siehe Abbildung).

9.6 Ausbau des Nockenwellensensors

7 Lockern Sie **entgegen** der Anzugsreihenfolge (Abb. 9.23) jeweils um eine Umdrehung die 16 Schrauben des Lager-Rahmens, um den durch die Ventilfedern ausgeübten Druck gleichmäßig abzubauen und die Nockenwellen nicht verkanten zu lassen. Sobald alle Schrauben locker sind, können sie herausgedreht und der Rahmen entnommen werden. **Anmerkung**: *Beachten Sie, dass die Schrauben 13, 14 und 15 länger sind als die anderen.*

8 Der Lagerrahmen sitzt dank der verwendeten Dichtmasse sehr fest am Zylinderkopf. Achten Sie darauf, beide Komponenten beim Trennen nicht zu beschädigen. Links vorn und rechts hinten (von vorn betrachtet) befinden sich Nuten, an denen ein Hebel angesetzt werden kann, um den Rahmen zu trennen. Dieser sitzt links hinten und rechts vorn (von vorn betrachtet) auf Passhülsen aus Stahl, die das Trennen erschweren können (siehe Abbildungen).

9.8a Hebeln Sie den Nockenwellenrahmen vorsichtig vom Zylinderkopf, ...

9.8b ... beachten Sie dabei die Passstifte links hinten ...

9.8c ... und vorn rechts

9.8d Heben Sie den Rahmen dann vom Zylinderkopf.

9 Nachdem der Rahmen abgehoben ist, können die Nockenwellen einfach aus dem Zylinderkopf gehoben werden – beachten Sie jedoch ihre Einbaulage: Am Ritzel-Ende sind sie mit Passstiften für das Ritzel ausgerüstet. Merken Sie sich die Positionen der Nocken, damit die korrekten Steuerzeiten sichergestellt werden können (siehe Abbildungen). **Anmerkung**: *Beschädigen Sie nicht den Signalgeberring für den Nockenwellensensor am Ende der Einlassnockenwelle.*

9.9a Heben Sie die Nockenwellen aus dem Zylinderkopf ...

9.9b ... – beachten Sie den Signalgeberring am Ende der Einlassnockenwelle.

10 Beschaffen Sie 16 kleine, saubere Behälter, und markieren Sie sie entsprechend der Ventilposition (Einlass oder Auslass, Zylindernummer, links oder rechts); alternativ kann auch ein größerer Behälter in 16 Fächer unterteilt werden. Ziehen Sie mit einem kleinen Gummi-Saugnapf nach und nach die Stößel aus ihren Sitzen, und legen Sie sie in den entsprechenden Behälter (siehe Abbildung) – durch Vertauschen würde nach dem Einbau das Ventilspiel nicht mehr stimmen. **Anmerkung**: *Die Einlass-Tassenstößel haben 4 mm mehr Durchmesser als die Auslass-Tassenstößel.*

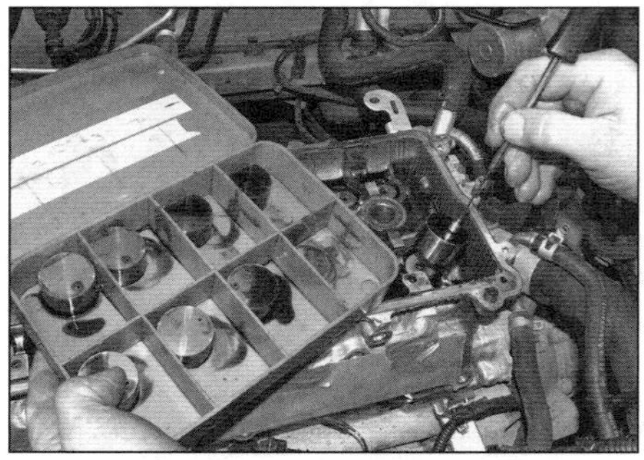

9.10 Entfernen Sie die Tassenstößel.

Kontrolle

11 Inspizieren Sie die Lagerflächen der Nockenwellen im Zylinderkopf und den Lagerdeckel auf Riefen und tiefe Kratzer. Inspizieren Sie die Nocken und die Lagerflächen der Nockenwelle(n) auf Riefen und andere Verschleißmerkmale. Sobald die gehärtete Oberfläche der Nocken angegriffen wurde, nimmt der Verschleiß massiv zu.

12 Der Verzug der Nockenwellen kann geprüft werden, indem die Enden der Wellen in Prismenböcken gelagert werden und die von einer Messuhr abgetastete Welle langsam gedreht wird. Liegt der Verzug über 0,05 mm, muss die Nockenwelle ersetzt werden.

13 Messen Sie die Höhe der Nocken mit einer Mikrometerschraube, und vergleichen Sie die Ergebnisse mit den Angaben in den technischen Daten (siehe Abbildung). Falls Beschädigungen oder übermäßiger Verschleiß festgestellt werden, muss die entsprechende Nockenwelle ersetzt werden.

9.13 Messen Sie die Höhe der Nocken mit einer Mikrometerschraube.

14 Jetzt kann das Radialspiel der Nockenwelle kontrolliert werden:

15 Setzen Sie den Nockenwellenrahmen auf dem Zylinderkopf. Installieren Sie die Schrauben, und ziehen Sie sie entsprechend der Vorgaben in den technischen Daten und der gezeigten Reihenfolge (Abb. 9.23) in drei Schritten an. Messen

Sie nun den Durchmesser aller zehn Nockenwellenlager, und vergleichen Sie die Ergebnisse mit den Angaben in den technischen Daten. Falls auch nur eines der Lager größer als vorgegeben ist, muss der gesamte Zylinderkopf erneuert oder entsprechender Rat in einer Fachwerkstatt eingeholt werden. Das Radialspiel wird errechnet, indem der Außendurchmesser der Nockenwellen-Gleitflächen von den Innendurchmessern der Lager subtrahiert wird.

16 Kontrollieren Sie die Tassenstößel und ihre Sitze im Zylinderkopf auf Riefenbildung und Beschädigungen.

Einbau

17 Ölen Sie die Tassenstößelbohrungen im Zylinderkopf und die Stößel ausgiebig ein. Setzen Sie die Stößel senkrecht in ihre ursprünglichen Bohrungen – hierbei ist anfangs Vorsicht geboten, um sie nicht zu verkanten. Ölen Sie auch die Kontaktflächen der Nocken und die Gleitflächen der Nockenwellen (siehe Abbildungen).

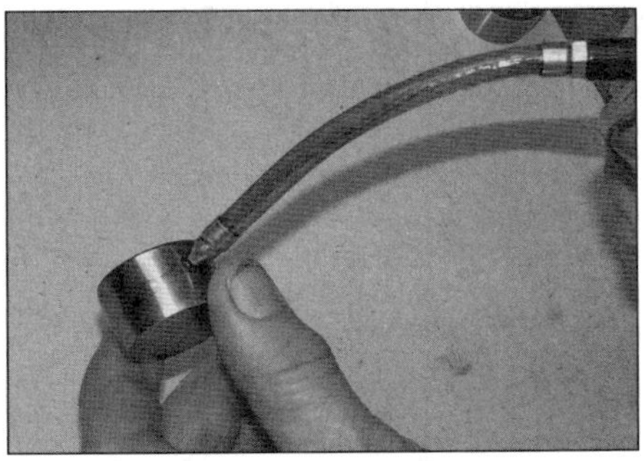

9.17a Ölen Sie den Tassenstößel ein ...

9.17b ... und installieren Sie ihn in seine Bohrung.

9.17c Versehen Sie alle Kontaktflächen der Nockenwelle ausgiebig mit Motoröl.

18 Legen Sie die Nockenwellen wie beim Ausbau notiert in den Zylinderkopf (siehe Abbildung).

9.18 Die Passstifte für die Nockenwellenritzel müssen oben stehen.

19 Prüfen Sie, ob die Kurbelwelle weiterhin in der OT-Position für die Zylinder 1 und 4 steht (siehe Abbildung).

9.19 Die Kurbelwelle muss korrekt positioniert sein.

20 Versehen Sie die Lagerflächen im Nockenwellenrahmen ausgiebig mit Öl (siehe Abbildung).

9.20 Ölen Sie die Lagerflächen im Nockenwellenrahmen.

21 Die Kontaktflächen des Lagerdeckels und des Zylinderkopfes müssen absolut sauber und fettfrei sein. Tragen Sie an den Dichtflächen des Rahmens eine gleichmäßige und 3,5 bis 4,5 mm starke Raupe aus Dichtmasse auf – vergessen Sie nicht die Bereiche um die Zündkerzenkanäle (siehe Abbildungen).

9.21a Tragen Sie eine gleichmäßige Dichtmasse-Raupe am Außenrand des Rahmens ...

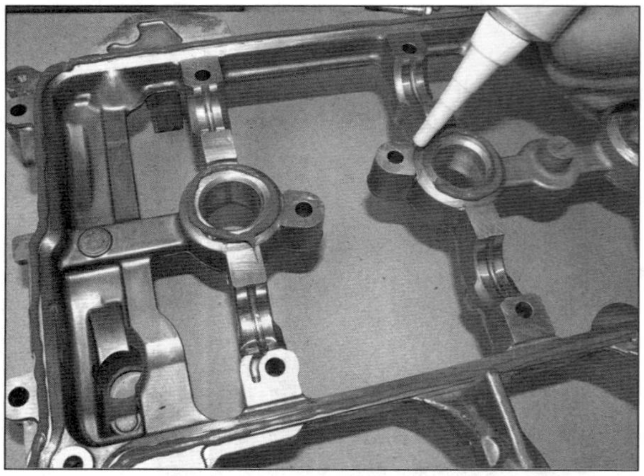

9.21b ... und um die Zündkerzenkanäle herum auf, ...

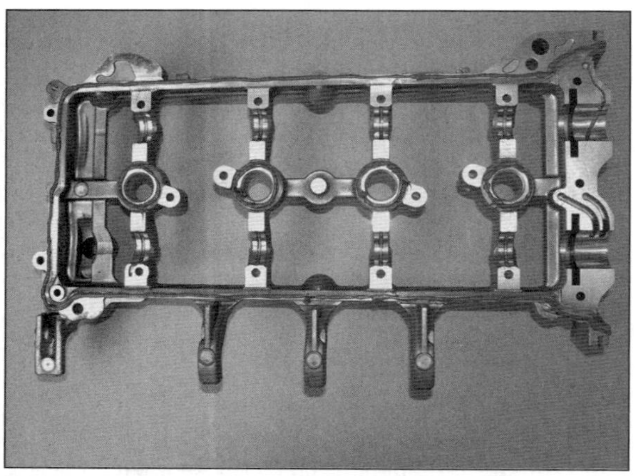

9.21c ... sodass die Verbindung zum Zylinderkopf an den gezeigten Bereichen abgedichtet wird.

22 Senken Sie den Rahmen über den Nockenwellen und dem Zylinderkopf ab, ohne dabei Dichtmasse zu verschmieren; er muss sich über den zwei Passstiften absenken lassen (siehe Abbildung).

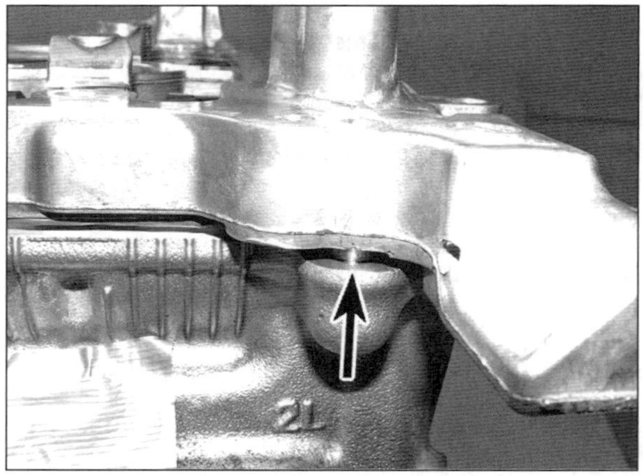

9.22 Richten Sie den Rahmen über den Passstiften aus.

23 Installieren Sie die 16 Schrauben, und ziehen Sie sie schrittweise an, bis der Rahmen rundherum auf dem Zylinderkopf aufliegt. Ziehen Sie die Schrauben dann entsprechend der Vorgaben in den technischen Daten und der gezeigten Reihenfolge (siehe Abbildung) in drei Schritten an. Nur so wird sichergestellt, dass der Druck der Ventilfedern den Rahmen nicht verziehen lässt.

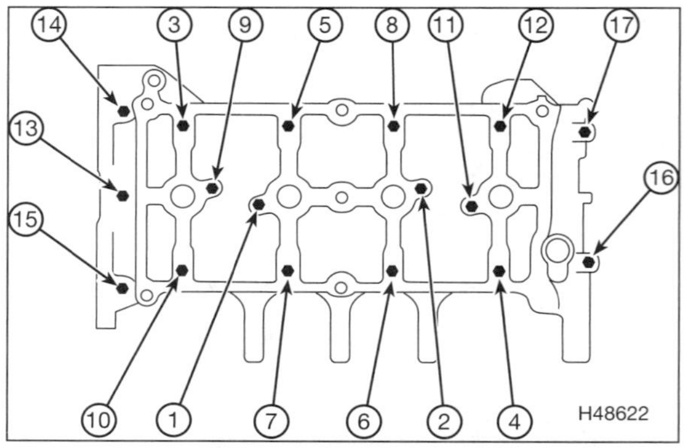

9.23 ANZUGS-Reihenfolge der Schrauben im Nockenwellenrahmen

24 Installieren Sie den Nockenwellensensor in den Nockenwellenrahmen, und sichern Sie ihn mit seiner Schraube.
25 Montieren Sie die Halterungen an das Getriebe-Ende des Zylinderkopfs, und ziehen Sie ihre Schrauben sorgfältig an. Befestigen Sie daran den Kabelbaum und die Schläuche.
26 Entfernen Sie ggf. das Klebeband von den Einlasskanälen des Zylinderkopfs, und reinigen Sie die Dichtflächen. Montieren Sie den Druckspeicher (siehe Kapitel 4A, Sektion 10).
27 Montieren Sie die Nockenwellenritzel und die Steuerkette (siehe Sektion 7).
28 Installieren Sie den Steuerkettendeckel (siehe Sektion 6).
29 Falls der Zylinderkopf oder die Nockenwellen überholt wurden, muss das Ventilspiel überprüft werden (siehe Sektion 8).
30 Montieren Sie den Ventildeckel (siehe Sektion 4).

10 Zylinderkopf – Ausbau und Einbau

Ausbau

1 Machen Sie das Kraftstoffsystem drucklos (siehe Kapitel 4A, Sektion 6).

2 Trennen Sie den Masseanschluss (–) der Batterie (siehe Seite 532).

3 Entfernen Sie die Steuerkette (siehe Sektion 7).

4 Demontieren Sie die Nockenwellen (siehe Sektion 9).

5 Demontieren Sie den Auspuffstutzen (siehe Kapitel 4A, Sektion 12).

6 Trennen Sie den Stecker des Temperatursensors (siehe Abbildung).

10.6 Lösen Sie den Temperatursensor-Stecker.

7 Notieren Sie die Positionen aller Schläuche am Kühlmittelgehäuse (links am Zylinderkopf), lockern Sie deren Schellen, und ziehen Sie die Schläuche ab (siehe Abbildungen).

10.7a Notieren Sie die Anschlusspositionen aller Schläuche ...

10.7b ... und ziehen Sie sie von den Stutzen am Kühlmittelgehäuse.

8 Befreien Sie den Kabelbaum-Clip vom Kühlmittelgehäuse (siehe Abbildung).

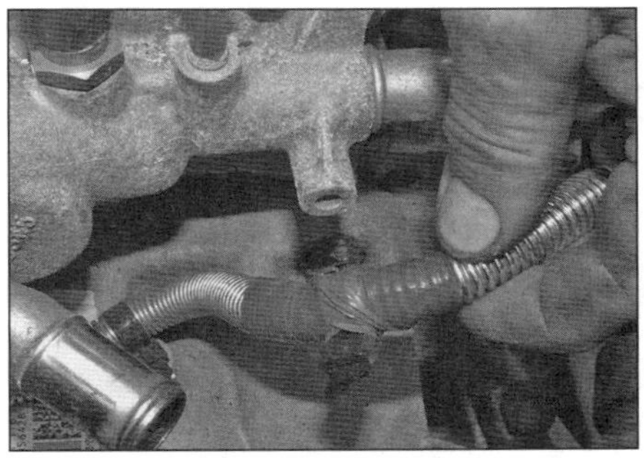

10.8 Lösen Sie den Kabelbaum vom Kühlmittelgehäuse.

9 Lösen Sie vorn am Zylinderkopf die zwei Schrauben der Massekabel, um diese zu trennen (siehe Abbildungen).

10.9a Lösen Sie die zwei Schrauben ...

10.9b ... und lösen Sie die Massekabel vorn vom Zylinderkopf.

10 Lockern Sie **entgegen** der Anzugsreihenfolge in Abb. 10.24 schrittweise um jeweils eine halbe Umdrehung die Zylinderkopfschrauben, bis alle locker sind und von Hand gelöst werden können.
11 Ziehen Sie die Zylinderkopfschrauben heraus, und heben Sie den Zylinderkopf ggf. mithilfe eines Assistenten ab – er hat ein beträchtliches Gewicht (siehe Abbildungen).

10.11a Entfernen Sie die Zylinderkopfschrauben ...

10.11b ... und heben Sie den Zylinderkopf ab.

12 Entfernen Sie die Zylinderkopfdichtung vom Motorblock – beachten Sie die Passhülsen (siehe Abbildung) – falls eine Hülse locker ist, muss sie unter Beachtung ihrer Einbaurichtung sichergestellt werden.

10.12 Entfernen Sie die Zylinderkopfdichtung.

13 Falls der Zylinderkopf für eine Überholung zerlegt werden soll, müssen die Hinweise in Kapitel 2E, Sektion 6 beachtet werden.

Vorbereitung für den Einbau

14 Kontrollieren Sie die Zylinderkopfschrauben – und vor allem ihre Gewinde. Waschen Sie die Schrauben, und trocknen Sie sie ab; inspizieren Sie sie dann auf Verschleiß und Beschädigungen, und ersetzen Sie sie nötigenfalls. Kontrollieren Sie die Schrauben wie folgt auf Überdehnung (siehe Abbildung): Messen Sie den Durchmesser der Schraube – einmal 10 mm oberhalb des unteren Gewinde-Endes (D1) und einmal 45 mm darüber (D2). Die Differenz zwischen D2 und D1 darf nicht mehr als 0,15 mm betragen. Obwohl Nissan hierzu keine Vorgaben macht, ist es sehr empfehlenswert, die Zylinderkopfschrauben nach jedem Ausbau durch Neuteile zu ersetzen.

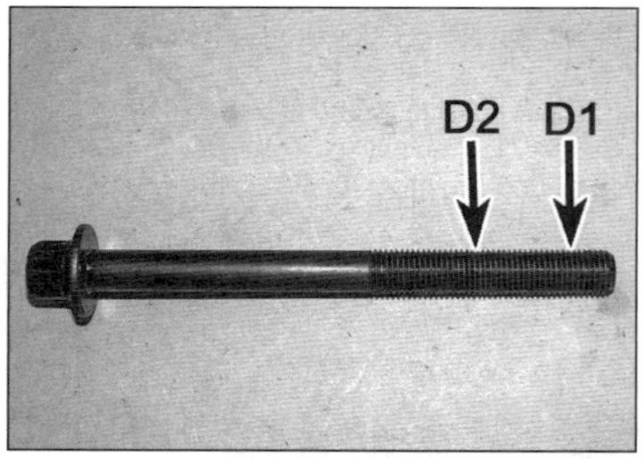

10.14 Die Zylinderkopfschraube ist überdehnt, wenn sie bei D2 mehr als 0,15 mm dünner ist als an D1.

15 Die Dichtflächen des Zylinderkopfes und des Zylinderblocks müssen absolut sauber sein. Entfernen Sie dazu Dichtungsreste und Kohleablagerungen mithilfe eines Hartplastik- oder Holzschabers; reinigen Sie auch die Kolbenböden. Achten Sie bei der Reinigung darauf, nicht das relativ weiche Aluminium abzutragen. Die Ablagerungen dürfen keinesfalls in Öl- oder Wasserkanäle gelangen – bereits kleinste Partikel können Öldüsen verstopfen! Kleben Sie daher alle Bohrungen des Zylinderkopfs/Motorgehäuses mit Kreppband ab. Damit keine Ablagerungen zwischen die Kolben und Zylinderwände gelangen, muss hier etwas Fett aufgetragen werden (anschließend kann es samt anhaftender Partikel mit einem sauberen Lappen abgewischt werden).
16 Kontrollieren Sie die Dichtflächen des Zylinderkopfes und des Zylinderblocks auf Riefen, tiefe Kratzer und andere Schäden. Kleine Unebenheiten können mit einer Feile geschlichtet werden; größere erfordern jedoch maschinelles Planen oder den Austausch.
17 Entfernen Sie das kleine Ölsieb aus dem rechts vorn im Motorblock befindlichen Ölkanal der hydraulischen Steuerzeitenverstellung, und reinigen Sie es (siehe Abbildung). Ein beschädigtes Sieb muss ersetzt werden. Achten Sie beim Einbau des Siebs darauf, dass es nicht über die Dichtfläche hinausragt.

10.17 Kontrollieren Sie das im Motorblock steckende Ölsieb.

18 Falls ein Verzug des Zylinderkopfes vermutet wird, muss dieser mit einem Richtwinkel geprüft werden (siehe Kapitel 2E, Sektion 7).

Einbau

19 Reinigen Sie die Dichtflächen des Zylinderkopfs und des Motorgehäuses. An beiden Seiten des Zylinderblocks müssen die Passhülsen installiert sein.
20 Legen Sie die neue Zylinderkopfdichtung über den Passhülsen auf den Motorblock (siehe Abbildung).

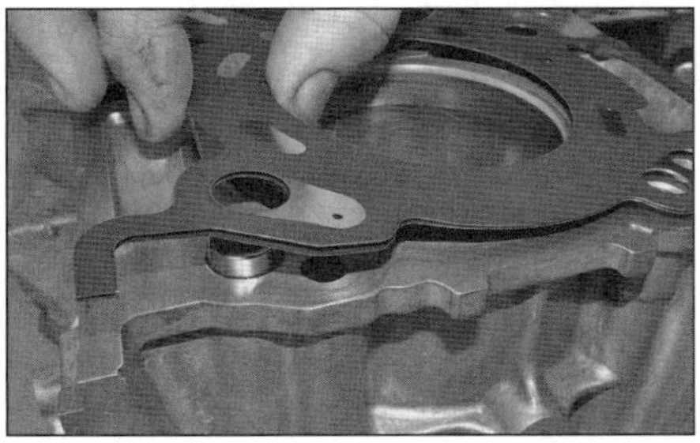

10.20 Legen Sie die neue Zylinderkopfdichtung über den Passhülsen auf den Motorblock.

21 Heben Sie den Zylinderkopf mithilfe eines Assistenten vorsichtig über die Passhülsen auf den Motorblock.
22 Schmieren Sie die Gewinde und die Unterseite der zehn Zylinderkopfschrauben mit frischem Motoröl (siehe Abbildung).

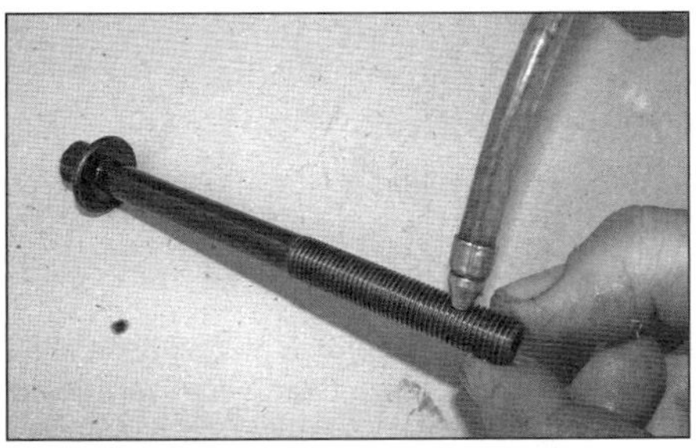

10.23 Die Zylinderkopfschrauben müssen vor dem Einbau eingeölt werden.

23 Stecken Sie die Zylinderkopfschrauben vorsichtig in ihre Bohrungen (lassen Sie sie nicht hineinfallen), und drehen Sie sie handfest ein.
24 Ziehen Sie die Schrauben schrittweise in der vorgegebenen Anzugsreihenfolge (siehe Abbildung) zunächst bis zum Drehmoment von 40 Nm an.

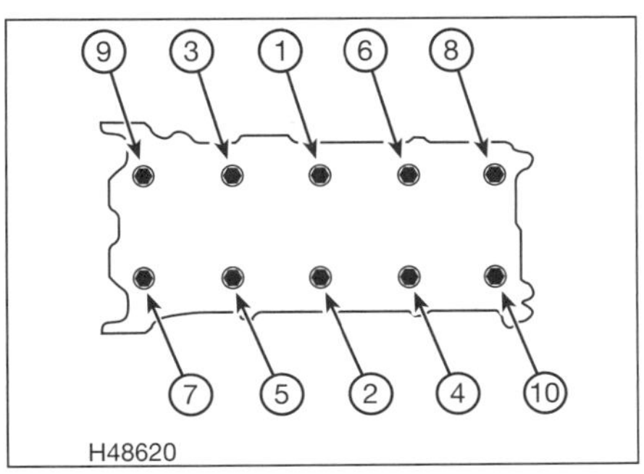

10.24 Anzugsreihenfolge der Zylinderkopfschrauben

25 Verbinden Sie jetzt eine Gradscheibe oder eine entsprechend vorbereitete Schablone mit dem Steckschlüssel, und ziehen Sie die Schrauben in der gleichen Reihenfolge in einem Zug um 100° weiter (siehe Abbildung).

10.25 Ziehen Sie die Schrauben mithilfe einer Gradscheibe um 100° weiter.

26 Belassen Sie die Schrauben eine Minute so, und lockern Sie sie dann in der **entgegengesetzten** Anzugsreihenfolge (s. Abb. 10.24) um jeweils eine halbe Umdrehung, bis sie sich von Hand drehen lassen.
27 Ziehen Sie die Schrauben erneut in der in Abb. 10.24 gezeigten Anzugsreihenfolge schrittweise bis zum Drehmoment von 40 Nm an.
28 Ziehen Sie die Schrauben im fünften Schritt in der gleichen Reihenfolge in einem Zug um 100° weiter.
29 Ziehen Sie die Schrauben im letzten Durchgang noch einmal in einem Zug um 100° weiter.
30 Verbinden Sie alle Kühlerschläuche mit dem Kühlmittelgehäuse, und sichern Sie sie mit den Schellen.
31 Verbinden Sie den Stecker des Temperatursensors, und sichern Sie den Kabelbaum-Clip am Kühlerschlauch.
32 Sichern Sie die zwei Massekabel mit den Schrauben vorn am Zylinderkopf.
33 Montieren Sie den Auspuffstutzen (siehe Kapitel 4A, Sektion 12).
34 Installieren Sie die Nockenwellen in den Zylinderkopf (siehe Sektion 9).
35 Montieren Sie die Steuerkette samt Ritzeln (siehe Sektion 7). **Anmerkung**: *Falls der Zylinderkopf oder die Nockenwellen überholt wurden, muss das Ventilspiel überprüft werden (siehe Sektion 8).*
36 Starten Sie den Motor, bringen Sie ihn auf Betriebstemperatur, und kontrollieren Sie den Zylinderkopf, das Kühlsystem und das Kraftstoffsystem auf Undichtigkeiten.

11 Ölwanne – Ausbau und Einbau

Anmerkung: *Das Motoröl befindet sich nicht nur in der aus Stahlblech bestehenden Ölwanne, sondern auch im unteren Teil des Motorgehäuses, das aus Aluminium hergestellt ist. In dieser Sektion wird lediglich die Stahlwanne behandelt. Zum Trennen der beiden Motorgehäusehälften muss der Motor ausgebaut werden.*

Ausbau

1 Ziehen Sie die Handbremse, heben Sie das Fahrzeug vorn an, und stützen Sie es sicher ab (siehe Seite 535).
2 Lösen Sie die Schrauben des Unterfahrschutzes, und entfernen Sie diesen von der Fahrzeug-Unterseite.
3 Lassen Sie das Motoröl ab. Reinigen Sie die Ablassschraube, installieren Sie sie mit einer neuen Dichtscheibe, und ziehen Sie sie mit 35 Nm an. Falls demnächst ein regulärer Ölwechsel ansteht, sollte jetzt auch der Ölfilter durch ein Neuteil ersetzt werden (siehe Kapitel 1A, Sektion 3). Nach dem Einbau kann dann der Motor mit frischem Öl befüllt werden.
4 Lockern Sie schrittweise die Ölwannen-Schrauben.
5 Die Stahl-Ölwanne sitzt mit stark klebender Dichtmasse am unteren Motorgehäuse, die sich nur mit einem Spachtel oder dünnen Messer gut trennen lässt (siehe Abbildung) – beschädigen Sie dabei nicht die Dichtflächen der beiden Teile (vor allem das Aluminium kann leicht abgetragen werden). Treffen Sie Vorbereitungen, um das restliche Öl der Ölwanne aufzunehmen.

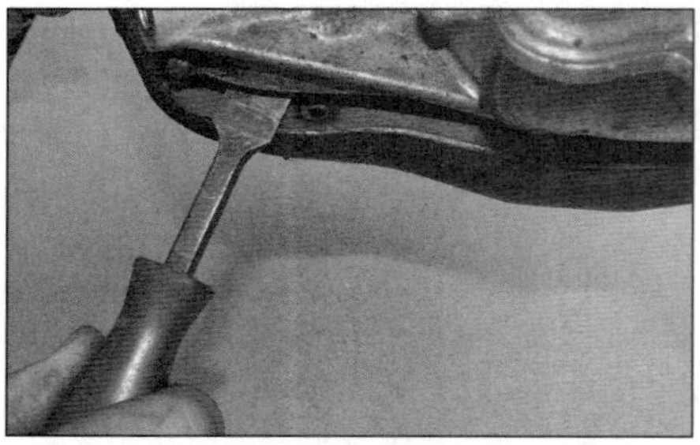

11.5 Die Ölwanne lässt sich mit einem Spachtel vom Motorgehäuse trennen.

Einbau

6 Reinigen Sie die Ölwanne von innen. Befreien Sie die Dichtflächen des Motorgehäuses und der Ölwanne von alten Dichtungsresten.
7 Die Dichtflächen des Motorgehäuses und der Ölwanne müssen sauber und trocken sein. Tragen Sie eine 4 bis 5 mm starke Raupe eines geeigneten Dichtmittels auf der Dichtfläche der Ölwanne (innerhalb der Schraubenbohrungen) auf (siehe Abbildungen).

11.7a Tragen Sie eine 4 bis 5 mm starke Dichtmasse-Raupe ...

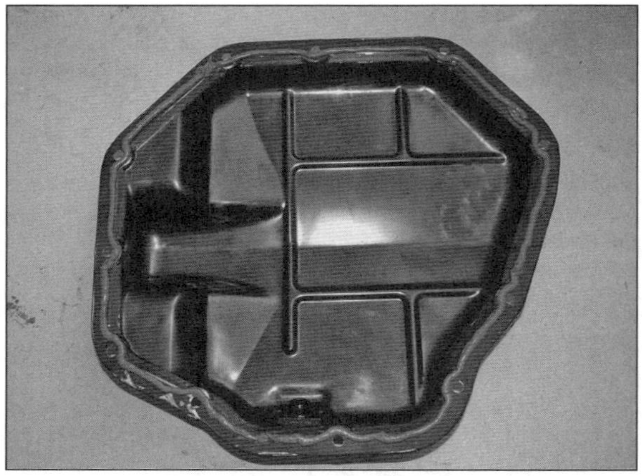

11.7b ... im gezeigten Bereich der Ölwanne auf.

8 Setzen Sie die Ölwanne korrekt ausgerichtet an die untere Motorgehäusehälfte, und installieren Sie die Schrauben; ziehen Sie diese schrittweise und über Kreuz bis zum Drehmoment von 10 Nm an.
9 Montieren Sie den Unterfahrschutz, und ziehen Sie seine Schrauben sorgfältig an.
10 Füllen Sie Motoröl auf (siehe Kapitel 1A, Sektion 3).
11 Starten Sie den Motor, bringen Sie ihn auf Betriebstemperatur, und kontrollieren Sie den Bereich um die Ölwanne auf Undichtigkeiten.

12 Ölpumpe – Ausbau, Kontrolle und Einbau

Die Ölpumpe wird über die in der unteren Motorgehäusehälfte sitzende Ausgleichswelle angetrieben. Beim Verfassen dieses Buchs gab es keine Vorgaben zum Ausbau und Einbau der Pumpe. Erkundigen Sie sich beim Nissan-Händler, um Informationen zu erhalten.

13 Kurbelwellen-Dichtringe – Ersetzen

Steuerkettendeckel-Dichtring (rechts)

1 Demontieren Sie das Kurbelwellen-Riemenrad (siehe Sektion 5).
2 Hebeln Sie den Dichtring vorsichtig mit einem großen Schraubendreher aus seinem Sitz – beschädigen Sie dabei nicht den Wellenstumpf und den Deckel (siehe Abbildung).

13.2 Hebeln Sie den Dichtring vorsichtig aus dem Steuerkettendeckel.

3 Reinigen Sie den Dichtring-Sitz, und schleifen Sie Grate am Wellenstumpf weg, die den Ausfall des alten Dichtrings herbeigeführt haben könnten.

4 Schmieren Sie die Dichtlippe des neuen Dichtrings mit Motoröl, und setzen Sie ihn mit der Lippe nach innen zeigend an – achten Sie darauf, sie nicht zu beschädigen. Treiben Sie den Dichtring senkrecht in seinen Sitz, bis er rundherum bündig im Deckel sitzt (siehe Abbildungen).

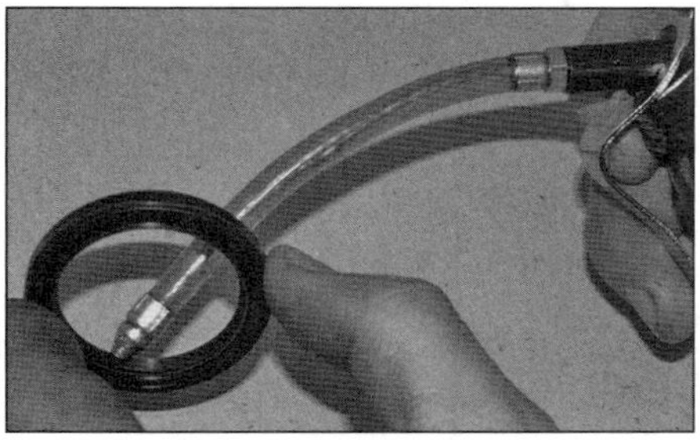

13.4a Ölen Sie die Dichtlippe, ...

13.4b ... drücken Sie den Dichtring über die Welle in seinen Sitz ...

13.4c ... und treiben Sie ihn senkrecht ein.

5 Reinigen und entfetten Sie den Kurbelwellenstumpf, und installieren Sie das Riemenrad (siehe Sektion 5).

Schwungscheiben-/Antriebsplatten-Dichtring (links)

6 Demontieren Sie die Schwungscheibe oder Antriebsplatte (siehe Sektion 14).

7 Notieren Sie die Einbautiefe des Dichtrings in seinem Gehäuse. Der alte Dichtring kann entweder mit einem großen Schraubendreher herausgehebelt oder mit einer selbst gebauten Ausziehvorrichtung entfernt werden (beschädigen Sie dabei nicht die Dichtfläche der Kurbelwelle): Schlagen oder bohren Sie vorsichtig ein kleines Loch in den Dichtring, und drehen Sie eine selbstschneidende Schraube hinein, um diese mit einer Zange greifen und den Ring herausziehen zu können (siehe Abbildungen). Anmerkung: *Achten Sie beim Bohren des Lochs darauf, nicht den Sitz oder die Kurbelwelle zu beschädigen.*

13.7a Bohren Sie vorsichtig ein Loch in den Dichtring, ...

13.7b ... drehen Sie eine selbstschneidende Schraube hinein ...

13.7c ... und ziehen oder hebeln Sie mit dieser den Dichtring heraus.

8 Reinigen Sie den Dichtring-Sitz, und schleifen Sie Grate am Wellenstumpf weg, die den Ausfall des alten Dichtrings herbeigeführt haben könnten (siehe Abbildung).

13.8 Reinigen Sie den Dichtring-Sitz.

9 Schmieren Sie die Dichtlippe des neuen Dichtrings mit Motoröl, und setzen Sie ihn mit der Lippe nach innen zeigend an – achten Sie darauf, sie beim Aufschieben auf den Wellenstumpf nicht zu beschädigen. Treiben Sie den Dichtring senkrecht über seinen Sitz (siehe Abbildungen).

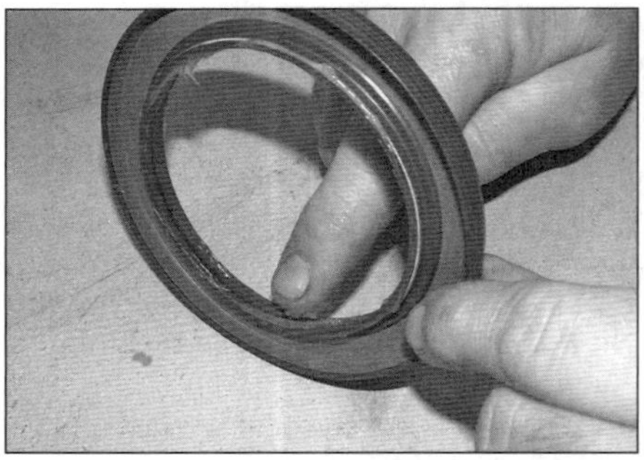

13.9a Schmieren Sie den neuen Dichtring innen mit Öl, ...

13.9b ... und drücken Sie ihn über die Welle auf seinen Sitz.

10 Tragen Sie am noch aus dem Motorgehäuse ragenden Dichtring rundherum Dichtmasse auf. Treiben Sie den Dichtring dann ein, bis er bündig zum Motorblock sitzt. Wischen Sie überschüssige Dichtmasse ab (siehe Abbildungen).

13.10a Tragen Sie Dichtmasse am Außenrand des Dichtrings auf, ...

13.10b ... drücken Sie ihn bündig ins Motorgehäuse ...

13.10c ... und entfernen Sie überschüssige Dichtmasse.

11 Reinigen und entfetten Sie den Kurbelwellenstumpf, und installieren Sie die Schwungscheibe oder Antriebsplatte (siehe Sektion 14).

14 Schwungscheibe / Antriebsplatte – Ausbau, Kontrolle und Einbau

Ausbau

1 Demontieren Sie das Getriebe (siehe Kapitel 7A, Sektion 6 oder Kapitel 7B, Sektion 11). Der Motor muss sicher abgestützt sein.

2 Demontieren Sie bei Modellen mit Schaltgetriebe die Kupplung (siehe Kapitel 6, Sektion 6).

3 Hindern Sie die Schwungscheibe oder Antriebsplatte am Mitdrehen, indem Sie den Anlasserring blockieren (siehe Abbildung).

14.3 Die Schwungscheibe kann mit einem solchen Werkzeug blockiert werden, ...

4 Lockern und entfernen Sie die Schwungscheiben-/Antriebsplatten-Schrauben (siehe Abbildung). Nehmen Sie die Schwungscheibe oder Antriebsplatte ab – sie ist ziemlich schwer.

14.4 ... um die Schrauben zu lösen.

Kontrolle

5 Falls bei Modellen mit Schaltgetriebe die Schwungscheiben-Kontaktfläche zur Kupplung stark riefig ist, Risse oder andere Schäden aufweist, muss die Schwungscheibe ersetzt werden. Holen Sie jedoch zuvor bei einer Fachwerkstatt oder einem Motorenspezialisten Rat ein, ob sie geschliffen werden kann.
6 Falls der Anlasserzahnkranz stark verschlissen ist oder Zähne fehlen, muss er erneuert werden – eine Arbeit, die besser einer Fachwerkstatt oder einem Motorenspezialisten überlassen werden sollte, da die Temperatur, auf die der neue Zahnkranz für den Einbau gebracht werden muss, sehr entscheidend ist (zu viel Hitze zerstört die Härte der Zähne).

Zweimassen-Schwungscheibe – Überprüfung

7 Für diese Kontrolle muss die Schwungscheibe wieder an die Kurbelwelle geschraubt sein.
8 Für die Kontrolle werden eine Messuhr und eine Federwaage benötigt.
9 Der Verzug der Schwungscheibe wird ermittelt, indem die Messuhr 105 mm aus der Mitte heraus an der Reibfläche angesetzt wird. Drehen Sie die Kurbelwelle eine volle Umdrehung, und beobachten Sie dabei die Messuhr – die Abweichung darf nicht mehr als 0,45 mm betragen, andernfalls muss die Schwungscheibe erneuert werden.

10 Um die Vor-und-Zurück-Bewegung der Schwungscheibe zu messen, wird die Messuhr 125 mm aus der Mitte heraus an der Reibfläche angesetzt. Hängen Sie in der gleichen Entfernung von der Mitte die Federwaage ein, und belasten Sie sie mit 100 Newton (10,2 kg), während die Messuhr abgelesen wird (siehe Abbildung) – die Schwungscheibe darf sich nicht mehr als 1,8 mm bewegen, andernfalls muss sie ersetzt werden.

14.10 Prüfen Sie das Axialspiel der Schwungscheibe.

11 Zur Prüfung des Radialspiels der Schwungscheibe muss eine der Kupplungsdeckelschrauben hineingedreht und angezogen werden.

a) Belasten Sie die Schraube mithilfe eines Drehmomentschlüssels mit 10 Nm im Uhrzeigersinn, und markieren Sie einen der Schwungscheibenzähne und den Außenrand Zweimassen-Platte mit Farbe (siehe Abbildung).

14.11a Markieren Sie den Anlasserkranz und die Zweimassen-Platte einmal im Uhrzeigersinn belastet ...

b) Belasten Sie jetzt die Schraube mit 10 Nm gegen den Uhrzeigersinn, und markieren Sie die Anlasserverzahnung dort, wo sich die Markierung der Zweimassen-Platte jetzt befindet (siehe Abbildung).

14.11b ... und einmal gegen den Uhrzeigersinn belastet.

c) Messen Sie den Abstand zwischen den beiden Markierungen am Anlasserzahnkranz – er darf nicht mehr als 33,2 mm betragen, andernfalls muss die Schwungscheibe erneuert werden.

14.11c Messen Sie den Abstand zwischen den beiden Markierungen am Anlasserrad.

Einbau

12 Reinigen Sie die Kontaktfläche der Schwungscheibe bzw. der Antriebsplatte und der Kurbelwelle.
13 Schmieren Sie die Gewinde und Unterseiten der Schraubenköpfe mit Motoröl (siehe Abbildung).

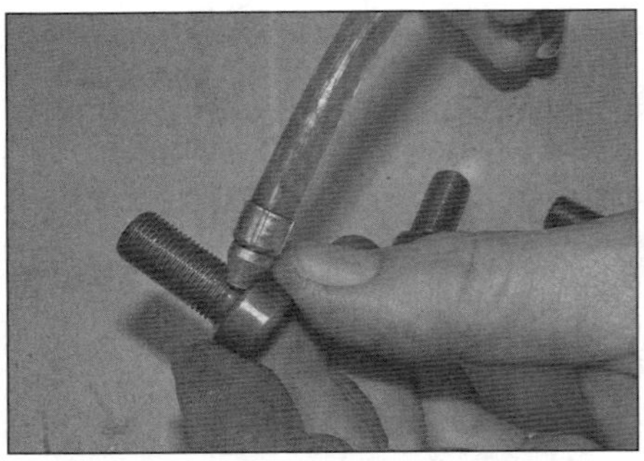

14.13 Ölen Sie die Schwungscheiben-/Antriebsplatten-Schrauben ...

14 Heben Sie die Schwungscheibe/Antriebsplatte in Position, und installieren Sie die Schrauben (siehe Abbildung).

14.14 ... und sichern Sie damit die Schwungscheibe oder Antriebsplatte an der Kurbelwelle.

15 Blockieren Sie die Schwungscheibe wie beim Ausbau, und ziehen Sie die Schrauben schrittweise und über Kreuz bis zum Drehmoment von 98 Nm (Antriebsplatte) bzw. 108 Nm (Schwungscheibe) an.
16 Montieren Sie bei Modellen mit Schaltgetriebe die Kupplung (siehe Kapitel 6, Sektion 6).
17 Entfernen Sie ggf. das Arretierwerkzeug, und bauen Sie das Getriebe an (siehe Kapitel 7A, Sektion 6 oder Kapitel 7B, Sektion 11).

15 Ausgleichswelle, Antriebskette und Ritzel – Ausbau, Kontrolle und Einbau

Ausbau

1 Entfernen Sie die Steuerkette (siehe Sektion 7).
2 Entfernen Sie die Ölwanne (siehe Sektion 11).
3 Drücken Sie den Kettenspanner in das Spannergehäuse, und installieren Sie eine dünne Stange in die Gehäusebohrung, um den Spannerkolben zu arretieren (siehe Abbildung).

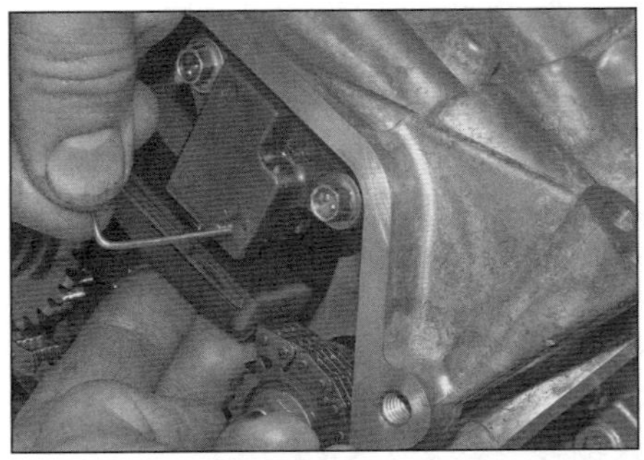

15.3 Drücken Sie den Kettenspanner ein, und arretieren Sie ihn.

4 Lösen Sie die zwei Schrauben des Spanners, und entfernen Sie diesen vom unteren Motorgehäuse. Belassen Sie die Stange in der Bohrung, damit der Kolben nicht herausspringt (siehe Abbildung).

Warnung: Drehen Sie keinesfalls die Kurbelwelle oder die Nockenwellen, nachdem die Steuerkette entfernt ist; andernfalls können Kolben und Ventile in Kontakt kommen und beschädigt werden.

15.4 Demontieren Sie den Kettenspanner.

5 Lockern Sie die Schraube des Ausgleichswellenritzels – blockieren Sie dabei mit einem von unten angesetzten Maulschlüssel die Welle am Sechskant (siehe Abbildungen).

15.5a Lockern Sie die Schraube des Ausgleichswellenritzels, ...

15.5b ... während die Welle von unten mit einem Maulschlüssel blockiert wird.

6 Drehen Sie die Ritzelschraube heraus, entnehmen Sie das Ritzel, und heben Sie die Kette vom Kurbelwellenritzel (siehe Abbildungen).

15.6a Entfernen Sie die Ritzelschraube ...

15.6b ... entnehmen Sie das Ritzel und heben Sie die Kette vom Kurbelwellenritzel.

7 Jetzt kann nötigenfalls auch das Doppelritzel (Ausgleichswellen- und Steuerkette) von der Kurbelwelle gezogen werden – merken Sie sich die Einbaurichtung (siehe Abbildung).

15.7 Das doppelte Kurbelwellenritzel kann nötigenfalls abgezogen werden.

Kontrolle

8 Die Ausgleichswellen-Baugruppe ist von unten ins untere Motorgehäuse geschraubt (siehe Abbildung); die Ölpumpe wird direkt von der Ausgleichswelle angetrieben. Beim Verfassen dieses Buchs gab es keine Vorgaben zum Ausbau und Einbau beider Komponenten. Erkundigen Sie sich beim Nissan-Händler, um Informationen zu erhalten.

15.8 Befestigungsschrauben der Ausgleichswellen-Baugruppe

9 Reinigen Sie alle Komponenten, und inspizieren Sie sorgfältig die Kette, die Ritzel und den Kettenspanner auf übermäßigen Verschleiß; nötigenfalls müssen alle Komponenten als Set ausgetauscht werden.
10 Vor der Montage des Ausgleichswellenritzels samt Kette muss das Kurbelwellenritzel aufgeschoben und sichergestellt werden, da die Kurbelwelle im OT steht (siehe Abbildung). **Anmerkung**: *Die Keilnut steht hierbei in der 12-Uhr-Position.*

15.10 OT-Markierungen für die Kurbelwelle

Einbau

11 Legen Sie die Ausgleichswellenkette so um das hintere Kurbelwellenritzel, dass die orange gefärbte Lasche zur Markierung des Ritzels ausgerichtet ist (siehe Abbildung).

15.11 Die orange Lasche muss über der Markierung des hinteren Kurbelwellenritzels liegen.

12 Legen Sie das Ausgleichswellenritzel so in die Kette, dass seine Markierung zur dunkelblau gefärbten Lasche ausgerichtet ist (siehe Abbildung).

15.12 Die Markierung des Ausgleichswellenritzels muss zur dunkelblau gefärbten Lasche ausgerichtet sein.

13 Schmieren Sie das Gewinde und die Kopf-Unterseite der Ritzelschraube mit Motoröl, setzen Sie das Ritzel korrekt ausgerichtet an die Ausgleichswelle, und drehen Sie die Schraube von Hand ein.

14 Prüfen Sie, ob die Ausgleichswellen-Steuerzeiten korrekt sind (siehe Abbildung), kontern Sie die Ausgleichswelle wieder mit dem Maulschlüssel, und ziehen Sie die Schraube mit 55 Nm an.

15.14 An beiden Ritzeln müssen die farbigen Laschen zu den Markierungen ausgerichtet sein.

15 Installieren Sie den Kettenspanner, und ziehen Sie seine Schrauben mit 10 Nm an. Üben Sie etwas Druck auf den Spannerkolben aus, und entfernen Sie die Arretierung; der Kolben muss die Spannerschiene gegen die Kette drücken, sodass jeglicher Durchhang aufgehoben ist (siehe Abbildung).

15.15 Montieren Sie den Kettenspanner, und entfernen Sie die Arretierung.

16 Montieren Sie die Ölwanne (siehe Sektion 11), die Steuerkette (siehe Sektion 7) und alle anderen entfernten Komponenten in der umgekehrten Ausbaureihenfolge, und füllen Sie zum Schluss Motoröl auf (siehe Kapitel 1A, Sektion 3).

16 Motor- und Getriebehalterungen – Kontrolle und Ersetzen

Kontrolle

1 Um den Zugang zu verbessern, muss das Fahrzeug vorn angehoben und sicher abgestützt werden (siehe Seite 535).

2 Prüfen Sie, ob die Gummilager irgendwo gerissen, verhärtet oder vom Metall getrennt sind – ersetzen Sie entsprechende Halterungen.

3 Kontrollieren Sie die Festigkeit aller Schrauben und Muttern – die Anzugsdrehmomente sind in den technischen Daten angegeben.
4 Hebeln Sie vorsichtig mit einem großen Schraubendreher oder einem Brecheisen an den Halterungen, um Spiel und Verschleiß zu ermitteln. Drücken Sie nötigenfalls die Antriebseinheit vor und zurück sowie nach links und rechts – etwas Spiel tritt auch bei neuwertigen Komponenten auf, übermäßiger Verschleiß darf jedoch nicht feststellbar sein; kontrollieren Sie ggf. die Festigkeit aller Schrauben und Muttern, und tauschen Sie alle verschlissenen Teile aus.

Ersetzen

Rechte Halterung

5 Trennen Sie den Masseanschluss (–) der Batterie (siehe Seite 532).
6 Stützen Sie den Motor mit einem Rangierwagenheber ab, schützen Sie dabei die Ölwanne mit einem Stück Holz (siehe Abbildung).

16.6 Stützen Sie den Motor unter der Ölwanne ab – schützen Sie diese mit einem Holz.

7 Lösen Sie am Motorträger die Massekabel-Schraube und befreien Sie das Kabel (siehe Abbildung).

16.7 Lösen Sie die Massekabel-Schraube.

8 Lösen Sie die Schrauben der Haltestrebe, die den Motorhalter mit dem Innenkotflügel verbindet, und entfernen Sie diese (siehe Abbildungen).

16.8a Lösen Sie die Schrauben der Haltestrebe ...

16.8b ... und entfernen Sie diese.

9 Lösen Sie vorn an der Halterung die Mutter des dynamischen Dämpfers, und entfernen Sie diesen (siehe Abbildungen).

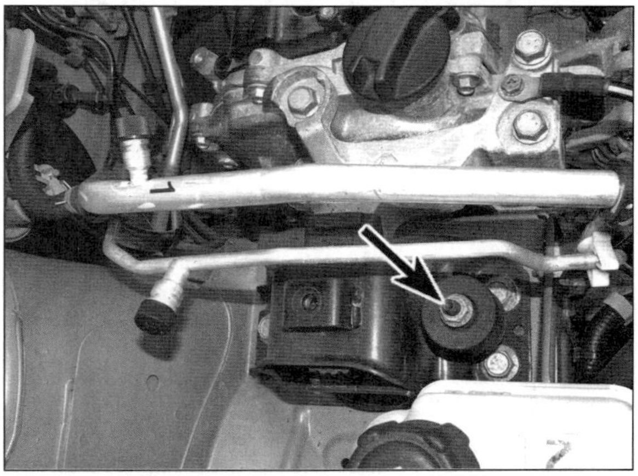

16.9a Lösen Sie die Mutter ...

16.9b ... und entfernen Sie den dynamischen Dämpfer.

10 Lösen Sie die jeweils drei Schrauben aus dem Innenkotflügel und der Motorhalterung, und entnehmen Sie die gesamte Halterung aus dem Motorraum (siehe Abbildung).

16.10 Lösen Sie die insgesamt sechs Schrauben der Motorhalterung und entfernen Sie diese.

11 Kontrollieren Sie alle Bauteile sorgfältig auf Verschleiß und Beschädigungen, und ersetzen Sie sie nötigenfalls.
12 Setzen Sie die gesamte Halterung beim Einbau an den Innenkotflügel und den Motor, installieren Sie die Schrauben, und ziehen Sie sie mit 55 Nm an.
13 Montieren Sie den dynamischen Dämpfer und die Strebe, ziehen Sie die Mutter und die Schrauben mit jeweils 21 Nm an.
14 Sobald die Motorhalterung wieder installiert ist, kann der Rangierwagenheber entfernt werden.
15 Sichern Sie das Massekabel an der Motorhalterung, und schließen Sie die Batterie wieder an.

Linke Halterung

16 Entfernen Sie die Batterie und den Batteriehalter (siehe Kapitel 5A, Sektion 3).
17 Stützen Sie das Getriebe mit einem Rangierwagenheber ab, schützen Sie dabei das Gehäuse mit einem Stück Holz (siehe Abbildung).

16.17 Stützen Sie das Getriebe ab – schützen Sie es dabei mit einem Holz.

18 Lösen Sie die zentrale Mutter des durchgehenden Bolzens/Stehbolzens, und entfernen Sie ggf. den Vibrationsdämpfer (siehe Abbildung).

16.18 Lösen Sie die zentrale Mutter, und entfernen Sie den Vibrationsdämpfer.

19 Lösen Sie die zwei äußeren Muttern, und befreien Sie die Halterung vom oberen Halter (siehe Abbildung).

16.19 Lösen Sie die zwei äußeren Muttern, und entfernen Sie die Halterung.

20 Lösen Sie nötigenfalls die Schrauben aus dem Innenkotflügel, um die obere Halterung zu entfernen.
21 Lösen Sie nötigenfalls auch die Schrauben aus dem Getriebe, um die untere Halterung zu entfernen (siehe Abbildung).

16.21 Entfernen Sie Die Halterung vom Getriebe.

22 Kontrollieren Sie alle Bauteile sorgfältig auf Verschleiß und Beschädigungen, und ersetzen Sie sie nötigenfalls.
23 Setzen Sie beim Einbau ggf. die obere und untere Halterung an, und ziehen Sie die Schrauben mit den vorgegebenen Drehmomenten an.
24 Richten Sie das linke Gummilager zum Bolzen/Stehbolzen der unteren Halterung aus, und ziehen Sie die Mutter mit 65 Nm an.
25 Installieren Sie die zwei äußeren Muttern, und ziehen Sie sie mit 65 Nm an.
26 Sobald die Getriebehalterungen wieder installiert sind, kann der Rangierwagenheber entfernt werden.
27 Montieren Sie den Batterieträger und die Batterie (siehe Kapitel 5A, Sektion 3).

Hintere untere Halterung

28 Falls noch nicht geschehen, muss die Handbremse gezogen und das Fahrzeug vorn angehoben und sicher abgestützt werden (siehe Seite 535).
29 Lösen und entfernen Sie die Schrauben, mit denen die hintere Haltestrebe am Getriebe gesichert ist, und ziehen Sie sie dort ab (siehe Abbildung).

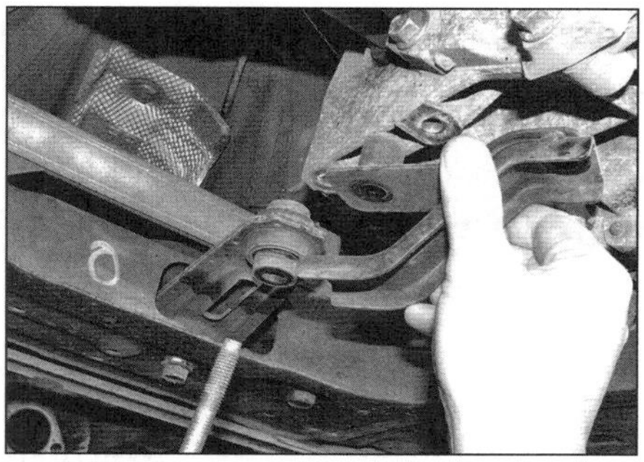

16.29 Befreien Sie die Haltestrebe vom Getriebe.

30 Lösen Sie die Schraube, die das hintere Verbindungssegment am Hilfsrahmen sichert, und ziehen Sie es dort ab (siehe Abbildung).

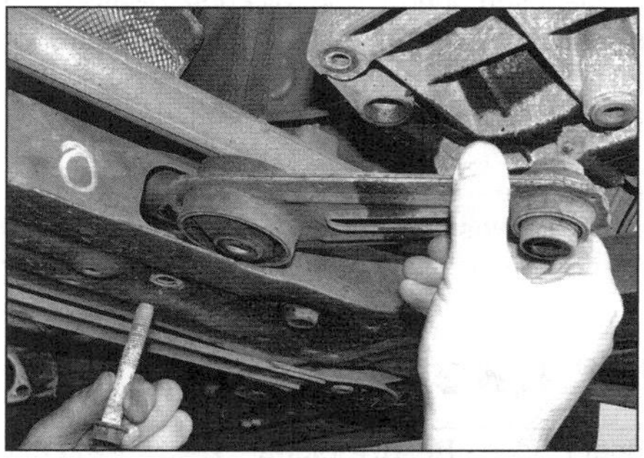

16.30 Entfernen Sie das Verbindungssegment vom Hilfsrahmen.

31 Kontrollieren Sie alle Bauteile sorgfältig auf Verschleiß und Beschädigungen, und ersetzen Sie sie nötigenfalls.
32 Montieren Sie beim Einbau die hintere Halterung an den Hilfsrahmen, und ziehen Sie die Schraube mit 110 Nm an.
33 Montieren Sie die Halterung unten ans Getriebe, und ziehen Sie die Schrauben mit 110 Nm an.
34 Sobald die hintere Motorhalterung installiert ist, kann das Fahrzeug wieder abgesenkt werden.

Kapitel 2, Teil C

Reparaturen am eingebauten 1,5 l-Dieselmotor

Inhalt — Sektion

Schwierigkeitsgrade

Leicht. Geeignet für Anfänger mit wenig Erfahrung.	**Relativ leicht.** Geeignet für Anfänger mit etwas Erfahrung.	**Relativ schwierig.** Geeignet für geübte Selbstschrauber.	**Schwer.** Geeignet für Selbstschrauber mit viel Erfahrung.	**Sehr schwer.** Geeignet für Experten und Profis.

Spezifikationen

Motor (allgemein)

Typ	Vierzylinder-Reihenmotor, OHC, 8V
Bezeichnung	K9K
Motorleistung	
02/2007 bis 07/2010	78 kW/106 PS bei 4000/min
07/2008 bis 07/2010 mit Partikelfilter	76 kW/103 PS bei 4000/min
07/2010 bis 11/2013 mit Partikelfilter	81 kW/110 PS bei 4000/min
Hubraum	1461 cm^3
Bohrung	76,0 mm
Hub	80,5 mm
Zündfolge	1-3-4-2 (Zylinder Nr. 1 links an Getriebeseite)
Kurbelwellen-Drehrichtung	vorwärts (von rechts gesehen im Uhrzeigersinn)
Verdichtungsverhältnis	15,3 : 1

Kompressionsdruck (bei ca. 80 °C Motortemperatur)

Minimum	18 bar
Maximale Differenz zwischen Zylindern	4 bar

Nockenwelle

Antrieb	Zahnriemen (von Kurbelwelle)
Anzahl der Lager	6
Axialspiel	0,08 bis 0,178 mm

Ventilspiel (Motor kalt)

Einlass	0,125 bis 0,25 mm
Auslass	0,325 bis 0,45 mm

Schmiersystem

Ölpumpe – Typ	Zahnradpumpe, über Kette vom rechten Ende der Kurbelwelle angetrieben
Minimaler Öldruck bei 80 °C	
bei Standgas	1,2 bar
bei 3000/min	3,5 bar
Ölpegelsensor-Widerstand	6 bis 20 Ohm

Anzugsdrehmomente

Abgasrückführungs-Ventil (AGR-Ventil)	21 Nm
Auspuffstutzen	26 Nm
Bremskraftverstärker-Pumpe	21 Nm
Einspritzdüsenflansch	30 Nm
Glühkerzen	15 Nm
Klopfsensor	20 Nm
Kraftstoffpumpen-Anschlussmuttern	24 Nm
Kraftstoffpumpen-Schrauben	21 Nm
Kraftstoffpumpenrad	70 Nm
Kupplungs-Druckplatte	12 Nm
Kurbelwellen-Dichtringdeckel	11 Nm
Kurbelwellen-Hauptlagerdeckel	
Schritt 1	25 Nm
Schritt 2	47° weiter
Kurbelwellenrad-Schraube	
Schritt 1	120 Nm
Schritt 2	95° weiter
Lichtmaschine	21 Nm
Motor/Getriebe – hintere Halterung/Stützlager	
Drehmomentstütze an Hilfsrahmen – Schraube	110 Nm
Drehmomentstütze an Halterung – Schraube	155 Nm
Halterung an Ölwanne – Schrauben	80 Nm
Motor/Getriebe – linke Halterung	
Durchgangsbolzen / Stehbolzenmutter	65 Nm
Durchgangsbolzen / Stehbolzen in Halter	65 Nm
Halterung an Aufnahme – Muttern	105 Nm
Halterung an Innenkotflügel – Schrauben	70 Nm
Halterung an Getriebe – Schrauben	45 Nm
Motor/Getriebe – rechte Halterung	
Halterung an Zylinderkopf	25 Nm
Alu-Halterung an Zylinderkopf-Halterung	55 Nm
Halterung an Innenkotflügel – Schrauben	55 Nm
Halterung an Motorträger (horizontal)	75 Nm
Drehmomentstützen-Befestigungsschrauben	140 Nm
Nockenwellen-Lagerdeckel	11 Nm
Nockenwellenrad	
Schritt 1	30 Nm
Schritt 2	86° weiter
Öldruckschalter	35 Nm
Ölfiltergehäuse-Bolzen	45 Nm
Ölkühler-Bolzen	45 Nm
Ölpegelsensor	22 Nm
Ölpumpe	25 Nm
Ölwannen-Schrauben	14 Nm
OT-Inspektionsstopfen (im Motorblock)	20 Nm
Pleuelfuß-Lagerdeckel	
Schritt 1	20 Nm
Schritt 2	45 (± 6) ° weiter
Radbolzen	113 Nm
Schwungscheiben-Schrauben*	
Schritt 1	20 Nm
Schritt 2	36° weiter
Turbolader an Auspuffstutzen	26 Nm
Turbolader-Ölversorgungsrohr	23 Nm
Turbolader-Ölrücklaufrohr	12 Nm
Ventildeckel	12 Nm

Druckspeicher-Anschlussmuttern	28 Nm
Wasserpumpe	11 Nm
Wasserpumpen-Einlassrohr	20 Nm
Zahnriemenspanner	27 Nm
Zylinderkopfschrauben*	
Schritt 1	25 Nm
Schritt 2	255° weiter
Zylinderkopf-Kühlerschlauchstutzen	10 Nm

** Beim Zusammenbau müssen neue Schrauben/Muttern verwendet werden.*

1 Allgemeine Informationen

Der Zweck dieses Kapitels

1 Dieser Teil von Kapitel 2 beinhaltet Reparaturen, die bei im Fahrzeug montierten Dieselmotoren mit 1,5 Liter Hubraum durchgeführt werden können. Falls der Motor ausgebaut und entsprechend freigelegt ist, können nicht zutreffende Schritte ignoriert werden. Kapitel 2E beinhaltet den Ausbau des Motors samt Getriebe aus dem Fahrzeug und die dann mögliche Komplettüberholung.

2 Details zur Position der Motornummer finden sich im Anhang auf Seite 535.

3 Obwohl es technisch möglich ist, Bauteile wie Kolben und Pleuelstangen bei eingebautem Motor zu überholen, werden solche Tätigkeiten normalerweise nicht als separate Arbeiten durchgeführt. Üblicherweise müssen verschiedene weitere Prozeduren (nicht zu vergessen die Reinigung von Bauteilen und Ölkanälen) durchgeführt werden, sodass solche Aufgaben zu den größeren Überholprozessen gezählt werden, die in Kapitel 2E beschrieben sind.

Motor – Beschreibung

4 Die in Frankreich gebauten 1,5 l-Vierzylinder-Dieselmotoren sind das Ergebnis einer Zusammenarbeit von Renault und Nissan und haben sich in zahlreichen Automobilen bewährt. Sie sind mit einer obenliegenden Nockenwelle (OHC) und zwei Ventilen je Zylinder, einem Turbolader und Direkteinspritzung ausgerüstet. Die Motoren sind quer eingebaut und das Getriebe ist links angeflanscht.

5 Der aus Gusseisen bestehende Motorblock ist mit eingegossenen Zylinderbohrungen versehen; das Kühlmittel durchströmt integrierte Kanäle. Die Kurbelwelle des komplett gleitgelagerten Motors läuft in fünf von unten daran verschraubten Lagerschalen. Ihr Axialspiel wird durch Anlaufscheiben am Hauptlager Nr. 3 begrenzt.

6 Die Pleuel drehen sich mit horizontal gebrochenen Lagerschalen auf den Hubzapfen. Die aus einer Aluminiumlegierung bestehenden Kolben sind mit drei Kolbenringen (zwei Kompressionsringen und einem Ölabstreifring) ausgerüstet und mit Kolbenbolzen im oberen Pleuelauge gelagert.

7 Die einzelne Nockenwelle wird von der Kurbelwelle per Zahnriemen angetrieben; dieser treibt auch die Hochdruck-Kraftstoffpumpe an.

8 Die in einer Reihe angeordneten Ein- und Auslassventile werden direkt über Tassenstößel von der Nockenwelle geöffnet und von daruntersitzenden Federn wieder geschlossen. Das Ventilspiel wird mit unterschiedlich hohen Tassenstößeln sichergestellt – falls es korrigiert werden muss, ist der entsprechende Tassenstößel auszutauschen.

9 Die Hochdruck-Dieselpumpe fördert den Kraftstoff in ein gemeinsames Kraftstoffrohr (»Fuel Rail«), von wo er durch elektronisch gesteuerte Einspritzdüsen direkt in die Brennräume zerstäubt wird. Die Öffnungszeiten und Dauer der Einspritzung werden vom Motorsteuergerät (ECU) festgelegt. Details hierzu finden sich in Kapitel 4B, Sektion 9.

10 Die aus der Motorentlüftung entweichenden Gase werden über einen Schlauch in den Einlasstrakt geleitet, um im Motor verbrannt zu werden. Details hierzu finden sich in Kapitel 4C, Sektion 3.

11 Das Schmiersystem besteht aus einem Druckumlaufsystem. Die unterhalb der Kurbelwelle sitzende Zahnrad-Ölpumpe wird per Kette angetrieben. Die Ölpumpe saugt das Öl durch ein Sieb aus der Ölwanne an und pumpt es durch einen extern sitzenden Ölfilter in die Ölkanäle des Motorgehäuses, um die Kurbelwellen-Hauptlager und die Nockenwellenlager mit Drucköl zu versorgen. Auch die Pleuelfußlager werden durch Bohrungen in der Kurbelwelle mit Öldruck versorgt. Die Nocken und der gesamte Ventiltrieb werden lediglich durch Spritzöl geschmiert. Zwischen dem Motorgehäuse und dem Ölfilter sitzt ein Ölkühler.

Reparaturen, die bei eingebautem Motor möglich sind

12 Die folgenden Arbeiten können erledigt werden, ohne dass der Motor dafür aus dem Fahrzeug ausgebaut werden muss:

a) Kompressions- und Druckverlustprüfung
b) Ventildeckel – Ausbau und Einbau
c) Zylinderkopf – Ausbau und Einbau
d) Zahnriemen und Riemenräder – Ausbau und Einbau
e) Nockenwellen-Dichtring – Ersetzen
f) Nockenwelle – Ausbau und Einbau
g) Ölwanne – Ausbau und Einbau
*h) Pleuel und Kolben – Ausbau und Einbau**
i) Ölpumpe – Ausbau und Einbau
j) Kurbelwellen-Dichtringe – Ersetzen
k) Motorhalterungen – Kontrolle und Ersetzen
l) Schwungscheibe – Ausbau, Kontrolle und Einbau

**** Auch wenn die Pleuel samt Kolben theoretisch nach der Demontage der Ölwanne bei eingebautem Motor demontiert werden können, sollte dies aus Gründen der Sauberkeit und der Zugänglichkeit bei ausgebautem Motor erfolgen – daher ist diese Prozedur auch in Kapitel 2E beschrieben.***

2 Kompressions- und Druckverlustprüfung – Beschreibung und Auswertung

Kompressionsprüfung

Anmerkung: *Für diesen Test wird ein für Dieselmotoren geeigneter Kompressionsprüfer benötigt.*

1 Wenn die Motorleistung sinkt oder Fehlzündungen entstehen, die nicht auf das Zünd- oder Kraftstoffsystem zurückzuführen sind, kann eine Kompressionsprüfung Hinweise auf den Zustand des Motors liefern. Wenn dieser Test regelmäßig durchgeführt wird, kann er vor Problemen warnen, bevor andere Symptome offensichtlich werden.

2 Aufgrund der höheren Verdichtung von Dieselmotoren muss ein dafür ausgelegter Kompressionsprüfer verwendet werden. Das Gerät wird mit einem in die Glühkerzenbohrung geschraubten Adapter verbunden, der nicht die Einspritzanlage behindern darf. Für nur gelegentliche Kontrollen kann es sinnvoller sein, sich diese Ausrüstung zu leihen – oder den Test von einer Fachwerkstatt durchführen zu lassen.

3 Solange dem Prüfgerät keine gegenteiligen Anweisungen beigefügt sind, müssen für eine Kompressionsprüfung die folgenden Punkte beachtet werden:

a) Die Batterie muss gut geladen sein, der Luftfilter muss sauber sein, und der Motor muss vollständig auf Betriebstemperatur gebracht sein.

b) Vor Beginn der Prüfung müssen alle Glühkerzen aus dem Motor geschraubt sein (siehe Kapitel 5C).

4 Der Kompressionsdruck selbst ist nicht so wichtig wie die Ausgewogenheit zwischen den Zylindern – der Unterschied darf maximal 4 bar betragen.

5 Die Ursache für niedrige Kompression lässt sich bei Dieselmotoren nicht so leicht ermitteln wie bei Benzinmotoren. Die Wirkung von in den Brennraum gefülltem Öl ist nicht eindeutig, da das Risiko besteht, dass sich dies in der Wirbelkammer oder einer Vertiefung im Kolbenboden ansammelt, statt einen möglichen Spalt zwischen den Kolbenringen und der Zylinderwand zu verschließen. Allerdings können die folgenden Punkte als grobe Hinweise auf eine Diagnose gelten:

6 Alle Zylinder sollten ähnliche Kompressionswerte erreichen – Unterschiede von mehr als 4 bar weisen auf einen Defekt hin. Beachten Sie, dass sich die Kompression in einem gesunden Motor sehr schnell aufbaut; niedrige Kompression im ersten Kolbenhub gefolgt von schrittweisen Anstiegen in den folgenden Hüben weist auf verschlissene Kolbenringe hin. Niedrige Kompression im ersten Kolbenhub, der auch in den folgenden Hüben keine höheren Werte folgen, weist auf verschlissene Ventile oder eine durchgebrannte Zylinderkopfdichtung hin (ein Riss im Zylinderkopf kann auch möglich sein). Ablagerungen an den Ventilen können ebenfalls zu niedriger Kompression führen.

7 Niedrige Drücke in zwei benachbarten Zylindern weist fast immer darauf hin, dass die Kopfdichtung zwischen ihnen durchgebrannt ist – Kühlmittel im Motoröl bestätigt dies.

8 Falls die Kompression ungewöhnlich hoch ist, haben sich wahrscheinlich Kohleablagerungen in den Brennräumen gebildet. In diesem Fall muss der Zylinderkopf demontiert und samt Kolbenboden gereinigt werden (siehe Kapitel 2F).

Druckverlustprüfung

9 Bei einer Druckverlustprüfung wird ermittelt, wie viel komprimierte Luft verloren geht. Diese Alternative zur Kompressionsprüfung ist auf vielerlei Weise besser, da die entweichende Luft besser zeigt, wo der Druckverlust auftritt (Kolbenringe, Ventile, Zylinderkopfdichtung).

10 Die für eine Druckverlustprüfung erforderliche Ausrüstung ist umfangreich und teuer, sodass eine solche Prüfung von einer entsprechend ausgerüsteten Fachwerkstatt durchgeführt werden sollte.

3 Oberer Totpunkt (OT) – Positionierung

Anmerkung: *Für diese Arbeit werden spezielle Arretierwerkzeuge benötigt, die beim Nissan- oder Renault-Händler oder im gut sortierten Werkzeug-Fachhandel beschafft werden können.*

1 Der Obere Totpunkt (OT) ist der höchste Punkt des Kolbens im Zylinder; er erreicht diese Position abwechselnd am Ende des Verdichtungstaktes und des Ausstoßtaktes. Bei der Festlegung der Steuerzeiten bezieht sich der OT auf den Kolben in Zylinder Nr. 1, der sich links – an der Getriebeseite – befindet. Oft muss der Zylinder Nr. 1 im Verdichtungs-OT stehen (bei dem die Einlass- und Auslassventile geschlossen sind), um die Nockenwelle korrekt positionieren zu können.

2 Wenn Kolben Nr. 1 im Verdichtungs-OT steht, fluchtet die Steuerzeiten-Bohrung im Nockenwellenrad zur Bohrung im Zylinderkopf, sodass der OT-Arretierstift eingeschoben werden kann (Abb. 3.13a). Wenn zusätzlich der Kurbelwellen-Arretierstift vollständig in den Motorblock geschraubt ist, wird er Kontakt zur OT-Abflachung der Kurbelwange haben (Abb. 3.12).

3 Die Ausrichtung des Kolbens Nr. 1 auf den Verdichtungs-OT ist nötig, um die Steuerzeiten beim Aus- und Einbau des Zahnriemens nicht zu verändern. **Anmerkung**: *Dieser Motor ist nicht mit einer konventionellen Diesel-Einspritzpumpe ausgerüstet, sondern mit einer eigentlich dauerhaft einen hohen Druck sicherstellenden Pumpe, dennoch muss die Markierung am Pumpenrad zu einem Schraubenkopf am Zylinderkopf ausgerichtet sein (Abb. 3.14).*

4 Um den Motor in den OT zu bringen, müssen die rechte Motorhalterung und der obere Zahnriemendeckel entfernt werden, damit Zugang zum Nockenwellenrad besteht. Heben Sie das Fahrzeug zunächst rechts vorn an, und stützen Sie es sicher ab (siehe Seite 535). Demontieren Sie das rechte Vorderrad, den Unterfahrschutz und die Radlaufschale.

5 Entfernen Sie den Keilrippenriemen (siehe Kapitel 1B, Sektion 10).

6 Stützen Sie den Motor rechts ab – entweder von oben mithilfe einer Winde oder mit einem unter der Ölwanne angesetzten Rangierwagenheber samt Holzblock. Befreien Sie dann die rechte Motorhalterung vom Motor und der Karosserie.

7 Lösen Sie die Schrauben der Zylinderkopf-Halterung, und entfernen Sie diese (siehe Sektion 15). Lösen Sie dann die Clips des oberen Zahnriemendeckels, und entfernen Sie diesen.

8 Lösen Sie die Befestigungen des unteren Zahnriemendeckels, und entfernen Sie auch diesen.

9 Schrauben Sie am Getriebe-Ende den OT-Stopfen aus der oberen Motorgehäusehälfte – demontieren Sie nötigenfalls den Anlasser (siehe Kapitel 5A, Sektion 8), um den Zugang zu verbessern.

10 Drehen Sie die Kurbelwelle nun mit einem am Bolzen des Keilrippenriemenrades angesetzten Schlüssel. Um das Drehen zu erleichtern, können die Glühkerzen (siehe Kapitel 5C, Sektion 3) oder die Einspritzdüsen entfernt werden (siehe Kapitel 4B, Sektion 10) – bei Letzteren schreibt Nissan vor, die (sehr teuren) Hochdruckleitungen nach jedem Ausbau zu ersetzen.

11 Drehen Sie die Kurbelwelle ausschließlich im Uhrzeigersinn (vorwärts), bis die Steuerzeiten-Bohrung im Nockenwellenrad zur Bohrung im Zylinderkopf ausgerichtet ist.

12 Drehen Sie den speziellen OT-Arretierstift in die Bohrung des OT-Stopfens in der oberen Motorgehäusehälfte (siehe Abbildung). **Anmerkung**: *Falls der OT-Arretierstift nicht vorhanden ist, kann die OT-Position des Kolbens auch mithilfe einer durch den Sitz der Glühkerze oder der Einspritzdüse am Kolbenboden angesetzten Messuhr erfolgen.*

3.12 Installieren Sie den OT-Arretierstift in die Bohrung in der oberen Motorgehäusehälfte.

13 Drehen Sie die Kurbelwelle langsam im Uhrzeigersinn, bis die Kurbelwange gegen den Arretierstift stößt. Installieren Sie jetzt den Nockenwellen-Arretierstift durch die Bohrung des Nockenwellenrades in den Zylinderkopf (siehe Abbildungen) – hier kann nötigenfalls auch eine passende Schraube verwendet werden. Der Motor steht jetzt im Verdichtungs-OT des Kolbens in Zylinder Nr. 1.

Achtung: ***Versuchen Sie nicht, den Motor mit arretierter Kurbelwelle oder Nockenwelle durchzudrehen. Falls der Motor längere Zeit mit der Arretierung bleiben soll oder muss, kann es nützlich sein, am Armaturenbrett und im Motorraum einen Warnhinweis anzubringen. So wird das Risiko minimiert, dass der Motor versehentlich mit dem Anlasser durchgedreht und durch die Arretierstifte beschädigt wird.***

3.13a Installieren Sie den Nockenwellen-Arretierstift ...

3.13b ... oder eine passende Schraube.

14 Prüfen Sie, ob die Markierung am Riemenrad der Hochdruck-Kraftstoffpumpe zum Schraubenkopf am Zylinderkopf ausgerichtet ist (siehe Abbildung).

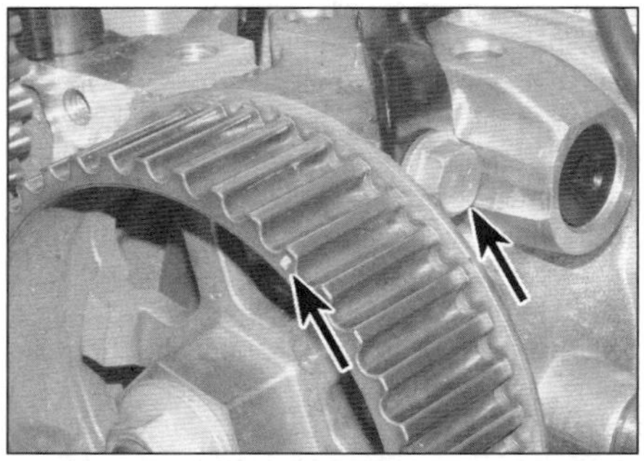

3.14 Die Markierung am Kraftstoffpumpenrad muss mit dem Schraubenkopf fluchten.

15 Nach Beendigung der Arbeit werden die Arretierstifte entfernt und der OT-Stopfen sowie alle anderen entfernten Komponenten installiert.

4 Ventildeckel – Ausbau und Einbau

Ausbau

1 Trennen Sie den Masseanschluss (–) der Batterie (siehe Seite 532).

2 Ziehen Sie die Kunststoffabdeckung oben vom Motor ab (siehe Abbildung).

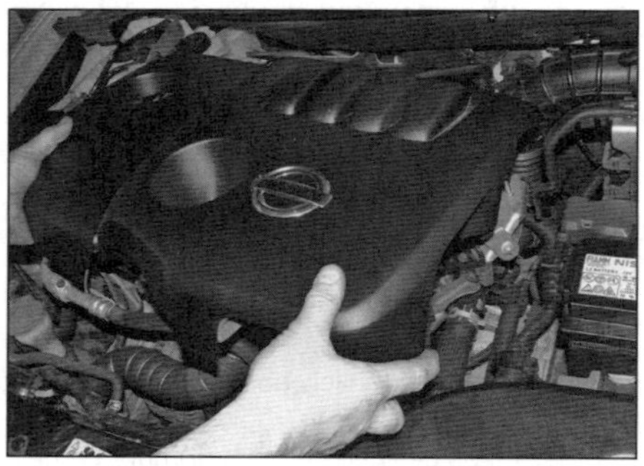

4.2 Entfernen Sie die obere Motorabdeckung.

3 Lockern Sie die Schelle des Ladeluftkühler-Schlauchs, und ziehen Sie diesen vom Rohr ab (siehe Abbildung).

4.3 Ziehen Sie den Ladeluftkühler-Schlauch ab.

4 Lösen Sie am Turbolader-Ende des Rohrs die Schraube, und ziehen Sie das Rohr hoch, um es vom Motor zu befreien (siehe Abbildungen).

4.4a Lösen Sie die Schraube ...

4.4b ... und entfernen Sie das Ansaugrohr.

5 Lockern Sie die Schelle des Luft-Ansaugschlauchs, und ziehen Sie diesen vom Kunststoff-Ansaugrohr (siehe Abbildung).

4.5 Ziehen Sie den Ladeluftkühler-Schlauch ab.

6 Trennen Sie den Stecker vom Ladedruck-Sensor (siehe Abbildung).

4.6 Ziehen Sie den Ladedrucksensor-Stecker ab.

7 Lockern Sie die Schelle, und lösen Sie die Mutter des Kunststoff-Ansaugrohrs, um dieses zu entfernen (siehe Abbildungen).

4.7a Lockern Sie die Schelle und lösen Sie die Mutter ...

4.7b ... und entfernen Sie das Anaugrohr.

8 Lösen Sie die Kabelbaum-Klemme aus der Kunststoffabdeckung (siehe Abbildung).

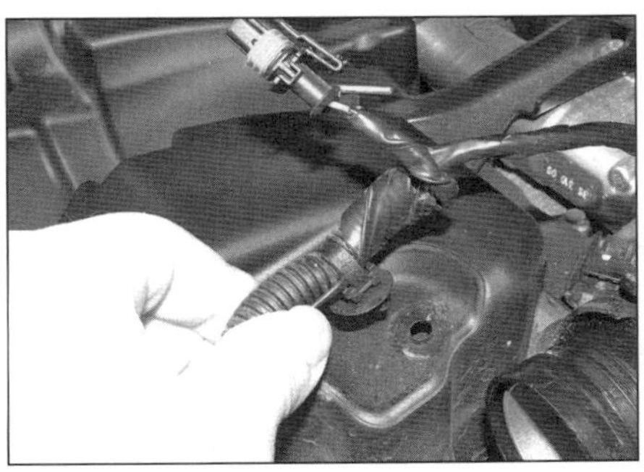

4.8 Befreien Sie den Kabelbaum aus dem Deckel.

9 Lösen Sie an der Kunststoffabdeckung die Schraube und die Mutter sowie die zwei Drahtbügel, und heben Sie sie ab (siehe Abbildungen).

4.9a Lösen Sie die Schraube, die Mutter ...

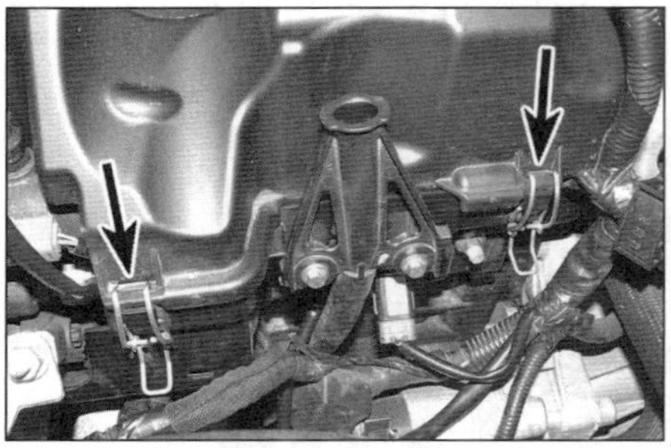

4.9b ... und die Bügel, ...

4.9c ... um die Abdeckung zu entfernen.

10 Trennen Sie den Stecker des Nockenwellensensors, lösen Sie dessen Schraube, und entfernen Sie den Sensor aus dem Ventildeckel (siehe Abbildungen). **Anmerkung**: *Um den Sensor vollständig aus dem Deckel zu entfernen, muss er etwas verdreht werden, um ihn unter dem Vorsprung des Ansauggehäuses zu befreien.*

4.10a Trennen Sie den Stecker ...

4.10b ... und entfernen Sie den Nockenwellensensor.

11 Lösen Sie die Schrauben des Abgasrückführungsventil-Halters, und befreien Sie diesen hinten vom Ventildeckel (siehe Abbildung).

4.11 Entfernen Sie den Halter des AGR-Ventils.

12 Lockern Sie hinten am Ventildeckel die Schelle des Entlüftungsschlauchs, und ziehen Sie diesen ab (siehe Abbildung).

4.12 Trennen Sie den Entlüftungsschlauch.

13 Stützen Sie den Motor mit einem unter der Ölwanne angesetzten Rangierwagenheber samt Holzblock ab, und entfernen Sie die rechte Motorhalterung (siehe Sektion 15).
14 Lösen Sie vorn und hinten die Laschen der oberen Zahnriemenabdeckung, und entfernen Sie diese (siehe Abbildungen).

4.14a Lösen Sie die Laschen ...

4.14b ... und entfernen Sie den Zahnriemendeckel.

15 Trennen Sie die Kabelstecker von den Einspritzdüsen (siehe Abbildung). Befreien Sie dann die über den Ventildeckel verlegten Kabel und Kraftstoff-Rücklaufleitungen, und positionieren Sie sie beiseite.

4.15 Trennen Sie die Einspritzdüsen-Stecker.

16 Lösen Sie schrittweise die Ventildeckelschrauben – arbeiten Sie sich dabei spiralförmig von außen nach innen vor.
17 Heben Sie den Ventildeckel ab, und stellen Sie die umlaufende Gummidichtung sicher.
18 Kontrollieren Sie die Dichtung auf Risse und Beschädigungen, und ersetzen Sie sie nötigenfalls – Nissan empfiehlt, sie nach jeder Demontage des Ventildeckels durch ein Neuteil zu ersetzen.

Einbau

19 Reinigen und entfetten Sie sorgfältig die Dichtflächen des Ventildeckels und des Zylinderkopfs. Tragen Sie dann vier etwa 2 mm breite Dichtmasse-Raupen an den Lagerdeckeln 1 und 6 auf (siehe Abbildung).

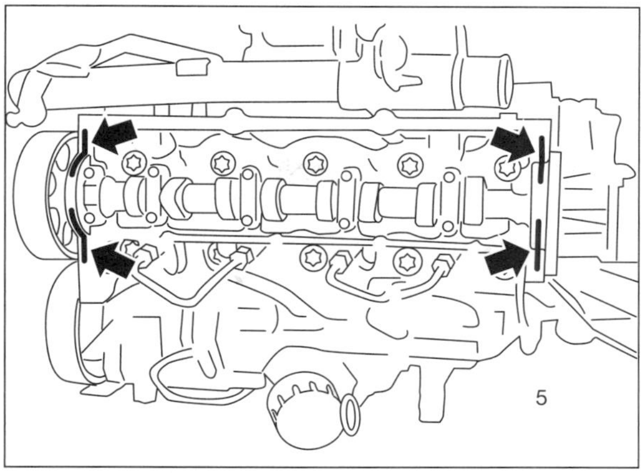

4.19 Tragen Sie an den gezeigten Bereichen der äußeren Nockenwellen-Lagerdeckel Dichtmasse auf.

20 Drücken Sie die (neue) Gummidichtung rundherum in die Nut des Ventildeckels, und setzen Sie diesen vorsichtig auf den Zylinderkopf – die Dichtung darf dabei nicht verrutschen.
21 Wenn der Deckel korrekt sitzt, werden die Schrauben installiert und schrittweise spiralförmig von innen nach außen mit 12 Nm angezogen.
22 Der Rest des Einbaus entspricht der umgekehrten Ausbaureihenfolge – beachten Sie dabei die folgenden Punkte:
a) Die zwei Drahtbügel müssen die Kunststoffabdeckung vorn sicher halten (siehe Abbildung).

4.22a Sichern Sie die Kunststoffabdeckung mit den Drahtbügeln.

b) Der Sicherungsbügel des Ladeluftkühler-Rohrs muss korrekt sitzen.

4.22b Prüfen Sie den korrekten Sitz des Bügels im Rohrstutzen.

c) *Die Motorhalterung muss korrekt befestigt sein (siehe Sektion 15), bevor der Rangierwagenheber entfernt werden darf.*

d) *Alle Kabel und Leitungen müssen korrekt verlegt und gesichert sein.*

5 Ventilspiel – Kontrolle und Einstellung

Anmerkung: *Das Ventilspiel wird nicht im Zug des Wartungsplans kontrolliert, sondern nur nach einer sehr hohen Laufleistung, einer Motorüberholung oder wenn Geräusche oder Leistungsmangel auf den Ventiltrieb zurückzuführen sind. Die Einstellung erfordert den Ausbau der Nockenwelle und den Austausch der entsprechenden Tassenstößel – diese sind in 25 verschiedenen Maßen erhältlich.*

Achtung: ***Korrekt eingestellte Ventile beeinflussen direkt die Leistungsfähigkeit und Haltbarkeit des Motors. Zu viel Spiel erzeugt klappernde oder ratternde Geräusche, erhöht den Verschleiß und verringert die Motorleistung (Ventil öffnet zu spät und schließt zu früh). Zu geringes Ventilspiel kann dazu führen, dass das Ventil bei heißem Motor nicht richtig schließt, sodass es selbst (wegen mangelhafter Wärmeabfuhr) und sein Ventilsitz verbrennen kann; ein abreißendes Ventil kann den Kolben durchschlagen und ernsthafte Motorschäden verursachen. Das Ventilspiel wird wie folgt kontrolliert und eingestellt:***

Kontrolle

1 Entfernen Sie den Ventildeckel (siehe Sektion 4).

2 Während der folgenden Prozedur muss die Kurbelwelle mithilfe eines an der Riemenradschraube angesetzten Schlüssels gedreht werden. Der Zugang hierzu kann verbessert werden, indem das Fahrzeug vorn rechts angehoben, das rechte Vorderrad demontiert und das Fahrzeug sicher abgestützt wird; demontieren Sie dann die Kunststoffabdeckung des Innenkotflügels.

3 Um das Drehen noch mehr zu erleichtern, können die Glühkerzen (siehe Kapitel 5C, Sektion 3) oder die Einspritzdüsen entfernt werden (siehe Kapitel 4B, Sektion 10) – bei Letzteren schreibt Nissan vor, die (sehr teuren) Hochdruckleitungen nach jedem Ausbau zu ersetzen.

4 Zeichnen Sie auf einem Blatt Papier die Positionen der ab der Getriebeseite von 1 bis 8 durchnummerierten Ventile auf, und markieren Sie sie mit einem E für Einlass und einem A für Auslass: 1A, 2E, 3A, 4E, 5A, 6E, 7A, 8E.

5 Drehen Sie die Kurbelwelle im Uhrzeigersinn (vorwärts), bis beide Nockenspitzen über Zylinder Nr. 1 auf die Tassenstößel drücken – das Auslassventil schließt gerade, und das Einlassventil wird geöffnet. Der Kolben in Zylinder Nr. 4 (Zahnriemenseite) steht jetzt im Verdichtungs-OT, bei dem beide Ventile geschlossen sind und kontrolliert werden können.

6 Schieben Sie ein Fühlerlehrenblatt des mittleren vorgegebenen Werts (Einlass: 0,20 mm; Auslass: 0,40 mm) zwischen Tassenstößel und Nockenwelle ein (siehe Abbildung) – es muss sich wie durch ein dickes Buch hindurchziehen lassen. Lässt sich das Blatt ohne Widerstand, sehr schwer oder gar nicht hindurchziehen, muss mit anderen Blättern das tatsächlich vorhandene Ventilspiel ermittelt und dieser Wert auf dem Papier notiert werden, um die Stärke des neuen Tassenstößels zu berechnen. **Achtung:** ***Verwechseln Sie nicht die verschiedenen Werte für die Ein- und Auslassventile!***

5.6 Prüfen Sie das Ventilspiel mit einer Fühlerlehre.

7 Drehen Sie die Kurbelwelle anschließend eine halbe Umdrehung weiter, bis beide Nockenspitzen über Zylinder Nr. 3 auf die Tassenstößel drücken und das Ventilspiel von Zylinder Nr. 2 auf die gleiche Weise kontrolliert werden kann. Überprüfen Sie das Ventilspiel der Zylinder 1 und 3 in der gezeigten Reihenfolge auf die gleiche Weise (siehe Abbildung).

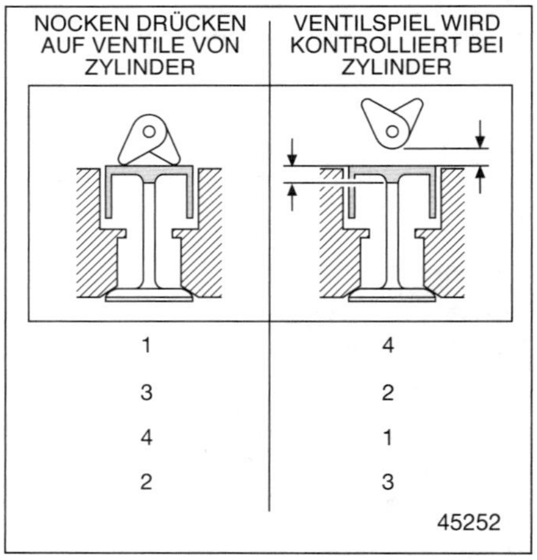

5.7 Ventilspiel – Reihenfolge der zu überprüfenden Zylinder

X = Ventilspiel *Y = Tassenstößel-Stärke*

Einstellung

Anmerkung: *Hierfür werden eine Mikrometerschraube oder eine Messuhr mit geeigneten Tastern benötigt.*

8 Falls das Ventilspiel von den Vorgaben abweicht, muss der entsprechende Tassenstößel durch ein dickeres oder dünneres Teil ersetzt werden. Die Stärke neuer Stößel ist an deren Innenseite eingeschlagen; die originalen Stößel sind jedoch nicht immer mit entsprechenden Werten versehen. Generell sollten alle Stößel nachgemessen werden, um möglichen Verschleiß einberechnen zu können (siehe Abbildung).

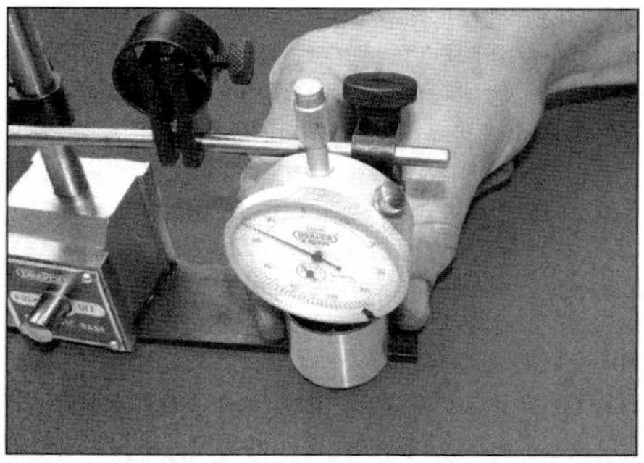

5.8 Messen Sie die Stärke jedes Tassenstößels mit einer Messuhr nach.

9 Um Zugang zu den Tassenstößeln zu erhalten, muss zunächst die Nockenwelle entfernt werden (siehe Sektion 9). Arbeiten Sie jeweils nur an einem Tassenstößel, um Verwechslungen zu vermeiden.

10 Die Stärke des erforderlichen Tassenstößels wird wie folgt berechnet: Wenn das gemessene Spiel geringer als vorgegeben war, muss der Messwert von der Vorgabe abgezogen werden – beachten Sie die unterschiedlichen Werte für Ein- und Auslassventile. Subtrahieren Sie das Ergebnis dann von der Stärke des vorhandenen Stößels. Ein Beispiel:

Berechnungsbeispiel – Ventilspiel zu gering

Gemessenes Spiel (A) =	0,15 mm
Vorgegebenes Spiel (B) =	0,20 mm
Differenz (B – A) =	0,05 mm
Stärke des vorh. Stößels =	7,70 mm
Erforderlicher Stößel =	7,70 – 0,05 = 7,65 mm

11 Wenn das gemessene Spiel größer als vorgegeben war, muss die Vorgabe vom Messwert abgezogen werden – beachten Sie die unterschiedlichen Werte für Ein- und Auslassventile. Addieren Sie das Ergebnis dann zur Stärke des vorhandenen Stößels hinzu. Ein Beispiel:

Berechnungsbeispiel – Ventilspiel zu groß

Gemessenes Spiel (A) =	0,50 mm
Vorgegebenes Spiel (B) =	0,40 mm
Differenz (A – B) =	0,10 mm
Stärke des vorh. Stößels =	7,55 mm
Erforderlicher Stößel =	7,55 + 0,10 = 7,65 mm

12 Bearbeiten Sie die zu ersetzenden Stößel nacheinander. Ölen Sie den neuen Tassenstößel, und installieren Sie ihn senkrecht in die Bohrung des Zylinderkopfes.

13 Installieren Sie die Nockenwelle (siehe Sektion 9).

14 Installieren Sie ggf. die Glühkerzen (siehe Kapitel 5C, Sektion 3) oder die Einspritzdüsen (siehe Kapitel 4B, Sektion 10).

15 Entfernen Sie den Schlüssel von der Riemenradschraube, und montieren Sie die **Kunststoffabdeckung des Innenkotflügels.**

16 Montieren Sie den Ventildeckel (siehe Sektion 4) und alle anderen entfernten Komponenten.

6 Zahnriemen – Ausbau, Kontrolle und Einbau

Achtung: ***Wenn der Zahnriemen (»Steuerriemen«) bei laufendem Motor reißt, hat dies teure Motorschäden zur Folge. Ersetzen Sie den Riemen daher spätestens nach 60.000 km oder vier Jahren – oder früher, falls irgendein Zweifel über seinen Zustand besteht.***

Ausbau

1 Trennen Sie den Masseanschluss (–) der Batterie (siehe Seite 532).

2 Blockieren Sie mit der Handbremse und Keilen die Hinterräder, und heben Sie das Fahrzeug vorn an, um es sicher abzustützen (siehe Seite 535). Demontieren Sie das rechte Vorderrad, den rechten Innenkotflügel (um an das Kurbelwellenrad zu gelangen) und den Unterfahrschutz. Entfernen Sie zudem die obere Motorabdeckung (siehe Abbildung).

6.2 Entfernen Sie die Motorabdeckung.

3 Entfernen Sie den Keilrippenriemen (siehe Kapitel 1B, Sektion 10), und schrauben Sie den Riemenspanner ab.

4 Demontieren Sie die rechte Motorhalterung (siehe Sektion 15).

5 Lösen Sie die Laschen der oberen Zahnriemenabdeckung, und befreien Sie diese.

6 Jetzt kann die rechte Aufnahme der Motorhalterung abgeschraubt werden (siehe Abbildung).

6.6 Demontieren Sie die Aufnahme der Motorhalterung (deren Verlängerung unter den Zahnriemen greift).

7 Die Kurbelwelle muss jetzt mit einem an der Riemenradschraube der Kurbelwelle angesetzten Schlüssel in den OT gedreht werden (siehe Sektion 3).

8 Entfernen Sie übergangsweise die Steuerzeiten-Stifte, um die Riemenradschraube der Kurbelwelle zu lösen.

Achtung: ***Versuchen Sie niemals, den Motor mithilfe der Steuerzeiten-Stifte zu blockieren, um Riemenrad-Schrauben zu lockern – diese können abbrechen und den Motor beschädigen!***

9 Bevor die Riemenradschraube der Kurbelwelle gelöst wird, muss beachtet werden, dass das Kurbelwellenrad nicht wie sonst üblich mit einer Keilnut zur Kurbelwelle ausgerichtet ist, sodass bei entferntem Riemenrad eine akkurate Methode zur Bestimmung der OT-Position von Kolben Nr. 1 sichergestellt sein muss. Obwohl das Riemenrad keine Keilnut zur Kurbelwelle aufweist, gibt es eine Nut im Kurbelwellenstumpf, die in der 12-Uhr-Position stehen muss, wenn der Kolben in Zylinder Nr. 1 im OT steht. Um die Kurbelwelle beim Lockern der Riemenradschraube zu blockieren, legt ein Assistent einen hohen Gang ein und tritt fest auf die Bremse. Alternativ wird der Anlasser oder falls vorhanden die Abdeckplatte von der Getriebeglocke demontiert, und der Assistent blockiert den Anlasser-Zahnkranz mit einem Schraubendreher oder anderem Werkzeug. Nachdem die Schraube gelöst ist, kann das Riemenrad von der Kurbelwelle gezogen werden (siehe Abbildungen).

6.9a Lösen und entfernen Sie die Riemenradschraube aus der Kurbelwelle ...

6.9b ... und entfernen Sie das Keilrippen-Riemenrad.

10 Positionieren Sie die Kurbelwelle wieder im OT, und installieren Sie die Steuerzeitenstifte (siehe Sektion 3).

11 Lockern Sie die Kontermutter des Zahnriemenspanners, und drehen Sie diesen im Uhrzeigersinn, um ihn zu entspannen. Stecken Sie nötigenfalls einen 6er-Inbusschlüssel in die Exzenter-Nabenplatte, um den Spanner zu bewegen (siehe Abbildung).

6.11 Lockern Sie die Kontermutter des Zahnriemenspanners ...

12 Falls der alte Zahnriemen (gegen die Anweisung von Nissan) wiederverwendet werden soll, muss kontrolliert werden, ob der Riemen mit Pfeilen für die Drehrichtung versehen ist – bringen Sie nötigenfalls selbst welche an. Bringen Sie außerdem Markierungen am Riemen an, die zu denjenigen am Nockenwellenrad, am Kraftstoffpumpenrad und am Kurbelwellenrad ausgerichtet sind. Zählen Sie die Zahnnuten zwischen den Steuerzeitenmarkierungen der Nockenwelle und der Kraftstoffpumpe ab – es müssen 18 Stück sein. Befreien Sie den Zahnriemen dann von allen drei Riemenrädern, dem Wasserpumpenrad und der Spannrolle (siehe Abbildung).

6.12 ... und entfernen Sie den Zahnriemen.

13 Bei entferntem Zahnriemen darf **keinesfalls** die Kurbelwelle oder die Nockenwelle gedreht werden; andernfalls können Kolben und Ventile in Kontakt kommen und beschädigt werden. Falls die Nockenwelle aus irgendeinem Grund gedreht werden soll, muss die Kurbelwelle eine Viertelumdrehung gegen den Uhrzeigersinn (von rechts betrachtet) gedreht werden, damit alle Kolben in der Mitte ihrer Zylinder stehen. Belassen Sie den Kurbelwellen-Arretierstift in der Bohrung des Motorgehäuses.

14 Reinigen Sie die Riemenräder, das Wasserpumpenrad und die Spannrolle, und trocknen Sie sie ab – achten Sie darauf, dass keine Lösungsmittel in die Lager des Wasserpumpenrades und der Spannrolle geraten. Reinigen Sie auch die hintere Zahnriemenabdeckung und die Flächen am Zylinderkopf und Motorgehäuse.

Kontrolle

15 Kontrollieren Sie den Zahnriemen auf ungleichmäßigen Verschleiß, Risse oder Verölung. Achten Sie besonders auf die »Wurzeln« der Zähne. Beim geringsten Zweifel über den Zustand des Riemens muss er ersetzt werden. Falls der Motor überholt werden soll und mit dem vorhandenen Riemen mehr als 60.000 km gefahren wurden, sollte der Zahnriemen ungeachtet seines Zustands ersetzt werden. Die Kosten eines neuen Riemens sind nichts im Vergleich zum Preis eines Austauschmotors, da ein reißender Riemen schwere Motorschäden hervorrufen kann.

16 Falls Hinweise auf Ölkontamination sichtbar werden, müssen die Ursachen hierfür gefunden und repariert werden. Waschen Sie die Umgebung des Riemens und alle anderen verölten Komponenten ab, um Ölreste zu beseitigen.

17 Vor dem Einbau des Riemens müssen die Riemenräder und ihre Sitze an oder auf den Wellen sorgfältig gereinigt werden (beim Kurbelwellenrad besteht sonst die Gefahr des Überdrehens). Prüfen Sie, ob die Spann- und Wasserpumpenrollen frei drehen und keinen rauen Lauf aufweisen; ersetzen Sie die Rollen nötigenfalls.

Einbau

18 Prüfen Sie, ob das Kurbelwellenrad, das Nockenwellenrad und das Kraftstoffpumpenrad weiterhin im OT stehen und die Nut in der Kurbelwelle nach oben zeigt. Falls die Kolben auf halben Weg im Zylinder zurückgedreht wurden, muss die Kurbelwelle eine Viertelumdrehung im Uhrzeigersinn gedreht werden, bis die Kurbelwange wieder den OT-Arretierstift berührt.

19 Prüfen Sie, ob der Spanner-Stift korrekt in der Nut des Zylinderkopfs sitzt.

20 Richten Sie die Steuerzeitenmarkierungen des Zahnriemens mit denen der Nockenwellen- und Kraftstoffpumpenräder aus (siehe Abbildung) – die Laufrichtungs-Pfeile am Riemen müssen nach vorn (von rechts betrachtet in Uhrzeiger-Richtung) zeigen. Legen Sie den Riemen zuerst über das Kurbelwellenrad, dann um die Wasserpumpen-Rolle, das Kraftstoffpumpenrad, das Nockenwellenrad und die Spannrolle. Zwischen den Steuerzeitenmarkierungen der Nockenwelle und der Kraftstoffpumpe die müssen 18 Zahnnuten vorhanden sein.

6.20 Die Steuerzeitenmarkierungen des Zahnriemens müssen zu denen der Nockenwellen- und Kraftstoffpumpenräder fluchten.

21 Spannen Sie bei weiterhin korrekt ausgerichteten Steuerzeitenmarkierungen den Exzenter des Spanners mit einem 6er-Inbusschlüssel gegen den Uhrzeigersinn vor, bis der Zeiger im unteren Bereich des Steuerzeiten-Fensters steht; halten Sie ihn dort, und ziehen Sie die Kontermutter mit 27 Nm an (siehe Abbildungen) – bei Nichteinhaltung dieses Werts kann sich die Mutter lockern und der Riemen überspringen, sodass große Motorschäden die Folge wären.

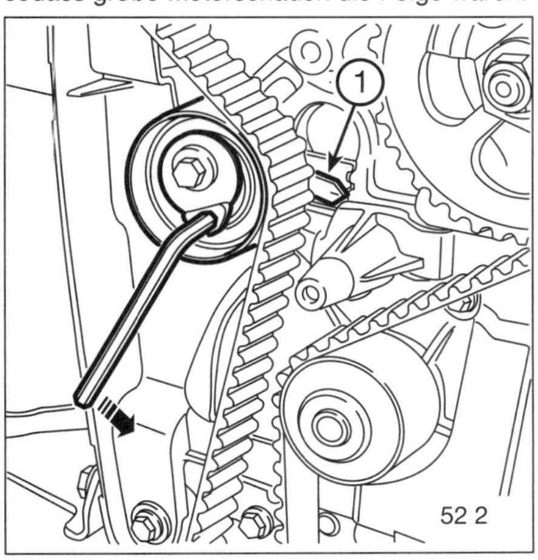

6.21a Spannen Sie den Zahnriemen gegen den Uhrzeigersinn vor, bis der Zeiger (1) wie gezeigt steht.

6.21b Spannen Sie den Zahnriemen gegen den Uhrzeigersinn vor, bis der Zeiger (Pfeil) wie gezeigt steht.

22 Entfernen Sie die Steuerzeiten-Stifte aus dem Motorblock und dem Nockenwellenrad.

23 Setzen Sie die Keilrippenriemenscheibe an die Kurbelwelle, installieren Sie die Schraube, und ziehen Sie sie in zwei Schritten zunächst mit 120 Nm an und dann mithilfe einer Gradscheibe um 95° weiter – blockieren Sie dabei die Kurbelwelle wie beim Ausbau.

24 Drehen Sie die Kurbelwelle zwei volle Umdrehungen im Uhrzeigersinn; kurz bevor das Nockenwellenrad korrekt ausgerichtet ist, muss jedoch der Kurbelwellen-Arretierstift eingedreht und angezogen werden (Abb. 3.12). Drehen Sie die Kurbelwelle langsam weiter, bis die Kurbelwange Kontakt zum Stift bekommt, und prüfen Sie dann, ob die Nockenwellenrad-Arretierung durch die Bohrung im Rad in den Zylinderkopf gesteckt werden kann. Wenn alles korrekt fluchtet, können die Arretierstifte wieder entfernt werden.

25 Halten Sie den Riemenspanner-Exzenter mit dem Inbusschlüssel, lockern Sie die Kontermutter maximal eine Umdrehung, und drehen Sie den Spanner im Uhrzeigersinn, bis der Zeiger in der Mitte des Fensters steht (siehe Abbildung). Ziehen Sie die Kontermutter wieder mit 27 Nm an.

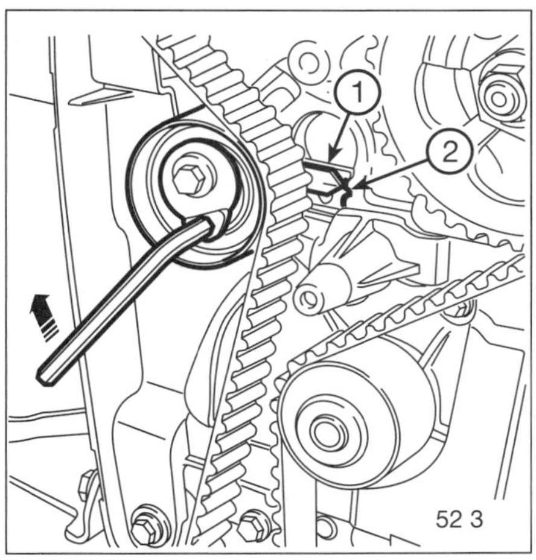

6.25 Positionieren Sie den Zeiger (1) bei der endgültigen Riemenspannung in der Mitte des Fensters (2).

26 Versehen Sie den OT-Inspektionsstopfen mit Dichtmasse, drehen Sie ihn in den Motorblock, und ziehen Sie ihn mit 20 Nm an.

27 Montieren Sie die Motorhalterung an den Zylinderkopf, und ziehen Sie seine Schrauben mit 25 Nm an.

28 Installieren Sie den unteren Keilriemendeckel ,und sichern Sie ggf. die Kraftstoffleitungen in ihren Klemmen.

29 Sichern Sie den oberen Keilriemendeckel am unteren, montieren Sie die Strebe der rechten Motorhalterung (siehe Sektion 15).
30 Montieren Sie den Keilrippenriemen (siehe Kapitel 1B, Sektion 10).
31 Installieren Sie den Unterfahrschutz und die Radlaufschale.
32 Montieren Sie das rechte Vorderrad, senken Sie das Fahrzeug ab, und ziehen Sie die Radmuttern mit 113 Nm an.
33 Schließen Sie die Batterie wieder an.

7 Zahnriemenräder und Spanner – Ausbau und Einbau

Kurbelwellenrad

Ausbau

1 Entfernen Sie den Zahnriemen (siehe Sektion 6).
2 Ziehen Sie das Riemenrad von der Kurbelwelle – merken Sie sich die Einbaurichtung (siehe Abbildung).

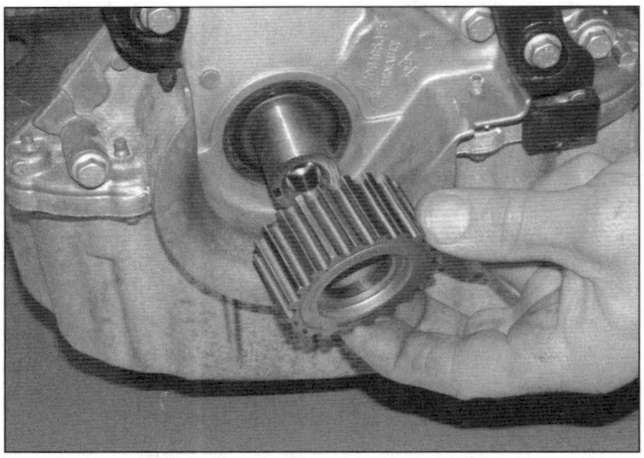

7.2 Ziehen Sie das Riemenrad von der Kurbelwelle.

Einbau

3 Reinigen Sie sorgfältig den Kurbelwellenstumpf und das Riemenrad – dies ist notwendig, damit das Riemenrad später nicht auf der Welle durchrutscht. Falls Risse, Beschädigungen oder Verschleiß festgestellt werden, muss das Rad ersetzt werden.
4 Schieben Sie das Riemenrad korrekt ausgerichtet auf die Kurbelwelle.
5 Legen Sie den Zahnriemen um alle Räder und Rollen, und spannen Sie ihn (siehe Sektion 6).

Kraftstoffpumpenrad

Anmerkung: *Für diese Arbeit wird ein geeigneter Abzieher benötigt.*

Ausbau

6 Das Pumpenrad kann wie folgt demontiert werden. Falls es zum Austauschen der Pumpe entfernt werden soll, kann ein spezielles Nissan-Werkzeug beschafft werden, mit dessen Hilfe die Pumpe ohne die Demontage des Zahnriemens ausgebaut werden kann. Erkundigen Sie sich wegen der Verfügbarkeit des Werkzeugs bei Ihrer Nissan-Werkstatt.
7 Entfernen Sie den Zahnriemen (siehe Sektion 6).
8 Blockieren Sie das Riemenrad mithilfe eines geeigneten Werkzeugs oder eines alten darum gewickelten Zahnriemens, der mit einer geeigneten Zange gehalten werden kann. Lösen Sie dann die Riemenradmutter.
9 Ziehen Sie das Riemenrad mit einem geeigneten Abzieher von der Pumpenwelle und stellen Sie den Keil aus dessen Nut sicher.

Einbau

10 Der Einbau entspricht der umgekehrten Ausbaureihenfolge – beachten Sie dabei folgende Punkte:

a) *Der Keil muss korrekt in den Nuten der Pumpenwelle und des Riemenrades sitzen.*
b) *Die Riemenradmutter muss mit 70 Nm angezogen werden.*
c) *Installieren und spannen Sie den Zahnriemen (siehe Sektion 6). Die Markierung am Riemenrad muss zur Zylinderkopf-Schraube fluchten (Abb. 3.14).*

Nockenwellenrad

Ausbau

11 Entfernen Sie den Zahnriemen (siehe Sektion 6).
12 Blockieren Sie das Riemenrad mithilfe eines geeigneten Werkzeugs oder eines alten darum gewickelten Zahnriemens, der mit einer geeigneten Zange gehalten werden kann. Lösen Sie dann die Riemenradmutter.
13 Ziehen Sie das Riemenrad von der Nockenwelle – beachten Sie den integrierten Keil und den Ausschnitt im Wellenstumpf (siehe Abbildung).

7.13 Ziehen Sie das Nockenwellenrad ab – beachten Sie den integrierten Keil.

14 Entfernen Sie ggf. den Keil aus der Nut der Nockenwelle.

Einbau

15 Setzen Sie das Nockenwellenrad mit dem Keil zum Ausschnitt der Welle ausgerichtet an, installieren Sie die Mutter, und ziehen Sie sie bei blockierter Nockenwelle (siehe Schritt 12) zunächst mit 30 Nm an und dann mithilfe einer Gradscheibe um 86° weiter (siehe Abbildung).

7.15 Ziehen Sie im zweiten Schritt die Nockenwellenrad-Mutter mithilfe einer Gradscheibe um 86° weiter.

16 Installieren und spannen Sie den Zahnriemen (siehe Sektion 6).

Riemenspanner

Ausbau

17 Entfernen Sie den Zahnriemen (siehe Sektion 6).
18 Lösen Sie den Spannrollen-Gelenkbolzen, und entfernen Sie ihn samt Scheibe, um die Spannrolle abzuziehen (siehe Abbildung).

7.18 Entfernen Sie die Zahnriemen-Spannrolle

Einbau

19 Der Einbau entspricht der umgekehrten Ausbaureihenfolge. Installieren und spannen Sie den Zahnriemen (siehe Sektion 6). Ziehen Sie den Spannrollen-Bolzen mit 27 Nm an.

8 Nockenwellen-Dichtringe – Ersetzen

Zahnriemenseite

1 Demontieren Sie das Nockenwellenrad (siehe Sektion 7).
2 Notieren Sie die Einbautiefe des vorhandenen Dichtrings, und hebeln Sie ihn mit einem kleinen Schraubendreher aus dem Zylinderkopf – beschädigen Sie dabei nicht die Gleitfläche der Nockenwelle. Alternativ kann der Dichtring mit einer selbst gebauten Ausziehvorrichtung entfernt werden: Schlagen oder bohren Sie vorsichtig ein kleines Loch in den Dichtring, und drehen Sie eine selbstschneidende Schraube hinein, um diese mit einer Zange greifen und den Ring herausziehen zu können.
3 Kontrollieren Sie die Dichtfläche der Nockenwelle – falls sich im Bereich des Dichtrings eine Nut gebildet hat, darf der neue Dichtring nicht ganz so tief wie der alte eingepresst werden, damit er einen unbeschädigten Bereich der Gleitfläche abdichtet.
4 Nissan-Werkstätten nutzen zum Einbau des Dichtrings das Spezialwerkzeug »Mot. 1632«, das aus einer Gewindestange, einem Metallrohr, einer Mutter und einem geschliffenen Bund zum Ansetzen der Führung besteht. Die Stange wird in die Nockenwelle geschraubt und die Führung am Bund angesetzt. Das Metallrohr wird dann am Dichtring angesetzt, um diesen mithilfe der Mutter in den Zylinderkopf zu pressen (siehe Abbildungen). Notfalls kann ein vergleichbares Werkzeug selbst angefertigt werden.

8.4a Drehen Sie die Gewindestange in die Nockenwelle, ...

8.4b ... setzen Sie den neuen Dichtring mit der Führung an ...

8.4c ... und drehen Sie das Rohr mithilfe der Mutter dagegen, um ihn einzupressen.

5 Wischen Sie den Dichtring-Sitz sauber, und pressen Sie den neuen Dichtring senkrecht ein. Das Nissan-Werkzeug ist dazu konstruiert, ihn bis zur ursprünglichen Einbautiefe ein-

zutreiben; falls die Nockenwelle bereits eine Nut aufwies, darf der neue Ring nicht so tief eingepresst werden.
6 Sobald der Dichtring installiert ist, werden die Führung und das Werkzeug entfernt.
7 Wischen Sie den Nockenwellenstumpf sauber, und installieren Sie das Zahnriemenrad (siehe Sektion 7).

Schwungscheibenseite

8 Links wird die Nockenwelle nicht mit einem Wellendichtring, sondern mit einer zwischen dem Zylinderkopf und dem Bremskraftverstärkerpumpen-Gehäuse sitzenden Dichtung (bei einigen Modellen auch mit einem zwischen dem Gehäuse und der Pumpe sitzenden O-Ring) abgedichtet. Die Dichtung und ggf. auch der O-Ring können nach der Demontage der Pumpe ersetzt werden – beachten Sie hierfür die Hinweise in Kapitel 9, Sektion 13).

9 Nockenwellen und Tassenstößel – Ausbau, Kontrolle und Einbau

Anmerkung: *Für diese Operation werden ein neuer Nockenwellen-Dichtring und Dichtmasse (für die Lagerdeckel und den Ventildeckel) benötigt.*

Ausbau

1 Die Nockenwelle muss normalerweise nur demontiert werden, wenn das Ventilspiel durch den Austausch von Tassenstößeln eingestellt oder der Zylinderkopf überholt werden muss.
2 Entfernen Sie den Ventildeckel (siehe Sektion 4).
3 Entfernen Sie das Riemenrad von der Nockenwelle (siehe Sektion 7).
4 Trennen Sie am Luftklappen-Stellmotor den Stecker, entfernen Sie die Halter-Schrauben und die Muttern des Stellmotors, um diesen vom Einlassstutzen zu befreien (siehe Kapitel 4B, Sektion 8).
5 Demontieren Sie die Bremskraftverstärker-Unterdruckpumpe (siehe Kapitel 9, Sektion 13) – beachten Sie, wie der Antrieb innerhalb der Pumpe in die Nut der Nockenwelle greift (siehe Abbildungen).

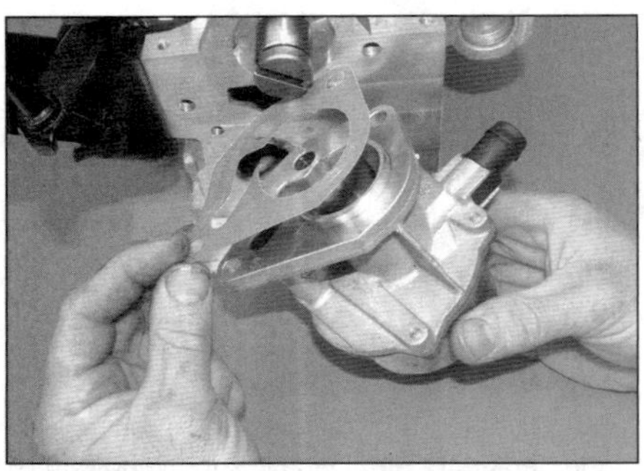

9.5a Entfernen Sie die Unterdruckpumpe samt Dichtung.

9.5b Die Laschen des Pumpenantriebs müssen in die Nut der Nockenwelle greifen.

6 Messen Sie mithilfe einer Messuhr das Axialspiel der Nockenwelle – es dürfen 0,08 bis 0,178 mm festgestellt werden; mehr weist auf übermäßigen Verschleiß an den Anlaufflächen hin.
7 Falls die originale Nockenwelle wiederverwendet werden soll, ist es ratsam, zunächst das Ventilspiel zu ermitteln (siehe Sektion 5), damit ggf. benötigte Tassenstößel vor ihrem Einbau beschafft werden können.
8 Überprüfen Sie die Nockenwellen-Lagerdeckel auf vorhandene Markierungen; bringen Sie nötigenfalls welche an, um sie später wieder korrekt ausgerichtet an ihren ursprünglichen Positionen montieren zu können (sie sollten vom Schwungscheiben-Ende zur Zahnriemenseite durchnummeriert sein; die Zahlen müssen vor dem Motor stehend lesbar sein) (siehe Abbildung).

9.8 Die Lagerdeckel sind von links nach rechts von 1 bis 6 durchnummeriert.

9 Lockern Sie schrittweise die Lagerdeckel-Schrauben, bis alle Ventilfedern entlastet sind. Entfernen Sie dann die Schrauben, und heben Sie die Lagerdeckel ab.
10 Heben Sie die Nockenwelle samt Wellendichtring aus dem Zylinderkopf.
11 Befreien Sie die Tassenstößel aus dem Zylinderkopf (siehe Abbildung), und lagern Sie sie entsprechend ihrer Einbauposition – beispielsweise in einem entsprechend markierten Karton mit acht Fächern. Falls bei der Ventilspielkontrolle (Schritt 7) Werte nicht stimmten, müssen die Stärken der entsprechenden Tassenstößel (Oberseite bis Auflage auf Ventilschaft) mit einer Messuhr ermittelt und neue Stößel beschafft werden (siehe Sektion 5).

9.11 Ziehen Sie die Tassenstößel aus dem Zylinderkopf.

Kontrolle

12 Inspizieren Sie die Nocken und die Lagerflächen der Nockenwellen auf Riefen und andere Verschleißmerkmale. Sobald die gehärtete Oberfläche der Nocken angegriffen wurde, nimmt der Verschleiß massiv zu. Ersetzen Sie eine schadhafte Nockenwelle.
13 Der Dichtring am Ende der Nockenwelle muss nach dem Ausbau generell ausgetauscht werden. Schmieren Sie die Dichtlippen des neuen Dichtrings vor dem Einbau, und lagern Sie die Nockenwelle so, dass ihr Gewicht nicht den Dichtring belastet.
14 Kontrollieren Sie auch die Gleitflächen im Zylinderkopf und den Lagerdeckeln. Stark verschlissene Gleitflächen erfordern stets den Austausch des Zylinderkopfs.
15 Inspizieren Sie die Tassenstößel auf Riefen, Ausbrüche und Verschleißgrate. Ersetzen Sie sie nötigenfalls.

Einbau

16 Ölen Sie die Tassenstößel innen und außen, und installieren Sie sie in ihre ursprünglichen Bohrungen – verwechseln Sie sie nicht, da dann das Ventilspiel nicht mehr stimmt.
17 Ölen Sie auch die Nockenwellenlager, und legen Sie die Nockenwelle ohne den Dichtring in den Zylinderkopf (siehe Abbildung).

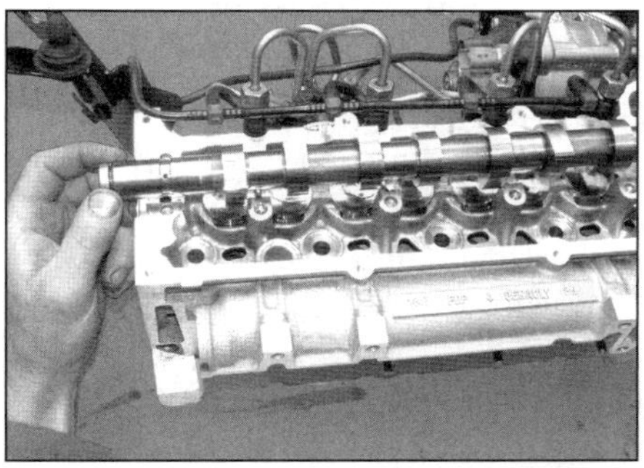

9.17 Legen Sie die Nockenwelle in den Zylinderkopf.

18 Wischen Sie die obere Dichtfläche des Zylinderkopfs sauber, und tragen Sie vier etwa 1 mm starke Dichtmasse-Raupen im Bereich der äußeren Lagerdeckel-Sitze auf (siehe Abbildungen).

9.18a Tragen Sie vier 1 mm starke Dichtmasse-Raupen ...

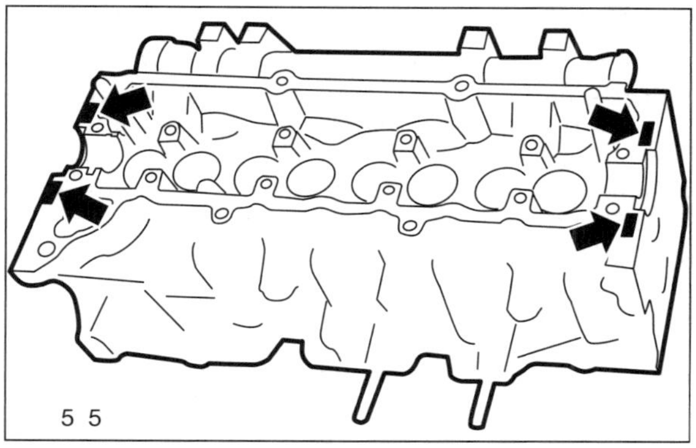

9.18b ... in den gezeigten Bereichen der Lagerdeckel 1 und 6 auf der Zylinderkopf-Dichtfläche auf.

19 Setzen Sie die Lagerschalen an ihren ursprünglichen Positionen über der Nockenwelle ab, installieren Sie die Schrauben, und ziehen Sie sie schrittweise bis zum Drehmoment von 11 Nm an (siehe Abbildung).

9.19 Setzen Sie die Lagerdeckel auf.

20 Falls eine neue Nockenwelle installiert wurde, muss das Axialspiel gemessen werden (siehe Schritt 6).
21 Installieren Sie den neuen Nockenwellen-Dichtring (siehe Sektion 8).
22 Montieren Sie die Bremskraftverstärker-Unterdruckpumpe (siehe Kapitel 9, Sektion 13).
23 Installieren Sie den Luftklappen-Stellmotor an den Einlassstutzen, ziehen Sie die Schrauben und Muttern sorgfältig an, und verbinden Sie den Kabelstecker.
24 Montieren Sie das Zahnriemenrad an die Nockenwelle (siehe Sektion 7).
25 Installieren Sie den Ventildeckel (siehe Sektion 4).

10 Zylinderkopf – Ausbau, Kontrolle und Einbau

Anmerkung 1: *Beim Einbau werden eine neue Zylinderkopfdichtung und neue Zylinderkopfschrauben sowie Dichtmasse (für die Lagerdeckel und den Ventildeckel) benötigt.*
Anmerkung 2: *Bedenken Sie vor der Demontage irgendwelcher Hochdruckleitungen, dass Nissan dann die Verwendung von Neuteilen vorschreibt.*

Ausbau

1 Der Motor muss vollständig abgekühlt sein, bevor der Zylinderkopf demontiert werden darf. So sinken auch der Druck im Kraftstoffsystem und die Temperatur in der Kraftstoff-Vorwärmung.
2 Trennen Sie den Masseanschluss (–) der Batterie (siehe Seite 532).
3 Entleeren Sie das Kühlsystem (siehe Kapitel 1B, Sektion 29). Installieren Sie die Ablassschraube anschließend wieder.
4 Entfernen Sie den Ventildeckel (siehe Sektion 4).
5 Lockern Sie die Schellen des zwischen dem Luftmassenmesser und dem Turbolader sitzenden Schlauchs, und entfernen Sie diesen (siehe Abbildungen).

10.5a Ziehen Sie den Belüftungsschlauch ab ...

10.5b ... und entfernen Sie den Ansaugschlauch.

6 Lösen Sie links am Zylinderkopf die Schrauben der Halterung, und entfernen Sie diese (siehe Abbildung).

10.6 Entfernen Sie den Halter links vom Zylinderkopf.

7 Trennen Sie an der Unterdruckpumpe des Bremskraftverstärkers (links am Zylinderkopf) den Schnellverschluss des Unterdruckrohrs (siehe Abbildung).

10.7 Trennen Sie das Unterdruckrohr.

8 Trennen links am Zylinderkopf die Schläuche und den Stecker des Kühltemperatursensors (siehe Abbildungen).

10.8a Merken Sie sich die Verlegung aller Kühlerschläuche links am Zylinderkopf.

10.8b Trennen Sie den Stecker des Kühltemperatursensors.

9 Trennen Sie am Luftklappen-Stellmotor den Stecker, entfernen Sie die Halter-Schrauben und die Muttern des Stellmotors, um diesen vom Einlassstutzen zu befreien (siehe Kapitel 4B, Sektion 8).
10 Entfernen Sie den Zahnriemen (siehe Sektion 6), und demontieren Sie nötigenfalls das Nockenwellen-Riemenrad (siehe Sektion 7).
11 Demontieren Sie die Zahnriemen-Spannrolle vom Zylinderkopf (siehe Abbildung).

10.11 Entfernen Sie die Zahnriemen-Spannrolle.

12 Schrauben Sie nötigenfalls den Keilrippenriemen-Spanner vom Motorblock ab.
13 Demontieren Sie den inneren Zahnriemendeckel vom Motorblock und Zylinderkopf (siehe Abbildung).

10.13 Entfernen Sie den inneren Zahnriemendeckel.

14 Demontieren Sie die Hochdruck-Kraftstoffpumpe (siehe Kapitel 4B, Sektion 9).
15 Entfernen Sie nötigenfalls den Kraftstoff-Druckspeicher (siehe Kapitel 4B, Sektion 11) – falls der Zylinderkopf nur zum Austausch der Kopfdichtung abgenommen werden soll, können die Einspritzdüsen zusammen mit den Leitungen und dem Druckspeicher darin montiert bleiben.
16 Demontieren den Auspuffstutzen (siehe Kapitel 4B, Sektion 13) – er muss nicht komplett entfernt werden, sondern kann am Auspuffrohr verbleiben und zur Seite geschwenkt werden, damit der Zylinderkopf entfernt werden kann.
17 Der Zylinderkopf samt der mit ihm verbundenen Nebenaggregate ist sehr schwer, sodass er möglichst mithilfe eines Assistenten vom Motorblock gehoben werden sollte.
18 Zunächst muss die Kurbelwelle eine Viertelumdrehung gegen den Uhrzeigersinn (von rechts betrachtet) gedreht werden, damit alle Kolben in der Mitte ihrer Zylinder stehen. Belassen Sie den Kurbelwellen-Arretierstift in der Bohrung des Motorgehäuses, und drehen Sie die Welle nicht weiter zurück.
19 Lockern Sie schrittweise in der entgegengesetzten Anzugsreihenfolge (Abb. 9.29) die Zylinderkopfschrauben. Wenn alle Schrauben locker sind, können sie entfernt werden (siehe Abbildung).

10.19 Entfernen Sie die Zylinderkopfschrauben.

20 Befreien Sie den Zylinderkopf vom Zylinderblock – klopfen Sie ihn nötigenfalls mithilfe eines Kunststoffhammers ab, um ihn zu lockern. Versuchen Sie weder, den Zylinderkopf zu verdrehen (er ist mit zwei Passhülsen gesichert) noch abzuhebeln, da dies die Dichtfläche zerstören würde.
21 Demontieren Sie nötigenfalls die Nockenwelle und die Tassenstößel (siehe Sektion 9).

Kontrolle

22 Die Dichtflächen des Zylinderkopfes und des Zylinderblocks müssen absolut sauber sein. Entfernen Sie dazu Dichtungsreste und Kohleablagerungen mithilfe eines Hartplastik- oder Holzschabers; reinigen Sie auch die Kolbenböden. Achten Sie bei der Reinigung darauf, nicht das relativ weiche Aluminium abzutragen. Die Ablagerungen dürfen keinesfalls in Öl- oder Wasserkanäle gelangen – bereits kleinste Partikel können Öldüsen verstopfen! Kleben Sie daher alle Bohrungen des Zylinderkopfs/Motorgehäuses mit Kreppband ab. Damit keine Ablagerungen zwischen die Kolben und Zylinderwände gelangen, muss hier etwas Fett aufgetragen werden (anschließend kann es samt anhaftender Partikel mit einem sauberen Lappen abgewischt werden).
23 Kontrollieren Sie die Dichtflächen des Zylinderkopfes und des Zylinderblocks auf Riefen, tiefe Kratzer und andere Schäden. Kleine Unebenheiten können mit einer Feile geschlichtet werden; größere erfordern jedoch maschinelles Planen (nicht von Nissan empfohlen!) oder den Austausch.
24 Falls ein Verzug des Zylinderkopfes vermutet wird, muss dieser mit einem Richtwinkel geprüft werden (siehe Kapitel 2EF). Liegt der Verzug über 0,05 mm, muss ein neuer Zylinderkopf beschafft werden, da Planen von Nissan nicht empfohlen wird.
25 Kontrollieren Sie die Gewindebohrungen der Zylinderkopfschrauben. Reinigen Sie die Bohrungen mit einem Pfeifenreiniger oder um einen kleinen Schraubendreher gewickelten Lappen. Falls sich Flüssigkeit in den Gewindelöchern befindet, kann der beim Anziehen der Schrauben entstehende hydraulische Druck den Motorblock beschädigen. Reinigen Sie die Gewinde der Bohrungen mit einem Gewindebohrer. Die Zylinderkopfschrauben müssen nach jedem Ausbau durch Neuteile ersetzt werden – sie dürfen vor dem Einbau nicht geölt werden.

Einbau

26 Falls entfernt, müssen die Tassenstößel, die Nockenwelle und deren Riemenrad montiert werden (siehe Sektionen 9 und 7). Drehen Sie die Nockenwelle so, dass Zylinder Nr. 1 im Verdichtungs-OT steht.

27 Die Zylinderkopf-Passhülsen müssen im Motorblock stecken. Legen Sie dann die **neue** Zylinderkopfdichtung so auf, dass alle Bohrungen fluchten (siehe Abbildung).

10.27 Legen Sie die neue Zylinderkopfdichtung über die Passhülsen auf den Zylinderkopf.

28 Senken Sie vorsichtig den Zylinderkopf über den Passhülsen ab. Stecken Sie die **neuen nicht geölten** Zylinderkopfschrauben in ihre Bohrungen, und drehen Sie sie handfest ein.

29 Ziehen Sie die Schrauben schrittweise in der vorgegebenen Anzugsreihenfolge zunächst bis zum Drehmoment von 25 Nm an und dann in der gleichen Reihenfolge um 255° weiter) (siehe Abbildung).

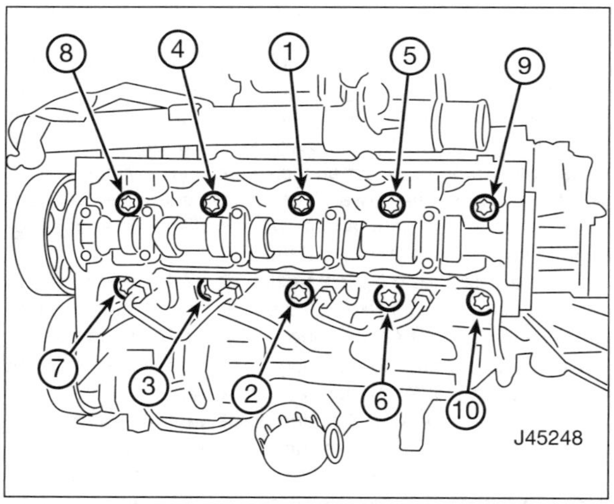

10.29 Anzugsreihenfolge der Zylinderkopfschrauben

30 Drehen Sie die Kurbelwelle eine Viertelumdrehung im Uhrzeigersinn, bis die Kurbelwange wieder den OT-Arretierstift berührt.

31 Montieren Sie den inneren Zahnriemendeckel wieder an den Motorblock und den Zylinderkopf (Abb. 10.13).

32 Montieren Sie ggf. den Keilrippenriemenspanner an den Motorblock.

33 Schrauben Sie die Zahnriemen-Spannrolle an den Zylinderkopf (Abb. 10.11).

34 Installieren Sie den Zahnriemen (siehe Sektion 6).

35 Montieren Sie den Auspuffstutzen (siehe Kapitel 4B, Sektion 13).

36 Installieren Sie ggf. den Kraftstoff-Druckspeicher (siehe Kapitel 4B, Sektion 11).

37 Montieren Sie die Hochdruck-Kraftstoffpumpe (siehe Kapitel 4B, Sektion 9).

38 Verbinden Sie alle Schläuche und den Stecker des Kühltemperatursensors mit dem Kühlmittelgehäuse links am Zylinderkopf.

39 Verbinden Sie den Schnellverschluss der Bremskraftverstärker-Unterdruckleitung mit der Pumpe links am Zylinderkopf.

40 Installieren Sie den Luftklappen-Stellmotor an den Einlassstutzen, ziehen Sie die Schrauben und Muttern sorgfältig an, und verbinden Sie den Kabelstecker.

41 Montieren Sie den Halter links an den Zylinderkopf.

42 Sichern Sie den Luftschlauch zwischen dem Luftmassenmesser und dem Turbolader, und schließen Sie das Entlüftungsrohr an.

43 Montieren Sie den Ventildeckel (siehe Sektion 4).

44 Verbinden Sie den Masseanschluss (–) mit der Batterie.

45 Füllen und entlüften Sie das Kraftstoffsystem (siehe Kapitel 4B, Sektion 5).

46 Füllen und entlüften Sie das Kühlsystem (siehe Kapitel 1B, Sektion 29).

11 Ölwanne – Ausbau und Einbau

Anmerkung: *Statt eines Deckels unterhalb des Motors wird hier die gesamte untere Motorgehäusehälfte entfernt; diese beinhaltet keine Lager oder anderen Motorkomponenten und kann daher tatsächlich als »Ölwanne« bezeichnet werden.*

Ausbau

1 Trennen Sie den Masseanschluss (–) der Batterie (siehe Seite 532).

2 Ziehen Sie die Handbremse an, heben Sie das Fahrzeug vorn an, und stützen Sie es sicher ab (siehe Seite 535). Entfernen Sie den Unterfahrschutz und das rechte Vorderrad.

3 Lassen Sie das Motoröl ab. Reinigen Sie die Ablassschraube, installieren Sie sie mit einer neuen Dichtscheibe, und ziehen Sie sie mit 20 Nm an. Falls demnächst ein regulärer Ölwechsel ansteht, sollte jetzt auch der Ölfilter durch ein Neuteil ersetzt werden (siehe Kapitel 1B). Nach dem Einbau kann dann der Motor mit frischem Öl befüllt werden.

4 Entfernen Sie die Befestigungen der rechten Radhaus-Innenverkleidung, und entfernen Sie diese (siehe Abbildungen).

11.4a Befreien Sie die Verkleidungs-Clips ...

11.4b ... und entfernen Sie die Radhaus-Innenverkleidung.

5 Entfernen Sie hinten an der Ölwanne die hintere untere Motorhalterung (Drehmomentstütze) und die Halterung (siehe Sektion 15).

6 Trennen Sie vorn an der Ölwanne den Stecker des Ölpegelsensors, und schrauben Sie diesen heraus (siehe Abbildung). Falls noch nicht erledigt, muss der Peilstab herausgezogen werden.

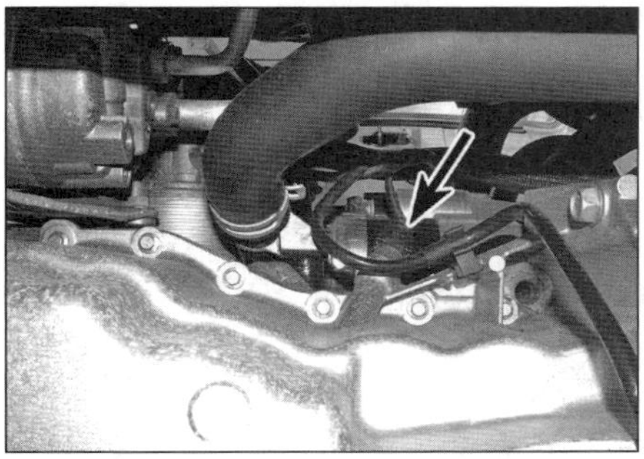

11.6 Ölpegelsensor

7 Befreien Sie seitlich und unten an der Ölwanne das Kraftstoff-Überlaufrohr aus den Clips, und positionieren Sie es beiseite (siehe Abbildung).

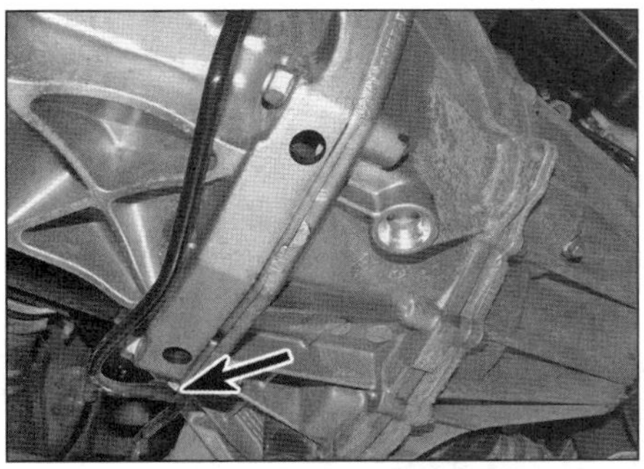

11.7 Befreien Sie das Kraftstoff-Überlaufrohr von der Ölwanne.

8 Lösen Sie die vier Schrauben, mit denen die Ölwanne unten am Getriebe gesichert ist (siehe Abbildung).

11.8 Lösen Sie die Ölwannen-Schrauben aus dem Getriebe.

9 Lockern Sie schrittweise **entgegen** der Anzugsreihenfolge (Abb. 11.14) die Ölwannenschrauben und entfernen Sie sie.

10 Klopfen Sie die Ölwanne rundherum mit einem Kunststoffhammer ab, um ihre Dichtung zu lösen, und entnehmen Sie die Wanne vom Motorgehäuse – seien Sie auf Ölreste vorbereitet. Die Dichtung muss später erneuert werden. An beiden Enden der Ölwanne kann Dichtmasse vorhanden sein, die mit einem Spachtel oder einer Klinge beseitigt werden muss – beschädigen Sie dabei nicht die Dichtflächen.

Einbau

11 Reinigen Sie die Ölwanne von innen. Befreien Sie die Dichtflächen der Wanne und des Motorblocks von alten Dichtungsresten.

12 Die Dichtflächen der Ölwanne und des Motorblocks müssen sauber und fettfrei sein. Tragen Sie vier 5 mm breite Dichtmasse-Raupen an den äußeren Kurbelwellen-Lagerdeckeln (Nr. 1 und 5) sowie am rechten Ende des Motorblocks im Bereich der Dichtringgehäuse-Kontaktfläche auf (siehe Abbildung).

11.12 Tragen Sie im Bereich der Dichtringgehäuse-Kontaktfläche Dichtmasse auf ...

13 Legen Sie eine neue Dichtung auf die Ölwanne, und heben Sie diese an den Motorblock – richten Sie bei ausgebautem Motor den linken Rand bündig zum Motorgehäuse aus, um das Getriebe korrekt anflanschen zu können (siehe Abbildung).

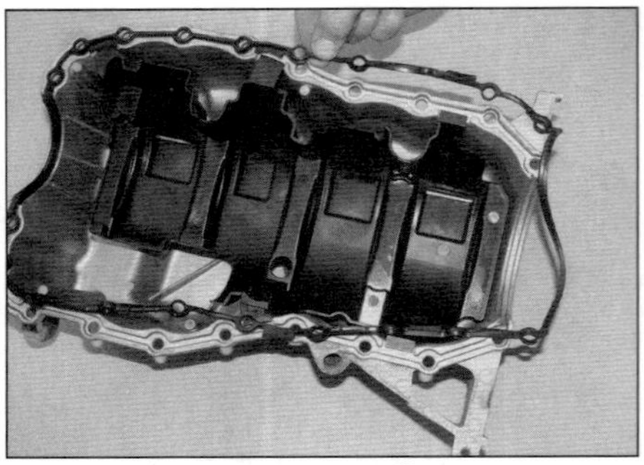

11.13 ... und legen Sie die Ölwannendichtung auf.

14 Installieren Sie die Schrauben, und ziehen Sie sie in der gezeigten Reihenfolge schrittweise mit 14 Nm an (siehe Abbildung).

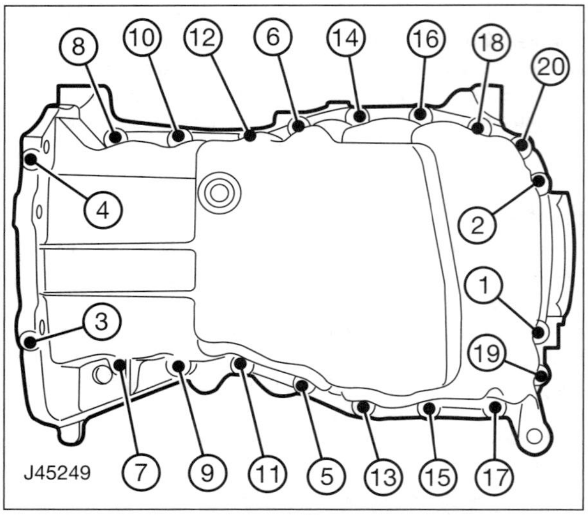

11.14 Anzugsreihenfolge der Ölwannenschrauben

15 Installieren Sie die vier Schrauben, mit denen die Ölwanne mit dem Getriebe verbunden ist, und ziehen Sie sie mit 14 Nm an.

16 Montieren Sie den Ölpegelsensor, und sichern Sie das Überlaufrohr in den Clips unter der Ölwanne.

17 Installieren Sie die hintere untere Motorhalterung (Drehmomentstütze) und die Halterung hinten an die Ölwanne (siehe Sektion 15).

18 Montieren Sie die rechte Radhaus-Verkleidung.

19 Montieren Sie den Unterfahrschutz und das rechte Vorderrad. Senken Sie das Fahrzeug ab, und ziehen Sie die Radmuttern mit 113 Nm an.

20 Schließen Sie die Batterie an.

21 Füllen Sie frisches Motoröl auf – warten Sie nach der Montage der Ölwanne mindestens eine halbe Stunde, damit die Dichtmasse abbinden kann (siehe Kapitel 1B, Sektion 3).

22 Starten Sie den Motor, und bringen Sie ihn auf Betriebstemperatur. Schalten Sie ihn ab, und kontrollieren Sie den Bereich um die Ölwanne auf Undichtigkeiten.

12 Ölpumpe und Ritzel – Ausbau, Kontrolle und Einbau

Ausbau

1 Entfernen Sie die Ölwanne (siehe Sektion 11).

2 Lösen Sie von unten die zwei Ölpumpen-Befestigungsschrauben aus dem Motorblock, und kippen Sie die Ölpumpe, um ihr Ritzel aus der Antriebskette zu befreien (siehe Abbildungen). Falls eine der beiden Passhülsen locker ist, muss sie sichergestellt werden.

12.2a Ölpumpen-Befestigungsschrauben

12.2b Befreien Sie das Ölpumpenritzel aus der Kette – gezeigt bei entferntem Dichtring-Deckel.

3 Um die Antriebskette entfernen zu können, muss zunächst das Kurbelwellenritzel befreit werden (siehe Sektion 7), dann wird der Dichtring-Deckel vom Motorblock geschraubt – die Dichtung muss später durch ein Neuteil ersetzt werden.

4 Hebeln Sie den Dichtring mit einem Schraubendreher aus dem Dichtring-Deckel, und installieren Sie ein Neuteil (siehe Abbildung).

12.4 Treiben Sie einen neuen Dichtring in den rechten Motordeckel.

5 Ziehen Sie das Ölpumpen-Antriebsritzel samt Kette vom rechten Kurbelwellenstumpf – das Ritzel ist nicht mit einem Keil gesichert, sondern wird lediglich von der korrekt angezogenen Riemenrad-Schraube auf der Kurbelwelle gehindert (andernfalls würde die Ölpumpe im Betrieb stehen bleiben und schwerste Motorschäden verursachen).
6 Heben Sie die Kette vom Ölpumpen-Antriebsritzel.

Kontrolle

7 Reinigen Sie alle Komponenten sorgfältig, und begutachten Sie sorgfältig die Kette, die Ritzel und die Pumpe auf Verschleißhinweise – ersetzen Sie alle Bauteile nötigenfalls als Set.
8 Füllen Sie die Ölpumpe vor dem Einbau mit Öl, damit sie später schneller Druck aufbaut – drehen Sie sie dabei im Uhrzeigersinn.

Einbau

9 Wischen Sie die Kontaktflächen des Motorgehäuses und der Ölpumpe sauber, und sorgen Sie dafür, dass beide Passhülsen im Motorblock stecken.
10 Legen Sie die Kette um das Antriebsritzel, und schieben Sie diese auf die Kurbelwelle.
11 Falls der Dichtring-Deckel bereits mit dem neuen Dichtring ausgerüstet ist, muss der Kurbelwellenstumpf mit Klebeband umwickelt werden, um die Dichtlippe zu schützen. Montieren Sie den Dichtring-Deckel mit einer neuen Dichtung an den Motorblock (falls keine Dichtung vorhanden war, muss die Dichtfläche des Deckels innerhalb der Schraubenlöcher mit einer 2 mm breiten Raupe aus Silikon-Dichtmasse versehen werden), und ziehen Sie die Schrauben mit 11 Nm an (siehe Abbildungen).

12.11a Umwickeln Sie den Kurbelwellenstumpf mit Klebeband, um den Dichtring zu schützen.

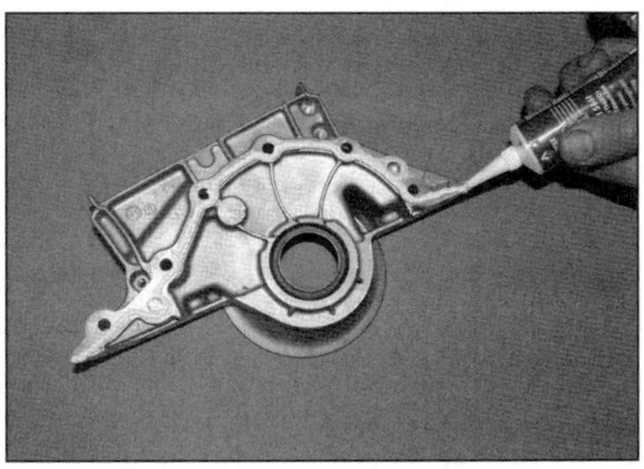

12.11b Tragen Sie innen an der Dichtfläche Silikon-Dichtmasse auf ...

12.11c ... und setzen Sie den Dichtring-Deckel ans Motorgehäuse.

12 Kippen Sie die Ölpumpe, um ihr Ritzel in die Kette einzuführen. Positionieren Sie die Pumpe dann über den zwei Passhülsen am Motorgehäuse, und ziehen Sie die zwei Schrauben mit 25 Nm an.
13 Montieren Sie die Ölwanne (siehe Sektion 11).

13 Kurbelwellen-Dichtringe – Ersetzen

Rechter Dichtring (Zahnriemenseite)

Anmerkung: *Der neue Dichtring ist äußerst empfindlich und darf nur mit der beigefügten Führung angefasst werden –* ***keinesfalls*** *darf die Dichtlippe mit den Fingern berührt werden!*
1 Entfernen Sie das Zahnriemenrad der Kurbelwelle (siehe Sektion 7).
2 Notieren Sie die Einbautiefe des vorhandenen Dichtrings, und hebeln Sie ihn mit einem kleinen Schraubendreher aus dem Zylinderkopf – beschädigen Sie dabei nicht die Gleitfläche der Nockenwelle. Alternativ kann der Dichtring mit einer selbst gebauten Ausziehvorrichtung entfernt werden: Schlagen oder bohren Sie vorsichtig ein kleines Loch in den Dichtring und drehen Sie eine selbst schneidende Schraube hinein, um diese mit einer Zange greifen und den Ring herausziehen zu können (siehe Praxis-Tipp)

Praxis-Tipp

Der alte Dichtring kann entfernt werden, indem ein kleines Loch hineingebohrt wird, um eine selbst schneidende Schraube hineinzudrehen und diese als »Griff« für eine Zange zu nutzen. Bei Problemen können auch zwei Schrauben gegenüber voneinander installiert werden.

3 Kontrollieren Sie die Dichtfläche der Kurbelwelle – falls sich im Bereich des Dichtrings eine Nut gebildet hat, darf der neue Dichtring nicht ganz so tief wie der alte eingepresst werden, damit er einen unbeschädigten Bereich der Gleitfläche abdichtet.

4 Nissan-Werkstätten nutzen zum Einbau des Dichtrings das Spezialwerkzeug (Eintreiber-Set SST:KV113B0220 – Mot. 1586), das aus einer Gewindestange, einem Metallrohr, einer Mutter und einem geschliffenen Bund zum Ansetzen der Führung besteht. Die Stange wird in die Kurbelwelle geschraubt und die Führung am Bund angesetzt. Das Metallrohr wird dann am Dichtring angesetzt, um diesen mithilfe der Mutter in den Zylinderkopf zu pressen. Notfalls kann ein vergleichbares Werkzeug selbst angefertigt werden.

5 Wischen Sie den Dichtring-Sitz sauber, und pressen Sie den neuen Dichtring senkrecht ein. Das Nissan-Werkzeug ist dazu konstruiert, ihn bis zur ursprünglichen Einbautiefe einzutreiben; falls die Kurbelwelle bereits eine Nut aufwies, darf der neue Ring nicht so tief eingepresst werden.

6 Sobald der Dichtring installiert ist, werden die Führung und das Werkzeug entfernt.

7 Wischen Sie den Kurbelwellenstumpf sauber, und installieren Sie das Zahnriemenrad (siehe Sektion 7).

Schwungscheibenseite

8 Demontieren Sie die Schwungscheibe (siehe Sektion 14).

9 Ersetzen Sie den Dichtring wie in den Schritten 2 bis 6 beschrieben (siehe Abbildung) – hier kommt das Nissan-Spezialwerkzeug (Eintreiber-Set SST:KV113B0210 – Mot. 1585) zum Einsatz.

13.9 Einbau des neuen Dichtrings (samt Führung) an der Schwungscheibenseite

10 Montieren Sie die Schwungscheibe (siehe Sektion 14).

14 Schwungscheibe – Ausbau, Kontrolle und Einbau

Anmerkung: *Beim Einbau muss die Schwungscheibe mit neuen Schrauben gesichert werden.*

Ausbau

1 Demontieren Sie das Getriebe (siehe Kapitel 7A, Sektion 6).

2 Demontieren Sie die Kupplung (siehe Kapitel 6, Sektion 6).

3 Hindern Sie die Schwungscheibe am Mitdrehen, indem Sie den Anlasserring mit einem selbst angefertigten Haken oder einem an einer in die Flanschbohrungen gedrehten Schraube angesetzten Schraubendreher blockieren (siehe Abbildungen).

14.3a Blockieren Sie den Anlasserring mit einem solchen Haken ...

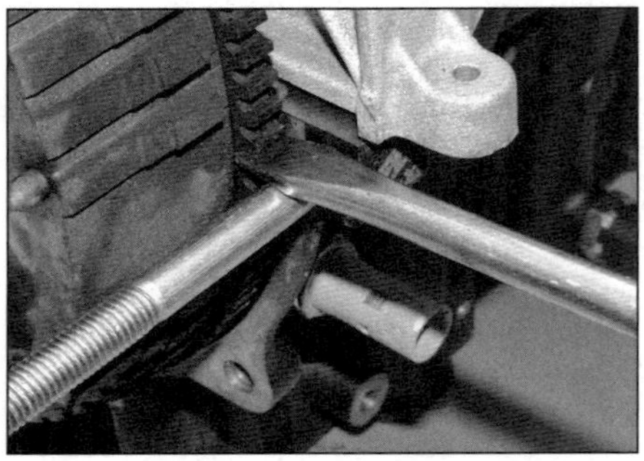

14.3b ... oder mit einem an einer Schraube abgestützten Schraubendreher.

4 Lösen Sie die Schrauben, und ziehen Sie die Schwungscheibe von der Kurbelwelle. Die Schraubenbohrungen sind versetzt angeordnet, sodass die Schwungscheibe nur in einer Position befestigt werden kann. Die Schrauben müssen beim Einbau durch Neuteile ersetzt werden.

Kontrolle

5 Falls die Schwungscheiben-Kontaktfläche zur Kupplung stark riefig ist, Risse oder andere Schäden aufweist, muss die Schwungscheibe ersetzt werden. Holen Sie jedoch zuvor bei einer Fachwerkstatt oder einem Motorenspezialisten Rat ein, ob sie geschliffen werden kann.

6 Falls der Anlasserzahnkranz stark verschlissen ist oder Zähne fehlen, muss er erneuert werden – erkundigen Sie sich bei einer Nissan-Werkstatt oder einem Motorenspezialisten, ob die Schwungscheibe repariert werden kann.

Einbau

7 Reinigen Sie die Kontaktfläche der Schwungscheibe und der Kurbelwelle. Versehen Sie die Kontaktfläche der Kurbelwelle mit Loctite 549 Autoform oder einem ähnlichen Mittel.

8 Heben Sie die Schwungscheibe in Position, installieren Sie die neuen Schrauben – diese dürfen nicht geölt werden, da sie mit einer Sicherungsmasse überzogen sind. Blockieren Sie die Schwungscheibe wie beim Ausbau, und ziehen Sie die Schrauben zunächst über Kreuz mit 20 Nm an und dann mithilfe einer Gradscheibe in einem weiteren Durchgang um 36° weiter (siehe Abbildung).

14.8 Installieren Sie unbedingt neue Schwungscheiben-Schrauben.

9 Montieren Sie die Kupplung (siehe Kapitel 6, Sektion 6).
10 Entfernen Sie ggf. das Arretierwerkzeug, und montieren Sie das Getriebe (siehe Kapitel 7A, Sektion 6).

15 Motor- und Getriebehalterungen – Kontrolle und Ersetzen

Kontrolle

1 Um den Zugang zu verbessern, muss das Fahrzeug vorn angehoben und sicher abgestützt werden (siehe Seite 535).
2 Prüfen Sie, ob die Gummilager irgendwo gerissen, verhärtet oder vom Metall getrennt sind – ersetzen Sie entsprechende Halterungen.
3 Kontrollieren Sie die Festigkeit aller Schrauben und Muttern – die Anzugsdrehmomente sind in den technischen Daten angegeben.
4 Hebeln Sie vorsichtig mit einem großen Schraubendreher oder einem Brecheisen an den Halterungen, um Spiel und Verschleiß zu ermitteln. Drücken Sie nötigenfalls die Antriebseinheit vor und zurück sowie nach links und rechts – etwas Spiel tritt auch bei neuwertigen Komponenten auf, übermäßiger Verschleiß darf jedoch nicht feststellbar sein; kontrollieren Sie ggf. die Festigkeit aller Schrauben und Muttern, und tauschen Sie alle verschlissenen Teile aus.

Ersetzen

Rechte Halterung

5 Trennen Sie den Masseanschluss (–) der Batterie (siehe Seite 532).
6 Stützen Sie den Motor mit einem Rangierwagenheber ab, schützen Sie dabei die Ölwanne mit einem Stück Holz (siehe Abbildung).

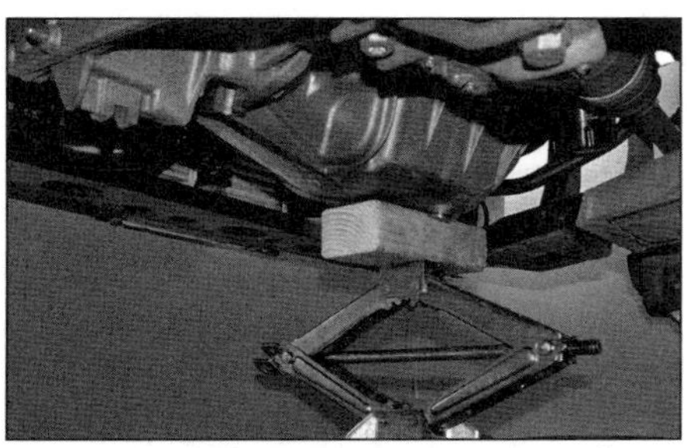

15.6 Stützen Sie den Motor unter der Ölwanne ab – schützen Sie diese mit einem Holz.

7 Für einen besseren Zugang kann der Kraftstofffilter samt Halterung demontiert werden (siehe Kapitel 1B, Sektion 21) (siehe Abbildung).

15.7 Entfernen Sie den Kraftstofffilter samt Halterung.

8 Befreien Sie oben am Motorträger die Kraftstoffleitungen, und lösen Sie die Schraube des Halters, um ihn samt Massekabel zu lösen (siehe Abbildungen).

15.8a Befreien Sie die Kraftstoffleitungen ...

15.8b ... und schrauben Sie den Halter des Massekabels ab.

9 Lösen Sie an der Spritzwand die Schrauben der Drehmomentstütze, und entfernen Sie diese hinten vom Motorhalter (siehe Abbildung).

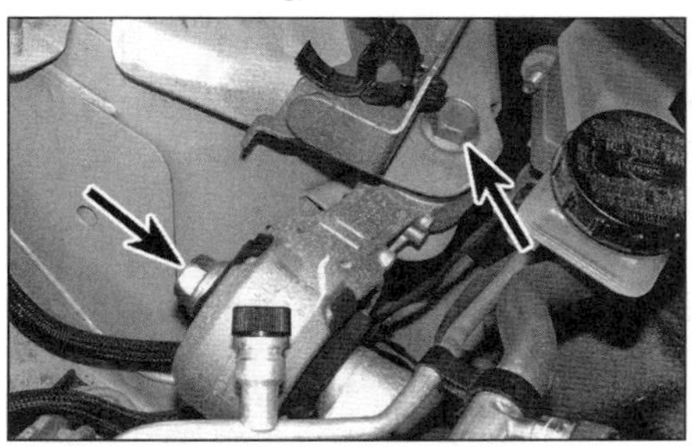

15.9 Schrauben Sie die Drehmomentstütze an der Spritzwand ab.

10 Lösen Sie die jeweils drei Schrauben aus dem Innenkotflügel und der Motorhalterung, und entnehmen Sie die gesamte Halterung aus dem Motorraum (siehe Abbildungen).

15.10a Lösen Sie jeweils drei Schrauben aus dem Innenkotflügel ...

15.10b ... und der Motorhalterung, um die Halterung zu entfernen.

11 Kontrollieren Sie alle Bauteile sorgfältig auf Verschleiß und Beschädigungen, und ersetzen Sie sie nötigenfalls.
12 Setzen Sie die gesamte Halterung beim Einbau an den Innenkotflügel und den Motor, installieren Sie die Schrauben, und ziehen Sie sie mit 55 Nm an.
13 Montieren Sie die Drehmomentstütze hinten an die Motorhalterung, und ziehen Sie ihre Schrauben mit 140 Nm an.
14 Sobald die Motorhalterung wieder installiert ist, kann der Kraftstofffilter samt Halter montiert werden (siehe Kapitel 1B, Sektion 21).
15 Senken Sie das Fahrzeug ab, und entfernen Sie den Rangierwagenheber.
16 Sichern Sie den Massekabel-Halter an der Motorhalterung, stecken Sie die Kraftstoffschläuche in ihre Clips, und schließen Sie die Batterie wieder an.

Linke Halterung

17 Entfernen Sie die Batterie und den Batteriehalter (siehe Kapitel 5A, Sektion 3).
18 Stützen Sie das Getriebe mit einem Rangierwagenheber ab, schützen Sie dabei das Gehäuse mit einem Stück Holz (siehe Abbildung).

15.18 Stützen Sie das Getriebe ab – schützen Sie es dabei mit einem Holz.

19 Lösen Sie die zentrale Mutter des durchgehenden Bolzens/Stehbolzens, und entfernen Sie ggf. den Vibrationsdämpfer (siehe Abbildung).

15.19 Lösen Sie die zentrale Mutter, und entfernen Sie den Vibrationsdämpfer.

20 Lösen Sie die zwei äußeren Muttern, und befreien Sie die Halterung vom oberen Halter (siehe Abbildung).

15.20 Lösen Sie die zwei äußeren Muttern und entfernen Sie die Aufnahme.

21 Lösen Sie nötigenfalls die Schrauben aus dem Innenkotflügel, um die obere Halterung zu entfernen.
22 Lösen Sie nötigenfalls auch die Schrauben aus dem Getriebe, um die untere Halterung zu entfernen (siehe Abbildung).

15.22 Entfernen Sie die Halterung vom Getriebe.

23 Kontrollieren Sie alle Bauteile sorgfältig auf Verschleiß und Beschädigungen, und ersetzen Sie sie nötigenfalls.
24 Setzen Sie beim Einbau ggf. die obere und untere Halterung an, und ziehen Sie die Schrauben mit den vorgegebenen Drehmomenten an.
25 Richten Sie das linke Gummilager zum Bolzen/Stehbolzen der unteren Halterung aus, und ziehen Sie die Mutter mit 65 Nm an.
26 Installieren Sie die zwei äußeren Muttern, und ziehen Sie sie mit 65 Nm an.
27 Sobald die Getriebehalterungen wieder installiert sind, kann der Rangierwagenheber entfernt werden.
28 Montieren Sie den Batterieträger und die Batterie (siehe Kapitel 5A, Sektion 3).

Hintere untere Halterung

29 Falls noch nicht geschehen, muss die Handbremse gezogen und das Fahrzeug vorn angehoben und sicher abgestützt werden (siehe Seite 535).
30 Lösen und entfernen Sie die Schrauben, mit denen die hintere Drehmomentstütze am Hilfsrahmen und der Halterung gesichert ist, und befreien Sie sie nach unten aus dem Fahrzeug (siehe Abbildung).

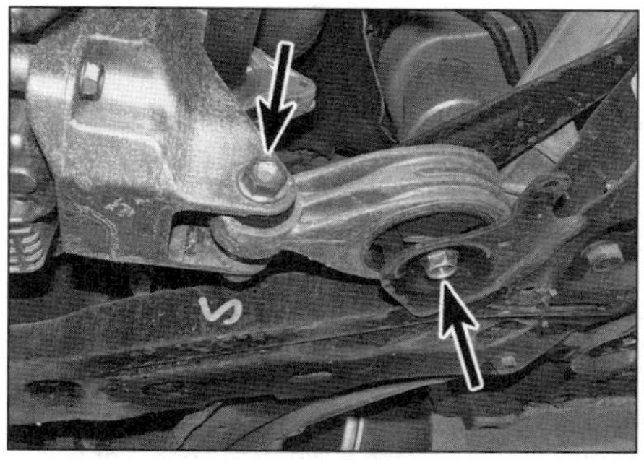

15.30 Lösen Sie die Schrauben der Drehmomentstütze.

31 Lösen Sie nötigenfalls die drei Schrauben, die den hinteren Halter an der Ölwanne sichern, und befreien Sie ihn nach unten aus dem Fahrzeug.
32 Kontrollieren Sie alle Bauteile sorgfältig auf Verschleiß und Beschädigungen, und ersetzen Sie sie nötigenfalls.
33 Montieren Sie beim Einbau die hintere Halterung an die Ölwanne, und ziehen Sie die Schrauben mit 80 Nm an.
34 Montieren Sie die Drehmomentstütze an die Halterung und den Hilfsrahmen, und ziehen Sie die Schrauben am Hilfsrahmen mit 110 Nm bzw. an der Halterung mit 155 Nm an.
35 Sobald die hintere Drehmomentstütze installiert ist, kann das Fahrzeug wieder abgesenkt werden.

Kapitel 2, Teil D

Reparaturen am eingebauten 2,0 l-Dieselmotor

Inhalt — Sektion

Schwierigkeitsgrade

Leicht. Geeignet für Anfänger mit wenig Erfahrung.	**Relativ leicht.** Geeignet für Anfänger mit etwas Erfahrung.	**Relativ schwierig.** Geeignet für geübte Selbstschrauber.	**Schwer.** Geeignet für Selbstschrauber mit viel Erfahrung.	**Sehr schwer.** Geeignet für Experten und Profis.

Spezifikationen

Motor (allgemein)	
Typ	Vierzylinder-Reihenmotor, DOHC, 16V
Bezeichnung	M9R
Motorleistung	
Euro 4	110 kW/150 PS bei 4000/min
Euro 5 »Pure Drive«	109 kW/148 PS bei 4000/min
Hubraum	1995 cm³
Bohrung	84,0 mm
Hub	90,0 mm
Zündfolge	1-3-4-2 (Zylinder Nr. 1 links an Getriebeseite)
Kurbelwellen-Drehrichtung	vorwärts (von rechts gesehen im Uhrzeigersinn)
Verdichtungsverhältnis	15,6 : 1
Kompressionsdruck (bei ca. 80 °C Motortemperatur)	
Standard	26 bar
Minimum	21 bar
Maximale Differenz zwischen Zylindern	5 bar
Nockenwellen	
Antrieb	Steuerkette (von Kurbelwelle zu Auslassnockenwelle) Zahnräder (von Auslass- zu Einlassnockenwelle)
Anzahl der Lager	6
Axialspiel	0,05 bis 0,13 mm
Schmiersystem	
Minimaler Öldruck bei 80 °C	
bei 800/min	0,9 bar
bei 3000/min	4,0 bar

Anzugsdrehmomente

Ausgleichswellen-Baugruppe	
Schritt 1	15 Nm
Schritt 2	85 ± 5° weiter
Auslassnockenwellenritzel an Zahnrad	
Schritt 1	10 Nm
Schritt 2	40 ± 6° weiter
Einlassnockenwellen-Zahnrad	
Schritt 1	20 Nm
Schritt 2	35 ± 6° weiter
Einlassstutzen	25 Nm
Kraftstoffpumpenrad an Auslassnockenwelle	
Schritt 1	40 Nm
Schritt 2	34 ± 6° weiter
Kraftstoffpumpenritzel	90 Nm
Kurbelwellen-Dichtringdeckel	
Steuerkettenseite	47 Nm
Getriebeseite	
Schritt 1	5 Nm
Schritt 2	10 Nm
Kurbelwellen-Hauptlagerdeckel	
Schritt 1	20 Nm
Schritt 2	70 ± 6° weiter
Kurbelwellen-Positionsring	
Schritt 1	3 Nm
Schritt 2	20 Nm
Kurbelwellenriemenrad-Schraube	
Schritt 1	50 Nm
Schritt 2	85 ± 6° weiter
Ladedrucksensor-Mutter an Dämpferventil	8 Nm
Motorgehäuse-Unterteil	25 Nm
Motor/Getriebe – hintere Halterung/Stützlager	
Drehmomentstütze an Hilfsrahmen – Schraube	110 Nm
Drehmomentstütze an Halterung – Schraube	155 Nm
Halterung an Ölwanne – Schrauben	80 Nm
Motor/Getriebe – linke Halterung	
Halterung an Aufnahme – Schrauben	115 Nm
Gummilagerung links – Mutter	45 Nm
Halterung an Innenkotflügel – Schrauben	80 Nm
Halterungsmuttern außen	45 Nm
Halterung an Getriebe – Schrauben	45 Nm
Motorhalterungs-Verstärkung rechts am Zylinderkopf	45 Nm
Motor/Getriebe – rechte Halterung	
Alu-Halterung an Zylinderkopf-Halterung	55 Nm
Halterung an Innenkotflügel – Schrauben	55 Nm
Drehmomentstützen-Befestigungsschrauben	130 Nm
Nockenwellengehäuse	12 Nm
Nockenwellen-Lagerdeckel	10 Nm
Ölabscheider	12 Nm
Öldruckschalter	30 Nm
Ölkühler/Filtergehäuse an Motorblock	
Schritt 1	5 Nm
Schritt 2	25 Nm
Ölpeilstab-Führungsrohr	10 Nm
Ölpegelsensor	25 Nm
Ölpumpe an Motorblock	
Schritt 1	5 Nm
Schritt 2	25 Nm
Ölpumpensieb	10 Nm
Öl-Spritzblech an Ölpumpe	10 Nm
Ölwanne	
Schritt 1	5 Nm
Schritt 2	16 Nm
OT-Inspektionsstopfen (im Motorblock)	25 Nm

Pleuelfußschrauben	
Schritt 1	25 Nm
Schritt 2	55 ± 6° weiter
Radbolzen	113 Nm
Schwungscheiben-Schrauben*	
Schritt 1	25 Nm
Schritt 2	45 ± 6° weiter
Steuerketten-Führungsschiene	
Schritt 1	5 Nm
Schritt 2	25 Nm
Steuerkettendeckel-Schrauben	
Schritt 1	5 Nm
Schritt 2	
M6-Schrauben	16 Nm
M8-Schraube	18 Nm
Steuerkettenspanner	10 Nm
Steuerketten-Spannerschiene	25 Nm
Turbolader an Einlassstutzen	8 Nm
Zylinderkopfschrauben*	
Schritt 1	5 Nm
Schritt 2	30 Nm
Schritt 3	300 ± 6° weiter

** Beim Zusammenbau müssen neue Schrauben/Muttern verwendet werden.*

1 Allgemeine Informationen

Der Zweck dieses Kapitels

1 Dieser Teil von Kapitel 2 beinhaltet Reparaturen, die bei im Fahrzeug montierten Dieselmotoren mit 2,0 Liter Hubraum durchgeführt werden können. Falls der Motor ausgebaut und entsprechend freigelegt ist, können nicht zutreffende Schritte ignoriert werden. Kapitel 2E beinhaltet den Ausbau des Motors samt Getriebe aus dem Fahrzeug und die dann mögliche Komplettüberholung.

2 Details zur Position der Motornummer finden sich im Anhang auf Seite 535.

3 Obwohl es technisch möglich ist, Bauteile wie Kolben und Pleuelstangen bei eingebautem Motor zu überholen, werden solche Tätigkeiten normalerweise nicht als separate Arbeiten durchgeführt. Üblicherweise müssen verschiedene weitere Prozeduren (nicht zu vergessen die Reinigung von Bauteilen und Ölkanälen) durchgeführt werden, sodass solche Aufgaben zu den größeren Überholprozessen gezählt werden, die in Kapitel 2E beschrieben sind.

Motor – Beschreibung

4 Die in Frankreich gebauten 2,0 l-Vierzylinder-Dieselmotoren sind das Ergebnis einer Zusammenarbeit von Renault und Nissan und haben sich in zahlreichen Automobilen bewährt. Sie sind mit zwei obenliegenden Nockenwellen (DOHC) und zwei Ventilen je Zylinder, einem Turbolader und Direkteinspritzung ausgerüstet. Die Motoren sind quer eingebaut und das Getriebe ist links angeflanscht.

5 Der aus Gusseisen bestehende Motorblock ist mit eingegossenen Zylinderbohrungen versehen; das Kühlmittel durchströmt integrierte Kanäle. Die Kurbelwelle des komplett gleitgelagerten Motors läuft in fünf von unten daran verschraubten Lagerschalen. Ihr Axialspiel wird durch Anlaufscheiben am Hauptlager Nr. 2 begrenzt. Die Pleuel drehen sich mit horizontal gebrochenen Lagerschalen auf den Hubzapfen. Die aus einer Aluminiumlegierung bestehenden Kolben sind mit drei Kolbenringen (zwei Kompressionsringen und einem Ölabstreifring) ausgerüstet und mit Kolbenbolzen im oberen Pleuelauge gelagert.

6 Die Kurbelwelle treibt über eine Kette die Auslass-Nockenwelle an, die wiederum über zwei Zahnräder vornvorn die Einlassnockenwelle und an der Rückseite die Hochdruck-Kraftstoffpumpe antreibt.

7 Die 16 Ventile des Motors werden von den im Nockenwellengehäuse drehenden Nockenwellen über hydraulisch gelagerte Schlepphebel geöffnet, sodass keine Einstellung des Ventilspiels nötig ist.

8 Eine ans Motorgehäuse geschraubte und per Zahnrad von der Kurbelwelle angetriebene Ausgleichswellen-Baugruppe beinhaltet zwei in entgegengesetzte Richtungen drehende Wellen mit Gegengewichten, die vertikale Schwingungen des Motors (ausgelöst durch die oszillierenden Kolben samt Pleuel) dämpfen.

9 Um Geräusche und Drehmomentspitzen bei niedrigen Drehzahlen zu reduzieren, wird die Kraft zum Getriebe über eine auf der Kurbelwelle sitzende Zweimassen-Schwungscheibe übertragen.

10 Das Schmiersystem besteht aus einem Druckumlaufsystem. Die unterhalb der Kurbelwelle sitzende Zahnrad-Ölpumpe wird per Kette angetrieben. Die Ölpumpe saugt das Öl durch ein Sieb aus der Ölwanne an und pumpt es durch einen extern sitzenden Ölfilter samt Ölkühler in die Ölkanäle des Motorgehäuses, um die Kurbelwellen-Hauptlager und Nockenwellenlager mit Drucköl zu versorgen. Auch die Pleuelfußlager werden durch Bohrungen in der Kurbelwelle mit Öldruck versorgt. Die Nocken und der gesamte Ventiltrieb werden lediglich durch Spritzöl geschmiert.

Reparaturen, die bei eingebautem Motor möglich sind

11 Die folgenden Arbeiten können erledigt werden, ohne dass der Motor dafür aus dem Fahrzeug ausgebaut werden muss:
a) Kompressions- und Druckverlustprüfung
b) Kurbelwellenriemenrad – Ausbau und Einbau
c) Ölwanne – Ausbau und Einbau
d) Ölpumpe – Ausbau und Einbau
e) Motorgehäuse-Unterteil – Ausbau und Einbau
*f) Pleuel und Kolben – Ausbau und Einbau**
g) Ausgleichswellen-Baugruppe – Ausbau und Einbau
h) Kurbelwellen-Dichtringe – Ersetzen
i) Schwungscheibe – Ausbau und Einbau
j) Motorhalterungen – Kontrolle und Ersetzen
** Auch wenn die Pleuel samt Kolben theoretisch nach der Demontage der Ölwanne bei eingebautem Motor demontiert werden können, sollte dies aus Gründen der Sauberkeit und der Zugänglichkeit bei ausgebautem Motor erfolgen – daher ist diese Prozedur auch in Kapitel 2E beschrieben.*

2 Kompressions- und Druckverlustprüfung – Beschreibung und Auswertung

Beachten Sie hierzu die Hinweise in Kapitel 2C, Sektion 2.

3 Oberer Totpunkt (OT) – Positionierung

Anmerkung: *Für diese Arbeit werden spezielle Arretierwerkzeuge benötigt, die beim Nissan- oder Renault-Händler oder im gut sortierten Werkzeug-Fachhandel beschafft werden können.*

1 Der Obere Totpunkt (OT) ist der höchste Punkt des Kolbens im Zylinder; er erreicht diese Position abwechselnd am Ende des Verdichtungstaktes und des Ausstoßtaktes. Bei der Festlegung der Steuerzeiten bezieht sich der OT auf den Kolben in Zylinder Nr. 1, der sich links – an der Getriebeseite – befindet. Oft muss der Zylinder Nr. 1 im Verdichtungs-OT stehen (bei dem die Einlass- und Auslassventile geschlossen sind), um die Nockenwellen korrekt positionieren zu können.

2 Trennen Sie den Masseanschluss (–) der Batterie (siehe Seite 532).

3 Ziehen Sie die Handbremse an, legen Sie den Leerlauf ein, heben Sie das Fahrzeug vornvorn an, und stützen Sie es sicher ab (siehe Seite 535). Demontieren Sie das rechte Vorderrad.

4 Entfernen Sie den Unterfahrschutz und die rechte Radlaufschale, um Zugang zur Schraube des Kurbelwellenriemenrads zu erhalten.

5 Um das Drehen der Kurbelwelle zu erleichtern, können die Glühkerzen entfernt werden (siehe Kapitel 5C, Sektion 3).

6 Lassen Sie einen Assistenten die Kurbelwelle mit einem an der Riemenradschraube angesetzten Schlüssel im Uhrzeigersinn drehen, bis an der Glühkerzenbohrung von Zylinder Nr. 1 Druck spürbar ist, der anzeigt, dass der Kolben im Verdichtungstakt aufsteigt.

7 Lassen Sie die Kurbelwelle weiterdrehen, bis der Druck in Zylinder Nr. 1 nachlässt. Wenn die Kurbelwelle jetzt eine Viertelumdrehung weitergedreht wird, müssen alle Kolben etwa mittig in ihren Bohrungen stehen.

8 Lösen Sie vorn im Motorblock den OT-Inspektionsstopfen, und drehen Sie das Nissan-Spezialwerkzeug mit der Bezeichnung MOT 1766 in das Gehäuse (siehe Abbildungen).

3.8a Schrauben Sie den OT-Inspektionsstopfen vorn aus dem Motorgehäuse ...

3.8b ... und drehen Sie das Nissan-Werkzeug hinein.

9 Drehen Sie die Kurbelwelle jetzt langsam gegen den Uhrzeigersinn, bis eine Kurbelwange das eingeschraubte Werkzeug berührt.

10 Der Motor steht jetzt im Verdichtungs-OT des Kolbens in Zylinder Nr. 1. Weitere Informationen zum Einstellen der Steuerzeiten finden sich in Sektion 5.

Achtung: ***Versuchen Sie nicht, den Motor mit arretierter Kurbelwelle oder Nockenwellen durchzudrehen. Falls der Motor längere Zeit mit der Arretierung bleiben soll oder muss, kann es nützlich sein, am Armaturenbrett und im Motorraum einen Warnhinweis anzubringen. So wird das Risiko minimiert, dass der Motor versehentlich mit dem Anlasser durchgedreht und durch die Arretierstifte beschädigt wird.***

4 Kurbelwellen-Keilrippenriemenrad – Ausbau und Einbau

Ausbau

1 Trennen Sie den Masseanschluss (–) der Batterie (siehe Seite 532). Ziehen Sie die Handbremse an, legen Sie den

Leerlauf ein, heben Sie das Fahrzeug vorn an, und stützen Sie es sicher ab (siehe Seite 535). Demontieren Sie das rechte Vorderrad.

2 Entfernen Sie den Unterfahrschutz und die rechte Radlaufschale, um Zugang zum Kurbelwellenriemenrad zu erhalten.

3 Demontieren Sie den zwischen dem Unterboden und dem Hilfsrahmen verschraubten Holm.

4 Entfernen Sie den Keilrippenriemen (siehe Kapitel 1B, Sektion 11).

5 Lockern Sie die in der Kurbelwelle sitzende Riemenrad-Schraube. Um die Kurbelwelle dabei zu blockieren, legt ein Assistent einen hohen Gang ein und tritt fest auf die Bremse; falls dies nicht reicht, muss der Anlasserzahnkranz an der Schwungscheibe blockiert werden (hierzu ist der Anlasser zu demontieren). Keinesfalls darf versucht werden, den in Sektion 3 installierten OT-Arretierstift zum Blockieren zu verwenden!

6 Lösen Sie die Schraube, und entfernen Sie die Distanzhülse sowie das Riemenrad von der Kurbelwelle (siehe Abbildungen).

4.6a Lösen Sie die Schraube, entfernen Sie die Distanzhülse ...

4.6b ... und nehmen Sie das Riemenrad von der Kurbelwelle.

Einbau

7 Entfernen Sie sämtliche Sicherungspasten-Reste aus der Gewindebohrung der Kurbelwelle.

8 Reinigen Sie das Gewinde der Riemenradschraube, und versehen Sie es mit einigen Tropfen Sicherungspaste (z. B. Loctite mittelfest).

9 Setzen Sie das Riemenrad gefolgt von der Distanzhülse an der Kurbelwelle an, und ziehen Sie die Schraube zunächst mit 50 Nm an – blockieren Sie dabei die Kurbelwelle (siehe oben). Setzen Sie dann eine Gradscheibe an, und ziehen Sie die Schraube um 86 ± 6° weiter (siehe Abbildung).

4.9 Im zweiten Schritt muss die Riemenradschraube um 86 ± 6° weitergedreht werden.

10 Installieren Sie den Keilrippenriemen (siehe Kapitel 1B, Sektion 11).

11 Montieren Sie den Holm zwischen den Unterboden und den Hilfsrahmen, und ziehen Sie seine Schrauben sorgfältig an.

12 Montieren Sie die Radlaufschale und den Unterfahrschutz. Montieren Sie das rechte Vorderrad, senken Sie das Fahrzeug an, und ziehen Sie die Radmuttern mit 113 Nm an.

5 Steuerkette, Ritzel und Führungen – Ausbau, Kontrolle und Einbau

Anmerkung: *Zum Durchführen dieser Prozedur muss der Motor ausgebaut werden. Zudem werden die Nissan-Spezialwerkzeuge* Mot.1766 *(zur OT-Arretierung) und* Mot. 1769 *(zum Anziehen der Schrauben am Auslassnockenwellen-Ritzel) benötigt. Nissan empfiehlt, beim Austausch der Steuerkette auch die Ritzel, Führungsschienen und den hydraulischen Kettenspanner zu ersetzen.*

Ausbau

1 Bauen Sie den Motor samt Getriebe aus (siehe Kapitel 2E), und platzieren Sie die Baugruppe auf der Werkbank. Falls noch nicht geschehen, muss das Motoröl abgelassen werden.

2 Demontieren Sie den Keilrippenriemen (siehe Kapitel 1B, Sektion 11).

3 Entfernen Sie die Wasserpumpe (siehe Kapitel 3, Sektion 7).

4 Schrauben Sie das Riemenrad von der Kurbelwelle (siehe Sektion 4).

5 Beim Zusammenbau muss ein neuer Kurbelwellen-Dichtring montiert werden, sodass der alte jetzt aus dem Steuerkettendeckel entfernt werden sollte (siehe Sektion 14).

6 Schrauben Sie die Motorhalterungs-Verstärkung rechts aus dem Zylinderkopf.

7 Demontieren Sie die Motorhalterungs-Aufnahme rechts vom Motor (siehe Abbildung).

5.7 Motorhalterungs-Aufnahme rechts am Motor

8 Lockern Sie schrittweise die Schrauben des Steuerkettendeckels – vergessen Sie nicht die in der Vertiefung für die Motorhalterungs-Aufnahme sitzende Schraube. Unten ist der Deckel mit einer M8-Schraube gesichert.

9 Nehmen Sie den Deckel ab – schneiden Sie dabei die Silikon-Dichtmasse auf (eine schwierige und zeitaufwendige Arbeit, die durch den methodischen Einsatz eines Spachtels oder einer Klinge erleichtert werden kann) (siehe Abbildung).

5.9 Befreien Sie den Steuerkettendeckel vom Motor.

10 Entfernen Sie ggf. das bei der Demontage der Riemenradschraube verwendete Zahnkranz-Blockierwerkzeug.

11 Drehen Sie die Kurbelwelle mithilfe eines an den Abflachungen des Wellenstumpfs angesetzten Maulschlüssels **im Uhrzeigersinn**, bis die Nut der Welle zur Schraubenbohrung im Motorblock ausgerichtet ist (siehe Abbildung) – jetzt stehen alle Kolben in der Mitte ihrer Zylinderbohrungen.

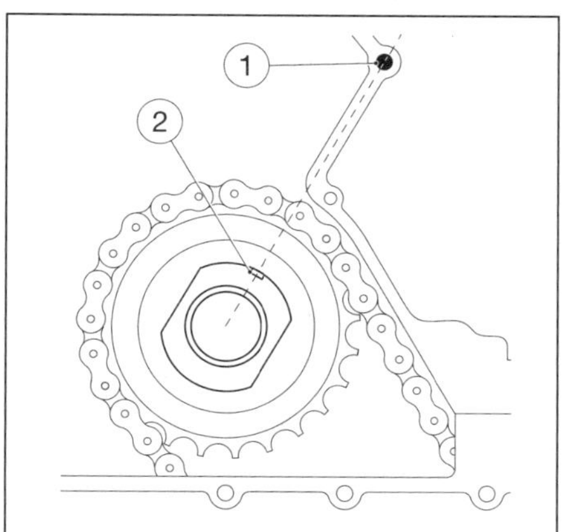

5.11 Die Nut der Kurbelwelle (2) muss zur Schraubenbohrung (1) ausgerichtet sein, um die Kolben korrekt zu positionieren.

12 Schrauben Sie den OT-Inspektionsstopfen vorn aus dem Motorblock, und installieren Sie das Nissan-Spezialwerkzeug *Mot.1766*, ziehen Sie es sorgfältig an. Drehen Sie die Kurbelwelle jetzt langsam **gegen den Uhrzeigersinn**, bis die Kurbelwange das Arretierwerkzeug berührt – der Kolben von Zylinder Nr. 1 steht jetzt im Verdichtungs-OT.

13 Falls die Steuerkette wiederverwendet werden soll, muss sie außen mit Farbe markiert werden, um ihre ursprüngliche Einbaurichtung sicherzustellen.

14 Lockern Sie zunächst die drei Schrauben des Auslassnockenwellen-Ritzels.

15 Drücken Sie die Kette gegen die Spannerschiene, um den Kolben in den hydraulischen Spanner zu schieben, und arretieren Sie ihn dort mit einem in die Bohrung gesteckten 3er-Inbusschlüssel (siehe Abbildung).

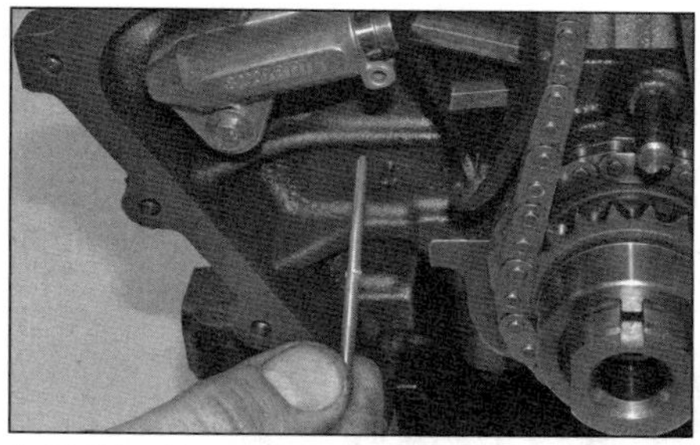

5.15 Blockieren Sie den Steuerkettenspanner mithilfe eines in die Bohrung gesteckten 3er-Inbusschlüssels.

16 Lösen Sie die Schrauben des Steuerkettenspanners, und entfernen Sie ihn (siehe Abbildung).

5.16 Demontieren Sie den Steuerkettenspanner.

17 Lösen Sie den einzelnen Gelenkbolzen der Spannerschiene und entfernen Sie diese (siehe Abbildungen).

5.17a Lösen Sie den Gelenkbolzen ...

5.17b ... ... und entfernen Sie die Steuerketten-Spannerschiene.

18 Entfernen Sie jetzt die drei Schrauben des Auslassnockenwellen-Ritzels samt ihres gemeinsamen Blechs, und ziehen Sie das Ritzel samt Kette von der Nockenwelle – nötigenfalls kann das Ritzel mithilfe des Nissan-Spezialwerkzeugs *Mot.1769* in Position gehalten werden (siehe Abbildungen).

5.18a Entfernen Sie die Schrauben ...

5.18b ... und das gemeinsame Blech, ...

5.18c ... um das Ritzel samt Kette von der Nockenwelle zu ziehen.

19 Befreien Sie das untere Ritzel von der Kurbelwelle (siehe Abbildung).

5.19 Ziehen Sie das Kurbelwellenritzel ab.

20 Lösen Sie die Schrauben der Steuerketten-Führungsschiene, und entfernen Sie diese (siehe Abbildung).

5.20 Entfernen Sie die Steuerketten-Führungsschiene.

21 Drehen Sie das OT-Arretierwerkzeug vorn aus dem Motorblock.

Kontrolle

22 Begutachten Sie die Zähne der Nockenwellen- und Kurbelwellenritzel auf Verschleiß und Beschädigungen wie gerissene oder fehlende Zähne. Falls an einem Ritzel oder der Steuerkette Schäden entdeckt werden, müssen alle Ritzel und die Kette ersetzt werden. Kontrollieren Sie die Steuerkette auf fehlende, verbogene oder anderweitig beschädigte Laschen. Eine verschlissene Kette lässt sich aufgrund ausgeschlagener Laschen und Bolzen seitlich deutlich stärker biegen als ein Neuteil; holen Sie sich nötigenfalls Rat in einer Fachwerkstatt. Kontrollieren Sie die Spanner- und Führungsschienen auf übermäßigen Verschleiß oder Beschädigungen an den Gleitflächen, und ersetzen Sie entsprechende Teile.

Einbau

23 Reinigen Sie sorgfältig die Dichtflächen des Steuerkettendeckels, des Zylinderkopfs und des Motorgehäuses.
24 Stellen Sie die Kurbelwelle in den OT von Zylinder Nr. 1, und installieren Sie das Arretierwerkzeug *Mot.1766* (siehe Sektion 3).
25 Positionieren Sie die Steuerzeitenmarkierung am Zahnrad der Einlassnockenwelle in der 12-Uhr-Position, sodass sie mit dem Anguss des Nockenwellengehäuses fluchtet. Die versetzt angeordnete Nut der Auslassnockenwelle muss dabei waagerecht und unterhalb der Wellen-Mitte liegen (siehe Abbildung).

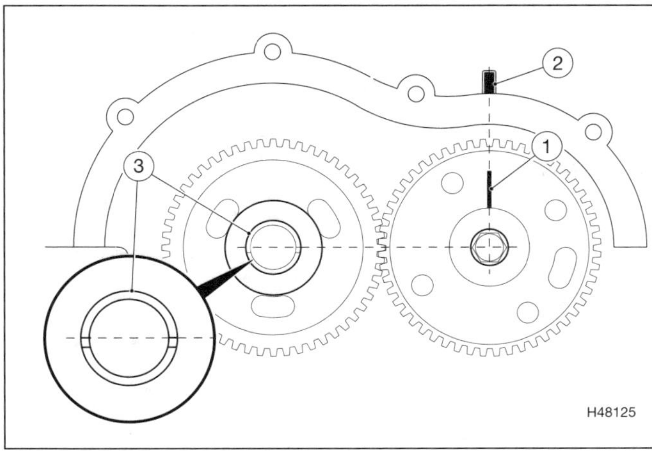

1 *OT-Markierung am Zahnrad der Einlassnockenwelle*
2 *Anguss des Nockenwellen-gehäuses*
3 *Versetzte Nut der Auslassnockenwelle*

5.25 Positionen der Nockenwellen im Verdichtungs-OT von Zylinder Nr. 1

26 Installieren Sie die Steuerketten-Führungsschiene, und ziehen Sie ihre Schrauben zunächst mit 5 und dann mit 25 Nm an.

27 Legen Sie die Steuerkette so um das Kurbelwellenritzel, dass die kupferfarbene Lasche zur Steuerzeitenmarkierung ausgerichtet ist, und schieben Sie das Ritzel auf die Welle. Halten Sie die Kette in dieser Position, führen Sie sie entlang der Führungsschiene, und lassen Sie das Auslassnockenwellenritzel so in die Kette greifen, dass die OT-Bohrung unter der kupferfarbenen Lasche steht (siehe Abbildungen). **Anmerkung**: *Bei einer neuen Steuerkette ist die Einbaurichtung egal, wogegen eine gebrauchte Kette wieder in ihrer ursprünglichen Richtung installiert werden muss.*

5.27a Richten Sie eine der kupferfarbenen Laschen zur Markierung am Kurbelwellenritzel ...

5.27b ... und die andere zur OT-Bohrung des Auslassnockenwellen-Ritzels aus.

28 Schieben Sie das Ritzel auf die Auslassnockenwelle.

29 Installieren Sie ein neues gemeinsames Blech, und drehen Sie die Schrauben zunächst nur handfest ein, damit sich das Zahnrad noch frei in den Bereichen seiner Langlöcher drehen kann.

30 Positionieren Sie die Steuerketten-Spannerschiene, und ziehen Sie den Gelenkbolzen sorgfältig an.

31 Positionieren Sie den weiterhin mithilfe des Inbusschlüssel arretierten Steuerkettenspanner korrekt am Motorgehäuse, und ziehen Sie seine Schrauben mit 10 Nm an.

32 Entfernen Sie den Inbusschlüssel, sodass der Spannerkolben gegen die Schiene drückt und die Steuerkette gespannt wird.

33 Zum Anziehen der Ritzelschrauben müssen die Zahnräder und das Ritzel mit dem Nissan-Werkzeug *Mot.1769* in Position gehalten werden. Setzen Sie das Werkzeug mit der Nut am Ende der Auslassnockenwelle an, und drehen Sie es, bis die Zapfen in das Einlasswellen-Zahnrad greifen können. Installieren Sie die Schraube von oben durch das Werkzeug, und drehen Sie sie in die Bohrung des Nockenwellengehäuses.

34 Ziehen Sie die drei Ritzelschrauben der Auslassnockenwelle zunächst mit 10 Nm an und dann in einem zweiten Durchgang mithilfe einer Gradscheibe um 40 ± 6° weiter – das Spezialwerkzeug hat eine Bohrung für den Zugang zu einer der Schrauben (siehe Abbildung).

5.34 Drehen Sie die Ritzelschrauben im zweiten Durchgang mithilfe einer Gradscheibe um 40 ± 6° weiter.

35 Entfernen Sie das Werkzeug *Mot.1769* und die OT-Arretierung. Tragen Sie Sicherungspaste auf das Gewinde des OT-Inspektionsstopfens auf, installieren Sie ihn, und ziehen Sie ihn mit 25 Nm an (siehe Abbildung).

5.35 Installieren Sie den mit Sicherungspaste bestrichenen OT-Inspektionsstopfen.

36 Tragen Sie an der Dichtfläche des Motors im gezeigten Bereich Silikon-Dichtmasse auf (siehe Abbildungen).

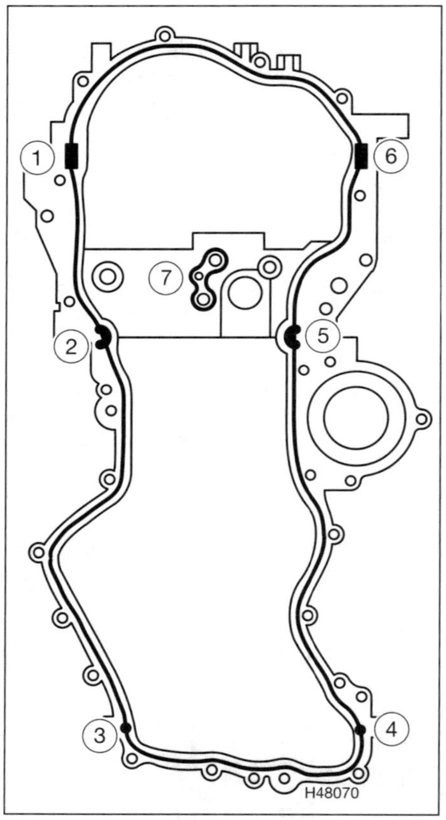

5.36a Dichtmasse-Auftrag für den Steuerkettendeckel

Raupen-Durchmesser 5 ± 2 mm von Punkt 1 bis 6 im unteren Bereich des Motors
Raupen-Durchmesser 11 ± 2 mm über eine Länge von 10 bis 15 mm an den Punkten 1, 2, 3, 4, 5 und 6
Raupen-Durchmesser 3,5 ± 1 mm von Punkt 6 bis 1 im oberen Bereich des Zylinderkopfs
Raupen-Durchmesser 3,5 ± 1 mm um die Bohrungen innerhalb der Steuerkette

5.36b Tragen Sie die Dichtmasse innerhalb der Schraubenlöcher an der äußeren Dichtfläche ...

5.36c ... und um die Löcher der »Insel« herum auf.

37 Setzen Sie den Steuerkettendeckel auf, und drehen Sie die Schrauben zunächst handfest ein. Ziehen Sie sie dann in zwei Schritten zunächst mit 5 Nm an – beginnen Sie an der M8-Schraube unten, und arbeiten Sie sich gegen den Uhrzeigersinn voran. Ziehen Sie im zweiten Durchgang die M8-Schraube mit 18 Nm und die M6-Schrauben mit 16 Nm an.
38 Montieren Sie die rechte Motorhalterungs-Aufnahme, und drehen Sie die Schrauben zunächst handfest ein. Ziehen Sie dann die fünf unteren Schrauben mit 55 Nm an – beginnen Sie mit der oberen vorderen Schraube und arbeiten Sie sich gegen den Uhrzeigersinn voran, sodass zum Schluss die obere hintere Schraube angezogen wird.
39 Installieren Sie die Motorhalterungs-Verstärkung rechts an dem Zylinderkopf, drehen Sie die Schrauben zunächst handfest ein, und ziehen Sie sie dann mit 45 Nm an.
40 Installieren Sie einen neuen Kurbelwellen-Dichtring (siehe Sektion 14).
41 Montieren Sie das Keilrippen-Riemenrad an die Kurbelwelle (siehe Sektion 4).
42 Bauen Sie die Wasserpumpe an (siehe Kapitel 3, Sektion 7).
43 Legen Sie den Keilrippenriemen auf (siehe Kapitel 1B, Sektion 11).
44 Bauen Sie den Motor samt Getriebe ins Fahrzeug (siehe Kapitel 2E).
45 Füllen Sie Motoröl und Kühlmittel auf (siehe Kapitel 1B).

6 Steuer-Zahnräder – Ausbau, Kontrolle und Einbau

Anmerkung: *Zum Durchführen dieser Prozedur muss der Motor ausgebaut werden. Zudem werden die Nissan-Spezialwerkzeuge* Mot. 1769 *(zum Anziehen der Schrauben am Auslassnockenwellen-Ritzel) und* Mot. 1769 *benötigt; letzteres dient der Einstellung des automatischen Spiel-Kompensators am federbelasteten zweiteiligen Einlassnockenwellenrad).*

Ausbau

1 Entfernen Sie die Steuerkette samt Ritzel und Führungen (siehe Sektion 5).

2 Montieren Sie das Werkzeug *Mot.1769*, um das Einlassnockenwellenrad in Position zu halten, und lockern Sie die Schraube, die das Zahnrad an der Nockenwelle sichert (Abb. 6.13a).

3 Entfernen Sie das Werkzeug, und stecken Sie einen Schraubendreher in die spezielle Bohrung des Zahnrades, um die Verschleiß-Kompensationsfeder durch Anheben zu komprimieren und das Zahnrad von demjenigen der Auslassnockenwelle zu lösen.

4 Ziehen Sie das Auslassnockenwellenrad von der Wellen-Verlängerung, und befreien Sie den Schraubendreher aus dem Einlassnockenwellenrad.

5 Drehen Sie die Schraube des Einlassnockenwellenrades vollständig heraus, und entfernen Sie die Distanzhülse sowie das Zahnrad.

Kontrolle

6 Reinigen Sie sorgfältig die Zahnräder, und begutachten Sie sie sorgfältig auf Verschleiß und Beschädigungen. Falls Risse, Ausbrüche oder fehlende Zähne festgestellt werden, müssen beide Zahnräder als Set ersetzt werden.

Einbau

7 Bevor das Einlassnockenwellenrad montiert werden kann, muss die Verschleiß-Kompensationsfeder komprimiert werden, indem eine Stange mit 4 mm Durchmesser in die spezielle Bohrung eingeführt wird, um die Feder zu blockieren – hierzu ist etwas Kraft nötig, und es wird empfohlen, das Nissan-Werkbankwerkzeug *Mot.1773* zu verwenden, um die Arbeit sicher zu erledigen; ein vergleichbares Werkzeug kann auch selbst angefertigt werden. Klemmen Sie die Grundplatte des Werkzeugs in einen Schraubstock, und setzen Sie das Einlass-Zahnrad so an, dass der Keil eingreift und einrastet. Positionieren Sie jetzt den Hebel am Drehpunkt, und ziehen Sie die Flügelmutter an. Lassen Sie die Zähne des Hebels in diejenigen des unteren Radsegments greifen, und drehen Sie den Hebel gegen den Uhrzeigersinn, bis die Zähne des unteren Segments mit denen des (oberen) Hauptzahnrades fluchten. Arretieren Sie die zwei Zahnrad-Segmente in dieser Position, indem Sie einen Stift mit 4 mm Durchmesser in die spezielle Bohrung einführen (siehe Abbildung). Anmerkung: Ein neues Einlassnockenwellenrad wird mit einem bereits installierten Arretierstift aus Kunststoff ausgeliefert.

6.7 Mithilfe des Nissan-Werkzeugs Mot.1773 werden die beiden Zahnrad-Segmente zueinander ausgerichtet.

8 Entfernen Sie das Einlassnockenwellenrad vom Werkzeug, und schieben Sie es auf die Nockenwelle (siehe Abbildung).

6.8 Schieben Sie das arretierte Zahnrad auf die Einlassnockenwelle ...

9 Installieren Sie die Schraube mit der Distanzhülse zunächst handfest (siehe Abbildung).

6.9 ... und installieren Sie die Hülse und die Schraube.

10 Positionieren Sie die Steuerzeitenmarkierung am Zahnrad der Einlassnockenwelle in der 12-Uhr-Position, sodass sie mit dem Anguss des Nockenwellengehäuses fluchtet. Die versetzt angeordnete Nut der Auslassnockenwelle muss dabei waagerecht und unterhalb der Wellen-Mitte liegen (Abb. 5.25).

11 Setzen Sie das Auslassnockenwellenrad so auf seine Welle, dass die Befestigungsbohrungen mittig in den Langlöchern liegen. Richten Sie die Verzahnungen beider Zahnräder zueinander aus, und schieben Sie das Rad vollständig auf die Nockenwelle (siehe Abbildungen).

6.11a Lassen Sie das Auslass-Zahnrad in das Einlass-Zahnrad greifen ...

6.11b ... und richten Sie es so aus, dass die Schraubenbohrungen mittig in den Langlöchern liegen.

12 Prüfen Sie nach, ob die Steuerzeitenmarkierungen des Einlass-Zahnrades und der Auslassnockenwelle noch so stehen wie in Abb. 5.25 gezeigt. Entfernen Sie dann den Arretierstift aus dem Einlass-Zahnrad (siehe Abbildung).

6.12 Ziehen Sie den Arretierstift aus dem Einlassnockenwellenrad.

13 Zum Anziehen der Einlasszahnrad-Schraube muss das Zahnrad jetzt wieder mit dem Nissan-Werkzeug *Mot.1769* blockiert werden. Ziehen Sie die Schraube zunächst mit 20 Nm an und dann mithilfe einer Gradscheibe um 35 ± 6° weiter (siehe Abbildungen).

6.13a Blockieren Sie das Zahnrad mit dem Nissan-Spezialwerkzeug Mot.1769 und ziehen Sie die Schraube zunächst mit 20 Nm an ...

6.13b ... und dann mithilfe einer Gradscheibe um 35 ± 6° weiter.

14 Montieren Sie die Steuerkette samt Ritzeln und Führungen (siehe Sektion 5).

7 Nockenwellen – Ausbau, Kontrolle und Einbau

Anmerkung: *Für diese Operation muss der Motor aus dem Fahrzeug gebaut werden.*

Ausbau

1 Entfernen Sie die Steuerkette samt Ritzel und Führungen (siehe Sektion 5) sowie die Steuer-Zahnräder (siehe Sektion 6) – hierzu muss der Motor aus dem Fahrzeug gebaut werden (siehe Kapitel 2E).

2 Entfernen Sie das Ladeluftkühler-Einlassrohr, indem Sie seine Endstücke befreien und die Befestigungsschrauben lösen. Entnehmen Sie dann Rohr-Protektor (siehe Abbildungen).

7.2a Lösen Sie die Drahtbügel der Ladeluftkühler-Einlassrohr-Endstücke, um sie zu befreien ...

7.2b ... – beachten Sie die darin sitzenden O-Ring-Dichtungen.

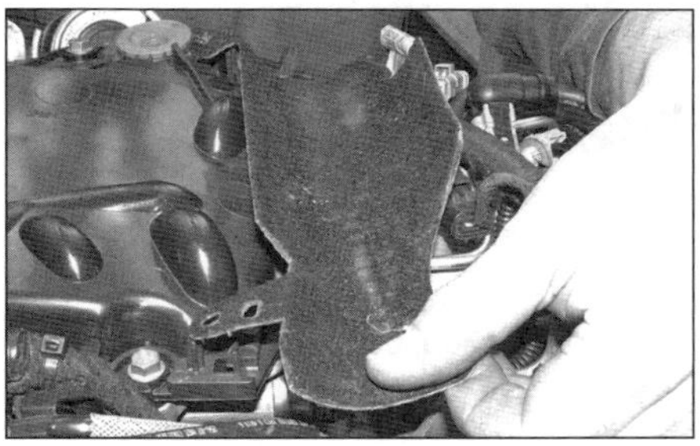

7.2c Entfernen Sie den Einlassrohr-Protektor.

3 Entfernen Sie die Bremskraftverstärker-Unterdruckpumpe (siehe Kapitel 9, Sektion 13).
4 Entfernen Sie die Hochdruckleitung zwischen der Pumpe und dem Druckspeicher sowie den Abgas-Drucksensor (siehe Kapitel 4B, Sektion 10).
5 Lösen Sie oben am Zylinderkopf die Schrauben des Einspritzdüsendeckels und des Ölabscheiders, um beide Teile zu entfernen (siehe Abbildungen).

7.5a Entfernen Sie den Einspritzdüsendeckel ...

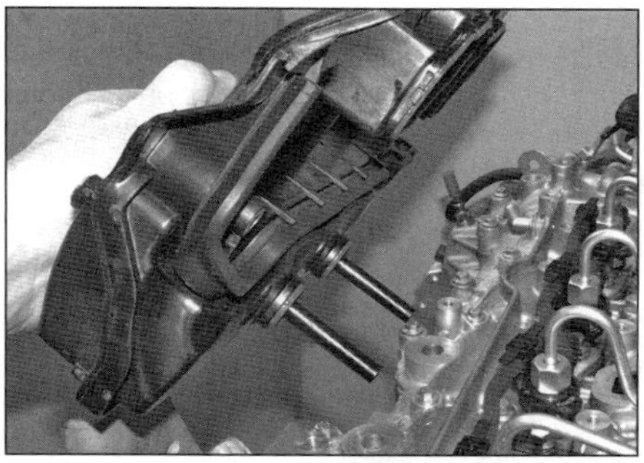

7.5b ... und den Ölabscheider vom Zylinderkopf.

6 Entfernen Sie das Einspritzanlagen-Rücklaufrohr sowie die Hochdruckleitungen zwischen dem Druckspeicher und den Einspritzdüsen, und demontieren Sie die Einspritzdüsen (siehe Kapitel 4B, Sektion 11).
7 Lösen Sie hinten am Zylinderkopf die Schrauben des Kraftstoffrücklauf-Sammelrohrs, und entfernen Sie dieses.
8 Lösen Sie schrittweise die Schrauben des Nockenwellengehäuses, und heben Sie dieses vom Zylinderkopf ab; nötigenfalls muss es mithilfe eines Schraubendrehers und eines Holzstücks abgehebelt werden – beschädigen Sie dabei nicht die Dichtflächen. Die Nockenwellen sind mit Lagerdeckeln im Gehäuse gesichert, die Schlepphebel und ihre hydraulischen Widerlager verbleiben im Zylinderkopf.
9 Legen Sie das Nockenwellengehäuse verkehrt herum auf die Werkbank, und beachten Sie die Positionen der Einlass- und Auslassnockenwelle sowie die Markierungen an den Lagerdeckeln – diejenigen der Einlassnockenwelle sind mit ADM1 und ADM2 markiert; diejenigen der Auslassnockenwelle mit ECH1 und ECH2 (siehe Abbildungen).

7.9a Markierungen an einem Lagerdeckel der Einlassnockenwelle

7.9b Markierungen an einem Lagerdeckel der Auslassnockenwelle

10 Lösen Sie schrittweise die Schrauben der Nockenwellen-Lagerdeckel, und heben Sie diese vom Gehäuse ab; die Nockenwellen können jetzt aus ihren Lagersitzen gehoben werden (siehe Abbildungen).

7.10a Entfernen Sie die Nockenwellen-Lagerdeckel ...

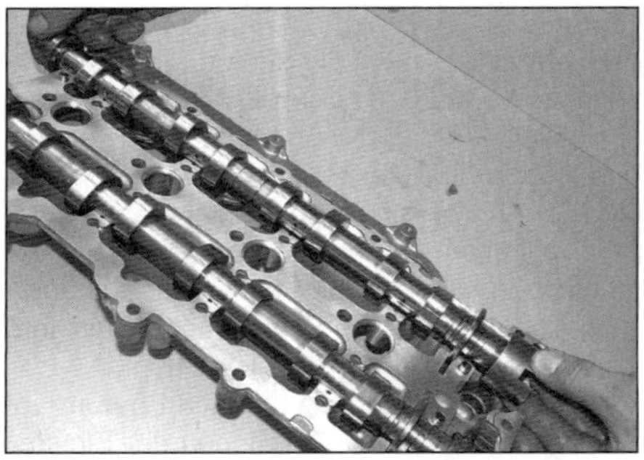

7.10b ... und heben Sie die Einlassnockenwelle ...

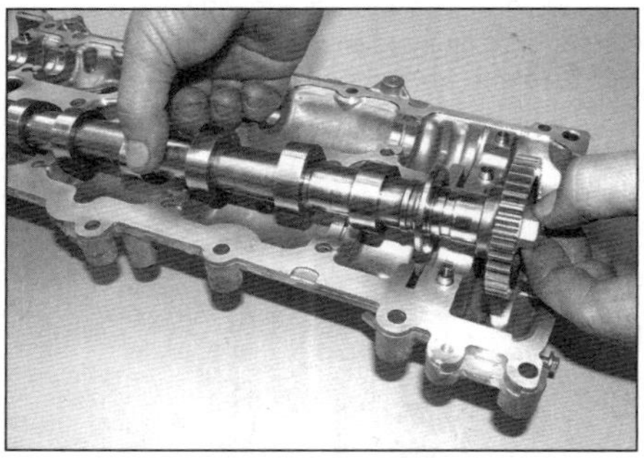

7.10c ... sowie die Auslassnockenwelle aus dem Gehäuse.

11 Lösen Sie nötigenfalls das Hochdruckpumpen-Antriebsrad vom linken Ende der Auslassnockenwelle, indem Sie es in einen mit Weichmetall-Backen ausgerüsteten Schraubstock einspannen und die Schraube lösen, die es an der Nockenwelle sichert (siehe Abbildung).

7.11 Das links an der Auslassnockenwelle sitzende Antriebszahnrad für die Hochdruck-Kraftstoffpumpe

Kontrolle

12 Reinigen Sie sorgfältig alle Komponenten, und entfernen Sie sämtliche Dichtungsreste von den Kontaktflächen des Gehäuses und des Zylinderkopfs.

13 Begutachten Sie die Nocken und Lagerflächen der Nockenwellen auf Verschleißgrate und Riefen, und ersetzen Sie sie nötigenfalls. Inspizieren Sie die Gleitflächen im Nockenwellengehäuse, den Lagerdeckeln und dem Zylinderkopf; bei übermäßigem Verschleiß müssen der Zylinderkopf, die Nockenwellen, das Gehäuse und die Lagerdeckel ersetzt werden. Kontrollieren Sie die Zähne des Hochdruckpumpen-Antriebsrads auf Verschleiß und Ausbrüche, und ersetzen Sie es nötigenfalls.

Einbau

14 Falls entfernt, wird das Hochdruckpumpen-Antriebsrad wieder in den mit weichen Backen ausgerüsteten Schraubstock geklemmt, von hinten die Nockenwelle angesetzt und von vorn die Schraube eingedreht. Ziehen Sie die Schraube mit 90 Nm an.

15 Schmieren Sie die Lagerflächen des Nockenwellengehäuses mit frischem Motoröl, und legen Sie die Nockenwellen korrekt positioniert hinein (siehe Abbildung).

7.15 Ölen Sie die Lagerflächen, bevor die Nockenwellen eingelegt werden.

16 Setzen Sie die Lagerdeckel an – sie müssen am Gehäuse anliegen, bevor die Schrauben zunächst handfest eingedreht werden; ziehen Sie sie dann mit 10 Nm an.

17 Die Nockenwellen müssen jetzt passend zum Verdichtungs-OT von Zylinder Nr. 1 gedreht werden; legen Sie das Nockenwellengehäuse dazu richtig herum auf die Werkbank. Drehen Sie die Auslassnockenwelle so, dass die versetzt liegenden Nuten waagerecht im unteren Bereich liegen. Drehen Sie die Einlassnockenwelle so, dass die Steuerzeitenmarkierung gerade nach oben zum Anguss des Gehäuses zeigt (siehe Abbildung).

7.17 Drehen Sie die Nockenwellen wie beschrieben in die OT-Position von Zylinder Nr. 1.

18 Die Dichtflächen des Nockenwellengehäuses und des Zylinderkopfs müssen sauber und fettfrei sein. Tragen Sie 1,5 ± 1 mm starke Raupen aus Silikon-Dichtmasse in den gezeigten Bereichen auf (siehe Abbildungen).

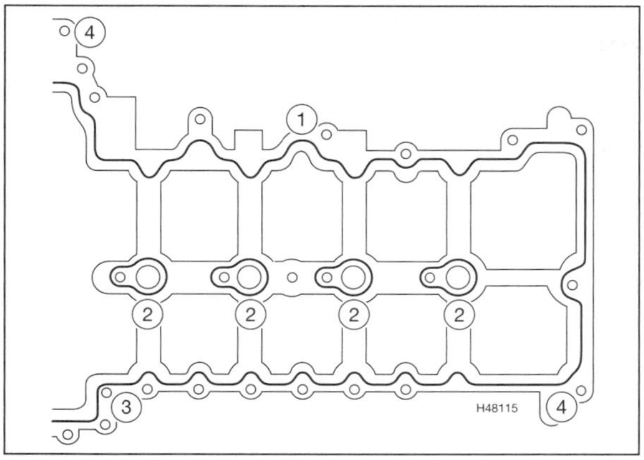

7.18a Silikon-Dichtmasse-Auftrag am Zylinderkopf für das Nockenwellengehäuse

1 Auslassseite
2 Mittige »Inseln«
3 Einlassseite
4 Positionen der Führungs-Stehbolzen

7.18b Tragen Sie die Dichtmasse innerhalb der Schraubenlöcher an der äußeren Dichtfläche ...

7.18c ... und um die Löcher der »Insel« herum auf.

19 Um das Nockenwellengehäuse korrekt auf dem Zylinderkopf auszurichten, sollten übergangsweise zwei 60 mm lange M6-Stehbolzen in diagonal gegenüberliegende Gewindebohrungen gedreht werden (siehe Abbildung).

7.19 Drehen Sie zum Ausrichten des Nockenwellengehäuses zwei M6-Stehbolzen in den Zylinderkopf.

20 Drehen Sie die Kurbelwelle so, dass die Kolben der Zylinder 1 und 4 im OT stehen (siehe Sektion 3).
21 Setzen Sie das Nockenwellengehäuse mit den installierten Nockenwellen vorsichtig auf den Zylinderkopf – die Führungs-Stehbolzen müssen dabei in die richtigen Bohrungen greifen (siehe Abbildung).

7.21 Locating the camshaft housing on the cylinder head

22 Installieren Sie zunächst die Schrauben 12, 15, 18 und 21 (siehe Abbildung), und ziehen Sie sie mit 12 Nm an. Drehen Sie die Führungs-Stehbolzen heraus.

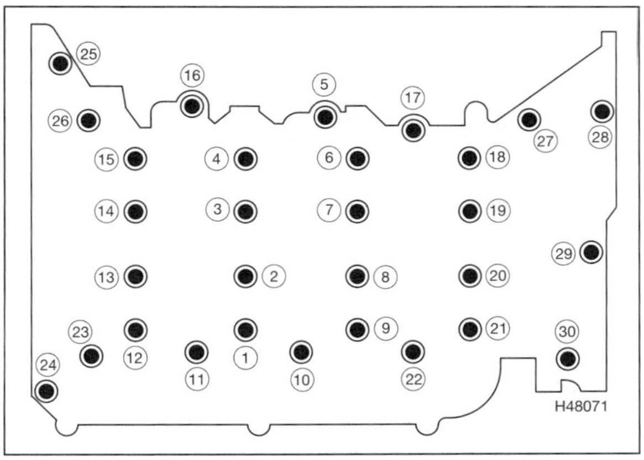

7.22 Anzugs-Reihenfolge der Schrauben im Nockenwellengehäuse

23 Installieren Sie die übrigen Schrauben zunächst handfest.
24 Lockern Sie die Schrauben 12, 15, 18 und 21, bis auch sie nur noch handfest sitzen.
25 Ziehen Sie nun alle Nockenwellengehäuse-Schrauben in der gezeigten Reihenfolge (Abb. 7.22) bis zum Drehmoment

von 12 Nm an. Wischen Sie anschließend am Außenrand überschüssiges Dichtmittel ab.

26 Montieren Sie das Kraftstoffrücklauf-Sammelrohr, und ziehen Sie seine Schrauben sorgfältig an.

27 Installieren Sie die Einspritzdüsen, die Hochdruckleitungen und das Einspritzanlagen-Rücklaufrohr (siehe Kapitel 4B, Sektion 11). Montieren Sie dann den Einspritzdüsendeckel auf den Zylinderkopf – die Ablaufrohre müssen korrekt sitzen (siehe Abbildung).

7.27 Die Ablaufleitungen müssen bei der Montage des Einspritzdüsendeckel korrekt positioniert werden.

28 Montieren Sie den Ölabscheider mit einer neuen Dichtung und neuen Dichtringen (siehe Abbildungen).

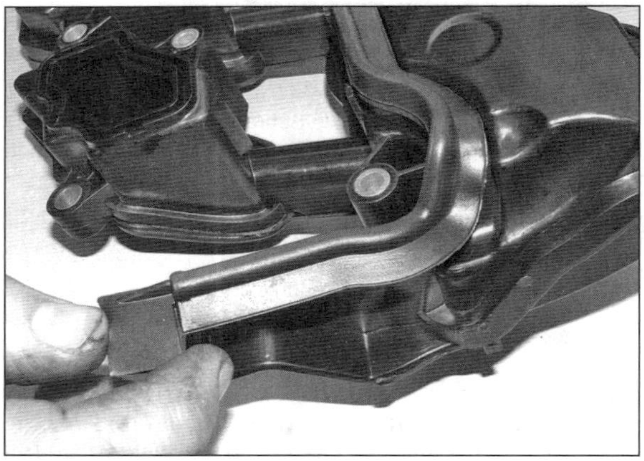

7.28a Installieren Sie eine neue Dichtung, ...

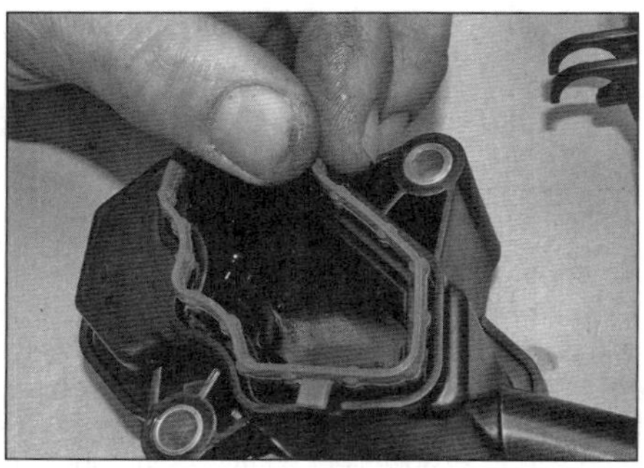

7.28b ... einen Zulauf-Dichtring ...

7.28c ... und einen Rücklauf-Dichtring.

29 Installieren Sie das Hochdruck-Rohr zwischen die Pumpe und den Druckspeicher. Montieren Sie auch den Abgas-Drucksensor (siehe Kapitel 4B, Sektion 10).

30 Montieren Sie die Bremskraftverstärker-Unterdruckpumpe (siehe Kapitel 9, Sektion 13) und das Ladeluftkühler-Einlassrohr.

31 Montieren Sie die Nockenwellen-Steuerräder und die Steuerkette samt Ritzeln (siehe Sektionen 6 und 5).

32 Kontrollieren Sie zum Schluss den Motoröl-Pegel (siehe *Wöchentliche Kontrollen*). Starten Sie den Motor, und achten Sie auf ungewöhnliche Geräusche. **Anmerkung**: *Erhöhen Sie die Motordrehzahl erst nach einigen Sekunden, wenn der korrekte Öldruck erreicht ist.*

8 Zylinderkopf – Ausbau, Kontrolle und Einbau

Anmerkung 1: *Zum Durchführen dieser Prozedur muss der Motor ausgebaut werden. Zudem werden Nissan-Spezialwerkzeuge zum Blockieren der Nockenwellen benötigt.*

Anmerkung 2: *Beim Einbau werden eine neue Zylinderkopfdichtung und neue Zylinderkopfschrauben benötigt.*

Anmerkung 3: *Bevor der Motor wieder gestartet werden kann, müssen eventuell Fehlermeldungen in der Motorsteuerung mithilfe eines Diagnosegeräts gelöscht werden.*

Achtung: Lassen Sie bei der Arbeit keinen Schmutz in die Hochdruckpumpe oder Einspritzanlagen-Rohre gelangen. Verstopfen Sie alle offenen Anschlüsse, sobald sie getrennt sind.

Ausbau

1 Der Motor muss vollständig abgekühlt sein, bevor der Zylinderkopf demontiert werden darf. Trennen Sie zunächst den Masseanschluss (–) der Batterie (siehe Seite 532). Entleeren Sie das Kühlsystem (siehe Kapitel 1B, Sektion 29).

2 Entfernen Sie die Steuerkette samt Ritzeln und Führungsschienen (siehe Sektion 5) – diese Arbeit erfordert den Ausbau des Motors (siehe Kapitel 2E).

3 Demontieren Sie das Nockenwellengehäuse (siehe Sektion 7).

4 Entfernen Sie die Luftklappe (auch als Dämpferventil bezeichnet) (siehe Kapitel 4B, Sektion 8).

5 Entfernen Sie die AGR-Rohre (siehe Kapitel 4C, Sektion 8).

6 Entfernen Sie je nach Modell den Vor-Katalysator oder den Katalysator aus dem Turbolader-Auslass (siehe Kapitel

4B, Sektion 17). Entfernen Sie die Turbolader-Ölzufuhr- und Rücklaufleitungen (siehe Kapitel 4B, Sektion 15).

7 Entfernen Sie die Bremskraftverstärker-Unterdruckpumpe (siehe Kapitel 9, Sektion 13).

8 Entfernen Sie den kombinierten Peilstab/Öleinfülldeckel, und schrauben Sie das Führungsrohr ab.

9 Demontieren Sie das zwischen dem AGR-Kühler und seinem Regelventil sitzende Luftrohr.

10 Lockern Sie schrittweise die Zylinderkopfschrauben um jeweils eine halbe Umdrehung. Wenn alle Schrauben locker sind, können sie entfernt werden.

11 Befreien Sie den Zylinderkopf vom Zylinderblock – klopfen Sie ihn nötigenfalls mithilfe eines Kunststoffhammers ab, um ihn zu lockern. Versuchen Sie weder, den Zylinderkopf zu verdrehen (er ist mit zwei Passhülsen gesichert) noch abzuhebeln, da dies die Dichtfläche zerstören würde. Stellen Sie lockere Passhülsen nötigenfalls sicher. Prüfen Sie beim Abheben des Zylinderkopfs, ob alle Kabel und Schläuche getrennt wurden.

12 Entnehmen Sie die Zylinderkopfdichtung. Neue Zylinderkopfdichtungen gibt es in zwei Stärken, die entsprechend des Motorcodes installiert werden müssen. Die Stärke wird als »gequetscht« definiert und kann nicht durch Messungen ermittelt werden. Beschaffen Sie die neue Dichtung mithilfe der Motornummer (siehe Seite 535).

13 Die Hydrostößel müssen direkt nach dem Ausbau in Motoröl getaucht gelagert werden, damit keine Luft eindringt. Beschaffen Sie passende öldichte Behälter mit insgesamt 16 Fächern, und füllen Sie sie so weit mit Öl auf, bis die Hydrostößel bedeckt sind. **Anmerkung**: *Die Hydrostößel müssen während der gesamten Ausbauphase in Öl liegen.*

14 Entfernen Sie jeden Hydrostößel zusammen mit seinem Schlepphebel, und lagern Sie die Teile so, dass sie später wieder an ihren ursprünglichen Positionen installiert werden können (siehe Abbildungen).

8.14a Die Hydrostößel und Schlepphebel im eingebauten Zustand

8.14b Heben Sie die Schlepphebel und die Hydrostößel heraus ...

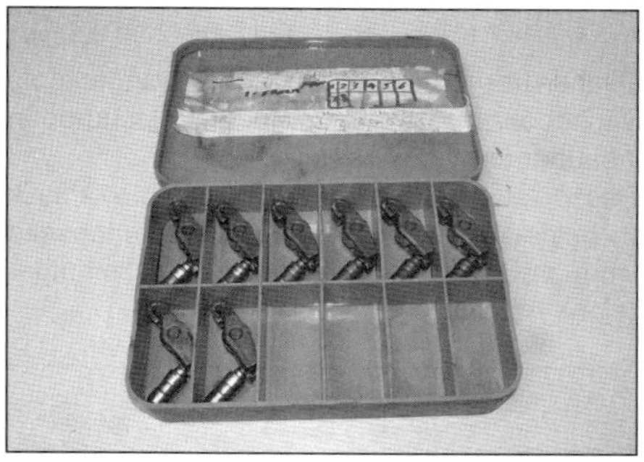

8.14c ... und lagern Sie sie so in Motoröl, dass sie später wieder ihren ursprünglichen Positionen zugeordnet werden können.

Kontrolle

15 Die Dichtflächen des Zylinderkopfes und des Zylinderblocks müssen absolut sauber sein. Entfernen Sie dazu Dichtungsreste und Kohleablagerungen mithilfe eines Hartplastik- oder Holzschabers; reinigen Sie auch die Kolbenböden. Achten Sie bei der Reinigung darauf, nicht das relativ weiche Aluminium abzutragen. Die Ablagerungen dürfen keinesfalls in Öl- oder Wasserkanäle gelangen – bereits kleinste Partikel können Öldüsen verstopfen! Kleben Sie daher alle Bohrungen des Zylinderkopfs/Motorgehäuses mit Kreppband ab. Damit keine Ablagerungen zwischen die Kolben und Zylinderwände gelangen, muss hier etwas Fett aufgetragen werden (anschließend kann es samt anhaftender Partikel mit einem sauberen Lappen abgewischt werden).

16 Kontrollieren Sie die Dichtflächen des Zylinderkopfes und des Zylinderblocks auf Riefen, tiefe Kratzer und andere Schäden. Kleine Unebenheiten können mit einer Feile geschlichtet werden; größere erfordern jedoch maschinelles Planen oder den Austausch.

17 Falls ein Verzug des Zylinderkopfes vermutet wird, muss dieser mit einem Richtwinkel geprüft werden (siehe Kapitel 2EF).

18 Kontrollieren Sie die Gewindebohrungen der Zylinderkopfschrauben. Reinigen Sie die Bohrungen mit einem Pfeifenreiniger oder um einen kleinen Schraubendreher gewickelte Lappen. Falls sich Flüssigkeit in den Gewindelöchern befindet, kann der beim Anziehen der Schrauben entstehende hydraulische Druck den Motorblock beschädigen.

19 Reinigen Sie die Gewinde der Bohrungen mit einem Gewindebohrer. Die Zylinderkopfschrauben müssen nach jedem Ausbau durch Neuteile ersetzt werden – sie dürfen vor dem Einbau nicht geölt werden. Kontrollieren Sie, ob die Passhülsen in Ordnung sind und an ihren Positionen im Motorblock stecken (siehe Abbildung).

8.19 Die Passhülsen müssen rechts und links im Motorblock stecken.

Einbau

20 Die Kontaktflächen des Motorblocks und des Zylinderkopfs sowie die Gewindebohrungen der Zylinderkopfschrauben müssen absolut sauber und fettfrei sein.

21 Die zwei Passhülsen müssen korrekt im Motorblock stecken. An den beiden Vorsprüngen der Steuerkettenseite müssen 5 bis 7 mm große Tropfen Silikon-Dichtmasse aufgebracht werden (siehe Abbildung).

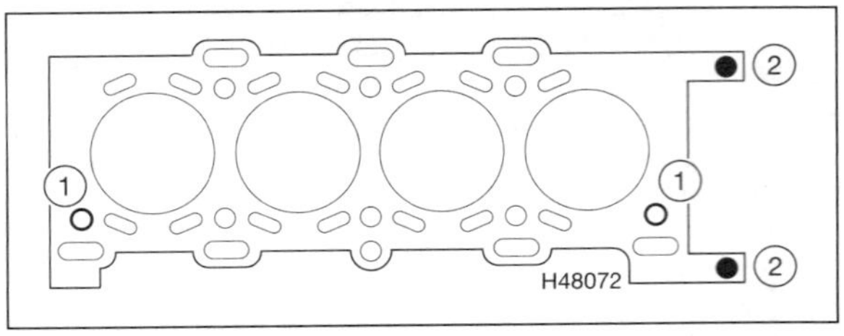

8.21 Positionen der Passhülsen (1); Silikon-Dichtmasse-Punkte an den Vorsprüngen (2)

22 Legen Sie die neue Zylinderkopfdichtung korrekt ausgerichtet auf den Motorblock, und tragen Sie im Bereich der beiden rechten Vorsprünge erneut zwei 5 bis 7 mm große Tropfen Silikon-Dichtmasse auf (siehe Abbildungen).

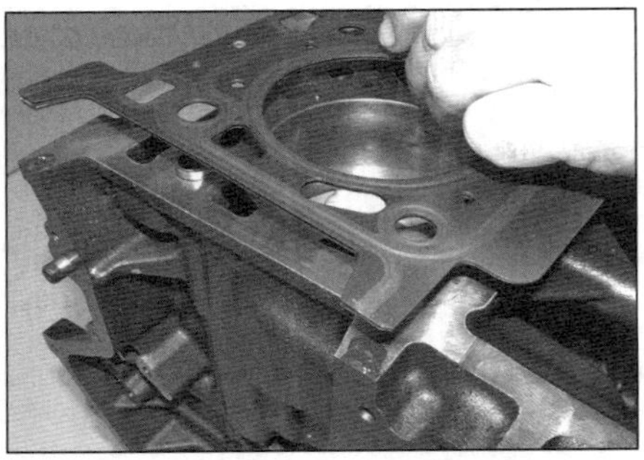

8.22a Legen Sie die Zylinderkopfdichtung auf ...

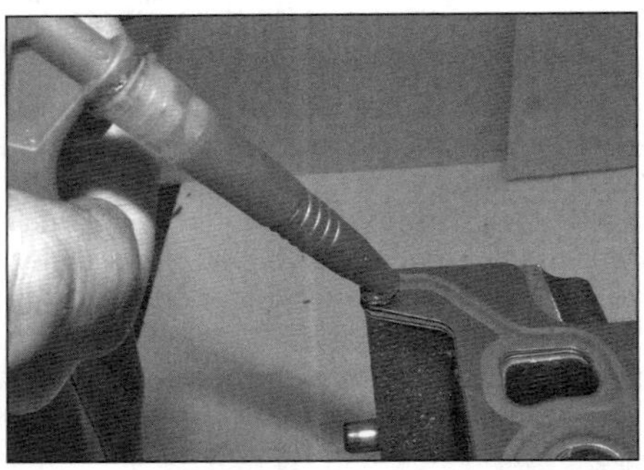

8.22b ... und tragen Sie an den Vorsprüngen Silikon-Dichtmasse auf.

23 Drehen Sie die Kurbelwelle mithilfe eines an den Abflachungen angesetzten Maulschlüssels im Uhrzeigersinn, bis die Nut zur Schraubenbohrung ausgerichtet ist (Abb. 5.11) – so stehen alle Kolben in der Mitte ihrer Zylinderbohrungen.

24 Senken Sie vorsichtig den Zylinderkopf über den Passhülsen ab. Stecken Sie die **neuen** Zylinderkopfschrauben in ihre Bohrungen, und drehen Sie sie handfest ein (siehe Abbildungen).

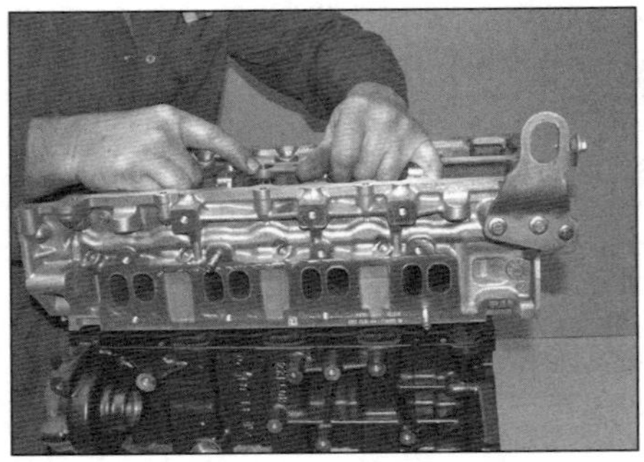

8.24a Senken Sie den Zylinderkopf ab ...

8.24b ... und installieren Sie die neuen Zylinderkopfschrauben

25 Ziehen Sie die Schrauben schrittweise bis zum Erstanzugswert von 5 Nm an – beginnen Sie in der Mitte, und arbeiten Sie sich spiralförmig nach außen.

26 Ziehen Sie die Schrauben in der gleichen Reihenfolge mit 30 Nm an.

27 Ziehen Sie die Schrauben in der gleichen Reihenfolge mithilfe einer Gradscheibe um 300 ± 6° weiter (siehe Abbildung).

8.27 Dritter Anzugsschritt der Zylinderkopfschrauben mithilfe einer Gradscheibe

28 Entfernen Sie am Steuerkettenende der Zylinderkopfdichtung überschüssige Dichtmasse.

29 Wenn die Hydrostößel (und Schlepphebel) in Öl »eingelegt« waren, sollte keine Luft eingedrungen sein; bei jeglichem Zweifel muss versucht werden, den Kopf des Stößels zu komprimieren – er darf sich nicht bewegen. Lässt er sich eindrücken, muss der Stößel in Dieselöl getaucht werden, um die Luft entweichen zu lassen. Prüfen Sie auch, ob die Clips, mit denen die Schlepphebel an den Stößeln gesichert sind, korrekt sitzen.

30 Geben Sie Motoröl in die Stößelbohrungen, und setzen Sie die aus den Stößeln und den Schlepphebeln bestehenden Baugruppen an ihren ursprünglichen Positionen ein, sodass die Hebel korrekt über die Ventilschäfte greifen (Abb. 8.14b und a).

31 Montieren Sie das Luftrohr zwischen den AGR-Kühler und sein Regel-Magnetventil. Ziehen Sie zuerst die äußere obere Schraube, dann die obere innere Schraube und schließlich die untere Schraube sorgfältig an.

32 Installieren Sie das Peilstab-Führungsrohr mit einer neuen Dichtung an den Motorblock, und ziehen Sie die Schrauben sorgfältig an. Drehen Sie das angesetzte Rohr nicht, damit sich der Dichtring nicht verschiebt. Installieren Sie den kombinierten Peilstab/Öleinfülldeckel.

33 Montieren Sie die Bremskraftverstärker-Unterdruckpumpe (siehe Kapitel 9, Sektion 13).

34 Installieren Sie die Turbolader-Ölzufuhr- und Rücklaufleitungen (siehe Kapitel 4B, Sektion 15).

35 Installieren Sie je nach Modell den Vor-Katalysator oder den Katalysator an den Turbolader-Auslass (siehe Kapitel 4B, Sektion 17).

36 Montieren Sie die AGR-Rohre (siehe Kapitel 4C, Sektion 8).

37 Installieren Sie die Luftklappe (Dämpferventil) (siehe Kapitel 4B, Sektion 8).

38 Montieren Sie das Nockenwellengehäuse (siehe Sektion 7).

39 Installieren Sie die Steuerkette samt Ritzeln und Führungsschienen (siehe Sektion 5).

40 Schließen Sie den Masseanschluss (–) der Batterie an (siehe Seite 532). Füllen Sie das Kühlsystem auf (siehe Kapitel 1B, Sektion 29).

9 Ölwanne – Ausbau und Einbau

Ausbau

1 Ziehen Sie die Handbremse an, heben Sie das Fahrzeug vorn an, und stützen Sie es sicher ab (siehe Seite 535). Entfernen Sie den Unterfahrschutz.

2 Lassen Sie das Motoröl vollständig ab (siehe Kapitel 1B, Sektion 3). Reinigen Sie die Ablassschraube, installieren Sie sie mit einer neuen Dichtscheibe, und ziehen Sie sie sorgfältig an.

3 Entfernen Sie den Ölpeilstab.

4 Lösen Sie die Schrauben, mit denen die Ölwanne am Motorgehäuse-Unterteil gesichert ist.

5 Die Ölwanne ist mit sehr schwierig zu lösender Dichtmasse ans Motorgehäuse geklebt – achten Sie beim Lösen mit einer Klinge oder eines Spachtels darauf, nicht die Dichtflächen zu beschädigen.

6 Entfernen Sie sämtliche Dichtungsreste – beschädigen Sie auch hierbei nicht die Dichtflächen.

Einbau

7 Reinigen und entfetten Sie die Dichtflächen der Ölwanne und des Motorgehäuse-Unterteils.

8 Tragen Sie eine 5 ± 2 mm starke Raupe aus Silikon-Dichtmasse in den gezeigten Bereichen auf (siehe Abbildungen).

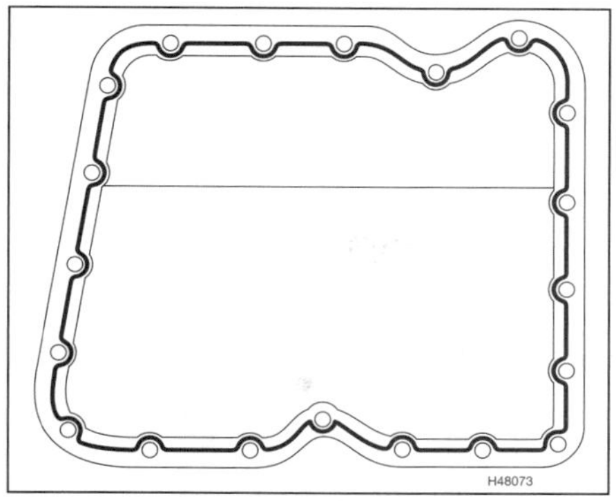

9.8a Tragen Sie an der Ölwanne eine 5 ± 2 mm starke Raupe aus Silikon-Dichtmasse auf ...

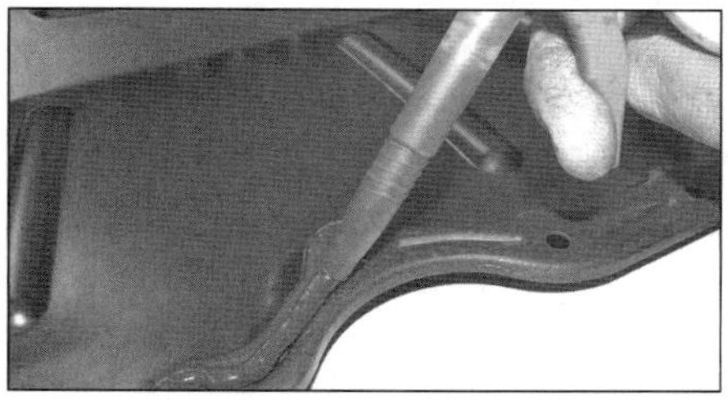

9.8b ... beachten Sie, ob sie innerhalb oder außerhalb der Schraubenbohrung verlaufen muss.

9 Heben Sie die Ölwanne unter den Motor, und richten Sie dabei die Schraubenlöcher aus, ohne die Dichtmasse zu verschmieren. Installieren Sie die Schrauben zunächst handfest (siehe Abbildung).

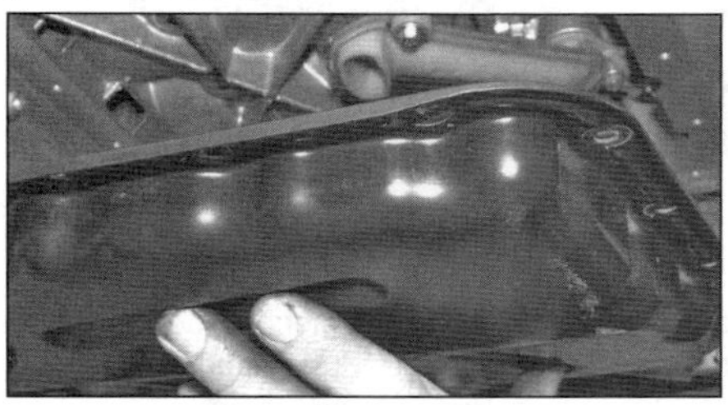

9.9 Heben Sie die Ölwanne an das Motorgehäuse.

10 Ziehen Sie die Schrauben in der gezeigten Reihenfolge zunächst mit 5 Nm an (siehe Abbildung).

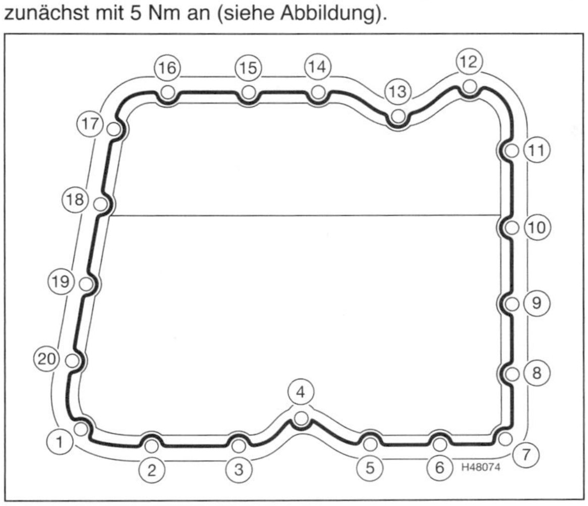

9.10 Anzugsreihenfolge der Ölwannenschrauben

11 Ziehen Sie die Schrauben in der gleichen Reihenfolge mit 16 Nm an.
12 Montieren Sie den Unterfahrschutz und senken Sie das Fahrzeug ab.
13 Füllen Sie frisches Motoröl auf (siehe Kapitel 1B, Sektion 3).

10 Ölpumpe, Ritzel und Kette – Ausbau, Kontrolle und Einbau

Anmerkung: *Die Antriebskette kann erst nach dem Ausbau des Motors demontiert werden.*

Ausbau

Ölpumpe

1 Entfernen Sie die Ölwanne (siehe Sektion 9).
2 Lösen Sie die zwei Schrauben des Ansaugsiebs, und entfernen Sie es vom Motorgehäuse-Unterteil (siehe Abbildung).

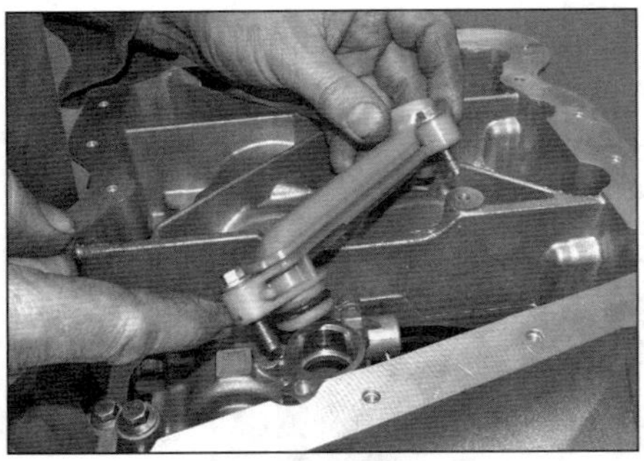

10.2 Entfernen Sie das Ansaugsieb.

3 Lösen Sie die Schraube, die das Spritzblech an der Ölpumpe sichert. Die Schraube führt durch das Ölpumpengehäuse zum Spritzblech an der Kurbelwellenseite der Pumpe.
4 Lösen Sie die Ölpumpen-Befestigungsschrauben, heben Sie die Antriebskette vom Ritzel, und entnehmen Sie die Ölpumpe (siehe Abbildungen) – nötigenfalls muss die Kette mit einem umgebogenen Stück Draht abgehoben werden.

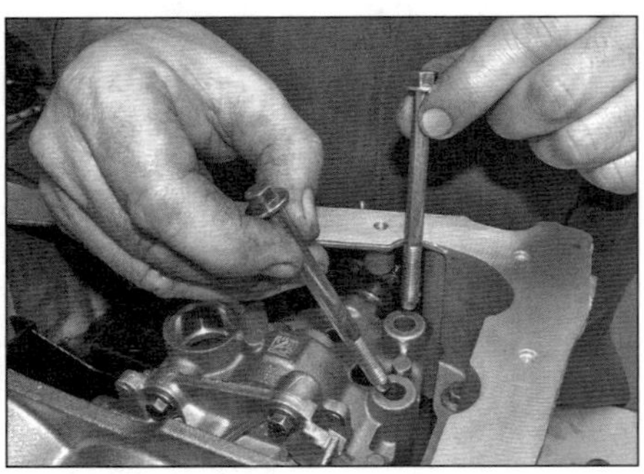

10.4a Lösen Sie die Schrauben ...

10.4b ... heben Sie die Kette ab und entfernen Sie die Pumpe.

5 Entfernen Sie nötigenfalls das Spritzblech durch die Zugangsöffnung – der Platz ist allerdings sehr begrenzt (siehe Abbildung).

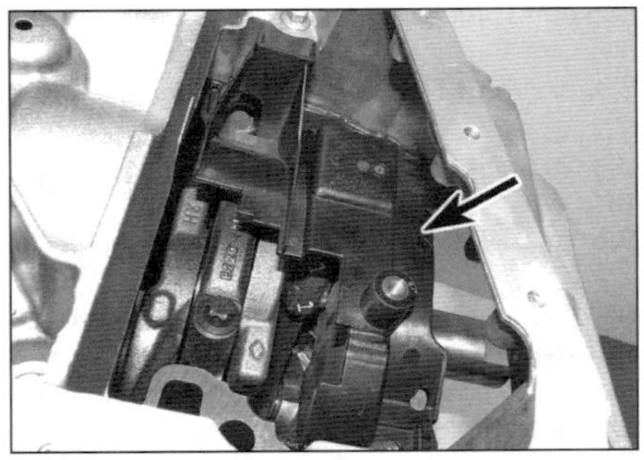

10.5 Ölpumpen-Spritzblech

Antriebskette und Ritzel

6 Bauen Sie den Motor samt Getriebe aus dem Fahrzeug (siehe Kapitel 2E).
7 Demontieren Sie die Ölpumpe (Schritte 1 bis 4).
8 Entfernen Sie die Steuerkette und das Kurbelwellenritzel (siehe Sektion 5).
9 Heben Sie die Antriebskette vom Antriebsritzel der Kurbelwelle, und entfernen Sie sie (siehe Abbildung).

10.9 Heben Sie die Kette am Kurbelwellenritzel ab.

10 Ziehen Sie das Ritzel von der Kurbelwelle – merken Sie sich die Einbaurichtung (siehe Abbildung).

10.10 Ziehen Sie das Antriebsritzel vom Kurbelwellenstumpf.

Kontrolle

11 Reinigen Sie alle Komponenten sorgfältig, und begutachten Sie sorgfältig die Kette, die Ritzel und die Pumpe auf Verschleißhinweise – ersetzen Sie alle Bauteile nötigenfalls als Set.
12 Füllen Sie die Ölpumpe vor dem Einbau mit Öl, damit sie später schneller Druck aufbaut – drehen Sie sie dabei im Uhrzeigersinn.

Einbau

Antriebskette und Ritzel

13 Wischen Sie die Kontaktflächen des Motorgehäuses und der Ölpumpe sauber.
14 Installieren Sie das Antriebsritzel in der korrekten Einbaurichtung auf die Kurbelwelle, führen Sie die Kette durch die Öffnung im Motorgehäuse-Unterteil, und legen Sie sie um das Ritzel.
15 Montieren Sie die Steuerkette und ihr Kurbelwellenritzel (siehe Sektion 5).
16 Bauen Sie den Motor ins Fahrzeug (siehe Kapitel 2E).

Ölpumpe

17 Heben Sie die Ölpumpe in ihre Einbauposition, und legen Sie die Kette um ihr Ritzel.
18 Installieren Sie die Ölpumpenschrauben zunächst handfest.
19 Ziehen Sie die Ölpumpenschrauben in zwei Schritten zunächst mit 5 und dann mit 25 Nm an.
20 Ziehen Sie die Schraube des Spritzblechs mit 10 Nm an.
21 Montieren Sie das Ansaugsieb mit einem neuen Dichtring, und drehen Sie die Schrauben zunächst handfest und dann mit 10 Nm an.
22 Montieren Sie die Ölwanne (siehe Sektion 9).

11 Motorgehäuse-Unterteil – Ausbau und Einbau

Anmerkung: *Zwar ist für die Durchführung dieser Prozedur der Ausbau des Motors nicht zwingend nötig, doch die Demontage des Steuerkettendeckels ist bei eingebautem Motor sehr schwierig.*

Ausbau

1 Demontieren Sie den Steuerkettendeckel (siehe Sektion 5, Schritte 1 bis 10).
2 Demontieren Sie das Getriebe (siehe Kapitel 7A, Sektion 6 oder Kapitel 7B, Sektion 11). Der Motor muss sicher abgestützt sein.
3 Demontieren Sie bei Modellen mit Schaltgetriebe die Kupplung (siehe Kapitel 6, Sektion 6).
4 Demontieren Sie die Schwungscheibe (siehe Kapitel 6, Sektion 6).
5 Entfernen Sie den linken Kurbelwellen-Dichtring (Getriebeseite).
6 Entfernen Sie die Ölwanne (siehe Sektion 9).
7 Lösen Sie die zwei Schrauben des Ansaugsiebs, und entfernen Sie es vom Motorgehäuse-Unterteil (Abb. 10.2) – die Ölpumpe kann montiert bleiben.
8 An der Getriebeseite können die Zugangsbohrungen für die Motorgehäuse-Verbindungsschrauben mit Kappen verschlossen sein – bohren Sie diese mit einem 13er-Bohrer aus, damit ein Steckschlüssel eingeführt werden kann. Die äußeren Stopfen können mit einem Meißel entfernt werden, während die inneren mit einem Dorn oder passenden Rohr herausgetrieben werden müssen (siehe Abbildungen). Beschaffen Sie für den Einbau neue Kappen und Stopfen. Wo keine Kappen vorhanden sind, wurden stattdessen extra lange Schrauben verwendet.

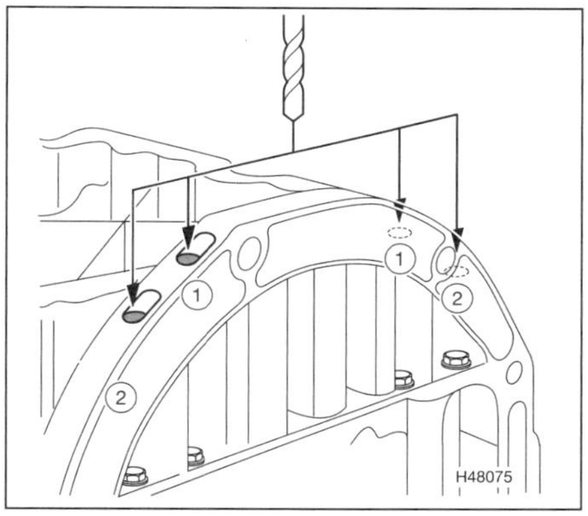

11.8a Bohren Sie die Kappen mit einem 13-mm-Bohrer heraus ...

1 Positionen der inneren Kappen
2 Positionen der äußeren Kappen

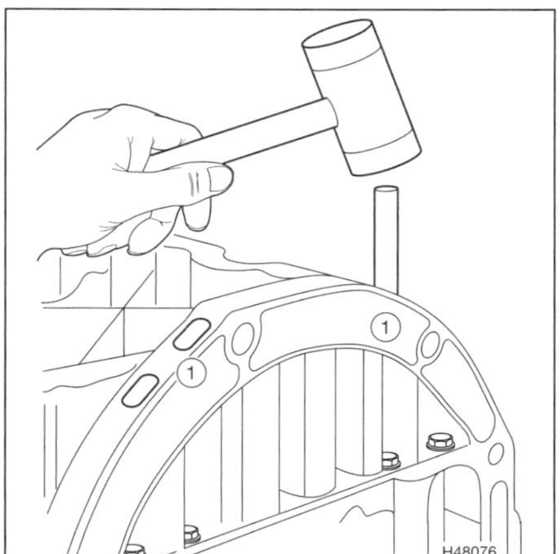

11.8b ... und treiben Sie die Stopfen mit einem Rohr oder Dorn heraus.

1 Ausbaumethode für die inneren Stopfen

9 Lösen Sie schrittweise **entgegen** der Anzugsreihenfolge (Abb. 11.14) die Motorgehäuse-Schrauben.

10 Das Motorgehäuse-Unterteil ist mithilfe von Silikon-Dichtmasse an das Haupt-Gehäuse gesetzt. Um beide Teile voneinander zu trennen, können zwei lange Stehbolzen in die äußeren Schraubenbohrungen gedreht und wie gezeigt mit je einer Scheibe und einer Mutter ausgerüstet werden. Ziehen Sie die Muttern schrittweise an, um das Unterteil vom Hauptgehäuse zu trennen (siehe Abbildungen); entfernen Sie die Stehbolzen anschließend wieder.

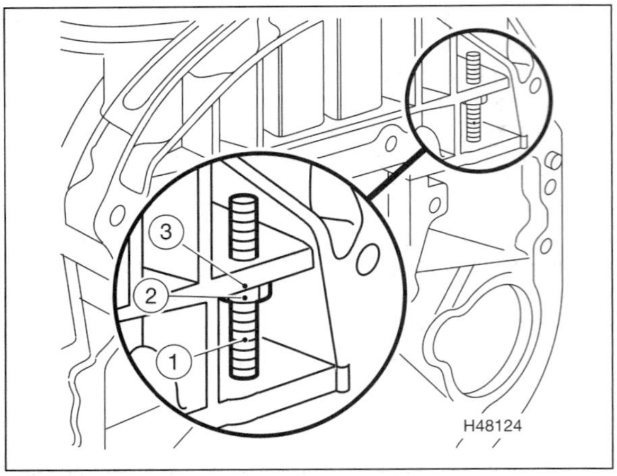

11.10a Befreien Sie das Unterteil mithilfe von zwei Stehbolzen vom Hauptgehäuse.

1 Stehbolzen 2 Mutter 3 Scheibe

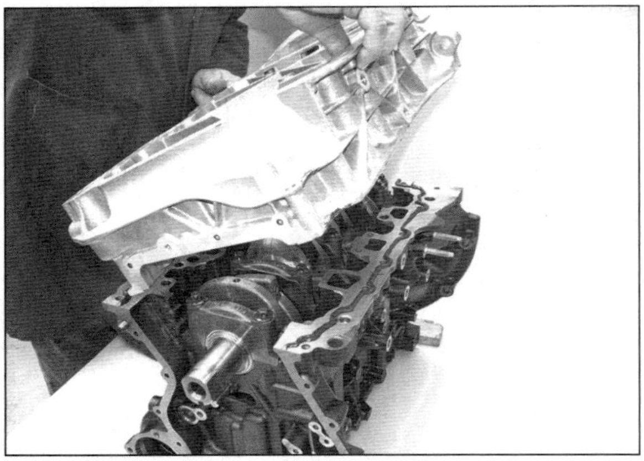

11.10b Heben Sie das Unterteil ab.

Einbau

11 Reinigen Sie sorgfältig die Dichtflächen des Unterteils, des Hauptgehäuses und des Steuerkettendeckels – beschädigen Sie dabei nicht die Oberflächen.

12 Tragen Sie eine 5 ± 2 mm starke Raupe aus Silikon-Dichtmasse in den gezeigten Bereichen auf (siehe Abbildungen).

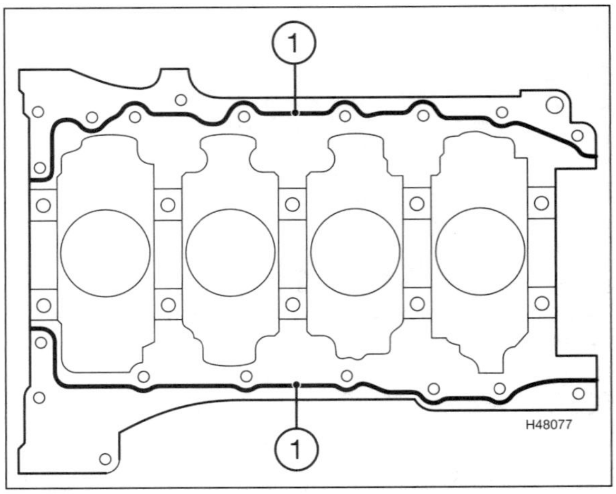

11.12a Tragen Sie an der Ölwanne eine 5 ± 2 mm starke Raupe aus Silikon-Dichtmasse auf ...

11.12b ... beachten Sie, ob sie innerhalb oder außerhalb der Schraubenbohrung verlaufen muss.

13 Die zum Trennen der Gehäuseteile verwendeten Stehbolzen können ohne ihre Muttern und Scheiben bei der Montage als Führungen dienen. Setzen Sie das Unterteil mit den fluchtenden Schraubenbohrungen an das Hauptgehäuse – verschmieren Sie dabei nicht die Dichtmasse –, und installieren Sie die Schrauben zunächst handfest (siehe Abbildung).

11.13 Installieren Sie die Motorgehäuseschrauben.

14 Ziehen Sie die Gehäuseschrauben in der gezeigten Reihenfolge mit 25 Nm an – beginnen Sie nahe der Ölpumpe (siehe Abbildung). Wischen Sie überschüssige Dichtmasse ab.

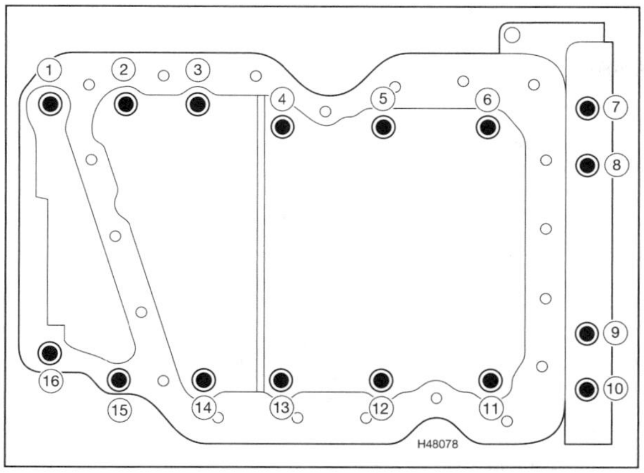

11.14 Anzugsreihenfolge der Motorgehäuseschrauben

15 Entfernen Sie die Führungs-Stehbolzen

16 Falls die Bohrungen an der Getriebeseite mit Stopfen verschlossen waren, müssen die Neuteile mit Silikon-Dichtmasse bestrichen und zunächst von Hand eingepresst werden. Treiben Sie sie die Stopfen anschließend mithilfe eines geeigneten Rohrs 3 mm tief ein (siehe Abbildung).

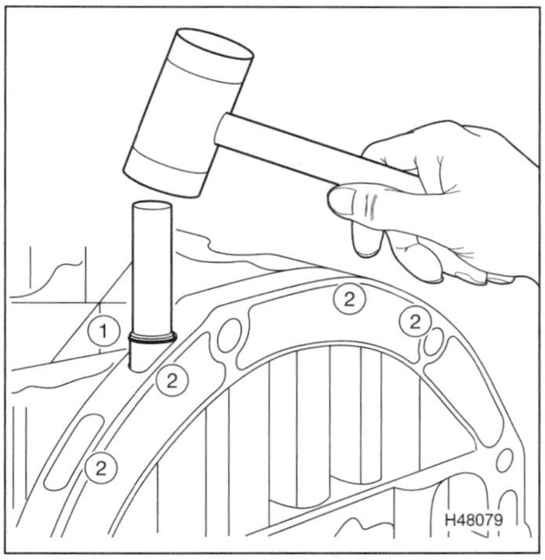

11.16 Versehen Sie die neuen Stopfen (1) mit Dichtmasse und treiben Sie sie in ihre Bohrungen (2).

17 Montieren Sie das Ansaugsieb mit einem neuen Dichtring, und drehen Sie die Schrauben zunächst handfest und dann mit 10 Nm an.

18 Montieren Sie die Ölwanne (siehe Sektion 9).

19 Installieren Sie einen neuen linken Kurbelwellen-Dichtring (siehe Sektion 14).

20 Montieren Sie die Schwungscheibe (siehe Sektion 13).

21 Montieren Sie bei Modellen mit Schaltgetriebe die Kupplung (siehe Kapitel 6, Sektion 6).

22 Verbinden Sie das Getriebe mit dem Motor (siehe Kapitel 7A, Sektion 6 oder 7B, Sektion 11).

23 Montieren Sie den Steuerkettendeckel (siehe Sektion 5, Schritte 36 bis 45).

12 Ausgleichswellen-Baugruppe – Ausbau und Einbau

Anmerkung: *Zwar ist für die Durchführung dieser Prozedur der Ausbau des Motors nicht zwingend nötig, doch die Demontage des Steuerkettendeckels ist bei eingebautem Motor sehr schwierig.*

Anmerkung 2: *Zur Einstellung der Ausgleichswellen wird das Nissan-Werkzeug* Mot.1802 *oder ein vergleichbarer Stift benötigt.*

Ausbau

1 Die von der Kurbelwelle angetriebene Ausgleichswellen-Baugruppe sitzt zwischen dem Haupt-Motorgehäuse und dem Motorgehäuse-Unterteil. Sie besteht aus zwei gegenläufigen Ausgleichswellen.

2 Demontieren Sie das Motorgehäuse-Unterteil (siehe Sektion 11).

3 Drehen Sie die Kurbelwelle zunächst so, dass die Kolben der Zylinder 1 und 4 im OT stehen (siehe Sektion 3).

4 Installieren Sie einen gut passenden Stift durch die Bohrungen in den Ausgleichswellen-Verlängerungen, um sie in der OT-Position zu blockieren (in Nissan-Werkstätten wird das Spezialwerkzeug *Mot.1802* verwendet). Die Gewichte beider Wellen müssen von der Kurbelwelle weg zeigen (siehe Abbildung).

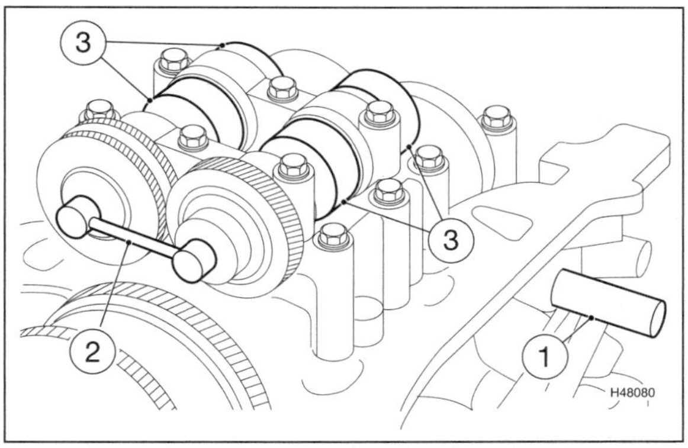

12.4 Ausgleichswellen in der OT-Position

1 *OT-Arretierung der Kurbelwelle*
2 *OT-Arretierung der Ausgleichswellen*
3 *Die Ausgleichsgewichte müssen von der Kurbelwelle weg zeigen.*

5 Lockern Sie schrittweise entgegen der Anzugsreihenfolge (Abb. 12.9) die sechs Schrauben der Ausgleichswellen-Baugruppe, und heben Sie diese vom Motorgehäuse ab. Beachten Sie die Positionen der Einstellplättchen und entfernen Sie sie. Die Schrauben müssen beim Einbau durch Neuteile ersetzt werden.

Achtung: Die Einstellplättchen sind sehr scharfkantig, sodass beim Umgang damit besser Schutzhandschuhe getragen werden sollten.

6 Reinigen Sie die Ausgleichswellen-Baugruppe, die Einstellplättchen und das Antriebsrad der Kurbelwelle.

Einbau

7 Das korrekte Spiel zwischen den Antriebsverzahnungen der Ausgleichswellen und der Kurbelwelle wird mithilfe der Einstellplättchen sichergestellt. Die Stärke ist an den Plättchen angegeben, sodass bei ggf. verwendeten Neuteilen die gleiche Stärke angegeben sein muss. Setzen Sie die Einstellplättchen an das Motorgehäuse – »kleben« Sie sie nötigenfalls mit etwas Fett an.
8 Die Kurbelwelle und die Ausgleichswellen müssen in der OT-Position stehen. Setzen Sie die Baugruppe über den Einstellplättchen an, und installieren Sie die neuen Schrauben zunächst handfest.
9 Drücken Sie die Einstellplättchen von außen gegen die Schrauben, um sicherzustellen, dass sie korrekt sitzen; ziehen Sie dann die Schrauben zunächst in der vorgegebenen Reihenfolge mit 15 Nm an und in einem zweiten Durchgang mithilfe einer Gradscheibe um 85 ± 5° weiter (siehe Abbildung).

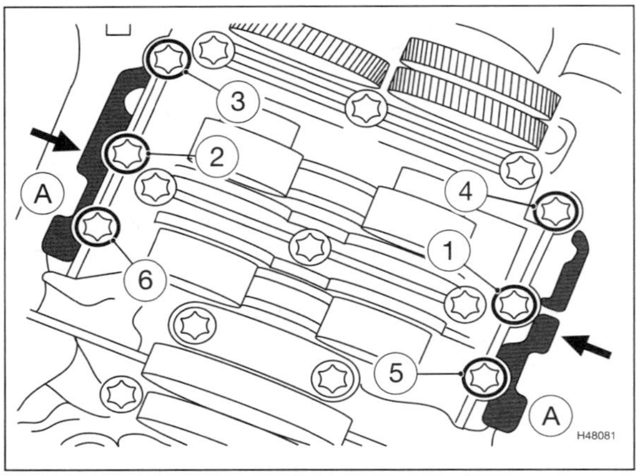

12.9 Anzugsreihenfolge der Ausgleichswellen-Befestigungsschrauben

A Einstellplättchen

10 Entfernen Sie den OT-Arretierstift aus den Ausgleichswellen.
11 Montieren Sie das Motorgehäuse-Unterteil (siehe Sektion 11).

13 Schwungscheibe – Ausbau, Kontrolle und Einbau

Anmerkung: *Beim Einbau muss die Schwungscheibe mit neuen Schrauben gesichert werden.*

Ausbau

1 Demontieren Sie das Getriebe (siehe Kapitel 7A, Sektion 6 oder Kapitel 7B, Sektion 11). Sorgen Sie dafür, dass der Motor während dieser und der folgenden Arbeiten gut abgestützt ist.
2 Demontieren Sie bei Modellen mit Schaltgetriebe die Kupplung (siehe Kapitel 6, Sektion 6).
3 Hindern Sie die Schwungscheibe am Mitdrehen, indem Sie den Anlasserring mit einem selbst angefertigten Haken oder einem an einer in die Flanschbohrungen gedrehten Schraube angesetzten Schraubendreher blockieren (siehe Abbildung). Markieren Sie die Ausrichtung der Schwungscheibe am Kurbelwellenflansch, um sie später wieder korrekt positionieren zu können.

13.3 Blockieren Sie den Anlasserring mit einem solchen Haken.

4 Lösen Sie die Schrauben, und ziehen Sie die Schwungscheibe von der Kurbelwelle (siehe Abbildungen) – sie hat ein beträchtliches Gewicht. Falls die ggf. vorhandene Passhülse locker in der Kurbelwelle sitzt, muss sie sichergestellt werden. Die Schrauben müssen beim Einbau durch Neuteile ersetzt werden.

13.4a Lösen Sie die Schrauben ...

13.4b ... und heben Sie die Schwungscheibe vom Kurbelwellenflansch ab.

Kontrolle

5 Falls die Schwungscheiben-Kontaktfläche zur Kupplung stark riefig ist, Risse oder andere Schäden aufweist, muss die Schwungscheibe ersetzt werden. Holen Sie jedoch zuvor bei einer Fachwerkstatt oder einem Motorenspezialisten Rat ein, ob sie geschliffen werden kann. Falls der Anlasserzahnkranz stark verschlissen ist oder Zähne fehlen, muss die Schwungscheibe erneuert werden, da der Kranz nicht separat ersetzt werden kann. Reinigen Sie die Schraubenbohrungen in der Kurbelwelle – entweder mit einem passenden Gewindebohrer oder einer eingeschnittenen alten Schraube (siehe Abbildung).

13.5 Eine alte Schwungscheiben-Schraube mit drei Einschnitten eignet sich gut zum Reinigen der Gewindebohrungen.

Einbau

6 Reinigen Sie die Kontaktfläche der Schwungscheibe und der Kurbelwelle.
7 Die ggf. vorhandene Passhülse muss in der Kurbelwelle stecken. Heben Sie die Schwungscheibe entsprechend der Ausrichtmarkierung in Position, und installieren Sie die neuen Schrauben – diese dürfen nicht geölt werden, da sie mit einer Sicherungsmasse überzogen sind.
8 Blockieren Sie die Schwungscheibe wie beim Ausbau, und ziehen Sie die Schrauben zunächst über Kreuz mit 25 Nm an und dann mithilfe einer Gradscheibe in einem weiteren Durchgang um 45 ± 6° weiter. Um sicherzustellen, dass alle Schrauben korrekt angezogen werden, können an ihnen sowie ihren Sitzen Markierungen angebracht werden (siehe Abbildung).

13.8 Markieren Sie die Schrauben und ihre Sitze, um einen korrekten Anzug sicherzustellen.

9 Montieren Sie bei Modellen mit Schaltgetriebe die Kupplung (siehe Kapitel 6, Sektion 6).
10 Entfernen Sie ggf. das Arretierwerkzeug, und montieren Sie das Getriebe (siehe Kapitel 7A, Sektion 6 oder 7B, Sektion 11).

14 Kurbelwellen-Dichtringe – Ersetzen

Rechter Dichtring (Steuerkettenseite)

Anmerkung: *Anders als gewöhnliche Dichtringe, wird der hier verwendete Spezial-Dichtring in den Steuerkettendeckel geschraubt.*
1 Entfernen Sie das Keilrippenriemenrad (siehe Sektion 4).
2 Der neue Dichtring wird mit einem Steckschlüssel-Adapter ausgeliefert; verwenden Sie diesen, um den alten Dichtring aus dem Steuerkettendeckel herauszuschrauben.
3 Reinigen Sie die Kurbelwelle und den Steuerkettendeckel.
4 Der neue Dichtring darf beim Einbau nicht geschmiert werden. Positionieren Sie ihn zuerst mit seinen drei erhabenen Segmenten zu den Ausschnitten des Steuerkettendeckels ausgerichtet, und drücken Sie ihn von Hand hinein – hierdurch wird der in der Mitte sitzende Plastikschutz herausgedrückt (siehe Abbildung).

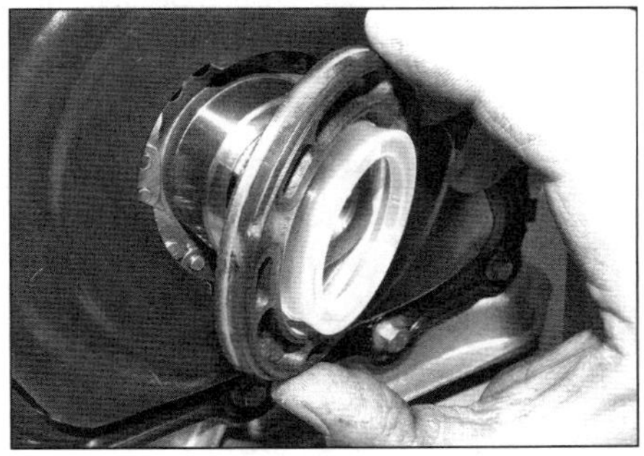

14.4 Richten Sie den neuen Dichtring mit den erhabenen Segmenten zu den Ausschnitten des Steuerkettendeckels aus.

5 Ziehen Sie den Dichtring mithilfe des beigefügten Adapters mit 47 Nm an (siehe Abbildungen).

14.5a Installieren Sie den Adapter ...

14.5b ... und ziehen Sie den Dichtring mit 47 Nm an.

6 Montieren Sie das Keilrippenriemenrad (siehe Sektion 4).

Linker Dichtring (Schwungscheibenseite)

Anmerkung: *Der Dichtring der Schwungscheibenseite ist nur zusammen mit dem Dichtringgehäuse erhältlich und kann nicht separat ausgetauscht werden.*

7 Demontieren Sie die Schwungscheibe (siehe Sektion 13).

8 Lösen Sie die Schrauben des Dichtringgehäuses aus den beiden Motorgehäuseteilen, und entnehmen Sie es (siehe Abbildung).

14.8 Demontieren Sie das linke Dichtringgehäuse

9 Reinigen Sie die Kontaktflächen des Haupt-Motorgehäuses und des Unterteils. Entfernen Sie nicht den Schutz aus dem Dichtring, und berühren Sie beim Einbau nicht seine Dichtlippe, da dies später zu Undichtigkeiten führen kann.

10 Setzen Sie den Dichtring samt Deckel vorsichtig über dem Kurbelwellenstumpf aus, und drehen Sie drei 90 mm lange M6-Schrauben locker als Führung ein (siehe Abbildung). Drücken Sie das Gehäuse zu diesem Zeitpunkt nicht in Position.

14.10 Drehen Sie drei Schrauben zur Führung des Dichtringdeckels ein.

11 Drücken Sie das Gehäuse gleichmäßig gegen das Motorgehäuse. Entfernen Sie dann den Dichtring-Schutz und die drei Führungsschrauben (siehe Abbildung).

14.11 Sobald das Dichtringgehäuse am Motor anliegt, kann der Schutz entnommen werden.

12 Installieren Sie die Schrauben, und ziehen Sie sie in der gezeigten Reihenfolge zunächst mit 5 und dann mit 10 Nm an (siehe Abbildung).

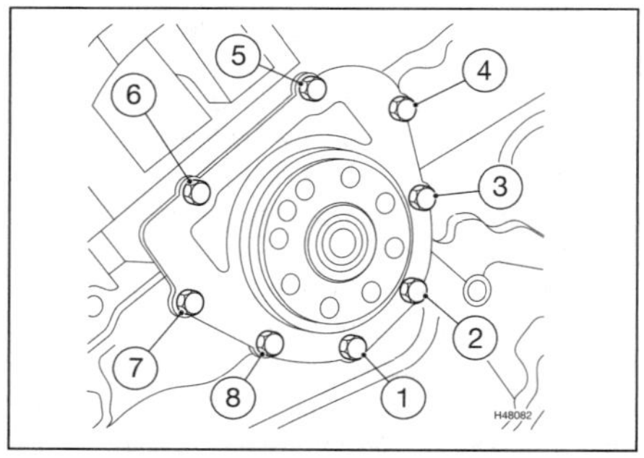

14.12 Anzugsreihenfolge der Dichtringgehäuse-Schrauben

13 Montieren Sie die Schwungscheibe (siehe Sektion 13).

15 Motor- und Getriebehalterungen – Kontrolle und Ersetzen

Kontrolle

1 Um den Zugang zu verbessern, muss das Fahrzeug vorn angehoben und sicher abgestützt werden (siehe Seite 535).

2 Prüfen Sie, ob die Gummilager irgendwo gerissen, verhärtet oder vom Metall getrennt sind – ersetzen Sie entsprechende Halterungen.

3 Kontrollieren Sie die Festigkeit aller Schrauben und Muttern – die Anzugsdrehmomente sind in den technischen Daten angegeben.

4 Hebeln Sie vorsichtig mit einem großen Schraubendreher oder einem Brecheisen an den Halterungen, um Spiel und Verschleiß zu ermitteln. Drücken Sie nötigenfalls die Antriebseinheit vor und zurück sowie nach links und rechts – etwas Spiel tritt auch bei neuwertigen Komponenten auf, übermäßiger Verschleiß darf jedoch nicht feststellbar sein; kontrollieren Sie ggf. die Festigkeit aller Schrauben und Muttern, und tauschen Sie alle verschlissenen Teile aus.

Ersetzen

Rechte Halterung

5 Trennen Sie zunächst den Masseanschluss (–) der Batterie (siehe Seite 532).
6 Stützen Sie den Motor mit einem Rangierwagenheber ab, schützen Sie dabei die Ölwanne mit einem Stück Holz.
7 Für einen besseren Zugang kann der Kraftstofffilter samt Halterung demontiert werden (siehe Kapitel 1B, Sektion 21) (siehe Abbildung).

15.7 Entfernen Sie den Kraftstofffilter samt Halterung.

8 Befreien Sie oben am Motorträger die Kraftstoffleitung,en und lösen Sie die Schraube des Halters, um ihn samt Massekabel zu lösen (siehe Abbildungen).

15.8a Befreien Sie die Kraftstoffleitungen ...

15.8b ... und schrauben Sie den Halter des Massekabels ab.

9 Lösen Sie an der Spritzwand die Schrauben der Drehmomentstütze, und entfernen Sie diese hinten vom Motorhalter (siehe Abbildung).

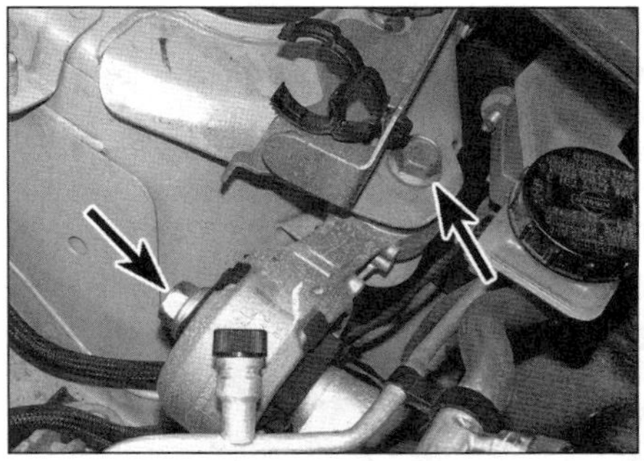

15.9 Schrauben Sie die Drehmomentstütze an der Spritzwand ab.

10 Lösen Sie die jeweils drei Schrauben aus dem Innenkotflügel und der Motorhalterung, und entnehmen Sie die gesamte Halterung aus dem Motorraum (siehe Abbildungen).

15.10a Lösen Sie jeweils drei Schrauben aus dem Innenkotflügel ...

15.10b ... und der Motorhalterung, um die Halterung zu entfernen.

11 Kontrollieren Sie alle Bauteile sorgfältig auf Verschleiß und Beschädigungen, und ersetzen Sie sie nötigenfalls.
12 Setzen Sie die gesamte Halterung beim Einbau an den Innenkotflügel und den Motor, installieren Sie die Schrauben, und ziehen Sie sie mit 55 Nm an.
13 Montieren Sie die Drehmomentstütze hinten an die Motorhalterung, und ziehen Sie ihre Schrauben mit 130 Nm an.
14 Sobald die Motorhalterung wieder installiert ist, kann der Kraftstofffilter samt Halter montiert werden (siehe Kapitel 1B, Sektion 21).
15 Senken Sie das Fahrzeug ab, und entfernen Sie den Rangierwagenheber.
16 Sichern Sie den Massekabel-Halter an der Motorhalterung, stecken Sie die Kraftstoffschläuche in ihre Clips, und schließen Sie die Batterie wieder an.

Linke Halterung

17 Entfernen Sie die Batterie und den Batteriehalter (siehe Kapitel 5A, Sektion 3).

18 Stützen Sie das Getriebe mit einem Rangierwagenheber ab, schützen Sie dabei das Gehäuse mit einem Stück Holz (siehe Abbildung).

15.18 Stützen Sie das Getriebe ab – schützen Sie es dabei mit einem Holz.

19 Lösen Sie oben an der Getriebehalterung die Schrauben der unteren Luftfiltergehäuse-Halterung, und entfernen Sie diese (siehe Abbildung).

15.19 Schrauben der unteren Luftfiltergehäuse-Halterung

20 Lösen Sie an der oberen Aufnahme die zwei äußeren Schrauben, und heben Sie die Halterung ab (siehe Abbildung).

15.20 Lösen Sie die zwei äußeren Schrauben und entfernen Sie die Halterung.

21 Lösen Sie nötigenfalls die Schrauben aus dem Innenkotflügel, um die obere Halterung zu entfernen.

22 Lösen Sie nötigenfalls auch die Schrauben aus dem Getriebe, um die untere Halterung zu entfernen (siehe Abbildung).

15.22 Befestigungsschrauben der Halterung am Getriebe

23 Kontrollieren Sie alle Bauteile sorgfältig auf Verschleiß und Beschädigungen, und ersetzen Sie sie nötigenfalls.

24 Setzen Sie beim Einbau ggf. die obere und untere Halterung an, und ziehen Sie die Schrauben sorgfältig an.

25 Richten Sie das linke Gummilager zum Bolzen/Stehbolzen der unteren Halterung aus, und ziehen Sie die Mutter mit 45 Nm an.

26 Installieren Sie die zwei äußeren Muttern, und ziehen Sie sie mit 45 Nm an.

27 Sobald die Getriebehalterungen wieder installiert sind, kann der Rangierwagenheber entfernt werden.

28 Montieren Sie den Batterieträger und die Batterie (siehe Kapitel 5A, Sektion 3).

Hintere untere Halterung

29 Falls noch nicht geschehen, muss die Handbremse gezogen und das Fahrzeug vorn angehoben und sicher abgestützt werden (siehe Seite 535).

30 Lösen und entfernen Sie die Schrauben, mit denen die hintere Drehmomentstütze am Hilfsrahmen und der Halterung gesichert ist, und befreien Sie sie nach unten aus dem Fahrzeug (siehe Abbildung).

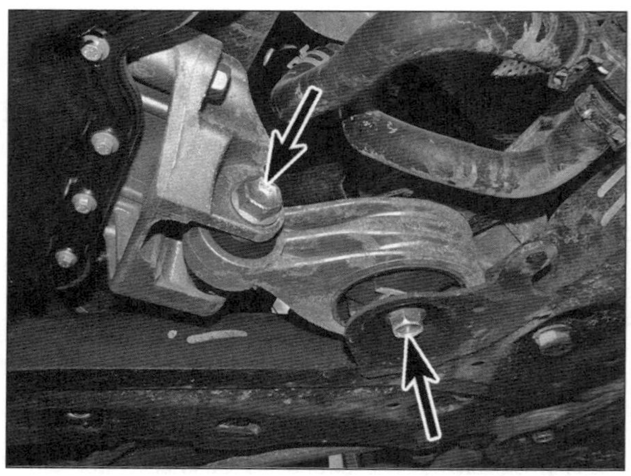

15.30 Lösen Sie die Schrauben der Drehmomentstütze.

31 Lösen Sie nötigenfalls die drei Schrauben, die den hinteren Halter am Motorgehäuse-Unterteil sichern, und befreien Sie ihn nach unten aus dem Fahrzeug.

32 Kontrollieren Sie alle Bauteile sorgfältig auf Verschleiß und Beschädigungen, und ersetzen Sie sie nötigenfalls.
33 Montieren Sie beim Einbau die hintere Halterung an das Motorgehäuse-Unterteil, und ziehen Sie die Schrauben mit 80 Nm an.
34 Montieren Sie die Drehmomentstütze an die Halterung und den Hilfsrahmen, und ziehen Sie die Schrauben am Hilfsrahmen mit 110 Nm bzw. an der Halterung mit 155 Nm an.
35 Sobald die hintere Drehmomentstütze installiert ist, kann das Fahrzeug wieder abgesenkt werden.

16 Ölkühler – Ausbau und Einbau

Anmerkung: Der Ölkühler ist Teil des Ölfiltergehäuses. Es wird empfohlen, beim Ausbau des Ölkühlers auch das Motoröl und den Ölfilter zu ersetzen.

Ausbau

1 Trennen Sie zunächst den Masseanschluss (–) der Batterie (siehe Seite 532).
2 Ziehen Sie die Handbremse an, legen Sie den Leerlauf ein, heben Sie das Fahrzeug vorn an, und stützen Sie es sicher ab (siehe Seite 535). Demontieren Sie den Unterfahrschutz, um Zugang zum vorn am Motorgehäuse sitzenden Ölfiltergehäuse zu erhalten. Entfernen Sie auch die oberen Motorabdeckungen.
3 Lassen Sie das Motoröl ab, und entfernen Sie den Ölfilter (siehe Kapitel 1B, Sektion 3). Installieren Sie die Ablassschraube wieder, und ziehen Sie sie sorgfältig an.
4 Entleeren Sie das Kühlsystem (siehe Kapitel 1B, Sektion 29); alternativ können der Kühlmittelschläuche möglichst nahe am Ölkühler abgeklemmt werden – seien Sie beim Abziehen auf austretendes Kühlmittel vorbereitet.
5 Entfernen Sie den kombinierten Peilstab/Öleinfülldeckel, und schrauben Sie das Führungsrohr vom Motor ab – sein Dichtring muss beim Einbau durch ein Neuteil ersetzt werden (siehe Abbildungen).

16.5a Entfernen Sie den kombinierten Peilstab/Öleinfülldeckel, ...

16.5b ... lösen Sie die Führungsrohr-Schraube, ...

16.5c ... ziehen Sie das Rohr aus dem Motor ...

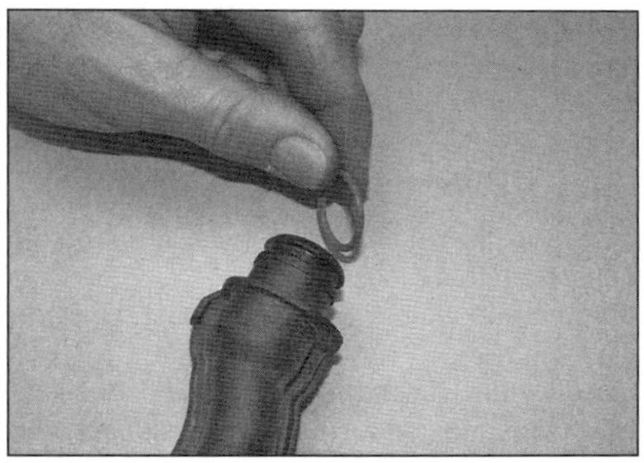

16.5d ... und entfernen Sie den Dichtring.

6 Trennen Sie die Lichtmaschinen- und Öldruckschalter-Kabel, und verlagern Sie sie beiseite.
7 Falls unten am Wasserkühler ein Heizelement vorhanden ist, müssen dessen Schrauben aus dem Halter gelöst werden, um das Element beiseitenehmen zu können.
8 Lösen Sie am Motor die Schraube des Servolenkungspumpenrohrs, und positionieren Sie dies beiseite.
9 Lösen Sie am Ölkühler/Filtergehäuse die Schellen des (unteren) Einlassschlauchs und des (oberen) Auslassschlauchs.
10 Lösen Sie die vier Befestigungsschrauben und entfernen Sie das Ölkühler/Filtergehäuse vom Motor – die Dichtung muss beim Einbau durch ein Neuteil ersetzt werden (siehe Abbildungen).

16.10a Entfernen Sie das Ölkühler/Filtergehäuse ...

16.10b ... und befreien Sie die Dichtung – ersetzen Sie sie später.

Einbau

11 Rüsten Sie das Ölkühler/Filtergehäuse mit einer neuen Dichtung aus, und setzen Sie es vorn an das Motorgehäuse. Richten Sie das Gehäuse korrekt aus, und installieren Sie die Schrauben zunächst handfest.

12 Ziehen Sie die Schrauben über Kreuz zunächst mit 5 Nm und dann mit 25 Nm an.

13 Verbinden Sie die den Kühlmittel-Einlass- und Auslassschlauch mit dem Gehäuse, und sichern Sie sie mit den Schellen.

14 Montieren Sie ggf. das Wasserkühler-Heizelement an seinen Halter, und ziehen Sie die Schrauben sorgfältig an.

15 Verbinden Sie die Lichtmaschinen- und Öldruckschalter-Kabel.

16 Rüsten Sie das Peilstab-Führungsrohr mit einem neuen Dichtring aus, und ölen Sie diesen. Installieren Sie das Rohr, und ziehen Sie seine Schraube mit 10 Nm an – der Dichtring darf bei der Montage nicht verrutschen.

17 Stecken Sie den kombinierten Peilstab/Öleinfülldeckel ins Führungsrohr.

18 Schließen Sie die Batterie an.

19 Installieren Sie einen neuen Ölfilter, und füllen Sie frisches Motoröl auf (siehe Kapitel 1B, Sektion 3).

20 Füllen Sie das Kühlsystem auf (siehe Kapitel 1B, Sektion 29 oder *Wöchentliche Kontrollen*). Starten Sie den Motor und kontrollieren Sie das Ölkühler/Filtergehäuse auf Undichtigkeiten.

21 Montieren Sie alle Motorabdeckungen und den Unterfahrschutz und senken Sie das Fahrzeug ab.

17 Öldruckschalter – Ausbau und Einbau

1 Der Öldruckschalter lässt die Öldruck-Kontrolllampe im Cockpit aufleuchten, wenn der Öldruck zu niedrig ist. Die Lampe muss beim Einschalten der Zündung aufleuchten und kurz nach dem Starten des Motors erlöschen.

2 Falls die Lampe gar nicht leuchtet, kann der Fehler in der Armaturenbrett-Anzeige, der Verkabelung zum Schalter oder dem Schalter selbst liegen. Erlischt die Lampe nach dem Starten des Motors nicht, können der Ölpegel sehr niedrig, die Ölpumpe verschlissen (oder das Ansaugsieb verstopft), der Ölfilter blockiert oder die Kurbelwellenlager stark verschlissen sein – oder aber der Öldruckschalter ist defekt.

3 Falls die Öldruck-Kontrolllampe während der Fahrt aufleuchtet, sollte zunächst unverzüglich der Motor abgeschaltet und nicht wieder gestartet werden, bevor das Problem behoben ist – andernfalls muss mit schweren Motorschäden gerechnet werden.

Ausbau

4 Der Öldruckschalter sitzt vorn oberhalb des Ölfiltergehäuses im Motorgehäuse.

5 Der Schalter ist eventuell besser von unten zugänglich – ziehen Sie die Handbremse an, legen Sie den Leerlauf ein, heben Sie das Fahrzeug vorn an, und stützen Sie es sicher ab (siehe Seite 535). Demontieren Sie den Unterfahrschutz.

6 Trennen Sie den Schalterstecker.

7 Schrauben Sie den Schalter aus dem Motorgehäuse, und entfernen Sie ihn samt seiner Dichtscheibe – hierbei muss sehr geringem Ölverlust gerechnet werden.

Kontrolle

8 Begutachten Sie den Schalter auf Risse oder Ausbrüche. Falls der obere Teil des Schalters locker ist, kann dies ein Hinweis auf einen bevorstehenden Ausfall sein.

9 Prüfen Sie, ob alle Steckerkontakte in Ordnung sind, und verfolgen Sie das Kabel vom Schalterstecker zum Kabelbaum – Knicke oder Quetschungen weisen auf auf eine Fehlfunktion der Kontrollleuchte hin.

Einbau

10 Der Einbau entspricht der umgekehrten Ausbaureihenfolge – beachten Sie dabei folgende Punkte:

a) Reinigen Sie das Gewinde des Sensors vor dem Einbau, und ziehen Sie den Sensor mit 30 Nm an.

b) Verbinden Sie das Schalterkabel und verlegen Sie es so, dass es keine heißen Bauteile berührt.

c) Senken Sie das Fahrzeug ab, und kontrollieren Sie den Ölpegel (siehe Wöchentliche Kontrollen).

d) Starten Sie den Motor, bringen Sie ihn auf Betriebstemperatur, und kontrollieren Sie den Bereich um den Schalter auf Undichtigkeiten.

18 Ölpegelsensor – Ausbau und Einbau

Ausbau

1 Der Ölpegelsensor sitzt oberhalb des rechten Antriebswellen-Mittellagers rechts hinten am Motor.
2 Der Sensor ist eventuell besser von unten zugänglich – ziehen Sie die Handbremse an, legen Sie den Leerlauf ein, heben Sie das Fahrzeug vorn an, und stützen Sie es sicher ab (siehe Seite 535). Demontieren Sie das rechte Vorderrad.
3 Lösen Sie die Befestigungen der Radhausschale, und entfernen Sie diese.
4 Entfernen Sie die Querstabilitator-Anlenkung (siehe Kapitel 10).
5 Entfernen Sie den kurzen Holm zwischen dem vorderen Hilfsrahmen und dem Unterboden, um Zugang zum Sensor zu erhalten.
6 Der Ölpegelsensor und seine Verkabelung sind mit hitzefestem Isoliermaterial ausgerüstet (siehe Abbildung) – schneiden Sie den Kabelbinder auf, und nehmen Sie das Material beiseite.

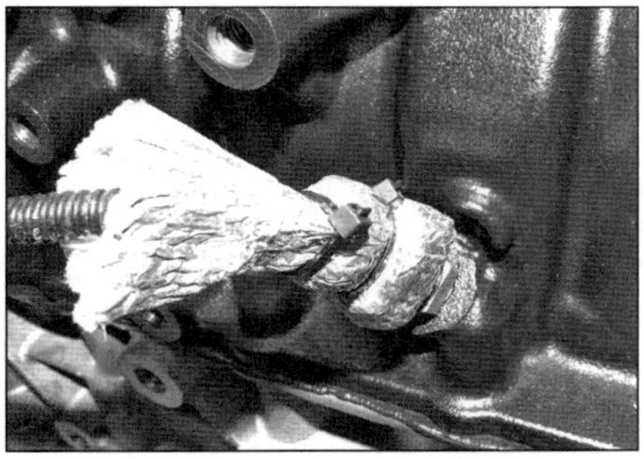

18.6 Hitzeschutz-Material am Ölpegelsensor

7 Trennen Sie den Kabelstecker, und schrauben Sie den Ölpegelsensor aus dem Motorgehäuse (siehe Abbildungen).

18.7a Trennen Sie den Kabelstecker des Ölpegelsensors ...

18.7b ... und schrauben Sie diesen aus dem Motorgehäuse.

Einbau

8 Der Einbau entspricht der umgekehrten Ausbaureihenfolge; ziehen Sie den Sensor mit 25 Nm, die Muttern der Querstabilitator-Anlenkung mit 75 Nm und die Befestigungen des kurzen Holms mit 87 Nm an.

Kapitel 2, Teil E

Motoren – Ausbau und Überholarbeiten

Inhalt — Sektion

Schwierigkeitsgrade

Leicht. Geeignet für Anfänger mit wenig Erfahrung.	**Relativ leicht.** Geeignet für Anfänger mit etwas Erfahrung.	**Relativ schwierig.** Geeignet für geübte Selbstschrauber.	**Schwer.** Geeignet für Selbstschrauber mit viel Erfahrung.	**Sehr schwer.** Geeignet für Experten und Profis.

Spezifikationen

Motorcode

1,6 l-Benzinmotor	HR16DE
2,0 l-Benzinmotor	MR20DE
1,5 l-Dieselmotor	K9K
2,0 l-Dieselmotor	M9R

Zylinderkopf

Dichtflächen-Verzug (max.)	
Benzinmotoren	0,10 mm
Dieselmotoren	0,05 mm
Zylinderkopf-Höhe (neu)	
HR16DE	125,0 mm
MR20DE	130,9 mm
K9K	127,0 mm
M9R	133,6 mm

Motorblock

Dichtflächen-Verzug (max.)	
Benzinmotoren	0,10 mm
Dieselmotoren	0,05 mm

Ventilfedern

Freie Federlänge	
HR16DE	42,26 mm

MR20DE	
Einlass	45,59 bis 46,96 mm
Auslass	45,13 bis 46,40 mm
K9K	43,31 mm
M9R	46,90 mm

Ventilfeder-Verzug – maximale Abweichung

HR16DE	1,8 mm
MR20DE	1,9 mm
K9K und M9R	1,2 mm

Ventile

Tellerurchmesser	**Einlass**	**Auslass**
HR16DE	31,0 bis 31,3 mm	25,3 bis 25,6 mm
MR20DE	33,8 bis 34,1 mm	27,6 bis 27,9 mm
K9K	33,38 bis 33,62 mm	28,88 bis 29,12 mm
M9R	27,58 bis 27,82 mm	25,88 bis 26,12 mm
Schaftdurchmesser		
HR16DE	4,965 bis 4,980 mm	4,955 bis 4,970 mm
MR20DE	5,465 bis 5,480 mm	5,455 bis 5,470 mm
K9K	5,969 bis 5,985 mm	5,955 bis 5,971 mm
M9R	5,970 bis 5,990 mm	5,960 bis 5,970 mm
Gesamtlänge		
HR16DE	101,65 mm	102,46 mm
MR20DE	106,27 mm	105,26 mm
K9K	100,74 bis 101,16 mm	100,54 bis 100,96 mm
M9R	103,89 mm	103,78 mm

Kolben

Kolbenhemd-Durchmesser	
HR16DE (gemessen 37,1 mm unterhalb der Kolbenoberseite)	77,965 bis 77,980 mm
MR20DE (gemessen 39,9 mm unterhalb der Kolbenoberseite)	
Klasse 1	83,97 bis 83,98 mm
Klasse 2	83,98 bis 83,99 mm
K9K (gemessen 56 mm unterhalb der Kolbenoberseite)	75,938 bis 75,952 mm
M9R (gemessen 56 mm unterhalb der Kolbenoberseite)	83,97 bis 83,80 mm
Kolbenspiel im Zylinder (Benzinmotoren)	
HR16DE	0,02 bis 0,05 mm
MR20DE	0,02 bis 0,04 mm
Kolbenüberstand (Dieselmotoren)	
K9K	0,030 bis 0,288 mm
M9R	
mit 1,17 mm starker Zylinderkopfdichtung (gequetscht)	0,33 bis 0,49 mm
mit 1,20 mm starker Zylinderkopfdichtung (gequetscht)	0,36 bis 0,52 mm

Kolbenringe

Ringspiel in Kolbennut	
HR16DE	
Oberer Kompressionsring	0,04 bis 0,08 mm – Verschleißgrenze: 0,11 mm
Zweiter Kompressionsring	0,03 bis 0,07 mm – Verschleißgrenze: 0,10 mm
Ölabstreifring	0,045 bis 0,125 mm
MR20DE	
Oberer Kompressionsring	0,04 bis 0,08 mm – Verschleißgrenze: 0,11 mm
Zweiter Kompressionsring	0,03 bis 0,07 mm – Verschleißgrenze: 0,10 mm
Ölabstreifring	0,015 bis 0,185 mm
K9K und M9R	
Oberer Kompressionsring	0,10 bis 0,12 mm
Zweiter Kompressionsring	0,08 bis 0,10 mm
Ölabstreifring	0,03 bis 0,05 mm
Stoßspiel im Zylinder	
HR16DE	
Oberer Kompressionsring	0,2 bis 0,3 mm – Verschleißgrenze: 0,5 mm
Zweiter Kompressionsring	0,35 bis 0,50 mm – Verschleißgrenze: 0,66 mm
Ölabstreifring	0,2 bis 0,6 mm – Verschleißgrenze: 0,92 mm

MR20DE	
Oberer Kompressionsring	0,2 bis 0,3 mm – Verschleißgrenze: 0,5 mm
Zweiter Kompressionsring	0,5 bis 0,65 mm – Verschleißgrenze: 0,83 mm
Ölabstreifring	0,15 bis 0,45 mm – Verschleißgrenze: 0,78 mm
K9K	
Oberer Kompressionsring	0,2 bis 0,35 mm
Zweiter Kompressionsring	0,7 bis 0,9 mm
Ölabstreifring	0,25 bis 0,5 mm
M9R	
Oberer Kompressionsring	0,23 bis 0,38 mm
Zweiter Kompressionsring	0,6 bis 0,8 mm
Ölabstreifring	0,25 bis 0,5 mm

Kurbelwelle

Axialspiel	
HR16DE	0,098 bis 0,260 mm – Verschleißgrenze: 0,35 mm
MR20DE	0,10 bis 0,26 mm – Verschleißgrenze: 0,30 mm
K9K	0,045 bis 0,252 mm – Verschleißgrenze: 0,825 mm
M9R	0,05 bis 0,07 mm
Radialspiel	
HR16DE	0,024 bis 0,034 mm
MR20DE	
Lagerdeckel 1, 4 und 5	0,024 bis 0,034 mm – Verschleißgrenze: 0,065 mm
Lagerdeckel 2 und 3	0,012 bis 0,022 mm – Verschleißgrenze: 0,065 mm
K9K	0,01 bis 0,054 mm
M9R	0,03 bis 0,07 mm
Pleuelfuß-Radialspiel	
HR16DE	0,029 bis 0,039 mm – Verschleißgrenze: 0,10 mm
MR20DE	0,037 bis 0,047 mm – Verschleißgrenze: 0,07 mm
K9K	0,01 bis 0,064 mm
M9R	0,05 bis 0,10 mm

Anzugsdrehmomente

Siehe technische Daten in Kapitel 2A, B, C oder D

1 Allgemeine Informationen

In diesem Teil von Kapitel 2 werden der Ausbau des Motors samt Getriebe sowie dessen allgemeine Überholung (Zylinderkopf, Zylinder, Kurbelwelle und alle anderen beteiligten Komponenten) detailliert beschrieben.

Die Informationen reichen von Hinweisen bezüglich der Vorbereitung einer Überholung über die Beschaffung von Ersatzteilen bis hin zu detaillierten Schritt-für-Schritt-Anleitungen zum Ausbau, Kontrollieren, Erneuern und Einbau interner Motorkomponenten.

Ab Sektion 5 basieren alle Anleitungen auf der Annahme, dass der Motor aus dem Fahrzeug ausgebaut ist. Informationen zu Reparaturen bei eingebautem Motor sowie den Aus- und Einbau externer Komponenten, die zu einer Komplettüberholung gehören, finden sich in Kapitel 2A, B, C oder D sowie in Sektion 5 dieses Kapitels. Wenn der Motor bereits ausgebaut ist, müssen alle nicht zutreffenden Zerlegungsanweisungen in Kapitel 2A, B, C oder D ignoriert werden.

Abgesehen von den in den technischen Daten der Kapitel 2A, B, C oder D zu findenden Anzugsdrehmomente finden sich alle zum Überholen benötigten Daten am Anfang dieses Kapitels.

Motorüberholung

Es ist nicht immer einfach festzustellen, wann oder ob ein Motor vollständig überholt werden muss. Eine Vielzahl an Faktoren muss hierbei berücksichtigt werden.

Eine hohe Laufleistung ist nicht zwingend ein Hinweis auf eine erforderliche Überholung – genauso wie eine geringe Laufleistung eine Motorüberholung nicht ausschließt. Eine regelmäßige Wartung ist hierbei der wichtigste Punkt. Ein Motor, bei dem regelmäßig das Motoröl und der Filter gewechselt und auch andere Wartungspunkte durchgeführt wurden, wird wahrscheinlich mehrere Hunderttausend Kilometer problemlos durchhalten. Umgekehrt wird ein vernachlässigter Motor wesentlich früher eine Überholung benötigen.

Übermäßiger Ölverbrauch weist darauf hin, dass Kolbenringe, Ventilschaftdichtungen und/oder Ventilführungen nach Aufmerksamkeit verlangen. Mithilfe eines in Kapitel 2A, B, C oder D durchgeführten Kompressionstests kann herausgefunden werden, welche Gründe für den Ölverlust verantwortlich sind.

Ermitteln Sie den Öldruck mithilfe eines statt des Öldruckschalters in den Ölkanal geschraubten Messgeräts, und vergleichen Sie das Ergebnis mit den technischen Daten von Kapitel 2A, B, C oder D. Falls extrem geringer Druck festgestellt wird, werden die Haupt- und Pleuelfußlager und/oder die Ölpumpe verschlissen sein.

Leistungsmangel, rauer Motorlauf, klopfende oder metallisch klingende Motorgeräusche, ein klappernder Ventiltrieb und hoher Benzinverbrauch können ebenfalls auf eine Überholung hinweisen – besonders, wenn alles gleichzeitig auftritt. Falls eine große Inspektion die Probleme nicht behebt, können nur größere Überholmaßnahmen die Lösung sein.

Eine Motorüberholung beinhaltet die Wiederherstellung aller internen Motorkomponenten auf die Vorgaben für einen neuen Motor. Während einer Überholung werden Kolben und deren Ringe erneuert und die Zylinderbohrungen überholt. Neue Haupt- und Pleuellagerschalen werden generell eingebaut, und die Kurbelwelle wird nötigenfalls geschliffen (oder ausgetauscht), um die Lagerzapfen zu restaurieren. Die Ventile werden ebenfalls behandelt, da sie zu diesem Zeitpunkt üblicherweise ebenfalls nicht mehr perfekt sind. Kontrollieren Sie unbedingt den Zustand der Ölpumpe, und ersetzen Sie sie nötigenfalls.

Anmerkung: *Wichtige Komponenten des Kühlsystems (Schläuche, Antriebsriemen, Thermostat, Wasserpumpe) sollten bei einer Motorüberholung ebenfalls erneuert werden. Der Kühler selbst muss sorgfältig überprüft werden, um sicherstellen zu können, dass er weder blockiert noch undicht ist.*

Vor einer Motorüberholung muss die gesamte Prozedur durchgelesen werden, um sich mit dem Umfang und den Anforderungen vertraut zu machen. Das Überholen eines Motors ist nicht schwierig, wenn man sorgfältig den Anweisungen folgt, die benötigten Werkzeuge und Ausrüstungsgegenstände zur Hand hat und sich genau an alle Vorgaben hält. Sie kann jedoch zeitaufwendig sein. Prüfen Sie die Verfügbarkeit von Teilen, und beschaffen Sie sämtliche Spezialwerkzeuge und andere Hilfsmittel im Voraus. Die meisten Arbeiten können mit typischen Hand-Werkzeugen verrichtet werden, doch viele Teile müssen präzise vermessen werden, um ihre Wiederverwendbarkeit bestimmen zu können. Ein Großteil der Arbeit besteht in der Kontrolle von Teilen und der Entscheidung, ob Teile aufgearbeitet oder ersetzt werden müssen.

Wenn größere Reparaturen, wie das Schleifen der Kurbelwelle oder der Zylinderbohrungen anstehen, kommt niemand um eine entsprechend ausgerüstete Fachwerkstatt herum. Abgesehen von der Ausführung der Arbeiten kann man hier auch Bauteile begutachten und Ratschläge geben, ob Teile wie Kolben, Kolbenringe oder Lagerschalen wiederverwendet werden können, repariert oder ausgetauscht werden sollten.

Warten Sie stets, bis der Motor komplett zerlegt und alle Komponenten (besonders Zylinderblock/Motorgehäuse und Kurbelwelle) begutachtet wurden, bevor entschieden wird, welche Wartungs- und Reparaturarbeiten durchgeführt werden müssen. Der Zustand dieser Baugruppen ist der wesentliche Faktor, wenn es darum geht, ob der ursprüngliche Motor überholt oder ein aufgearbeitetes Triebwerk gekauft werden soll. Kaufen Sie daher noch keine Einzelteile, und lassen sie noch nichts überholen, solange nicht alles sorgfältig inspiziert wurde.

Generell bildet Zeit die größten Kosten einer Überholung, sodass es sich nicht lohnt, verschlissene oder grenzwertige Teile einzubauen.

Schließlich muss für ein möglichst langes Leben eines aufgearbeiteten Motors sichergestellt sein, dass alles mit größter Sorgfalt in einer lupenreinen Umgebung wieder zusammengebaut wird.

Während der Motor überholt wird, können auch andere Bauteile wie das Zündsystem (Benzinmotoren), die Einspritzanlage, der Anlasser oder die Lichtmaschine kontrolliert und überarbeitet werden. Das Endergebnis soll ein absolut neuwertiger Motor sein, der viele pannenfreie Kilometer garantiert.

2 Motor/Getriebe – Ausbaumethoden und Vorsichtsmaßnahmen

Wenn entschieden wurde, dass ein Motor für eine Überholung oder größere Reparatur ausgebaut werden soll, müssen einige einleitende Schritte durchgeführt werden.

Ein geeigneter Arbeitsplatz ist extrem wichtig. Es wird ausreichend Platz für Arbeiten und das Fahrzeug selbst benötigt. Falls keine Werkstatt oder ausreichend große Halle zur Verfügung steht, wird mindestens eine ebene und saubere Arbeitsfläche gebraucht.

Reinigen Sie vor Arbeitsbeginn den Motorraum und die Antriebseinheit, um Werkzeug sauber und gut organisiert zu halten.

Ein Werkstattkran oder eine andere Vorrichtung zum Herausheben des Motors ist zwingend notwendig. Die Ausrüstung muss dafür ausgelegt sein, den Motor samt Getriebe heben und tragen zu können. Angesichts der Gefahren beim Herausheben der Motor/Getriebeeinheit aus dem Fahrzeug ist Sicherheit der wichtigste Punkt.

Falls dieser Motorausbau eine persönliche Premiere ist, sollte auf jeden Fall ein Assistent dabei sein. Rat bei erfahrenen Autoschraubern einzuholen, kann ebenfalls sehr hilfreich sein. Beim Anheben eines Motors gibt es immer wieder Situationen, in denen eine Person nicht gleichzeitig alle erforderlichen Operationen durchführen kann.

Planen Sie alle Arbeiten weit voraus. Sorgen Sie vor Arbeitsbeginn dafür, dass alle erforderlichen Werkzeuge und Teile gekauft oder gemietet sind. Zu den Ausrüstungsgegenständen, die für einen sicheren und unkomplizierten Aus- und Einbau benötigt werden, gehören (neben einem Werkstattkran) ein ausreichend dimensionierter Rangierwagenheber, ein komplettes Set an Schraubenschlüsseln, ein Knarrenkasten, Holzblöcke, eine ausreichende Menge an Lappen und Lösungsmittel zum Aufwischen von Ölspritzern, Kühlmittel und Lösungsmittel. Falls der Kran gemietet wird, sollten alle Arbeiten, die ohne ihn möglich sind, bereits erledigt sein – das spart Zeit und Geld.

Planen Sie ein, dass das Auto längere Zeit nicht benutzt werden kann. Viele Arbeiten kann der Hobbyschrauber ohne Spezialausrüstungen nicht erledigen, sodass sie Fachwerkstätten überlassen werden müssen. Hier herrscht oft rege Betriebsamkeit, sodass es hilfreich sein kann, sie vor dem Ausbau des Motors zu konsultieren, damit Arbeiten in den Terminplan aufgenommen werden können und ein entsprechender Zeitrahmen aufgestellt werden kann.

Während des Ausbaus ist es ratsam, die Positionen aller Halterungen, Kabelbinder, Massepunkte usw. zu notieren; zudem sollten die Anschlüsse und Verlegungen aller Kabelbäume und anderen Leitungen am und um den Motor herum festgehalten werden. Ein effektiver Weg hierzu liegt im Anfertigen von zahlreichen Fotos von den verschiedenen Komponenten, bevor sie getrennt und/oder demontiert werden – moderne Digitaltechnik ersetzt oder ergänzt beim Einbau das fotografische Gedächtnis.

Seien Sie beim Aus- und Einbau der Motor/Getriebe-Einheit stets sehr vorsichtig. Leichtsinnige Aktionen können schnell zu ernsthaften Verletzungen führen. Planen Sie gut voraus, und lassen Sie sich Zeit, um diese umfangreiche Tätigkeit erfolgreich abzuschließen.

3 Motor mit Schaltgetriebe – Ausbau, Trennen, Verbinden und Einbau

Anmerkung: *Der Motor kann nur samt Getriebe aus dem Fahrzeug entfernt werden – danach können beide Baugruppen getrennt werden. Die Antriebseinheit wird nach unten abgesenkt und kann dann unter dem Fahrzeug herausgezogen werden – heben Sie es also vorn ausreichend an, damit hierfür genügend Platz besteht. Falls jedoch entschieden wird, das Getriebe bei eingebautem Motor zu demontieren (siehe Kapitel 7A, Sektion 6), kann der Motor nach unten abgesenkt oder auch nach oben herausgehoben werden.*

Ausbau

1 Machen Sie das Kraftstoffsystem drucklos (siehe Kapitel 4A, Sektion 6 für Benzinmotoren oder Kapitel 4B, Sektion 5 für Dieselmotoren).
2 Trennen Sie den Masseanschluss (–) der Batterie (siehe Seite 532). Demontieren Sie die Batterie und den Batterieträger (siehe Kapitel 5A, Sektion 3).
3 Ziehen Sie die Handbremse, heben Sie das Fahrzeug vorn an (beachten Sie die Anmerkung am Anfang), und stützen Sie es sicher ab (siehe Seite 535). Demontieren Sie beide Vorderräder.
4 Lösen Sie die Schrauben des Unterfahrschutzes, und entfernen Sie diesen.
5 Entleeren Sie das Kühlsystem (siehe Kapitel 1A, Sektion 27 für Benzinmotoren oder Kapitel 1B, Sektion 29 für Dieselmotoren). Lagern Sie das Kühlmittel in einem sauberen Behälter, falls es wiederverwendet werden soll.
6 Lassen Sie das Getriebeöl ab (siehe Kapitel 7A, Sektion 2). Installieren Sie die Einfüll- und Ablassschraube ggf. mit neuen Dichtscheiben, und ziehen Sie sie mit den vorgeschriebenen Drehmomenten an.
7 Falls der Motor zerlegt werden soll, müssen das Motoröl abgelassen und der Ölfilter entfernt werden (siehe Kapitel 1A oder 1B, Sektion 3). Reinigen Sie die Ablassschraube, rüsten Sie sie ggf. mit einer neuen Dichtscheibe aus, und ziehen Sie sie mit dem vorgeschriebenen Drehmoment an.
8 Entfernen Sie die beiden Antriebswellen (siehe Kapitel 8, Sektion 2).
9 Trennen Sie je nach Modell alle Stecker der Lichtmaschine, des Anlassers, des Öldruckschalters, des Ölpegelsensors, des Klopfsensors, des Kurbelwellensensors, des Kühltemperatursensors usw. Markieren Sie die Stecker nötigenfalls, um sie wieder korrekt anschließen zu können.
10 Führen Sie die folgenden Operationen entsprechend der Vorgaben in Kapitel 4A durch:
a) Entfernen Sie die Luftfilter-Baugruppe.
b) Trennen Sie die Kraftstoffzulauf- und -rücklaufleitungen vom gemeinsamen Druckspeicher und verstopfen Sie alle Öffnungen, um möglichst wenig Kraftstoff austreten und keinen Schmutz eindringen zu lassen.
c) Trennen Sie alle Stecker des Drosselklappengehäuses, des Einlassstutzens und zugehöriger Komponenten. Befreien Sie die Kabel vom Einlassstutzen, und positionieren Sie sie abseits des Zylinderkopfs, sodass sie den Ausbau nicht behindern.
d) Trennen Sie die Schläuche des Bremskraftverstärkers, des Kühlers und alle anderen Entlüftungs- und Unterdruckschläuche vom Einlassstutzen und zugehöriger Ventile.
e) Demontieren Sie den Einlassstutzen.
f) Trennen Sie das vordere Auspuffrohr vom Auspuffstutzen.
11 Lockern Sie am Motor die Schellen der Heizungsschläuche und aller anderen relevanten Kühlsystemschläuche und ziehen Sie sie ab – notieren Sie ggf. ihre Anschlusspositionen.
12 Schrauben Sie bei Modellen mit Klimaanlage deren Kompressor ab, und sichern Sie ihn abseits des Arbeitsbereichs.
Achtung: Die Klimaanlagen-Leitungen dürfen nicht getrennt, aber auch nicht unter Last gesetzt werden – beachten Sie die Warnhinweise in Kapitel 3, Sektion 10.
13 Trennen Sie das Rohr der Kupplungshydraulik (siehe Kapitel 6, Sektion 7).
14 Trennen Sie die Schalt-Bowdenzüge von den Betätigungen am Getriebe (siehe Kapitel 7A, Sektion 3).
15 Beachten Sie die Anschlusspositionen, und trennen Sie alle Kabelstecker vom Getriebe – markieren Sie sie nötigenfalls.
16 Sichern Sie den Wasserkühler an der oberen Querstrebe – beschädigen Sie dabei nicht die Kühlerlamellen.
17 Demontieren Sie den vorderen Hilfsrahmen (siehe Kapitel 10, Sektion 12) (siehe Abbildung).

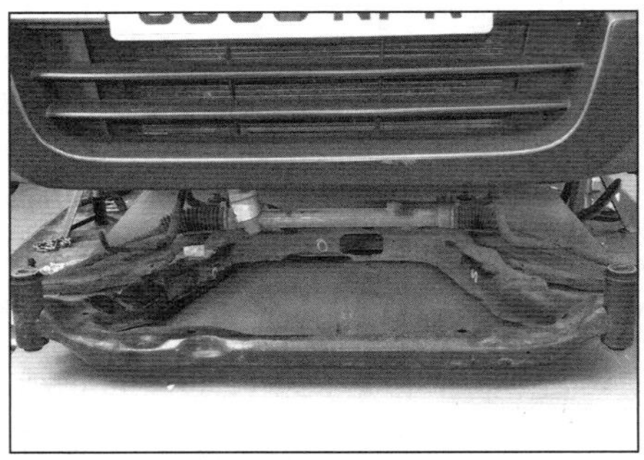

3.17 Der demontierte Hilfsrahmen

18 Bringen Sie den Werkstattkran in Position, und verbinden Sie ihn mit geeigneten Halterungen mit dem Motor und dem Getriebe. Heben Sie die Baugruppe an, bis ihre Aufnahmen entlastet sind.
19 Markieren Sie die Ausrichtungen der vorderen Motorhalterungs-Schrauben als Hinweis für den Einbau. Lösen Sie an beiden Innenkotflügeln die Schrauben samt Muttern, und entfernen Sie rechts und links die Halterungen (siehe Kapitel 2A, B, C oder D).
20 Prüfen Sie ein letztes Mal, ob alle Kabel, Schläuche und Halterungen, die den Ausbau der Antriebseinheit behindern könnten, getrennt sind. Die Schalt-Bowdenzüge müssen so gesichert sein, dass sie beim Ausbau nicht beschädigt werden.
21 Falls vorhanden, sollte ein ausreichend stabiles Rollbrett unter der Antriebseinheit platziert werden, um sie besser hervorziehen zu können. Senken Sie mit dem Kran die Antriebseinheit ab – achten Sie darauf, dass nichts eingeklemmt oder abgerissen wird. Es kann nötig sein, die

Baugruppe etwas zu kippen, um sie von der Karosserie zu befreien.
22 Ziehen Sie die Antriebseinheit unter dem Fahrzeug hervor.

Trennen

23 Lösen Sie die Schrauben des Anlassers, und befreien Sie diesen vom Getriebe.
24 Sowohl der Motor als auch das Getriebe müssen gut abgestützt sein. Lösen Sie dann die Verbindungsschrauben – beachten Sie ihre Positionen und ggf. vorhandene Halter.
25 Ziehen Sie das Getriebe vorsichtig vom Motor ab – es darf dabei nicht die Eingangswelle unter Last setzen, während diese noch in der Kupplung steckt.
26 Falls die im Motor oder Getriebe steckenden Passhülsen locker sind, müssen sie sichergestellt werden.

Verbinden

27 Tragen Sie temperaturbeständiges Fett (z. B. Molykote BR2 plus) auf die Kerbverzahnungen der Getriebeeingangswelle auf – verwenden Sie es sparsam, damit nichts an die Kupplungsscheibe gerät.
28 Die Passhülsen müssen korrekt im Motor oder Getriebe positioniert sein. Das Kupplungs-Ausrücklager muss korrekt in die Ausrückgabel greifen.
29 Setzen Sie das Getriebe vorsichtig über die Passhülsen an den Motor – es darf nicht die Eingangswelle unter Last setzen, während diese in die Kupplungsscheibe geschoben wird.
30 Installieren Sie die Gehäuseschrauben – alle Halterungen müssen korrekt positioniert sein –, und ziehen Sie sie ggf. mit dem in Kapitel 7A angegebenen Drehmoment an.
31 Montieren Sie den Anlasser, und ziehen Sie seine Schrauben mit dem in den technischen Daten von Kapitel 5A angegebenen Drehmoment an.

Einbau

32 Positionieren Sie die Motor/Getriebe-Baugruppe unter dem Fahrzeug, und verbinden Sie die Halterungen des Werkstattkrans mit den Aufnahmen.
33 Heben Sie die Antriebseinheit vorsichtig in den Motorraum, bis die Einbauposition erreicht ist.
34 Montieren Sie die Aufnahme der linken Motor/Getriebe-Halterung, manövrieren Sie die Halterung in Position und drehen Sie die Schrauben, die sie am Getriebe sichern, zunächst handfest ein.
35 Montieren Sie die rechte Karosserieaufnahme. Setzen Sie oben die Halterung an, und ziehen Sie die Schrauben vorschriftsmäßig an. Installieren Sie die durchgehende Schraube, und drehen Sie die Mutter zunächst handfest auf.
36 Montieren Sie den Hilfsrahmen unter den Motorraum (siehe Kapitel 10, Sektion 12).
37 Wackeln Sie die Motor/Getriebe-Einheit in Position, und ziehen Sie dann alle Befestigungsschrauben mit den im entsprechenden Kapitel angegebenen Drehmomenten an.
38 Der Rest des Einbaus entspricht der umgekehrten Ausbaureihenfolge – beachten Sie dabei folgende Punkte:
a) Der Kabelbaum muss korrekt verlegt und in allen Halterungen gesichert sein; alle Stecker müssen korrekt und sicher verbunden sein.
b) Bevor die Antriebswellen mit dem Getriebe verbunden werden, müssen ihre Dichtringe ersetzt werden (siehe Kapitel 7A).
c) Alle Kühlerschläuche müssen korrekt angeschlossen und mit ihren Schellen gesichert sein.
d) Schließen Sie die Hydraulikleitung der Kupplung an (siehe Kapitel 6).
e) Füllen Sie das Getriebe und den Motor mit dem in Kapitel 1A oder B angegebenen Öl auf.
f) Befüllen Sie das Kühlsystem (siehe Kapitel 1A oder B).
g) Starten Sie den Motor, und kontrollieren Sie alles auf Undichtigkeiten.

4 Motor mit Automatikgetriebe – Ausbau, Trennen, Verbinden und Einbau

Anmerkung: *Der Motor kann nur samt Getriebe aus dem Fahrzeug entfernt werden – danach können beide Baugruppen getrennt werden. Die Antriebseinheit wird nach unten abgesenkt und kann dann unter dem Fahrzeug herausgezogen werden – heben Sie es also vorn ausreichend an, damit hierfür genügend Platz besteht. Falls jedoch entschieden wird, das Getriebe bei eingebautem Motor zu demontieren (siehe Kapitel 7B, Sektion 11), kann der Motor nach unten abgesenkt oder auch nach oben herausgehoben werden.*

Ausbau

1 Machen Sie das Kraftstoffsystem drucklos (siehe Kapitel 4A, Sektion 6 für Benzinmotoren oder Kapitel 4B, Sektion 5 für Dieselmotoren).
2 Trennen Sie den Masseanschluss (–) der Batterie (siehe Seite 532). Demontieren Sie die Batterie und den Batterieträger (siehe Kapitel 5A, Sektion 3).
3 Ziehen Sie die Handbremse an, heben Sie das Fahrzeug vorn an (beachten Sie die Anmerkung am Anfang), und stützen Sie es sicher ab (siehe Seite 535). Demontieren Sie beide Vorderräder.
4 Lösen Sie die Schrauben des Unterfahrschutzes, und entfernen Sie diesen.
5 Entleeren Sie das Kühlsystem (siehe Kapitel 1A, Sektion 27 für Benzinmotoren oder Kapitel 1B, Sektion 29 für Dieselmotoren). Lagern Sie das Kühlmittel in einem sauberen Behälter, falls es wiederverwendet werden soll.
6 Lassen Sie das Getriebeöl ab (siehe Kapitel 7B, Sektion 2). Installieren Sie die Einfüll- und Ablassschraube ggf. mit neuen Dichtscheiben, und ziehen Sie sie mit den vorgeschriebenen Drehmomenten an.
7 Falls der Motor zerlegt werden soll, muss das Motoröl abgelassen und der Ölfilter entfernt werden (siehe Kapitel 1A oder 1B, Sektion 3). Reinigen Sie die Ablassschraube, rüsten Sie sie ggf. mit einer neuen Dichtscheibe aus, und ziehen Sie sie mit dem vorgeschriebenen Drehmoment an.
8 Entfernen Sie die beiden Antriebswellen (siehe Kapitel 8, Sektion 2).
9 Trennen Sie je nach Modell alle Stecker der Lichtmaschine, des Anlassers, des Öldruckschalters, des Ölpegelsensors,

des Klopfsensors, des Kurbelwellensensors, des Kühltemperatursensors usw. Markieren Sie die Stecker nötigenfalls, um sie wieder korrekt anschließen zu können.

10 Führen Sie die folgenden Operationen entsprechend der Vorgaben in Kapitel 4A durch:

a) Entfernen Sie die Luftfilter-Baugruppe.

b) Trennen Sie die Kraftstoffzulauf- und -Rücklaufleitungen vom gemeinsamen Druckspeiche,r und verstopfen Sie alle Öffnungen, um möglichst wenig Kraftstoff austreten und keinen Schmutz eindringen zu lassen.

c) Trennen Sie alle Stecker des Drosselklappengehäuses, des Einlassstutzens und zugehöriger Komponenten. Befreien Sie die Kabel vom Einlassstutzen, und positionieren Sie sie abseits des Zylinderkopfs, sodass sie den Ausbau nicht behindern.

d) Trennen Sie die Schläuche des Bremskraftverstärkers, des Kühlers und alle anderen Entlüftungs- und Unterdruckschläuche vom Einlassstutzen und zugehöriger Ventile.

e) Demontieren Sie den Einlassstutzen.

f) Trennen Sie das vordere Auspuffrohr vom Auspuffstutzen.

11 Lockern Sie am Motor die Schellen der Heizungsschläuche und aller anderen relevanten Kühlsystemschläuche und ziehen Sie sie ab – notieren Sie ggf. ihre Anschlusspositionen.

12 Schrauben Sie bei Modellen mit Klimaanlage deren Kompressor ab, und sichern Sie ihn abseits des Arbeitsbereichs.

Achtung: Die Klimaanlagen-Leitungen dürfen nicht getrennt, aber auch nicht unter Last gesetzt werden – beachten Sie die Warnhinweise in Kapitel 3, Sektion 10.

13 Trennen Sie hinten am Getriebe die Schläuche des Ölkühlers.

14 Trennen Sie die Wahlhebel-Bowdenzüge von den Betätigungen am Getriebe (siehe Kapitel 7BA, Sektion 3).

15 Beachten Sie die Anschlusspositionen und trennen Sie alle Kabelstecker vom Getriebe – markieren Sie sie nötigenfalls.

16 Sichern Sie den Wasserkühler an der oberen Querstrebe – beschädigen Sie dabei nicht die Kühlerlamellen.

17 Demontieren Sie den vorderen Hilfsrahmen (siehe Kapitel 10, Sektion 12) (Abb. 3.17).

18 Bringen Sie den Werkstattkran in Position und verbinden Sie ihn mit geeigneten Halterungen mit dem Motor und dem Getriebe. Heben Sie die Baugruppe an, bis ihre Aufnahmen entlastet sind.

19 Markieren Sie die Ausrichtungen der vorderen Motorhalterungs-Schrauben als Hinweis für den Einbau. Lösen Sie an beiden Innenkotflügeln die Schrauben samt Muttern, und entfernen Sie rechts und links die Halterungen (siehe Kapitel 2A, B, C oder D).

20 Prüfen Sie ein letztes Mal, ob alle Kabel, Schläuche und Halterungen, die den Ausbau der Antriebseinheit behindern könnten, getrennt sind. Die Wahlhebel-Bowdenzüge müssen so gesichert sein, dass sie beim Ausbau nicht beschädigt werden.

21 Falls vorhanden, sollte ein ausreichend stabiles Rollbrett unter der Antriebseinheit platziert werden, um sie besser hervorziehen zu können. Senken Sie mit dem Kran die Antriebseinheit ab – achten Sie darauf, dass nichts eingeklemmt oder abgerissen wird. Es kann nötig sein, die Baugruppe etwas zu kippen, um sie von der Karosserie zu befreien.

22 Ziehen Sie die Antriebseinheit unter dem Fahrzeug hervor.

Trennen

23 Lösen Sie die Schrauben des Anlassers, und befreien Sie diesen vom Getriebe.

24 Lösen Sie an der Abdeckplatte die Schrauben, um sie vom Ölwannenflansch zu entfernen und Zugang zu den Schrauben des Drehmomentwandlers zu erhalten. Lockern und entfernen Sie die zugängliche Schraube, drehen Sie die Kurbelwelle an der Riemenradschraube, und entfernen Sie die restlichen Schrauben, die den Drehmomentwandler an der Antriebsplatte sichern, sobald sie zugänglich werden; insgesamt gibt es vier Schrauben.

25 Damit der Drehmomentwandler beim Trennen des Getriebes nicht herausfällt, muss er mit einem an eine der Anlasserschrauben-Bohrungen verschraubten Metallstreifen in seiner Position gesichert werden.

26 Sowohl der Motor als auch das Getriebe müssen gut abgestützt sein. Lösen Sie dann die Verbindungsschrauben – beachten Sie ihre Positionen und ggf. vorhandene Halter.

27 Ziehen Sie das Getriebe vorsichtig vom Motor ab. Falls die im Motor oder Getriebe steckenden Passhülsen locker sind, müssen sie sichergestellt werden.

Verbinden

28 Vor dem Verbinden muss sichergestellt sein, dass der Drehmomentwandler korrekt im Getriebe eingreift. Dies kann durch Messen des Abstands von den Wandler-Schraubenbohrungen zur Getriebe-Kontaktfläche überprüft werden: wenn der Wandler richtig sitzt, beträgt der Abstand mindestens 20,4 mm.

29 Die Passhülsen müssen korrekt im Motor oder Getriebe positioniert sein. Setzen Sie das Getriebe vorsichtig über die Passhülsen an den Motor, installieren Sie die Gehäuseschrauben – alle Halterungen müssen korrekt positioniert sein –, und ziehen Sie sie ggf. mit dem im entsprechenden Kapitel angegebenen Drehmoment an.

30 Entfernen Sie ggf. das vor dem Ausbau installierte Drehmomentwandler-Halteband. Richten Sie die Wandler-Bohrungen zu denen der Antriebsplatte aus, und installieren Sie die Schrauben.

31 Ziehen Sie die Drehmomentwandler-Schrauben mit 50 Nm an – drehen Sie dazu die Kurbelwelle entsprechend. Montieren Sie anschließend die Abdeckplatte an die Ölwanne, und sichern Sie sie mit den Schrauben.

32 Montieren Sie den Anlasser und ziehen Sie seine Schrauben mit dem in den technischen Daten von Kapitel 5A angegebenen Drehmoment an.

Einbau

33 Positionieren Sie die Motor/Getriebe-Baugruppe unter dem Fahrzeug, und verbinden Sie die Halterungen des Werkstattkrans mit den Aufnahmen.

34 Heben Sie die Antriebseinheit vorsichtig in den Motorraum, bis die Einbauposition erreicht ist.

35 Montieren Sie die Aufnahme der linke Motor/Getriebe-Halterung, manövrieren Sie Halterung in Position, und drehen Sie die Schrauben, die sie am Getriebe sichern, zunächst handfest ein.

36 Montieren Sie die rechte Karosserieaufnahme. Setzen Sie oben die Halterung an, und ziehen Sie die Schrauben vorschriftsmäßig an. Installieren Sie die durchgehende Schraube, und drehen Sie die Mutter zunächst handfest auf.

37 Montieren Sie den Hilfsrahmen unter den Motorraum (siehe Kapitel 10, Sektion 12).

38 Wackeln Sie die Motor/Getriebe-Einheit in Position, und ziehen Sie dann alle Befestigungsschrauben mit den im entsprechenden Kapitel angegebenen Drehmomenten an.

39 Der Rest des Einbaus entspricht der umgekehrten Ausbaureihenfolge – beachten Sie dabei folgende Punkte:

a) Der Kabelbaum muss korrekt verlegt und in allen Halterungen gesichert sein; alle Stecker müssen korrekt und sicher verbunden sein.
b) Bevor die Antriebswellen mit dem Getriebe verbunden werden, müssen ihre Dichtringe ersetzt werden (siehe Kapitel 7B).
c) Alle Kühlerschläuche müssen korrekt angeschlossen und mit ihren Schellen gesichert sein.
d) Füllen Sie das Getriebe und den Motor mit dem in Kapitel 1A oder B angegebenen Öl auf.
g) Befüllen Sie das Kühlsystem (siehe Kapitel 1A oder B).
h) Starten Sie den Motor und kontrollieren Sie alles auf Undichtigkeiten.

5 Motorüberholung – Zerlegungsreihenfolge

1 Das Zerlegen und die Arbeit am Motor wird deutlich einfacher, wenn dieser am einem transportablen Motorständer befestigt ist. Damit er daran befestigt werden kann, muss die Schwungscheibe entfernt werden.

2 Falls kein Motorständer zur Hand ist, kann der Motor auf einer ausreichend stabilen Werkbank oder dem Boden zerlegt werden – lassen Sie ihn dabei nicht umkippen oder gar herunterfallen.

3 Falls ein Austauschmotor beschafft werden soll, müssen zunächst – wie bei einer selbst durchgeführten Überholung – sämtliche externen Komponenten vom vorhandenen Motor demontiert werden, um sie mit dem »neuen« Triebwerk zu verbinden. Je nach Motortyp gehören hierzu:

a) Halterungen der Nebenaggregate (Ölfilter, Anlasser, Lichtmaschine, Servolenkungspumpe usw.
b) Wasserpumpe und Thermostat samt Gehäuse (Kapitel 3)
c) Kraftstoffsystem-Komponenten (siehe Kapitel 4A oder 4B)
d) Alle elektrischen Schalter und Sensoren sowie der Motor-Kabelbaum
e) Einlass- und Auspuffstutzen (siehe Kapitel 4A oder B)
f) Motorhalterungen (siehe Kapitel 2A, B, C oder D)
g) Schwungscheibe/Antriebsplatte (Kapitel 2A, B, C oder D)

Anmerkung: ***Bei der Demontage der externen Komponenten vom Motor müssen alle Details genau beachtet werden, die für den Einbau hilfreich und wichtig sein können. Achten Sie auf die Einbaupositionen von Dichtungen, Dichtringen, Scheiben, Schrauben und anderer Kleinteile.***

4 Falls Sie als Ersatz einen Rumpfmotor (Motorgehäuse mit Zylindern, Kolben, Pleuel und Kurbelwelle) beschafft haben, müssen auch die Ölwanne, die Ölpumpe, der Zylinderkopf und die Steuerkette oder der Zahnriemen umgebaut werden.

5 Falls eine Komplettüberholung geplant ist, kann der Motor zerlegt werden; dabei sind die noch vorhandenen Komponenten in der folgenden Reihenfolge auszubauen – beachten Sie ggf. die Hinweise in Kapitel 2A, B, C oder D:

a) Einlass- und Auspuffstutzen (Kapitel 4A oder 4B)
b) Steuerkette oder Zahnriemen, Ritzel oder Riemenräder und Spanner
c) Zylinderkopf
d) Ölwanne
e) Schwungscheibe oder Antriebsplatte
f) Kolben samt Pleuelstangen (Sektion 9 dieses Kapitels)
g) Kurbelwelle (Sektion 10 dieses Kapitels)

6 Bevor mit dem Zerlegen und Überholen begonnen wird, muss dafür gesorgt werden, dass alle erforderlichen Werkzeuge vorhanden sind – beachten Sie hierzu die Hinweise auf den Seiten 535ff.

6 Zylinderkopf – Zerlegen

Anmerkung: *Beim Nissan-Händler oder Fachbetrieben und -Händlern sind neue oder überholte Zylinderköpfe zu bekommen. Zum Zerlegen und Begutachten des vorhandenen Zylinderkopfes werden Spezialwerkzeuge und präzise Messinstrumente benötigt, zudem müssen diverse Einzelteile beschafft werden. Es kann daher für den Hobbymechaniker praktischer und wirtschaftlicher sein, einen überholten Zylinderkopf zu kaufen, als das Originalteil zu zerlegen, zu kontrollieren und zu vermessen und mit neuen Ersatzteilen auszurüsten.*

1 Demontieren Sie den Zylinderkopf (siehe Kapitel 2A, B, C oder D).

2 Demontieren Sie den Einlassstutzen (siehe Kapitel 4A, Sektion 11 für Benzinmotoren oder Kapitel 4B, Sektion 12 für Dieselmotoren).

3 Demontieren Sie den Auspuffstutzen (siehe Kapitel 4A, Sektion 12 oder Kapitel 4B, Sektion 13).

4 Falls noch nicht geschehen, müssen die Nockenwelle(n) samt Stößel und ggf. Schlepphebel entfernt werden (siehe Kapitel 2A, B, C oder D).

5 Entfernen Sie bei Benzinmotoren die Zündkerzen (siehe Kapitel 1A, Sektion 25).

6 Entfernen Sie bei Dieselmotoren die Glühkerzen (siehe Kapitel 5C, Sektion 3).

7 Setzen Sie nacheinander an allen Ventilen eine Ventilfederpresse an, und komprimieren Sie mit dem Federteller die Feder, bis die Keile entnommen werden können – hierzu kann ein kleiner Schraubendreher, ein Magnet oder eine Spitzzange benutzt werden. Entspannen Sie die Ventilfeder langsam wieder, und entfernen Sie die Ventilfederpresse. Entnehmen Sie den Federteller, die Feder und den Federsitz. Ziehen Sie anschließend mit einer Zange vorsichtig die Ventilschaftdichtung von der Ventilführung (siehe Abbildungen).

6.7a Entfernen Sie bei komprimierter Ventilfeder die Keile, ...

6.7b ... lösen Sie die Ventilfederpresse und entnehmen Sie den Federteller, ...

6.7c ... die Ventilfeder ...

6.7d ... und den Federsitz (falls vorhanden).

6.7e Ziehen Sie die Ventilschaftdichtung von der Ventilführung.

8 Falls beim Anziehen der Ventilfederpresse der Federteller nur widerwillig die Keile freigibt, können mit einem kleinen Hammer sanfte Schläge auf das Werkzeug ausgeübt werden – diese sollten ihn befreien.

9 Ziehen Sie das Ventil nach unten aus seiner Führung (siehe Abbildung).

6.9 Ziehen Sie das Ventil durch den Brennraum aus dem Zylinderkopf.

10 Solange die Bauteile nicht allzu sehr verschlissen sind, sodass sie nicht wiederverwendet werden können, muss jedes Ventil zusammen mit seinem Federteller, seinen Keilen, der Feder und deren Sitz so abgelegt werden, dass später alles wieder an seinen ursprünglichen Platz gelangt. Packen Sie die Teile dazu in markierte Tüten oder z. B. einen Eierkarton (siehe Abbildungen) – beachten Sie, dass Ventil Nr. 1 rechts an der Steuerseite des Motors sitzt.

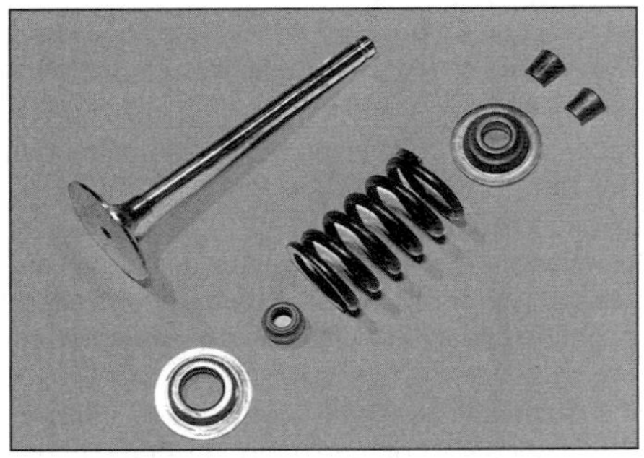

6.10a Die Einzelteile jedes Ventils ...

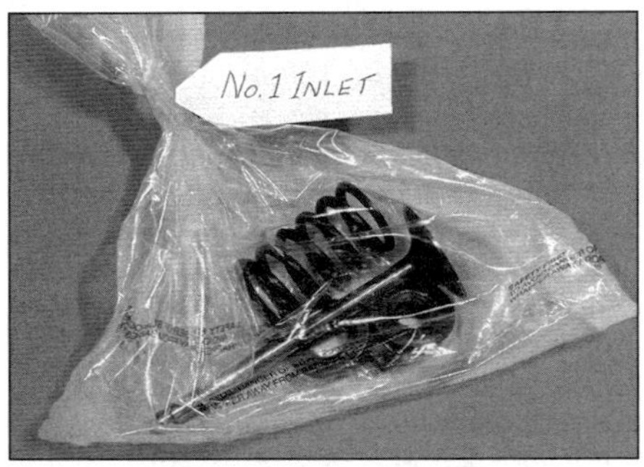

6.10b ... müssen in einem markierten Behälter oder Beutel gelagert werden.

7 Zylinderkopf und Ventile – Reinigung und Kontrolle

Reinigung

1 Schaben Sie altes Dichtungsmaterial vom Zylinderkopf.

2 Schaben Sie Kohleablagerungen aus den Brennräumen und Kanälen, waschen Sie den Zylinderkopf dann mit Petroleum oder geeignetem Lösungsmittel.
3 Kratzen Sie alle Kohleablagerungen von den Ventilen. Reinigen Sie Ventilteller und Schaft anschließend mit einem Drahtbürstenaufsatz für die Bohrmaschine.

Kontrolle

Zylinderkopf

4 Inspizieren Sie den Zylinderkopf sorgfältig auf Risse (ausgetretenes Kühlmittel) und andere Beschädigungen. Wenn Risse festgestellt werden, muss der Zylinderkopf ausgetauscht werden.
5 Mithilfe einem Präzisions-Richtwinkels und einer Fühlerlehre wird geprüft, ob die Dichtfläche des Zylinderkopfs verzogen ist; mithilfe der Angaben in den technischen Daten kann ermittelt werden, ob die Dichtfläche geplant werden kann (siehe Abbildung) – holen Sie sich nötigenfalls Rat in einer Fachwerkstatt.

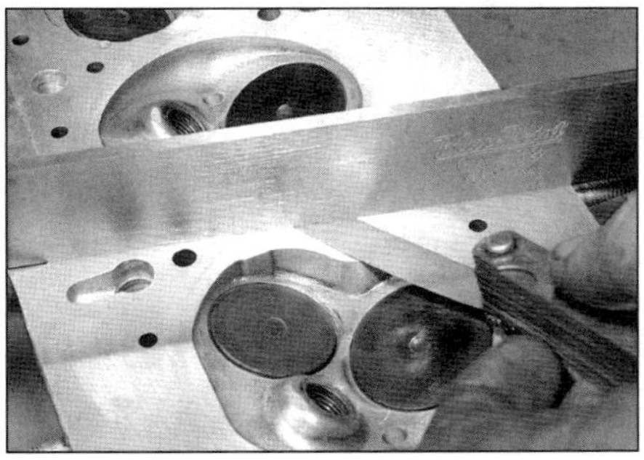

7.5 Kontrollieren Sie den Verzug des Zylinderkopfs.

6 Begutachten Sie die Ventilsitze im Brennraum. Falls sie Ausbrüche, Risse oder Verbrennungen zeigen, müssen sie ausgetauscht werden – diese notwendige Arbeit übersteigt die Möglichkeiten eines Hobbyschraubers. Wenn sie nur leicht erodiert sind, kann dies durch Einschleifen beseitigt werden (siehe unten).
7 Kontrollieren Sie die Ventilführungen auf Verschleiß, indem Sie das entsprechende Ventil einschieben: Leichtes Spiel ist akzeptabel. Falls übermäßiges Spiel festgestellt wird, muss das Ventil ausgebaut und sein Schaftdurchmesser ermittelt werden (siehe unten). Liegt der Wert unter den Vorgaben (siehe technische Daten), muss das Ventil ersetzt werden; andernfalls muss der Verschleiß in der Ventilführung liegen, deren Austausch von einem Spezialbetrieb vorgenommen werden sollte.
8 Falls die Ventilsitze nachgeschnitten werden müssen, darf dies erst **nach** dem Austausch der Ventilführungen geschehen.

Ventile

9 Inspizieren Sie sorgfältig den Ventilteller auf Risse, Löcher sowie verbrannte Stellen. Drehen Sie das Ventil, und prüfen Sie dabei, ob es verzogen sein könnte. Kontrollieren Sie das Ende des Ventilschafts und die Keilnuten auf Ausbrüche und übermäßigen Verschleiß. Schadhafte Ventile müssen ersetzt werden.
10 Wenn die Ventile bis hierher gut aussehen, wird der Schaftdurchmesser an mehreren Stellen mit einer Mikrometerschraube ermittelt (siehe Abbildung). Jede Differenz zwischen den Messungen weist auf Verschleiß am Schaft hin, sodass das Ventil ersetzt werden muss.

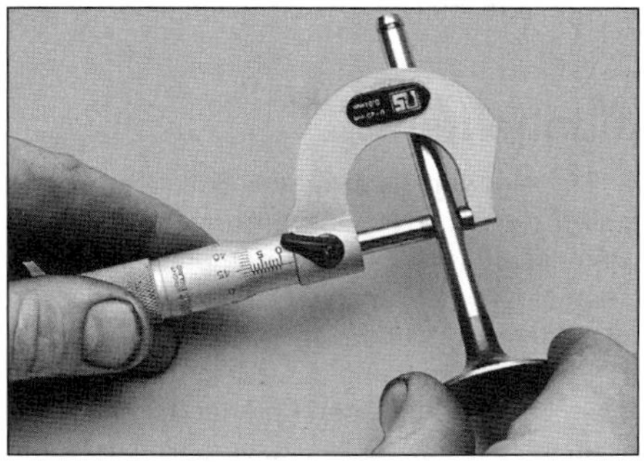

7.10 Ermitteln des Ventilschaft-Durchmessers mithilfe einer Mikrometerschraube

11 Sind die Ventile in einem zufriedenstellenden Zustand, müssen sie in ihren jeweiligen Sitzen geschliffen (»geläppt«) werden, um Dichtigkeit zu garantieren. Wenn der Sitz nur leicht erodiert ist oder nachgeschnitten wurde, sollte nur Feinschleifpaste verwendet werden. Grobe Schleifpaste darf nur benutzt werden, wenn ein Sitz stark verbrannt oder tief vernarbt ist; in diesem Fall sollten der Zylinderkopf und die Ventile von einem Experten untersucht werden, der entscheiden kann, ob ein Sitz nachgeschnitten oder ggf. samt Ventil erneuert werden muss.
12 Das Läppen der Ventile wird wie folgt ausgeführt: Legen Sie den Zylinderkopf verkehrt herum auf die Werkbank – unterlegen Sie ihn mit Hölzern, um Platz für die Ventilschäfte zu erhalten.
13 Geben Sie etwas von der Schleifpaste auf die Ventildichtfläche sowie etwas von einem Gemisch aus Molybdänfett und Motoröl an den Ventilschaft, und stecken Sie das Ventil in die Führung. Befestigen Sie einen Ventildreher am Ventil, und drehen sie ihn zwischen den Handflächen. Hin- und herdrehen ist dem Drehen in eine Richtung vorzuziehen. Heben Sie das Ventil gelegentlich an, um die Schleifpaste neu zu verteilen (siehe Abbildung).

7.13 Das Einschleifen sollte von Hand erfolgen.

14 Falls grobe Schleifpaste benutzt wird, darf damit nur so lange gearbeitet werden, bis am Ventilsitz und am Ventilteller eine trübe, matte und gleichmäßige Oberfläche entstanden ist. Wischen Sie dann die Schleifpaste ab, und wiederholen Sie den Prozess mit der Feinschleifpaste. Sobald ein gleichmäßiger und ununterbrochener matt hellgrauer Ring am Ventilsitz und am Ventil entstanden ist, wird das Läppen beendet – schleifen Sie die Ventile nicht weiter als nötig ein, da sonst der Sitz vorzeitig in den Zylinderkopf gedrückt werden kann.

15 Wiederholen Sie den Arbeitsgang mit den anderen Ventilen. Reinigen Sie anschließend das Ventil und seine Führung sorgfältig mit Lösungsmittel. Blasen Sie alle Kanäle mit Druckluft aus – vor der Montage müssen alle Schleifmittelreste entfernt sein.

Ventil-Komponenten

16 Begutachten Sie die Ventilfedern auf Beschädigungen und Verfärbung. Bei der von Nissan verwendeten Prüfung wird die Kraft gemessen, die für eine Komprimierung der Feder auf eine festgelegte Höhe notwendig ist – überlassen Sie dies einer mit entsprechenden Prüfgeräten ausgerüsteten Fachwerkstatt. Eine grobe Ermittlung des Zustands der Feder liegt darin, ihre freie Länge zu messen und das Ergebnis mit den Angaben in den technischen Daten zu vergleichen (siehe Abbildung).

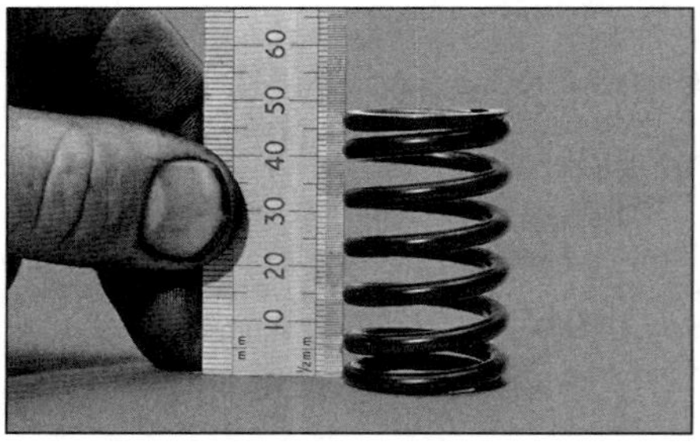

7.16 Messen Sie die freie Länge der Ventilfeder.

17 Stellen Sie die Federn auf eine ebene Fläche, und prüfen Sie auf Verzug. Falls eine Feder schief steht (die maximale Abweichung findet sich in den technischen Daten), beschädigt ist oder Ermüdungserscheinungen zeigt, müssen alle Ventilfedern als Set ausgetauscht werden – bei einer Motorüberholung werden generell alle Ventilfedern ausgetauscht.

18 Ersetzen Sie die Ventilschaftdichtungen ungeachtet ihres Zustands.

8 Zylinderkopf – Zusammenbau

1 Arbeiten Sie z. Z. nur an einem Ventil: Installieren Sie den Federsitz. Drücken Sie die gut eingeölte neue Ventilschaftdichtung mithilfe eines passenden Steckschlüssels auf die Ventilführung (siehe Abbildungen) – sie muss fühlbar einrasten.

8.1a Stecken Sie die neue Ventilschaftdichtung auf die Ventilführung ...

8.1b ... und pressen Sie sie auf, bis sie einrastet.

2 Ölen Sie den Schaft des Ventils, und schieben Sie es in seine Führung (siehe Abbildung). Falls neue Ventile installiert werden, müssen sie dort installiert werden, wo sie eingeschliffen wurden.

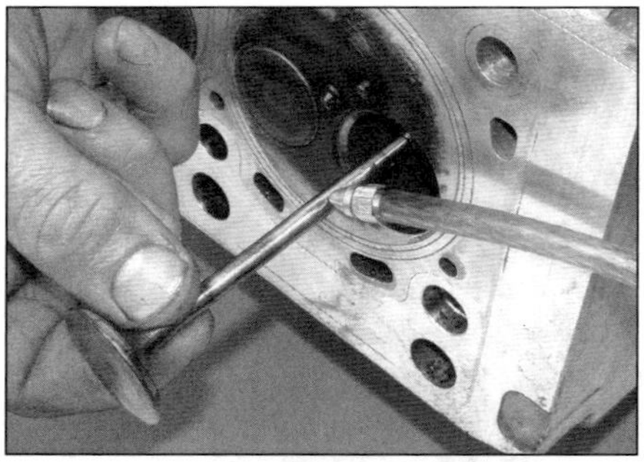

8.2 Das Ventil muss beim Einbau gut eingeölt werden.

3 Installieren Sie die Ventilfeder mit den engeren Wicklungen nach unten über ihren Sitz, und legen Sie den Federteller auf.

4 Komprimieren Sie die Feder mit der Ventilfederpresse, und installieren Sie die Keile in ihre Nut im Ventilschaft (siehe Abbildung). Entlasten Sie die Presse vorsichtig. Wiederholen Sie die Prozedur mit den anderen Ventilen – achten Sie auf ihre originalen Positionen.

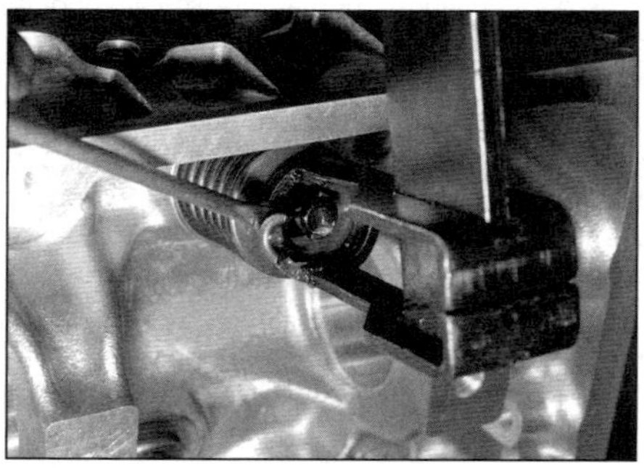

8.4 Komprimieren Sie die Ventilfeder, und installieren Sie die Keile in ihre Nut im Ventilschaft.

Praxis-Tipp	***Um die Keile beim Entspannen der Presse am Ventilschaft in Position zu halten, sollten sie mit etwas Fett »angeklebt« werden.***

5 Nachdem alle Ventile installiert sind, wird der Zylinderkopf so abgestützt, dass sich öffnende Ventile nicht verbiegen können. Klopfen Sie die mit Hölzern geschützten Ventilschäfte sanft mit einem Hammer ab, damit sich die Keile setzen.

6 Der Zylinderkopf kann jetzt mit all seinen Komponenten ausgerüstet und auf den Motorblock montiert werden (siehe Kapitel 2A, B, C oder D sowie 4A oder B).

9 Kolben und Pleuel – Ausbau

1 Demontieren Sie die Ölwanne, das Motorgehäuse-Unterteil (2,0 l-Motoren), die Steuerkette bzw. den Zahnriemen und den Zylinderkopf (siehe Kapitel 2A, B, C oder D).

2 Erfühlen Sie oben in den Zylinderbohrungen, ob die Kolbenringe im oberen Totpunkt bereits eine Kante erzeugt haben. Es wird empfohlen, diese vor dem Ausbau des Kolbens mit einem Schaber oder einer Reibahle zu entfernen, um Schäden an den Kolben zu vermeiden. Solch eine Kante weist auf stark verschlissene Zylinderbohrungen hin.

3 Jede Pleuelstange samt Lagerdeckel sollte mit ihrer Zylindernummer versehen sein – Nr. 1 befindet sich rechts an der Steuerseite des Motors (siehe Abbildung). Falls keine Markierungen sichtbar sind, müssen an den geschliffenen Übergängen der Pleuelfußhälften mithilfe schnell trocknender Farbe welche angebracht werden.

9.3 Pleuelfuß-Markierungen (jeweils ein Körnerschlag für Zylinder Nr. 1)

4 Drehen Sie die Kurbelwelle so, dass die Kolben der Zylinder 1 und 4 im unteren Totpunkt (UT) stehen.

5 Lösen Sie von unten die Muttern am Pleuelfuß Nr. 1. Heben Sie den Lagerdeckel ab, und entnehmen Sie die untere Lagerschale (siehe Abbildung) – falls sie wiederverwendet werden soll, muss sie mit Klebeband am Lagerdeckel gesichert werden.

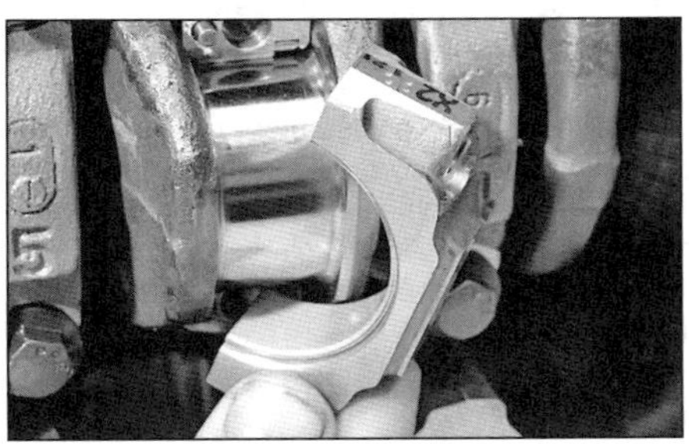

9.5 Entfernen Sie den Lagerdeckel samt unterer Lagerschalenhälfte.

6 Drücken Sie mithilfe eines Hammergriffs den Kolben samt Pleuelstange nach oben aus der Zylinderbohrung; entnehmen Sie auch hier die Lagerschale, und sichern Sie sie ggf. am Pleuel (siehe Abbildung).

9.6 Befreien Sie die obere Lagerschale aus dem Pleuel.

7 Verbinden Sie die beiden Pleuelfußhälften locker miteinander, damit alle Teile korrekt zusammengehalten werden.

8 Entfernen Sie Kolben Nr. 4 auf die gleiche Weise.

9 Drehen Sie die Kurbelwelle eine halbe Umdrehung (180°) weiter, um die Kolben 2 und 3 in den UT zu bringen, und entfernen Sie diese auf die gleiche Weise.

10 Kurbelwelle – Ausbau

1 Demontieren Sie die Ölwanne, das Motorgehäuse-Unterteil (2,0 l-Motoren), die Steuerkette bzw. den Zahnriemen und ggf. den Zylinderkopf (siehe Kapitel 2A, B, C oder D).

2 Arbeiten Sie am kopfüber stehenden Motor, und trennen Sie die Pleuelfüße (siehe Sektion 9). Falls an den Kolben und Pleuel keine Arbeiten anstehen, ist es nicht nötig, den Zylinderkopf zu demontieren und/oder die Kolben nach oben aus dem Zylindern zu drücken; sie müssen dann nur weit genug in ihre Bohrungen geschoben werden, dass sie von den Hubzapfen befreit sind.

3 Kontrollieren Sie das Axialspiel der Kurbelwelle (siehe Sektion 13), und fahren Sie je wie folgt fort:

4 Lösen Sie bei Dieselmotoren links am Motorgehäuse (Getriebeseite) die Schrauben des Dichtring-Gehäuses, und entfernen Sie dies – stellen Sie nötigenfalls die Passhülsen sicher.

5 Die Hauptlagerdeckel sollten von rechts nach links mit 1 bis 5 durchnummeriert sein (siehe Abbildung) – falls nicht, müssen mit schnell trocknender Farbe Markierungen angebracht werden, mit deren Hilfe die Lagerdeckel sowohl korrekt positioniert als auch ausgerichtet werden können.

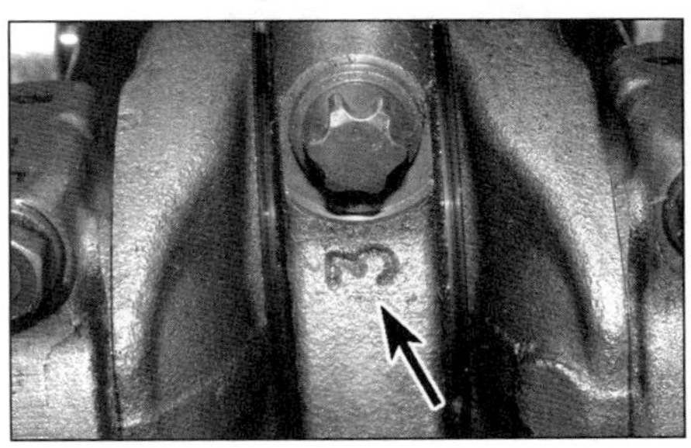

10.5 Nummerierung der Hauptlagerdeckel

6 Lockern Sie schrittweise von außen nach innen die Lagerdeckel-Schrauben um jeweils eine Umdrehung, bis alle locker sind. Entfernen Sie dann die Schrauben aus dem Motorblock (siehe Abbildung).

10.6 Entfernen Sie die Hauptlagerschrauben.

7 Ziehen Sie die Lagerdeckel ab, entnehmen Sie die unteren Lagerschalen, und sichern Sie sie nötigenfalls mit Klebeband im Deckel.

8 Heben Sie die Kurbelwelle vorsichtig aus dem Motorgehäuse; verschieben Sie dabei nicht die oberen Lagerschalen (siehe Abbildung).

10.8 Heben Sie die Kurbelwelle vorsichtig aus dem Motorgehäuse.

9 Entnehmen Sie nötigenfalls die oberen Lagerschalen, und sichern Sie sie mit Klebeband an den Lagerdeckeln.

10 Entfernen Sie die seitlich an Hauptlager Nr. 3 sitzende Anlauflagerschalen-Hälften (siehe Abbildung), und lagern Sie sie zusammen mit den Lagerdeckeln.

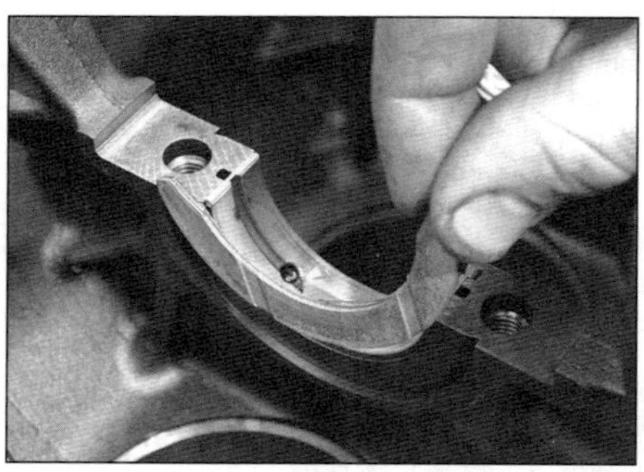

10.10 Die Anlauflagerschalen-Hälfte eines Dieselmotors

11 Zylinderblock/Motorgehäuse – Reinigung und Kontrolle

Reinigung

1 Demontieren Sie externe Komponenten und elektrische Schalter und Sensoren vom Motorblock.

2 Schaben Sie Dichtungsreste vom Motorgehäuse und den Hauptlagerdeckeln – beschädigen Sie dabei nicht die Dichtflächen.

3 Falls die Kolben von unten mit Öldüsen gekühlt werden, müssen diese von einem Spezialisten unten aus dem Motorgehäuse entfernt werden, da sie beim Ausbau leicht beschädigt werden können.

4 Entfernen Sie ggf. vorhandene Ölkanalstopfen; weil sie oft sehr fest sitzen, müssen sie manchmal ausgebohrt werden, sodass ihre Bohrungen mit neuen Gewinden ausgerüstet werden müssen. Installieren Sie später auf jeden Fall neue Stopfen.

5 Falls Teile des Motorgehäuses extrem verschmutzt sind, sollte zunächst alles mit einem Dampfstrahler gesäubert werden.

6 Nachdem das Motorgehäuse vom Dampfstrahlen zurückgekehrt ist, müssen alle Ölbohrungen und -kanäle gereinigt werden. Spülen Sie alle Kanäle mit warmen Wasser durch, bis es klar wieder austritt. Trocknen Sie anschließend alles sorgfältig, und ölen Sie alle bearbeiteten Flächen – vor allem die Zylinderbohrungen – dünn ein, um sie vor Rost zu schützen. Falls Zugang zu Druckluft besteht, kann damit der Trocknungsprozess beschleunigt werden; außerdem sollten damit alle Ölbohrungen und -kanäle ausgeblasen werden.

Warnung: Tragen Sie beim Einsatz von Druckluft stets eine Schutzbrille!

7 Falls das Motorgehäuse nicht allzu stark verschmutzt ist, kann es mit warmen Seifenwasser und einer harten Bürste gereinigt werden – nehmen Sie sich Zeit und arbeiten Sie sorgfältig. Unabhängig von der Reinigungsmethode müssen besonders Bohrungen und Kanäle äußerst penibel gesäubert und alle Komponenten gut getrocknet werden. Ölen Sie die Zylinderbohrungen in Gusseisen-Gehäusen sofort nach der Reinigung ein, um sie vor Korrosion zu schützen.

8 Um beim Zusammenbau korrekte Anzugswerte sicherstellen zu können, müssen die Gewindebohrungen gereinigt werden: drehen Sie dazu einen passenden Gewindebohrer hinein, und entfernen Sie damit Korrosion, Kleberreste und Schmutz; gleichzeitig werden dadurch Schäden am Gewinde beseitigt. Reinigen Sie anschließend die Bohrungen möglichst mit Druckluft.

9 Versehen Sie die neuen Ölkanalstopfen mit geeigneter Dichtmasse, und drehen Sie sie sorgfältig in das Gehäuse.

10 Falls der Motor nicht gleich wieder zusammengebaut werden soll, muss er mit einer Abdeckplane vor Staub und Schmutz geschützt werden. Schützen Sie bearbeiteten Flächen mit Öl vor Korrosion.

Kontrolle

11 Inspizieren Sie das Gehäuse auf Risse und Korrosion. Achten Sie auf ausgerissene Gewindebohrungen. Falls irgendwann Wasser in den Motor eingedrungen war, sollte das Gehäuse von einem Spezialbetrieb auf Haarrisse untersucht werden. Falls Schäden gefunden werden, können diese eventuell repariert werden, ansonsten muss ein Austauschmotor beschafft werden.

12 Kontrollieren Sie jede Zylinderbohrung auf Scheuerstellen und Riefen. Falls die Kolbenringe im oberen Totpunkt bereits eine Kante erzeugt haben, ist dies ein Hinweis auf eine verschlissene Bohrung.

13 Zum korrekten Vermessen der Zylinderbohrungen werden Spezialinstrumente benötigt. Wir empfehlen, den Motorblock von einer Fachwerkstatt vermessen und kontrollieren zu lassen; hier können auch Ratschläge zu möglicherweise benötigten neuen Kolben gegeben werden, falls die Zylinder auf Übermaß aufgebohrt werden müssen.

14 Wenn die Zylinderbohrungen und Kolben nicht übermäßig verschlissen sind, sich in einem brauchbaren Zustand befinden und das Kolbenspiel eingehalten wird, brauchen nur die Kolbenringe erneuert werden. Dies erfordert das Honen der Bohrungen – und kann von einem Fachbetrieb zu moderaten Kosten durchgeführt werden.

12 Kolben und Pleuel – Kontrolle

1 Zunächst müssen die aus dem Kolben und dem Pleuel bestehenden Baugruppen gereinigt werden, dann werden die alten Kolbenringe entfernt. **Anmerkung**: *Installieren Sie bei jedem Zusammenbau des Motors neue Kolbenringe.*

2 Spannen Sie die alten Ringe vorsichtig auseinander, um sie aus ihren Nuten zu befreien und nach oben zu entfernen; mithilfe zwei oder drei alter Fühlerlehrenblätter können die Ringe daran gehindert werden, in leeren Nuten einzurasten (siehe Abbildung). Der Kolben darf nicht mit den Ring-Enden zerkratzt werden. Kolbenringe sind gehärtet und können leicht brechen, wenn sie zu sehr gespannt werden. Sie sind außerdem sehr scharfkantig, sodass Schutzhandschuhe getragen werden sollten.

12.2 Ausbau der Kolbenringe mithilfe alter Fühlerlehrenblätter

3 Schaben Sie die Ölkohle vom Kolbenboden. Eine weiche Drahtbürste oder feines Schmirgelleinen kann zur Nacharbeit verwendet werden. Benutzen Sie keinesfalls einen Drahtbürstenaufsatz auf einer Bohrmaschine, das Kolbenmaterial ist sehr weich und würde abgetragen werden.

4 Die Kolbenring-Nuten können mit einem Spezialwerkzeug, aber auch mit einem abgebrochenen Stück eines alten Kolbenringes von Kohleresten befreit werden. Seien Sie vorsichtig, dass kein Kolben-Metall entfernt wird oder die Seiten der Nut gequetscht oder eingekerbt werden.

5 Wenn die Kohleablagerungen entfernt sind, wird der Kolben mit Lösungsmittel gereinigt und anschließend getrocknet. Gehen Sie sicher, dass die Ölrücklaufbohrungen in der Nut des Ölabstreifrings sauber sind.

6 Wenn die Kolben und Zylinder weder beschädigt noch übermäßig verschlissen sind, können die alten Kolben wiederverwendet werden. Normaler Kolbenverschleiß sind leichte Laufspuren an den Kolbenhemden und ein mit leichtem Spiel in seiner Nut sitzender oberer Kolbenring. Nach jedem Zerlegen des Motors sollten ungeachtet ihres Zustands neue Kolbenringe installiert werden.

7 Begutachten Sie jeden Kolben sorgfältig auf Brüche am Hemd, an den Bolzenaugen und zwischen den Kolbenringnuten.

8 Achten Sie auf Riefen und Schleifspuren am Hemd, Löcher im Kolbenboden sowie Verbrennungen an dessen Rand. Wenn das Hemd Riefen oder Klemmspuren zeigt, kann der Motor an Überhitzung gelitten haben und/oder eine abnormale Verbrennung sorgte für extrem hohe Arbeitstemperatur. Kontrollieren Sie sorgfältig das Kühl- und das Schmiersystem. Brandspuren an den Seiten des Kolbens weisen auf Leckgas hin. Ein Loch im Kolbenboden oder verbrannte Stellen am Rand des Bodens weisen auf Klingeln oder Klopfen hin. Wenn eines dieser Probleme existiert, müssen die Gründe beseitigt werden, damit die Schäden sich nicht fortsetzen. Ursachen können Nebenluft, eine defekte Einspritzdüse oder ein Fehler in der Motorsteuerung sein.

9 Korrosion (in Form von Lochfraß) am Kolben weist darauf hin, dass Kühlmittel in den Brennraum und/oder das Kurbelgehäuse gelangt. Wieder muss das Problem beseitigt werden, bevor der Motor zusammengebaut wird.

10 Messen Sie das Spiel der neuen Kolbenringe in ihren Nuten, indem Sie sie installieren und Fühlerlehrenblätter einführen. Prüfen Sie das Spiel an drei oder vier Stellen – falls es irgendwo größer als in den technischen Daten angegeben ist, müssen neue Kolben beschafft werden.

11 Exakte Vermessungen der Kolben erfordern Spezialausrüstung und Erfahrung; wir empfehlen daher, die Kolben von einer Fachwerkstatt vermessen zu lassen, wo man ggf. auch passende Kolben bekommen kann, falls die Zylinder gebohrt werden müssen.

12 Prüfen Sie den Sitz des Kolbenbolzens, indem Sie ermitteln, ob zwischen dem Kolben und dem Pleuel Spiel fühlbar ist – in diesem Fall können der Kolbenbolzen, der Kolben oder das obere Pleuelauge übermäßig verschlissen sein.

13 Bei mit Sicherungsringen gehaltenen Kolbenbolzen können der Kolben und das Pleuel wie folgt getrennt und wieder zusammengebaut werden: Markieren Sie zunächst beide Komponenten, um sie wieder korrekt ausgerichtet montieren zu können. **Anmerkung**: *Falls vor dem Kolbenbolzen keine Sicherungsringe vorhanden sind, ist dieser ins Pleuelauge eingepresst – hier empfehlen wir, die Teile von einer Fachwerkstatt trennen, kontrollieren und wieder zusammenpressen zu lassen.*

14 Hebeln Sie mit einem kleinen Schraubendreher beide Sicherungsringe heraus, und drücken Sie den Kolbenbolzen heraus – stützen Sie den Kolben nötigenfalls ab, und klopfen Sie den Bolzen vorsichtig mit einem Dorn heraus. Halten Sie den Kolben, den Bolzen und das Pleuel stets zusammen.

um die ursprünglichen Teile wieder zusammenzusetzen. Die Sicherungsringe müssen später unbedingt durch Neuteile ersetzt werden.

15 Begutachten Sie sorgfältig das Pleuel auf Beschädigungen wir Risse im Bereich der oberen und unteren Pleuelaugen. Die Pleuelstange darf nicht verbogen oder verzogen sein. Solange der Motor nicht festgegangen oder überhitzt ist, sind Schäden unwahrscheinlich. Eine detaillierte Kontrolle des Pleuels kann nur eine Fachwerkstatt durchführen.

16 Positionieren Sie beim Zusammenbau den Kolben und das Pleuel so, dass die zuvor angebrachten Markierungen fluchten.

17 Ölen Sie den Kolbenbolzen leicht ein, und schieben Sie ihn durch den Kolben und das obere Pleuelauge. **Anmerkung**: *Ein schwergängiger Kolbenbolzen lässt sich besser installieren, wenn der Kolben zuvor erwärmt wird.* Klopfen Sie den Bolzen nötigenfalls mit einem Dorn ein, bis auf beiden Seiten die Nuten der Sicherungsringe frei sind. Prüfen Sie, ob sich der Kolben frei auf dem Pleuel drehen lässt. Installieren Sie zwei neue Sicherungsringe, und prüfen Sie, ob sie rundherum in ihren Nuten sitzen.

13 Kurbelwelle – Kontrolle

Axialspielkontrolle

1 Falls die Kurbelwelle auf axiales Spiel kontrolliert werden soll, muss sie dazu im Motorgehäuse sitzen, sich aber frei bewegen lassen (siehe Sektion 10).

2 Richten Sie für die Kontrolle eine Messuhr zu einem Ende der Welle aus, drücken Sie diese bis zum Anschlag ein, und nullen Sie die Messuhr. Ziehen Sie die Welle jetzt vollständig heraus, und messen Sie so das Spiel – falls nicht die in den technischen Daten angegebenen Werte festgestellt werden, müssen neue Anlaufscheiben installiert werden (siehe Abbildung).

13.2 Axialspielkontrolle der Kurbelwelle mithilfe einer Messuhr

3 Falls keine Messuhr vorhanden ist, kann die Kontrolle auch mit einer Fühlerlehre durchgeführt werden. Drücken Sie dazu die Kurbelwelle zunächst vollständig nach links (zur Schwungscheibe), und messen Sie mit einer Fühlerlehre den Abstand zwischen der Kurbelwange von Hubzapfen Nr. 4 und der Anlaufscheibe an Hauptlager Nr. 3.

Kontrolle

4 Reinigen Sie die Kurbelwelle mit Petroleum oder Lösungsmittel, und trocknen Sie sie möglichst mit Druckluft. Reinigen Sie alle Ölbohrungen mit einem Pfeifenreiniger oder Ähnlichem, um sicherzugehen, dass sie nicht verstopft sind.

⚠ ***Warnung: Tragen Sie beim Einsatz von Druckluft stets eine Schutzbrille!***

5 Kontrollieren Sie die Gleitlagerflächen der Haupt- und Pleuellager auf ungleichmäßigen Verschleiß, Riefen, Lochfraß und Risse.

6 Verschlissene Pleuelfußlager machen sich durch metallisches Klopfen bemerkbar – besonders wenn der Motor bei geringen Drehzahlen unter Last gesetzt wird; zudem sinkt der Öldruck.

7 Verschlissene Hauptlager machen sich durch starke Motorvibrationen und rumpelnde Geräusche bemerkbar – je höher die Drehzahl, desto stärker; zudem sinkt auch hier der Öldruck.

8 Kontrollieren Sie die Lagerzapfen auf raue Oberflächen, indem Sie sanft mit einem Finger darüberstreichen. Raue Stellen weisen auf Lagerverschleiß hin, sodass die Kurbelwelle eventuell auf ein Untermaß geschliffen oder ersetzt werden muss.

9 Kontrollieren Sie an beiden Enden der Kurbelwelle die Laufflächen des Dichtrings auf Verschleiß und Beschädigungen. Falls einer der Dichtringe eine tiefe Nut in die Welle geschliffen hat, muss eine Fachwerkstatt entscheiden, ob die Welle repariert oder ersetzt werden muss.

10 Lassen Sie eine Fachwerkstatt den Durchmesser der Hauptlager- und Hubzapfen ermitteln und entscheiden, ob die Welle geschliffen werden kann und entsprechende Übermaß-Lagerschalen eingesetzt werden können.

11 Wenn die Welle geschliffen wurde, müssen die Ölbohrungen auf Grate überprüft werden (normalerweise sind sie angefast, sodass Grate kein Problem darstellen, solange nicht sorglos gearbeitet wurde. Entfernen Sie sämtliche Grate mit einer feinen Feile oder einem Schaber, und reinigen Sie die Ölbohrungen wie oben beschrieben.

12 Erkundigen Sie sich beim Nissan-Händler, ob für Ihren Motor Übermaß-Lagerschalen erhältlich sind und die Kurbelwelle ggf. auf ein passendes Untermaß geschliffen werden kann. Falls keine Übermaß-Lagerschalen erhältlich sind und die Kurbelwelle ist unter die in den technischen Daten angegebenen Maße verschlissen, hilft nur ein Austausch der Welle.

14 Hauptlager und Pleuelfußlager – Kontrolle

1 Auch wenn die Haupt- und Pleuelfuß-Lagerschalen bei einer Motorüberholung generell ausgetauscht werden, sollten die alten Bauteile für eine genaue Begutachtung aufbewahrt werden, um aus Ihnen wertvolle Informationen über den Zustand des Motors zu ziehen. Die Lagerschalen sind in verschiedenen Stärken erhältlich – diese sind mit Farbmarkierungen angezeigt.

2 Lagerschäden beruhen zumeist auf Ölmangel, Schmutz oder Fremdkörpern im Motor, Motorüberlastung und/oder Korrosion (siehe Abbildung). Ungeachtet des Grundes für die

Lagerschäden muss dieser vor der Motormontage korrigiert werden, um eine Wiederholung auszuschließen.

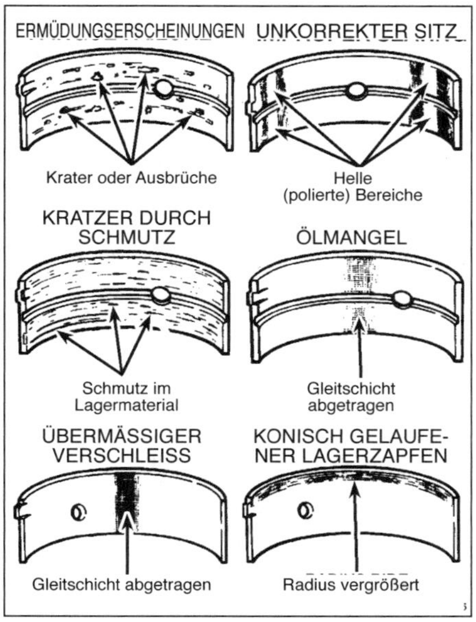

14.2 Typische Verschleißerscheinungen an Lagerschalen

3 Zu einer Begutachtung der Lager werden alle Lagerschalen aus dem Motorblock, den Pleuel und allen Lagerdeckeln ausgebaut und entsprechend ihrer Positionen an der Kurbelwelle auf eine saubere Oberfläche gelegt. Dieses erlaubt Ihnen, ein erkanntes Lagerproblem dem entsprechenden Kurbelzapfen zuzuordnen. Die Lagerflächen der Gleitschalen dürfen nicht mit den Fingern berührt werden!

4 Schmutz und andere Fremdkörper können auf unterschiedliche Weise in den Motor gelangen. Sie können beim Zusammenbau zurückgelassen werden oder durch den Filter bzw. die Motorentlüftung eindringen. Die Partikel gelangen mit dem Öl in die Lager. Oftmals finden sich Metallsplitter als Bearbeitungsrückstände oder Verschleißspuren. Ablagerungen verbleiben auch nach Überholungen in Motorkomponenten, besonders wenn die Teile nicht sorgfältig gereinigt wurden. Solche Teilchen arbeiten sich auf jeden Fall in das weiche Lagermaterial ein und können leicht erkannt werden. Große Partikel werden jedoch nicht in das Lager eingebettet, sondern kerben und zerkratzen die Lager und Zapfen. Der beste Schutz gegen diese Lager-Ausfälle ist sorgfältiges Reinigen und absolute Sauberkeit bei der Motormontage. Ebenso müssen natürlich regelmäßig das Öl und der Ölfilter gewechselt werden.

5 Ölmangel und eine Unterbrechung der Schmierung haben eine Reihe von zusammenhängenden Gründen: Extreme Hitze verdünnt das Öl, Überlastung drückt das Öl aus den Lagern und überhöhtes Lagerspiel oder eine verschlissene Ölpumpe lässt den nötigen Druck des Schmiersystems zusammenbrechen. Blockierte Ölleitungen lassen ein Lager trocken laufen und zerstören es schnell. Lagerschalen besitzen zwar sogenannte »Notlaufeigenschaften«, aber nur für die jeweils ersten Sekunden nach dem Anlassen – wird jedoch bei hohen Drehzahlen einmal die Schmierung für Zehntelsekunden unterbrochen, können Schalen und Zapfen bereits schrottreif sein. Das Lagermaterial wird abgetragen und die durch die Reibung entstehende starke Hitze zerstört den Wellenzapfen.

6 Auch die Fahrweise hat einen direkten Einfluss auf die Laufzeiten von Lagern. Vollgas bei niedrigen Drehzahlen und hohe Belastung beanspruchen die Lager stark, da diese dazu neigen, den Ölfilm abzuquetschen. Diese Zustände belasten die Lager stark und erzeugen feine Ermüdungsbrüche in der Oberfläche. Eventuell kann das Lagermaterial ausbrechen und selbst weitere Schäden erzeugen.

7 Kurzstreckenbetrieb führt zu Korrosion der Lager, da der Motor keine ausreichende Betriebstemperatur erreicht, um Kondenswasser und aggressive Gase zu vertreiben. Diese Produkte sammeln sich im Motoröl und bilden Säure und Schlamm. Wenn dieses Öl in die Lager gelangt, greift die Säure die Lager an und lässt das Material korrodieren.

8 Eine nachlässige Lagermontage während des Motorzusammenbaus kann ebenso zu Problemen führen. Festsitzende Lager führen zu geringem Lagerspiel und einem unzureichenden Schmierfilm. Hinter einer Lagerschale verbleibender Schmutz oder Fremdteile verbiegen die Schale und sorgen für punktuellen Verschleiß.

9 Die Gleitflächen der Lagerschalen dürfen unter keinen Umständen mit den Fingern berührt werden, da die empfindliche Oberfläche beschädigt werden kann oder kleinste Schmutzpartikel daran haften bleiben.

10 Wie bereits erwähnt, ist es sehr empfehlenswert, die Lagerschalen bei jeder Motorüberholung durch Neuteile zu ersetzen; alles andere wäre falsche Sparsamkeit.

15 Motorüberholung – Zusammenbaureihenfolge

1 Bevor der Zusammenbau beginnt, muss sichergestellt sein, dass alle neuen Teile und notwendigen Werkzeuge beschafft sind. Lesen Sie die gesamte Arbeitsprozedur durch, um sich mit der anstehenden Arbeit vertraut zu machen und sicher zu sein, dass alle für den Zusammenbau benötigten Dinge vorhanden sind. Neben allen normalen Werkzeugen und Materialien werden in manchen Fällen Schrauben-Sicherungspaste (»Loctite«) und Dichtmasse benötigt – Nissan empfiehlt hierfür die eigene *Genuine Liquid Gasket*. Generell müssen Dichtflächen absolut sauber und fettfrei sein, bevor Dichtungen aufgelegt werden dürfen.

2 Um Zeit zu sparen und Probleme zu vermeiden, sollte der Zusammenbau in der folgenden Reihenfolge durchgeführt werden (soweit zutreffend):

a) Kurbelwelle (Sektion 17).
b) Kolben/Pleuel (Sektion 18)
c) Zylinderkopf (Kapitel 2A, B, C oder D)
d) Steuerkette oder Zahnriemen (Kapitel 2A, B, C oder D)
e) Ölwanne (Kapitel 2A, B, C oder D)
f) Schwungscheibe oder Antriebsplatte (Kapitel 2A, B, C oder D)
f) Externe Motorkomponenten

3 Zu diesem Zeitpunkt müssen alle Motorkomponenten absolut sauber und trocken und alle Schäden repariert sein. Alle Bauteile müssen auf einer absolut sauberen Arbeitsfläche ausgelegt oder in Behältern bereitgehalten werden.

16 Kolbenringe – Einbau

1 Es ist ratsam, die Kolbenringe bei jeder Motorüberholung zu erneuern. Vor der Montage neuer Ringe an die Kolben muss ihr Stoßspiel in den Zylinderbohrungen ermittelt werden.
2 Sortieren Sie zum Messen den Kolben samt Ringen dem korrekten Zylinder zu, sodass die Ringe mit dem korrekten Kolben und Zylinder gemessen und später auch hier installiert werden.
3 Installieren Sie den oberen Ring in die erste Bohrung, und drücken Sie ihn mit der Oberseite des Kolbens herunter, damit er senkrecht im Zylinder sitzt (siehe Abbildung). Positionieren Sie den Ring knapp über dem unteren Totpunkt der Kolbenringe, und ziehen Sie den Kolben wieder heraus.

16.3 Schieben Sie den Kolbenring mithilfe des Kolbens senkrecht in die Zylinderbohrung.

4 Messen Sie das Stoßspiel mit einer Fühlerlehre und vergleichen Sie die Ergebnisse mit den Angaben in den technischen Daten (siehe Abbildung).

16.4 Messen Sie das Stoßspiel des eingebauten Kolbenrings mit einer Fühlerlehre.

5 Falls das Spiel zu gering ist (bei Markenartikeln eher unwahrscheinlich), können die Enden im Betrieb zusammenstoßen und schwere Motorschäden hervorrufen. Im Idealfall weisen neue Kolbenringe das korrekte Stoßspiel auf, notfalls kann das Spiel äußerst vorsichtig mit einer feinen Feile vergrößert werden: Klemmen Sie dazu die Feile in einen mit weichen Backen ausgerüsteten Schraubstock, schieben Sie den Kolbenring darüber, sodass seine Enden die Feile berühren, und schieben Sie ihn langsam hin und her, um Material abzutragen. Vorsicht: Kolbenringe sind scharfkantig und brechen leicht ab.
6 Bei neuen Kolbenringen ist zu viel Stoßspiel unwahrscheinlich – kontrollieren Sie ggf., ob die korrekten Kolbenringe für die Zylinderbohrung beschafft sind.
7 Wiederholen Sie die Kontrollen mit allen drei Kolbenringen des ersten Zylinders, dann mit den Ringen der anderen Zylinder – achten Sie stets darauf, Ringe, Kolben und Zylinder zusammenzuhalten.
8 Sobald die Ringe und Spaltmaße kontrolliert und ggf. korrigiert wurden, können die Ringe an die Kolben montiert werden. **Anmerkung**: *Folgen Sie stets den mit den Kolbenring-Sets gelieferten Hinweisen – verschiedene Hersteller können unterschiedliche Prozeduren vorschreiben. Vertauschen Sie nicht die beiden oberen Kolbenringe – sie haben unterschiedliche Querschnitte.*
9 Installieren Sie zuerst den Expander des (unteren) Ölabstreifrings. Installieren Sie dann je nach Ausführung den einteiligen dicken Ölabstreifring darüber (siehe Abbildungen) oder die zwei schmalen Ringe über und unter den Expander.

16.9a Installieren Sie den Ölabstreifring-Expander (dieses Modell muss zusammengeschoben werden) ...

16.9b ... und dann den Ring darüber – zweiteiliger Ölabstreifring.

10 Installieren Sie den zweiten Kompressionsring in die mittlere Kolbennut. **Anmerkung**: *Die beiden Kompressionsringe sind unterschiedlich gestaltet. Der zweite Ring kann leicht an der Abschrägung identifiziert werden (siehe Abbildung).* Auf der Oberseite ist er mit »TOP« markiert. Spannen Sie Kolbenringe nicht zu weit auseinander, da sie leicht brechen.

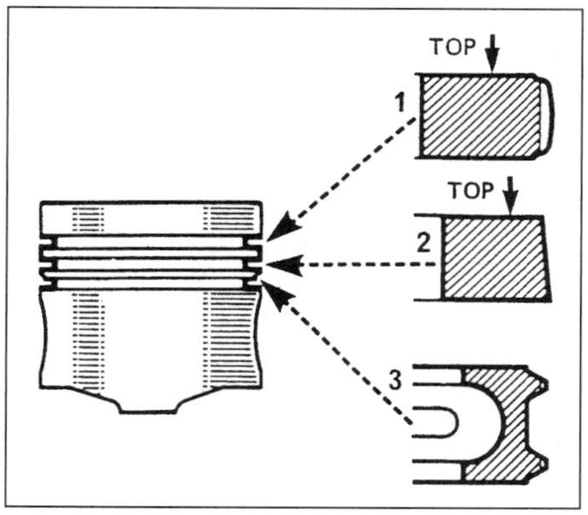

16.10 Kolbenring-Querschnitte

1 Oberer Kompressionsring
2 Zweiter Kompressionsring
3 Ölabstreifring
Positionen der »TOP«-Markierungen sind angezeigt

11 Installieren Sie den oberen Kompressionsring auf die gleiche Weise in die obere Nut – auch er sollte auf der Oberseite mit »TOP« markiert sein.
12 Wenn alle Kolbenringe an den Kolben installiert sind, müssen ihre Öffnungen um jeweils 120° zueinander verdreht werden (siehe Abbildung).

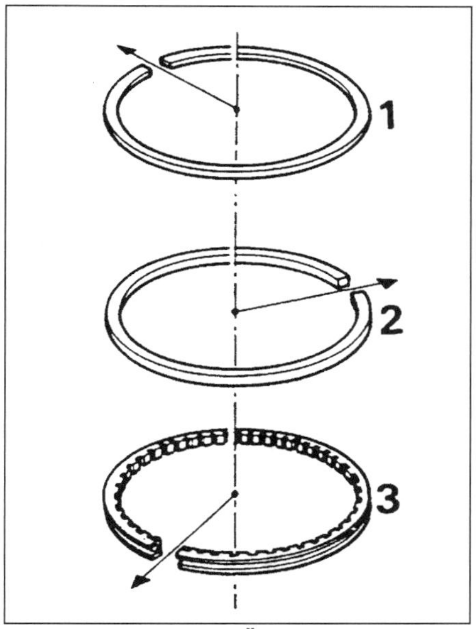

16.12 Die Kolbenring-Öffnungen müssen 120° zueinander verdreht werden.

1 Oberer Kompressionsring
2 Zweiter Kompressionsring
3 Ölabstreifring

17 Kurbelwelle – Einbau

Auswahl der Lagerschalen

1 Nachdem die Kurbelwelle von einer Fachwerkstatt vermessen, inspiziert, geschliffen und/oder repariert wurde, wird diese auch die passenden Pleuelfuß- und Hauptlagerschalen auswählen.

Einbau

2 Reinigen Sie die Rückseiten der Lagerschalen sowie deren Sitze im Motorblock und den Lagerschalen.
3 Drücken Sie die Lagerschalen in ihre Sitze – die Lasche muss dabei in die entsprechende Nut greifen. Achten Sie darauf, die Gleitfläche nicht mit dem Fingern zu berühren. Die immer mit Bohrungen und manchmal mit Nuten versehenen Lagerschalen müssen oben im Motorgehäuse sitzen, während die glatten Lagerschalen in die Lagerdeckel kommen.
4 Trocknen Sie alle Lagerschalen mit einem fusselfreien Lappen, und schmieren Sie diejenigen im Motorgehäuse ausgiebig mit Motoröl (siehe Abbildung).

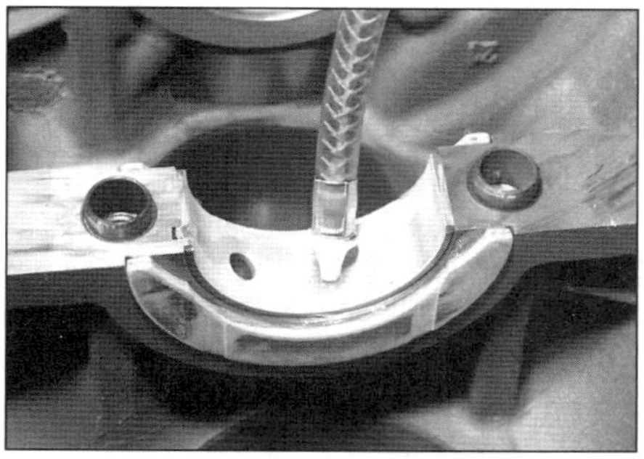

17.4 Ölen Sie die Lagerschalen vor dem Einbau der Kurbelwelle gut ein.

5 Verwenden Sie etwas Fett, um die oberen Anlaufscheiben an beiden Seiten von Hauptlager Nr. 3 »anzukleben« – die Ölnuten auf ihren Oberflächen müssen jeweils nach außen zeigen (siehe Abbildungen).

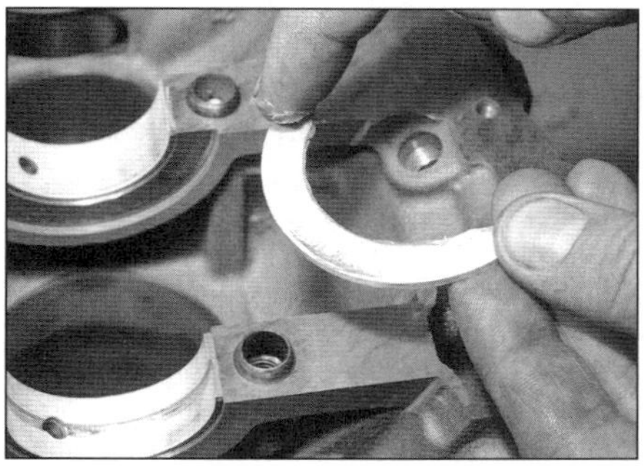

17.5a Versehen Sie die Anlaufscheiben an den Rückseiten mit etwas Fett ...

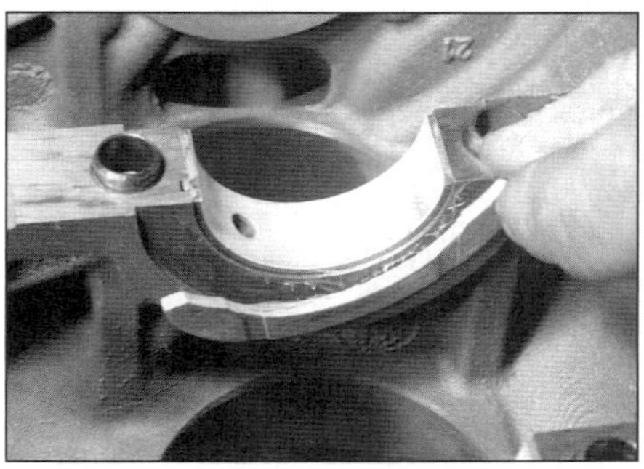

17.5b ... und »kleben« Sie sie an den Hauptlager-Sitz.

6 Senken Sie die Kurbelwelle in ihre Lager ab (siehe Abbildung), und kontrollieren Sie das Axialspiel (siehe Sektion 13).

17.6 Legen Sie die Kurbelwelle in das Motorgehäuse.

7 Entfetten Sie sorgfältig die Dichtflächen des Motorblocks und der Hauptlagerdeckel.
8 Prüfen Sie erneut, ob die Lagerschalen korrekt in den Lagerdeckel sitzen, und schmieren Sie die Gleitflächen ausgiebig mit Öl.
9 Setzen Sie die Lagerdeckel entsprechend ihrer Markierungen korrekt und richtig herum über der Kurbelwelle am Motorgehäuse an (siehe Abbildung), und installieren Sie die Schrauben zunächst handfest.

17.9 Einbau von Lagerdeckel Nr. 5 bei einem Benzinmotor

10 Ziehen Sie die Schrauben von innen nach außen schrittweise bis etwa zur Hälfte des in den technischen Daten angegebenen Drehmoments an. Ziehen Sie sie dann in einem neuen Durchgang mit dem vorgegebenen Drehmoment an und anschließend mithilfe einer Gradscheibe um den vorgegebenen Wert weiter (siehe Abbildungen). Prüfen Sie dann, ob sich die Kurbelwelle frei drehen lässt.

17.10a Ziehen Sie die Hauptlagerschrauben von innen nach außen mit den vorgegebenen Drehmomenten ...

17.10b ... und Winkeln an.

11 Montieren Sie die Pleuel/Kolben-Baugruppe (siehe Sektion 18).
12 Montieren Sie ggf. das Motorgehäuse-Unterteil (siehe Kapitel 2B oder D). Bei 2,0 l-Benzinmotoren müssen die Dichtflächen des Unterteils und des Hauptgehäuses sauber und trocken sein. Tragen Sie am Hauptgehäuse rundherum Dichtmasse auf, installieren Sie die Schrauben, und ziehen Sie sie schrittweise und über Kreuz bis zum Drehmoment von 25 Nm an.
13 Installieren Sie die Kurbelwellen-Dichtringe (siehe Kapitel 2A, B, C oder D).
14 Montieren Sie die Schwungscheibe bzw. die Antriebsplatte (siehe Kapitel 2A, B, C oder D).

18 Kolben und Pleuel – Lagerauswahl und Einbau

Lager-Auswahl

1 Pleuelfußlager sind für die in diesem Buch behandelten Motoren neben den Standardmaßen auch in verschiedenen Untermaßen erhältlich, um bei geschliffenen Kurbelwellen eingesetzt zu werden – Details hierzu müssen in einer Nissan-Werkstatt erfragt werden.

Einbau

2 Reinigen Sie die Rückseiten der neuen Lagerschalen und die Lagersitze in der Pleuelstange und im Pleuelfußdeckel.
3 Drücken Sie die Lagerschalen in ihre Sitze in der Pleuelstange und im Pleuelfußdeckel – Die Lasche muss in die Nut des Pleuels oder des Deckels greifen. Berühren Sie die Gleitflächen der Lagerschalen nicht mit den Fingern. Die Bohrung in der oberen Schale muss zur Ölbohrung im Pleuel ausgerichtet sein.
4 In der folgenden Prozedur wird davon ausgegangen, dass die Kurbelwelle und die Hauptlager im Gehäuse montiert sind (siehe Sektion 17).
5 Wischen Sie die Lagerschalen und die Pleuelfußhälften mit einem fusselfreien Lappen trocken.
6 Versehen Sie die Zylinderbohrungen, die Kolben und die Kolbenringe mit Motoröl (siehe Abbildung). Legen Sie die Kolben/Pleuel-Baugruppen korrekt zu ihren Zylindern aus.

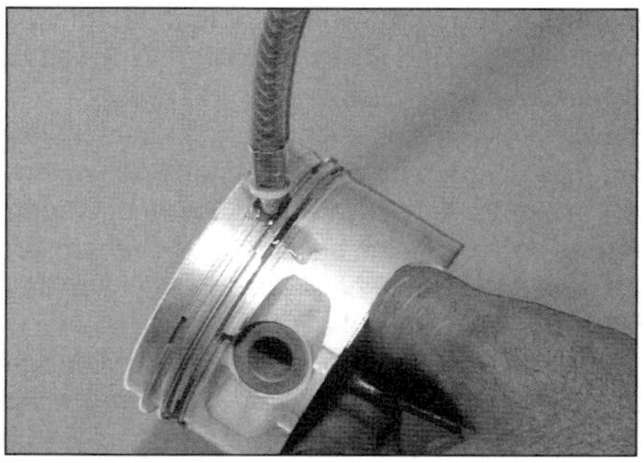

18.6 Ölen Sie die Kolbenringe.

7 Beginnen Sie am Zylinder Nr. 1 (links). Prüfen Sie, ob die Kolbenring-Öffnungen gleichmäßig um den Kolben verteilt sind (siehe Sektion 16), und klemmen Sie sie mit einem Kolbenring-Einbauwerkzeugs in ihre Nuten.

8 Schieben Sie die korrekt ausgerichtete Baugruppe von oben in den Zylinder – die Markierung auf dem Kolbenboden (ein Pfeil, ein Buchstabe oder ein Punkt) muss auf der beim Ausbau notierten Seite liegen. Sobald der Kolben korrekt positioniert ist, wird er mithilfe eines Holzstücks in den Zylinder geklopft, bis er bündig zu dessen oberem Rand steht (siehe Abbildung).

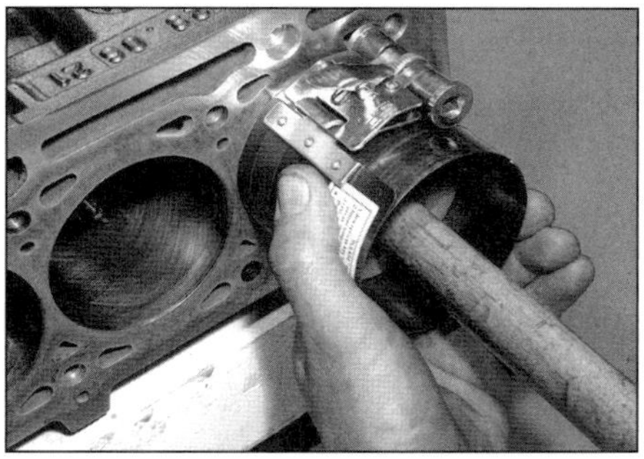

18.8 Der Kolben wird mithilfe eines Hammerstiels durch das Kolbenring-Einbauwerkzeug in den Zylinder geklopft.

9 Wenn sichergestellt ist, dass die Lagerschalen korrekt sitzen, werden der Hubzapfen und beide Lagerschalen ausgiebig mit Motoröl geschmiert. Ziehen Sie das Pleuel nach unten (beschädigen Sie dabei nicht die Zylinderbohrung) gegen den Hubzapfen, und setzen Sie den Lagerdeckel auf – die markierten Seiten müssen dabei fluchten, sodass sich die Laschen der Lagerschalen gegenüberliegen. Installieren Sie die neuen Muttern zunächst handfest (siehe Abbildung).

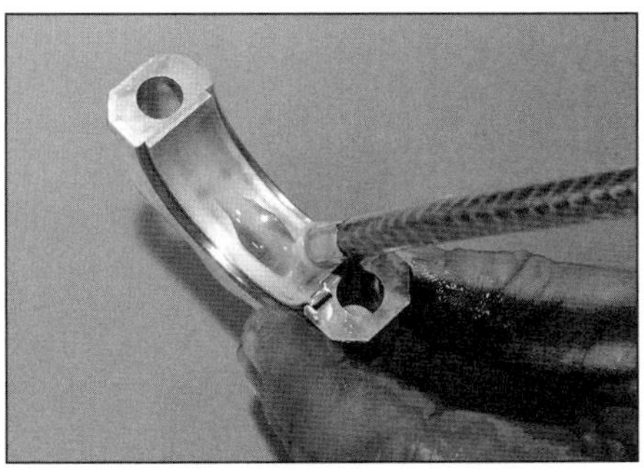

18.9a Schmieren Sie den Pleuellagerdeckel ausgiebig ...

18.9b ... und setzen Sie ihn richtig herum an.

10 Ziehen Sie die Pleuelfußmuttern schrittweise und gleichmäßig bis zum in den technischen Daten angegebenen Anzugswert Nm an; ziehen Sie sie anschließend mithilfe einer Gradscheibe um den vorgegebenen Winkel weiter.

11 Sobald die Pleuelfußmuttern korrekt angezogen sind, muss geprüft werden, ob die Kurbelwelle frei drehbar ist; bei Neuteilen darf eine gewisse Steifigkeit erwartet werden, klemmen darf sie jedoch nicht.

12 Verbinden Sie die drei verbliebenen Pleuel auf die gleiche Weise mit der Kurbelwelle.

13 Montieren Sie den Zylinderkopf, die Steuerkette oder den Zahnriemen sowie und die Ölwanne (siehe Kapitel 2A, B, C oder D).

19 Motor – Erstinbetriebnahme nach Überholen

1 Wenn der Motor ins Fahrzeug eingebaut ist, werden der Motoröl- und der Kühlmittelpegel kontrolliert. Überprüfen Sie erneut, ob alles angeschlossen ist und keine Werkzeuge oder Lappen im Motorraum zurückgelassen wurden.

Benzinmotoren

2 Entfernen Sie die Zündkerzen, und deaktivieren Sie das Kraftstoffsystem, indem Sie die Stecker der Einspritzdüsen trennen (siehe Kapitel 4A, Sektion 5).

3 Schalten Sie die Zündung ein, und drehen Sie den Motor mit dem Anlasser durch, bis die Öldruckleuchte erlischt. Installieren Sie die Zündkerzen und verbinden Sie die Einspritzdüsen-Stecker.

Dieselmotoren

4 Bei diesen Modellen ist die Öldruck-Warnleuchte mit der STOP-Warnleuchte verbunden und leuchtet beim Einschalten der Zündung nicht auf – daher ist es auch nicht möglich, die Öldruck-Warnleuchte beim Durchdrehen des Motors mithilfe des Anlassers zu überwachen.

5 Setzen Sie das Kraftstoffsystem unter Druck (siehe Kapitel 4B, Sektion 5).

6 Treten Sie das Gaspedal vollständig durch, drehen Sie den Zündschlüssen in Position M, und warten Sie, bis die Glühkerzen-Kontrolllampe erlischt.

Alle Modelle

7 Starten Sie den Motor – aufgrund der entleerten Kraftstoff-Komponenten kann es länger dauern, bis er anspringt.

8 Lassen Sie den Motor im Standgas laufen, und kontrollieren Sie alles auf austretendes Benzin, Motoröl oder Kühlmittel. Falls bei der Montage Öl oder Fett auf jetzt heiß werdende Teile gelangt sind, werden diese verdampfen, sodass eine gewisse Rauchentwicklung normal ist.

9 Lassen Sie den Motor im Standgas laufen, bis im oberen Kühlerschlauch heißes Kühlwasser erfühlt werden kann. Schalten Sie den Motor anschließend ab.

10 Kontrollieren Sie nach einigen Minuten erneut den Motoröl- und der Kühlmittelpegel, und füllen Sie ggf. Flüssigkeiten nach (siehe *Wöchentliche Kontrollen*).

11 Falls Neuteile wie Kolben, Kolbenringe und Lagerschalen installiert wurden, muss der Motor auf den ersten 800 km eingefahren werden, als wäre er neu. Fahren Sie den Wagen nicht mit Vollgas, und setzen Sie ihn bei niedrigen Drehzahlen unter große Last. Es ist ratsam, nach diesen 800 km das Motoröl samt Filter zu wechseln (siehe Kapitel 1).

12 Soweit die Zylinderkopfschrauben während der Montage korrekt angezogen wurden, ist es bei diesen Motoren nicht erforderlich, sie noch einmal nachzuziehen.

Kapitel 3

Kühlsystem, Heizung und Klimaanlage

Inhalt — Sektion

Schwierigkeitsgrade

Leicht. Geeignet für Anfänger mit wenig Erfahrung.	**Relativ leicht.** Geeignet für Anfänger mit etwas Erfahrung.	**Relativ schwierig.** Geeignet für geübte Selbstschrauber.	**Schwer.** Geeignet für Selbstschrauber mit viel Erfahrung.	**Sehr schwer.** Geeignet für Experten und Profis.

Spezifikationen

Allgemein

Kühlsystem-Typ	Druckdichtes System mit vorn sitzendem Kühler und elektrisch betriebenem Ventilator	
Kühlsystem-Druck		
Brauner Deckel	1,2 bar	
Schwarzer Deckel mit gelber Hand	1,4 bar	
Frostschutzgemisch (Ethylenglykol)	Frostschutzmittel	Wasser
Frostschutz bis –15 °C	30 %	70 %
Frostschutz bis –30 °C	50 %	50 %

Anmerkung: *Beachten Sie die Hinweise des Herstellers auf der Verpackung.*

Kühlmittel-Füllmengen

1,6 l-Benzinmotoren (HR16DE)	6,4 Liter
2,0 l-Benzinmotoren (MR20DE)	
mit Schaltgetriebe	7,0 Liter
mit Automatikgetriebe	7,4 Liter
1,5 l-Dieselmotoren (K9K)	
ohne Partikelfilter	7,9 Liter
mit Partikelfilter	9,1 Liter
2,0 l-Dieselmotoren (M9R)	
mit Schaltgetriebe	8,4 Liter
mit Automatikgetriebe	8,8 Liter
Ausgleichsbehälter	0,8 Liter

Thermostat

Benzinmotoren
  Öffnungs-Temperatur .... 80,5 bis 83,5 °C
  Schließ-Temperatur .... 77 °C
  Maximale Ventilöffnung........ 8,0 mm
Wasser-Regelthermostat (2,0 l-Benzinmotor)
  Öffnungs-Temperatur .... 93,5 bis 96,5 °C
Schließ-Temperatur .... 90 °C
  Maximale Ventilöffnung........ 8,0 mm
Dieselmotoren
  1,5 l-Dieselmotoren (K9K)
    Öffnung beginnt bei........ 89 °C
    Öffnung endet bei .... 97 bis 101 °C
  2,0 l-Dieselmotoren (M9R)
    Öffnungs-Temperatur .... 86 bis 89 °C
    Maximale Ventilöffnung........ 8,5 mm

Kühltemperatursensor-Widerstand

bei 20 °C........ ca. 2,1 bis 2,9 K-Ohm
bei 90 °C........ ca. 240 bis 260 Ohm
bei 110 °C........ ca. 140 bis 150 Ohm

Klimaanlage

Kompressormodell
  1,6 l-Benzinmotoren (HR16DE) .... Calsonic Kansei
  2,0 l-Benzinmotoren (MR20DE)
    bis 08/2008........ Calsonic Kansei
    ab 08/2008 .... Calsonic Kansei FVC17
  1,5 l-Dieselmotoren (K9K) .... Delphi 5 CVC
  2,0 l-Benzinmotoren (M9R)
    bis 08/2008........ Delphi 5 CVC
    ab 08/2008 .... Calsonic Kansei FVC17
Kompressortyp........ Taumelscheibe mit variabler Verdrängung
Kompressoröl
  Füllmenge........ 150 ml
  Typ .... S (DH-PS)
Kältemittel
  Füllmenge........ 500 ± 25 g
  Typ R134a

Anzugsdrehmomente

Benzinmotoren
  Wasserpumpenrad-Schraube (1,6 l-Motoren) .... 7 Nm
  Wasserpumpen-Befestigungsschrauben .... 25 Nm
  Motorgehäuse-Ablassschraube .... 10 Nm
  Thermostatdeckel-Schrauben........ 17 Nm
  Kühlmittelgehäuse-Schrauben .... 25 Nm
  Kühltemperatur-Sensor........ 25 Nm
  Klimaanlagenkompressor-Befestigungsschrauben .... 25 Nm
  Klimaanlagenkompressor-Kupplungsplattenschrauben
    1,6 l-Motoren (HR16DE)........ 13 Nm
    2,0 l-Motoren (MR20DE)........ 25 Nm
Dieselmotoren
  Wasserpumpenrad-Schraube (2,0 l-Motoren M9R) .... 21 Nm
  Wasserpumpen-Befestigungsschrauben
    1,5 l-Motoren (K9K) .... 11 Nm
    2,0 l-Motoren (M9R) .... 25 Nm
  Thermostatgehäuse-Schrauben........ 17 Nm
  Klimaanlagenkompressor-Befestigungsschrauben
    1,5 l-Motoren (K9K) .... 21 Nm
    2,0 l-Motoren (M9R) .... 25 Nm
  Klimaanlagenkompressor-Kupplungsplattenschraube
    (2,0 l-Motoren M9R) .... 25 Nm

1 Allgemeine Informationen und Warnhinweise

Allgemeine Informationen

Das unter Druck stehende Kühlsystem besteht aus der vom Zahnriemen angetriebenen Wasserpumpe, einem Wasserkühler, einem Ausgleichsbehälter, einem oder zwei elektrisch betriebenen Kühlventilatoren, einem Thermostat, einem Heizungs-Wärmetauscher sowie diversen Schläuchen und Schaltern.

Das Kühlsystem funktioniert folgendermaßen: Kaltes Kühlmittel gelangt durch den unteren Kühlerschlauch zur Wasserpumpe, die es durch die Kühlkanäle des Motorblocks und des Zylinderkopfes, den Einlassstutzen, das Heizungs- und Drossel- oder Luftklappengehäuse sowie ggf. durch den Ölkühler zum Thermostat fördert. Wenn der Motor kalt ist, gelangt das Kühlmittel vom zunächst geschlossenen Thermostat zurück zur Wasserpumpe. Sobald das Kühlmittel eine bestimmte Temperatur erreicht hat, öffnet der Thermostat, und das Kühlmittel fließt durch den oberen Schlauch in den Wasserkühler, wo es vom hindurchströmenden Fahrtwind abgekühlt wird – oder mithilfe des am Kühler sitzenden Ventilators. Hier beginnt der »große« Kühlkreis wieder von vorn.

Das Kühlmittel dehnt sich mit zunehmender Temperatur aus, sodass der Pegel im Ausgleichsbehälter ansteigt; bei abkühlendem Kühlmittel sinkt er wieder ab.

Hinter dem Kühler sitzen ein oder zwei elektrisch betriebene Ventilatoren, die vom Motorsteuergerät geregelt werden, nachdem dies entsprechende Informationen vom Kühltemperatursensor erhalten hat – bei einer vorgegebenen Temperatur schalten sich der/die Ventilator(en) zu, um die Kühlwirkung zu verbessern.

Warnhinweise

Warnung: Solange der Motor heiß ist, darf weder der Ausgleichsbehälterdeckel noch irgendein anderes Teil des Kühlsystems entfernt oder getrennt werden – das unter Druck stehende Kühlmittel kann bei Druckverlust plötzlich aufkochen, sodass heißer Dampf austritt und ernsthafte Verbrennungen verursacht. Falls der Ausgleichsbehälterdeckel im Notfall vor dem Abkühlen des Motors und des Kühlers entfernt werden soll, muss zunächst vorsichtig der Druck abgelassen werden. Legen Sie dazu einen dicken Lappen oder ein Handtuch um den Deckel, und entfernen Sie diesen durch vorsichtiges Drehen nach links bis zum Anschlag. Wenn ein zischendes Geräusch hörbar wird, muss gewartet werden, bis es aufhört. Jetzt wird der Deckel heruntergedrückt und weiter nach links gedreht, bis er abgenommen werden kann. Achtung: Siedendes Wasser kann auch mit etwas Verzögerung herausspritzen!

• Frostschutzmittel darf nicht mit der Haut oder Lackoberflächen in Berührung kommen. Wischen Sie Spritzer unverzüglich mit reichlich Wasser ab. Frostschutz kann giftige und explosive Gase produzieren, wenn er in offenen Behältern gelagert oder auf den Boden verschüttet wird. Kinder und Tiere können durch den süßen Geschmack irritiert werden und das Mittel trinken. Fragen Sie Ihren Fachhändler, wo Sie altes Frostschutzmittel entsorgen können.

• Bei heißem Motor kann ein elektrischer Ventilator auch nach dem Abschalten des Motors (und auch der Zündung) einschalten. Halten Sie bei Arbeiten im Motorraum stets Hände, Haare und Kleidung weit genug vom Ventilator weg.

• Beachten Sie vor der Arbeit an Klimaanlagen-Komponenten die Warnhinweise in Sektion 10.

2 Kühlsystem-Schläuche – Trennen und Verbinden

Anmerkung: *Beachten Sie vor Arbeitsbeginn die Warnhinweise in Sektion 1. Schläuche dürfen erst abgezogen werden, wenn der Motor ausreichend abgekühlt ist.*

1 Je nach Modell kommen verschiedene und unterschiedlich verlegte Schläuche zum Einsatz, für die aber immer die gleiche Grundprozedur zutrifft. Sorgen Sie zunächst dafür, dass alle erforderlichen neuen Schläuche ggf. samt Schellen vorhanden sind. Generell sollten die Schellen stets zusammen mit den Schläuchen ersetzt werden.

2 Entleeren Sie zuerst das Kühlsystem (siehe Kapitel 1A, Sektion 27 oder Kapitel 1B, Sektion 29) – falls das Frostschutzmittel nicht erneuert werden muss, kann es später wiederverwendet werden, wenn es in einem sauberen Behälter gelagert wird.

3 Lösen Sie Schellen des entsprechenden Schlauchs – es kommen drei Schellentypen zum Einsatz: Schraubschellen, Federschellen und Einweg-Quetschschellen. Für Schraubschellen wird ein passender Schraubendreher benötigt, für Federschellen eine geeignete Zange und für Quetschschellen ein Seitenschneider oder eine Blechschere.

4 Befreien Sie alle am Schlauch gesicherten Kabel, Bowdenzüge oder anderen Schläuche – notieren Sie entsprechende Hinweise für den Zusammenbau, oder fertigen Sie Fotos an.

5 Ziehen Sie den Schlauch von seinem Stutzen – neue Schläuche lassen sich relativ einfach abziehen, alte Schläuche können ausgehärtet sein und sehr fest sitzen. Falls ein Schlauch sich nicht lösen lässt, muss versucht werden, ihn drehend abzuziehen. Wenn das auch nicht klappt, muss mit einem scharfen Messer ein Längsschnitt über dem Flansch gezogen werden, sodass der Schlauch abgeschält werden kann. Es ist immer besser, nur einen neuen Schlauch zu beschaffen, als den ganzen Kühler zu ersetzen.

6 Vor der Montage empfiehlt es sich, den Stutzen mit etwas Spülmittel oder speziellem Gummi-Schmiermittel zu versehen, um den Schlauch leichter aufschieben zu können. Verwenden Sie auf keinen Fall Fett oder Motoröl, da dies den Schlauch angreifen kann.

7 Vor der Montage eines Schlauchs müssen die Schellen aufgeschoben sein. Prüfen Sie vor dem Verbinden des Schlauchs, ob er korrekt verlegt ist. Stecken Sie den Schlauch auf seinen Stutzen – richten Sie ihn dabei korrekt aus. Schieben Sie die Schelle über den Stutzen, und ziehen Sie sie ggf. an.

8 Füllen Sie das Kühlsystem auf (siehe Kapitel 1A, Sektion 27 oder Kapitel 1B, Sektion 29), und kontrollieren Sie das Kühlsystem auf Undichtigkeiten.

9 Prüfen Sie nach einigen Hundert Kilometern die Festigkeit aller auf neuen Schläuchen sitzenden Schellen.

3 Wasserkühler – Ausbau und Einbau

Anmerkung: *Beachten Sie vor Arbeitsbeginn die Warnhinweise in Sektion 1. Falls der Kühler wegen eines kleinen Lecks ausgebaut werden soll, muss bedacht werden, dass dies oft im eingebauten Zustand mithilfe von Kühler-Dichtmittel verschlossen werden kann.*

Ausbau

1 Entleeren Sie das Kühlsystem (siehe Kapitel 1A, Sektion 27 oder Kapitel 1B, Sektion 29).

2 Lockern Sie bei Dieselmotoren die Schellen des über dem Wasserkühler liegenden Ladeluftkühler-Ansaugschlauchs, befreien Sie seinen Halter, und verlagern Sie den Schlauch beiseite (siehe Abbildung).

3.2a Entfernen Sie den oberen Ladeluftkühlerschlauch.

3.2b Schrauben Sie den Halter ab und verlagern Sie das Ansaugrohr beiseite.

3 Trennen Sie alle Kühlerschläuche vom Kühler (siehe Abbildung).

3.3 Ziehen Sie die Kühlerschläuche ab.

4 Demontieren Sie den Kühlerventilator samt Haube (siehe Sektion 5).

5 Bei manchen Modellen müssen seitlich am Kühler die Schrauben des Klimaanlagen-Trockners gelöst und dieser entfernt werden (siehe Abbildung).

3.5 Befreien Sie den Trockner vom Kühler.

6 Lösen Sie an beiden Seiten der oberen Kühlerhalterung die Schrauben, um sie von der Karosserie zu befreien (siehe Abbildungen).

3.6a Lösen Sie die Schrauben ...

3.6b ... und entfernen Sie die obere Kühlerhalterung.

7 Kippen Sie den Kühler vorsichtig nach hinten zum Motor, und heben Sie dann den Klimaanlagen-Verflüssiger an, um ihn aus seinen Halterungen vorn am Kühler zu befreien (siehe Abbildung) – sichern Sie ihn in Position, um die Klimaanlagen-Rohre nicht unter Last zu setzen.

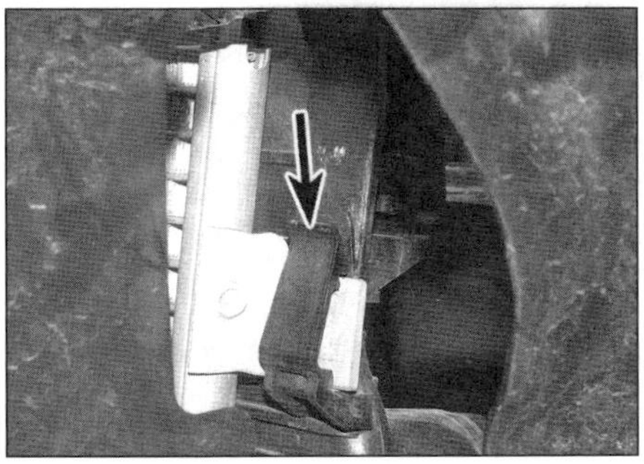

3.7 Unterer Befestigungsclip des Klimaanlagen-Verflüssigers

8 Heben Sie den Kühler aus dem Motorraum – stellen Sie dann die unteren Haltegummis sicher (siehe Abbildungen).

3.8a Heben Sie den Kühler ...

3.8b ... aus den Haltegummis.

Kontrolle

9 Falls am Kühler eine Verstopfung vermutet wurde, muss er entgegen der normalen Strömungsrichtung gespült werden (siehe Kapitel 1A, Sektion 27 oder Kapitel 1B, Sektion 29). Befreien Sie mit Druckluft – Schutzbrille tragen! – und einer weichen Bürsten Schmutz und Insekten aus den Kühlerlamellen.

Achtung: Die Lamellen sind scharfkantig und sehr empfindlich!

10 Ein Kühlerfachbetrieb kann nötigenfalls einen »Strömungstest« durchführen, um eine Verstopfung zu bestätigen.

11 Ein leckender Kühler muss von einem Fachbetrieb repariert werden. Versuchen Sie nicht, einen Kühler zu schweißen oder zu löten, da hierbei Komponenten aus Kunststoff beschädigt werden.

12 Kontrollieren Sie die Gummilager des Kühlers, und ersetzen Sie sie nötigenfalls (siehe Abbildung).

3.12 Überprüfen Sie die Gummilager.

Einbau

13 Der Einbau entspricht der umgekehrten Ausbaureihenfolge – beachten Sie dabei folgende Punkte:

a) Die unteren Laschen des Kühlers müssen in die Gummilager greifen.

b) Füllen Sie zum Schluss das Kühlsystem auf (siehe Kapitel 1A, Sektion 27 oder Kapitel 1B, Sektion 29).

4 Thermostat – Ausbau, Test und Einbau

Anmerkung: *Bei der Montage des Thermostatgehäuses werden ein neuer Dichtring und ggf. eine neue Dichtung benötigt.*

Ausbau

1 Der Thermostat sitzt im links (Getriebeseite) an den Zylinderkopf geschraubten Gehäuse.

2 Je nach Modell kann es für den Zugang nötig sein, den Ansaugtrakt zu entfernen.

3 Entleeren Sie das Kühlsystem (siehe Kapitel 1A, Sektion 27 oder Kapitel 1B, Sektion 29).

4 Trennen Sie den Stecker des im Thermostatgehäuse sitzenden Kühltemperatursensors (siehe Abbildung).

4.4 Trennen Sie den Stecker des Kühltemperatursensors.

5 Lockern Sie die Schellen aller mit dem Thermostatgehäuse verbundenen Schläuche und ziehen Sie diese ab (siehe Abbildung) – merken Sie sich ihre Positionen.

4.5 Ziehen Sie am Thermostatgehäuse alle Schläuche ab.

6 Lösen Sie die Schrauben des Thermostatgehäuses, und entfernen Sie es vom Zylinderkopf (siehe Abbildungen) – die ggf. vorhandene Dichtung muss später erneuert werden.

4.6a Lösen Sie die sechs Schrauben am Thermostatgehäuse ...

4.6b ... und entfernen Sie es vom Zylinderkopf.

7 Befreien Sie den Thermostat samt Dichtung aus dem Gehäuse – beachten Sie seine Einbaulage (siehe Abbildung). Die kleine Entlüftungsbohrung muss ganz oben liegen.

4.7 Beachten Sie die Einbaulage des Thermostaten im Gehäuse.

Nur MR20DE-Motoren

8 Bei 2,0 l-Benzinmotoren (MR20DE) gibt es neben dem oben beschriebenen Thermostat einen zweiten Regel-Thermostat, der sich hinter der Wasserpumpe rechts am Motorgehäuse befindet (siehe Abbildung).

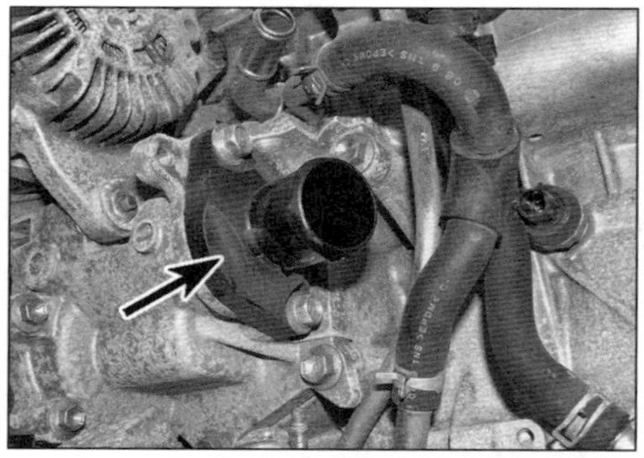

4.8 Deckel des Regel-Thermostaten (MR20DE)

9 Falls noch nicht geschehen, muss das Kühlsystem entleert werden (siehe Kapitel 1A, Sektion 27 oder Kapitel 1B, Sektion 29).

10 Lockern Sie die Schelle des Kühlerschlauchs am Regelthermostat-Gehäuse, und ziehen Sie diesen ab (siehe Abbildung).

4.10 Ziehen Sie den Kühlerschlauch ab (MR20DE)

11 Lösen Sie die zwei Schrauben des Thermostatdeckels, und entfernen Sie diesen vom Gehäuse (siehe Abbildung).

4.11 Entfernen Sie den Deckel vom Regelthermostat-Gehäuse (MR20DE).

12 Befreien Sie den Thermostat samt Dichtung aus dem Gehäuse – beachten Sie seine Einbaulage (siehe Abbildungen). Die kleine Entlüftungsbohrung muss ganz oben liegen.

4.12a Ziehen Sie den Regelthermostat heraus, ...

4.12b ... beachten Sie seine Einbaulage (MR20DE).

Test

Anmerkung: *Bei jedem Zweifel über den Zustand des Thermostaten sollte das relativ preiswerte Teil erneuert werden. Bei einem Test muss Wasser erhitzt und der Thermostat hineingehalten werden, was ein gewisses Verbrühungsrisiko birgt. Ein Thermostat, der älter als fünf Jahre ist, hat seine besten Zeiten wahrscheinlich hinter sich.*

13 Halten Sie für eine grobe Kontrolle den an einem Seil befestigten (geschlossenen) Thermostat in einen Topf mit kaltem Wasser und erhitzen Sie dies – bevor das Wasser zu kochen beginnt, muss der Thermostat öffnen, andernfalls muss er durch ein Neuteil ersetzt werden.

14 Falls ein Thermometer vorhanden ist, kann damit die exakte Öffnungstemperatur ermittelt werden – vergleichen Sie diese mit den Angaben in den technischen Daten (die Öffnungstemperatur sollte auch am Thermostat angegeben sein – siehe Abbildung).

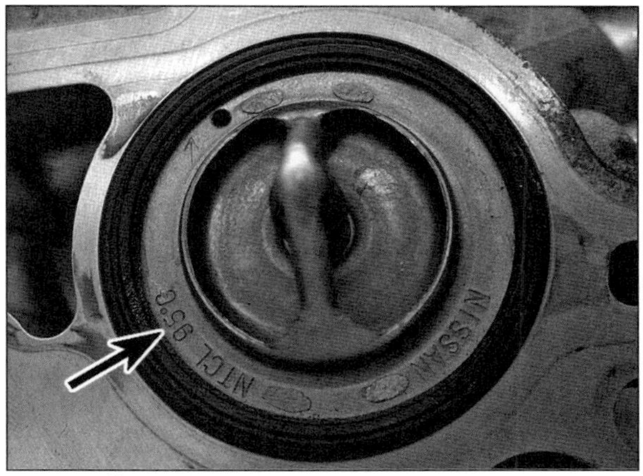

4.14 Die Öffnungstemperatur ist am Thermost angegeben.

15 Ein Thermostat, der beim Abkühlen des Wassers unter die in den technischen Daten angegebene Schließ-Temperatur nicht wieder schließt, muss ebenfalls erneuert werden.

Einbau

16 Reinigen Sie zunächst sorgfältig die Dichtflächen des Thermostatdeckels und des Gehäuses.

17 Installieren Sie den Thermostat mit einem neuen Dichtring in das Gehäuse – die Entlüftungsbohrung muss oben liegen.

18 Montieren Sie das Thermostatgehäuse mit einer neuen Dichtung (siehe Abbildung), installieren Sie die Schrauben, und ziehen Sie sie mit 17 Nm an.

4.18 Rüsten Sie das Thermostatgehäuse mit einer neuen Dichtung aus.

19 Stecken Sie alle Kühlerschläuche auf, und sichern Sie sie mit den Schellen.

20 Verbinden Sie den Stecker des Kühltemperatursensors.

21 Füllen Sie zum Schluss das Kühlsystem auf (siehe Kapitel 1A, Sektion 27 oder Kapitel 1B, Sektion 29).

5 Kühlerventilator und Widerstand – Ausbau und Einbau

1 Trennen Sie den Masseanschluss (–) der Batterie (siehe Seite 532).

2 Lösen Sie die zwei Clips des Ansaugtrakts, und befreien Sie diesen von der vorderen Querstrebe (siehe Abbildungen).

5.2a Befreien Sie die zwei Clips ...

5.2b ... und befreien Sie den Ansaugtrakt.

Ventilator

3 Lösen Sie die Stecker des Ventilator-Widerstands und des Ventilators (siehe Abbildungen). Befreien Sie die Befestigungsclips aus der Ventilatorhaube.

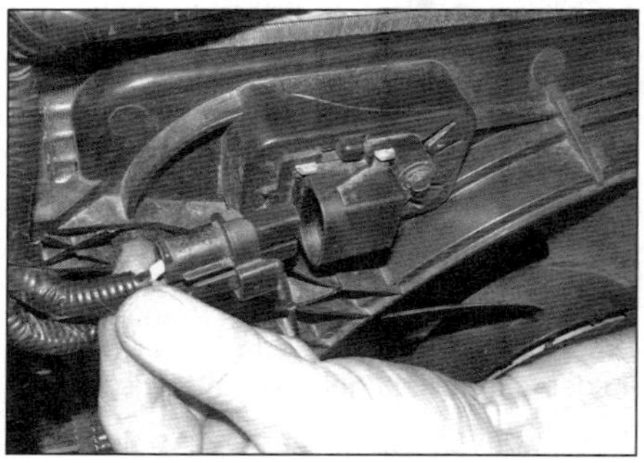

5.3a Trennen Sie den Stecker des Widerstands ...

5.3b ... und des Ventilators ...

5.3c ... und befreien Sie dann den Kabelbaum.

4 Lösen Sie die Schraube rechts unten aus der Ventilatorhaube (siehe Abbildung).

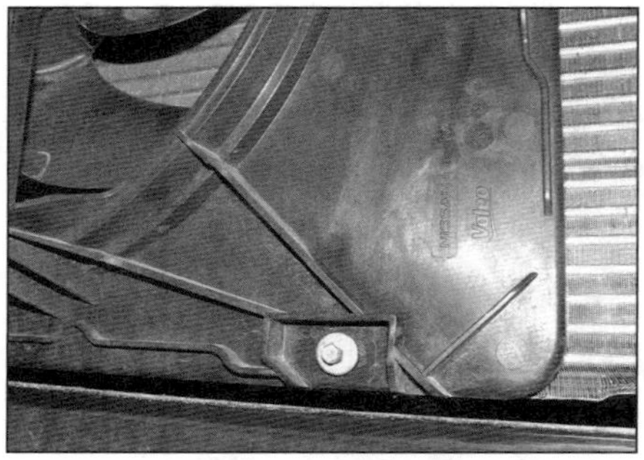

5.4 Ventilatorhauben-Schraube

5 Lösen Sie die zwei Laschen links und die eine Lasche oben rechts aus der Ventilatorhaube (siehe Abbildungen).

5.5a Lösen Sie die Laschen links oben, ...

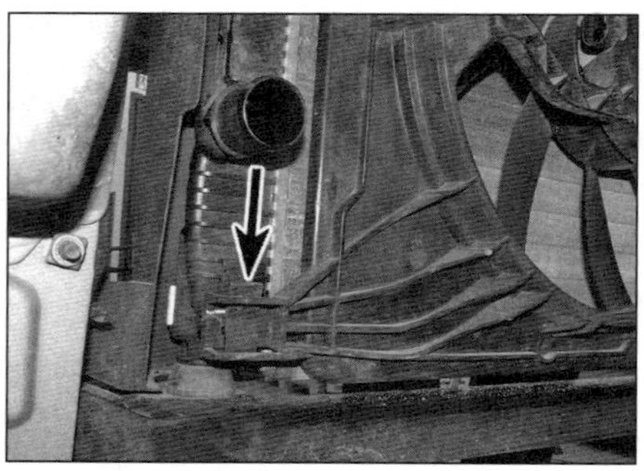

5.5b ... links unten ...

5.5c ... und rechts oben an der Haube.

6 Heben Sie dann vorsichtig den Ventilator samt Haube aus dem Motorraum (siehe Abbildung) – beschädigen Sie dabei nicht die Kühlerlamellen.

5.6 Entfernen Sie den Ventilator samt Haube.

7 Der Einbau entspricht der umgekehrten Ausbaureihenfolge.

Ventilator-Widerstand

8 Der Ventilator-Widerstand sitzt links oben an der Ventilatorhaube.
9 Befreien Sie den Stecker aus dem Widerstand (Abb. 5.3a).
10 Lösen Sie Schraube und befreien Sie die Lasche, um den Widerstand nach rechts zu verschieben und aus der Haube zu befreien (siehe Abbildungen).

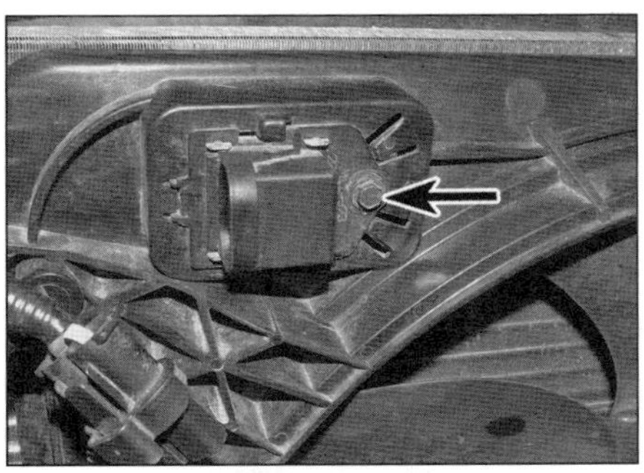

5.10a Lösen Sie die Schraube, ...

5.10b ...verschieben Sie den Widerstand ...

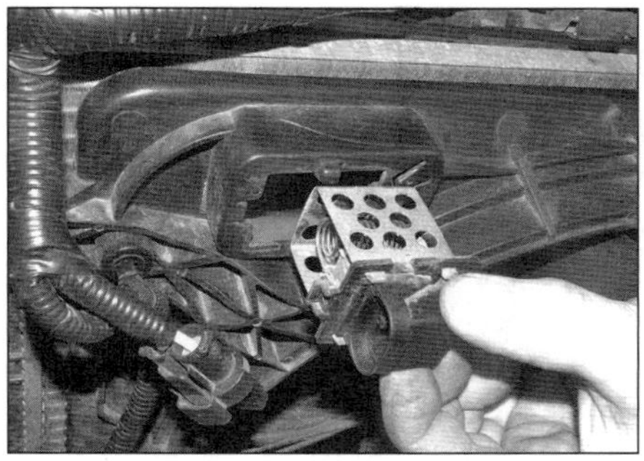

5.10c ... und befreien Sie ihn aus der Ventilatorhaube.

11 Der Einbau entspricht der umgekehrten Ausbaureihenfolge.

6 Kühlsystem-Sensoren – Test, Ausbau und Einbau

Kühltemperatursensor

Test

1 Der Kühltemperatursensor sitzt im Kühlmittel/Thermostatgehäuse links am Zylinderkopf; er ist mit dem Motorsteuergerät verbunden.
2 Anhand seines temperaturabhängigen Widerstands (Thermistor) regelt das Motorsteuergerät den Kühlerventilator und die Temperaturanzeige im Armaturenbrett. Je höher die Temperatur, desto geringer der Widerstand.
3 Das Motorsteuergerät sendet eine vorgegebene Spannung an den Sensor und ermittelt anhand des zurückfließenden Stroms die Motortemperatur. Zusammen mit anderen Eingaben regelt es dann den Temperaturhaushalt und verschiedene Komponenten.
4 Falls der Sensorstromkreis keine plausiblen Informationen sendet, arbeitet das Steuergerät mit einem Back-up-Programm, um alle Komponenten – mit verringerter Leistungsfähigkeit – in Betrieb zu halten. Wenn dies geschieht, leuchtet die Motor-Warnleuchte im Cockpit auf, und es muss Rat bei einer Nissan-Werkstatt gesucht werden. Der Sensor selbst kann nach dem Ausbau getestet werden, indem er in unterschiedlich warmes Wasser getaucht und sein Widerstand gemessen wird – beachten Sie dazu die Werte in den technischen Daten (auf die Messung bei 110 °C kann verzichtet werden, wenn bei 20 und 90 °C die vorgegebenen Widerstände angezeigt werden).

Achtung: Versuchen Sie keinesfalls, den Sensor im eingebauten Zustand mit verbundenem Stecker zu testen – dies kann das Steuergerät beschädigen!

Ausbau

5 Trennen Sie den Masseanschluss (–) der Batterie (siehe Seite 532).
6 Entleeren Sie teilweise das Kühlsystem, bis dessen Pegel unterhalb des Sensors steht (siehe Kapitel 1A, Sektion 27 oder Kapitel 1B, Sektion 29). Alternativ kann die Sensor-Öffnung nach dessen Ausbau mit einem passenden Pfropfen verstopft werden.
7 Trennen Sie den Stecker des Sensors (siehe Abbildungen).

6.7a Trennen Sie den Sensorstecker – Benzinmotoren

6.7b Trennen Sie den Sensorstecker – Dieselmotoren

8 Schrauben Sie bei Benzinmotoren den Sensor vorsichtig heraus, und entnehmen Sie den Dichtring. Falls das Kühlsystem nicht bis unter den Sensor abgelassen wurde, muss die Sensoröffnung verstopft werden, um weiteres Austreten zu verhindern.
9 Bei Dieselmotoren ist der Sensor mit einem Drahtbügel im Gehäuse gesichert – hebeln Sie diesen heraus, ziehen Sie den Sensor aus seinem Sitz, und entnehmen Sie den Dichtring (siehe Abbildungen). Falls das Kühlsystem nicht bis unter den Sensor abgelassen wurde, muss die Sensoröffnung verstopft werden, um weiteres Austreten zu verhindern.

6.9a Befreien Sie bei Dieselmotoren den Drahtbügel, ...

6.9b ... ziehen Sie den Sensor aus seinem Sitz und entnehmen Sie den Dichtring.

Einbau

10 Kontrollieren Sie den Zustand des Dichtrings und ersetzen Sie ihn nötigenfalls.
11 Der Einbau entspricht der umgekehrten Ausbaureihenfolge. Füllen Sie zum Schluss das Kühlsystem auf (siehe Kapitel 1A, Sektion 27 oder Kapitel 1B, Sektion 29).
12 Starten Sie anschließend den Motor, bringen Sie ihn auf Betriebstemperatur, und lassen Sie ihn so lange laufen, bis geprüft werden kann, ob der Ventilator korrekt ein- und wieder ausschaltet.

Klimaanlagen-Temperatursensor

13 Der Sensor klemmt an den Kühlrippen des hinter der Heizungs/Klimaanlagen-Einheit hinter dem Armaturenbrett sitzenden Verdampfers. Um Zugang zu seinem Kabelstecker zu erhalten, muss die vordere rechte Abdeckung der Mittelkonsole entfernt werden (siehe Abbildung).

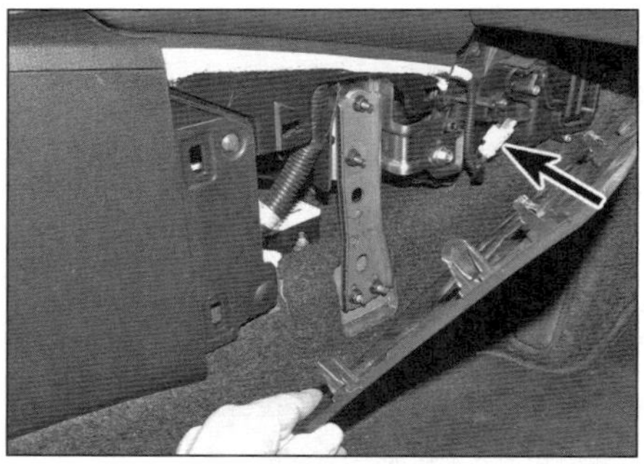

6.13 Kabelstecker des Klimaanlagen-Temperatursensors

14 Entfernen Sie den Klimaanlagen-Verdampfer (siehe Sektion 11), um den Temperatursensor von seinen Kühlrippen zu befreien (siehe Abbildung).

6.14 Der Klimaanlagen-Temperatursensor sitzt am Klimaanlagen-Verdampfer.

7 Wasserpumpe – Ausbau und Einbau

Anmerkung: *Beim Einbau wird eine neue Dichtung benötigt.*

Ausbau

1 Trennen Sie den Masseanschluss (–) der Batterie (siehe Seite 532).

2 Entleeren Sie teilweise das Kühlsystem, bis dessen Pegel unterhalb des Sensors steht (siehe Kapitel 1A, Sektion 27 oder Kapitel 1B, Sektion 29). Alternativ kann die Sensor-Öffnung nach dessen Ausbau mit einem passenden Pfropfen verstopft werden.

3 Entfernen Sie den Keilrippenriemen (siehe Kapitel 1A oder B, Sektion 10).

1,6 l-Benzinmotor (HR16DE)

4 Zur Erleichterung des Zugangs kann die Lichtmaschine entfernt werden (siehe Kapitel 5A, Sektion 5).

5 Lösen Sie am Riemenrad der Wasserpumpe die drei Schrauben, und entfernen Sie dies (siehe Abbildung) – das Rad muss dazu nötigenfalls gekontert werden; hierzu eignet sich ein Bandschlüssel oder ein herumgewickelter alter Keilrippenriemen.

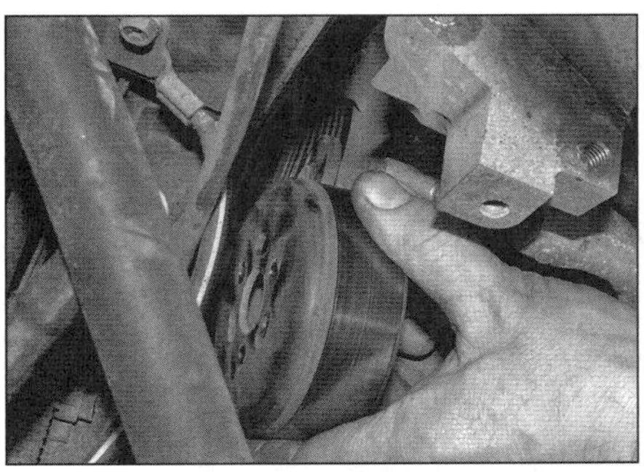

7.5 Entfernen Sie das Wasserpumpen-Riemenrad – 1,6 l-Benzinmotor (HR16DE)

6 Lösen Sie die Schrauben, mit denen die Wasserpumpe am Motorblock gesichert ist (siehe Abbildung). Entfernen Sie die Dichtung – sie muss später durch ein Neuteil ersetzt werden.

7.6 Lösen Sie die Wasserpumpenschrauben – 1,6 l-Benzinmotor (HR16DE)

2,0 l-Benzinmotor (MR20DE)

7 Zur Erleichterung des Zugangs kann die Lichtmaschine entfernt werden (siehe Kapitel 5A, Sektion 5).

8 Lösen Sie die vier Schrauben, mit denen die Wasserpumpe am Motorblock gesichert ist – zwei von ihnen sind von vorn und zwei von der Rückseite der Pumpe zugänglich (siehe Abbildungen). Entfernen Sie die Dichtung – sie muss später durch ein Neuteil ersetzt werden.

7.8a Lösen Sie beim 2,0 l-Benzinmotor die zwei vorderen ...

7.8b ... und die zwei hinteren Wasserpumpenschrauben, ...

7.8c ... um die Wasserpumpe samt Dichtung zu entfernen

1,5 l-Dieselmotor (K9K)

9 Entfernen Sie den Zahnriemen (siehe Kapitel 2C, Sektion 6).

10 Lösen Sie die Schrauben des hinteren Zahnriemendeckels, und entfernen Sie diesen vom Motorblock (siehe Abbildung).

7.10 Schrauben des hinteren Zahnriemendeckels – 1,5 l-Dieselmotor (K9K)

11 Lösen Sie die Schrauben, mit denen die Wasserpumpe am Motorblock gesichert ist (siehe Abbildungen). Entfernen Sie die Dichtung – sie muss später durch ein Neuteil ersetzt werden.

7.11a Lösen Sie die Wasserpumpenschrauben ...

7.11b ... und entfernen Sie die Pumpe samt Dichtung – 1,5 l-Dieselmotor (K9K)

2,0 l-Dieselmotor (M9R)

12 Zur Erleichterung des Zugangs kann die Lichtmaschine entfernt werden (siehe Kapitel 5A, Sektion 5).

13 Lösen Sie am Riemenrad der Wasserpumpe die drei Schrauben, und entfernen Sie dies (siehe Abbildungen) – das Rad muss dazu nötigenfalls gekontert werden; hierzu eignet sich ein Bandschlüssel oder ein herumgewickelter alter Keilrippenriemen.

7.13a Kontern Sie das Riemenrad mit einem Bandschlüssel, lösen Sie die Schrauben ...

7.13b ... und entfernen Sie das Rad – 2,0 l-Dieselmotor (M9R).

14 Lösen Sie die Schrauben, mit denen die Wasserpumpe am Motorblock gesichert ist. Hebeln Sie den O-Ring aus seiner Nut im Pumpengehäuse – er muss später durch ein Neuteil ersetzt werden.

7.14a Befreien Sie die Wasserpumpe ...

7.14b ... und ersetzen Sie den O-Ring – 2,0 l-Dieselmotor (M9R).

Kontrolle

15 Überprüfen Sie das Pumpengehäuse und das Pumpenrad auf übermäßige Korrosion. Drehen Sie das Pumpenrad – es darf sich weder schwergängig (durch Korrosion) noch rau bewegen (übermäßiges Spiel).
16 Einzelteile der Wasserpumpe sind nicht erhältlich, sodass bei Verschleiß oder Korrosion eine neue Pumpe montiert werden muss.

Einbau

17 Entfernen Sie zunächst sämtliche Dichtungsreste von der Pumpe und dem Motorgehäuse.
18 Rüsten Sie die Pumpe mit einer neuen Dichtung oder einem neuen O-Ring (2,0 l-Dieselmotor) aus (siehe Abbildung).

7.18 Legen Sie die neue Wasserpumpendichtung auf.

19 Positionieren Sie die Pumpe am Motor, installieren Sie die Schrauben, und ziehen Sie sie mit dem in den technischen Daten angegebenen Drehmoment an.
20 Installieren Sie bei 1,6 l-Benzinmotoren und 2,0 l-Dieselmotoren das Riemenrad, kontern Sie es wie beim Ausbau, und ziehen Sie seine Schrauben mit dem in den technischen Daten angegebenen Drehmoment an.
21 Installieren Sie bei 1,5 l-Motoren den Zahnriemen (siehe Kapitel 2C, Sektion 6).
22 Installieren und spannen Sie den Keilrippenriemen (siehe Kapitel 1A oder B, Sektion 10).
23 Füllen Sie das Kühlsystem auf (siehe Kapitel 1A, Sektion 27 oder Kapitel 1B, Sektion 29).
24 Schließen Sie die Batterie wieder an (siehe Seite 532).

8 Heizung und Lüftung – Allgemeine Informationen

Anmerkung: *Informationen zur Klimaanlage finden sich in Sektion 10).*

Manuell geregeltes System

1 Das Heizungs- und Belüftungssystem besteht aus einem vierstufigen Gebläse (hinter dem Armaturenbrett), Lüftungsklappen im Armaturenbrett und Lüftungstrakten in die vorderen Fußräume.
2 Mithilfe der im Armaturenbrett sitzenden Heizungsregler werden Klappen betätigt, um die durch die verschiedenen Teile des Heizungs- und Belüftungssystems strömende Luft abzulenken und zu mischen. Die Luftklappen sitzen im zentralen Luftverteilergehäuse, das die Luft zu den verschiedenen Öffnungen verteilt.
3 Die zum Heizen verwendete Luft wird durch den Grill vor der Windschutzscheibe angesaugt. Auf seinem Weg zu den verschiedenen Lüftungsdüsen wird ein variabler Anteil der Luft durch einen vom heißen Kühlmittel durchspülten Wärmetauscher geleitet. Abluft wird im Heck des Fahrzeugs nach außen geleitet.
4 Ein Umluftschalter ermöglicht den Ausschluss der Außenluft, während im Fahrzeug die Luft zirkuliert. Diese Funktion kann kurzzeitig genutzt werden, um Gerüche nicht ins Fahrzeug dringen zu lassen, sollte aber nicht lange verwendet werden, da die Luft rasch verbraucht sein wird.
5 Bei einigen Modellen mit Dieselmotor wird die Heizung elektrisch unterstützt. Solange das Kühlmittel kalt ist, wärmt die elektrische Heizung die Luft vor, bevor sie in den Wärmetauscher eintritt – so erhöht sich dessen Temperatur bei Kaltstarts schneller und ermöglicht eine raschere Funktion der Heizung.

Klimaautomatik

6 Einige Modelle sind mit einer vollautomatischen Klimaautomatik ausgerüstet. Die Hauptkomponenten des Systems entsprechen denen eines manuellen Systems, nur die Temperaturregelung und alle Luftklappen werden nicht mit Bowdenzügen, sondern mit Elektromotoren gesteuert.
7 Das System wird von einem in den Gebläsemotor integrierten Steuermodul kontrolliert; dieses erhält seine Informationen von den folgenden Sensoren:
a) Der Innenraumsensor informiert das Steuergerät über die Temperatur im Fahrzeuginnern.
b) Der Verdampfer-Temperatursensor informiert das Steuergerät über die Temperatur des Verdampfers (s. Sektion 6).
c) Der Wärmetauscher-Temperatursensor informiert das Steuergerät über die Temperatur des Heizungs-Wärmetauschers.
8 Anhand der Informationen dieser Sensoren und der gewählten Einstellung an der Regelung legt das Steuergerät die Stellung der Heizungs- und Lüftungsklappen fest.
9 Falls das System defekt ist, muss das Fahrzeug zu einer Nissan-Werkstatt gebracht werden, wo mit einem an das Steuergerät angeschlossenen speziellen Diagnosegerät ein Test durchgeführt werden kann. Die dazugehörige Steckerbuchse befindet sich unterhalb der Sicherungsbox links unter dem Armaturenbrett (siehe Abbildung).

8.9 Diagnose-Steckerbuchse in der Armaturenbrett-Sicherungsbox

9 Heizungs- und Lüftungs-Komponenten – Ausbau und Einbau

Heizgebläse-Motor

1 Trennen Sie den Masseanschluss (–) der Batterie (siehe Seite 532).

2 Entfernen Sie das Handschuhfach (siehe Kapitel 11, Sektion 26).

3 Um den Ausbau des Motors zu erleichtern, kann der Kabelstecker des Heizungsklappen-Regelmotors getrennt werden, um die Kabelbaum-Befestigungen zu befreien und die Verkabelung beiseitezunehmen (siehe Abbildung).

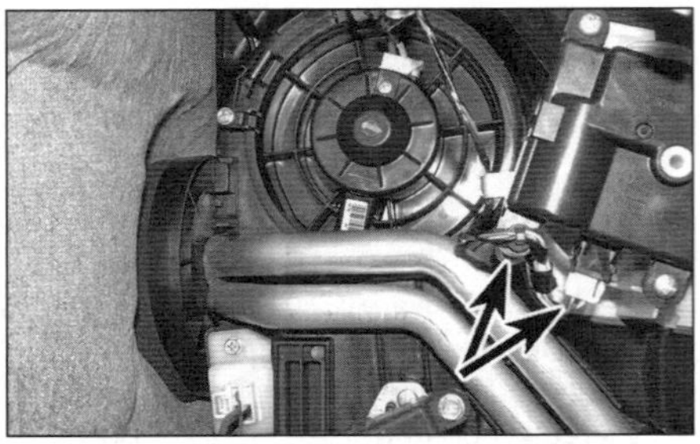

9.3 Trennen Sie den Stecker und befreien Sie die Kabelführung.

4 Greifen Sie hinter das Heizungsgehäuse, um den Stecker oben am Gebläsemotor zu trennen (siehe Abbildung).

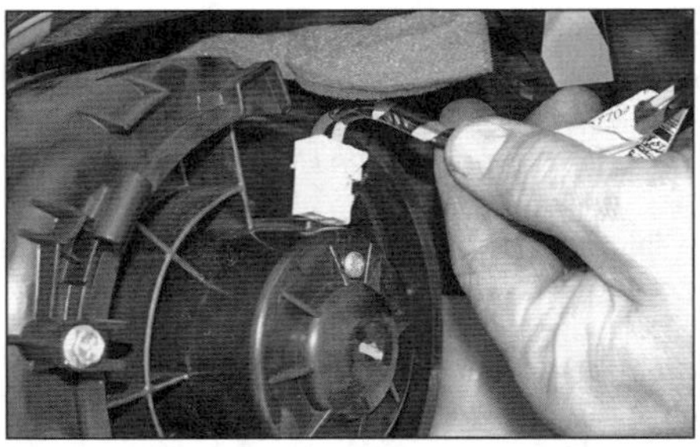

9.4 Trennen Sie den Stecker des Gebläsemotors.

5 Lösen Sie die Befestigungsschraube des Gebläsemotors, und drehen Sie diesen gegen den Uhrzeigersinn, um ihn hinten aus dem Heizungsgehäuse zu befreien (siehe Abbildungen).

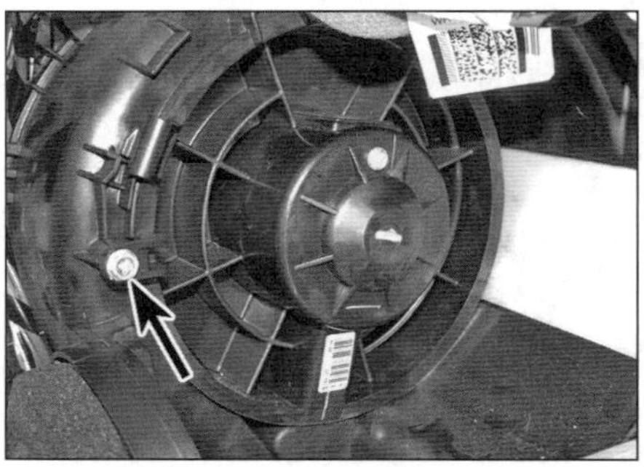

9.5a Entfernen Sie die Schraube (falls vorhanden) ...

9.5b ... und drehen Sie den Motor nach links, ...

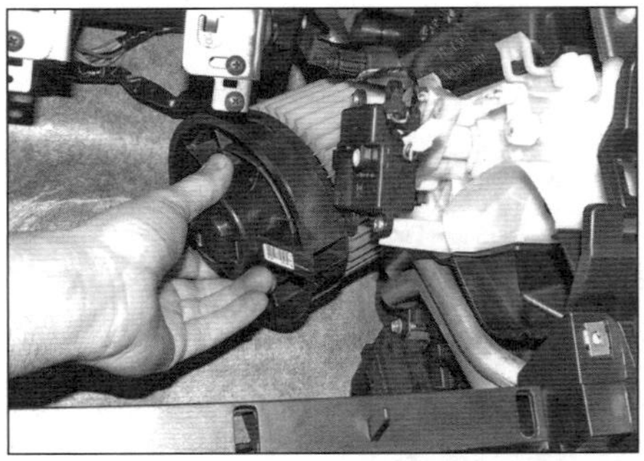

9.5c ... um ihn aus dem Heizungsgehäuse zu entfernen.

6 Der Einbau entspricht der umgekehrten Ausbaureihenfolge.

Heizgebläsemotor-Widerstand

7 Trennen Sie den Masseanschluss (–) der Batterie (siehe Seite 532).

8 Entfernen Sie das Handschuhfach (siehe Kapitel 11, Sektion 26).

9 Der Widerstand sitzt links am Heizungsgehäuse unterhalb des Gebläsemotors (siehe Abbildung).

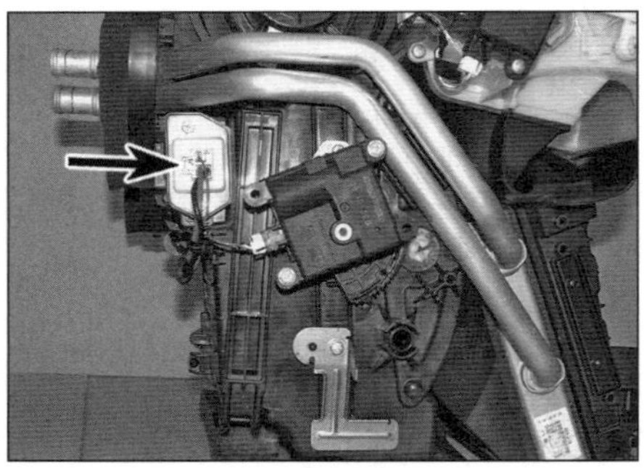

9.9 Position des Heizgebläsemotor-Widerstands

10 Trennen Sie den Stecker vom Widerstand (siehe Abbildung).

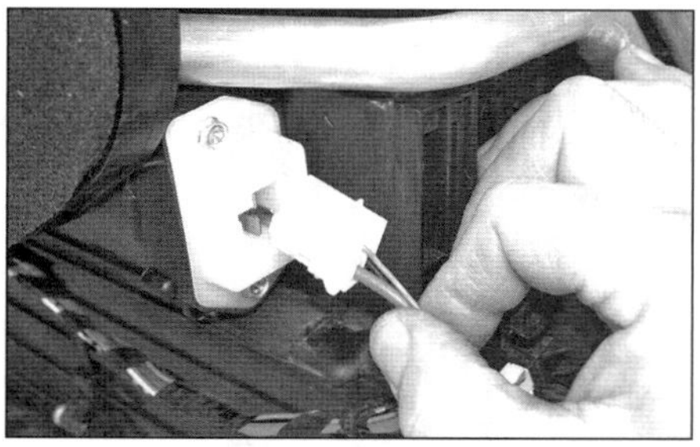

9.10 Ziehen Sie den Widerstand-Stecker ab.

11 Lösen Sie hinter dem Gebläsemotor die Schrauben des Widerstands, und befreien Sie ihn (siehe Abbildungen).

9.11a Lösen Sie die Schrauben des Widerstands ...

9.11b ... und ziehen Sie ihn aus dem Heizungsgehäuse.

12 Der Einbau entspricht der umgekehrten Ausbaureihenfolge.

Heizungs-Bedienfeld

13 Hebeln Sie die um die Heizungsregler liegende untere Frontplatte rundherum vorsichtig ab, um ihre Clips zu befreien (siehe Abbildungen).

9.13a Hebeln Sie die Frontplatte ab, ...

9.13b ... um die seitlichen ...

9.13c ... und oberen Clips zu befreien.

14 Sobald die untere Frontplatte befreit ist, können die Stecker an ihrer Rückseite getrennt werden (siehe Abbildung).

9.14 Trennen Sie die Stecker an der Rückseite der Frontplatte.

15 Befreien Sie die obere mittlere Blende, indem Sie sie vorsichtig an den Seiten abhebeln.

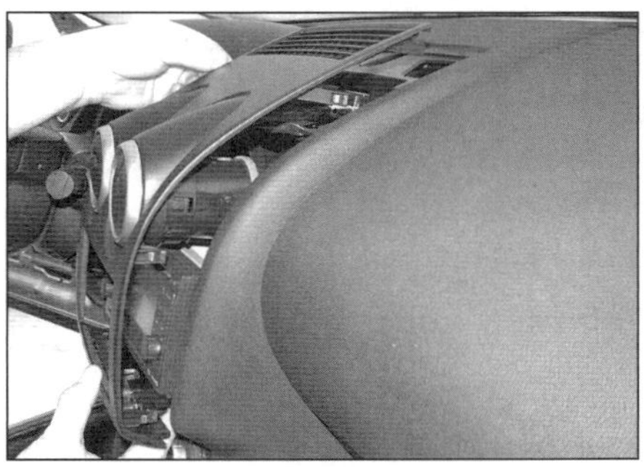

9.15 Hebeln Sie die obere mittlere Blende vorsichtig ab.

16 Sobald die untere Blende befreit ist, können die Stecker an ihrer Rückseite getrennt werden (siehe Abbildung).

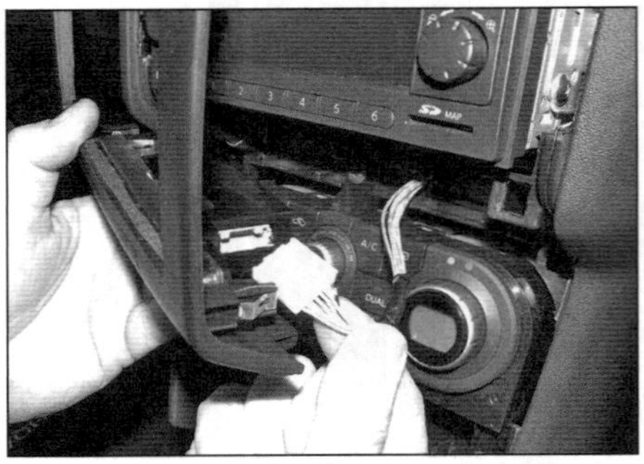

9.16 Trennen Sie die Stecker an der Rückseite der Mittelblende.

Manuell geregeltes System

17 Entfernen Sie das Handschuhfach (siehe Kapitel 11, Sektion 26).
18 Lösen Sie am unteren Teil der Lenksäulenverkleidung und an der Mittelkonsole die Clips der Abdeckung, und entfernen Sie diese.
19 Trennen Sie links und rechts am Heizungsgehäuse die Heizungsregler-Bowdenzüge – merken Sie sich ihre Positionen.
20 Lösen Sie die drei Schrauben der Heizungsregler-Baugruppe, um diese aus dem Armaturenbrett zu befreien. Schwenken Sie die Baugruppe nach vorn, trennen Sie an der Rückseite den Stecker, und entnehmen Sie sie samt der Bowdenzüge aus dem Armaturenbrett.
21 Der Einbau entspricht der umgekehrten Ausbaureihenfolge. Alle Bowdenzüge müssen korrekt verbunden und mit den Clips gesichert sein. Prüfen Sie die Funktion der Regler, bevor Sie die Blenden und das Handschuhfach installieren.

Klimaautomatik

22 Lösen Sie die drei Schrauben der Regler-Baugruppe, um diese aus dem Armaturenbrett zu befreien (siehe Abbildung).

9.22 Lösen Sie die drei Schrauben der Klimaanlagenregler-Baugruppe.

23 Trennen Sie den/die Stecker an der Rückseite der Baugruppe (siehe Abbildung), und befreien Sie diese aus dem Armaturenbrett.

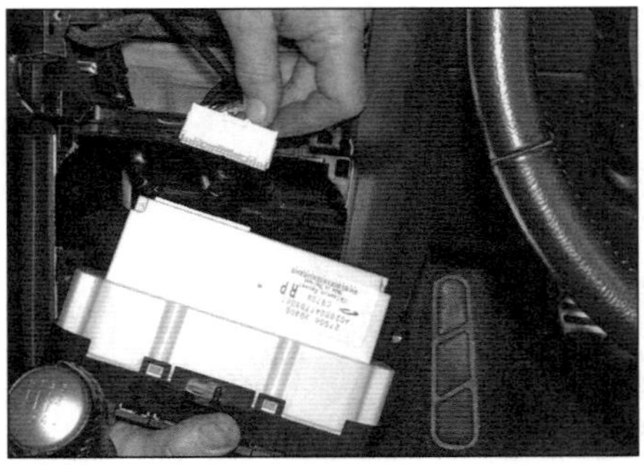

9.23 Trennen Sie den Stecker der Klimaanlagenregler-Baugruppe.

24 Der Einbau entspricht der umgekehrten Ausbaureihenfolge. Prüfen Sie die Funktion der Regler, bevor Sie die Blenden und das Handschuhfach installieren.

Regelungs-Bowdenzüge

25 Demontieren Sie die manuelle Heizungsregelung (siehe oben)
26 Bevor die Bowdenzüge an der Rückseite der Heizungsregler getrennt werden, müssen ihre Positionen notiert (oder fotografiert) werden.
27 Lösen Sie den Sicherungsclip, und befreien Sie den entsprechenden Bowdenzug von seinem Hebel an der Rückseite der Reglertafel.
28 Der Einbau entspricht der umgekehrten Ausbaureihenfolge. Alle Bowdenzüge müssen korrekt verbunden und mit den Clips gesichert sein. Prüfen Sie die Funktion der Regler, bevor Sie die Blenden und das Handschuhfach installieren.

Lüfterklappen-Motoren

29 Je nach Ausstattung können unterschiedlich viele Regelmotoren an den Seiten des Heizungsgehäuses montiert sein (siehe Abbildung).

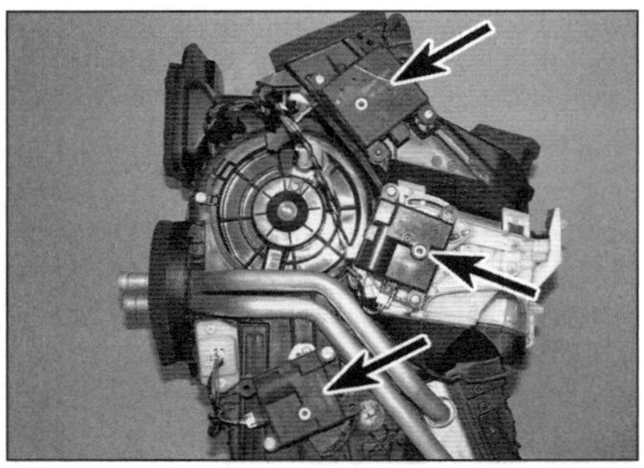

9.29 Lüfterklappen-Motoren an der linken Seite des Heizungsgehäuses

30 Um Zugang zum oben am Luftkanal des Heizungsgehäuses sitzenden Stellmotor der Lufteintrittsklappe zu erhalten, muss das Armaturenbrett demontiert werden (siehe Kapitel 11, Sektion 26) (siehe Abbildung).

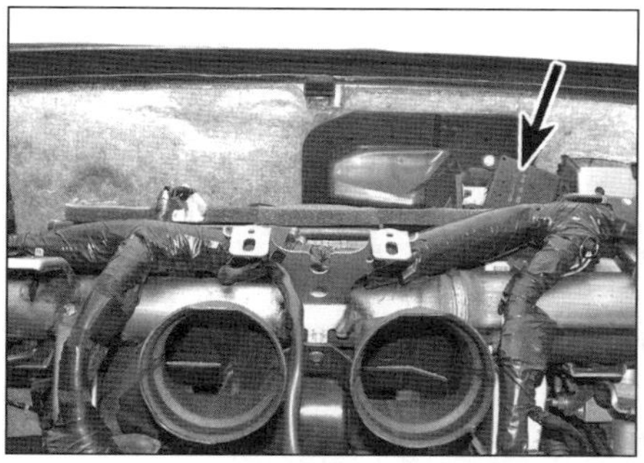

9.30 Position des Lufteintrittsklappen-Stellmotors

31 Um Zugang zu den Motoren an der rechten Seite des Heizungsgehäuses zu erhalten, muss das Handschuhfach entfernt werden (siehe Kapitel 11, Sektion 26).

32 Um Zugang zum Mischklappenmotor an der linken Seite des Heizungsgehäuses zu erhalten, müssen die Clips der vorderen Mittelkonsolen-Abdeckung gelöst und diese entfernt werden (siehe Abbildung).

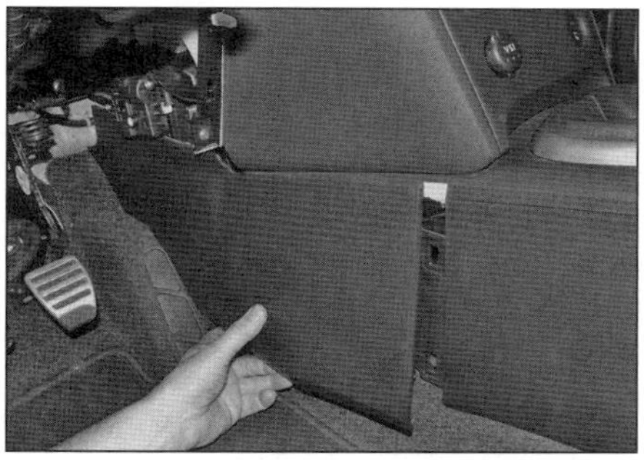

9.32 Befreien Sie die linke untere Mittelkonsolen-Abdeckung.

33 Trennen Sie den Kabelstecker vom Motor, lösen Sie die Befestigungsschrauben, und befreien Sie den Motor (siehe Abbildungen) – während er aus der Luftklappen-Spindel gezogen wird, kann sich die Klappe im Gehäuse verdrehen.

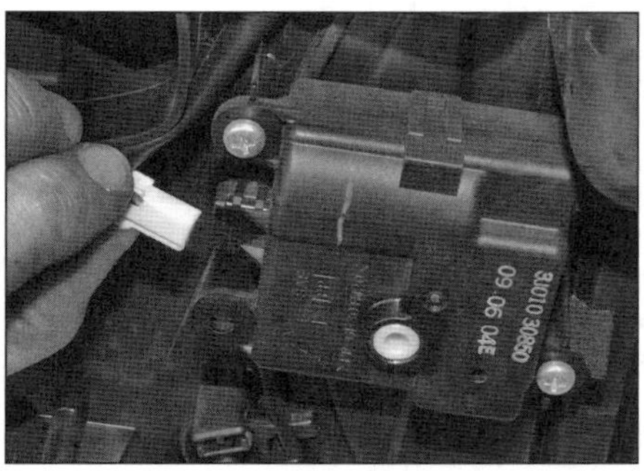

9.33a Trennen Sie den Stecker, lösen Sie die Schraube ...

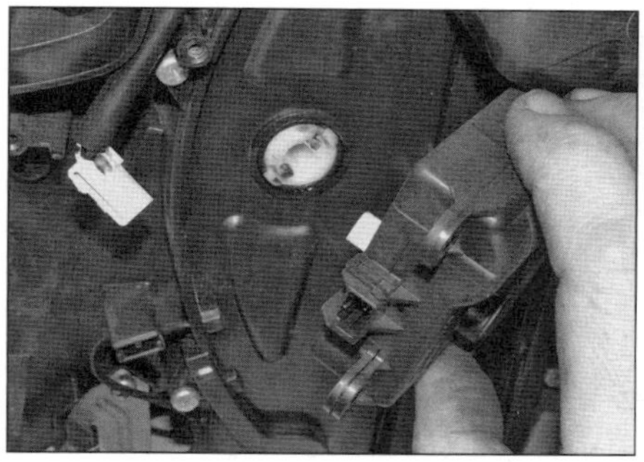

9.33b ... und befreien Sie den Motor vom Heizungsgehäuse.

34 Der Einbau entspricht der umgekehrten Ausbaureihenfolge. Der Motor muss korrekt in die Spindel greifen und am Gehäuse befestigt sein. Prüfen Sie die Funktion des Motors, bevor Sie die Blenden und das Handschuhfach installieren.

Pollenfilter

35 Der Aus- und Einbau des Pollenfilters ist in Kapitel 1A, Sektion 18 oder Kapitel 1B, Sektion 19 beschrieben.

Wärmetauscher

Anmerkung: *Je nach Modell kann der Heizungs-Wärmetauscher aus- und eingebaut werden, ohne dass dazu das Armaturenbrett und das Heizungsgehäuse demontiert werden müssen. Entfernen Sie das Handschuhfach und die untere rechte Armaturenbrett-Abdeckung, um die Heizungsrohranschlüsse zu überprüfen. Erkundigen Sie sich ggf. beim Nissan-Händler, ob ein neuer Wärmetauscher für Ihr Modell bereits mit Anschlussrohren ausgerüstet ist.*

Armaturenbrett bleibt eingebaut

Anmerkung: *Erkundigen Sie sich vor Arbeitsbeginn beim Nissan-Händler nach der Verfügbarkeit von Ersatzteilen.*

36 Entleeren Sie das Kühlsystem (siehe Kapitel 1A, Sektion 27 oder Kapitel 1B, Sektion 29); alternativ können die Kühlerschläuche abgeklemmt werden, um den Kühlmittelverlust zu minimieren.

37 Lockern Sie im Motorraum an der Spritzwand die Schellen der Kühlerschläuche an den Wärmetauscher-Rohrstutzen (siehe Abbildungen).

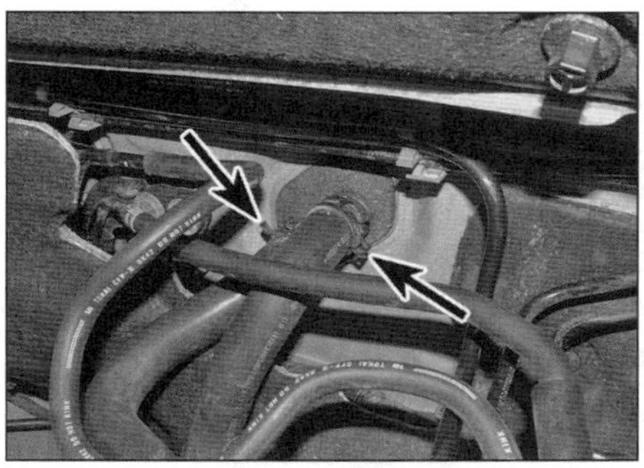

9.37a Lösen Sie die Schellen ...

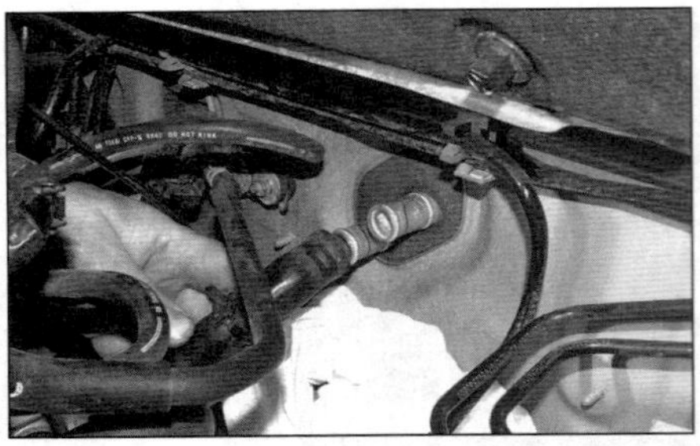

9.37b ... und ziehen Sie die Kühlerschläuche von den Wärmetauscher-Stutzen.

38 Um Zugang zum Wärmetauscher an der rechten Seite des Heizungsgehäuses zu erhalten, muss das Handschuhfach entfernt werden (siehe Kapitel 11, Sektion 26). Kontrollieren Sie die Kühlrohranschlüsse am Wärmetauscher – falls sie mit Sicherungsclips am Wärmetauscher befestigt sind, muss die folgende Prozedur durchgeführt werden:

39 Lösen Sie bei Dieselmodellen mit elektrischer Zusatzheizung die Schraube des Kabelsteckerhalters, und verlagern Sie diesen beiseite (siehe Schritte 51 bis 56).

40 Befreien Sie bei Modellen mit manueller Heizugsregelung den Bowdenzug von der seitlich am Heizungsgehäuse sitzenden Luftklappe, und verlagern Sie ihn beiseite – merken Sie sich seine Einbaulage.

41 Positionieren Sie einen Behälter unter den Wärmetauscher-Rohranschlüssen links am Heizungsgehäuse, um austretendes Kühlmittel aufzunehmen.

42 Befreien Sie mit einem Schlitzschraubendreher die Kühlrohr-Sicherungsclips vom Wärmetauscher, und lassen Sie austretendes Kühlmittel in den Sammelbehälter ablaufen. Befreien Sie die Kühlrohre vom Wärmetauscher, und verlagern Sie sie vorsichtig beiseite. Die Dichtringe an den Rohrstutzen müssen später durch Neuteile ersetzt werden.

43 Ziehen Sie den Wärmetauscher aus dem Gehäuse – halten Sie dabei die Anschlüsse nach oben, um nicht noch mehr Kühlmittel austreten zu lassen.

Armaturenbrett wird mit ausgebaut

Anmerkung: *Erkundigen Sie sich vor Arbeitsbeginn beim Nissan-Händler nach der Verfügbarkeit von Ersatzteilen.*

44 Um Zugang zum Wärmetauscher an der rechten Seite des Heizungsgehäuses zu erhalten, muss das Handschuhfach entfernt werden (siehe Kapitel 11, Sektion 26).

45 Kontrollieren Sie die Kühlrohranschlüsse am Wärmetauscher – falls sie fest mit dem Wärmetauscher verbunden sind, führen sie durch die Spritzwand (siehe Abbildung), und es muss die folgende Prozedur durchgeführt werden:

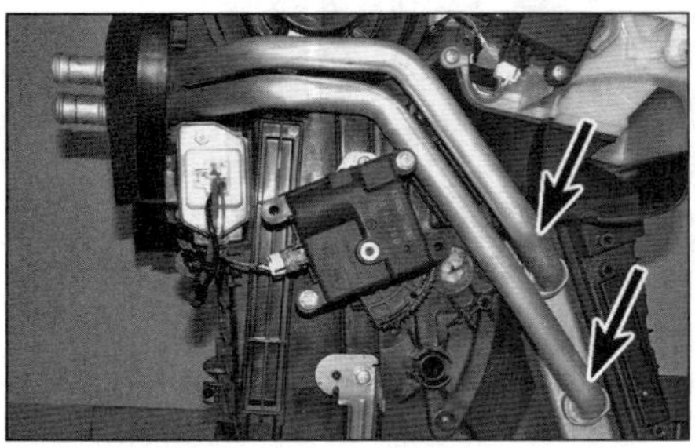

9.45 Kontrollieren Sie die Wärmetauscherrohre rechts am Heizungsgehäuse.

46 Diese umfangreiche Prozedur beinhaltet die Demontage der Mittelkonsole, des gesamten Armaturenbretts samt Kabelbaum, Halterungen und Querrohr (siehe Kapitel 11, Sektion 26) (siehe Abbildung).

9.46 Um die Halterung über dem Heizungsgehäuse entfernen zu können, sind reichlich Vorarbeiten nötig.

47 Sobald die Heizungseinheit aus dem Fahrzeug befreit ist, kann der um die Kühlrohre herum sitzende Schaumstoff entfernt werden (siehe Abbildung).

9.47 Entfernen Sie den Schaumstoff von den Kühlrohrstutzen.

48 Lösen Sie an der Kunststoffhalterung die Schraube und befreien Sie diese von den Kühlrohren (siehe Abbildungen).

9.48a Lösen Sie die Schraube ...

9.48b ... und befreien Sie die Kunststoffhalterung.

49 Ziehen Sie den Wärmetauscher aus dem Gehäuse – halten Sie dabei die Anschlüsse nach oben, um nicht noch mehr Kühlmittel austreten zu lassen (siehe Abbildung).

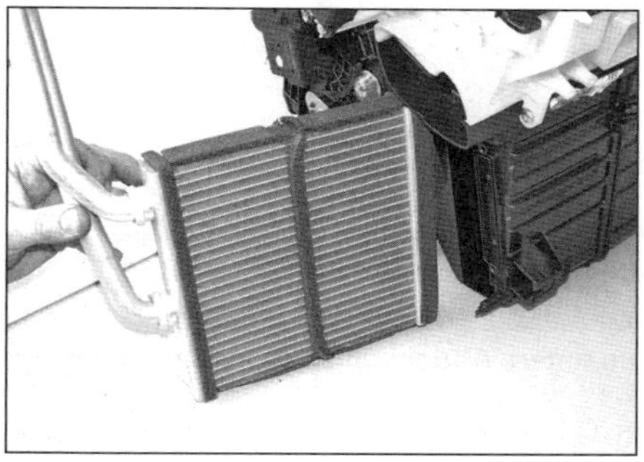

9.49 Ziehen Sie den Wärmetauscher seitlich aus dem Gehäuse

50 Der Einbau entspricht der umgekehrten Ausbaureihenfolge. Bevor der Wärmetauscher wieder in das Gehäuse geschoben wird, muss sichergestellt werden, dass der Schaumstoff korrekt um die Rohrstutzen herum sitzt.

Zusatzheizung (Dieselmotoren)

51 Bei verschiedenen Dieselmodellen sitzt eine elektrische Zusatzheizung links hinten am Heizungsgehäuse (siehe Abbildung).

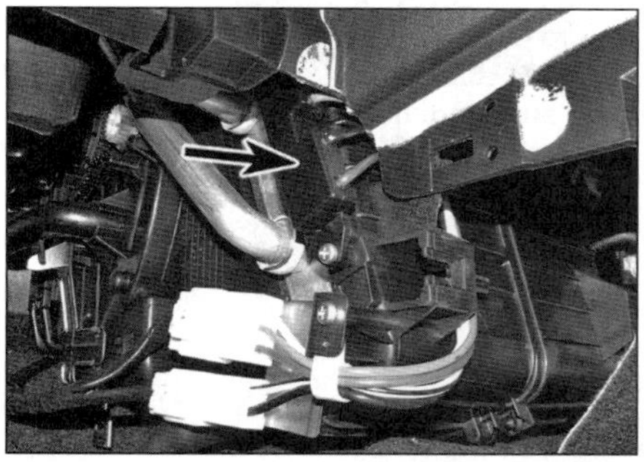

9.51 Position der elektrischen Zusatzheizung

52 Entfernen Sie die Abdeckung oberhalb der Pedale, und lösen Sie neben den Pedalen die zwei Befestigungen der vorderen Mittelkonsolen-Abdeckung, um diese zu entfernen.
53 Lösen Sie den Sicherungsclip des Kabelsteckers, und trennen Sie diesen vom Heizelement.
54 Lösen Sie die zwei Schrauben, und ziehen Sie das Heizelement aus dem Gehäuse (siehe Abbildung).

9.54 Lösen Sie die Schrauben des Heizelements, und entfernen Sie es.

55 Der Einbau entspricht der umgekehrten Ausbaureihenfolge.

Außentemperatursensor

56 Der Sensor sitzt unterhalb der Motorhaubenverriegelung hinter der Frontstoßstange (siehe Abbildung).

9.56 Position des Außentemperatursensors

57 Um den Sensor entfernen zu können, muss die Stoßstange demontiert werden (siehe Kapitel 11, Sektion 6).
58 Trennen Sie den Stecker des Sensors, und befreien Sie ihn aus der vorderen Karosseriestrebe (siehe Abbildungen).

9.58a Trennen Sie den Stecker ...

9.58b ... und befreien Sie den Sensor aus der Bohrung in der Strebe.

59 Der Einbau entspricht der umgekehrten Ausbaureihenfolge.

Sonnenlichtsensor

60 Der Sensor sitzt nahe der Windschutzscheibe am kleinen rechten Lautsprechergitter.
61 Befreien Sie den Sensor vorsichtig aus dem Gitter, und trennen Sie seinen Stecker (siehe Abbildungen).

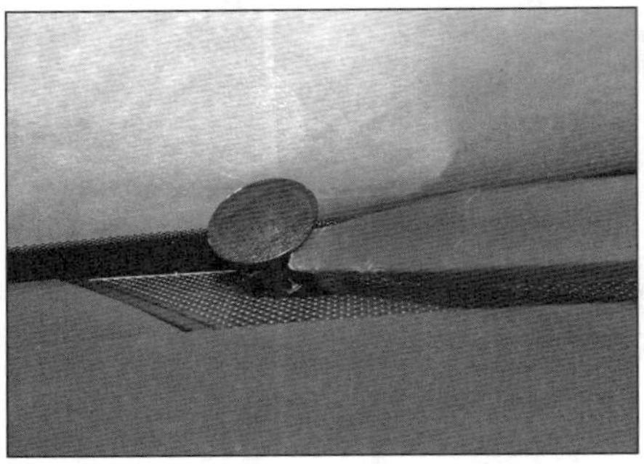

9.61a Befreien Sie den Sonnenlichtsensor ...

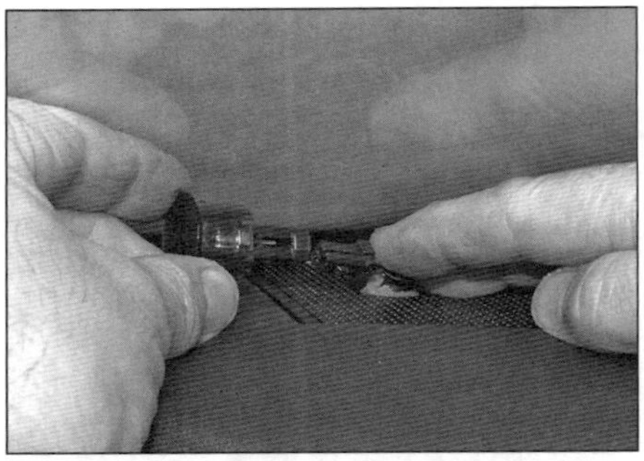

9.61b ... und trennen Sie seinen Stecker.

62 Falls das Kabel nicht lang genug ist, weil es unterhalb des Armaturenbretts gesichert ist, kann der Ausbau des Sensors schwierig werden – befreien Sie nötigenfalls das Lautsprechergitter, um den Ausbau zu erleichtern.
63 Der Einbau entspricht der umgekehrten Ausbaureihenfolge.

Regensensor

64 Befreien Sie die Kunststoffabdeckungen des Innenspiegelhalters (siehe Abbildungen).

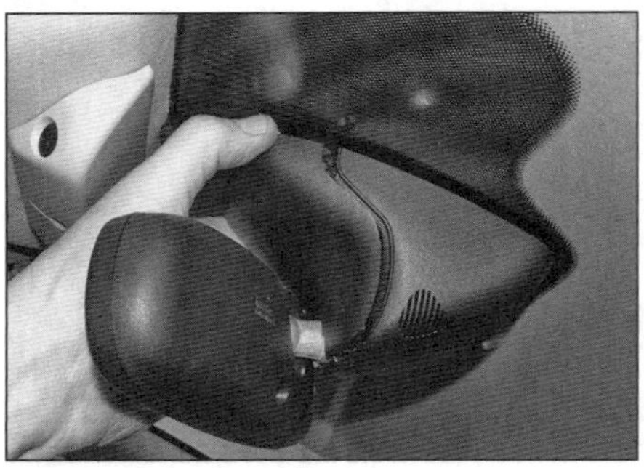

9.64a Befreien Sie die obere ...

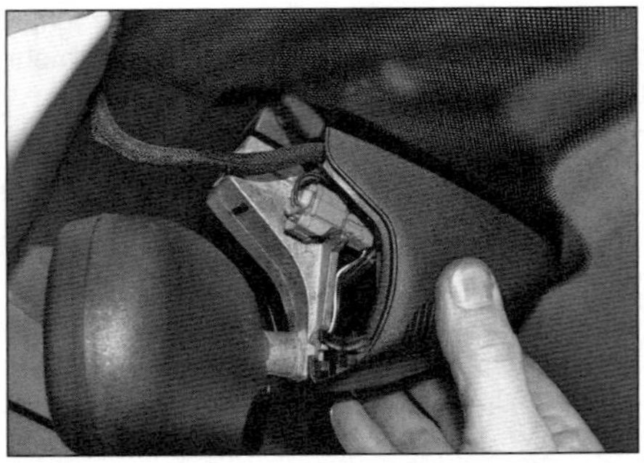

9.64b ... und die untere Abdeckung des Innenspiegelhalters, ...

65 Trennen Sie den Kabelstecker, lösen Sie an beiden Seiten des Sensors die Clips, und befreien Sie den Sensor aus seinem Sitz in der Windschutzscheibe (siehe Abbildung).

9.65 ... um Zugang zum Regensensor zu erhalten.

66 Der Einbau entspricht der umgekehrten Ausbaureihenfolge.

10 Klimaanlage – Allgemeine Informationen und Warnhinweise

Allgemeine Informationen

1 Viele Modelle sind serienmäßig mit einer Klimaanlage ausgerüstet, bei anderen war sie optional erhältlich. Zusammen mit der Heizung ermöglicht die Klimaanlage die Anpassung der Innenraumtemperatur. Sie reduziert auch die Luftfeuchtigkeit der einströmenden Frischluft und hindert so die Fenster am Beschlagen.
2 Die Kühlfunktion der Klimaanlage arbeitet ähnlich wie ein gewöhnlicher Kühlschrank. Der von der Kurbelwelle über den Keilrippenriemen angetriebene Kompressor presst gasförmiges Kühlmittel in den vorn am Wasserkühler sitzenden Verflüssiger, wo es Wärme abgibt und flüssig wird. Es durchströmt ein Expansionsventil und gelangt in den Verdampfer, wo es sich von unter hohem Druck stehender Flüssigkeit in Gas umwandelt, das unter niedrigem Druck steht. Diese Umwandlung wird von einer Temperaturabsenkung begleitet, sodass der Verdampfer abkühlt. Das Kühlmittel kehrt zum Kompressor zurück und der Kreislauf beginnt von vorn.

3 Durch den Verdampfer geblasene Luft passiert den Luft-Verteiler, wo sie mit heißer Luft aus dem Wärmetauscher gemischt wird, um im Innenraum die gewünschte Temperatur zu erreichen.
4 Die Heizungsseite des Systems arbeitet wie eine normale Fahrzeugheizung (siehe Sektion 9).
5 Die Funktion des Systems wird vom einem elektronischen Steuergerät überwacht. Dies steuert auch den/die Kühler-ventilator(en) und die Temperatur-Warnleuchte im Cockpit. Bei irgendwelchen Problemen mit dem System muss Rat bei einer Fachwerkstatt gesucht werden.

Warnhinweise

6 Bei der Arbeit an der Klimaanlage oder damit verbundenen Komponenten müssen besondere Warnhinweise beachtet werden. Das Kältemittel ist potenziell gefährlich, sodass nur qualifizierte Personen damit hantieren dürfen. Eine unkontrollierte Entleerung des Systems birgt Gefahren und ist aus den folgenden Gründen äußerst umweltschädlich:
a) Falls es auf die Haut gerät, kann es Erfrierungen verursachen.
b) Kältemittel ist schwerer als Luft und kann Sauerstoff verdrängen. In einem geschlossenen Raum, der nicht ausreichend belüftet wird, besteht daher Erstickungsgefahr. Das Gas ist farb- und geruchslos, sodass es unbemerkt austreten kann.
c) Das Kältemittel ist selbst nicht giftig, doch in Anwesenheit einer offenen Flamme (auch einer Zigarette) bildet es giftige Gase, die u .a. zu Kopfschmerzen und Übelkeit führen können.

Warnung: Versuchen Sie niemals, irgendeinen Schlauch- oder Rohranschluss der Klimaanlage zu öffnen, ohne dass das System zuvor von einem Klimaanlagen-Spezialisten entleert wurde. Nach Beendigung der Arbeit muss das System ebenfalls von einem Fachbetrieb wieder mit dem korrekten Kältemittel aufgefüllt werden.

Warnung: Getrennte Rohr- und Schlauchanschlüsse müssen direkt nach dem Trennen abgedichtet werden. Falls Luft eindringen kann, wird der Trockner-Behälter mit Feuchtigkeit zugesetzt, sodass er ausgetauscht werden muss. Ersetzen Sie alle Anschluss-Dichtringe.

Achtung: Aktivieren Sie nicht die Klimaanlage, wenn bekannt ist, dass Kältemittel fehlt – hierdurch kann der Kompressor beschädigt werden!

11 Klimaanlagen-Komponenten – Ausbau und Einbau

Warnung: Beachten Sie die Warnhinweise in Sektion 10, und lassen Sie das System von einem Klimaanlagen-Spezialisten entleeren, bevor Sie daran irgendwelche Arbeiten ausführen.

Anmerkung: *Um den Zugang zu anderen Komponenten zu verbessern, kann der Kompressor nach dem Entfernen des Keilrippenriemens abgeschraubt und beiseiteverlagert werden, ohne dass seine Schläuche getrennt werden müssen.*

Kompressor

1 Lassen Sie die Klimaanlage von einem Spezialbetrieb vollständig entleeren.
2 Entfernen Sie den Keilrippenriemen (siehe Kapitel 1A oder 1B, Sektion 10).
3 Lösen Sie die Mutter und die Schraube, mit denen die Kältemittelrohr-Flansche am Kompressor gesichert sind (siehe Abbildungen). Trennen Sie die Rohre, und dichten Sie alle Öffnungen umgehend ab, damit keine Luftfeuchtigkeit eindringen kann. Die Dichtringe der Anschlüsse müssen später durch Neuteile ersetzt werden.

Warnung: Mangelhafte Abdichtung der Anschlüsse führt dazu, dass sich der Trockner-Behälter mit Feuchtigkeit zugesetzt, sodass er ausgetauscht werden muss.

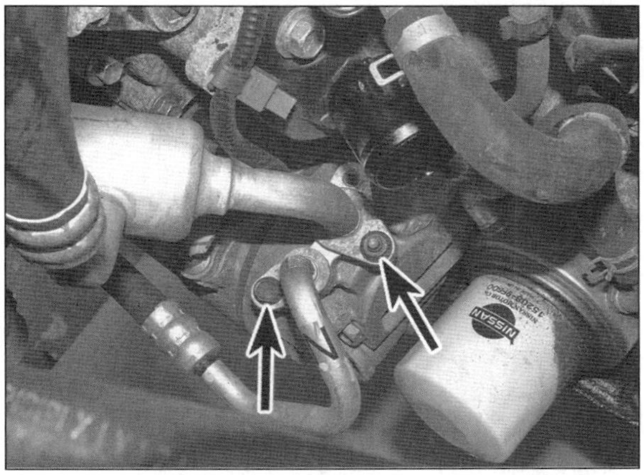

11.3a Kältemittelrohrflansch-Schraube und -Mutter am Kompressor

11.3b Dichten Sie den Kompressor und die Rohre ab, um keine Luftfeuchtigkeit eindringen zu lassen.

4 Trennen Sie den/die Kabelstecker vom Kompressor, und befreien Sie den Kabelbaum aus seinen Befestigungen (siehe Abbildung).

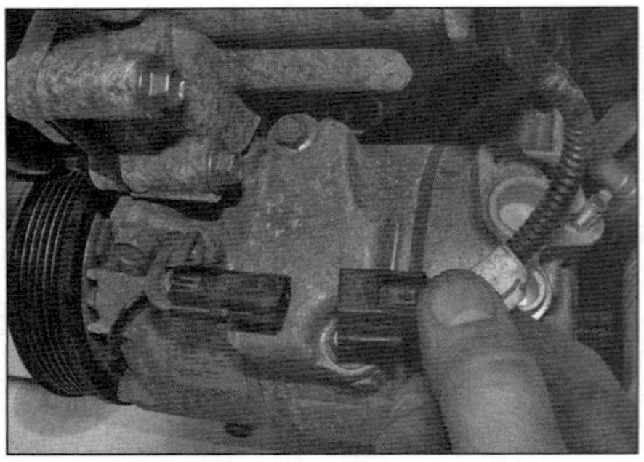

11.4 Trennen eines Kompressor-Kabelsteckers

5 Lösen Sie die Befestigungsschrauben des Kompressors, befreien Sie diesen aus seiner Halterung, und entnehmen Sie ihn aus dem Motorraum (siehe Abbildungen). Mögliche Distanzstücke der Halterung dürfen nicht verloren gehen.

11.5a Kompressor-Befestigungsschrauben

11.5b Befreien Sie den Kompressor vom Motor.

6 Falls der Kompressor durch ein Neuteil ersetzt werden soll, muss am alten das Kompressoröl abgelassen werden – dies sollte wieder ein Spezialbetrieb übernehmen.
7 Rüsten Sie die Kompressor-Befestigungsschrauben ggf. mit den Distanzscheiben oder Hülsen aus, manövrieren Sie den Kompressor in Position, und installieren Sie die Schrauben. Ziehen Sie die Schrauben mit dem in den technischen Daten angegebenen Drehmoment an.
8 Schmieren Sie die neuen Kältemittelrohr-Dichtringe mit Kompressoröl. Entfernen Sie die Stopfen, installieren Sie die Dichtringe, und verbinden Sie schnell die Rohrstutzen mit dem Kompressor.
9 Wenn sichergestellt ist, dass die Rohre korrekt sitzen, werden die Schraube und die Mutter installiert und sorgfältig angezogen.
10 Verbinden Sie den/die Stecker mit dem Kompressor, und installieren Sie den Keilrippenriemen (siehe Kapitel 1A oder 1B, Sektion 10).
11 Lassen Sie die Klimaanlage von einem Spezialbetrieb mit dem korrekten Kältemittel befüllen – informieren Sie diesen, damit auch die korrekte Menge des Kompressoröls berechnet werden kann.

Verflüssiger

12 Lassen Sie die Klimaanlage von einem Spezialbetrieb vollständig entleeren.
13 Demontieren Sie den Kühler (siehe Sektion 3).
14 Lösen Sie am Verflüssiger die Anschlussschrauben der Kältemittel-Rohre, befreien Sie diese, und stellen Sie die O-Ringe sicher (siehe Abbildungen). Dichten Sie alle Öffnungen umgehend ab, damit keine Luftfeuchtigkeit eindringen kann. Die O-Ringe der Anschlüsse müssen später durch Neuteile ersetzt werden.

⚠ ***Warnung: Mangelhafte Abdichtung der Anschlüsse führt dazu, dass sich der Trockner-Behälter mit Feuchtigkeit zugesetzt, sodass er ausgetauscht werden muss.***

11.14a Lösen Sie am Verflüssiger die obere ...

11.14b ... und die untere Anschlussschraube.

15 Schwenken Sie die Oberseite des Verflüssigers nach hinten, und befreien Sie ihn aus dem Motorraum.
16 Der Einbau entspricht der umgekehrten Ausbaureihenfolge – beachten Sie dabei folgende Punkte:
a) Der Verflüssiger muss sicher in den Halteclips des Kühlers sitzen (siehe Abbildung).

11.16 Halterung des Verflüssigers

b) Schmieren Sie die neuen Kältemittelrohr-O-Ringe mit Kompressoröl. Entfernen Sie die Stopfen, installieren Sie die O-Ringe, und verbinden Sie schnell die Rohrstutzen mit dem Verflüssiger. Ziehen Sie die Anschlussschrauben sorgfältig an.

c) Montieren Sie den Kühler (siehe Sektion 3).

d) Lassen Sie die Klimaanlage von einem Spezialbetrieb mit dem korrekten Kältemittel befüllen.

Trockner

17 Der Trockner sitzt rechts am Verflüssiger (vom Fahrersitz aus betrachtet). Er ist bei Benzinmodellen hinten an den Kühler und bei Dieselmodellen vorn an den Verflüssiger geschraubt (siehe Abbildungen).

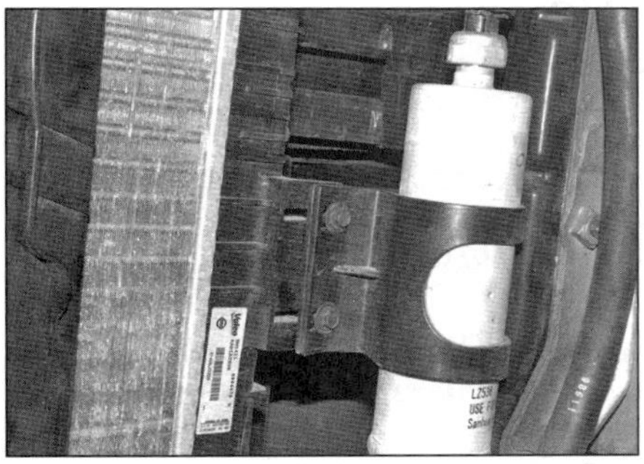

11.17a Befestigungsschrauben des Trockers – Benzinmodelle

11.17b Befestigungsschrauben des Trockers – Dieselmodelle

18 Entfernen Sie bei Dieselmodellen die vordere Stoßstange (siehe Kapitel 11, Sektion 6). Lösen Sie die Clips der Kunststoffabdeckung vorn am Trockner, und entfernen Sie diese (siehe Abbildungen).

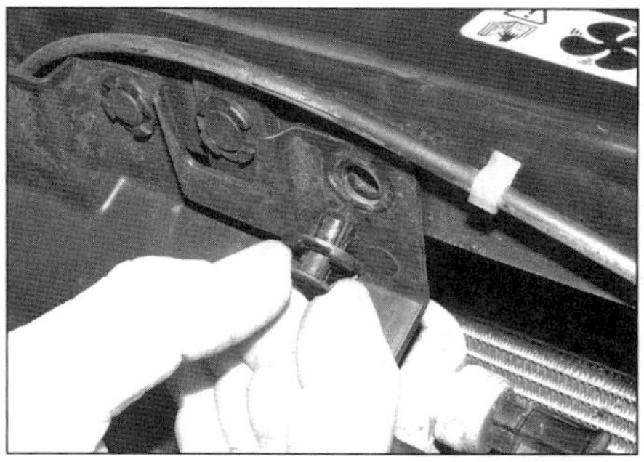

11.18a Lösen Sie die Clips ...

11.18b ... und entfernen Sie die Abdeckung vom Kühler.

19 Lassen Sie die Klimaanlage von einem Spezialbetrieb vollständig entleeren.

20 Trennen Sie oben am Trockner den Stecker (siehe Abbildungen).

11.20a Trennen Sie den Trockner-Kabelstecker – Benzinmodelle.

11.20b Trennen Sie den Trockner-Kabelstecker – Dieselmodelle.

21 Lösen Sie die Anschlussschrauben der Kältemittel-Rohre, befreien Sie diese, und stellen Sie die Dichtringe sicher (siehe

Abbildungen). Dichten Sie alle Öffnungen umgehend ab, damit keine Luftfeuchtigkeit eindringen kann. Die Dichtringe der Anschlüsse müssen später durch Neuteile ersetzt werden.

⚠ ***Warnung: Mangelhafte Abdichtung der Anschlüsse führt dazu, dass sich der Trockner-Behälter mit Feuchtigkeit zugesetzt, sodass er ausgetauscht werden muss.***

11.21a Anschlussschrauben der Kältemittelrohre vom/zum Trockner – Benzinmodelle

11.21b Anschlussschrauben der Kältemittelrohre vom/zum Trockner – Dieselmodelle

22 Lösen Sie die Schrauben der Halterung, befreien Sie den Trockner, und entfernen Sie ihn aus dem Motorraum (siehe Abbildungen).

11.22a Lösen Sie die Trockner-Halterung – Benzinmodelle.

11.22b Lösen Sie die Trockner-Halterung – Dieselmodelle.

23 Der Einbau entspricht der umgekehrten Ausbaureihenfolge – beachten Sie dabei folgende Punkte:

a) Der Trockner muss sicher in der Halterung sitzen und sein Stecker muss korrekt angeschlossen sein.

b) Schmieren Sie die neuen Kältemittelrohr-Dichtringe mit Kompressoröl. Entfernen Sie die Stopfen, installieren Sie die O-Ringe, und verbinden Sie schnell die Rohrstutzen mit dem Trockner. Ziehen Sie die Anschlussschrauben sorgfältig an.

c) Montieren Sie bei Dieselmodellen die Kühler-Abdeckung und die Stoßstange.

d) Lassen Sie die Klimaanlage von einem Spezialbetrieb mit dem korrekten Kältemittel befüllen.

Druckschalter

24 Der Schalter sitzt oben am Trockner (Abb. 11.17a und b).

25 Lassen Sie die Klimaanlage von einem Spezialbetrieb vollständig entleeren.

26 Trennen Sie den Kabelstecker (Abb. 11.20a und b), und schrauben Sie den Schalter aus dem Trockner. Dichten Sie die Öffnung umgehend ab, damit keine Luftfeuchtigkeit eindringen kann.

⚠ ***Warnung: Mangelhafte Abdichtung der Anschlüsse führt dazu, dass sich der Trockner-Behälter mit Feuchtigkeit zugesetzt, sodass er ausgetauscht werden muss.***

27 Der Einbau entspricht der umgekehrten Ausbaureihenfolge – beachten Sie dabei folgende Punkte:

a) Schmieren Sie den Dichtring des Schalters mit Kompressoröl. Ziehen Sie den Schalter sorgfältig an, und verbinden Sie seinen Kabelstecker.

b) Lassen Sie die Klimaanlage von einem Spezialbetrieb mit dem korrekten Kältemittel befüllen.

Verdampfer

28 Lassen Sie die Klimaanlage von einem Spezialbetrieb vollständig entleeren.

29 Demontieren Sie das Heizungsgehäuse (siehe Sektion 9), um den Heizungs-Wärmetauscher zu entfernen.

30 Entfernen Sie am ausgebauten Wärmetauscher den um das Expansionsventil sitzenden Schaumstoff (siehe Abbildung).

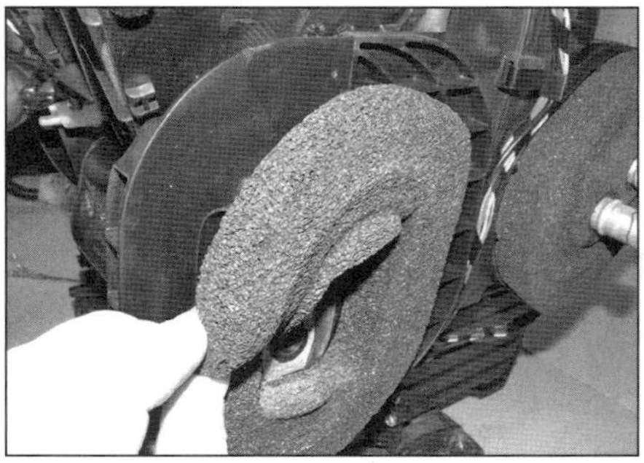

11.30 Entfernen Sie den Schaumstoff vom Expansionsventil.

31 Entfernen Sie rechts am Heizungsgehäuse den Mischklappenmotor (siehe Sektion 9) – während er aus der Luftklappen-Spindel gezogen wird, kann sich die Klappe im Gehäuse verdrehen.

32 Lösen Sie rechts am Heizungsgehäuse die Schrauben der Verdampfer-Abdeckung, und entfernen Sie diese (siehe Abbildung).

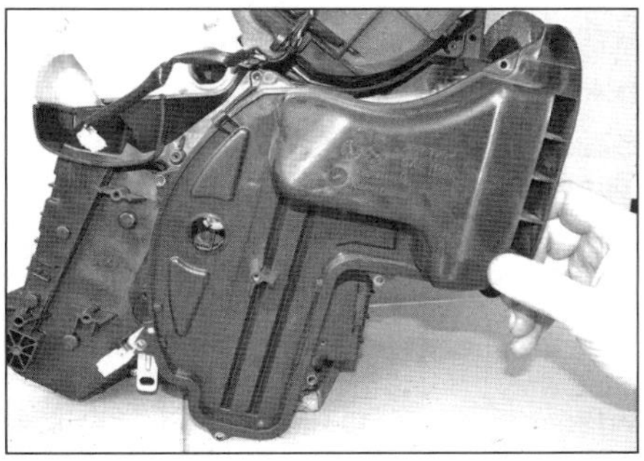

11.32 Entfernen Sie die Kunststoffabdeckung vom Verdampfer.

33 Befreien Sie das Kabel des Temperatursensors aus der Nut des Heizungsgehäuses (siehe Abbildung).

11.33 Befreien Sie das Temperatursensorkabel.

34 Befreien Sie den Verdampfer zusammen mit dem Temperatursensor vom Gehäuse, und trennen Sie den Sensor nötigenfalls.

11.34a Ziehen Sie den Verdampfer aus dem Heizungsgehäuse.

11.34b Der Temperatursensor ist an den Verdampfer geklemmt.

35 Lösen Sie nötigenfalls die Anschlussschrauben der Kältemittelrohre und das Expansionsventil aus dem Verdampfer (siehe Abbildung).

11.35 Kältemittelrohr-Anschlussschrauben

36 Der Einbau entspricht der umgekehrten Ausbaureihenfolge – lassen Sie zum Schluss die Klimaanlage von einem Spezialbetrieb mit dem korrekten Kältemittel befüllen.

Expansionsventil

37 Lassen Sie die Klimaanlage von einem Spezialbetrieb vollständig entleeren.

38 Lösen Sie an der Spritzwand die Befestigungen des Isoliermaterials, und entfernen Sie dies (siehe Abbildung).

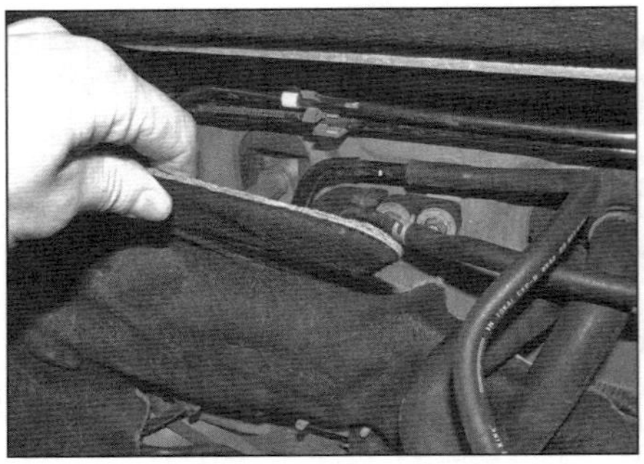

11.38 Entfernen Sie das Isoliermaterial von der Spritzwand, ...

39 Lösen Sie die zwischen den Kältemittelrohren sitzende Schraube, und befreien Sie den Stutzen, um die Rohre vom Expansionsventil-Anschluss an der Spritzwand zu befreien (siehe Abbildungen).

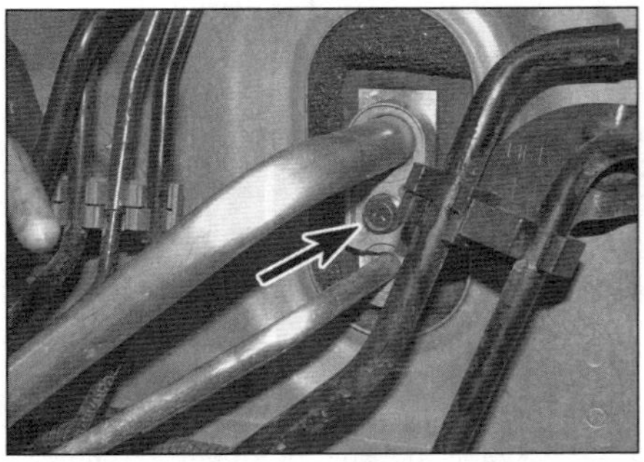

11.39a ... um Zugang zur Anschlussschraube der Kältemittelrohre zu erhalten ...

11.39b ... und die Rohre vom Ventil zu trennen.

40 Dichten Sie die Öffnungen der Rohre und des Expansionsventils umgehend ab, damit keine Luftfeuchtigkeit eindringen kann (siehe Abbildungen).

Warnung: Mangelhafte Abdichtung der Anschlüsse führt dazu, dass sich der Trockner-Behälter mit Feuchtigkeit zugesetzt, sodass er ausgetauscht werden muss.

11.40a Verstopfen Sie die Öffnungen des Expansionsventils ...

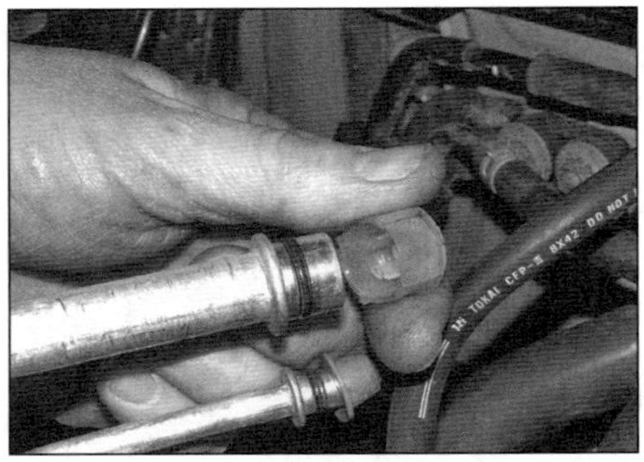

11.40b ... und der Kältemittelrohre.

41 Ziehen Sie an der Spritzwand die um die Anschlüsse sitzende Gummidichtung ab, und lösen Sie die zwei Schrauben in der Mitte des Expansionsventils, um es von der Spritzwand zu entfernen.

42 Entfernen und ersetzen Sie die O-Ringe von den Kältemittelrohren und dem Expansionsventil (siehe Abbildung).

11.42 Verwenden Sie beim Zusammenbau neue O-Ringe.

43 Der Einbau entspricht der umgekehrten Ausbaureihenfolge – lassen Sie zum Schluss die Klimaanlage von einem Spezialbetrieb mit dem korrekten Kältemittel befüllen.

Kapitel 4A

Kraftstoffsystem und Auspuffanlage – Benzinmotoren

Inhalt — Sektion

Schwierigkeitsgrade

Leicht. Geeignet für Anfänger mit wenig Erfahrung.	**Relativ leicht.** Geeignet für Anfänger mit etwas Erfahrung.	**Relativ schwierig.** Geeignet für geübte Selbstschrauber.	**Schwer.** Geeignet für Selbstschrauber mit viel Erfahrung.	**Sehr schwer.** Geeignet für Experten und Profis.

Spezifikationen

System-Typ	Einzel-Saugrohreinspritzung *Nissan Electronic Concentrated Control System* (ECCS)
Kraftstoffsystem-Daten	
Standgasdrehzahl (vom Steuergerät geregelt, nicht einstellbar)	
1,6 l-Motor (HR16DE)	650 ± 50/min
2,0 l-Motor (MR20DE)	700 ± 50/min
CO-Gehalt im Standgasgemisch	unter 1 % (vom Steuergerät geregelt, nicht einstellbar)
Kraftstoffpumpen-Typ	Elektrisch, im Tank
Kraftstoffsystemkomponenten – Prüfdaten	
Ansauglufttemperatursensor-Widerstand (Anschlüsse 1 und 2)	
bei 25 °C (Spannung: 3,3 Volt)	1,8 bis 2,2 Ohm
bei 80 °C (Spannung: 1,2 Volt)	0,283 bis 0,359 Ohm
Drosselklappenmotor-Widerstand zw. Anschl. 5 u. 6	ca. 1 bis 15 Ohm bei 25 °C
Drosselklappensensor-Spannung	
Gemessen zwischen Anschluss 33 und Masse	
Gaspedal in Ruhestellung	über 0,36 Volt
Gaspedal voll durchgedrückt	unter 4,75 Volt
Gemessen zwischen Anschluss 34 und Masse	
Gaspedal in Ruhestellung	unter 4,75 Volt
Gaspedal voll durchgedrückt	über 0,36 Volt
Einspritzdüsen-Widerstand (zwischen 10 und 60 °C)	11,1 bis 14,5 Ohm

Gaspedalsensor-Spannung	
Gemessen zwischen Anschluss 110 und Masse	
Gaspedal in Ruhestellung	0,6 bis 0,9 Volt
Gaspedal voll durchgedrückt	3,9 bis 4,7 Volt
Gemessen zwischen Anschluss 103 und Masse	
Gaspedal in Ruhestellung	0,3 bis 0,6 Volt
Gaspedal voll durchgedrückt	1,9 bis 2,4 Volt
Klopfsensor-Widerstand zw. Anschl. 1 und 2	5,3 bis 5,9 Ohm bei 20 °C
Kraftstoffpumpen-Widerstand zw. Anschl. 1 u. 3	0,2 bis 5,0 Ohm bei 25 °C
Kühltemperatursensor-Widerstand zwischen Anschlüssen 1 und 2	
bei -10 °C (Spannung: 4,4 Volt)	7,0 bis 11,4 K-Ohm
bei 20 °C (Spannung: 3,5 Volt)	2,1 bis 2,9 K-Ohm
bei 50 °C (Spannung: 2,2 Volt)	0,68 bis 1,0 K-Ohm
bei 90 °C (Spannung: 0,9 Volt)	236 bis 260 Ohm
Lambdasonden-Widerstand bei 25 °C	
zwischen Anschlüssen 2 und 3	3.3 bis 4.4 Ohm
zwischen Anschlüssen 1 und 2, 3 oder 4	unendlich (kein Durchgang oder »1«)
zwischen Anschlüssen 4 und 1, 2 oder 3	unendlich (kein Durchgang oder »1«)
Luftmassensensor	
Versorgungsspannung	11 bis 14 Volt (Batteriespannung)
Zündung an, Motor aus	0,4 Volt
Ausgangsspannung bei Standgas (Motor warm)	0,8 bis 1,1 Volt
Ausgangsspannung bei ca. 4000/min	1,1 bis 2,4 Volt
Magnetventil für variable Einlassnockenwelle – Widerstand	
Anschlüsse 1 und 2	6,7 bis 7,7 Ohm bei 20 °C
Anschlüsse 1 oder 2 und Masse	unendlich (kein Durchgang oder »1«)

Kraftstoff

Mindestanforderungen	Super bleifrei (95 Oktan)
Tankinhalt	65 Liter

Anzugsdrehmomente

Auspuffflansch-Muttern/Federn	49 Nm
Auspuffstutzen-Muttern*	34 Nm
Drosselklappengehäuse-Befestigungsschrauben	10 Nm
Druckspeicher-Befestigungsschrauben	
1,6 l-Motor (HR16DE)	10 Nm
2,0 l-Motor (MR20DE)	25 Nm
Druckspeicherschutz-Schrauben (1,6 l-Motor)	
obere Schrauben	25 Nm
untere Schrauben	10 Nm
Einlassstutzen-Schrauben	27 Nm
Einlassstutzenhalter-Schrauben	
1,6 l-Motor (HR16DE)	11 Nm
2,0 l-Motor (MR20DE)	20 Nm
Klopfsensor	23 Nm
Kraftstoffpumpen/Tankuhrgeber-Sicherungsring	70 Nm
Kurbelwellensensor	7 Nm
Lambdasonde	50 Nm
Magnetventil für variable Einlassnockenwelle	10 Nm
Nockenwellensensor	7 Nm
Tank-Befestigungsschrauben	43 Nm

* *Beim Einbau müssen neue Muttern verwendet werden.*

1 Allgemeine Informationen und Warnhinweise

Das Kraftstoffsystem besteht aus einem mittig unter dem Fahrzeug angebrachten Tank, einer darin sitzenden elektrischen Benzinpumpe, dem Kraftstofffilter, Kraftstoffzufuhr- und -rücklaufleitungen. Die Kraftstoffpumpe fördert Benzin zum Druckspeicher (»Common Rail«), der als Reservoir für die vier im Einlassstutzen sitzenden Einspritzdüsen dient. Der in der Pumpe sitzende Filter stellt sicher, dass keine Schmutzpartikel zu den Einspritzdüsen gelangen.
Weitere Informationen zur Funktion der einzelnen Einspritzanlagensysteme finden sich in Sektion 5, Details zur Auspuffanlage sind in Sektion 13 zu finden.

Warnung: Viele der in diesem Kapitel durchgeführten Prozeduren erfordern die Demontage von Kraftstoffleitungen und -anschlüssen – dabei können Benzinspritzer austreten. Bevor Arbeiten am Kraftstoffsystem erledigt werden, müssen die Hinweise in der Sektion »Sicherheit geht vor!« auf Seite 8 durchgelesen werden – ihnen ist unbedingt zu folgen! Benzin ist eine hochgefährliche und flüchtige Flüssigkeit, und die beim Umgang damit erforderlichen Vorsichtsmaßnahmen müssen zwingend eingehalten werden. Noch lange nach dem Abschalten des Motors verbleibt in den Kraftstoffleitungen ein gewisser Restdruck. Daher muss vor dem Trennen von Kraftstoffleitungen das System drucklos gemacht werden – siehe Sektion 6.

2 Luftfilter-Baugruppe – Ausbau und Einbau

Ausbau

1 Um den Ausbau der Luftfilter-Baugruppe zu erleichtern, kann die Batterie ausgebaut werden (siehe Kapitel 5A, Sektion 3).
2 Demontieren Sie dann das Motorsteuergerät von der Batterieträger-Halterung (siehe Sektion 10).
3 Lösen Sie die zwei Clips, die den Ansaugstutzen an der vorderen Querstrebe sichern, und befreien Sie ihn aus dem Luftfiltergehäuse (siehe Abbildungen); trennen Sie den Stutzen nötigenfalls vom unteren Resonator.

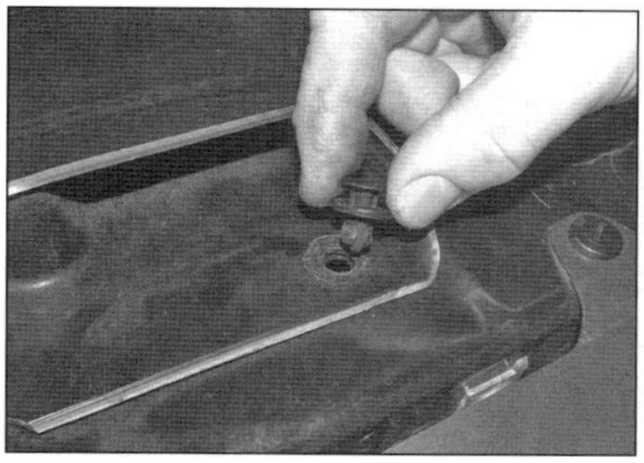

2.3a Lösen Sie die Clips ...

2.3b ... und entfernen Sie den Ansaugstutzen.

4 Lockern Sie am Luftfiltergehäuse die Schelle des Ansaugschlauchs (siehe Abbildung).

2.4 Ansaugschlauch-Schelle

5 Trennen Sie den Stecker des Luftmassensensors (siehe Abbildung), und befreien Sie dessen Kabel aus allen Befestigungen am Gehäuse.

2.5 Trennen Sie den Stecker des Luftmassensensors.

6 Lösen Sie am Innenkotflügel die Befestigungsmutter des Gehäuses (siehe Abbildung).

2.6 Luftfiltergehäuse-Befestigungsmutter

7 Ziehen Sie das Luftfiltergehäuse hoch, um dessen Zapfen aus der Gummiöse zu befreien und das Gehäuse zu entfernen (siehe Abbildungen).

2.7a Heben Sie das Gehäuse an, ...

2.7b ... um seinen Zapfen aus der Gummiöse zu befreien.

8 Entfernen Sie nötigenfalls das Luftfilterelement aus dem Gehäuse (siehe Kapitel 1A, Sektion 19).

Einbau

9 Der Einbau entspricht der umgekehrten Ausbaureihenfolge – alle Schläuche und Stecker müssen korrekt angeschlossen sein. Der Ansaugstutzen muss mit seinen Clips gesichert werden.

3 Gaspedal – Ausbau und Einbau

Ausbau

1 Greifen Sie hinter das Armaturenbrett, und trennen Sie den Stecker oben vom Gaspedal (siehe Abbildung).

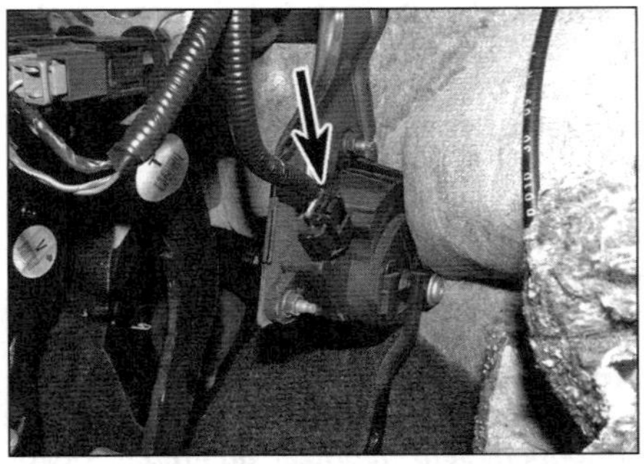

3.1 Trennen Sie den Gaspedal-Stecker.

2 Lösen Sie die drei Muttern, mit denen die Gaspedal-Baugruppe am Spritzwand-Halter befestigt ist, und befreien Sie sie nach unten aus dem Armaturenbrett (siehe Abbildung).

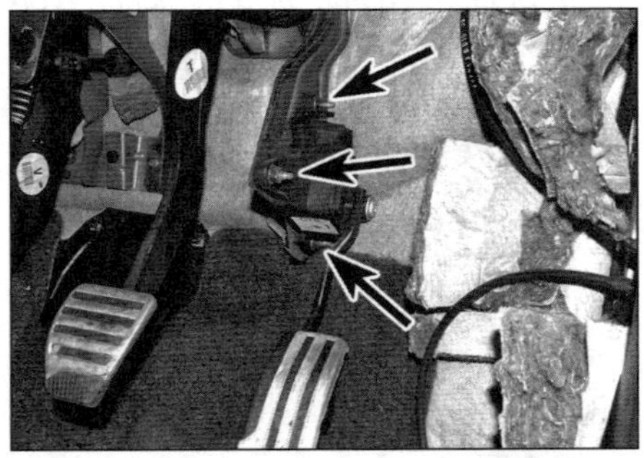

3.2 Lösen Sie die drei Gaspedal-Muttern.

3 Begutachten Sie die Halterung und das Drehgelenk des Gaspedals auf Verschleiß, und ersetzen Sie schadhafte Teile.

Einbau

4 Der Einbau entspricht der umgekehrten Ausbaureihenfolge – tragen Sie an der Gelenkwelle etwas Mehrzweckfett auf.

4 Bleifreier Kraftstoff – Allgemeine Informationen und Hinweise

Anmerkung: ***Die hier wiedergegebene Information stammt aus dem Jahr 2013. Falls aktuelle Informationen benötigt werden, muss bei einem Nissan-Händler nachgefragt werden. Erkundigen Sie sich vor Auslandsreisen bei Auto-***

mobilclubs o. Ä. nach Hinweisen über dort erhältliche Kraftstoffe.

Alle in diesem Buch behandelten Benzinmotoren sind für den Betrieb mit bleifreiem Benzin mit mindestens 95 Oktan ausgelegt. Da alle Modelle mit Katalysatoren ausgerüstet sind, würden diese von verbleitem Kraftstoff oder sogenannten Blei-Additiven zerstört.

Hinsichtlich der Verwendung von E10-Treibstoff gibt Nissan diesen generell bei allen ab dem Jahr 2000 gebauten Modellen frei.

Alle Motoren dürfen auch mit hochoktanigen Kraftstoffen (z. B. Super 98) betrieben werden, doch bringt dies keinerlei Vorteile.

5 Einspritzanlage – Allgemeine Informationen

1 Alle Modelle sind mit einem kombinierten Steuergerät für die Einspritzanlage und das Zündsystem ausgerüstet, das bei Nissan ECCS (*Electronic Concentrated Control System*) genannt wird.

2 Die im Tank sitzende Kraftstoffpumpe fördert Benzin durch einen integrierten Filter zum Druckspeicher über den Einspritzdüsen. Der Druck wird von einem am Ende des Speicherrohrs sitzenden Regler überwacht; sobald der Druck den vorgeschriebenen Wert überschreitet, leitet der Regler überschüssiges Benzin wieder in den Tank zurück.

3 Die Motorsteuerung besteht aus dem Steuergerät (ECU) und folgenden Sensoren:

a) Drosselklappen-Potentiometer – informiert das Steuergerät über die Öffnungsrate der Drosselklappe.

b) Kühltemperatursensor – informiert das Steuergerät über die Motortemperatur.

c) Luftmassen-Messgerät – informiert das Steuergerät über die Menge und Temperatur der angesaugten Luft.

d) Nockenwellensensor – sitzt links im Zylinderkopf und informiert das Steuergerät darüber, welcher Zylinder in welchem Arbeitstakt steht.

e) Kurbelwellensensor – sitzt links im Motorgehäuse und informiert das Steuergerät über die Motordrehzahl und die Stellung der Kurbelwelle.

f) Servolenkungs- und Klimaanlagen-Schalter – informieren das Steuergerät darüber, ob die Komponenten arbeiten und die zusätzliche Last mit erhöhter Standgasdrehzahl kompensiert werden muss.

g) Lambdasonde – informiert das Steuergerät über den Sauerstoffgehalt des Abgases (mehr Details in Kapitel 4C).

4 Die Signale der Sensoren werden vom Steuergerät verglichen, und auf Grundlage dieser Informationen wählt das Gerät die auf die Werte passende »Antwort« aus, um die Einspritzdüsen durch variierende Impulslängen zu steuern und so ein fetteres oder mageres Luft-Benzin-Gemisch zu erzeugen. Dieses Gemisch wird ständig vom Steuergerät angepasst, um die besten Ergebnisse zum Starten (bei kaltem oder heißen Motor), in der Warmlaufphase, im Standgas, bei Teillast oder beim Beschleunigen zu erzielen.

5 Bei irgendwelchen abnormalen Informationen durch einen der Sensoren schaltet das Steuergerät auf den »Back-up«-Modus um. Wenn dies geschieht, werden die fehlerhaften Signale nicht beachtet, und das Steuergerät arbeitet mit einprogrammierten »Back-up«-Werten, um den Motor – mit reduziertem Wirkungsgrad – am Laufen zu halten. Sobald das Steuergerät in diesen Modus schaltet, leuchtet im Cockpit die Motor-Warnlampe auf, und ein entsprechender Fehlercode wird im Steuergerät gespeichert.

6 Sobald die Warnlampe aufleuchtet, sollte das Fahrzeug möglichst bald in eine Nissan-Werkstatt oder zu einem Motordiagnose-Spezialisten gebracht werden. Hier wird ein Diagnosegerät mit dem Steckanschluss in der Sicherungsbox links unten im Armaturenbrett verbunden, und es kann ein kompletter Test der Motorsteuerung durchgeführt sowie der Fehler ausgelesen und anschließend gelöscht werden (siehe Abbildung).

5.6 Diagnose-Steckanschluss in der Sicherungsbox

6 Kraftstoffsystem – Drucklos machen

Anmerkung: *Beachten Sie vor Beginn den Warnhinweis in Sektion 1.*

Warnung: Durch die folgende Prozedur wird zwar der Betriebsdruck im Kraftstoffsystem abgelassen, doch in einzelnen Komponenten kann weiterhin ein gewisser Druck bestehen bleiben – zudem bleibt der Kraftstoff darin enthalten. Treffen Sie vor dem Trennen von Bauteilen entsprechende Vorsichtsmaßnahmen. Umwickeln Sie Anschlüsse mit sauberen Lappen, um Kraftstoff aufzunehmen, und entsorgen Sie sie sorgfältig. Verstopfen oder umwickeln Sie alle offenen Anschlüsse, um keinen Schmutz eindringen und weiteren Kraftstoff austreten zu lassen.

1 Beim in dieser Sektion behandeltem Kraftstoffsystem handelt es sich um die im Tank sitzende Benzinpumpe samt Filter, den Druckspeicher (»Common Rail«), die Einspritzdüsen, den Druckregler und die Kraftstoffleitungen (Rohre oder Schläuche) zwischen diesen Komponenten. Alle diese Dinge enthalten Kraftstoff, der bei laufendem Motor oder bereits bei eingeschalteter Zündung unter Druck steht. Nach dem Abschalten der Zündung bleibt dieser Druck eine Weile bestehen und muss kontrolliert abgelassen werden, wenn eine der Komponenten für Wartungsarbeiten getrennt werden soll.

2 Entfernen Sie die Kraftstoffpumpen-Sicherung (beachten Sie dazu die Schaltpläne am Ende von Kapitel 12 und die Hinweise auf dem Deckel der Sicherungsbox).

3 Starten Sie den Motor, und lassen Sie ihn laufen, bis er von allein ausgeht.
4 Versuchen Sie noch mindestens zweimal, den Motor zu starten, damit sämtlicher Restdruck abgebaut wird.
5 Trennen Sie den Masseanschluss (–) der Batterie (siehe Seite 532).
6 Aus Sicherheitsgründen darf die Kraftstoffpumpen-Sicherung erst wieder installiert werden, wenn alle Arbeiten am Kraftstoffsystem beendet sind. Falls die Sicherung früher installiert wird, darf auf keinen Fall die Zündung eingeschaltet werden, bevor alle Arbeiten am Kraftstoffsystem beendet sind.

7 Kraftstoffpumpe und Tankuhr-Geber – Ausbau und Einbau

Warnung: Beachten Sie vor Beginn den Warnhinweis in Sektion 1.

Ausbau

1 Machen Sie das Kraftstoffsystem drucklos (siehe Sektion 6).
2 Trennen Sie den Masseanschluss (–) der Batterie (siehe Seite 532).
3 Um Zugang zur Pumpen-Baugruppe zu erhalten, muss die Rücksitzbank ausgebaut werden (siehe Kapitel 11, Sektion 22).
4 Verdrehen Sie unter dem rechten Rücksitz die vier Befestigungsclips der Abdeckung um 90°, und heben Sie diese an, um Zugang zur Pumpe zu erhalten (siehe Abbildungen).

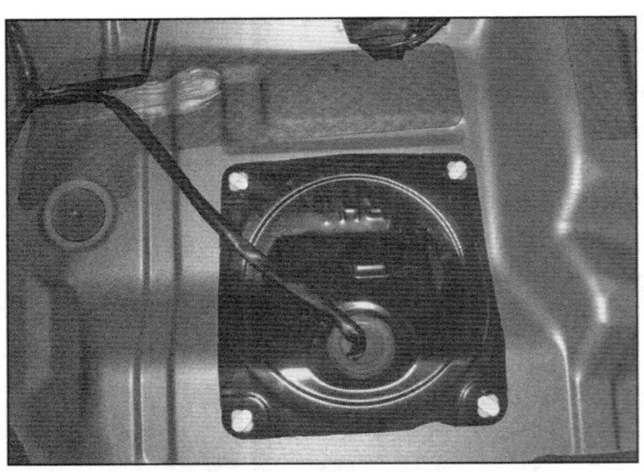

7.4a Verdrehen Sie die vier Clips ...

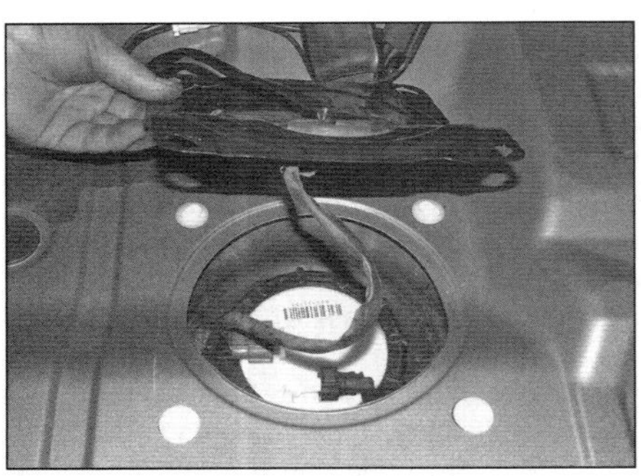

7.4b ... und heben Sie die Abdeckung ab.

5 Beseitigen Sie Staub und Schmutz mit einer Bürste und/oder Druckluft, damit beim Ausbau der Pumpe nichts in den Tank fällt.
6 Trennen Sie den Kabelstecker der Pumpen-Baugruppe (siehe Abbildung).

7.6 Ziehen Sie den Pumpenstecker ab.

7 Lösen Sie den/die Clip(s), und ziehen Sie den/die Kraftstoffschläuche von der Pumpe (siehe Abbildung) – sorgen Sie dafür, dass kein Schmutz eindringen kann.

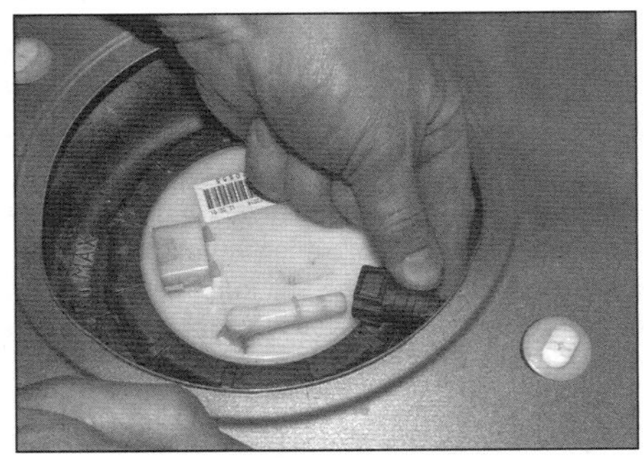

7.7 Drücken Sie die Lasche ein, und ziehen Sie die Steckverbindung des Kraftstoffschlauchs ab.

8 Beachten Sie die Ausrichtung der Pumpe – falls keine Markierungen sichtbar sind, müssen welche angebracht werden (siehe Abbildung).

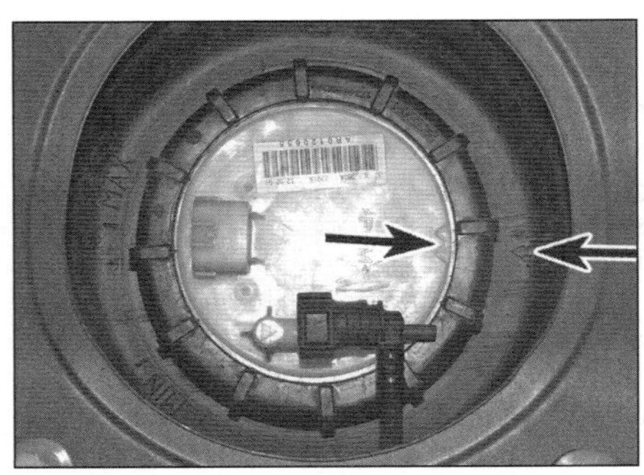

7.8 Kraftstoffpumpen-Ausrichtmarkierungen

9 Drehen Sie den Sicherungsring der Pumpe ab, und befreien Sie die Pumpe vorsichtig aus dem Tank. Der Ring ist schlecht zugänglich, sodass ggf. mit einem Spezialwerkzeug (Abb. 7.13a) oder einer improvisierten Klemmvorrichtung gearbeitet werden muss (siehe Abbildungen). Beschädigen Sie nicht den Schwimmer des Gebers, und trennen Sie bei 4WD-Modellen ggf. den Schlauch und den Stecker zum »Sub«-Tankuhrgeber (siehe Schritte 11 bis 13). Lassen Sie die Baugruppe über dem Tank gut abtropfen, bevor Sie sie aus dem Fahrzeug befreien.

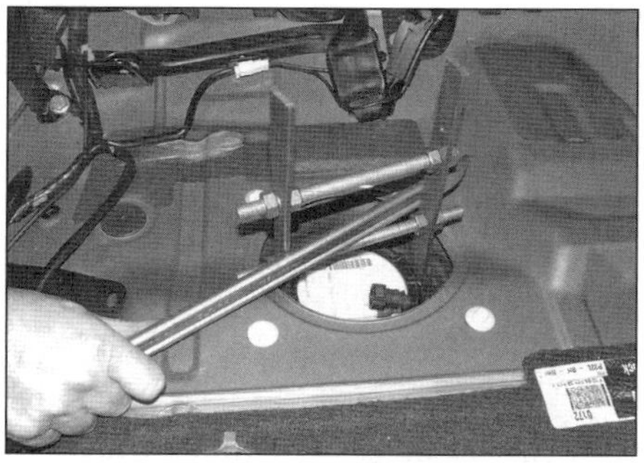

7.9a Lockern Sie den Sicherungsring mithilfe einer selbst gebauten Klemme ...

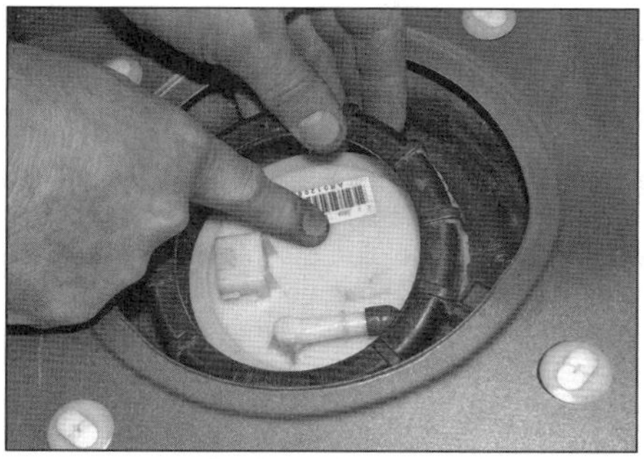

7.9b ... und drehen Sie ihn von der Pumpe.

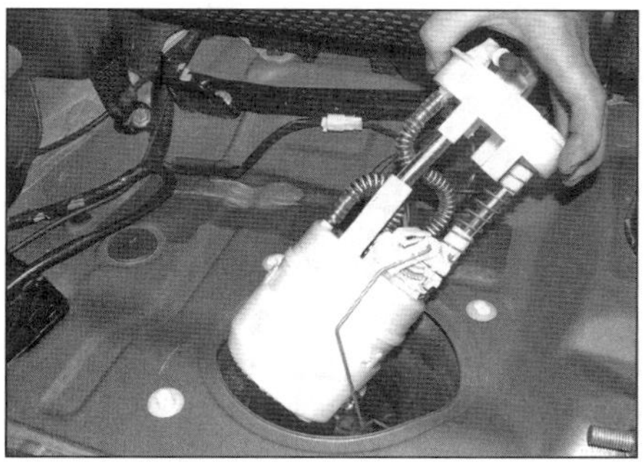

7.9c Achten Sie beim Herausheben der Pumpe darauf, nicht den Schwimmer des Gebers zu beschädigen.

10 Entnehmen Sie den Dichtring oben vom Tank – er muss beim Einbau durch ein Neuteil ersetzt werden (siehe Abbildung).

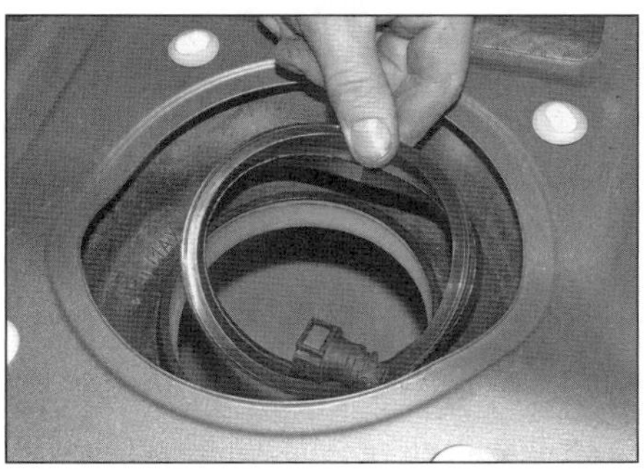

7.10 Ersetzen Sie den Dichtring des Tanks.

Nur 4WD-Modelle

11 Hier gibt es zwei Tankuhr-Geber (links sitzt der »Sub«-Geber mit Ansaugrohr), weil der Tank in der Mitte einen Tunnel für die Kardanwelle zur Hinterachse aufweist (siehe Abbildung).

7.11 Bei 4WD-Modellen befindet sich unter dem linken Rücksitz ein »Sub«-Tankuhrgeber.

12 Beachten Sie die Ausrichtung des Geber-Deckels – falls keine Markierungen sichtbar sind, müssen welche angebracht werden (siehe Abbildung).

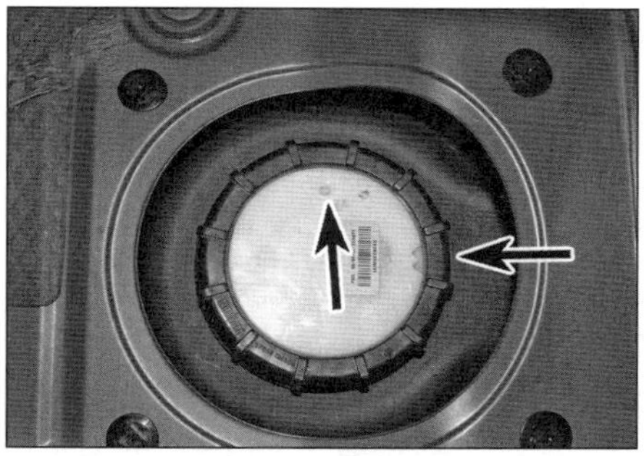

7.12 Ausrichtmarkierungen des Sub-Tankuhrgebers (4WD-Modelle)

13 Drehen Sie den Sicherungsring des Gebers ab, und befreien Sie diesen vorsichtig aus dem Tank – siehe Schritt 9 (siehe Abbildungen und Abb. 7.9a). Trennen Sie den Schlauch und den Stecker, und sichern Sie beide Teile so, dass sie nicht in den Tank rutschen.

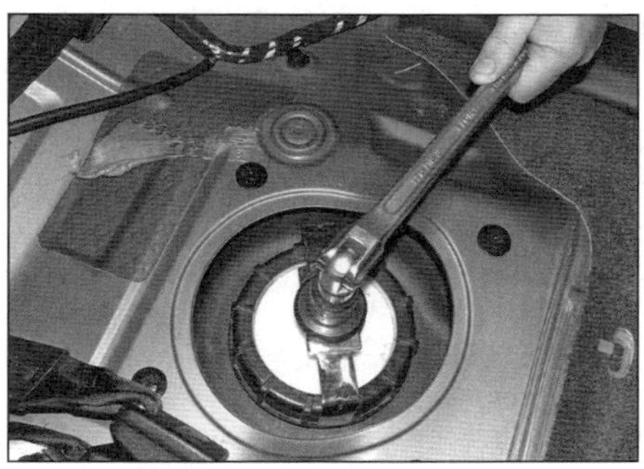

7.13a Lockern Sie den Sicherungsring – z. B. mit dem Spezialwerkzeug 4385A des Herstellers AST, ...

7.13b ... und heben Sie den Geber vorsichtig aus dem Tank, ohne den Schwimmer zu beschädigen. Trennen Sie dann den Schlauch und den Stecker (4WD-Modelle)

14 Entnehmen Sie den Dichtring oben vom Tank – er muss beim Einbau durch ein Neuteil ersetzt werden (Abb. 7.10).

Einbau

15 Der Einbau entspricht der umgekehrten Ausbaureihenfolge – beachten Sie dabei folgende Punkte:

a) Legen Sie einen neuen Dichtring auf den Tank.

b) Richten Sie die Markierung der Pumpen-Baugruppe bzw. des Gebers zu derjenigen am Tank aus.

c) Sichern Sie die Pumpen-Baugruppe bzw. den Geber mit dem korrekt angezogenen Ring – dessen Pfeil muss zwischen der MIN- und der MAX-Markierung am Tank stehen (siehe Abbildung).

7.15 Ziehen Sie den Dichtring an, bis der Pfeil zwischen MIN und MAX steht.

d) Alle Kraftstoffschläuche und der Kabelstecker müssen korrekt verbunden werden.

e) Bevor die Abdeckung installiert wird, sollte die Batterie angeschlossen und der Motor gestartet werden, um den Schlauchanschluss auf Dichtigkeit zu überprüfen.

8 Kraftstofftank – Ausbau und Einbau

Warnung: Beachten Sie vor Beginn den Warnhinweis in Sektion 1.

Ausbau

1 Bevor der Tank ausgebaut werden kann, muss er komplett entleert werden. Da keine Ablassschraube vorhanden ist, sollte der Tank daher ausgebaut werden, wenn er fast leer ist.

2 Machen Sie das Kraftstoffsystem drucklos (siehe Sektion 6).

3 Trennen Sie den Masseanschluss (–) der Batterie (siehe Seite 532). Saugen oder pumpen Sie anschließend sämtliche Kraftstoffreste aus dem Tank heraus, und lagern Sie sie in einem geeigneten Behälter.

4 Demontieren Sie bei 4WD-Modellen den hinteren Teil der Kardanwelle (siehe Kapitel 8, Sektion 5).

5 Entfernen Sie entsprechende Sektionen der Auspuffanlage, die den Ausbau des Tanks behindern können (siehe Sektion 13) (siehe Abbildung). Lösen Sie nötigenfalls die Befestigungen des unter dem Tank sitzenden Hitzeschilds.

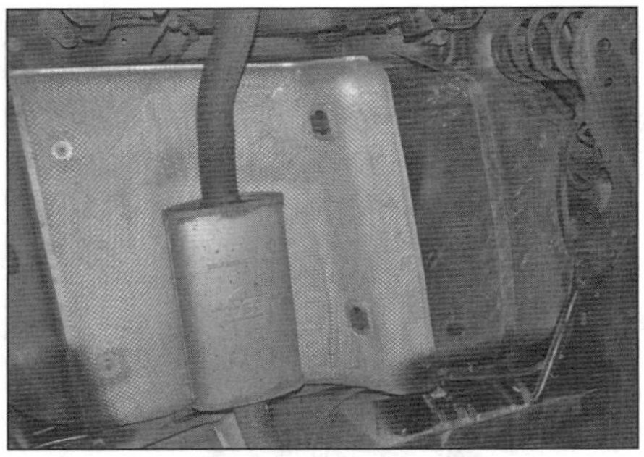

8.5 Entfernen Sie den unter dem Tank sitzenden Teil der Auspuffanlage und ggf. den Hitzeschutz.

6 Trennen Sie den Stecker und alle Kraftstoffleitungen von der Kraftstoffpumpen-Baugruppe (siehe Sektion 7).

7 Lösen Sie rechts am Tank die Schelle des Einfüllstützen-Schlauchs, und befreien Sie diesen (siehe Abbildung).

8.7 Lösen Sie die Schellen des Einfüllstutzen-Schlauchs ...

8 Lösen Sie hinten am Tank die Schelle des Entlüftungsschlauchs, und befreien Sie diesen (siehe Abbildung).

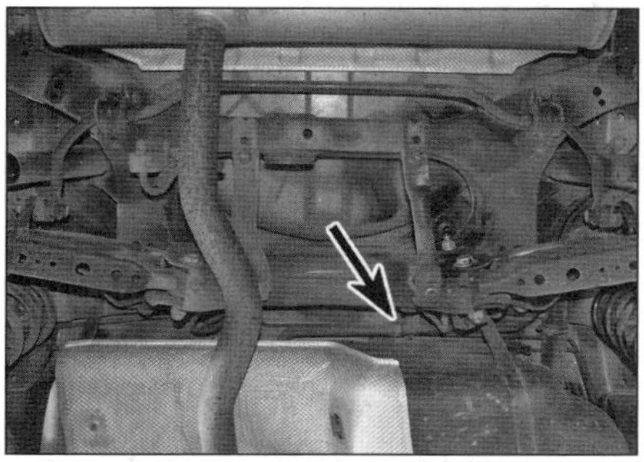

8.8 ... und des Entlüftungsschlauchs.

9 Platzieren Sie einen Rangierwagenheber samt Holzblock unter dem Tank, und entlasten Sie diesen.
10 Lösen Sie die Schrauben der beiden Tank-Haltebänder aus der Karosserie (siehe Abbildungen).

8.10a Lösen Sie die vorderen ...

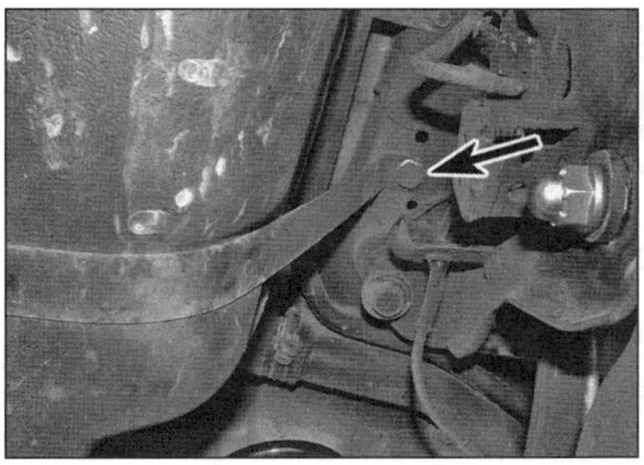

8.10b . . und hinteren Tankhalterungs-Schrauben.

11 Senken Sie den Tank vorsichtig ab. Bei manchen Modellen können dabei weitere Entlüftungsschläuche zugänglich werden, die gelöst werden müssen.
12 Falls sich im Tank Schmutz oder Wasser abgelagert haben, muss die Kraftstoffpumpe demontiert (siehe Sektion 7) und der Tank mit frischem Benzin ausgeschwenkt werden. Der Tank besteht aus Spritzguss-Kunststoff und muss bei ernsthaften Beschädigungen ersetzt werden. Kleine Schäden können manchmal von einem Tank-Spezialisten repariert werden – erkundigen Sie sich hierzu in einer Fachwerkstatt.

Einbau

13 Der Einbau entspricht der umgekehrten Ausbaureihenfolge – beachten Sie dabei folgende Punkte:

a) Verbinden Sie beim Anheben des Tanks entsprechende Entlüftungsschläuche, und achten Sie darauf, dass keine Schläuche zwischen ihm und der Karosserie eingeklemmt werden.
b) Sichern Sie den Tank mit den Haltebändern, und ziehen Sie deren Schrauben mit 43 Nm an.
c) Alle Rohre und Schläuche müssen korrekt verlegt und gesichert sein.
d) Füllen Sie zum Schluss den Tank mit etwas Benzin, und kontrollieren Sie alles auf Undichtigkeiten, bevor Sie mit dem Fahrzeug fahren.

9 Drosselklappengehäuse – Ausbau und Einbau

Ausbau

1 Trennen Sie den Masseanschluss (–) der Batterie (siehe Seite 532).
2 Lockern Sie die Entlüftungsschlauch-Schelle, und trennen Sie diesen vom Ventildeckel (siehe Abbildung).

9.2 Lösen Sie den Entlüftungsschlauch vom Ventildeckel.

3 Lockern Sie die Schellen des zwischen dem Drosselklappengehäuse und dem Luftfiltergehäuse sitzenden Ansaugschlauch, und verlagern Sie ihn beiseite.

9.3a Lockern Sie die Schellen ...

9.3b ... und befreien Sie den Ansaugschlauch.

4 Bei einigen Modellen ist das Drosselklappengehäuse mit einem Kühlwassermantel umgeben. Entleeren Sie hier das Kühlsystem teilweise, bis der Pegel unter dem Gehäuse steht (siehe Kapitel 1A, Sektion 27 oder Kapitel 1B, Sektion 29). Alternativ können die zum Gehäuse führenden Kühlmittelschläuche abgeklemmt werden, um den Kühlmittelverlust zu minimieren. Lockern Sie die Schellen der Schläuche, und ziehen Sie sie vom Drosselklappengehäuse ab (siehe Abbildung).

9.4 Trennen Sie die Kühlmittelschläuche.

5 Trennen Sie den Stecker des Drosselklappen-Potentiometers (siehe Abbildung).

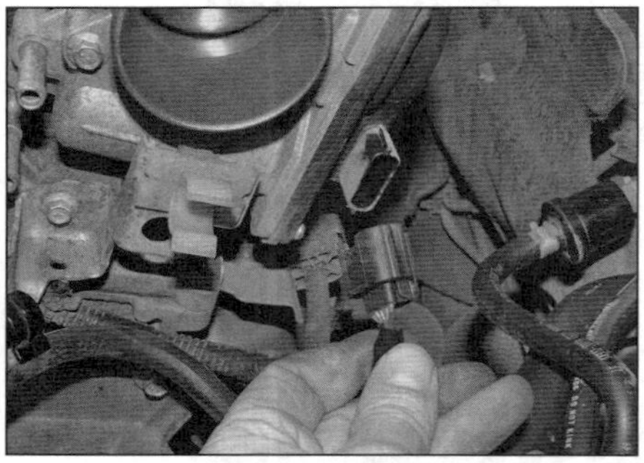

9.5 Ziehen Sie am Drosselklappengehäuse den Stecker ab.

6 Lösen Sie bei 1,6 l-Motoren die Schraube des seitlich am Drosselklappengehäuse sitzenden Halters, und entfernen Sie diesen (siehe Abbildung).

9.6 Entfernen Sie die Halterung.

7 Lösen Sie über Kreuz die Schrauben, mit denen das Drosselklappengehäuse am Einlassstutzen gesichert ist, und befreien Sie es aus dem Motorraum (siehe Abbildungen). Entfernen Sie den O-Ring oder die Dichtung – später muss ein Neuteil installiert werden. Verstopfen Sie den Einlassstutzen mit sauberen Lappen, damit keine Fremdkörper in den Motor geraten.

9.7a Lösen Sie die vier Schrauben über Kreuz ...

9.7b ... und entfernen Sie das Drosselklappengehäuse.

Einbau

8 Der Einbau entspricht der umgekehrten Ausbaureihenfolge – beachten Sie dabei folgende Punkte:

a) *Die Dichtflächen des Einlassstutzens und des Drosselklappengehäuses müssen absolut sauber und trocken sein und mit einem neuen O-Ring oder einer neuen Dichtung ausgerüstet werden (siehe Abbildung).*

b) *etzen Sie das Drosselklappengehäuse an, und ziehen Sie die vier Schrauben über Kreuz bis zum Drehmoment von 10 Nm an.*

c) *Alle Schläuche und Kabel müssen korrekt verbunden und gesichert sein. Ziehen Sie alle Schellen sorgfältig an.*

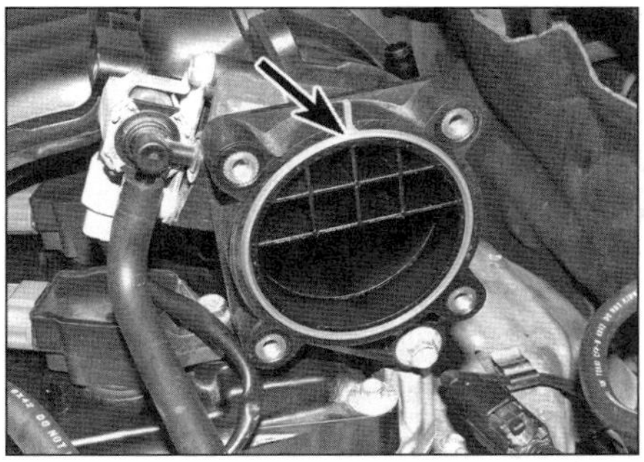

9.8 Rüsten Sie den Einlassstutzen mit einer neuen Dichtung aus.

10 Einspritzanlagen-Komponenten – Ausbau und Einbau

Druckspeicher und Einspritzdüsen

Anmerkung: ***Beachten Sie vor Beginn den Warnhinweis in Sektion 1.***
Anmerkung: ***Falls an einer Einspritzdüse ein Defekt vermutet wird, sollte vor dem Austausch des Bauteils eine im Autozubehör-Fachhandel angebotene Reinigungsmethode für Einspritzanlagen ausprobiert werden.***

1 Machen Sie das Kraftstoffsystem drucklos (siehe Sektion 6).
2 Trennen Sie das Massekabel (–) der Batterie (siehe Seite 532).
3 Demontieren Sie den Einlassstutzen (siehe Sektion 11). Kleben Sie die Einlasskanäle des Zylinderkopfs mit Gewebeband oder Ähnlichem ab, damit kein Schmutz in den Motor gerät (siehe Abbildung).

10.3 Kleben Sie die Einlasskanäle mit Gewebeband ab.

4 Befreien Sie den Kabelbaum aus allen Befestigungen am Ventildeckel. Trennen Sie alle Stecker von den Zündspulen, den Einspritzdüsen und dem Einlassnockenwellen-Magnetventil, und verlagern Sie die Verkabelung beiseite (siehe Abbildungen).

10.4a Trennen Sie die Einspritzdüsen-Stecker – 1,6 l-Motor.

10.4b Trennen Sie die Einspritzdüsen-Stecker – 2,0 l-Motor.

5 Lösen Sie beim 1,6 l-Motor die vier Schrauben des Druckspeicher-Schutzschilds, und entfernen Sie dies vom Zylinderkopf (siehe Abbildungen).

10.5a Lösen Sie die oberen ...

10.5b ... und die unteren Schrauben ...

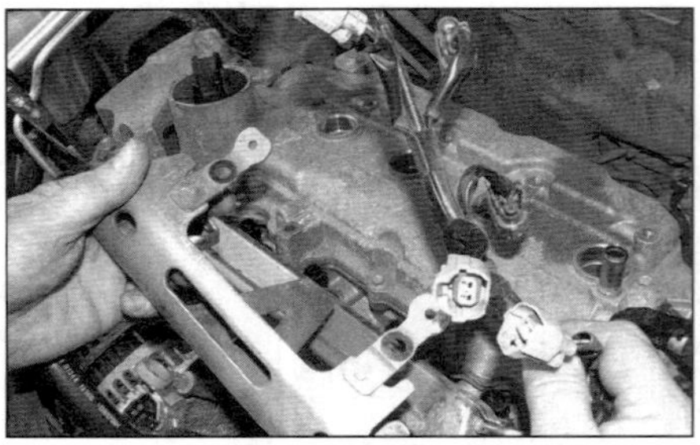

10.5c ... und entfernen Sie den Druckspeicher-Schutzschild.

6 Ziehen Sie die Kunststoff-Schutzkappe vom Druckspeicher-Anschluss links am Zylinderkopf (siehe Abbildungen) – achten Sie auf ihre Einbaurichtung (durch einen Pfeil markiert).

10.6a Ziehen Sie die Kunststoffkappe vom Druckspeicher-Anschluss – 1,6 l-Motor.

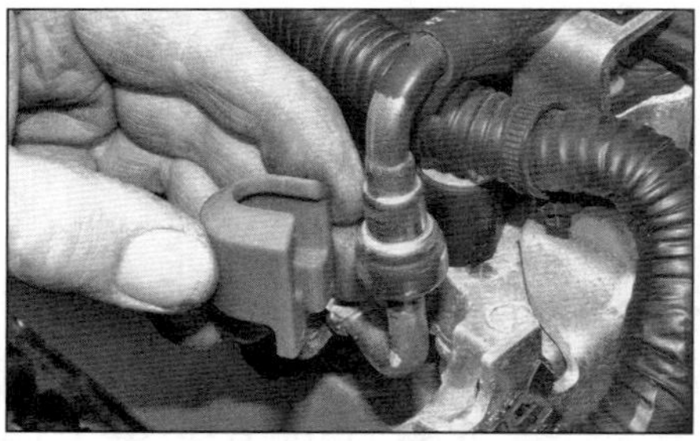

10.6b Ziehen Sie die Kunststoffkappe vom Druckspeicher-Anschluss – 2,0 l-Motor.

7 Befreien Sie mit einem Spezialwerkzeug die Sicherungsclips, und trennen Sie das Kraftstoffrohr vom Druckspeicher (siehe Abbildungen) – verstopfen Sie alle Öffnungen, um keinen Schmutz eindringen zu lassen.

10.7a Verwendung eines Spezialwerkzeugs aus Kunststoff zum Lösen des Kraftstoffrohrs

10.7b Verwendung eines Spezialwerkzeugs aus Metall zum Lösen des Kraftstoffrohrs

10.7c Alle vier Sicherungslaschen müssen gelöst werden, ...

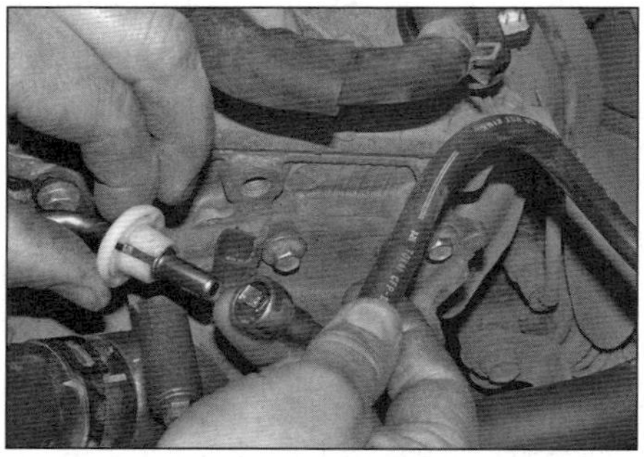

10.7d ... um das Kraftstoffrohr zu trennen – hier gezeigt beim 1,6 l-Motor ...

10.7e ... und hier beim 2,0 l-Motor.

10.7f Verstopfen Sie alle offenen Anschlüsse.

8 Lösen Sie beim 1,6 l-Motor vorn am Zylinderkopf die Schraube des Druckspeicher-Halters (siehe Abbildung).

10.8 Lösen Sie die Druckspeicher-Halteschraube – 1,6 l-Motor

9 Lösen Sie die Schrauben des Druckspeichers (siehe Abbildungen), und befreien Sie diesen samt der Einspritzdüsen vorsichtig aus dem Zylinderkopf.

10.9a Lösen Sie die Schrauben des Druckspeichers ...

10.9b ... und ziehen Sie mit ihm die Einspritzdüsen aus dem Zylinderkopf – 1,6 l-Motor.

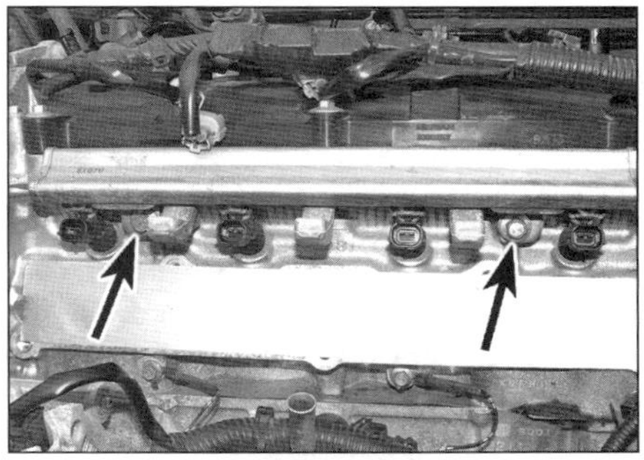

10.9c Lösen Sie die Schrauben des Druckspeichers ...

10.9d ... und ziehen Sie mit ihm die Einspritzdüsen aus dem Zylinderkopf – 2,0 l-Motor.

10 Kleben Sie die Einspritzdüsen-Bohrungen des Zylinderkopfs mit Gewebeband oder Ähnlichem ab, damit kein Schmutz in den Motor gerät (siehe Abbildung).

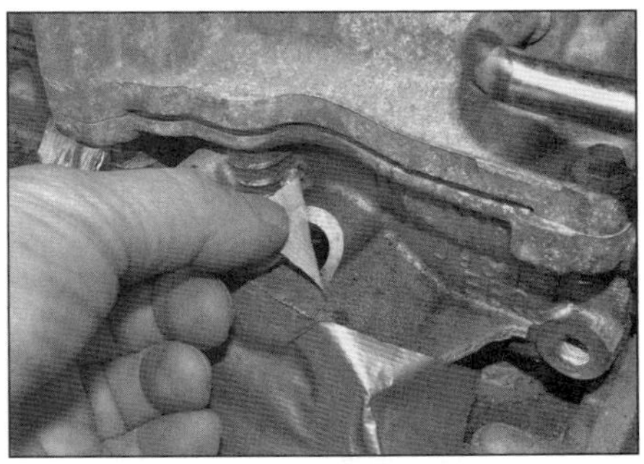

10.10 Kleben Sie die Einspritzdüsenbohrungen mit Gewebeband ab.

11 Lösen Sie den Clip der entsprechenden Einspritzdüse, und ziehen Sie sie aus dem Druckspeicher. Entfernen Sie den

Dichtring (siehe Abbildung). Entfernen Sie ggf. die anderen Einspritzdüsen auf die gleiche Weise.

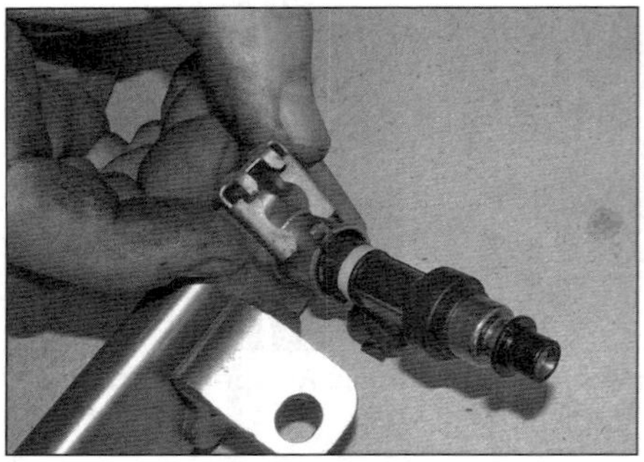

10.11a Entfernen Sie den Sicherungsclip ...

10.11b ... und ziehen Sie die Einspritzdüse aus dem Druckspeicher.

12 Alle Dichtringe und Dichtscheiben müssen durch Neuteile ersetzt werden (siehe Abbildung).

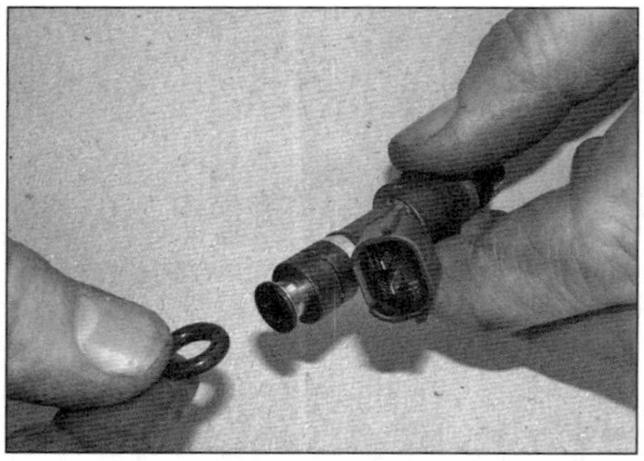

10.12 Entfernen Sie den oberen Einspritzdüsen-Dichtring.

13 Der Einbau entspricht der umgekehrten Ausbaureihenfolge – beachten Sie dabei folgende Punkte:

a) *Rüsten Sie alle entfernten Einspritzdüsen mit neuen O-Ringen aus: grüne O-Ringe an die Zylinderkopfseite und schwarze O-Ringe an die Druckspeicherseite (siehe Abbildung).*

b) *Schmieren Sie die O-Ringe mit etwas Motoröl, um den Einbau zu erleichtern (siehe Abbildung), und drücken Sie die Einspritzdüse in den Druckspeicher.*

c) *Die Sicherungsclips zum Druckspeicher müssen korrekt eingesetzt werden (siehe Abbildung).*

d) *Die Kunststoffkappe muss korrekt auf den Anschluss der Kraftstoffleitung gesteckt werden (siehe Abbildung).*

e) *Starten Sie zum Schluss den Motor und prüfen Sie alles auf Undichtigkeiten.*

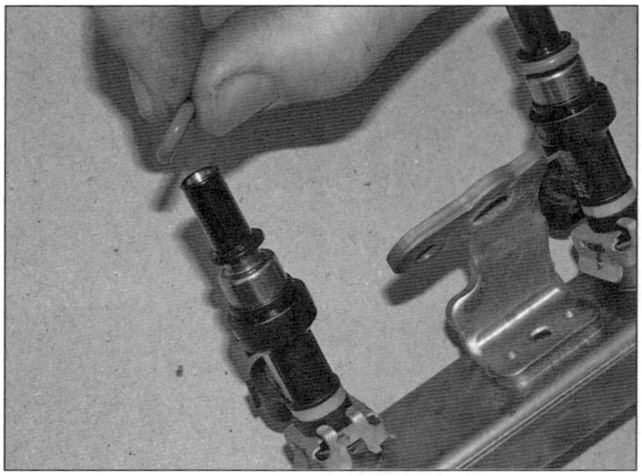

10.13a Installieren Sie überall neue Dichtringe ...

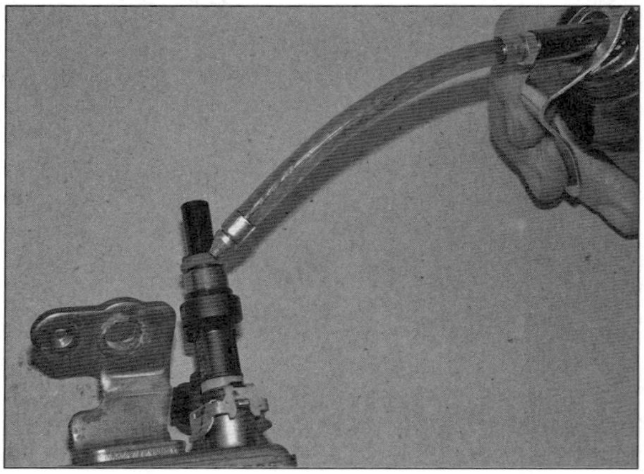

10.13b ... und schmieren Sie sie mit Motoröl.

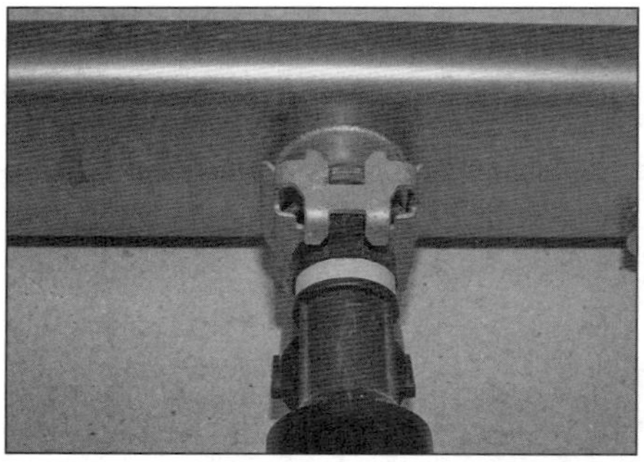

10.13c Die Einspritzdüse muss korrekt mit dem Clip gesichert sein.

10.13d Beachten Sie die Einbaurichtung der Kappe.

Drosselklappen-Potentiometer

14 Das Potentiometer sitzt hinten am Drosselklappengehäuse und kann nur zusammen mit diesem entfernt werden (siehe Sektion 9). Erkundigen Sie sich beim Nissan-Händler nach der Verfügbarkeit von Einzelteilen.

Luftmassensensor

15 Der Sensor sitzt innerhalb Luftfiltergehäuses am Ausgang des Ansaugschlauchs zum Drosselklappengehäuse. **Trennen Sie zunächst das Massekabel (–) der Batterie** (siehe Seite 532).
16 Trennen Sie den Stecker des Luftmassensensors (siehe Abbildung).

10.16 Kabelstecker des Luftmassensensors

17 Lösen sie die Sensorchrauben, und ziehen Sie den Sensor aus dem Gehäuse (siehe Abbildung) – der Dichtring muss später erneuert werden.

10.17 Schrauben des Luftmassensensors

18 Der Einbau entspricht der umgekehrten Ausbaureihenfolge – verwenden Sie ggf. einen neuen Dichtring, und ziehen Sie die Schrauben sorgfältig an.

Einlassnockenwellen-Magnetventil

19 Das Magnetventil sitzt bei 1,6 l-Motoren rechts vorn am Zylinderkopf und bei 2,0 l-Motoren rechts in der Mitte des Steuerkettendeckels.
20 Stützen Sie den 2,0 l-Motor gut ab, und entfernen Sie die rechte Motorhalterung (siehe Kapitel 2B, Sektion 16).
21 Trennen Sie den Kabelstecker des Magnetventils (siehe Abbildungen).

10.21a Trennen Sie den Magnetventil-Stecker – 1,6 l-Motor.

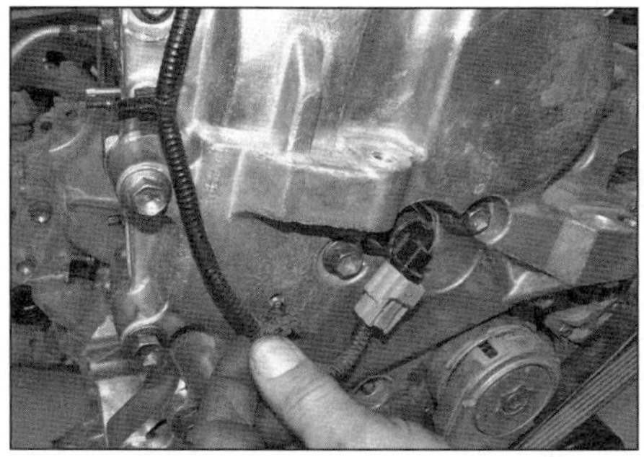

10.21b Trennen Sie den Magnetventil-Stecker – 2,0 l-Motor.

22 Lösen Sie die Schraube des Magnetventils und ziehen Sie es heraus (siehe Abbildungen) – seien Sie mit Lappen auf etwas austretendes Öl vorbereitet.

10.22a Lösen Sie die Schraube ...

10.22b ... und ziehen Sie das Magnetventil heraus.

23 Der Einbau entspricht der umgekehrten Ausbaureihenfolge.

Ansauglufttemperatursensor

24 Dieser Sensor ist in den Luftmassensensor integriert, dessen Aus- und Einbau in den Schritten 15 bis 18 beschrieben ist.

Nockenwellensensor

25 Der Nockenwellensensor sitzt links (Getriebe-Ende) im Zylinderkopf (1,6 l-Motoren) bzw. im Nockenwellengehäuse (2,0 l-Motoren).

26 Trennen Sie den Stecker des Sensors (siehe Abbildungen).

10.26a Trennen Sie den Stecker des Nockenwellensensors – 1,6 l-Motor.

10.26b Trennen Sie den Stecker des Nockenwellensensors – 2,0 l-Motor.

27 Lösen Sie bei 2,0 l-Motoren links vorn am Zylinderkopf die Schraube des Halters, und entnehmen Sie diesen (siehe Abbildung).

10.27 Befreien Sie bei 2,0 l-Motoren den Halter vom Zylinderkopf.

28 Lösen Sie die Schraube des Sensors, und ziehen Sie diesen heraus (siehe Abbildungen).

10.28a Lösen Sie die Schraube, und ziehen Sie den Sensor aus dem Zylinderkopf – 1,6 l-Motor

10.28b Lösen Sie die Schraube, und ziehen Sie den Sensor aus dem Nockenwellengehäuse – 2,0 l-Motor

29 Entfernen Sie den O-Ring – er muss später durch ein Neuteil ersetzt werden.

30 Der Einbau entspricht der umgekehrten Ausbaureihenfolge – beachten Sie dabei folgende Punkte:

a) Rüsten Sie den Sensor mit einem neuen O-Ring aus.

b) Schmieren Sie den O-Ring mit etwas Motoröl, stecken Sie den Sensor in seinen Sitz, und ziehen Sie die Schraube sorgfältig an.

Kurbelwellensensor

31 Der Sensor sitzt hinten links (Getriebe-Ende) im Motorblock.

32 Lösen Sie die Schrauben des Hitzeschilds, und befreien Sie dies vom Sensor (siehe Abbildungen).

10.32a Lösen Sie die Schrauben ...

10.32b ... und entfernen Sie den Hitzeschutz.

33 Ziehen Sie den Stecker des Sensors ab (siehe Abbildung).

10.33 Trennen Sie den Stecker des Kurbelwellensensors.

34 Lösen Sie die Schraube des Sensors, und ziehen Sie diesen aus dem Motorblock (siehe Abbildung).

10.34 Lösen Sie die Schraube, und ziehen Sie den Sensor heraus.

35 Der Einbau entspricht der umgekehrten Ausbaureihenfolge – beachten Sie dabei folgende Punkte:

a) Rüsten Sie den Sensor mit einem neuen O-Ring aus (siehe Abbildung).

b) Schmieren Sie den O-Ring mit etwas Motoröl (siehe Abbildung), stecken Sie den Sensor in seinen Sitz, und ziehen Sie die Schraube sorgfältig an.

10.35a Erneuern Sie den O-Ring ...

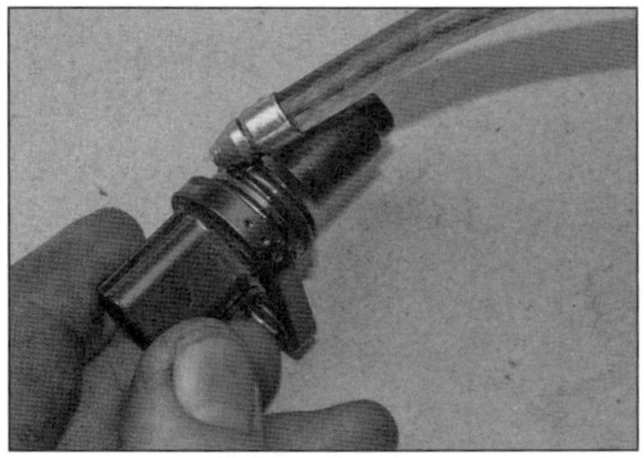

10.35b ... und schmieren Sie ihn mit Motoröl.

Kühltemperatursensor

36 Dieser Sensor ist in Kapitel 3, Sektion 6 beschrieben.

Motorsteuergerät (ECM)

Anmerkung: *Das Motorsteuergerät ist mit einem elektronischen Code an die anderen Komponenten des Fahrzeugs angepasst. Ein neues Steuergerät wird uncodiert ausgeliefert, sodass es von einer Nissan-Werkstatt mit den Informationen des alten Steuergeräts programmiert werden muss.*

37 Das Motorsteuergerät sitzt zwischen der Batterie und dem Luftfiltergehäuse links im Motorraum (siehe Abbildung).

10.37 Einbaulage des Motorsteuergeräts

38 Trennen Sie zunächst das Massekabel (–) der Batterie (siehe Seite 532).

39 Bauen Sie die Batterie aus (siehe Kapitel 5A, Sektion 3).

40 Lösen Sie seitlich am Steuergerät die Arretierungen der drei Stecker, und ziehen Sie diese ab (siehe Abbildung).

10.40 Trennen Sie die Steuergerät-Stecker.

41 Lösen Sie die Schrauben der Halterung, und entfernen Sie diese samt Steuergerät aus dem Motorraum (siehe Abbildungen).

10.41a Lösen Sie die Schrauben ...

10.41b ... und entfernen Sie die Halterung samt Steuergerät.

42 Lösen Sie nötigenfalls die Muttern, die das Steuergerät am Halter sichern, und entfernen Sie es.
43 Der Einbau entspricht der umgekehrten Ausbaureihenfolge – alle Stecker müssen korrekt verbunden und gesichert sein.

Klopfsensor

44 Der Klopfsensor sitzt vorn im Motorblock.
45 Trennen Sie den Stecker des Sensors (siehe Abbildung).

10.45 Ziehen Sie den Stecker des Klopfsensors ab.

46 Lösen Sie die Schraube des Sensors, und ziehen Sie diesen aus dem Motorblock (siehe Abbildung).

10.46 Lösen Sie die Schraube, und ziehen Sie den Sensor heraus.

47 Der Einbau entspricht der umgekehrten Ausbaureihenfolge – die Dichtflächen des Sensors und des Motorgehäuses müssen sauber sein, und die Steckverbindung des Sensors muss nach links zum Getriebe zeigen.

Klimaanlagen-Drucksensor

48 Dieser Sensor ist oben in den Trockner der Klimaanlage geschraubt; sein Ein- und Ausbau ist in Kapitel 3, Sektion 11 beschrieben – beachten Sie, dass das Entleeren der Klimaanlage einer Fachwerkstatt überlassen werden muss.

11 Einlassstutzen – Ausbau und Einbau

Ausbau

1 Falls vorhanden, müssen die Schrauben der oberen Motorabdeckung gelöst und diese entfernt werden (siehe Abbildung).

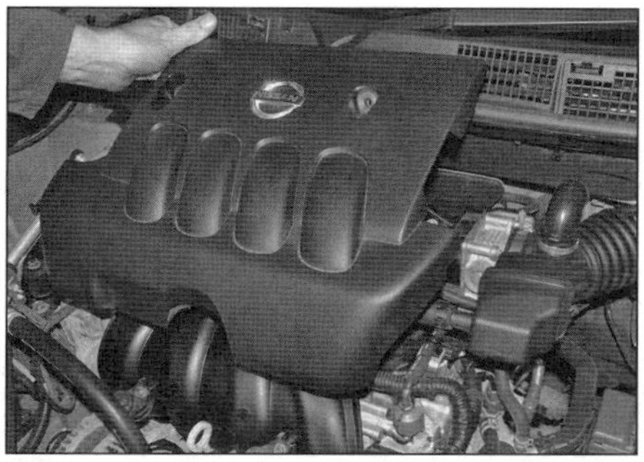

11.1 Entfernen Sie die obere Motorabdeckung.

2 Entfernen Sie das Drosselklappengehäuse (siehe Sektion 9).
3 Trennen Sie bei 2,0 l-Motoren hinten am Einlassstutzen das Entlüftungsrohr, und verlagern Sie es beiseite (siehe Abbildung).

11.3 Befreien Sie das Entlüftungsrohr – 2,0 l-Motor

4 Lösen Sie links am Einlassstutzen die Schraube des Halters, und entfernen Sie diesen (siehe Abbildungen).

11.4a Lösen Sie links die Schraube des Einlassstutzen-Halters – 1,6 l-Motor

11.4b Lösen Sie links die Schraube des Einlassstutzen-Halters – 2,0 l-Motor

5 Lösen Sie rechts hinten die Befestigungsschraube aus dem Einlassstutzen (siehe Abbildung).

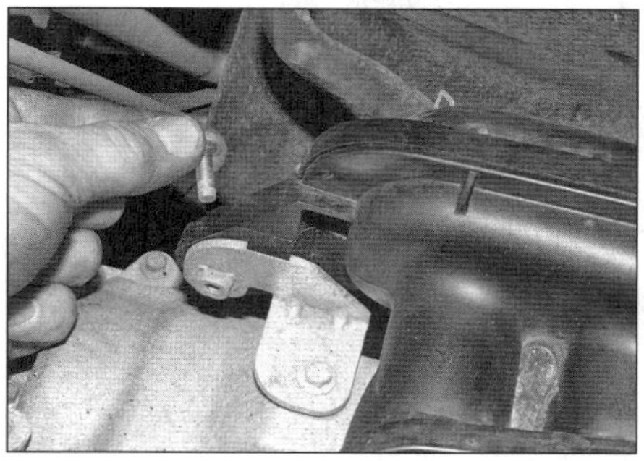

11.5 Lösen sie die rechte hintere Befestigungsschraube.

6 Trennen Sie hinten rechts am Einlassstutzen den Schlauch des Bremskraftverstärkers (siehe Abbildung).

11.6 Ziehen Sie rechts hinten den Bremskraftverstärker-Schlauch ab.

7 Ziehen Sie am Verdunstungsregelungs-Magnetventil (links am Einlassstutzen) den Unterdruckschlauch und den Stecker ab (siehe Abbildung).

11.7 Verdunstungsregelungs-Magnetventil

8 Befreien Sie bei 2,0 l-Motoren den Kabelbaum-Clip links aus dem Einlassstutzen (siehe Abbildung).

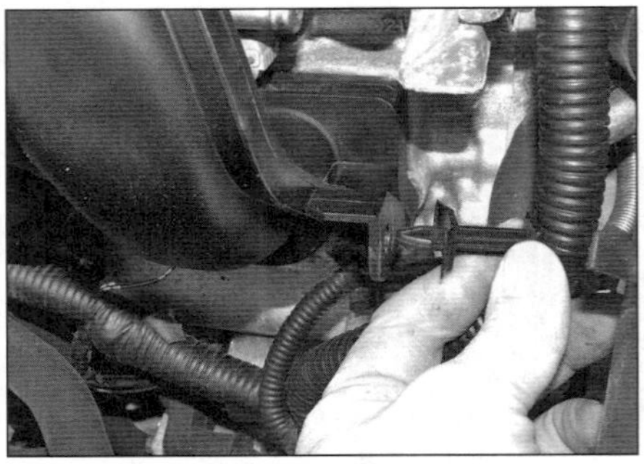

11.8 Kabelbaum-Clip – 2,0 l-Motor

9 Ziehen Sie bei 2,0 l-Motoren den Motoröl-Peilstab heraus, um besser an die mittlere Einlassstutzen-Schraube zu gelangen.

10 Prüfen Sie, ob alle Schläuche vom Einlassstutzen getrennt sind, und lockern Sie schrittweise von außen nach innen seine Schrauben, um sie zu entfernen (siehe Abbildung).

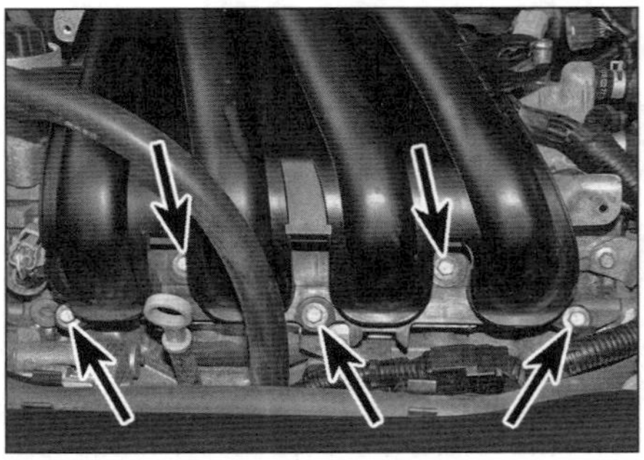

11.10 Lösen Sie die Einlassstutzen-Schrauben schrittweise von außen nach innen.

11 Befreien Sie den Einlassstutzen vom Zylinderkopf (siehe Abbildungen) – die Gummidichtung muss später durch ein Neuteil ersetzt werden.

11.11a Ausbau des Einlassstutzens – 1,6 l-Motor

11.11b Ausbau des Einlassstutzens – 2,0 l-Motor

Einbau

12 Der Einbau entspricht der umgekehrten Ausbaureihenfolge – beachten Sie dabei folgende Punkte:

a) Die Dichtflächen des Einlassstutzens und des Zylinderkopfes müssen sauber und trocken sein. Installieren Sie neue Gummidichtungen in die Vertiefungen des Stutzens (siehe Abbildung).

b) Montieren Sie das Drosselklappengehäuse wie in Sektion 9 beschrieben – verwenden Sie neue Dichtungen (siehe Abbildung).

c) Setzen Sie den Stutzen an, und ziehen Sie die Schrauben von innen nach außen bis zum Drehmoment von 27 Nm an. Die Schrauben der Halterung müssen bei 1,6 l-Motoren mit 10 Nm, bei 2,0 l-Motoren mit 25 Nm angezogen werden.

d) Alle entsprechenden Schläuche müssen an ihren ursprünglichen Positionen angeschlossen und ggf. mit ihren Schellen gesichert sein.

11.12a Installieren Sie neue Einlassstutzen-Dichtungen ...

11.12b ... und eine neue Drosselklappengehäuse-Dichtung.

12 Auspuffstutzen – Ausbau und Einbau

Anmerkung: ***Bei 2,0 l-Motoren ist der Katalysator in den Auspuffstutzen integriert und kann nicht separat ersetzt werden.***

Ausbau

1 Betätigen Sie die Handbremse, heben Sie das Fahrzeug vorn an, und stützen Sie es sicher ab (siehe Seite 535).
2 Verfolgen Sie das/die Lambdasondenkabel zu ihren Steckern, und trennen Sie diese vom Haupt-Kabelbaum. Der Anschluss des oberen Sondenkabels befindet sich links oben am Auspuffstutzen; derjenige des unteren Kabels findet sich hinten am Hilfsrahmen (siehe Abbildungen).

12.2a Stecker des oberen ...

12.2b ... und des unteren Lambdasondenkabels

3 Lösen Sie bei 1,6 l-Motoren die Muttern und Schrauben, um das vordere Auspuffrohr samt Katalysator zu entfernen (siehe Sektion 13).
4 Lösen Sie bei 2,0 l-Motoren die Muttern und Schrauben, um das vordere Auspuffrohr samt Vorschalldämpfer zu entfernen (siehe Sektion 13).
5 Lösen Sie unterhalb des Auspuffstutzens die Schraube der Halterung, um diese zu entfernen (siehe Abbildung).

12.5 Lösen Sie die Schraube der unteren Halterung.

6 Lösen Sie von oben die Schrauben des über dem Auspuffstutzen sitzenden Hitzeschutzes, und entfernen Sie diesen (siehe Abbildung).

12.6 Entfernen Sie den oberen Hitzeschutz.

7 Prüfen Sie, ob nichts mehr mit dem Auspuffstutzen verbunden ist, lösen Sie dessen Muttern von außen nach innen, und entnehmen Sie ihn vom Zylinderkopf (siehe Abbildung).

12.7 Lösen sie die Auspuffstutzen-Muttern.

8 Entfernen Sie die Auspuffstutzen-Dichtung – später muss ein Neuteil verwendet werden.

Einbau

9 Der Einbau entspricht der umgekehrten Ausbaureihenfolge – beachten Sie dabei folgende Punkte:

a) Kontrollieren Sie die Auspuffstutzen-Stehbolzen auf Beschädigung und Korrosion. Entrosten Sie die Bolzen, und reparieren oder ersetzen Sie sie. Nissan empfiehlt, die Muttern und auch die Stehbolzen nach jedem Austausch durch Neuteile zu ersetzen.

b) Die Dichtflächen des Auspuffstutzens und des Zylinderkopfes müssen sauber und trocken sein. Installieren Sie eine neue Dichtung (siehe Abbildung).

c) Setzen Sie den Stutzen an, und ziehen Sie die Muttern schrittweise von innen nach außen bis zum Drehmoment von 34 Nm an.

c) Verbinden Sie das vordere Auspuffrohr mit dem Stutzen – beachten Sie die Hinweise in Sektion 13.

12.9 Legen Sie eine neue Dichtung auf.

13 Auspuffanlage – Allgemeine Informationen, Ausbau und Einbau

Anmerkung: ***Bei 2,0 l-Motoren ist der Katalysator in den Auspuffstutzen integriert und kann nicht separat ersetzt werden.***

Allgemeine Informationen

1 Die Auspuffanlage besteht aus drei Sektionen:
1,6 l-Motor – a) Auspuffstutzen (siehe Sektion 13). b) Vorderes Auspuffrohr mit Katalysator. c) Zwischenrohr/Schalldämpfer/Endrohr.
2,0 l-Motor – a) Auspuffstutzen (siehe Sektion 13). b) Vorderes Auspuffrohr mit Vorschalldämpfer. c) Zwischenrohr/Schalldämpfer/Endrohr.

2 Das System ist von vorn bis hinten in Gummis gelagert (siehe Abbildung), und alle Sektionen sind durch Flansche miteinander verbunden, die wiederum mit Federn, Muttern und/oder Schrauben zusammengehalten werden.

13.2 Gummihalterungen der Auspuffanlage

3 Um die ganze Auspuffanlage oder Teile davon entfernen zu können, muss zunächst die Handbremse gezogen und das Fahrzeug sicher abgestützt werden (siehe Seite 535); alternativ kann es auf Rampen oder über eine Grube gefahren werden. Entfernen Sie ggf. den Unterfahrschutz.

Vorderes Auspuffrohr/Vorschalldämpfer (2,0 l-Motor)

4 Lösen Sie die Muttern, die das vordere Auspuffrohr am Katalysator/Auspuffstutzen sichern (siehe Abbildung). Sobald die Muttern entfernt sind, müssen die Scheiben und Federn sichergestellt und beide Teile getrennt werden.

13.4 Lösen Sie die Flanschmuttern zwischen dem vorderen Rohr und dem Katalysator.

5 Verfolgen Sie das Lambdasondenkabel zum Stecker am Hilfsrahmen, und trennen Sie diesen (siehe Abbildung).

13.5 Trennen Sie den Lambdasondenstecker.

6 Lösen Sie am Flansch zwischen dem vorderen Auspuffrohr und dem Zwischenrohr die zwei Schrauben, und ziehen Sie das vordere Rohr unter dem Fahrzeug heraus – stellen Sie die Flanschdichtung sicher (siehe Abbildungen).

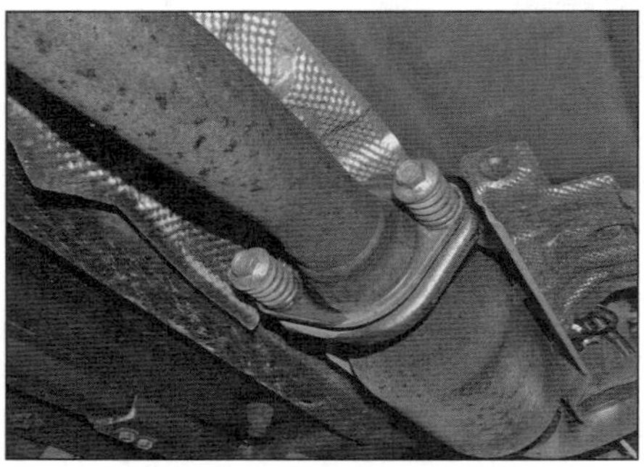

13.6a Lösen Sie die Schrauben ...

13.6b ... und entfernen Sie das vordere Auspuffrohr samt Vorschalldämpfer.

Vorderes Auspuffrohr/Katalysator (1,6 l-Motor)

7 Lösen Sie die Muttern, die das vordere Auspuffrohr samt Katalysator am Auspuffstutzen sichern (siehe Abbildung). Sobald die Muttern entfernt sind, müssen die Scheiben und Federn sichergestellt und beide Teile getrennt werden.

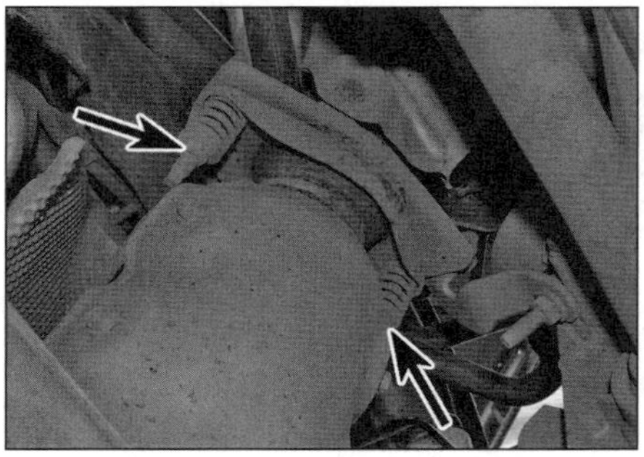

13.7 Lösen Sie die Flanschmuttern zwischen dem vorderen Rohr/Katalysator und dem Auspuffstutzen.

8 Verfolgen Sie das Lambdasondenkabel zum Stecker am Hilfsrahmen, und trennen Sie diesen (siehe Abbildung).

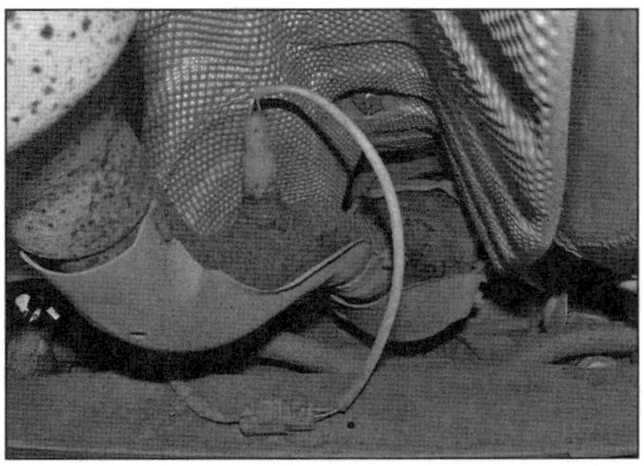

13.8 Trennen Sie den Lambdasondenstecker.

9 Lösen Sie am Flansch zwischen dem vorderen Auspuffrohr und dem Zwischenrohr die zwei Schrauben, und ziehen Sie das vordere Rohr unter dem Fahrzeug heraus – stellen Sie die Flanschdichtung sicher (siehe Abbildung).

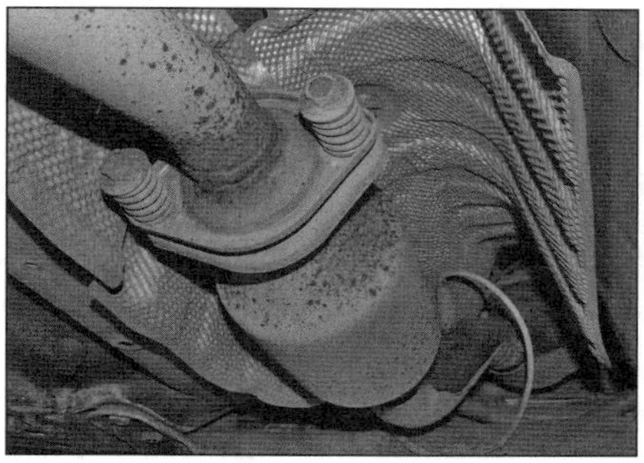

13.9 Lösen Sie die Schrauben zwischen dem vorderen Rohr und dem Zwischenrohr.

Zwischenrohr/Schalldämpfer/Endrohr

10 Lösen Sie am Flansch zwischen dem vorderen Auspuffrohr und dem Zwischenrohr die zwei Schrauben (siehe Abbildung), und trennen Sie beide Rohre. Stützen Sie das vordere Rohr so ab, dass der vordere Bereich der Auspuffanlage nicht unter Last gesetzt wird.

13.10 Lösen Sie die Schrauben am Flansch zwischen dem vorderen Rohr und dem Zwischenrohr.

11 Hängen Sie das Zwischenrohr samt Schalldämpfer und Endrohr mithilfe eines Assistenten aus allen Haltegummis aus, und manövrieren Sie die Baugruppe unter dem Fahrzeug heraus.

Hitzeschutz(e)

12 Hitzeschutze können mit unterschiedlichen Befestigungen gesichert sein. Einige Hitzeschutze finden sich an der Unterseite der Karosserie, andere an der Auspuffanlage. Wenn ein Auspuff-Segment ausgetauscht werden soll, müssen entsprechende Hitzeschutze zum Neuteil übertragen werden, bevor dies montiert wird (siehe Abbildungen).

13.12a Hitzeschutz unterhalb des Tanks

13.12b Hitzeschutz am Vorschalldämpfer bzw. Katalysator

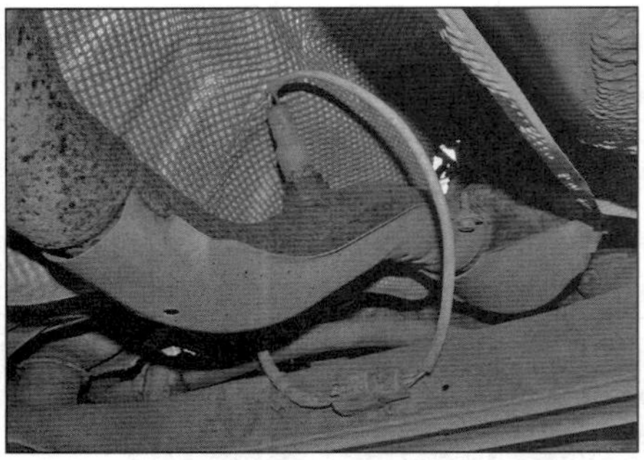

13.12c Hitzeschutz unter der Karosserie

Einbau

13 Der Einbau entspricht der umgekehrten Ausbaureihenfolge – beachten Sie dabei folgende Punkte:

a) Die Flansche müssen von sämtlicher Korrosion befreit und ggf. mit neuen Dichtungen ausgerüstet werden (siehe Abbildungen).

b) Die Haltegummis müssen auf Beschädigungen oder Alterungserscheinungen überprüft und ggf. ersetzt werden.

c) Prüfen Sie vor dem Anziehen der Auspuff-Befestigungen, ob alle Haltegummis korrekt positioniert sind und zwischen dem Auspuff und der Karosserie ausreichend Abstand besteht.

d) Die Lambdasonden-Verkabelung muss korrekt angeschlossen und gesichert sein.

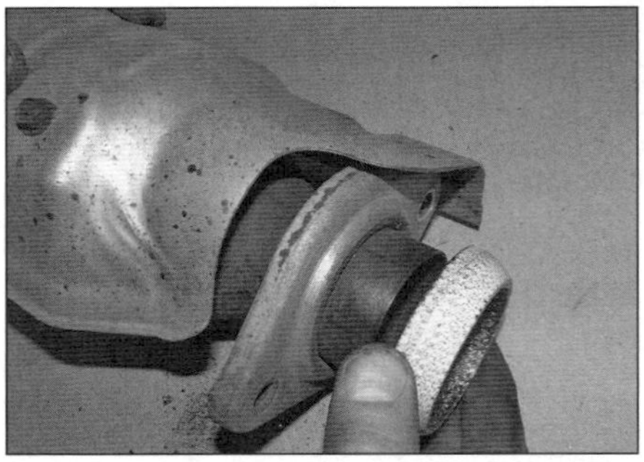

13.13a Neue Dichtringe müssen am Schalldämpfer ...

13.13b ... und am vorderen Auspuffrohr installiert werden.

Kapitel 4B

Kraftstoffsystem und Auspuffanlage – Dieselmotoren

Inhalt — Sektion

Schwierigkeitsgrade

Leicht. Geeignet für Anfänger mit wenig Erfahrung.	**Relativ leicht.** Geeignet für Anfänger mit etwas Erfahrung.	**Relativ schwierig.** Geeignet für geübte Selbstschrauber.	**Schwer.** Geeignet für Selbstschrauber mit viel Erfahrung.	**Sehr schwer.** Geeignet für Experten und Profis.

Spezifikationen

Allgemein

System	»Common-Rail«-Hochdruck-Dierekteinspritzung (»dCi«), Turbolader mit Ladeluftkühler
Typ	
1,5 l-Motor (K9K)	Siemens
2,0 l-Motor (M9R)	Bosch EDC16

Kraftstoffsystem-Daten
1,5 l-Motoren (K9K)

Zündfolge	1-3-4-2 (Nr. 1 links an Schwungradseite)
Standgasdrehzahl	800 ± 50/min
Höchstdrehzahl ohne Last	4500 ± 150/min
Höchstdrehzahl unter Last	5000 ± 150/min
Hochdruck-Einspritzpumpe	
Typ	Delphi
Drehrichtung	Vorwärts (von rechts betrachtet im Uhrzeigersinn)
Einspritzdüsen	
Typ	Delphi-Magnetventil-Düsen
Maximaldruck	1400 bar
Widerstand	nicht messbar
Turbolader	
Typ	Garrett
Ladedruck	1300± 2 mbar

2,0 l-Motoren (M9R)

Zündfolge	1-3-4-2 (Nr. 1 links an Schwungradseite)
Standgasdrehzahl	750 ± 50/min
Hochdruck-Einspritzpumpe	
Typ	Delphi
Betriebsdruck	300 bis 1350 bar
Drehrichtung	Vorwärts (von rechts betrachtet im Uhrzeigersinn)
Einspritzdüsen	
Typ	Bosch-Magnetventil-Düsen
Betriebsdruck	1350 bar
Maximaldruck	1525 bar
Widerstand	< 0,2 Ohm
Turbolader	
Betriebs-Vakuum	0,5 bar
Ventilstangen-Spiel	1,7 mm
Glühkerzen	
Widerstand bei 20 °C (ohne Stecker)	< 0,2 Ohm

Kraftstoffsystemkomponenten – Prüfdaten

AGR-Regelventilmotor-Widerstand zw. Anschl. 2 u. 6	2,3 Ohm
Ansauglufttemperatursensor-Widerstand (Anschlüsse 1 und 2)	
bei 10 °C	3,714 ± 161 Ohm
bei 20 °C	2,448 ± 95 Ohm
bei 30 °C	1,671 ± 58 Ohm
Einspritzdüsen-Widerstand zw. Anschl. 1 u. 2 (bei 20 °C)	15 bis 25 Ohm
Einspritz-Hochdruckpumpen-Druckregelventil zw. Anschl. 3 u. 5	1,5 bis 15 Ohm
Gaspedalsensor-Widerstand	
Zwischen Anschlüssen 2 und 4	1,7 Ohm
Zwischen Anschlüssen 1 und 5	2,85 Ohm
Kraftstoffpumpen-Widerstand zw. Anschl. 1 u. 3	0,2 bis 5,0 Ohm bei 25 °C
Kraftstoffpumpentemperatursensor-Widerstand zwischen Anschlüssen 1 und 2	
bei 25 °C	2,051 ± 123 Ohm
bei 50 °C	811 ± 47 Ohm
bei 80 °C	309 ± 17 Ohm
Kraftstoffpumpen-Volumenregelventil zw. Anschl. 1 und 2	1,5 bis 15 Ohm
Kühltemperatursensor-Widerstand zwischen Anschlüssen 1 und 2	
bei 25 °C	2,252 ± 112 Ohm
bei 50 °C	810 ± 39 Ohm
bei 80 °C	283 ± 8 Ohm
Kurbelwellensensor-Widerstand zw. Anschl. 1 und 2	612 bis 748 Ohm
Turbolader-Ladedruckregelventil-Widerstand zw. Anschl. 1 und 2	19,9 bis 23,1 Ohm bei 23 °C

Kraftstoff

Tankinhalt	65 Liter

Anzugsdrehmomente

1,5 l-Motoren (K9K)

AGR-Ventil	21 Nm
AGR-Ventil-Hitzeschutz	12 Nm
Auspuffrohr-Klemme	21 Nm
Auspuffstutzen	26 Nm
Druckspeicher-Befestigungsschrauben	28 Nm
Durchfluss-Stellmotor	6 Nm
Einspritzdüse in Zylinderkopf	28 Nm
Einspritz-Hochdruckpumpe	21 Nm
Einspritz-Hochdruckpumpen-Venturi	21 Nm
Einspritzpumpenrad-Mutter	55 Nm
Hochdruck-Rohranschlussmuttern	24 Nm
Katalysator	
hintere Halterung	21 Nm
an Seitenstrebe	25 Nm
an Turbolader	26 Nm
Strebe an Motor	44 Nm
Kraftstoffpumpentemperatursensor	15 Nm
Luftklappengehäuse-Schraube und Muttern	12 Nm

Motor-Hebeöse	21 Nm
Tank-Befestigungsschrauben	21 Nm
Tankuhr-Geber	65 Nm
Turbolader-Ölversorgungsrohr	
an Zylinderkopf	23 Nm
an Turbolader	12 Nm
Turbolader an Auspuffstutzen	26 Nm

2,0 l-Motoren (M9R)

AGR-Rohr an Kühler und Auspuffstutzen	35 Nm
AGR-Rohr an Zylinderkopf	10 Nm
AGR-Rohr-Hitzeschutz	10 Nm
Auspuffstutzen	
Stehbolzen	9 Nm
Muttern	
Schritt 1	18 Nm
Schritt 2	30 Nm
Druckspeicher-Befestigungsschrauben	25 Nm
Einlassstutzen	25 Nm
Einspritzdüsen-Klemmschraube	35 Nm
Einspritz-Hochdruckpumpen-Befestigung	25 Nm
Einspritzpumpenrad-Mutter	90 Nm
Halter der Luftklappen/Dämpfer-Einheit	12 Nm
Hochdruck-Rohranschlussmuttern	32 Nm
Katalysator an Turbolader	21 Nm
Kraftstoffrohr-Halterung an Ventildeckel	10 Nm
Luftklappengehäuse-Schraube und Muttern	12 Nm
Turbolader-Drucksensor-Mutter	8 Nm
Turbolader-Luftauslassrohr	8 Nm
Turbolader-Ölversorgungsrohr	
an Motorblock	16 Nm
an Turbolader	10 Nm
Haltestreben-Schraube	25 Nm
Turbolader an Auspuffstutzen	26 Nm

1 Allgemeine Informationen

1 Das Kraftstoffsystem besteht aus einem mittig unter dem Fahrzeug untergebrachten Tank, dem Kraftstofffilter, einer Hochdruckpumpe mit Common-Rail-Direkteinspritzung, elektronischen Einspritzdüsen und diversen Steuerkomponenten.

2 Die wichtigsten Komponenten des Systems sind:

a) Vorfüll-Balg im Niederdruckkreis
b) Kraftstofffilter
c) Hochdruck-Kraftstoffpumpe
d) Einspritzungs-Druckspeicher (»Common Rail«)
e) Drucksensor im Druckspeicher
f) 4 Einspritzdüsen
g) Kraftstoff-Temperatursensor
h) Kühltemperatursensor
i) Ansauglufttemperatursensor
j) Zylinder-Referenzsensor
k) Motordrehzahl-Sensor
l) Ladedrucksensor
m) AGR-Magnetventil
n) Gaspedal-Potentiometer
o) Umgebungsluftdruck-Sensor
p) Motorsteuergerät

3 Die Common-Rail-Direkteinspritzung arbeitet wie folgt: Die in die Hochdruckpumpe integrierte Niederdruck-Transferpumpe saugt Kraftstoff aus dem Tank durch einen Filter, der auch einen Wasserabscheider und ein elektrisches Heizelement enthält. Die Hochdruckpumpe presst den Kraftstoff mit dem vorgesehenen Druck von ca. 1300 bar in den Druckspeicher, wo ein vom Motorsteuergerät überwachter Drucksensor und ein Druckregler für konstante Verhältnisse sorgen. Um die Motorleistung nicht zu beeinträchtigen, wird die Wärmeentwicklung hier auf einem Minimum gehalten. Der Druck im Speicher wird auch durch die Einspritzdüsen selbst reguliert, da kurze elektrische Impulse, die nicht ausreichen, die Düse selbst zu öffnen, dafür sorgen, dass Kraftstoff in die Rücklaufleitung gelangt. Das Motorsteuergerät regelt anhand der Motorlast, der Drehzahl und vieler anderer Faktoren die exakten Öffnungszeiten der Düsen (was ebenfalls den Druck reduziert).

4 Die vier Einspritzdüsen versprühen einen gleichmäßigen Nebel in die im Zylinderkopf angeordneten Brennräume. Die Einspritzdüsen arbeiten sequenziell entsprechend der Zündfolge des Motors. Jede Düse wird durch in der Federkammer gesammeltes Dieselöl geschmiert. Jede Einspritzdüse hat eine spezielle Strömungscharakteristik, anhand derer das Steuergerät die exakte Einspritzmenge errechnet.

5 Hinsichtlich der für die Regelung benötigten Sensoren unterscheiden sich moderne dCi-Motoren kaum von Benzinmotoren. Das Steuergerät ermittelt die Motordrehzahl und die Stellung der Kurbelwelle durch einen in der Getriebeglocke sitzenden OT-Sensor, der anhand des Auslösers an der Schwungscheibe ein Signal sendet. Ein ähnlicher Sensor sitzt an der Nockenwelle, um Hinweise auf die Steuerzeiten zu geben. Weitere Sensoren überwachen den Luftstrom in den Motor, die Ansauglufttemperatur und den Ladedruck. Auch auf der Kraftstoffseite werden der Druck, die Temperatur und die Strömungsrate überwacht; die Sensoren befinden sich je nach Modell an der Hochdruckpumpe und/oder dem Druckspeicher. Wie bei Benzinmotoren sendet das Gaspedal auch hier über das Potentiometer ein elektrisches Signal an das Steuergerät, sodass ein Gasbowdenzug entfällt.

6 Vorausgesetzt, dass alle Wartungsarbeiten regelmäßig durchgeführt werden, haben die Komponenten der Einspritzanlage eine lange Lebenserwartung. Die Einspritzpumpe selbst wird den Motor wahrscheinlich deutlich überleben. Die wahrscheinlichsten Gründe für Beschädigungen an der Pumpe und den Einspritzdüsen sind Schmutz und Wasser im Kraftstoff. Wenn Arbeiten am Kraftstoffsystem anstehen, wird daher auch wärmstens empfohlen, im Fachhandel spezielle Stopfen zu beschaffen, um alle Öffnungen zu verschließen.

7 Der Hobbyschrauber kann an der Einspritzpumpe, den Einspritzdüsen und der Regel-Elektronik nur wenig selbst erledigen. Alle nicht in diesem Kapitel beschriebenen Zerlegungs- und Einstellungsarbeiten sollten einer speziell ausgerüsteten Fachwerkstatt überlassen werden.

8 Falls an der Einspritzanlage ein Defekt auftritt, muss zunächst geprüft werden, ob alle Kabelstecker korrekt verbunden und nicht korrodiert sind. Weitere Diagnosen sollten von einer entsprechend ausgerüsteten Fachwerkstatt vorgenommen werden (siehe Abbildung). Ein Diagnosegerät kann einen Fehler rasch lokalisieren und erspart die Kontrolle aller einzelnen Systemkomponenten. So spart man Zeit und verringert die Gefahr, das Motorsteuergerät zu beschädigen. Auch der Austausch schadhafter Komponenten sollte der Fachwerkstatt überlassen werden, da oft das Steuergerät umprogrammiert werden muss.

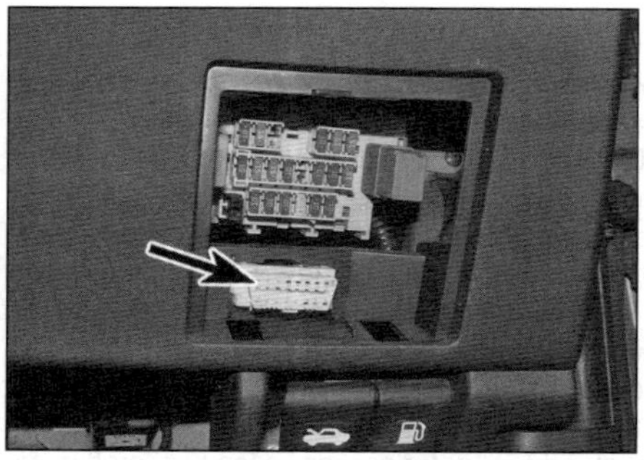

1.8 Anschlussbuchse für das Diagnosegerät

Warnhinweise

⚠ ***Warnung: Bevor Arbeiten am Kraftstoffsystem – vor allem an den Einspritzdüsen und der Hochdruckpumpe – erledigt werden, müssen die Hinweise in der Sektion »Sicherheit geht vor!« auf Seite 8 durchgelesen werden – ihnen ist unbedingt zu folgen! Beachten Sie außerdem alle am Anfang jeder Sektion gegebenen Warnhinweise. Lassen Sie den Motor zunächst 5 bis 10 Minuten abkühlen – hierbei sinkt auch der Druck im Kraftstoffsystem.***

⚠ ***Warnung: Extreme Vorsicht ist bei Arbeiten am Hochdruckbereich des Kraftstoffsystems geboten: Versuchen Sie niemals, bei laufendem Motor die Einspritzdüsen zu testen oder die Hochdruckleitungen zu trennen. Halten Sie niemals ihre Hände oder andere Körperteile in die Nähe von Lecks im Hochdruck-Kraftstoffsystem – der Strahl kann die Haut durchdringen und lebensgefährliche Verletzungen verursachen. Jede Arbeit, die das Testen der Einspritzdüsen unter Druck erfordert, MUSS von einer Fachwerkstatt ausgeführt werden!***

2 Luftfilter-Baugruppe – Ausbau und Einbau

Ausbau

1 Um den Ausbau der Luftfilter-Baugruppe zu erleichtern, kann die Batterie ausgebaut werden (siehe Kapitel 5A, Sektion 3).

2 Demontieren Sie dann das Motorsteuergerät von der Batterieträger-Halterung (siehe Sektion 8).

3 Lösen Sie bei 2,0 l-Motoren die zwei Clips, die den Ansaugstutzen an der vorderen Querstrebe sichern, und befreien Sie ihn aus dem Luftfiltergehäuse (siehe Abbildungen).

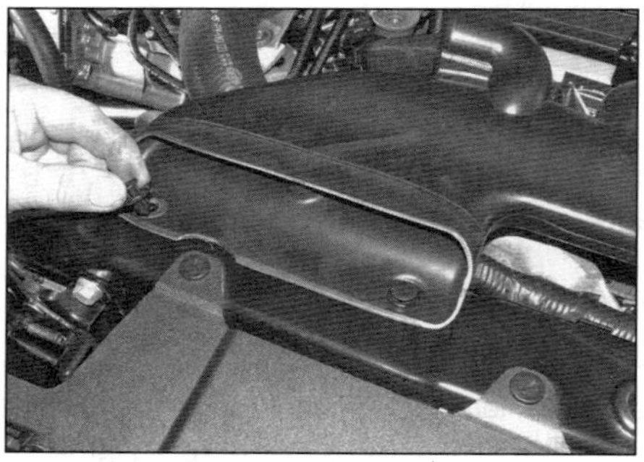

2.3a Lösen Sie die Clips ...

2.3b ... und entfernen Sie den Ansaugstutzen – 2,0 l-Motor

4 Befreien Sie das Ladedruckregelungs-Magnetventil aus dem Halter am Luftfiltergehäuse, und verlagern Sie es beiseite (siehe Abbildungen).

2.4a Befreien Sie das Ladedruckregelungs-Magnetventil – 1,5 l-Motor.

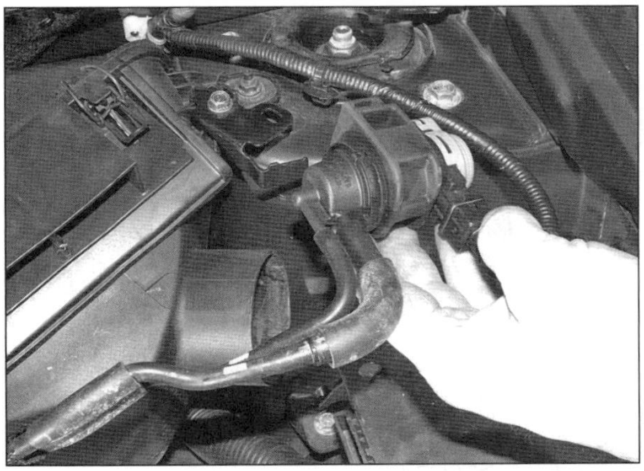

2.4b Befreien Sie das Ladedruckregelungs-Magnetventil – 2,0 l-Motor.

5 Trennen Sie den Stecker des Luftmassensensors, befreien Sie das Kabel anschließend aus allen Befestigungen am Luftfiltergehäuse (siehe Abbildungen).

2.5a Ziehen Sie den Stecker vom Luftmassensensor ab ...

2.5b ... und befreien Sie sein Kabel – 1,5 l-Motor.

2.5c Ziehen Sie den Stecker vom Luftmassensensor ab ...

2.5d ... und öffnen Sie den Belüftungsschlauch-Kabelbinder – 2,0 l-Motor.

6 Lockern Sie am Luftfiltergehäuse die Schelle des Einlassschlauchs, und ziehen Sie diesen ab (siehe Abbildung).

2.6 Schelle des Einlassschlauchs

7 Lösen Sie am Innenkotflügel die Mutter des Luftfiltergehäuses (siehe Abbildung).

2.7 Luftfiltergehäuse-Mutter am Innenkotflügel

8 Ziehen Sie das Luftfiltergehäuse hoch, um dessen Zapfen aus der Gummiöse zu befreien und das Gehäuse zu entfernen (siehe Abbildungen).

2.8a Heben Sie das Gehäuse an – hier gezeigt am 1,5 l-Motor ...

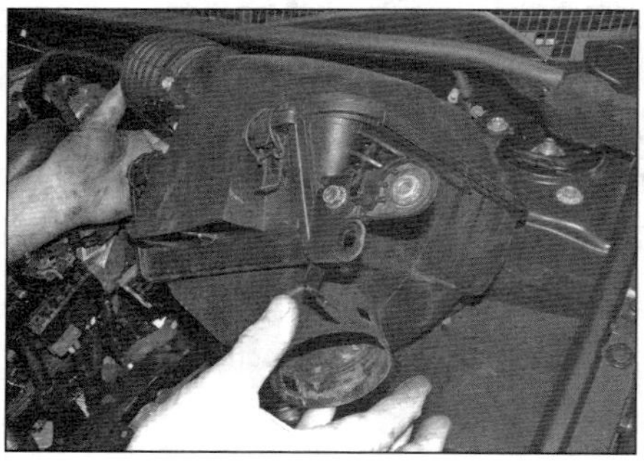

2.8b ... und hier am 2,0 l-Motor – ,

2.8c ... um seinen Zapfen aus der Gummiöse zu befreien.

9 Befreien Sie bei 1,5 l-Motoren den Ansaugstutzen unten vom Luftfiltergehäuse, während dieses abgezogen wird (siehe Abbildung).

2.9 Ziehen Sie bei 1,5 l-Modellen den Stutzen ab.

10 Entfernen Sie nötigenfalls das Luftfilterelement aus dem Gehäuse (siehe Kapitel 1A, Sektion 19).

Einbau

11 Der Einbau entspricht der umgekehrten Ausbaureihenfolge – alle Schläuche und Stecker müssen korrekt angeschlossen sein. Der Ansaugstutzen muss mit seinen Clips gesichert werden.

3 Kraftstoffpumpe und Tankuhr-Geber – Ausbau und Einbau

Die Baugruppe wird bei Dieselmodellen genauso aus- und eingebaut wie bei Benzinmodellen. Beachten Sie die Hinweise in Kapitel 4A, Sektion 7.

4 Kraftstofftank – Ausbau und Einbau

Der Tank wird bei Dieselmodellen genauso aus- und eingebaut wie bei Benzinmodellen. Beachten Sie die Hinweise in Kapitel 4A, Sektion 8.

5 Kraftstoffsystem – Vorfüllen und Entlüften

Warnung: Beachten Sie zunächst die Warnhinweise in Sektion 1! Versuchen Sie nicht, das System durch das Lösen von Anschlüssen des Hochdruckkreises zu entlüften!

Anmerkung: *Das Vorfüllen des Kraftstoffsystems nach einem Filterwechsel wird erleichtert, wenn dieser vor dem Befestigen am Filterkopf mit sauberem Diesel befüllt wird. Um keinen Kraftstoff zu verschütten, muss der Filter beim Einbau aufrecht gehalten werden.*

1 Nachdem Teile des Kraftstoffsystems getrennt wurden oder der Tank leer gefahren wurde, muss das System vorgefüllt und entlüftet werden, da Luftblasen eingedrungen sein können.
2 Alle Modelle sind rechts im Motorraum am Innenkotflügel mit einem Gummibalg als Handpumpe ausgerüstet (siehe Abbildung).

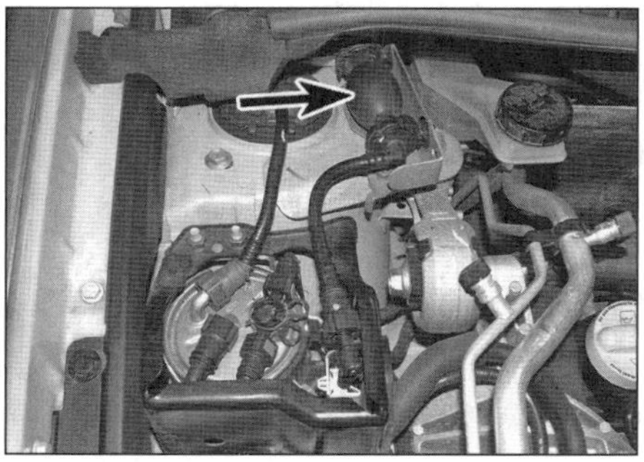

5.2 Gummibalg zum Vorfüllen des Kraftstoffsystems

3 Drücken Sie den Balg mehrmals, um Luft aus dem Niederdruckkreis zu befreien (siehe Abbildung).

5.3 Drücken Sie den Balg, um den Niederdruckkreis zu spülen.

4 Versuchen Sie, den Motor normal zu starten. Betätigen Sie den Anlasser jedoch nicht länger als fünf Sekunden am Stück, sondern geben Sie ihm nach 4 bis 5 Sekunden Betrieb eine Pause von 8 bis 10 Sekunden. Sobald der Motor startet, muss er so lange laufen, bis das erhöhte Standgas in normales Standgas übergeht.
5 Falls beim Herausspülen der Luft aus dem System Schwierigkeiten auftreten (Motor läuft mit unterschiedlichen Drehzahlen), kann das System nötigenfalls durch das Rücklaufrohr entlüftet werden (siehe Abbildungen).

5.5a Entlüftungsstopfen – 1,5 l-Motor

5.5b Entlüftungsstopfen – 2,0 l-Motor

6 Legen Sie saubere Lappen um den Entlüftungsstutzen der Rücklaufleitung, und hebeln Sie den Stopfen mit einem Schraubendreher ab. Drehen Sie den Motor mit dem Anlasser durch, bis sämtliche Luft entwichen ist. Drücken Sie den Stopfen schließlich wieder ein.
7 Starten Sie den Motor, und lassen Sie ihn so lange laufen, bis das erhöhte Standgas in normales Standgas übergeht. Kontrollieren den Bereich um den Entlüftungsstopfen auf Undichtigkeiten.

6 Standgasdrehzahl – Allgemeine Informationen

1 Um die Standgasdrehzahl an den Lastzustand des Motors anzupassen, nutzt das Motorsteuergerät die folgenden Informationen elektrischer oder mechanischer Komponenten:
a) Motortemperatur
b) Batteriespannung
c) Eingelegter Gang
d) Elektrische Verbraucher (Lampen, Gebläse, Klimaanlage usw.)
2 Bei normaler Motortemperatur, eingelegtem Leerlauf und abgeschalteten Verbrauchern liegt die Standgasdrehzahl bei 750 bis 800/min.
3 Falls am Gaspedal-Potentiometer ein Defekt auftritt, erhöht das Steuergerät die Standgasdrehzahl auf ca. 1200/min und im Armaturenbrett leuchtet die Einspritzungs-Warnleuchte auf. Sobald die Bremse getreten wird, sinkt die Drehzahl wieder auf den normalen Wert ab.
4 Falls an der Einspritzung ein Defekt vorliegt, wird ebenfalls die Standgasdrehzahl auf ca. 1200/min erhöht und die Einspritzungs-Warnleuchte aktiviert.
5 Falls die Standgasdrehzahl wiederholt vom vorgegebenen Wert abweicht, sollte das Fahrzeug zu einer Nissan-Werkstatt gebracht werden, wo mithilfe des Diagnosegeräts die Fehlerquelle ermittelt werden kann.

7 Gaspedal – Ausbau und Einbau

Das Gaspedal wird bei Dieselmodellen genauso aus- und eingebaut wie bei Benzinmodellen. Beachten Sie die Hinweise in Kapitel 4A, Sektion 3.

8 Kraftstoffsystem-Komponenten – Ausbau und Einbau

Motorsteuergerät (ECM)

Anmerkung: *Das Motorsteuergerät ist mit einem elektronischen Code an die anderen Komponenten des Fahrzeugs angepasst. Ein neues Steuergerät wird uncodiert ausgeliefert, sodass es von einer Nissan-Werkstatt mit den Informationen des alten Steuergeräts programmiert werden muss.*

1 Das Motorsteuergerät sitzt zwischen der Batterie und dem Luftfiltergehäuse links im Motorraum (siehe Abbildung).

8.1 Einbaulage des Motorsteuergeräts

2 Trennen Sie zunächst das Massekabel (–) der Batterie (siehe Seite 532).

3 Bauen Sie die Batterie aus (siehe Kapitel 5A, Sektion 3).

4 Befreien Sie die über der Halterung gesicherten Unterdruckschläuche (siehe Abbildung).

8.4 Lösen Sie die Unterdruckschläuche von der Steuergeräthalterung.

5 Lösen Sie seitlich am Steuergerät die Arretierungen der drei Stecker, und ziehen Sie diese ab (siehe Abbildung).

8.5 Trennen Sie die Steuergerät-Stecker.

6 Befreien Sie unten an der Steuergeräthalterung die Kabelbaum-Clips (siehe Abbildung).

8.6 Befreien Sie die Kabelbaum-Clips.

7 Lösen Sie die Schrauben der Halterung, und entfernen Sie diese samt Steuergerät aus dem Motorraum (siehe Abbildungen).

8.7a Lösen Sie die Schrauben ...

8.7b ... und entfernen Sie die Halterung samt Steuergerät.

8 Lösen Sie nötigenfalls die Muttern, die das Steuergerät am Halter sichern, und entfernen Sie es (siehe Abbildung).

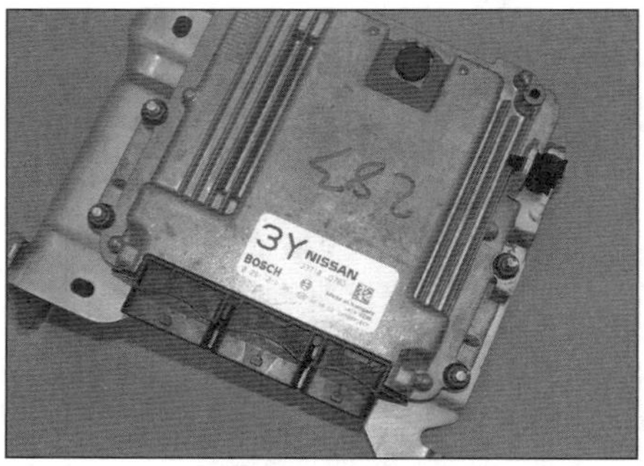

8.8 Das Steuergerät ist mir vier Muttern am Halter gesichert.

9 Der Einbau entspricht der umgekehrten Ausbaureihenfolge – alle Stecker müssen korrekt verbunden und gesichert sein.

Kurbelwellensensor

10 Der Sensor sitzt bei 2,0 l-Motoren hinten links (Getriebe-Ende) im Motorblock; bei 1,5 l-Motoren sitzt er hinten in der Getriebeglocke (siehe Abbildung).

8.10 Position des Kurbelwellensensors bei 1,5 l-Motoren

11 Ziehen Sie den Stecker des Sensors ab.
12 Lösen Sie die Schraube des Sensors, und ziehen Sie diesen aus seinem Sitz (siehe Abbildung).

8.12 Lösen Sie die Schraube und ziehen Sie den Sensor heraus – 2,0 l-Motor

13 Der Einbau entspricht der umgekehrten Ausbaureihenfolge – beachten Sie dabei folgende Punkte:

a) Rüsten Sie den Sensor mit einem neuen O-Ring aus .

b) Schmieren Sie den O-Ring mit etwas Motoröl (siehe Abbildung), stecken Sie den Sensor in seinen Sitz, und ziehen Sie die Schraube sorgfältig an.

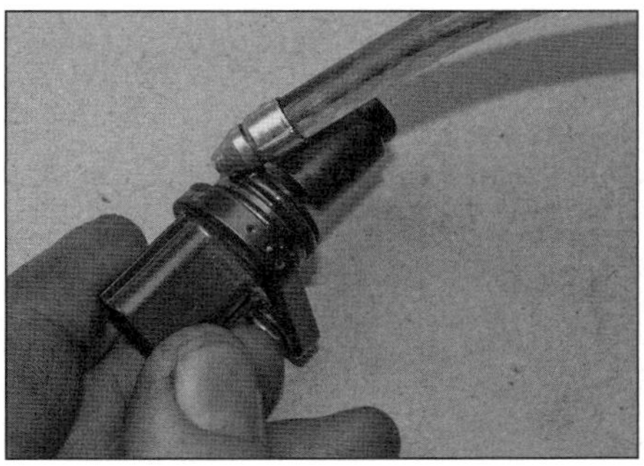

8.13 Schmieren Sie den neuen O-Ring mit Motoröl.

Nockenwellensensor

14 Der Nockenwellensensor sitzt links (Getriebe-Ende) im Zylinderkopf (siehe Abbildungen).

8.14a Position des Nockenwellensensors bei 1,5 l-Motoren

8.14b Position des Nockenwellensensors bei 2,0 l-Motoren

15 Lösen Sie bei 2,0 l-Motoren die Schrauben des über den Zylinderkopf verlaufenden Ansaugrohrs, und befreien Sie den Hitzeschutz vom Ventildeckel (siehe Abbildungen).

8.15a Entfernen Sie bei 2,0 l-Motoren das Ansaugrohr ...

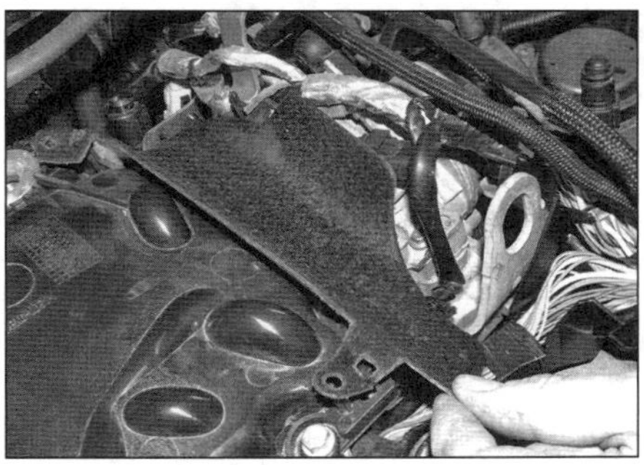

8.15b ... und den Hitzeschutz.

16 Trennen Sie den Stecker des Sensors (siehe Abbildungen).

8.16a Trennen Sie den Stecker des Nockenwellensensors – 1,5 l-Motor.

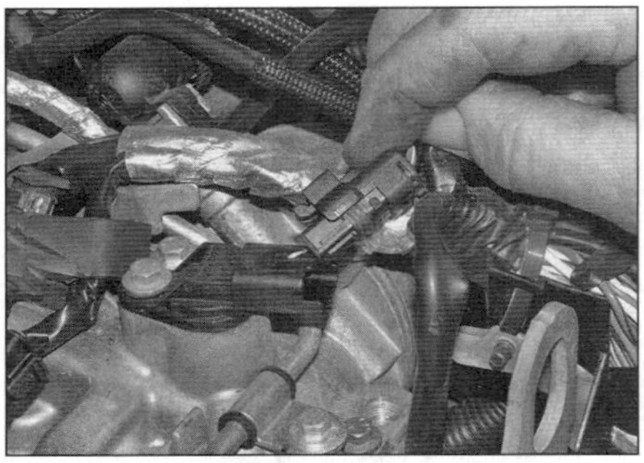

8.16b Trennen Sie den Stecker des Nockenwellensensors – 2,0 l-Motor.

17 Lösen Sie die Schraube des Sensors, und ziehen Sie diesen heraus (siehe Abbildung).

8.17 Lösen Sie die Schraube, und ziehen Sie den Sensor heraus.

18 Entfernen Sie den O-Ring – er muss später durch ein Neuteil ersetzt werden.

19 Der Einbau entspricht der umgekehrten Ausbaureihenfolge – beachten Sie dabei folgende Punkte:

a) Rüsten Sie den Sensor mit einem neuen O-Ring aus.

b) Schmieren Sie den O-Ring mit etwas Motoröl, stecken Sie den Sensor in seinen Sitz, und ziehen Sie die Schraube sorgfältig an.

Kühltemperatursensor

20 Beachten Sie hierzu die Hinweise in Kapitel 3, Sektion 6.

Luftmassensensor

21 Der Sensor sitzt innerhalb Luftfiltergehäuses am Ausgang des Ansaugschlauchs zum Luftklappengehäuse. **Trennen Sie zunächst das Massekabel (–) der Batterie** (siehe Seite 532).

1,5l-Motoren

22 Lockern Sie am Luftmassensensor die Schelle des Ansaugschlauchs und trennen Sie diesen (siehe Abbildung).

8.22 Ziehen Sie den Ansaugschlauch vom Sensor ab.

23 Trennen Sie den Stecker des Luftmassensensors (siehe Abbildung).

8.23 Ziehen Sie den Sensorstecker ab.

24 Lösen sie die Sensorschrauben, und befreien Sie den Sensor aus dem Gehäuse (siehe Abbildung) – der Dichtring muss später erneuert werden.

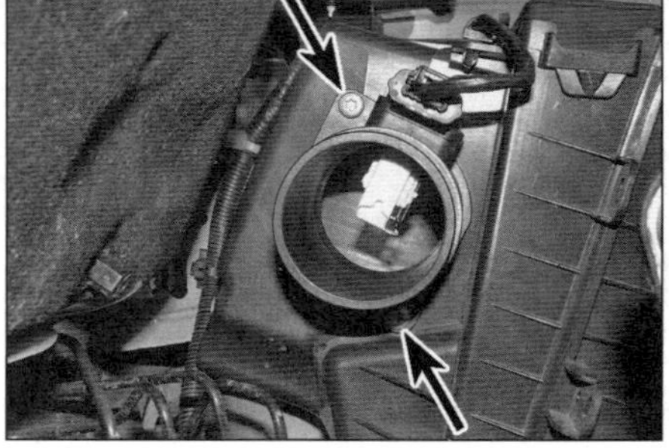

8.24 Schrauben des Luftmassensensors

25 Der Einbau entspricht der umgekehrten Ausbaureihenfolge – verwenden Sie ggf. einen neuen Dichtring, und ziehen Sie die Schrauben sorgfältig an.

2,0 l-Motoren

26 Trennen Sie den Stecker des Luftmassensensors (siehe Abbildung).

8.26 Ziehen Sie den Sensorstecker ab.

27 Lösen sie die Sensorschrauben, und befreien Sie den Sensor aus dem Gehäuse (siehe Abbildung) – der Dichtring muss später erneuert werden.

8.27 Schrauben des Luftmassensensors

28 Der Einbau entspricht der umgekehrten Ausbaureihenfolge – verwenden Sie ggf. einen neuen Dichtring, und ziehen Sie die Schrauben sorgfältig an.

Ansauglufttemperatursensor

29 Dieser Sensor ist in den Luftmassensensor integriert, dessen Aus- und Einbau in den Schritten 15 bis 18 beschrieben ist.

Luftklappengehäuse

1,5 l-Motoren

30 Lockern Sie die Schelle, trennen Sie den Kabelstecker, und lösen Sie die Mutter des Ansaugrohrs, um dieses von der Luftklappen/Dämpfer-Einheit zu trennen (siehe Abbildungen). Verlagern Sie den Schlauch beiseite.

8.30a Lockern Sie die Schelle ...

8.30b ... und entfernen Sie das Ansaugrohr – 1,5 l-Motor.

31 Trennen Sie den Stecker der Luftklappen/Dämpfer-Einheit (siehe Abbildung).

8.31 Ziehen Sie an der Luftklappen/Dämpfer-Einheit den Stecker ab – 1,5 l-Motor.

32 Lösen Sie die Schraube der Halterung und die Muttern des Einlassstutzens (siehe Abbildungen), um die Luftklappen/Dämpfer-Einheit vom Motor zu befreien – die Dichtung muss später erneuert werden.

8.32a Lösen Sie die Schraube ...

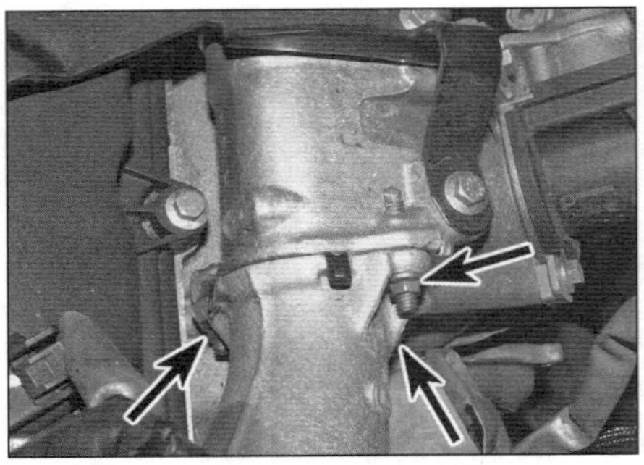

8.32b ... und die Muttern des Einlassstutzens – 1,5 l-Motor.

33 Der Einbau entspricht der umgekehrten Ausbaureihenfolge – verwenden Sie ggf. einen neuen Dichtring, und ziehen Sie die Schraube und Muttern mit jeweils 12 Nm an.

2,0 l-Motoren

34 Trennen Sie die Stecker des Turbolader-Drucksensors und des AGR-Magnetventils.
35 Lockern Sie die Schelle des Einlassschlauchs, um dies von der Luftklappen/Dämpfer-Einheit zu trennen (siehe Abbildung). Verlagern Sie den Schlauch beiseite.

8.35 Trennen Sie den Einlassschlauch von der Luftklappen/Dämpfer-Einheit.

36 Trennen Sie den Stecker der Luftklappen/Dämpfer-Einheit (siehe Abbildung).

8.36 Ziehen Sie an der Luftklappen/Dämpfer-Einheit den Stecker ab – 2,0 l-Motor.

37 Lösen Sie die Schrauben der Halterung und die Muttern des Einlassstutzens, um die Luftklappen/Dämpfer-Einheit vom Motor zu befreien – die Dichtung muss später erneuert werden (siehe Abbildungen).

8.37a Schrauben Sie die Luftklappen/Dämpfer-Einheit ab ...

8.37b ... und entfernen Sie die Dichtung – 2,0 l-Motor.

38 Der Einbau entspricht der umgekehrten Ausbaureihenfolge – verwenden Sie ggf. einen neuen Dichtring, und ziehen Sie die Schrauben und Muttern mit 12 Nm an.

9 Einspritzpumpe – Ausbau und Einbau

Warnung: Beachten Sie vor Arbeitsbeginn die Warnhinweise in Sektion 1.

Achtung: Lassen Sie den Motor zunächst 5 bis 10 Minuten abkühlen – hierbei sinkt auch der Druck im Kraftstoffsystem.
Anmerkung 1: *Die Hochdruck-Einspritzpumpe kann demontiert werden, nachdem der Zahnriemen entfernt ist (siehe Kapitel 2C). Alle getrennten Hochdruckrohre müssen durch Neuteile ersetzt werden.*
Anmerkung 2: *Bei der Arbeit an modernen Dieselmotoren ist absolute Sauberkeit ein entscheidender Punkt für deren Funktionsfähigkeit. Kleinste Fremdkörper können in der Pumpe oder den Einspritzdüsen teure Schäden anrichten. Vor der Demontage der Pumpe und der Einspritzdüsen müssen diese und alle Anschlüsse sorgfältig gereinigt werden. Dichten Sie alle Öffnungen unverzüglich ab, und verpacken Sie demontierte Komponenten sofort in saubere Plastikbeutel.*

Ausbau

1,5 l-Motoren

1 Trennen Sie zunächst das Massekabel (–) der Batterie (siehe Seite 532).

2 Entfernen Sie die obere Motorabdeckung (siehe Abbildung).

9.2 Entfernen Sie die Motorabdeckung.

3 Lockern Sie am Ladeluftkühler-Rohr die Schelle, und trennen Sie den Einlassschlauch (siehe Abbildung).

9.3 Befreien Sie den Einlassschlauch vom Ladeluftkühler-Rohr.

4 Lösen Sie am Turbolader-Ende des Ladeluftkühler-Rohrs die Schraube und die Schelle, um es vom Motor zu befreien (siehe Abbildungen).

9.4a Lösen Sie die Schraube ...

9.4b ... und entfernen Sie das Ladeluftkühler-Rohr.

5 Lösen Sie oben an der Plastikabdeckung der Einspritzpumpe die Schraube und die Mutter, öffnen Sie unten die zwei Drahtbügel, befreien Sie die Kabelbaum-Klemme, und entfernen Sie die Abdeckung (siehe Abbildungen).

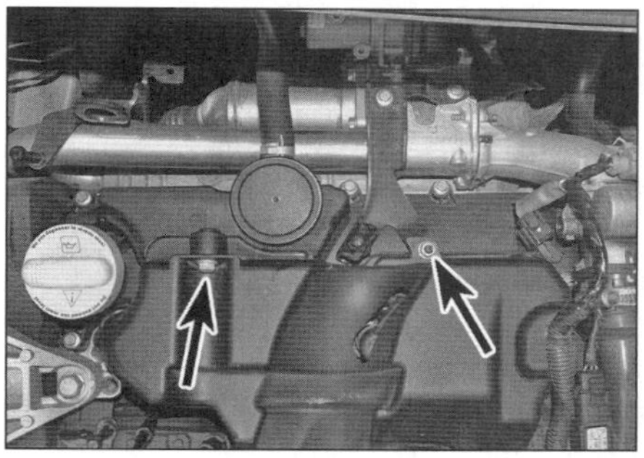

9.5a Lösen sie die Schraube und die Mutter, ...

9.5b ... öffnen Sie die zwei Drahtbügel, ...

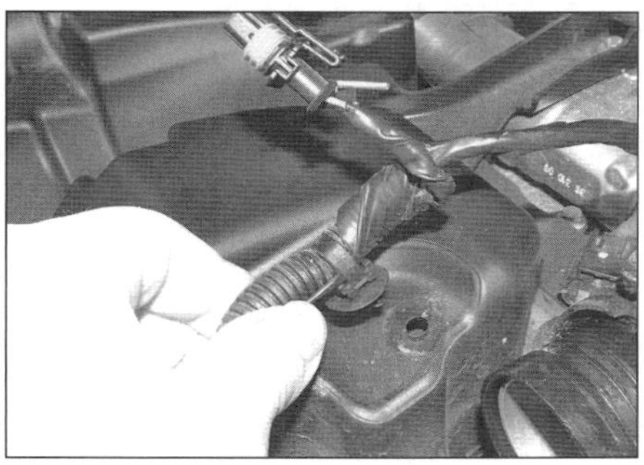

9.5c ... befreien Sie die Kabelbaumklemme ...

9.5d ... und entfernen Sie die Einspritzpumpen-Abdeckung.

6 Lösen Sie die Schraube und Mutter des Halters, um diesen von der Pumpe zu entfernen (siehe Abbildungen).

9.6a Lösen Sie die Schraube und Mutter ...

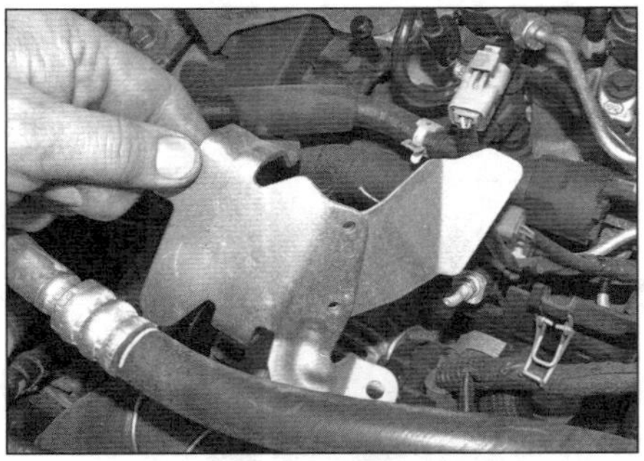

9.6b ... und trennen Sie den Halter von der Pumpe.

7 Lösen Sie vorn am Motor die zwei Schrauben des Peilstab-Halters, und schwenken Sie Sie diesen beiseite (siehe Abbildungen).

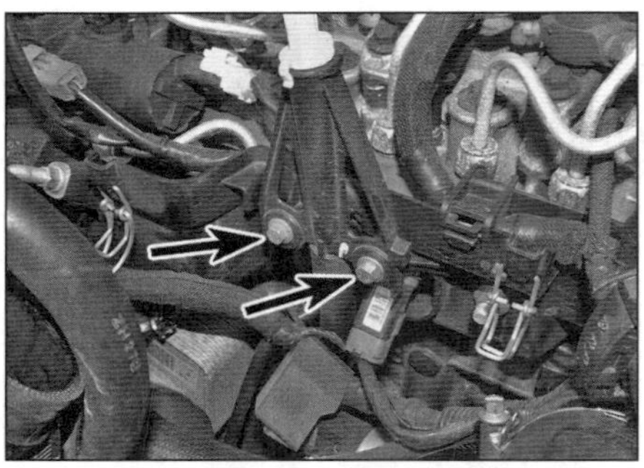

9.7a Lösen Sie die zwei Schrauben ...

9.7b ... und schwenken Sie den Peilstabhalter beiseite.

8 Trennen Sie unten am Druckspeicher den Steck des Druckschalters (siehe Abbildung).

9.8 Trennen Sie den Druckschalter-Stecker.

9 Lösen Sie an der unteren Abdeckung den Clip des Kabelbaums, und befreien Sie diesen.

9.9 Befreien Sie den Kabelbaum von der Kunststoff-abdeckung.

10 Befreien Sie unten an der Abdeckung das Ablaufrohr, lösen Sie die zwei Muttern, und entfernen Sie die untere Abdeckung (siehe Abbildungen).

9.10a Befreien Sie das Ablaufrohr, ...

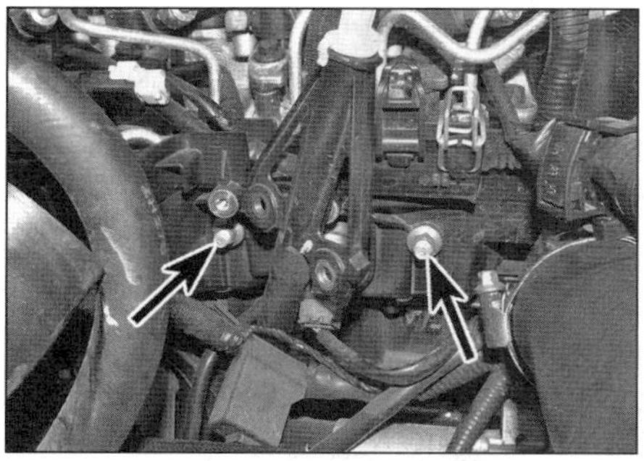

9.10b ... lösen Sie die Muttern ...

9.10c ... und entfernen Sie die untere Kunststoffabdeckung.

11 Heben Sie das Fahrzeug rechts vorn an, und stützen Sie es sicher ab (siehe Seite 535). Demontieren Sie das rechte Vorderrad, den Unterfahrschutz und die Radhausschale.

12 Entfernen Sie den Keilrippenriemen (siehe Kapitel 1B, Sektion 10).

13 Lockern Sie die untere Lichtmaschinenschraube, und entfernen Sie die obere Schraube. Schwenken Sie die Lichtmaschine vom Motor weg.

14 Trennen Sie die drei Kabelstecker der Einspritzpumpe (siehe Abbildungen).

9.14a Trennen Sie die drei Stecker ...

9.14b der Einspritzpumpen-Sensoren.

15 Legen Sie einen sauberen Lappen über die Lichtmaschine, und trennen Sie das Kraftstoffrohr und die Schläuche von der Pumpe (siehe Abbildungen). Weil im System noch Druck herrschen kann, müssen sie zunächst locker mit Lappen umwickelt werden. Das Hochdruck-Kraftstoffrohr muss beim Einbau durch ein Neuteil ersetzt werden. Dichten Sie alle Öffnungen umgehend ab. Lassen Sie keinen Kraftstoff in die Lichtmaschine gelangen.

9.15a Demontieren Sie das Kraftstoffrohr ...

9.15b ... und die Schläuche von der Pumpe.

16 Entfernen Sie den Zahnriemen (siehe Kapitel 2C, Sektion 6) – beachten Sie dort die Hinweise zum generellen Austausch des Riemens.
17 Schrauben Sie die Pumpe ab, und klemmen Sie sie in einen Schraubstock, um das Riemenrad entfernen zu können; blockieren Sie das Rad mit einem Bandschlüssel, um die Schraube zu lockern. Zum Befreien des Rades wird ein Abzieher benötigt.

2,0 l-Motoren

18 Entfernen Sie den Ventildeckel. Lösen Sie dann am Druckspeicher die Anschlussmutter des Hochdruckrohrs, und trennen Sie dies (siehe Abbildung) – der Zugang ist in Sektion 11 beschrieben. Weil im System noch Druck herrschen kann, müssen zunächst lockere Lappen herumgewickelt werden. Dichten Sie alle Öffnungen umgehend ab.

9.18 Trennen Sie das Zulauf-Hochdruckrohr vom Druckspeicher.

19 Zur Verbesserung des Zugangs kann die Batterie ausgebaut werden (siehe Kapitel 5A, Sektion 3).
20 Befreien Sie die Kunststoffabdeckung der Einspritzpumpe, lösen Sie die Anschlussmutter und trennen Sie das Hochdruckrohr von der Pumpe (siehe Abbildung). Dichten Sie alle Öffnungen umgehend ab.

9.20 Entfernen Sie die Plastik-Abdeckung vom Rohranschluss.

21 Trennen Sie an der Hochdruckpumpe die Schnellverschlüsse der Zulauf- und Rücklaufschläuche und dichten Sie alle Öffnungen umgehend ab (siehe Abbildung).

9.21 Drücken Sie die Lasche des Schnellverschlusses ein und trennen Sie den Zulaufschlauch.

22 Lockern Sie schrittweise die Schrauben der Hochdruckpumpe und entfernen Sie sie vom Zylinderkopf – der O-Ring muss aus der Nut befreit und beim Einbau durch ein Neuteil ersetzt werden(siehe Abbildungen).

9.22a Lösen Sie die Schrauben, ...

9.22b ... befreien Sie die Pumpe vom Zylinderkopf ...

9.22c ... und entfernen Sie den O-Ring.

23 Es nötigenfalls das Antriebsrad von der Pumpe, indem Sie es in einen mit weichen Backen ausgerüsteten Schraubstock klemmen und die Mutter lockern. Zum Befreien des Rades wird ein Abzieher benötigt.

Einbau

Anmerkung: *Nissan schreibt vor, einmal getrennte Hochdruckrohre durch Neuteile zu ersetzen.*

24 Der Einbau entspricht der umgekehrten Ausbaureihenfolge. Das neue Hochdruckrohr darf nicht überlastet werden. Eine neue Pumpe sollte vor dem Einbau auf der Werkbank mit Diesel vorgefüllt werden.

25 Rüsten Sie bei 2,0 l-Motoren die Pumpe mit einem neuen O-Ring aus, und verwenden Sie neue Schrauben.

26 Neuen Hochdruckrohren sollte Schmiermittel beigefügt sein; andernfalls sind sie selbstschmierend und müssen nicht mit Schmierstoff versehen werden.

27 Ziehen Sie alle Muttern und Schrauben mit den in den technischen Daten angegebenen Drehmomenten an; kontern Sie bei den Anschlussmuttern den Sechskant.

28 Füllen Sie das Kraftstoffsystem vor und entlüften Sie es (siehe Sektion 5).

29 Bevor der Motor gestartet wird, kann es nötig sein, dass alle im Motorsteuergerät gespeicherten Fehler mithilfe eines Diagnosegeräts gelöscht werden müssen.

10 Einspritzdüsen – Test, Ausbau und Einbau

Warnung: Extreme Vorsicht ist bei Arbeiten am Hochdruckbereich des Kraftstoffsystems geboten: Versuchen Sie niemals, bei laufendem Motor die Einspritzdüsen zu testen oder die Hochdruckleitungen zu trennen. Halten Sie niemals ihre Hände oder andere Körperteile in die Nähe von Lecks im Hochdruck-Kraftstoffsystem – der Strahl kann die Haut durchdringen und lebensgefährliche Verletzungen verursachen. Jede Arbeit, die das Testen der Einspritzdüsen unter Druck erfordert, MUSS von einer Fachwerkstatt ausgeführt werden! Bevor Arbeiten am Kraftstoffsystem erledigt werden, müssen die Hinweise in Sektion 1 durchgelesen werden. Lassen Sie den Motor zunächst 5 bis 10 Minuten abkühlen – hierbei sinkt auch der Druck im Kraftstoffsystem.

Anmerkung: *Jede Einspritzdüse ist mit einem elektronischen Code ausgerüstet, der ihre Strömungscharakteristik festlegt. Dieser Code muss mithilfe eines speziellen Diagnosegeräts ins Motorsteuergerät einprogrammiert werden. Aus diesem Grund sollte die Arbeit einer entsprechend ausgerüsteten Nissan-Werkstatt überlassen werden.*

Testen

1 Die Einspritzdüsen können ohne ein spezielles Diagnosegerät nicht getestet werden, sodass bei einem Defekt eine entsprechend ausgerüsteten Nissan-Werkstatt konsultiert werden muss.

Ausbau

Anmerkung 1: *Bei der Arbeit muss absolute Sauberkeit herrschen. Kleinste Fremdkörper können in Einspritzdüsen teure Schäden anrichten. Vor der Demontage der Einspritzdüsen müssen diese und alle Anschlüsse sorgfältig gereinigt werden. Dichten Sie alle Öffnungen unverzüglich ab, und verpacken Sie demontierte Komponenten sofort in saubere Plastikbeutel.*

Anmerkung 2: *Nissan schreibt vor, alle Hochdruckrohre nach dem Lösen der Anschlüsse durch Neuteile zu ersetzen. Auch die Flammhülsen-Scheiben müssen durch Neuteile ersetzt werden.*

1 Trennen Sie zunächst das Massekabel (–) der Batterie (siehe Seite 532).

1,5 l-Motoren

3 Entfernen Sie die obere Schutzabdeckung vom Zylinderkopf (siehe Sektion 9, Schritte 2 bis 5).

4 Reinigen Sie zunächst sorgfältig den Bereich um die Einspritzdüsen und die Rohr-Anschlüsse.

5 Trennen Sie den Kabelstecker oben von der Einspritzdüse (siehe Abbildung).

10.5 Trennen Sie den Einspritzdüsenstecker.

6 Kontern Sie mit einem Maulschlüssel den Anschluss der Einspritzdüse, während Sie möglichst mit einem Anschlussmutterschlüssel (ein offener Ringschlüssel) oder anderem Maulschlüssel die Mutter der Hochdruckleitung lockern. Weil im System noch Druck herrschen kann, müssen zunächst lockere Lappen herumgewickelt werden. Lösen Sie genauso den Anschluss am Druckspeicher und entfernen Sie das Rohr (siehe Abbildungen) – es muss beim Einbau durch ein Neuteil ersetzt werden. Dichten Sie alle Öffnungen umgehend ab.

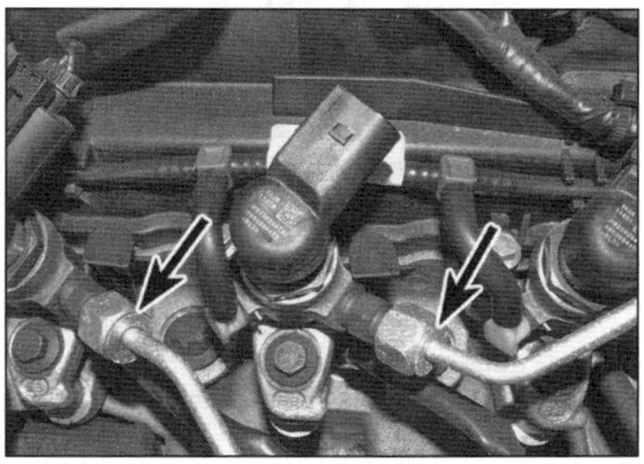

10.6a Lösen Sie die Anschlussmuttern an der Einspritzdüse ...

10.6b ... und am Druckspeicher.

7 Lösen Sie an der Seite der Einspritzdüse mit einem kleinen Schraubendreher den Sicherungsclip der Rücklaufleitung, um diese zu befreien (siehe Abbildung). Dichten Sie alle Öffnungen umgehend ab.

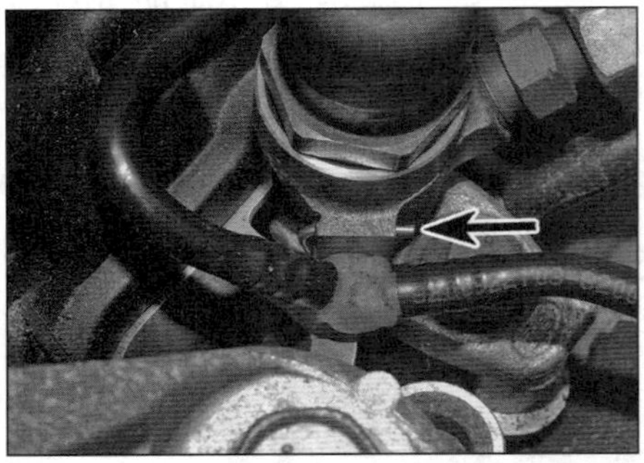

10.7 Lösen Sie den Clip des Rücklaufleitungs-Stutzens.

8 Lösen Sie die Schraube der Einspritzdüsen-Klemmplatte aus dem Zylinderkopf (siehe Abbildung). Heben Sie die Platte an, entfernen Sie die Einspritzdüse und entnehmen Sie die zwischen der Düse und dem Zylinderkopf sitzende Flammhülsen-Scheibe.

10.8 Einspritzdüsen-Sicherungsschrauben

2,0 l-Motoren

9 Entfernen Sie den Zylinderkopfdeckel (siehe Kapitel 2D).
10 Lösen Sie die Schrauben des Ölabscheiders, um diesen oben vom Zylinderkopf zu befreien (siehe Abbildung).

10.10 Entfernen Sie den Ölabscheider.

11 Reinigen Sie zunächst sorgfältig den Bereich um die Einspritzdüsen und die Rohr-Anschlüsse.
12 Trennen Sie den Kabelstecker oben von der Einspritzdüse (siehe Abbildung).

10.12 Trennen Sie den Einspritzdüsenstecker.

13 Notieren Sie die Einbauposition der Rücklaufleitung und befreien Sie sie von den Einspritzdüsen (siehe Abbildung).

10.13 Befreien Sie die Rücklaufleitung von den Einspitzdüsen.

14 Lösen Sie die Anschlussmuttern der Hochdruckrohre am Druckspeicher – seien Sie dabei aus austretenden Kraftstoff vorbereitet. Lösen Sie dann die Anschlussmuttern an den Einspritzdüsen, um die Rohre zu befreien. Lösen Sie nötigenfalls die Schrauben ihrer Halteklemmen (siehe Abbildungen). Weil im System noch Druck herrschen kann, müssen zunächst lockere Lappen herumgewickelt werden. Dichten Sie alle Öffnungen umgehend ab.

10.14a Lösen Sie die Anschlussmuttern ...

10.14b ... und nötigenfalls die Schrauben der Rohrklemmen ...

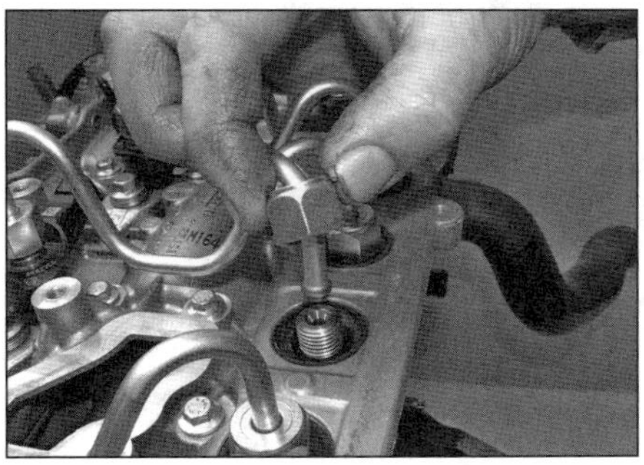

10.14c ... und trennen Sie die Rohre von den Einspritzdüsen und dem Druckspeicher.

15 Markieren Sie mit einem Filzstift die Einspritzdüsen entsprechend ihrer Zylinder (Nr. 1 ist rechts an der Steuerkettenseite). Dies ist wichtig, weil die Motorsteuerung jede Düse »kennt« und ihrem ursprünglichen Zylinder zugewiesen hat. Falls neue Einspritzdüsen installiert werden, muss ihr Code mithilfe eines Diagnosegeräts ins Steuergerät einprogrammiert werden.

16 Lösen Sie die Schraube der Einspritzdüsen-Klemmplatte aus dem Zylinderkopf. Heben Sie die Platte an, entfernen Sie die Einspritzdüse und entnehmen Sie die zwischen der Düse und dem Zylinderkopf sitzende Flammhülsen-Scheibe (siehe Abbildungen).

10.16a Lösen Sie die Einspritzdüsen-Sicherungsschrauben, ...

10.16b ... entfernen Sie das Klemmstück, ...

10.16c ... ziehen Sie die Einspritzdüse heraus ...

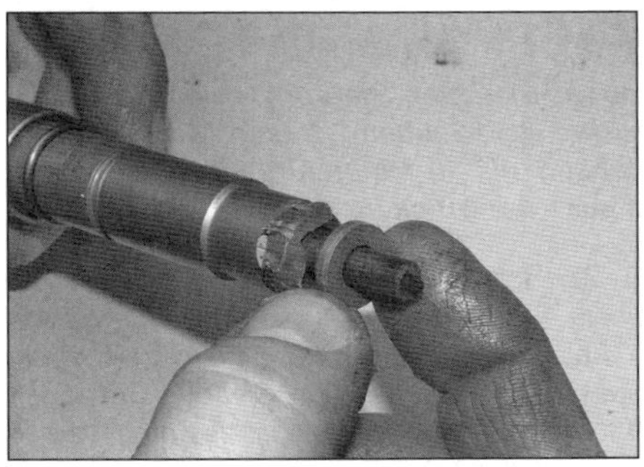

10.16d ... und entfernen Sie die Flammhülsen-Scheibe.

Einbau

Achtung: Lassen Sie die Einspritzdüsen nicht fallen – die Nadeln an ihren Spitzen würden dabei beschädigt werden. Einspritzdüsen sind Präzisions-Anfertigungen, die vorsichtig behandelt werden müssen und z. B. niemals in einen Schraubstock gespannt werden dürfen. Es wird empfohlen, Einspritzdüsen stets senkrecht zu lagern.

17 Reinigen Sie den Zylinderkopf, sodass keine Fremdkörper ins Kraftstoffsystem gelangen können. Die Einspritzdüsen dürfen mit einem fusselfreien Lappen und Bremsenreiniger oder Dieselöl gereinigt werden – aber **niemals** mit einer Drahtbürste oder Schleifpapier.
18 Beschaffen Sie für den Einbau neue Flammhülsen-Scheiben und neue Hochdruckrohre.
19 Installieren Sie die Dichtscheiben zwischen die Einspritzdüsen und den Zylinderkopf. Führen Sie die Düsen in ihre Bohrungen ein und setzen Sie die Klemmplatten an. Installieren Sie die Schrauben und ziehen Sie sie mit 35 Nm an.
20 Setzen Sie die neuen Hochdruckrohre an, und drehen Sie die Anschlussmuttern zunächst handfest auf die Stutzen der Einspritzdüsen und des Druckspeichers. Jede Rohrklemme muss an ihrer ursprünglichen Position sitzen. Falls diese Klemmen angesichts der starken Vibrationen eines Dieselmotors falsch positioniert sind oder fehlen, können brechende oder reißende Rohre rasch Probleme bereiten. Sobald alle Rohre korrekt positioniert sind, können die Anschlussmuttern mit dem vorgegebenen Drehmoment angezogen werden – 24 Nm bei 1,5l-Motoren und 32 Nm bei 2,0 l-Motoren.
21 Installieren Sie die ggf. neuen Rücklaufrohre in der ursprünglichen Position.
22 Verbinden Sie die Einspritzdüsen-Stecker.
23 Montieren Sie den Zylinderkopfdeckel oder Ventildeckel (siehe Kapitel 2C oder 2D).
24 Schließen Sie die Batterie wieder an.
25 Falls neue Einspritzdüsen installiert wurden, müssen ihre Codes von einer Nissan-Werkstatt in die Motorsteuerung einprogrammiert werden.
26 Starten Sie den Motor; falls dabei Schwierigkeiten auftreten, muss das Kraftstoffsystem entlüftet werden (siehe Sektion 5).

11 Einspritzungs-Druckspeicher (»Common Rail«) – Ausbau und Einbau

Warnung: Beachten Sie vor Beginn der Arbeit die Hinweise in Sektion 1. Lassen Sie den Motor zunächst 5 bis 10 Minuten abkühlen – hierbei sinkt auch der Druck im Kraftstoffsystem.

Anmerkung 1: *Bei der Arbeit muss absolute Sauberkeit herrschen. Kleinste Fremdkörper können in Einspritzdüsen teure Schäden anrichten. Reinigen Sie die Bereiche um die Rohranschlüsse sorgfältig. Dichten Sie alle Öffnungen unverzüglich ab, und verpacken Sie demontierte Komponenten sofort in saubere Plastikbeutel.*
Anmerkung 2: *Nissan schreibt vor, alle Hochdruckrohre nach dem Lösen der Anschlüsse durch Neuteile zu ersetzen.*

Ausbau

1 Trennen Sie zunächst das Massekabel (–) der Batterie (siehe Seite 532).
2 Entfernen Sie ggf. die Kunststoffabdeckung oben vom Motor.

1,5 l-Motoren

3 Entfernen Sie die obere und untere Schutzabdeckung vom Zylinderkopf (siehe Sektion 9, Schritte 2 bis 10).
4 Trennen Sie die Stecker der Glühkerzen und verlagern Sie den Kabelbaum beiseite (siehe Abbildung).

11.4 Trennen Sie den Glühkerzenstecker.

5 Lösen Sie die Anschlussmuttern des Hochdruckrohrs an der Einspritzpumpe und dem Druckspeicher (siehe Abbildung). Weil im System noch Druck herrschen kann, müssen zunächst lockere Lappen herumgewickelt werden. Dichten Sie alle Öffnungen umgehend ab. Das Rohr muss beim Einbau durch ein Neuteil ersetzt werden.

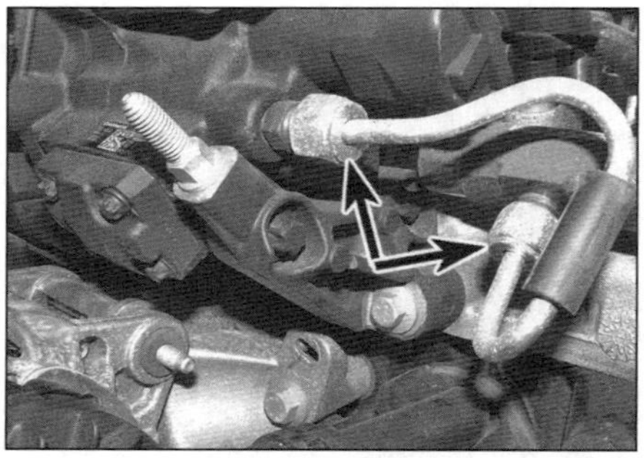

11.5 Entfernen Sie das Hochdruckrohr.

6 Kontern Sie mit einem Maulschlüssel den Anschluss der Einspritzdüse, während Sie möglichst mit einem Anschlussmutterschlüssel (ein offener Ringschlüssel) oder anderem Maulschlüssel die Mutter der Hochdruckleitung lockern. Weil im System noch Druck herrschen kann, müssen zunächst lockere Lappen herumgewickelt werden. Lösen Sie genauso den Anschluss am Druckspeicher und entfernen Sie das Rohr (siehe Abbildungen) – es muss beim Einbau durch ein Neuteil ersetzt werden. Dichten Sie alle Öffnungen umgehend ab.
7 Lösen Sie die Befestigungsmuttern des Druckspeichers und ziehen Sie ihn von den Stehbolzen des Zylinderkopfs (siehe Abbildung).

11.7 Lösen Sie die Druckspeicher-Muttern.

2,0 l-Motoren

8 Der Druckspeicher sitzt seitlich am Nockenwellengehäuse, während die Einspritzdüsen- und Pumpen-Anschlüsse oben durch den Rahmen geführt sind. Entfernen Sie zunächst die Zylinderkopfabdeckung und den Ölabscheider vom Motor (siehe Kapitel 2D).

9 Trennen Sie an beiden Seiten des Druckspeichers die Kabelstecker (siehe Abbildungen). **Anmerkung**: *Der (in Fahrtrichtung) links sitzende Sensor überwacht den Druck im Speicher, während rechts das Kraftstoffdruck-Regelventil sitzt.*

11.9a Trennen Sie den Drucksensor-Stecker ...

11.9b ... und den Regelventil-Stecker.

10 Trennen Sie rechts am Druckspeicher den Rücklaufschlauch (siehe Abbildung)

11.10 Rücklaufschlauch-Schnellverschluss

11 Befreien Sie am Hochdruckpumpenanschluss die Kunststoffabdeckung und lösen Sie die Anschlussmutter, um das Rohr zu befreien (siehe Sektion 9). Weil im System noch Druck herrschen kann, müssen zunächst lockere Lappen herumgewickelt werden.

12 Lösen Sie die Anschlussmutter des Hochdruckrohrs vom Druckspeicher, lösen Sie die Klemmbefestigung des Rohrs, und entfernen Sie dieses (siehe Abbildungen) – es muss später durch ein Neuteil ersetzt werden.

11.12 Lösen Sie die Anschlussmutter und die Klemmen-Schraube

13 Trennen Sie die Rohre zwischen dem Druckspeicher und den Einspritzdüsen (siehe Sektion 10) (siehe Abbildung) – beim Einbau müssen Neuteile beschafft werden.

11.13 Entfernen Sie die vier Einspritzdüsen-Rohre.

14 Bedecken oder verstopfen Sie alle Öffnungen, um keinen Staub oder Schmutz ins Kraftstoffsystem eindringen zu lassen.

15 Lösen Sie die Befestigungsschrauben des Druckspeichers, und befreien Sie ihn vom Zylinderkopf (siehe Abbildungen).

11.15a Lösen Sie die Druckspeicher-Schrauben ...

11.15b ... und senken Sie den Druckspeicher ab, um ihn zu entfernen.

Einbau

Anmerkung: *Nissan schreibt vor, einmal getrennte Hochdruckrohre durch Neuteile zu ersetzen.*

16 Der Einbau entspricht der umgekehrten Ausbaureihenfolge. Neuen Hochdruckrohren sollte Schmiermittel beigefügt sein; andernfalls sind sie selbstschmierend und müssen nicht mit Schmierstoff versehen werden. Die Rohre dürfen nicht überlastet werden.

17 Ziehen Sie alle Muttern und Schrauben mit den in den technischen Daten angegebenen Drehmomenten an; kontern Sie bei den Anschlussmuttern den Sechskant.

18 Füllen Sie das Kraftstoffsystem vor, und entlüften Sie es (siehe Sektion 5).

19 Bevor der Motor gestartet wird, kann es nötig sein, dass alle im Motorsteuergerät gespeicherten Fehler mithilfe eines Diagnosegeräts gelöscht werden müssen.

12 Einlassstutzen – Ausbau und Einbau

1,5 l-Motoren

1 Der Einlassstutzen ist in den Zylinderkopf integriert und kann daher nicht separat demontiert werden.

2,0 l-Motoren

2 Der Einlassstutzen sitzt vorn am Zylinderkopf. Entfernen Sie zunächst die obere Motorabdeckung, bauen Sie die Batterie aus, und entfernen Sie ihren Träger (siehe Kapitel 5A).

3 Demontieren Sie vorn am Motor den Ansaugstutzen und das Ladeluftkühler-Einlassrohr.

4 Entfernen Sie das Luftklappengehäuse (siehe Sektion 8).

5 Schrauben Sie am Einlassstutzen das AGR-Kühlerrohr ab, und entfernen Sie die Dichtung (siehe Abbildungen).

12.5a Entfernen Sie das AGR-Kühlerrohr ...

12.5b ... samt Dichtung.

6 Lösen Sie die Befestigungsschrauben des Einlassstutzens, und befreien Sie diesen vom Zylinderkopf. Entnehmen Sie die Dichtung (siehe Abbildungen). Beschaffen Sie für den Einbau neue Dichtungen für den Einlassstutzen und das AGR-Kühlerrohr.

12.6a Entfernen Sie den Einlassstutzen

12.6b ... samt Dichtung.

7 Der Einbau entspricht der umgekehrten Ausbaureihenfolge. Verwenden Sie neue Dichtungen, und ziehen Sie die Einlassstutzenschrauben schrittweise bis zum Drehmoment von 25 Nm an.

8 Reinigen Sie die Dichtflächen des Zylinderkopfs und des Stutzens, und legen Sie eine neue Dichtung über die Stehbolzen.

13 Auspuffstutzen – Ausbau und Einbau

Ausbau

1 Der Auspuffstutzen sitzt hinten am Zylinderkopf. Entfernen Sie zunächst die obere Motorabdeckung, und trennen Sie den Masseanschluss (–) der Batterie.
2 Betätigen Sie die Handbremse, heben Sie das Fahrzeug vorn an, und stützen Sie es sicher ab (siehe Seite 535).
3 Trennen Sie das vordere Auspuffrohr oder den Partikelfilter vom Auspuffstutzen (siehe Sektion 17).
4 Demontieren Sie den Turbolader (siehe Sektion 15). Falls nur die Auspuffstutzendichtung erneuert werden soll, kann der Turbolader angeschlossen bleiben.

1,5 l-Motoren

5 Lockern Sie die zwei Schellen des zwischen dem Einlass- und dem Auspuffstutzen sitzenden AGR-Rohrs – Nissan empfiehlt, das Rohr samt Schellen nach jedem Ausbau zu erneuern.
6 Lösen Sie die Schrauben der AGR-Baugruppe, und entfernen Sie diese vom Einlassstutzen.
7 Lockern Sie schrittweise die acht Muttern des Auspuffstutzens, und ziehen Sie diesen vom Zylinderkopf ab – die Metalldichtung muss beim Einbau erneuert werden (siehe Abbildungen).

13.7a Entfernen Sie den Auspuffstutzen

13.7b ... samt Dichtung.

2,0 l-Motoren

9 Lösen Sie am Auspuffstutzen und am Zylinderkopf die Schrauben des AGR-Rohrs, und schrauben Sie am Rohr den Hitzeschutz ab.
10 Lösen Sie die Schrauben des AGR-Kühlerrohrs am AGR-Kühler und am Auspuffstutzen, und entnehmen Sie die Dichtungen (siehe Abbildungen) – diese müssen später erneuert werden.

13.10a Lösen Sie das AGR-Rohr vom Auspuffstutzen ...

13.10b ... und entfernen Sie die Dichtung.

11 Lockern Sie schrittweise die acht Muttern des Auspuffstutzens, entnehmen Sie die Distanzhülsen, und ziehen Sie den Stutzen vom Zylinderkopf ab – die Metalldichtung und die Muttern müssen beim Einbau erneuert werden (siehe Abbildungen).

13.11a Entfernen Sie den Auspuffstutzen-Muttern samt Distanzhülsen, ...

13.11b ... ziehen Sie den Stutzen ab ..

13.11c ... und entfernen Sie die Dichtung.

12 Kontrollieren Sie die Auspuffstutzen-Stehbolzen und ersetzen Sie sie nötigenfalls – sie müssen mit 9 Nm angezogen werden.

Einbau

13 Der Einbau entspricht der umgekehrten Ausbaureihenfolge. Verwenden Sie neue Dichtungen (die Lasche der Auspuffstutzendichtung muss nach links zeigen), und ziehen Sie die Auspuffstutzenmuttern schrittweise zunächst mit 18 und in einem zweiten Durchgang mit 30 Nm an.

14 Turbolader – Beschreibung und Vorsichtsmaßnahmen

Beschreibung

1 Um die Leistung der Motoren zu erhöhen, sind die Dieselmotoren mit Turboladern ausgerüstet, die den Luftdruck im Einlassstutzen über den atmosphärischen Druck anheben. Der Motor muss die Luft also nicht ansaugen, sondern wird »druckbeatmet«.

2 Die Energie zum Betreiben des Turboladers liefern die Abgase. Diese strömen durch ein speziell geformtes Gehäuse (das Turbinengehäuse) und versetzen dabei das Turbinenrad in Drehung. Dieses Rad sitzt auf einer Welle, an dessen anderem Ende ein weiteres Flügelrad sitzt – das Verdichterrad. Dieses dreht sich in einem eigenen Gehäuse und drückt Frischluft in den Einlassstutzen.

3 Zwischen dem Turbolader und dem Einlassstutzen strömt die komprimierte Luft durch den Ladeluftkühler (»Intercooler«), der sich zwischen der Stoßstange und dem Klimaanlagen-Verflüssiger befindet und vom Fahrtwind durchströmt wird. Die im Turbolader erwärmte Luft kühlt ab, wird dabei dichter und kann dadurch nochmals die Motorleistung verbessern.

4 Der im Einlassstutzen vorhandene »Ladedruck« wird durch ein Regelventil (»Wastegate«) begrenzt, indem es mithilfe einer druckempfindlichen Betätigung die Abgase vom Turbinenrad ablenkt. Der Turbolader-Druck wird von einem Drucksensor am Lufteinlass überwacht (siehe Abbildungen).

14.4a Turbolader-Drucksensor – 1,5 l-Motoren

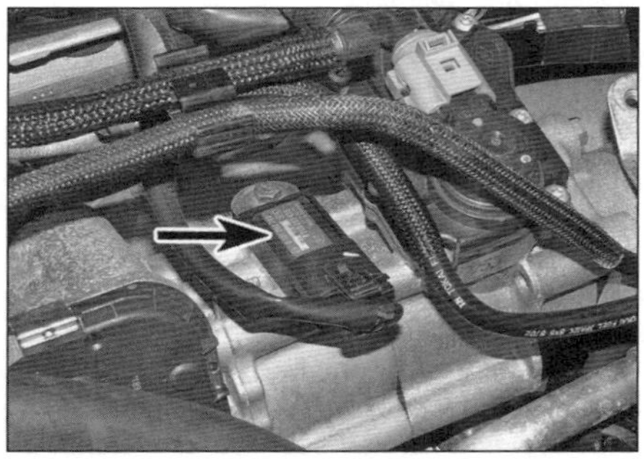

14.4b Turbolader-Drucksensor – 2,0 l-Motoren

5 Das Ladedruckregelungs-Magnetventil sitzt neben dem Luftfiltergehäuse links im Motorraum (Abb. 2.4a und b).

6 Die im Lagergehäuse drehende Welle wird durch ein an den Haupt-Ölkanal angeschlossenes Ölrohr mit Drucköl versorgt und geschmiert; durch ein Rücklaufrohr gelangt das Öl zurück in die Ölwanne.

7 Einige Modelle sind mit einer elektrischen Kühlmittelpumpe ausgerüstet, die unterhalb des Getriebes hinten am Hilfsrahmen sitzt und die Aufgabe hat, den Turbolader zu kühlen. In der Motorraum-Sicherungsbox befindet sich ein Relais, das diese Pumpe steuert (siehe Abbildungen).

14.7a Die elektrische Kühlmittelpumpe für den Turbolader sitzt am Hilfsrahmen.

14.7b Das Relais für die elektrische Kühlmittelpumpe

Vorsichtsmaßnahmen

• Der Turbolader arbeitet mit extrem hohen Drehzahlen und Temperaturen. Um Verletzungen und einen vorzeitigen Ausfall des Turboladers zu verhindern, müssen einige Vorkehrungen getroffen werden:

• Der Motor darf – vor allem im kalten Zustand – niemals direkt nach dem Start hochgedreht werden. Lassen Sie dem Öl einige Sekunden Zeit, im Lager der Turbolader-Welle Druck aufzubauen.

• Lassen Sie den Motor vor dem Abschalten einige Sekunden im Standgas laufen – durch Abschalten direkt nach höheren Drehzahlen würde die Turboladerwelle ohne Öldruck weiterdrehen, sodass ihr Lager beschädigt werden kann.

• Lassen Sie den Motor nach längeren Hochgeschwindigkeitsfahrten einige Minuten im Standgas laufen, damit der Turbolader die darin entwickelte Hitze abgeben kann.

• Beachten Sie die empfohlenen Öl- und Filterwechsel-Intervalle, und verwenden Sie das vom Hersteller empfohlene Öl. Vernachlässigte Wechselintervalle oder minderwertige Öle können an der Turboladerwelle Kohleablagerungen hinterlassen, die zu vorzeitigen Schäden führen können.

⚠ ***Warnung: Der Turbolader darf niemals mit freiliegenden Bauteilen oder entfernten Schläuchen oder Leitungen betrieben werden. Falls auch nur kleine Fremdkörper in die rotierenden Flügelräder fallen, können große Schäden entstehen und herausgeschleuderte Teile können schwere Verletzungen hervorrufen.***

15 Turbolader – Ausbau und Einbau

Anmerkung 1: *Die Befestigungsmuttern zum Auspuffstutzen müssen beim Einbau durch Neuteile ersetzt werden.*
Anmerkung 2: *Die Ölrohre müssen beim Einbau mit neuen O-Ringen und Kupfer-Dichtscheiben ausgerüstet werden.*
Ausbau
1 Betätigen Sie die Handbremse, heben Sie das Fahrzeug vorn an, und stützen Sie es sicher ab (siehe Seite 535).
2 Trennen Sie das Massekabel (–) der Batterie (siehe Seite 532).
3 Entfernen Sie die obere Motorabdeckung sowie die Luftfilter-Baugruppe (siehe Sektion 2).

1,5 l-Motoren

4 Trennen Sie an der Rückseite des Motors die Verkabelung vom Lufttemperatursensor und dem AGR-Magnetventil.
5 Trennen Sie das Rohr des Turbolader-Regelventils vom Ansaugstutzen.
6 Lockern Sie die Schellen der zwischen der AGR-Einheit und dem Turbolader sitzenden Stutzen, und trennen Sie diese.
7 Schrauben Sie die Motor-Hebeöse rechts hinten aus dem Zylinderkopf.
8 Lösen Sie die Schraube des Metall-Ansaugrohrs, und entfernen Sie dieses.
9 Lösen Sie die vier Muttern, die den Katalysator am Turbolader sichern (siehe Abbildung).

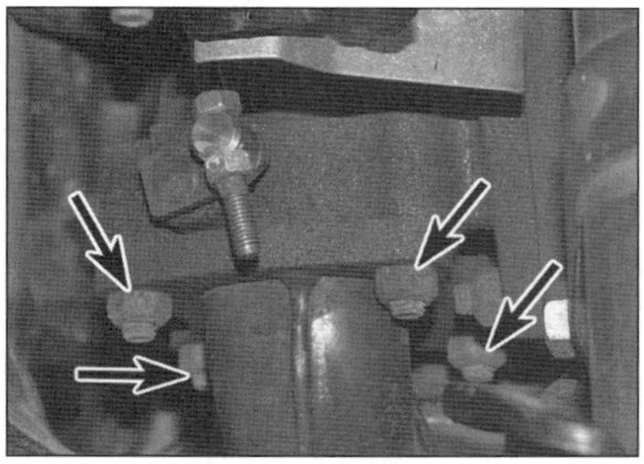

15.9 Katalysator-Befestigungsmuttern am Turbolader

10 Lösen Sie von unten die Muttern, mit denen der flexible Flansch des Zwischenrohrs am Katalysator gesichert ist. Schrauben Sie die seitliche Strebe zwischen Katalysator und Motorblock ab (siehe Abbildung).

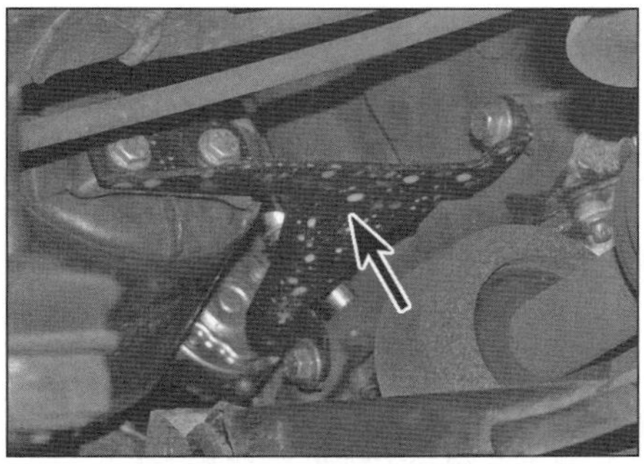

15.10 Entfernen Sie die Haltestrebe des Katalysators.

11 Nachdem alle Befestigungen des Katalysators gelöst sind, wird er so weit wie möglich abgesenkt (siehe Abbildung) oder vollständig demontiert.

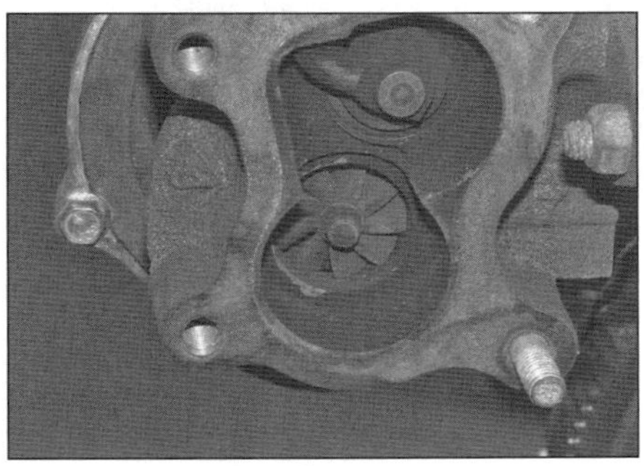

15.11 Blick auf das Überdruckventil (oben) und die Antriebsturbine (unten) bei demontiertem Katalysator

12 Schrauben Sie im Motorraum den Hitzeschutz vom AGR-Magnetventil ab.
13 Lösen Sie am Turbolader den Anschluss des Öl-Zulaufrohrs, und stellen Sie die Dichtscheiben sicher. Lösen Sie dann den Rohranschluss am Zylinderkopf (siehe Abbildungen).

15.13a Lösen Sie die Anschlussschraube des Öl-Zulaufrohrs am Turbolader ...

15.13b ... und dessen Anschlussmutter am Zylinderkopf.

14 Lösen Sie unten am Turbolader die Schrauben des Rücklaufrohr-Flansches. Nötigenfalls kann das Rohr auch aus dem Motorblock befreit werden (siehe Abbildungen).

15.14a Rücklaufrohr-Flanschschrauben unten am Turbolader

15.14b Befreien Sie das Rücklaufrohr nötigenfalls aus dem Motorblock.

15 Lösen Sie die oberen und unteren Turbolader-Befestigungsmuttern (siehe Abbildungen), und entnehmen Sie den Turbolader ggf. samt Rücklaufrohr vom Auspuffstutzen. Keinesfalls darf versucht werden, die Einlass- und Auslass-Bereiche des Turboladers zu trennen.

15.15a Lösen Sie die zwei oberen ...

15.15b ... und die untere Mutter des Turboladers.

2,0 l-Motoren

16 Entfernen Sie ggf. den Partikelfilter (siehe Sektion 17).

17 Entfernen Sie den Katalysator (siehe Sektion 17).
18 Lockern Sie die Schellen des Ansaugstutzens, um ihn vom Luftmassenmesser und vom Turbolader zu befreien.
19 Trennen Sie die Verkabelung und das Unterdruckrohr (siehe Abbildung).

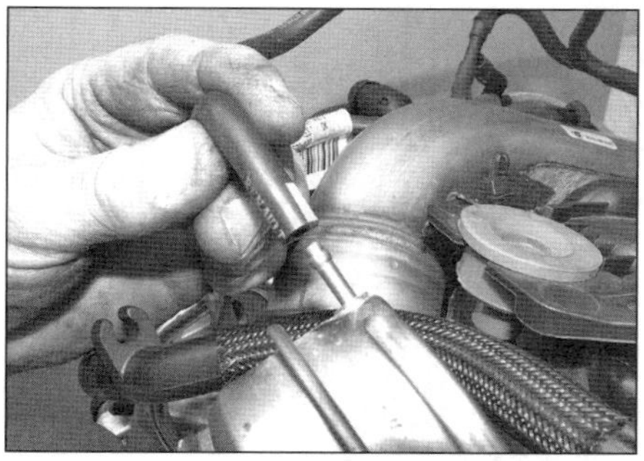

15.19 Ziehen Sie das Unterdruckrohr ab.

20 Lösen Sie am Turbolader die Anschlussschraube und die Flanschmuttern der Öl-Zufuhr- und Rücklaufleitungen. Lösen Sie deren Befestigungsschraube, und entfernen Sie die Rohre vom Motorblock (siehe Abbildung).

15.20 Demontage der Öl-Zufuhr- und Rücklaufleitungen

21 Lösen Sie die Muttern/Schrauben, und entfernen Sie den Turbolader samt Halter vom Auspuffstutzen.
22 Entfernen Sie die Dichtung – ihre Lasche muss zur linken Motorseite zeigen.
23 Lösen und entfernen Sie die Turbolader-Halterung.

Einbau

24 Der Einbau entspricht der umgekehrten Ausbaureihenfolge. Ersetzen Sie alle schadhaften Teile, und verwenden Sie an der Verbindung des Turboladers zum Auspuffstutzen neue Muttern – diese müssen mit 26 Nm angezogen werden. Verwenden Sie an den Öl-Zufuhrleitung neue O-Ringe und Kupfer-Dichtscheiben, und versehen Sie die Anschlussgewinde mit geeigneter Dichtmasse (z. B. Loctite Frenetanch), bevor Sie sie mit den in den technischen Daten angegebenen Drehmomenten anziehen. Rüsten Sie den Rücklauf-Flansch mit einer neuen Dichtung und den unteren Anschluss mit neuen O-Ringen aus (siehe Abbildungen).

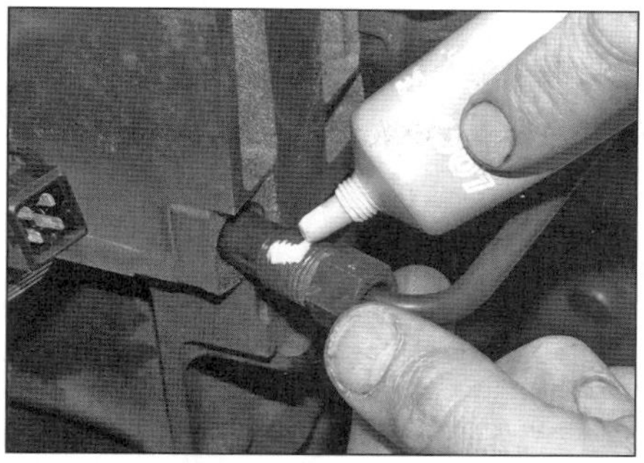

15.24a Tragen Sie am Gewinde des Zufuhr-Anschlusses Dichtmasse auf.

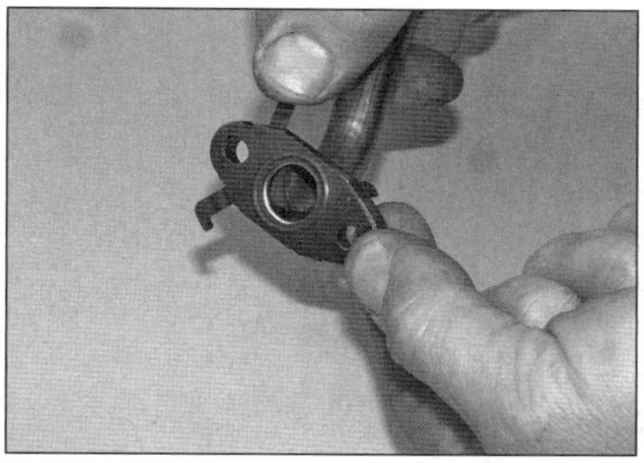

15.24b Rüsten Sie das Rücklaufrohr oben mit einer neuen Dichtung ...

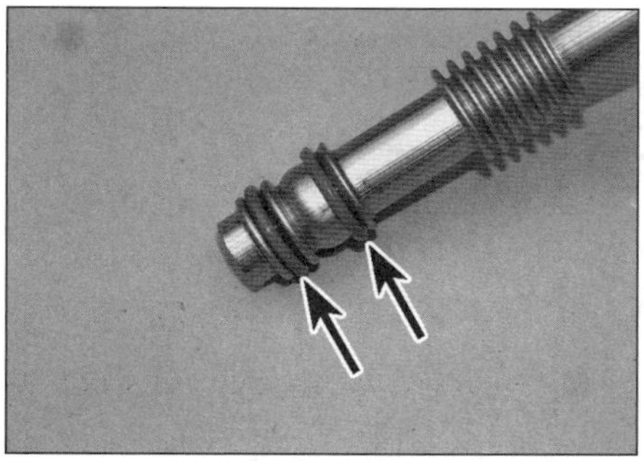

15.24c ... und unten mit neuen O-Ringen aus.

25 Um im Turbolader beim Starten des Motors möglichst rasch Öldruck aufzubauen, muss die folgende Prozedur durchgeführt werden:

a) Trennen Sie die Stecker der Einspritzdüsen.
b) Drehen Sie den Motor mit dem Anlasser durch, bis die Ölkontrollleuchte erlischt (dies kann mehrere Sekunden dauern).
c) Verbinden Sie die Einspritzdüsen-Stecker, und starten Sie den Motor auf normale Weise.
d) Lassen Sie den Motor im Standgas laufen, und kontrollieren Sie die Turbolader-Ölleitungen auf Undichtigkeiten.
e) Schalten Sie den Motor ab, kontrollieren Sie den Motorölpegel, und füllen Sie nötigenfalls Öl nach.

16 Ladeluftkühler – Ausbau und Einbau

Ausbau

1 Der Ladeluftkühler sitzt zwischen der Stoßstange und dem Klimaanlagen-Verflüssiger vorn im Motorraum.

2 Entfernen Sie die vordere Stoßstange (siehe Kapitel 11, Sektion 6).

3 Befreien Sie an beiden Seiten des Verflüssigers und des Ladeluftkühlers die Clips der Abdeckungen, und entfernen Sie diese (siehe Abbildungen).

16.3a Lösen Sie die Clips ...

16.3b ... und entfernen Sie die untere ...

16.3c ... sowie die obere Abdeckung.

4 Lockern Sie an den Ladeluftkühler-Schlauchstutzen die Schellen der Ein- und Auslassrohre, und trennen Sie diese (siehe Abbildungen).

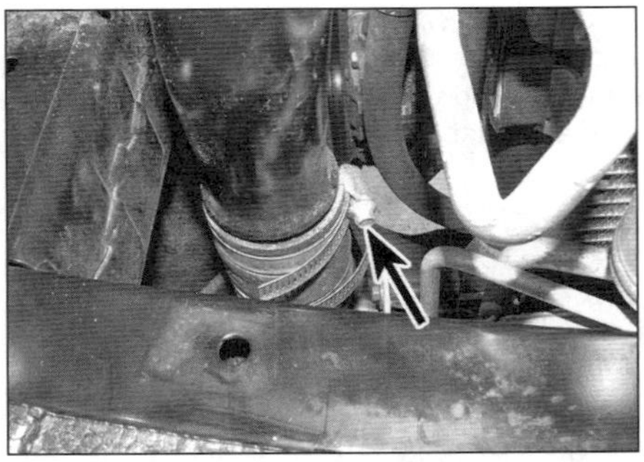

16.4a Lockern Sie die Schellen ...

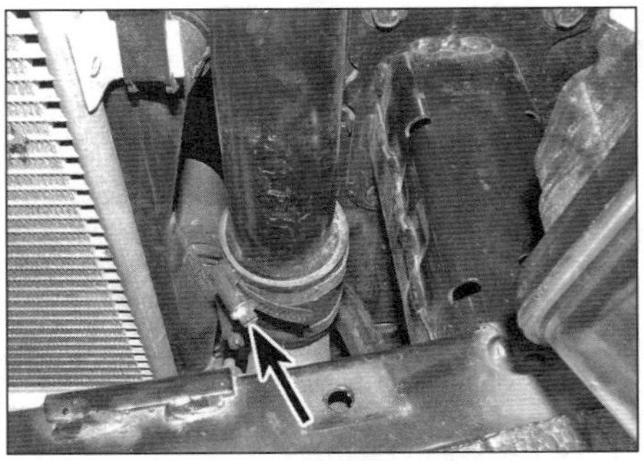

16.4b ... der Ein- und Auslassrohre.

5 Lösen Sie die Befestigungsschrauben an beiden Seiten des Ladeluftkühlers und heben Sie ihn an, um ihn unten aus den Gummiösen zu befreien und entfernen zu können (siehe Abbildungen).

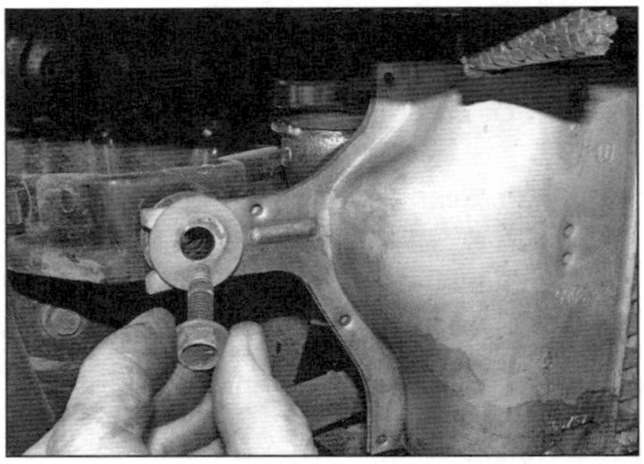

16.5a Lösen Sie an beiden Seiten die Befestigungsschrauben ...

16.5b ... und heben Sie den Ladeluftkühler aus den Gummiösen.

Einbau

6 Der Einbau entspricht der umgekehrten Ausbaureihenfolge. Alle Anschlüsse müssen korrekt gesichert sein.

17 Auspuffanlage – Allgemeine Informationen, Ausbau und Einbau

Allgemeine Informationen

1 Die Auspuffanlage besteht aus folgenden Sektionen: dem Auspuffstutzen (siehe Sektion 13), dem Turbolader (siehe Sektion 14), dem Katalysator, dem vorderen Rohr (ggf. samt Partikelfilter), dem Zwischenrohr, dem Schalldämpfer und dem Endrohr.

2 Das vordere Rohr ist bei 1,5 l-Motoren mit einem flexiblen Flansch und bei 2,0 l-Motoren mit einem flexiblen Rohr verbunden (siehe Abbildungen).

17.2a Anschluss des vorderen Auspuffrohrs – 1,5 l-Motor

17.2b Anschluss des vorderen Auspuffrohrs – 2,0 l-Motor

3 Das System ist von vorn bis hinten in Gummis gelagert (siehe Abbildungen), und alle Sektionen sind durch Flansche miteinander verbunden, die wiederum mit Muttern und/oder Schrauben zusammengehalten werden.

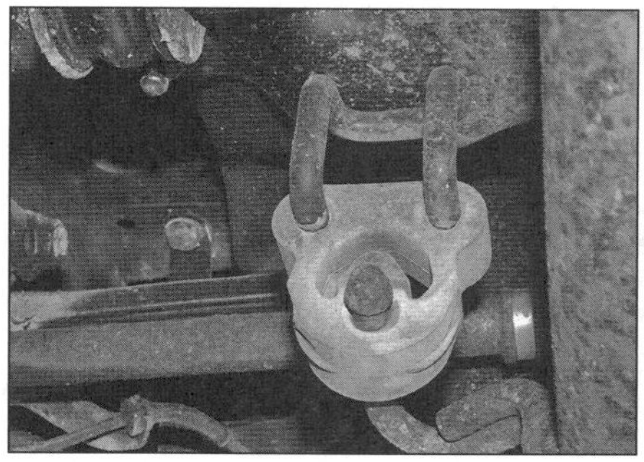

17.3a Gummihalterungen der Auspuffanlage

17.3b Manche Modelle sind am Hilfsrahmen mit einem Halteblock aus Gummi ausgerüstet.

4 Um die ganze Auspuffanlage oder Teile davon entfernen zu können, muss zunächst die Handbremse gezogen und das Fahrzeug sicher abgestützt werden (siehe Seite 535); alternativ kann es auf Rampen oder über eine Grube gefahren werden. Entfernen Sie ggf. den Unterfahrschutz.

Ausbau

Vorderes Auspuffrohr (Modelle ohne Partikelfilter)

5 Lösen Sie die Muttern, die das vordere Auspuffrohr am Katalysator sichern (siehe Abbildung). Sobald die Muttern entfernt sind, müssen die Scheiben und Federn sichergestellt und beide Teile getrennt werden.

17.5 Lösen Sie die Flanschmuttern zwischen dem vorderen Rohr und dem Katalysator – Modell ohne Partikelfilter.

6 Lösen Sie am Flansch zwischen dem vorderen Auspuffrohr/Schalldämpfer und dem Zwischenrohr die zwei Schrauben, und ziehen Sie das vordere Rohr unter dem Fahrzeug heraus – stellen Sie die Flanschdichtung sicher (siehe Abbildung).

17.6 Lösen Sie an der Verbindung zwischen vorderem Rohr und Zwischenrohr die Schrauben – Modell ohne Partikelfilter.

Vorderes Auspuffrohr (Modelle mit Partikelfilter)

7 Lösen Sie die Druckablass-Verschraubungen an der Seite und Unterseite der Baugruppe (siehe Abbildungen). Lösen Sie die Muttern, und trennen Sie alle Befestigungsklemmen von den Rohren.

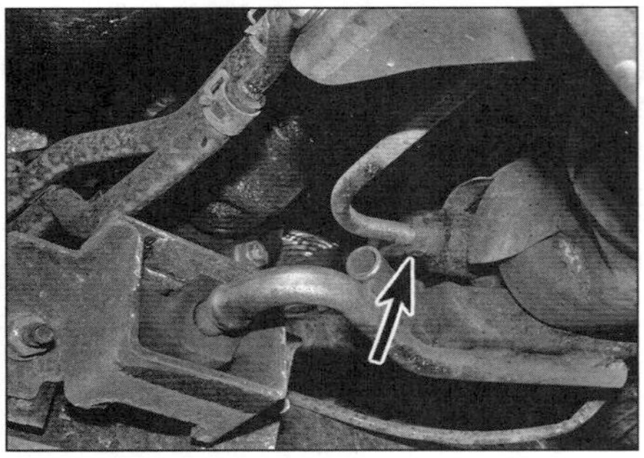

17.7a Vorderer ..

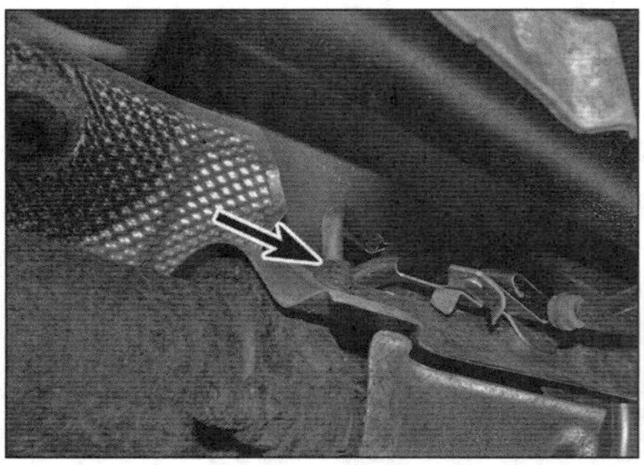

17.7b ... und hinterer Druckablass-Anschluss – Modell mit Partikelfilter

8 Trennen Sie den seitlich am Auspuff sitzenden Sensorstecker (siehe Abbildung).

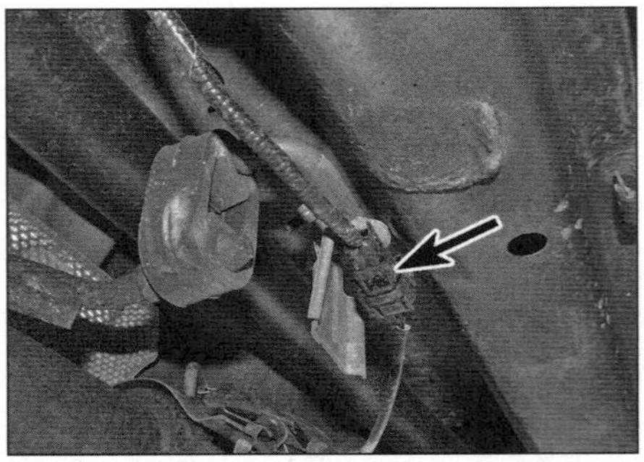

17.8 Sensorstecker – Modell mit Partikelfilter

9 Lockern Sie die Muttern, die das vordere Auspuffrohr samt Partikelfilter am Katalysator sichern (Abb. 17.2b) – beschädigen Sie beim Trennen nicht den flexiblen Teil des vorderen Rohrs.

10 Lösen Sie die zwei Schrauben, die das vordere Auspuffrohr samt Partikelfilter-Flansch am Zwischenrohr sichern. Ziehen Sie das vordere Rohr samt Partikelfilter unter dem Fahrzeug heraus – stellen Sie die Flanschdichtung sicher (siehe Abbildung).

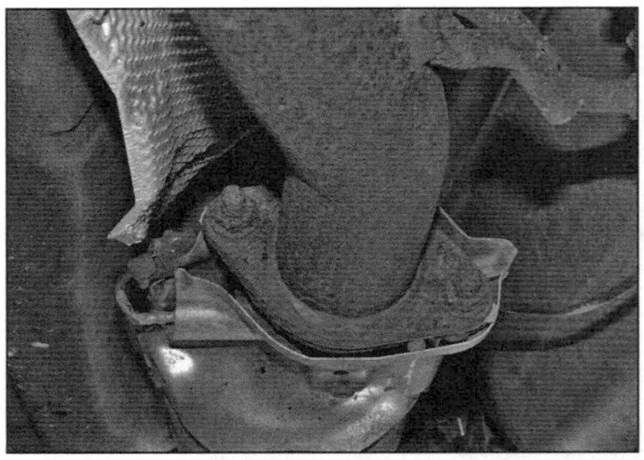

17.10 Lösen Sie an der Verbindung zwischen vorderem Rohr und Zwischenrohr die Schrauben – Modell mit Partikelfilter.

Zwischenrohr/Schalldämpfer/Endrohr

11 Lösen Sie am Flansch zwischen dem vorderen Auspuffrohr und dem Zwischenrohr die zwei Schrauben, und trennen Sie beide Rohre. Stützen Sie das vordere Rohr so ab, dass der vordere Bereich der Auspuffanlage nicht unter Last gesetzt wird.

12 Hängen Sie das Zwischenrohr samt Schalldämpfer und Endrohr mithilfe eines Assistenten aus allen Haltegummis aus, und manövrieren Sie die Baugruppe unter dem Fahrzeug heraus.

Katalysator

13 Entfernen Sie das vordere Auspuffrohr (siehe oben).

14 Lösen Sie bei 2,0 l-Modellen die Schrauben des Hitzeschutzes, und entfernen Sie diesen vom Katalysator.

15 Lösen Sie unten am Katalysator die Schrauben der Halterung, und entfernen Sie diese.

16 Lösen Sie die Muttern, die den Katalysator am Turbolader sichern, und senken Sie ihn nach unten aus dem Fahrzeug heraus.

Hitzeschutz(e)

17 Hitzeschutze können mit unterschiedlichen Befestigungen gesichert sein. Einige Hitzeschutze finden sich an der Unterseite der Karosserie, andere an der Auspuffanlage. Wenn ein Auspuff-Segment ausgetauscht werden soll, müssen entsprechende Hitzeschutze zum Neuteil übertragen werden, bevor dies montiert wird (siehe Abbildungen).

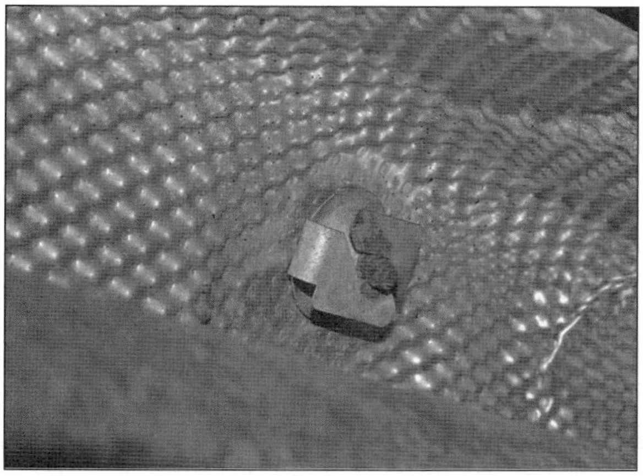

17.17a Lösen Sie die Befestigung ...

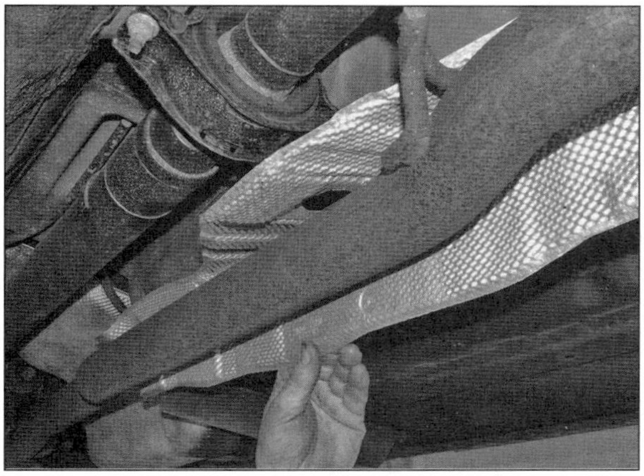

17.17b ... und entfernen Sie den Hitzeschutz.

Einbau

18 Der Einbau entspricht der umgekehrten Ausbaureihenfolge – beachten Sie dabei folgende Punkte:

a) Die Flansche müssen von sämtlicher Korrosion befreit und ggf. mit neuen Dichtungen ausgerüstet werden (siehe Abbildungen).

b) Die Haltegummis müssen auf Beschädigungen oder Alterungserscheinungen überprüft und ggf. ersetzt werden.

c) Prüfen Sie vor dem Anziehen der Auspuff-Befestigungen, ob alle Haltegummis korrekt positioniert sind und zwischen dem Auspuff und der Karosserie ausreichend Abstand besteht.

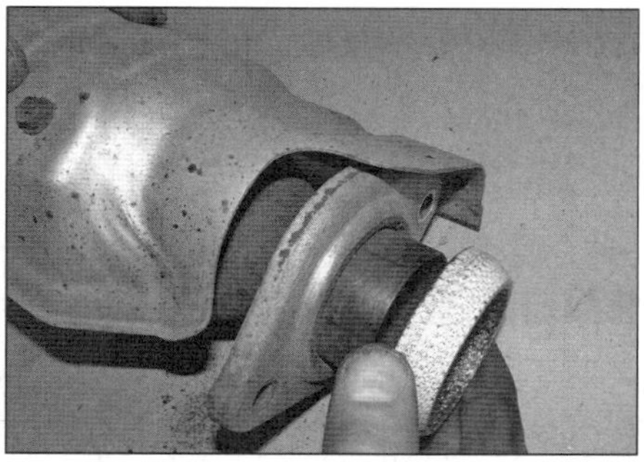

17.18a Neue Dichtringe müssen am Schalldämpfer ...

17.18b ... und am vorderen Auspuffrohr installiert werden.

Kapitel 4C

Schadstoff-Begrenzungssysteme

Inhalt — Sektion

Schwierigkeitsgrade

Leicht. Geeignet für Anfänger mit wenig Erfahrung.	**Relativ leicht.** Geeignet für Anfänger mit etwas Erfahrung.	**Relativ schwierig.** Geeignet für geübte Selbstschrauber.	**Schwer.** Geeignet für Selbstschrauber mit viel Erfahrung.	**Sehr schwer.** Geeignet für Experten und Profis.

Spezifikationen

Anzugsdrehmomente

AGR-Kühler	16 Nm
AGR-Magnetventil-Befestigungsschrauben	8 Nm
Lambdasonde	45 Nm

1 Allgemeine Informationen

1 Alle Benzinmotoren dürfen nur mit bleifreiem Benzin betrieben werden. Im Kraftstoffsystem gibt es verschiedene Vorrichtungen, die gesundheitsschädliche Emissionen minimieren sollen. Zusätzlich sind alle Motoren mit einer Schadstoffregelung für die Motorentlüftung versehen – siehe unten. Alle Benzinmodelle sind mit einem Katalysator und einer einer Verdunstungs-Rückhalteregelung ausgerüstet.
2 Alle Dieselmotoren sind ebenfalls mit einer Schadstoffregelung für die Motorentlüftung ausgerüstet. Um die gesundheitsschädlichen Emissionen weiter zu minimieren, sind die meisten Motoren auch mit einem Katalysator und einer Regelung zur Abgasrückführung (AGR) versehen. Um den Austritt von Feinstaub zu reduzieren, sind viele Modelle mit einem Partikelfilter ausgerüstet.
3 Die Schadstoff-Begrenzungssysteme funktionieren wie folgt:

Benzinmotoren

Kurbelgehäuse-Entlüftungsregelung

4 Um die Emission unverbrannter Kohlenwasserstoffe aus dem Kurbelgehäuse in die Umgebung zu reduzieren, kommt eine Kurbelgehäuse-Entlüftungsregelung zum Einsatz, bei der das Motorgehäuse abgedichtet ist und Leckgase sowie Ölnebel aus dem Kurbelgehäuse durch einen Drahtgeflecht-Ölabscheider und den Einlasstrakt geleitet werden, um vom Motor im normalen Betrieb mitverbrannt zu werden.
5 Unter hohem Einlassstutzen-Unterdruck (Standgas, Schiebebetrieb) werden die Gase aus dem Kurbelgehäuse gesaugt. Bei geringem Einlassstutzen-Unterdruck (Beschleunigen, Vollgasbetrieb) werden die Gase durch den (relativ) höheren Kurbelgehäuse-Druck aus dem Motorgehäuse herausgedrückt. Bei einem verschlissenen Motor sorgt der erhöhte Kurbelgehäusedruck (durch verstärkte Leckgase) dafür, dass ein gewisser Gasanteil unter allen Betriebszuständen wieder zurückkehrt.

Abgasreinigung

6 Zur Minimierung der in die Umgebung geleiteten Schadstoffe sind alle Modelle mit einem geregelten Katalysator im Auspuff ausgerüstet. Eine oder zwei Lambdasonden im Auspuff versorgen das Motorsteuergerät stets mit Informationen über den Sauerstoffgehalt im Abgas, damit das korrekte Luft-Benzin-Gemisch für eine optimale Verbrennung erzeugt werden kann.

7 Die Lambdasonde ist mit einem vom Steuergerät über das Lambdasonden-Relais gesteuerten integrierten Heizelement ausgerüstet, das die Sondenspitze rasch auf Betriebstemperatur bringt. Diese Spitze reagiert auf Sauerstoff und sendet je nach Sauerstoffgehalt im Abgas unterschiedliche Spannungswerte an das Steuergerät. Falls das Luft-Kraftstoff-Gemisch zu »fett« ist, enthalten die Abgase wenig bis gar keinen Sauerstoff, sodass die Sonde ein geringes Spannungssignal ans Steuergerät sendet. Die Spannung steigt bei magerer werdendem Gemisch (weil im Abgas mehr unverbrannter Sauerstoff enthalten ist). Die besten Abgaswerte entstehen bei einem im korrekten Mischungsverhältnis aus 14,7 Teilen Luft und einem Teil Kraftstoff (nach Gewicht) – stöchiometrisches Kraftstoffverhältnis genannt. Die Sensorspannung ändert sich an diesem Punkt in einem großen Schritt, sodass das Steuergerät diese Signaländerung als Referenzpunkt nutzt, und mit einer entsprechend langen Einspritzdauer das Gemisch anpasst.

Verdunstungs-Rückhaltesystem

8 Um möglichst wenig unverbrannte Kohlenwasserstoffe in die Atmosphäre gelangen zu lassen, sorgt dieses System dafür, dass Benzindämpfe nicht aus dem Tank in die Atmosphäre gelangen. Der Tankdeckel ist abgedichtet, und innerhalb des Motorraums sitzt hinter dem rechten Scheinwerfer ein mit Aktivkohle gefüllter Behälter, der die bei abgeschaltetem Motor entstehenden Benzindämpfe aufnimmt (siehe Abbildung). Bei laufendem Motor öffnet ein vom Motorsteuergerät überwachtes Ventil, und die Dämpfe werden in den Einlassstutzen entlassen.

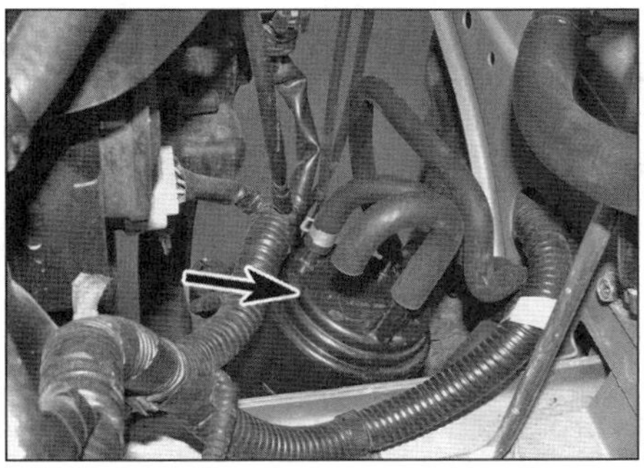

1.8 Position des Aktivkohlebehälters

9 Damit der Motor beim Kaltstart oder im Standgas korrekt läuft und zum Schutz des Katalysators vor einem durch die Benzindämpfe angereicherten Gemischs öffnet das Ventil erst, wenn der Motor auf Betriebstemperatur ist und unter Last läuft, sodass die gesammelten Dämpfe vom Motor angesaugt werden.

Dieselmotoren

Kurbelgehäuse-Entlüftungsregelung

10 Beachten Sie die Schritte 4 und 5.

Abgasreinigung

11 Zur Minimierung der in die Umgebung geleiteten Schadstoffe sind Dieselmodelle mit einem Katalysator im Auspuff ausgerüstet. Der Katalysator beinhaltet ein feinmaschiges Gewebe, das mit einem katalytischen Material beschichtet ist, welches in den passierenden heißen Abgasen die Oxidation schädlicher Kohlenmonoxide, unverbrannter Kohlenwasserstoffe und Rußpartikel beschleunigt und so wirkungsvoll die Menge der in die Atmosphäre entweichenden Schadstoffe reduziert.

Abgasrückführungssystem (AGR)

12 Das System sorgt dafür, dass kleine Abgasmengen wieder in den Einlasstrakt geleitet werden, um erneut verbrannt zu werden. Der Prozess reduziert die Menge der in die Atmosphäre freigesetzten Stickoxide.

13 Die zirkulierende Abgasmenge wird durch ein Signal vom Motorsteuergerät an das am Einlassstutzen sitzende elektronisch gesteuerte AGR-Magnetventil geregelt.

14 Das Motorsteuergerät empfängt dazu Signale von folgenden Sensoren und Komponenten:

a) Kühltemperatursensor
b) Ansauglufttemperatursensor
c) Umgebungsluftdruck-Sensor
d) Gaspedal-Potentiometer
e) Kurbelwellensensor (Motordrehzahl)
f) Luftmassenmesser
g) Einspritzmengen-Strömungsrate
h) Ladedrucksensor

Partikelfilter

15 Zur Reduzierung von Rußpartikeln im Abgas ist bei manchen Modellen im vorderen Auspuffrohr ein entsprechender Filter untergebracht. Wenn die Menge der Partikel im Filter eine gewisse Menge überschritten hat, erkennt das Motorsteuergerät dies am veränderten Druck und führt automatisch eine Reinigung durch, indem es die Abgastemperatur so weit erhöht, dass der Ruß oxidiert. Dies geschieht folgendermaßen:

a) Die Luftklappe wird geschlossen, um den Luftanteil im Einlassbereich zu reduzieren.
b) Der Einspritzzeitpunkt wird verzögert.
c) Während des Auslasstakts wird zusätzlicher Kraftstoff eingespritzt.
d) Eine Nacheinspritzung im Abgasrohr wird aktiviert.

16 Wenn die Abgastemperatur den vorgegebenen Wert erreicht, wird der Ruß durch eine katalytische Reaktion verbrannt, sodass die Abgastemperatur auf ca. 650 °C steigt.

2 Schadstoffregelung (Benzinmotoren) – Tests und Austausch von Komponenten

Kurbelgehäuse-Entlüftungsregelung

1 Die Komponenten dieses Systems erfordern außer einer regelmäßigen Überprüfung der Schläuche keinerlei Aufmerksamkeit. Anmerkung: *Falls Schläuche zur Kontrolle ihres*

Zustands oder einer Verstopfung abgezogen werden sollen, empfiehlt es sich, zuvor ihre Einbauposition zu notieren oder zu fotografieren.

Verdunstungs-Rückhaltesystem

Testen

2 Falls im System ein Defekt vorzuliegen scheint, müssen die Schläuche des Aktivkohlebehälters und des Ventils abgezogen werden. Blasen Sie hinein, um zu prüfen, ob sie frei sind. Falls das/die Ventil(e) oder der Aktivkohlebehälter beschädigt sind, müssen sie ersetzt werden.

Aktivkohlebehälter – Ersetzen

3 Der Behälter sitzt innerhalb des Motorraums hinter dem rechten Scheinwerfer.
4 Lösen Sie mit einem kleinen Schraubendreher den Halteclip, und ziehen Sie den Behälter nach oben heraus (siehe Abbildungen).

2.4a Lösen Sie den Clip ...

2.4b ... und ziehen Sie den Behälter aus seiner Befestigung.

5 Notieren Sie die Positionen der Schläuche oben am Behälter, und ziehen Sie sie ab (siehe Abbildung).

2.5 Beachten Sie die Markierungen an der Seite des Behälters (ABSAUGVENTIL / TANK)

6 Der Einbau entspricht der umgekehrten Ausbaureihenfolge – alle Schläuche müssen korrekt verbunden sein.

Absaugventil – Ersetzen

7 Das Ventil sitzt neben dem Drosselklappengehäuse am Einlassstutzen (siehe Abbildung).

2.7 Lage des Absaugventils

8 Um das Ventil auszutauschen, muss zunächst **das Massekabel (–) von der Batterie getrennt werden** (siehe Seite 532). **Drücken Sie den Clip des Kabelsteckers, und trennen Sie diesen vom Ventil.**
9 Trennen Sie den Schlauch vom Ventil, lösen Sie die zwei Schrauben, und befreien Sie es vom Einlassstutzen (siehe Abbildung) – sein O-Ring muss erneuert werden.

2.9 Trennen Sie den Schlauch, und lösen Sie die zwei Schrauben des Ventils.

10 Der Einbau entspricht der umgekehrten Ausbaureihenfolge – das Ventil muss mit einem neuen O-Ring ausgerüstet werden.

Abgasreinigung

Testen

11 Die Funktion des Katalysators kann nur mit einem hochwertigen und sorgfältig kalibrierten Abgas-Analysegerät überprüft werden. Falls ein solches Gerät vorhanden ist, müssen die beigefügten Anweisungen beachtet werden.

12 Falls der CO-Wert im Auspuff zu hoch ist, muss eine mit Diagnosegeräten ausgerüstete Nissan-Werkstatt eine sorgfältige Kontrolle der Motorsteuerung durchführen. Wenn im Kraftstoff- und Zündsystem keine Defekte vorliegen, kann der Katalysator beschädigt sein, sodass er ersetzt werden muss.

Katalysator – Ersetzen

13 Beachten Sie die Hinweise in Kapitel 4A, Sektion 13.

Lambdasonden – Ersetzen

Anmerkung 1: *Die Lambdasonde ist empfindlich. Sie darf nicht herunterfallen, abgeklopft, von der Stromversorgung getrennt oder mit Reinigungsmitteln behandelt werden.*
Anmerkung 2: *Die Auspuffanlage ist mit zwei Lambdasonden ausgerüstet – einer vor und einer hinter dem Katalysator. Die Sonde vor dem Katalysator kann im Auspuffstutzen oder im vorderen Auspuffrohr sitzen. Die Aus- und Einbauprozedur ist bei beiden Sonden gleich.*
14 Ziehen Sie die Handbremse, heben Sie das Fahrzeug vorn an, und stützen Sie es sicher ab (siehe Seite 532). Entfernen Sie den Unterfahrschutz.
15 Verfolgen Sie die Kabel der jeweiligen Lambdasonde, und trennen Sie sie am Stecker. Befreien Sie das Kabel aus allen Befestigungen oder Kabelbindern (siehe Abbildungen).

2.15a Kabelstecker der oberen Lambdasonde

2.15b Kabelstecker der unteren Lambdasonde

16 Schrauben Sie die Sonde aus dem Auspuffrohr oder Auspuffstutzen (siehe Abbildungen).

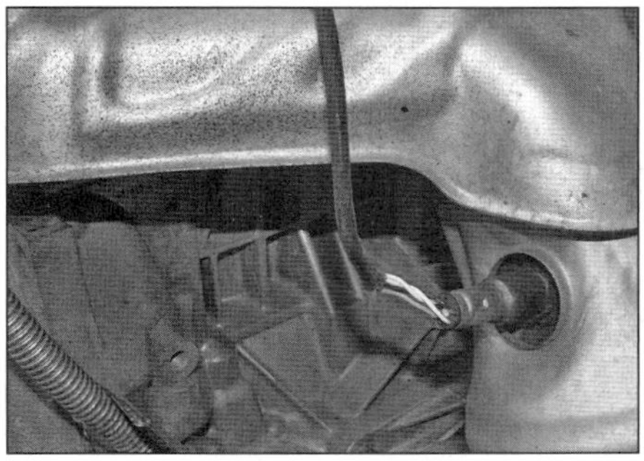

2.16a Obere Lambdasonde

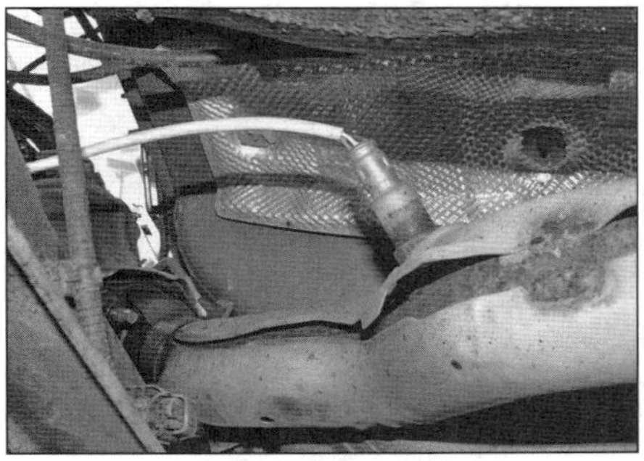

2.16b Untere Lambdasonde

17 Der Einbau entspricht der umgekehrten Ausbaureihenfolge – schmieren Sie das Gewinde der Sonde mit Hochtemperaturfett, und ziehen Sie sie möglichst (mithilfe eines entsprechenden Adapters) mit 45 Nm an. Die Kabel müssen korrekt verlegt, gesichert und verbunden sein – sie dürfen weder den Auspuff noch den Motor berühren.

3 Schadstoffregelung (Dieselmotoren) – Tests und Austausch von Komponenten

Kurbelgehäuse-Entlüftungsregelung

1 Die Komponenten dieses Systems erfordern außer einer regelmäßigen Überprüfung der Schläuche keinerlei Aufmerksamkeit.
2 Falls ein Defekt vorzuliegen scheint, muss zuerst kontrolliert werden, ob dieser nicht auf verstopfte oder schadhafte Schläuche zurückzuführen ist.
3 Bei Fahrzeugen mit einer sehr hohen Laufleistung kann sich – besonders bei reichlich Kurzstreckenbetrieb – in den Schläuchen und dem Ölabscheider Ölschlamm gebildet und abgesetzt haben – nötigenfalls müssen entsprechende Komponenten ausgebaut und gereinigt werden.
4 Kontrollieren alle Bauteile des Systems regelmäßig auf festen Sitz und Beschädigungen, und ersetzen Sie sie nötigenfalls.

Abgasreinigung

Testen

5 Die Funktion des Katalysators kann nur mit einem hochwertigen und sorgfältig kalibrierten Abgas-Analysegerät für

Dieselmotoren überprüft werden. Falls ein solches Gerät vorhanden ist, müssen die beigefügten Anweisungen beachtet werden.

Katalysator – Ersetzen

6 Beachten Sie die Hinweise in Kapitel 4B, Sektion 17.

Abgasrückführung (AGR)

7 Ein Test des Systems kann nur mithilfe eines speziellen Diagnosegeräts durchgeführt werden – überlassen Sie diese Arbeit einer Nissan-Werkstatt.

AGR-Ventil – Ersetzen (1,5 l-Motoren)

8 Das AGR-Ventil sitzt am Einlassstutzen hinten am Zylinderkopf (siehe Abbildung).

3.8 Position des AGR-Ventils - 1,5 l-Motor

9 Trennen Sie das Massekabel (–) der Batterie (siehe Seite 532).
10 Entfernen Sie die obere Motorabdeckung, und trennen Sie den Stecker des AGR-Ventils (siehe Abbildung).

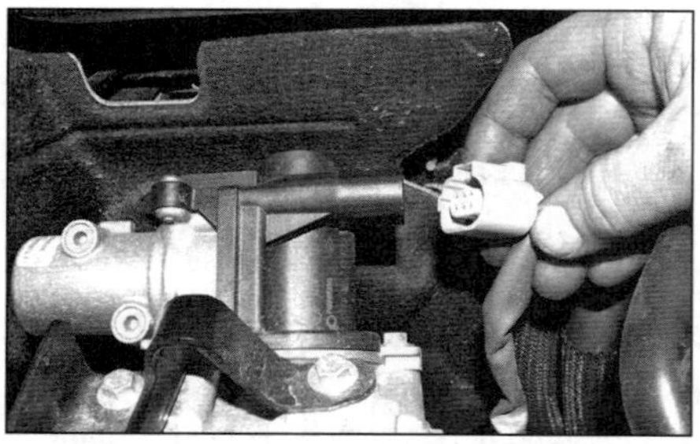

3.10 Trennen Sie den AGR-Ventil-Stecker.

11 Lösen Sie die Schrauben des AGR-Ventils, und entfernen Sie es (siehe Abbildung) – die Dichtung muss später erneuert werden.

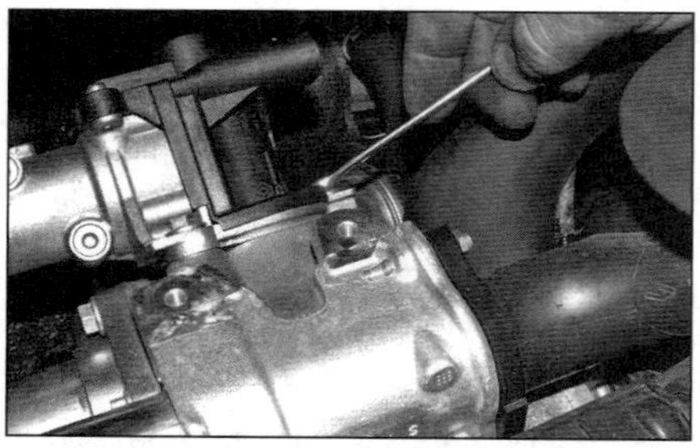

3.11a Lösen Sie die Schrauben ...

3.11b ... und entfernen Sie das AGR-Ventil.

12 Reinigen und begutachten Sie sorgfältig das Ventil. Prüfen Sie, ob das Ventil korrekt sitzt (siehe Abbildung).

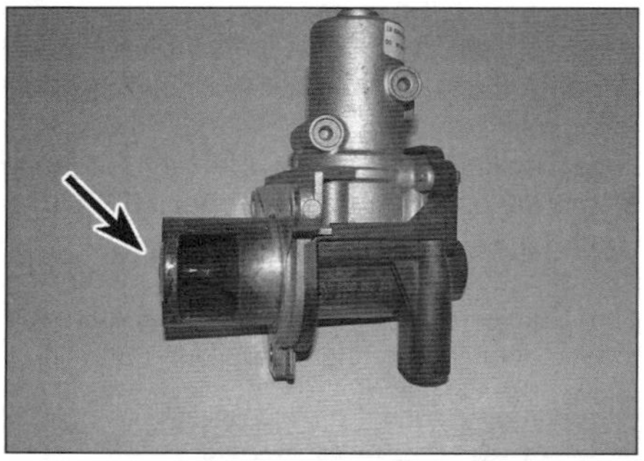

3.12 Das Ventil muss korrekt abdichten.

13 Der Einbau entspricht der umgekehrten Ausbaureihenfolge – verwenden Sie eine neue Dichtung.

AGR-Ventil – Ersetzen (2,0 l-Motoren)

14 Das AGR-Ventil sitzt vorn am Einlassstutzen vorn am Zylinderkopf.
15 Entfernen Sie die obere Motorabdeckung, und trennen Sie den Stecker des AGR-Ventils (siehe Abbildung).

3.15 Trennen Sie den AGR-Ventil-Stecker – 2,0 l-Motor.

16 Lösen Sie die sechs Schrauben des AGR-Ventils, und entfernen Sie es (siehe Abbildung) – die Dichtung muss später erneuert werden.

3.16 Lösen Sie die sechs Schrauben des AGR-Ventils.

17 Reinigen und begutachten Sie sorgfältig das Ventil. Prüfen Sie, ob das Ventil korrekt abdichtet.
18 Der Einbau entspricht der umgekehrten Ausbaureihenfolge – reinigen Sie die Dichtflächen des Ventils und seines Sitzes, und verwenden Sie eine neue Dichtung.

AGR-Rohrleitungen – 1,5 l-Motoren

19 Die AGR-Rohre zwischen dem Ventilgehäuse und dem Auspuffstutzen können für eine Reinigung und Kontrolle demontiert werden. Trennen Sie zunächst den Schlauch des Ladedruck-Regelventils vom Ansaugstutzen (siehe Abbildung).

3.19 Ziehen Sie den Wastegate-Schlauch ab.

20 Lockern Sie die Schellen des U-Rohrs, und entfernen Sie es von der AGR-Baugruppe und dem Turbolader (siehe Abbildung).

3.20 Entfernen Sie den Ansaugstutzen vom AGR-Ventil und Turbolader.

21 Schrauben Sie die rechte Motor-Hebeöse ab.
22 Lösen Sie die Befestigungsschraube des bogenförmigen Metallrohrs, und entfernen Sie es (siehe Abbildung).

3.22 Entfernen Sie das Einlassrohr.

23 Entfernen Sie ggf. den über dem AGR-Magnetventil sitzenden Hitzeschutz.
24 Lockern Sie beide Schellen des zwischen dem AGR-Ventil und dem Auspuffstutzen sitzenden flexiblen Rohrs, und entfernen Sie dieses (siehe Abbildungen).

3.24a Lockern Sie die Schellen ...

3.24b ... und entfernen Sie das Wellrohr.

25 Lösen Sie die Schrauben der AGR-Baugruppe, und entfernen Sie diese vom Einlassstutzen. Beachten Sie, dass das Magnetventil nicht als separates Ersatzteil erhältlich ist.
26 Der Einbau entspricht der umgekehrten Ausbaureihenfolge – ersetzen Sie die O-Ringe des Einlassrohrs. Kontrollieren Sie die Schellen des Wellrohrs, und erneuern Sie sie nötigenfalls. Falls das Spezialwerkzeug nicht zur Hand ist, können die Schellen mithilfe einer Kneifzange verpresst werden (siehe Abbildung).

3.26 Verpressen Sie die Wellrohr-Schellen nötigenfalls mit einer Kneifzange.

AGR-Kühler – ersetzen (2,0 l-Motoren)

27 Der AGR-Kühler sitzt unter dem Einlassstutzen und dem Luftklappengehäuse vorn am Motor. Entleeren Sie zunächst das Kühlsystem (siehe Kapitel 1B, Sektion 29).
28 Entfernen Sie die obere Motorabdeckung, und demontieren Sie dann die Batterie samt Träger (siehe Kapitel 5A, Sektion 3).
29 Entfernen Sie vorn am Motor den Ansaugstutzen und das Ladeluftkühler-Einlassrohr.
30 Entfernen Sie das Luftklappengehäuse (siehe Kapitel 4B, Sektion 8).
31 Lösen Sie die Kühlerrohr-Schrauben am Einlassstutzen und am AGR-Kühler, und entfernen Sie das Rohr samt seiner Dichtungen (siehe Abbildungen).

3.31a Schrauben Sie das AGR-Kühlerrohr ab ...

3.31b ... und stellen Sie die Dichtungen sicher – 2,0 l-Motor.

32 Lösen Sie am Kühler die Schrauben des AGR-Verbindungsrohrs, und trennen Sie dieses.
33 Lockern Sie die Schellen der AGR-Kühlerschläuche, und ziehen Sie diese ab (siehe Abbildungen).

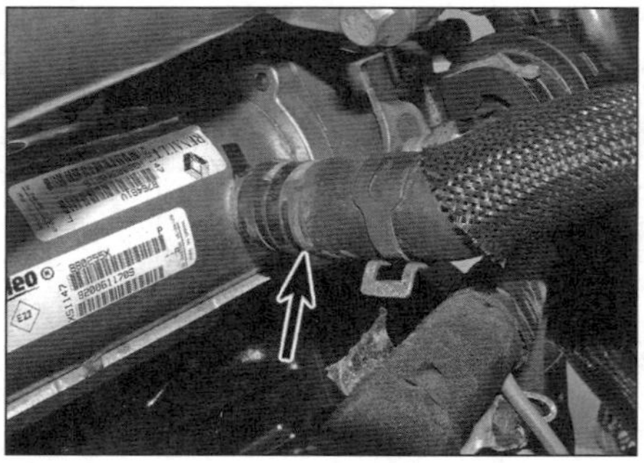

3.33a Trennen Sie den AGR-Zulaufschlauch ..

3.33b ... und den Rücklaufschlauch vom Kühler – 2,0 l-Motor

34 Lösen Sie vorn am Zylinderkopf die Schrauben des AGR-Kühlers, und entfernen Sie ihn (siehe Abbildung).

3.34 AGR-Kühler-Befestigungsschrauben

35 Der Einbau entspricht der umgekehrten Ausbaureihenfolge. Ziehen Sie die Schrauben des AGR-Kühlers mit 16 Nm an.

Partikelfilter-System

Austausch des Filters

36 Der Partikelfilter ist in das vordere Auspuffrohr integriert, dessen Aus- und Einbau in Kapitel 4B, Sektion 17 beschrieben ist.

Austausch der Temperatursensoren

37 Die Sensor überwachen während des Reinigungsprozesses die Temperaturen vor und hinter dem Partikelfilter (siehe Abbildungen). Trennen Sie den Stecker, befreien Sie die Kabelhalterung, und schrauben Sie den Sensor aus dem Auspuff.

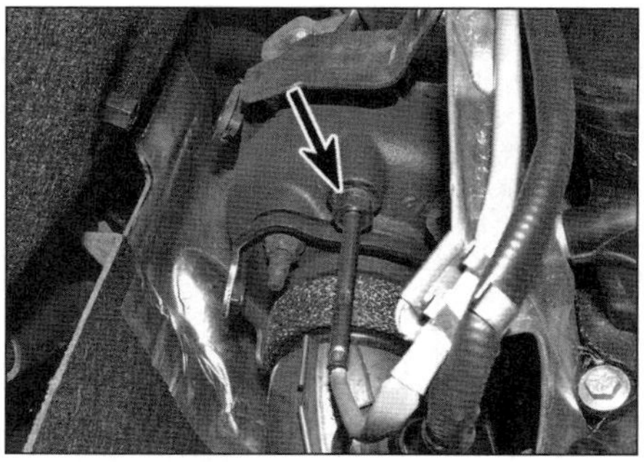

3.37a Temperatursensor oberhalb des Partikelfilters

3.37b Temperatursensor unterhalb des Partikelfilters

4 Katalysator – Allgemeine Informationen und Warnhinweise

Allgemeine Informationen

1 Der Katalysator wandelt gesundheitsschädliche Abgase in relativ harmlosere Gase um. Bei der dazu erforderlichen chemische Reaktion wird Sauerstoff zugesetzt, um eine Oxidation zu erzeugen.

2 Innerhalb des Katalysators befindet sich eine keramische Wabenstruktur, die mit den Edelmetallen Palladium, Platin und Rhodium beschichtet ist, die die chemische Reaktion fördern. Diese Reaktion erzeugt Hitze, die ebenfalls die Reaktion unterstützt. Aus diesem Grund wird der Katalysator während der Fahrt sehr heiß.

3 Die keramische Struktur ist äußerst empfindlich und verträgt keine grobe Behandlung. So sollte vermieden werden, mit dem heißen Katalysator durch tiefes Wasser zu fahren, da die plötzliche Abkühlung zu Rissen und Brüchen in der Keramik führen kann, was zur »Verstopfung« des Katalysators führen kann. Ein auf diese Weise beschädigter Katalysator kann nach dessen Ausbau durch Schütteln kontrolliert werden: Falls rasselnde Geräusche festgestellt werden, ist der Katalysator defekt und muss ersetzt werden.

Warnhinweise

4 Der Katalysator arbeitet automatisch und erfordert praktisch keine Wartung. Trotzdem sollten folgende Hinweise beachtet werden, um ihn lange Zeit funktionsfähig zu halten:

Benzinmotoren

a) *Tanken Sie IMMER bleifreien Kraftstoff, und verwenden Sie keine entsprechenden Zusätze – bereits kleine Mengen verbleiten Benzins zerstören den Katalysator.*
b) *Halten Sie das Kraftstoff- und Zündsystem entsprechend des Wartungsplans in Kapitel 1 STETS in einem guten Zustand.*
c) *Wenn der Motor Fehlzündungen produziert, MUSS dies unverzüglich behoben werden, da der Katalysator dadurch zerstört wird.*
d) *Versuchen Sie NICHT, ein schlecht anspringendes Fahrzeug durch Anschieben oder Anschleppen zu starten – der Katalysator saugt sich mit unverbranntem Kraftstoff voll und überhitzt, sobald der Motor anspringt.*
e) *Schalten Sie NICHT bei hohen Drehzahlen die Zündung aus. Geben Sie keinen kurzen Gasstoß, bevor Sie die Zündung abschalten.*
f) *Benutzen Sie KEINE Kraftstoff- oder Öl-Zusätze (Additive) – diese können Substanzen enthalten, die den Katalysator beschädigen.*
g) *Wenn der Motor Öl verbrennt und blaue Abgaswolken produziert, MUSS er unverzüglich repariert werden, da der Katalysator dadurch zerstört wird.*
h) *Der Katalysator arbeitet mit sehr hohen Temperaturen. Parken Sie daher nach einer längeren Fahrt NICHT über trockenem Gras oder Laub.*
i) *Behandeln Sie die ausgebaute Auspuffanlage VORSICHTIG – der Katalysator und die Lambdasonde vertragen keine Schläge oder Stürze.*
j) *Manchmal riechen die Abgase nach Schwefel (verrottete Eier). Nach einigen Tausend Kilometern mit einem neuen Katalysator sollte dies verschwunden sein.*
k) *Der Katalysator eines gut gewarteten und sorgsam gefahrenen Autos sollte mindestens 160.000 km halten – ein nicht mehr wirksamer Katalysator muss ersetzt werden.*
l) *Mangelnde Motorleistung kann auf einen verstopften Katalysator zurückzuführen sein (siehe Schritt 3). Manchmal zerbricht die Keramik auch aufgrund ihres Alters. Das Problem kann nur durch den Austausch des Katalysators gelöst werden.*
m) *Wie bereits erwähnt, sollten Wasser-Durchfahrten mit heißem Katalysator vermieden werden, da die plötzliche Abkühlung zu Brüchen in der keramischen Struktur führen kann – dies gilt auch für andere heiße Komponenten des Fahrzeugs.*

Dieselmotoren

5 Bei Katalysatoren von Dieselmotoren müssen die in Schritt 4 aufgeführten Punkte f, g, h, i, k, l und m beachtet werden.

Kapitel 5A

Anlasser- und Ladesysteme

Inhalt — Sektion

Schwierigkeitsgrade

Leicht. Geeignet für Anfänger mit wenig Erfahrung.	**Relativ leicht.** Geeignet für Anfänger mit etwas Erfahrung.	**Relativ schwierig.** Geeignet für geübte Selbstschrauber.	**Schwer.** Geeignet für Selbstschrauber mit viel Erfahrung.	**Sehr schwer.** Geeignet für Experten und Profis.

Spezifikationen

System	12 Volt, Minus an Masse
Batterie	
Typ	Wartungsarme oder »wartungsfreie« (MF-)Batterie
Ladezustand	
schwach	unter 12,5 V
normal	12,6 V
gut	12,7 V
Lichtmaschine	
Typ	
Benzinmotoren	Mitsubishi A 2 TJ 0291 ZE
1,5 l-Dieselmotor (K9K)	Bosch 0 124 525 082
2,0 l-Dieselmotor (M9R)	Mitsubishi A 3 TJ 2481 ZE
Spezifikationen für Mitsubishi-Lichtmaschinen	
Nennleistung	
Benzinmotoren	120 Ampere
2,0 l-Dieselmotor (M9R)	150 Ampere
Geregelte Ausgangsspannung	14,1 bis 14,7 Volt
Schleifring-Durchmesser (min.)	5, 0mm
Rotor-Widerstand (Feldspule)	
Benzinmotoren	1,7 bis 2,2 Ohm
2,0 l-Dieselmotor (M9R)	1,7 bis 2,0 Ohm

Anlasser

Typ	
1,6 l-Benzinmotor (HR16DE)	Mitsubishi M 000 T 32171
2,0 l-Benzinmotor (MR20DE)	Hitachi S 1114-902 A
1,5 l-Dieselmotor (K9K)	Mitsubishi M 000 T 87881
2,0 l-Dieselmotor (M9R)	Valeo 194262

Anzugsdrehmomente

Anlasser-Befestigungsschrauben	
HR16DE	34 Nm
MR20DE	62 Nm
K9K	44 Nm
M9R	48 Nm
Lichtmaschinen-Befestigungsschrauben	
HR16DE und K9K	21 Nm
MR20DE und M9R	25 Nm
Öldruckschalter	
HR16DE	20 Nm
MR20DE	15 Nm
K9K	25 Nm
M9R	35 Nm
Ölpegelsensor	
HR16DE	8 Nm
MR20DE, K9K und M9R	25 Nm

1 Allgemeine Informationen und Vorsichtsmaßnahmen

Allgemeine Informationen

Die Motor-Elektrik besteht vor allem aus dem Ladesystem und dem Anlassersystem. Aufgrund ihrer motorbezogenen Funktionen werden diese Komponenten separat von der in Kapitel 12 zu findenden Karosserie-Elektrik (Beleuchtung, Instrumente usw.) behandelt. Informationen zur Zündanlage von Benzinmotoren werden in Kapitel 5B gegeben. Details zum Vorwärmsystem von Dieselmotoren finden sich in Kapitel 5C.

Die Fahrzeugelektrik arbeitet mit 12 Volt Spannung und Minus ist Masse.

Die wartungsarme oder »wartungsfreie«, weil abgedichtete Batterie wird von der Lichtmaschine geladen, die vom der Kurbelwelle mithilfe des Keilrippenriemens angetrieben wird.

Der als Schubtriebstarter ausgebildete Anlasser ist mit einem integrierten Magnetschalter ausgerüstet, der beim Starten das Antriebsrad zunächst in den Zahnkranz der Schwungscheibe bzw. des Antriebsflanschs (zwischen Motor und Getriebe) schiebt, bevor der Anlassermotor aktiviert wird. Sobald der Motor läuft, sorgt eine Freilaufkupplung dafür, dass bis zum Ausrücken des Antriebsrades nicht der Motor den Anlasser dreht.

Vorsichtsmaßnahmen

Weitere Details zu den verschiedenen Systemen finden sich in den entsprechenden Sektionen dieses Kapitels. Obwohl einige Reparaturhinweise angegeben sind, wird üblicherweise die betreffende Komponente ausgebaut und ersetzt. Wer sich für mehr als den Austausch von Bauteilen interessiert, sollte sich entsprechende Fachliteratur besorgen.

Bei der Arbeit an elektrischen Systemen ist besondere Vorsicht geboten, um keine Halbleiter (Dioden und Transistoren) zu beschädigen und sich nicht selbst zu verletzen. Neben den Hinweisen in der Sektion »Sicherheit geht vor!« am Anfang dieses Handbuchs müssen die folgenden Vorsichtsmaßnahmen beachtet werden:

- ***Legen Sie stets Schmuck, Armbanduhren usw. ab, bevor Sie an Elektrik-Systemen arbeiten. Auch bei abgeklemmter Batterie kann eine kapazitive Entladung entstehen, sobald der Anschluss einer Komponente durch ein Metallteil mit Masse verbunden wird, und einen Schock oder eine Verbrennung auslösen.***
- ***Vertauschen Sie nicht die Batteriepole. Bauteile wie die Lichtmaschine enthalten Halbleiter-Stromkreise, die irreparabel beschädigt werden können.***
- ***Falls der Motor mit einer Fremdbatterie gestartet werden soll, müssen stets Plus an Plus und Minus an Minus geklemmt werden (siehe Seite 11); dies trifft auch beim Anschließen eines Batterie-Ladegeräts zu.***
- ***Bei laufendem Motor dürfen niemals die Batterie, die Lichtmaschine oder andere elektrische Verbindungen getrennt werden – das gilt auch für Prüfinstrumente.***
- ***Lassen Sie niemals den Motor die Lichtmaschine drehen, wenn diese nicht angeschlossen ist.***
- ***Die Lichtmaschinen-Leistung darf niemals »getestet« werden, indem das Ausgangskabel gegen Masse gehalten wird, um Funken zu erzeugen.***
- ***Verwenden Sie für Stromkreis- oder Durchgangsprüfungen niemals ein Ohmmeter mit einem Handkurbel-Generator.***
- ***Der Masseanschluss (–) der Batterie muss stets getrennt sein, bevor an elektrischen Komponenten gearbeitet wird.***
- ***Bevor am Fahrzeug Schweißarbeiten durchgeführt werden, müssen die Batterie und die Lichtmaschine abgeklemmt werden, um Schäden daran zu vermeiden.***

Verschiedene Systeme des Fahrzeugs erfordern Dauerstrom – entweder, um ihre permanente Funktion sicherzustellen (z. B. die Uhr) oder um einen Sicherheitscode zu speichern, der ansonsten wieder neu eingegeben werden muss (z. B. das Radio). Um hierbei nicht unvorhergesehene Konsequenzen zu erleben, sollten die Informationen zum Trennen der Batterie auf Seite 532 durchgelesen werden.

2 Batterie – Kontrolle, Testen und Laden

Kontrolle

Standard- und wartungsarme Batterien

1 Neben den in den *Wöchentlichen Kontrollen* beschriebenen Kontrollen sollte auch eine regelmäßige Überprüfung des Säurepegels durchgeführt werden:

Batterien mit transparentem Gehäuse

2 Bei diesem Batterietyp ist sind die Pegel der einzelnen Zellen durch das Gehäuse erkennbar, nachdem die Batterie ausgebaut ist (siehe Sektion 3). Der Pegel muss in allen Zellen zwischen den Markierungen für UPPER und LOWER oder MIN und MAX stehen.
3 Falls der Pegel zu niedrig ist, muss der Deckel der entsprechenden Zelle entfernt und bis zur oberen Markierung destilliertes Wasser aufgefüllt werden. Anmerkung: *Verwenden Sie kein normales Leitungswasser, da die darin enthaltenen Mineralien die Batterieplatten beschädigen können.* Installieren Sie die Deckel, und wischen Sie ggf. verschüttetes Wasser ab.

Batterien mit intransparentem Gehäuse

4 Falls der Säurepegel nicht durch das Gehäuse erkennbar ist, muss er durch die Deckelöffnungen überprüft werden (nötigenfalls mithilfe einer Lampe). Der Pegel muss bis knapp unter der Öffnung stehen; auf jeden Fall müssen alle Batterieplatten bedeckt sein.
5 Falls der Pegel zu niedrig ist, muss der Deckel der entsprechenden Zelle entfernt und diese bis unter den Rand der Öffnung mit destilliertem Wasser aufgefüllt werden. Anmerkung: *Verwenden Sie kein normales Leitungswasser, da die darin enthaltenen Mineralien die Batterieplatten beschädigen können.* Installieren Sie die Deckel, und wischen Sie ggf. verschüttetes Wasser ab.

Testen

Standard- und wartungsarme Batterien

6 Falls das Fahrzeug nur eine geringe jährliche Fahrleistung erreicht, sollte die Dichte der Säure etwa alle drei Monate getestet werden, um den Ladezustand der Batterie zu ermitteln. Führen Sie die Kontrolle mit einem Hydrometer durch, und vergleichen Sie das Ergebnis mit der folgenden Tabelle. Beachten Sie, dass bei den Messergebnissen von einer Temperatur von 15 °C ausgegangen wird. Bei niedrigerer Temperatur muss für jeweils 10 °C 0,007 subtrahiert werden; bei höheren Temperaturen sind für jeweils 10 °C 0,007 zu addieren.

	Über 25 °C	Unter 25 °C
Vollständig geladen	1,21 bis 1,23	1,27 bis 1,29
70 % geladen	1,17 bis 1,19	1,23 bis 1,25
Entladen	1,05 bis 1,07	1,11 bis 1,13

7 Falls der Zustand der Batterie unklar ist, muss zuerst die Säuredichte in jeder Zelle geprüft werden – Unterschiede von 0,04 oder mehr zwischen den Zellen weisen auf einen Säureverlust oder Schäden an den Bleiplatten hin, und die Batterie muss ersetzt werden.
8 Falls der Unterschied der Säuredichte zwischen den Zellen unter 0,04 liegt, die Batterie aber entladen ist, muss sie aufgeladen werden (siehe unten).

Wartungsfreie Batterien

9 Bei sogenannten »wartungsfreien« oder MF-Batterien ist ein Auffüllen der Zellen und ein Ermitteln der Dichte nicht möglich. Der Zustand der Batterie kann daher nur mit einem Batterieprüfer oder einem Voltmeter getestet werden.
10 Manche Modelle sind mit einer wartungsfreien »Delco«-Batterie ausgerüstet, die über eine eingebaute Ladestand-Anzeige verfügt (siehe Abbildung). Die Anzeige oben im Batteriegehäuse zeigt mit verschiedenen Farben den Zustand der Batterie an: Bei grün ist die Batterieladung in Ordnung; wird die Anzeige dunkler bis schwarz, muss die Batterie geladen werden. Bei einer klaren oder gelben Anzeige ist der Säurepegel zu niedrig, und die Batterie muss erneuert werden.
Achtung: Versuchen Sie niemals, die Batterie zu laden oder zu überbrücken, wenn die Anzeige klar oder gelb ist!

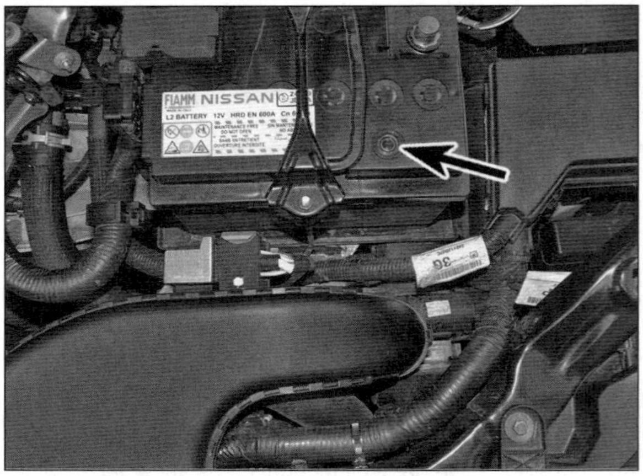

2.10 Ladestandsanzeige einer Delco-Batterie

11 Beim Test mit einem Voltmeter muss dieses Gerät mit den Batteriepolen verbunden werden. Vergleichen Sie die gemessene Spannung mit den Angaben für den Ladezustand in den technischen Daten. Dieser Test ist nur exakt, wenn die Batterie nicht in den letzten sechs Stunden in irgendeiner Weise geladen wurde. Ist dies nicht der Fall, müssen die Scheinwerfer für 30 Sekunden eingeschaltet werden, dann wird nach etwa fünf Minuten Wartezeit die Spannung gemessen. Alle anderen Verbraucher müssen abgeschaltet sein.
12 Falls die Spannung unter 12,2 Volt liegt, ist die Batterie entladen. 12,2 bis 12,4 Volt weisen darauf hin, dass die Batterie teilweise entladen ist.
13 Zum Laden muss die Batterie ausgebaut (Sektion 3) und mit einem Ladegerät verbunden werden (siehe unten).

Laden

Anmerkung: *Die folgenden Hinweise sind nur grobe Richtlinien. Beachten Sie stets die Hinweise des Herstellers (oft auf Aufklebern an der Batterie zu erkennen), bevor Sie die Batterie laden.*

Standard- und wartungsarme Batterien – Laden

14 Laden Sie die Batterie mit 3,5 bis 4,0 Ampere so lange, bis nach jeweils vierstündigen Perioden keine höhere Dichte mehr messbar ist.

15 Alternativ kann ein Erhaltungsladegerät über Nacht angeschlossen werden, um die Batterie sicher mit 1,5 Ampere zu laden.

16 Sogenannte »Schnellladungen«, bei denen die Batterie innerhalb ein bis zwei Stunden vollständig geladen sein soll, werden nicht empfohlen, da sie die Bleiplatten überhitzen und so dauerhaft schädigen können.

17 Prüfen Sie beim Laden der Batterie die Temperatur – ihr Gehäuse darf niemals wärmer als 38 °C (etwas mehr als handwarm) werden.

Wartungsfreie Batterien

18 Dieser Batterietyp benötigt zum kompletten Aufladen deutlich mehr Zeit als eine Standardbatterie; die Zeit hängt von der Entladungsrate ab und kann bis zu drei Tage betragen.

19 Ein Konstantspannungs-Ladegerät muss bei 13,9 bis 14,9 Volt unter 25 Ampere Ladestrom liefern. Bei dieser Methode sollte eine teilweise entladene Batterie nach drei Stunden 12,5 Volt aufweisen und wieder einsetzbar sein; bei komplett entladenen Batterien kann dies deutlich länger dauern.

20 Falls die Batterie vollständig entladen ist (unter 12,2 V), sollte sie mit einem Spezial-Ladegerät verbunden werden, wie es beim Volvo-Händler oder einer Fachwerkstatt vorrätig sein sollte; die Laderate ist deutlich höher, und das Laden muss stets überwacht werden.

3 Batterie – Ausbau und Einbau

Anmerkung: *Beachten Sie zum Trennen der Batterie die Hinweise auf Seite 532.*

Ausbau

1 Die Batterie befindet sich links im Motorraum.

2 Lockern Sie am Minuspol (–) der Batterie die Klemmschraube, und ziehen Sie das Klemmstück des Massekabels vom Batteriepol (siehe Abbildung).

3.2 Befreien Sie das Massekabel vom Minuspol der Batterie.

3 Entfernen Sie ggf. die Abdeckung des Pluskabels, und trennen Sie dies von der Batterie (siehe Abbildung).

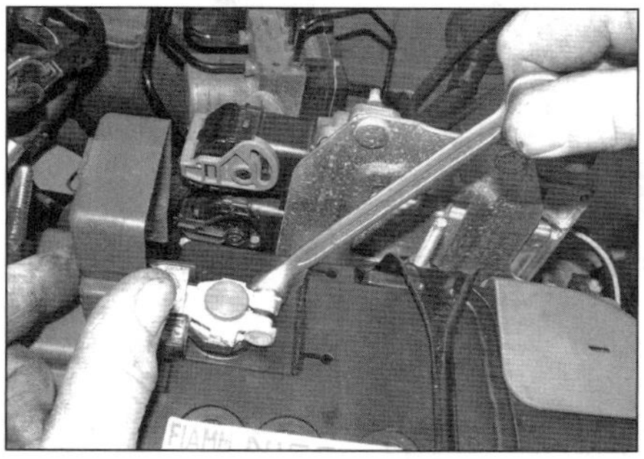

3.3 Lösen Sie den Plus-Anschluss von der Batterie.

4 Lockern Sie die zwei Muttern des über der Batterie sitzenden Haltebügels, hängen Sie die Gewindestangen aus, und entfernen Sie die Halterung (siehe Abbildungen).

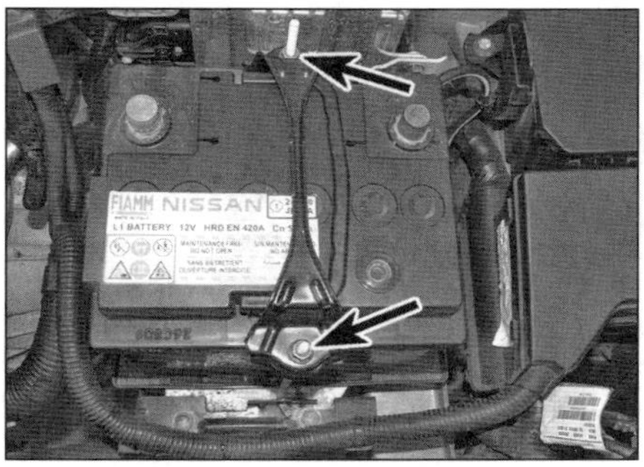

3.4a Lockern Sie die zwei Muttern ...

3.4b ... und hängen Sie die Gewindestangen aus, ...

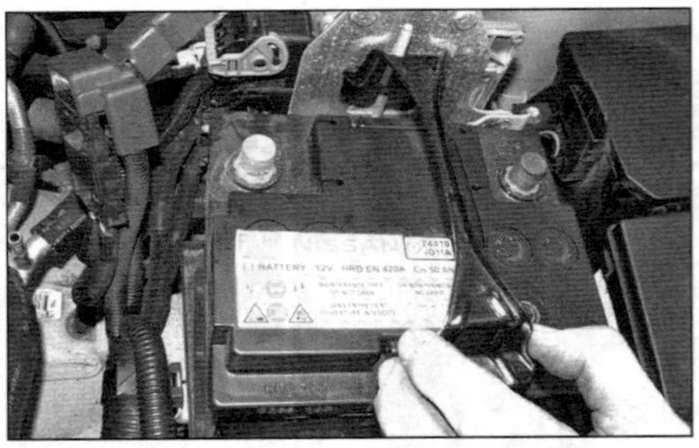

3.4c ... um die Halterung zu entfernen.

5 Heben Sie die Batterie aus dem Motorraum, und entnehmen Sie dann die Kunststoffplatte (siehe Abbildung).

3.5 Entfernen Sie die Batterieträger-Platte.

6 Nötigenfalls kann auch der Batterieträger aus dem Motorraum entfernt werden. Lösen Sie zunächst die Schrauben des hinter dem Batterieträger sitzenden Steuergeräts, um dies zu befreien (siehe Kapitel 4A, Sektion 10 oder Kapitel 4B, Sektion 8).
7 Bei manchen Modellen kann es nötig sein, die Kabelbaum-Befestigungen und andere Halter vom Batterieträger zu befreien (siehe Abbildungen).

3.7a Befreien Sie Kabelbaum-Clips und andere Halterungen, ...

3.7b ... um den Batterieträger entfernen zu können.

8 Entfernen Sie das Luftfiltergehäuse (siehe Kapitel 4A oder 4B, Sektion 2).
9 Der Batterieträger bildet einen Teil des Getriebehalters, sodass das Getriebe zunächst mit einem Rangierwagenheber abgestützt werden muss, bevor er entfernt werden kann.
10 Sobald das Getriebe sicher abgestützt ist, können die Schrauben aus dem Karosserieausleger gelöst und der Halter entfernt werden (siehe Abbildung).

3.10 Stützen Sie das Getriebe ab, bevor der Batterieträger/Getriebehalter entfernt wird.

Einbau

11 Der Einbau entspricht der umgekehrten Ausbaureihenfolge. Verbinden Sie zuerst die Plus-Klemme, dann das Massekabel. Schmieren Sie die Anschlüsse anschließend mit Polfett oder Vaseline.

4 Ladesystem – Testen

Anmerkung: *Beachten Sie vor Arbeitsbeginn die Warnhinweise in »Sicherheit geht vor!« und in Sektion 1 dieses Kapitels.*
1 Falls die Ladekontrollleuchte beim Einschalten der Zündung nicht aufleuchtet, müssen zuerst die Lichtmaschinenkabel auf guten Kontakt überprüft werden. Wenn hier alles in Ordnung ist, muss kontrolliert werden, ob die Lampe durchgebrannt ist und der Lampenhalter sicher in seinem Sitz im Armaturenbrett befestigt ist. Leuchtet die Lampe weiterhin nicht, muss das von der Lichtmaschine zur Warnleuchte führende Kabel auf Durchgang geprüft werden. Ist auch hier kein Fehler festzustellen, kann die Lichtmaschine defekt sein und sollte von einer Fachwerkstatt getestet und ggf. repariert werden.
2 Falls die Ladekontrollleuchte bei laufendem Motor aufleuchtet, muss dieser abgeschaltet und geprüft werden, ob der Keilrippenriemen korrekt gespannt und nicht mit Öl kontaminiert ist (siehe Kapitel 1A oder 1B) und die Lichtmaschinenkabel sicher verbunden sind. Ist hier alles in Ordnung, kann die Lichtmaschine defekt sein und sollte von einer Fachwerkstatt getestet und ggf. repariert werden.
3 Wird trotz funktionierender Warnleuchte vermutet, dass die Lichtmaschinenleistung nicht korrekt ist, muss die geregelte Spannung wie folgt überprüft werden:
4 Verbinden Sie ein Voltmeter mit den Batteriepolen, und starten Sie den Motor.

5 Erhöhen Sie die Motordrehzahl, bis eine konstante Spannung erreicht wird – es müssen zwischen 12 und 13 Volt abgelesen werden (aber nicht mehr als 14 Volt!).
6 Schalten Sie möglichst viele Verbraucher (Scheinwerfer, Heckscheibenheizung, Heizgebläse) ein und kontrollieren Sie, ob die geregelte Spannung zwischen 13 und 14 Volt liegt.
7 Falls die geregelte Spannung nicht wie beschrieben ist, können verschlissene Kohlebürsten, ermüdete Bürstenfedern, ein defekter Spannungsregler, eine schadhafte Diode, eine durchtrennte Phasenwicklung oder verschlissene bzw. beschädigte Schleifringe die Ursache sein. Die Lichtmaschine muss ggf. erneuert oder von einer Fachwerkstatt getestet und ggf. repariert werden.

5 Lichtmaschine – Ausbau und Einbau

Ausbau

1 Trennen Sie zunächst das Massekabel (–) der Batterie (siehe Seite 532).
2 Lockern Sie den Keilrippenriemen (siehe Kapitel 1A oder 1B, Sektion 10), und heben Sie ihn vom Lichtmaschinen-Riemenrad (siehe Abbildung).

5.2 Heben Sie den Keilrippenriemen vom Lichtmaschinen-Riemenrad.

3 Lösen Sie bei Dieselmotoren die Befestigungen des über der Lichtmaschine verlegten Ladeluftkühler-Einlassschlauchs, und entfernen Sie diesen (siehe Abbildung).
Achtung: Bedecken oder verstopfen Sie den Ladeluftkühler und die Schlauchöffnungen, damit keine Fremdkörper hineingeraten.

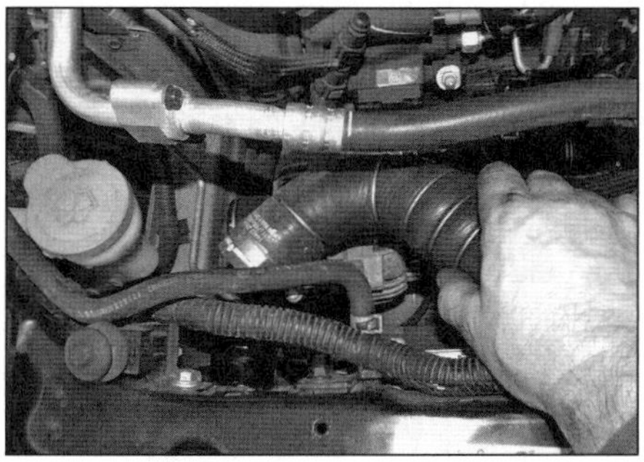

5.3 Entfernen Sie bei Dieselmodellen den Ladeluftkühler-Schlauch.

4 Entfernen Sie hinten an der Lichtmaschine von allen Anschlüssen die Gummiabdeckungen, und lösen Sie die Mutter(n), um das/die Kabel zu befreien (siehe Abbildungen).

5.4a Lösen Sie die Anschlussmutter ...

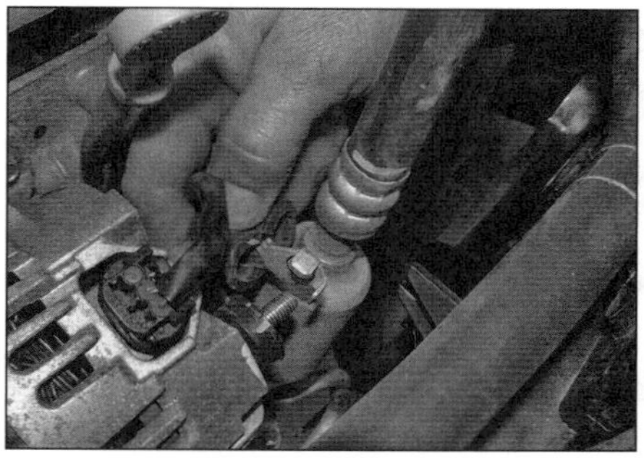

5.4b und trennen Sie das Kabel der Lichtmaschine.

5 Lösen Sie den Sicherungsclip, und ziehen Sie oben an der Lichtmaschine den Stecker ab (siehe Abbildung).

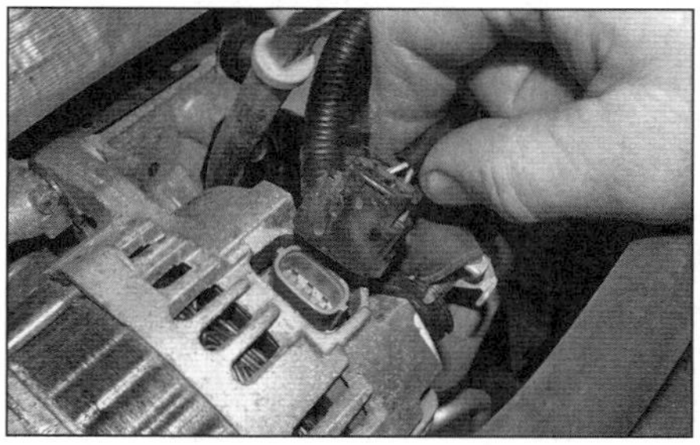

5.5 Trennen Sie den Lichtmaschinenstecker.

6 Lösen Sie die obere und untere Befestigungsschraube, entfernen Sie die Scheiben, und manövrieren Sie die Lichtmaschine von ihren Halterungen weg und heraus (siehe Abbildungen).

5.6a Lösen Sie die zwei Lichtmaschinenschrauben ...

5.6b ... und heben Sie die Lichtmaschine ab.

7 Bei einigen Modellen kann die untere Schraube nicht vollständig entfernt werden, da sie gegen die Karosserie stößt. Hier hat der Lichtmaschinenhalter einen Ausschnitt, sodass die Lichtmaschine samt Schraube entfernt werden kann (siehe Abbildung).

5.7 Der Ausschnitt im Halter ermöglicht den Ausbau der Lichtmaschine samt unterer Schraube – gezeigt am 2,0 l-Benzinmotor.

Einbau

8 Der Einbau entspricht der umgekehrten Ausbaureihenfolge. Spannen Sie den Keilrippenriemen (siehe Kapitel 1A oder 1B, Sektion 10), und ziehen Sie die Lichtmaschinenschrauben mit den in den technischen Daten angegebenen Drehmomenten an.

6 Lichtmaschine – Testen und Überholen

Falls an der Lichtmaschine ein Defekt vermutet wird, sollte sie ausgebaut und zu einer Fachwerkstatt gebracht werden, um dort getestet und ggf. repariert zu werden. Kohlebürsten können oft relativ günstig ausgetauscht werden. Holen Sie auf jeden Fall einen Kostenvoranschlag ein, und erkundigen Sie sich, was ein Neuteil oder eine Austausch-Lichtmaschine kostet.

7 Anlassersystem – Testen

Anmerkung: ***Beachten Sie vor Arbeitsbeginn die Warnhinweise in »Sicherheit geht vor!« und in Sektion 1 dieses Kapitels.***

1 Falls der Anlasser beim Drehen des Zündschlüssels in die entsprechende Position nicht arbeitet, kann dies folgende Ursachen haben:

a) *Die Batterie ist defekt oder entladen.*

b) *Die elektrischen Verbindungen zwischen dem Zündschloss, dem Magnetschalter, der Batterie und dem Anlasser sind irgendwo unterbrochen oder beschädigt, sodass der nötige Strom nicht von der Batterie zum Anlasser und über Masse wieder zurück fließen kann.*

c) *Der Magnetschalter ist defekt.*

d) *Der Anlasser selbst hat einen mechanischen oder elektrischen Defekt.*

2 Zur Kontrolle der Batterie werden die Scheinwerfer eingeschaltet. Wenn sie nach wenigen Sekunden dunkler werden, weist dies auf eine entladene Batterie hin, sodass sie geladen (siehe Sektion 2) oder ersetzt werden muss. Wenn die Scheinwerfer hell leuchten, wird wieder versucht, den Motor zu starten – werden sie hierbei dunkel, weist dies darauf hin, dass der Strom den Anlasser erreicht, sodass der Defekt hier liegen muss. Leuchten die Scheinwerfer weiter (und aus dem Magnetschalter des Anlassers ist kein Klicken zu hören), weist dies darauf hin, dass der Fehler in der Verkabelung oder dem Magnetschalter liegt (siehe folgende Schritte). Falls der Anlasser beim Starten nur langsam dreht, obwohl die Batterie geladen ist, ist entweder der Anlasser selbst defekt oder im Stromkreis ist ein beträchtlicher Widerstand vorhanden.

3 Falls im Stromkreis ein Defekt vermutet wird, müssen die Batteriekabel (einschließlich der Masseanschlüsse zur Karosserie), das Anlasser-/Magnetschalter-Kabel und das Masseband der Motor-Getriebe-Einheit getrennt werden (beachten Sie die Hinweise auf Seite 532). Reinigen Sie alle Kontakte sorgfältig, und verbinden Sie alle Anschlüsse wieder. Prüfen Sie mit einem Voltmeter, ob am Plus-Anschluss des Magnetschalters Batteriespannung anliegt und Masse gut verbunden ist. Versehen Sie die Batteriepole mit Polfett oder Vaseline, um sie vor Korrosion zu schützen – korrodierte Anschlüsse sind die häufigsten Gründe für Elektrikfehler.

4 Wenn die Batterie und alle Anschlüsse in Ordnung sind, muss der Stromkreis durch Trennen des Magnetschalter-Anschlusses kontrolliert werden. Verbinden Sie ein Voltmeter oder eine Prüflampe zwischen das Pluskabel und Masse (z. B. dem Minuspol der Batterie), und prüfen Sie, ob beim Drehen des Zündschlüssels in die Startposition Spannung anliegt – ist dies nicht der Fall, müssen die Stromkreiskabel wie in Kapitel 12 beschrieben kontrolliert werden.

5 Die Magnetschalter-Kontakte können getestet werden, indem ein Voltmeter oder eine Prüflampe zwischen den Plus-Anschluss an der Anlasserseite des Magnetschalters und Masse geklemmt wird. Beim Drehen des Zündschlüssels in die Startposition muss Spannung festgestellt werden – andernfalls ist der Magnetschalter defekt und muss ersetzt werden.

6 Wenn sich sowohl der Magnetschalter als auch der Stromkreis als funktionsfähig erwiesen haben, muss der Defekt im Anlasser liegen. Dieser kann von einem Spezialisten überholt werden. Kohlebürsten können oft relativ günstig ausgetauscht werden. Holen Sie auf jeden Fall einen Kostenvoranschlag ein, und erkundigen Sie sich, was ein Neuteil oder ein Austausch-Anlasser kostet.

8 Anlasser – Ausbau und Einbau

Ausbau

1 Trennen Sie zunächst das Massekabel (–) der Batterie (siehe Kapitel 5A und Seite 532).

2 Lösen Sie bei Dieselmotoren die Befestigungen des über der Lichtmaschine verlegten Ladeluftkühler-Einlassschlauchs, und entfernen Sie diesen (siehe Abbildung).

Achtung: Bedecken oder verstopfen Sie den Ladeluftkühler und die Schlauchöffnungen, damit keine Fremdkörper hineingeraten.

8.2 Entfernen Sie bei Dieselmodellen den Ladeluftkühler-Schlauch.

3 Verlagern Sie alle Kabel und Schläuche beiseite, um Zugang zum vorn am Motorblock an der Getriebeglocke verschraubten Anlasser zu erhalten (siehe Abbildung).

8.3 Befreien Sie den Kabelbaum vorn am Getriebe aus allen Befestigungen.

4 Ziehen Sie an den Kabelanschlüssen des Magnetschalters die Gummikappen ab, und lösen Sie die zwei Anschlussmuttern. Trennen Sie das Haupt-Stromkabel und das kleinere Magnetschalter-Kabel (siehe Abbildungen).

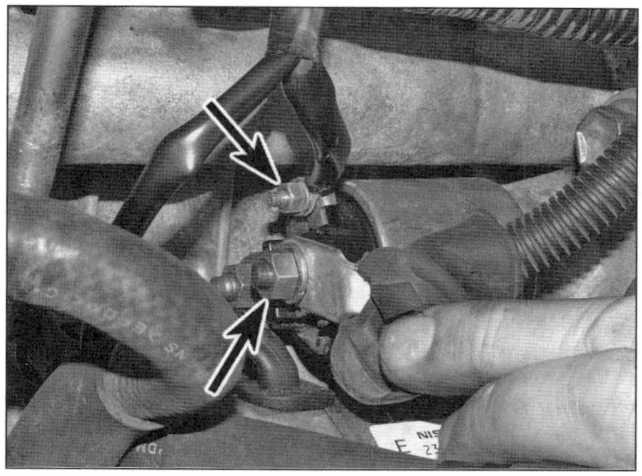

8.4a Lösen Sie die Muttern ...

8.4b ... und trennen Sie die Anlasserkabel.

5 Lösen Sie die Anlasser-Befestigungsschrauben, stützen Sie den Anlasser, ziehen Sie die Schrauben heraus, und befreien Sie den Anlasser (siehe Abbildungen).

8.5a Lösen Sie die Anlasser-Befestigungsschrauben – gezeigt am 2,0 l-Benzinmotor.

8.5b Befreien Sie den Anlasser aus der Getriebeglocke.

Einbau

6 Der Einbau entspricht der umgekehrten Ausbaureihenfolge. Ziehen Sie die Anlasser-Befestigungsschrauben mit den in den technischen Daten angegebenen Drehmomenten an.

9 Anlasser – Testen und Überholen

Falls am Anlasser ein Defekt vermutet wird, sollte er ausgebaut und zu einer Fachwerkstatt gebracht werden, um dort getestet und ggf. repariert zu werden. Kohlebürsten können oft relativ günstig ausgetauscht werden. Holen Sie auf jeden Fall einen Kostenvoranschlag ein und erkundigen Sie sich, was ein Neuteil oder ein Austausch-Anlasser kostet.

10 Zündschloss – Ausbau und Einbau

Das Zündschloss bildet zusammen mit dem Lenkschloss eine Baugruppe, deren Aus- und Einbau in Kapitel 10, Sektion 13 beschrieben ist.

11 Öldruckschalter – Ausbau und Einbau

Ausbau

1 Bei manchen Modellen kann der Zugang von unten verbessert werden, wenn das Fahrzeug angehoben und sicher abgestützt wird (siehe Seite 535). Entfernen Sie den Unterfahrschutz.

2 Bei Benzinmotoren sitzt der Schalter vorn am Motorblock oberhalb des Ölfilters (siehe Abbildung). Bei Dieselmotoren ist der Schalter vorn am Motor ins Ölfiltergehäuse geschraubt.

11.2 Position des Öldruckschalters bei Benzinmotoren

3 Trennen Sie zunächst das Massekabel (–) der Batterie (siehe Seite 532).

4 Trennen Sie den Stecker vom Öldruckschalter (siehe Abbildung).

11.4 Ziehen Sie den Öldruckschalter-Stecker ab.

5 Schrauben Sie den Schalter heraus, und entnehmen Sie ggf. die Dichtscheibe. Seien Sie auf austretendes Motoröl vorbereitet, und verstopfen Sie ggf. seinen Sitz, falls er für längere Zeit ausgebaut bleibt.

⚠ ***Warnung: Der Motor darf bei ausgebautem Schalter nicht gestartet werden.***

Einbau

6 Begutachten Sie die Dichtscheibe, und ersetzen Sie sie, falls Schäden oder Alterungserscheinungen festgestellt werden. Falls keine Dichtscheibe vorhanden ist, muss das Gewinde des Schalters mit Dichtmasse bestrichen werden.

7 Drehen Sie den Schalter ein, und ziehen Sie ihn mit dem in den technischen Daten angegebenen Drehmoment an.

8 Senken Sie das Fahrzeug auf den Boden ab, kontrollieren Sie den Ölpegel, und füllen Sie nötigenfalls nach (siehe *Wöchentliche Kontrollen*).

12 Ölpegel-Sensor – Ausbau und Einbau

Ausbau

1 Der Zugang von unten kann verbessert werden, wenn das Fahrzeug angehoben und sicher abgestützt wird (siehe Seite 535). Entfernen Sie den Unterfahrschutz.

2 Der Sensor befindet sich an folgenden Positionen:

a) bei HR16DE-Benzinmotoren sitzt er unterhalb des Ölfilters vorn im Motorgehäuse-Unterteil und ist mit einer Schraube gesichert (siehe Abbildung).

b) bei MR20DE-Benzinmotoren sitzt er nahe am Ölfilter vorn im oberen Motorgehäuse (siehe Abbildung).

c) bei K9K-Dieselmotoren sitzt er vorn links im oberen Motorgehäuse.

d) bei M9R-Dieselmotoren sitzt er unten mittig im Motorgehäuse.

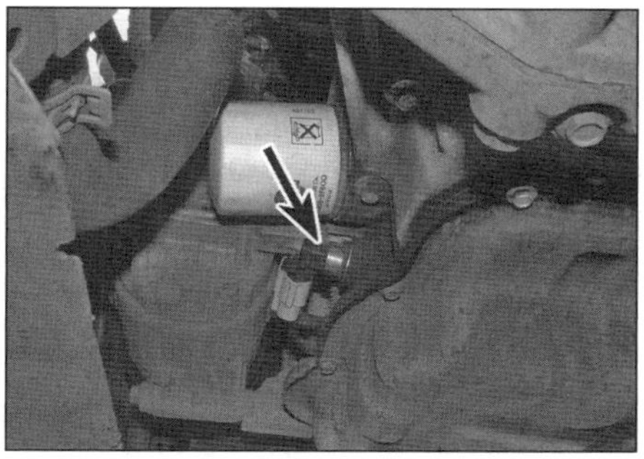

12.2a Position des Ölpegelsensors – 1,6 l-Benzinmotor

12.2b Position des Ölpegelsensors – 2,0 l-Benzinmotor

3 Trennen Sie zunächst das Massekabel (–) der Batterie (siehe Seite 532).

4 Trennen Sie den Stecker des Ölpegelsensors (siehe Abbildung).

12.4 Ziehen Sie den Sensorstecker ab.

5 Lösen Sie beim 1,6 l-Benzinmotor die Sensorschraube, und ziehen Sie den Sensor aus dem Motor – seien Sie auf austretendes Motoröl vorbereitet, und verstopfen Sie ggf. seinen Sitz, falls er für längere Zeit ausgebaut bleibt.

Warnung: Der Motor darf bei ausgebautem Schalter nicht gestartet werden.

6 Schrauben Sie bei allen anderen Modellen den Sensor heraus, und entnehmen Sie ggf. die Dichtscheibe – seien Sie auf austretendes Motoröl vorbereitet, und verstopfen Sie ggf. seinen Sitz, falls er für längere Zeit ausgebaut bleibt.

Einbau

7 Begutachten Sie die Dichtscheibe, und ersetzen Sie sie, falls Schäden oder Alterungserscheinungen festgestellt werden. Falls keine Dichtscheibe vorhanden ist, muss das Gewinde des Sensors mit Dichtmasse bestrichen werden.

8 Installieren Sie beim 1,6 l-Benzinmotor den Sensor, und sichern Sie ihn mit der mit 8 Nm angezogenen Schraube.

9 Drehen Sie bei allen anderen Modellen den Sensor ein, und ziehen Sie ihn mit dem in den technischen Daten angegebenen Drehmoment an.

10 Senken Sie das Fahrzeug auf den Boden ab, kontrollieren Sie den Ölpegel, und füllen Sie nötigenfalls nach (siehe *Wöchentliche Kontrollen*).

Kapitel 5B

Zündsystem – Benzinmotoren

Inhalt Sektion

Schwierigkeitsgrade

Leicht. Geeignet für Anfänger mit wenig Erfahrung.	**Relativ leicht.** Geeignet für Anfänger mit etwas Erfahrung.	**Relativ schwierig.** Geeignet für geübte Selbstschrauber.	**Schwer.** Geeignet für Selbstschrauber mit viel Erfahrung.	**Sehr schwer.** Geeignet für Experten und Profis.

Spezifikationen

Allgemein

System	Vollelektronisches Zündsystem, überwacht vom Motorsteuergerät
Zündfolge	1-3-4-2 (Zylinder Nr. 1 liegt rechts – Steuerkettenseite)
Zündkerzen	HGK PLZKAR 6A oder Bosch FR 7 ME
Zündzeitpunkt	geregelt vom Motorsteuergerät

Anzugsdrehmomente

Zündkerzen	20 Nm
Zündspulen-Befestigungsschrauben	7 Nm

1 Allgemeine Informationen

1 Das Zündsystem wird wie die Einspritzanlage vom Motorsteuergerät (ECU) überwacht – weitere Informationen dazu finden sich in Kapitel 4A.

2 Die Zündungsseite des Systems ist statisch (verteilerlos) und kommt daher ohne bewegliche Teile aus. Jede Zündkerze ist mit einer eigenen (in den Kerzenstecker integrierten) Zündspule ausgerüstet (siehe Abbildung), sodass keine Hochspannungs-Zündkabel zum Einsatz kommen. Dieser Aufbau gilt als äußerst zuverlässig und wartungsarm.

1.2 Die Zündspulen sitzen direkt auf den Kerzensteckern.

3 Weil es keinen Verteiler zum Einstellen gibt, lässt sich der Zündzeitpunkt nicht mit herkömmlichen Methoden justieren. Last- und drehzahlabhängige Zündverstellungen werden unmittelbar vom Motorsteuergerät vorgenommen.

4 Das Steuergerät berechnet anhand der Informationen verschiedener Sensoren den optimalen Zündzeitpunkt und die Ladezeit der Zündspulen.

5 Das Zündsystem kann unterschiedlich aufgebaut sein, doch die Grundfunktion ist bei allen Modellen gleich: Das Steuergerät gibt eine Spannung an die Primärwicklungen der Zündspulen ab, die gelegentlich unterbrochen wird, sodass das Primär-Magnetfeld zusammenbricht und in der Sekundärwicklung eine wesentlich stärkere Zündspannung entsteht, die an die Zündkerze geleitet wird. Weil hier zwischen den Elektroden ein gewisser Abstand besteht, muss der Strom überspringen – und erzeugt dabei den gewünschten Funken zum Entzünden des verdichteten Benzin-Luft-Gemischs. Der Zeitpunkt hierfür ist entscheidend für einen optimal laufenden Motor; er wird ausschließlich vom Steuergerät festgelegt.

6 Das Steuergerät berechnet und überwacht den Zündzeitpunkt vor allem anhand der Motordrehzahl, der Kurbelwellen- und Nockenwellenpositionen – entsprechende Sensoren im und am Motor liefern entsprechende Informationen. Zu den anderen Parameter zur Bestimmung des optimalen Zündzeitpunkts gehören die Stellung der Drosselklappe und die Temperaturen der angesaugten Luft sowie des Kühlmittels. Die meisten dieser Sensoren haben eine doppelte Funktion, da ihre Informationen auch zur Bestimmung des Einspritzzeitraums und der Einspritzdauer erforderlich sind. Daher sind einige von ihnen auch in Kapitel 4A beschrieben.

7 Das Steuergerät errechnet die Motordrehzahl und die Kurbelwellenposition mithilfe eines verzahnten Impulsrotors an der Schwungscheibe, um den der induktive Kopf des Kurbelwellensensors sitzt. Während sich die Kurbelwelle (und damit die Schwungscheibe) dreht, passieren die Rotorzähne den Sensor, der bei jedem Zahn einen Impuls an das Steuergerät sendet. Im oberen Totpunkt (OT) der Zylinder Nr. 1 und 4 »fehlt« ein Zahn des Rotors, sodass zwischen den Sensorsignalen eine längere Pause eintritt und das Steuergerät anhand dieses fehlenden Impulses die Position der Kurbelwelle erkennt. Die Intervalle zwischen den Impulsen dienen der Ermittlung der Drehzahl. Der Nockenwellensensor erweitert diese Informationen um die Feststellung, ob sich der Kolben im Verdichtungs- oder Auslass-OT befindet.

8 Informationen über den Lastzustand des Motors liefern der Luftmassenmesser oder der Einlassstutzen-Drucksensor sowie der Drosselklappensensor. Die Menge der angesaugten Luft bestimmt die Last des Motors und den entsprechend berechneten Zündzeitpunkt.

9 Weitere Sensoren überwachen die Temperatur des Kühlmittels, die Drosselklappenstellung, die gefahrene Geschwindigkeit, die Fahrstufe im Automatikgetriebe (falls vorhanden) und die Funktion der Klimaanlage, um das Steuergerät mit weiteren Signalen über den Betriebszustand des Fahrzeugs zu versorgen. Anhand all dieser ständig schwankenden Daten wählt das Steuergerät aus einem gespeicherten Kennfeld den erforderlichen Zündzeitpunkt aus.

10 Das Steuergerät setzt den Zündzeitpunkt auch als Feinjustierung für die Standgasdrehzahl, als Antwort auf Signale des Servolenkungs-Schalters oder des Klimaanlagen-Schalters (um das Absterben des Motors zu verhindern), oder auch, falls die Lichtmaschinenspannung abfällt.

11 Falls im Zündsystem aufgrund des Ausfalls eines Sensors ein Fehler auftritt, schaltet das Steuergerät auf ein Notprogramm um, damit das Fahrzeug mit begrenzter Motorleistung nach Hause oder in eine Werkstatt gefahren werden kann. Falls der Fehler zu einer Verschlechterung der Abgase führt, wird im Armaturenbrett eine Warnlampe aufleuchten.

12 Eine umfangreiche Fehlerdiagnose aller in diesem Kapitel beschriebenen Motorsteuerungssysteme ist nur mithilfe einer speziellen Prüfausrüstung möglich. Falls ein Sensor ausfällt oder ein anderer Fehler auftritt, speichert das Steuergerät einen Fehlercode, der nur mit einem speziellen Gerät ausgelesen werden kann. Der On-Board-Diagnose-Anschluss (OBD) sitzt unterhalb der Sicherungen links unten im Armaturenbrett (siehe Abbildung). Nissan-Händler und Fachwerkstätten verfügen über solche Auslesegeräte, der Kauf für den Hobbyschrauber lohnt sich hingegen kaum. Sobald der Fehler identifiziert ist, können anhand der Informationen in den folgenden Sektionen und anderen Kapiteln die Komponenten ausgebaut werden.

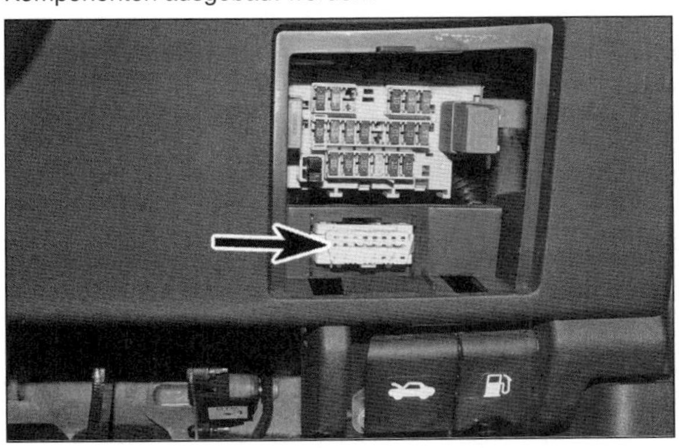

1.12 Der OBD-Anschluss sitzt in der Sicherungsbox

2 Zündsystem – Test

Warnung: Die Zündung erzeugt eine sehr hohe Zündspannung, die schmerzhaft sein kann, wenn bei eingeschalteter Zündung irgendwelche Komponenten oder Anschlüsse berührt werden. Personen mit Herzschrittmachern müssen sich generell von Zündungskomponenten fernhalten. Achten Sie vor Arbeiten an der Zündanlage immer darauf, dass die Zündung ausgeschaltet ist, trennen Sie dann das Massekabel der Batterie,und sichern Sie es abseits des Batteriepols.

1 Falls in der Motorsteuerung ein Fehler auftritt, muss zuerst sichergestellt werden, dass alle Kabelstecker des Systems fest verbunden und frei von Korrosion sind. Der Fehler darf nicht auf mangelnde Wartung zurückzuführen sein: Der Luftfilter muss also sauber und die Zündkerzen in Ordnung sein, die Motor-Kompression muss innerhalb der Vorgaben liegen, und die Schläuche der Motorentlüftung frei und unbeschädigt sein – beachten Sie für weitere Informationen die Hinweise in den Kapiteln 1A und 2A oder 2B.

2 Die einzigen vom Hobbymechaniker durchführbare Kontrolle am Zündsystem ist die in Kapitel 1A, Sektion 25 beschriebene Zündkerzen-Überprüfung. Die Verkabelung kann mithilfe der in Kapitel 12 gegebenen Informationen überprüft werden – die Steuergerät-Stecker müssen dabei stets als Erste getrennt werden.

3 Falls mithilfe der oben beschriebenen Kontrollen nicht die Ursachen des Problems beseitigt werden können, muss das Fahrzeug zu einer entsprechend ausgerüsteten Fachwerkstatt gebracht werden.

3 Zündspule(n) – Ausbau und Einbau

Ausbau

1 Die Zündspulen sitzen oben an den Zündkerzensteckern.

2 Schalten Sie die Zündung aus, und ziehen Sie zur Sicherheit den Zündschlüssel ab. Trennen Sie das Massekabel (–) der Batterie (siehe Seite 535).

3 Entfernen Sie den Ansaugstutzen (siehe Kapitel 4A, Sektion 11).

4 Ziehen Sie den Stecker der Zündspule ab (siehe Abbildungen).

3.4a Trennen Sie den/die Zündspulen-Stecker – 1,6 l-Motor

3.4b Trennen Sie den/die Zündspulen-Stecker – 2,0 l-Motor

5 Lösen Sie die Schraube der Zündspule, und ziehen Sie diese aus dem Zylinderkopf (siehe Abbildungen).

3.5a Lösen Sie die Schraube ...

3.5b ... und ziehen Sie die Zündspule heraus.

Einbau

6 Der Einbau entspricht der umgekehrten Ausbaureihenfolge – beachten Sie dabei die folgenden Punkte:

a) Ziehen Sie die Schrauben der Zündspulen mit 7 Nm an.

b) Alle Stecker müssen korrekt verbunden und ggf. gesichert werden.

c) Montieren Sie den Ansaugstutzen (siehe Kapitel 4A, Sektion 11).

4 Zündzeitpunkt – Kontrolle und Einstellung

1 Der Zündzeitpunkt wird vom Motorsteuergerät überwacht und ist nicht einstellbar. Ohne spezielle Prüfgeräte kann die Zündung nicht kontrolliert werden. Auch eine Grundeinstellung lässt sich nicht bestimmen, da das Steuergerät den Zündzeitpunkt ständig neu berechnet.

2 Falls der Verdacht besteht, dass mit dem Zündzeitpunkt etwas nicht stimmt, muss die Zündung von einer entsprechend ausgerüsteten Werkstatt kontrolliert werden.

Kapitel 5C

Vorwärmsystem – Dieselmotoren

Inhalt Sektion

Schwierigkeitsgrade

Leicht. Geeignet für Anfänger mit wenig Erfahrung.	**Relativ leicht.** Geeignet für Anfänger mit etwas Erfahrung.	**Relativ schwierig.** Geeignet für geübte Selbstschrauber.	**Schwer.** Geeignet für Selbstschrauber mit viel Erfahrung.	**Sehr schwer.** Geeignet für Experten und Profis.

Spezifikationen

Glühkerzen
Widerstand . . . . 0,6 Ohm

Kraftstoff-Temperatursensor
Widerstand bei 25 °C . . . . 2,2 K-Ohm

Anzugsdrehmomente
Glühkerzen . . . . 15 Nm

1 Allgemeine Informationen

1 Das Vorwärmsystem besteht aus den in die Brennräume geschraubten Glühkerzen, dem neben der Batterie links im Motorraum sitzenden Steuergerät und dem im Thermostatgehäuse sitzenden Kühltemperatursensor. Das Steuergerät wird vom Motorsteuergerät aktiviert.

2 Die Glühkerzen werden in mehreren Phasen vom Steuergerät mit Strom versorgt; darunter befindet sich eine variable Vorwärmung, eine festgelegte Vorwärmung, eine Start-Vorwärmung und eine variable »Nachwärmung«.

3 Die variable Vorwärmphase beginnt mit dem Einschalten der Zündung auf »On«, dabei leuchtet auch die Kontrolllampe im Cockpit auf. Die Dauer dieser Phase hängt von der Temperatur des Kühlmittels und der Batteriespannung ab – bei niedriger Kühlmitteltemperatur und schwacher Batteriespannung (unter 9,3 Volt) kann sie bis zu 15 Sekunden dauern. Die Phase wird mit steigender Temperatur kürzer und fällt bei 80 °C auf Null. Mit normaler Batteriespannung (12,6 V) dauert die Vorwärmphase maximal 10 Sekunden.

4 Die festgelegte Vorwärmung setzt direkt nach dem Ende der variablen Phase und dem Erlöschen der Kontrollleuchte ein und dauert bis zu 5 Sekunden. Normalerweise wird der Motor innerhalb dieser Zeit gestartet.

5 Solange der Anlasser betätigt wird, werden auch die Glühkerzen dauerhaft mit Strom versorgt.

6 Die variable Nachwärmung setzt direkt nach dem Motorstart ein. Ihre Dauer hängt von der Kühltemperatur ab – maximal sind 60 Sekunden möglich. Bei einer Kühltemperatur von über 80 °C schaltet sich die Nachwärmung nicht ein.

Vorwärmsystem – Testen

1 Bei einer Fehlfunktion des Systems sollte ein Test von einer mit geeigneten Diagnosegeräten ausgerüsteten Fachwerkstatt durchgeführt werden. Zuvor sollten jedoch einige Kontrollen durchgeführt werden:

2 Klemmen Sie ein Voltmeter oder eine 12-Volt-Prüflampe zwischen das Glühkerzen-Versorgungskabel und Masse (am Motor oder der Karosserie); das Stromkabel darf nicht direkt mit Masse in Berührung kommen.
3 Lassen Sie einen Assistenten die Zündung einschalten, und prüfen Sie, ob Spannung angezeigt wird. Notieren Sie, wie lange die Kontrollleuchte an ist und wie lange am Prüfgerät Spannung festgestellt wird, bevor das System abschaltet. Schalten Sie die Zündung wieder aus, und vergleichen Sie die Ergebnisse mit den Angaben in Sektion 1.
4 Falls überhaupt keine Spannung festgestellt wird, ist wahrscheinlich das Relais, das Steuergerät oder die Verkabelung defekt.
5 Um eine defekte Glühkerze einzugrenzen, müssen das Haupt-Versorgungskabel und das Verbindungskabel oben zu den Glühkerzen getrennt werden.
6 Prüfen Sie mit einem Durchgangstester oder einer mit dem Pluspol der Batterie verbundenen 12-Volt-Prüflampe den Durchgang jeder Glühkerze zu Masse. Der Widerstand einer funktionsfähigen Glühkerze ist sehr gering (unter 1 Ohm), sodass bei einer nicht leuchtenden Prüflampe oder sehr hohem am Messgerät angezeigten Widerstand die Glühkerze sehr wahrscheinlich defekt ist.
7 Falls ein Amperemeter mit einem Messbereich über 20 A vorhanden ist, kann die von jeder Glühkerze aufgenommene Stromstärke gemessen werden. Nach einer anfänglichen Aufnahme von 15 bis 20 Ampere muss jede Glühkerze etwa 10 A ziehen. Jede Glühkerze, die deutlich mehr oder weniger Strom aufnimmt, ist sehr wahrscheinlich defekt.
8 Als letzte Kontrolle können die Glühkerzen ausgebaut und inspiziert werden (siehe Sektion 3).
9 Falls das Vorwärmsystem defekt ist, müssen zuerst die Kabel zu den einzelnen Komponenten überprüft werden. Wenn hierbei kein Fehler festgestellt wird, besteht der einfachste Test in einem Austausch der Glühkerzen durch erwiesenermaßen funktionsfähige Teile. Falls dies nicht möglich ist, muss das Fahrzeug von einer mit geeigneten Diagnosegeräten ausgerüsteten Fachwerkstatt untersucht werden.

3 Glühkerzen – Ausbau, Kontrolle und Einbau

Achtung: Falls das Vorwärmsystem gerade aktiv war oder der Motor bis vor Kurzem lief, sind die Glühkerzen sehr heiß!

Ausbau

1 Trennen Sie zunächst das Massekabel (–) der Batterie (siehe Seite 532).

1,5 l-Motoren

2 Demontieren Sie die obere Motorabdeckung (siehe Abbildung).

3.2 Entfernen Sie die Motorabdeckung.

3 Lösen Sie an den Gummischläuchen des Ladeluftkühler-Rohrs die Schellen, und befreien Sie das Rohr (siehe Abbildung).

3.3 Trennen Sie den Ladeluftkühler-Schlauch.

4 Lösen Sie am Turbolader-Ende des Rohrs die Klemmschraube, lösen Sie den Drahtbügel und ziehen Sie das Rohr hoch, um es vom Motor zu befreien (siehe Abbildungen).

3.4a Lösen Sie die Klemmschraube ...

3.4b ... und den Drahtbügel, um das Rohr zu entfernen.

5 Lösen Sie oben an der Plastikabdeckung der Einspritzpumpe die Schraube und die Mutter, öffnen Sie unten die zwei Drahtbügel, befreien Sie die Kabelbaum-Klemme, und entfernen Sie die Abdeckung (siehe Abbildungen).

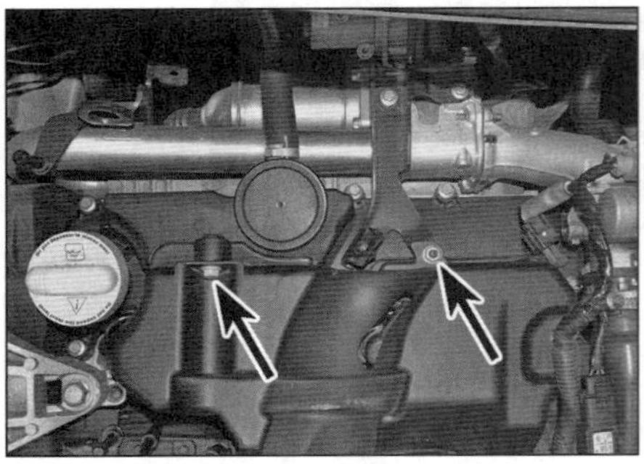

3.5a Lösen sie die Schraube und die Mutter, ...

3.5b ... öffnen Sie die zwei Drahtbügel, ...

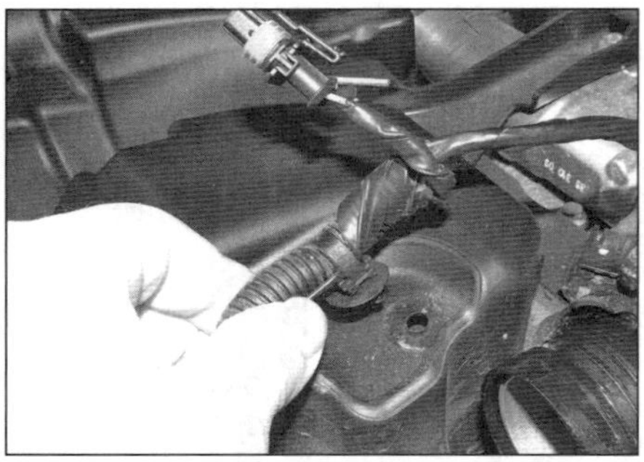

3.5c ... befreien Sie die Kabelbaumklemme ...

3.5d ... und entfernen Sie die Einspritzpumpen-Abdeckung.

6 Ziehen Sie den Plastikarm hoch, um die Kabelstecker von den Glühkerzen zu trennen (siehe Abbildung).

3.6 Trennen Sie den Glühkerzenstecker – 1,5 l-Motor

7 Reinigen Sie die Umgebung der Glühkerzen, und schrauben Sie diese aus dem Zylinderkopf (siehe Abbildung).

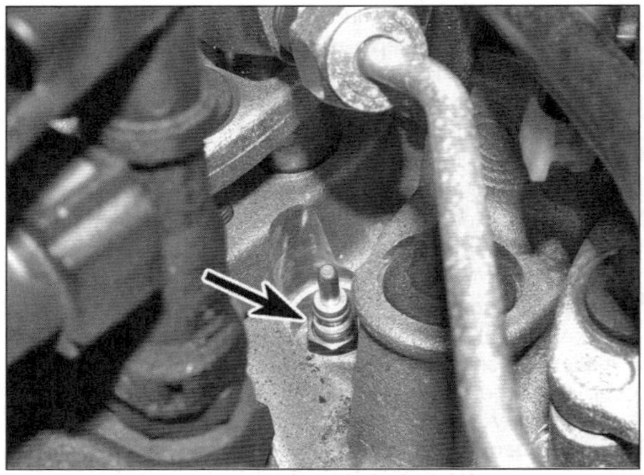

3.7 Schrauben Sie die Glühkerze aus dem Zylinderkopf.

2,0 l-Motoren

8 Demontieren Sie die obere Motorabdeckung.
9 Lockern Sie die Schellen des über den Motor verlaufenden Ladeluftkühlerschlauchs, und entfernen Sie diesen.
10 Ziehen Sie den Plastikarm hoch, um die Kabelstecker von den Glühkerzen zu trennen (siehe Abbildung).

3.10 Trennen Sie den Glühkerzenstecker – 2,0 l-Motor

11 Reinigen Sie die Umgebung der Glühkerzen, und schrauben Sie diese aus dem Zylinderkopf (siehe Abbildung).

3.11 Schrauben Sie die Glühkerze aus dem Zylinderkopf.

Kontrolle

12 Inspizieren Sie jede Glühkerze auf sichtbare Beschädigungen. Verbrannte oder erodierte Glühkerzenspitzen können auf ein schlechtes Einspritzdüsen-Sprühbild hinweisen. Lassen Sie die Glühkerze in einem solchen Fall von einer Fachwerkstatt überprüfen.

13 Wenn die Glühkerze gut aussieht, sollte sie wie in Sektion 2 beschrieben auf Durchgang getestet werden.

14 Mithilfe einer 12-Volt-Stromversorgung kann getestet werden, ob sich die Glühkerze gleichmäßig und in der vorgegebenen Zeit erwärmt – beachten Sie dabei die folgenden Vorsichtsmaßnahmen:

a) *Die Glühkerze wird sehr heiß! Klemmen Sie sie deswegen vorsichtig in einen Schraubstock oder andere geeignete Vorrichtung.*

b) *Die Stromversorgung muss mit einer Sicherung ausgerüstet sein, um bei einem möglichen Kurzschluss nicht beschädigt zu werden.*

c) *Lassen Sie die Glühkerze nach dem Test einige Minuten abkühlen, bevor Sie sie anfassen.*

15 Etwa 5 Sekunden nach den Verbinden oder Einschalten der Stromversorgung beginnt eine funktionsfähige Glühkerze an der Spitze rot zu glühen. Jede Glühkerze, die dafür deutlich länger benötigt oder die in der Mitte statt an der Spitze zu glühen beginnt, ist defekt.

Einbau

16 Der Einbau entspricht der umgekehrten Ausbaureihenfolge. Versehen Sie das Gewinde der Glühkerze mit etwas Kupferpaste, bevor Sie sie mit 15 Nm angezogen werden (siehe Abbildung). Zu festes Anziehen kann das Heizelement beschädigen.

3.16 Ziehen Sie die Glühkerze mit 15 Nm an.

4 Vorwärmsystem-Steuergerät – Ausbau und Einbau

Ausbau

1 Das Gerät sitzt links im Motorraum an einem Halter vor der Batterie (siehe Abbildungen). Bevor fortgefahren wird, muss auf jeden Fall die Zündung ausgeschaltet sein.

4.1a Position des Vorwärmsystem-Steuergeräts – 1,5 l-Motor

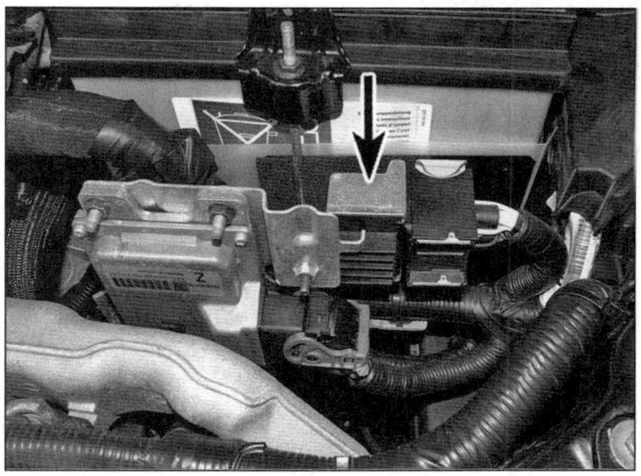

4.1b Position des Vorwärmsystem-Steuergeräts – 2,0 l-Motor mit Automatikgetriebe

2 Um bei 2,0 l-Motoren den Zugang zu verbessern, kann der Ansaugtrakt nach dem Lösen der zwei Clips entfernt werden (siehe Abbildung).

4.2 Entfernen Sie den Ansaugtrakt – 2,0 l-Motor.

3 Trennen Sie den Stecker des Steuergeräts (siehe Abbildungen).

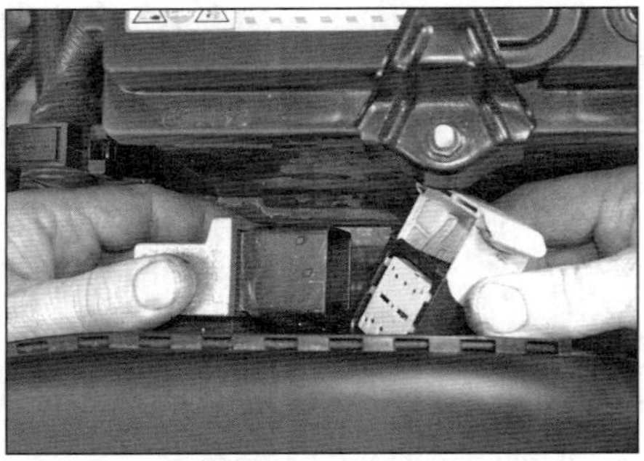

4.3a Trennen Sie den Steuergerät-Stecker – 1,5 l-Motor

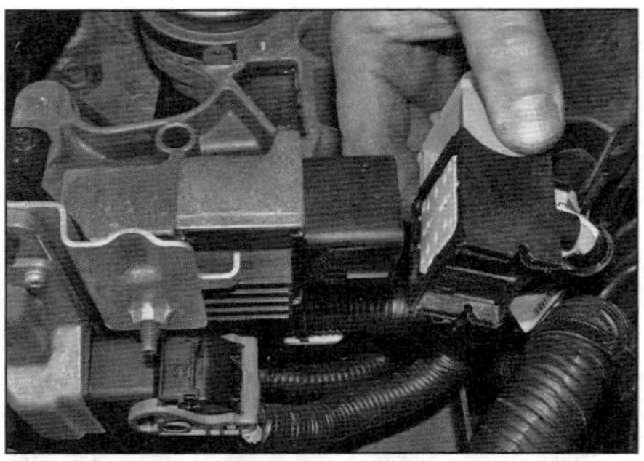

4.3b Trennen Sie den Steuergerät-Stecker – 2,0 l-Motor mit Automatikgetriebe

4 Lösen Sie die Schrauben/Muttern und entfernen Sie das Steuergerät aus der Halterung (siehe Abbildungen).

4.4a Lösen Sie die Befestigungsschraube – Modelle mit Schaltgetriebe

4.4b Lösen Sie die Befestigungsschraube – Modelle mit Automatikgetriebe

Einbau

5 Der Einbau entspricht der umgekehrten Ausbaureihenfolge – schließen Sie alle Kabel korrekt an.

Kapitel 6

Kupplung

Inhalt

Sektion

Schwierigkeitsgrade

Leicht. Geeignet für Anfänger mit wenig Erfahrung.	**Relativ leicht.** Geeignet für Anfänger mit etwas Erfahrung.	**Relativ schwierig.** Geeignet für geübte Selbstschrauber.	**Schwer.** Geeignet für Selbstschrauber mit viel Erfahrung.	**Sehr schwer.** Geeignet für Experten und Profis.

Spezifikationen

Allgemein	
Kupplungstyp	Einscheiben-Trockenkupplung mit Tellerfeder
Betätigung	hydraulisch mit Geber- und Ausrückzylinder
Kupplungsscheibe	
Außendurchmesser	
HR16DE	200 mm
MR20DE	225 mm
K9K	225 mm
M9R	250 mm
Innendurchmesser (des Reibmaterials)	
HR16DE	140 mm
MR20DE	160 mm
K9K	150 mm
M9R	165 mm
Reibmaterial-Stärke (neu)	
HR16DE	3,5 mm
MR20DE	3,2 mm
K9K	3,1 mm
M9R	3,75 mm
Reibmaterial-Höhe über Nietköpfen (min)	
HR16DE, MR20DE und M9R	0,3 mm
K9K	1,0 mm
Reibscheiben-Verzug (max.)	1,0 mm
Anzugsdrehmomente	
Ausrückzylinder-Befestigungsschrauben	21 Nm
Druckplatten-Schrauben	
HR16DE	
Schritt 1	20 Nm
Schritt 2	25 Nm
MR20DE	
Schritt 1	15 Nm
Schritt 2	25 Nm
K9K	12 Nm
M9R	25 Nm
Kupplungspedalhalter-Muttern	14 Nm

1 Allgemeine Informationen

1 Die Kupplung besteht aus einer Reibscheibe, einer Druckplatte, einem Ausrücklager und dem Ausrückmechanismus. All diese Bauteile befinden sich in dem aus Aluminium gegossenen Gehäuse (»Kupplungsglocke«) zwischen dem Motor und dem Getriebe. Der Ausrückmechanismus wird hydraulisch betätigt – mit einem am Kupplungspedalhalter sitzenden Geberzylinder und dem ins Ausrücklager integrierten Ausrückzylinder. Den Ausgleichsbehälter für die Hydraulikflüssigkeit teilt sich das System mit der Bremse, ist aber unterteilt, damit die Bremse auch bei Verlust von Kupplungsflüssigkeit weiterhin funktioniert.

2 Die Reibscheibe sitzt zwischen der Schwungscheibe des Motors und der Kupplungs-Druckplatte; sie kann sich auf den Längsnuten der Getriebeeingangswelle verschieben und besteht aus zwei kreisförmigen Reibmaterial-Belägen und einer in Federn gelagerten Nabe, um Drehmomentspitzen abzufangen.

3 Die Druckplatten-Baugruppe ist an die Motor-Schwungscheibe geschraubt und mit Passstiften gesichert. Bei normal laufendem Motor wird die Drehbewegung der Kurbelwelle über die Schwungscheibe auf die (von der Druckplatte darauf gepresste) Reibscheibe und von dieser auf die Getriebeeingangswelle übertragen.

4 Zur Unterbrechung dieses Kraftschlusses muss der Federdruck auf die Reibscheibe entlastet werden. Dies wird durch ein konzentrisch um die Getriebeeingangswelle sitzendes abgedichtetes Ausrücklager erreicht; wenn der Fahrer die Kupplung tritt, wird das Ausrücklager gegen die inneren Laschen der Tellerfeder gedrückt, sodass diese abflacht und damit den an ihrem Außenrand ausgeübten Druck auf die Druckplatte verringert.

5 Wenn das Pedal wieder gelöst wird, drückt die Tellerfeder die Druckplatte wieder gegen das Belagmaterial der Reibscheibe; diese sitzt jetzt fest zwischen der Druckplatte und der Schwungscheibe und überträgt somit die Motorleistung auf das Getriebe.

6 Verschleiß des Reibmaterials an der Reibscheibe wird durch die Kupplungshydraulik automatisch kompensiert, da sich die Druckplatte hierbei weiter zur Schwungscheibe bewegt und die inneren Laschen der Tellerfeder stärker nach außen wandern. Beim Loslassen des Kupplungspedals gelangt überschüssige Hydraulikflüssigkeit durch den Geberzylinder in den Ausgleichsbehälter. Innerhalb der Hydraulikleitung vom Geberzylinder zum Ausrückzylinder befindet sich ein Druckschwingungsdämpfer; dieser befindet sich links hinten unterhalb des Luftfiltergehäuses im Motorraum (siehe Abbildung).

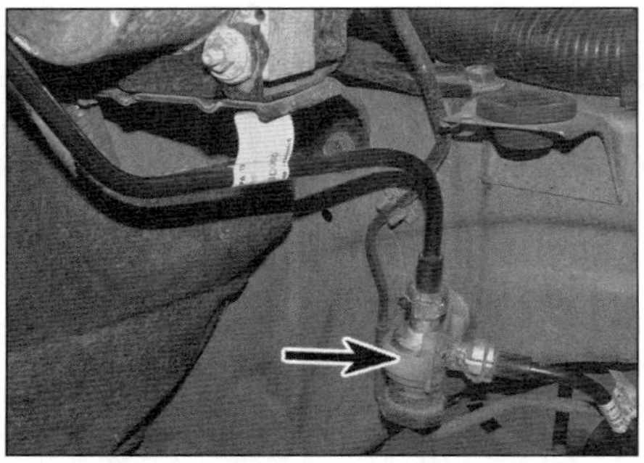

1.6 Position des Druckschwingungsdämpfers

⚠ ***Warnung: Hydraulikflüssigkeit ist giftig! Waschen Sie Spritzer bei Hautkontakt unverzüglich ab, und suchen Sie medizinischen Rat, falls etwas in die Augen gelangt. Hydraulikflüssigkeit kann brennbar sein und sich beim Kontakt mit heißen Bauteilen entzünden. Bei der Arbeit an der Bremshydraulik muss daher genauso vorgegangen werden wie beim Kraftstoffsystem. Hydraulikflüssigkeit ist ein wirksamer Lackentferner und greift Kunststoff an; Spritzer müssen unverzüglich mit reichlich klarem Wasser abgewaschen werden. Hydraulikflüssigkeit ist zudem hygroskopisch, absorbiert also Wasser aus der Luft und kann dadurch zu Korrosion führen. Alte Hydraulikflüssigkeit kann neben Wasser auch andere Kontaminationen enthalten und darf daher nicht wiederverwendet werden.***

2 Kupplungshydraulik – Entlüften

Anmerkung: ***Beachten Sie zum Umgang mit Hydraulikflüssigkeit die Warnhinweise am Ende von Sektion 1.***

1 Falls irgendein Teil der Kupplungshydraulik zerlegt werden muss oder aus irgendeinem Grund Luft ins System eingedrungen ist, muss die Hydraulik entlüftet werden. Die Anwesenheit von Luft lässt sich an einem schwammigen Gefühl im Kupplungspedal und an schwergängigen Gangwechseln erkennen.

2 Beschaffen Sie ein sauberes Gefäß und einen ausreichend langen transparenten Schlauch, der fest über den Nippel der Entlüftungsschraube geschoben werden kann. Besorgen Sie frische Hydraulikflüssigkeit. Ein Assistent wird ebenfalls benötigt (falls ein Ein-Personen-Entlüftungskit für die Bremse vorhanden ist, kann dies auch bei der Kupplung eingesetzt werden – Informationen über seinen Einsatz finden sich in Kapitel 9, Sektion 2).

3 Entfernen Sie den Ansaugtrakt (siehe Kapitel 4A oder 4B, Sektion 2), um Zugang zur Entlüftungsschraube der Kupplung zu erhalten.

4 Entfernen Sie den Einfülldeckel vom Ausgleichsbehälter der Bremse und der Kupplung, und füllen Sie nötigenfalls Hydraulikflüssigkeit auf; halten Sie den Pegel während der folgenden Operation stets über der MIN-Linie.

5 Entfernen Sie die Staubkappe von der vorn am Getriebe sitzenden Entlüftungsschraube (siehe Abbildung).

2.5 Öffnen Sie die Staubkappe der Entlüftungsschraube.

6 Drücken Sie ein Ende des Entlüftungsschlauchs auf den Schrauben-Nippel, und stecken Sie das andere Ende in den mit etwas Hydraulikflüssigkeit gefüllten Behälter (damit hier keine Luft angesaugt werden kann) (siehe Abbildung).

2.6 Schlauch und Behälter zum Entlüften der Kupplungshydraulik

7 Drücken Sie den Sicherungsclip des Schlauchs herunter (siehe Abbildung), und ziehen Sie dann vorsichtig den Kupplungsschlauch aus der Kupplungsglocke – 5 mm bei Fünfganggetrieben und 10 mm bei Sechsganggetrieben; achten Sie darauf, den Schlauch nicht vollständig herauszuziehen.

2.7 Lösen Sie den Sicherungsclip.

8 Lassen Sie den Assistenten die Kupplung treten und langsam wieder lösen – so lange bis klare Hydraulikflüssigkeit blasenfrei aus dem Schlauch austritt. Drücken Sie zum Schluss bei getretener Kupplung den Schlauch wieder ins Gehäuse, und sichern Sie ihn mit dem korrekt eingerasteten Clip.
9 Kontrollieren Sie regelmäßig den Pegel im Ausgleichsbehälter, damit nicht hier neue Luft eindringt.
10 Prüfen Sie die Funktion des Kupplungspedals – nach einigen Betätigungen sollte sie sich normal anfühlen. Jegliches schwammige Gefühl weist auf weitere Luft im System hin, sodass das Entlüften wiederholt werden muss.
11 Entfernen Sie zum Schluss den Schlauch, und stecken Sie die Staubkappe wieder auf die Schraube. Füllen Sie ggf. den Ausgleichsbehälter auf, und installieren Sie den Deckel. Die aus der Hydraulik herausgepumpte Flüssigkeit muss entsorgt werden, da sie durch Wasser und Fremdkörper unbrauchbar geworden ist.

3 Kupplungspedal – Ausbau und Einbau

Ausbau

1 Trennen Sie den Masseanschluss der Batterie (siehe Seite 532), und positionieren Sie ihn ausreichend weit vom Batteriepol entfernt.
2 Entfernen Sie im Innenraum an der Fahrerseite die untere Armaturenbrett-Abdeckung (siehe Abbildung).

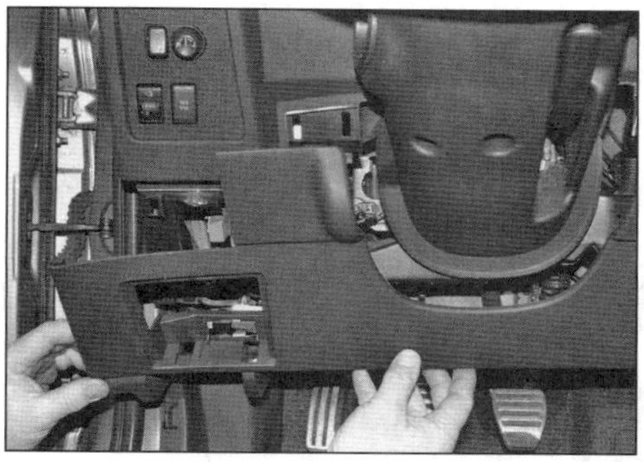

3.2 Befreien Sie die linke untere Armaturenbrettabdeckung.

3 Lösen Sie die am Trittschutz des Fahrertür-Einstiegs die Kunststoffmutter, und entfernen Sie diesen aus dem Fußraum. Lösen Sie den Clip des über den Pedalen verlegten Heizungsstutzens, und entfernen Sie diesen (siehe Abbildungen).

3.3a Befreien Sie den Trittschutz, ...

3.3b ... lösen Sie den Clip ...

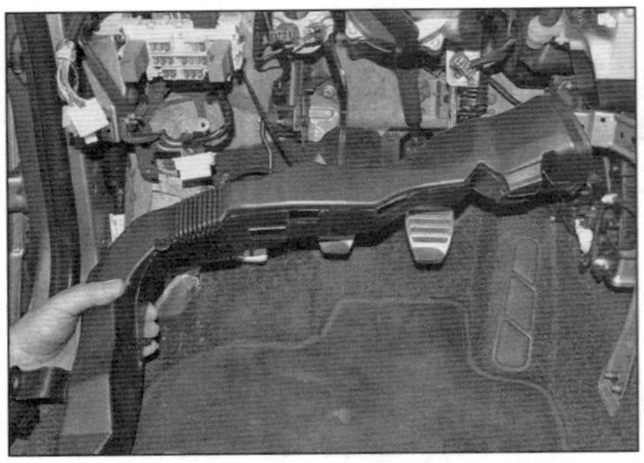

3.3c ... und entnehmen Sie den Heizungsstutzen.

4 Trennen Sie den Kabelstecker des Kupplungspedal-Schalters, und befreien Sie den Kabelbaum vom Pedalhalter (siehe Abbildungen).

3.4a Trennen Sie den Stecker ...

3.4b ... und lösen Sie den Kabelbaum-Clip.

5 Lösen Sie an der Geberzylinder-Druckstange die Sicherungs-Clips, und hebeln Sie mit einem Schlitzschraubendreher das Ende der Stange vom Stift des Pedals ab (siehe Abbildung).

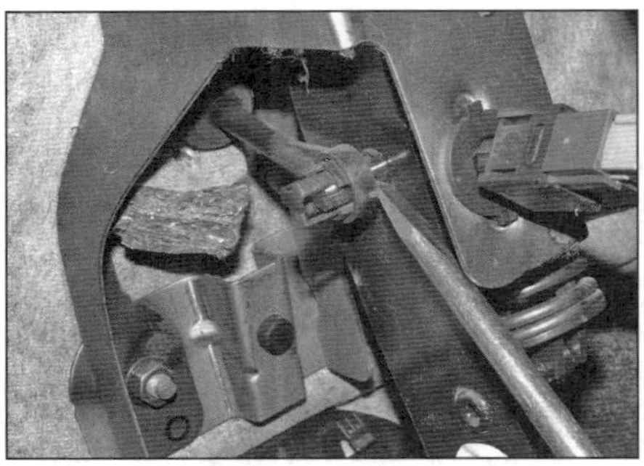

3.5 Trennen Sie die Druckstange von Kupplungspedal.

6 Halten Sie das Kupplungspedal heruntergedrückt, und entfernen Sie die Rückholfeder von ihren Zapfen am Halter und am Pedal (siehe Abbildung).

3.6 Befreien Sie die Rückholfeder vom Halter und dem Pedal.

7 Lösen Sie die drei Muttern des Pedalhalters, und befreien Sie die Baugruppe unter dem Armaturenbrett heraus (siehe Abbildung).

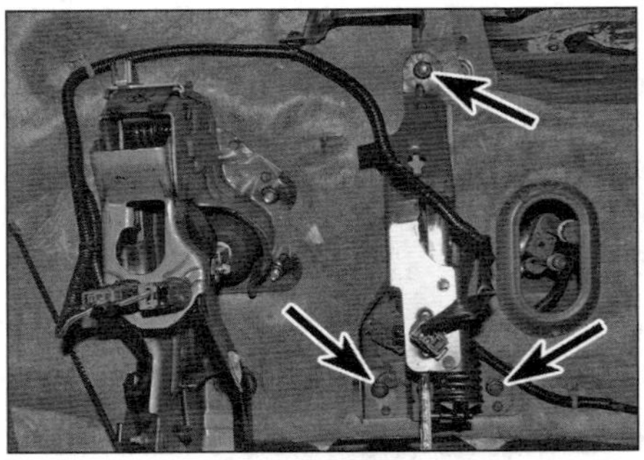

3.7 Kupplungspedalhalter-Muttern

8 Kontrollieren Sie das Pedal, die Lagerbuchse und die Rückholfeder, und ersetzen Sie verschlissene oder beschädigte Teile.

Einbau

9 Schmieren Sie die Buchse und den Gelenkbolzen mit Mehrzweckfett, und manövrieren Sie die Pedal-Baugruppe an der Spritzwand in Position. Installieren Sie die Mutter, und ziehen Sie sie mit 14 Nm an.
10 Verbinden Sie die Feder zwischen den Zapfen am Pedal und am Halter (siehe Abbildung).

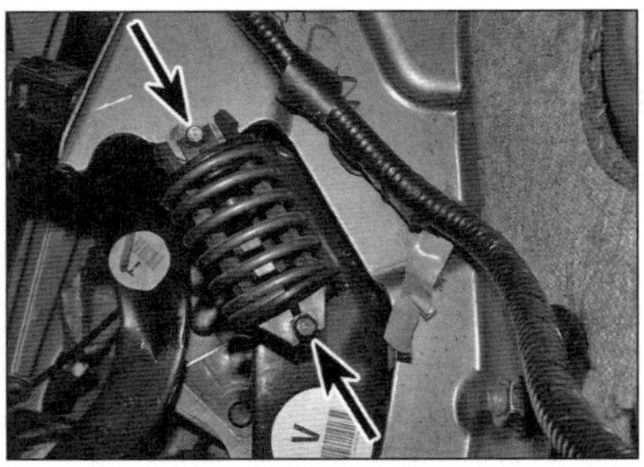

3.10 Die Rückholfeder muss korrekt an den Zapfen sitzen.

11 Verbinden Sie die Geberzylinder-Druckstange mit dem Kupplungspedal, und sichern Sie sie mit den Clips.
12 Betätigen Sie mehrmals das Pedal, und prüfen Sie die Funktion des Ausrückmechanismus.
13 Verbinden den Stecker mit dem Kupplungsschalter, und sichern Sie den Kabelbaum am Pedalhalter.
14 Positionieren Sie den Heizungstrakt über den Pedalen, und sichern Sie ihn mit dem Clip. Montieren Sie den Trittschutz und die untere Armaturenbrettabdeckung.
15 Verbinden Sie das Massekabel mit der Batterie.

4 Geberzylinder – Ausbau und Einbau

Anmerkung: ***Beachten Sie zum Umgang mit Hydraulikflüssigkeit die Warnhinweise am Ende von Sektion 1.***

Ausbau

1 Lösen Sie im Fahrerfußraum an der Geberzylinder-Druckstange die Sicherungs-Clips, und hebeln Sie mit einem Schlitzschraubendreher das Ende der Stange vom Stift des Pedals ab (Abb. 3.5).
2 Zur Minimierung des Flüssigkeitsverlustes kann der Deckel des Ausgleichsbehälters entfernt und die Öffnung mit Frischhaltefolie luftdicht abgeschlossen werden – so entsteht ein Vakuum, wenn der Pegel absinkt.
3 Lösen Sie im Motorraum die Befestigungen des Schallschutzes von der Spritzwand, und entfernen Sie diesen (siehe Abbildung).

4.3 Entfernen Sie den Schallschutz von der Spritzwand.

4 Legen Sie im Motorraum saugfähige Lappen unter die Geberzylinder-Anschlüsse, um austretende Flüssigkeit aufzunehmen.
5 Klemmen Sie den vom Ausgleichsbehälter kommenden Schlauch über dem Geberzylinder ab (siehe Abbildung).

4.5 Klemmen Sie den Ausgleichsbehälterschlauch ab.

6 Befreien Sie die Hydraulikleitung aus dem Clip der Motorraum-Spritzwand. Seien Sie auf austretende Flüssigkeit vorbereitet, und hebeln Sie den Drahtbügel heraus, um das Rohr vom Geberzylinder zu trennen (siehe Abbildung). Verstopfen oder bedecken Sie alle Öffnungen, um keine Fremdkörper eindringen zu lassen.

4.6 Trennen Sie alle Leitungen vom Geberzylinder.

8 Verdrehen Sie den Geberzylinder um 45° im Uhrzeigersinn, und entfernen Sie ihn aus der Spritzwand.

Einbau

9 Der Einbau entspricht der umgekehrten Ausbaureihenfolge – beachten Sie dabei folgende Punkte:
a) Die Druckstange des Geberzylinders muss korrekt mit dem Pedal verbunden sein.
b) Alle Anschlüsse müssen korrekt verbunden sein.
c) Entfernen Sie die Folie vom Ausgleichsbehälter, und installieren Sie den Deckel.
d) Entlüften sie anschließend die Kupplungshydraulik.

5 Ausrückzylinder – Ausbau und Einbau

Der Ausrückzylinder ist Bestandteil der Ausrücklager-Baugruppe, deren Aus- und Einbau in Sektion 7 beschrieben ist.

6 Kupplung – Ausbau, Kontrolle und Einbau

Anmerkung: *Obwohl Kupplungsbeläge heute zumeist keinen Asbest mehr enthalten, ist ein entsprechend vorsichtiger Umgang damit sicherer. Beachten Sie also den folgenden Warnhinweis:*

⚠ ***Warnung: Der durch den Abrieb in der Kupplung entstehende Staub kann hochgradig gesundheitsschädlich sein. Blasen Sie die Kupplung KEINESFALLS mit Druckluft aus, und inhalieren Sie diesen Staub nicht. Entfernen Sie den Staub KEINESFALLS mit Benzin oder Lösungsmittel auf Petroleumbasis. Verwenden Sie Bremsenreiniger oder Spiritus, um den Staub in einen geeigneten Behälter zu spülen. Nachdem alle Kupplungs-Komponenten mit Lappen sauber gewischt sind, müssen diese sowie der Behälter mit dem ausgewaschenen Staub bei einer Sondermüll-Annahmestelle entsorgt werden.***

Ausbau

1 Solange die Motor-Getriebe-Baugruppe nicht sowieso für eine größere Überholung aus dem Fahrzeug gebaut werden soll (siehe Kapitel 2E), ist die Kupplung auch nach dem Ausbau des Getriebes zugänglich (siehe Kapitel 7A, Sektion 6).

2 Vor dem Zerlegen der Kupplung müssen mit Kreide oder einem Filzstift zwischen der Druckplatte und der Schwungscheibe Ausrichtmarkierungen angebracht werden (siehe Abbildung).

6.2 Markieren Sie die Ausrichtung der Druckplatte zur Schwungscheibe.

3 Lockern Sie die Druckplatten-Schrauben über Kreuz um jeweils eine halbe Umdrehung, bis der Federdruck abgebaut ist und die Schrauben von Hand entfernt werden können (siehe Abbildungen) – nötigenfalls muss die Schwungscheibe an den Zähnen des Anlasserrings blockiert werden.

6.3a Lösen Sie die Druckplatten-Schrauben über Kreuz, ...

6.3b ... während die Schwungscheibe ggf. mit einem solchen Werkzeug blockiert wird.

4 Hebeln Sie die Druckplatte von den Passhülsen, und entnehmen Sie die Reibscheibe – merken Sie sich deren Einbaurichtung (siehe Abbildung).

6.4 Befreien Sie die Druckplatte samt Reibscheibe von der Schwungscheibe.

Kontrolle

Anmerkung: *Aufgrund der beträchtlichen Arbeit beim Aus- und Einbau der Kupplungs-Komponenten ist es empfehlenswert, die Reibscheibe, die Druckplatten-Baugruppe und das Ausrücklager als Set auszutauschen – auch wenn nur eines dieser Teile übermäßig verschlissen ist. Auch sollten die Kupplungs-Komponenten als Präventionsmaßnahme ausgetauscht werden, wenn der Motor und/oder das Getriebe aus anderen Gründen ausgebaut wurden.*

5 Beachten Sie vor dem Reinigen der Kupplungs-Komponenten den am Anfang dieser Sektion gegebenen Warnhinweis. Entfernen Sie Staub mit einem sauberen und trockenen Tuch, und arbeiten Sie in einer gut belüfteten Umgebung.

6 Begutachten Sie die Beläge der Reibscheibe auf Verschleiß, Beschädigungen und Verölung. Falls im Belagmaterial Risse, Verbrennungen, Kerben oder andere Schäden festgestellt werden oder es mit Öl oder Fett kontaminiert ist (erkennbar an schwarz glänzenden Flecken), muss die Reibscheibe ersetzt werden.

7 Wenn das Belagmaterial in Ordnung ist, muss die Kerbverzahnung in der Nabe auf Verschleiß überprüft werden. Kontrollieren Sie auch die Torsionsfedern auf festen Sitz und die Festigkeit aller Nieten. Bei jedem Hinweis auf Verschleiß oder Beschädigung muss die Reibscheibe erneuert werden.

8 Falls die Reibscheibe verölt ist, kann dies durch einen defekten Kurbelwellen-Dichtring, die Ölwannendichtung oder den Getriebewellen-Dichtring eingedrungen sein (Getriebeöl hat einen speziellen säuerlichen Geruch). Ersetzen Sie vor dem Einbau einer neuen Reibscheibe den/die Dichtring(e) oder die Dichtung (siehe Kapitel 2A, 2B, 2C oder 2D bzw. Kapitel 7A) – andernfalls würde das gleiche Problem bald wieder auftreten.

9 Kontrollieren Sie die Druckplatten-Baugruppe auf sichtbaren Verschleiß oder Beschädigungen; schütteln Sie die Baugruppe, um sie auf lockere Nieten oder schadhafte Kippringe zu prüfen. Kontrollieren Sie, ob die Mitnehmer-Bänder, mit denen die Druckplatte am Deckel gesichert ist, Hinweise auf Überhitzung (gelbe oder blaue Verfärbung) aufweisen. Falls die Tellerfeder verschlissen oder beschädigt ist und die Druckplatte irgendwelche Zweifel aufwirft, muss die gesamte Baugruppe erneuert werden.

10 Begutachten Sie die geschliffenen Reibflächen der Druckplatte und der Schwungscheibe – sie müssen sauber, absolut eben und frei von Riefen oder Kerben sein. Falls eine von ihnen durch übermäßige Hitze verfärbt ist oder Rissbildung zeigt, muss sie ersetzt werden (kleinere Fehler können allerdings auch mit Schmirgelpapier beseitigt werden.

11 Prüfen Sie, ob sich die Kontaktfläche des Ausrücklagers frei, sanft und geräuschlos drehen lässt. Die Fläche selbst muss glatt und frei von Rissen, Ausbrüchen oder Riefen sein. Bei jedem Zweifel über seinen Zustand muss das Lager ersetzt werden.

Einbau

12 Die Reibflächen der Schwungscheibe und der Druckplatte müssen absolut sauber, glatt und fettfrei sein. Neuteile müssen mit nicht nachfettendem Lösungsmittel von Schutzfetten befreit werden.

13 Installieren Sie die Reibscheibe so, dass ihre Federnaben-Baugruppe von der Schwungscheibe weg zeigt: möglicherweise weist auch eine Markierung auf die Einbaurichtung hin (siehe Abbildung).

6.13 Markierung auf der Reibscheibe: »P.P.SIDE« bedeutet *Pressure Plate Side* = Druckplattenseite.

14 Setzen Sie die Druckplatten-Baugruppe über die Passhülsen – beachten Sie beim wiederverwendeten Originalteil die Ausrichtmarkierungen. Installieren Sie die Schrauben, aber ziehen Sie sie zunächst nur handfest ein, sodass die Reibscheibe weiterhin bewegt werden kann.

15 Die Reibscheibe muss jetzt zentriert werden, damit beim Ansetzen des Getriebes dessen Eingangwelle durch die Kerbverzahnung geschoben werden kann.

16 Zum Zentrieren kann ein Schraubendreher oder eine andere längere Stange durch die Reibscheibe in die Bohrung der Kurbelwelle geschoben werden; die Reibscheibe kann dann verschoben werden, bis sie zur Kurbelwellenbohrung zentriert ist. Alternativ kann ein geeignetes Kupplungs-Zentrierwerkzeug sämtliche Spekulationen über die korrekte Ausrichtung beseitigen – dies kann eventuell in Werkstätten ausgeliehen werden (siehe Abbildungen).

6.16a Mit einem Kupplungs-Zentrierwerkzeug kann die Reibscheibe ...

6.16b ... korrekt zur Druckplatte ausgerichtet werden.

> **Praxis-Tipp**
>
> ***Ein alternatives Zentrierwerkzeug kann aus einer Metall- oder Holzstange, die gut in der Kurbelwellen-Bohrung sitzt, hergestellt werden. Umwickeln Sie die Stange mit Kreppband, sodass sie gerade durch die Kerbverzahnung der Reibscheibe passt.***

17 Sobald die Reibscheibe zentriert ist, werden die Druckplatten-Schrauben schrittweise und über Kreuz bis zum korrekten Drehmoment (siehe technische Daten) angezogen (siehe Abbildungen).

6.17a Richten Sie die Druckplatte über den Passhülsen der Schwungscheibe aus ...

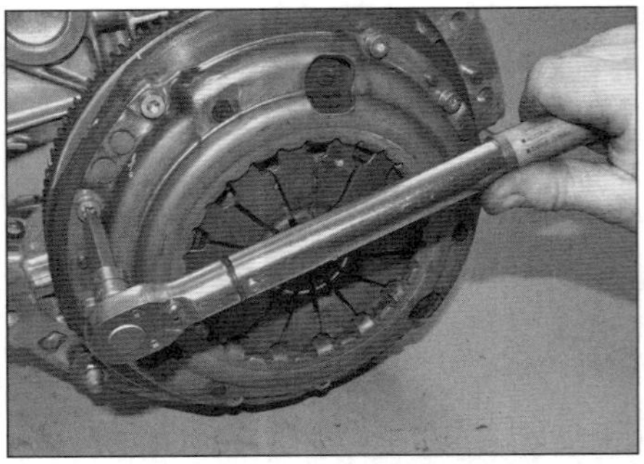

6.17b ... und ziehen Sie die Schrauben mit den korrekten Anzugswerten an.

18 Tragen Sie eine dünne Schicht Molybdänfett auf die Kerbverzahnungen der Reibscheibe und der Getriebeeingangswelle auf.
19 Montieren Sie das Getriebe (siehe Kapitel 7A, Sektion 6).

7 Kupplungs-Ausrückmechanismus – Ausbau, Kontrolle und Einbau

Anmerkung: *Beachten Sie den Warnhinweis zu Beginn von Sektion 6.*

Ausbau

1 Solange die Motor-Getriebe-Baugruppe nicht sowieso für eine größere Überholung aus dem Fahrzeug gebaut werden soll (siehe Kapitel 2E), ist der Ausrückmechanismus auch nach dem Ausbau des Getriebes zugänglich (siehe Kapitel 7A, Sektion 6).
2 Sobald das Getriebe ausgebaut ist, werden die zwei Schrauben innerhalb der Kupplungsglocke gelöst (siehe Abbildung).

7.2 Lösen Sie die Schrauben des konzentrischen Ausrücklagers.

3 Ziehen Sie das Ausrücklager samt Ausrückzylinder über die Welle ab, und entnehmen Sie es samt Hydraulikanschluss aus der Kupplungsglocke.
4 Ziehen Sie nötigenfalls den Sicherungsclip heraus, um den Hydraulikanschluss vom Ausrücklager zu trennen (siehe Abbildung).

7.4 Der Clip sichert den Hydraulikanschluss am Ausrücklager.

Kontrolle

5 Inspizieren Sie den Ausrückmechanismus, und ersetzen Sie alle verschlissenen und schadhaften Komponenten. Kontrollieren Sie sorgfältig die Lager-Oberflächen und Kontaktbereiche.
6 Das Ausrücklager wird sehr oft generell ausgetauscht. Prüfen Sie, ob die Kontaktflächen sanft leichtgängig und geräuschlos drehen und die Oberflächen glatt und nicht verschlissen sind (keine Risse, Ausbrüche oder Riefen aufweisen). Bei jedem Zweifel über seinen Zustand muss das Lager ersetzt werden.

Einbau

7 Schieben Sie den Ausrückzylinder samt Lager über die Getriebeeingangswelle auf, installieren Sie die zwei Schrauben, und ziehen Sie sie mit 21 Nm an.
8 Montieren Sie das Getriebe (siehe Kapitel 7A, Sektion 6).

Kapitel 7A

Schaltgetriebe

Inhalt — Sektion

Schwierigkeitsgrade

Leicht. Geeignet für Anfänger mit wenig Erfahrung.	**Relativ leicht.** Geeignet für Anfänger mit etwas Erfahrung.	**Relativ schwierig.** Geeignet für geübte Selbstschrauber.	**Schwer.** Geeignet für Selbstschrauber mit viel Erfahrung.	**Sehr schwer.** Geeignet für Experten und Profis.

Spezifikationen

Allgemein

Getriebetyp . . . . 5 oder 6 Vorwärtsgänge, 1 Rückwärtsgang; alle Vorwärtsgänge synchronisiert

Bezeichnung
- Benzinmotoren
  - 1,6 l-Motor (HR16DE) . . . . RS5F92R (5 Gänge)
  - 2,0 l-Motor (MR20DE)
    - Modelle mit Frontantrieb . . . . RS6F94R (6 Gänge)
    - 4WD-Modelle . . . . RS6F52A (6 Gänge)
- Dieselmotoren
  - 1,5 l-Motor (K9K) . . . . RS6F94R (6 Gänge)
  - 2,0 l-Motor (M9R) – 2WD und 4WD . . . . RS6F52A (6 Gänge)

Modellcode
- Benzinmotoren
  - HR16DE – RS5F92R JD00A
  - MR20DE - RS6F94R (2WD) JD200
  - MR20DE - RS6F52A (4WD) JG20C
- Dieselmotoren
  - K9K – RS6F94R JD500
  - M9R - RS6F52A (2WD) JG70E
  - M9R - RS6F52A (4WD) JG75E

Getriebeöl

Typ
- RS5F92R (Fünfgang) und RS6F94R (Sechsgang) . . . . Original Nissan MT-XZ-Getriebeöl Typ TL/JR oder API GL-4, Viskosität: SAE 75/80
- RS6F52A (Sechsgang) . . . . Original Nissan MT-XZ-Getriebeöl für Sport- und Offroad-Fahrzeuge oder API GL-4, Viskosität: SAE 75/85

Füllmenge
- Fünfgang-Getriebe . . . . 2,3 l
- Sechsgang-Getriebe . . . . 2,0 l

Anzugsdrehmomente

Motor/Getriebe-Verbindungsschrauben
- HR16DE, K9K, M9R . . . . 48 Nm
- MR20DE . . . . 62 Nm

Ölablassschraube . . . . 25 Nm
Öleinfüll-/Pegel-Kontrollschraube . . . . 3 Nm
Rückfahrlicht-Schalter . . . . 23 Nm
Radmuttern . . . . 113 Nm

1 Allgemeine Informationen

1 Das Schaltgetriebe befindet sich in einem links an den Motor geschraubten Aluminiumgehäuse; darin untergebracht ist auch das Antriebsdifferenzial.
2 Die Kraft wird vom Motor über die Kupplungs-Reibscheibe auf die Getriebeeingangswelle übertragen, die sich in abgedichteten Kugellagern dreht. Über die in ständigem Eingriff stehenden Getriebe-Zahnräder wird die Kraft weiter auf die Ausgangswelle geleitet, die links in einem abgedichteten Kugellager und rechts in einem Rollenlager läuft. Am Ende der Ausgangswelle wird die Kraft auf das Tellerrad des Differenzials übertragen, das sie über die Planetenräder auf die Sonnenräder der Antriebswellen weiterleitet. Die Rotation der Planetenräder erlaubt unterschiedliche Drehzahlen an den Antriebswellen, um durch Kurven fahren zu können.
3 Die Getriebeeingangswelle und die Ausgangswelle liegen parallel in Längsrichtung zur Kurbelwelle, sodass ihre Zahnräder ineinandergreifen können. In der Leerlauf-Position drehen die Zahnräder auf der Ausgangswelle frei, sodass die Motorkraft nicht an die Räder weitergeleitet wird.
4 Die Gänge werden über einen am Karosserieboden gelagerten Schalthebel ausgewählt, dessen Bewegungen über zwei Bowdenzüge an die entsprechenden Schaltgabeln weitergeleitet werden, um die mit Synchronringen ausgerüsteten Schaltmuffen auf den Wellen zu verschieben, sodass das entsprechende Zahnrad arretiert wird und die Kraft übertragen kann. Damit die Gänge schnell und geräuschlos gewechselt werden können, sorgen die Synchronringe und federbelastete Laschen dafür, dass die Zahnräder bereits vor dem Arretieren auf die korrekte Drehzahl gebracht werden.

2 Getriebeöl – Ablassen und Auffüllen

1 Das Ablassen des Getriebeöls geht deutlich schneller und wirkungsvoller, wenn das Fahrzeug zunächst gefahren wird, um das Getriebe auf Betriebstemperatur zu bringen.
2 Stellen Sie das Fahrzeug auf einen ebenen Untergrund, schalten Sie die Zündung aus, und betätigen Sie die Handbremse. Zur Verbesserung des Zugangs kann das Fahrzeug angehoben und sicher abgestützt werden (siehe Seite 532). Beachten Sie, dass das Fahrzeug zur Sicherstellung des korrekten Ölpegels absolut waagerecht stehen muss.
3 Demontieren Sie den Unterfahrschutz.
4 Wischen Sie den Bereich um die aus Kunststoff bestehende Einfüll-/Kontrollschraube sauber – diese befindet sich an folgender Stelle:
a) bei Fünfgang-Getrieben vorn im Gehäuse (siehe Abbildung).
b) bei Sechsgang-Getrieben hinter der Antriebswelle links im Gehäuse (siehe Abbildung).

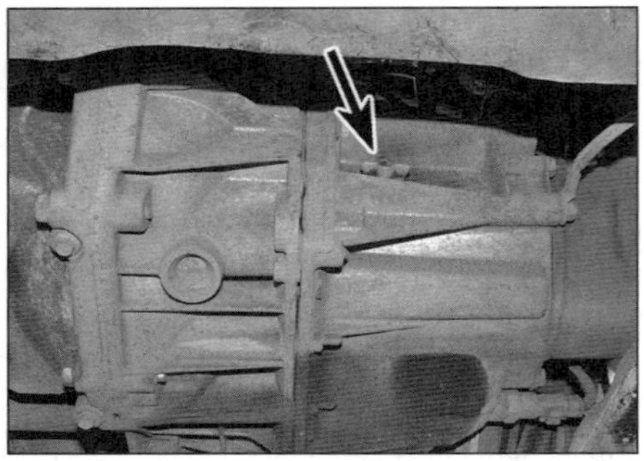

2.4a Einfüll-/Kontrollschraube – Fünfgang-Getriebe

2.4b Einfüll-/Kontrollschraube – Sechsgang-Getriebe

5 Lösen Sie die Schraube aus dem Getriebe – seien Sie auf etwas austretendes Getriebeöl vorbereitet.
6 Stellen Sie einen geeigneten Behälter unter die hinten unten am Getriebe sitzende Ablassschraube, und lösen Sie diese (siehe Abbildungen).

2.6a Ölablassschraube – Fünfgang-Getriebe

2.6b Ölablassschraube – Sechsgang-Getriebe

7 Lassen Sie das Öl vollständig in den Behälter ablaufen – verbrühen Sie sich bei heißem Öl nicht die Hände (siehe

Abbildung). Reinigen Sie sowohl die Einfüll-/Kontrollschraube als auch die Ablassschraube, entfernen Sie jeweils die Dichtscheiben, da beim Einbau Neuteile verwendet werden müssen.

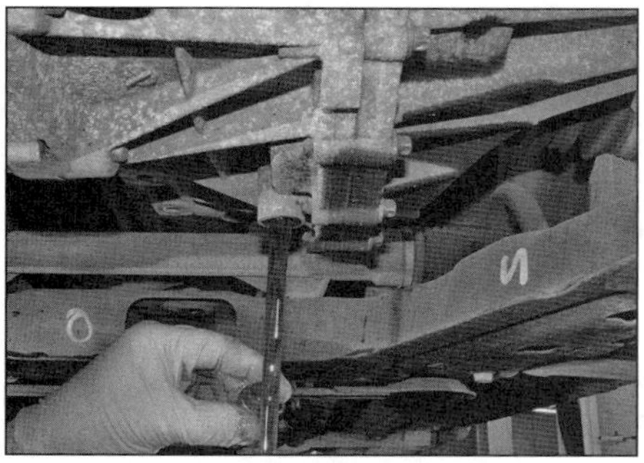

2.7 Lassen Sie das Getriebeöl ab.

8 Reinigen Sie nach Ablaufen des Öls die Gewinde der Ablassschraube und des Gehäuses, rüsten Sie die Schraube mit der neuen Dichtscheibe aus, und ziehen Sie sie mit 25 Nm an (siehe Abbildung).

2.8 Installieren Sie die Ablassschraube mit einer neuen Dichtscheibe.

9 Das Auffüllen des Getriebeöls ist eine umständliche Tätigkeit, die vor allem viel Zeit kostet, da sich das Öl erst absetzen muss, bevor der Pegel korrekt geprüft werden kann. Das Fahrzeug muss absolut eben stehen.
10 Füllen Sie durch die Bohrung der Einfüll-/Kontrollschraube langsam frisches Getriebeöl auf (Beachten Sie dazu die Hinweise in Kapitel 1A, Sektion 21 oder Kapitel 1B, Sektion 23). Falls nach dem Auffüllen der korrekten Menge eine größere Menge wieder aus der Kontrollbohrung herausläuft, muss der Verschluss installiert und eine kurze Probefahrt unternommen werden, damit sich das Öl vollständig im Getriebe verteilt. Prüfen Sie den Pegel anschließend erneut.
11 Installieren Sie schließlich die Einfüll-/Kontrollschraube und ziehen Sie sie nur leicht bzw. mit 3 Nm an (siehe Abbildung). Wischen Sie Ölreste vom Getriebe ab.

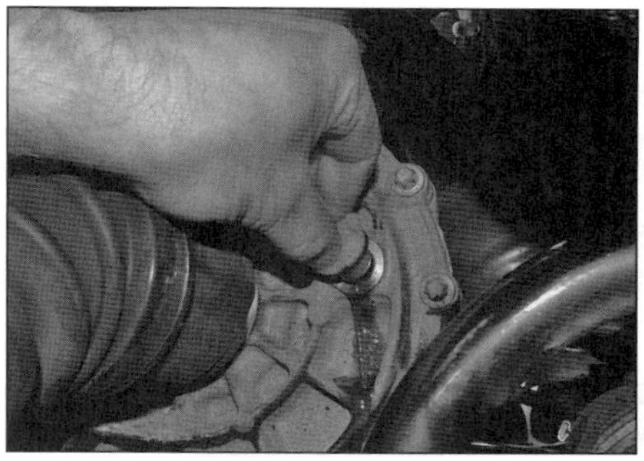

2.11 Installieren zum Schluss die Einfüll-/Kontrollschraube, und ziehen Sie sie mit 3 Nm an.

3 Schaltbetätigung – Ausbau, Einbau und Einstellung

Ausbau

Schalthebel-Baugruppe

1 Entfernen Sie die Mittelkonsole (siehe Kapitel 11, Sektion 25).
2 Lösen Sie die weißen Sicherungsclips, und trennen Sie die zwei Schaltzüge von den Kugelgelenken an den Betätigungshebeln des Schalthebels (siehe Abbildungen).

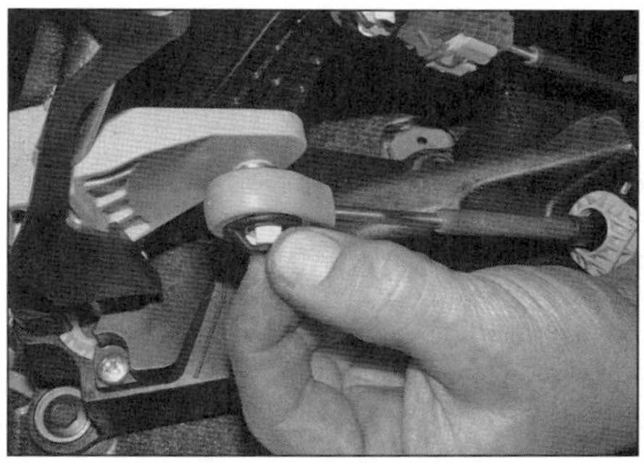

3.2a Lösen Sie die weißen Clips ...

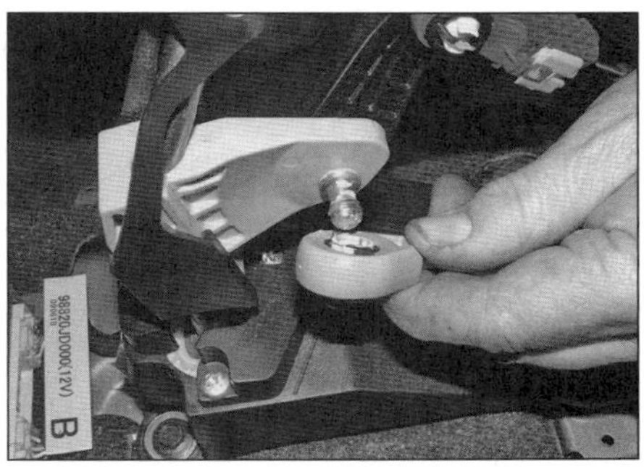

3.2b ... und befreien Sie die oberen Enden der Schaltzüge von den Kugelgelenken.

3 Ziehen Sie an den Aufnahmen der zwei Schaltzug-Hüllen die Arretierstifte heraus, und ziehen Sie sie aus ihren Widerlagern am Schalthebel-Träger (siehe Abbildungen).

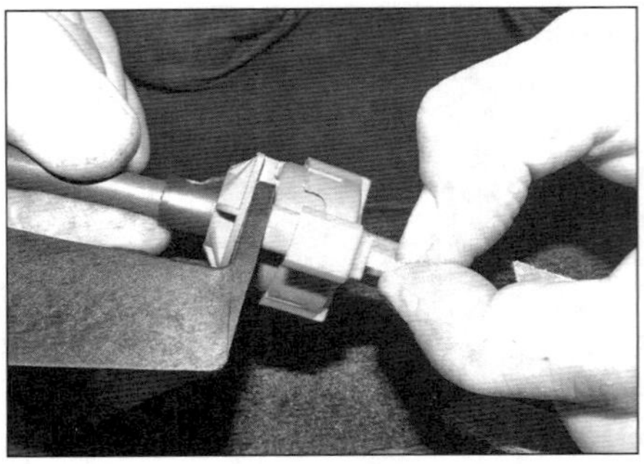

3.3a Ziehen Sie die Stifte heraus ...

3.3b ... und befreien Sie die Schaltzug-Hüllen.

4 Lösen Sie die vier Schrauben unten am Schalthebel-Träger (siehe Abbildung), und befreien Sie diesen von der Karosserie.

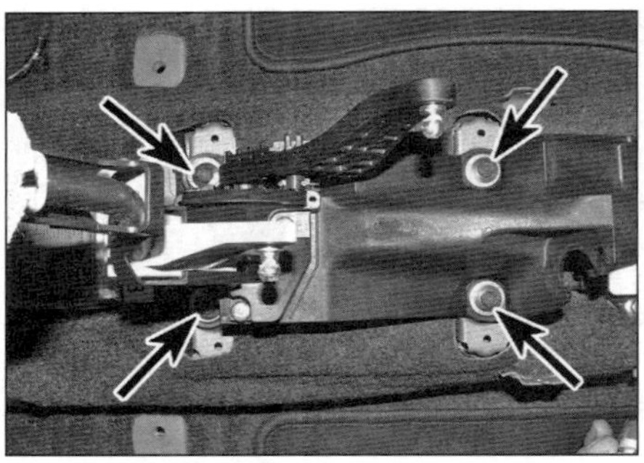

3.4 Lösen Sie die vier Schrauben des Schalthebel-Trägers.

Schaltzüge

5 Befreien Sie die Schaltzüge von den Kugelgelenken an den Betätigungshebeln (Schritte 1 bis 3).
6 Bauen Sie die Batterie aus (siehe Kapitel 5A, Sektion 3).
7 Erleichtern Sie den Zugang zu den Schaltzügen oben am Getriebe, indem Sie das Luftfiltergehäuse entfernen (siehe Kapitel 4A oder 4B, Sektion 2).
8 Lösen Sie die weißen Sicherungsclips, und trennen Sie die zwei Schaltzüge von den Kugelgelenken an den Getriebehebeln (siehe Abbildungen).

3.8a Lösen Sie die weißen Clips ...

3.8b ... und befreien Sie die unteren Enden der Schaltzüge von den Kugelgelenken.

9 Ziehen Sie an den Aufnahmen der zwei Schaltzug-Hüllen die Arretierstifte heraus, und ziehen Sie sie aus ihren Widerlagern am Getriebe-Halter (siehe Abbildungen).

3.9a Ziehen Sie die Stifte heraus ...

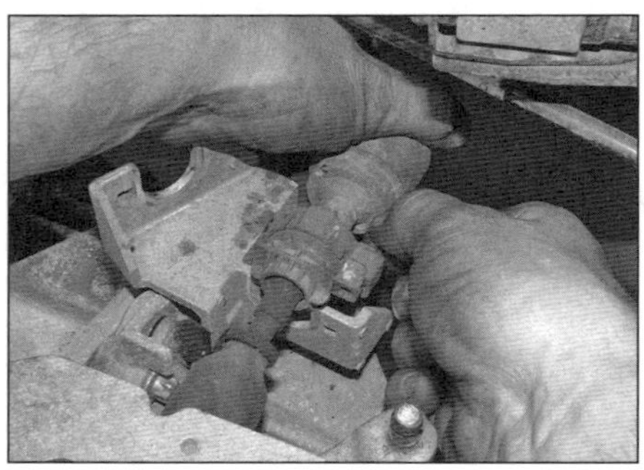

3.9b ... und befreien Sie die Schaltzug-Hüllen vom Halter am Getriebe.

10 Betätigen Sie die Handbremse, heben Sie das Fahrzeug vorn an, und stützen Sie es sicher ab (siehe Seite 535).

11 Befreien Sie von unten die Befestigungen des Hitzeschutzes am Mitteltunnel, und entfernen Sie ihn (siehe Abbildungen). Je nach Modell kann es nötig sein, das vordere Auspuffrohr oder die Kardanwelle (4WD) zu demontieren, um den Zugang zum Hitzeschutz zu verbessern.

3.11a Lösen Sie am Mitteltunnel die Clips ..

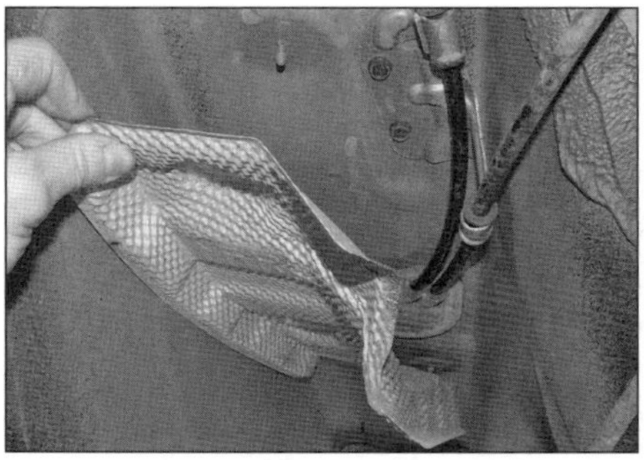

3.11b ... und entfernen Sie den Hitzeschutz.

12 Befreien Sie die Schaltzüge aus der Halterung unten am Unterboden, und ziehen Sie den Gummistopfen aus dem Bodenblech, um die Züge nach unten aus dem Fahrzeug herauszuziehen (siehe Abbildungen).

3.12a Befreien Sie die Schaltzüge aus den Halterungen ...

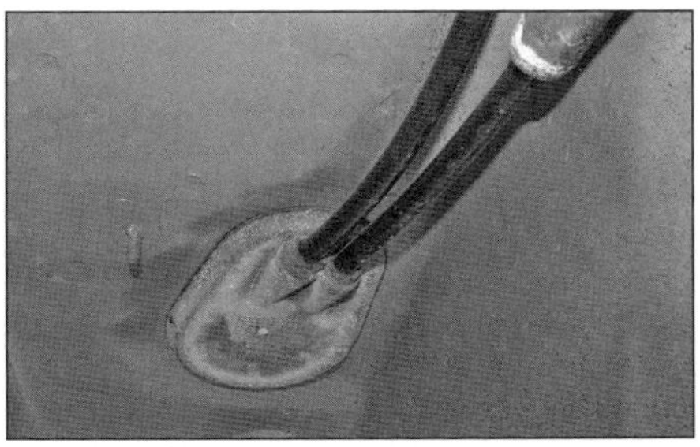

3.12b ... und ziehen Sie den Gummistopfen aus dem Bodenblech.

13 Begutachten Sie alle Komponenten der Schaltbetätigung auf Verschleiß oder Beschädigungen – achten Sie besonders auf die Schaltzüge –, und ersetzen Sie sie nötigenfalls.

Einbau

14 Der Einbau entspricht der umgekehrten Ausbaureihenfolge – tragen Sie an den Kugelgelenken und Buchsen Mehrzweckfett auf.

Einstellung

15 Die Einstellung erfolgt im Innenraum am Schalthebel-Ende des linken Schaltzugs.
16 Entfernen Sie die Mittelkonsole (siehe Kapitel 11, Sektion 25).
17 Ziehen Sie den mittleren Clip ab, und ziehen Sie den Arretierclip am Ende des Schaltzugs heraus – hierdurch wird das Zugseil befreit (siehe Abbildung).

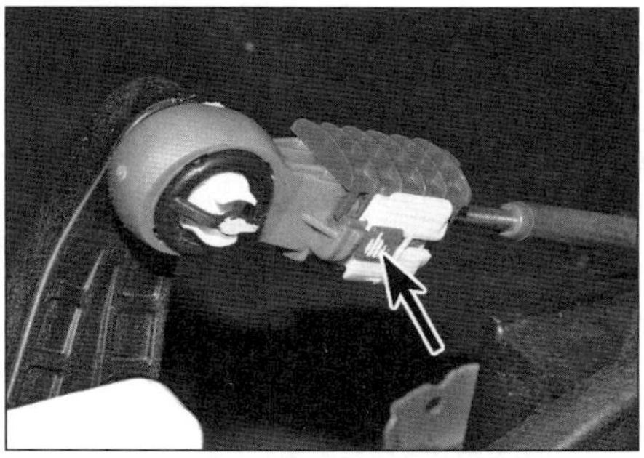

3.17 Lösen Sie den Arretierclip, um das Zugseil einstellen zu können.

18 Positionieren Sie den Schalthebel so, dass die Nut im Hebel zur Bohrung in seinem Halter ausgerichtet ist (siehe Abbildung), und führen Sie z. B. einen 3-mm-Bohrer oder eine dünne Stange ein, um ihn zu arretieren.

3.18 Führen Sie den Bohrer durch die Nut des Hebels in die Bohrung des Trägers ein.

19 Während der Schalthebel so positioniert ist, wird an der Zugseil-Aufnahme der Clip installiert, um das Seil zu sichern.
20 Ziehen Sie dann den Bohrer oder die Stange wieder heraus, und schalten Sie mit dem Hebel alle Gänge durch, um zu prüfen, ob sie sich sanft einlegen lassen.
21 Der Einbau entspricht der umgekehrten Ausbaureihenfolge.

4 Dichtringe – Ersetzen

Antriebswellen-Dichtringe

1 Betätigen Sie die Handbremse, heben Sie das Fahrzeug vorn an, und stützen Sie es sicher ab (siehe Seite 535). Demontieren Sie das entsprechende Vorderrad.
2 Lassen Sie das Getriebeöl ab (siehe Sektion 2).
3 Befreien Sie das innere Ende der Antriebswelle vom Getriebe (siehe Kapitel 8, Sektion 2), und platzieren Sie die Welle abseits des Dichtrings – sie muss nicht vollständig entfernt werden und kann an der Radnabe montiert bleiben. Stützen Sie die Antriebswelle so ab, dass keine Gelenke oder Manschetten belastet werden.
4 Vor dem Ausbau des Dichtrings muss mithilfe eines Messschiebers seine Einbautiefe ermittelt werden (siehe Abbildung) – vergleichen Sie das Ergebnis mit den Vorgaben von Nissan:
Fünfgang-Getriebe (RS5F92R): der linke Dichtring muss 5,7 bis 6,3 mm tief sitzen; der rechte Dichtring muss 2,4 bis 3,0 mm tief sitzen.
Sechsgang-Getriebe (RS6F94R): der linke Dichtring muss 1,2 bis 1,8 mm tief sitzen; der rechte Dichtring muss 2,7 bis 3,3 mm tief sitzen.
Sechsgang-Getrieben (RS6F52A): beide Dichtringe müssen bündig sitzen.

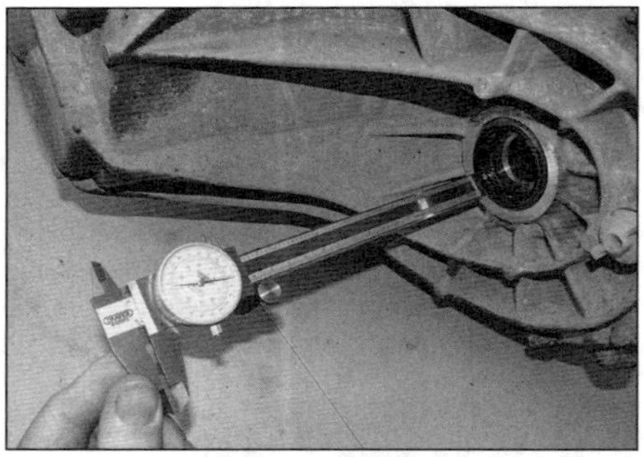

4.4 Messen Sie die Einbautiefe des Dichtrings.

5 Hebeln Sie vorsichtig mit einem großen Schlitzschraubendreher den Dichtring aus dem Getriebe (siehe Abbildung) – beschädigen Sie dabei nicht seinen Sitz.

4.5 Hebeln Sie Antriebswellen-Dichtringe mit einem großen Schraubendreher heraus.

6 Reinigen Sie den Bereich um den Dichtring-Sitz. Schmieren Sie die äußere Dichtlippe des neuen Dichtrings mit Fett ein und positionieren Sie diesen an seinem Sitz (siehe Abbildung).

4.6 Setzen Sie den neuen Dichtring senkrecht über seinen Sitz ...

7 Treiben Sie den Dichtring senkrecht ein – nutzen Sie dazu z. B. einen Steckschlüssel, der nur den harten Außenbereich berührt (siehe Abbildung) – beachten Sie die gemessene oder vorgegebene Einbautiefe.

4.7 ... und klopfen Sie ihn mithilfe eines passenden Steckschlüssels ein.

8 Beachten Sie für die Antriebswellen-Dichtringe im Verteilergetriebe von 4WD-Modellen die Hinweise in Kapitel 7C, Sektion 4.
9 Montieren Sie die Antriebswelle ans Getriebe (siehe Kapitel 8, Sektion 2).
10 Füllen Sie das Getriebe mit dem vorgegebenen Getriebeöl auf (siehe Sektion 2).

Eingangswellen-Dichtring

11 Für den Austausch des Eingangswellen-Dichtrings muss das Getriebe ausgebaut und zerlegt werden. Der Ausbau ist in Sektion 6 beschrieben. Die Zerlegung sollte jedoch einer Nissan-Werkstatt überlassen werden.

5 Rückfahrlicht-Schalter – Testen, Ausbau und Einbau

Testen

1 Der Stromkreis des Rückfahrlichts wird von einem ins Getriebe geschraubten Schalter gesteuert. Dieser sitzt bei

Fünfgang-Getrieben unten links eingeschraubt, wogegen er bei Sechsgang-Getrieben vorn eingeschraubt ist (siehe Abbildungen).

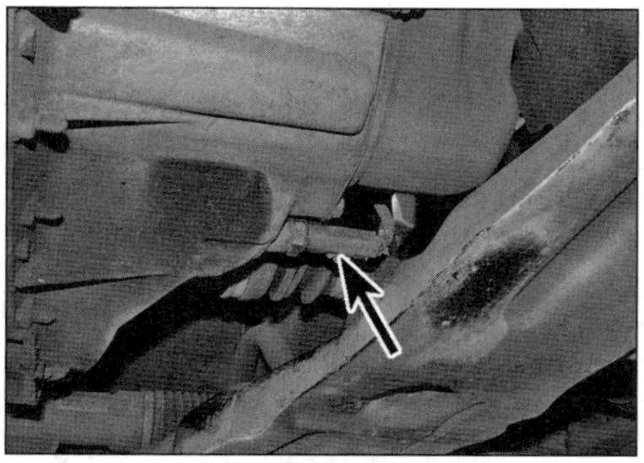

5.1a Position des Rückfahrlicht-Schalters – Fünfgang-Getriebe

5.1b Position des Rückfahrlicht-Schalters – Sechsgang-Getriebe

2 Prüfen Sie bei einem Problem zuerst, ob nicht die Sicherung des Stromkreises durchgebrannt ist (siehe Kapitel 12).
3 Zum Testen des Schalters muss sein Kabelstecker abgezogen und durch ein auf den Ohm-Bereich geschaltetes Messgerät oder eine Prüflampe samt Stromversorgung der Durchgang an den Schalterkontakten geprüft werden – dieser darf nur bei eingelegtem Rückwärtsgang bestehen; bei anderen Ergebnissen (und keinen offensichtlichen Unterbrechungen der Verkabelung) ist der Schalter defekt und muss ersetzt werden.

Ausbau

4 Betätigen Sie die Handbremse, heben Sie das Fahrzeug vorn an, und stützen Sie es sicher ab (siehe Seite 535).
5 Lassen Sie bei Fünfgang-Getrieben das Getriebeöl ab, oder seien Sie auf Ölverluste vorbereitet, sobald der Schalter entfernt wird.
6 Trennen Sie den Stecker des Schalters (siehe Abbildung).

5.6 Ziehen Sie den Stecker des Rückfahrlicht-Schalters ab.

7 Schrauben Sie den Schalter aus dem Getriebe; verstopfen Sie ggf. bei Fünfgang-Getrieben die Öffnung, um den Ölverlust zu minimieren.

Einbau

8 Rüsten Sie den Schalter mit einer neuen Dichtscheibe aus, drehen Sie ihn ins Getriebe, und ziehen Sie ihn mit 23 Nm an.
9 Prüfen Sie ggf. die Funktion des Schalters und verbinden Sie den Kabelstecker.
10 Senken Sie das Fahrzeug ab, und füllen Sie ggf. Getriebeöl auf (siehe Sektion 2).

6 Getriebe – Ausbau und Einbau

Anmerkung 1: *Diese Sektion beschreibt den Ausbau des Getriebes, während der Motor im Fahrzeug verbleibt. Alternativ können der Motor und das Getriebe gemeinsam ausgebaut (siehe Kapitel 2E, Sektion 3), und anschließend getrennt werden.*
Anmerkung 2: *Der Getriebe-Code ist auf einem Aufkleber an der Oberseite des Gehäuses zu finden (siehe Abbildung) – beachten Sie die Hinweise in den technischen Daten.*

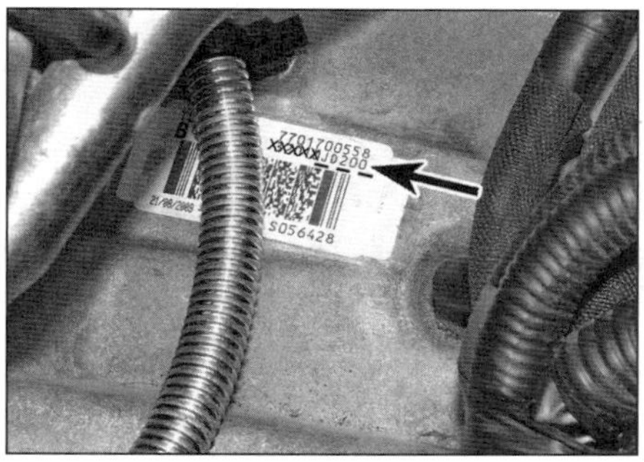

6.0 Aufkleber mit Codierung des Getriebe-Modells

Ausbau

1 Blockieren Sie die Hinterräder, betätigen Sie die Handbremse, heben Sie das Fahrzeug vorn an, und stützen Sie es sicher ab (siehe Seite 535). Entfernen Sie beide Vorderräder. Lösen Sie die Schrauben des Unterfahrschutzes sowie den Deckel in beiden Radhäusern, und entfernen Sie diese (siehe Abbildung).

6.1 Entfernen Sie die Abdeckungen aus den Radhäusern.

2 Lassen Sie das Getriebeöl ab (siehe Sektion 2). Installieren Sie die Ablass- und Einfüll-/Kontrollschrauben, und ziehen Sie sie vorschriftsmäßig an.
3 Entfernen Sie die Batterie (siehe Kapitel 5A, Sektion 3).
4 Demontieren Sie den Hilfsrahmen (siehe Kapitel 10, Sektion 12).
5 Entfernen Sie den Anlasser (siehe Kapitel 5A, Sektion 8).
6 Entfernen Sie die Luftfilter-Baugruppe (siehe Kapitel 4A oder 4B, Sektion 2).
7 Demontieren Sie das vordere Auspuffrohr (siehe Kapitel 4A, Sektion 13 oder Kapitel 4B, Sektion 17).
8 Demontieren Sie bei 4WD-Modellen das Verteilergetriebe (siehe Kapitel 7C, Sektion 3).
9 Befreien Sie die Schaltzüge vom Getriebe (siehe Sektion 3).
10 Befreien Sie die inneren Enden beider Antriebswellen vom Getriebe (siehe Kapitel 8, Sektion 2), und platzieren Sie die Wellen abseits des Getriebes – sie müssen nicht vollständig entfernt werden und können an der Radnabe montiert bleiben. Stützen Sie die Antriebswellen so ab, dass keine Gelenke oder Manschetten belastet werden. Installieren Sie »Dummy«-Wellen in die Öffnungen des Differenzials (siehe Abbildung).

6.10 Ersetzen Sie die Antriebswellen durch »Dummy«-Wellen.

11 Lösen Sie links am Getriebe die Schraube des Massekabels,, und befreien Sie dies (siehe Abbildung).

6.11 Lösen Sie die Massekabel-Schraube.

12 Trennen Sie den Stecker des Rückfahrlicht-Schalters (siehe Sektion 5).
13 Umwickeln Sie den Kupplungs-Hydraulikschlauchanschluss mit Lappen, ziehen Sie den Drahtbügel heraus, und trennen Sie den Schlauch vom Ausrückzylinder-Stutzen (siehe Abbildungen) – seien Sie auf austretende Hydraulikflüssigkeit vorbereitet, und verstopfen Sie den Stutzen und das Schlauch-Ende.

6.13a Lösen Sie den Drahtbügel ...

6.13b ... und ziehen Sie den Kupplungsschlauch ab.

14 Befreien Sie das Getriebe rundherum von allen Kabelbaum- und Schlauchbefestigungen und positionieren Sie alle Kabel und Schläuche außerhalb des Arbeitsbereichs (siehe Abbildungen).

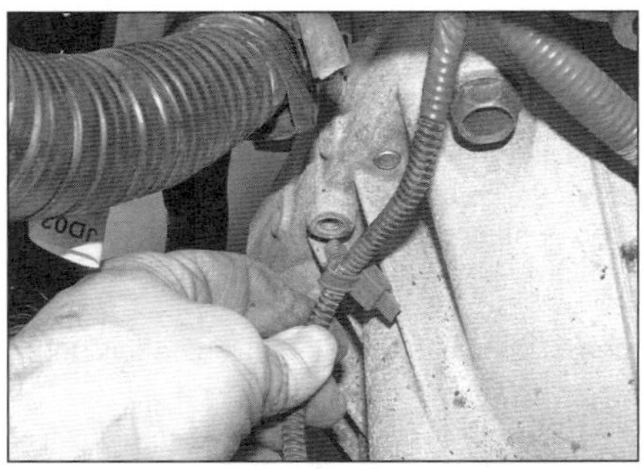

6.14a Befreien Sie das Getriebe rundherum von allen Kabelbaum- ...

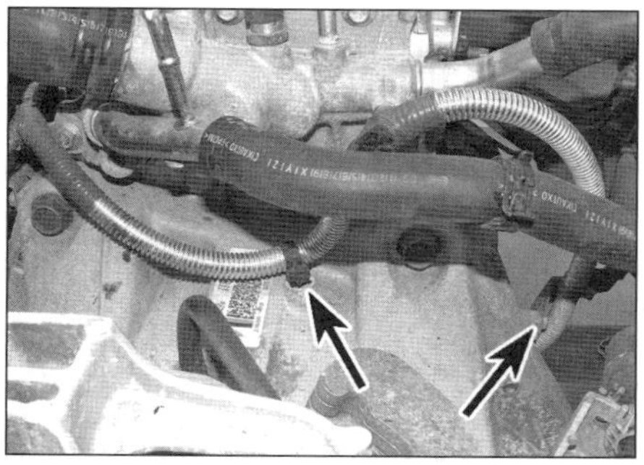

6.14b ... und Schlauchbefestigungen.

15 Sorgen Sie dafür, dass das Entlüftungsrohr oben am Getriebe nicht an anderen Komponenten gesichert ist – so kann es am Getriebe verbleiben.
16 Stützen Sie den Motor mit einem Rangierwagenheber samt Holzklotz ab oder sichern Sie den Motor mit einem Werkstattkran von oben.
17 Platzieren Sie einen weiteren Rangierwagenheber samt Holz unter dem Getriebe, um dessen Gewicht aufzunehmen (siehe Abbildung).

6.17 Stützen Sie das Getriebe mit einem Rangierwagenheber samt Holz ab.

18 Lösen Sie an der linken Motorhalterung die Mutter des zentralen Stehbolzens. Lösen Sie die zwei Schrauben, die den Halter an der Aufnahme sichern, und entfernen Sie den Gummiblock (siehe Abbildung). Weitere Informationen zum Ausbau der Motorhalterungen finden sich in den entsprechenden Sektionen der Kapitel 2A, 2B, 2C oder 2D.

6.18 Entfernen Sie die Getriebehalterung.

19 Befreien Sie den Kupplungsschlauch aus dem Clip der Halterung, lösen Sie deren drei Schrauben, und entfernen Sie die Halterung oben vom Getriebe (siehe Abbildung).

6.19 Lösen Sie die Schrauben der Getriebehalterung.

20 Wenn sichergestellt ist, dass das Getriebe vom Rangierwagenheber gestützt ist, werden die Verbindungsschrauben zum Motor gelöst und entfernt (siehe Abbildungen). Notieren Sie die korrekten Einbaupositionen der Schrauben (und entsprechenden Halter), um sie wieder richtig einbauen zu können – sie sind unterschiedlich lang. Um Zugang zu den unteren Schrauben zu erhalten, muss das Getriebe ggf. etwas angehoben werden.

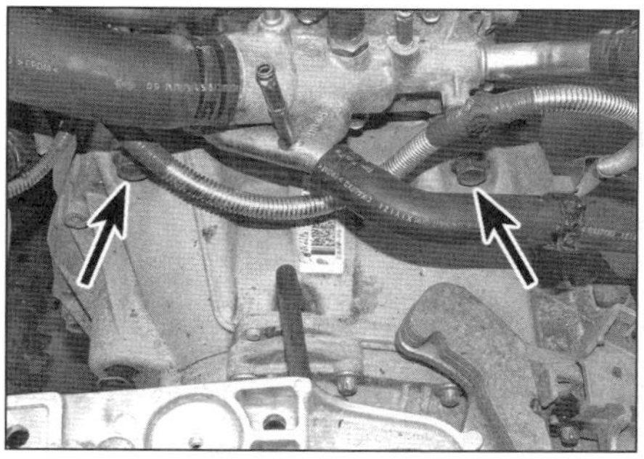

6.20a Entfernen Sie die oberen, ...

6.20b ... hinteren ...

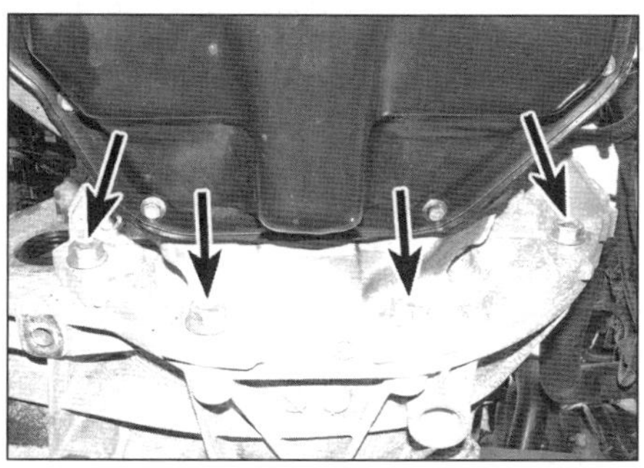

6.20c ... und unteren Verbindungsschrauben ...

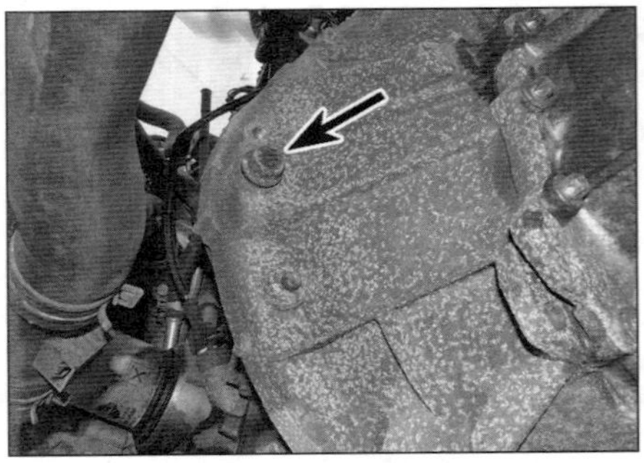

6.20d ... sowie die vordere Schraube – gezeigt am Sechsgang-Getriebe.

21 Prüfen Sie noch einmal, ob alles getrennt und beiseite positioniert ist und der Ausbau nicht behindert wird.
22 Ziehen Sie das Getriebe mithilfe des Rangierwagenhebers nach links, um es von den Passhülsen zu befreien. Stützen Sie das Getriebe sorgfältig ab, bis die Eingangswelle aus der Kupplung befreit ist.
23 Sobald das Getriebe frei ist, kann es nach unten aus dem Fahrzeug befreit werden (siehe Abbildung). Stellen Sie nötigenfalls die Passhülsen aus dem Getriebe oder dem Motorgehäuse sicher.

6.23 Senken Sie das Getriebe nach unten ab.

Einbau

24 Der Einbau entspricht der umgekehrten Ausbaureihenfolge – beachten Sie dabei folgende Punkte:
a) Tragen Sie eine dünne Schicht Molybdänfett auf die Kerbverzahnungen der Getriebeeingangswelle auf – nicht zu viel, damit es nicht auf die Reibscheibe schleudert.
b) Die Passhülsen müssen im Getriebe oder Motorgehäuse stecken.
c) Installieren Sie die Verbindungsschrauben zum Motor in ihre ursprüngliche Bohrungen. Ziehen Sie alle Schrauben und Muttern mit den in den technischen Daten angegebenen Drehmomenten an.
d) Erneuern Sie ggf. die Antriebswellen-Dichtringe (siehe Sektion 4), und montieren Sie die Antriebswellen (siehe Kapitel 8, Sektion 2).
e) Entlüften Sie die Kupplung (siehe Kapitel 6, Sektion 2).
f) Verbinden Sie die Schaltzüge (siehe Sektion 3), und prüfen Sie deren Funktion.
g) Füllen Sie das Getriebe mit Getriebeöl auf (siehe Sektion 2).
25 Prüfen Sie vor der ersten Fahrt die Funktion des Getriebes.

7 Getriebeüberholung – Allgemeine Informationen

1 Das Überholen eines Schaltgetriebes ist für den Hobbyschrauber eine sehr schwierige Arbeit. Es beinhaltet das Zerlegen und Zusammenbauen vieler Einzelteile. Es müssen zahlreiche Maße ermittelt und Spiel nötigenfalls mit ausgewählten Distanzscheiben und Sicherungsringen ausgeglichen werden. Daher kann ein kompetenter Fahrzeugbesitzer zwar das Getriebe aus- und einbauen, doch sollte er das Überholen einer Fachwerkstatt überlassen. Es sind auch fertig überholte Austauschgetriebe erhältlich – fragen Sie beim Nissan-Händler oder einem Getriebespezialisten nach. Der in die Überholung des eigenen Getriebes gesteckte Zeitaufwand und das Geld für Ersatzteile übersteigen fast immer die Kosten für ein Austauschgetriebe.
2 Dennoch ist es auch für einen wenig erfahrenen Schrauber nicht unmöglich, ein Getriebe zu reparieren – vorausgesetzt, alle Spezialwerkzeuge sind vorhanden und die Arbeit wird wohlüberlegt Schritt für Schritt durchgeführt, damit nichts übersehen wird.
3 Zu den für eine Überholung benötigten Werkzeugen gehören: Innen- und Außen-Seegerringzangen, ein Lagerabzieher, ein Zughammer, ein Set Treibdorne, eine Messuhr mit Halterungen und möglichst eine Hydraulikpresse. Zusätzlich werden eine große und solide Werkbank mit einem Schraubstock und ein Getriebeständer benötigt.
4 Beim Zerlegen des Getriebes muss sorgfältig notiert werden, wie und wo alles montiert ist und wie alle Teile in Position gehalten werden.
5 Bevor das Getriebe zum Reparieren zerlegt wird, sollte man wissen, wo die Fehlfunktion auftritt. Manche Probleme können eng mit bestimmten Bereichen im Getriebe in Verbindung gesetzt werden, sodass die Begutachtung und Reparatur einfacher wird. Beachten Sie die »Fehlersuche«-Sektion hinten in diesem Buch, um Informationen über mögliche Fehlerursachen zu erhalten.

Kapitel 7B

Automatikgetriebe

Inhalt — Sektion

Schwierigkeitsgrade

Leicht. Geeignet für Anfänger mit wenig Erfahrung.	**Relativ leicht.** Geeignet für Anfänger mit etwas Erfahrung.	**Relativ schwierig.** Geeignet für geübte Selbstschrauber.	**Schwer.** Geeignet für Selbstschrauber mit viel Erfahrung.	**Sehr schwer.** Geeignet für Experten und Profis.

Spezifikationen

Allgemein

Getriebetyp	Sechsstufen-Automatik mit Rückwärtsgang (nur optional in 2,0 l-Dieselmodellen erhältlich)
Bezeichnung	RE6F01A
Modellcode	1XN0A oder 1XN1A

Getriebeöl

Typ	
bis 12/2008	Original Nissan Matic-Fluid J – ATF
ab 01/2009	Original Nissan Matic-Fluid J oder S – ATF
Füllmenge	7,5 l
Untersetzungsverhältnis	
1. Gang	4,199 : 1
2. Gang	2,405 : 1
3. Gang	1,583 : 1
4. Gang	1,161 : 1
5. Gang	0,855 : 1
6. Gang	0,685 : 1
Rückwärtsgang	3,0457 : 1
Endantrieb	4,072 : 1

Anzugsdrehmomente

Drehmomentwandler an Antriebsplatte (Schrauben)	50 Nm
Motor/Getriebe-Verbindungsschrauben	
55 mm lange Schrauben	48 Nm
70 mm lange Schrauben	20 Nm
Ölablassschraube (Außensechskant)	8 Nm
Ölpegel-Schlauch (innerer Stopfen/Rohr)	8 Nm
Park/Neutral-Positionsschalter	
Befestigungsschrauben	6 Nm
Hebel-Befestigungsmutter	17 Nm
Radmuttern	113 Nm
Turbinen-Umdrehungssensor	6 Nm
Wahlhebel-Seilzug an Getriebehebel (Mutter)	14 Nm

1 Allgemeine Informationen

1 Das Sechsstufen-Automatikgetriebe war als Option für 2,0 l-Dieselmodelle erhältlich (das stufenlose CVT-Automatikgetriebe für 2,0 l-Benzinmodelle wird in diesem Buch nicht behandelt). Das Getriebe beinhaltet einen Drehmomentwandler, ein Planetengetriebe sowie hydraulisch betätigte Kupplungen und Bremsen.
2 Der Drehmomentwandler wirkt als automatische Flüssigkupplung zwischen dem Motor und dem Getriebe und bietet zudem beim Beschleunigen eine Drehmoment-multiplizierende Wirkung.
3 Das Planetengetriebe bietet sechs Vorwärtsgänge und einen Rückwärtsgang. Die Auswahl hängt davon ab, welche seiner Komponenten gerade von hydraulisch betätigten Bremsen und Kupplungen gehalten oder gelöst sind. Diese Hydraulik wird von einem Steuergerät aktiviert. Eine innerhalb des Getriebes sitzende Hydraulikpumpe sorgt für den erforderlichen Betriebsdruck.
4 Aufgrund der Komplexität des Automatikgetriebes sollten einige Reparaturen oder Überholarbeiten einer Nissan-Werkstatt mit der entsprechenden Spezialausrüstung zur Fehlerdiagnose und Reparatur überlassen werden. Die folgenden Sektionen beinhalten daher vorwiegend allgemeine Informationen sowie Wartungshinweise und Anleitungen, die vom Hobbyschrauber erledigt werden können.

2 Getriebeöl – Ablassen und Auffüllen

Anmerkung 1: *Bevor die folgende Prozedur durchgeführt werden kann, muss die Öltemperatur 40 °C betragen. Eine Nissan-Werkstatt hat hierfür eine Spezialausrüstung, sodass sie bei jedem Zweifel konsultiert werden sollte.*
Anmerkung 2: *Einige Getriebe sind nicht mit einer Ablass-/Kontrollschraube ausgerüstet, sodass der Ölwechsel nur von einer Fachwerkstatt durchgeführt werden kann.*

Ablassen

1 Das Ablassen des Getriebeöls geht deutlich schneller und wirkungsvoller, wenn das Fahrzeug zunächst gefahren wird, um das Getriebe auf eine Temperatur von 40 °C zu bringen.
Anmerkung: *Das Getriebeöl erreicht die Temperatur von 40 °C, nachdem der Motor zehn Minuten im Standgas lief.*
2 Stellen Sie das Fahrzeug auf einen ebenen Untergrund, schalten Sie die Zündung aus, und betätigen Sie die Handbremse. Zur Verbesserung des Zugangs kann das Fahrzeug angehoben und sicher abgestützt werden **(siehe Seite 532). Entfernen Sie den Unterfahrschutz.**
3 Stellen Sie einen geeigneten Behälter, der mindestens 8 Liter aufnimmt, unter die unten am Getriebe sitzende Ablassschraube. Lösen Sie den äußeren Sechskant, und entnehmen Sie die Dichtscheibe. Innerhalb des Gehäuses sitzt der zweite Teil der Ablassschraube – das Pegelrohr, welches zum Ablassen des Öls ebenfalls herausgeschraubt werden muss. Lassen Sie das Öl vollständig in den Behälter ablaufen.

⚠ ***Warnung: Achten Sie darauf, sich an möglicherweise heißem Öl nicht zu verbrühen.***

4 Reinigen Sie die Ablassschrauben – entfernen Sie vor allem Metallsplitter. Die Dichtscheibe muss beim Einbau durch ein Neuteil ersetzt werden.
5 Sobald das Öl vollständig abgetropft ist, werden auch die Gewinde im Gehäuse gereinigt. Rüsten Sie das Pegelrohr ggf. mit einer neuen Dichtscheibe aus, und ziehen Sie es mit 8 Nm. Installieren Sie die äußere Sechskantschraube, und ziehen Sie sie mit dem gleichen Wert an. Falls das Fahrzeug zum Ablassen des Öls angehoben wurde, muss es jetzt wieder auf ebenem Untergrund abgestellt werden.

Auffüllen

6 Im Getriebe gibt es keinen Einfülldeckel, sodass das Öl durch die Bohrung des Turbinen-Umdrehungssensors eingefüllt werden muss – für einen besseren Zugang muss die Batterie demontiert werden (siehe Kapitel 5A, Sektion 3).
7 Wischen Sie oben am Getriebe den Bereich um den Sensor sauber (siehe Abbildung). Trennen Sie den Sensorstecker, und lösen Sie die Schraube, um den Sensor aus dem Getriebe zu entfernen. Nissan empfiehlt, sowohl den O-Ring als auch die Schraube beim Einbau durch ein Neuteil zu ersetzen.

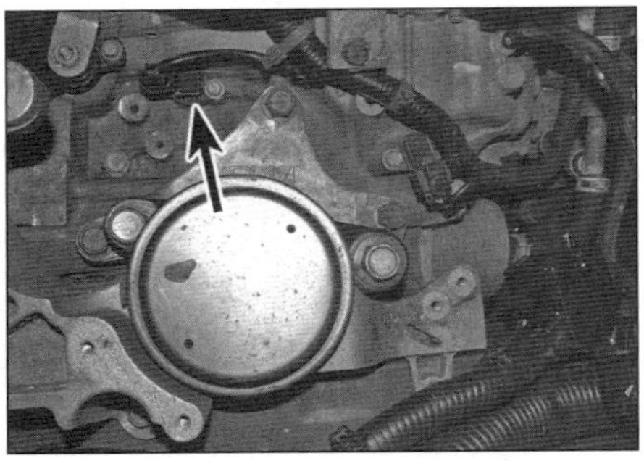

2.7 Position des Turbinen-Umdrehungssensors

8 Füllen Sie das Getriebe vorsichtig mit dem in den technischen Daten empfohlenen Öl auf.
9 Rüsten Sie den Sensor mit einem neuen O-Ring aus, installieren Sie ihn in das Getriebe, und sichern Sie ihn mit der neuen mit 6 Nm angezogenen Schraube.
10 Bauen Sie die Batterie ein (siehe Kapitel 5A, Sektion 3).
11 Unternehmen Sie eine kleine Probefahrt, um das Getriebe auf Betriebstemperatur zu bringen.
12 Kontrollieren Sie anschließend den Getriebeölpegel (siehe Kapitel 1A, Sektion 20).

3 Wahlhebel-Seilzug – Einstellung

1 Stellen Sie den Wahlhebel in die Park-Position (P).
2 Bauen Sie die Batterie aus (siehe Kapitel 5A, Sektion 3).
3 Arretieren Sie den Hebel oben auf dem Park/Neutral-Positionsschalter mit einem Schraubendreher, lösen Sie die

Mutter, und befreien Sie den Seilzug vom Hebel (siehe Abbildungen). Der Hebel ist mit einem Langloch ausgerüstet, um den Seilzug einstellen zu können.

Achtung: Der Hebel muss beim Lösen der Mutter gut arretiert werden, aber auf den Schalter darf kein Druck ausgeübt werden, um ihn nicht zu beschädigen.

3.3a Arretieren Sie den Hebel mit einem Schraubendreher ...

3.3b ... und befreien Sie den Wahlhebel-Seilzug.

4 Achten Sie darauf, dass der Hebel des Park/Neutral-Positionsschalters in der Park-Position (P) steht, installieren Sie den Wahlhebel-Seilzug, und ziehen Sie die Mutter mit 17 Nm an – sichern Sie den Hebel dabei, damit der Schalter nicht beschädigt wird.

5 Bauen Sie die Batterie ein (siehe Kapitel 5A, Sektion 3).

6 Prüfen Sie die Funktion des Wahlhebels – er muss sich sanft und leichtgängig bewegen lassen, und der Seilzug darf nicht klemmen.

7 Führen Sie die folgenden Kontrollen durch:

a) Der Wahlhebel muss bei getretener Bremse aus der Park-Position herausbewegt werden können.

b) Der Wahlhebel darf sich nicht aus der Park-Position herausbewegen lassen, wenn die Bremse nicht getreten wird.

c) Der Motor darf sich nur starten lassen, wenn der Wahlhebel in der Park- oder Neutral-Position steht.

d) Die Position des Wahlhebels muss zur Anzeige in der Abdeckung passen.

4 Wahlhebelsperre – Ausbau, Einbau und Einstellung

Zündschloss-Verriegelungsseilzug

1 Stellen Sie den Wahlhebel in die Park-Position (P).

2 Bauen Sie die Batterie aus (siehe Kapitel 5A, Sektion 3).

3 Demontieren Sie die Mittelkonsole (siehe Kapitel 11, Sektion 25).

4 Lösen Sie den Arretier-Clip am Verriegelungszug, befreien Sie die Seilzughülle aus der Wahlhebel-Halterung, und entfernen Sie den Zug zu einer Seite (siehe Abbildungen).

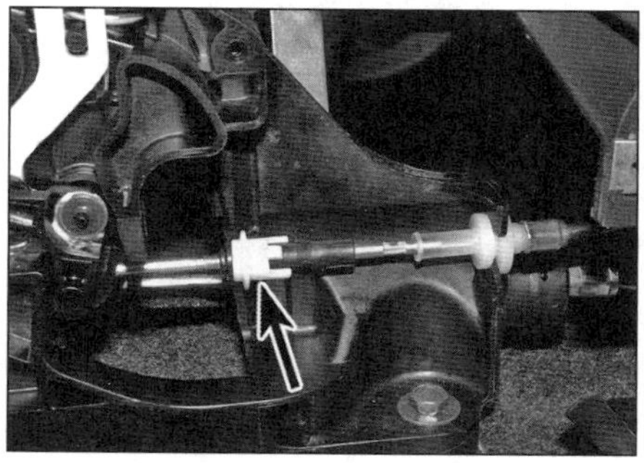

4.4a Lösen Sie die Arretierung ...

4.4b ... und befreien Sie die Seilzug-Hülle.

5 Lösen Sie die Schrauben der Lenksäulen-Abdeckungen, und entfernen Sie diese (siehe Kapitel 11, Sektion 26).

6 Das andere Ende des Verriegelungs-Seilzugs ist hinten am Zündschloss eingehängt (siehe Abbildung).

4.6 Seilzug-Befestigung hinten am Zündschloss

7 Ziehen Sie den Sicherungsclip herunter, und befreien Sie den Seilzug-Anschluss vom Zündschloss (siehe Abbildungen).

4.7a Ziehen Sie den Sicherungsclip ab ..

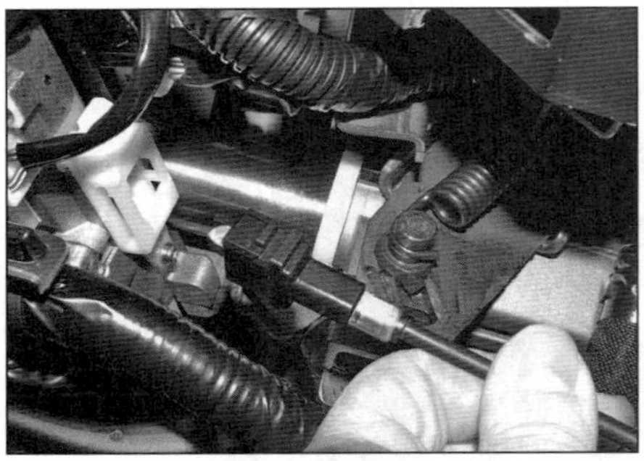

4.7b ... und befreien Sie den Seilzug.

8 Befreien Sie den Seilzug aus allen Befestigungen, und ziehen Sie hinter dem Armaturenbrett heraus, ohne ihn dabei zu knicken (siehe Abbildung).

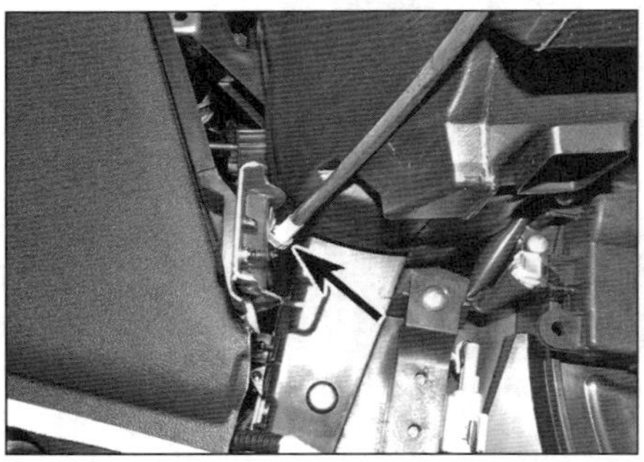

4.8 Befreien Sie den Seilzug aus der Halterung am Armaturenbrett.

9 Der Einbau entspricht der umgekehrten Ausbaureihenfolge.

Seilzug-Einstellung

10 Stellen Sie den Wahlhebel in die Park-Position (P).
11 Demontieren Sie die Mittelkonsole (siehe Kapitel 11, Sektion 25).
12 Lösen Sie unten am Wahlhebel-Knaufs die Kappe und ziehen Sie den Drahtbügel ab, um den Knauf und die Kappe nach oben vom Hebel zu ziehen (siehe Abbildungen).

4.12a Lösen Sie die Kappe, ...

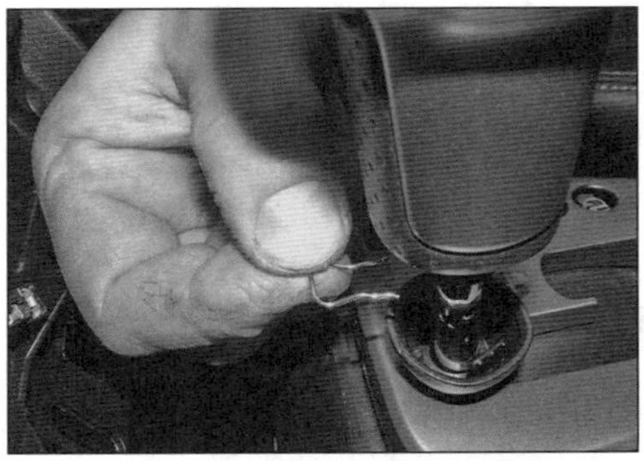

4.12b ... entfernen Sie den Bügel ...

4.12c ... und ziehen Sie den Wahlhebel-Knauf ab.

13 Schieben Sie die weiße Kunststoffhülse nach vorn, um die Verriegelungsstange und den Seilzug unabhängig voneinander bewegen zu können (siehe Abbildungen).

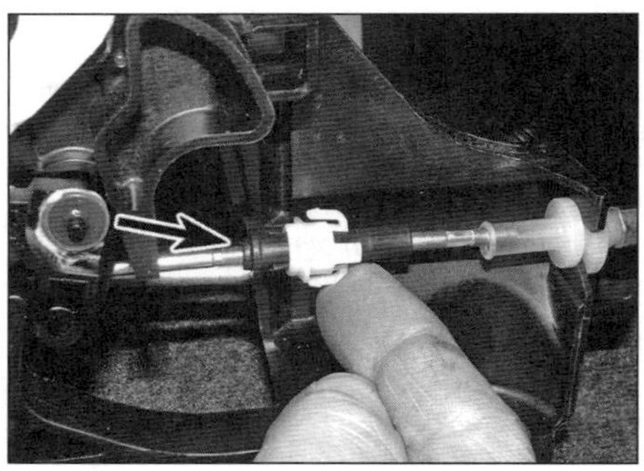

4.13 Schieben Sie die Hülse nach vorne.

14 Drücken Sie das Arretiergestänge oben in der Wahlhebel-Stange herunter, halten Sie es dort, und schieben Sie die weiße Kunststoffhülse wieder in Position, um die Verriegelungsstange und den Seilzug miteinander zu verbinden (siehe Abbildungen).

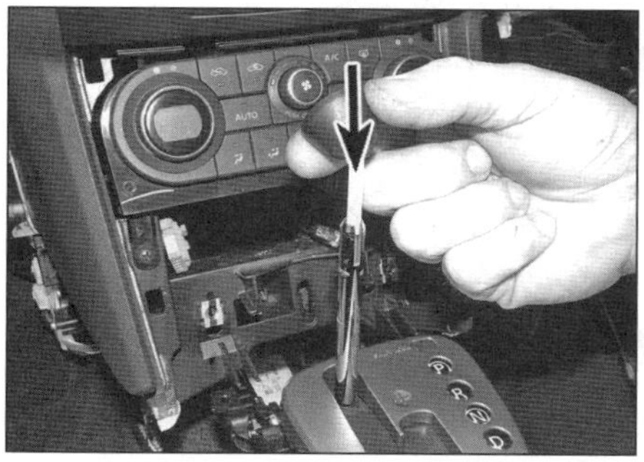

4.14a Drücken Sie das Gestänge herunter ...

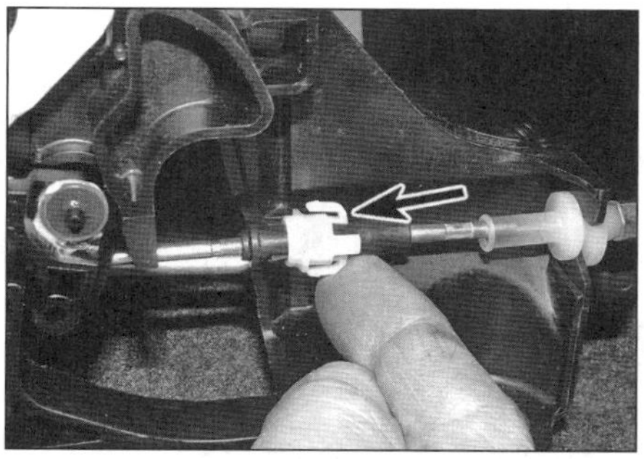

4.14b ... und schieben Sie die Hülse in die gezeigte Richtung.

15 Der Einbau entspricht der umgekehrten Ausbaureihenfolge.

Wahlhebelsperren-Magnetschalter

16 Demontieren Sie die Mittelkonsole (siehe Kapitel 11, Sektion 25).
17 Der Wahlhebelsperren-Magnetschalter sitzt rechts im Wahlhebel-Gehäuse. Trennen Sie seinen Stecker, und befreien Sie den Schalter aus seinem Gehäuse (siehe Abbildungen).

4.17a Position des Wahlhebelsperren-Magnetschalters.

4.17b Trennen Sie den Stecker des Schalters.

18 Falls der Wahlhebel nicht aus der Park-Position (P) herausbewegt werden kann, wird mit einem kleinen, von oben in die Abdeckung eingeführten Schraubendreher der Entriegelungs-Knopf heruntergedrückt (siehe Abbildung).

4.18 Entriegeln Sie mit einem kleinen Schraubendreher den Wahlhebel.

19 Der Einbau entspricht der umgekehrten Ausbaureihenfolge.

5 Wahlhebel-Seilzug – Ausbau und Einbau

Ausbau

1 Stellen Sie den Wahlhebel in die Park-Position (P).
2 Bauen Sie die Batterie aus (siehe Kapitel 5A, Sektion 3).
3 Demontieren Sie die Mittelkonsole (siehe Kapitel 11, Sektion 25).
4 Befreien Sie das Kugelgelenk des Seilzugs vom unteren Ende des Wahlhebels (beachten Sie die Einbauposition), und ziehen Sie die Aufnahme an der Seilzughülle aus dem Widerlager der Wahlhebel-Baugruppe (siehe Abbildungen).

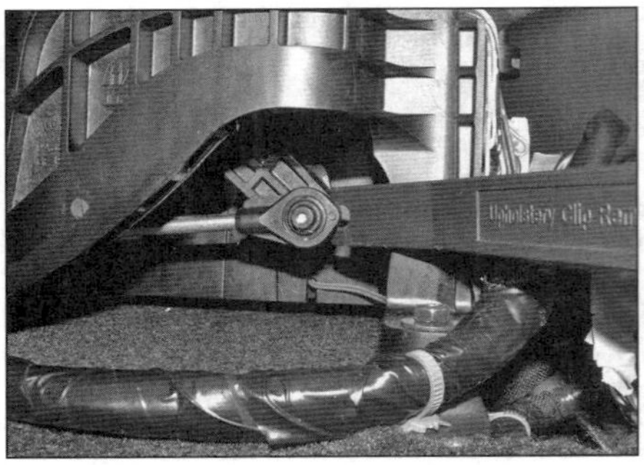

5.4a Ziehen Sie das Kugelgelenk ab ...

5.4b ... und befreien Sie die Seilzughülle.

5 Erleichtern Sie den Zugang zum Seilzug oben am Getriebe, indem Sie das Luftfiltergehäuse entfernen (siehe Kapitel 4A oder 4B, Sektion 2).

6 Lösen Sie die Schraube des Kühlrohrhalters, und bewegen Sie diesen beiseite (siehe Abbildung). Um den Zugang zum Seilzug weiter zu verbessern, können das Kühlsystem entleert und die Schläuche vom Kühlrohrhalter gezogen werden.

5.6 Schraube des Kühlrohrhalters

7 Arretieren Sie den Hebel oben auf dem Park/Neutral-Positionsschalter mit einem Schraubendreher, lösen Sie die Mutter, und befreien Sie den Seilzug vom Hebel (Abb. 3.3a und b). Der Hebel ist mit einem Langloch ausgerüstet – beachten Sie die Einbauposition des Seilzugs.

Achtung: Der Hebel muss beim Lösen der Mutter gut arretiert werden, aber auf den Schalter darf kein Druck ausgeübt werden, um ihn nicht zu beschädigen.

8 Ziehen Sie am Seilzughalter die Arretierplatte heraus, und befreien Sie den Halter aus dem Getriebehalter.

9 Betätigen Sie die Handbremse, heben Sie das Fahrzeug vorn an, und stützen Sie es sicher ab (siehe Seite 535).

10 Befreien Sie von unten die Befestigungen des Hitzeschutzes am Mitteltunnel, und entfernen Sie ihn (siehe Abbildung). Je nach Modell kann es nötig sein, das vordere Auspuffrohr oder die Kardanwelle (4WD) zu demontieren, um den Zugang zum Hitzeschutz zu verbessern.

5.10 Lösen Sie am Mitteltunnel die Clips und entfernen Sie den Hitzeschutz.

11 Befreien Sie den Seilzug aus der Halterung unten am Unterboden, und ziehen Sie den Gummistopfen aus dem Bodenblech, um den Zug nach unten aus dem Fahrzeug herauszuziehen (siehe Abbildung).

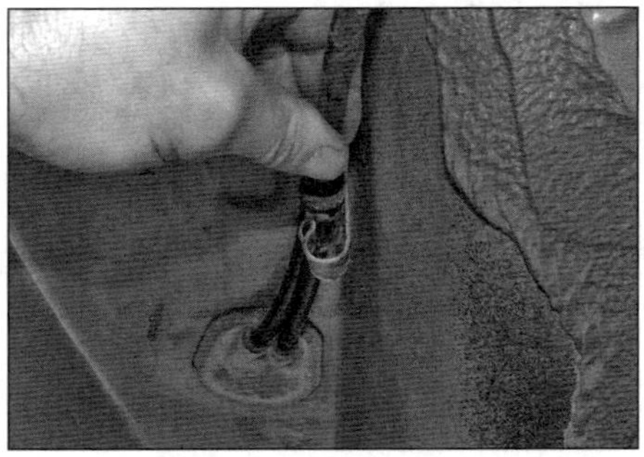

5.11 Befreien Sie den Seilzug aus der Halterung, und ziehen Sie den Gummistopfen aus dem Bodenblech.

12 Begutachten Sie alle Komponenten der Betätigung auf Verschleiß oder Beschädigungen – achten Sie besonders auf den Seilzug, und ersetzen Sie ihn nötigenfalls.

Einbau

13 Der Einbau entspricht der umgekehrten Ausbaureihenfolge – tragen Sie an den Kugelgelenken und Buchsen Mehrweckfett auf. Ziehen Sie alle Befestigungen sorgfältig bzw. mit den in den technischen Daten angegebenen Drehmomenten an. Stellen Sie den Seilzug ein (siehe Sektion 3).

6 Wahlhebel-Baugruppe – Ausbau und Einbau

Ausbau

1 Trennen Sie den Masseanschluss (–) der Batterie (siehe Seite 532).
2 Demontieren Sie die Mittelkonsole (siehe Kapitel 11, Sektion 25).
3 Stellen Sie den Wahlhebel in die Neutral-Position (N).
4 Falls der Wahlhebelknauf entfernt werden soll, muss unten die Kappe abgezogen und der Sicherungsdraht entfernt werden, um den Knauf abziehen zu können (Abb. 4.12a bis c).
5 Befreien Sie das Kabel der Wahlhebel-Leuchte, und ziehen Sie den Lampenhalter ab (siehe Abbildungen).

6.5a Befreien Sie das Lampenkabel ...

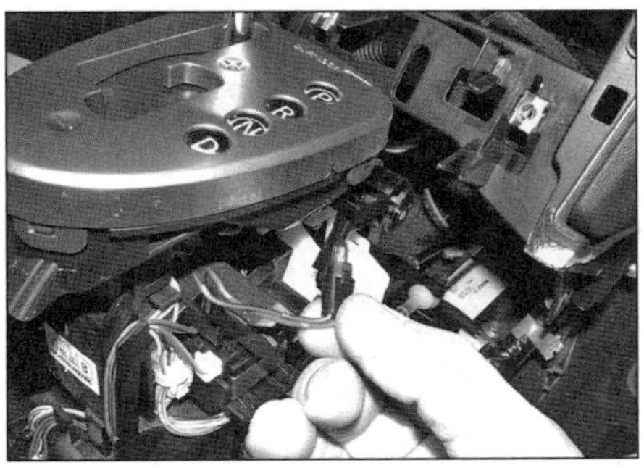

6.5b ... und ziehen Sie den Lampenhalter ab.

6 Lösen Sie an beiden Seiten des Gehäuses die Laschen, und heben Sie die Abdeckung von der Wahlhebel-Baugruppe (siehe Abbildungen).

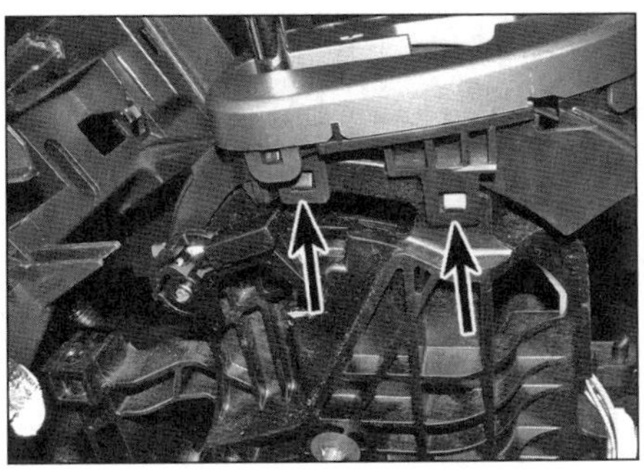

6.6a Lösen Sie die Laschen ...

6.6b ... und entfernen Sie die Wahlhebel-Abdeckung.

7 Befreien Sie das Kugelgelenk des Seilzugs vom unteren Ende des Wahlhebels (beachten Sie die Einbauposition), und ziehen Sie die Aufnahme an der Seilzughülle aus dem Widerlager der Wahlhebel-Baugruppe (Abb. 5.4a und b).
8 Lösen Sie den Arretier-Clip am Verriegelungszug, befreien Sie die Seilzughülle aus der Wahlhebel-Halterung, und entfernen Sie den Zug zu einer Seite (Abb. 4.4a und b).
9 Trennen Sie den Mehrfachstecker hinten am Wahlhebel-Halter (siehe Abbildung).

6.9 Trennen Sie den Kabelstecker.

10 Sobald alle Züge und Kabel getrennt sind, werden die vier Schrauben unten am Wahlhebel-Gehäuse gelöst und die Baugruppe entfernt (siehe Abbildung).

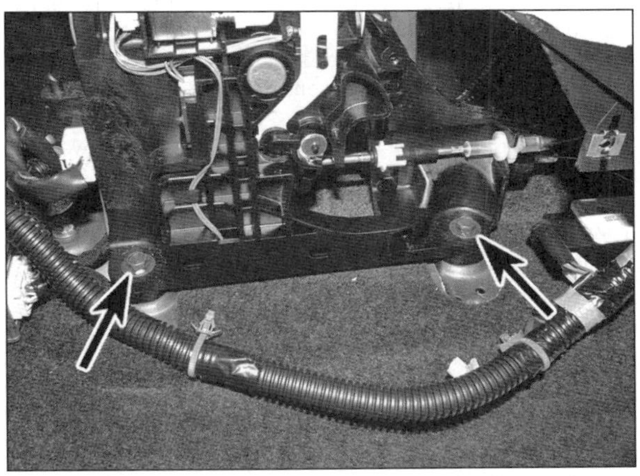

6.10 Die Wahlhebel-Baugruppe ist an jeder Seite mit zwei Schrauben gesichert.

11 Nötigenfalls kann der Wahlhebelsperren-Magnetschalter aus dem Gehäuse entfernt werden (siehe Sektion 4).

Einbau

12 Der Einbau entspricht der umgekehrten Ausbaureihenfolge – beachten Sie dabei folgende Punkte:

a) Die Schrauben des Wahlhebel-Gehäuses müssen sicher angezogen werden.

b) Stellen Sie den Zündschloss-Verriegelungszug ein (siehe Sektion 4).

c) Verbinden Sie den Wahlhebel-Seilzug (siehe Sektion 5).

d) Prüfen Sie die Funktion des Wahlhebels.

e) Montieren Sie die Mittelkonsole (siehe Kapitel 11, Sektion 25).

f) Kontrollieren Sie bei einer Probefahrt, ob das Getriebe korrekt funktioniert.

7 Dichtringe – Ersetzen

Antriebswellen-Dichtringe

1 Beachten Sie die Hinweise in Kapitel 7A, Sektion 4 – bei Automatikgetrieben (RE6F01A) muss der linke Dichtring 5,7 bis 6,2 mm tief sitzen und der rechte Dichtring 22,7 bis 23,5 mm tief sitzen.

Schaltwellen-Dichtring

2 Für den Austausch des Eingangswellen-Dichtrings muss das Getriebe ausgebaut und zerlegt werden. Der Ausbau ist in Sektion 11 beschrieben. Die Zerlegung sollte jedoch einer Nissan-Werkstatt überlassen werden.

Drehmomentwandler-Dichtring

3 Demontieren Sie das Getriebe (siehe Sektion 11).

4 Ziehen Sie vorsichtig den Drehmomentwandler von der Getriebewelle – seien Sie auf austretendes Öl vorbereitet.

5 Notieren Sie die Einbauposition des O-Rings an der Getriebeseite des Wandlers und entfernen Sie ihn, ohne seinen Sitz zu beschädigen.

6 Entfernen Sie im Bereich des Dichtring-Sitzes sämtlichen Schmutz. Schmieren Sie den neuen O-Ring mit etwas Getriebeöl, und installieren Sie ihn.

7 Richten Sie die zwei Nuten hinten am Drehmomentwandler zu den Mitnehmern am Getriebe aus, und schieben Sie den Wandler auf – beschädigen Sie dabei nicht den O-Ring.

8 Montieren Sie das Getriebe an den Motor, oder bauen Sie es ein (siehe Sektion 11).

8 Steuergerät und Sensoren – Ausbau und Einbau

Steuergerät

Anmerkung: *Das Automatikgetriebe-Steuergerät ist mit einem elektronischen Code an die anderen Komponenten des Fahrzeugs angepasst. Ein neues Steuergerät wird uncodiert ausgeliefert, sodass es von einer Nissan-Werkstatt mit den Informationen des alten Steuergeräts programmiert werden muss.*

1 Das Steuergerät sitzt vor der Batterie links im Motorraum (siehe Abbildung).

8.1 Einbaulage des Automatikgetriebe-Steuergeräts

2 Trennen Sie zunächst das Massekabel (–) der Batterie (siehe Seite 532).

3 Lösen Sie die zwei Clips, die den Ansaugstutzen an der vorderen Querstrebe sichern, und befreien Sie ihn aus dem Luftfiltergehäuse (siehe Abbildung).

8.3 Entfernen Sie den Ansaugstutzen.

4 Trennen Sie den Stecker des Steuergeräts (siehe Abbildung).

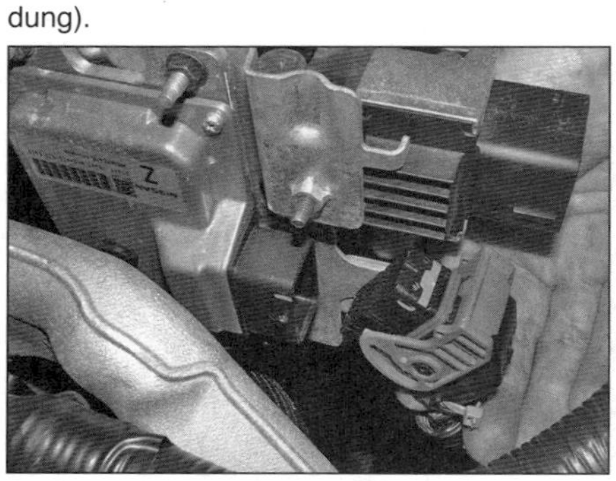

8.4 Trennen Sie den Steuergerät-Stecker.

5 Lösen Sie die drei Muttern, und entfernen Sie das Steuergerät von der Halterung (siehe Abbildung).

8.5 Das Steuergerät ist mit drei Muttern an der Halterung gesichert.

6 Der Einbau entspricht der umgekehrten Ausbaureihenfolge.

Geschwindigkeitssensor

Anmerkung: *Nissan schreibt vor, einen einmal ausgebauten Sensor samt O-Ring und Schraube durch Neuteile zu ersetzen.*

7 Der Geschwindigkeitssensor sitzt oben am Getriebe (siehe Abbildung).

8.7 Position des Geschwindigkeitssensors

8 Bauen Sie die Batterie aus (siehe Kapitel 5A, Sektion 3).

9 Um den Ausbau zu erleichtern, können die Schrauben des Motorsteuergeräts gelöst und dies samt Halter hinten vom Batterieträger befreit werden (siehe Kapitel 4A, Sektion 10 oder Kapitel 4B, Sektion 8).

10 Reinigen Sie den Bereich um den Sitz des Sensors.

11 Trennen Sie den Stecker des Sensors, lösen Sie die Schraube, und entfernen Sie den Sensor (siehe Abbildung).

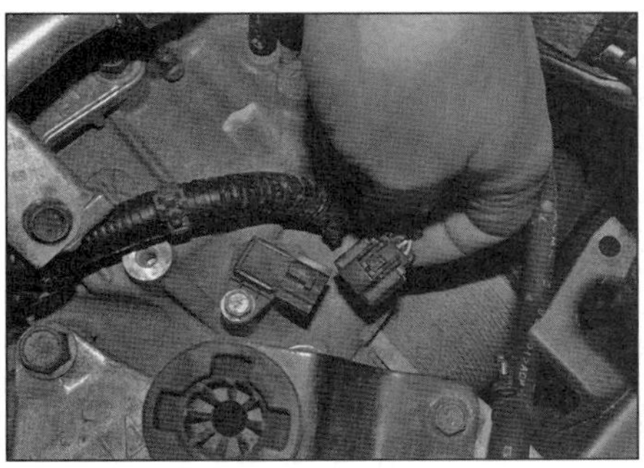

8.11 Trennen Sie den Sensorstecker.

12 Der Einbau entspricht der umgekehrten Ausbaureihenfolge – verwenden Sie einen neuen Sensor samt O-Ring und Schraube.

Turbinen-Umdrehungssensor

Anmerkung: *Nissan schreibt vor, einen einmal ausgebauten Sensor samt O-Ring und Schraube durch Neuteile zu ersetzen.*

13 Der **Turbinen-Umdrehungssensor** sitzt oben am Getriebe (Abb. 2.7).

14 Bauen Sie die Batterie aus (siehe Kapitel 5A, Sektion 3).

15 Reinigen Sie den Bereich um den Sitz des Sensors.

16 Trennen Sie den Stecker des Sensors, lösen Sie die Schraube, und entfernen Sie den Sensor (siehe Abbildung).

8.16 Trennen Sie den Sensorstecker.

17 Der Einbau entspricht der umgekehrten Ausbaureihenfolge – verwenden Sie einen neuen Sensor samt O-Ring und Schraube.

9 Getriebeölkühler – Ausbau und Einbau

Anmerkung: *Nissan schreibt vor, einen einmal ausgebauten Getriebeölkühler samt Schrauben durch Neuteile zu ersetzen.*

Ausbau

1 Der Getriebeölkühler sitzt oberhalb der Antriebswelle links hinten am Getriebe (siehe Abbildung).

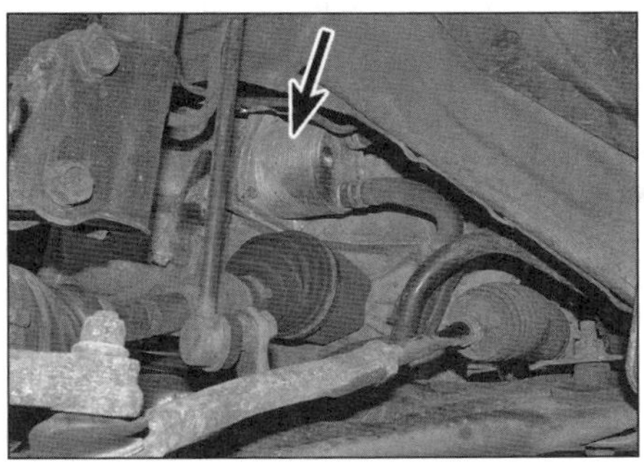

9.1 Position des Getriebeölkühlers

2 Ziehen Sie die Handbremse an, heben Sie das Fahrzeug vorn an, und stützen Sie es sicher ab (siehe Seite 535). Demontieren Sie das linke Vorderrad und die linke Radhausschale.
3 Reinigen Sie den Bereich um den Getriebeölkühler.
4 Klemmen Sie die Kühlerschläuche ab, um bei den folgenden Tätigkeiten den Verlust an Kühlmittel zu minimieren.
5 Lockern Sie die Schellen, und ziehen Sie beide Kühlerschläuche vom Getriebeölkühler ab – seien Sie auf austretendes Kühlmittel vorbereitet (siehe Abbildung). Waschen Sie Kühlmittelspritzer unverzüglich mit klarem Wasser ab, und trocknen Sie umliegende Bereiche.

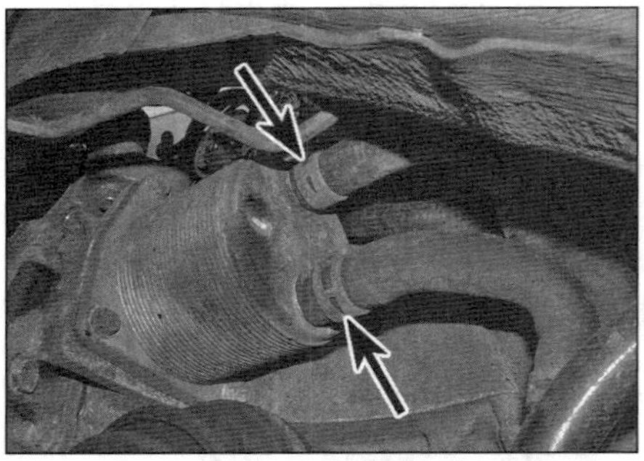

9.5 Ziehen Sie am Getriebeölkühler die Schläuche ab.

6 Lösen Sie die Getriebeölkühler-Schrauben, und befreien Sie den Kühler vom Getriebe.
Achtung: Auf keinen Fall darf bei dieser Tätigkeit Schmutz in das Getriebe gelangen.

Einbau

7 Setzen Sie den neuen Getriebeölkühler korrekt positioniert am Getriebe an, und sichern Sie ihn mit den neuen Schrauben.
8 Stecken Sie die Kühlschläuche auf, und sichern Sie sie mit den Schellen. Entfernen Sie die Schlauchklemmen.
9 Montieren Sie die linke Radhausschale und das Vorderrad.
10 Kontrollieren Sie den Kühlmittelpegel, und füllen Sie nötigenfalls nach (siehe *Wöchentliche Kontrollen*). Kontrollieren Sie den Getriebeölpegel (siehe Kapitel 1A, Sektion 20).

10 Park/Neutral-Schalter – Ausbau und Einbau

Anmerkung 1: *Nissan schreibt vor, einen einmal ausgebauten Schalter samt Hebel, Scheibe, Mutter und Schrauben durch Neuteile zu ersetzen.*
Anmerkung 2: *Nissan-Werkstätten verwenden zum Ausrichten des Schalters und des Hebels in der korrekten Position ein Spezialwerkzeug. Sobald der Hebel entfernt ist, wird dies über die Abflachungen des Hebelzapfens geschoben; sein Stift am anderen Ende muss zur Bohrung im Schalter ausgerichtet werden (siehe Abbildung).*

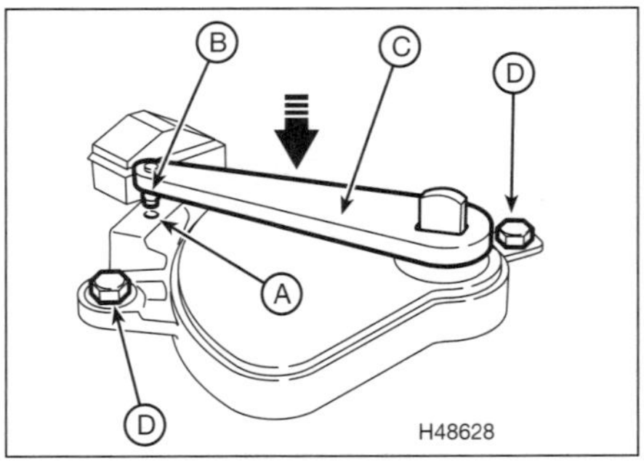

10.0 Werkzeug zum Einrichten des Schalters (SST: KV31300QAD)

A) Einstellbohrung im Schalter
B) Arretierstift am Werkzeug
C) Spezialwerkzeug
D) Schalter-Befestigungsschrauben

Ausbau

1 Stellen Sie den Wahlhebel in die Neutral-Position (N).
2 Bauen Sie die Batterie aus (siehe Kapitel 5A, Sektion 3).
3 Arretieren Sie den Hebel oben auf dem Park/Neutral-Positionsschalter mit einem Schraubendreher, lösen Sie die Mutter, und befreien Sie den Seilzug vom Hebel (Abb. 3.3a und b) – beachten Sie seine Einbauposition.
Achtung: Der Hebel muss beim Lösen der Mutter gut arretiert werden, aber auf den Schalter darf kein Druck ausgeübt werden, um ihn nicht zu beschädigen.
4 Lösen Sie den Arretierclip, und trennen Sie den Stecker vom Schalter (siehe Abbildung).

10.4 Trennen Sie den Schalterstecker.

5 Bringen Sie am Getriebe und am Schalter Markierungen an, um den Einbau zu erleichtern. Lösen Sie die Mutter, und entfernen Sie den Hebel vom Zapfen des Schalters (siehe Abbildung). Arretieren Sie den Hebel, damit der Schalter beim Lösen der Mutter nicht beschädigt wird.

10.5 Lösen Sie die Hebel-Mutter.

6 Bringen Sie am Getriebe und am Schalter Markierungen an, um den Einbau zu erleichtern. Lösen Sie die zwei Schrauben des Park/Neutral-Positionsschalters, und entfernen Sie diesen vom Getriebe.

Einbau

7 Der Wahlhebel muss sich weiterhin in die Neutral-Position (N) befinden.
8 Montieren Sie den neuen Park/Neutral-Positionsschalter ans Getriebe, aber drehen Sie die neuen Schrauben zunächst nur locker ein.
9 Falls das Nissan-Spezialwerkzeug SST: KV31300QAD vorhanden ist (Abb. 10.0), wird es über die Abflachungen des Hebelzapfens gesetzt und der Stift an seinem anderen Ende in die Bohrung des Schalters gesteckt (siehe Abbildung).

10.9 Bohrung zur Einrichtung des Schalters mit dem Spezialwerkzeug

10 Falls das Nissan-Werkzeug nicht vorhanden ist, müssen die beim Ausbau angebrachten Markierungen zur Ausrichtung des neuen Schalters und Hebels herangezogen werden.
11 Setzen Sie den neuen Hebel an den Schalter, installieren Sie die neue Scheibe, und ziehen Sie die neue Mutter mit 17 Nm an – kontern Sie den Hebel dabei, damit der Schalter nicht beschädigt wird.
12 Sobald der Schalter korrekt positioniert ist, werden seine Schrauben mit 6 Nm angezogen.
13 Verbinden Sie den Kabelstecker mit dem Schalter.
14 Verbinden Sie den Seilzug mit dem Schalterhebel und stellen Sie ihn ein (siehe Sektion 3).
15 Lassen Sie nötigenfalls eine Endeinstellung des Schalters von einer entsprechend ausgerüsteten Nissan-Werkstatt durchführen.

11 Getriebe – Ausbau und Einbau

Anmerkung 1: *Diese Sektion beschreibt den Ausbau des Getriebes, während der Motor im Fahrzeug verbleibt. Alternativ können der Motor und das Getriebe gemeinsam ausgebaut (siehe Kapitel 2E, Sektion 3), und anschließend getrennt werden.*

Ausbau

1 Blockieren Sie die Hinterräder, betätigen Sie die Handbremse, heben Sie das Fahrzeug vorn an, und stützen Sie es sicher ab (siehe Seite 535). Entfernen Sie beide Vorderräder. Lösen Sie die Schrauben des Unterfahrschutzes sowie der Deckel in beiden Radhäusern und entfernen Sie diese (siehe Abbildung).

11.1 Entfernen Sie die Abdeckungen aus den Radhäusern.

2 Lassen Sie das Getriebeöl ab (siehe Sektion 2). Installieren Sie die Ablass- und Kontrollschraube, und ziehen Sie sie jeweils mit 8 Nm an.
3 Entleeren Sie das Kühlsystem (siehe Kapitel 1A, Sektion 27 oder Kapitel 1B, Sektion 29).
4 Bauen Sie die Batterie aus (siehe Kapitel 5A, Sektion 3).
5 Demontieren Sie den Hilfsrahmen (siehe Kapitel 10, Sektion 12).
6 Entfernen Sie den Anlasser (siehe Kapitel 5A, Sektion 8).
7 Entfernen Sie die Luftfilter-Baugruppe (siehe Kapitel 4A oder 4B, Sektion 2).
8 Demontieren Sie das vordere Auspuffrohr (siehe Kapitel 4A, Sektion 13 oder Kapitel 4B, Sektion 17).
9 Demontieren Sie bei 4WD-Modellen das Verteilergetriebe (siehe Kapitel 7C, Sektion 3).
10 Befreien Sie den Wahlhebel-Seilzug vom Getriebe (siehe Sektion 3).
11 Trennen Sie oben am Getriebe den Stecker des Park/Neutral-Positionsschalters (Abb. 10.4).
12 Drehen Sie den oben am vorderen Rand des Getriebe sitzenden Bajonett-Hauptstecker ab (siehe Abbildung).

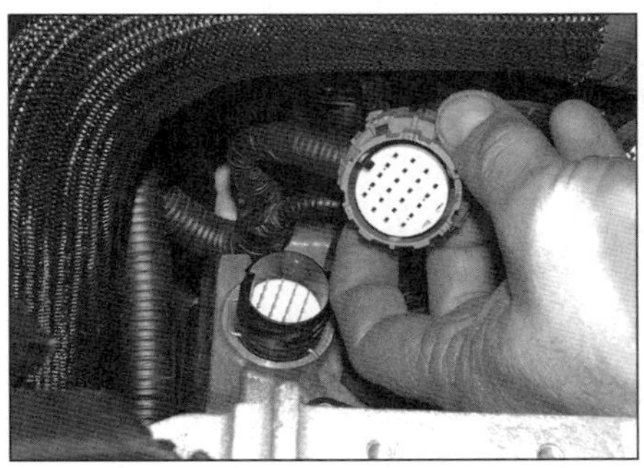

11.12 Trennen Sie den Getriebe-Hauptstecker – er hat einen Bajonettverschluss.

13 Trennen Sie oben am Getriebe die Stecker des Geschwindigkeits- und des Turbinen-Drehzahlsensors (siehe Abbildung).

11.13 Trennen Sie die beiden Sensorstecker.

14 Befreien Sie die innere Enden beider Antriebswellen vom Getriebe (siehe Kapitel 8, Sektion 2), und platzieren Sie die Wellen abseits des Getriebes – sie müssen nicht vollständig entfernt werden und können an der Radnabe montiert bleiben. Stützen Sie die Antriebswellen so ab, dass keine Gelenke oder Manschetten belastet werden. Installieren Sie »Dummy«-Wellen in die Öffnungen des Differenzials (siehe Abbildung).

11.14 Ersetzen Sie die Antriebswellen durch »Dummy«-Wellen.

15 Lösen Sie links am Getriebe die Schraube des Massekabels, und befreien Sie dies (siehe Abbildung).

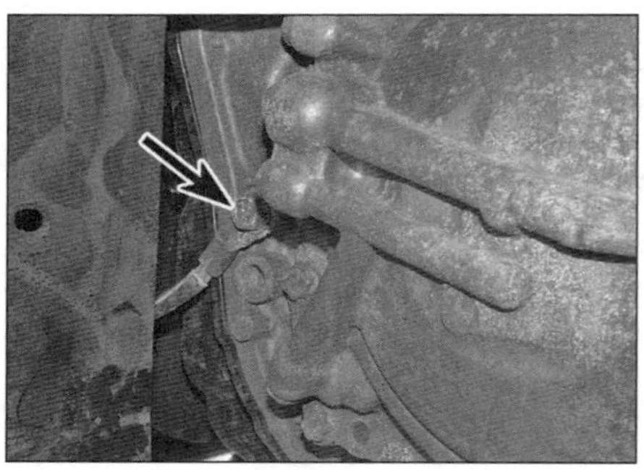

11.15 Lösen Sie die Massekabel-Schraube.

16 Trennen Sie die Kühlerschläuche vom Getriebeölkühler hinten am Getriebe. Lösen Sie an der Rückseite des Getriebes die Schraube des Kühlrohrhalters, und befreien Sie diesen (siehe Abbildungen).

11.16a Ziehen Sie am Getriebeölkühler die Schläuche ab ...

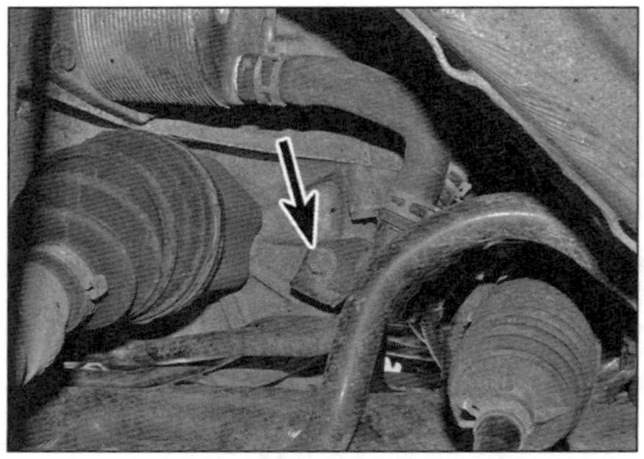

11.16b ... und lösen Sie die Schraube des Kühlschlauch-Halters.

17 Befreien Sie das Getriebe rundherum von allen Kabelbaum- und Schlauchbefestigungen, und positionieren Sie alle Kabel und Schläuche außerhalb des Arbeitsbereichs.
18 Sorgen Sie dafür, dass das Entlüftungsrohr oben am Getriebe nicht an anderen Komponenten gesichert ist – so kann es am Getriebe verbleiben.
19 Stützen Sie den Motor mit einem Rangierwagenheber samt Holzklotz ab, oder sichern Sie den Motor mit einem Werkstattkran von oben.
20 Platzieren Sie einen weiteren Rangierwagenheber samt Holz unter dem Getriebe, um dessen Gewicht aufzunehmen (siehe Abbildung).

11.20 Stützen Sie das Getriebe mit einem Rangierwagenheber samt Holz ab.

21 Der Zugang zu den Drehmomentwandler-Befestigungsschrauben ist nur durch die Anlasser-Öffnung hinten am Motorblock möglich. Drehen Sie die Kurbelwelle mithilfe eines an das Keilrippen-Riemenrad angesetzten Schlüssels, um die erste Schraube zur Öffnung auszurichten. Lösen Sie die Mutter, und drehen Sie die Kurbelwelle um 90° weiter, um die zweite Schraube samt Mutter lösen zu können; fahren Sie

damit fort, bis alle vier Schrauben gelöst sind. Beim Einbau müssen neue Schrauben verwendet werden.

22 Lösen Sie an der Getriebehalterung die Schrauben, um diese zu entfernen (siehe Abbildung). Weitere Informationen zum Ausbau der Motorhalterungen finden sich in den entsprechenden Sektionen der Kapitel 2B oder 2D.

11.22 Remove the transmission mounting

23 Lösen Sie die drei Schrauben der Halterung, und entfernen Sie diese oben vom Getriebe.

24 Wenn sichergestellt ist, dass das Getriebe vom Rangierwagenheber gestützt ist, werden die Verbindungsschrauben zum Motor gelöst und entfernt. Notieren Sie die korrekten Einbaupositionen der Schrauben (und entsprechenden Halter), um sie wieder richtig einbauen zu können – sie sind unterschiedlich lang. Um Zugang zu den unteren Schrauben zu erhalten, muss das Getriebe ggf. etwas angehoben werden.

25 Prüfen Sie noch einmal, ob alles getrennt und beiseite positioniert ist und der Ausbau nicht behindert wird.

26 Ziehen Sie das Getriebe mithilfe des Rangierwagenhebers nach links, um es von den Passhülsen zu befreien. Stützen Sie das Getriebe sorgfältig ab, bis die Eingangswelle aus dem Motor befreit ist.

27 Sobald das Getriebe frei ist, kann es nach unten aus dem Fahrzeug befreit werden. Stellen Sie nötigenfalls die Passhülsen aus dem Getriebe oder dem Motorgehäuse sicher. Achten Sie darauf, dass der Drehmomentwandler beim Trennen des Getriebes in der Getriebeglocke verbleibt.

Einbau

28 Der Einbau entspricht der umgekehrten Ausbaureihenfolge – beachten Sie dabei folgende Punkte:

a) Prüfen Sie, ob der Drehmomentwandler korrekt ins Getriebe greift; messen Sie dazu den Abstand zwischen dem Wandler und der Kontaktfläche des Getriebes – wenn er richtig sitzt, müssen 20,4 mm festgestellt werden (siehe Abbildung).

b) Beim Verbinden des Haupt-Getriebesteckers muss der Sicherungsring so verdreht werden, dass die Pfeile am Stecker zueinander ausgerichtet sind (siehe Abbildung).

c) Die Passhülsen müssen im Getriebe oder Motorgehäuse stecken.

d) Richten Sie die Drehmomentwandler-Stehbolzen zu den Bohrungen der Antriebsplatte aus, und verbinden Sie das Getriebe mit dem Motor.

e) Installieren Sie die Verbindungsschrauben zum Motor in ihre ursprüngliche Bohrungen. Ziehen Sie alle Schrauben und Muttern mit den in den technischen Daten angegebenen Drehmomenten an.

f) Erneuern Sie ggf. die Antriebswellen-Dichtringe (siehe Kapitel 7, Sektion 4), und montieren Sie die Antriebswellen (siehe Kapitel 8, Sektion 2).

g) Verbinden Sie den Wahlhebel-Seilzug (siehe Sektion 5), und stellen Sie ihn ein (siehe Sektion 3).

h) Füllen Sie das Getriebe mit Getriebeöl auf (siehe Sektion 2).

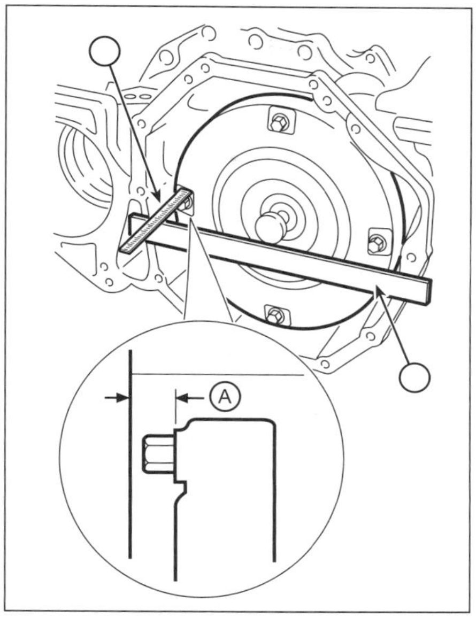

11.28a Messung des Abstands zwischen dem Wandler und der Getriebe-Kontaktfläche

A = mindestens 20,4 mm

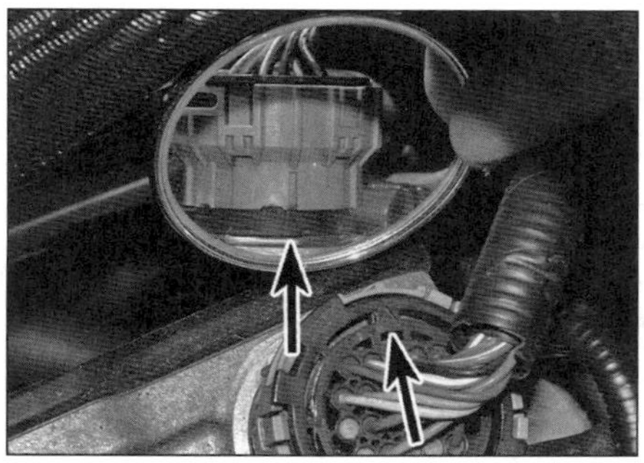

11.28b Die Markierungen am Stecker müssen zueinander ausgerichtet sein (im Spiegel betrachtet).

12 Getriebeüberholung – Allgemeine Informationen

1 Bei einem Defekt am Automatikgetriebe muss zunächst bestimmt werden, ob dieser elektrischer, mechanischer oder hydraulischer Natur ist – und hierfür ist eine spezielle Prüfausrüstung nötig, wie sie nur eine Fachwerkstatt vorhält.

2 Das Getriebe darf nicht ausgebaut werden, bevor eine professionelle Fehlerdiagnose durchgeführt wurde – die meisten Tests können nur bei eingebautem Getriebe durchgeführt werden.

3 Beachten Sie die »Fehlersuche«-Sektion hinten in diesem Buch, um Informationen über mögliche Fehlerursachen zu erhalten.

Kapitel 7C

Verteilergetriebe und Hinterradantrieb – 4WD-Modelle

Inhalt **Sektion**

Schwierigkeitsgrade

Leicht. Geeignet für Anfänger mit wenig Erfahrung.	**Relativ leicht.** Geeignet für Anfänger mit etwas Erfahrung.	**Relativ schwierig.** Geeignet für geübte Selbstschrauber.	**Schwer.** Geeignet für Selbstschrauber mit viel Erfahrung.	**Sehr schwer.** Geeignet für Experten und Profis.

Spezifikationen

Verteilergetriebe

Modell	TY30A
Übersetzungsverhältnis	0,656 : 1 (32 / 21 Zähne)
Flansch-Verzug (max.)	0,1 mm
Flankenspiel zw. Ringrad und Antriebsrad	0,10 bis 0,15 mm
Vorspannung	
Ausgleichsrad-Lager	0,69 bis 1,18 Nm
Seitenlager	0,64 bis 0,98 Nm
Seitenlager zu Ausgleichsrad-Lager (Gesamt-Vorspannung)	1,33 bis 2,16 Nm
Antriebskegelrad-Einstellhülse – Typ	stauchbar

Schmiersystem

Füllmengen	
Verteilergetriebe	0,36 Liter
Hinterachsantrieb	0,55 Liter
Empfohlener Öltyp (Verteilergetriebe und Hinterachsantrieb)	Original Nissan Differenzialöl oder API GL-5, Viskosität: SAE 80/90

Anzugsdrehmomente

Elektronische Hinterachsantrieb-Kupplung – Befestigungsschrauben	16 Nm
Hinterachsantrieb – Einfüll-/Kontroll- und Ablassschraube	35 Nm
Hinterachsantrieb – vordere Flansch-Kontermutter*	
2,0 l-Benzinmotor (MR20DE)	111 Nm
2,0 l-Benzinmotor (MR20DE) - »+2«-Version	140 Nm
2,0 l-Dieselmotor (M9R)	140 Nm
Hinterachsantrieb-Befestigungsschrauben	
vordere Schrauben	63 Nm
hintere Mutter	78 Nm
Verteilergetriebe – Einfüll-/Kontroll- und Ablassschraube	35 Nm
Verteilergetriebe-Antriebsrad-Mutter* (mit stauchbarer Scheibe)	127 bis 294 Nm
Verteilergetriebe/Getriebe-Verbindungsschrauben	44 Nm
Verteilergetriebehalter-Schrauben	
Halter an Verteilergetriebe	48 Nm
Halter an Motorblock	50 Nm

* Verwenden Sie neue Muttern.

1 Allgemeine Informationen

1 Das Allradsystem bei 4WD-Modellen regelt die Verteilung der Motorleistung zwischen den Vorder- und Hinterrädern anhand der Informationen von verschiedenen Sensoren. Das hinter dem Handschuhfach sitzende Allradantrieb-Steuergerät empfängt und überträgt Signale aus dem ABS-Steuergerät, dem Motorsteuergerät und den Lenkungswinkel-Sensoren.

AUTO-Modus

2 Das Steuergerät sorgt entsprechend des Untergrunds für eine optimale Drehmoment-Verteilung auf die Vorder- und Hinterräder. Das Fahren im Allradbetrieb stabilisiert das Fahrverhalten, da auch auf rutschigem Untergrund kein Rad durchdreht. Auf Untergründen, die keinen Allradantrieb erfordern, leitet der AUTO-Modus mehr Kraft auf die Vorderräder weiter, um so den Kraftstoffverbrauch zu reduzieren. Sobald Sensoren eng gefahrene Kurven oder heftiges Bremsen ermitteln, wird mehr Kraft auf die Hinterachse übertragen.

LOCK-Modus

3 In diesem Modus sind die Vorder- und Hinterräder gesperrt, um das Fahrverhalten an Steigungen zu stabilisieren. Sobald die Geschwindigkeit zunimmt, wird auf AUTO umgeschaltet, und wenn das Tempo wieder sinkt, wechselt das System automatisch wieder in den LOCK-Modus. Falls deutliche Unterschiede in den Reifendrücken festgestellt werden, ist Fahren mit hoher Geschwindigkeit nicht mehr möglich und der LOCK-Modus kann gesperrt werden, oder das Tempo, bei dem der LOCK-Modus noch möglich ist, wird reduziert.

2 Verteilergetriebe-Öl – Ablassen und Auffüllen

1 Das Ablassen des Getriebeöls geht deutlich schneller und wirkungsvoller, wenn das Fahrzeug zunächst gefahren wird, um das Getriebe auf Betriebstemperatur zu bringen.
2 Stellen Sie das Fahrzeug auf einen ebenen Untergrund, schalten Sie die Zündung aus, und betätigen Sie die Handbremse. Zur Verbesserung des Zugangs kann das Fahrzeug angehoben und sicher abgestützt werden (siehe Seite 532). Beachten Sie, dass das Fahrzeug zur Sicherstellung des korrekten Ölpegels absolut waagerecht stehen muss.
3 Demontieren Sie den Unterfahrschutz.
4 Wischen Sie rechts am Verteilergetriebe (oberhalb der Antriebswelle) den Bereich um die Einfüll-/Kontrollschraube sauber (siehe Abbildung).

2.4 Einfüll-/Kontrollschraube am Verteilergetriebe

5 Lösen Sie die Schraube aus dem Verteilergetriebe – seien Sie auf etwas austretendes Öl vorbereitet.
6 Stellen Sie einen geeigneten Behälter unter die unten am Differenzialgehäuse sitzende Ablassschraube, und lösen Sie diese (siehe Abbildung) – hier befinden sich zwei Schrauben; rechts sitzt die Ablassschraube, deren Dichtscheibe beim Einbau erneuert werden muss.

2.6 Position der Ölablassschraube

7 Lassen Sie das Öl vollständig in den Behälter ablaufen – verbrühen Sie sich bei heißem Öl nicht die Hände. Reinigen Sie sowohl die Einfüll-/Kontrollschraube als auch die Ablassschraube, entfernen Sie jeweils die Dichtscheiben, da beim Einbau Neuteile verwendet werden müssen.
8 Reinigen Sie nach Ablaufen des Öls die Gewinde der Ablassschraube und des Gehäuses, rüsten Sie die Schraube mit der neuen Dichtscheibe aus, und ziehen Sie sie mit 35 Nm an. Falls das Fahrzeug zum Ablassen des Öls angehoben wurde, muss es jetzt wieder auf ebenen Untergrund gestellt werden.
9 Das Auffüllen des Getriebeöls ist eine umständliche Tätigkeit, die vor allem viel Zeit kostet, da sich das Öl erst absetzen muss, bevor der Pegel korrekt geprüft werden kann. Das Fahrzeug muss absolut eben stehen.
10 Füllen Sie durch die Bohrung der Einfüll-/Kontrollschraube langsam frisches Getriebeöl auf (beachten Sie dazu die Hinweise in Kapitel 1A, Sektion 23 oder Kapitel 1B, Sektion 25). Falls nach dem Auffüllen der korrekten Menge eine größere Menge wieder aus der Kontrollbohrung herausläuft, muss der Verschluss installiert und eine kurze Probefahrt unternommen werden, damit sich das Öl vollständig im Getriebe verteilt. Prüfen Sie den Pegel anschließend erneut.
11 Installieren Sie schließlich die Einfüll-/Kontrollschraube und ziehen Sie sie mit 35 Nm an. Wischen Sie Ölreste vom Getriebe ab.

3 Verteilergetriebe – Ausbau und Einbau

Ausbau

1 Betätigen Sie die Handbremse, heben Sie das Fahrzeug vorn an, und stützen Sie es sicher ab (siehe Seite 535).
2 Lassen Sie das Verteilergetriebe-Öl ab (siehe Sektion 2).
3 Entfernen Sie das vordere Auspuffrohr und den Auspuffstutzen.
4 Bringen Sie vorn an der Kardanwelle und am Flansch Markierungen an, damit später alles wieder korrekt ausgerichtet werden kann. Lösen Sie die vier Schrauben, und trennen Sie die Welle vom Verteilergetriebe (siehe Abbildung) – die Schrauben müssen später durch Neuteile ersetzt werden.

3.4 Lösen Sie die vorderen Flansch-Schrauben der Kardanwelle.

5 Entfernen Sie die Antriebswelle des rechten Vorderrades (siehe Kapitel 8, Sektion 2). Lösen Sie hinten am Motorblock die Schrauben der Antriebswellen-Halterung, und entfernen Sie diese (siehe Abbildung).

3.5 Halterung der rechten Vorderrad-Antriebswelle

6 Lösen Sie bei Automatikmodellen an der rechten Getriebehalterung die Schraube der Schlauchklemme (siehe Abbildung).

3.6 Schlauchhalterung am Automatikgetriebe-Träger

7 Lösen Sie bei 2,0 l-Dieselmotoren die Schrauben der rechten Verteilergetriebe-Halterung, und entfernen Sie diese (siehe Abbildung).

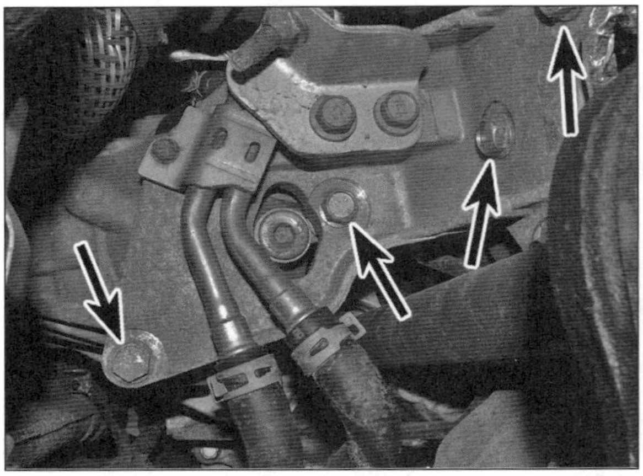

3.7 Schrauben der rechten Verteilergetriebe-Halterung

8 Um den Zugang zum Verteilergetriebe zu erleichtern, können an der unteren hinteren Drehmoment-Abstützung die Schrauben gelöst werden, um sie vom Hilfsrahmen zu befreien (siehe Abbildung). Klemmen Sie einen Holzblock zwischen den Motor und den Hilfsrahmen, um mehr Platz für den Ausbau des Verteilergetriebes zu schaffen – überlasten Sie dabei keine anderen Komponenten.

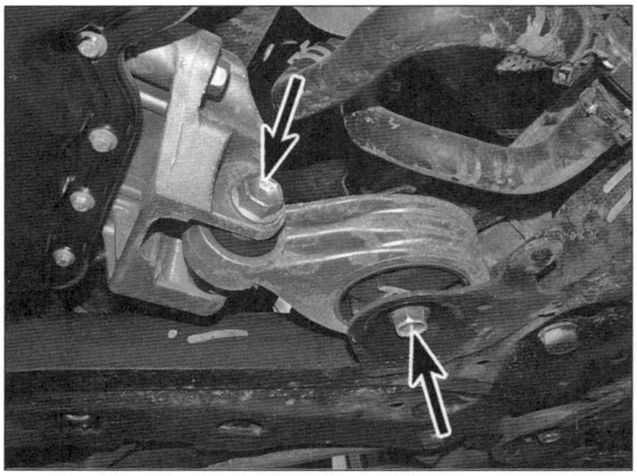

3.8 Befestigungen der unteren Drehmoment-Abstützung

9 Lösen Sie die Schrauben des Verteilergetriebes und befreien Sie es rechts vom Getriebe – es ist mit fünf Schrauben

gesichert, von denen vier vom Verteilergetriebe ins Getriebegehäuse gedreht sind und eine von der anderen Seite eingeschraubt ist.
10 Entfernen Sie den zwischen dem Verteilergetriebe und dem Getriebe sitzenden O-Ring – er muss später erneuert werden.

Einbau

11 Der Einbau entspricht der umgekehrten Ausbaureihenfolge – beachten Sie dabei folgende Punkte:
a) *Installieren Sie einen neuen O-Ring ans Verteilergetriebe, und schmieren Sie ihn dünn mit Mehrzweckfett ein, bevor Sie es mit dem Getriebe verbinden.*
b) *Richten Sie die Kardanwelle entsprechend der angebrachten Markierungen zum Verteilergetriebe-Flansch aus, installieren Sie die neuen Befestigungsschrauben, und ziehen Sie sie mit 49 Nm an.*
c) *Ziehen Sie alle anderen Befestigungen mit den in den technischen Daten dieses Kapitels und Kapitel 8 angegebenen Drehmomenten an.*
d) *Füllen Sie das Verteilergetriebe mit dem vorgeschriebenen Öl auf (siehe Sektion 2).*

4 Verteilergetriebe-Dichtringe – Ersetzen

Anmerkung 1: *Auch wenn die Dichtringe der Adapterplatte entsprechend der Vorgaben dieser Sektion aus- und eingebaut werden können, empfiehlt Nissan, nach dem Zerlegen zunächst das Zahnflankenspiel, die Vorspannung und der Flansch-Verzug zu überprüfen. Bringen Sie dazu das Verteilergetriebe in eine Nissan-Werkstatt, wo man diese Kontrollen durchführen kann.*
Anmerkung 2: Der einzige Dichtring, der ohne weitere Zerlegungen ersetzt werden kann, ist der äußere O-Ring.
1 Demontieren Sie das Verteilergetriebe (siehe Sektion 3).

Adaptergehäuse-O-Ringe

2 Entfernen Sie den äußeren O-Ring vom Verteilergetriebe – er muss durch ein Neuteil ersetzt werden.
3 Lösen Sie die 5 Adapterplatten-Schrauben und ziehen Sie diese aus dem Verteilergetriebe – sie kann fest auf den Passhülsen sitzen, sodass sie mit einem Kunststoffhammer abgeklopft werden muss.
4 Entfernen Sie jetzt den inneren O-Ring aus dem Verteilergetriebe – auch er muss durch ein Neuteil ersetzt werden.
5 Der Einbau entspricht der umgekehrten Ausbaureihenfolge – beachten Sie dabei folgende Punkte:
a) *Die neuen O-Ringe müssen dünn mit Mehrzweckfett versehen und korrekt ans Verteilergetriebe gesetzt werden.*
b) *Montieren Sie das Verteilergetriebe (siehe Sektion 3), und füllen Sie es mit dem vorgeschriebenen Öl auf (siehe Sektion 2).*

Adaptergehäuse-Wellendichtringe

6 In der Mitte der Adapterplatte befinden sich auch ein innerer und äußerer Wellendichtring.
7 Falls noch nicht geschehen, müssen die 5 Adapterplatten-Schrauben gelöst und die Adapterplatte aus dem Verteilergetriebe gezogen werden.
8 Notieren Sie die Einbautiefe der Dichtringe, bevor Sie sie vorsichtig aus der Adapterplatte hebeln – verwenden Sie dazu einen großen Schlitzschraubendreher und beschädigen Sie nicht ihre Sitze.
9 Reinigen Sie die Dichtringsitze in der Adapterplatte und schleifen Sie Grate oder erhabene Kanten ab, die zum Ausfall des alten Dichtrings geführt haben können.
10 Tragen Sie an den Dichtlippen der neuen Dichtringe etwas Mehrzweckfett auf, und schmieren Sie ihre Außenränder mit Getriebeöl. Setzen Sie die Dichtringe an ihren Sitzen an, und treiben Sie sie mit einem passenden Werkzeug, das nur den Außenrand berührt, bis in die notierte Tiefe ein.
11 Montieren Sie die Adapterplatte mit neuen O-Ringen (siehe Schritte 2 bis 5).
12 Montieren Sie das Verteilergetriebe (siehe Sektion 3), und füllen Sie es mit dem vorgeschriebenen Öl auf (siehe Sektion 2).

5 Verteilergetriebe-Überholung – Allgemeine Informationen

1 Das Überholen eines Verteilergetriebes ist für den Hobbyschrauber eine sehr schwierige Arbeit. Es beinhaltet das Zerlegen und Zusammenbauen vieler Einzelteile. Es müssen zahlreiche Maße ermittelt und Spiel nötigenfalls mit ausgewählten Distanzscheiben und Sicherungsringen ausgeglichen werden. Daher kann ein kompetenter Fahrzeugbesitzer zwar das Verteilergetriebe aus- und einbauen, doch sollte er das Überholen einer Fachwerkstatt überlassen. Es sind auch fertig überholte Austauschgetriebe erhältlich – fragen Sie beim Nissan-Händler oder einem Getriebespezialisten nach. Der in die Überholung des eigenen Verteilergetriebe gesteckte Zeitaufwand und das Geld für Ersatzteile übersteigen fast immer die Kosten für ein Austauschgetriebe.
2 Dennoch ist es auch für einen wenig erfahrenen Schrauber nicht unmöglich, ein Verteilergetriebe zu reparieren – vorausgesetzt, alle Spezialwerkzeuge sind vorhanden und die Arbeit wird wohlüberlegt Schritt für Schritt durchgeführt, damit nichts übersehen wird.
3 Zu den für eine Überholung benötigten Werkzeuge gehören: Innen- und Außen-Seegerringzangen, ein Lagerabzieher, ein Zughammer, ein Set Treibdorne, eine Messuhr mit Halterungen und möglichst eine Hydraulikpresse. Zusätzlich werden eine große und solide Werkbank mit einem Schraubstock benötigt.
4 Beim Zerlegen des Verteilergetriebes muss sorgfältig notiert werden, wie und wo alles montiert ist und wie alle Teile in Position gehalten werden.
5 Bevor das Verteilergetriebe zum Reparieren zerlegt wird, sollte man wissen, wo die Fehlfunktion auftritt. Manche Probleme können eng mit bestimmten Bereichen im Getriebe in Verbindung gesetzt werden, sodass die Begutachtung und Reparatur einfacher wird.

6 Hinterachsantrieb-Öl – Ablassen und Auffüllen

1 Das Ablassen des Achsantriebsöls geht deutlich schneller und wirkungsvoller, wenn das Fahrzeug zunächst gefahren wird, um das Getriebe auf Betriebstemperatur zu bringen.

2 Stellen Sie das Fahrzeug auf einen ebenen Untergrund, schalten Sie die Zündung aus, und betätigen Sie die Handbremse. Zur Verbesserung des Zugangs kann das Fahrzeug angehoben und sicher abgestützt werden **(siehe Seite 532).**

3 Beachten Sie, dass das Fahrzeug zur Sicherstellung des korrekten Ölpegels absolut waagerecht stehen muss.

4 Wischen Sie hinten am Hinterachsantriebsgehäuse den Bereich um die Einfüll-/Kontrollschraube sauber (siehe Abbildung).

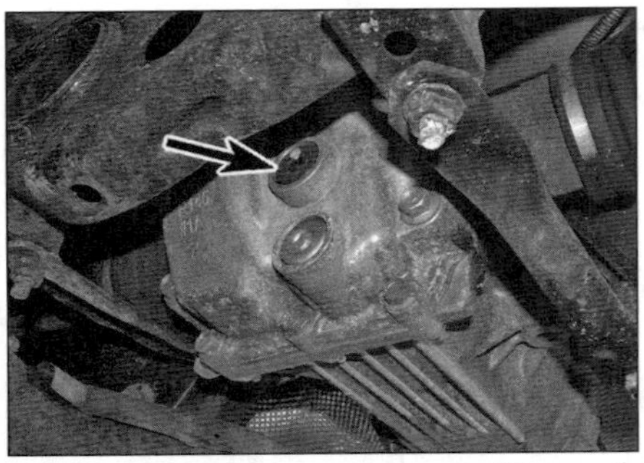

6.4 Einfüll-/Kontrollschraube am Hinterachsantrieb

5 Lösen Sie die (obere) Einfüll-/Kontrollschraube aus dem Getriebe – seien Sie auf etwas austretendes Öl vorbereitet.

6 Stellen Sie einen geeigneten Behälter unter das Gehäuse.

7 Lösen Sie die (untere) Ablassschraube (siehe Abbildung), und lassen Sie das Öl vollständig in den Behälter ablaufen – verbrühen Sie sich bei heißem Öl nicht die Hände. Reinigen Sie sowohl die Einfüll-/Kontrollschraube als auch die Ablassschraube, entfernen Sie jeweils die Dichtscheiben, da beim Einbau Neuteile verwendet werden müssen.

6.7 Ablassschraube am Hinterachsantrieb

8 Reinigen Sie nach Ablaufen des Öls die Gewinde der Ablassschraube und des Gehäuses, rüsten Sie die Schraube mit der neuen Dichtscheibe aus, und ziehen Sie sie mit 35 Nm an. Falls das Fahrzeug zum Ablassen des Öls angehoben wurde, muss es jetzt wieder auf ebenen Untergrund gestellt werden.

9 Das Auffüllen des Hinterachsantrieböls ist eine umständliche Tätigkeit, die vor allem viel Zeit kostet, da sich das Öl erst absetzen muss, bevor der Pegel korrekt geprüft werden kann. Das Fahrzeug muss absolut eben stehen.

10 Füllen Sie durch die Bohrung der Einfüll-/Kontrollschraube langsam frisches Getriebeöl auf (beachten Sie dazu die Hinweise in Kapitel 1A, Sektion 22 oder Kapitel 1B, Sektion 24). Falls nach dem Auffüllen der korrekten Menge eine größere Menge wieder aus der Kontrollbohrung herausläuft, muss der Verschluss installiert und eine kurze Probefahrt unternommen werden, damit sich das Öl vollständig im Antrieb verteilt. Prüfen Sie den Pegel anschließend erneut.

11 Installieren Sie schließlich die Einfüll-/Kontrollschraube, und ziehen Sie sie mit 35 Nm an. Wischen Sie Ölreste vom Hinterachsantrieb ab.

7 Hinterachsantrieb – Ausbau und Einbau

Ausbau

1 Blockieren Sie die Vorderräder, heben Sie das Fahrzeug hinten an, und stützen Sie es sicher ab (siehe Seite 535).

2 Lassen Sie das Hinterachsantriebsöl ab (siehe Sektion 6).

3 Lösen Sie die vier Schrauben hinten an der Kardanwelle, um ihren Flansch vom Hinterachsantrieb-Flansch zu trennen (siehe Abbildung). Bringen Sie hinten an der Kardanwelle und am Flansch Markierungen an, damit später alles wieder korrekt ausgerichtet werden kann – die Schrauben müssen später durch Neuteile ersetzt werden.

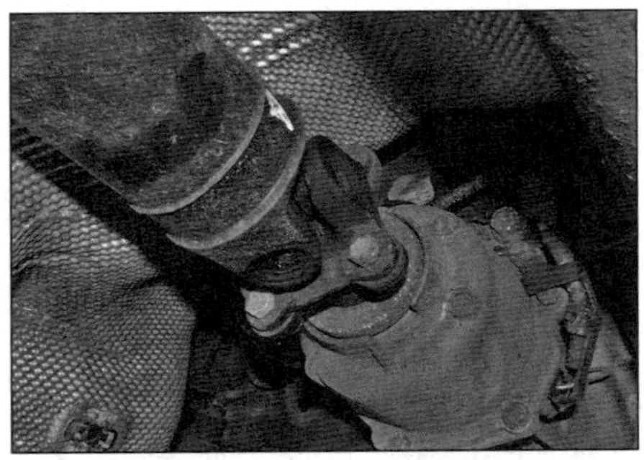

7.3 Lösen Sie die hinteren Kardanwellen-Flanschschrauben.

4 Demontieren Sie beide hinteren Antriebswellen vom Hinterachsantrieb (siehe Kapitel 8, Sektion 2).

5 Trennen Sie den Kabelstecker der elektronischen Hinterachsantrieb-Kupplung, und lösen Sie die Schraube, um den Kabelbaumhalter beiseite zu verlagern (siehe Abbildung).

7.5 Trennen Sie den Stecker der Hinterachsantrieb-Kupplung.

6 Trennen Sie rechts an der Hinterachsantrieb-Kupplung den Entlüftungsschlauch, und verlagern Sie ihn beiseite (siehe Abbildung).

7.6 Entlüftungsschlauch der Hinterachsantrieb-Kupplung

7 Positionieren Sie einen Rangierwagenheber mit einem Stück Holz als Schutz unter dem Hinterachsantrieb, um dessen Gewicht aufzunehmen.
8 Lösen Sie vorn die zwei oberen Befestigungsschrauben, und entfernen Sie hinten die Mutter (siehe Abbildungen).

7.8a Lösen Sie die vorderen Befestigungsschrauben ...

7.8b ... und die hintere Mutter des Hinterachsantriebs.

9 Senken Sie den befreiten Hinterachsantrieb unter dem Fahrzeug ab – ziehen Sie dabei hinten oben den Entlüftungsschlauch ab. Merken Sie sich die Einbauposition des Gehäuses.

Einbau

10 Der Einbau entspricht der umgekehrten Ausbaureihenfolge – beachten Sie dabei folgende Punkte:
a) Der Kabelstecker der elektronischen Hinterachsantrieb-Kupplung muss korrekt verbunden sein.
b) Alle Entlüftungsschläuche müssen korrekt aufgesteckt und verlegt sein, sodass sie nicht geknickt sind.
c) Verbinden Sie die Kardanwelle mit dem Hinterachsantrieb-Flansch, installieren Sie die neuen Befestigungsschrauben, und ziehen Sie sie mit 49 Nm an.
d) Ziehen Sie alle anderen Befestigungen mit den in den technischen Daten dieses Kapitels und Kapitel 8 angegebenen Drehmomenten an.
e) Füllen Sie den Hinterachsantrieb mit dem vorgeschriebenen Öl auf (siehe Sektion 6).

8 Hinterachsantrieb-Dichtringe – Ersetzen

Vorderer Dichtring (Hinterachsantriebs-Kupplung)

1 Blockieren Sie die Vorderräder, heben Sie das Fahrzeug hinten an, und stützen Sie es sicher ab (siehe Seite 535).
2 Lösen Sie die vier Schrauben hinten an der Kardanwelle, um ihren Flansch vom Hinterachsantrieb-Flansch zu trennen (Abb. 7.3). Bringen Sie an der Kardanwelle und am Flansch Markierungen an, um beide Teile wieder in ihrer ursprünglichen Ausrichtung miteinander verbinden zu können.
3 Schrauben Sie eine längere Stange an zwei der Flansch-Bohrungen und halten Sie damit den Flansch vorn am Hinterachsantrieb, um die Flansch-Sicherungsmutter zu lösen. Bringen Sie Markierungen am Flansch und der Welle an, um beide Teile beim Zusammenbau wieder in ihren ursprünglichen Positionen zueinander ausrichten zu können. Die Sicherungsmutter muss später durch ein Neuteil ersetzt werden.
4 Notieren Sie die Einbautiefe des Dichtrings, bevor Sie ihn vorsichtig aus dem Gehäuse hebeln – verwenden Sie dazu einen großen Schlitzschraubendreher, und beschädigen Sie nicht seinen Sitz.
5 Reinigen Sie den Dichtringsitz vorn im Gehäuse und schleifen Sie Grate oder erhabene Kanten ab, die zum Ausfall des alten Dichtrings geführt haben können.
6 Tragen Sie an den Dichtlippen des neuen Dichtrings etwas Mehrzweckfett auf, und schmieren Sie seinen Außenrand mit Getriebeöl. Setzen Sie den Dichtring an seinem Sitz an, und treiben Sie ihn mit einem passenden Werkzeug, das nur den Außenrand berührt, bis in die notierte Tiefe ein.
7 Der Einbau entspricht der umgekehrten Ausbaureihenfolge – beachten Sie dabei folgende Punkte:
a) Richten Sie am Flansch und der Welle die zuvor angebrachten Markierungen aus, wenn diese verbunden werden.
b) Rüsten Sie den Flansch mit einer neuen Sicherungsmutter aus, und ziehen Sie diese mit dem in den technischen Daten angegebenen Drehmoment an.
c) Füllen Sie den Hinterachsantrieb mit dem vorgeschriebenen Öl auf (siehe Sektion 6).

Seitliche Dichtringe (Antriebswellen)

8 Blockieren Sie die Vorderräder, heben Sie das Fahrzeug hinten an, und stützen Sie es sicher ab (siehe Seite 535).
9 Lassen Sie das Hinterachsantrieböl ab (siehe Sektion 6).
10 Befreien Sie das innere Ende der Antriebswelle vom Getriebe (siehe Kapitel 8, Sektion 2), und platzieren Sie die Welle abseits des Dichtrings – sie muss nicht vollständig entfernt werden und kann an der Radnabe montiert bleiben. Stützen Sie die Antriebswelle so ab, dass keine Gelenke oder Manschetten belastet werden.

11 Vor dem Ausbau des Dichtrings muss mithilfe eines Messschiebers seine Einbautiefe ermittelt werden; notieren Sie diese Werte für den Einbau.
12 Hebeln Sie vorsichtig mit einem großen Schlitzschraubendreher den Dichtring aus dem Getriebe – beschädigen Sie dabei nicht seinen Sitz.
13 Reinigen Sie den Bereich um die Dichtring-Sitze. Tragen Sie an den Dichtlippen der neuen Dichtringe etwas Mehrzweckfett auf, und schmieren Sie ihre Außenränder mit Getriebeöl. Setzen Sie die Dichtringe an ihren Sitzen an.
14 Treiben Sie sie mit einem passenden Werkzeug, das nur den Außenrand berührt, bis in die notierte Tiefe ein.
15 Montieren Sie die Antriebswellen ans Getriebe (siehe Kapitel 8, Sektion 2).
16 Füllen Sie den Hinterachsantrieb mit dem vorgeschriebenen Öl auf (siehe Sektion 6).

9 Hinterachsantrieb-Überholung – Allgemeine Informationen

1 Das Überholen eines Hinterachsantriebs ist für den Hobbyschrauber eine sehr schwierige Arbeit. Es beinhaltet das Zerlegen und Zusammenbauen vieler Einzelteile. Es müssen zahlreiche Maße ermittelt und Spiel nötigenfalls mit ausgewählten Distanzscheiben und Sicherungsringen ausgeglichen werden. Daher kann ein kompetenter Fahrzeugbesitzer zwar den Hinterachsantrieb aus- und einbauen, doch sollte er das Überholen einer Fachwerkstatt überlassen. Es sind auch fertig überholte Hinterachsantriebe erhältlich – fragen Sie beim Nissan-Händler oder einem Getriebespezialisten nach. Der in die Überholung des eigenen Hinterachsantriebs gesteckte Zeitaufwand und das Geld für Ersatzteile übersteigen fast immer die Kosten für ein Austauschteil.
2 Dennoch ist es auch für einen wenig erfahrenen Schrauber nicht unmöglich, einen Hinterachsantrieb zu reparieren – vorausgesetzt, alle Spezialwerkzeuge sind vorhanden und die Arbeit wird wohlüberlegt Schritt für Schritt durchgeführt, damit nichts übersehen wird.
3 Zu den für eine Überholung benötigten Werkzeuge gehören: Innen- und Außen-Seegerringzangen, ein Lagerabzieher, ein Zughammer, ein Set Treibdorne, eine Messuhr mit Halterungen und möglichst eine Hydraulikpresse. Zusätzlich werden eine große und solide Werkbank mit einem Schraubstock benötigt.
4 Beim Zerlegen des Hinterachsantriebs muss sorgfältig notiert werden, wie und wo alles montiert ist und wie alle Teile in Position gehalten werden.
5 Bevor der Hinterachsantrieb zum Reparieren zerlegt wird, sollte man wissen, wo die Fehlfunktion auftritt. Manche Probleme können eng mit bestimmten Bereichen im Hinterachsantrieb gesetzt werden, sodass die Begutachtung und Reparatur einfacher wird.

10 Allradantrieb-Steuergerät – Ausbau und Einbau

Ausbau

1 Entfernen Sie das Handschuhfach (siehe Kapitel 11, Sektion 26).
2 Das Steuergerät sitzt an einem an den hinteren Armaturenbrett-Querträger geschraubten Halter (siehe Abbildung).

10.2 Position des 4WD-Steuergeräts

3 Trennen Sie den Stecker vom Steuergerät, lösen Sie die zwei Schrauben, und befreien Sie es vom Halter (siehe Abbildung).

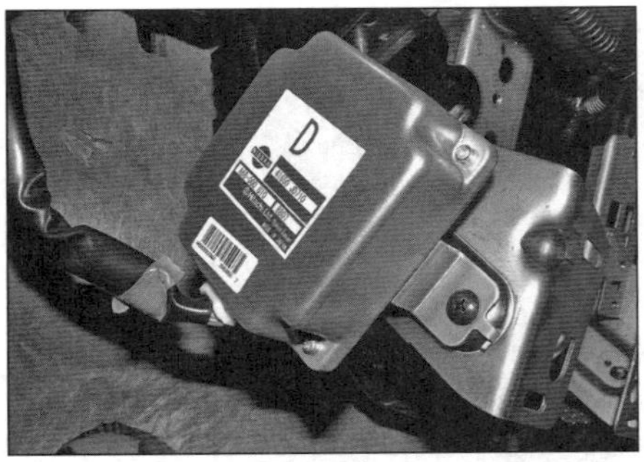

10.3 Trennen Sie den Stecker, und lösen Sie die zwei Schrauben des 4WD-Steuergeräts.

Einbau

4 Der Einbau entspricht der umgekehrten Ausbaureihenfolge – der Stecker muss fest verbunden sein.

11 Elektronische Hinterachsantrieb-Kupplung – Ausbau und Einbau

Ausbau

1 Blockieren Sie die Vorderräder, heben Sie das Fahrzeug hinten an, und stützen Sie es sicher ab (siehe Seite 535).
2 Lösen Sie die vier Schrauben hinten an der Kardanwelle, um ihren Flansch vom Hinterachsantrieb-Flansch zu trennen (Abb. 7.3). Bringen Sie hinten an der Kardanwelle und am Flansch Markierungen an, damit später alles wieder korrekt ausgerichtet werden kann.
3 Schrauben Sie eine längere Stange an zwei der Flansch-Bohrungen, und halten Sie damit den Flansch vorn am Hinterachsantrieb, um die Flansch-Sicherungsmutter zu lösen. Bringen Sie Markierungen am Flansch und der Welle an, um beide Teile beim Zusammenbau wieder in ihren ursprünglichen Positionen zueinander ausrichten zu können. Die Sicherungsmutter muss später durch ein Neuteil ersetzt werden.

4 Trennen Sie den Kabelstecker der Hinterachsantrieb-Kupplung, und lösen Sie die Schraube, um den Kabelbaumhalter beiseitezuverlagern (Abb. 7.5).

5 Trennen Sie rechts an der Hinterachsantrieb-Kupplung den Entlüftungsschlauch, und verlagern Sie ihn beiseite (Abb. 7.6).

6 Lösen Sie vorn am Hinterachsantrieb die sechs Schrauben des Kupplungsgehäuses, und ziehen Sie es samt der elektronischen Kupplung ab (siehe Abbildung).

11.6 Lösen Sie die sechs Schrauben des Kupplungsgehäuses.

Einbau

7 Ersetzen Sie den Dichtring vorn im Kupplungsgehäuse (siehe Sektion 8).

8 Positionieren Sie die Kupplung vorn am Hinterachsantrieb, richten Sie dabei den Stift rechts an der Kupplung zur Nut im Antriebsgehäuse und die Kerbverzahnungen der Kupplung zu denjenigen der Welle im Gehäuse aus – beschädigen Sie dabei nicht den Dichtring im Hinterachsantriebsgehäuse.

9 Reinigen Sie die Kontaktflächen des Hinterachsantriebs und des Kupplungsgehäuses, und tragen Sie eine etwa 3 mm starke Dichtmasse-Raupe auf.

10 Setzen Sie das Kupplungsgehäuse an – der Pfeil rechts unten muss nach oben zeigen. Sobald das Gehäuse über der elektronischen Kupplung sitzt, muss geprüft werden, ob die Verkabelung korrekt im Gehäuse liegt und nicht eingeklemmt ist.

11 Installieren Sie die Gehäuseschrauben; beginnen Sie mit denen an den Seiten des Gehäuses, und ziehen Sie dies vorsichtig über der Kupplung in Position. Ziehen Sie dann alle Schrauben schrittweise bis zum Drehmoment von 16 Nm an.

12 Der Rest des Einbaus entspricht der umgekehrten Ausbaureihenfolge – beachten Sie dabei folgende Punkte:

a) Richten Sie am Flansch und der Welle die zuvor angebrachten Markierungen aus, wenn diese verbunden werden.

b) Rüsten Sie den Flansch mit einer neuen Sicherungsmutter aus, und ziehen Sie diese mit dem in den technischen Daten angegebenen Drehmoment an.

c) Füllen Sie den Hinterachsantrieb mit dem vorgeschriebenen Öl auf (siehe Sektion 6).

Kapitel 8

Antriebswellen und Kardanwelle

Inhalt

Schwierigkeitsgrade

Leicht. Geeignet für Anfänger mit wenig Erfahrung.	**Relativ leicht.** Geeignet für Anfänger mit etwas Erfahrung.	**Relativ schwierig.** Geeignet für geübte Selbstschrauber.	**Schwer.** Geeignet für Selbstschrauber mit viel Erfahrung.	**Sehr schwer.** Geeignet für Experten und Profis.

Spezifikationen

Allgemein

Antriebswellen-Typ	
vorn	verschieden lange massive Stahlwellen, innen und außen in Gleichlaufgelenken
hinten	gleich lange massive Stahlwellen, innen und außen in Gleichlaufgelenken
Kardanwellen-Typ	zweiteiliges verschiebbares Stahlrohr mit Mittelgelenk

Schmiermittel – nur zum Überholen (siehe Text)

Typ	Verwenden Sie nur den neuen Manschetten beigefügten Schmierstoff – neue Gleichlaufgelenke sind bereits mit einer Fettfüllung versehen und abgedichtet.

Vorderrad-Antriebswellen

Schmiermittel-Menge	
1,6 l-Benzinmodell (HR16DE)	
Radseite	100 bis 120 g
Getriebeseite	155 bis 175 g
2,0 l-Benzinmodell (MR20DE)	
Radseite	115 bis 135 g
Getriebeseite	200 bis 220 g
1,5 l-Dieselmodell (K9K)	
Radseite	115 bis 135 g
Getriebeseite	215 bis 235 g
2,0 l-Dieselmodell (M9R)	
Radseite	175 bis 205 g
Getriebeseite	165 bis 175 g
Antriebswellenmanschette – eingebaute Länge	
HR16DE	
Radseite	131,0 mm
Getriebeseite	
links	180,4 mm
rechts	172,4 mm
MR20DE	
Radseite	131,0 mm

Getriebeseite	
links (2WD, Schaltgetriebe)	190,8 mm
links (4WD, Schaltgetriebe)	189,6 mm
links (Automatikgetriebe)	185,6 mm
rechts	177,6 mm
K9K	
Radseite	133,5 mm
Getriebeseite	
links	186,3 mm
rechts	173,1 mm
M9R	
Radseite	163,4 mm
Getriebeseite	
links	173,1 mm
rechts	181,1 mm
Dynamischer Dämpfer – Abstand zum Radlager	
HR16DE	287 bis 291 mm
MR20DE	
2WD, Schaltgetriebe	269 bis 273 mm
2WD, Automatikgetriebe	282 bis 286 mm
4WD, Schaltgetriebe	219 bis 223 mm
4WD, Automatikgetriebe	238 bis 242 mm
K9K	281 bis 285 mm
M9R	
2WD – alle Modelle	229,5 bis 235,5 mm
4WD, Schaltgetriebe	194 bis 200 mm
4WD, Automatikgetriebe	236,8 bis 242,8 mm

Hinterrad-Antriebswellen (4WD)

Schmiermittel-Menge	
Radseite	75 bis 85 g
Getriebeseite	85 bis 95 g
Antriebswellenmanschette – eingebaute Länge	
Radseite	90,2 bis 92,2 mm
Getriebeseite	125,8 bis 127,8 mm

Kardanwelle (4WD)

Modell	3F SPL 18-DOJ 75
Gelenke	
vorn	Kreuzgelenk
Mitte	Gleichlaufgelenk
hinten	Kreuzgelenk
Länge	
MR20DE	
vorderer Teil	1091 mm
hinterer Teil (Standardversion)	831 mm
hinterer Teil (»+2«-Version)	962 mm
M9R	
vorderer Teil	1106 mm
hinterer Teil (Standardversion)	827mm
hinterer Teil (»+2«-Version)	962 mm
Wellen-Durchmesser	
vorderer Teil	57 mm
hinterer Teil	70 mm
Maximaler Verzug der Welle	0,6 mm

Anzugsdrehmomente

Antriebswellen-Radnabenmutter (vo. u. hi.)	125 Nm
Antriebswellen-Halteplattenschrauben (vorn rechts)	25 Nm
Antriebswellen-Mittellagergehäuse-Schrauben (vorn rechts)	
MR20DE	48 Nm
M9R	44 Nm
Kardanwellen-Flanschschrauben* (vo. u. hi.)	49 Nm
Kardanwellen-Mittellager-Muttern*	45 Nm
Radmuttern	113 Nm

** Beim Einbau müssen neue Muttern/Schrauben verwendet werden.*

1 Allgemeine Informationen

Modelle mit Frontantrieb (2WD)

Der Antrieb vom Differenzial auf die Vorderräder erfolgt über unterschiedlich lange Antriebswellen.
Beide Antriebswellen sind außen mit Kerbverzahnungen und einem Gewinde versehen, um die Radnaben aufzunehmen, die mit einer großen Mutter befestigt und mit einem Splint gesichert werden. Innen stecken die Wellen mit Kerbverzahnungen in den Differenzial-Sonnenrädern.
An beiden Enden der Antriebswellen sitzen Gleichlaufgelenke, um die Kraft bei allen durch Lenkung und Federung vorgegebenen Winkeln sanft und wirkungsvoll auf die Räder übertragen zu können. Außen befinden sich Kugel-Gleichlaufgelenke, während innen Tripoidegelenke zu finden sind.
Aufgrund der Länge der rechten vorderen Antriebswelle ist diese in einem hinten am Motor befestigten Stützlager geführt.

Modelle mit Allradantrieb (4WD)

Die Vorderräder werden genauso wie bei 2WD-Modellen angetrieben.
Die Hinterräder werden vom Verteilergetriebe über eine zweiteilige Kardanwelle mit drei Gelenken und ein mittig zwischen den Rädern sitzendes Hinterachs-Differenzial angetrieben. Die Kardanwelle ist außen mit Kreuzgelenken und in der Mitte mit einem Gleichlaufgelenk ausgerüstet.
Der Antrieb vom Differenzial auf die Hinterräder erfolgt über gleichlange Antriebswellen, die ansonsten genauso wie die Vorderrad-Antriebswellen aufgebaut sind.

2 Antriebswellen – Ausbau und Einbau

Anmerkung: *Beim Einbau werden ein neuer Splint und ein neuer Seegerring für das innere Gleichlaufgelenk benötigt.*

Vorderrad-Antriebswellen

Ausbau

1 Betätigen Sie die Handbremse, heben Sie das Fahrzeug vorn an, und stützen Sie es sicher ab (siehe Seite 535). Demontieren Sie das entsprechende Vorderrad.
2 Um beim Abziehen der Antriebswelle aus dem Getriebe den Austritt von Öl zu verringern, sollte das Getriebeöl im Voraus abgelassen werden (siehe Kapitel 7A oder 7B, Sektion 2).
3 Befreien Sie außen an der Radnabe den Splint aus der Antriebswelle (siehe Abbildung) – beim Einbau wird ein Neuteil benötigt.

2.3 Biegen Sie die Enden des Splints gerade,, und entfernen Sie ihn.

4 Die Radnabe muss jetzt zum Lockern der Antriebswellenmutter blockiert werden – hierzu sollte ein geeignetes Werkzeug auf den Rad-Stehbolzen verschraubt werden (Abb. 2.41). Alternativ kann ein Assistent fest auf die Bremse treten, um die Radnabe am Drehen zu hindern.
5 Lösen Sie jetzt – nötigenfalls mithilfe einer Verlängerung – die Antriebswellenmutter (siehe Abbildung).

2.5 Entfernen Sie die Antriebswellenmutter.

6 Lösen Sie die Mutter des Spurstangenkopfs, um diesen vom Achsschenkel zu befreien (siehe Abbildung) – weitere Informationen hierzu finden sich in Kapitel 10, Sektion 17.

2.6 Lösen Sie den Spurstangenkopf vom Achsschenkel.

7 Lösen Sie am Unterlenker die Mutter des Kugelgelenks, um dies vom Stabilisator zu befreien (siehe Abbildung) – weitere Informationen hierzu finden sich in Kapitel 10, Sektion 6.

2.7 Trennen Sie das Unterlenker-Kugelgelenk.

8 Lösen Sie am unteren Kugelgelenk die Mutter, und ziehen Sie den Bolzen heraus. Hebeln Sie mit einer Stange, einer Kette oder einem Stück Holz den Querlenker herunter und befreien Sie das Kugelgelenk vom Achsgelenk (siehe Abbildungen).

2.8a Lösen Sie den Bolzen des unteren Kugelgelenks ...

2.8b ... und hebeln Sie den Querlenker vom Achsgelenk ab.

9 Falls die Antriebswelle fest in der Kerbverzahnung der Nabe sitzt, wird übergangsweise die Mutter aufgedreht, um das Gewinde nicht zu beschädigen; klopfen Sie dann vorsichtig mit einem weichen Hammer auf die Mutter, um die Welle zu befreien. Nötigenfalls muss die Nabe mit einem Abzieher von der Antriebswelle gezogen werden.

10 Sobald die Antriebswelle frei ist, wird die Mutter entfernt und das Achsgelenk nach außen geschwenkt, um die Welle aus der Nabe zu befreien (siehe Abbildung) – achten Sie darauf, hierbei nicht das Kabel des ABS-Sensors zu beschädigen; lösen Sie nötigenfalls seine Schraube, um ihn vom Achsgelenk zu befreien und abseits des Arbeitsbereichs zu positionieren.

2.10 Ziehen Sie die Antriebswelle aus der Radnabe.

11 Fahren Sie jetzt je nach Antriebswelle fort:

Linke Vorderrad-Antriebswelle

12 Falls das Getriebeöl nicht abgelassen wurde (siehe Schritt 2), muss ein Behälter unter das Getriebe gestellt werden, in den ein Teil des Öls ablaufen kann.

13 Die Antriebswelle ist im Getriebe mit einem Federclip gesichert, dessen Ausbau einige Mühe bereiten kann: Setzen Sie am inneren Gleichlaufgelenk einen geeigneten Hebel an, um die Welle gegen die Vorspannung des Federclips aus dem Getriebe zu befreien und herausziehen zu können (siehe Abbildungen).

2.13a Hebeln Sie die linke Antriebswelle heraus, um den Federclip zu befreien, ...

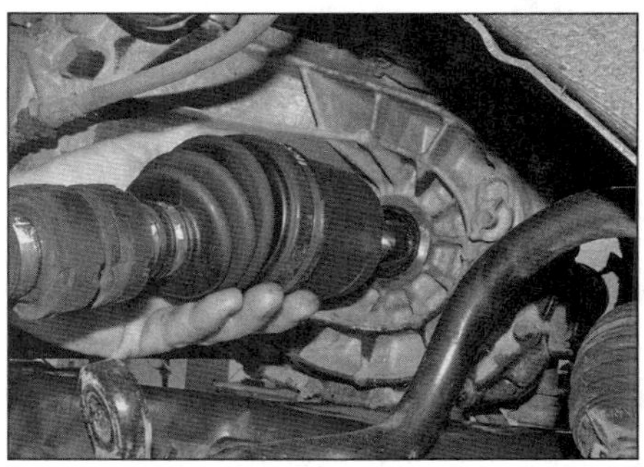

2.13b ... und ziehen Sie sie aus dem Getriebe.

14 Sobald die Antriebswelle entfernt ist, sollte eine »Dummy«-Welle ins Getriebe gesteckt werden (siehe Abbildung) – so wird der Ölaustritt minimiert, der Dichtring geschützt und das Eindringen von Schmutz verhindert

2.14 Installieren Sie eine »Dummy«-Welle in den Antriebswellensitz.

Rechte Vorderrad-Antriebswelle

15 Falls das Getriebeöl nicht abgelassen wurde (siehe Schritt 2), muss ein Behälter unter das Getriebe gestellt werden, in den ein Teil des Öls ablaufen kann.

16 Die rechte Antriebswelle wird in einem hinten an den Motorblock geschraubten Stützlager geführt. Lösen Sie die zwei Schrauben, und entfernen Sie die Halteplatte vom Lagergehäuse (siehe Abbildungen) – achten Sie auf die Einbauposition, da sich in der Platte ein Ausschnitt befindet. Anmerkung: Nissan empfiehlt, die Halteplatte nach jeder Demontage zu erneuern.

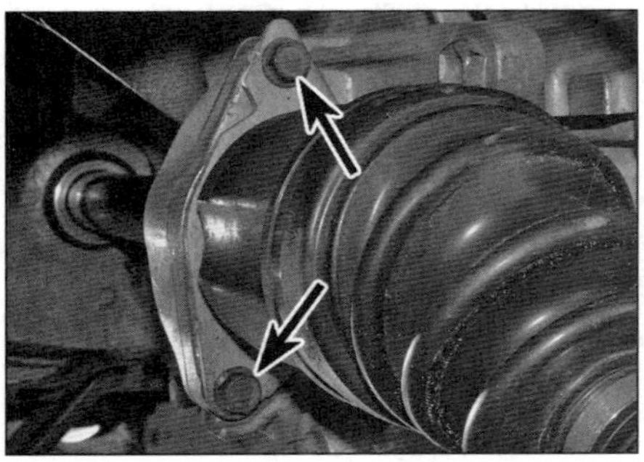

2.16a Lösen Sie die zwei Schrauben ...

2.16b ... und entfernen Sie die Halteplatte.

17 Setzen Sie am inneren Gleichlaufgelenk einen geeigneten Treibdorn an, um die Welle vorsichtig aus dem Getriebe zu klopfen und dann zu entfernen (siehe Abbildung).

2.17 Ziehen Sie die rechte Antriebswelle aus dem Getriebe.

18 Falls sich die Antriebswelle nicht befreien lässt, müssen die Schrauben des Lagergehäuses hinten aus dem Motor gelöst und die Welle samt Gehäuse entfernt werden (siehe Abbildungen).

2.18a Lösen Sie die Lagergehäuse-Schrauben ...

2.18b ... und entfernen Sie die Welle samt Gehäuse.

19 Sobald die Antriebswelle entfernt ist, sollte eine »Dummy«-Welle ins Getriebe gesteckt werden (Abb. 2.14) – so wird der Ölaustritt minimiert, der Dichtring geschützt und das Eindringen von Schmutz verhindert.

Einbau

20 Entfernen Sie ggf. die »Dummy«-Welle aus dem Getriebe.

21 Begutachten Sie vor dem Einbau der Antriebswelle den Getriebe-Dichtring auf Beschädigungen und Alterungserscheinungen, und ersetzen Sie ihn nötigenfalls (siehe Kapitel 7A, Sektion 4 oder Kapitel 7B, Sektion 7) – es ist ratsam, ihn ungeachtet seines Zustands zu erneuern.

22 Reinigen Sie sorgfältig die Kerbverzahnungen der Antriebswelle und ihre Sitze im Getriebe und der Radnabe. Schmieren Sie die Dichtringlippen, die Kerbverzahnungen

und die Bunde der Welle dünn mit Fett ein. Prüfen Sie, ob alle Antriebswellenmanschetten gut gesichert sind.
23 Beachten Sie, dass der Sicherungsring am inneren Ende der Antriebswelle beim Einbau durch ein Neuteil ersetzt werden **muss**.
24 Bei der Montage der Antriebswelle muss extrem aufgepasst werden, den Dichtring nicht zu beschädigen. Nissan bietet hierfür ein Spezialwerkzeug an, das die Welle korrekt durch die Dichtlippe führt. Vorausgesetzt, dass sowohl die Dichtlippe als auch das Ende der Welle leicht eingefettet sind (siehe Abbildung), und sorgfältig vorgegangen wird, muss das Werkzeug nicht zwingend verwendet werden.

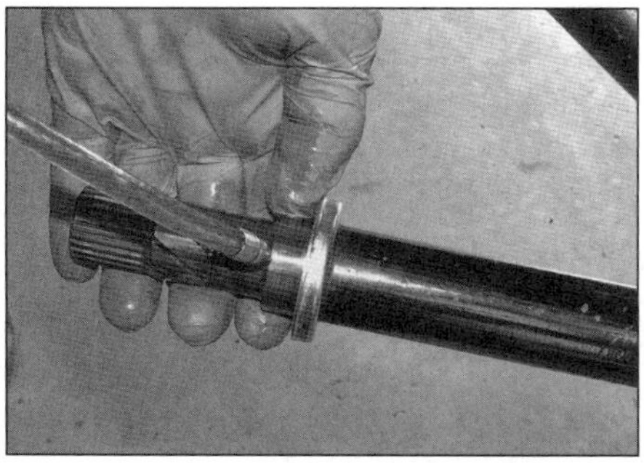

2.24 Fetten Sie das Ende der Antriebswelle ein.

25 Führen Sie das innere Ende vorsichtig ins Getriebe ein, bis der Sicherungsring einrastet.
26 Umgreifen Sie fest das innere Gleichlaufgelenk und prüfen Sie, ob sich die Welle nicht wieder aus dem Getriebe herausziehen lässt.
27 Schmieren Sie die äußere Kerbverzahnung der Welle dünn mit Fett ein, und schieben Sie sie in die Radnabe.
28 Drehen Sie die neue Antriebswellenmutter zunächst handfest auf.
29 Verbinden Sie das untere Kugelgelenk unten am Achsgelenk (siehe Abbildung) – ziehen Sie den Querlenker dazu nötigenfalls wie beim Ausbau herunter. Installieren Sie die neue Schraube, drehen Sie die neue Mutter auf, und ziehen Sie sie mit 87 Nm an.

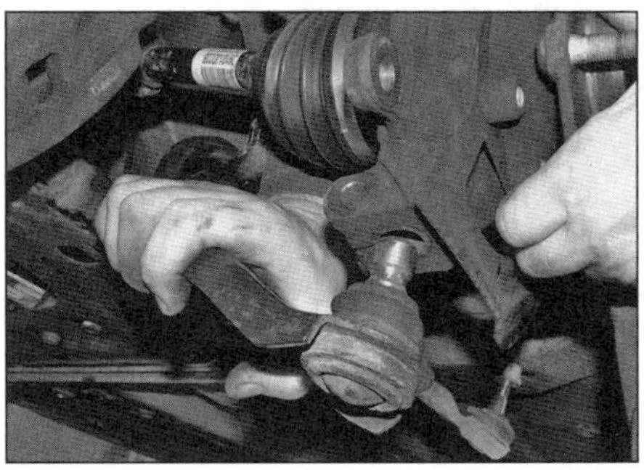

2.29 Verbinden Sie das untere Kugelgelenk mit dem Achsgelenk.

30 Sichern Sie bei der rechten Antriebswelle die Halteplatte des Stützlagers korrekt ausgerichtet am Motorgehäuse und ziehen Sie die Schrauben mit 25 Nm an.
31 Verbinden Sie das Kugelgelenk des Unterlenkers mit dem Stabilisator, und ziehen Sie die Mutter an – weitere Informationen hierzu finden sich in Kapitel 10, Sektion 6.
32 Verbinden Sie die Spurstange mit dem Achsschenkel, und ziehen Sie die Mutter an – weitere Informationen hierzu finden sich in Kapitel 10, Sektion 17.
33 Installieren Sie ggf. den ABS-Sensor, und ziehen Sie seine Schraube sorgfältig an.
34 Blockieren Sie die Radnabe (siehe Schritt 4), und ziehen Sie die Antriebswellenmutter mit 125 Nm an.
35 Installieren Sie einen neuen Splint, und biegen Sie seine Enden um (siehe Abbildung).

2.35 Sichern Sie die Antriebswellenmutter mit einem neuen Splint.

36 Montieren Sie das Vorderrad, und senken Sie das Fahrzeug ab.
37 Füllen Sie das Getriebe mit Öl auf (siehe Kapitel 7A oder 7B, Sektion 2).

Hinterrad-Antriebswellen (4WD)

Ausbau

38 Blockieren Sie die Vorderräder, heben Sie das Fahrzeug hinten an, und stützen Sie es sicher ab (siehe Seite 535). Demontieren Sie das entsprechende Hinterrad.
39 Um beim Abziehen der Antriebswelle aus dem Hinterachsantrieb den Austritt von Öl zu verringern, sollte das Öl im Voraus abgelassen werden (siehe Kapitel 7C, Sektion 6).
40 Befreien Sie außen an der Radnabe den Splint aus der Antriebswelle (siehe Abbildung) – beim Einbau wird ein Neuteil benötigt.

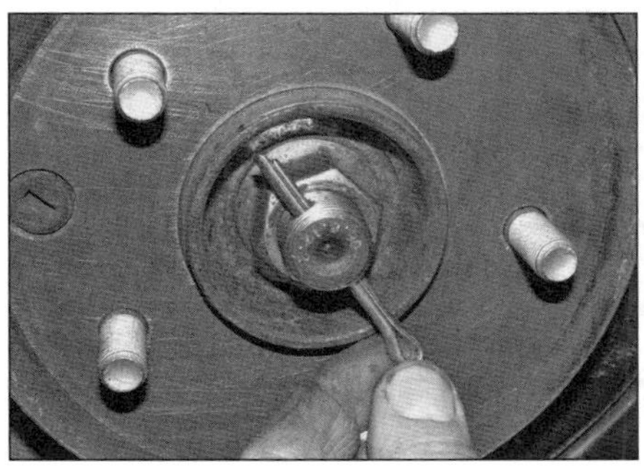

2.40 Biegen Sie die Enden des Splints gerade und entfernen Sie ihn.

41 Die Radnabe muss jetzt zum Lockern der Antriebswellenmutter blockiert werden – hierzu sollte ein geeignetes Werkzeug auf den Rad-Stehbolzen verschraubt werden (siehe Abbildung). Alternativ kann ein Assistent fest auf die Bremse treten, um die Radnabe am Drehen zu hindern.

2.41 Einsatz eines selbst gebauten Haltewerkzeugs beim Lösen der Antriebswellenmutter

42 Lösen Sie jetzt – nötigenfalls mithilfe einer Verlängerung – die Antriebswellenmutter.

43 Demontieren Sie den Bremssattel (siehe Kapitel 9, Sektion 10).

44 Entfernen Sie den ABS-Sensor (siehe Kapitel 9, Sektion 20).

45 Lösen Sie bei Modellen mit Leuchtweiten-Sensor die Schraube des Sensor-Halters, und entfernen Sie ihn vom unteren Querlenker (siehe Abbildung).

2.45 Lösen Sie die Schraube des Leuchtweitensensor-Halters.

46 Stützen Sie den Längslenker mit einem Rangierwagenheber ab (siehe Abbildung).

2.46 Stützen Sie den Längslenker ab.

47 Lösen Sie am Unterlenker des Stabilisators die Kugelgelenk-Mutter, um diesen vom unteren Querlenker zu befreien (siehe Abbildung).

2.47 Trennen Sie am Unterlenker des Stabilisators das Kugelgelenk.

48 Lösen Sie am unteren Querlenker die Mutter der Stoßdämpferaufnahme, ziehen Sie die Schraube heraus, und trennen Sie den Stoßdämpfer (siehe Abbildung).

2.48 Lösen Sie die untere Stoßdämpferbefestigung.

49 Lösen Sie außen am unteren Querlenker die Mutter samt Schraube, um diesen von der Radnaben-Baugruppe zu trennen (siehe Abbildung).

2.49 Verbindung des unteren Querlenkers zur Radnaben-Baugruppe

50 Lösen Sie außen am oberen Querlenker die Mutter samt Schraube, um diesen von der Radnaben-Baugruppe zu trennen (siehe Abbildung).

2.50 Trennen Sie dieVerbindung des oberen Querlenkers zur Radnaben-Baugruppe.

51 Senken Sie den Rangierwagenheber ab, und ziehen Sie vorsichtig die Radnaben-Baugruppe nach außen, um das äußere Gleichlaufgelenk aus der Radnabe zu befreien (siehe Abbildung) – die Schraubenfeder darf dabei nicht herausfallen.

2.51 Ziehen Sie die Hinterradnaben-Baugruppe von der Antriebswelle.

52 Falls das Getriebeöl nicht abgelassen wurde (siehe Schritt 39), muss ein Behälter unter das Getriebe gestellt werden, in den ein Teil des Öls ablaufen kann.
53 Die Antriebswelle ist im Getriebe mit einem Federclip gesichert, dessen Ausbau einige Mühe bereiten kann: Setzen Sie am inneren Gleichlaufgelenk einen geeigneten Hebel an, um die Welle gegen die Vorspannung des Federclips aus dem Getriebe zu befreien und herausziehen zu können (siehe Abbildung).

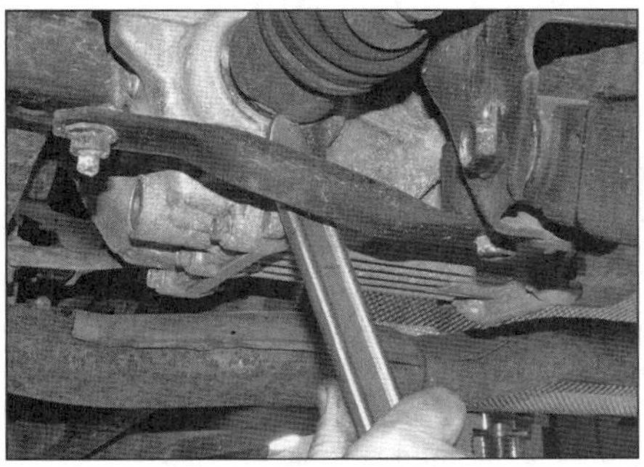

2.53 Hebeln Sie die Antriebswelle aus dem Hinterachsantrieb.

Einbau

54 Begutachten Sie vor dem Einbau der Antriebswelle den Getriebe-Dichtring auf Beschädigungen und Alterungserscheinungen, und ersetzen Sie ihn nötigenfalls (siehe Kapitel 7C, Sektion 8) – es ist ratsam, ihn ungeachtet seines Zustands zu erneuern.
55 Reinigen Sie sorgfältig die Kerbverzahnungen der Antriebswelle und ihre Sitze im Hinterachsantrieb und der Radnabe. Schmieren Sie die Dichtringlippen, die Kerbverzahnungen und die Bunde der Welle dünn mit Fett ein. Prüfen Sie, ob alle Antriebswellenmanschetten gut gesichert sind.
56 Beachten Sie, dass der Sicherungsring am inneren Ende der Antriebswelle beim Einbau durch ein Neuteil ersetzt werden **muss**.
57 Bei der Montage der Antriebswelle muss extrem aufgepasst werden, den Dichtring nicht zu beschädigen. Nissan bietet hierfür ein Spezialwerkzeug an, das die Welle korrekt durch die Dichtlippe führt. Vorausgesetzt, dass sowohl die Dichtlippe als auch das Ende der Welle leicht eingefettet sind und sorgfältig vorgegangen wird, muss das Werkzeug nicht zwingend verwendet werden.
58 Führen Sie das innere Ende vorsichtig in den Hinterachsantrieb ein, bis der Sicherungsring einrastet.
59 Umgreifen Sie fest das innere Gleichlaufgelenk und prüfen Sie, ob sich die Welle nicht wieder aus dem Gehäuse herausziehen lässt.
60 Schmieren Sie die äußere Kerbverzahnung der Welle dünn mit Fett ein, und positionieren Sie sie vor der Radnabe (siehe Abbildung).

2.60 Schieben Sie die gefettete Antriebswelle in die Radnabe.

61 Heben Sie den Längslenker mit dem Rangierwagenheber vorsichtig wieder an, und lassen Sie dabei die Antriebswelle in die Kerbverzahnung der Radnabe gleiten. Achten Sie darauf, dass die Schraubenfeder korrekt am Längslenker sitzt.
62 Drehen Sie die neue Antriebswellenmutter zunächst handfest auf.
63 Verbinden Sie den oberen Querlenker mit der Radnaben-Baugruppe (siehe Abbildung) – drehen Sie die Mutter zunächst nur handfest auf.

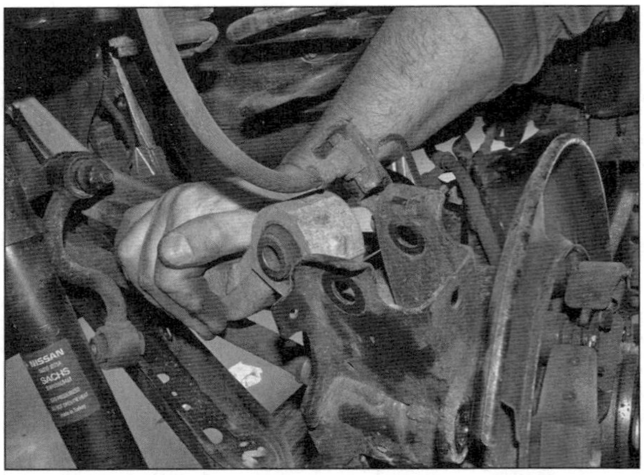

2.63 Montieren Sie den oberen Querlenker an die Radnaben.

64 Verbinden Sie den unteren Querlenker mit der Radnaben-Baugruppe, aber drehen Sie die Mutter zunächst nur handfest auf die Schraube.
65 Verbinden Sie die untere Stoßdämpferaufnahme mit dem unteren Querlenker, installieren Sie den Bolzen und drehen Sie die Mutter zunächst nur handfest auf.
66 Verbinden Sie das Kugelgelenk des Stabilisator-Unterlenkers mit dem unteren Querlenker, installieren Sie die Mutter zunächst nur handfest.
67 Sobald alle Schrauben und Muttern der Hinterradaufhängung installiert sind, kann der Rangierwagenheber unter dem Längslenker entnommen werden.
68 Montieren Sie bei Modellen mit Leuchtweiten-Sensor dessen Halter an den unteren Querlenker.
69 Installieren Sie den ABS-Sensor (siehe Kapitel 9, Sektion 20).
70 Montieren Sie den Bremssattel (siehe Kapitel 9, Sektion 10).
71 Blockieren Sie die Radnabe (siehe Schritt 41), und ziehen Sie die Antriebswellenmutter mit 125 Nm an.
72 Installieren Sie einen neuen Splint und biegen Sie seine Enden um (siehe Abbildung).

2.72 Sichern Sie die Antriebswellenmutter mit einem neuen Splint.

73 Montieren Sie das Hinterrad, senken Sie das Fahrzeug ab, und ziehen Sie die Radmuttern mit 113 Nm an.
74 Füllen Sie den Hinterachsantrieb mit Öl auf (siehe Kapitel 7C, Sektion 6).
75 Wenn das Fahrzeug auf seinen Rädern steht und die normale Bodenfreiheit aufweist, werden alle Befestigungen mit den in den technischen Daten angegebenen Drehmomenten angezogen.

3 Antriebswellenmanschetten – Ersetzen

Äußeres Gelenk

1 Demontieren Sie die Antriebswelle (siehe Sektion 2).
2 Lösen Sie die zwei Schellen der äußeren Manschette, schneiden Sie sie nötigenfalls auf. Spreizen Sie die Schelle, um sie von der Manschette zu befreien (siehe Abbildungen).

3.2a Entfernen Sie die äußere ...

3.2b ... und die innere Schelle.

3 Ziehen Sie die Manschette zurück, um das äußere Gleichlaufgelenk freizulegen und hier möglichst viel Fett abzuwischen (siehe Abbildung).

3.3 Ziehen Sie die Manschette zurück, um das Gleichlaufgelenk zu entfetten.

4 Falls das originale Gleichlaufgelenk wiederverwendet werden soll, müssen zwischen ihm und der Antriebswelle Ausrichtmarkierungen angebracht werden.
5 Klopfen Sie mithilfe eines Messingdorns das mittlere Segment des Gelenks von der Welle (siehe Abbildungen) – es

ist mit einem Sprengring gesichert, der sich nur mit Hammerschlägen in seine Nut zurückzieht.

3.5a Klopfen Sie mit einem Weichmetall-Dorn ...

3.5b ... das äußere Gleichlaufgelenk von der Antriebswelle.

6 Entfernen Sie den Sprengring aus der Nut in der Antriebswellen-Kerbverzahnung, und ziehen Sie die Gummimanschette ab (siehe Abbildungen) – der Ring muss beim Einbau auf jeden Fall durch ein Neuteil ersetzt werden.

3.6a Entfernen Sie den Sprengring ...

3.6b ... und ziehen Sie die Manschette ab.

7 Sobald das Gleichlaufgelenk von der Welle entfernt ist, kann es sorgfältig mit Petroleum oder einem anderen Lösungsmittel gereinigt und anschließend getrocknet werden, um es einer Sichtkontrolle zu unterziehen.

8 Bewegen Sie das innere Segment des Gelenks hin und her, um die Kugeln nach und nach in ihren Bahnen sichtbar zu machen. Kontrollieren Sie die Kugeln auf Risse, Abflachungen oder Ausbrüche.

9 Inspizieren Sie im inneren und äußeren Segment die Laufbahnen der Kugeln – falls sie geweitet sind, entsteht im Lager Spiel. Kontrollieren Sie auch den Lagerkäfig auf Verschleiß und Risse zwischen den Öffnungen.

10 Falls irgendwo am Gleichlaufgelenk Verschleiß oder Beschädigungen entdeckt wurden, muss das gesamte Gelenk ersetzt werden – Einzelteile sind nicht erhältlich. Wenn sich das Gelenk in einem guten Zustand befindet, muss nur ein Reparaturset – bestehend aus einer Manschette samt Schellen, einem Sprengring und einer Fettfüllung – beschafft werden (siehe Abbildung).

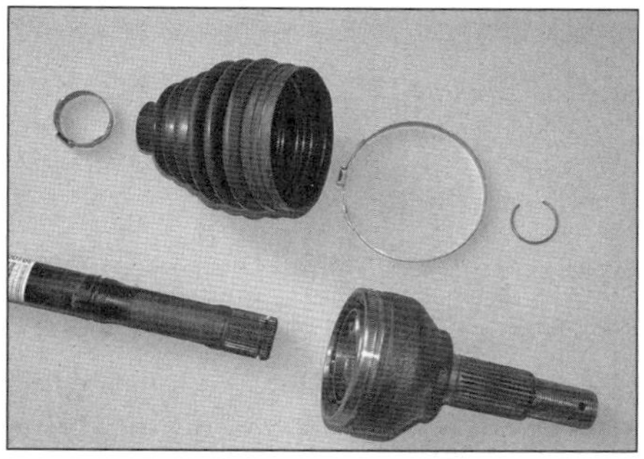

3.10 Das äußere Gleichlaufgelenk und ein Reparaturset

11 Schieben Sie die kleinere Schelle gefolgt von der Manschette auf die Antriebswelle (siehe Abbildungen).

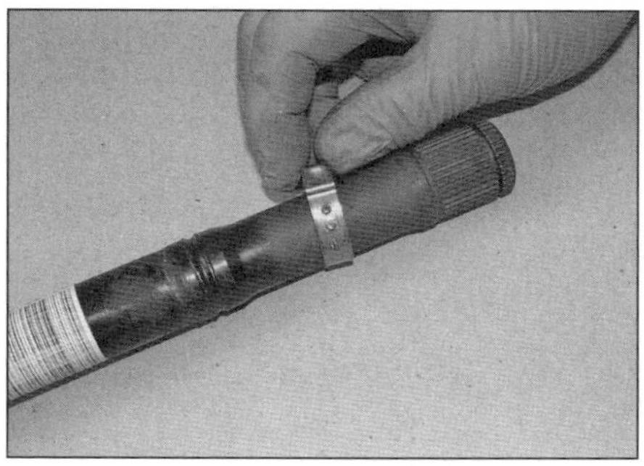

3.11a Schieben Sie die innere Schelle ...

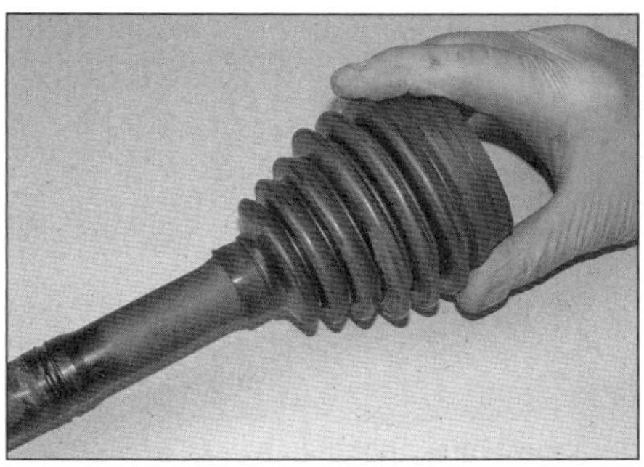

3.11b ... und die Manschette auf die Welle.

12 Installieren Sie einen neuen Sprengring in die Nut am Ende der Welle (siehe Abbildung).

3.12 Installieren Sie den neuen Sprengring in seine Nut.

13 Bevor das äußere Gleichlaufgelenk auf die Antriebswelle geschoben wird, muss etwa die Hälfte des im Kit enthaltenen Fetts ins Lager eingearbeitet werden (siehe Abbildung).

3.13 Drücken Sie Fett ins Gleichlaufgelenk.

14 Setzen Sie das äußere Gelenk an der Welle an – richten Sie ggf. das Originalteil entsprechend der Markierungen aus – und schieben Sie es auf (siehe Abbildungen).

3.14a Schieben Sie das äußere Gleichlaufgelenk auf die Welle, ...

3.14b ... der Sprengring muss dabei in seiner Nut verbleiben.

15 Achten Sie darauf, nicht das Gewinde des Gleichlaufgelenks zu beschädigen, und klopfen Sie es mit einem weichen Hammer auf, bis der Sprengring einrastet (siehe Abbildung).

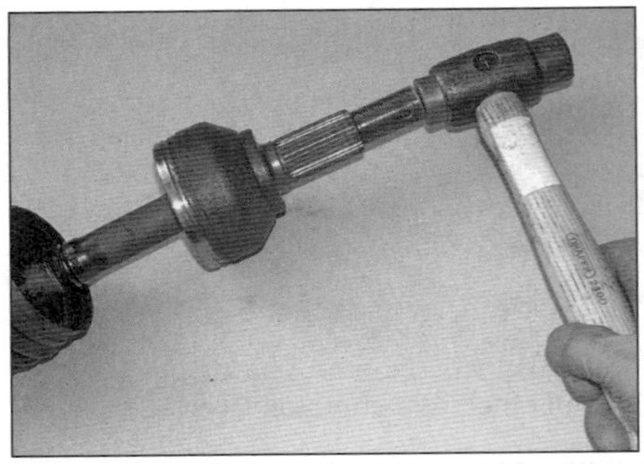

3.15 Klopfen Sie das Gleichlaufgelenk auf die Welle, bis der Sprengring einrastet.

16 Füllen Sie das restliche Fett aus dem Kit ins Gleichlaufgelenk, und arbeiten Sie es in alle Kugel-Laufbahnen ein (siehe Abbildung).

3.16 Arbeiten Sie das restliche Fett ins Gleichlaufgelenk ein.

17 Prüfen Sie, ob das innere Ende der Manschette korrekt in der Nut der Welle sitzt, und schieben Sie das äußere Ende über das Gleichlaufgelenk (siehe Abbildung).

3.17 Schieben Sie die Manschette über das Gleichlaufgelenk.

18 Heben Sie mit einem kleinen Schraubendreher die äußere Dichtlippe an, um in der Manschette befindliche Luft herausdrücken zu können. Positionieren Sie die Manschette dann so auf dem Gleichlaufgelenk, dass die in den technischen Daten angegebene Länge erreicht wird (siehe Abbildungen).

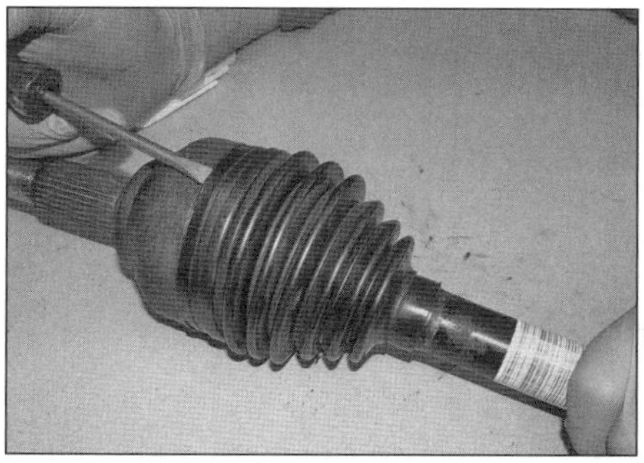

3.18a Heben Sie die Manschette an, um überschüssige Luft entweichen zu lassen ...

3.18b ... und messen Sie die eingebaute Länge der Manschette.

19 Schieben Sie die kleine Schelle über die Manschette, und sichern Sie sie dort (siehe Abbildungen).

3.19a Schieben Sie die Schelle über die Manschette ...

3.19b ... und sichern Sie diese.

20 Schieben Sie die größere Schelle über die Manschette, und sichern Sie diese auf dem Gleichlaufgelenk (siehe Abbildung).

3.20 Sichern Sie die Manschette mit der Schelle über dem Gleichlaufgelenk.

21 Montieren Sie die Antriebswelle (siehe Sektion 2).

Inneres Gelenk

22 Demontieren Sie die Antriebswelle (siehe Sektion 2).
23 Lösen Sie die Schellen der Manschette (siehe Abbildungen) – schneiden Sie sie nötigenfalls auf. Die Manschette wird zur Mitte der Antriebswelle hin vom Gleichlaufgelenk befreit.

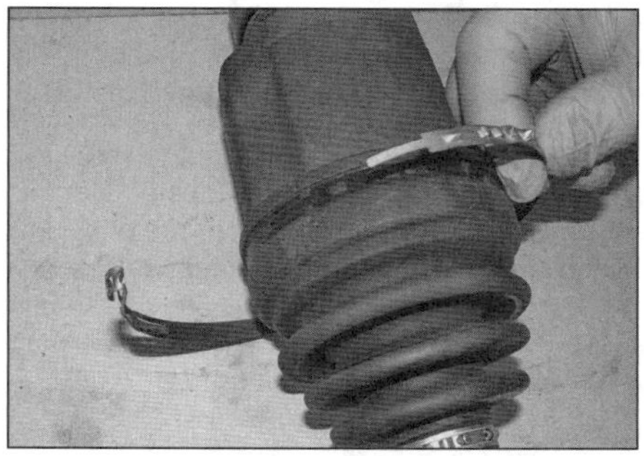

3.23a Lösen Sie die Schellen der Manschette ...

3.23b ... indem Sie ihre Enden hoch biegen.

24 Falls das originale Gleichlaufgelenk wiederverwendet werden soll, müssen zwischen ihm und der Antriebswelle Ausrichtmarkierungen angebracht werden (siehe Abbildungen).

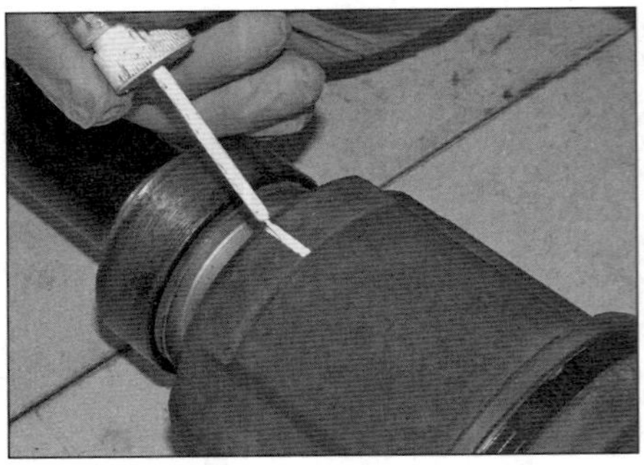

3.24a **Bringen Sie am Gleichlaufgelenk ...**

3.24b **... und an der Antriebswelle Markierungen an.**

25 Ziehen Sie die Manschette vom Gleichlaufgelenk, und befreien Sie den Sicherungsdraht aus dem Tripoide-Gehäuse. Wischen Sie möglichst viel Fett aus dem Gelenk, und ziehen Sie das Tripoidegelenk aus dem Gehäuse (siehe Abbildungen).

3.25a **Ziehen Sie die Manschette ab und befreien Sie den Sicherungsdraht, ...**

3.25b **... um das Tripoidegelenk aus dem Gehäuse ziehen zu können.**

26 Falls das originale Tripoidegelenk wiederverwendet werden soll, muss seine Ausrichtung zur Antriebswelle markiert werden, bevor der Seegerring vom Ende der Welle entfernt wird (siehe Abbildungen) – dieser muss später durch ein Neuteil ersetzt werden.

3.26a **Markieren Sie die Ausrichtung des Tripoidegelenks ...**

3.26b **... und entfernen Sie den Seegerring von der Welle.**

27 Ziehen oder treiben Sie das Tripoidegelenk von der Welle, und entfernen Sie die Manschette.

3.27a **Treiben Sie nötigenfalls das Tripoidegelenk mit einem Dorn von der Kerbverzahnung ...**

3.27b **... und ziehen Sie es von der Welle.**

3.27c Ziehen Sie dann die Gummimanschette ab.

28 Reinigen Sie alle Teile des Gleichlaufgelenks mit Petroleum oder einem anderen Lösungsmittel, und trocknen Sie sie anschließend, um sie einer Sichtkontrolle zu unterziehen. Falls Teile des Gleichlaufgelenks verschlissen sind, können das Tripoidegelenk oder das Gehäuse separat ersetzt werden, andere Ersatzteile sind nicht erhältlich. Wenn sich das Gelenk in einem guten Zustand befindet, muss nur ein Reparaturset – bestehend aus einer Manschette samt Schellen, einem Sicherungsdraht und einer Fettfüllung – beschafft werden (siehe Abbildung).

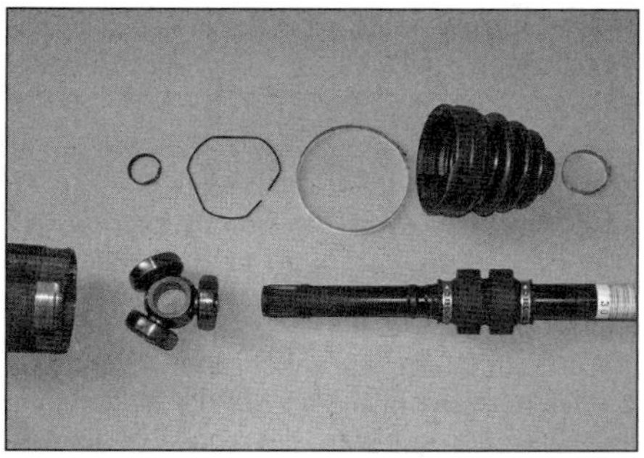

3.28 Das innere Tripoide-Gleichlaufgelenk und ein Reparaturset

29 Beginnen Sie den Zusammenbau mit dem Aufschieben der kleinen Schelle gefolgt von der Manschette auf die Antriebswelle (siehe Abbildungen).

3.29a Schieben Sie die innere Schelle ...

3.29b ... und die Manschette auf die Welle.

30 Schieben oder treiben Sie das ggf. anhand der Markierungen ausgerichtete Tripoidegelenk auf die Antriebswelle (siehe Abbildung).

3.30 Klopfen Sie das Tripoidegelenk auf die Antriebswelle.

31 Installieren Sie einen neuen Seegerring in die Nut am Ende der Welle (siehe Abbildung).

3.31 Installieren Sie den neuen Seegerring in seine Nut.

32 Ziehen Sie die Manschette zurück, und legen Sie den neuen Sicherungsdraht um die Welle (siehe Abbildung).

3.32 Legen Sie den Drahtbügel um die Welle.

33 Bevor das Tripoidegelenk in sein Gehäuse installiert wird, muss etwa die Hälfte des im Reparaturset enthaltenen Fetts dort eingefüllt werden.

34 Installieren Sie das Gehäuse über das Tripoidegelenk; falls das Originalteil verwendet wird, müssen die zuvor angebrachten Markierungen ausgerichtet werden (siehe Abbildung).

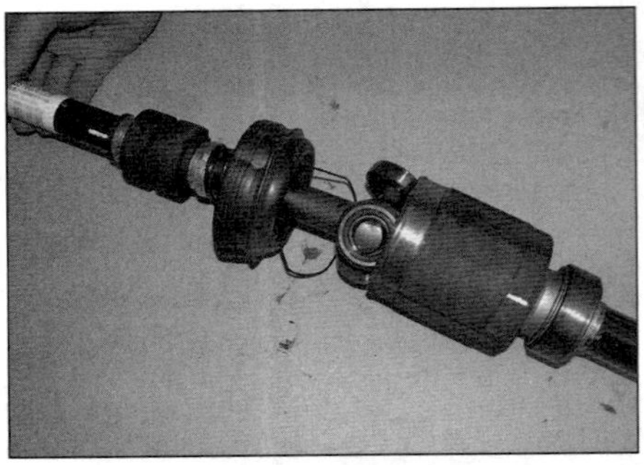

3.34 Schieben Sie das Gehäuse auf – beachten Sie die Markierungen.

35 Schieben Sie das Tripoidegelenk in das Gehäuse, und installieren Sie den neuen Drahtbügel in die Nut innerhalb des Gehäuses (siehe Abbildungen).

3.35a Installieren Sie den Sicherungsdraht in das Gehäuse, ...

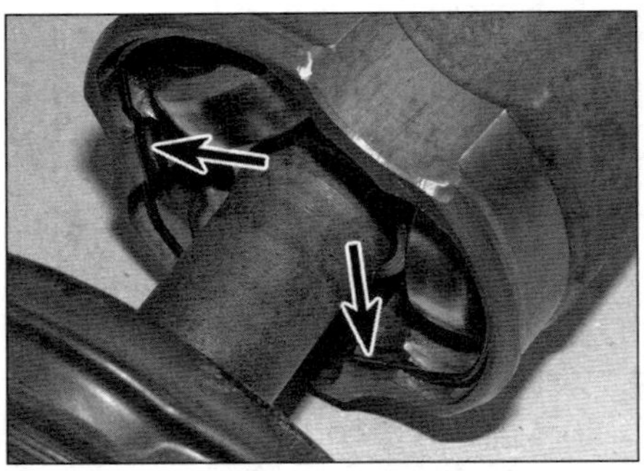

3.35b ... sodass er rundherum in seinen Nuten sitzt.

36 Füllen Sie das restliche Fett aus dem Kit ins Gleichlaufgelenk, und arbeiten Sie es in ein, bis es gleichmäßig verteilt ist (siehe Abbildung).

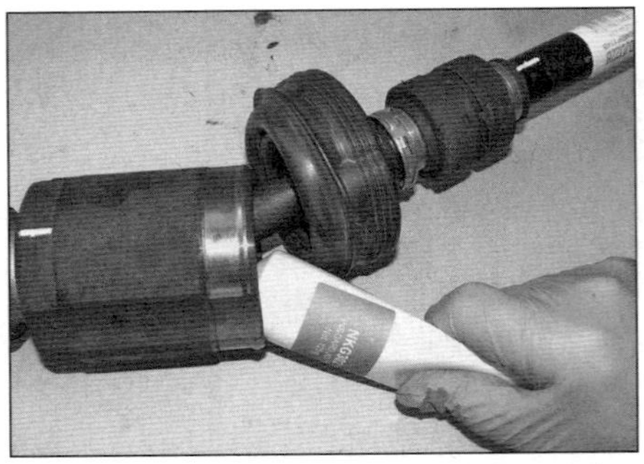

3.36 Füllen Sie das Gehäuse mit Fett auf, und arbeiten Sie es sorgfältig ein.

37 Prüfen Sie, ob das innere Ende der Manschette korrekt in der Nut der Welle sitzt, und schieben Sie das äußere Ende über das Tripoide-Gehäuse (siehe Abbildung).

3.37 Schieben Sie die Manschette über das Gleichlaufgelenk.

38 Heben Sie mit einem kleinen Schraubendreher die äußere Dichtlippe an, um in der Manschette befindliche Luft herausdrücken zu können. Positionieren Sie die Manschette dann so auf dem Gleichlaufgelenk, dass die in den technischen Daten angegebene Länge erreicht wird (siehe Abbildungen).

3.38a Heben Sie die Manschette an, um überschüssige Luft entweichen zu lassen ...

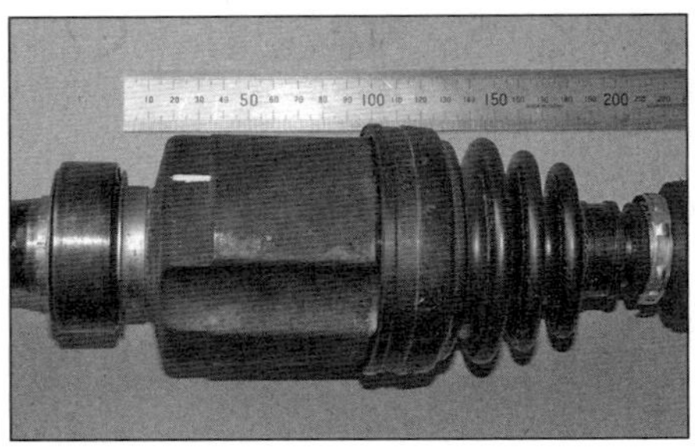

3.38b ... und messen Sie die eingebaute Länge der Manschette.

39 Schieben Sie die größere Schelle über die Manschette, und sichern Sie diese auf dem Gleichlaufgelenk (siehe Abbildung).

3.39a Schieben Sie die Schelle über die Manschette ...

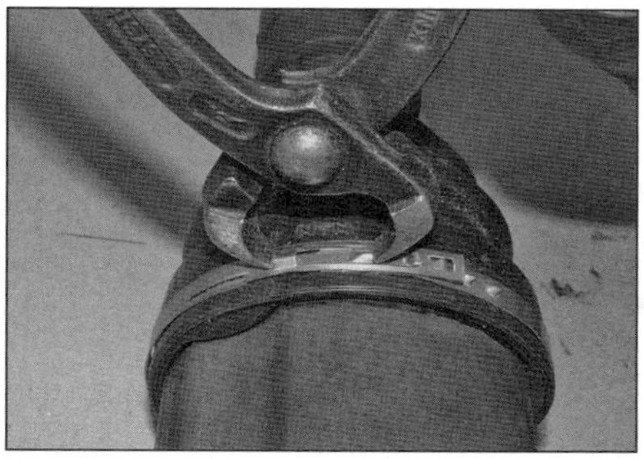

3.39b ... und sichern Sie die Manschette über dem Gleichlaufgelenk.

40 Schieben Sie die kleine Schelle über die Manschette, und sichern Sie sie dort (siehe Abbildung).

3.40 Die Manschette muss mit der kleinen Schelle auf der Antriebswelle gesichert werden.

41 Montieren Sie die Antriebswelle (siehe Sektion 2).

4 Antriebswellen – Kontrolle und Überholung

1 Falls bei der Kontrolle in Kapitel 1A, Sektion 12 oder Kapitel 1B, Sektion 13 Verschleiß in den Antriebswellen-Gelenken festgestellt wurde, muss zunächst die Radkappe oder der Deckel der Antriebswellenmutter entfernt werden.

2 Prüfen Sie, ob die Antriebswellenmutter korrekt angezogen ist – entfernen Sie nötigenfalls den Splint, und prüfen Sie den Anzug – sie muss mit 125 Nm gesichert sein. Installieren Sie einen neuen Splint, und wiederholen Sie die Kontrolle an der/den anderen Antriebswellenmutter(n).

3 Unternehmen Sie eine Probefahrt, und achten Sie bei einer langsam mit eingeschlagener Lenkung gefahrenen Kurve auf metallisches Klickern aus dem Frontbereich – dies weist auf Verschleiß im äußeren Gleichlaufgelenk hin.

4 Falls beim Beschleunigen geschwindigkeitsabhängige Vibrationen festgestellt werden, sind möglicherweise die inneren Gleichlaufgelenke verschlissen.

5 Um die Gleichlaufgelenke auf Verschleiß kontrollieren zu können, müssen die Antriebswellen ausgebaut und zerlegt werden (siehe Sektion 3). Bei jeglichem Verschleiß oder fühlbarem Spiel muss das entsprechende Gelenk ersetzt werden.

Rechtes Vorderrad-Antriebswellen-Mittellager

6 Demontieren Sie die rechte Vorderrad-Antriebswelle (siehe Sektion 2).

7 Falls das Lagergehäuse zusammen mit der Antriebswelle ausgebaut wurde, muss diese vorsichtig herausgepresst werden (siehe Abbildung).

4.7 Entfernen Sie das Lagergehäuse nötigenfalls mit einer hydraulischen Presse.

8 Beachten Sie die Einbauposition der Blech-Staubkappe, und entfernen Sie sie nach innen von der Antriebswelle (siehe Abbildung).

4.8 Entfernen Sie die Staubkappe.

9 Entfernen Sie die Schutzscheibe vom Lager, und befreien Sie den Seegerring aus der Nut der Welle (siehe Abbildungen).

4.9a Entfernen Sie die Scheibe ...

4.9b ... und den Seegerring.

10 Ziehen Sie mit einem ausreichend langen Universalabzieher das Lager von der Antriebswelle (siehe Abbildung).

4.10 Zum Abziehen des Mittellagers wird ein ausreichend langer Universalabzieher benötigt.

11 Schmieren Sie den Innenring des neuen Lagers innen mit etwas Fett, und stecken Sie es auf die Antriebswelle. Klopfen Sie das Lager mithilfe eines passenden Dorns oder Rohrs, das nur seinen Innenring berührt, in seine Position auf die Welle (siehe Abbildung).

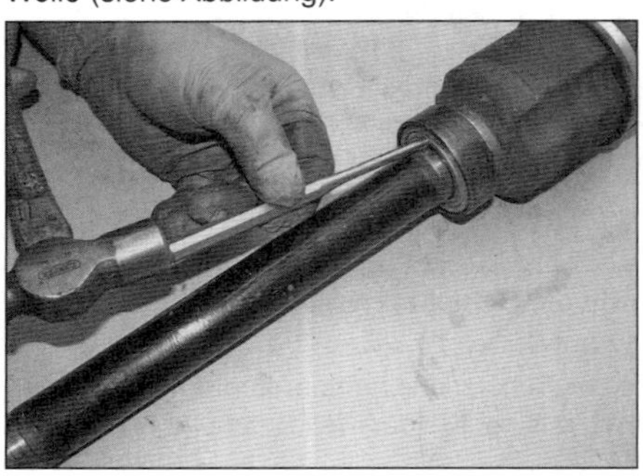

4.11 Klopfen Sie das neue Lager vorsichtig auf die Welle.

12 Installieren Sie den neuen Seegerring korrekt in seine Nut in der Welle (siehe Abbildung).

4.12 Sichern Sie das Lager mit dem neuen Seegerring.

13 Schieben Sie die neue Schutzscheibe auf, und klopfen Sie sie vorsichtig auf (siehe Abbildung).

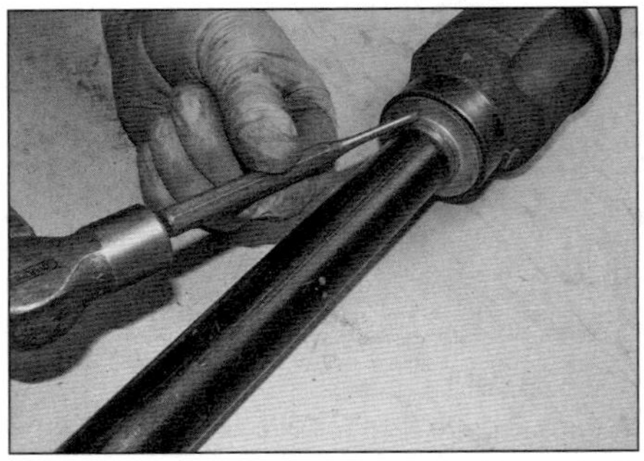

4.13 Installieren Sie die neue Schutzscheibe.

14 Schieben Sie die neue Staubkappe auf, und klopfen Sie sie vorsichtig in ihre ursprüngliche Position (siehe Abbildung).

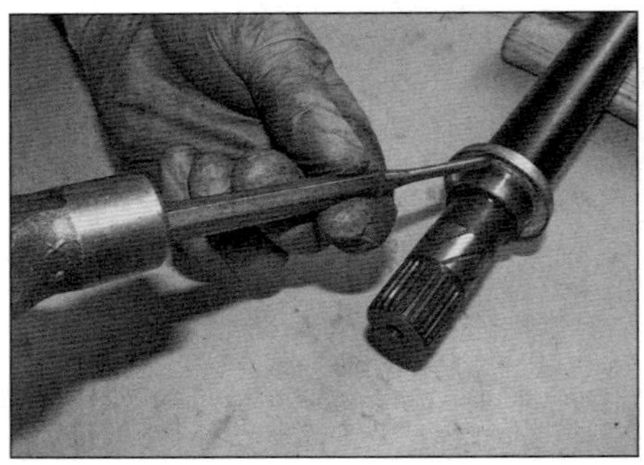

4.14 Positionieren Sie die neue Staubkappe in der ursprünglichen Position.

15 Schrauben Sie das Lagergehäuse ggf. hinten ans Motorgehäuse, und installieren Sie die Antriebswelle (siehe Sektion 2).

5 Kardanwelle (4WD) – Ausbau und Einbau

Ausbau

1 Das Getriebe muss sich im Leerlauf befinden und die Handbremse gelöst sein.
2 Heben Sie das Fahrzeug vorn an, und stützen Sie es sicher ab (siehe Seite 535).
3 Demontieren Sie das vordere Auspuffrohr (siehe Kapitel 4A, Sektion 13 oder Kapitel 4B, Sektion 17).
4 Bringen Sie am vorderen und hinteren Kreuzgelenk-Flansch Markierungen an, damit die Kardanwelle später wieder in der ursprünglichen Position installiert werden kann.
5 Lösen Sie am Hitzeschutz über dem Mittellager der Kardanwelle die Clips, und entfernen Sie den Schutz (siehe Abbildungen).

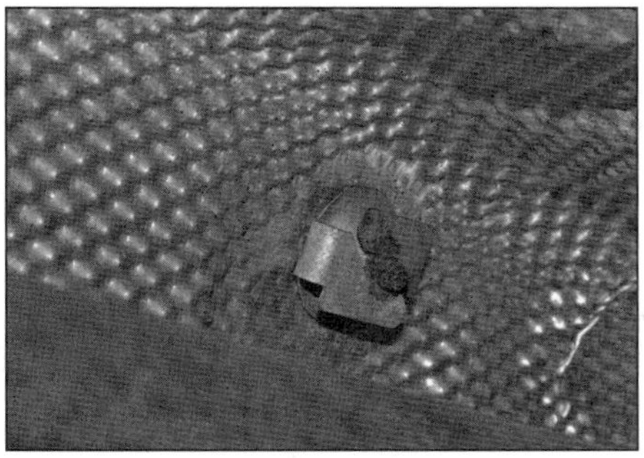

5.5a Lösen Sie die Befestigungen ...

5.5b ... und entfernen Sie den Hitzeschutz.

6 Beachten Sie die Einbaupositionen der oberen und unteren Halterung, und entfernen Sie die zwei seitlichen Kunststoff-Clips.
7 Lockern Sie die zwei Muttern der Mittellager-Halterung, aber entfernen Sie diese noch nicht (siehe Abbildung). **Anmerkung: *An der oberen Halterung ist ein Pfeil angebracht der in Fahrtrichtung zeigen muss.***
Achtung: Lassen Sie die Kardanwelle nicht ohne Abstützung hängen, da hierdurch die Kreuzgelenke beschädigt werden können.

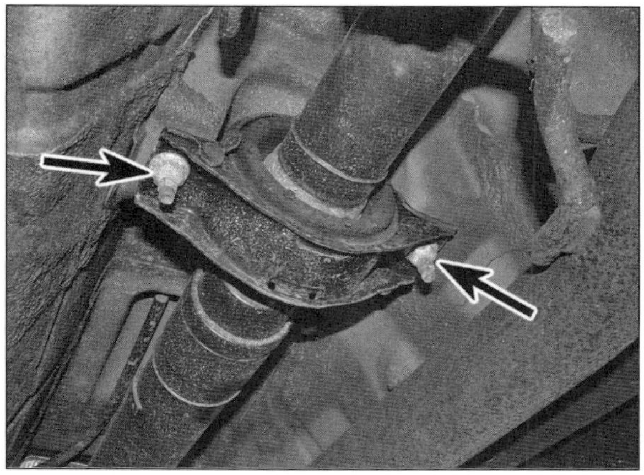

5.7 Muttern der Mittellager-Halterung

8 Stützen Sie die Kardanwelle und lösen Sie vorn die vier Befestigungsschrauben, um die Welle vom Flansch am Verteilergetriebe zu befreien (siehe Abbildung) – die Schrauben müssen beim Einbau durch Neuteile ersetzt werden.

5.8 Vordere Kardanwellen-Schrauben

9 Entfernen Sie jetzt die Mittellager-Muttern und die untere Halterung. Wenn die Kardanwelle abgesenkt ist, kann die obere Halterung entfernt werden – beachten Sie ihre Einbauposition. Die Muttern müssen beim Einbau durch Neuteile ersetzt werden.
10 Lösen Sie hinten an der Kardanwelle die vier Befestigungsschrauben, um die Welle vom Flansch am Hinterachsantrieb zu befreien (siehe Abbildung) – die Schrauben müssen beim Einbau durch Neuteile ersetzt werden. Befreien Sie die Welle unter dem Fahrzeug heraus.

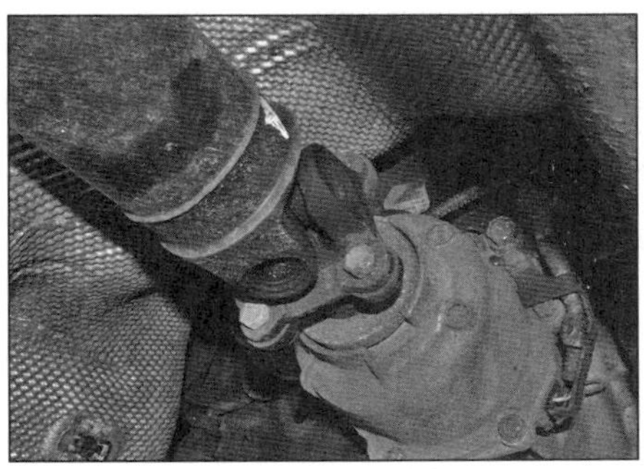

5.10 Hintere Kardanwellen-Schrauben

Einbau

11 Der Einbau entspricht der umgekehrten Ausbaureihenfolge – beachten Sie dabei folgende Punkte:

a) Richten Sie am Flansch und der Welle die zuvor angebrachten Markierungen aus, wenn diese verbunden werden.

b) Installieren Sie die Mittellager-Halterungen in der notierten Ausrichtung – am Oberteil zeigt ein Pfeil in Fahrtrichtung. Sichern Sie die Halterung mit neuen Muttern.

c) Sichern Sie die Kardanwelle vorn und hinten mit neuen Schrauben, die in die Vertiefungen der Flansche sitzen müssen.

d) Ziehen Sie die Muttern am Mittellager mit 45 Nm an. Ziehen Sie die Schrauben der Kardanwellenflansche mit 49 Nm an.

6 Kardanwelle (4WD) – Kontrolle und Überholung

Kontrolle

1 Verschleiß in den Kreuz- und Gleichlaufgelenken zeigt sich durch Vibrationen im Getriebe, Schläge beim Lastwechsel und in extremen Fällen (Schmierungsmangel) durch unangenehme Geräusche durch aufeinanderreibende Metalle.

2 Für eine Verschleißkontrolle der eingebauten Kreuzgelenke müssen die Handbremse gezogen und die Räder blockiert werden.

3 Setzen Sie unter dem Fahrzeug zwischen den Gabeln der Kreuzgelenke einen großen Schraubendreher an, und versuchen Sie, daran zu hebeln – jede Bewegung zwischen den Gabeln der Welle und denen des Flansches weist auf Verschleiß hin.

4 Prüfen Sie das Spiel zwischen dem Gleichlaufgelenk-Gehäuse und den Wellen-Rohren. Jede fühlbare Bewegung weist auf ein defektes Gelenk hin, sodass die gesamte Kardanwelle ersetzt werden muss.

5 Auch falls die Welle selbst verbogen, verbeult, gerissen oder anderweitig beschädigt ist, muss sie ersetzt werden.

Überholen

6 Falls ein Gelenk der Kardanwelle schadhaft ist, muss die gesamte Kardanwelle durch ein Neuteil ersetzt werden. Erkundigen Sie sich beim Nissan-Händler, ob Einzelteile verfügbar sind.

7 Falls Vibrationen festgestellt werden, muss die Kardanwelle vom Hinterachsantrieb-Flansch getrennt, um 90° verdreht und wieder verbunden werden. Unternehmen Sie eine Probefahrt und ermitteln Sie, ob weiterhin Vibrationen auftreten; falls dies der Fall ist, wird die Welle erneut um 90° verdreht, um sie erneut zu prüfen. Hilft auch dies nicht, bleibt noch ein dritter Versuch.

8 Um den Verzug der Kardanwelle zu prüfen, müssen die Vorderräder blockiert, das Fahrzeug hinten angehoben, der Leerlauf eingelegt und die Handbremse gelöst sein. Dann wird eine Messuhr mit der Karosserie verbunden und die (unter dem Messdorn sorgfältig gereinigte) Welle von Hand gedreht. Die Kontrollpunkte sind in den Abbildungen zu erkennen (siehe Abbildungen). Falls irgendwo mehr als 0,6 mm Verzug festgestellt werden, muss die Kardanwelle erneuert werden.

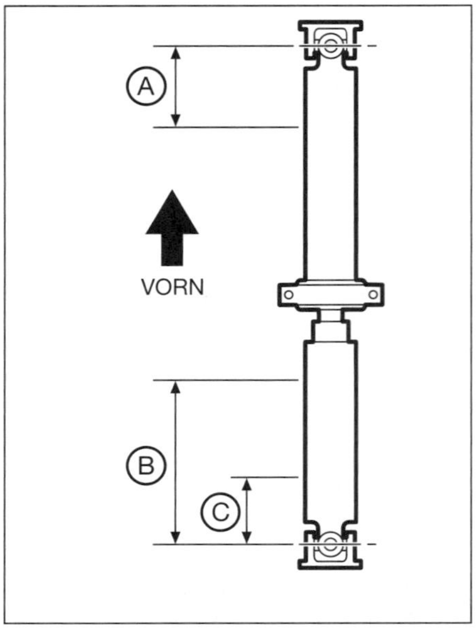

6.8a Verzugs-Kontrollpunkte an der Kardanwelle bei 2,0 l-Benzinmodellen

Abstand A: 200 mm; Abstand B: 639 mm; Abstand C: 159 mm

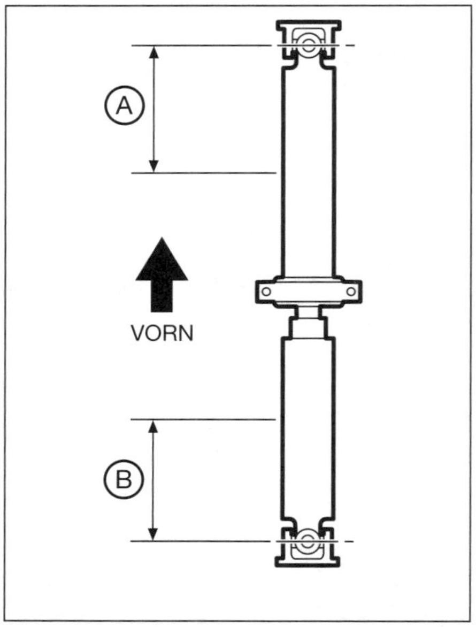

6.8b Verzugs-Kontrollpunkte an der Kardanwelle bei 2,0 l-Dieselmodellen

Abstand A: 495 mm; Abstand B: 416 mm

Kapitel 9

Bremsanlage

Inhalt — Sektion

Schwierigkeitsgrade

Leicht. Geeignet für Anfänger mit wenig Erfahrung.	**Relativ leicht.** Geeignet für Anfänger mit etwas Erfahrung.	**Relativ schwierig.** Geeignet für geübte Selbstschrauber.	**Schwer.** Geeignet für Selbstschrauber mit viel Erfahrung.	**Sehr schwer.** Geeignet für Experten und Profis.

Spezifikationen

Allgemein

System-Typ . . . . Zweikreis-Hydraulikbremse mit Servo-Unterstützung und ABS. Vorn Innenbelüftete Bremsscheiben, hinten Standard-Bremsscheiben mit Handbremsen-Bremstrommel und seilzugbetätigten Bremsbacken in der Mitte.

Vorderrad-Scheibenbremsen

Typ . . . . Innenbelüftete Bremsscheibe mit Einkolben-Schwimmsattel

Bremsscheiben-Durchmesser . . . . 296 mm

Bremsscheiben-Stärke

Standard-Modelle mit 2 Sitzreihen

Standard . . . . 26 mm

Verschleißgrenze . . . . 24 mm

»+2«-Modelle mit 3 Sitzreihen

Standard . . . . 28 mm

Verschleißgrenze . . . . 26 mm

Bremsscheiben-Verzug (max.) . . . . 0,035 mm

Bremsbelag-Verschleißgrenze . . . . 2,0 mm

Hinterrad-Scheibenbremsen

Typ	Standard-Bremsscheibe mit Einkolben-Schwimmsattel
Bremsscheiben-Durchmesser	292 mm
Bremsscheiben-Stärke	
Standard-Modelle mit 2 Sitzreihen	
Standard	9 mm
Verschleißgrenze	8 mm
»+2«-Modelle mit 3 Sitzreihen	
Standard	16 mm
Verschleißgrenze	14 mm
Bremsscheiben-Verzug (max.)	0,035 mm
Bremsbelag-Verschleißgrenze	1,5 mm

Handbremse

Typ	Bremstrommel (innerhalb der Hinterradbremsscheibe), Simplex-Bremse mit Seilzugbetätigung
Bremstrommel-Innendurchmesser	
Standard	172 mm
Verschleißgrenze (max.)	173 mm
Höhenschlag (max.)	0,02 mm
Bremsbacken-Verschleißgrenze	1,5 mm
Anzahl der Klicks bei vollständig gezogener Bremse	7 bis 8
Anzahl der Klicks bis Warnlampe aufleuchtet	1

Bremspedal

Freie Höhe	130 bis 140 mm
Spiel zwischen Pedalhalter und Gewinde des Pedalschalters	0,75 bis 2,0 mm

Hauptbremszylinder

Zylinderbohrung – Durchmesser	23,8 mm

Bremskraftverstärker

Membranbehälter-Durchmesser	250 mm
Ausgangsstange – Länge	30,5 mm
Eingangsstange – Länge	124,5 bis 125,5 mm

Anzugsdrehmomente

ABS-Sensor-Befestigungsschrauben	10 Nm
Entlüftungsschraube	8 Nm
Bremskraftverstärker/Pedalträger-Muttern	15 Nm
Bremsschlauch-Anschlussschrauben	18 Nm
Handbremshebel-Befestigungsschrauben	14 Nm
Hauptbremszylinder-Befestigungsmuttern	15 Nm
Hinterradbremssattel-Führungszapfenschrauben	84 Nm
Hinterradbremssattelhalter-Schrauben	84 Nm
Radmuttern	113 Nm
Vorderradbremssattelhalter-Schrauben	150 Nm
Vorderradbremssattel-Führungszapfenschrauben	34 Nm

1 Allgemeine Informationen

Das von einem Bremskraftverstärker (»Servo-Bremse«) unterstützte Bremssystem arbeitet mit einem ein Tandem-Hauptbremszylinder und einem Zweikreissystem, bei dem jeder Bremskreis auf ein Vorderrad und ein Hinterrad wirkt. Unter normalen Umständen arbeiten beide Bremskreise gemeinsam. Falls jedoch ein Bremskreis ausfällt, kann immer noch bei zwei Rädern die volle Bremskraft angewendet werden.

Die Vorderräder werden mit innenbelüfteten Bremsscheiben verzögert, während die Hinterräder mit soliden Bremsscheiben ausgerüstet sind. Auf beide Bremsscheiben wirken Einkolben-Schwimmsättel. Innerhalb der Hinterrad-Bremsscheiben sitzen Bremstrommeln für die per Seilzug betätigte Handbremse.

Um bei Notbremsungen das Blockieren der Hinterräder zu verhindern, ist an jeder Hinterradbremse ein Druckregelventil in den Bremskreis integriert. Alle Modelle sind mit ABS ausgerüstet; der dazugehörige Druckmodulator sitzt links im Motorraum hinter dem Luftfiltergehäuse.

Der bei allen Fahrzeugen vorhandene Bremskraftverstärker arbeitet mit Unterdruck (bei Benzinmotoren direkt aus dem Einlassstutzen), um den erforderlichen Druck aufs Bremspedal zu reduzieren. Weil bei Dieselmotoren im Einlassstutzen kaum Unterdruck herrscht, wird dieser von einer Unterdruckpumpe erzeugt.

Bei allen Modellen wirkt die Handbremse über einen unabhängigen Seilzugmechanismus auf die Hinterräder. Bei gezogener Handbremse wird mit einem am Handbremshebel sitzenden Schalter eine Warnleuchte aktiviert.

Anmerkung: *Arbeiten an der Bremsanlage müssen sorgfältig und methodisch ausgeführt werden, beim Überholen von Hydraulik-Bauteilen muss auf absolute Sauberkeit geachtet werden. Ersetzen Sie Bauteile bei jedem Zweifel über ihren Zustand (ggf. an beiden Seiten der Achse), und benutzen Sie ausschließlich originale Nissan-Ersatzteile oder hochwertige Markenprodukte. Beachten Sie bezüglich der Gefahren durch Asbeststaub und Hydraulikflüssigkeit die Warnhinweise in der Sektion »Sicherheit geht vor« auf Seite 8 und in den entsprechenden Sektionen dieses Kapitels.*

2 Hydrauliksystem – Entlüften

Warnung: Hydraulikflüssigkeit ist giftig! Waschen Sie Spritzer bei Hautkontakt unverzüglich ab, und suchen Sie medizinischen Rat, falls etwas in die Augen gelangt. Hydraulikflüssigkeit kann brennbar sein und sich beim Kontakt mit heißen Bauteilen entzünden. Bei der Arbeit an der Bremshydraulik muss daher genauso vorgegangen werden wie beim Kraftstoffsystem. Hydraulikflüssigkeit ist ein wirksamer Lackentferner und greift Kunststoff an; Spritzer müssen unverzüglich mit reichlich klarem Wasser abgewaschen werden. Hydraulikflüssigkeit ist zudem hygroskopisch, absorbiert also Wasser aus der Luft. Je mehr Luftfeuchtigkeit aufgenommen wird, desto niedriger sinkt der Siedepunkt, sodass in einer heiß werdenden Bremse rasch Dampfblasen entstehen können und kein Bremsdruck mehr aufgebaut werden kann. Daher darf nur frische Bremsflüssigkeit des vorgeschriebenen Typs verwendet werden.

Allgemeines

1 Die korrekte Funktion der Bremshydraulik ist nur möglich, wenn sämtliche Luft aus dem System entfernt ist; dies wird durch Entlüften gewährleistet.

2 Während des Entlüftens darf nur frische Bremsflüssigkeit des vorgeschriebenen Typs verwendet werden – niemals bereits durch das System gespülte Flüssigkeit. Vor Arbeitsbeginn muss sichergestellt sein, dass genügend Bremsflüssigkeit vorhanden ist.

3 Falls im Bremssystem nicht dafür vorgesehene Flüssigkeit vorhanden ist, muss diese vollständig mit frischer Bremsflüssigkeit herausgespült werden, zudem sind neue Dichtungen zu verwenden.

4 Falls durch ein Leck im Bremssystem der Pegel im Ausgleichsbehälter stetig absinkt, muss zunächst dieses Problem behoben werden.

5 Stellen Sie das Fahrzeug auf eine ebene Fläche, schalten Sie die Zündung aus, und legen Sie den ersten Gang oder den Rückwärtsgang ein (oder den Wahlhebel auf P). Blockieren Sie die Räder und lösen Sie die Handbremse.

6 Prüfen Sie, ob alle Schläuche und Rohre in Ordnung, alle Anschlüsse verbunden und alle Entlüftungsschrauben verschlossen sind. Entfernen Sie die Staubkappen, und reinigen Sie die Bereiche um die Entlüftungsschrauben.

7 Öffnen Sie den Deckel des Ausgleichsbehälters, und füllen Sie ihn bis zur MAX-Markierung auf. Legen Sie den Deckel locker auf, und achten Sie darauf, dass der Pegel während der gesamten Prozedur immer über der MIN-Markierung steht – andernfalls kann Luft ins System eindringen und die Prozedur muss wiederholt werden.

8 Auf dem Markt sind zahlreiche Entlüftungs-Hilfsmittel erhältlich, von denen möglichst eines beschafft werden sollte, da der Entlüftungsprozess deutlich vereinfacht werden kann und das Risiko, bereits ausgetretene Luft wieder anzusaugen, minimiert wird. Falls ein solches Kit nicht erhältlich ist, muss mithilfe eines Assistenten die unten beschriebene Methode durchgeführt werden.

9 Falls ein Entlüftungs-Kit verwendet wird, muss das Fahrzeug wie oben beschrieben vorbereitet und dann den beigefügten Hinweisen gefolgt werden – die Prozeduren können sich je nach Vorrichtung leicht voneinander unterscheiden, doch die allgemeinen Schritte sind unter den entsprechenden Überschriften beschrieben (siehe unten).

10 Ungeachtet der angewendeten Methode muss die korrekte Reihenfolge (Schritte 11 und 12) eingehalten werden, um sämtliche Luft aus dem System zu entfernen.

Entlüftungs-Reihenfolge

11 Falls die Bremshydraulik nur teilweise getrennt und die Hinweise zur Minimierung von Flüssigkeitsverlusten beachtet wurden, reicht es, diesen Teil zu entlüften (d. h. den Primär- oder den Sekundär-Bremskreis).

12 Falls die gesamte Bremshydraulik entlüftet werden muss, hat dies in der folgenden Reihenfolge zu geschehen:
a) Hinten rechts
b) Hinten links
c) Vorn rechts
d) Vorn links

Entlüften

Warnung: Vor dem Entlüften muss die Zündung ausgeschaltet werden, damit der ABS-Modulator nicht während der Prozedur zu arbeiten beginnt. Zur Sicherheit sollte auch die Batterie abgeklemmt werden (siehe Seite 532).

Grundmethode (Zwei-Personen-Methode)

13 Beschaffen Sie ein sauberes Glasgefäß und einen ausreichend langen transparenten Schlauch, der fest über den Nippel der Entlüftungsschraube geschoben werden kann. Die Schraube selbst sollte mit einem passenden Ringschlüssel betätigt werden. Für die Arbeit wird ein Assistent benötigt.
14 Falls noch nicht geschehen, werden an der entlüftenden Bremse alle Entlüftungsschrauben-Kappen abgezogen und der Schlauch auf die erste Schraube gesteckt (siehe Abbildungen). Halten Sie das andere Schlauch-Ende in den mit etwas Bremsflüssigkeit gefüllten Behälter, sodass keine Luft angesaugt werden kann.

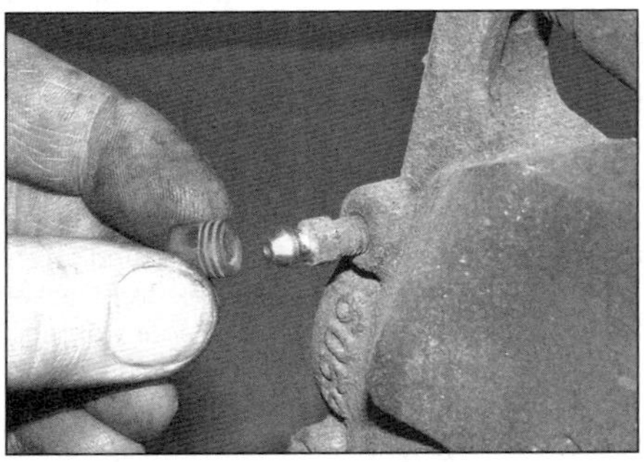

2.14a Entfernen Sie die Staubkappe ...

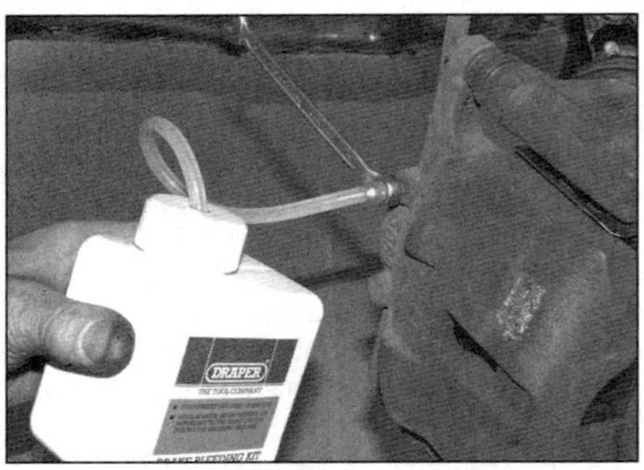

2.14b ... und stecken Sie den Schlauch auf den Nippel der Entlüftungsschraube.

15 Achten Sie stets darauf, dass der Ausgleichsbehälter mindestens bis zur MIN-Markierung mit Bremsflüssigkeit gefüllt ist.
16 Lassen Sie den Assistenten durch mehrfaches kräftiges Betätigen der Bremse Druck aufbauen und das Pedal gedrückt halten.
17 Lockern Sie bei gedrücktem Pedal die erste Entlüftungsschraube um etwa eine Umdrehung, und lassen Sie die Flüssigkeit durch den Schlauch strömen. Der Assistent tritt hierbei das Pedal bis zum Boden durch und lässt es erst auf Anweisung wieder los. Wenn keine Flüssigkeit mehr austritt, wird die Entlüftungsschraube wieder angezogen, und der Assistent löst langsam das Bremspedal. Kontrollieren Sie den Pegel im Ausgleichsbehälter.
18 Wiederholen Sie die Schritte 16 und 17 so lange, bis frische Hydraulikflüssigkeit blasenfrei aus der Schraube austritt. Falls der Hauptbremszylinder entleert und wieder aufgefüllt wurde und die erste Bremse der Reihenfolge entlüftet wird, müssen zwischen den Entlüftungsschritten etwa 5 Sekunden Pause eingehalten werden, damit sich die Bremszylinder-Passage wieder füllen kann.
19 Sobald keine Luftblasen mehr austreten, wird die Entlüftungsschraube sorgfältig angezogen, der Schlauch abgezogen und die Staubkappe aufgesteckt. Ziehen Sie die Entlüftungsschraube nicht zu fest!
20 Wiederholen Sie die Prozedur an den anderen Bremsen in der in Schritt 12 aufgeführten Reihenfolge, bis sämtliche Luft aus dem Hydrauliksystem entfernt ist. Zum Schluss muss die Bremse einen festen Druckpunkt haben.

Praxis-Tipp
Alte Bremsflüssigkeit ist deutlich dunkler als frische. Pumpen Sie so lange Bremsflüssigkeit heraus, bis helle Flüssigkeit austritt.

Mit Rückschlagventil-Kit

21 Wie der Name bereits andeutet, bestehen diese Kits im Wesentlichen aus einem Schlauch mit integriertem Rückschlagventil, um einmal herausgedrückte Luft und Bremsflüssigkeit nicht wieder ins Bremssystem zu saugen. Manche Kits beinhalten einen transparenten Behälter, der so positioniert werden kann, dass die austretenden Luftblasen vom Fahrersitz aus beobachtet werden können.
22 Verbinden Sie das Kit wird mit der Entlüftungsschraube, und öffnen Sie diese dann. Setzen Sie sich ins Auto und drücken Sie mit sanftem Druck die Bremse vollständig durch, um sie dann langsam wieder zu lösen. Wiederholen Sie dies, bis frische Hydraulikflüssigkeit blasenfrei aus der Schraube austritt.
23 Diese Kits funktionieren so gut, dass man leicht den Pegel im Ausgleichsbehälter vergessen kann – achten Sie also stets darauf, dass sich in ihm stets genug Flüssigkeit befindet.

Mit Druckentlüftungs-Kit

24 Diese Geräte arbeiten oft mit dem im Reserverad gespeicherten Luftdruck; oft muss dieser jedoch zuvor auf einen niedrigeren Wert als üblich abgesenkt werden – beachten Sie die beigefügte Anleitung.
25 Indem ein unter Druck stehender und mit Bremsflüssigkeit gefüllter Behälter an den Ausgleichsbehälter angeschlossen wird, kann das Entlüften einfach durch das Öffnen der Entlüftungsschrauben (in der oben angegebenen Reihenfolge) erledigt werden – lassen Sie die Flüssigkeit austreten, bis keine Blasen mehr enthalten sind.
26 Diese Methode hat den Vorteil, dass der große Flüssigkeitsbehälter zusätzliche Sicherheit vor in das System gesaugte Luft bietet.

27 Druckentlüften ist besonders bei »schwierigen« Systemen zu empfehlen oder wenn das gesamte System bei einem Austausch der Bremsflüssigkeit gespült werden soll (siehe Praxis-Tipp oben).

Alle Methoden

28 Wenn das Entlüften beendet ist und wieder ein fester Pedaldruck besteht, werden alle Bremsflüssigkeits-Spritzer abgewaschen, die Entlüftungsschrauben sorgfältig angezogen und die Staubkappen aufgesteckt.
29 Prüfen Sie nach dem Entlüften den Pegel im Ausgleichsbehälter und füllen Sie ihn ggf. auf.
30 Betätigen Sie bei laufendem Motor die Bremse – falls das Pedal ein schwammiges Gefühl vermittelt oder sogar »gepumpt« werden muss, bis ein Druckpunkt entsteht, befindet sich noch Luft im Bremssystem, und es muss erneut entlüftet werden. Bringt auch eine Wiederholung keine zufriedenstellenden Ergebnisse, können defekte Dichtungen im Hauptbremszylinder die Ursache sein.
31 Die aus dem Bremssystem gespülte Bremsflüssigkeit muss fachgerecht entsorgt werden – keinesfalls darf sie wiederverwendet werden.

3 Bremsleitungen und Schläuche – Ersetzen

Anmerkung: *Beachten Sie vor Arbeitsbeginn die Warnhinweise in Sektion 2.*
1 Der Verlust an Bremsflüssigkeit kann minimiert werden, indem der Deckel des Ausgleichsbehälters geöffnet, ein Stück Plastikfolie über die Öffnung gelegt und der Deckel wieder aufgeschraubt wird – so ist der Behälter nicht belüftet, und bei einer getrennten Leitung läuft keine Flüssigkeit nach. Alternativ können Schläuche mit einer speziellen Bremsschlauchklemme abgedichtet werden (siehe Abbildung). Anschlüsse von Metalrohren können direkt nach dem Trennen mit Kappen versehen werden – allerdings darf dabei kein Schmutz ins Bremssystem gelangen. Legen Sie reichlich Lappen unter zu trennende Leitungen, um austretende Bremsflüssigkeit aufzunehmen.

3.1 Einsatz einer Bremsschlauchklemme

2 Wenn ein Bremsschlauch getrennt werden soll, muss zuerst die Anschlussmutter des Rohrs gelöst werden, bevor der Federclip entfernt wird, der den Schlauch an seiner Halterung sichert (siehe Abbildung).

3.2 Lockern Sie die Anschlussmutter und entfernen Sie dann den Clip.

3 Zum Lösen von Anschlussmuttern sollten spezielle Ringschlüssel mit Öffnung verwendet werden, die im gut sortierten Werkzeughandel erhältlich sind. Auch ein gut sitzender Maulschlüssel sollte nur im Notfall benutzt werden, da die nicht besonders harten Muttern oft korrodiert sind und durch den abrutschenden Schlüssel abgerundet werden. In solchen Fällen hilft oft nur eine Gripzange oder ein selbstsichernder Schlüssel, und das Rohr muss samt Mutter ersetzt werden. Reinigen Sie einen Anschluss und seine Umgebung, bevor er getrennt wird. Falls eine Komponente mit mehr als einem Anschluss getrennt werden muss, sollten die Positionen der Anschlüsse vorher notiert werden.
4 Wenn ein Hydraulikrohr ersetzt werden muss, kann es in der richtigen Länge und mit allen Anschlüssen beim Nissan-Händler erworben werden; es muss dann nur noch entsprechend der Vorgaben durch das Originalteil gebogen und am Fahrzeug montiert werden. Alternativ kann man sich Bremsleitungen anfertigen lassen; dies erfordert jedoch eine exakte Vermessung der Originalleitung – bringen Sie diese möglichst mit zur ausführenden Werkstatt.
5 Die Anschlussmuttern dürfen beim Verbinden nicht überdreht werden – für eine korrekte Abdichtung müssen sie nicht brutal angezogen werden.
6 Alle Rohre und Schläuche müssen korrekt verlegt sein. Sie dürfen nicht geknickt werden und müssen mit allen vorhandenen Halterungen und Clips gesichert werden (siehe Abbildung).

3.6 Alle Federclips müssen wieder korrekt installiert werden.

7 Entfernen Sie nach dem Einbau die Folie vom Hauptbremszylinder, und entlüften Sie das Bremssystem (siehe Sektion 2). Waschen Sie alle Bremsflüssigkeits-Spritzer ab, und kontrollieren Sie alles genau auf Undichtigkeit.

4 Vorderrad-Bremsbeläge – Ersetzen

Warnung: Ersetzen Sie immer alle Bremsbeläge beider Vorderradbremsen; der Austausch der Beläge nur an einer Seite würde zu einer ungleichmäßigen Bremswirkung führen.

Warnung: Der beim Verschleiß der Bremsbeläge entstehende Staub kann krebserregendes Asbest enthalten und darf daher nicht mit Druckluft ausgeblasen und eingeatmet werden. Entfernen Sie den Staub KEINESFALLS mit Benzin oder Lösungsmittel auf Petroleumbasis. Verwenden Sie Bremsenreiniger oder Spiritus, um Bremsenteile zu reinigen. Lassen Sie weder Bremsflüssigkeit noch Öle oder Fette mit den Bremsbelägen oder der Bremsscheibe in Kontakt kommen. Beachten Sie die Warnhinweise in Sektion 2, um weitere Informationen zu Bremsflüssigkeit zu erhalten.

1 Betätigen Sie die Handbremse, heben Sie das Fahrzeug vorn an, und stützen Sie es sicher ab (siehe Seite 535). Demontieren Sie die Vorderräder.

2 Ziehen Sie den entsprechenden Bremssattel nach außen, um den Kolben einzudrücken.

3 Lösen Sie die untere Führungszapfen-Schraube – kontern Sie dabei den Führungszapfen mit einem schmalen Maulschlüssel (siehe Abbildung).

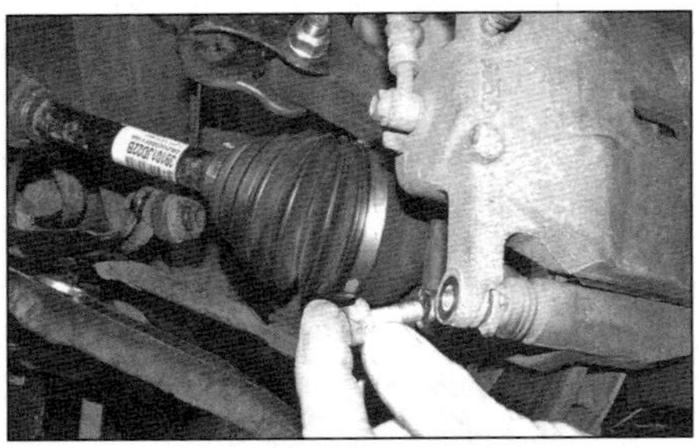

4.3 Entfernen Sie die untere Führungszapfen-Schraube.

4 Schwenken Sie den Bremssattel hoch, um die Bremsbeläge freizulegen, und sichern Sie ihn mit Bändern oder Gurten am Federbein (siehe Abbildungen). Auf keinen Fall darf bei demontiertem Bremssattel die Bremse getreten werden. Achten Sie darauf, die Bremsleitung nicht unter Last zu setzen.

4.4a Schwenken Sie den Bremssattel hoch ...

4.4b ... und sichern Sie ihn am Federbein.

5 Beachten Sie die Positionen und Ausrichtungen der hinten, oben und unten an den Bremsbelägen sitzenden Geräuschdämm-Bleche.

6 Heben Sie die Bremsbeläge samt aller Geräuschdämm-Bleche heraus.

4.6a Entnehmen Sie den inneren ...

4.6b ... und den äußeren Bremsbelag aus dem Bremssattelhalter.

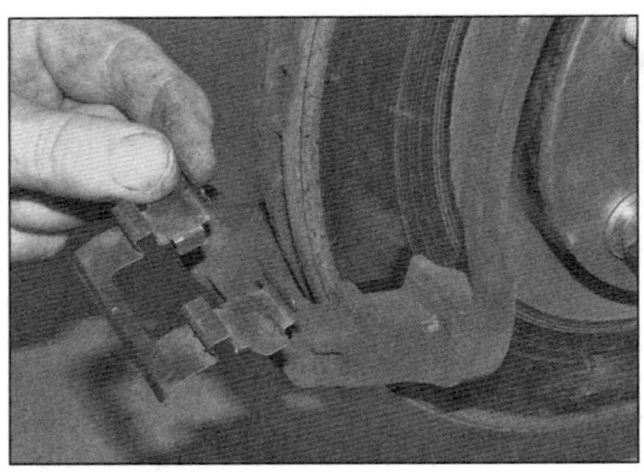

4.6c Entfernen Sie das untere, ...

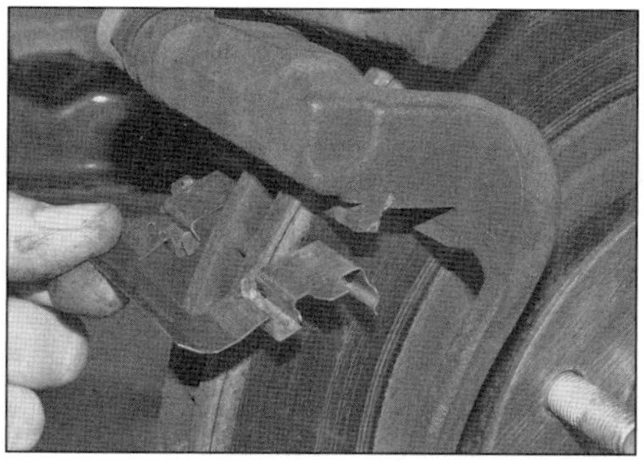

4.6d ... und das obere Geräuschdämm-Blech

7 Befreien Sie ggf. die hinteren Bleche von den Bremsbelägen – der innere Belag ist mit zwei Blechen bestückt.

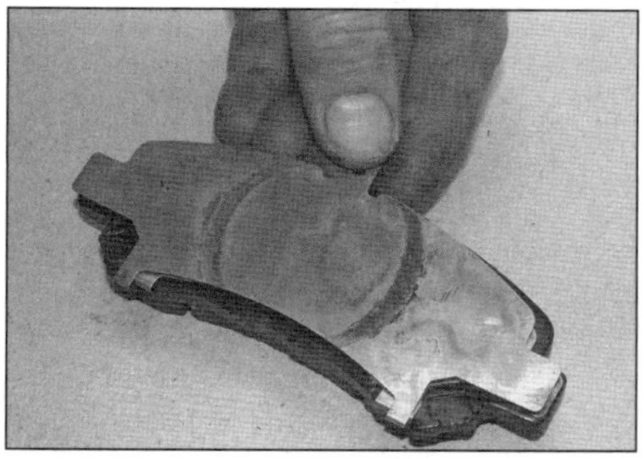

4.7 Entfernen Sie ggf. das/die hintere(n) Geräuschdämm-Blech(e) vom Bremsbelag

8 Messen Sie an beiden Bremsbelägen die Stärke des Belagmaterials. Falls auch nur ein Belag unter 2 mm verschlissen ist, müssen alle vier Bremsbeläge der Vorderradbremsen ersetzt werden (siehe Abbildung). Ersetzen Sie die Bremsbeläge auch, wenn sie mit Öl oder Fett kontaminiert sind. Wenn einer der Beläge ungleichmäßig verschlissen oder mit Öl oder Fett kontaminiert ist, muss vor dem Einbau die Ursache hierfür gefunden und beseitigt werden. Neue Bremsbeläge und Reparatursets sind beim Nissan-Händler erhältlich. Bremsbeläge dürfen niemals untereinander ausgetauscht werden, um ungleichmäßigen Verschleiß zu kompensieren.

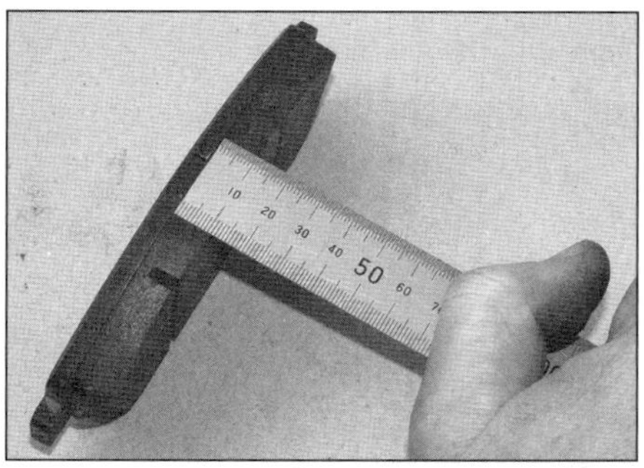

4.8 Messen Sie die Stärke des Bremsbelag-Materials.

9 Falls die Bremsbeläge wiederverwendet werden können, müssen sie sorgfältig mit einer absolut fettfreien Kupfer-Drahtbürste gereinigt werden – beachten Sie hierbei besonders die Seiten und die Rückseite der Belagplatte. Reinigen Sie die Nuten des Belagmaterials und entfernen Sie größere eingedrungene Partikel.

10 Reinigen Sie **Geräuschdämm-Bleche** und die Bremsbelag-Sitze im Bremssattelhalter.
11 Prüfen Sie vor dem Einbau der Beläge, ob die Führungszapfen frei im Bremssattelgehäuse und dem Halter gleiten können. Ihre Gummimanschetten dürfen nicht beschädigt sein (siehe Abbildungen).

4.11a Kontrollieren Sie die Führungszapfen ...

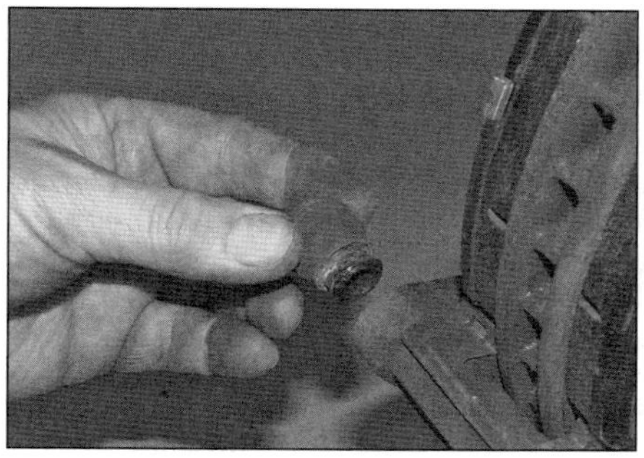

4.11b ... und ihre Gummimanschetten.

12 Entfernen Sie mit der Drahtbürste Staub und Schmutz aus dem Bremssattel und von seinem Kolben – atmen Sie den Staub nicht ein! Kontrollieren Sie die um den Kolben sitzende Staubdichtung auf Beschädigungen und Undichtigkeit. Inspizieren Sie den Kolben auf Korrosion und Beschädigungen. Falls eine dieser Komponenten Aufmerksamkeit erfordert, müssen die Hinweise in Sektion 9 beachtet werden.
13 Wenn neue Bremsbeläge installiert werden sollen, muss der Kolben tiefer in den Sattel gedrückt werden – entweder mit einem speziellen Einpresswerkzeug (siehe Abbildung) oder mit einem Stück Holz als Hebel. Soweit der Ausgleichsbehälter des Hauptbremszylinders nicht überfüllt ist, sollte die aus dem Bremssattel zugedrückte Bremsflüssigkeit dort noch mit hineinpassen – überwachen Sie jedoch den Pegel und lassen Sie nötigenfalls Bremsflüssigkeit über die Entlüftungsschraube ab (siehe Sektion 2).

Warnung: Saugen Sie keine Bremsflüssigkeit mit dem Mund per Schlauch ab – sie ist hochgiftig. Verwenden Sie stattdessen eine große Spritze oder ein altes Frostschutz-Prüfgerät.

4.13 Öffnen Sie ggf. die Entlüftungsschraube, und pressen Sie den Bremssattel-Kolben in seinen Sitz – hier mit einem Einpresswerkzeug.

14 Tragen Sie an den Kontaktflächen des Bremsbelagträgers und der Bleche etwas Kupferpaste auf – aber lassen Sie nichts davon auf das Belagmaterial gelangen (siehe Abbildungen).

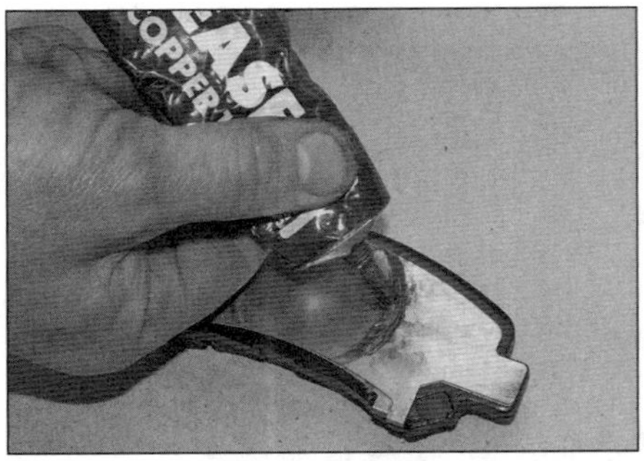

4.14a Tragen Sie Kupferpaste an den rückseitigen ...

4.14b ... und seitlichen Kontakt- und Gleitflächen auf.

15 Installieren Sie die oberen und unteren Geräuschdämm-Bleche in den Bremssattelhalter, installieren Sie dann die Beläge zusammen mit dem/den hinteren Geräuschdämm-Blech(en) in die korrekten Positionen – das Belagmaterial muss an beiden Seiten gegen die Bremsscheibe drücken (siehe Abbildungen).

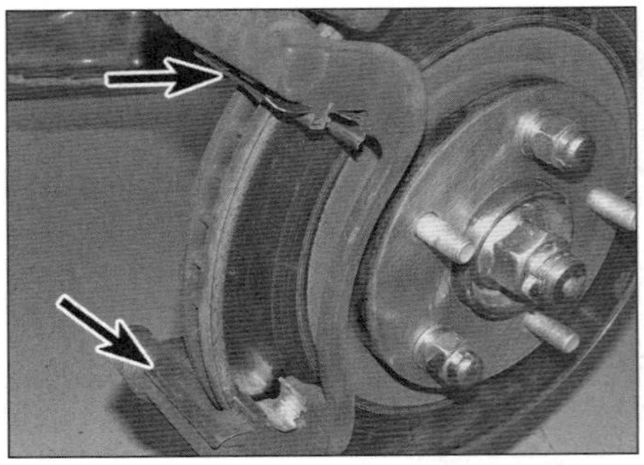

4.15a Die oberen und unteren Geräuschdämm-Bleche müssen korrekt sitzen, ...

4.15b ... bevor der innere ...

4.15c ... und der äußere Bremsbelag samt ihrer rückseitigen Bleche installiert werden.

16 Schwenken Sie den Bremssattel über den Belägen auf seinen Halter herunter (siehe Abbildung).

4.16 Schwenken Sie den Bremssattel über die Beläge.

17 Installieren Sie die untere Führungszapfen-Schraube, und ziehen Sie sie mit 34 Nm an.
18 Prüfen Sie, ob der Bremssattel sich sanft auf den Führungszapfen verschieben lässt.

19 Wiederholen Sie die Prozedur mit dem anderen Vorderradbremssattel.
20 Sobald an beiden Vorderrad-Bremssätteln die Bremsbeläge installiert sind, muss mehrmals die Bremse durchgetreten werden, um die Beläge an die Bremsscheiben zu drücken und anschließend einen normalen Druckpunkt herzustellen.
21 Montieren Sie die Räder, senken Sie das Fahrzeug ab, und ziehen Sie die Radmuttern mit 113 Nm an.
22 Prüfen Sie den Bremsflüssigkeitspegel und füllen Sie ggf. nach – siehe *Wöchentliche Kontrollen.*
23 Wenn neue Bremsbeläge installiert wurden, sollten diese zunächst möglichst ohne Vollbremsungen »eingebremst« werden, damit sie sich den Bremsscheiben anpassen können.

5 Hinterrad-Bremsbeläge – Ersetzen

Warnung: Ersetzen Sie immer alle Bremsbeläge beider Hinterradbremsen; der Austausch der Beläge nur an einer Seite würde zu einer ungleichmäßigen Bremswirkung führen.

Warnung: Der beim Verschleiß der Bremsbeläge entstehende Staub kann krebserregendes Asbest enthalten und darf daher nicht mit Druckluft ausgeblasen und eingeatmet werden. Entfernen Sie den Staub KEINESFALLS mit Benzin oder Lösungsmittel auf Petroleumbasis. Verwenden Sie Bremsenreiniger oder Spiritus, um Bremsenteile zu reinigen. Lassen Sie weder Bremsflüssigkeit noch Öle oder Fette mit den Bremsbelägen oder der Bremsscheibe in Kontakt kommen. Beachten Sie die Warnhinweise in Sektion 2, um weitere Informationen zu Bremsflüssigkeit zu erhalten.

1 Blockieren Sie die Vorderräder, heben Sie das Fahrzeug vorn an, und stützen Sie es sicher ab (siehe Seite 535). Demontieren Sie die Hinterräder, und lösen Sie die Handbremse.
2 Ziehen Sie den entsprechenden Bremssattel nach außen, um den Kolben einzudrücken.
3 Lösen Sie den unteren Führungszapfen, und drehen Sie ihn heraus (siehe Abbildungen).

5.3a Der untere Führungszapfen ...

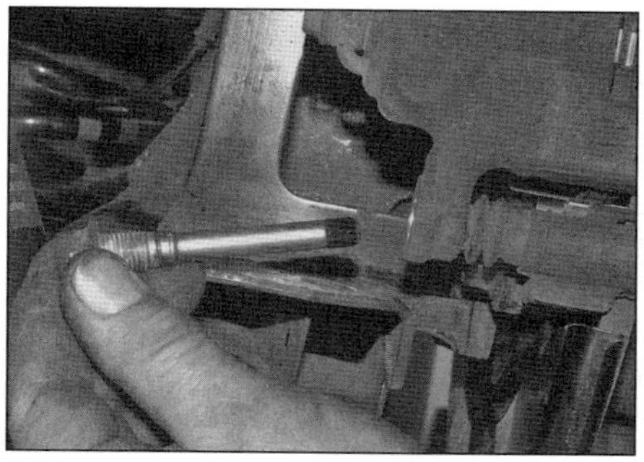

5.3b ... muss herausgeschraubt werden.

4 Schwenken Sie den Bremssattel hoch, um die Bremsbeläge freizulegen, und sichern Sie ihn mit Bändern oder Gurten am Federbein (siehe Abbildung). Auf keinen Fall darf bei demontiertem Bremssattel die Bremse getreten werden. Achten Sie darauf, die Bremsleitung nicht unter Last zu setzen.

5.4 Schwenken Sie den Bremssattel hoch und sichern Sie ihn am Federbein.

5 Beachten Sie die Positionen und Ausrichtungen der hinten, oben und unten den Bremsbelägen sitzenden Geräuschdämm-Bleche.
6 Heben Sie die Bremsbeläge samt aller Geräuschdämm-Bleche heraus.

5.6a Entnehmen Sie den äußeren ...

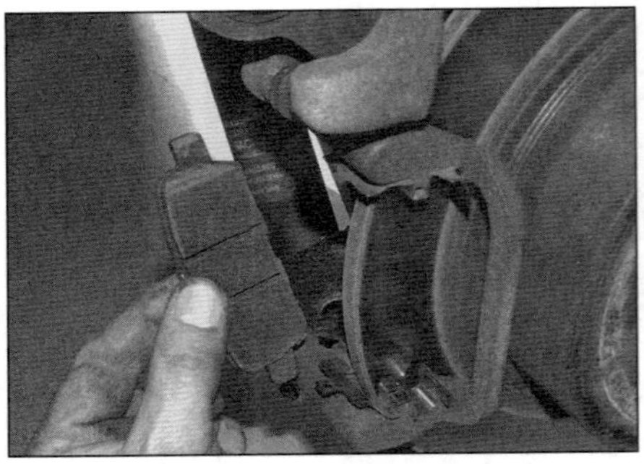

5.6b ... und den inneren Bremsbelag aus dem Bremssattelhalter.

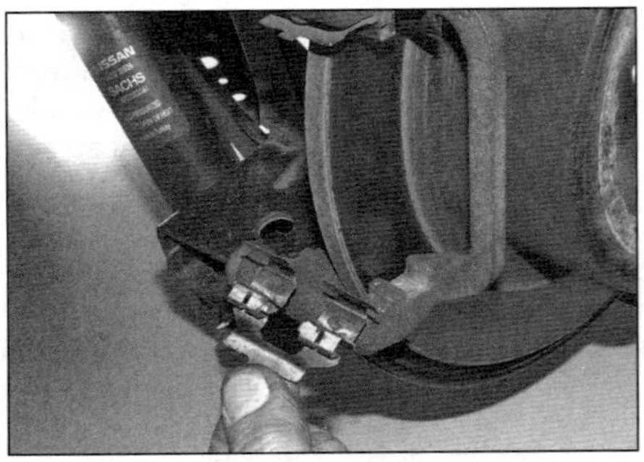

5.6c Entfernen Sie das untere, ...

5.6d ... und das obere Geräuschdämm-Blech

7 Befreien Sie ggf. die hinteren Bleche von den Bremsbelägen.

8 Messen Sie an beiden Bremsbelägen die Stärke des Belagmaterials (Abb. 4.8). Falls auch nur ein Belag unter 1,5 mm verschlissen ist, müssen alle vier Bremsbeläge der Hinterradbremsen ersetzt werden. Ersetzen Sie die Bremsbeläge auch, wenn sie mit Öl oder Fett kontaminiert sind. Wenn einer der Beläge ungleichmäßig verschlissen oder mit Öl oder Fett kontaminiert ist, muss vor dem Einbau die Ursache hierfür gefunden und beseitigt werden. Neue Bremsbeläge und Reparatursets sind beim Nissan-Händler erhältlich. Bremsbeläge dürfen niemals untereinander ausgetauscht werden, um ungleichmäßigen Verschleiß zu kompensieren.

9 Falls die Bremsbeläge wiederverwendet werden können, müssen sie sorgfältig mit einer absolut fettfreien Kupfer-Drahtbürste gereinigt werden – beachten Sie hierbei besonders die Seiten und die Rückseite der Belagplatte. Reinigen Sie die Nuten des Belagmaterials und entfernen Sie größere eingedrungene Partikel.

10 Reinigen Sie **Geräuschdämm-Bleche** und die Bremsbelag-Sitze im Bremssattelhalter.

11 Prüfen Sie vor dem Einbau der Beläge, ob die Führungszapfen frei im Bremssattelgehäuse und dem Halter gleiten können. Ihre Gummimanschetten dürfen nicht beschädigt sein (siehe Abbildung).

5.11 Kontrollieren Sie die Führungszapfen und ihre Gummimanschetten.

12 Entfernen Sie mit der Drahtbürste Staub und Schmutz aus dem Bremssattel und von seinem Kolben – atmen Sie den Staub nicht ein! Kontrollieren Sie die um den Kolben sitzende Staubdichtung auf Beschädigungen und Undichtigkeit. Inspizieren Sie den Kolben auf Korrosion und Beschädigungen. Falls eine dieser Komponenten Aufmerksamkeit erfordert, müssen die Hinweise in Sektion 9 beachtet werden.

13 Wenn neue Bremsbeläge installiert werden sollen, muss der Kolben tiefer in den Sattel gedrückt werden – entweder mit einem speziellen Einpresswerkzeug (siehe Abbildung) oder mit einem Stück Holz als Hebel. Soweit der Ausgleichsbehälter des Hauptbremszylinders nicht überfüllt ist, sollte die aus dem Bremssattel zugedrückte Bremsflüssigkeit dort noch mit hineinpassen – überwachen Sie jedoch den Pegel und lassen Sie nötigenfalls Bremsflüssigkeit über die Entlüftungsschraube ab (siehe Sektion 2).

Warnung: Saugen Sie keine Bremsflüssigkeit mit dem Mund per Schlauch ab – sie ist hochgiftig. Verwenden Sie stattdessen eine große Spritze oder ein altes Frostschutz-Prüfgerät.

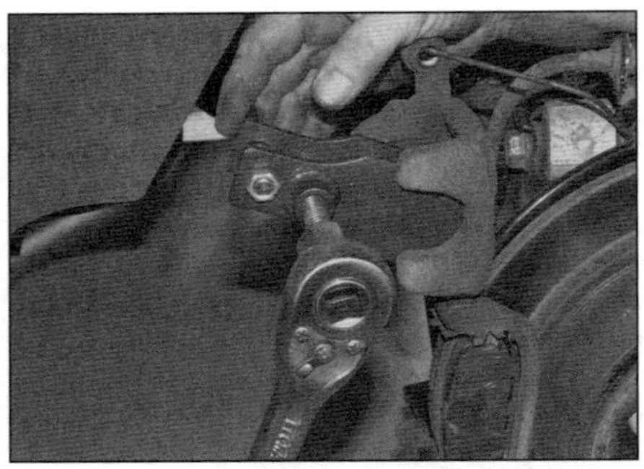

5.13 Öffnen Sie ggf. die Entlüftungsschraube und pressen Sie den Bremssattel-Kolben in seinen Sitz – hier mit einem Einpresswerkzeug.

14 Tragen Sie an den Kontaktflächen des Bremsbelagträgers und der Bleche etwas Kupferpaste auf – aber lassen Sie nichts davon auf das Belagmaterial gelangen (Abb. 4.14a und b).

15 Installieren Sie die oberen und unteren Geräuschdämm-Bleche in den Bremssattelhalter, installieren Sie dann die Beläge zusammen mit dem/den hinteren Geräuschdämm-

Blech(en) in die korrekten Positionen – das Belagmaterial muss an beiden Seiten gegen die Bremsscheibe drücken (siehe Abbildung).

5.15 Installieren Sie alle Geräuschdämm-Bleche und die Bremsbeläge.

16 Schwenken Sie den Bremssattel über den Belägen auf seinen Halter herunter (siehe Abbildung).

5.16 Schwenken Sie den Bremssattel über die Beläge.

17 Installieren Sie den unteren Führungszapfen, und ziehen Sie ihn mit 43 Nm an.
18 Prüfen Sie, ob der Bremssattel sich sanft auf den Führungszapfen verschieben lässt.
19 Wiederholen Sie die Prozedur mit dem anderen Hinterradbremssattel.
20 Sobald an beiden Hinterrad-Bremssätteln die Bremsbeläge installiert sind, muss mehrmals die Bremse durchgetreten werden, um die Beläge an die Bremsscheiben zu drücken und anschließend einen normalen Druckpunkt herzustellen.
21 Montieren Sie die Räder, senken Sie das Fahrzeug ab, und ziehen Sie die Radmuttern mit 113 Nm an.
22 Prüfen Sie den Bremsflüssigkeitspegel und füllen Sie ggf. nach – siehe *Wöchentliche Kontrollen*.
23 Wenn neue Bremsbeläge installiert wurden, sollten diese zunächst möglichst ohne Vollbremsungen »eingebremst« werden, damit sie sich den Bremsscheiben anpassen können.

6 Handbremsen-Bremsbacken – Ersetzen

Warnung: Ersetzen Sie immer alle Bremsbacken beider Handbremsen-Trommeln; der Austausch der Bremsbacken nur an einer Seite würde zu einer ungleichmäßigen Bremswirkung führen.

Warnung: Der beim Verschleiß der Bremsbacken entstehende Staub kann krebserregendes Asbest enthalten und darf daher nicht mit Druckluft ausgeblasen und eingeatmet werden. Entfernen Sie den Staub KEINESFALLS mit Benzin oder Lösungsmittel auf Petroleumbasis. Verwenden Sie Bremsenreiniger oder Spiritus, um Bremsenteile zu reinigen. Lassen Sie weder Bremsflüssigkeit noch Öle oder Fette mit den Bremsbacken oder der Bremstrommel in Kontakt kommen. Beachten Sie die Warnhinweise in Sektion 2, um weitere Informationen zu Bremsflüssigkeit zu erhalten.

1 Blockieren Sie die Vorderräder, heben Sie das Fahrzeug vorn an, und stützen Sie es sicher ab (siehe Seite 535). Demontieren Sie die Hinterräder und lösen Sie die Handbremse.
2 Befreien Sie im Innenraum die obere Abdeckung der Mittelkonsole (siehe Abbildung).

6.2 Befreien Sie die obere Abdeckung (Becherhalter) der Mittelkonsole.

3 Die Handbremszug-Einstellmutter ist von oben durch die Mittelkonsole erreichbar. Messen Sie, wie weit das Gewinde aus der Mutter herausragt, um einen Hinweis für den Einbau zu erhalten (siehe Abbildung).

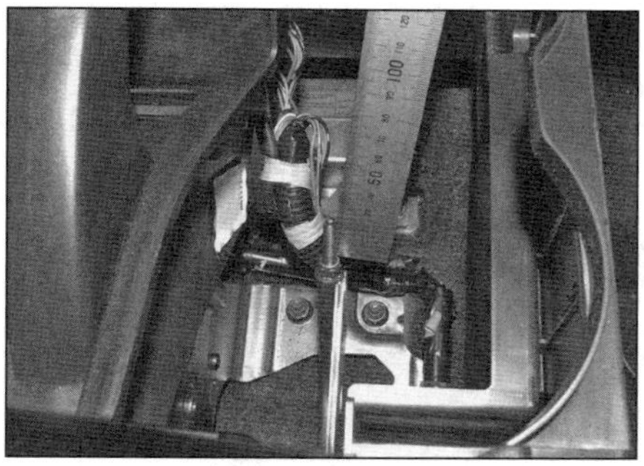

6.3 Messen Sie, wie weit das Gewinde aus der Mutter ragt.

4 Drehen Sie die Handbremszug-Einstellmutter bis zum Ende des Gewindes – sie muss nicht komplett entfernt werden.
5 Demontieren Sie die Hinterradbremsscheibe (siehe Sektion 8).
6 Entfernen Sie unter Beachtung aller Warnhinweise (siehe oben) den Staub aus der Bremstrommel, von den Bremsbacken und der Rückplatte.
7 Messen Sie an beiden Bremsbacken die Stärke des Belagmaterials. Falls auch nur eine Bremsbacke auf unter

1,5 mm verschlissen ist, müssen alle vier Bremsbacken der Handbremsen ersetzt werden. Ersetzen Sie die Bremsbacken auch, wenn sie mit Öl oder Fett kontaminiert sind.

8 Wenn einer der Backen ungleichmäßig verschlissen oder mit Öl oder Fett kontaminiert ist, muss vor dem Einbau die Ursache hierfür gefunden und beseitigt werden.

9 Vor dem Ausbau der Bremsbacken müssen ihre Einbaupositionen sowie die Positionen der Rückhol- und Einstellfedern notiert werden. Merken Sie sich auch die Einbaulagen aller Einsteller-Komponenten (siehe Abbildungen).

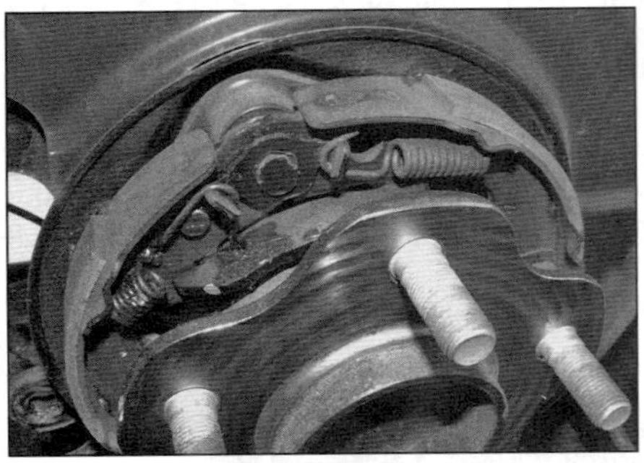

6.9a Merken Sie sich die Positionen der Bremsbacken, der Federn ...

6.9b ... und der Einsteller.

10 Drücken Sie die Bremsbacken-Andruckfeder herunter, und verdrehen Sie mithilfe einer Zange den Sicherungsstift um 90°, um den Feder-Clip abheben zu können (siehe Abbildungen). Wiederholen Sie die Prozedur mit der anderen Bremsbacke.

6.10a Drehen Sie den Sicherungsstift ...

6.10b ... und entfernen Sie den Federclip.

11 Drücken Sie mithilfe einer geeigneten Zange die Bremsbacken unten auseinander, und entfernen Sie den Einsteller (siehe Abbildung) – beachten Sie seine Einbaulage.

6.11 Drücken Sie die Bremsbacken auseinander, und entfernen Sie den Einsteller.

12 Befreien Sie an der vorderen Bremsbacke die obere Rückholfeder, ziehen Sie die Backe von der Rückplatte ab, und hängen Sie die untere Einstellfeder aus (siehe Abbildungen). Das eine Ende der Rückholfedern kann zur Erleichterung des Einbaus an der Bremsbacke verbleiben.

6.12a Hängen Sie die obere Feder aus ...

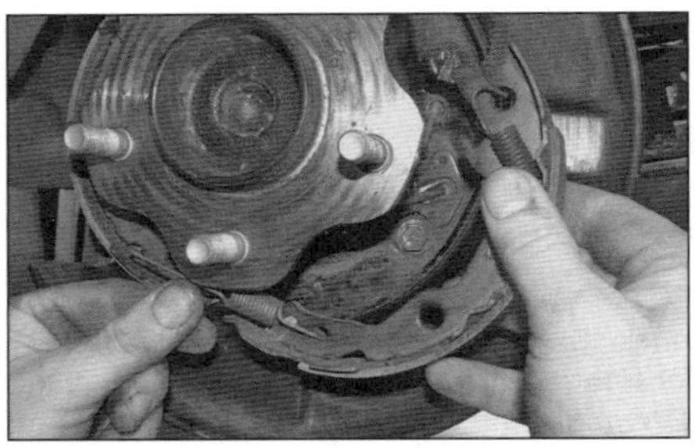

6.12b ... und entfernen Sie die vordere Bremsbacke.

13 Hängen Sie an der vorderen Bremsbacke die obere Rückholfeder aus, und ziehen Sie die Stützplatte von der Backe und dem Bremshebel ab (siehe Abbildungen).

6.13a Hängen Sie die obere Feder aus ...

6.13b ... und entfernen Sie die Stützplatte.

14 Sobald die hintere Bremsbacke von der Rückplatte abgezogen ist, kann der Handbremsenhebel von der Backe befreit werden (siehe Abbildung).

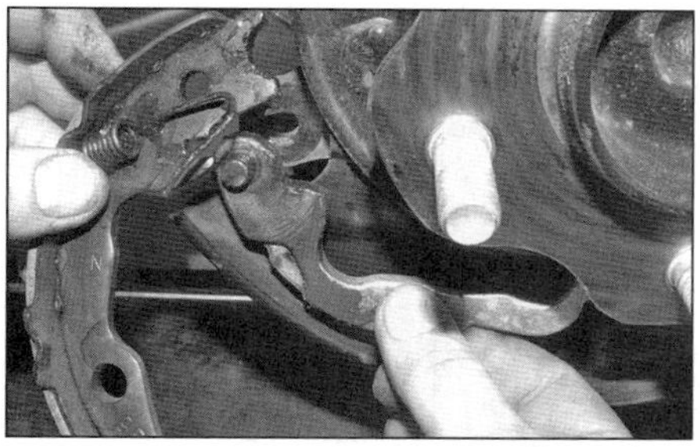

6.14 Befreien Sie den Handbremsenhebel von der Bremsbacke.

15 Das andere Ende des Handbremsenhebels kann nötigenfalls nach dem Zurückziehen der Feder vom Bremszug befreit werden (siehe Abbildung).

6.15 Befreien Sie den Bremszug nötigenfalls aus dem Hebel.

16 Kontrollieren Sie das gegabelte Ende der Einstellstrebe, und begutachten Sie sorgfältig die gesamte Baugruppe auf Verschleiß oder Beschädigungen. Inspizieren Sie besonders die Gewinde und das Einstellrad. Ersetzen Sie schadhafte Teile.

17 Kontrollieren Sie alle Federn, und ersetzen Sie sie, falls Ermüdung und andere Schäden festgestellt werden.

18 Reinigen Sie vor dem Einbau die Rückplatte, und tragen Sie an allen Kontaktflächen zu den Bremsbacken dünn Hochtemperaturfett oder Kupferpaste auf (siehe Abbildung) – diese darf nicht auf das Belagmaterial gelangen.

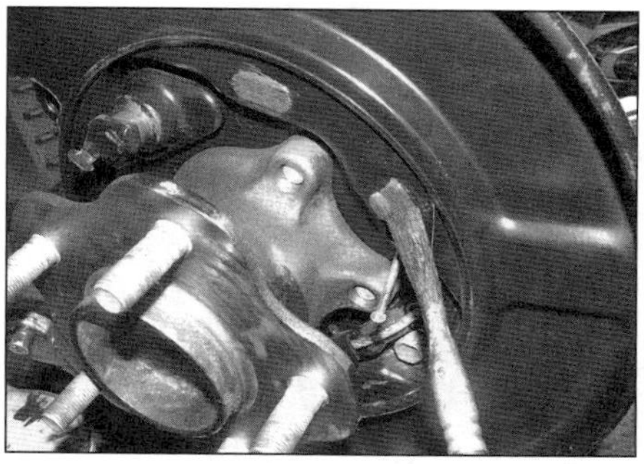

6.18 Schmieren Sie die Rückplatte sparsam mit Kupferpaste o. Ä.

19 Hängen Sie ggf. den Handbremsenhebel am Bremszug ein.

20 Verbinden Sie den Handbremsenhebel mit der hinteren Bremsbacke, und hängen Sie die obere Rückholfeder ein (siehe Abbildungen).

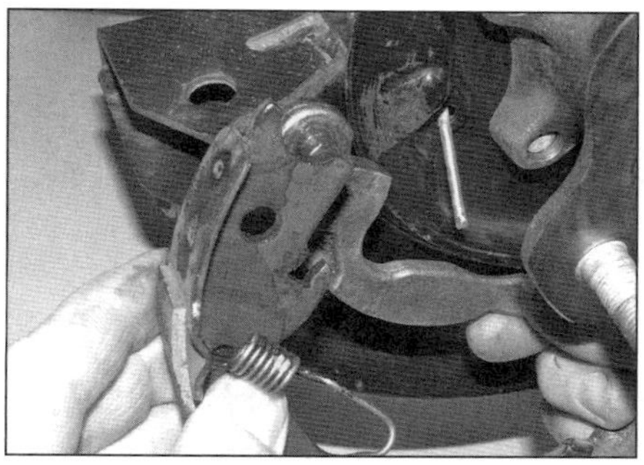

6.20a Verbinden Sie den Handbremsenhebel mit der hinteren Bremsbacke ...

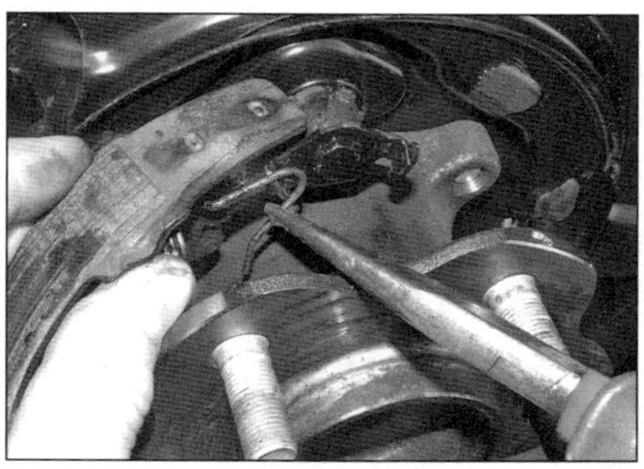

6.20b ... und hängen Sie die obere Rückholfeder ein.

21 Schieben Sie die Stützplatte in die Nut der hinteren Bremsbacke und den Handbremsenhebel, richten Sie das Ende der Feder zur Bohrung der Stützplatte aus (siehe Abbildungen).

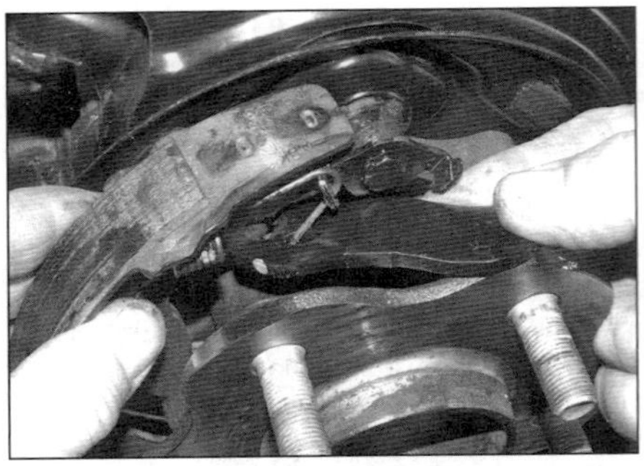

6.21a Installieren Sie die Stützplatte ...

6.21b ... und hängen Sie die Feder in ihrer Bohrung ein.

22 Verbinden Sie die Rückholfeder mit der vorderen Bremsbacke, und hängen Sie sie an der oberen Halterung ein (siehe Abbildungen).

6.22a Verbinden Sie die Rückholfeder mit der vorderen Bremsbacke ...

6.22b ... und hängen Sie sie an der oberen Halterung ein.

23 Prüfen Sie, ob die Federn und die Stützplatte korrekt sitzen (siehe Abbildung).

6.23 Die Federn und die Stützplatte müssen korrekt sitzen.

24 Hängen Sie die untere Feder an den Bremsbacken ein (siehe Abbildung).

6.24 Die untere Feder muss die Bremsbacken zusammenziehen.

25 Drehen Sie den Einsteller mit dem Stellrad auf seine Minimallänge zusammen, und tragen Sie an beiden Enden etwas Kupferpaste auf.

26 Drücken Sie mithilfe einer geeigneten Zange die Bremsbacken unten auseinander, und installieren Sie den Einsteller (siehe Abbildungen) – seine Strebe muss wie beim Ausbau notiert sitzen und die Enden in den Nuten der Bremsbacken stecken.

6.26a Drücken Sie die Bremsbacken auseinander, und installieren Sie den Einsteller, ...

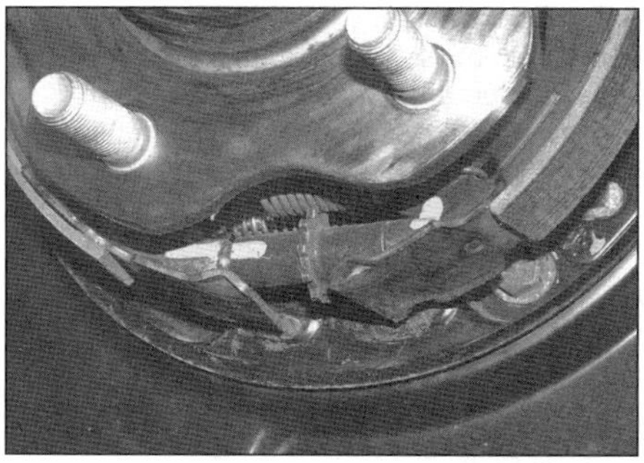

6.26b ... der richtig herum eingebaut sein muss.

27 Halten Sie die Sicherungsstifte mit einem Schlitzschraubendreher in Position, installieren Sie die zwei Andrückfedern über die Bremsbacken, und verdrehen Sie die Stifte um 90°, damit die Federn gesichert sind (siehe Abbildungen).

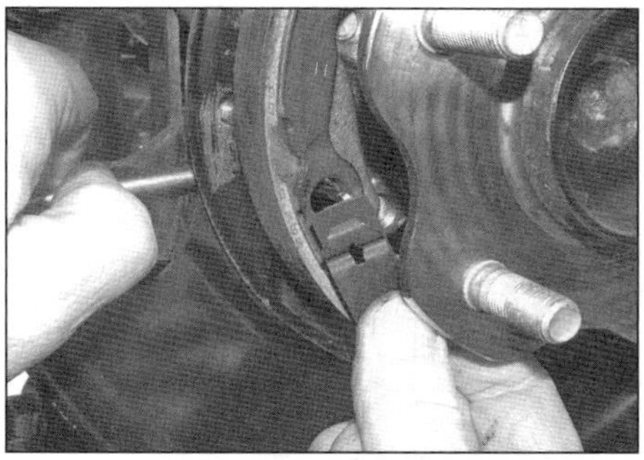

6.27a Halten Sie den Sicherungsstift herunter, und installieren Sie die Andrückfeder.

6.27b Verdrehen Sie den Sicherungsstift um 90° ...

6.27c ... und sichern Sie damit die Feder.

28 Prüfen Sie, ob alle Komponenten korrekt installiert sind, und prüfen Sie, ob der Einstellmechanismus korrekt funktioniert.

29 Drehen Sie das Stellrad des Einstellers mit einem Schraubendreher, bis die Bremsbacken fast an der Bremstrommel anliegen.

30 Montieren Sie die Hinterradbremsscheibe (siehe Sektion 8).

31 Wiederholen Sie die Prozedur mit dem anderen Hinterradbremssattel.

32 Prüfen Sie die Einstellung des Handbremszugs (siehe Kapitel 1A, Sektion 6 oder Kapitel 1B, Sektion 7).

33 Bauen Sie die Abdeckung auf die Mittelkonsole.

34 Montieren Sie die Räder, senken Sie das Fahrzeug ab, und ziehen Sie die Radmuttern mit 113 Nm an.

7 Vorderrad-Bremsscheibe – Kontrolle, Ausbau und Einbau

Warnung: Beachten Sie vor Arbeitsbeginn die den Asbeststaub betreffenden Warnhinweise am Anfang von Sektion 4.

Anmerkung: *Falls eine Bremsscheibe ersetzt werden muss, sind immer beide Vorderrad-Bremsscheiben auszutauschen, um eine gleichmäßige Bremswirkung sicherzustellen. Beim Austausch von Bremsscheiben müssen auch die Bremsbeläge erneuert werden.*

Kontrolle

1 Betätigen Sie die Handbremse, heben Sie das Fahrzeug vorn an, und stützen Sie es sicher ab (siehe Seite 535). Demontieren Sie das entsprechende Vorderrad.

2 Drehen Sie die Bremsscheibe langsam, und begutachten Sie auf beiden Seiten den Zustand der Oberfläche auf Kerben und andere Beschädigungen. Um den Zugang zur Innenseite zu verbessern, können die Bremsbeläge entfernt werden (siehe Sektion 4). Leichte Kratzer sind nach Gebrauch normal und behindern nicht die Funktion der Bremse, tiefe Kerben und starker Abrieb reduzieren jedoch die Bremswirkung und erhöhen den Belagverschleiß, sodass die Bremsscheibe ersetzt werden muss.

3 Am Außenrand der Bremsscheibe findet sich oft eine Kante und Korrosion. Rost kann nötigenfalls entfernt werden. Wenn die Kante eine stark verschlissene Bremsscheibe vermuten lässt, muss ihre Stärke (im Bereich der Bremsbelag-Kontaktflächen) mit einer Messuhr an mehreren Stellen ermittelt werden (siehe Abbildung). Wenn irgendwo die in den technischen Daten angegebene Verschleißgrenze fast erreicht oder unterschritten wird, muss die Bremsscheibe erneuert werden.

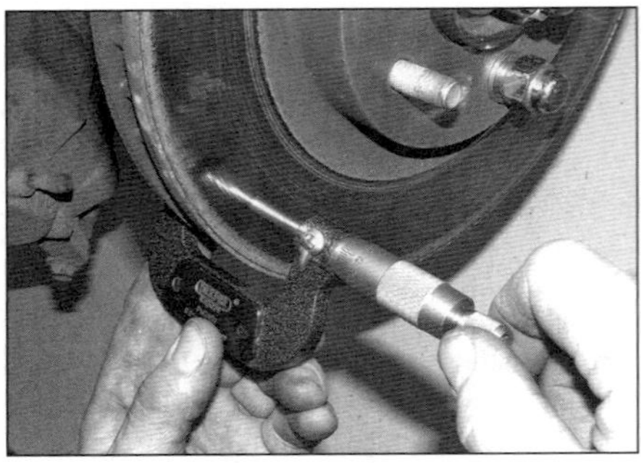

7.3 Messen Sie die Stärke der Bremsscheibe.

4 Falls ein Verzug der Bremsscheibe vermutet wird, kann dies mit einer sicher an einem Fixpunkt befestigten Messuhr bei langsam drehender Scheibe kontrolliert werden (siehe Abbildung). Alternativ kann der Verzug auch mit Fühlerlehrenblättern zwischen der Bremsscheibe und beispielsweise dem Bremssattelhalter ermittelt werden. Falls mehr als 0,035 mm festgestellt werden, muss zunächst sichergestellt werden, dass die Radlager in Ordnung sind (siehe Kapitel 1A oder B bzw. 10); sind diese in Ordnung, muss die Bremsscheibe ersetzt werden.

7.4a Sichern Sie die Bremsscheibe mit jeweils zwei Scheiben und Radmuttern ...

7.4b ... und kontrollieren Sie den Bremsscheiben-Verzug mit einer Messuhr.

5 Kontrollieren Sie die Bremsscheibe auf Risse (vor allem an den Stehbolzen-Bohrungen) und andere Schäden oder Verschleiß, und ersetzen Sie sie nötigenfalls.

Ausbau

6 Falls noch nicht erledigt, muss die Handbremse gezogen, das Fahrzeug vorn angehoben und sicher abgestützt werden (siehe Seite 535). Demontieren Sie das entsprechende Vorderrad.

7 Lösen Sie die zwei Schrauben, die den Bremssattelhalter am Radnabenträger sichern (siehe Abbildungen). Ziehen Sie die Bremssattel-Baugruppe ab, und sichern Sie sie mit Bändern oder Gurten am Federbein – belasten Sie dabei nicht die Bremsleitung, und befreien Sie sie nötigenfalls aus ihren Befestigungen.

7.7a Lockern Sie die zwei Bremssattelschrauben ...

7.7b ... und ziehen Sie den Sattel samt Halter von der Bremsscheibe.

8 Falls die originale Bremsscheibe wieder eingebaut werden soll, muss ihre Ausrichtung zur Radnabe markiert werden. Ziehen Sie die Bremsscheibe ab (siehe Abbildung).

7.8 Ziehen Sie die Bremsscheibe von der Radnabe.

Einbau

9 Die Kontaktflächen der Bremsscheibe und der Radnabe müssen absolut sauber und frei von Korrosion sein.

10 Richten Sie ggf. bei der alten Bremsscheibe die Markierung aus, und schieben Sie die Scheibe über die Stehbolzen auf die Radnabe.

11 Neue Bremsscheiben müssen mit nicht nachfettendem Lösungsmittel von sämtlichen Schutzbeschichtungen befreit werden.

12 Montieren Sie den Bremssattel – die Bremsbeläge müssen auf beiden Seiten an der Bremsscheibe anliegen. Ziehen Sie die Bremssattelhalter-Schrauben mit 150 Nm an. Sichern Sie ggf. die Bremsleitung mit den entsprechenden Befestigungen.
13 Betätigen Sie vor der ersten Fahrt mehrmals die Bremse, um die Beläge an der Bremsscheibe anliegen zu lassen.
14 Falls eine neue Bremsscheibe montiert wurde, muss die Prozedur am anderen Vorderrad wiederholt werden.
15 Montieren Sie das Rad, senken Sie das Fahrzeug ab, und ziehen Sie die Radmuttern mit 113 Nm an.

8 Hinterrad-Bremsscheibe – Kontrolle, Ausbau und Einbau

Warnung: Beachten Sie vor Arbeitsbeginn die den Asbeststaub betreffenden Warnhinweise am Anfang von Sektion 4.

Anmerkung: *Falls eine Bremsscheibe ersetzt werden muss, sind immer beide Hinterrad-Bremsscheiben auszutauschen, um eine gleichmäßige Bremswirkung sicherzustellen. Beim Austausch von Bremsscheiben müssen auch die Bremsbeläge erneuert werden.*

Kontrolle

1 Blockieren Sie die Vorderräder, heben Sie das Fahrzeug hinten an, und stützen Sie es sicher ab (siehe Seite 535). Demontieren Sie das entsprechende Hinterrad.
2 Lösen Sie die Handbremse.
3 Führen Sie die Kontrolle entsprechend der Vorgaben in Sektion 7 durch – beachten Sie dabei für den Ausbau der Bremsbeläge die Hinweise in Sektion 5.

Ausbau

4 Falls noch nicht erledigt, müssen die Vorderräder blockiert, das Fahrzeug hinten angehoben und sicher abgestützt werden (siehe Seite 535). Lösen Sie die Handbremse, und demontieren Sie das entsprechende Hinterrad.
5 Lösen Sie die zwei Schrauben, die den Bremssattelhalter am Radnabenträger sichern. Ziehen Sie die Bremssattel-Baugruppe ab, und sichern Sie sie mit Bändern oder Gurten am Fahrzeug (siehe Abbildungen) – belasten Sie dabei nicht die Bremsleitung und befreien Sie sie nötigenfalls aus ihren Befestigungen.

8.5a Lockern Sie die zwei Bremssattelschrauben ...

8.5b ... und sichern Sie den Sattel samt Halter abseits der Bremsscheibe.

6 Falls die originale Bremsscheibe wieder eingebaut werden soll, muss ihre Ausrichtung zur Radnabe markiert werden. Ziehen Sie die Bremsscheibe ab (siehe Abbildung).

8.6 Ziehen Sie die Bremsscheibe von der Radnabe.

7 Falls sich die Bremsscheibe nur schwierig abziehen lässt, muss eventuell der Einsteller der Handbremsen-Trommelbremse innerhalb der Bremsscheibe gelockert werden. Entfernen Sie dazu den Stopfen aus der Bremsscheibe und lockern Sie mit einem Schraubendreher den Einsteller (siehe Abbildung) – jetzt sollte sich die Bremsscheibe von den Bremsbacken abziehen lassen.

8.7a Entfernen Sie den Gummistopfen ...

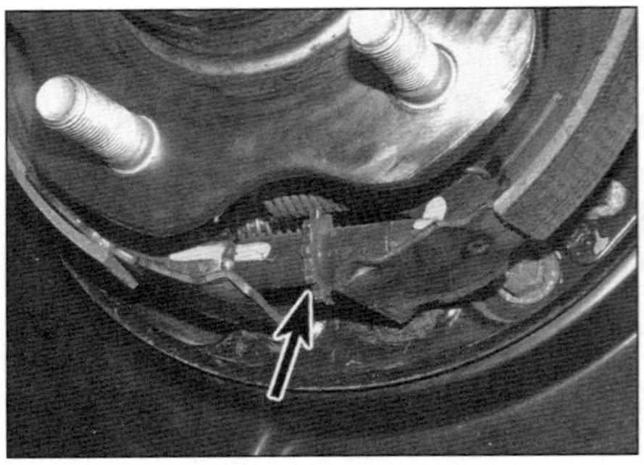

8.7b ... und lockern Sie das Einstellrad.

Einbau

8 Die Kontaktflächen der Bremsscheibe und der Radnabe müssen absolut sauber und frei von Korrosion sein.
9 Richten Sie ggf. bei der alten Bremsscheibe die Markierung aus, und schieben Sie die Scheibe über die Stehbolzen auf die Radnabe.
10 Neue Bremsscheiben müssen mit nicht nachfettendem Lösungsmittel von sämtlichen Schutzbeschichtungen befreit werden.
11 Montieren Sie den Bremssattel – die Bremsbeläge müssen auf beiden Seiten an der Bremsscheibe anliegen. Ziehen Sie die Bremssattelhalter-Schrauben mit 84 Nm an. Sichern Sie ggf. die Bremsleitung mit den entsprechenden Befestigungen.
12 Betätigen Sie vor der ersten Fahrt mehrmals die Bremse, um die Beläge an der Bremsscheibe anliegen zu lassen.
13 Falls eine neue Bremsscheibe montiert wurde, muss die Prozedur am anderen Hinterrad wiederholt werden.
14 Prüfen Sie die Einstellung des Handbremszugs (siehe Kapitel 1A, Sektion 6 oder Kapitel 1B, Sektion 7).
15 Montieren Sie das Rad, senken Sie das Fahrzeug ab, und ziehen Sie die Radmuttern mit 113 Nm an.

9 Vorderrad-Bremssattel – Ausbau, Überholung und Einbau

Warnung: Beachten Sie vor Arbeitsbeginn die Warnhinweise am Anfang der Sektionen 2 und 4.

Ausbau

1 Betätigen Sie die Handbremse, heben Sie das Fahrzeug vorn an, und stützen Sie es sicher ab (siehe Seite 535). Demontieren Sie das entsprechende Vorderrad.
2 Der Verlust an Bremsflüssigkeit kann minimiert werden, indem der Deckel des Ausgleichsbehälters geöffnet, ein Stück Plastikfolie über die Öffnung gelegt und der Deckel wieder aufgeschraubt wird – so ist der Behälter nicht belüftet, und bei einer getrennten Leitung läuft keine Flüssigkeit nach. Alternativ können Schläuche mit einer speziellen Bremsschlauchklemme abgedichtet werden (Abb. 3.1).
3 Reinigen Sie den Bremssattel im Bereich des Bremsleitungs-Anschlusses und lösen Sie die Anschlussschraube (siehe Abbildung) – die zwei Dichtscheiben müssen beim Einbau erneuert werden. Bedecken oder verstopfen Sie alle offenen Anschlüsse, damit kein Schmutz eindringt.

9.3 Lösen Sie die Bremsleitungs-Anschlussschraube.

4 Entfernen Sie die Bremsbeläge (siehe Sektion 4).
5 Lösen Sie die obere Führungszapfen-Schraube – kontern Sie nötigenfalls den Kopf des Führungszapfens mit einem schmalen Maulschlüssel.
6 Ziehen Sie den Bremssattel vom Halter (siehe Abbildung).

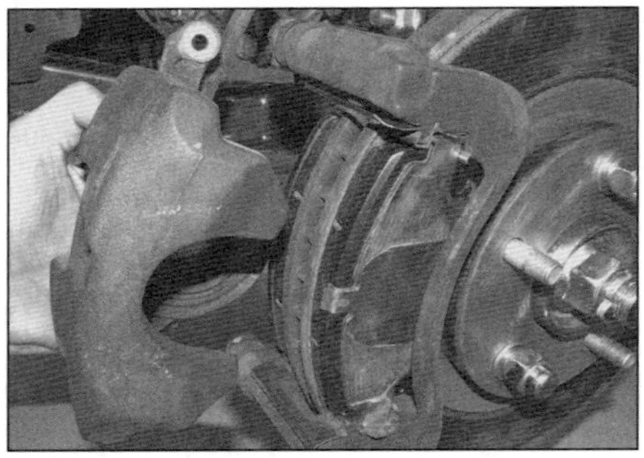

9.6 Lösen Sie die obere Schraube und ziehen Sie den Bremssattel ab.

7 Der Bremssattelhalter kann nötigenfalls vom Radnabenträger geschraubt werden (siehe Abbildung).

9.7 Bremssattelhalter-Befestigungsschrauben

Überholen

Anmerkung: *Erkundigen Sie sich vor Arbeitsbeginn, ob Ersatzteile und Reparatursets für den Bremssattel erhältlich sind.*
8 Reinigen Sie den auf der Werkbank liegenden Bremssattel – achten Sie darauf, keinen Staub einzuatmen.
9 Befreien Sie die Bremssattel-Führungszapfen – nötigenfalls, indem Sie die Schrauben hineindrehen und diese damit

herausziehen. Ziehen Sie an den Zapfen die Gummimanschetten ab.

10 Platzieren Sie ein kleines Stück Holz zwischen das Bremssattelgehäuse und den Kolben. Befreien Sie den Kolben samt der Staubdichtung, indem Sie am Bremsleitungsanschluss eine Luftpumpe oder einen Kompressor anschließen und diesen vorsichtig herauspressen.

Achtung: Der Kolben muss eventuell mit etwas Kraft herausgedrückt werden – setzen Sie dennoch nur geringen Luftdruck an, um nichts zu beschädigen.

11 Befreien Sie die Staubdichtung vom Kolben, und setzen Sie ein stumpfes Werkzeug (z. B. eine Stricknadel) ein, um den Kolben-Dichtring aus der Bremssattelbohrung zu hebeln.

12 Reinigen Sie sorgfältig alle Komponenten mit Spiritus oder sauberer Bremsflüssigkeit – verwenden Sie **niemals** Lösungsmittel auf Mineralölbasis (Benzin oder Petroleum), da diese die Gummiteile der Hydraulik angreifen!

13 Der Kolben-Dichtring und die Staubdichtung, die Führungszapfen-Manschetten und die Entlüftungsschrauben-Staubkappen sind nur zusammen als Reparaturset erhältlich. Da Nissan empfiehlt, den Dichtring und die Staubdichtung des Kolbens nach jeder Demontage zu erneuern, sollten auch die anderen Teile des Sets verwendet werden.

14 Begutachten Sie sorgfältig alle Teile der Bremssattel-Baugruppe – achten Sie besonders auf Korrosion und Verschleiß am Kolben und seiner Bohrung. Bei jedem Zweifel über den Zustand von Teilen sollten diese erneuert werden; falls der Bremssattel oder sein Halter erneuert werden müssen, bedeutet dies den Austausch der gesamten Bremse.

15 Nissan empfiehlt, kleine Kratzer, Rost usw. in der Kolbenbohrung mit Schleifpapier zu beseitigen, doch der Kolben muss bei solchen Schäden auf jeden Fall erneuert werden. Die Oberfläche des Kolbens ist mit Hartmetall überzogen und darf daher **keinesfalls** mit Schleifpapier oder Ähnlichem bearbeitet werden.

16 Prüfen Sie, ob die Gewinde des Bremssattelgehäuses und des Halters in Ordnung sind. Beide Führungszapfen dürfen nicht beschädigt sein und müssen (gereinigt) spielfrei in den Bohrungen des Halters gleiten.

17 Blasen Sie die Hydraulik-Kanäle möglichst mit Druckluft aus.

Warnung: Tragen Sie beim Einsatz von Druckluft stets eine Schutzbrille!

18 Stellen Sie vor dem Zusammenbau sicher, dass alle Komponenten absolut sauber und trocken sind.

19 Schmieren Sie den neuen Kolben-Dichtring mit frischer Bremsflüssigkeit, und installieren Sie ihn in die Nut der Bohrung – verwenden Sie dazu ausschließlich Ihre Finger, da Werkzeuge die Bohrung beschädigen können.

20 Installieren Sie die innere Dichtlippe der neuen Staubdichtung in die Nut der Kolbenbohrung, schmieren Sie den Kolben und die Bohrung mit frischer Bremsflüssigkeit, und installieren Sie den Kolben drehend in die Staubdichtung. Drücken Sie den Kolben dann senkrecht in seine Bohrung, und drücken Sie die äußere Staubdichtungs-Dichtlippe in die Nut des Kolbens.

21 Rüsten Sie beide Führungszapfen mit neuen Manschetten aus, und versehen Sie sie mit etwas Kupferpaste, bevor Sie sie in ihre Bohrungen schieben (Abb. 4.11a und b).

Einbau

22 Montieren Sie ggf. den Bremssattelhalter an den Radnabenträger, und ziehen Sie die Schrauben mit 150 Nm an.

23 Bringen Sie den Bremssattel in Position, installieren Sie die obere Führungszapfen-Schraube und ziehen Sie sie mit 34 Nm an.

24 Installieren Sie die Bremsbeläge (siehe Sektion 4).

25 Prüfen Sie, ob sich der Bremssattel sanft in seinem Halter verschieben lässt.

26 Die Bremsleitung muss korrekt verlegt und darf nicht verdreht sein. Verbinden Sie den Anschluss unter Verwendung neuer Dichtscheiben mit dem Bremssattel, installieren Sie die Anschlussschraube, und ziehen Sie sie mit 18 Nm an.

27 Entfernen Sie die Bremsleitungs-Klemme oder die Folie aus dem Ausgleichsbehälter.

28 Entlüften Sie die Bremse (siehe Sektion 2) – vorausgesetzt, der Flüssigkeitsverlust wurde minimiert, müssen nur die Vorderradbremsen entlüftet werden.

29 Betätigen Sie mehrmals das Bremspedal, um die Beläge an die Bremsscheibe anzulegen und einen normalen Druckpunkt zu erzeugen.

30 Montieren Sie das Rad, senken Sie das Fahrzeug ab, und ziehen Sie die Radmuttern mit 113 Nm an.

10 Hinterrad-Bremssattel – Ausbau und Einbau

Warnung: Beachten Sie vor Arbeitsbeginn die Warnhinweise am Anfang der Sektionen 2 und 4.

Ausbau

1 Blockieren Sie die Vorderräder, heben Sie das Fahrzeug hinten an, und stützen Sie es sicher ab (siehe Seite 535). Demontieren Sie das entsprechende Hinterrad.

2 Der Verlust an Bremsflüssigkeit kann minimiert werden, indem der Deckel des Ausgleichsbehälters geöffnet, ein Stück Plastikfolie über die Öffnung gelegt und der Deckel wieder aufgeschraubt wird – so ist der Behälter nicht belüftet, und bei einer getrennten Leitung läuft keine Flüssigkeit nach. Alternativ können Schläuche mit einer speziellen Bremsschlauchklemme abgedichtet werden (siehe Abbildung).

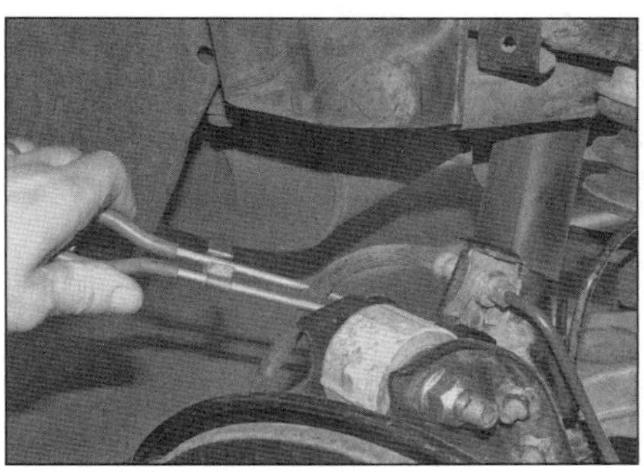

10.2 Bremsschläuche können mit einer speziellen Klemme abgedichtet werden.

3 Reinigen Sie den Bremssattel im Bereich des Bremsleitungs-Anschlusses, und lösen Sie die Anschlussschraube (siehe Abbildung) – die zwei Dichtscheiben müssen beim Einbau erneuert werden. Bedecken oder verstopfen Sie alle offenen Anschlüsse, damit kein Schmutz eindringt.

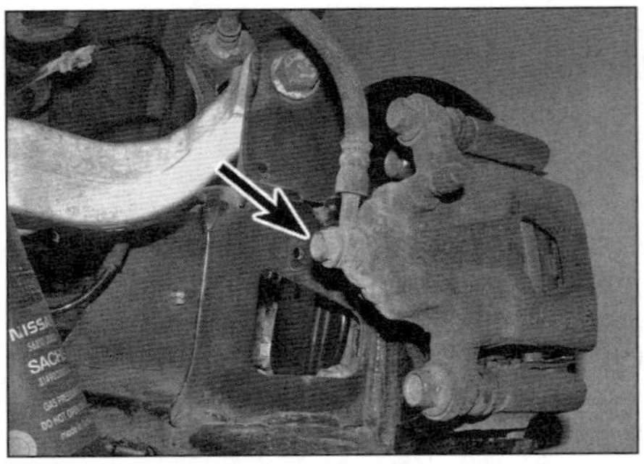

10.3 Lösen Sie die Bremsleitungs-Anschlussschraube.

4 Entfernen Sie die Bremsbeläge (siehe Sektion 5).
5 Heben Sie den Bremssattel an, und ziehen Sie den oberen Führungszapfen aus dem Halter (siehe Abbildung). Entfernen Sie nötigenfalls die Schraube aus dem Sattel.

10.5 Heben Sie den Bremssattel an, und ziehen Sie den Führungszapfen aus dem Halter.

6 Ziehen Sie den Bremssattel vom Halter (siehe Abbildung).
7 Der Bremssattelhalter kann nötigenfalls vom Radnabenträger geschraubt werden (siehe Abbildungen).

10.7a Lösen Sie die Bremssattelhalter-Befestigungsschrauben ...

10.7b ... und ziehen Sie den Halter von der Bremsscheibe.

Einbau

8 Montieren Sie ggf. den Bremssattelhalter an den Radnabenträger, und ziehen Sie die Schrauben mit 84 Nm an.
9 Bringen Sie den Bremssattel in Position, installieren Sie die obere Führungszapfen-Schraube, und ziehen Sie sie mit 43 Nm an.
10 Installieren Sie die Bremsbeläge (siehe Sektion 5).
11 Prüfen Sie, ob sich der Bremssattel sanft in seinem Halter verschieben lässt.
12 Die Bremsleitung muss korrekt verlegt und darf nicht verdreht sein. Verbinden Sie den Anschluss unter Verwendung neuer Dichtscheiben mit dem Bremssattel (siehe Abbildung), installieren Sie die Anschlussschraube und ziehen Sie sie mit 18 Nm an.

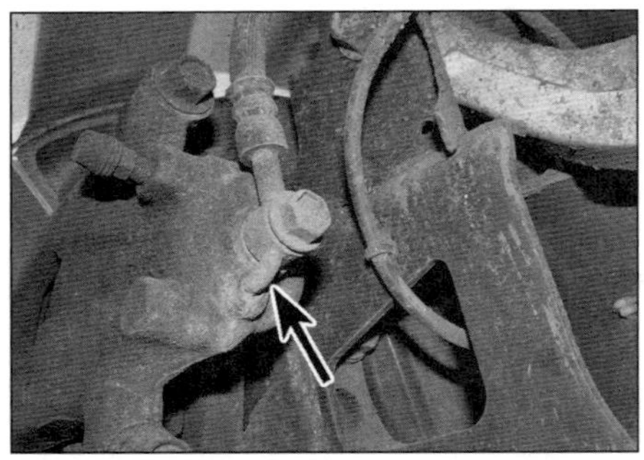

10.12 Die Bremsleitung muss korrekt zum Bremssattel ausgerichtet sein.

13 Entfernen Sie die Bremsleitungs-Klemme oder die Folie aus dem Ausgleichsbehälter.
14 Entlüften Sie die Bremse (siehe Sektion 2) – vorausgesetzt, der Flüssigkeitsverlust wurde minimiert, müssen nur die Hinterradbremsen entlüftet werden.
15 Betätigen Sie mehrmals das Bremspedal, um die Beläge an die Bremsscheibe anzulegen und einen normalen Druckpunkt zu erzeugen.
16 Montieren Sie das Rad, senken Sie das Fahrzeug ab, und ziehen Sie die Radmuttern mit 113 Nm an.

11 Hauptbremszylinder – Ausbau und Einbau

Achtung: Schalten Sie die Zündung aus, bevor Sie irgendwelche hydraulischen Anschlüsse trennen. Schalten Sie die Zündung erst wieder ein, nachdem das Bremssystem entlüftet wurde – andernfalls kann Luft in den ABS-Modulator eindringen, die dort nur sehr schwierig wieder herauszubekommen ist.

Anmerkung: *Beachten Sie vor Arbeitsbeginn die Warnhinweise am Anfang von Sektion 2.*

Ausbau

1 Trennen Sie den Masseanschluss (–) der Batterie (siehe Seite 532).

2 Schrauben Sie den Deckel des Ausgleichsbehälters ab, und saugen Sie mit einer Spritze oder Pipette möglichst viel Bremsflüssigkeit ab. Alternativ können zwei Entlüftungsschrauben des Bremssystems (in jedem Bremskreis eine) geöffnet und mit Schläuchen versehen werden, um die Bremsflüssigkeit bei sanfter Betätigung der Bremse herauszudrücken (siehe Sektion 2).

Warnung: Saugen Sie Bremsflüssigkeit nicht mit dem Mund an – sie ist giftig!

3 Trennen Sie den Stecker des seitlich am Behälter sitzenden Pegel-Sensors (siehe Abbildung), und befreien Sie sein Kabel aus der Befestigung.

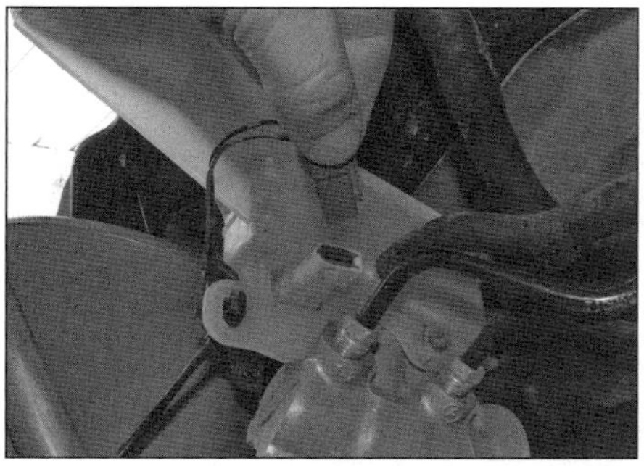

11.3 Trennen Sie den Stecker des Pegel-Sensors.

4 Klemmen Sie bei Modellen mit Schaltgetriebe den zum Kupplungs-Geberzylinder führenden Hydraulikschlauch ab, und trennen Sie diesen vom Ausgleichsbehälter (siehe Abbildungen).

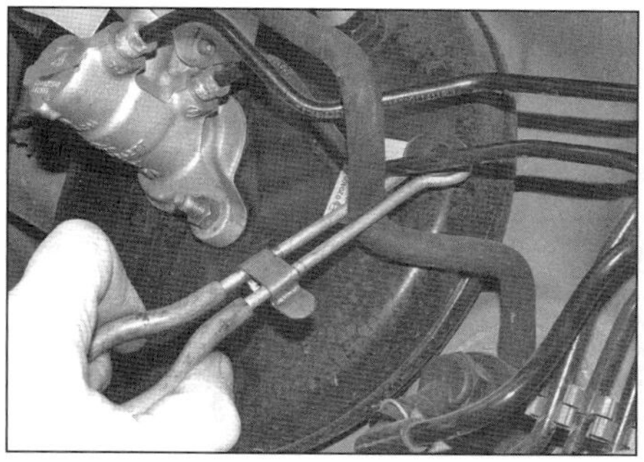

11.4a Klemmen Sie den zum Kupplungs-Geberzylinder führenden Schlauch ab ...

11.4b ... und trennen Sie diesen vom Ausgleichsbehälter – Modelle mit Schaltgetriebe.

5 Wischen Sie seitlich am Hauptbremszylinder den Bereich um die Bremsleitungsanschlüsse sauber, und unterlegen Sie die Anschlüsse mit saugfähigen Lappen. Notieren Sie die Positionen der Anschlüsse, und lösen Sie ihre Muttern oder Schrauben (siehe Abbildung); ziehen Sie die Leitungen dann ab.Verstopfen Sie die Anschlussrohre und Öffnungen im Hauptbremszylinder, um den Flüssigkeitsverlust zu minieren und keinen Schmutz eindringen zu lassen.

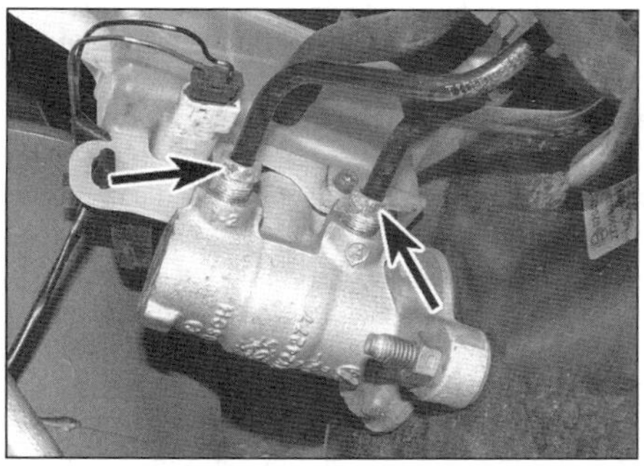

11.5 Bremsleitungs-Anschlussmuttern

6 Lösen Sie die zwei Muttern, die den Hauptbremszylinder am Bremskraftverstärker sichern (siehe Abbildung), und ziehen Sie ihn samt Ausgleichsbehälter ab.

11.6 **Befestigungsmuttern des Hauptbremszylinders**

7 Der Ausgleichsbehälter kann nötigenfalls vom Hauptbremszylinder getrennt werden – lösen Sie dazu die Schraube, und ziehen Sie den Behälter nach oben ab (siehe Abbildung).

11.7 **Ausgleichsbehälter-Befestigungsschraube**

Einbau

8 Entfernen Sie sämtlichen Schmutz von den Kontaktflächen des Hauptbremszylinders und des Bremskraftverstärkers.
9 Falls entfernt, muss der Ausgleichsbehälter wieder mit dem Hauptbremszylinder verbunden werden – achten Sie darauf, dass er korrekt an den Gummidichtungen sitzt, und ziehen Sie die Schraube sorgfältig an.
10 Setzen Sie den Hauptbremszylinder so an den Bremskraftverstärker, dass dessen Druckstange zentral in die Bohrung des Bremszylinders greift. Installieren Sie die Muttern, und ziehen Sie sie mit 15 Nm an.
11 Legen Sie saugfähige Lappen um und unter den Hauptbremszylinder, und füllen Sie ihn mit frischer Bremsflüssigkeit auf.
12 Lassen Sie einen Assistenten langsam das Bremspedal vollständig durchtreten und in dieser Position halten. Halten Sie ihre Finger auf die Auslasskanäle des Hauptbremszylinders, und lassen Sie den Assistenten die Bremse langsam wieder lösen. Wiederholen Sie diesen Prozess, bis die aus den Kanälen austretende Bremsflüssigkeit blasenfrei ist. Lassen Sie sämtliche austretende Bremsflüssigkeit von den Lappen aufsaugen, und waschen Sie Spritzer unverzüglich mit kaltem Wasser ab.
13 Sobald der Hauptbremszylinder auf diese Weise entlüftet ist, werden die Bremsleitungs-Anschlüsse sauber gewischt und mit den korrekten Anschlüssen des Hauptbremszylinders verbunden; ziehen Sie die Muttern anschließend sorgfältig an.
14 Verbinden Sie ggf. den Kupplungsschlauch mit dem Ausgleichsbehälter und entfernen Sie die Klemme. Normalerweise besteht kein Grund, die Kupplung zu entlüften – bei Problemen müssen die Hinweise in Kapitel 6, Sektion 2 beachtet werden.
15 Verbinden Sie den Stecker des Pegel-Sensors und sichern Sie sein Kabel in der Befestigung.
16 Füllen Sie den Ausgleichsbehälter mit frischer Bremsflüssigkeit auf, und entlüften Sie anschließend die komplette Bremshydraulik (siehe Sektion 2).

12 Bremspedal – Ausbau, Einbau und Einstellung

Ausbau

1 Zur Verbesserung des Zugangs sollte die untere Armaturenbrett-Abdeckung aus dem Fahrerfußraum entfernt werden (siehe Kapitel 11, Sektion 26).
2 Entfernen Sie im Fahrerfußraum den Splint aus dem Druckstangen-Gelenkstift, drücken Sie dessen Enden zusammen, und ziehen Sie diesen heraus (siehe Abbildungen).

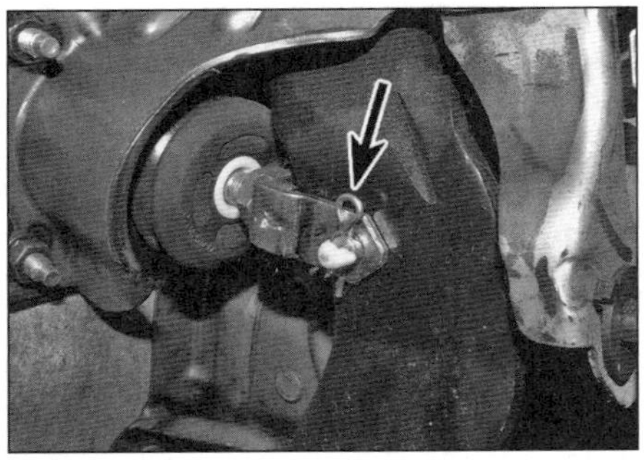

12.2a **Entfernen Sie den Splint, ...**

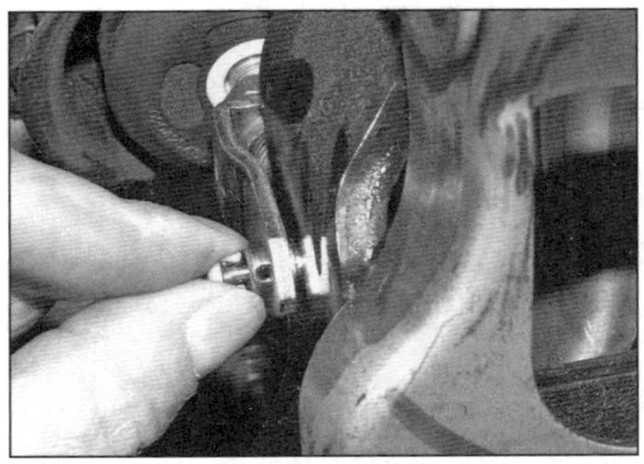

12.2b **... drücken Sie die Clips zusammen ...**

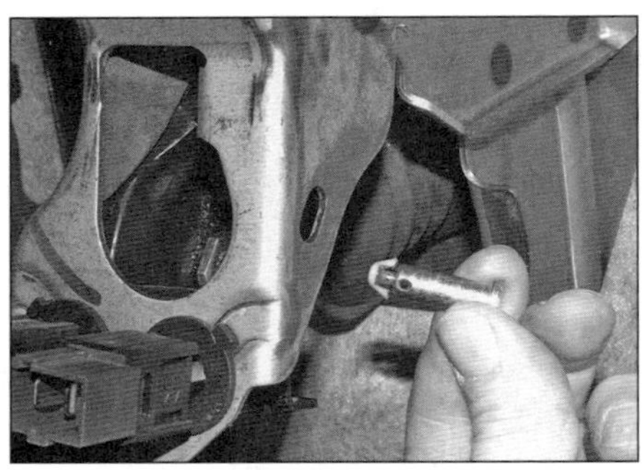

12.2c **... und ziehen Sie den Gelenkstift heraus.**

3 Trennen Sie die Kabelstecker von allen Bremslichtschaltern (siehe Abbildung).

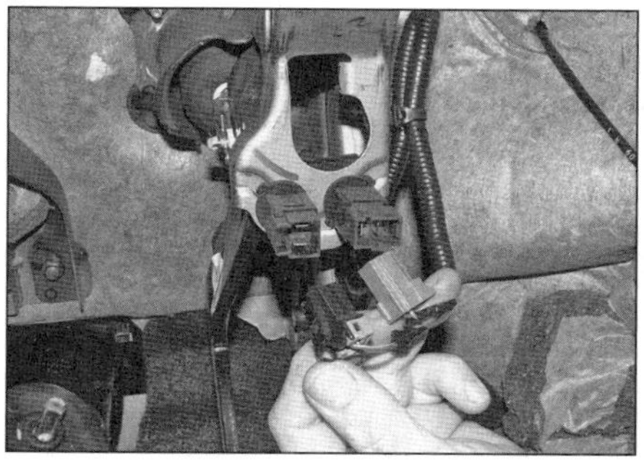

12.3 Ziehen Sie die Stecker der Bremslichtschalter ab.

4 Trennen Sie den Stecker des Bremspedalsensors (siehe Abbildung).

12.4 Ziehen Sie am Bremspedalsensor den Stecker ab.

5 Lösen Sie die sechs Muttern, die sowohl den Bremspedalhalter als auch den Bremskraftverstärker an der Spritzwand sichern (siehe Abbildung).

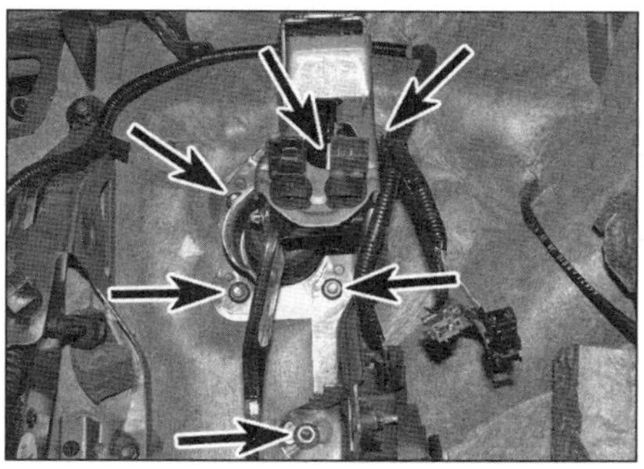

12.5 Lösen Sie die Muttern des Bremspedalhalters.

6 Ziehen Sie den Bremspedalhalter von der Spritzwand ab, und befreien Sie ihn aus dem Fußraum.
7 Das Bremspedal ist in den Halter integriert und kann nicht separat ausgetauscht werden.

Einbau

8 Der Einbau entspricht der umgekehrten Ausbaureihenfolge – stellen Sie die Höhe des Pedals wie folgt ein:

Einstellung

9 Die freie Pedalhöhe wird von der Oberseite des Pedals bis zur Verstärkung am Boden gemessen.

10 Zur Verbesserung des Zugangs sollte die untere Armaturenbrett-Abdeckung aus dem Fahrerfußraum entfernt werden (siehe Kapitel 11, Sektion 26).
11 Messen Sie die Höhe des Pedals (siehe Abbildung) – es müssen 130 bis 140 mm festgestellt werden.

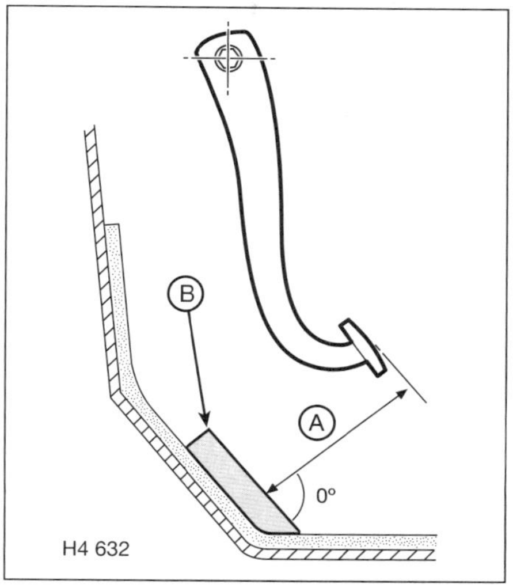

12.11 Messen Sie den Abstand zwischen der Pedal-Oberseite (A) und der Anschlagplatte (B).

12 Falls die Höhe justiert werden muss, geschieht dies folgendermaßen:
13 Lockern Sie die Kontermutter der Bremskraftverstärker-Druckstange und verdrehen Sie diese, bis die korrekte Höhe erreicht ist (Abb. 14.8). Ziehen Sie die Kontermutter wieder an.
14 Prüfen Sie, ob das Bremslicht erlischt, sobald das Pedal in der Ruhestellung steht; stellen Sie ggf. den Bremslichtschalter ein (siehe Sektion 18).
15 Montieren Sie zum Schluss die Armaturenbrett-Abdeckung (siehe Kapitel 11, Sektion 26).

13 Unterdruckpumpe (Dieselmodelle) – Ausbau, Einbau und Test

Anmerkung: *Die Unterdruckpumpe sitzt links (Getriebeseite) am Zylinderkopf. Beim Einbau wird eine neue Dichtung benötigt.*

Ausbau

1 Entfernen Sie ggf. die obere Motorabdeckung (siehe Abbildung).

13.1 Entfernen Sie die obere Motorabdeckung.

2 Zur Verbesserung des Zugangs können der Ansaugschlauch und seine Halterungen entfernt werden (siehe Kapitel 4B).
3 Lösen Sie an der Pumpe die Schelle, und ziehen Sie den Unterdruckschlauch ab (siehe Abbildung).

13.3 Ziehen Sie den Unterdruckschlauch ab.

4 Lösen Sie die zwei Schrauben, mit denen die Pumpe am Zylinderkopf befestigt ist, und entnehmen Sie sie (siehe Abbildungen) – die Dichtung muss beim Einbau durch ein Neuteil ersetzt werden.

13.4a Lösen Sie die zwei Schrauben (die rechte liegt hinter dem Gehäuse) ...

13.4b ... und entfernen Sie die Unterdruckpumpe – gezeigt am 2,0 l-Dieselmotor.

Einbau

5 Die Kontaktflächen der Pumpe und des Zylinderkopfs müssen sauber und trocken sein; legen Sie eine neue Dichtung auf (siehe Abbildung).

13.5 Rüsten Sie die Unterdruckpumpe mit einer neuen Dichtung aus.

6 Setzen Sie die Pumpe am Zylinderkopf an, sodass ihr Mitnehmer in die Nut der Nockenwelle greift. Installieren Sie die Schrauben, und ziehen Sie sie sorgfältig an.
7 Verbinden Sie alle Unterdruckschläuche mit der Pumpe, und sichern Sie sie mit den Schellen.
8 Montieren Sie ggf. den Ansaugschlauch und seine Halterungen (siehe Kapitel 4B).
9 Prüfen Sie anschließend folgendermaßen die Funktion der Bremse:

Test

10 Die Funktion des Bremssystems kann mit einem Unterdruckprüfer getestet werden.
11 Ziehen Sie den Unterdruckschlauch an der Pumpe ab, und schließen Sie stattdessen das Prüfgerät an.
12 Starten Sie den Motor, und lassen Sie ihn im Standgas laufen. Messen Sie den von der Pumpe erzeugten Unterdruck – nach einer Minute müssen ca. 500 mm Hg (666 mbar) festgestellt werden.
13 Falls das Ergebnis deutlich hiervon abweicht, wird wahrscheinlich die Pumpe defekt sein – holen Sie sich hierzu Rat bei einer Fachwerkstatt.
14 Die Unterdruckpumpe kann nicht überholt werden, sodass nötigenfalls ein Neuteil beschafft werden muss.

14 Bremskraftverstärker – Ausbau und Einbau

Ausbau

1 Trennen Sie das Massekabel (–) der Batterie (siehe Seite 532).
2 Demontieren Sie den Hauptbremszylinder (siehe Sektion 11).
3 Ziehen Sie am Bremskraftverstärker den Unterdruckschlauch ab (siehe Abbildung).

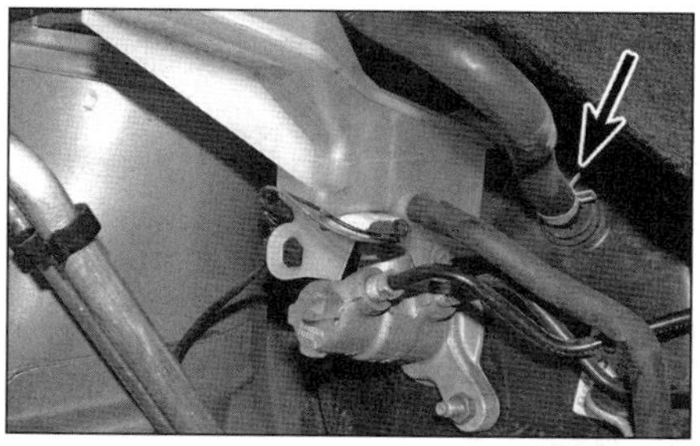

14.3 Trennen Sie den Schlauch vom Bremskraftverstärker.

4 Entfernen Sie die untere Armaturenbrett-Abdeckung aus dem Fahrerfußraum (siehe Kapitel 11, Sektion 26).
5 Entfernen Sie im Fahrerfußraum den Splint aus dem Druckstangen-Gelenkstift, drücken Sie dessen Enden zusammen und ziehen Sie diesen heraus (Abb. 12.2a bis c).
6 Lösen Sie die vier Muttern, die den Bremspedalhalter an den Stehbolzen des Bremskraftverstärkers sichern (siehe Abbildung).

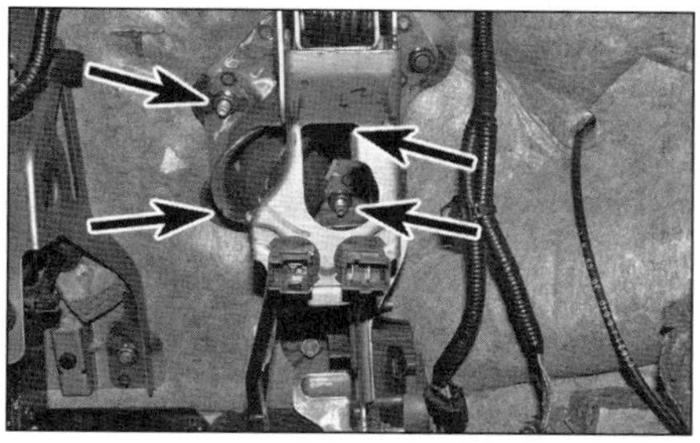

14.6 Lösen Sie die vier Muttern des Bremspedalhalters.

7 Befreien Sie den Bremskraftverstärker aus dem Motorraum.

Einbau

8 Der Einbau entspricht der umgekehrten Ausbaureihenfolge – beachten Sie dabei folgende Punkte:
a) Prüfen Sie vor dem Einbau des Bremskraftverstärkers, ob die Eingangsstange 124,5 bis 125,5 mm lang ist, und stellen Sie sie nötigenfalls ein (siehe Abbildung).
b) Ziehen Sie die Muttern des Bremspedalhalters/Bremskraftverstärkers mit 15 Nm an.
c) Montieren Sie den Hauptbremszylinder (siehe Sektion 11).
d) Messen Sie die Höhe des Bremspedals und stellen Sie es ggf. ein (siehe Sektion 12).

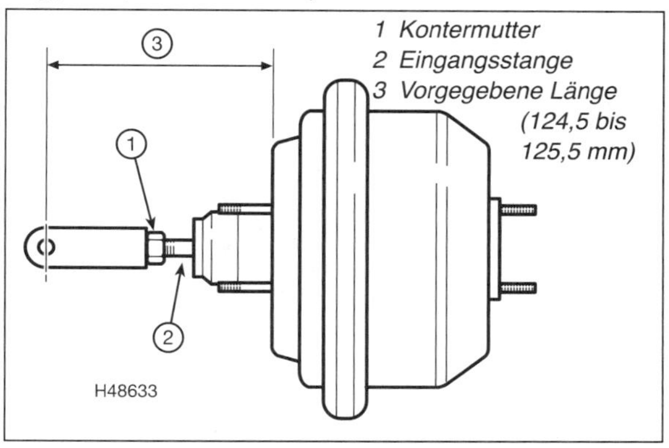

14.8 Bremskraftverstärker mit Einstellwert

15 Bremskraftverstärker-Regelventil – Ausbau, Test und Einbau

Ausbau

1 Das Regelventil sitzt im zum Bremskraftverstärker führenden Unterdruckschlauch und ist mit einem Clip an der Karosserie gesichert.
2 Befreien Sie das Ventil aus seinem Clip – beachten Sie seinen Pfeil, der in Richtung des zum Motor führenden Schlauch zeigen muss.
3 Lockern Sie ggf. die Schellen, um die Unterdruckschläuche vom Ventil zu ziehen. Entnehmen Sie dann das Ventil.

Test

4 Begutachten Sie das Regelventil auf Beschädigungen, und ersetzen Sie es nötigenfalls. Für eine Kontrolle wird von beiden Seiten ins Ventil geblasen – Luft darf aber nur vom Bremskraftverstärker aus hindurchgelangen. Bei anderen Ergebnissen muss das Ventil ersetzt werden.

Einbau

5 Der Einbau entspricht der umgekehrten Ausbaureihenfolge – die Pfeile am Ventil und an den Schläuchen müssen zum Motor zeigen.
6 Schließen Sie zum Schluss die Batterie an, starten Sie den Motor und kontrollieren Sie das Regelventil auf Undichtigkeiten.

16 Handbremshebel – Ausbau und Einbau

Ausbau

1 Trennen Sie das Massekabel (–) der Batterie (siehe Seite 532).
2 Entfernen Sie die Mittelkonsole (siehe Kapitel 11, Sektion 25).
3 Blockieren Sie die Vorderräder, heben Sie das Fahrzeug hinten an, und stützen Sie es sicher ab (siehe Seite 532). Die Handbremse muss gelöst sein.
4 Trennen Sie den Stecker des Handbremsen-Warnleuchtenschalters (siehe Abbildung).

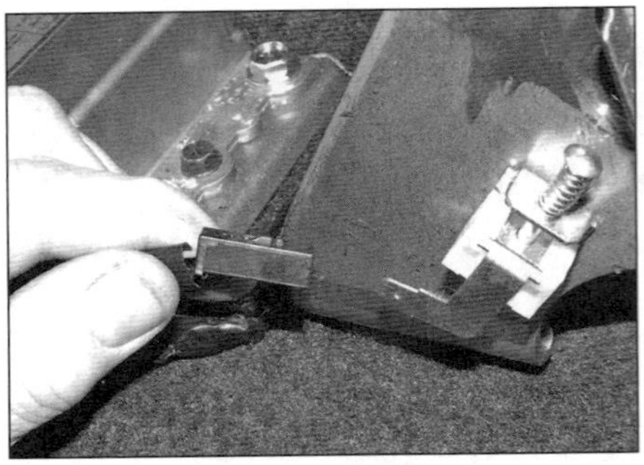

16.4 Trennen Sie den Stecker des Handbremsen-Schalters.

5 Messen Sie, wie weit das Gewinde aus der vorderen Einstellmutter herausragt, um einen Hinweis für den Einbau zu erhalten. Drehen Sie die Mutter bis zum Ende des Gewindes – sie muss nicht komplett entfernt werden (siehe Abbildungen).

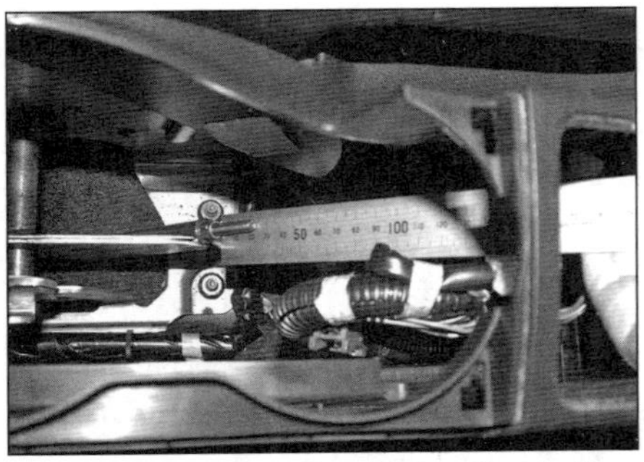

16.5a Messen Sie, wie weit das Gewinde aus der Mutter ragt, ...

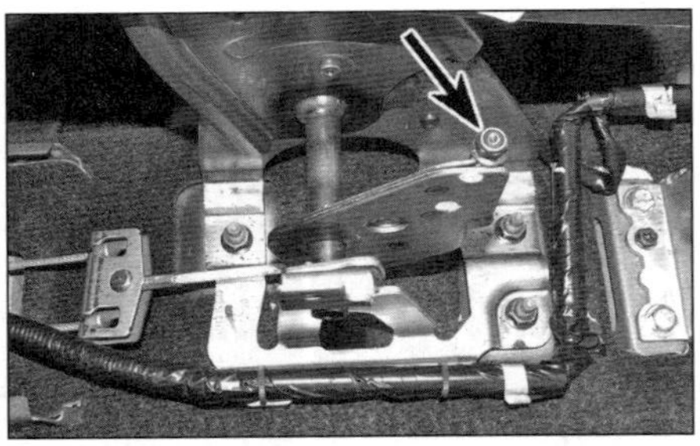

16.5b ... und drehen Sie sie bis zum Ende hoch.

6 Lösen Sie hinter der Handbremse die zwei hinteren Handbremsen-Seilzüge aus der Ausgleichsplatte (siehe Abbildung).

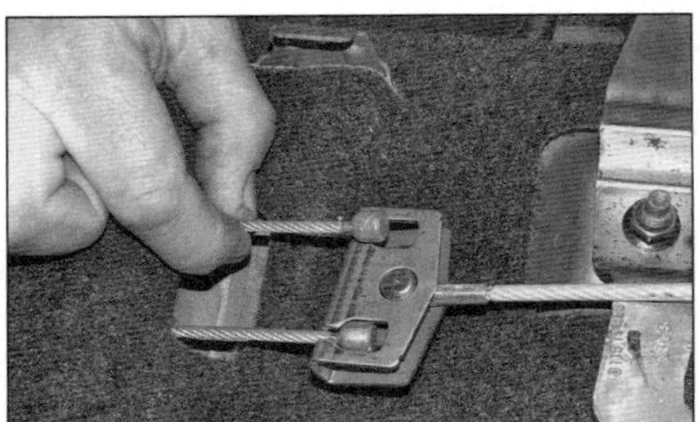

16.6 Trennen Sie die hinteren Seilzüge aus der Ausgleichsplatte.

7 Lösen Sie die drei Muttern der Handbremsen-Baugruppe, und befreien Sie diese vom Bodenblech (siehe Abbildung).

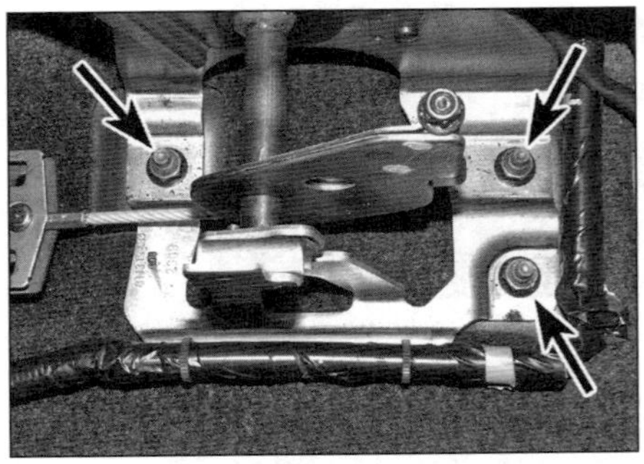

16.7 Lösen Sie die Muttern des Handbremsen-Trägers.

Einbau

8 Der Einbau entspricht der umgekehrten Ausbaureihenfolge – beachten Sie dabei folgende Punkte:

a) Drehen Sie die Einstellmutter auf, bis das Gewinde um den zuvor notierten Wert herausragt. Prüfen Sie die Funktion der Handbremse, und stellen Sie sie nötigenfalls ein (siehe Kapitel 1A, Sektion 6 oder Kapitel 1B, Sektion 7).

b) Prüfen Sie die Funktion des Handbremsen-Warnleuchtenschalter,s und montieren Sie die Mittelkonsole.

17 Handbremsen-Seilzüge – Ausbau und Einbau

Hintere Seilzüge

Ausbau

1 Die hinteren Seilzüge führen von der Ausgleichsplatte zu den Trommelbremsen an den beiden Hinterrädern (Abb. 16.6). Der Austausch eines dieser Züge geschieht folgendermaßen:

2 Blockieren Sie die Vorderräder, heben Sie das Fahrzeug hinten an, und stützen Sie es sicher ab (siehe Seite 535).

3 Demontieren Sie die Handbremsen-Bremsbacken (siehe Sektion 6).

4 Befreien Sie an der Bremse die Seilzug-Feder, lösen Sie die Schraube, und ziehen Sie den Seilzug aus der Rückplatte (siehe Abbildungen).

17.4a Lösen Sie die Seilzug-Schraube ...

17.4b ... und ziehen Sie den Seilzug aus der Rückplatte.

5 Lösen Sie oben am Längslenker und unter der Karosserie die Schrauben der Seilzugführungen, und befreien Sie den Seilzug (siehe Abbildungen).

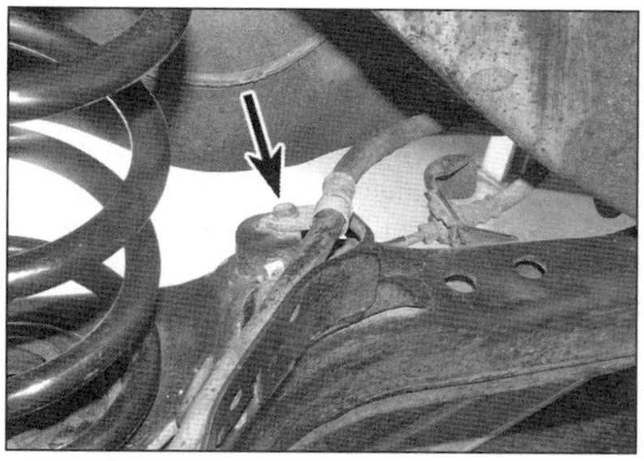

17.5a Befreien Sie den Seilzug vom Längslenker ...

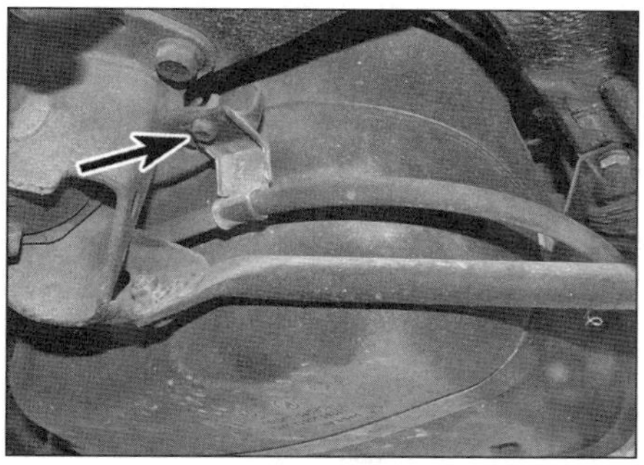

17.5b ... und vom Unterboden.

6 Entfernen Sie im Innenraum die Abdeckung der Mittelkonsole (siehe Abbildung).

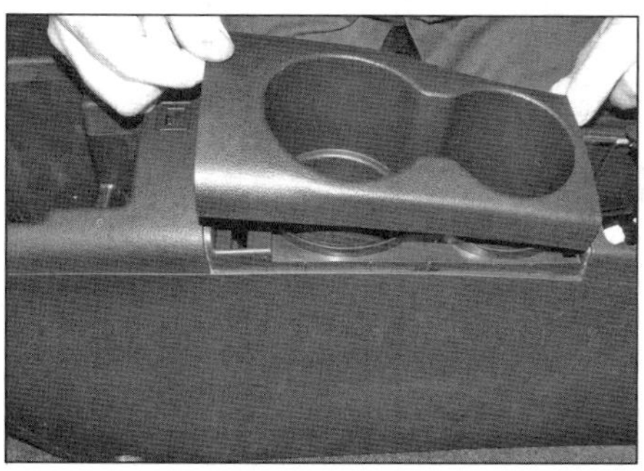

17.6 Befreien Sie den Becherhalter aus der Mittelkonsole.

7 Greifen Sie in die Mittelkonsole, und lösen Sie hinter der Handbremse den entsprechenden hinteren Handbremsen-Seilzug aus der Ausgleichsplatte (siehe Abbildung).

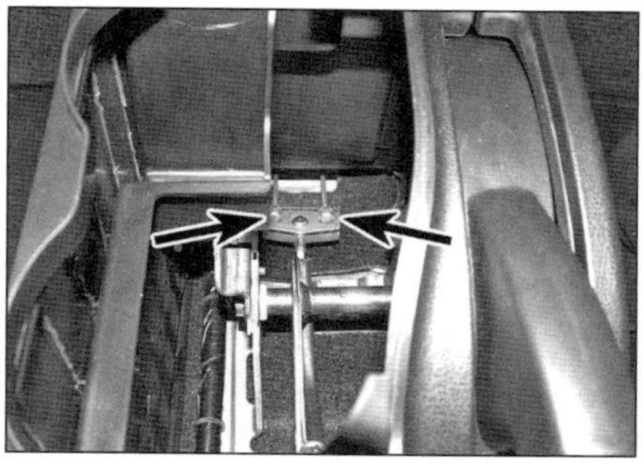

17.7 Befreien Sie den entsprechenden hinteren Seilzug aus der Ausgleichsplatte.

8 Der Seilzug kann jetzt von unten aus dem Bodenblech gezogen werden (siehe Abbildung) – bei manchen Modellen muss der Mitteltunnel-Hitzeschutz entfernt werden, um Zugang zu erlangen.

17.8 Ziehen Sie die Seilzüge durch das Bodenblech heraus.

Einbau

9 Der Einbau entspricht der umgekehrten Ausbaureihenfolge – beachten Sie dabei folgende Punkte:

a) Bauen Sie die Bremsbacken entsprechend der Vorgaben in Sektion 6 wieder ein.

b) Stellen Sie vor der Montage der Mittelkonsolen-Abdeckung die Handbremse ein (siehe Kapitel 1A, Sektion 6 oder Kapitel 1B, Sektion 7).

Vorderer Seilzug

Ausbau

10 Entfernen Sie im Innenraum die Abdeckung der Mittelkonsole (Abb. 17.6).

11 Messen Sie, wie weit das Gewinde aus der vorderen Einstellmutter herausragt, um einen Hinweis für den Einbau zu erhalten. Drehen Sie die Mutter dann ab (Abb. 16.5a).

12 Greifen Sie in die Mittelkonsole, und lösen Sie hinter der Handbremse die beiden hinteren Handbremsen-Seilzüge aus der Ausgleichsplatte (Abb. 17.7).

13 Ziehen Sie den vorderen Seilzug samt Ausgleichsplatte aus der Mittelkonsole.

Einbau

14 Der Einbau entspricht der umgekehrten Ausbaureihenfolge – beachten Sie dabei folgende Punkte:

a) *Drehen Sie die Einstellmutter auf, bis das Gewinde um den zuvor notierten Wert herausragt.*

b) *Stellen Sie vor der Montage der Mittelkonsolen-Abdeckung die Handbremse ein (siehe Kapitel 1A, Sektion 6 oder Kapitel 1B, Sektion 7).*

18 Bremspedalschalter – Ausbau, Einbau und Einstellung

Ausbau

1 Der/die Bremslichtschalter sitzen an der Bremspedal-Aufnahme unter dem Armaturenbrett – entfernen Sie deren untere Abdeckung (siehe Kapitel 11, Sektion 26).

2 Trennen Sie den Kabelstecker vom Bremslichtschalter (Abb. 12.3) – bei manchen Modellen gibt es zwei Schalter: der andere dient der Regelung des Tempomaten.

3 Verdrehen Sie den Schalter gegen den Uhrzeigersinn, um ihn aus dem Pedalträger zu befreien (siehe Abbildung).

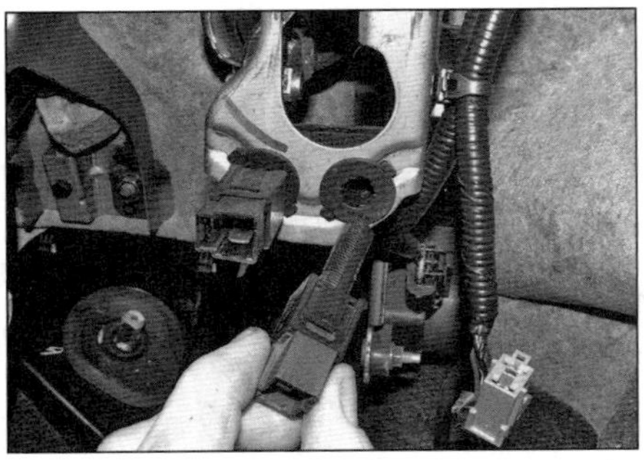

18.3 Verdrehen Sie den Schalter nach links, und befreien Sie ihn aus dem Träger.

Einbau und Einstellung

4 Halten Sie beim Einbau des Schalters das Bremspedal hoch, und drücken Sie den Schalter in den Träger, bis der Kolben an seinem Ende vollständig in den Schalter gedrückt ist (siehe Abbildung). Drehen Sie den Schalter dann im Uhrzeigersinn, um ihn zu arretieren.

18.4 Ziehen Sie das Bremspedal hoch, und installieren Sie den Schalter.

5 Messen Sie das Spiel des Bremspedal-Schalters (siehe Abbildung) – es müssen 0,75 bis 2 mm festgestellt werden.

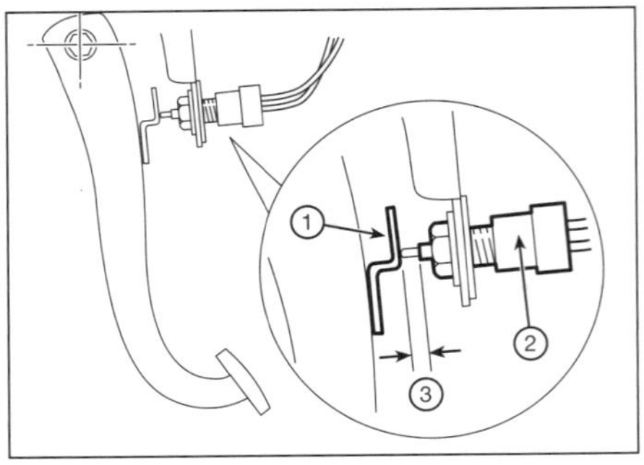

18.5 Kontrolle des Bremspedalschalter-Spiels

1 Pedalhalter 2 Schalter 3 Spiel

6 Schließen Sie den/die Stecker an, und prüfen Sie, ob das Bremslicht aktiviert wird, sobald das Bremspedal ein paar Millimeter gedrückt ist; es muss verlöschen, sobald das Pedal in die Ruhestellung gelangt.

7 Falls eine Einstellung nötig wird, muss der Schalter ausgebaut (siehe oben) und dann tiefer oder weniger tief wieder eingebaut werden, bis das Spiel korrekt ist und die Bremsleuchten korrekt funktionieren.

8 Montieren Sie anschließend die untere Armaturenbrett-Abdeckung (siehe Kapitel 11, Sektion 26).

19 Handbremsenkontrollleuchten-Schalter – Ausbau und Einbau

Ausbau

1 Entfernen Sie im Innenraum die Abdeckung der Mittelkonsole (Abb. 17.6).

2 Greifen Sie in die Mittelkonsole und lösen Sie die Sicherungsschraube, die den Schalter am Handbremsenträger sichert (siehe Abbildung).

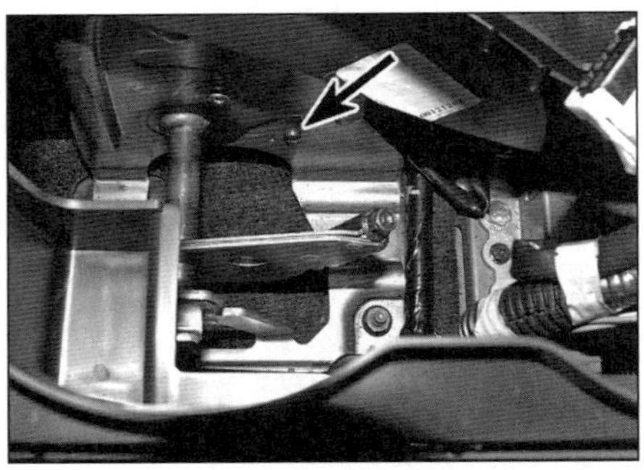

19.2 Handbremsenschalter-Befestigungsschraube

3 Sobald der Schalter befreit ist, kann der Kabelstecker getrennt werden.

Einbau

4 Der Einbau entspricht der umgekehrten Ausbaureihenfolge. Prüfen Sie die Funktion der Warnleuchte – sie muss nach dem Ziehen der Handbremse um einen Klick aufleuchten.

20 Antiblockiersystem (ABS) – Allgemeine Informationen und Austausch der Komponenten

Allgemeine Informationen

Das in allen Modellen serienmäßig vorhandene Antiblockiersystem überwacht beim Bremsen die Drehzahl aller Räder. Das System arbeitet als Ergänzung zum konventionellen Bremssystem, sodass bei einem Ausfall immer noch normal gebremst werden kann – nur eben ohne Blockierschutz.
Das ABS beinhaltet einen Hydraulik-Modulator und an jedem Rad einen Drehzahlsensor. Im Modulator befinden sich das Steuergerät, die Hydraulik-Magnetventile und die elektrisch angetriebene Rücklaufpumpe. Wenn ein Rad plötzlich deutlich langsamer wird (und damit zu blockieren droht), wird an dieser Bremse der Hydraulikdruck reduziert oder kurzzeitig unterbrochen. Die Überwachung und das Regulieren findet mehrmals pro Sekunde statt und kann im Bremspedal eine »pulsierende« Wirkung erzeugen, wenn der Druck geändert wird.
Falls in irgendeinem dieser Systeme ein Defekt festgestellt wird, muss das Fahrzeug zu einer entsprechend ausgerüsteten Fachwerkstatt gebracht werden, wo der Fehler mithilfe eines Diagnosegeräts ausgelesen und repariert werden kann.

Austausch der Komponenten

Radsensoren

1 Blockieren Sie die entsprechenden Räder, heben Sie das Fahrzeug an, und stützen Sie es sicher ab (siehe Seite 535). Demontieren Sie das entsprechende Rad.
2 Die Vorderradsensoren sitzen hinten am Radnabenträger, während die Hinterradsensoren an der Innenseite der Achszapfen (2WD-Modelle) bzw. der Radnabenträger (4WD-Modelle) sitzen (siehe Abbildungen).

20.2a Position eines Vorderradsensors

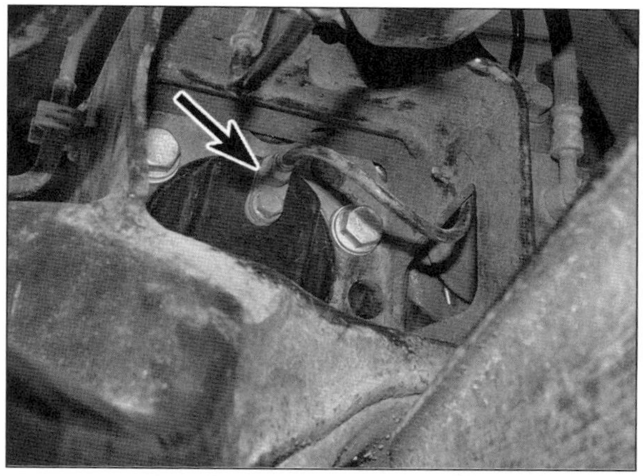

20.2b Position eines Hinterradsensors (2WD-Modell)

20.2c Position eines Hinterradsensors (4WD-Modell)

3 Um Zugang zum Stecker eines Vorderradsensors zu erhalten, müssen die Clips der Radhaus-Innenabdeckung gelöst und diese entfernt werden (siehe Abbildung).

20.3 Entfernen Sie die Abdeckung innerhalb des Radhauses.

4 Verfolgen Sie das Sensorkabel zum Stecker, und trennen Sie diesen. Befreien Sie die Verkabelung aus allen Befestigungen (siehe Abbildungen).

20.4a Trennen Sie den Stecker des Vorderradsensors ...

20.4b ... und befreien Sie das Kabel aus der Führung.

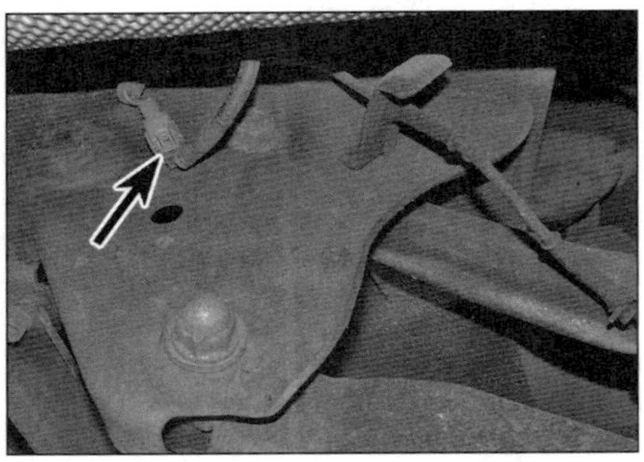

20.4c Trennen Sie den Stecker des Hinterradsensors ...

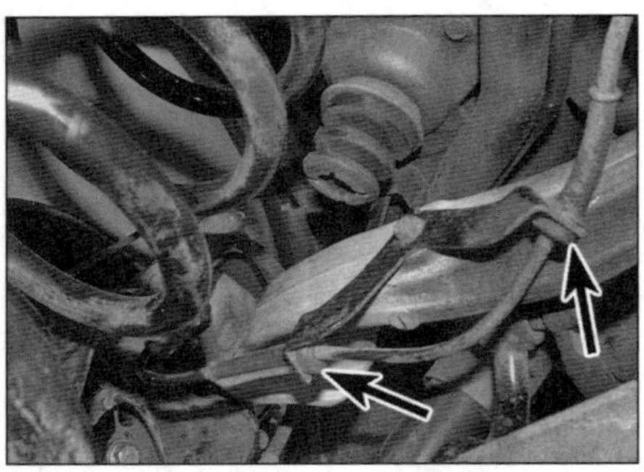

20.4d ... und befreien Sie das Kabel aus der Führung.

5 Lösen Sie die Schraube des Sensors, und ziehen Sie diesen aus dem Radnabenträger oder Achszapfen (siehe Abbildungen); falls er fest sitzt, muss er mit Kriechöl eingesprüht werden, bevor nach einer gewissen Einwirkzeit ein neuer Ausbauversuch gestartet wird. Bringt dies keine Abhilfe, muss der Radnabenträger oder Achszapfen ausgebaut und der Sensor von innen ausgetrieben werden.

20.5a Ziehen Sie den Vorderradsensor heraus.

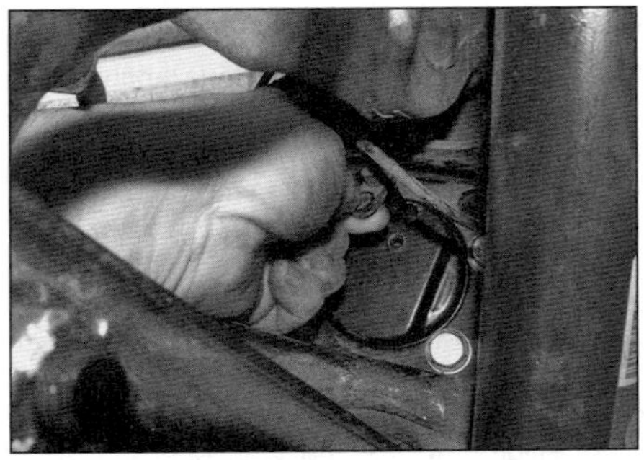

20.5b Ziehen Sie den Hinterradsensor heraus (2WD-Modelle).

20.5c Ziehen Sie den Hinterradsensor heraus (4WD-Modelle).

Einbau

6 Der Einbau entspricht der umgekehrten Ausbaureihenfolge – beachten Sie dabei folgende Punkte:

a) Die Kontaktflächen des Sensors und des Radnabenträgers bzw. Achszapfens müssen sauber und frei von Korrosion sein.

b) Schmieren Sie die Kontaktflächen des Sensors und des Radnabenträgers bzw. Achszapfens dünn mit Kupferpaste ein.

c) Ziehen Sie die Sensorschraube mit 10 Nm an.

Modulator

7 Der Modulator sitzt links hinten im Motorraum (siehe Abbildung). Trennen Sie das Massekabel (–) der Batterie (siehe Seite 532).

20.7 Einbaulage des ABS-Modulators

8 Öffnen Sie in jedem Bremskreis eine Entlüftungsschraube, stecken Sie Schläuche auf die Nippel und pumpen Sie die Bremsflüssigkeit mit dem Pedal langsam heraus (siehe Abbildung). Alternativ müssen Kappen bereitgehalten werden, um die vom Modulator getrennten Bremsleitungen zu verschließen.
9 Demontieren Sie die Luftfilterbaugruppe (siehe Kapitel 4A oder 4B, Sektion 2).
10 Lösen Sie seitlich am Modulator den Sicherungshebel des Kabelsteckers, und trennen Sie diesen (siehe Abbildung).

20.10 Lösen Sie den Sicherungshebel, um den Kabelstecker zu trennen.

11 Notieren Sie die Positionierungen der Bremsleitungen, lösen Sie die Anschlussmuttern und trennen Sie die Rohre vom Modulator (siehe Abbildung). Falls die Bremsflüssigkeit nicht abgelassen wurde, müssen Sie entsprechend vorbereitet sein; verstopfen Sie getrennte Leitungen und die Anschlüsse des Modulators, damit kein Schmutz eindringt.

20.11 Markieren Sie die Bremsleitungen, bevor Sie sie vom Modulator trennen.

12 Lösen Sie die Befestigungsmuttern des Modulators, und befreien Sie ihn von seinem Halter (siehe Abbildung).

20.12 Der Modulator ist mit zwei Muttern am Halter gesichert.

13 Richten Sie beim Einbau des Modulators dessen Lasche zur Bohrung im Halter aus, und ziehen Sie die Muttern sorgfältig an.
14 Der Rest des Einbaus entspricht der umgekehrten Ausbaureihenfolge – entlüften Sie die Bremse anschließend (siehe Sektion 2).

Kapitel 10

Radaufhängung und Lenkung

Inhalt — Sektion

Schwierigkeitsgrade

Leicht. Geeignet für Anfänger mit wenig Erfahrung.	**Relativ leicht.** Geeignet für Anfänger mit etwas Erfahrung.	**Relativ schwierig.** Geeignet für geübte Selbstschrauber.	**Schwer.** Geeignet für Selbstschrauber mit viel Erfahrung.	**Sehr schwer.** Geeignet für Experten und Profis.

Spezifikationen

Allgemeines

Vorderradaufhängung	MacPherson-Federbeine mit Schraubenfedern und integriertem Stoßdämpfer, Querlenker und Stabilisator
Hinterradaufhängung	Multilenker-Einzelradaufhängung mit Schraubenfedern und Stoßdämpfern
Lenkung	Zahnstangenlenkung mit Servo-Unterstützung
Räder und Reifen	siehe *Wöchentliche Kontrollen* sowie Kapitel 1A oder 1B
Radlager-Radialspiel an Radnabe (vo. u. hi.)	0,05 mm (max.)
Vorderrad-Spureinstellung	2,0 ± 2,0 mm Vorspur

Anzugsdrehmomente

Vorderradaufhängung

Achsgelenk an Federbein – Muttern*	168 Nm
Hilfsrahmen-Befestigungsschrauben	87 Nm
Federbein – obere Befestigungsmutter*	62 Nm
Federbein – obere Befestigungsschrauben	15 Nm
Querlenker-Kugelgelenk an Achsgelenk*	87 Nm
Querlenker an Hilfsrahmen hinten	97 Nm
Querlenker an Hilfsrahmen vorn	171 Nm
Stabilisator-Anlenkung – Muttern	75 Nm
Stabilisator-Halterung – Schrauben	29 Nm

Radlager-Schrauben	
2WD-Modelle	62 Nm
4WD-Modelle	88 Nm
Radnabenmutter (mit neuem Splint)	125 Nm
Hinterradaufhängung	
Heck-Hilfsrahmen-Befestigungsschrauben	93 Nm
Längslenker an vordere Halterung*	117 Nm
Längslenkerhalterung an Karosserie	130 Nm
Oberer Querlenker – innere und äußere Befestigung*	150 Nm
Stabilisator-Anlenkung – Muttern*	85 Nm
Stabilisator-Anlenkung an unteren Querlenker*	110 Nm
Stabilisator-Halterung – Muttern	36 Nm
Radnabenmutter (mit neuem Splint)	125 Nm
Stoßdämpfer-Befestigungen*	117 Nm
Unterer Querlenker – innere Befestigung*	117 Nm
Unterer Querlenker – äußere Befestigung*	150 Nm
Lenkung	
Lenkgetriebe-Befestigungsschrauben/Muttern	145 Nm
Lenkrad-Mutter	35 Nm
Lenksäule – obere Kreuzgelenk-Klemmschraube	31 Nm
Lenksäule – untere Kreuzgelenk-Klemmschraube	
Schwarze Schraube mit silberfarbener Mutter	32 Nm
Silberne Schraube mit silberfarbener Mutter	40 Nm
Lenksäulen-Sicherungsmuttern	17 Nm
Spurstangenkopf an Achsgelenk	34 Nm
Spurstangenkopf-Kontermutter	88 Nm
Räder	
Radmuttern	113 Nm

** Unter Verwendung neuer Muttern*

1 Allgemeine Informationen

Vorderradaufhängung

Die einzeln aufgehängten Vorderräder werden mit MacPherson-Federbeinen geführt, die aus einer Schraubenfeder mit integriertem Stoßdämpfer bestehen. Die oberen Enden der Stoßdämpfers sitzen in den »Domen« der Karosserie. Ihre unteren Enden sind mit den Radnabenträgern verschraubt, in und an denen auch die Radlager, die Bremssättel und die Radnaben samt Bremsscheiben sitzen. Die Radnabenträger werden unten von Querlenkern geführt. Ein Stabilisator verbindet beide Radnabenträger miteinander.

Hinterradaufhängung

Die Hinterräder sind in einer Mehrlenkerachse mit zwei Längslenkern geführt. Die Schraubenfedern sitzen oben auf den Längslenkern, und die Stoßdämpfer sind hinten an ihnen befestigt. 2WD- und 4WD-Modelle sind mit der gleichen Hinterradaufhängung ausgerüstet.

Lenkung

Die Lenkwelle ist unten über ein Kreuzgelenk mit dem Lenkgetriebe verbunden.

Das Lenkgetriebe ist hinten am Hilfsrahmen befestigt und mit den nach hinten aus dem Radnabenträger herausragenden Lenkhebeln verbunden. Die Spurstangen sind innen und außen mit Kugelgelenken verbunden, sodass sie Federungsbewegungen zulassen; mithilfe ihrer Gewinde lässt sich die korrekte Spur einstellen.
Eine elektrische Servolenkung ist bei allen Modellen serienmäßig; der erforderliche Motor ist in die Lenksäule integriert.

2 Vorderradlager – Ersetzen

Anmerkung 1: *Die Radlager sind in die Radnaben-Baugruppe integriert und können nicht separat ausgetauscht werden.*
Anmerkung 2: *Die unteren Federbein-Muttern müssen beim Einbau durch Neuteile ersetzt werden.*

Ausbau

1 Betätigen Sie die Handbremse, heben Sie das Fahrzeug vorn an, und stützen Sie es sicher ab (siehe Seite 535). Demontieren Sie das entsprechende Vorderrad.
2 Demontieren Sie die Bremsscheibe (siehe Kapitel 9, Sektion 7).

3 Demontieren den ABS-Sensor (siehe Kapitel 9, Sektion 20), und lagern Sie ihn abseits des Arbeitsbereichs, um ihn nicht zu beschädigen.

4 Trennen Sie das äußere Ende der Antriebswelle aus dem Radnabenträger (siehe Kapitel 8, Sektion 2) (siehe Abbildung) – sie muss **nicht** vollständig entfernt werden und kann am Getriebe montiert bleiben. Stützen Sie die Antriebswelle so ab, dass keine Gelenke oder Manschetten belastet werden.

2.4 Trennen Sie die Antriebswelle von der Radnabe.

5 Lösen Sie an der Radnabe die zwei oberen Befestigungen zum Federbein, und befreien Sie die Nabe (siehe Abbildung) – merken Sie sich die Positionen der Schrauben; die Muttern müssen später durch Neuteile ersetzt werden.

2.5 Entfernen Sie die zwei Schrauben, die das Federbein mit der Radnabe verbinden.

6 Lockern Sie die vier Naben/Lager-Sicherungsschrauben (siehe Abbildung). Entfernen Sie zwei der Schrauben und belassen Sie die beiden anderen weitestgehend von hinten eingeschraubt.

2.6 Naben/Lager-Sicherungsschrauben

7 Klopfen Sie mit einem Kupferhammer auf die Köpfe der beiden verbliebenen Schrauben, während Sie die Baugruppe auf der Werkbank halten (siehe Abbildungen) – tragen Sie nötigenfalls Kriechöl auf, und lassen Sie es einige Zeit einwirken, damit sich die Teile besser trennen lassen.

2.7a Befreien Sie den Lagersitz mit einem Kupferhammer ...

2.7b ... und ziehen Sie ihn aus dem Radnabenträger.

8 Entfernen Sie jetzt den Bremsscheiben-Spritzschutz – merken Sie sich seine Einbauposition (siehe Abbildung).

2.8 Entfernen Sie den Bremsscheiben-Spritzschutz.

9 Pressen Sie mit einem geeigneten Werkzeug den zentralen Radflansch der Nabe aus dem Lager (siehe Abbildung).

2.9 Das Mittelteil des Radlagers muss ausgepresst werden.

10 Die eine Hälfte des Lager-Innenrings kann im zentralen Radflansch verbleiben – stützen Sie dann die Radnabe in einem Schraubstock, und ziehen Sie den Lagerring mit einem geeigneten Abzieher heraus.

Einbau

11 Reinigen Sie sorgfältig den Flansch, die Nabe und den Lagersitz im Radnabenträger.
12 Pressen oder ziehen Sie das neue Lager bis zum Bund auf den zentralen Radflansch – dies kann mit einem Metallrohr oder einem passenden Steckschlüssel sowie einer Gewindestange, Scheiben und Muttern erreicht werden.
13 Setzen Sie anschließend den Bremsscheiben-Spritzschutz in der zuvor notierten Einbauposition an, und sichern Sie ihn mit seinen Schrauben.
14 Setzen Sie den Radnabenträger unten am Federbein an, und installieren Sie die Schrauben mit neuen Muttern in den zuvor notierten Positionen (siehe Abbildung) – ziehen Sie die Muttern mit 168 Nm an.

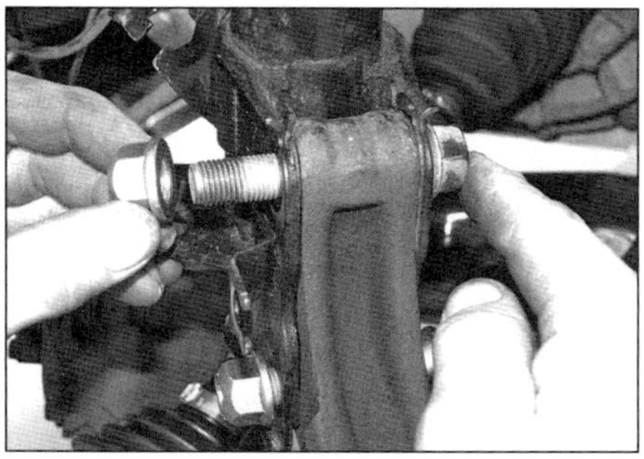

2.14 Rüsten Sie die unteren Federbein-Schrauben mit neuen Muttern aus.

15 Verbinden Sie die Antriebswelle mit der Radnabe (siehe Kapitel 8, Sektion 2)
16 Montieren Sie den ABS-Sensor hinten in den Radnabenträger (siehe Kapitel 9, Sektion 20).
17 Installieren Sie die Bremsscheibe (siehe Kapitel 9, Sektion 7).
18 Montieren Sie das Vorderrad, senken Sie das Fahrzeug ab, und ziehen Sie die Radmuttern mit 113 Nm an.

3 Federbein vorn – Ausbau, Überholen und Einbau

Anmerkung: *Die unteren Federbein-Muttern müssen beim Einbau durch Neuteile ersetzt werden.*

Ausbau

1 Ziehen Sie die Handbremse fest an, heben Sie das Fahrzeug vorn an, und stützen Sie es sicher ab (siehe Seite 535). Demontieren Sie das entsprechende Vorderrad.
2 Lösen Sie den Clip, der die Bremsleitung an der Aufnahme am Federbein sichert, und befreien Sie sie (siehe Abbildung).

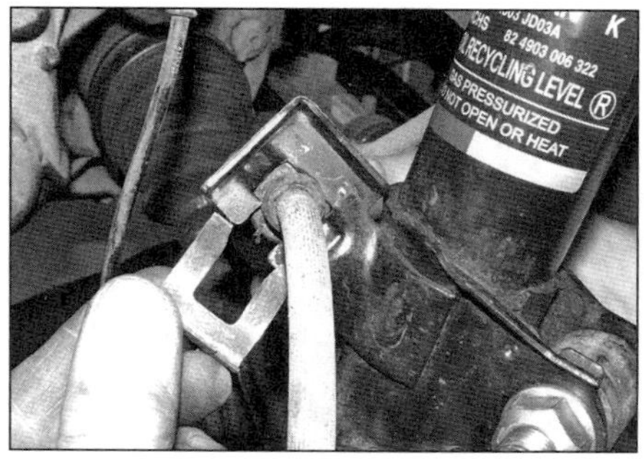

3.2 Befreien Sie den Bremsleitungs-Sicherungsclip.

3 Befreien Sie das Kabel des ABS-Sensors aus der Halterung unten am Federbein (siehe Abbildung).

3.3 Befreien Sie das Sensorkabel aus der Halterung.

4 Lösen Sie oben am Federbein die Mutter des Kugelgelenks und trennen Sie die Stabilisator-Anlenkung (siehe Abbildung).

3.4 Lösen Sie die Mutter des Anlenkungs-Kugelgelenks.

5 Lösen Sie unten am Federbein die zwei Muttern der Schrauben, die es am Radnabenträger sichern (siehe Abbildung) – die Muttern müssen beim Einbau durch Neuteile ersetzt werden.

3.5 Entfernen Sie die zwei Schrauben, die das Federbein mit der Radnabe verbinden.

6 Öffnen Sie die Motorhaube, und befreien Sie die Clips des Lüftungsgitters, um diese zu entfernen (siehe Kapitel 11, Sektion 21) (siehe Abbildung).

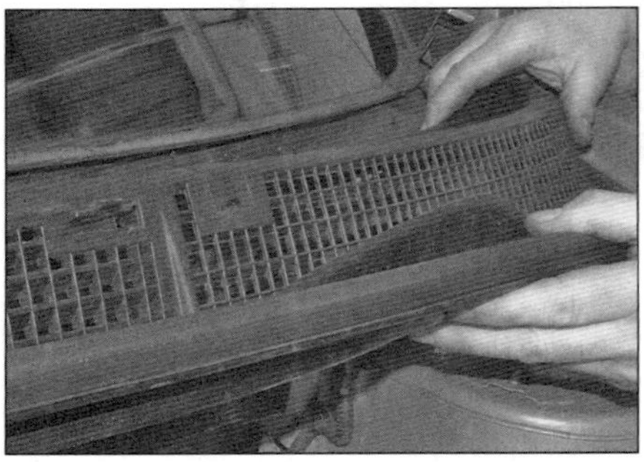

3.6 Befreien Sie das hinten im Motorraum sitzende Lüftungsgitter.

7 Lassen Sie einen Assistenten das Federbein von unten halten, und lösen Sie im Motorraum die drei Schrauben, die es im Dom sichern (siehe Abbildung).

3.7 Lösen Sie die drei oberen Stoßdämpferschrauben.

8 Befreien Sie das Federbein unten vom Radnabenträger und ziehen Sie die Baugruppe nach unten aus dem Radhaus – beachten Sie die Einbauposition der oberen Aufnahme am Innenkotflügel (siehe Abbildungen).

Warnung: Lösen Sie in diesem Schritt nicht die mittige Dämpferstangenmutter!

3.8a Entfernen Sie die Federbein-Baugruppe ...

3.8b ... und beachten Sie die Position der oberen Aufnahme.

Überholen

Anmerkung: *Zum Zerlegen eines Federbeins werden geeignete Werkzeuge zum Komprimieren der Feder benötigt. Beim Zusammenbau wird eine neue obere Dämpferstangenmutter benötigt.*

9 Halten Sie mit einem oben angesetzten Inbusschlüssel die Dämpferstange, und lockern Sie die zentrale Mutter – drehen Sie sie nur bis zum oberen Rand des Gewindes, aber entfernen Sie sie nicht!

10 Verbinden Sie die Schraubenfeder-Spanner mit der Feder und ziehen Sie diese so weit zusammen, bis der obere Federsitz von Hand gedreht werden kann (siehe Abbildung).

Warnung: Versuche, ein Federbein ohne ein solches Werkzeug zu zerlegen, stellen ein großes gesundheitliches Risiko dar!

3.10 Komprimieren Sie die Feder mit speziellen Spannwerkzeugen.

11 Drehen Sie jetzt die Dämpferstangenmutter vollständig ab (siehe Abbildung) – dazu muss möglicherweise die Dämpferstange mit dem Inbusschlüssel gekontert werden.

3.11 Die Dämpferstange kann jetzt vollständig entfernt werden.

12 Ziehen Sie die obere Platte, das Isolierstück, das Lager, den oberen Federsitz, die Staubmanschette und das Anschlaggummi vom Dämpfer (siehe Abbildung).

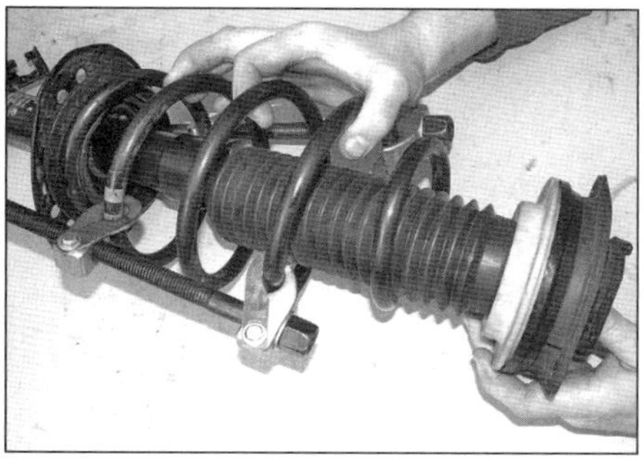

3.12 Entfernen Sie die obere Befestigung samt Manschette.

13 Ziehen Sie die Feder samt der Spannwerkzeuge ab, und entfernen Sie dann das untere Federsitz-Gummi – beachten Sie seine Einbaurichtung (siehe Abbildungen).

3.13a Ziehen Sie die Feder samt Spanner vorsichtig ab ...

3.13b ... und entnehmen Sie den unteren Federsitz.

14 Sobald das Federbein zerlegt ist, werden alle Komponenten auf Verschleiß, Beschädigungen und Verformung überprüft. Kontrollieren Sie die Gummiteile auf Alterungserscheinungen (siehe Abbildung) – ersetzen Sie alle schadhaften Teile.

3.14 Befreien Sie die Manschette von der oberen Aufnahme.

15 Befreien Sie das Domlager aus der oberen Aufnahme. Lösen Sie die Clips, und trennen Sie den unteren Teil der Abdeckung vom oberen Lagerdeckel. Entfernen Sie den Lagerring, reinigen Sie das Lager, und arbeiten Sie frisches Fett ein (siehe Abbildungen).

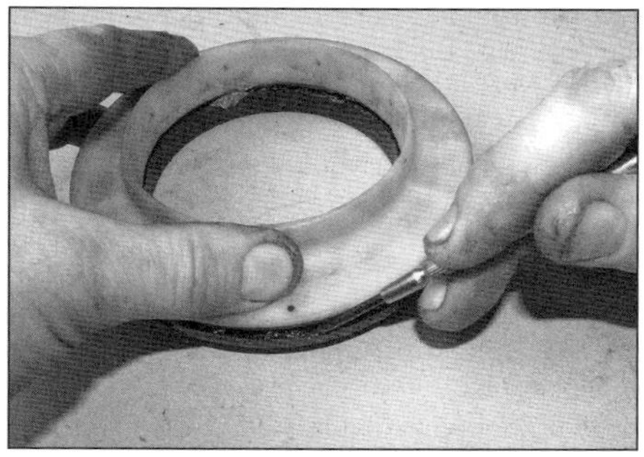

3.15a Lösen Sie die Clips, ...

3.15b ... trennen Sie die oberen Lagerabdeckungen, ...

3.15c ... entfernen Sie die Lagerschalen und fetten Sie die Lager neu.

16 Begutachten Sie den Dämpfer auf Undichtigkeiten. Kontrollieren Sie die Dämpferstange auf der gesamten Länge auf Ausbrüche. Überprüfen Sie das Dämpfergehäuse auf Beschädigungen. Halten Sie es aufrecht, und prüfen Sie seine Funktion, indem Sie die Dämpferstange zunächst vollständig hineinschieben und wieder herausziehen. Bewegen Sie sie dann in kürzeren Hüben von 50 bis 100 mm hin und her. In beiden Fällen muss ein gleichmäßiger Widerstand fühlbar sein. Falls sich die Stange ruckartig oder ungleichmäßig bewegt oder sichtbare Schäden oder Verschleißspuren festgestellt werden oder Öl austritt, muss der gesamte Stoßdämpfer ausgetauscht werden – die Feder, die oberen Befestigungskomponenten, alle Buchsen und andere Bauteile müssen dann auf das Neuteil übernommen werden.
17 Falls Zweifel über den Zustand der Feder bestehen, muss sie vorsichtig entspannt und auf Verzug oder Risse überprüft werden. Eine schadhafte Feder muss erneuert werden (viele Hersteller empfehlen, Federn immer paarweise auszutauschen).
18 Setzen Sie das Federbein wieder zusammen – beginnen Sie mit dem unteren Federsitz-Gummi, das korrekt in der Vertiefung liegen muss.
19 Die Feder muss wieder ausreichend komprimiert werden, um die oberen Befestigungskomponenten montieren zu können. Setzen Sie die Feder dann korrekt auf das untere Federsitz-Gummi.
20 Falls getrennt, müssen die Manschette und das Anschlaggummi an den oberen Federsitz montiert werden – die Manschette muss vollständig in den oberen Federsitz greifen.
21 Montieren Sie die obere Aufnahmeplatte, das Isolierstück, das Domlager, den oberen Federsitz, die Manschette und das Anschlaggummi an den Stoßdämpfer.
22 Drehen Sie eine neue Dämpferstangenmutter auf, und ziehen Sie sie mit 62 Nm an – kontern Sie dabei die Dämpferstange mit dem Inbusschlüssel.
23 Prüfen Sie, ob die Feder oben und unten korrekt sitzt, und entfernen Sie die Vorspanner.

Einbau

24 Bringen Sie das Federbein wie beim Ausbau notiert im Radhaus und unter dem Dom in Position. Installieren Sie die oberen Befestigungsschrauben, und ziehen Sie sie mit 15 Nm an.
25 Verbinden Sie das untere Ende des Federbeins mit dem Radnabenträger und installieren Sie die Schrauben so, dass ihre Köpfe hinten liegen (siehe Abbildung). Drehen Sie die neuen Muttern auf, und ziehen Sie sie mit 168 Nm an.

3.25 Rüsten Sie die unteren Federbein-Schrauben mit neuen Muttern aus.

26 Verbinden Sie das Kugelgelenk der Stabilisator-Anlenkung mit dem Federbein, und ziehen Sie die Mutter mit 75 Nm an.
27 Sichern Sie die Bremsleitung und das Sensorkabel mit den Clips am Halter des Federbeins.
28 Installieren Sie das Lüftungsgitter (siehe Kapitel 11, Sektion 21).
29 Montieren Sie das Vorderrad, senken Sie das Fahrzeug ab, und ziehen Sie die Radmuttern mit 113 Nm an.

4 Querlenker vorn – Ausbau, Kontrolle und Einbau

Anmerkung: *Die Sicherungsmutter des Kugelgelenks muss beim Einbau durch ein Neuteil ersetzt werden.*

Ausbau

1 Ziehen Sie die Handbremse fest an, heben Sie das Fahrzeug vorn an, und stützen Sie es sicher ab (siehe Seite 535). Demontieren Sie das entsprechende Vorderrad.
2 Lösen Sie am unteren Kugelgelenk die Mutter der Klemmschraube, und ziehen Sie diese heraus. Hebeln Sie mit einer Stange, einer Kette oder einem Stück Holz den Querlenker herunter, und befreien Sie das Kugelgelenk vom Achsgelenk (siehe Abbildungen). Die Mutter muss beim Einbau durch ein Neuteil ersetzt werden.

4.2a Lösen Sie die Mutter, ziehen Sie die Schraube heraus ...

4.2b ... und hebeln Sie den Querlenker herunter, um das Kugelgelenk zu befreien.

3 Lösen Sie die Mutter und die Schraube der hinteren Querlenker-Befestigung zum Hilfsrahmen (siehe Abbildung) – die Mutter muss beim Einbau durch ein Neuteil ersetzt werden.

4.3 Entfernen Sie die hintere Querlenker-Schraube samt Mutter.

4 Lösen Sie die vorderen Querlenker-Schrauben, und befreien Sie die Aufhängung vom Hilfsrahmen (siehe Abbildungen).

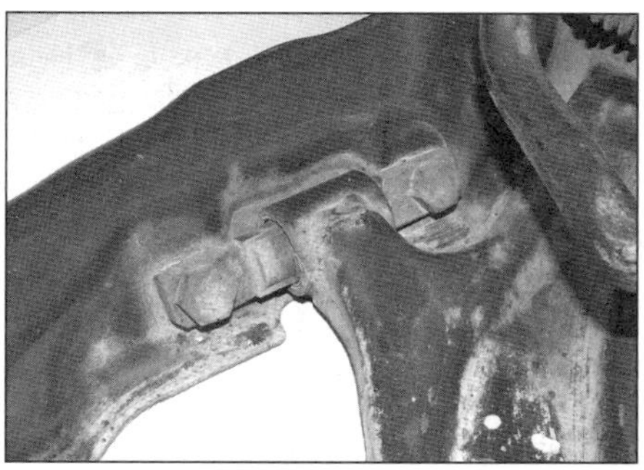

4.4a Entfernen Sie die vorderen Schrauben des Querlenkers ...

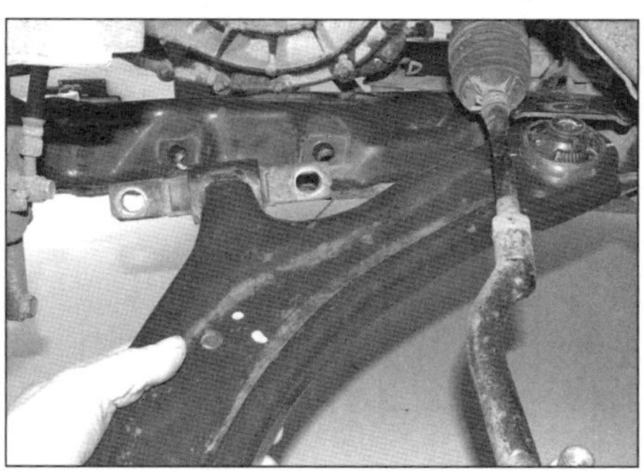

4.4b ... und befreien Sie ihn aus dem Fahrzeug.

Kontrolle

5 Kontrollieren Sie den Querlenker samt seiner Lagerbuchsen auf Verschleiß, Risse und andere Beschädigungen.
6 Prüfen Sie das Kugelgelenk auf Verschleiß, übermäßiges Spiel oder Schwergängigkeit (siehe Abbildung). Kontrollieren Sie seine Gummimanschette auf Risse und andere Schäden.

4.6 Kontrollieren Sie das Kugelgelenk und seine Manschette.

Hintere Lagerbuchse – Ersetzen

7 Je nach Festigkeit der Buchse im Querlenker kann es möglich sein, sie mithilfe einer Gewindestange, Muttern und Hülsen aus- und einzubauen.
8 Messen Sie die Einbautiefe der Buchse im Querlenker, und markieren Sie ihre Ausrichtung darin (siehe Abbildungen).

4.8a Messen Sie die Einbautiefe der Buchse im Querlenker ...

4.8b ... und markieren Sie ihre Ausrichtung.

9 Pressen Sie die Buchse mithilfe einer Gewindestange und unterschiedlicher Rohre aus dem Querlenker (siehe Abbildungen) – das größere Rohr muss am Querlenker anliegen, während mit dem kleineren Rohr die Hülse aus der Buchse gepresst wird.

4.9a Setzen Sie eine Gewindestange mit unterschiedlich starken Rohren über der Lagerbuchse an, ...

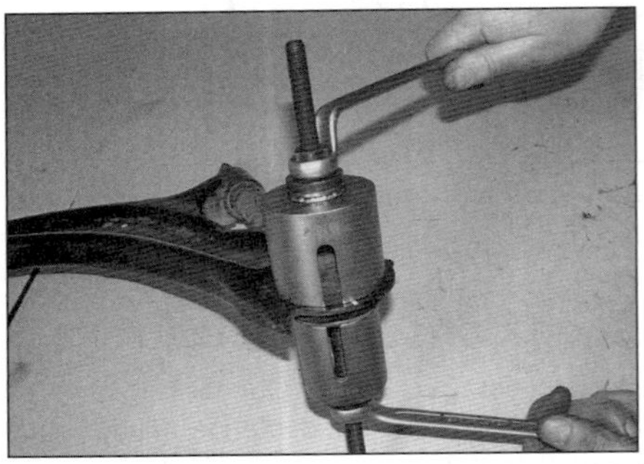

4.9b ... ziehen Sie auf beiden Seiten die Muttern an ...

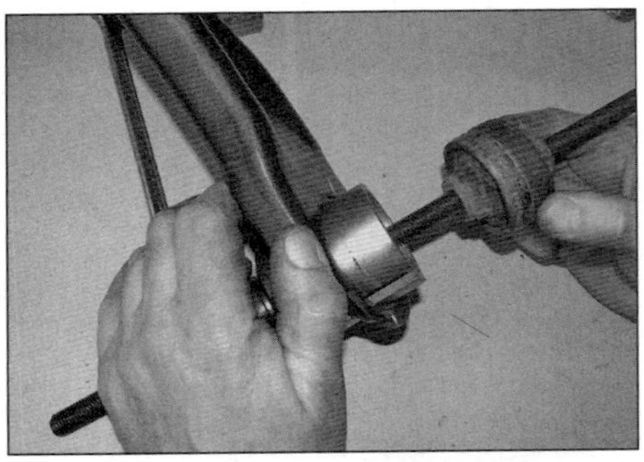

4.9c ... und pressen Sie die Lagerbuchse heraus.

10 Reinigen Sie den Querlenker, und achten Sie darauf, dass am Rand des Buchsensitzes keine Grate entstanden sind.
11 Installieren Sie die neue Buchse in der beim Ausbau notierten Einbaulage, und pressen Sie sie mit den zum Ausbau verwendeten Werkzeugen ein, bis die ursprüngliche Einbautiefe erreicht ist (siehe Abbildungen).

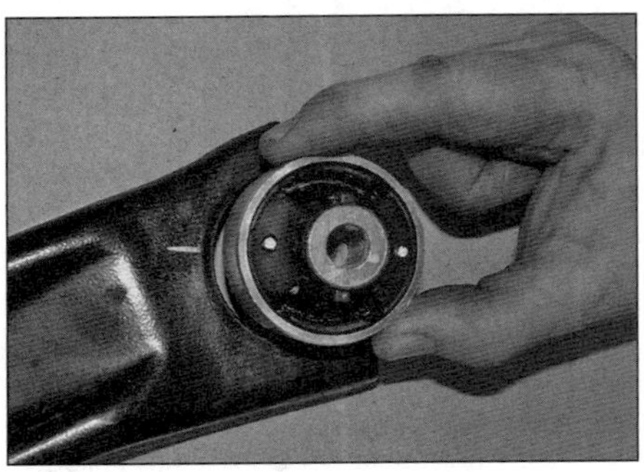

4.11a Richten Sie die neue Markierung entsprechend der ursprünglichen Markierungen aus ...

4.11b ... und pressen Sie sie ...

4.11c ... bis zur zuvor notierten Tiefe ein.

12 Falls die Lagerbuchse sehr fest sitzt, muss sie mit einer hydraulischen Presse ausgebaut werden – überlassen Sie dies nötigenfalls einer Fachwerkstatt.
13 Die vordere Lagerbuchse und das Kugelgelenk sind in den Querlenker integriert, sodass bei Verschleiß oder Beschädigungen nur der Austausch der gesamtem Baugruppe bleibt.

Einbau

14 Schieben Sie den hinteren Teil des Querlenkers am Hilfsrahmen in seine Position, installieren Sie an der vorderen Lagerbuchse die Schrauben (siehe Abbildung), und ziehen Sie sie mit 171 Nm an.

4.14 Installieren Sie die Schrauben der vorderen Lagerbuchse.

15 Installieren Sie an der hinteren Lagerbuchse die Schraube mit einer neuen Mutter (siehe Abbildung), und ziehen Sie diese mit 97 Nm an.

4.15 Rüsten Sie die hintere Schraube mit einer neuen Mutter aus.

16 Verbinden Sie das Kugelgelenk des Querlenkers unten mit dem Radnabenträger (siehe Abbildung) – hebeln Sie den Querlenker nötigenfalls mit einer Stange, einer Kette und einem Stück Holz herunter. Installieren Sie die Schraube und eine neue Mutter an das Kugelgelenk, und ziehen Sie sie mit 87 Nm an.

4.16 Verbinden Sie das Kugelgelenk mit dem Radnabenträger.

17 Montieren Sie das Vorderrad, und senken Sie das Fahrzeug ab. Ziehen Sie die Radmuttern mit 113 Nm an.
18 Zum Schluss sollte die Ausrichtung der Vorderräder überprüft werden (siehe Kapitel 1A, Sektion 13 oder Kapitel 1B, Sektion 14).

5 Querlenker-Kugelgelenk vorn – Ersetzen

Als dieses Buch 2013 verfasst wurde, waren die Kugelgelenke in die vorderen Querlenker integriert und nicht separat erhältlich. Falls das Kugelgelenk verschlissen oder beschädigt ist, muss der gesamte Querlenker ausgetauscht werden (siehe Sektion 4).

6 Stabilisator vorn – Ausbau und Einbau

Querstabilisator

Ausbau

1 Ziehen Sie die Handbremse fest an, heben Sie das Fahrzeug vorn an, und stützen Sie es sicher ab (siehe Seite 535). Demontieren Sie beide Vorderräder.
2 Arbeiten Sie an einer Seite des Stabilisators, kontern Sie mit einem Maulschlüssel das Kugelgelenk des Verbindungsgestänges, und lösen Sie die Mutter, die das Ende des Stabilisators mit dem Gestänge verbindet (siehe Abbildungen).

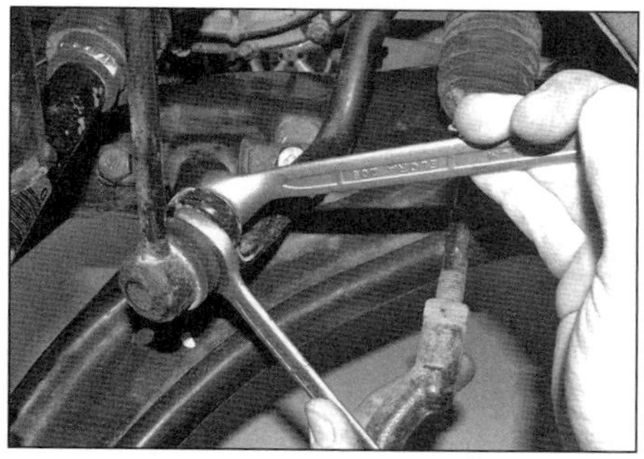

6.2a Kontern Sie mit einem Maulschlüssel das Kugelgelenk ...

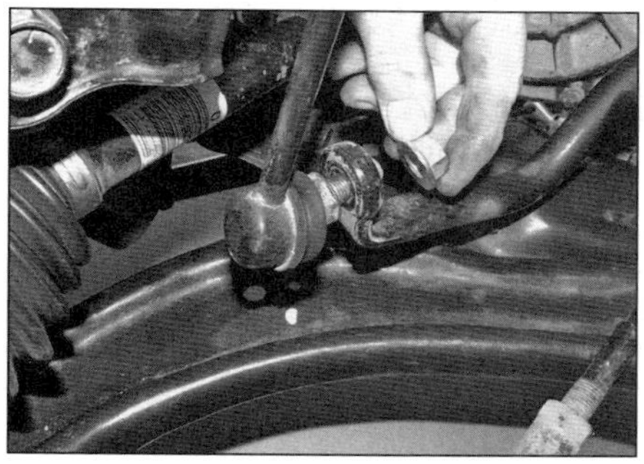

6.2b ... und befreien Sie das Gestänge vom Stabilisator.

3 Trennen Sie das Verbindungsgestänge der anderen Seite auf die gleiche Weise.
4 Lösen Sie vorn am Hilfsrahmen die Schrauben der Klemmen, mit denen der Stabilisator gesichert ist (siehe Abbildung).

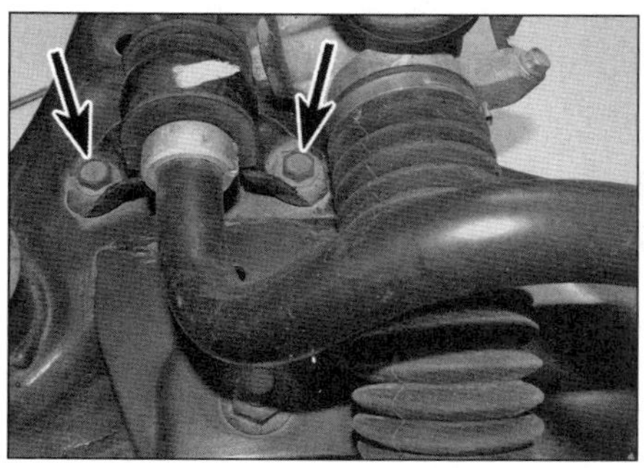

6.4 Lösen Sie die Klemmschrauben des Stabilisators aus dem Hilfsrahmen.

5 Manövrieren Sie den Stabilisator nach unten aus dem Fahrzeug heraus.

Einbau

6 Begutachten Sie die Gummis der Klemmen auf Risse oder Alterungserscheinungen, und ersetzen Sie sie nötigenfalls, indem Sie sie von der Stange ziehen und neue Gummis aufschieben – an den Innenseiten ihrer Sitze sollten Farbmarkierungen angebracht sein.
7 Der Einbau entspricht der umgekehrten Ausbaureihenfolge – ziehen Sie die Klemmschrauben mit 28 Nm an.

Verbindungsgestänge

Ausbau

8 Ziehen Sie die Handbremse fest an, heben Sie das Fahrzeug vorn an, und stützen Sie es sicher ab (siehe Seite 535). Demontieren Sie das entsprechende Vorderrad.
9 Falls vorhanden, muss die Kunststoffkappen von der Befestigungsmutter der Gestänge gezogen werden (siehe Abbildung).

6.9 Ziehen Sie ggf. die Plastikkappe von der Mutter.

10 Kontern Sie das untere Kugelgelenk des Gestänges, und lösen Sie die Mutter, die das Ende des Stabilisators an ihm sichert (Abb. 6.2a und b).
11 Kontern Sie das obere Kugelgelenk des Gestänges, und lösen Sie die Mutter, die es am Federbein sichert (siehe Abbildungen).

6.11a Kontern Sie mit einem Maulschlüssel das Kugelgelenk ...

6.11b ... und befreien Sie das Gestänge vom Federbein.

12 Sobald beide Kugelgelenke befreit sind, kann das Verbindungsgestänge nach unten aus dem Fahrzeug befreit werden.

Einbau

13 Begutachten Sie Buchsen und ersetzen Sie sie nötigenfalls.
14 Der Einbau entspricht der umgekehrten Ausbaureihenfolge – ziehen Sie die Muttern mit jeweils 75 Nm an.

7 Hinterradlager – Ersetzen

1 Die Radlager sind in die Hinterradnaben integriert und können nicht separat ersetzt werden. Falls die Lager verschlissen oder beschädigt sind, müssen die kompletten Naben wie folgt ausgetauscht werden:
2 Blockieren Sie die Vorderräder, heben Sie das Fahrzeug hinten an, und stützen Sie es sicher ab (siehe Seite 535). Demontieren Sie das entsprechende Hinterrad und lösen Sie die Handbremse.

4WD-Modelle

3 Ziehen Sie den Sicherungssplint der Radnabenmutter heraus – später wird ein neuer benötigt (siehe Abbildung).

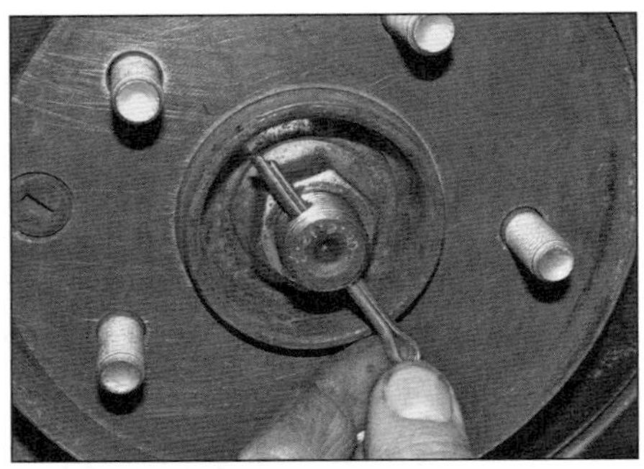

7.3 Biegen Sie die Enden des Splints gerade, und entfernen Sie ihn.

4 Die Radnabe muss jetzt zum Lockern der Antriebswellenmutter blockiert werden – hierzu sollte ein geeignetes Werkzeug auf den Rad-Stehbolzen verschraubt werden (siehe Abbildung). Alternativ kann ein Assistent fest auf die Bremse treten, um die Radnabe am Drehen zu hindern.

7.4 Einsatz eines selbst gebauten Haltewerkzeugs beim Lösen der Antriebswellenmutter

5 Lösen Sie jetzt – nötigenfalls mithilfe einer Verlängerung – die Antriebswellenmutter.

Alle Modelle

6 Demontieren Sie die Handbremsen-Bremsbacken aus den Hinterrad-Bremsscheiben (siehe Kapitel 9, Sektion 6).
7 Lösen Sie den Handbremsen-Seilzug und ziehen Sie unten aus der Bremsen-Rückplatte heraus (siehe Abbildungen).

7.7a Lösen Sie die Handbremszug-Sicherungsschraube ...

7.7b ... und ziehen Sie den Bremszug nach hinten aus der Rückplatte.

8 Entfernen Sie den ABS-Sensor hinten aus der Radnabe (siehe Kapitel 9, Sektion 20).
9 Lösen Sie innen an der Radnabe die vier Schrauben, und ziehen Sie die Nabe samt Rückplatte vom Längslenker (siehe Abbildungen).

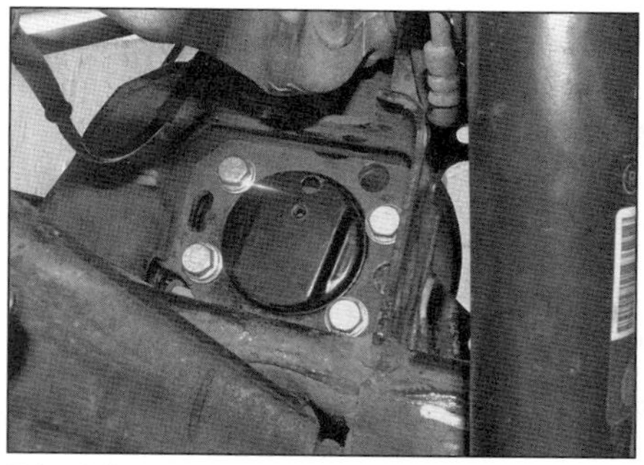

7.9a Lösen Sie die vier Schrauben ...

7.9b ... und entnehmen Sie die Radnabe samt Rückplatte und Radlager vom Längslenker.

10 Entfernen Sie die Rückplatte von der alten Radnabe, um Sie sie an das Neuteil zu montieren.
11 Reinigen Sie sorgfältig die Rückplatte und den Längslenker, bevor Sie die neue Radnaben-Baugruppe aufschieben und in Position bringen. Die zwei Handbremsbacken-Sicherungsstifte müssen vor der Montage an der Rückplatte sitzen (siehe Abbildung).

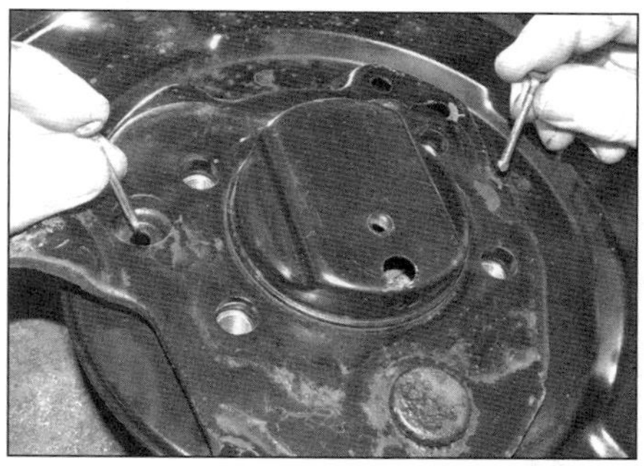

7.11 Die zwei Handbremsbacken-Sicherungsstifte müssen an der Rückplatte sitzen.

12 Montieren Sie die Naben-Baugruppe an den Längslenker und ziehen Sie die vier Schrauben mit 93 Nm an.
Bei 4WD-Modellen muss die Nabe beim Einbau auf die Antriebswellen-Kerbverzahnung geschoben werden.
13 Prüfen Sie, ob sich die Nabe frei drehen lässt, und montieren Sie dann die Handbremsen-Bremsbacken und die Bremsscheibe (siehe Kapitel 9, Sektion 6).
14 Installieren Sie den ABS-Sensor, und ziehen Sie seine Schraube mit 10 Nm an.
15 Blockieren Sie bei 4WD-Modellen die Radnabe (siehe Schritt 4), und ziehen Sie die Antriebswellenmutter mit 125 Nm an. Installieren Sie einen neuen Splint in die Bohrung der Welle (siehe Abbildung).

7.15 Installieren Sie einen neuen Splint und biegen Sie seine Enden herum.

16 Montieren Sie das Hinterrad, senken Sie das Fahrzeug ab, und ziehen Sie die Radmuttern mit 113 Nm an.

8 Hinterradstoßdämpfer – Ausbau, Test und Einbau

Anmerkung: *Beim Einbau werden neue Stoßdämpfer-Befestigungsmuttern benötigt. Stoßdämpfer sollten nötigenfalls immer paarweise ausgetauscht werden.*

Ausbau

1 Blockieren Sie die Vorderräder, heben Sie das Fahrzeug hinten an, und stützen Sie es sicher ab (siehe Seite 535). Demontieren Sie das entsprechende Hinterrad.

2 Heben Sie mit einem Rangierwagenheber den Längslenker an, bis der Stoßdämpfer etwas komprimiert wird (siehe Abbildung).

8.2 Stützen Sie den Längslenker mit einem Rangierwagenheber ab.

3 Lösen Sie am unteren Stoßdämpferbolzen die Mutter, und ziehen Sie die Schraube heraus, sodass der Dämpfer nicht mehr mit dem Längslenker verbunden ist (siehe Abbildungen).

8.3a Lösen Sie die Mutter ...

8.3b ... und trennen Sie den Stoßdämpfer vom Längslenker.

4 Lösen Sie die obere Stoßdämpferschraube, halten Sie den Stoßdämpfer, und ziehen Sie die Schraube heraus (siehe Abbildung).

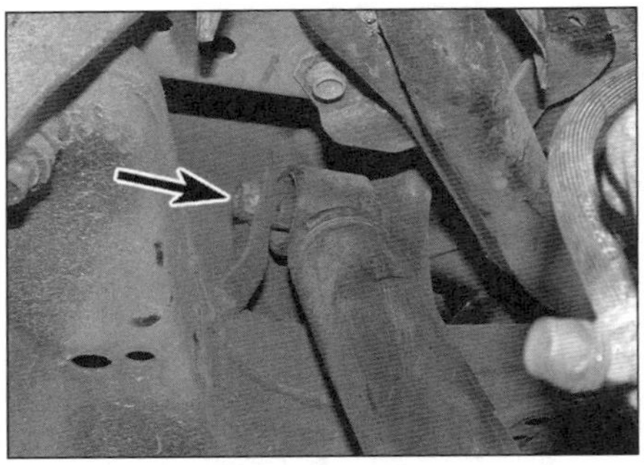

8.4 Obere Stoßdämpferschraube

5 Befreien Sie den Stoßdämpfer nach unten aus dem Fahrzeug.

Test

6 Inspizieren Sie den Stoßdämpfer auf Undichtigkeiten und Beschädigungen. Testen Sie den Stoßdämpfer, indem Sie ihn aufrecht halten und die Kolbenstange zunächst bis zum Anschlag herausziehen und hineinschieben und dann mehrmals um 5 bis 10 cm auf- und abbewegen – in allen Fällen muss sie sich sanft bewegen lassen und ein gleichmäßiger Widerstand fühlbar sein. Falls sich die Stange nur ruckartig oder ungleichmäßig bewegen lässt oder sichtbare Hinweise auf Verschleiß oder Beschädigungen erkennbar sind, muss der Stoßdämpfer ersetzt werden. Kontrollieren Sie die Gummibuchsen in den Stoßdämpferaugen auf Schäden und Alterungserscheinungen. Nötigenfalls können neue Buchsen mithilfe einer langen Schraube, einer Mutter und einer Distanzhülse eingezogen werden – schmieren Sie sie dafür mit Seifenwasser.

Einbau

7 Setzen Sie den Stoßdämpfer oben an seiner Aufnahme an, und installieren Sie die Schraube zunächst handfest.
8 Richten Sie den Dämpfer unten zum Längslenker aus, und schieben Sie die Schraube ein. Drehen Sie die neue Mutter ebenfalls zunächst nur handfest auf.
9 Montieren Sie das Hinterrad, senken Sie das Fahrzeug ab, und ziehen Sie die Radmuttern mit 113 Nm an.
10 Sobald das (leere) Fahrzeug auf dem Boden steht, werden die oberen und unteren Stoßdämpferbefestigungen mit jeweils 117 Nm angezogen.

9 Hinterrad-Schraubenfedern – Ausbau und Einbau

Anmerkung: *Beim Einbau werden neue Radaufhängungs-Befestigungsmuttern benötigt. Stoßdämpferfedern sollten nötigenfalls immer paarweise ausgetauscht werden.*

Ausbau

1 Blockieren Sie die Vorderräder, heben Sie das Fahrzeug hinten an, und stützen Sie es sicher ab (siehe Seite 535). Demontieren Sie das entsprechende Hinterrad.

4WD-Modelle

2 Ziehen Sie den Sicherungssplint der Radnabenmutter heraus – später wird ein neuer benötigt (Abb. 7.3).
3 Die Radnabe muss jetzt zum Lockern der Antriebswellenmutter blockiert werden – hierzu sollte ein geeignetes Werkzeug auf den Rad-Stehbolzen verschraubt werden (Abb. 7.4). Alternativ kann ein Assistent fest auf die Bremse treten, um die Radnabe am Drehen zu hindern.
4 Lösen Sie jetzt – nötigenfalls mithilfe einer Verlängerung – die Antriebswellenmutter.

Alle Modelle

5 Heben Sie mit einem Rangierwagenheber den Längslenker an, bis der Stoßdämpfer etwas komprimiert wird (Abb. 8.2).
6 Lösen Sie am unteren Stoßdämpferbolzen die Mutter, und ziehen Sie die Schraube heraus, sodass der Dämpfer nicht mehr mit dem Längslenker verbunden ist (Abb. 8.3a und b).
7 Lösen Sie bei Modellen mit Xenon-Scheinwerfern die Schraube der Niveausensor-Anlenkungshalterung, und befreien Sie diese vom unteren Querlenker (siehe Abbildung).

9.7 Schraube der Niveausensor-Anlenkungshalterung

8 Lösen Sie am unteren Querlenker die Mutter des Stabilisatorgestänge-Kugelgelenks, und befreien Sie dies (siehe Abbildung).

9.8 Befreien Sie das Stabilisatorgestänge vom unteren Querlenker

9 Lösen Sie am Längslenker die äußere Befestigung des oberen Querlenkers, und trennen Sie diesen (siehe Abbildung).

9.9 Entfernen Sie den Lagerbolzen des oberen Querlenkers.

10 Senken Sie den Längslenker vorsichtig ab – belasten Sie dabei nicht die Bremsleitung oder das Sensorkabel.
11 Ziehen Sie die Schraubenfeder samt der oberen Gummihalterung heraus (siehe Abbildung).

9.11 Befreien Sie die Feder nach unten aus dem Fahrzeug.

12 Befreien Sie nötigenfalls die untere Gummihalterung vom Längslenker, um sie zu ersetzen (siehe Abbildung).

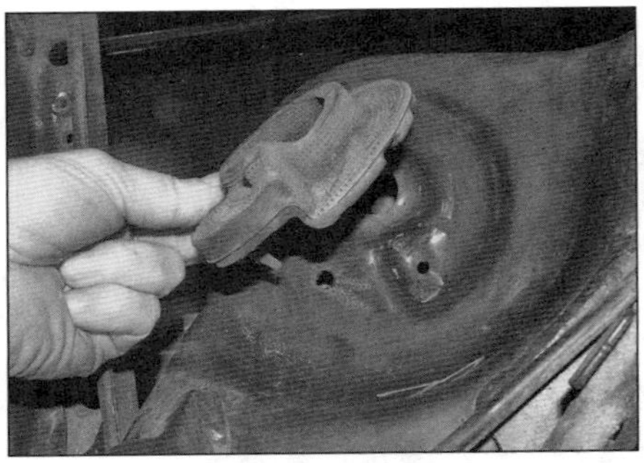

9.12 Die untere Gummihalterung steckt mit Zapfen im Längslenker.

Einbau

13 Positionieren Sie die Feder zwischen dem Unterboden und dem Längslenker korrekt in ihre Gummihalterungen (siehe Abbildung).

9.13 Die Feder muss korrekt in der oberen und unteren Gummihalterung positioniert sein.

14 Heben Sie den Rangierwagenheber vorsichtig an, bis der Längslenker mit dem oberen Querlenker fluchtet. Achten Sie bei 4WD-Modellen darauf, dass die Antriebswellenverzahnung dabei korrekt in die Radnabenbaugruppe eingeführt wird.
15 Verbinden Sie den oberen Querlenker mit dem Längslenker, indem Sie den Lagerbolzen zunächst handfest eindrehen.
16 Verbinden Sie das Kugelgelenk des Stabilisatorgestänges mit dem unteren Querlenker, und drehen Sie die Mutter zunächst handfest auf.
17 Verbinden Sie bei Modellen mit Xenon-Scheinwerfern die Niveausensor-Anlenkungshalterung mit dem unteren Querlenker, und sichern Sie sie mit der Schraube (Abb. 9.7).
18 Richten Sie die untere Stoßdämpferaufnahme zum Längslenker aus, und installieren Sie die Schraube sowie eine neue Mutter zunächst handfest.
19 Blockieren Sie bei 4WD-Modellen die Radnabe (siehe Schritt 3), und ziehen Sie die Antriebswellenmutter mit 125 Nm an. Installieren Sie einen neuen Splint in die Bohrung der Welle (Abb. 7.15).
20 Montieren Sie das Hinterrad, senken Sie das Fahrzeug ab, und ziehen Sie die Radmuttern mit 113 Nm an.
21 Sobald das (leere) Fahrzeug auf dem Boden steht, werden die oberen und unteren Stoßdämpferbefestigungen mit jeweils 117 Nm und die Stabilisatorgestänge-Mutter mit 75 Nm angezogen.

10 Hinterradaufhängungen – Ausbau, Überholen und Einbau

Anmerkung: *Beim Einbau werden neue Radaufhängungs-Befestigungsmuttern benötigt.*

Oberer Querlenker

Ausbau

1 Blockieren Sie die Vorderräder, heben Sie das Fahrzeug hinten an, und stützen Sie es sicher ab (siehe Seite 535). Demontieren Sie das entsprechende Hinterrad.
2 Lösen Sie vorn am Querlenker die Schraube des ABS-Sensor-Kabelhalters und trennen Sie diesen (siehe Abbildung).

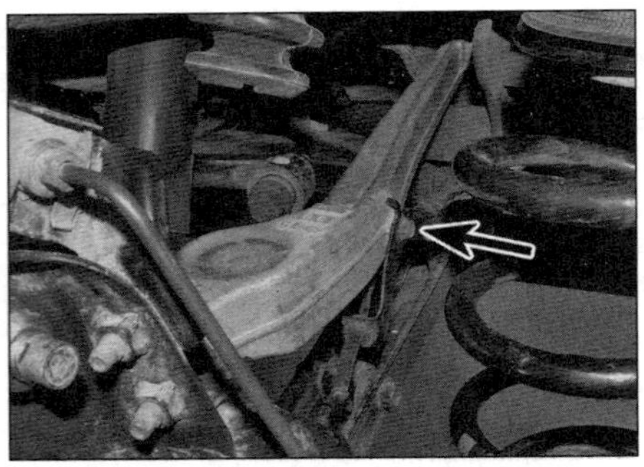

10.2 Sensorkabel-Befestigungsschraube am oberen Querlenker

3 Heben Sie mit einem Rangierwagenheber den Längslenker an, bis der Stoßdämpfer etwas komprimiert wird (Abb. 8.2).
4 Lockern Sie die Mutter der unteren Stoßdämpferschraube, ziehen Sie diese heraus, und trennen Sie den Dämpfer vom Längslenker (Abb. 8.3a und b) – so erhält dieser mehr Bewegungsspielraum, damit der obere Querlenker nach dessen Demontage befreit werden kann.
5 Lösen Sie die Schraube, die den oberen Querlenker mit dem Längslenker verbindet (siehe Abbildung) – die Mutter muss beim Einbau durch ein Neuteil ersetzt werden.

10.5 Lösen Sie außen am oberen Querlenker die Mutter und die Schraube.

6 Lösen Sie die Schraube, die den oberen Querlenker mit dem hinteren Hilfsrahmen verbindet (siehe Abbildung) – die Mutter muss beim Einbau durch ein Neuteil ersetzt werden.

10.6 Lösen Sie am Hilfsrahmen die Befestigung des oberen Querlenkers.

7 Um der Hinterradaufhängung auf dem Rangierwagenheber noch mehr Bewegungsspielraum zu geben, kann das Kugelgelenk des Stabilisatorgestänges vom unteren Querlenker befreit werden (Abb. 9.8).
8 Befreien Sie den oberen Querlenker nach unten aus dem Fahrzeug (siehe Abbildung).

10.8 Befreien Sie den oberen Querlenker aus dem Fahrzeug.

Einbau

9 Der Einbau entspricht der umgekehrten Ausbaureihenfolge – beachten Sie dabei folgende Punkte:

a) Montieren Sie das Hinterrad, und ziehen Sie die Radmuttern mit 113 Nm an.

b) Bevor die Muttern und Schrauben angezogen werden, muss das (leere) Fahrzeug auf den Boden gestellt werden, damit sich die Radaufhängungen korrekt ausrichten. Beachten Sie die Anzugswerte am Anfang dieses Kapitels.

c) Erneuern Sie beim Einbau alle erwähnten Muttern.

Unterer Querlenker

Anmerkung: *Die den Querlenker am Hinterachsen-Hilfsrahmen sichernde innere Schraube ist einstellbar.*

Ausbau

10 Blockieren Sie die Vorderräder, heben Sie das Fahrzeug hinten an, und stützen Sie es sicher ab (siehe Seite 535). Demontieren Sie das entsprechende Hinterrad.
11 Lösen Sie bei Modellen mit Xenon-Scheinwerfern die Schraube der Niveausensor-Anlenkungshalterung, und befreien Sie diese vom unteren Querlenker (Abb. 9.7).
12 Heben Sie mit einem Rangierwagenheber den Längslenker an, bis der Stoßdämpfer etwas komprimiert wird (Abb. 8.2).
13 Lösen Sie am unteren Stoßdämpferbolzen die Mutter, und ziehen Sie die Schraube heraus, sodass der Dämpfer nicht mehr mit dem Längslenker verbunden ist (Abb. 8.3a und b).
14 Lösen Sie die Mutter des Stabilisatorgestänge-Kugelgelenks, um dies vom unteren Querlenker zu befreien (siehe Abbildung).

10.14 Mutter des Stabilisatorgestänge-Kugelgelenks am unteren Querlenker

15 Vor dem Lösen der inneren Querlenker-Befestigungsschraube muss deren Ausrichtung am Hilfsrahmen und den Exzenterscheiben markiert werden – die Position hat Auswirkung auf die Fahrwerkseinstellung (siehe Abbildungen).

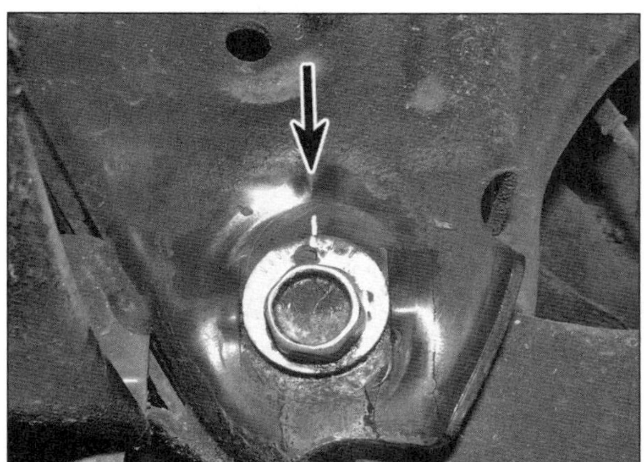

10.15a Bringen Sie Sie Ausrichtmarkierungen am Hilfsrahmen ...

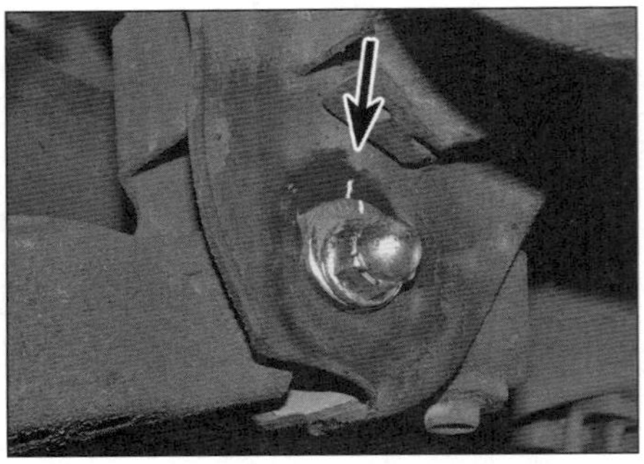

10.15b ... und an den Exzenterscheiben an.

16 Lösen Sie die innere Querlenker-Befestigungsschraube aus dem Hilfsrahmen, entfernen Sie die Mutter samt Scheibe (siehe Abbildungen) – die Mutter muss beim Einbau durch ein Neuteil ersetzt werden.

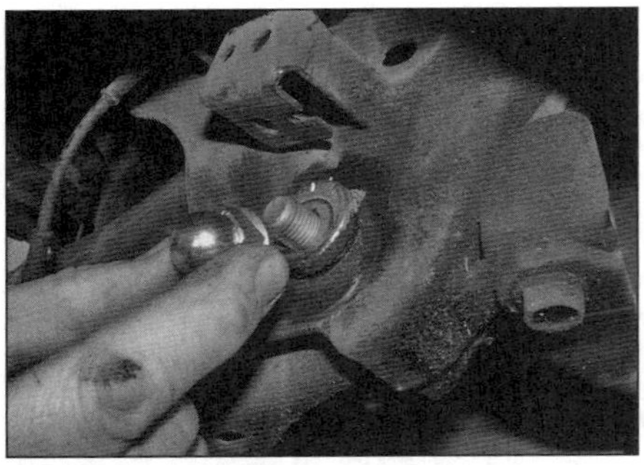

10.16a Entfernen Sie die Mutter ...

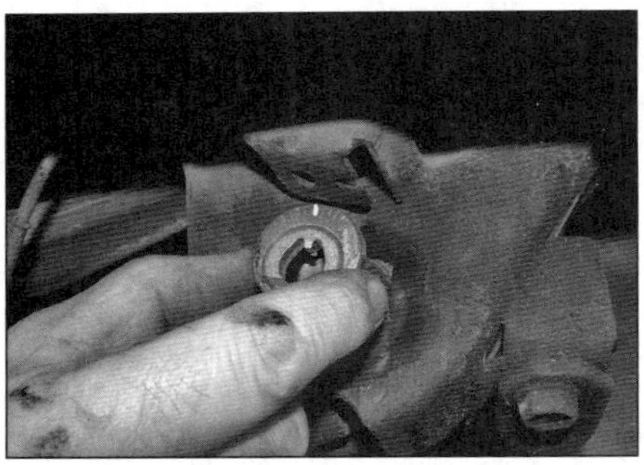

10.16b ... und die Exzenterscheibe.

17 Lösen Sie die Schraube, die den unteren Querlenker mit dem Längslenker verbindet (siehe Abbildung) – die Mutter muss beim Einbau durch ein Neuteil ersetzt werden.

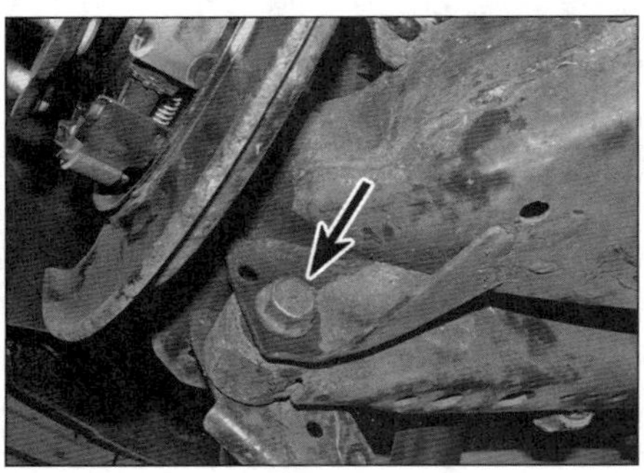

10.17 Befreien Sie den unteren Querlenker vom Längslenker.

18 Befreien Sie den unteren Querlenker nach unten aus dem Fahrzeug.

Einbau

19 Der Einbau entspricht der umgekehrten Ausbaureihenfolge – beachten Sie dabei folgende Punkte:

a) Montieren Sie das Hinterrad, und ziehen Sie die Radmuttern mit 113 Nm an.

b) Bevor die Muttern und Schrauben angezogen werden, muss das (leere) Fahrzeug auf den Boden gestellt werden, damit sich die Radaufhängungen korrekt ausrichten. Beachten Sie die Anzugswerte am Anfang dieses Kapitels.

c) Erneuern Sie beim Einbau alle erwähnten Muttern.

d) Lassen Sie die Einstellung der Hinterradaufhängung von einer Fachwerkstatt kontrollieren.

Längslenker

Anmerkung: *Beim Einbau werden neue Radaufhängungs-Befestigungsmuttern benötigt.*

Ausbau

20 Blockieren Sie die Vorderräder, heben Sie das Fahrzeug hinten an, und stützen Sie es sicher ab (siehe Seite 535). Demontieren Sie das entsprechende Hinterrad.

21 Demontieren Sie die Naben/Radlager-Baugruppe (siehe Sektion 7).

22 Lösen Sie am unteren Stoßdämpferbolzen die Mutter und ziehen Sie die Schraube heraus, sodass der Dämpfer nicht mehr mit dem Längslenker verbunden ist (Abb. 8.3a und b).

23 Lösen Sie den Bremsleitungsanschluss, und befreien Sie die Bremsleitung aus den Befestigungen oben am Längslenker (siehe Abbildungen). **Anmerkung**: *Seien Sie auf austretende Bremsflüssigkeit vorbereitet. Beachten Sie vor Arbeitsbeginn die Anmerkung am Anfang von Kapitel 9, Sektion 2, um sicher mit Bremsflüssigkeit umzugehen.*

10.23a Befreien Sie die Bremsleitungs-Sicherungsclips ...

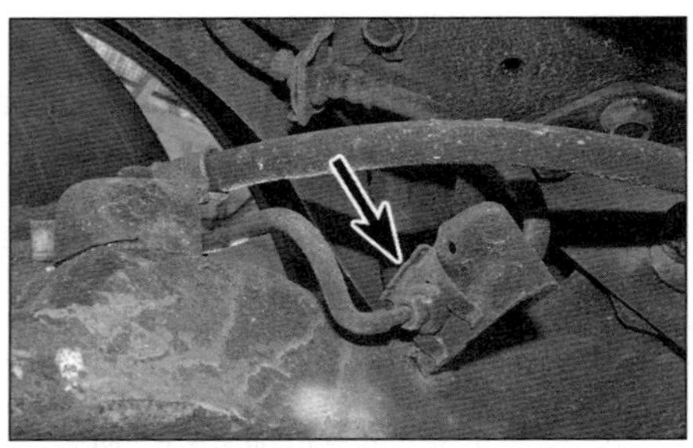

10.23b ... vom Längslenker.

24 Lösen Sie die Schraube, die den oberen Querlenker mit dem Längslenker verbindet (Abb. 10.5) – die Mutter muss beim Einbau durch ein Neuteil ersetzt werden.
25 Lösen Sie die Schraube, die den unteren Querlenker mit dem Längslenker verbindet (Abb. 10.17) – die Mutter muss beim Einbau durch ein Neuteil ersetzt werden.
26 Kontrollieren Sie, ob am Längslenker noch irgendwelche Dinge angeschlossen sind, und trennen Sie sie.
27 Stützen Sie bei 4WD-Modellen das äußere Ende der Antriebswelle ab, damit sie beim Ausbau des Längslenkers nicht beschädigt wird; demontieren Sie nötigenfalls die Antriebswelle (siehe Kapitel 8, Sektion 2).
28 Bevor die vordere Längslenker-Schraube entfernt wird, müssen an der Halterung und den einstellbaren Exzenterscheiben Ausrichtmarkierungen angebracht werden (Abb. 10.15a) – die Position hat Auswirkung auf die Fahrwerkseinstellung.
29 Senken Sie den Längslenker hinten mithilfe eines Rangierwagenhebers vorsichtig ab, und lösen Sie vorn die Mutter und die Schraube (siehe Abbildung) – befreien Sie den Längslenker dann unter dem Fahrzeug heraus.

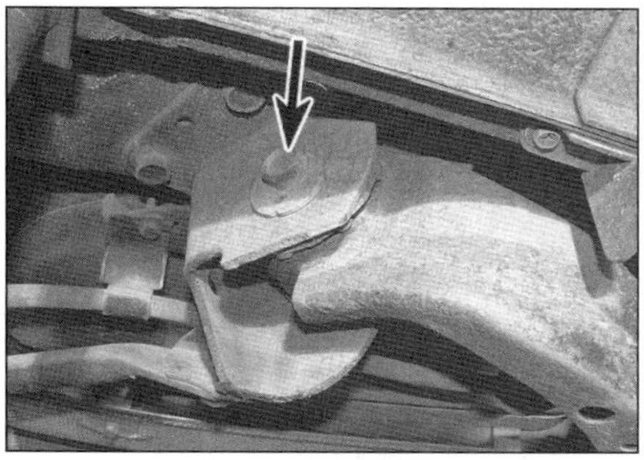

10.29 Lösen Sie die vordere Längslenker-Aufhängung.

Einbau

30 Der Einbau entspricht der umgekehrten Ausbaureihenfolge – beachten Sie dabei folgende Punkte:
a) *Montieren Sie das Hinterrad, und ziehen Sie die Radmuttern mit 113 Nm an.*
b) *Bevor die Muttern und Schrauben angezogen werden, muss das (leere) Fahrzeug auf den Boden gestellt werden, damit sich die Radaufhängungen korrekt ausrichten. Beachten Sie die Anzugswerte am Anfang dieses Kapitels.*
c) *Erneuern Sie beim Einbau alle erwähnten Muttern.*
d) *Lassen Sie die Einstellung der Hinterradaufhängung von einer Fachwerkstatt kontrollieren.*

11 Lenkrad – Ausbau und Einbau

Warnung: Beachten Sie die Sicherheitshinweise in Kapitel 12, Sektion 20, um keine Verletzungen durch den auslösenden Airbag davonzutragen.

Ausbau

1 Die Zündung muss abgeschaltet sein. Trennen Sie das Massekabel (–) der Batterie (siehe Seite 532). Warten Sie anschließend mindestens zehn Minuten, bevor weitere Arbeiten erledigt werden.
2 Demontieren Sie die Airbag-Einheit aus dem Lenkrad (siehe Kapitel 12, Sektion 21).
3 Entriegeln Sie mit dem Zündschlüssel das Lenkschloss und stellen Sie die Vorderräder geradeaus.
4 Lösen Sie die Lenkradmutter (siehe Abbildung).

11.4 Entfernen Sie die Lenkradmutter.

5 Beachten Sie die Ausrichtmarkierungen am Lenkrad und der Lenkwelle, um das Lenkrad später wieder korrekt aufsetzen zu können (siehe Abbildung).

11.5 Ausrichtmarkierungen an Lenkrad und Lenkwelle

6 Ziehen Sie das Lenkrad ab, und führen Sie dabei die Kabel hindurch (siehe Abbildung).

11.6 Ziehen Sie das Lenkrad von der Lenkwelle

7 Nachdem das Lenkrad entfernt ist, sollte die Position des Drehschalters überprüft und dieser nötigenfalls mit Klebeband in seiner Position gesichert werden, damit er sich nicht verschiebt (siehe Abbildung).

11.7 Der Drehschalter darf sich beim Abziehen des Lenkrads nicht verschoben haben.

Einbau

8 Der Einbau entspricht der umgekehrten Ausbaureihenfolge – beachten Sie dabei folgende Punkte:

a) *Die Vorderräder müssen geradeaus stehen.*
b) *Entfernen Sie ggf. das Klebeband vom Drehschalter und achten Sie darauf, dass dieser korrekt positioniert ist.*
c) *Der Blinkerschalter muss in der mittigen Position (Blinker aus) stehen, ansonsten kann er beim Aufsetzen des Lenkrades beschädigt werden.*
d) *Alle Kabel müssen korrekt durch das Lenkrad geführt und verbunden sein.*
e) *Richten Sie die Markierungen am Lenkrad und an der Welle zueinander aus; richten Sie das Lenkrad zum Drehschalter aus.*
f) *Ziehen Sie die Lenkradmutter mit 35 Nm an*
g) *Montieren Sie zum Schluss den Airbag (siehe Kapitel 12, Sektion 21).*

12 Hilfsrahmen (vorn) – Ausbau und Einbau

Anmerkung: *Die Zahnstange, der Stabilisator und die Querlenker werden zusammen mit dem Hilfsrahmen demontiert. Ersetzen Sie bei der Arbeit an Radaufhängungen und Lenkungs-Komponenten stets alle selbstsichernden Muttern.*

Ausbau

1 Ziehen Sie die Handbremse, lockern Sie die vorderen Radmuttern, heben Sie das Fahrzeug vorn an, und stützen Sie es sicher ab (siehe Seite 535). Demontieren Sie beide Vorderräder.

2 Entfernen Sie im Fahrerfußraum die untere Lenksäulen-Verkleidung, und notieren Sie die Position des Lenkwellen-Kreuzgelenks an der Lenkgetriebewelle; lösen Sie anschließend die Schraube, um das Klemmstück von der Welle zu befreien (siehe Abbildungen).

12.2a Entfernen Sie die Abdeckung des unteren Lenkwellen-Kreuzgelenks, ...

12.2b ... notieren Sie die Ausrichtung, lösen Sie die Schraube ...

12.2c ... und trennen Sie das Gelenk von der Welle.

3 Lösen Sie unter dem Fahrzeug die Schraube und Mutter der hinteren Motorhalterung. Lösen Sie dann die Mutter und Schraube, mit denen die Verbindungsstange am Hilfsrahmen verbunden ist, und entfernen Sie die Stange (siehe Abbildung).

12.3 Demontieren die hintere Motorhalterung vom Hilfsrahmen.

4 Lösen Sie an beiden vorderen Radnabenträgern die Kugelgelenk-Verbindungen, und befreien Sie die Gelenke (Abb.

4.2a und b) – die Muttern müssen beim Einbau durch Neuteile ersetzt werden.

5 Kontern Sie das untere Kugelgelenk des Gestänges, und lösen Sie die Mutter, die das Ende des Stabilisators an ihm sichert (Abb. 6.2a und b).

6 Lösen Sie am Radnabenträger die Mutter des Spurstangenkopfes und befreien Sie diesen – beachten Sie weitere Hinweise in Sektion 17 (siehe Abbildung).

12.6 Trennen Sie die Spurstangenköpfe von den Radnabenträgern.

7 Bei einigen Dieselmodellen muss die Schraube der elektrischen Kühlmittelpumpe gelöst werden, um diese samt Halter hinten vom Hilfsrahmen zu trennen (siehe Abbildung).

12.7 Elektrische Kühlmittelpumpe

8 Kontrollieren Sie, ob alle Kabel und Schläuche vom Hilfsrahmen getrennt und beiseite genommen sind, sodass sie nicht den Ausbau behindern.

9 Platzieren Sie einen Rangierwagenheber unter den mit einem Holz geschützten Hilfsrahmen.

10 Lösen Sie die hinteren Hilfsrahmen-Schrauben, und entfernen Sie die hintere Haltestrebe (siehe Abbildungen).

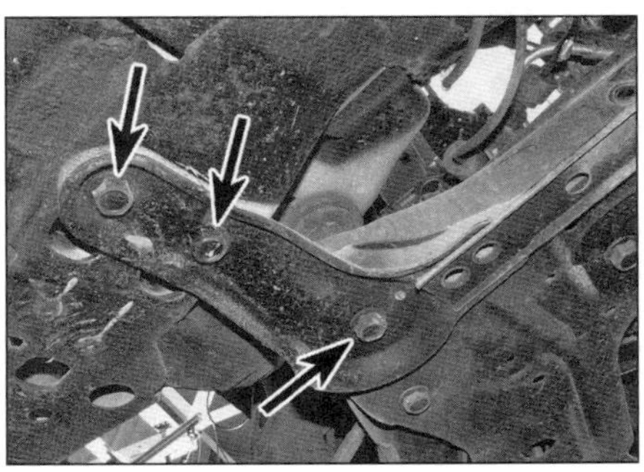

12.10a Lösen Sie hinten am Hilfsrahmen die drei Schrauben ...

12.10b ... und entfernen Sie die hintere Strebe.

11 Lösen Sie die vorderen Hilfsrahmen-Schrauben, und senken Sie den Rahmen vorsichtig ab, um ihn unter dem Fahrzeug zu entfernen – reißen Sie dabei keine Kabel, Schläuche und andere Leitungen ab (siehe Abbildungen).

12.11a Lösen Sie vorn am Hilfsrahmen die Schrauben ...

12.11b ... und senken Sie den Rahmen ab.

Einbau

12 Der Einbau entspricht der umgekehrten Ausbaureihenfolge – beachten Sie dabei folgende Punkte:

a) *Ersetzen Sie alle entsprechend erwähnten Muttern durch Neuteile.*

b) *Verwenden Sie am Lenkwellen-Kreuzgelenk eine neue Schraube, und achten Sie darauf, dass die Kastenmutter korrekt sitzt.*

c) Ziehen Sie alle Muttern und Schrauben mit den in den technischen Daten angegebenen Drehmomenten an.

d) Lassen Sie zum Schluss die Ausrichtung der Vorderräder kontrollieren und nötigenfalls einstellen (siehe Kapitel 1A, Sektion 13 oder Kapitel 1B, Sektion 14).

13 Lenkschloss/Zündschloss – Ausbau und Einbau

Anmerkung: *Beim Einbau des Lenkschlosses müssen neue Scherschrauben verwendet werden.*

Ausbau

1 Trennen Sie zunächst das Massekabel (–) der Batterie (siehe Seite 532).

2 Schwenken Sie das Lenkrad in die unterste Position, und entfernen Sie die Lenksäulenverkleidung (siehe Kapitel 11, Sektion 26).

3 Trennen Sie links an der Lenksäule die zwei Kabelstecker (siehe Abbildungen).

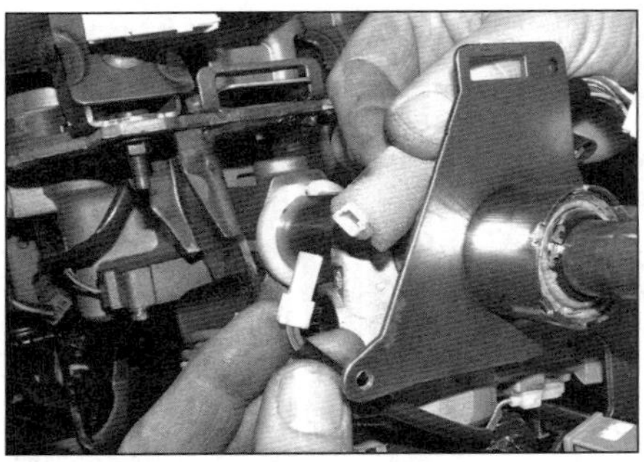

13.3a Trennen Sie links an der Lenksäule ...

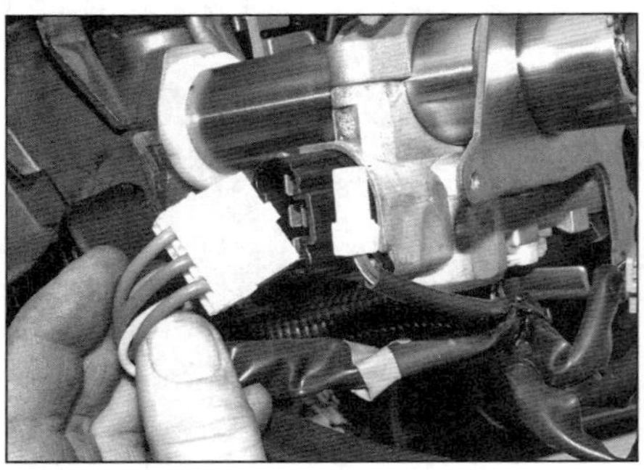

13.3b ... die zwei Stecker.

4 Bei Modellen mit *Intelligentem Schlüsselsystem* muss der Stecker oben am Zündschloss getrennt werden (siehe Abbildung).

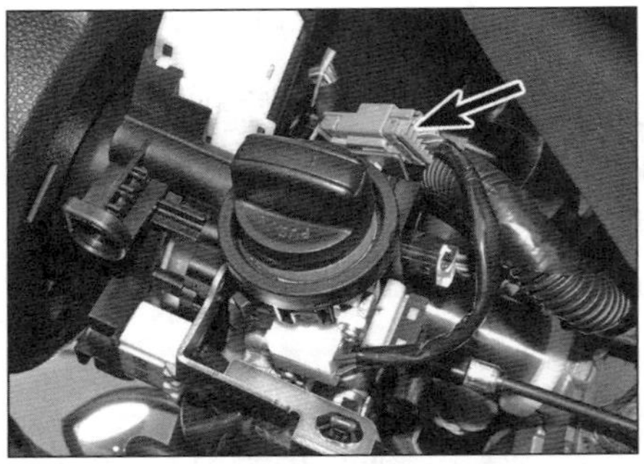

13.4 Trennen Sie den Stecker des *Intelligenten Schlüsselsystems.*

5 Trennen Sie den Stecker der am Zündschloss sitzenden Transponder-Ringantenne, lösen Sie die Schrauben, und befreien Sie den Ring vom Zündschloss (siehe Abbildungen).

13.5a Trennen Sie den Stecker, ...

13.5b ... lösen Sie die Schraube ...

13.5c ... und ziehen Sie die Transponder-Ringantenne ab.

6 Lösen Sie bei Automatikmodellen vorn am Schließzylinder den Sicherungsclip des Wahlhebel-Seilzugs (siehe Abbildungen).

13.6a Ziehen Sie den Clip heraus ...

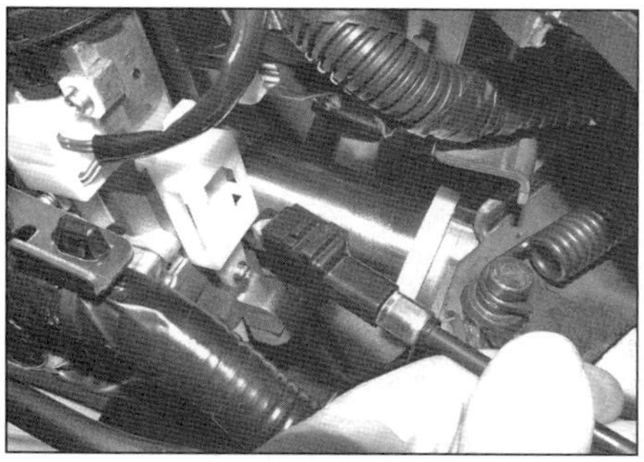

13.6b ... und befreien Sie den Wahlhebel-Seilzug.

7 Um die Lenk-/Zündschloss-Baugruppe von der Lenksäule befreien zu können, müssen oben die Abscher-Schraubenköpfe ausgebohrt werden (siehe Abbildung), dann können die zwei Sektionen des Schlossgehäuses von der Lenksäule getrennt werden – die Schlosskomponenten können nicht aus dem Gehäuse entfernt werden.

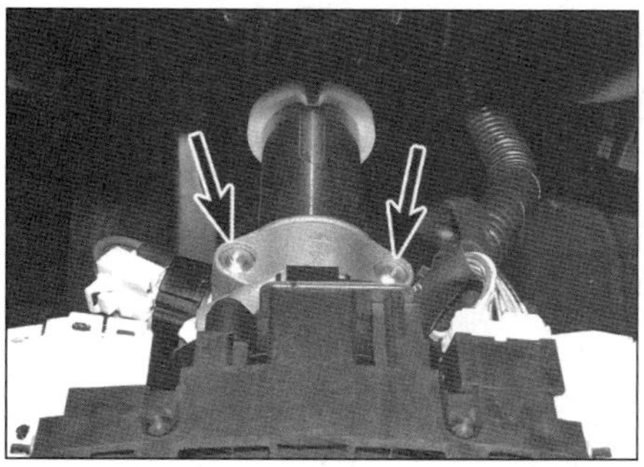

13.7 Bohren Sie die Köpfe der Abscherschrauben aus.

Einbau

8 Der Einbau entspricht der umgekehrten Ausbaureihenfolge – verwenden Sie neue Abscherschrauben, und ziehen Sie sie an, bis ihre Köpfe abreißen.

14 Lenksäule/Servolenkungsmotor – Ausbau und Einbau

Warnung: Alle Modelle sind mit Airbags ausgerüstet. Beachten Sie die Sicherheitshinweise in Kapitel 12, Sektion 20, um keine Verletzungen durch den auslösenden Airbag davonzutragen.

Anmerkung: *Die Lenksäule beinhaltet den elektrischen Servolenkungsmotor, das Steuergerät und die Lenkwelle. Alle diese Teile bilden eine Baugruppe, die weder zerlegt noch getrennt werden kann.*

Ausbau

1 Trennen Sie zunächst das Massekabel (–) der Batterie (siehe Seite 532).
2 Demontieren Sie das Lenkrad (siehe Sektion 11).
3 Entfernen Sie die Lenksäulen-Schalter (siehe Kapitel 12, Sektion 4).
4 Trennen Sie alle Zündschloss-Stecker (siehe Sektion 13).
5 Zur Verbesserung des Zugangs sollte an der Fahrerseite die untere Armaturenbrettabdeckung entfernt werden (siehe Kapitel 11, Sektion 26).
6 Setzen Sie übergangsweise das Lenkrad auf, und drehen Sie die Lenkwelle so, dass die Kreuzgelenk-Klemmschraube zugänglich ist.
7 Entfernen Sie im Fahrerfußraum die untere Lenksäulen-Verkleidung, und notieren Sie die Position des Lenkwellen-Kreuzgelenks an der Lenkgetriebewelle; lösen Sie anschließend die Schraube, um das Klemmstück von der Welle zu befreien (Abb. 12.2a, b und c).
8 Sichern Sie das untere Ende der Lenksäule mit einem Kabelbilder, damit es beim Ausbau der Lenksäule nicht herausfällt (siehe Abbildung).

14.8 Sichern Sie den unteren Teil der Lenkwelle mit einem Kabelbinder am oberen.

9 Befreien Sie alle Kabel aus den Befestigungen an der Lenksäule (siehe Abbildungen); notieren Sie deren Einbauposition, und verlagern Sie die Kabel aus dem Arbeitsbereich heraus.

14.9a Lösen Sie alle Kabelbaum-Clips ...

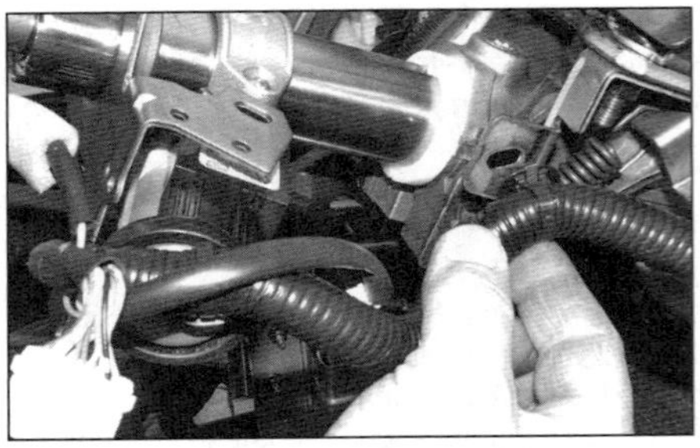

14.9b ... von den Lenksäulen-Halterungen.

10 Da die Lenksäulen-Baugruppe sehr schwer ist, sollte sie möglichst mithilfe eines Assistenten angehoben und auf einer Stütze abgesetzt werden.

11 Lösen Sie die vier Befestigungsmuttern oben an der Lenksäule, heben Sie sie an, und befreien Sie ihre obere Befestigungsplatte von der Querstrebe (siehe Abbildungen).

14.11a Lösen Sie die vier Muttern ...

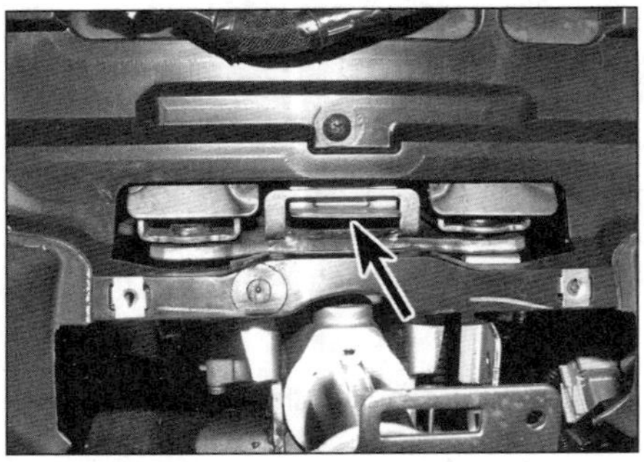

14.11b ... und befreien Sie die Lenksäule oben aus der Querstrebe.

12 Stützen Sie die Lenksäule vorsichtig im Fußraum ab, und trennen Sie die Stecker oben am Servo-Motor (siehe Abbildungen).

14.12a Senken Sie die Lenksäulen-Baugruppe auf einer Stütze ab ...

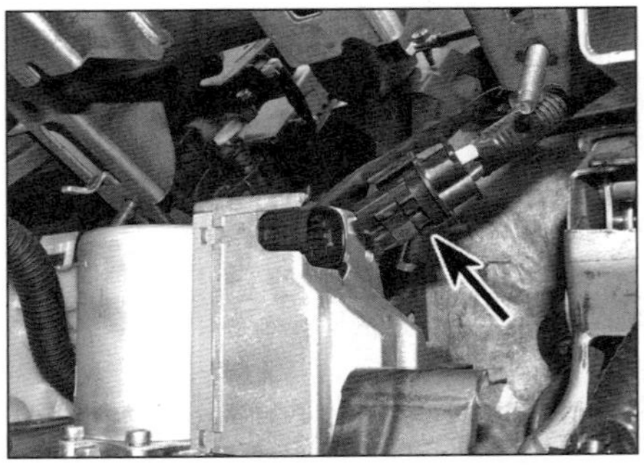

14.12b ... und trennen Sie die Stecker vom Servomotor . . .

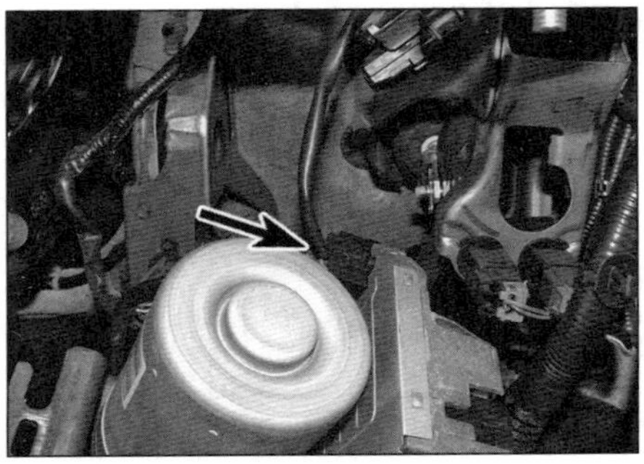

14.12c ... und vom Steuergerät.

13 Sobald die Lenksäulen-Baugruppe von allen Kabeln befreit ist, kann sie aus dem Innenraum gehoben werden (siehe Abbildung).

14.13 Heben Sie die Lenksäulen-Baugruppe aus dem Fahrzeug.

Einbau

14 Der Einbau entspricht der umgekehrten Ausbaureihenfolge – beachten Sie dabei folgende Punkte:

a) Ersetzen Sie die Lenksäulen-Muttern und Schrauben durch Neuteile.

b) Ziehen Sie alle Muttern und Schrauben mit den in den technischen Daten angegebenen Drehmomenten an.

c) Montieren Sie die Lenksäulen-Schalter entsprechend der Vorgaben in Kapitel 12, Sektion 4.

d) Montieren Sie das Lenkrad entsprechend der Vorgaben in Sektion 11.

e) Installieren Sie die Lenksäulenverkleidung (siehe Kapitel 11, Sektion 26).

15 Lenkgetriebe – Ausbau, Kontrolle und Einbau

Warnung: Alle Modelle sind mit Airbags ausgerüstet. Beachten Sie die Sicherheitshinweise in Kapitel 12, Sektion 20, um keine Verletzungen durch den auslösenden Airbag davonzutragen.

Anmerkung: *Für diese Arbeit wird ein Kugelkopf-Abzieher benötigt. Beim Einbau müssen die Spurstangenköpfe mit neuen Muttern gesichert werden.*

Ausbau

1 Ziehen Sie die Handbremse an, lockern Sie die vorderen Radmuttern, heben Sie das Fahrzeug vorn an, und stützen Sie es sicher ab (siehe Seite 535). Demontieren Sie beide Vorderräder.

2 Demontieren Sie den vorderen Hilfsrahmen (siehe Sektion 12) – es ist möglich, ihn nur abzusenken und nicht komplett entfernen zu müssen, um genug Platz für den Ausbau des Lenkgetriebes zwischen Karosserie und Hilfsrahmen zu erhalten.

3 Lösen Sie die Schrauben, die das Lenkgetriebe oben am Hilfsrahmen sichern, und ziehen Sie es seitlich aus dem Fahrzeug heraus (siehe Abbildung).

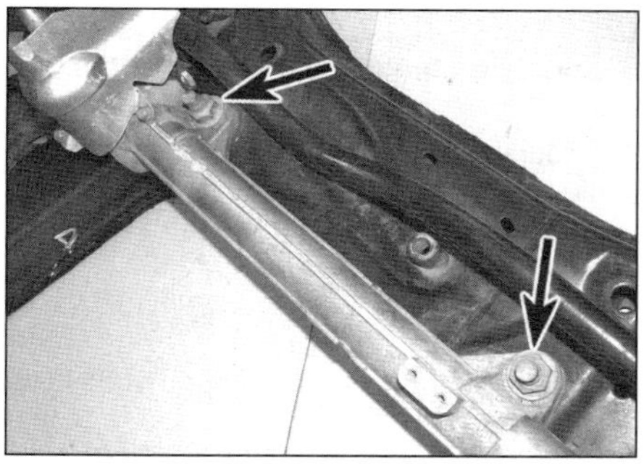

15.3 Lenkgetriebe-Befestigungsschrauben

Kontrolle

4 Begutachten Sie die Baugruppe auf sichtbare Schäden oder Verschleiß.

5 Prüfen Sie, ob sich die Zahnstange auf dem gesamten Arbeitsweg sanft bewegen lässt und weder klemmt noch Spiel aufweist.

6 Kontrollieren Sie die Spurstangen auf Verzug und Risse.

7 Kontrollieren Sie die Lenkgetriebe-Manschetten auf Risse und Alterungserscheinungen; der Austausch ist in Sektion 16 beschrieben.

8 Inspizieren Sie die Spurstangenköpfe auf Verschleiß und Beschädigungen; der Austausch ist in Sektion 17 beschrieben.

9 Abgesehen vom Austausch der Spurstangenköpfe und den Gummimanschetten sollten alle weiteren Überholtätigkeiten einer Fachwerkstatt überlassen werden.

Einbau

10 Der Einbau entspricht der umgekehrten Ausbaureihenfolge – beachten Sie dabei folgende Punkte:

a) Ersetzen Sie die Muttern der Kugelgelenke und Spurstangenköpfe durch Neuteile.

b) Verwenden Sie am Lenkwellen-Kreuzgelenk eine neue Schraube, und achten Sie darauf, dass die Kastenmutter korrekt sitzt.

c) Ziehen Sie alle Muttern und Schrauben mit den in den technischen Daten angegebenen Drehmomenten an.

16 Lenkgestänge-Manschetten – Ersetzen

Anmerkung: *Beim Einbau müssen neue Schellen verwendet werden.*

1 Demontieren Sie den entsprechenden Spurstangenkopf (siehe Sektion 17).

2 Falls noch nicht geschehen, wird die Spurstangenkopf-Kontermutter vom Ende der Stange geschraubt.

3 Markieren Sie die korrekte Einbauposition der Manschette auf dem Gestänge, und lösen Sie die Schellen (siehe Abbildung). Ziehen Sie die Manschette von der Zahnstange und der Spurstange.

16.3 Schellen einer Lenkgestänge-Manschette

4 Reinigen Sie sorgfältig die Spurstangen und das Zahnstangengehäuse, und entfernen Sie mit Schleifpapier Korrosion, Riefen und scharfe Kanten, die beim Einbau neuer Manschetten deren Dichtlippen beschädigen könnten. Entfernen Sie das Fett aus der alten Manschette, und schmieren Sie damit das innere Kugelgelenk der Spurstange (vorausgesetzt, es ist noch nicht durch Beschädigungen verschmutzt oder mit Wasser versetzt – verwenden Sie bei jedem Zweifel frisches Fett).

5 Schieben Sie die neue Manschette vorsichtig über die Spurstange aufs Zahnstangengehäuse. Richten Sie den äußeren Rand der Manschette zur beim Ausbau angebrachten Markierung aus, und sichern Sie die Manschette mit den neuen Schellen.

6 Schrauben Sie die Spurstangenkopf-Kontermutter auf das Ende der Stange.

7 Montieren Sie die Spurstangenköpfe (siehe Sektion 17).

17 Spurstangenkopf – Ausbau und Einbau

Anmerkung: *Für diese Arbeit wird ein Kugelkopf-Abzieher benötigt. Beim Einbau müssen die Spurstangenköpfe mit neuen Muttern gesichert werden.*

Ausbau

1 Ziehen Sie die Handbremse an, heben Sie das Fahrzeug vorn an, und stützen Sie es sicher ab (siehe Seite 535). Demontieren Sie das entsprechende Vorderrad.
2 Kontern Sie das Kugelgelenk mit einem Torxschlüssel, und lockern Sie die Mutter, die den Spurstangenkopf am Lenkhebel sichert (siehe Abbildung) – sie muss beim Einbau durch ein Neuteil ersetzt werden

17.2 Kontern Sie das Kugelgelenk und lösen Sie die Mutter.

3 Trennen Sie den Spurstangenkopf jetzt mit einem Kugelkopfabzieher vom Lenkhebel (siehe Abbildungen).

17.3a Setzen Sie einen Kugelkopfabzieher an, ...

17.3b ... um den Konus aus seinem Sitz zu ziehen.

4 Reinigen Sie das Gewinde der Spurstange mit einer Drahtbürste, und schmieren Sie es. Kontern Sie die Spurstange an den Abflachungen, und lockern Sie die Kontermutter (siehe Abbildung).

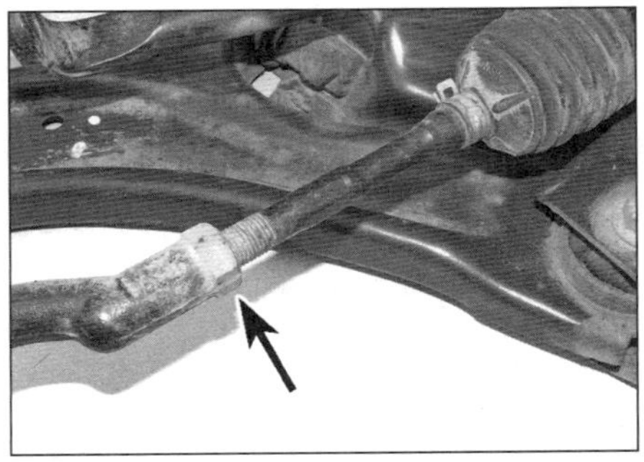

17.4 Lockern Sie die Spurstangenkopf-Kontermutter.

5 Drehen Sie den Spurstangenkopf von der Stange – zählen Sie dabei genau die Umdrehungen mit, um ihn später wieder korrekt positionieren zu können.

Einbau

6 Reinigen Sie sorgfältig den Spurstangenkopf und das Gewinde der Spurstange.
7 Ersetzen Sie den Spurstangenkopf, falls seine Gummikappe spröde, gerissen oder anderweitig beschädigt ist, oder wenn sich das Kugelgelenk entweder zu locker oder zu fest bewegen lässt. Auch verschlissene Gewinde erfordern den Austausch.
8 Drehen Sie den Spurstangenkopf mit der Anzahl der beim Ausbau notierten Umdrehungen auf die Spurstange.
9 Kontern Sie die Spurstange an den Abflachungen, und ziehen Sie die Kontermutter sorgfältig (bzw. mithilfe des geeigneten Adapters mit 88 Nm) gegen den Spurstangenkopf.
10 Führen Sie den gereinigten Kugelgelenk-Konuszapfen in den Sitz am Lenkarm des Radnabenträgers ein.
11 Drehen Sie die neue Mutter auf den Spurstangenkopf, und ziehen Sie sie mit 34 Nm an.
12 Montieren Sie das Rad, senken Sie das Fahrzeug ab, und ziehen Sie die Radmuttern mit 113 Nm an.
13 Lassen Sie zum Schluss die Ausrichtung der Vorderräder kontrollieren und nötigenfalls einstellen (siehe Kapitel 1A, Sektion 13 oder Kapitel 1B, Sektion 14).

Kapitel 11

Karosserie und Innenausstattung

Inhalt Sektion

Schwierigkeitsgrade

Leicht. Geeignet für Anfänger mit wenig Erfahrung.	**Relativ leicht.** Geeignet für Anfänger mit etwas Erfahrung.	**Relativ schwierig.** Geeignet für geübte Selbstschrauber.	**Schwer.** Geeignet für Selbstschrauber mit viel Erfahrung.	**Sehr schwer.** Geeignet für Experten und Profis.

Spezifikationen

Anzugsdrehmomente

Rücksitz-Befestigungsschrauben (2. Sitzreihe)	
Standard-Version	25 Nm
»+2«-Version	65 Nm
Rücksitz-Befestigungsschrauben (3. Sitzreihe bei »+2«)	
Vordere Verankerungsschrauben	25 Nm
Hintere Verankerungsschrauben	65 Nm
Sicherheitsgurt-Befestigungen	
Rücksitze (alle)	49 Nm
Vordersitze	
A-Säulen-Verankerung	25 Nm
Gurtpeitschen-Befestigung	49 Nm
Gurtrollen-Schraube	40 Nm
Vorspanner-Schraube	50 Nm
Türscharnier-Muttern	23 Nm
Türverriegelungs-Schrauben	15 Nm
Vordersitz-Befestigungsschrauben	40 Nm

1 Allgemeine Informationen

Die aus gepressten Stahlblechsektionen bestehende Karosserie wurde in zwei Längen (als normale fünfsitzige und als siebensitzige Variante namens Qashqai +2) produziert. Die meisten Komponenten sind verschweißt, andere sind miteinander verklebt oder verschraubt.
Die Fahrgastkabine verspricht mit verstärkten Säulen, Bodenblechen und Türverstärkungen eine hohe Sicherheit. Hochfeste Stähle in stark belasteten Bereichen erhöhen die Widerstandsfähigkeit der Struktur.
Viele Kunststoff-Komponenten finden sich im Innenraum, aber auch außen an der Karosserie. Die Stoßstangen bestehen aus einem sehr stabilen, aber dennoch leichten synthetischen Spritzgussmaterial. An der Unterseite des Fahrzeugs sind Plastik-Komponenten wie die Radhausschalen angebracht, um den Korrosionsschutz zu verbessern.

2 Karosserie und Fahrgestell – Wartung und Pflege

Der Allgemeinzustand der Karosserie eines Fahrzeugs ist der entscheidende Punkt bei der Bestimmung seines Werts. Wartung ist einfach, muss aber regelmäßig durchgeführt werden. Vernachlässigungen können besonders nach kleinen Beschädigungen rasch zu weiterem Verfall und entsprechend hohen Reparaturkosten führen. Wichtig ist, auch auf Fahrzeugteile zu achten, die nicht auf den ersten Blick erkennbar sind – also die Unterseite, die Radkästen und den unteren Bereich des Motorraums.
Die grundlegende Wartungstätigkeit im Bereich der Karosserie ist eine perfekte Wäsche mit reichlich Wasser aus dem Schlauch. Hierdurch werden alle lockeren Festkörper entfernt, die am Fahrzeug haften geblieben sind; durch Abwaschen besteht wenig Risiko, dass dabei der Lack zerkratzt wird. Die Radkästen und der Unterboden müssen auf die gleiche Weise gewaschen werden, damit Schlamm und Dreck entfernt werden, die sonst Feuchtigkeit speichern und so die Rostbildung beschleunigen. Paradoxerweise ist schlechtes Wetter die beste Zeit zum Reinigen des Unterbodens und der Radkästen, da der Matsch und Schlamm gut durchfeuchtet und weich sind. Bei Regenfahrten reinigt sich der Unterboden üblicherweise automatisch, sodass anschließend ein guter Zeitpunkt für eine Inspektion ist.
Außer bei mit Unterbodenschutz auf Wachsbasis behandelten Modellen ist es eine gute Idee, regelmäßig das gesamte Fahrgestell und den Motorraum mit einem Dampfstrahler zu reinigen, damit bei einer Inspektion auch kleine Schäden entdeckt werden, die repariert oder restauriert werden müssen. Viele Tankstellen halten Dampf- oder Hochdruckreiniger bereit, um damit auch verölte Ablagerungen entfernen zu können, die in manchen Bereichen sehr dick werden können. Falls kein Dampfreiniger zur Hand ist, können hervorragende Lösungsmittel und Entfetter mit Bürsten und Pinseln eingesetzt werden; anschließend kann der Schmutz mit dem Wasserschlauch beseitigt werden. Falls der Unterboden mit Wachs geschützt ist, darf diese Methode nicht angewendet werden, da die Schutzschicht dabei ebenfalls entfernt wird; solche Fahrzeuge sollten einmal jährlich – möglichst vor dem Winter – genau überprüft werden. Dabei wird der Unterboden gewaschen und beschädigter oder fehlender Unterbodenschutz ausgebessert. Im Idealfall wird eine komplette neue Wachsschicht aufgetragen. Auch Hohlraumversiegelungen für Türen, Schweller, Kastenprofile und andere Bereiche sind sehr empfehlenswert, da der Hersteller hier keine zusätzlichen Schutzmaßnahmen gegen Rostschäden eingeleitet hat.
Nachdem Lackflächen gewaschen sind, werden sie mit einem Fensterleder abgerieben, um fleckenfreien Glanz zu erzeugen. Eine Schicht Schutzwachspolitur schützt den Lack zusätzlich vor Umweltbelastungen. Falls die Lackschicht stumpf und oxidiert ist, kann eine Kombination aus Reiniger und Politur den alten Glanz wieder herstellen. Diese Arbeit ist zwar mühsam, doch der trübe Lack hat sich nur gebildet, weil das Fahrzeug nicht regelmäßig gewaschen wurde. Vorsicht ist bei Metallic-Lackierungen geboten: Spezielle Reinigungs- und Poliermittel greifen nicht den oberen Klarlack an.
Kontrollieren Sie stets, ob die Ablaufbohrungen der Türen und der Belüftungsöffnungen frei sind, damit Wasser abtropfen kann. Verzierungen müssen genauso behandelt werden wie lackierte Flächen. Windschutzscheiben und Fenster müssen von Schmierfilmen freigehalten werden, wie sie oft durch normalen Fensterreiniger hervorgerufen werden. Verwenden Sie auf Glas niemals Wachs, Lack- oder Chrompolitur.

3 Polster und Teppiche – Wartung und Pflege

Matten und Teppiche sollten regelmäßig abgebürstet oder gesaugt werden, damit sich kein Sand und Dreck darin ansammeln. Wenn sie stark verschmutzt sind, müssen sie ausgebaut und ausgeklopft oder abgewaschen werden; vor dem Einbau müssen sie unbedingt trocken sein. Sitze und Verkleidungen können durch Abwischen mit einem feuchten Tuch sauber gehalten werden. Falls sie stärker verschmutzt sind (bei hellen Oberflächen besser sichtbar), müssen etwas Flüssigreinigungsmittel und eine weiche Nagelbürste eingesetzt werden, um den Dreck aus dem Gewebe zu bekommen. Der Dachhimmel kann auf die gleiche Weise wie die Polster gesäubert werden. Bei der Verwendung von Flüssigreinigern im Innenraum dürfen die behandelten Flächen nicht zu nass werden. Feuchtigkeit zieht durch Nähte ein und kann Flecken, starke Gerüche und sogar Fäulnis verursachen. Falls der Innenraum des Fahrzeugs versehentlich nass wird, sollte er gut getrocknet werden – besonders wenn Teppiche betroffen sind. Belassen Sie hierfür jedoch keine mit Strom oder gar Kraftstoff betriebenen Heizgeräte im Fahrzeug.

4 Karosserie – Kleinere Reparaturen

Kratzer

Wenn der Kratzer nur oberflächlich ist und nicht bis zum Blech reicht, ist die Reparatur sehr einfach: Reiben Sie den

Bereich um den Kratzer mit Lackreiniger oder sehr feiner Schneidpaste ab, um lockere Lackpartikel aus dem Kratzer zu entfernen und die Umgebung von Wachspolitur zu befreien. Spülen Sie alles mit klarem Wasser ab.

Tragen Sie mithilfe eines feinen Pinsels Tupflack auf dem Kratzer auf – dies muss so lange in dünnen Schichten geschehen, bis die Höhe des umgebenden Lacks erreicht ist. Lassen Sie der neuen Farbe mindestens zwei Wochen Zeit zum Aushärten, dann wird sie mit Lackreiniger oder sehr feiner Schneidpaste in die umgebende Lackschicht eingearbeitet. Tragen Sie zum Schluss Wachspolitur auf.

Wo ein Kratzer bis aufs Karosserieblech geht und das Blech zu rosten beginnt, muss eine andere Reparaturmethode angewendet werden. Entfernen Sie mit einer spitzen Klinge sämtlichen Rost aus dem Kratzer, und tragen Sie Rostschutzfarbe auf. Füllen Sie anschließend den Kratzer mithilfe eines Gummi- oder Kunststoffspachtels mit Glasfaser-Spachtelmasse. Diese Paste kann nötigenfalls mit Nitroverdünnung gemischt werden, um auch in kleine Kratzer einzudringen. Bevor die Spachtelmasse aushärtet, wird ein weiches Baumwolltuch um eine Fingerspitze gewickelt, in den Verdünner getunkt und dann rasch über die Spachtelmasse im Kratzer gewischt, um die Oberfläche leicht auszuhöhlen. Jetzt kann der Kratzer wie oben beschrieben mit Lack betupft werden.

Beulen

Beulen im Blech müssen zunächst so weit herausgezogen werden, bis die ursprüngliche Form möglichst wieder erreicht ist. Versuche, die Originalform komplett zu restaurieren, bringen nicht viel, da das Metall im beschädigten Bereich gestreckt oder gestaucht ist und nicht mehr in seine ursprüngliche Kontur zurückgeführt werden kann. Es ist besser, die Oberfläche der Beule bis ca. 3 mm unterhalb der umliegenden Fläche herauszuziehen. Sehr flache Beulen sollten möglichst von der Rückseite (soweit zugänglich) mit einem weichen Hammer herausgeklopft werden; halten Sie dabei von außen ein Stück Holz davor, um die Schläge aufzufangen und Ausbeulungen zu verhindern. (Ein nicht unerheblicher Faktor hierbei ist die Zeit: direkt nach dem Einbeulen lässt sich Stahlblech oft deutlich besser wieder in seine ursprüngliche Form bringen als nach einigen Tagen.)

Falls die Beule in einem Karosseriebereich sitzt, wo Doppelbleche vorhanden sind oder andere Gründe vorliegen, warum sie nicht von hinten zugänglich ist, muss eine andere Technik eingesetzt werden: Bohren Sie einige kleine Löcher in die Beulen – möglichst in den tiefsten Stellen. Drehen Sie dann lange selbstschneidende Schrauben so weit ein, dass sie gerade fest genug sitzen. Jetzt wird der Schraubenkopf mit einer Zange gegriffen und die Beule herausgezogen.

Als Nächstes wird im beschädigten Bereich und einem Umkreis von 2 bis 3 cm der Lack entfernt – entweder mit einer Drahtbürste oder Schleifpapier, gern mit einer entsprechend ausgerüsteten Maschine. Zur Vollendung der Vorbereitung werden mit einer Feile oder anderen Werkzeugen Riefen ins Blech gekratzt oder kleine Löcher gebohrt, damit die Spachtelmasse wirklich guten Halt bekommt.

Weiter geht es mit der Sektion »Füllen und Lackieren«.

Rostlöcher

Entfernen Sie mit einer Drahtbürste oder Schleifpapier (oder einer entsprechend ausgerüsteten Maschine) den Lack im beschädigten Bereich und einem Umkreis von 2 bis 3 cm. Jetzt lässt sich auch der Umfang der Korrosion besser erkennen – und entscheiden, ob das gesamte Blech ersetzt (falls möglich) oder der schadhafte Bereich repariert wird. Reparaturbleche sind nicht sehr teuer, und ihre Montage ist oft schneller und zufriedenstellender als das Reparieren größerer korrodierter Flächen.

Entfernen Sie sämtliche Befestigungen vom betroffenen Bereich (außer solchen, die als Hinweis auf die Originalform gelten (z. B. Scheinwerfergehäuse). Entfernen Sie dann mit einer kleinen Blechschere oder einem Sägeblatt sämtliches lockeres sowie stark korrodiertes Metall. Klopfen Sie mit einem Hammer die Räder der Löcher nach innen, um eine leichte Vertiefung für die Spachtelmasse zu erhalten.

Reinigen Sie den betroffenen Bereich mit einer Drahtbürste, um vom verbliebenen Metall sämtlichen Flugrost zu entfernen, und tragen Sie Rostumwandler auf – falls die Rückseite des verrosteten Bereichs zugänglich ist, sollte dies auch hier geschehen.

Bevor Spachtelmasse aufgetragen wird, muss das Loch irgendwie verstopft werden – beispielsweise mit einem Aluminium- oder Kunststoffgitter oder Aluminiumband.

Alu- oder Plastikgitter oder Glasfasermatten sind wahrscheinlich das beste Material für größere Löcher. Schneiden Sie ein entsprechendes Teil zurecht und positionieren Sie es so im Loch, dass seine Ränder unterhalb der umgebenden Karosserie liegen. Mit einigen Klecksen Spachtelmasse kann es rundherum in Position gehalten werden.

Aluminiumband kann bei kleineren oder sehr schmalen Löchern verwendet werden. Ziehen Sie ein Stück von der Rolle, bringen Sie es auf die gewünschte Größe und in Form, ziehen Sie dann ggf. die Schutzfolie ab, und kleben Sie das Band über das Loch – es darf überlappen, falls eine Lage nicht ausreicht. Drücken Sie die Ränder des Bands z. B. mit einem Schraubendrehergriff herunter, um sicherzugehen, dass es fest auf dem Untergrund klebt.

Füllen und Lackieren

Sie sind mit den Reparaturen aus den vorherigen Sektionen so weit fertig? Dann geht es hier weiter.

Auf dem Markt sind zahlreiche Spachtelmassen erhältlich, doch generell eignen sich für solche Reparaturen noch immer Zweikomponenten-Kits mit Füllspachtel und einer Tube Härter am besten. Um eine glatte und korrekt geformte Oberfläche zu erzeugen, wird ein breiter Spachtel aus Plastik oder Nylon benötigt.

Mischen Sie eine kleine Menge Spachtelmasse auf einem sauberen Stück Pappe oder einem Brett an – beachten Sie genau das vorgeschriebene Mischungsverhältnis, damit die Masse nicht zu schnell oder zu langsam aushärtet. Tragen Sie die Masse mit dem Spachtel auf der vorbereiteten Fläche auf; ziehen Sie den Spachtel über die Masse, um die korrekte Kontur und Höhe zu erreichen. Sobald die Form in etwa dem Original entspricht, wird aufgehört, da die Masse bei zu langer Arbeit klebrig wird und am Spachtel haften bleibt. Tragen Sie in zwanzigminütigen Intervallen weitere dünne Schichten Spachtelmasse auf, bis die Höhe knapp über der umgebenden Karosserie liegt.

Sobald die Spachtelmasse ausgehärtet ist, kann überschüssiges Material mit einem Metallhobel oder einer Feile entfernt werden. Von da an wird immer feineres Sandpapier verwendet – beginnend mit 40er-Körnung und endend mit 400er-Nass-Schleifpapier. Legen Sie das Schleifpapier stets um einen Gummi-, Kork- oder Holzblock, da ansonsten die Oberfläche der Spachtelmasse nicht komplett eben wird. Während

des Glättens der Oberfläche mit dem Nass-Schleifpapier sollte der Bereich regelmäßig mit Wasser abgespült werden, um sicherzugehen, dass die Fläche ein besonders glattes Finish erhält.
Eine Beule sollte jetzt von einem Ring aus blankem Metall umgeben sein, der wiederum von einem feinen »gefiederten« Rand aus gutem Lack umrandet ist. Spülen Sie den Bereich mit klarem Wasser ab, bis sämtlicher Schleifstaub verschwunden ist.
Sprühen Sie den gesamten Bereich dünn mit Grundierung ein – dies zeigt alle Mängel in der Oberfläche der Spachtelmasse. Reparieren Sie diese Fehler mit frischer Spachtelmasse, und glätten Sie die Oberfläche erneut mit Schleifpapier. Falls Glasfaser-Spachtelmasse verwendet wird, kann diese nötigenfalls mit Nitroverdünner gemischt werden, um auch in kleine Löcher einzudringen. Wiederholen Sie den Grundierungsauftrag und die Reparatur, bis eine perfekte Oberfläche entstanden ist und auch der »gefiederte« Rand gut aussieht. Waschen Sie erneut alles mit klarem Wasser ab, und lassen Sie es komplett abtrocknen.
Der reparierte Bereich ist jetzt bereit für die Endlackierung. Sprühlacke müssen in einer warmen, trockenen, staubfreien und windsicheren Umgebung aufgetragen werden. Dieser Zustand kann künstlich erzeugt werden, wenn Zugang zu einer ausreichend dimensionierten Halle besteht; »Outdoor«-Lackierungen müssen dagegen sorgfältig mit dem Wetterbericht abgestimmt werden. In einer Halle hilft das Befeuchten des Bodens gegen aufgewirbelten Staub. Falls sich die Reparatur auf ein Karosserieteil beschränkt, müssen die umliegenden Bereiche abgeklebt werden; dies hilft bei der Minimierung der Wirkung einer leichten Farbdiskrepanz. Auch Anbauteile wie Zierleisten, Türgriffe usw. müssen abgedeckt werden; verwenden Sie hierzu Kreppband und mehrere Schichten Zeitungspapier.
Vor dem Lackieren muss die Sprühdose gut geschüttelt werden, dann werden Probestücke – z. B. alte Bleche – besprüht, bis die Technik beherrscht wird. Sprühen Sie den zu reparierenden Bereich zunächst dick mit Grundierung ein; die Stärke der Grundierung muss sich dabei aus mehreren dünnen Schichten zusammensetzen. Glätten Sie die Oberfläche mit 400er-Nass-Schleifpapier, und spülen Sie dabei immer wieder die Fläche mit klarem Wasser ab. Lassen Sie alles trocknen, bevor weitere Farbschichten aufgetragen werden.
Sprühen Sie den eigentlichen Lack ebenfalls in dünnen Schichten auf; beginnen Sie dabei stets in der Mitte, und schwenken Sie die Sprühdose im konstanten Abstand etwa 5 cm über den Originallack hinaus. Entfernen Sie die Abdeckungen 10 bis 15 Minuten nach dem Auftragen der letzten Farbschicht.
Lassen Sie den neuen Lack mindestens zwei Wochen aushärten, dann wird mit Lackreiniger oder sehr feiner Schneidpaste ein weicher Übergang in die umgebende Lackschicht hergestellt. Tragen Sie schließlich Wachspolitur auf.

Kunststoff-Komponenten

Mit der Verwendung von immer mehr Karosserieteilen aus Plastik durch die Hersteller (Stoßstangen, Spoiler und manchmal sogar größere Karosserieteile) muss die Reparatur ernsthafter Schäden an solchen Dingen entweder einer Fachwerkstatt überlassen werden oder die Teile werden einfach ausgetauscht. Angesichts der Kosten für die Ausrüstung und erforderliche Materialien sind solche Reparaturen für den Hobbyschrauber nicht wirklich praktikabel. Die Grundtechnik besteht bei Thermoplasten darin, mit einer entsprechenden Maschine entlang des Risses im Kunststoff eine Kerbe herzustellen, um dann mithilfe eines Heißluftgebläses und einer Kunststoffstange die beiden Hälften zu »verschweißen«. Überschüssiges Plastik wird dann abgeschliffen, bis eine glatte Oberfläche entsteht. Wichtig ist dabei, dass die »Schweißstange« aus exakt dem gleichen Kunststoff besteht wie das zu reparierende Teil (dies kann aus Polycarbonat, ABS oder Polypropylen bestehen).
Kleinere Schäden (Scheuerstellen, kleine Risse usw.) können relativ leicht mit Zweikomponenten-Epoxidspachtelmasse repariert werden. Wenn diese Masse aus zwei gleichen Teilen vermischt ist, kann sie genauso verwendet werden wie Glasfaser-Spachtelmasse auf Blechen. Der Füllspachtel härtet normalerweise in 20 bis 30 Minuten aus, um dann geschliffen und lackiert werden zu können.
Wer eine komplette Komponente selbst ersetzen will oder eine Reparatur mit Epoxid-Spachtel durchgeführt hat, hat das Problem, einen geeigneten Lack zu finden, der auf diesem Kunststoff hält. Irgendwann war die Verwendung normaler Lacke dank der verschiedenen Kunststoffe bei Karosserie-Komponenten nicht mehr möglich, da Standardlacke nicht gut darauf halten. Heute gibt es jedoch Kunststoff-Präpariersets, die aus einer Vorgrundierung, einer Grundierung und einer Farb-Endschicht bestehen. Die Vorgrundierung wird zuerst aufgetragen und darf etwa eine halbe Stunde trocknen, dann kommt die Grundierung, der etwa eine Stunde Zeit gegeben wird, bevor schließlich die eigentliche Lackschicht aufgebracht wird. Das Resultat ist eine korrekt lackierte Komponente, bei der die Farbschicht elastisch genug ist, um nicht bald wieder abzublättern – eine Eigenschaft, die normaler Lack nicht aufweist.

5 Karosserie – Größere Reparaturen

Falls größere Schäden aufgetreten sind oder größere Bereiche aufgrund Vernachlässigung ersetzt werden müssen, müssen komplett neue Sektionen oder Reparaturbleche eingeschweißt werden – was besser einer Fachwerkstatt überlassen werden sollte. Falls die Schäden durch einen Unfall entstanden sind, muss die Ausrichtung der gesamten Karosseriestruktur überprüft werden. Bei selbsttragenden Karosserien kann die Stabilität und Form der gesamten Konstruktion durch einen Schaden in einem bestimmten Bereich beeinträchtigt werden. In solchen Fällen ist der Besuch einer mit speziellen Prüfgeräten ausgerüsteten Fachwerkstatt unerlässlich. Falls mit einer verzogenen Karosserie weitergefahren wird, besteht die größte Gefahr darin, dass sich das Fahrverhalten ändert. Aber auch die höhere Belastung der Lenkung, des Motors und des Antriebs sorgen für erhöhten Verschleiß oder den kompletten Ausfall einzelner Komponenten. Der Reifenverschleiß wird deutlich ansteigen.

6 Stoßstange vorn – Ausbau und Einbau

Ausbau

1 Ziehen Sie die Handbremse an, heben Sie das Fahrzeug vorn an, und stützen Sie es sicher ab (siehe Seite 535). Demontieren Sie für einen besseren Zugang beide Vorderräder.

2 Lösen Sie an der Unterseite der Stoßstange die Schrauben des Unterfahrschutzes.

3 Lösen Sie an beiden Seiten unten an der Stoßstange deren Befestigungsschrauben (siehe Abbildung).

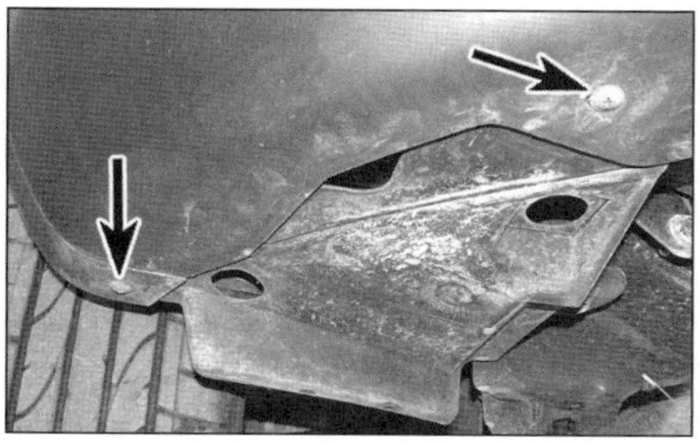

6.3 Lösen Sie an beiden Seiten die unteren Stoßstangen-Schrauben.

4 Hebeln Sie vorsichtig die Radlauf-Zierleiste ab, um die hinteren Stoßstangen-Clips befreien zu können (siehe Abbildungen). **Anmerkung**: *Die Zierblenden müssen nicht vollständig vom Kotflügel entfernt, sondern nur vorn abgezogen werden – beschädigen Sie sie bei der Demontage der Stoßstange nicht.*

6.4a Lösen Sie die Radlauf-Zierleiste vorn ab, ...

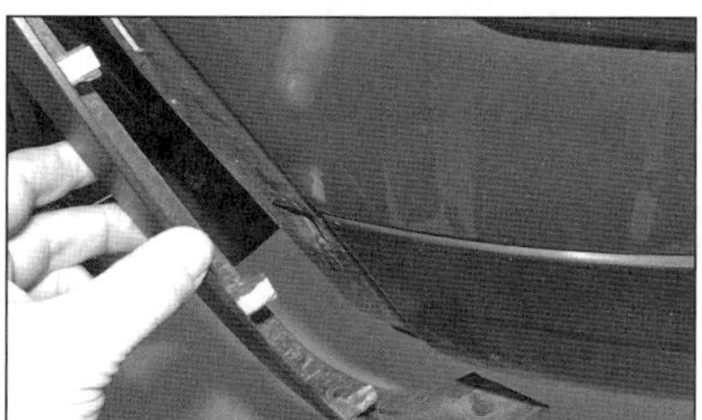

6.4b ... um die Stoßstangen-Clips befreien zu können.

5 Lösen Sie innen in der Radhausschale die Clips, um sie abziehen und die Schraube in der oberen Ecke des Kotflügels lösen zu können, die ihn am Kotflügel sichert (siehe Abbildungen). Wiederholen Sie die Prozedur an der anderen Fahrzeugseite.

6.5a Ziehen Sie die Radhausschale zurück ...

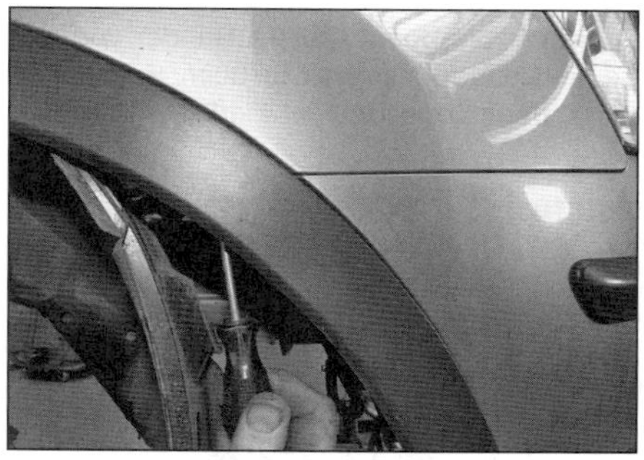

6.5b ... und lösen Sie die obere Stoßstangen-Schraube.

6 Lösen Sie oben am Kühlergrill die Clips aus der Querstrebe (siehe Abbildungen).

6.6a Befreien Sie oben am Kühlergrill ...

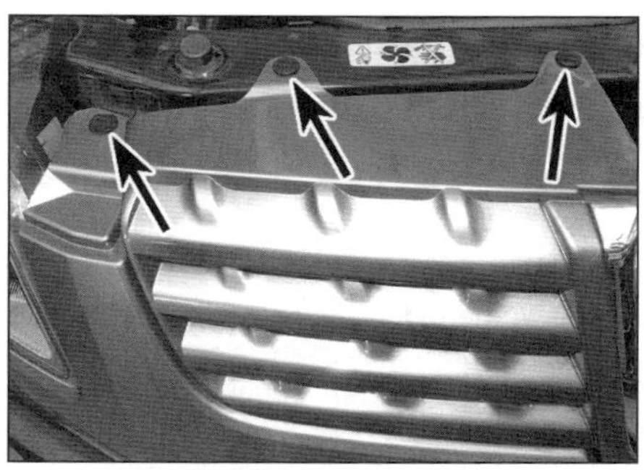

6.6b ... die Clips aus der Querstrebe.

7 Greifen Sie hinter die Stoßstange, und trennen Sie die Stecker der Nebelscheinwerfer (siehe Abbildung).

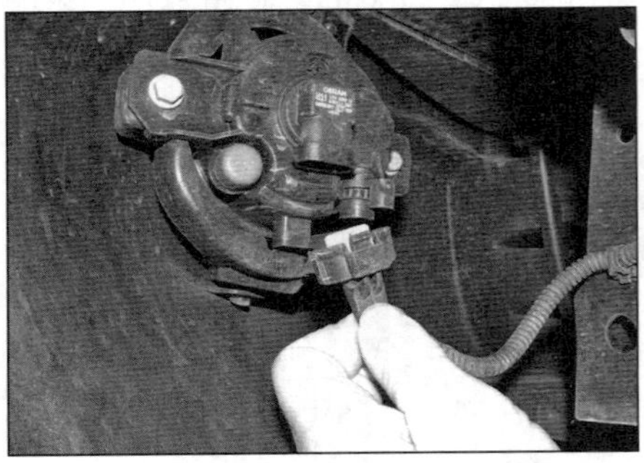

6.7 Trennen Sie die Nebelleuchten-Stecker.

8 Trennen Sie ggf. den Stecker des Einparksensors und die Leitung der Scheinwerfer-Reinigung.

9 Lassen Sie einen Assistenten ein Ende der Stoßstange abstützen, und befreien Sie deren äußere Ränder von den Kotflügeln (siehe Abbildung). Achten Sie beim Entnehmen der Stoßstange ggf. darauf, die Radlauf-Zierleisten nicht zu beschädigen.

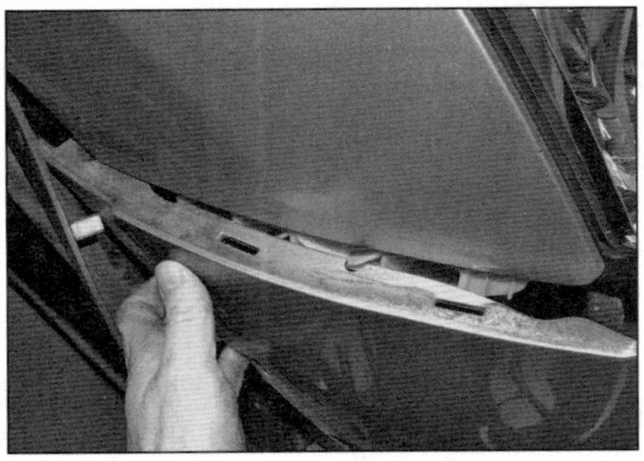

6.9 Befreien Sie die Stoßstange an beiden Seiten von den Laschen am Kotflügel.

10 Heben Sie die Stoßstange vorsichtig zusammen mit dem Assistenten nach vorn ab – achten Sie darauf, dass alles von ihr getrennt ist.

Einbau

11 Der Einbau entspricht der umgekehrten Ausbaureihenfolge.

7 Stoßstange hinten – Ausbau und Einbau

Ausbau

1 Blockieren Sie die Vorderräder, heben Sie das Fahrzeug hinten an, und stützen Sie es sicher ab (siehe Seite 535). Demontieren Sie für einen besseren Zugang beide Hinterräder.

2 Lösen Sie an der Unterseite die Clips aus der Stoßstange (siehe Abbildungen).

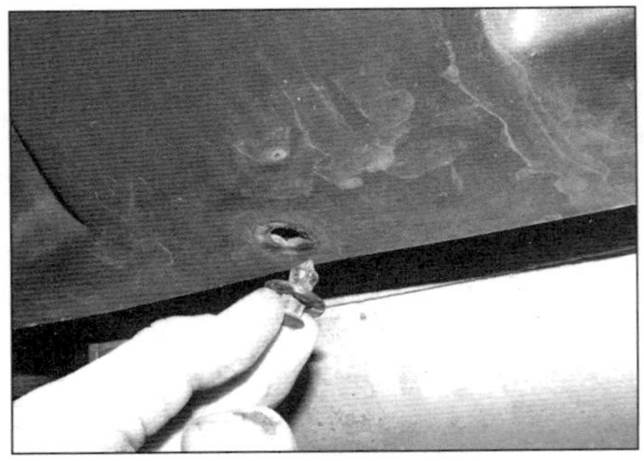

7.2a Befreien Sie die Clips ...

7.2b ... am unteren Rand der Stoßstange.

3 Lösen Sie hinten in den Radläufen die zwei Schrauben, befreien Sie den Clip, und entfernen Sie den Schmutzfänger (siehe Abbildungen).

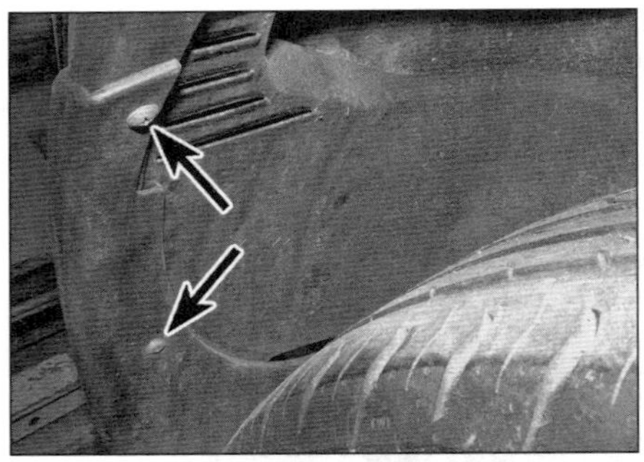

7.3a Lösen Sie die zwei Schrauben, ...

7.3b ... entfernen Sie den Clip ...

7.3c ... und entnehmen Sie den Schmutzfänger.

4 Lösen Sie unten an der Stoßstange die Schraube, und hebeln Sie vorsichtig die Radhausschale ab, um die vorderen Stoßstangen-Clips befreien zu können (siehe Abbildungen). **Anmerkung**: *Die Zierblenden müssen nicht vollständig vom Kotflügel entfernt, sondern nur hinten abgezogen werden – beschädigen Sie sie bei der Demontage der Stoßstange nicht.*

7.4a Lösen Sie die Schraube ...

7.4b ... und ziehen Sie vorsichtig die Radlauf-Zierleiste ab.

5 Lösen Sie an jeder Seite hinten die drei Clips aus der Radhausschale (siehe Abbildungen).

7.5a Befreien Sie die Clips ...

7.5b ... hinten aus der Radhausschale.

6 Lösen Sie an beiden Seiten die Schraube, mit der die obere Ecke der Stoßstange am Kotflügel und der Karosseriehalterung verbunden ist (siehe Abbildung).

7.6 Lösen Sie die obere Stoßstangen-Befestigungsschraube.

7 Öffnen Sie die Heckklappe, und demontieren Sie die Rücklicht-Einheiten (siehe Kapitel 12, Sektion 7).
8 Lösen Sie in den Rücklicht-Sitzen die oberen hinteren Stoßstangen-Schrauben (siehe Abbildung).

7.8 Obere hintere Stoßstangen-Schraube

9 Ziehen Sie die Kofferraumdichtung im unteren Bereich ab (siehe Abbildung).

7.9 Ziehen Sie die Kofferraumdichtung unten ab.

10 Lassen Sie einen Assistenten ein Ende der Stoßstange abstützen, und befreien Sie deren äußere Ränder von den Kotflügeln (siehe Abbildungen). Achten Sie beim Entnehmen der Stoßstange ggf. darauf, die Radlauf-Zierleisten nicht zu beschädigen.

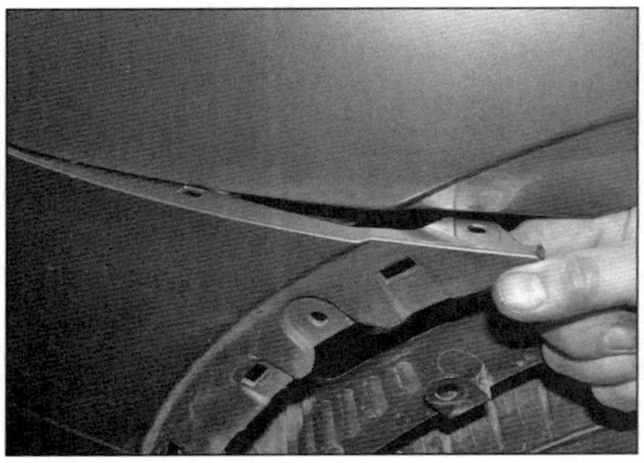

7.10a Befreien Sie die Stoßstange an beiden Seiten vom Kotflügel, ...

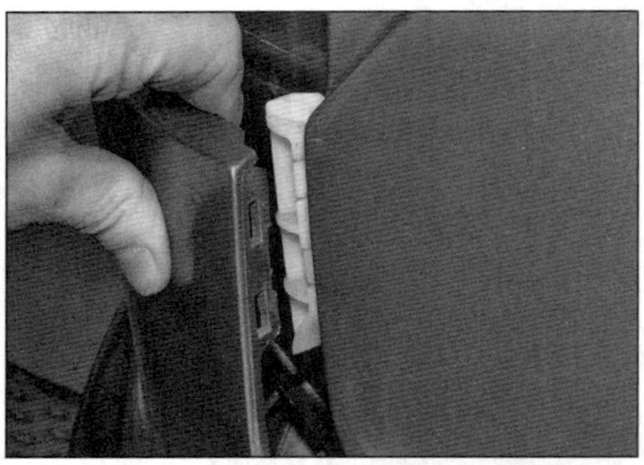

7.10b ... achten Sie dabei auf die Befestigungslaschen.

11 Lösen Sie zwischen der Stoßstange und dem Abschlussblech der Karosserie die mittleren Stifte der drei Befestigungs-Clips und ziehen Sie die Stoßstange nach hinten ab (siehe Abbildungen). Achten Sie beim Entnehmen der Stoßstange ggf. darauf, die Radlauf-Zierleisten nicht zu beschädigen.

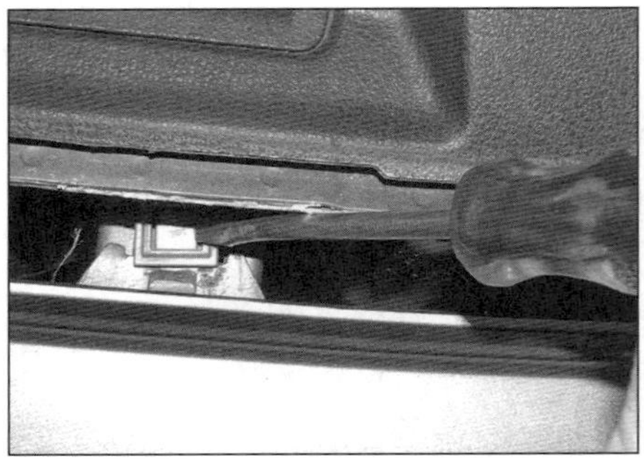

7.11a Heben Sie die mittleren Stifte an, ...

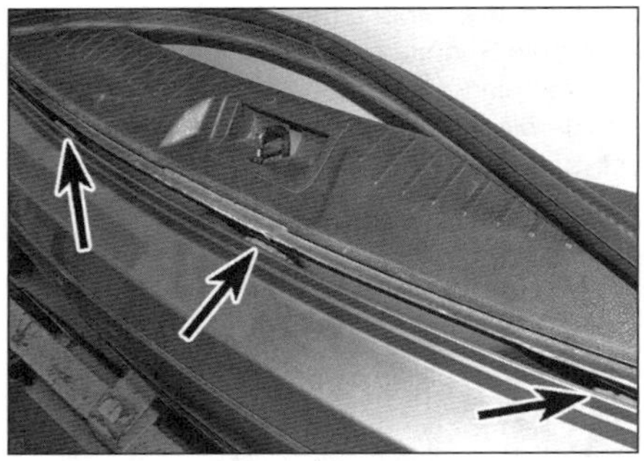

7.11b ... um an den drei Befestigungen ...

7.11c ... die Stoßstange zu befreien.

12 Trennen Sie ggf. den Stecker des Einparksensors, sobald dieser zugänglich wird.

Einbau

13 Der Einbau entspricht der umgekehrten Ausbaureihenfolge.

8 Motorhaube – Ausbau, Einbau und Einstellung

Ausbau

1 Öffnen Sie die Motorhaube, und lassen Sie sie durch einen Assistenten stützen. Markieren Sie dann mit einem geeigneten Stift die Umrandung der Scharnierbleche an der Haube, um den Einbau zu erleichtern.

2 Lassen Sie den Assistenten die Motorhaube an einer Seite halten, und lösen Sie die Muttern der Scharniere (siehe Abbildung). Heben Sie die Haube mithilfe des Assistenten vorsichtig ab, um sie an einem sicheren Ort abzustellen.

8.2 Motorhauben-Scharniermuttern

3 Kontrollieren Sie die Scharniere auf Verschleiß und Spiel, und erneuern Sie sie nötigenfalls. Jedes Scharnier ist mit Schrauben an der Karosserie befestigt. Schmieren Sie das Scharnier mit Mehrzweckfett.

Einbau

4 Positionieren Sie die Motorhaube mithilfe des Assistenten an den Scharnieren, und installieren Sie die Muttern zunächst handfest. Richten Sie die Scharniere anhand der angebrachten Markierungen aus, und ziehen Sie die Muttern sorgfältig an.

Einstellung

5 Schließen Sie die Motorhaube, und kontrollieren Sie ihre Ausrichtung zu den Kotflügeln. Lockern Sie nötigenfalls die Scharniermuttern, richten Sie die Haube aus, und ziehen Sie sie wieder sorgfältig an.
6 Sobald die Motorhaube korrekt ausgerichtet ist, muss geprüft werden, ob sie sich richtig schließen und öffnen lässt. Falls eine Einstellung nötig ist, müssen die Schrauben der Verriegelung (Abb. 10.2) gelockert und diese ausgerichtet werden. Wenn der Mechanismus korrekt funktioniert, müssen die Schrauben wieder angezogen werden.
7 Richten Sie nötigenfalls den vorderen Rand der Motorhaube zu den Kotflügeln aus, indem Sie die vorn in die Karosserie geschraubten Gummis verdrehen, bis die gewünschte Höhe erreicht ist.

9 Motorhauben-Öffnerzug – Ausbau und Einbau

Ausbau

1 Öffnen Sie die Motorhaube, und stützen Sie sie ab.
2 Demontieren Sie die Verriegelung aus der vorderen Querstrebe (siehe Sektion 10).
3 Der Motorhauben-Öffnerzug führt von der Verriegelung über den Querträger unter den linken Scheinwerfer (siehe Abbildung).

9.3a Der Motorhauben-Öffnerzug ...

9.3b ... führt unter dem linken Scheinwerfer entlang.

4 Zur Verbesserung des Zugangs kann die vordere Stoßstange entfernt werden (siehe Sektion 6).
5 Befreien Sie den gesamten Seilzug aus allen Befestigungen an der Karosserie.
6 Lösen Sie im Fahrerfußraum die zwei Schrauben der Öffnerhebel-Halterung, und befreien Sie diese vom Armaturenbrett (siehe Abbildungen).

9.6a Lösen Sie die zwei Schrauben ...

9.6b ... und befreien Sie die Halterung der Öffnerhebel aus dem Armaturenbrett (gezeigt am Rechtslenkermodell).

7 Befreien Sie die rechte Seilzughülle aus der Halterung, und hängen Sie den Nippel des Zugseils aus dem Hebel aus (siehe Abbildung).

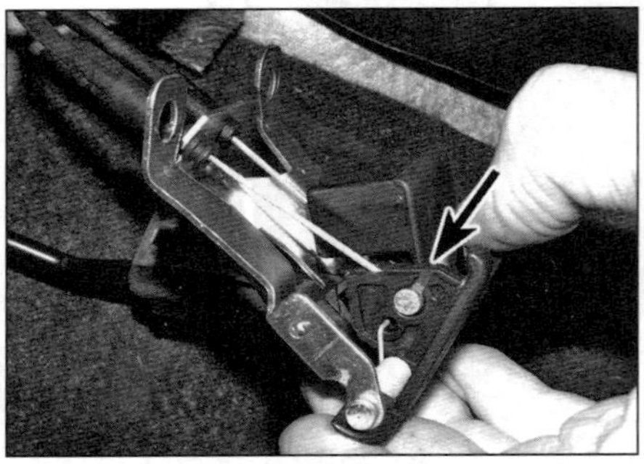

9.7 Befreien Sie den Öffnerzug aus der Betätigung.

8 Notieren Sie die Verlegung des Öffnerzugs, befreien Sie ihn aus allen Befestigungen im Motorraum, und führen Sie ihn durch die Spritzwand in den Fahrerfußraum. Es empfiehlt sich, am vorderen Ende ein Seil anzuknoten, um den neuen Seilzug leichter installieren zu können. Ziehen Sie den Zug vollständig in den Fußraum, lösen Sie das Seil, und belassen Sie es dort, um den neuen Zug in den Motorraum ziehen zu können.

Einbau

9 Binden Sie im Fußraum das Seil ans vordere Ende des Öffnerzuges, und ziehen Sie ihn durch die Spritzwand in den Motorraum – die Gummiöse muss in der Spritzwand verbleiben. Verlegen Sie den Seilzug wie beim Ausbau notiert, und sichern Sie ihn in allen Verbindungen. Prüfen Sie vor dem Schließen der Motorhaube die Funktion der Entriegelung – ansonsten lässt sie sich nur mit viel Mühe öffnen.

10 Motorhauben-Verriegelung – Ausbau und Einbau

Ausbau

1 Öffnen Sie die Motorhaube, und stützen Sie sie ab.
2 Lösen Sie an der oberen Querstrebe die drei Schrauben der Verriegelung, und entnehmen Sie diese (siehe Abbildung).

10.2 Lösen Sie die drei Schrauben ...

3 Befreien Sie die Seilzug-Hülle aus der Halterung, und hängen Sie den Nippel des Öffnerzugs am Entriegelungshebel aus (siehe Abbildung).

10.3 ... und befreien Sie den Öffnerzug von der Entriegelung.

4 Der Entriegelungsmechanismus kann jetzt aus dem Fahrzeug befreit werden.

Einbau

5 Der Einbau entspricht der umgekehrten Ausbaureihenfolge. Einstellungen der Motorhaube sind in Sektion 8 beschrieben.

11 Türen – Ausbau, Einbau und Einstellung

Ausbau

1 Trennen Sie zunächst das Massekabel (–) der Batterie (siehe Seite 532).
2 Befreien Sie an der geöffneten **hinteren** Tür die Gummimanschette aus der B-Säule, ziehen Sie den Stecker heraus, und trennen Sie ihn (siehe Abbildungen).

11.2a Befreien Sie die Gummimanschette aus der B-Säule ...

11.2b ... und trennen Sie den Stecker.

3 Befreien Sie an der geöffneten **vorderen** Tür den Trittschutz, lösen Sie die Mutter, und entfernen Sie seitliche Abdeckung aus dem Fußraum. Trennen Sie den Türstecker, und ziehen Sie die Verkabelung aus der A-Säule heraus (siehe Abbildungen).

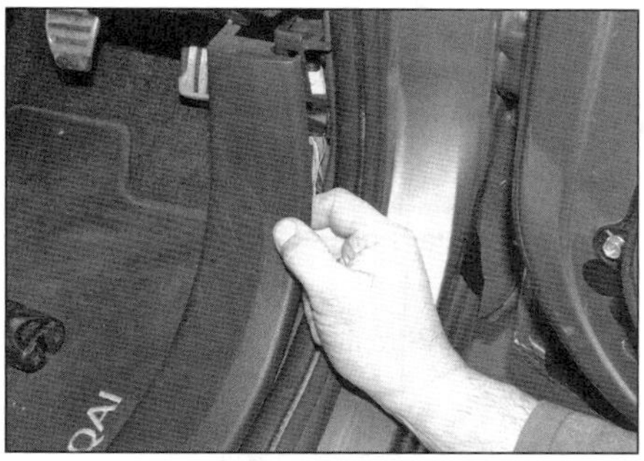

11.3a Entfernen Sie den Trittschutz ...

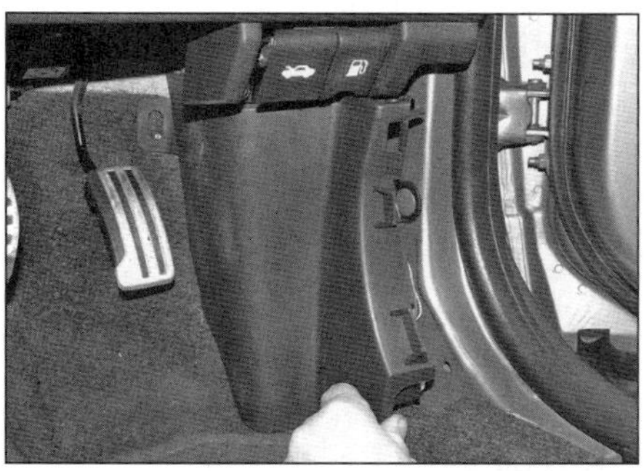

11.3b ... und die seitliche Fußraum-Abdeckung – gezeigt an einem Rechtslenkermodell.

11.3c Trennen Sie den Stecker ...

11.3d ... und ziehen Sie die Türverkabelung aus der A-Säule.

4 Lösen Sie an der A- oder B-Säule die Schraube des Türfangbands, und befreien Sie dies (siehe Abbildung).

11.4 Türfangband-Schraube

5 Markieren Sie die Position des Scharniers an der Tür, um diese beim Einbau leichter ausrichten zu können.
6 Lassen Sie einen Assistenten die Tür halten, lösen Sie an ihr die vier Scharniermuttern, und heben Sie die Tür vom Fahrzeug ab (siehe Abbildungen).

11.6a Lösen Sie die oberen . . .

11.6b ... und die unteren Türscharniermuttern.

7 Kontrollieren Sie die Scharniere auf Verschleiß und Beschädigungen. Notfalls kann ein Scharnier von der Karosserie abgeschraubt und durch ein Neuteil ersetzt werden.

Einbau

8 Der Einbau entspricht der umgekehrten Ausbaureihenfolge – stellen Sie die Tür entsprechend der angebrachten Markierungen ein, und überprüfen Sie dies wie folgt. Alle Kabelstecker müssen korrekt angeschlossen werden.

Einstellung

9 Schließen Sie **vorsichtig** die Tür, um bei einer unkorrekten Einstellung keine Kratzer an der Tür oder der Karosserie zu verursachen. Prüfen Sie, ob die Tür rundherum korrekt sitzt.
10 Falls eine Einstellung nötig ist, werden die Scharniermuttern und -schrauben an der Tür und der Karosserie gelockert, um das in Langlöchern sitzende Scharnier entsprechend zu verschieben, bis die Tür richtig passt. Ziehen Sie die Muttern anschließend mit 23 Nm an.
11 Prüfen Sie die Funktion der Türverriegelung. Lockern Sie nötigenfalls am Türriegel der B- oder C-Säule die Schrauben, und verschieben Sie ihn leicht, bis die Tür problemlos schließt (siehe Abbildung).

11.11 Der Türriegel kann nach dem Lockern der Schrauben verschoben werden.

12 Türverkleidungen – Ausbau und Einbau

Vordere Türen

Ausbau

1 Trennen Sie zunächst das Massekabel (–) der Batterie (siehe Seite 532).
2 Befreien Sie vorsichtig die Schalterblende aus der Armlehne, und trennen Sie die Kabelstecker (siehe Abbildungen).

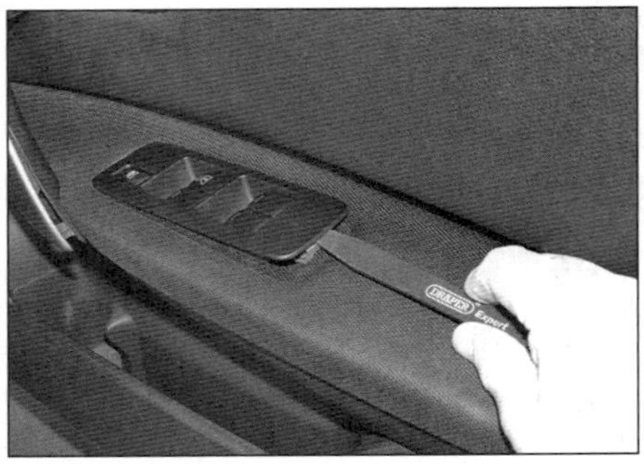

12.2a Hebeln Sie die Schalterblende ab ...

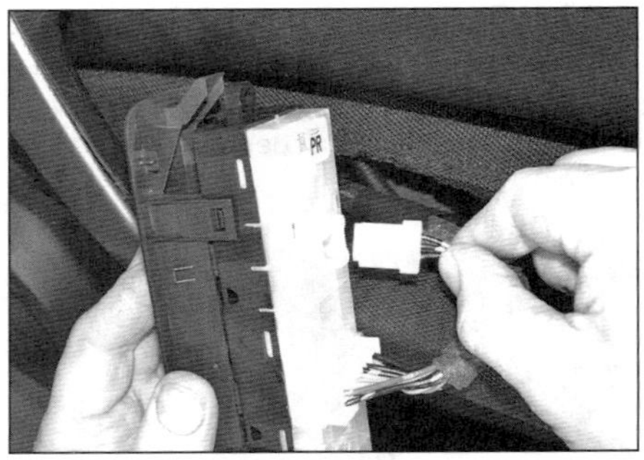

12.2b ... und trennen Sie alle Stecker.

3 Befreien Sie den Blenden-Streifen vom Handgriff (siehe Abbildungen).

12.3a Hebeln Sie vorsichtig die Blende ab, ...

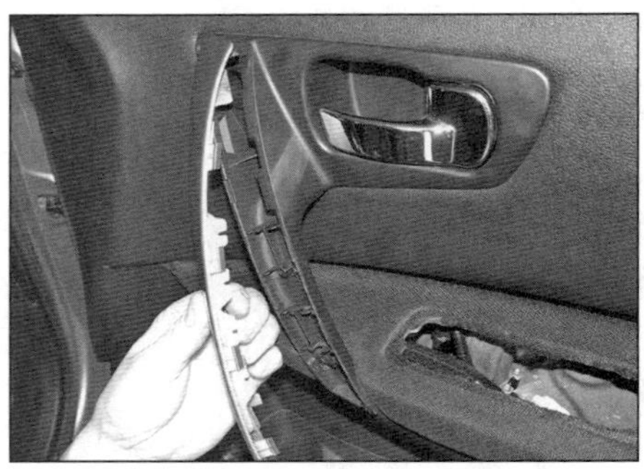

12.3b ... um sie vom Handgriff zu befreien.

4 Lösen Sie im Handgriff die zwei Schrauben, und entfernen Sie den Griff samt Türöffner-Blende (siehe Abbildungen) – ziehen Sie dabei den Türöffner.

12.4a Lösen Sie die zwei Schrauben ...

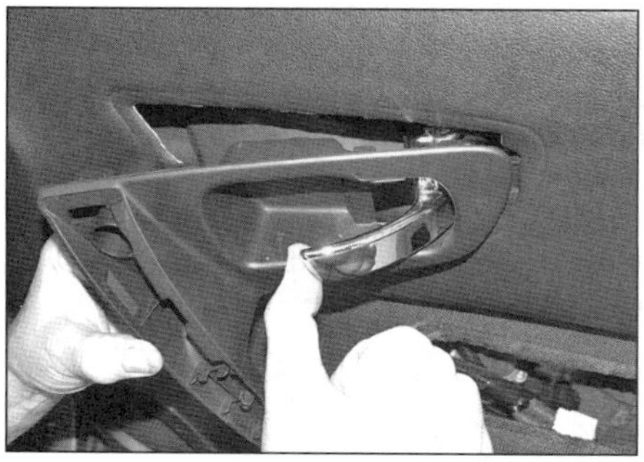

12.4b ... und entfernen Sie die Türgriff-Baugruppe.

5 Lösen Sie rundherum die Clips aus der Türverkleidung – verwenden Sie hierzu ein gegabeltes Werkzeug, um den inneren Stift zu lösen. Heben Sie die Verkleidung anschließend an, um sie aus dem Türrahmen zu befreien (siehe Abbildung).

12.5 Befreien Sie die Türverkleidung.

6 Der Einbau entspricht der umgekehrten Ausbaureihenfolge – beachten Sie dabei folgende Punkte:

a) Die Verkleidungs-Clips müssen korrekt in ihre Bohrungen in der Tür greifen. Alle beschädigten Clips müssen durch Neuteile ersetzt werden.

b) Das obere Dichtungsprofil muss beim Einbau korrekt zur Türverkleidung ausgerichtet sein.

Hintere Türen (frühe Modelle)

7 Trennen Sie zunächst das Massekabel (–) der Batterie (siehe Seite 532).

8 Hebeln Sie vorsichtig die Blende des Türöffners ab (siehe Abbildungen).

12.8a Hebeln Sie die Türöffner-Verkleidung vorsichtig ab, ...

12.8b ... um die Sicherungs-Clips zu lösen.

9 Befreien Sie vorsichtig die Schalterblende aus der Armlehne, und trennen Sie den Kabelstecker (siehe Abbildungen).

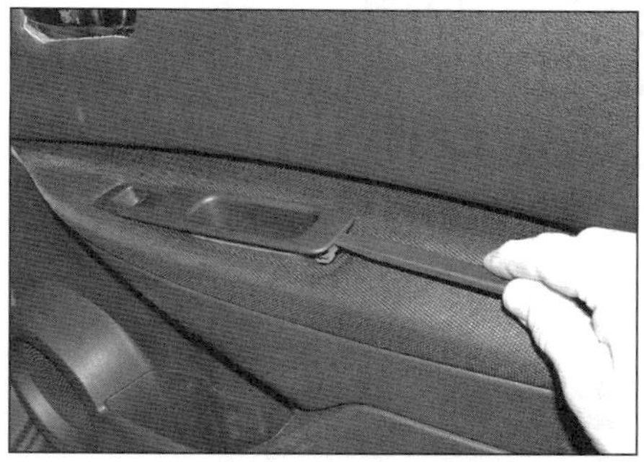

12.9a Hebeln Sie die Schalterblende ab ...

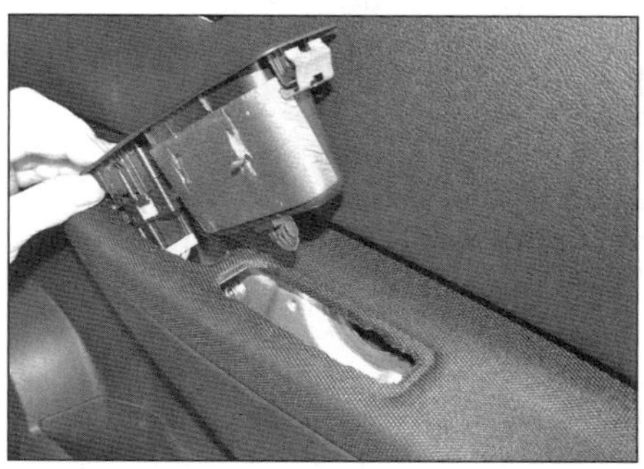

12.9b ... und befreien Sie den Schalter aus der Armlehne.

10 Lösen Sie rundherum die Clips aus der Türverkleidung – verwenden Sie hierzu ein gegabeltes Werkzeug, um den inneren Stift zu lösen. Heben Sie die Verkleidung anschließend an, um sie aus dem Türrahmen zu befreien (siehe Abbildung).

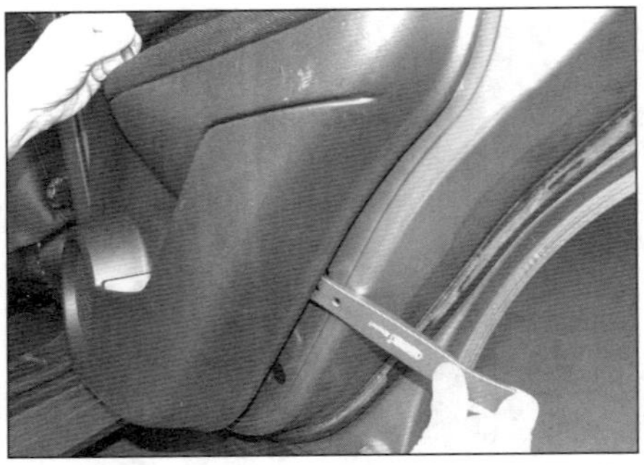

12.10 Befreien Sie die Verkleidung mithilfe eines gegabelten Werkzeugs von der Tür.

11 Falls an den internen Komponenten der Tür gearbeitet werden soll, muss die Dichtfolie entfernt werden. Lösen Sie die Schrauben des Verstärkungsblechs, und entfernen Sie dies von der Tür. Befreien Sie mit einem scharfen Messer die Dichtfolie vorsichtig von ihrer Klebenaht, und entfernen Sie sie (siehe Abbildungen) – mit etwas Geschick lässt sie sich in einem Stück entfernen und kann wiederverwendet werden.

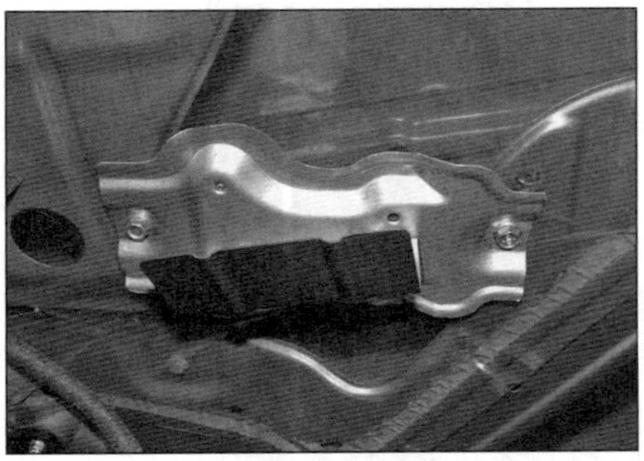

12.11a Lösen Sie die Verstärkungsblech-Schrauben ...

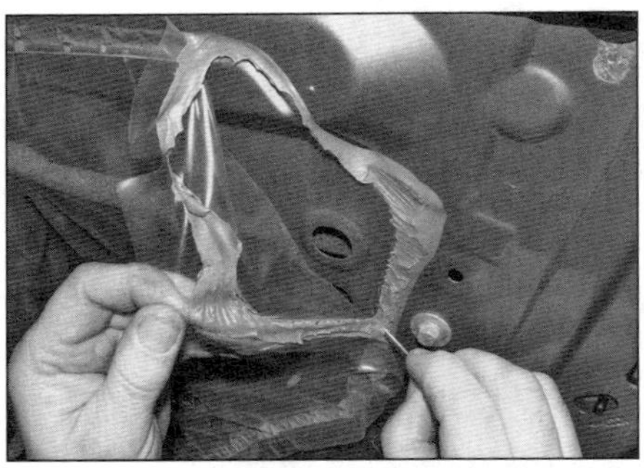

12.11b ... und entfernen Sie die Dichtfolie mit einem scharfen Messer.

12 Der Einbau entspricht der umgekehrten Ausbaureihenfolge – beachten Sie dabei folgende Punkte:

a) *Die Dichtfolie muss rundherum korrekt sitzen. Falls die alte Dichtfolie beim Ausbau beschädigt wurde, muss eine neue eingeklebt werden.*

b) *Die Verkleidungs-Clips müssen korrekt in ihre Bohrungen in der Tür greifen. Alle beschädigten Clips müssen durch Neuteile ersetzt werden.*

b) *Das obere Dichtungsprofil muss beim Einbau korrekt zur Türverkleidung ausgerichtet sein.*

Hintere Türen (späte Modelle)

13 Trennen Sie zunächst das Massekabel (–) der Batterie (siehe Seite 532).

14 Hebeln Sie vorsichtig die Blende des Türöffners ab (siehe Abbildung).

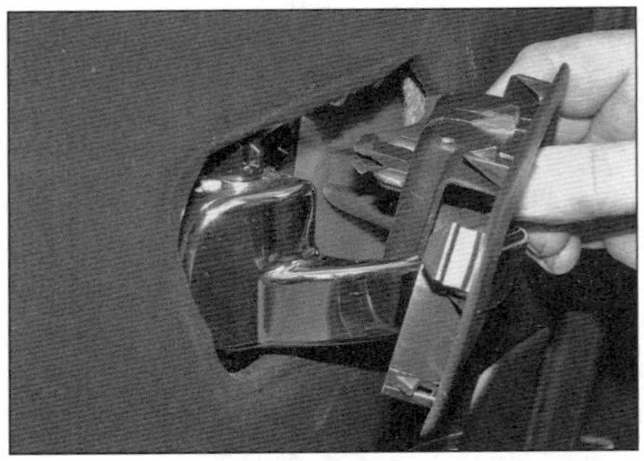

12.14 Hebeln Sie die Türöffner-Verkleidung ab.

15 Befreien Sie vorsichtig die Schalterblende aus der Armlehne, und trennen Sie den Kabelstecker (siehe Abbildungen).

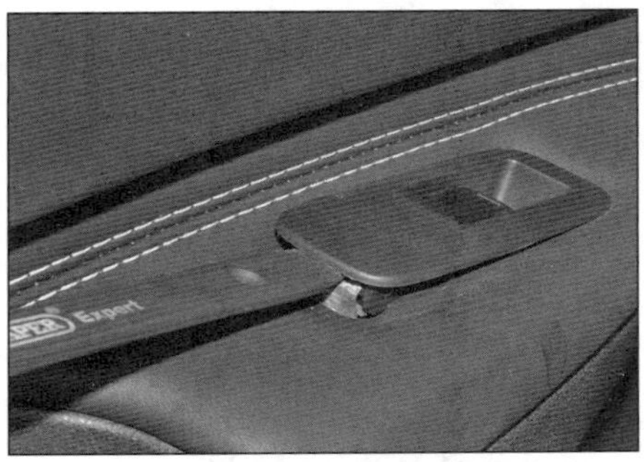

12.15a Hebeln Sie die Schalterblende ab ...

12.15b ... und befreien Sie den Schalter aus der Armlehne.

16 Befreien Sie die Blende aus der Handgriff-Mulde, und lösen Sie die zwei Schrauben (siehe Abbildungen).

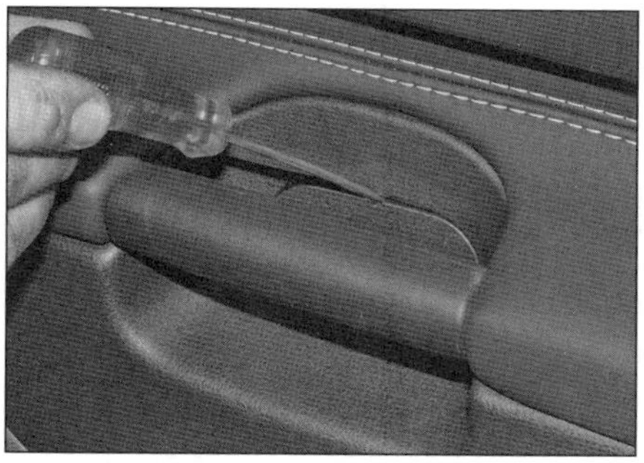

12.16a Hebeln Sie die Blende heraus ...

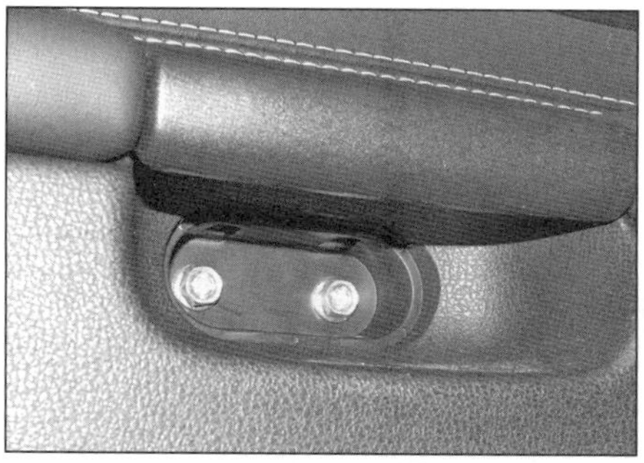

12.16b ... und lösen Sie die zwei Schrauben.

17 Lösen Sie rundherum die Clips aus der Türverkleidung – verwenden Sie hierzu ein gegabeltes Werkzeug, um den inneren Stift zu lösen. Heben Sie die Verkleidung anschließend an, um sie aus dem Türrahmen zu befreien (siehe Abbildung).

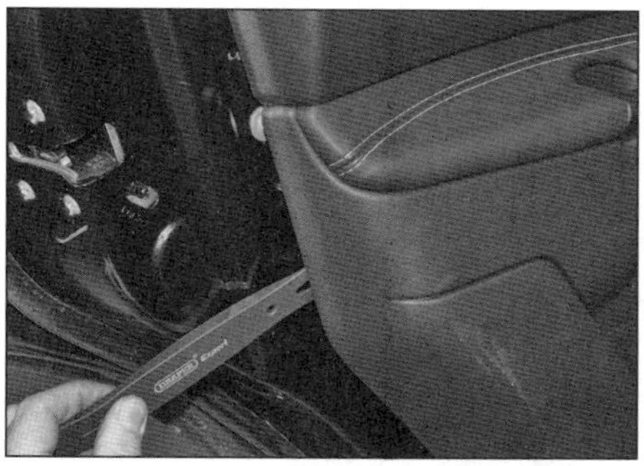

12.17 Befreien Sie die Verkleidung mithilfe eines gegabelten Werkzeugs von der Tür.

18 Falls an den internen Komponenten der Tür gearbeitet werden soll, muss die Dichtfolie entfernt werden. Lösen Sie die Schrauben des Verstärkungsblechs, und entfernen Sie dies von der Tür. Befreien Sie mit einem scharfen Messer die Dichtfolie vorsichtig von ihrer Klebenaht, und entfernen Sie sie (Abb. 12.11a und b) – mit etwas Geschick lässt sie sich in einem Stück entfernen und kann wiederverwendet werden.

19 Der Einbau entspricht der umgekehrten Ausbaureihenfolge – beachten Sie dabei folgende Punkte:

a) Die Dichtfolie muss rundherum korrekt sitzen. Falls die alte Dichtfolie beim Ausbau beschädigt wurde, muss eine neue eingeklebt werden.

b) Die Verkleidungs-Clips müssen korrekt in ihre Bohrungen in der Tür greifen. Alle beschädigten Clips müssen durch Neuteile ersetzt werden.

c) Das obere Dichtungsprofil muss beim Einbau korrekt zur Türverkleidung ausgerichtet sein.

13 Türöffner und Schließmechanismus – Ausbau und Einbau

Türöffner innen

1 Entfernen Sie die Türverkleidung und die Dichtfolie (siehe Sektion 12).

2 Lösen Sie die Schraube, und schieben Sie den Türöffner nach hinten, um ihn aus der Tür zu befreien (siehe Abbildungen).

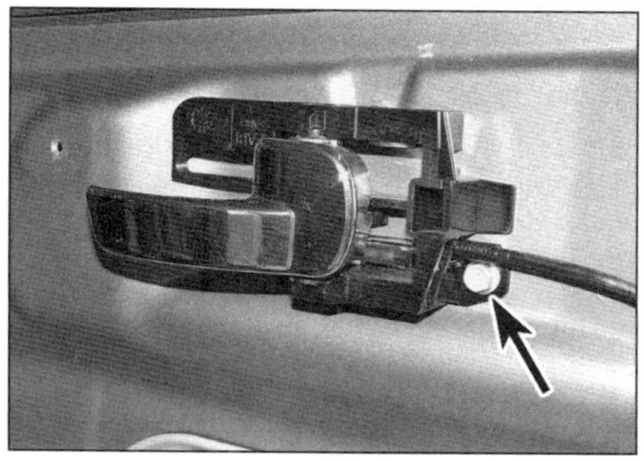

13.2a Lösen Sie die Schraube ...

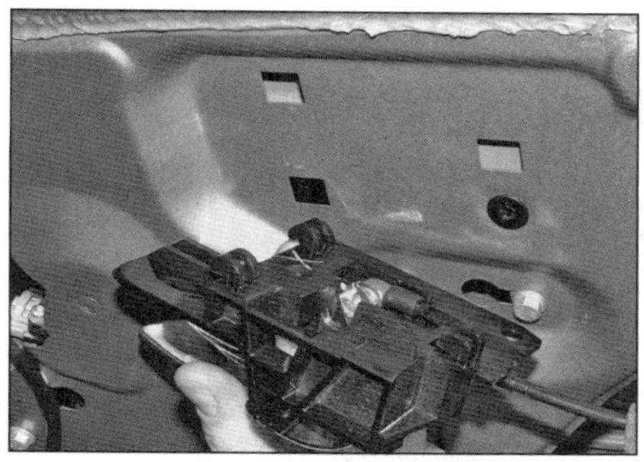

13.2b ... und befreien Sie den Türöffner nach hinten aus der Tür.

3 Befreien Sie die Hülle des Betätigungs-Seilzugs aus der Halterung des Türöffners, und lösen Sie den Seilzug-Nippel aus dem Hebel (siehe Abbildungen).

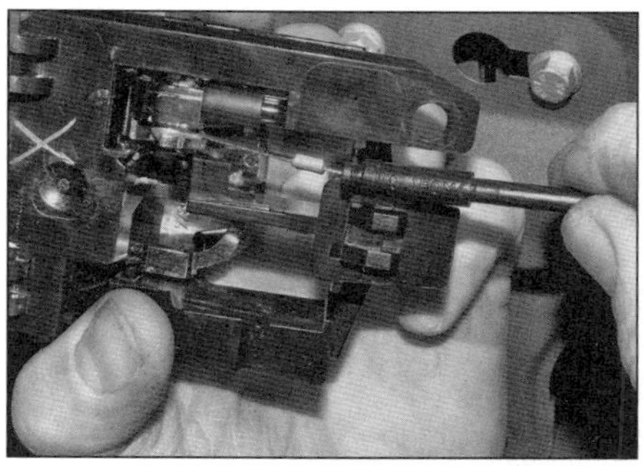

13.3a Befreien Sie die Seilzug-Hülle ...

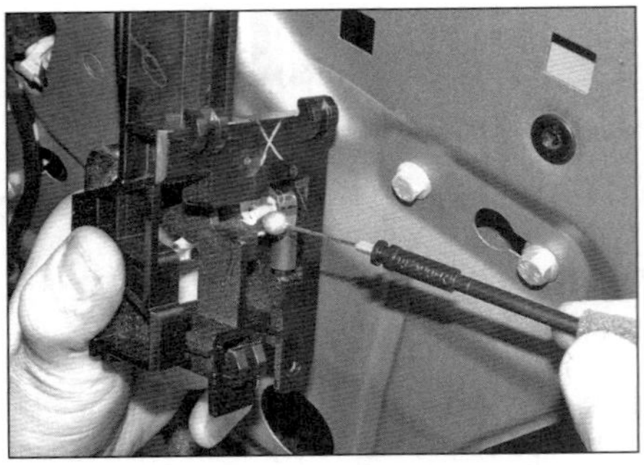

13.3b ... und den Nippel des Zugseils.

Einbau

4 Der Einbau entspricht der umgekehrten Ausbaureihenfolge – beachten Sie dabei folgende Punkte:

a) *Der Seilzug muss korrekt verlegt sein.*

b) *Prüfen Sie die Funktion des Türöffner- und Schließmechanismus, bevor Sie die Türverkleidung montieren (siehe Sektion 12).*

Türöffner außen (hintere Türen)

5 Öffnen Sie die Tür, und ziehen Sie hinten die Kappe ab, um Zugang zur Türschloss-Befestigungsschraube zu erhalten (siehe Abbildung).

13.5 Entfernen Sie die Abdeckung vom Loch hinten in der Tür.

6 Lockern Sie die Schraube, bis sie sich nicht mehr weiterdrehen lässt (wenden Sie keine Gewalt an, wenn sie den Anschlag erreicht!). Ziehen Sie am Türgriff vorsichtig den Türöffner-Knopf heraus (siehe Abbildungen) – beschädigen Sie dabei nicht den Lack.

13.6a Lockern Sie die Befestigungsschraube ...

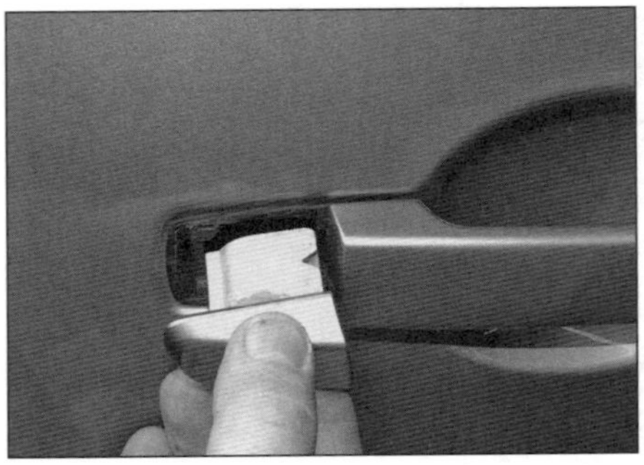

13.6b ... und ziehen Sie den Türöffner-Knopf heraus.

7 Befreien Sie den Türgriff, indem Sie ihn nach hinten schieben und aus der Türöffnung ziehen (siehe Abbildung).

13.7 Verschieben Sie den Griff nach hinten und befreien Sie ihn aus der Tür.

8 Lösen Sie nötigenfalls das Dichtgummi vom Sitz des Türgriffs (siehe Abbildung).

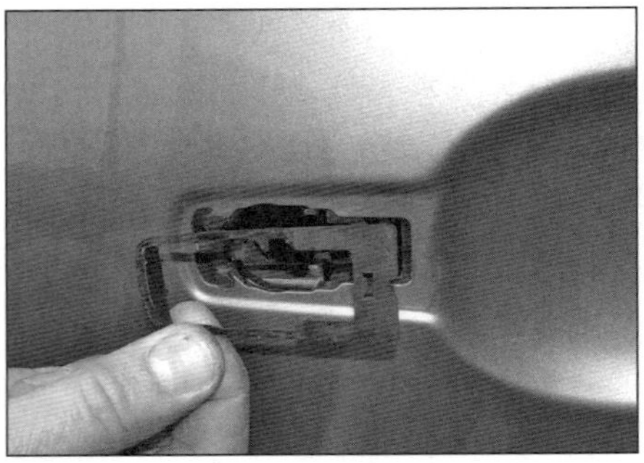

13.8 Entfernen Sie die Gummidichtung.

9 Der Einbau entspricht der umgekehrten Ausbaureihenfolge – der Türgriff muss korrekt im Türschlossgehäuse gesichert sein. Achten Sie bei der Montage des hinteren Teils des Türgriffs darauf, dass dessen Schenkel hinter dem Hebel der in der Tür sitzenden Halterung positioniert ist, bevor Sie den Druckknopf eindrücken (siehe Abbildung).

13.9 Der Griff muss um den Mechanismus-Hebel greifen.

Türöffner außen (vordere Türen)

Anmerkung: *Beim Ausbau des Schließzylinders wird der Kunststoffhebel hinten am Türschloss beschädigt, sodass ein Neuteil beschafft und installiert werden muss.*

10 Öffnen Sie die Tür, lösen Sie hinter dem Türgriff die Schraube, und entfernen Sie den Stopfen, um Zugang zur Türschloss-Befestigungsschraube zu erhalten (siehe Abbildung).

13.10 Lösen Sie die Schraube und entfernen Sie den Stopfen.

11 Entfernen Sie die Türverkleidung und die Dichtfolie (siehe Sektion 12).

12 Demontieren Sie den Fensterheber-Mechanismus (siehe Sektion 14). Trennen Sie bei Modellen mit *Intelligentem Schlüssel-System* innerhalb der Tür die Stecker der Türöffner-Antenne und des Türschalters (siehe Abbildung).

13.12 Trennen Sie bei Modellen mit *Intelligentem Schlüssel-System* die Stecker innerhalb der Tür.

13 Befreien Sie hinten in der Tür mit einem kleinen Schraubendreher den Kunststoffhebel vom Türschloss-Drehzapfen (siehe Abbildungen).

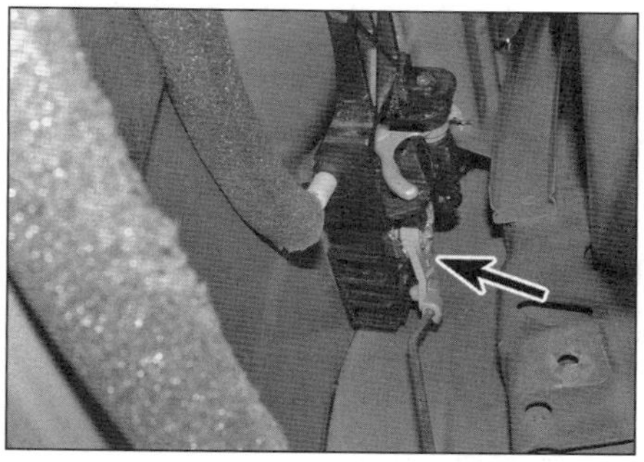

13.13a Befreien Sie den Hebel ...

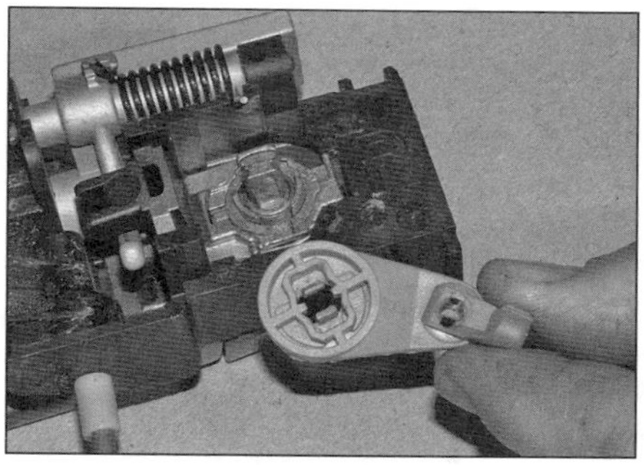

13.13b ... vom Türschloss-Drehzapfen.

14 Lockern Sie die Schraube, bis sie sich nicht mehr weiterdrehen lässt (wenden Sie keine Gewalt an, wenn sie den Anschlag erreicht!). Ziehen Sie dann vorsichtig die Druckknopf/Schließzylinder-Baugruppe aus der Tür (siehe Abbildungen) – beschädigen Sie dabei nicht den Lack.

13.14a Lockern Sie die Befestigungsschraube ...

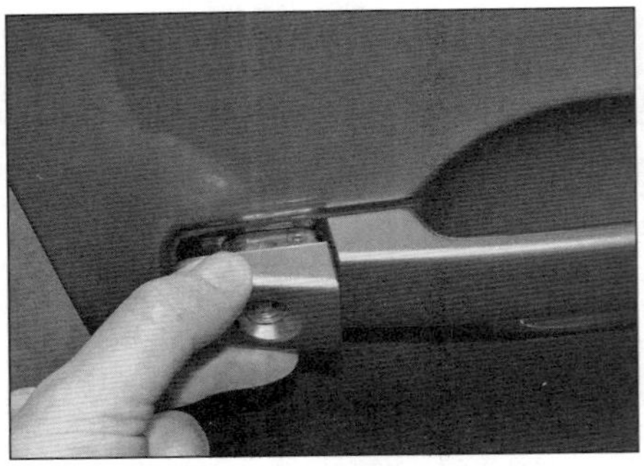

13.14b ... und ziehen Sie den Türöffner-Knopf samt Schließzylinder heraus.

15 Befreien Sie den Türgriff, indem Sie ihn nach hinten schieben und aus der Türöffnung ziehen. Bei Modellen mit *Intelligentem Schlüssel-System* müssen die Kabel durch die Türgriff-Öffnung herausgezogen werden (siehe Abbildungen).

13.15a Verschieben Sie den Griff nach hinten und befreien Sie ihn aus der Tür.

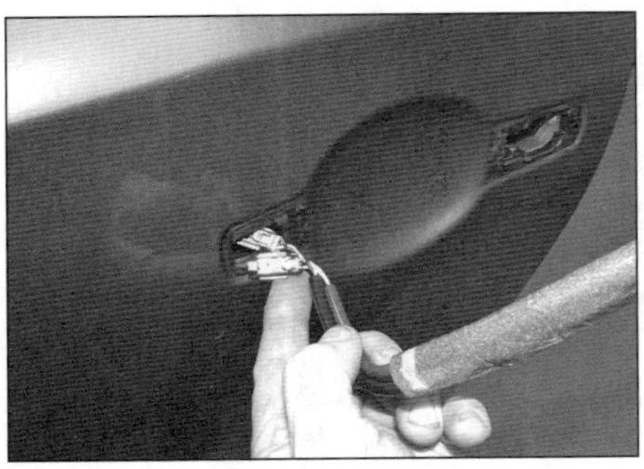

13.15b Ziehen Sie ggf. die Kabel des *Intelligenten Schlüssel-Systems* heraus.

16 Lösen Sie nötigenfalls das Dichtgummi vom Sitz des Türöffners (siehe Abbildung).

13.16 Entfernen Sie die Gummidichtung.

17 Der Einbau entspricht der umgekehrten Ausbaureihenfolge – beachten Sie dabei folgende Punkte:

a) *Stecken Sie einen neuen Kunststoffhebel auf den Türschloss-Drehzapfen (siehe Abbildung).*
b) *Achten Sie bei der Montage des hinteren Teils des Türgriffs darauf, dass dessen Schenkel hinter dem Hebel der in der Tür sitzenden Halterung positioniert ist (Abb. 13.9).*
c) Alle Betätigungsgestänge und Seilzüge müssen korrekt positioniert sein.
d) Prüfen Sie die Funktion des Türöffner- und Schließmechanismus, bevor Sie die Dichtfolie und die Türverkleidung montieren (siehe Sektion 12).
e) Montieren Sie den Fenstermechanismus entsprechend der Vorgaben in Sektion 14.
f) Installieren Sie die Türverkleidung entsprechend der Vorgaben in Sektion 12.

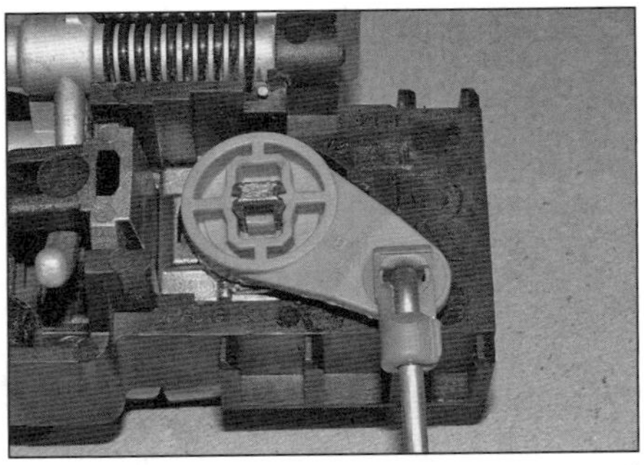

13.17 Rüsten Sie den Türschloss-Drehzapfen mit einem neuen Hebel aus.

Türschloss vorn

18 Entfernen Sie die Türverkleidung und die Dichtfolie (siehe Sektion 12).
19 Demontieren Sie den Fensterheber-Mechanismus (siehe Sektion 14).
20 Demontieren Sie den inneren Türöffner (Schritte 1 bis 3).
21 Demontieren Sie den äußeren Türöffner (Schritte 10 bis 16).
22 Ziehen Sie hinten an der Tür die Abdeckung ab, um Zugang zu den Schrauben des Zündschloss-Sicherungsblechs zu erhalten (siehe Abbildungen).

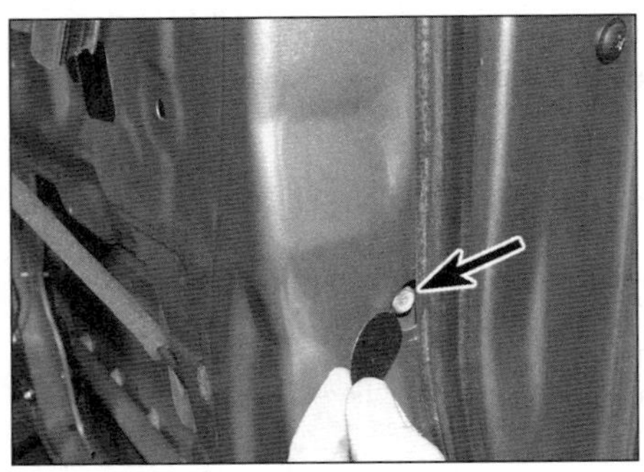

13.22a Lösen Sie die Schrauben ...

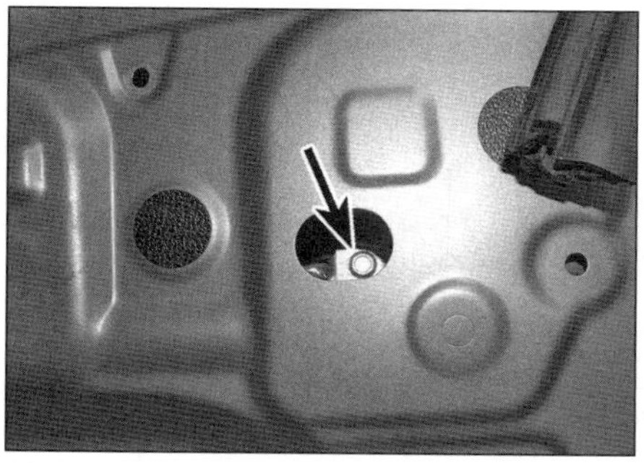

13.22b ... des Sicherungsblechs, ...

23 Lösen Sie die Befestigungsschrauben des Sicherungsblechs, und befreien Sie dies aus der Tür (siehe Abbildung).

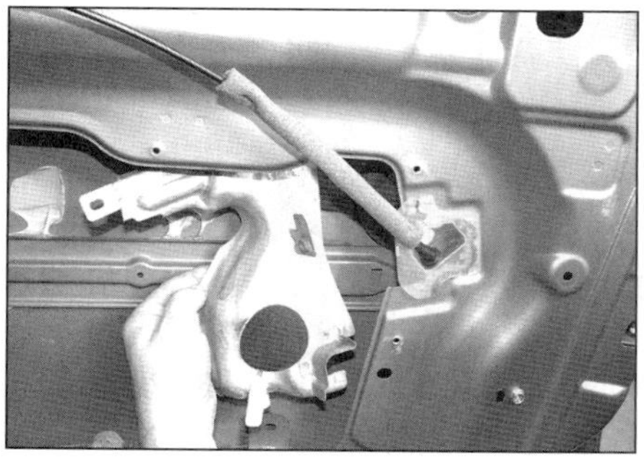

13.23 ... und entfernen Sie dies aus der Tür.

24 Lösen Sie die Schraube der innerhalb der Tür sitzenden Kabelstecker-Platte und entfernen Sie diese (siehe Abbildung).

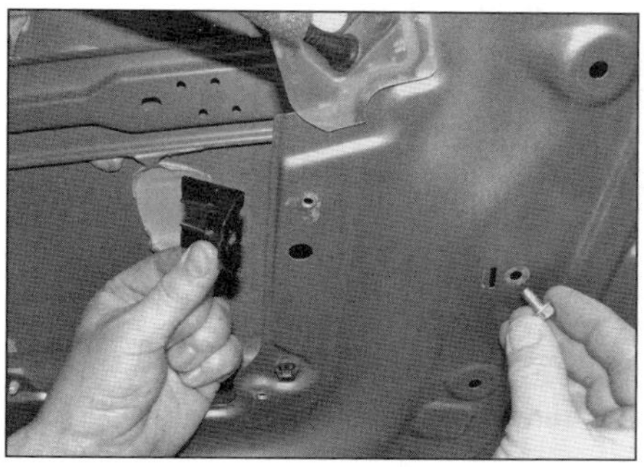

13.24 Lösen Sie die Schraube und entfernen Sie die Kabelstecker-Platte.

25 Trennen Sie den Stecker vom Türschließ-Mechanismus (siehe Abbildung).

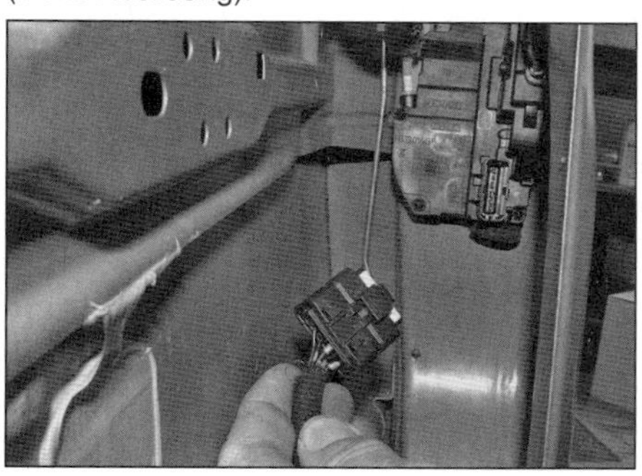

13.25 Ziehen Sie den Stecker vom Türschloss ab.

26 Befreien Sie die Führung des Betätigungs-Seilzugs aus der Tür (siehe Abbildung).

13.26 Befreien Sie die Seilzugführung.

27 Lösen Sie hinten an der Tür die drei Türschloss-Schrauben, befreien Sie die Türöffner-Halterung aus der Tür, und ziehen Sie die Türschloss-Baugruppe aus der Tür heraus (siehe Abbildungen).

13.27a Lösen Sie die drei Schrauben, ...

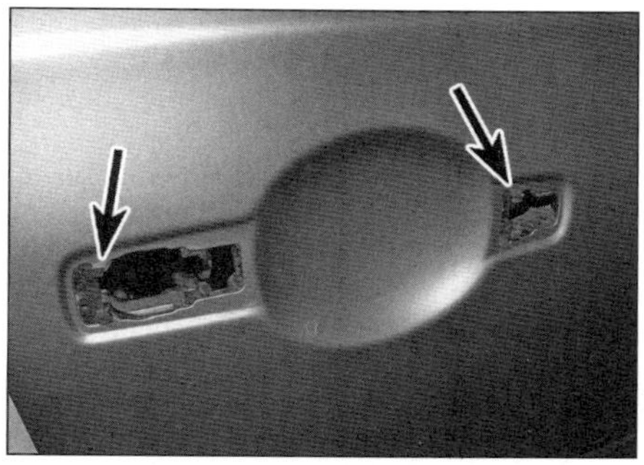

13.27b ... befreien Sie die Türöffner-Halterung ...

13.27c ... und befreien Sie die Türschloss-Baugruppe aus der Tür.

28 Der Einbau entspricht der umgekehrten Ausbaureihenfolge – beachten Sie dabei folgende Punkte:

a) Prüfen Sie vor dem Einbau der Türschloss-Baugruppe, ob die Druckknopf/Schließzylinder-Halterung korrekt im Türöffner-Halter sitzt (siehe Abbildung).
b) Stecken Sie einen neuen Kunststoffhebel auf den Türschloss-Drehzapfen (Abb. 13.17).
c) Achten Sie bei der Montage des hinteren Teils des Türgriffs darauf, dass dessen Schenkel hinter dem Hebel der in der Tür sitzenden Halterung positioniert ist (Abb. 13.9).
d) Alle Betätigungsgestänge und Seilzüge müssen korrekt positioniert sein.
e) Prüfen Sie die Funktion des Türöffner- und Schließmechanismus, bevor Sie die Dichtfolie und die Türverkleidung montieren.
f) Montieren Sie den Fenstermechanismus entsprechend der Vorgaben in Sektion 14.
g) Installieren Sie die Türverkleidung entsprechend der Vorgaben in Sektion 12.

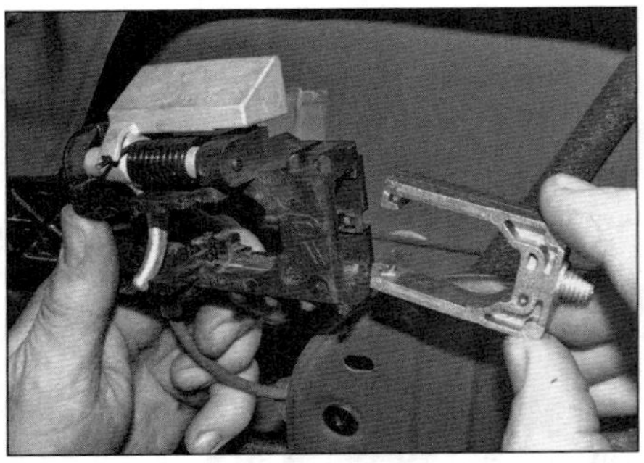

13.28 Die Druckknopf/Schließzylinder-Halterung muss korrekt im Türöffner-Halter sitzen.

Türschloss hinten

29 Entfernen Sie bei vollständig geschlossenem Fenster die Türverkleidung, die Dichtfolie und das Verstärkungsblech (siehe Sektion 12).
30 Demontieren Sie den inneren Türöffner (Schritte 1 bis 3).
31 Demontieren Sie den äußeren Türöffner (Schritte 10 bis 16).
32 Lösen Sie hinten an der Tür die drei Türschloss-Schrauben, befreien Sie die Türöffner-Halterung aus der Tür, und ziehen Sie die Türschloss-Baugruppe aus der Tür heraus (siehe Abbildungen).

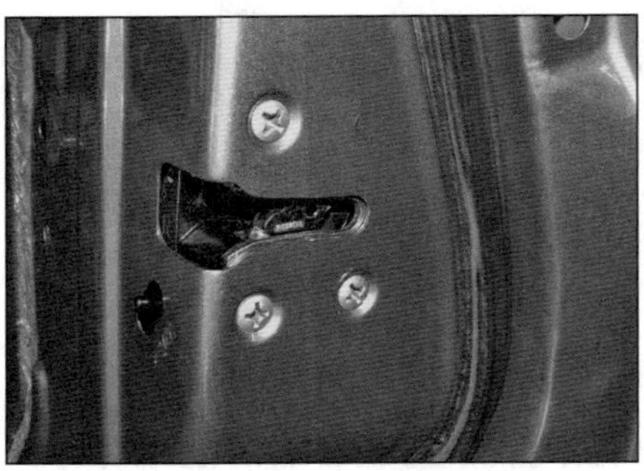

13.32a Lösen Sie die drei Schrauben, ...

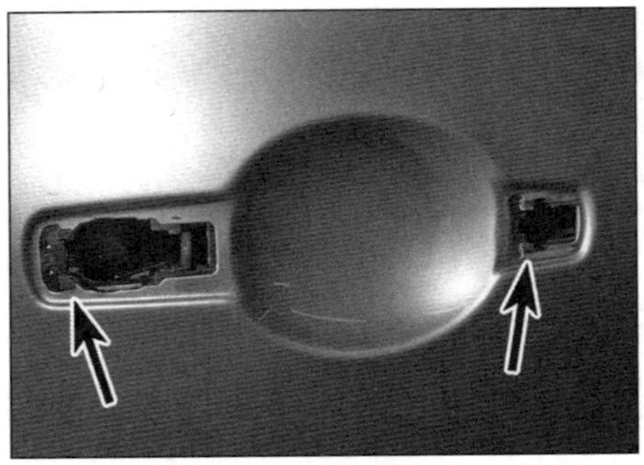

13.32b ... befreien Sie die Türöffner-Halterung ...

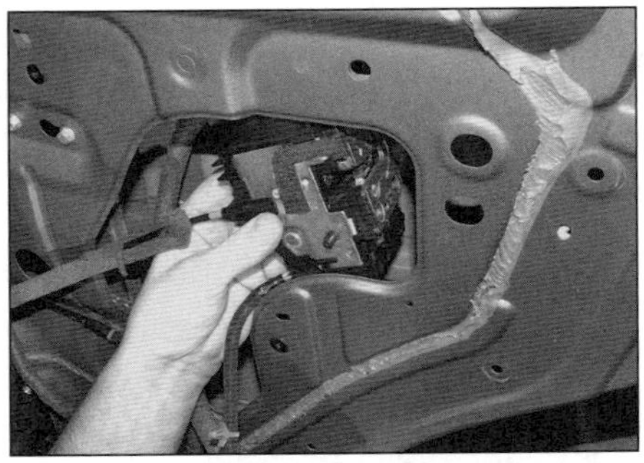

13.32c ... und befreien Sie die Türschloss-Baugruppe aus der Tür.

33 Trennen Sie den Stecker vom Türschließ-Mechanismus (siehe Abbildung).

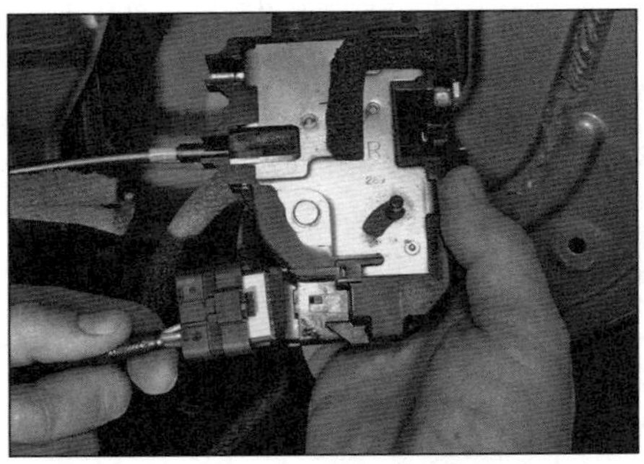

13.33 Ziehen Sie den Stecker vom ausgebauten Türschloss ab.

34 Der Einbau entspricht der umgekehrten Ausbaureihenfolge – beachten Sie dabei folgende Punkte:

a) Prüfen Sie vor dem Einbau der Türschloss-Baugruppe, ob die Druckknopf-Halterung korrekt im Türöffner-Halter sitzt (Abb. 3.28).
b) Alle Betätigungsgestänge und Seilzüge müssen korrekt positioniert sein.
c) Prüfen Sie die Funktion des Türöffner- und Schließmechanismus, bevor Sie die Dichtfolie und die Türverkleidung montieren .
d) Installieren Sie die Türverkleidung entsprechend der Vorgaben in Sektion 12.

14 Türfenster – Ausbau und Einbau

Anmerkung: *Beim Einbau wird eventuell eine neue Dichtfolie benötigt.*

Glasscheibe vordere Tür

1 Entfernen Sie die Türverkleidung (siehe Sektion 12).
2 Ziehen Sie runden Abdeckungen von der Öffnung über der Fensterheber-Baugruppe ab (siehe Abbildung).

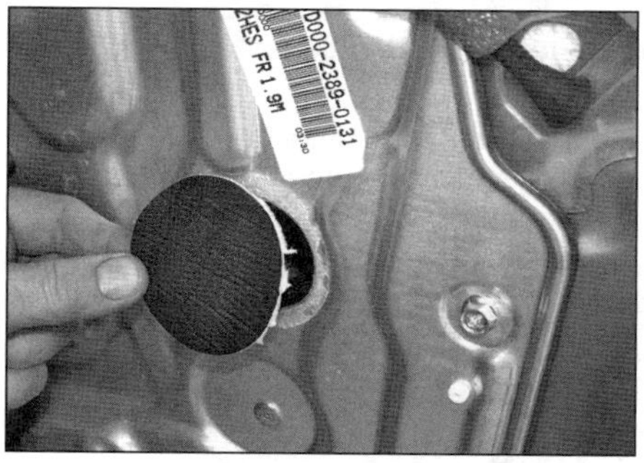

14.2 Entfernen Sie die Abdeckungen.

3 Schließen Sie übergangsweise den Fensterheber-Schalter wieder ans Bordnetz an (und verbinden Sie ggf. das Massekabel mit dem Minuspol der Batterie), um das Fenster so weit abzusenken oder anzuheben, bis die zwei Schrauben, die den unteren Rand des Fensters mit dem Hebemechanismus verbinden, durch die Löcher in der Fensterheber-Baugruppe zugänglich sind. Stützen Sie das Fenster ab, und lösen Sie die Schrauben (siehe Abbildung).

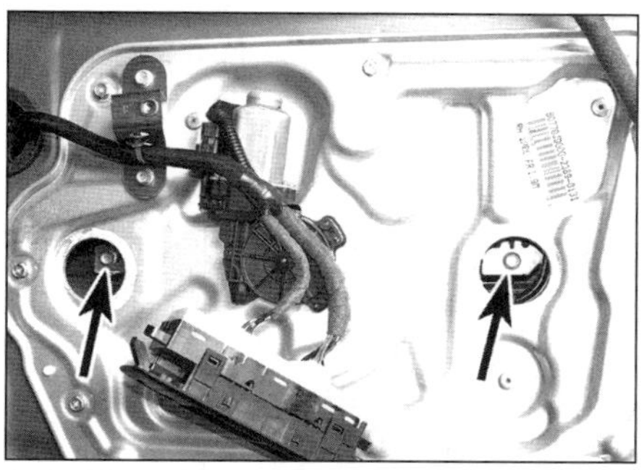

14.3 Lösen Sie die zwei Fenster-Befestigungsschrauben.

4 Befreien Sie den inneren Dichtstreifen aus dem Türrahmen (siehe Abbildung).

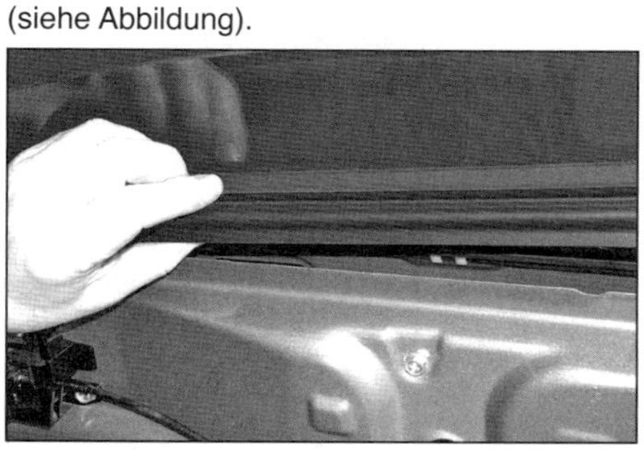

14.4 Hebeln Sie vorsichtig den inneren Dichtstreifen ab.

5 Befreien Sie das Fensterglas aus dem Heber, heben Sie es hinten an, und entfernen Sie es nach außen aus dem Türrahmen (siehe Abbildung).

14.5 Das Fensterglas wird so aus der Tür befreit.

6 Der Einbau entspricht der umgekehrten Ausbaureihenfolge – beachten Sie dabei folgende Punkte:
a) *Achten Sie darauf, beim Einbau des Fensters nicht den Dichtstreifen in die Tür hineinzuziehen.*
b) *Prüfen Sie die Funktion des Fensterhebers, bevor Sie die Türverkleidung montieren.*
c) *Installieren Sie die Türverkleidung entsprechend der Vorgaben in Sektion 12.*

Fensterheber vorn

7 Bauen Sie das Fensterglas aus (Schritte 1 bis 5).
8 Befreien Sie den Kabelbaum vom Halter an der Fensterheber-Baugruppe, und trennen Sie den Stecker vom Heber-Motor (siehe Abbildungen).

14.8a Lösen Sie den Kabelbinder ...

14.8b ... und trennen Sie den Stecker vom Fensterheber-Motor.

9 Lösen Sie die Schrauben der Fensterheber-Baugruppe, und manövrieren Sie diese aus der Öffnung der Tür heraus (siehe Abbildung).

14.9 Befreien Sie die Fensterheber-Baugruppe aus der Tür.

10 Die Fensterheber-Baugruppe ist nur als komplette Einheit erhältlich (siehe Abbildung) – erkundigen Sie sich nötigenfalls beim Nissan-Händler nach der Verfügbarkeit von Ersatzteilen.

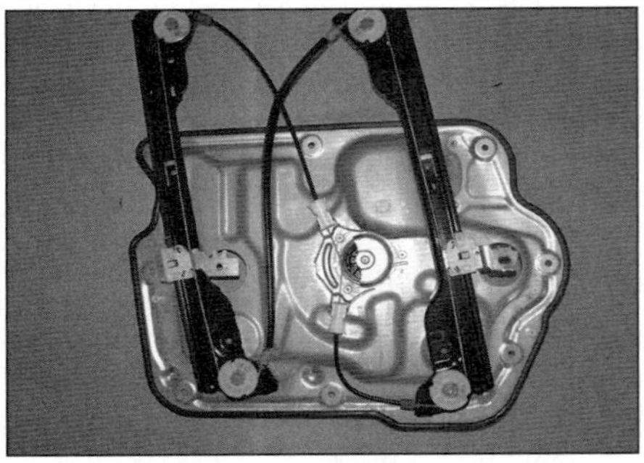

14.10 Fensterheber-Baugruppe

11 Der Einbau entspricht der umgekehrten Ausbaureihenfolge – beachten Sie dabei folgende Punkte:

a) Installieren Sie die Fensterscheibe entsprechend der Vorgaben in Sektion 6.

b) Prüfen Sie die Funktion des Fensterhebers, bevor Sie die Türverkleidung montieren.

Glasscheibe hintere Tür

12 Entfernen Sie die Türverkleidung (siehe Sektion 12).

13 Schließen Sie nötigenfalls übergangsweise den Fensterheber-Schalter wieder ans Bordnetz an (und verbinden Sie ggf. das Massekabel mit dem Minuspol der Batterie), um das Fenster vollständig zu schließen.

14 Lösen Sie innerhalb der Tür die Schraube der Fensterführung und entfernen Sie diese (siehe Abbildung).

14.14 Entfernen Sie die Fensterführung.

15 Entfernen Sie hinten im Fensterrahmen die Kunststoffblende (siehe Abbildung).

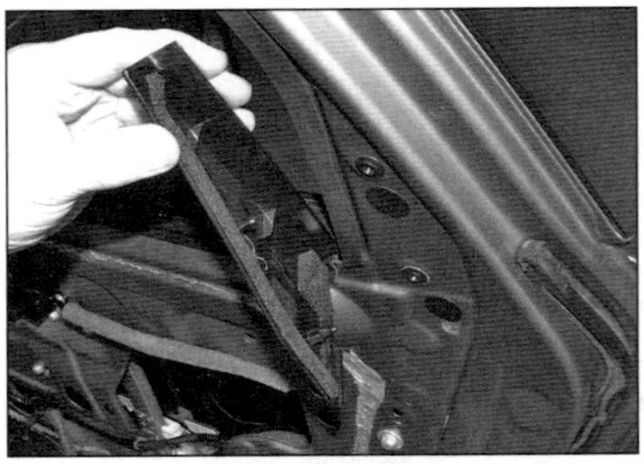

14.15 Befreien Sie hinten die Blende.

16 Senken Sie das Fenster ab, und befreien Sie dann den inneren Dichtstreifen aus dem Fensterrahmen (siehe Abbildung).

14.16 Hebeln Sie vorsichtig den inneren Dichtstreifen hoch.

17 Lösen Sie rundherum die innere Fensterdichtung, und entfernen Sie sie (siehe Abbildung) – beachten Sie, dass es sich um ein einteiliges Stück handelt, das leicht beschädigt werden kann.

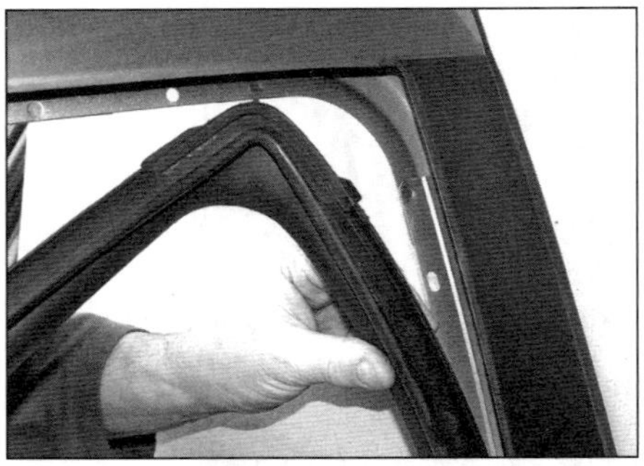

14.17 Hebeln Sie vorsichtig die Fensterdichtung heraus.

18 Heben Sie das Fenster an, bis die zwei Schrauben, die den unteren Rand des Fensters mit dem Hebemechanismus verbinden, durch die Löcher in der Tür zugänglich sind. Stützen Sie das Fenster ab, und lösen Sie die Schrauben (siehe Abbildung).

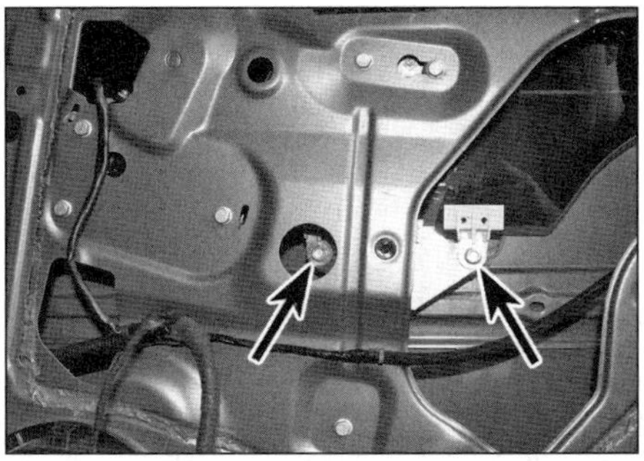

14.18 Lösen Sie die zwei Fenster-Schrauben aus dem Mechanismus.

19 Befreien Sie das Fensterglas aus dem Heber, heben Sie es hinten an, und entfernen Sie es nach außen aus dem Türrahmen (siehe Abbildung).

14.19 Heben Sie das Fensterglas hinten an, und befreien Sie es nach außen aus der Tür.

20 Der Einbau entspricht der umgekehrten Ausbaureihenfolge – beachten Sie dabei folgende Punkte:

a) Achten Sie bei der Montage der Fensterdichtung darauf, dass deren oberer Bereich korrekt im Fensterrahmen sitzt (siehe Abbildung).

b) Achten Sie darauf, beim Einbau des Fensters nicht den Dichtstreifen in die Tür hineinzuziehen.

c) Prüfen Sie die Funktion des Fensterhebers, bevor Sie die Türverkleidung montieren.

d) Installieren Sie die Türverkleidung entsprechend der Vorgaben in Sektion 12.

14.20 Der Arretierstift der Fensterdichtung muss korrekt im Türrahmen sitzen.

Fensterheber vorn

21 Demontieren Sie die Türverkleidung und die Dichtfolie (siehe Sektion 12).

22 Schließen Sie übergangsweise den Fensterheber-Schalter wieder ans Bordnetz an (und verbinden Sie ggf. das Massekabel mit dem Minuspol der Batterie), um das Fenster so weit abzusenken oder anzuheben, bis die zwei Schrauben, die den unteren Rand des Fensters mit dem Hebemechanismus verbinden, durch die Löcher in der Fensterheber-Baugruppe zugänglich sind. Stützen Sie das Fenster ab, und lösen Sie die Schrauben (Abb. 14.3).

23 Befreien Sie das Fenster vom Hebemechanismus, ziehen Sie es nach oben in die Tür und sichern Sie es dort mit Klebeband (siehe Abbildung).

14.23 Sichern Sie das geschlossene Fenster mit Klebeband.

24 Trennen Sie den Stecker des Fensterheber-Motors (siehe Abbildung).

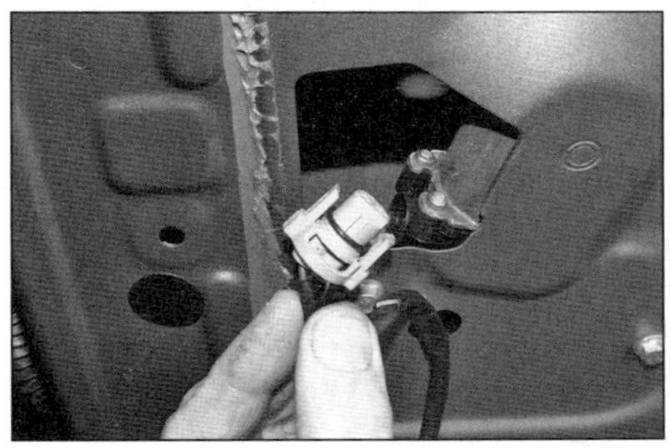

14.24 Ziehen Sie am Fensterheber-Motor den Stecker ab.

25 Beachten Sie, dass die obere rechte Fensterheber-Schraube nicht vollständig entfernt werden muss, da sie in einer Art »Schlüsselloch« sitzt. Der Fensterheber-Motor ist mit zwei Zapfen ausgerüstet, die in der Tür eingehängt werden, damit er nach dem Lösen der Schrauben nicht in die Tür fällt (siehe Abbildungen).

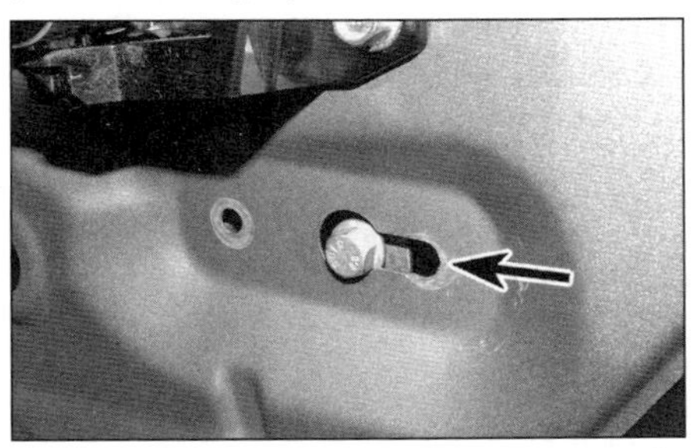

14.25a diese Schraube muss nicht vollständig entfernt werden.

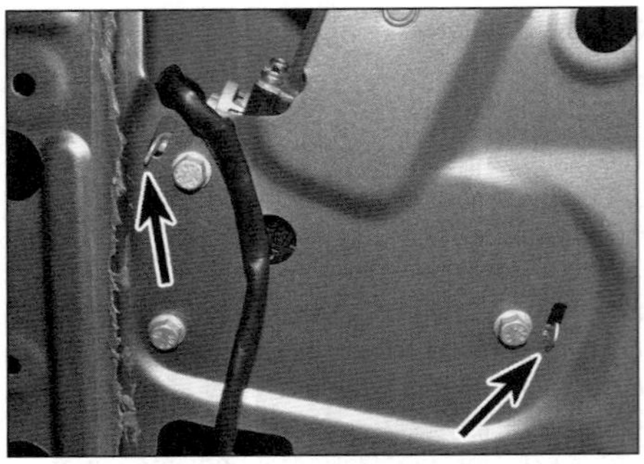

14.25b Der Motor ist mit zwei Haken gesichert.

26 Lösen Sie die Schrauben der Hebemechanismus-Baugruppe, und manövrieren Sie diese durch die Öffnung der Tür heraus (siehe Abbildungen).

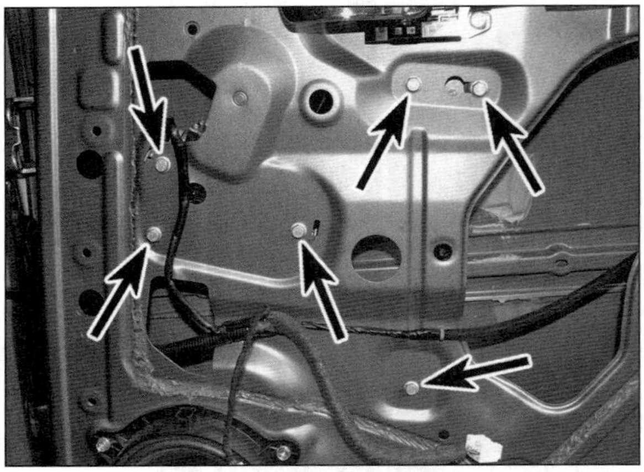

14.26a Schrauben der Hebemechanismus-Baugruppe

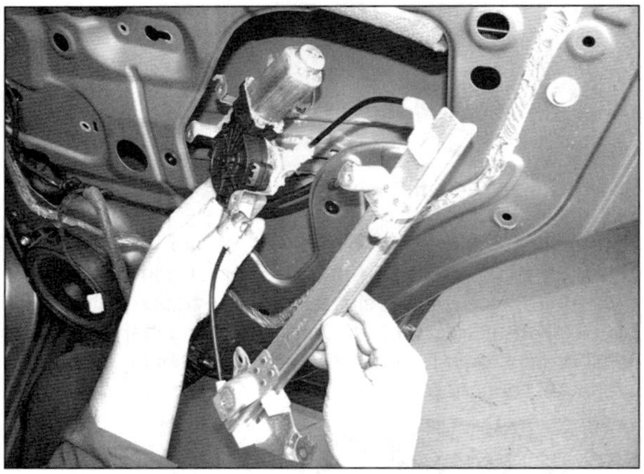

14.26b Befreien Sie die Baugruppe aus der Tür heraus.

27 Der Einbau entspricht der umgekehrten Ausbaureihenfolge – beachten Sie dabei folgende Punkte:

a) Installieren Sie die Fensterscheibe, und ziehen Sie ihre Schrauben sorgfältig an.

b) Prüfen Sie die Funktion des Fensterhebers, bevor Sie die Türverkleidung montieren.

c) Installieren Sie die Türverkleidung entsprechend der Vorgaben in Sektion 12.

15 Heckklappe und Gasfedern – Ausbau, Einbau und Einstellung

Heckklappe

Ausbau

1 Trennen Sie zunächst das Massekabel (–) der Batterie (siehe Seite 532).

2 Entfernen Sie die Heckklappenverkleidung (siehe Sektion 24).

3 Trennen Sie in der Heckklappe die Kabelstecker des Scheibenwischers, der Heckscheibenheizung, der Kennzeichenbeleuchtung, der Rücklichter und der Zusatzbremsleuchte. Schrauben Sie alle Massekabel ab. Prüfen Sie, ob noch andere Kabelstecker getrennt werden müssen. Öffnen Sie dann alle entsprechenden Kabelbinder (siehe Abbildung).

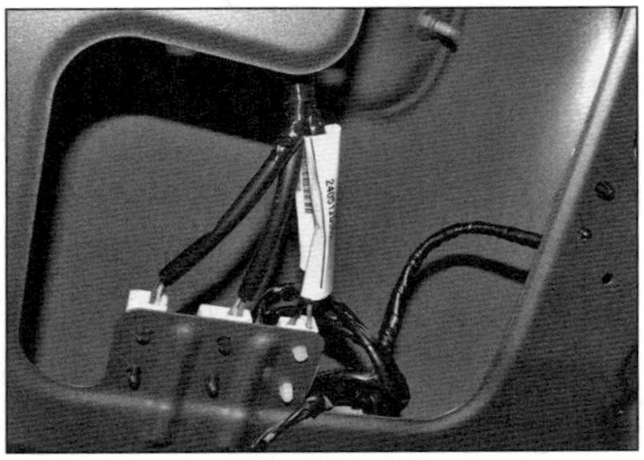

15.3 Trennen Sie innerhalb der Heckklappe alle Kabelstecker.

4 Demontieren Sie die Zusatzbremsleuchte (siehe Kapitel 12, Sektion 5), und trennen Sie den Schlauch der Scheibenwaschanlage.

5 Binden Sie Seile an den Kabelbaum und den Schlauch, und hebeln Sie in beiden Ecken der Heckklappe die Gummistopfen heraus (siehe Abbildungen). Führen Sie den Kabelbaum durch die Öffnung links in der Heckklappe und den Schlauch durch die rechte Öffnung heraus. Lösen Sie dann die Seile, und belassen Sie sie zur Erleichterung des Einbaus in der Heckklappe.

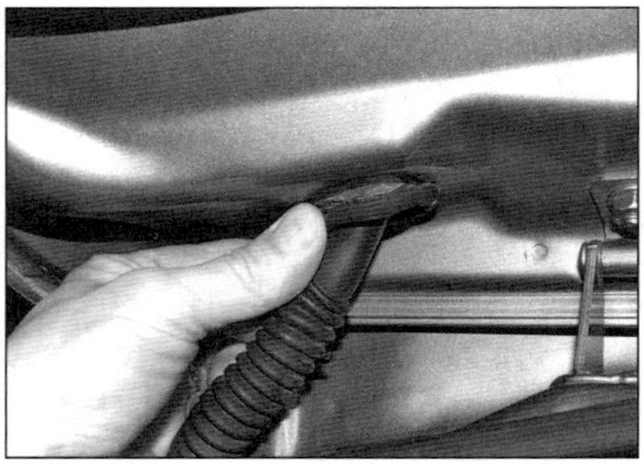

15.5a Lösen Sie die Manschettenstopfen links ...

15.5b ... und rechts aus der Heckklappe.

6 Lassen Sie einen Assistenten die geöffnete Heckklappe halten und später beim Abheben helfen.
7 Lösen Sie an den oberen Enden beider Gasfedern die Sicherungsclips, und ziehen Sie sie von den Kugelköpfen der Heckklappe ab (Abb. 15.16a und b).
8 Markieren Sie mit einem Blei- oder Filzstift die Ausrichtung der Heckklappen-Scharniere zur Karosserie. Lösen Sie die Muttern der Scharniere (siehe Abbildung), und heben Sie die Heckklappe ab.

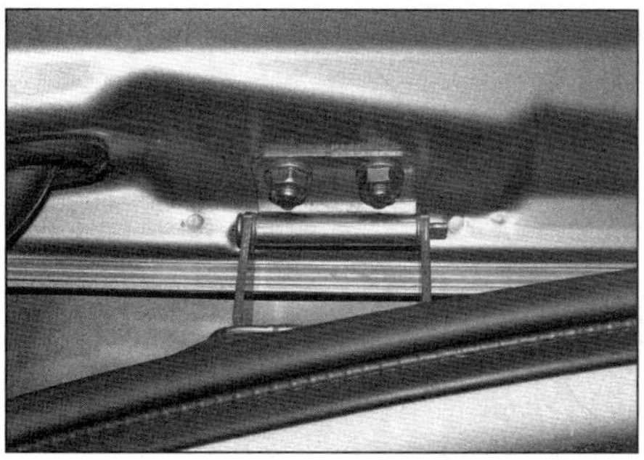

15.8 Lösen Sie die insgesamt vier Scharniermuttern.

Einbau

9 Falls eine neue Heckklappe montiert werden soll, müssen alle wiederverwendbaren Komponenten (Türschloss-Mechanismus, Scheibenwischer, Bremsleuchte usw.) umgebaut werden – beachten Sie dazu die Hinweise in diesem Kapitel sowie in Kapitel 12.
10 Drehen Sie die Scharniermuttern zunächst nur handfest auf, und stellen Sie die Heckklappe ein (siehe unten).
11 Ziehen Sie den Kabelbaum und den Scheibenwaschanlagen-Schlauch mit den Seilen durch die Öffnungen ein.

Einstellung

12 Schließen Sie **vorsichtig** die Heckklappe, um bei einer unkorrekten Einstellung keine Kratzer an ihr oder der Karosserie zu erzeugen. Prüfen Sie, ob die Heckklappe rundherum korrekt sitzt.
13 Falls eine Einstellung nötig ist, werden die Scharniermuttern gelockert, um das in Langlöchern sitzende Scharnier entsprechend zu verschieben, bis die Tür richtig passt. Ziehen Sie die Muttern anschließend sorgfältig an.
14 Sobald die Heckklappe richtig sitzt, muss geprüft werden, ob die Verriegelung und der Öffnermechanismus korrekt funktionieren. Lockern Sie nötigenfalls am Riegel die Schrauben, und verschieben Sie ihn leicht, bis die Tür problemlos schließt (siehe Sektion 16).

Gasfedern

15 Lassen Sie einen Assistenten die Heckklappe offen halten, oder stützen Sie sie mit einer Latte ab.
16 Befreien Sie mithilfe eines Schraubendrehers an beiden Kugelgelenken jeder Gasfeder den Federclip und ziehen Sie die Gasfedern von der Heckklappe und der Karosserie ab (siehe Abbildungen).

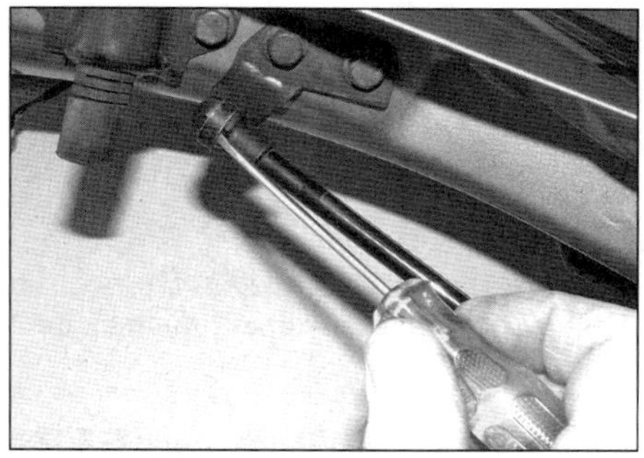

15.16a Hebeln Sie den Federclip ab ...

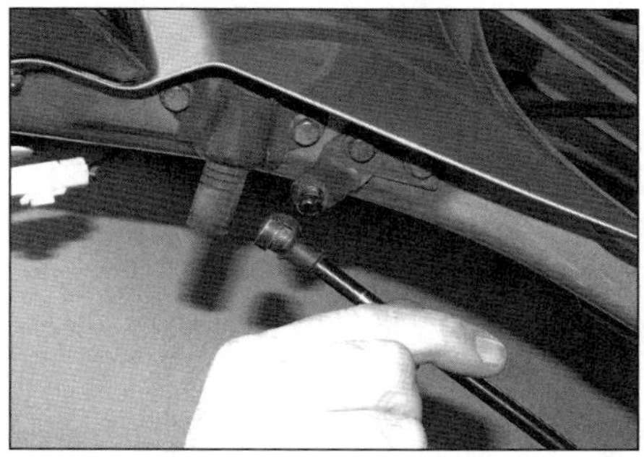

15.16b ... und ziehen Sie das Kugelgelenk von der Heckklappe ab.

15.16c Befreien Sie die Gasfeder auf die gleiche Weise von der Karosserie.

17 Lösen Sie nötigenfalls die zwei Schrauben der oberen und unteren Gasfeder-Halterung, und befreien Sie diese von der Heckklappe oder der Karosserie (siehe Abbildungen).

15.17a Schrauben der oberen Gasfederhalterung an der Heckklappe

15.17b Schrauben der unteren Gasfederhalterung an der Karosserie

18 Der Einbau entspricht der umgekehrten Ausbaureihenfolge – achten Sie auf korrekt sitzende Federclips.

16 Heckklappen-Schließmechanismus – Ausbau und Einbau

Heckklappen-Schloss

1 Trennen Sie zunächst das Massekabel (–) der Batterie (siehe Seite 532).
2 Entfernen Sie die Heckklappenverkleidung (siehe Sektion 24).
3 Lösen Sie die zwei Schrauben innerhalb der Heckklappe, und manövrieren Sie das Schloss durch die darüberliegende Öffnung heraus (siehe Abbildungen).

16.3a Lösen Sie die zwei Schrauben ...

16.3b ... und manövrieren Sie das Schloss heraus.

4 Trennen Sie vom ausgebauten Schloss den Kabelstecker (siehe Abbildung).

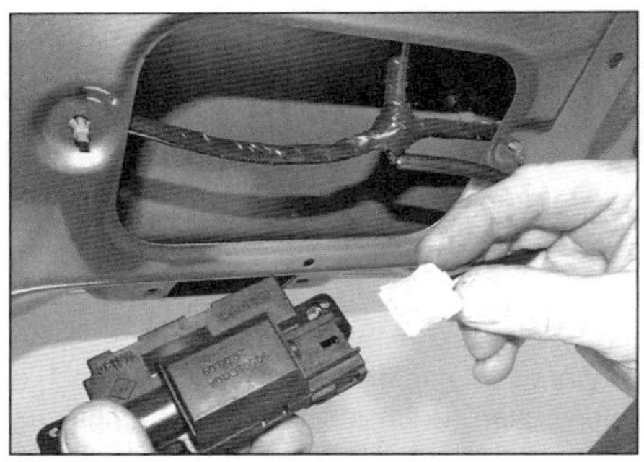

16.4 Ziehen Sie den Heckklappenschloss-Stecker ab.

5 Der Einbau entspricht der umgekehrten Ausbaureihenfolge. Prüfen Sie vor der Montage der Innenverkleidung, ob der Öffnermechanismus der Heckklappe korrekt funktioniert. Lockern Sie nötigenfalls die Schrauben des Schlosses und verschieben Sie es leicht, bis die Klappe problemlos schließt und sich öffnen lässt. Ziehen Sie die Schrauben dann sorgfältig an.

Heckklappen-Riegel

6 Entfernen Sie die kleine Abdeckung aus der Mulde hinten im Kofferraum (siehe Abbildung).

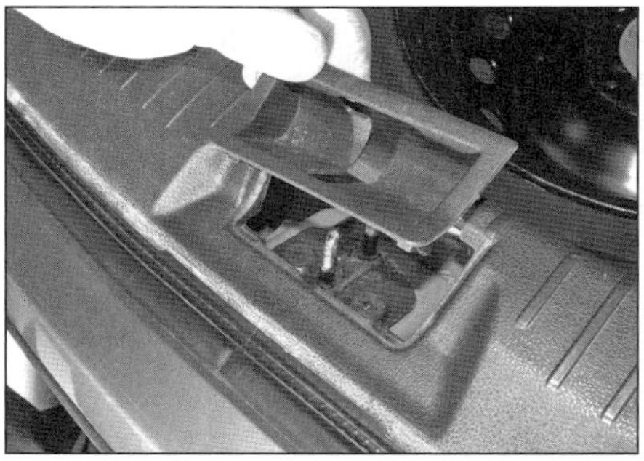

16.6 Befreien Sie die um den Riegel liegende Abdeckung, ...

7 Beachten oder markieren Sie die Position der Riegel-Platte, lösen Sie die zwei Schrauben, und entnehmen Sie den Riegel von der Karosserie (siehe Abbildung).

16.7 ... lösen Sie die Schrauben und entfernen Sie den Riegel.

8 Der Einbau entspricht der umgekehrten Ausbaureihenfolge. Prüfen Sie vor der Montage der Innenverkleidung, ob die Verriegelung der Heckklappe korrekt funktioniert. Lockern Sie nötigenfalls die Schrauben des Riegels und verschieben Sie diesen leicht, bis die Klappe problemlos schließt und sich wieder öffnen lässt. Ziehen Sie die Schrauben dann sorgfältig an.

Heckklappen-Öffnerknopf

9 Entfernen Sie die Heckklappenverkleidung (siehe Sektion 24).

10 Greifen Sie in die Heckklappe, und trennen Sie den/die Stecker des Öffnerknopfs und der Kennzeichenbeleuchtung (siehe Abbildung).

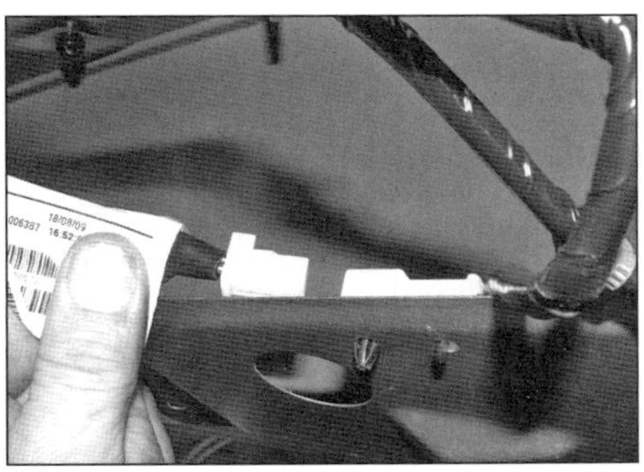

16.10 Trennen Sie den Kabelstecker ...

11 Lösen Sie innerhalb der Heckklappe die fünf Muttern der Schalter-Abdeckung, und befreien Sie diese samt Kennzeichenbeleuchtung (siehe Abbildungen).

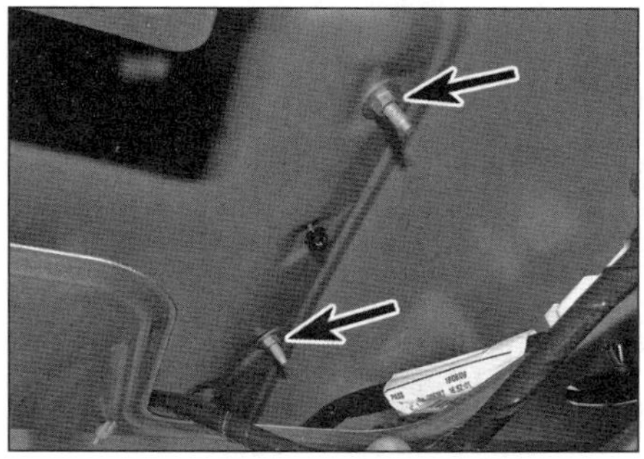

16.11a Lösen Sie die Muttern (zwei von fünf gezeigt) ...

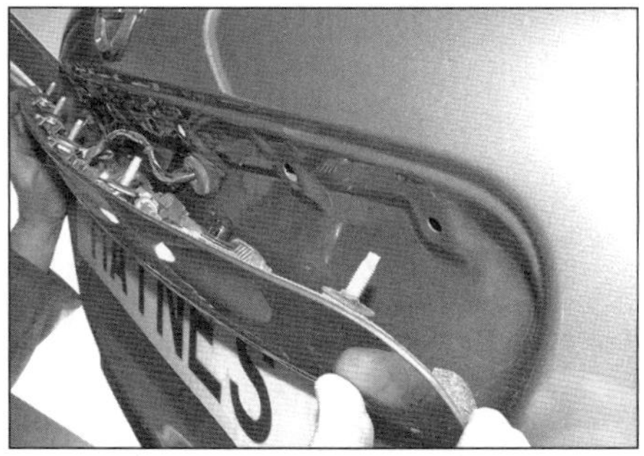

16.11b ... und entfernen Sie die Schalter/ Kennzeichenbeleuchtungs-Abdeckung.

12 Sobald der Kabelbaum-Gummistopfen zugänglich ist, kann er aus der Heckklappe gezogen werden (siehe Abbildung).

16.12 Befreien Sie den Kabelbaum-Stopfen.

13 Zum Ausbau des Schalters aus der Abdeckung müssen der Stecker getrennt und die Clips gelöst werden (siehe Abbildungen).

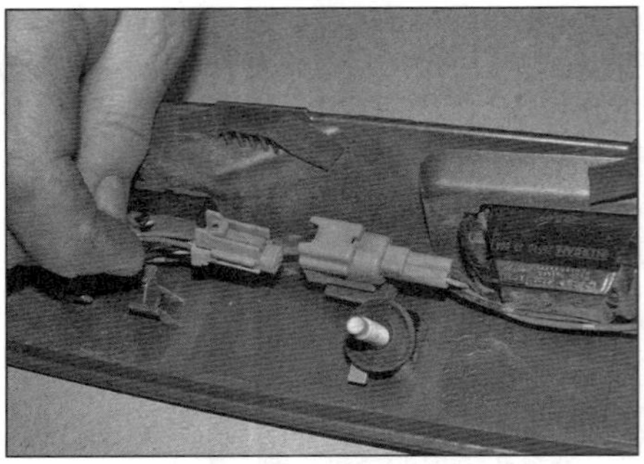

16.13a Trennen Sie den Stecker ...

16.13b ... und befreien Sie den Schalter aus der Abdeckung.

14 Der Einbau entspricht der umgekehrten Ausbaureihenfolge.

17 Zentralverriegelungs-Komponenten – Ausbau und Einbau

Steuergerät (Body Controle Module)

1 Das Zentralverriegelungs-Steuergerät sitzt oberhalb des Handschuhfachs rechts im Armaturenbrett (siehe Abbildung).

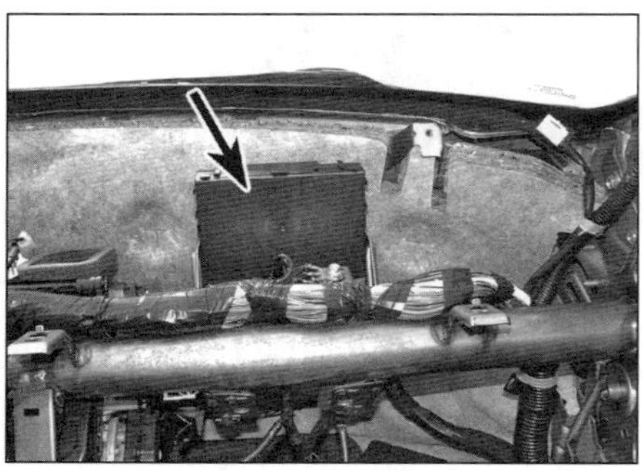

17.1 Position des Zentralverriegelungs-Steuergeräts

2 Trennen Sie zunächst das Massekabel (–) der Batterie (siehe Seite 532).
3 Bauen Sie das Handschuhfach aus (siehe Sektion 26).
4 Lösen Sie die vier Schrauben (siehe Abbildung), entnehmen Sie das Steuergerät samt Halterung, und trennen Sie seine Stecker.

17.4 Lösen Sie die Schrauben des Steuergerät-Halters.

5 Der Einbau entspricht der umgekehrten Ausbaureihenfolge.

Türschlossmotor

6 Der Motor ist in das Türschloss integriert, dessen Aus- und Einbau in Sektion 13 beschrieben ist.

Heckklappenschloss-Motor

7 Der Motor ist in das Heckklappenschloss integriert, dessen Aus- und Einbau in Sektion 16 beschrieben ist.

Türschalter

8 Trennen Sie zunächst das Massekabel (–) der Batterie (siehe Seite 532).
9 Lösen Sie die Schraube aus dem Türholm, und ziehen Sie den Schalter heraus (siehe Abbildung).

17.9 Demontage eines Türschalters aus dem Türholm

10 Trennen Sie den Kabelstecker, und entnehmen Sie den Schalter.
11 Der Einbau entspricht der umgekehrten Ausbaureihenfolge.

Fernsteuerungs-Sender – Batteriewechsel

12 Befreien Sie den Deckel der Fernbedienung (siehe Abbildung).

17.12 Lösen Sie den Deckel der Fernbedienung.

13 Hebeln Sie mit einem kleinen Schraubendreher vorsichtig die zwei Hälften des Gehäuses auseinander (siehe Abbildungen).

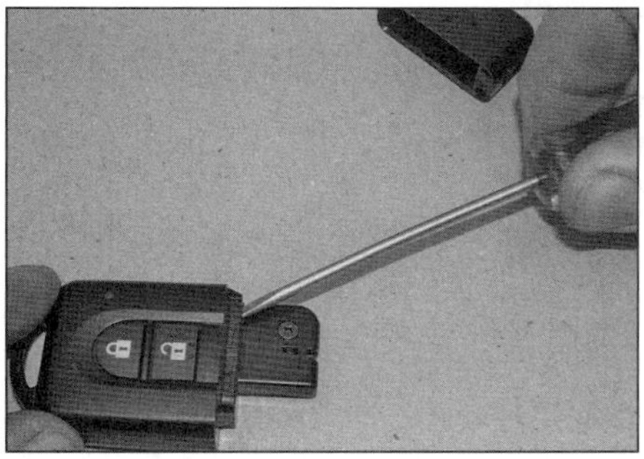

17.13a Stecken Sie einen kleinen Schraubendreher in die Nut ...

17.13b ... und trennen Sie das Gehäuse.

14 Befreien Sie vorsichtig die Batterie aus ihrem Sitz – beachten Sie die Einbaurichtung (siehe Abbildung).

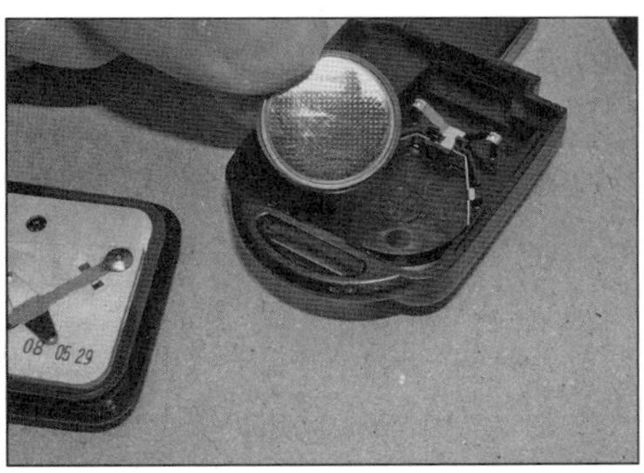

17.14 Lösen Sie die Batterie aus der Fernbedienung.

15 Installieren Sie die neue Batterie – beachten Sie die korrekte Polarität – und verschließen Sie das Gehäuse wieder, indem Sie es zusammendrücken.

18 Rückspiegel – Ausbau und Einbau

Außenspiegel-Baugruppe

Ausbau

1 Wenn an einem elektrisch verstellbaren Rückspiegel gearbeitet wird, muss zunächst das Massekabel (–) der Batterie getrennt werden (siehe Seite 532).
2 Entfernen Sie die Türverkleidung (siehe Sektion 12).
3 Hebeln Sie innen an der Tür vorsichtig die Außenspiegel-Verkleidung ab (siehe Abbildung).

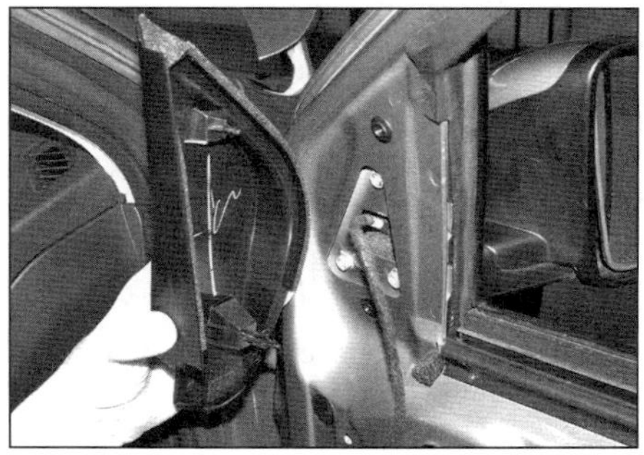

18.3 Hebeln Sie vorsichtig die Außenspiegel-Verkleidung ab.

4 Trennen Sie den Stecker des Rückspiegels, und befreien Sie ggf. seine Verkabelung aus allen Befestigungen in der Tür – merken Sie sich die Verlegung (siehe Abbildung).

18.4 Trennen Sie den Rückspiegel-Stecker.

5 Lösen Sie die drei Schrauben, und entnehmen Sie den Rückspiegel außen vom Türrahmen (siehe Abbildungen).

18.5a Lösen Sie die Befestigungsschrauben ...

18.5b ... und entnehmen Sie den Rückspiegel.

Einbau

6 Der Einbau entspricht der umgekehrten Ausbaureihenfolge – die Verkabelung muss korrekt verlegt und gesichert sein.

Außenspiegelglas

7 Drücken Sie das Spiegelglas vorsichtig oben ein, und hebeln Sie durch den unten entstehenden Spalt die Laschen ab, die das Glas am Gehäuse sichern (siehe Abbildung).

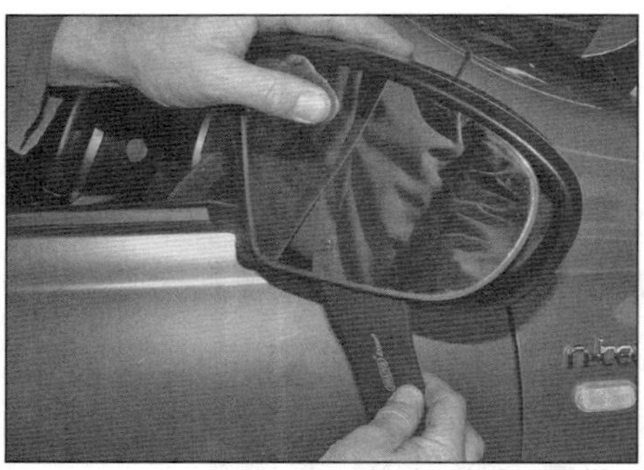

18.7 Hebeln Sie das Glas vorsichtig unten ab.

8 Ziehen Sie das Glas ab, und trennen Sie ggf. die Stecker des Heizelements (siehe Abbildungen).

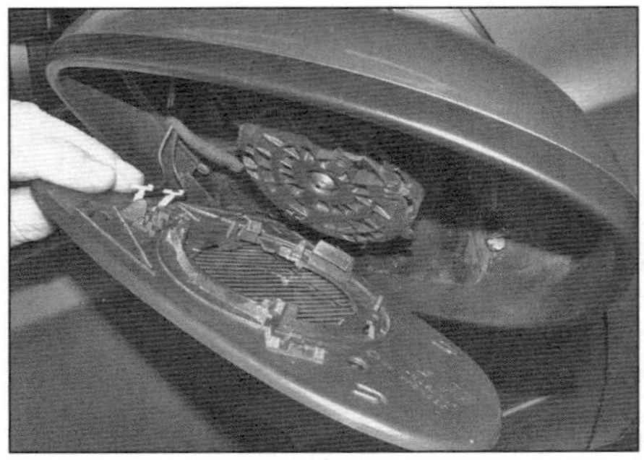

18.8a Befreien Sie das Glas von der Spiegelbasis ...

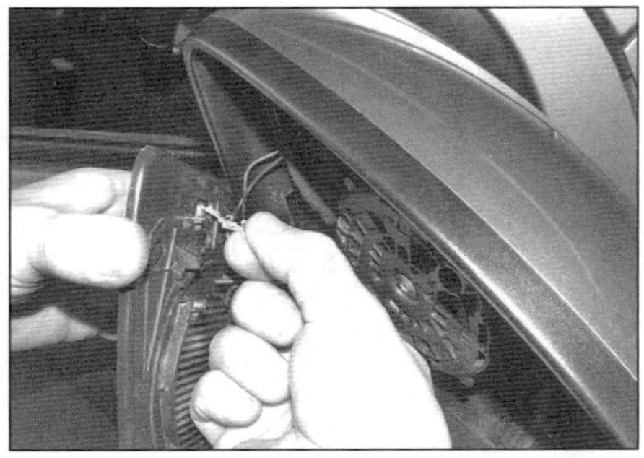

18.8b ... und trennen Sie die Heizelement-Stecker.

9 Drücken Sie das Glas zum Einbau vorsichtig und gleichmäßig an, bis alle Laschen an der Einstellbasis eingerastet sind (siehe Abbildung).

Warnung: Auch beim Austausch eines unbeschädigten Rückspiegelglases ist es aufgrund des Bruchrisikos ratsam, Handschuhe zu tragen!

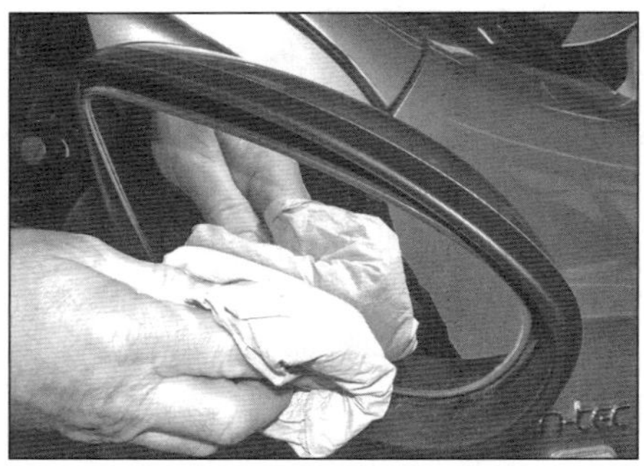

18.9 Drücken Sie das Spiegelglas gleichmäßig ein.

Außenspiegel-Schale

10 Entfernen Sie das Spiegelglas (siehe oben).

11 Lösen Sie innerhalb des Spiegelgehäuses die Laschen der Außenschale, um diese vom Gehäuse zu befreien (siehe Abbildungen).

18.11a Lösen Sie die Laschen ...

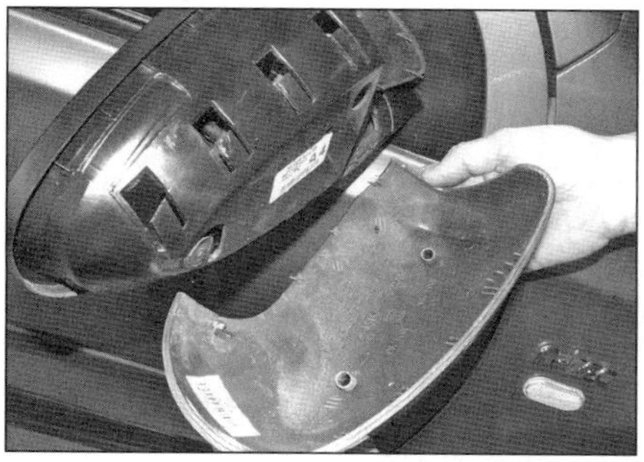

18.11b ... und entfernen Sie die Außenschale.

12 Drücken Sie die Außenschale zum Einbau vorsichtig ans Gehäuse, bis alle Laschen einrasten.
13 Installieren Sie das Spiegelglas (siehe oben).

Außenspiegel-Stellmotor

14 Entfernen Sie das Spiegelglas (siehe oben).
15 Lösen Sie innerhalb des Spiegelgehäuses die drei Schrauben des Motors, um diesen zu befreien (siehe Abbildung).

18.15 Lösen Sie die drei Schrauben ...

16 Trennen Sie den Kabelstecker vom Motor, sobald er zugänglich wird (siehe Abbildung).

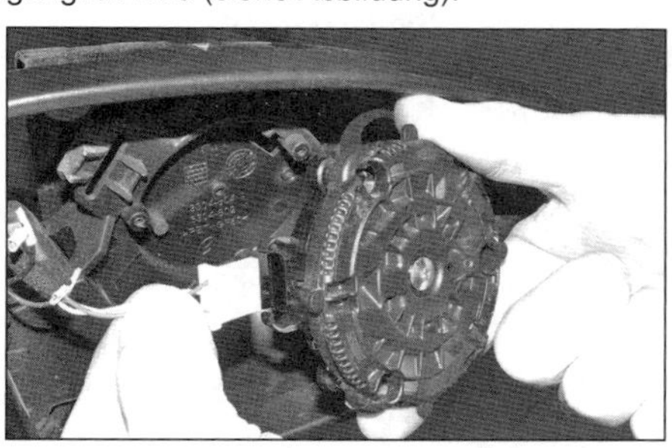

18.16 ... und trennen Sie den Stecker vom Rückspiegel-Stellmotor.

17 Der Einbau entspricht der umgekehrten Ausbaureihenfolge – das Spiegelglas muss korrekt eingerastet sein.

Innenspiegel

18 Hebeln Sie mit einem kleinen Schraubendreher vorsichtig die zwei Abdeckungen von der Innenspiegel-Halterung (siehe Abbildungen).

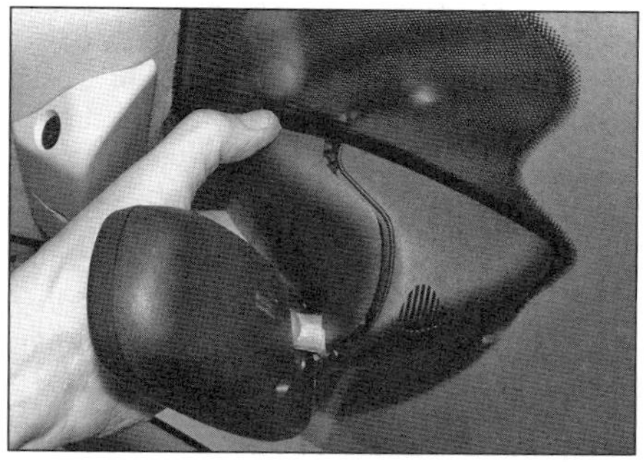

18.18a Befreien Sie die obere ...

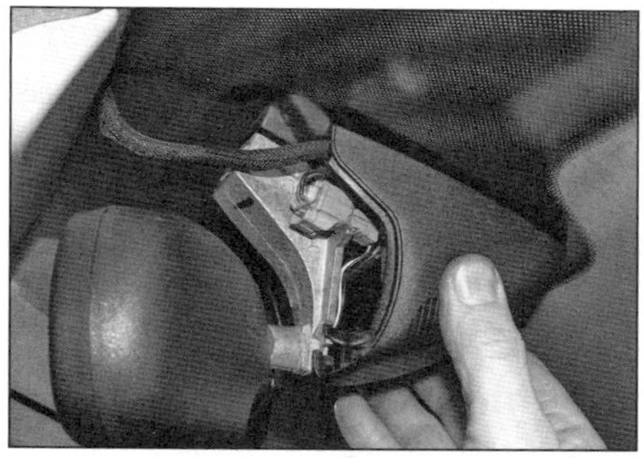

18.18b ... und die untere Abdeckung der Innenspiegel-Halterung.

19 Trennen Sie hinten am Spiegelhalter den Stecker des Sonnenschein-Sensors (siehe Abbildung).

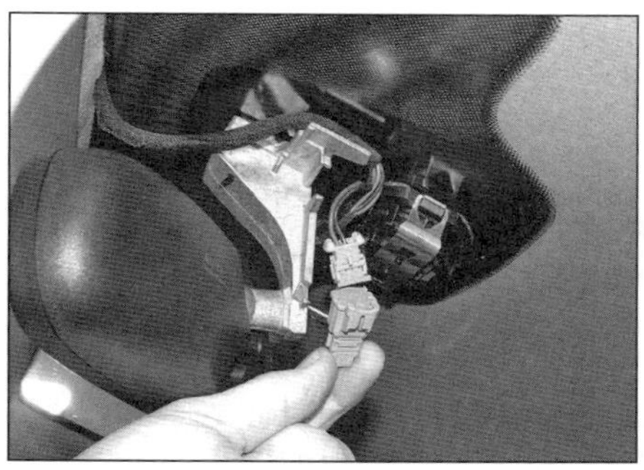

18.19 Trennen Sie den Stecker des Sonnenschein-Sensors.

20 Der Innenspiegel kann jetzt hochgedrückt werden, um aus der Halterung befreit zu werden – er kann sehr fest sitzen, sodass aufgepasst werden muss, dabei nicht die Windschutzscheibe zu beschädigen.
21 Setzen Sie den Innenspiegel zum Einbau oben am Halter an, und ziehen Sie ihn herunter, bis er einrastet. Verbinden Sie den Stecker des Sonnenschein-Sensors, und montieren Sie die Abdeckungen.

19 Windschutzscheibe und andere fest montierte Fenster – Allgemeine Informationen

Diese Glasflächen sind mit Spezialklebstoff gesichert und abgedichtet. Der Austausch solcher Fenster ist eine schwierige, schmutzige und zeitaufwendige Aufgabe, die die Fähigkeiten der meisten Hobbyschrauber übersteigt. Beim Einkleben eine perfekte Abdichtung zu erreichen, ist nur mit reichlich Praxis möglich. Zudem besteht besonders bei der Verbundglas-Windschutzscheibe eine große Bruchgefahr. Aus all diesen Gründen wird sehr empfohlen, Arbeiten an allen fest montierten Fenstern einem Autoglaser zu überlassen.
Wer die nötigen Erfahrungen und die geeignete Ausrüstung hat, kann die folgenden Vorarbeiten erledigen – beachten Sie dazu die entsprechenden Kapitel und Sektionen:

Windschutzscheibe

1 Entfernen Sie beide Scheibenwischerarme (siehe Kapitel 12, Sektion 11).
2 Entfernen Sie den Belüftungsgrill (siehe Sektion 21 dieses Kapitels).
3 Entfernen Sie an beiden Seiten die A-Säulen-Verkleidungen (siehe Sektion 24 dieses Kapitels).
4 Entfernen Sie die Sonnenblenden. (siehe Sektion 24 dieses Kapitels).

Seitenfenster hinten

5 Entfernen Sie die entsprechende Kofferraum-Verkleidung (siehe Sektion 24 dieses Kapitels).

Heckscheibe

6 Entfernen Sie die Heckklappen-Innenverkleidung (siehe Sektion 24 dieses Kapitels).

20 Schiebedach – Allgemeine Informationen

Je nach Modell und Ausstattung kann ein elektrisch betriebenes Schiebedach optional installiert sein.
Das Schiebedach ist im Prinzip wartungsfrei, und alle Einstellungsarbeiten oder der Austausch sollten von einer Fachwerkstatt erledigt werden, da die Baugruppe sehr komplex ist und für den Zugang viele Teile der Innenausstattung und des Dachhimmels demontiert werden müssen. Gerade Arbeiten am Dachhimmel erfordern großes Fachwissen und Sorgfalt, um keine Schäden anzurichten.

21 Karosserie-Außenteile – Ausbau und Einbau

Belüftungsgrill

1 Öffnen Sie die Motorhaube, und stützen Sie sie ab.
2 Entfernen Sie beide Scheibenwischerarme (siehe Kapitel 12, Sektion 11).
3 Ziehen Sie rechts am Belüftungsgrill den Wischwasserschlauch ab (siehe Abbildung).

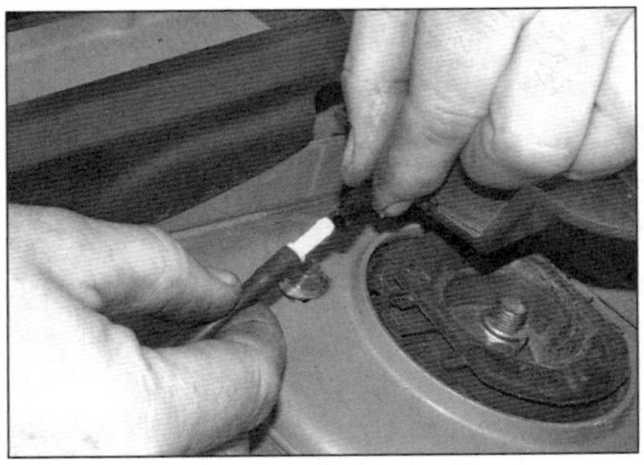

21.3 Ziehen Sie den Wischwasserschlauch ab.

4 Ziehen Sie vorn am Belüftungsgrill den mittigen Stift heraus, und befreien Sie die Befestigungs-Clips (siehe Abbildung).

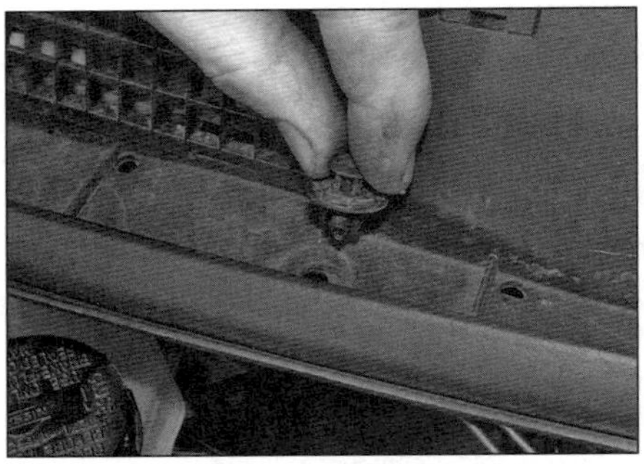

21.4 Befreien Sie die Clips.

5 Heben Sie den Belüftungsgrill von den Scheibenwischer-Wellen ab, und befreien Sie ihn von den Motorhauben-Scharnieren (siehe Abbildungen).

21.5a Lösen Sie die äußeren Ränder ...

21.5b ... und entfernen Sie den Belüftungsgrill.

6 Der Einbau entspricht der umgekehrten Ausbaureihenfolge.

Radhausschalen

7 Die Radhausschalen sind mit Einpress-Stiften, unterschiedlichen Schrauben oder Muttern gesichert.
8 Ziehen Sie die Handbremse an, heben Sie das Fahrzeug vorn an, und stützen Sie es sicher ab (siehe Seite 535). Demontieren Sie das entsprechende Vorderrad, um den Zugang zu den Befestigungen zu erleichtern.
9 Für den Ausbau der Schale müssen die mittleren Stifte der Kunststoff-Niete gelöst und diese dann herausgehebelt werden. Lösen Sie die Schrauben an der Unterseite und die Verbindungsschrauben zum Unterfahrschutz. Sobald alle Befestigungen entfernt sind, kann die Radhausschale aus dem Radlauf befreit werden (siehe Abbildungen).

21.9a Lösen Sie die Plastik-Stifte, ...

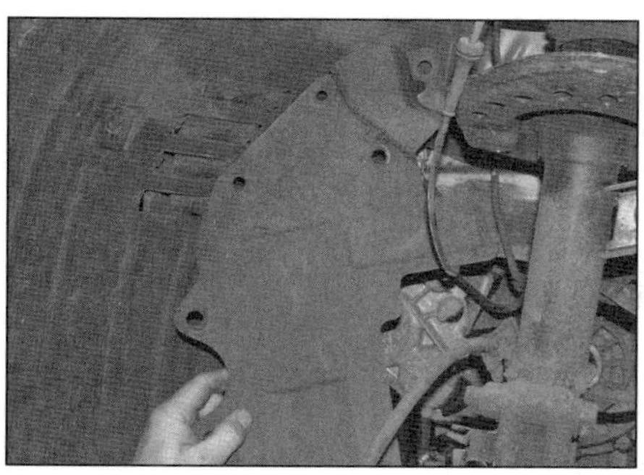

21.9b ... um die Radhaus-Abdeckung zu befreien ...

21.9c ... und entfernen Sie dann die Radhausschale.

Schutzleisten und Plaketten

10 Die verschiedenen Leisten und Plaketten sind mit Spezialkleber befestigt, der für den Ausbau erwärmt werden muss, um weich zu werden und abgeschnitten werden zu können. Aufgrund des hohen Risikos, den Lack der Karosserie zu beschädigen, sollte diese Arbeit einer Nissan-Werkstatt überlassen werden.

22 Sitze – Ausbau und Einbau

Vordersitze

Warnung: Bei späteren Modellen können die Vordersitze mit Seiten-Airbags ausgerüstet sein – beachten Sie hierzu die Warnhinweise in Kapitel 12, Sektion 20. Gurtstraffer bergen große Gefahren, weswegen nicht daran manipuliert oder das System getestet werden darf. Ein Airbag wird mit elektrischem Strom ausgelöst, der auch von einem Ohmmeter stammen kann; oder durch Temperaturen über 100 °C.

1 Deaktivieren Sie ggf. das Airbag-System (siehe Kapitel 12, Sektion 20), bevor Sie mit dem Ausbau beginnen.
2 Lösen Sie die Clips der Kopfstütze, und ziehen Sie diese aus der Rückenlehne – so besteht beim Befreien des Sitzes durch die Türöffnung mehr Platz.
3 Schieben Sie den Sitz bis zum Anschlag nach vorn, und lösen Sie an beiden Seiten die hinteren Sitzschienen-Schrauben aus dem Fahrzeugboden (siehe Abbildung).

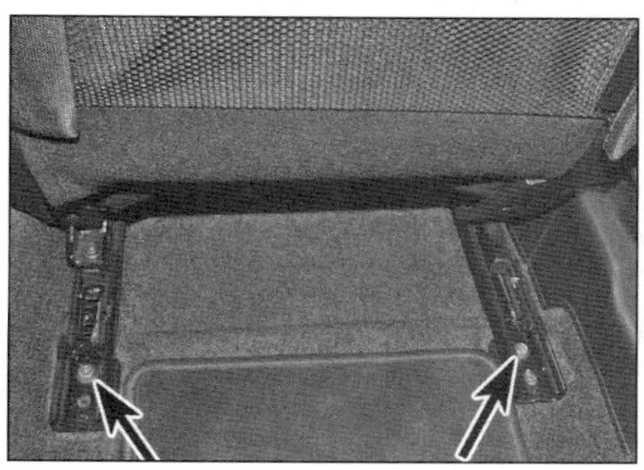

22.3 Lösen Sie die zwei hinteren Sitzschienen-Schrauben.

4 Schieben Sie den Sitz bis zum Anschlag nach hinten, und lösen Sie an beiden Seiten die vorderen Sitzschienen-Schrauben aus dem Fahrzeugboden (siehe Abbildung).

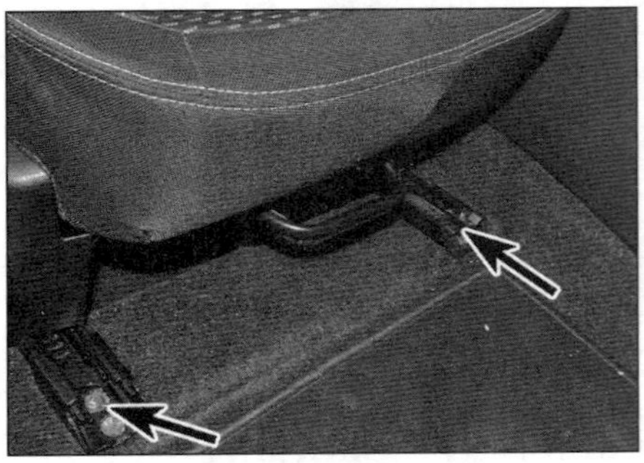

22.4 Lösen Sie die zwei vorderen Sitzschienen-Schrauben.

5 Kippen Sie den Sitz nach hinten, und trennen Sie die Stecker aller Sitz-Kabel. Befreien Sie den Kabelbaum aus allen Clips unten am Sitz (siehe Abbildung). Heben Sie den Sitz samt Schienen aus dem Fahrzeug – zerkratzen Sie mit den Schienen keine Lackteile.

22.5 Trennen Sie alle Kabelstecker vom Sitz.

6 Der Einbau entspricht der umgekehrten Ausbaureihenfolge. Ziehen Sie die Sitzschienen-Schrauben mit 40 Nm an.

Rücksitz-Polster (Standard-Modelle)

7 Heben Sie das Sitzpolster vorn an, und klopfen Sie es kräftig hoch, um den Bügel aus dem Fahrzeugboden zu befreien (siehe Abbildung).

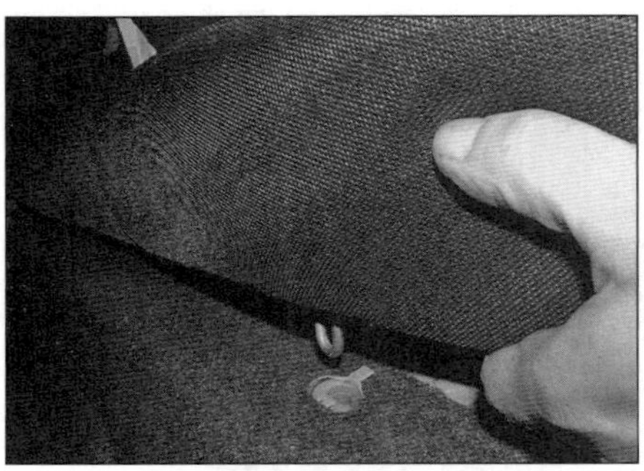

22.7 Befreien Sie den vorderen Rücksitz-Bügel.

8 Ziehen Sie das Sitzpolster nach vorn, um die hinteren Bügel zu befreien (siehe Abbildung).

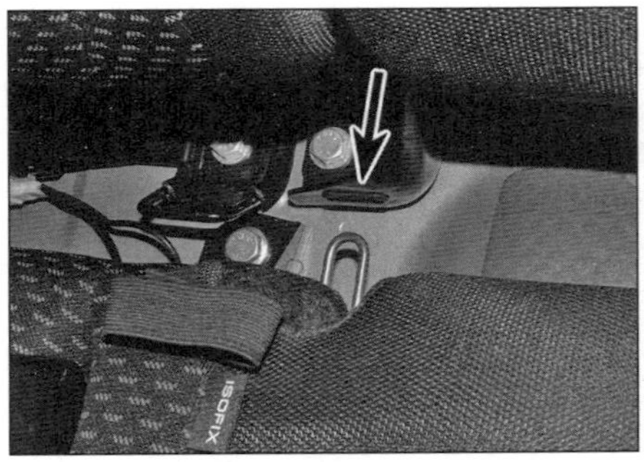

22.8 Ziehen Sie das Sitzpolster nach vorn aus den hinteren Halterungen.

9 Heben Sie das Sitzpolster an, um die Gurtschlösser hindurchzuziehen (siehe Abbildung).

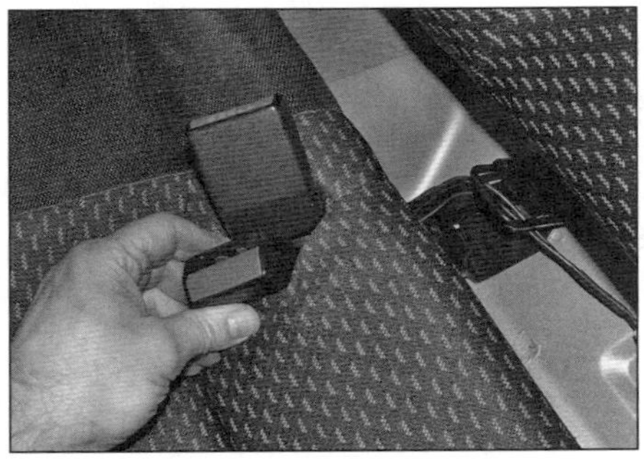

22.9 Befreien Sie die Gurtschlösser aus dem Sitzpolster.

10 Der Einbau entspricht der umgekehrten Ausbaureihenfolge.

Rücksitzlehnen (Modelle mit 2 Sitzreihen)

11 Entfernen Sie das Rücksitzpolster (Schritte 7 bis 9).
12 Lösen Sie die Laschen an den Rückseiten der Sitze, und klappen Sie sie nach vorn.
13 Lösen Sie im Kofferraum die Kotflügel-Verkleidungen (siehe Sektion 24, Schritt 20).
14 Während beide Lehnen nach vorn geklappt sind, werden rechts die zwei Muttern gelöst, mit denen der Scharnierhalter am Innenkotflügel gesichert ist (siehe Abbildung).

22.14 Lösen Sie die Muttern ...

15 Heben Sie die rechte Lehne an, und ziehen Sie sie von der linken Lehne ab, um den inneren Scharnierstift zu befreien (siehe Abbildung). Befreien Sie die rechte Rücksitzlehne aus dem Fahrzeug.

22.15 ... und entfernen Sie die rechte Rücksitzlehne.

16 Jetzt kann die linke Rücksitzlehne entfernt werden, nachdem die zwei Muttern der linken Scharnierhalterung gelöst sind und diese von den Stehbolzen am Innenkotflügel befreit wurde (siehe Abbildung).

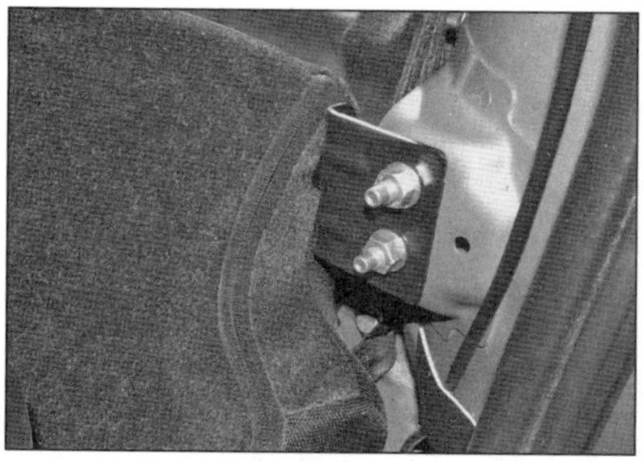

22.16 Lösen Sie die Muttern der linken Scharnierhalterung ...

17 Lösen Sie an der Verbindung der beiden Rücksitzlehnen die Schraube und Mutter der mittleren Scharnierhalterung, und entfernen Sie dann die linke Lehne aus dem Fahrzeug (siehe Abbildung).

22.17 ... und die Mutter und Schraube der mittleren Halterung.

18 Der Einbau entspricht der umgekehrten Ausbaureihenfolge. Ziehen Sie die Scharnierhalterungs-Schrauben mit 25 Nm an.

Schiebesitze der 2. Sitzreihe (Qashqai +2)

19 Befreien Sie an beiden Seiten die hinteren inneren Schweller-Blenden (siehe Abbildung).

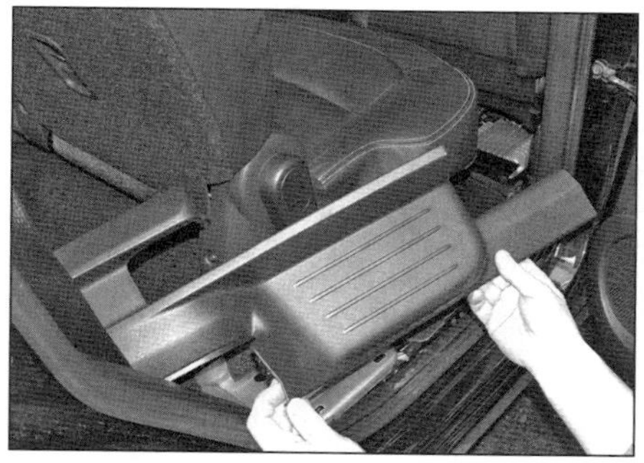

22.19 Lösen und entfernen Sie die Kuststoff-Abdeckungen innen an den hinteren Schwellern.

20 Ziehen Sie vorn an den Sitzschienen-Halterungen die Abdeckungen ab (siehe Abbildung).

22.20 Befreien Sie die Abdeckungen von den Sitzschienen ...

21 Schieben Sie den Sitz vollständig nach hinten, und lösen Sie die vorderen Schrauben der Sitzschienen (siehe Abbildung).

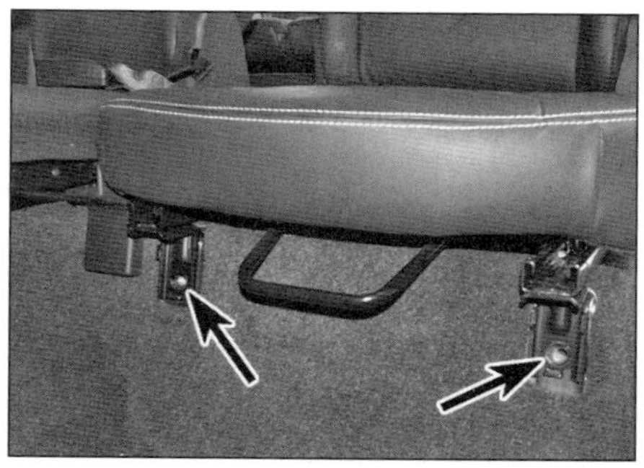

22.21 ... und lösen Sie die vorderen Schrauben.

22 Schieben Sie den Sitz bis zum Anschlag nach vorn, und lösen Sie die hinteren Schrauben der Sitzschienen (siehe Abbildung).

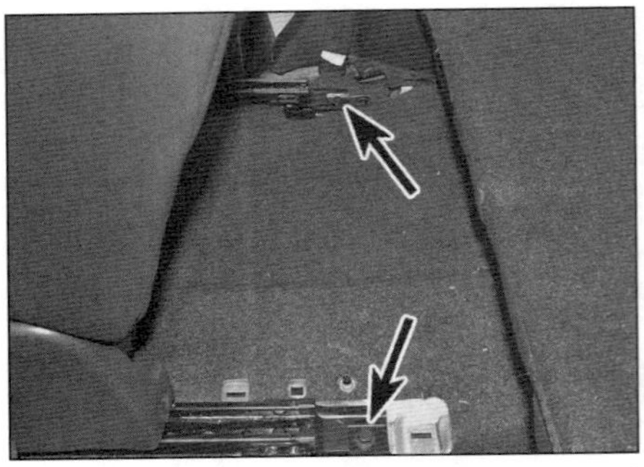

22.22 Lösen Sie die Schrauben hinten an den Sitzschienen.

23 Schwenken Sie den Sitz nach hinten, befreien Sie den Kabelbaum aus allen Befestigungen unter dem Sitz, und trennen Sie die Stecker (siehe Abbildung). Heben Sie den Sitz samt Schienen aus dem Fahrzeug – zerkratzen Sie mit den Schienen keine Lackteile.

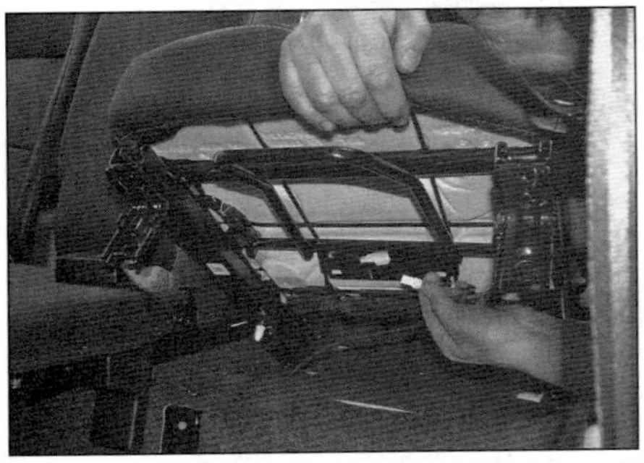

22.23 Trennen Sie alle Kabelstecker vom Sitz.

24 Der hintere Schiebesitz der anderen Seite kann auf die gleiche Weise ausgebaut werden.
25 Der Einbau entspricht der umgekehrten Ausbaureihenfolge.

Sitze der 3. Sitzreihe (Qashqai +2)

26 Öffnen Sie die Heckklappe, lösen Sie die Laschen, und klappen Sie den Sitz nach vorn.
27 Befreien Sie an beiden Seiten des Rücksitzes die Sicherungs-Clips, und entfernen Sie die Haltestreben (siehe Abbildung). Schwenken Sie den Sitz dann wieder nach hinten, aber lassen Sie ihn hinten nicht einrasten.

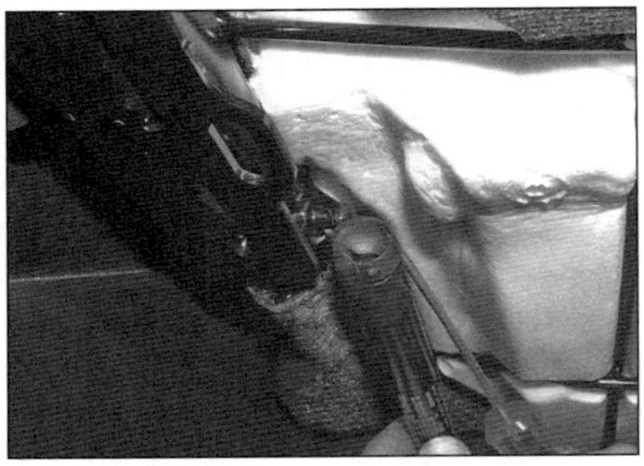

22.27 Hebeln Sie den Clip ab, und ziehen Sie die Strebe vom Kugelgelenk.

28 Ziehen Sie vorn am Sitz die Abdeckungen von den Sitz-Scharnieren (siehe Abbildung).

22.28 Ziehen Sie die Blenden ab ...

29 Lösen Sie die Schrauben der Scharniere, und befreien Sie die gesamte Rücksitzbank nach hinten aus dem Kofferraum (siehe Abbildung).

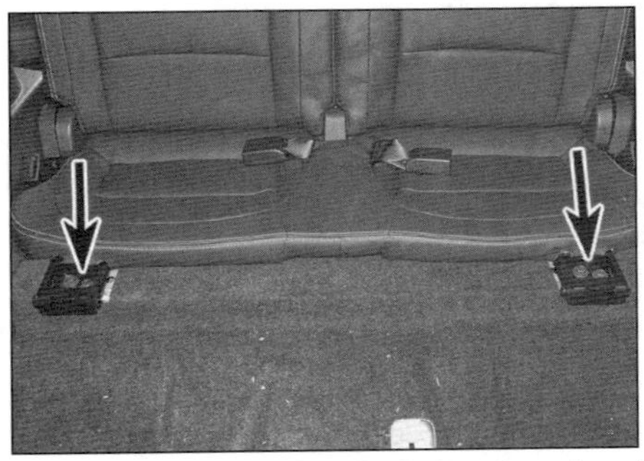

22.29 ... und lösen Sie die Scharnierschrauben.

30 Der Einbau entspricht der umgekehrten Ausbaureihenfolge.

23 Sicherheitsgurt-Komponenten – Ausbau und Einbau

Anmerkung: *Notieren Sie die Positionen der Scheiben und Hülsen an den Gurtverankerungen, damit sie wieder an ihre ursprünglichen Positionen gelangen.*

Vordersitz-Gurt

Warnung: Bei manchen Modellen sind die Vordersitze mit Gurtstraffern und Seiten-Airbags ausgerüstet. Beachten Sie bei den Airbags die Warnhinweise in Kapitel 12, Sektion 20. Gurtstraffer bergen große Gefahren, weswegen nicht daran manipuliert oder das System getestet werden darf. Ein Gurtstraffer wird mit elektrischem Strom ausgelöst, der auch von einem Ohmmeter stammen kann.

1 Deaktivieren Sie zunächst das ABS (hierdurch wird auch die ggf. vorhandene Gurtstraffer-Pyrotechnik abgeschaltet) (siehe Kapitel 12, Sektion 20).

2 Zur Verbesserung des Zugangs kann der entsprechende Sitz ausgebaut werden (siehe Sektion 22).
3 Entfernen Sie die B-Säulen-Verkleidung (siehe Sektion 24).
4 Trennen Sie beim Modell mit Gurtstraffer mithilfe eines kleinen Schraubendrehers das untere Ende des Gurts aus dem Straffer (siehe Abbildungen).

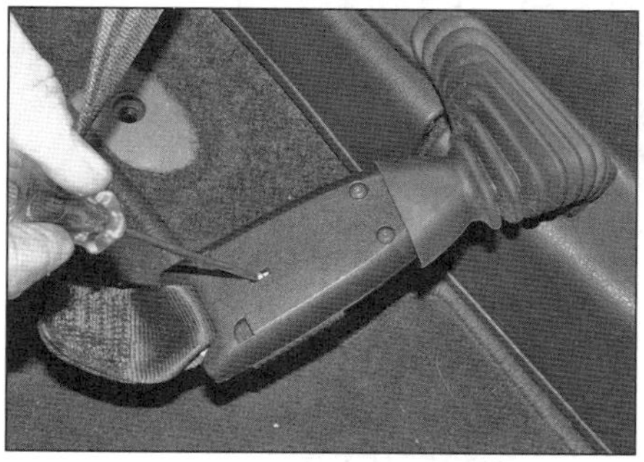

23.4a Stecken Sie einen kleinen Schraubendreher ein ...

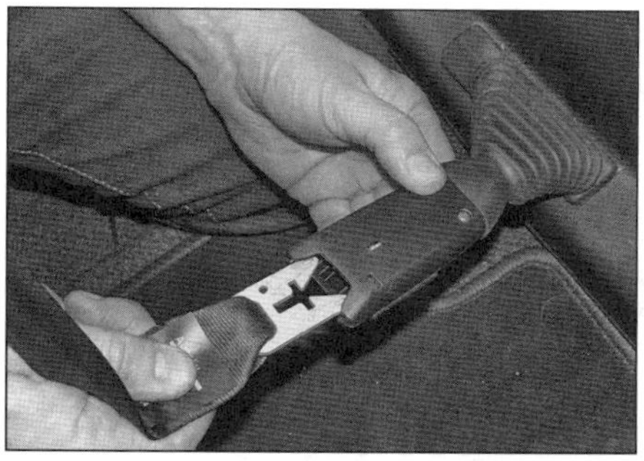

23.4b ... und befreien Sie den Gurt aus dem Straffer.

5 Lösen Sie bei Modellen ohne Gurtstraffer die untere Gurtverankerung (siehe Abbildung) – beachten Sie, wie der Zapfen in die Nut der Karosserie greift.

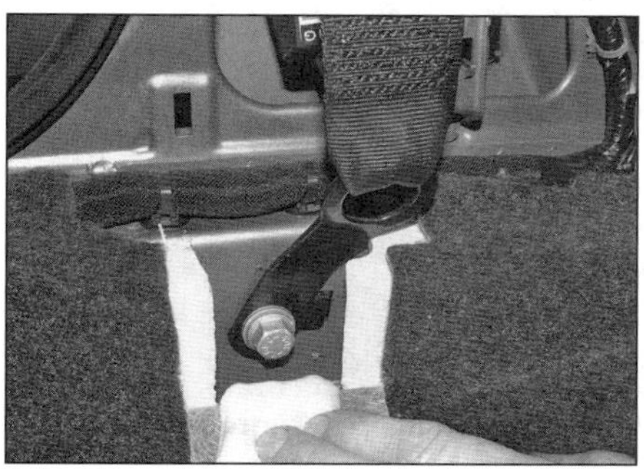

23.5 Lösen Sie die Schraube der unteren Gurtverankerung.

6 Lösen Sie den Clip des an den Gurtrollmechanismus angeschlossenen Steckers, und trennen Sie diesen (siehe Abbildung).

23.6 Trennen Sie den Stecker der Gurtrolle.

7 Lösen Sie die Gurtrollen-Befestigungsschraube (siehe Abbildung) – beachten Sie die Position der Rolle im Halter.

23.7 Gurtrollen-Befestigungsschraube

8 Lösen Sie die Schraube der oberen Gurtverankerung. Jetzt kann die gesamte Gurt-Baugruppe aus dem Fahrzeug entnommen werden (siehe Abbildung).

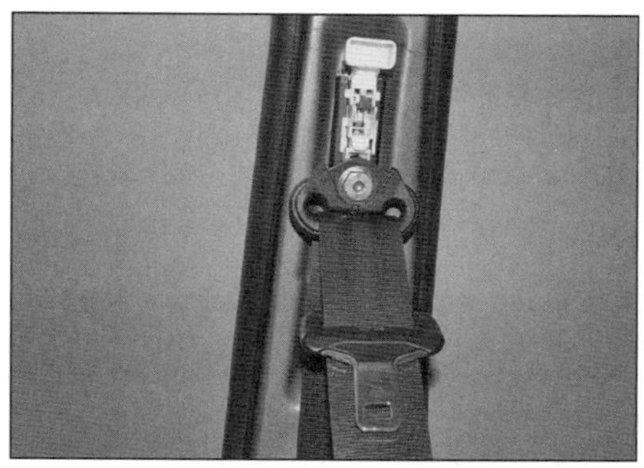

23.8 Schraube der oberen Gurtverankerung

9 Der Einbau entspricht der umgekehrten Ausbaureihenfolge. Ziehen Sie alle Schrauben mit den in den technischen Daten angegebenen Drehmomenten an.

Vordersitz-Gurtpeitsche

10 Bauen Sie den entsprechenden Vordersitz aus (siehe Sektion 22).
11 Verfolgen Sie das Kabel aus der Gurtpeitsche, und trennen Sie es unter dem Sitzpolster (siehe Abbildung).

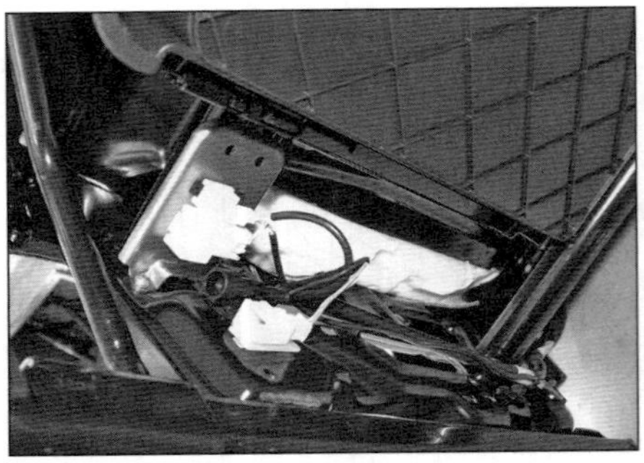

23.11 Trennen Sie am Sitz-Rahmen den Stecker des Anschnall-Warnschalter-Kabels.

12 Lösen Sie seitlich am Sitz die Schraube der Gurtpeitsche, und entnehmen Sie diese (siehe Abbildung).

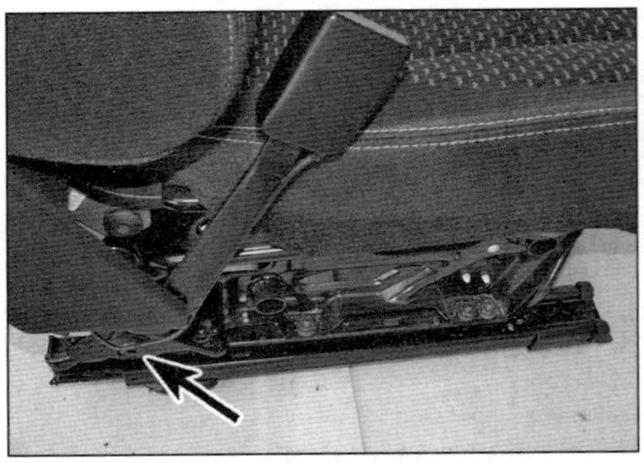

23.12 Gurtpeitschen-Befestigungsschraube

13 Der Einbau entspricht der umgekehrten Ausbaureihenfolge. Ziehen Sie die Gurtpeitschen-Schraube sorgfältig an.

Seitliche Rücksitz-Gurte (Modelle mit 2 Sitzreihen)

14 Bauen Sie den entsprechenden Rücksitz aus (siehe Sektion 22).
15 Demontieren Sie die entsprechende C-Säulen-Verkleidung (siehe Sektion 24).
16 Lösen Sie die Schraube der unteren Gurtverankerung aus dem Bodenblech (siehe Abbildung).

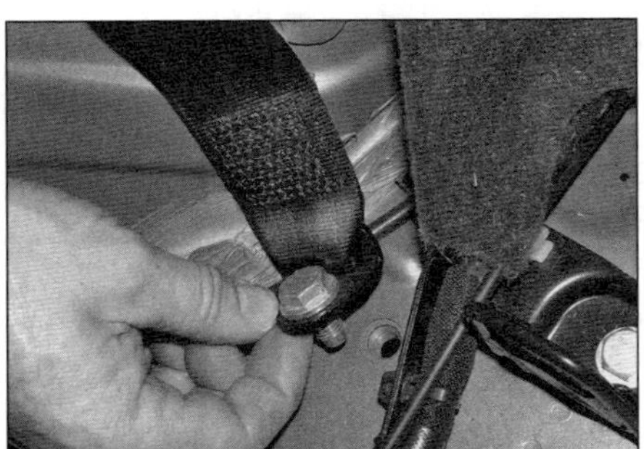

23.16 Lösen Sie die die Schraube der unteren Gurtverankerung.

17 Lösen Sie die Gurtrollen-Befestigungsschraube (siehe Abbildung) – beachten Sie die Position der Rolle im Halter.

23.17 Gurtrollen-Befestigungsschraube

18 Der Einbau entspricht der umgekehrten Ausbaureihenfolge. Ziehen Sie die Gurtrollen-Schraube mit 49 Nm an.

Mittlerer Rücksitz-Gurt (Modelle mit 2 Sitzreihen)

19 Lösen Sie mit einem kleinen Schraubendreher die Laschen der im Dachhimmel sitzenden Gurtrollen-Verkleidung, und befreien Sie sie. Führen Sie den Gurt durch die Öffnung (siehe Abbildungen).

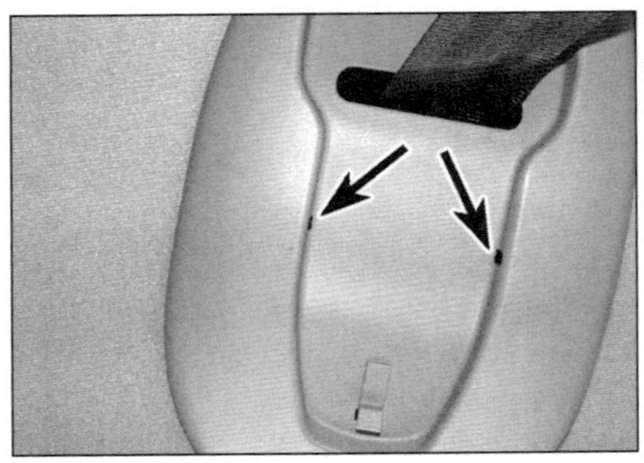

23.19a Drücken Sie durch die zwei Löcher ...

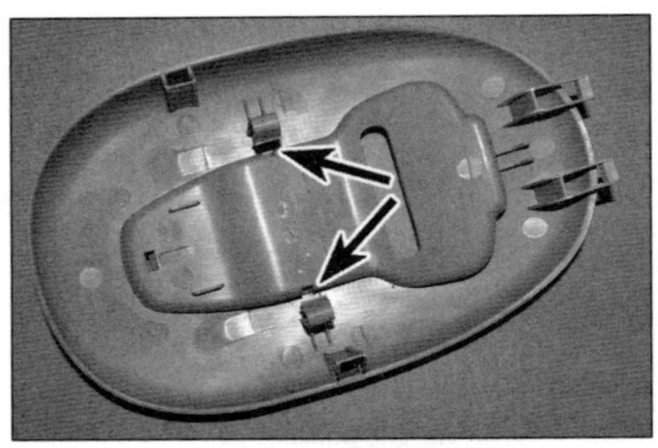

23.19b ... die Laschen der mittleren Gurtrollen-Verkleidung ein ...

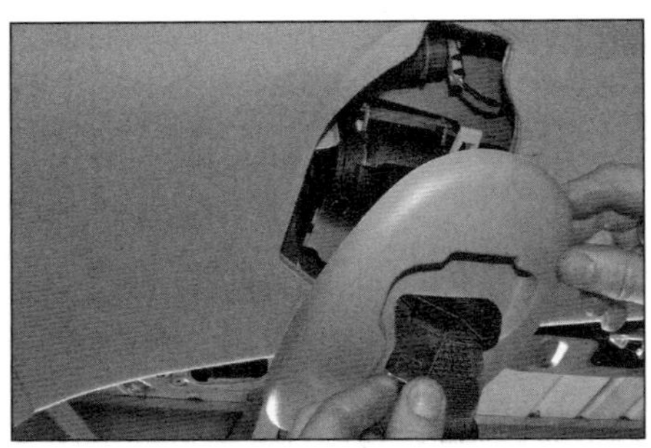

23.19c ... und führen Sie den Gurt hindurch.

20 Lösen Sie die Schrauben und die Mutter der Gurtrolle, und ziehen Sie diese vorsichtig durch den Dachhimmel heraus (siehe Abbildung).

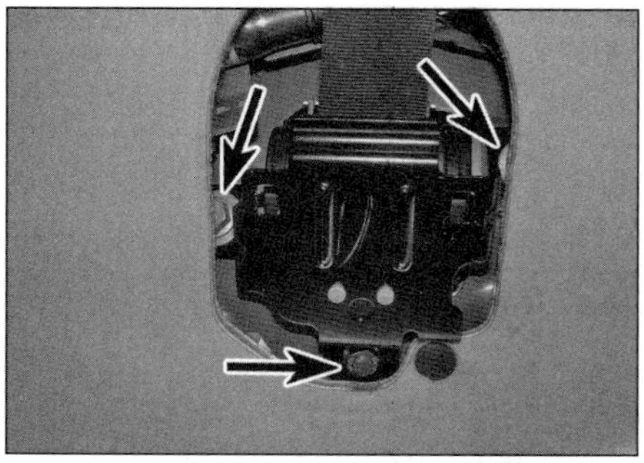

23.20 Lösen Sie die Schrauben und die Mutter der mittleren Gurtrolle.

21 Der Einbau entspricht der umgekehrten Ausbaureihenfolge. Ziehen Sie die Gurtrollen-Schraube mit 49 Nm an.

Rücksitz-Gurtpeitsche (Modelle mit 2 Sitzreihen)

22 Entfernen Sie das Rücksitzpolster (siehe Sektion 22).
23 Verfolgen Sie das Kabel aus der Gurtpeitsche, und trennen Sie seinen Stecker.
24 Lösen Sie die Schraube, mit der die Gurtpeitsche am Karosserieboden gesichert ist, und entfernen Sie sie (siehe Abbildung).

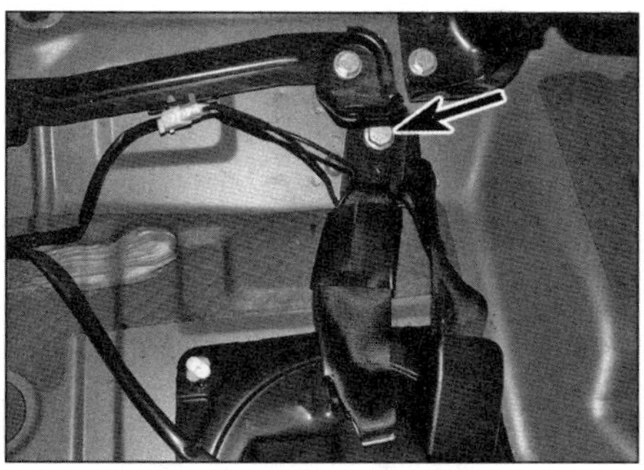

23.24 Gurtpeitschen-Schraube

25 Der Einbau entspricht der umgekehrten Ausbaureihenfolge. Ziehen Sie die Gurtpeitschen-Schraube mit 49 Nm an.

Rücksitz-Gurtpeitsche (Modelle mit 3 Sitzreihen)

26 Bauen Sie den entsprechenden Rücksitz aus (siehe Sektion 22).
27 Demontieren Sie den entsprechenden Hutablagen-Träger und die Verkleidung der hinteren Dachsäule (siehe Sektion 24).
28 Lösen Sie die Schraube, mit der die Gurtpeitsche am Karosserieboden gesichert ist.
29 Lösen Sie die Gurtrollen-Schraube, merken Sie sich die Einbauposition der Gurtrolle am Halter, und befreien Sie die Gurt-Baugruppe aus dem Fahrzeug (siehe Abbildung).

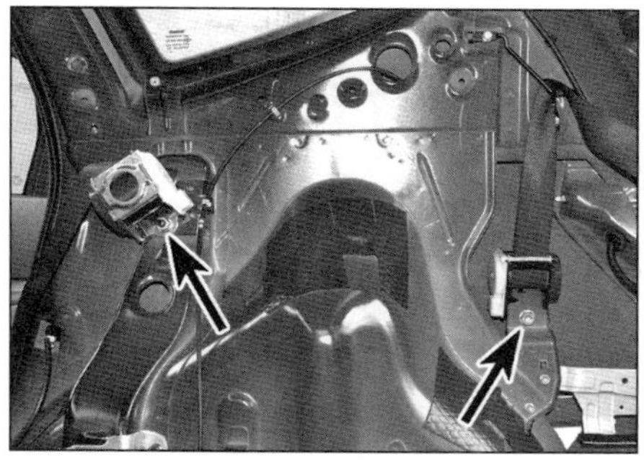

23.29 Gurtrollen-Befestigungsschrauben

30 Der Einbau entspricht der umgekehrten Ausbaureihenfolge. Ziehen Sie die Gurtrollen-Schraube mit 49 Nm an, und stecken Sie die Kappen auf (siehe Abbildung). Installieren Sie die Verkleidungen entsprechend der Hinweise in Sektion 24.

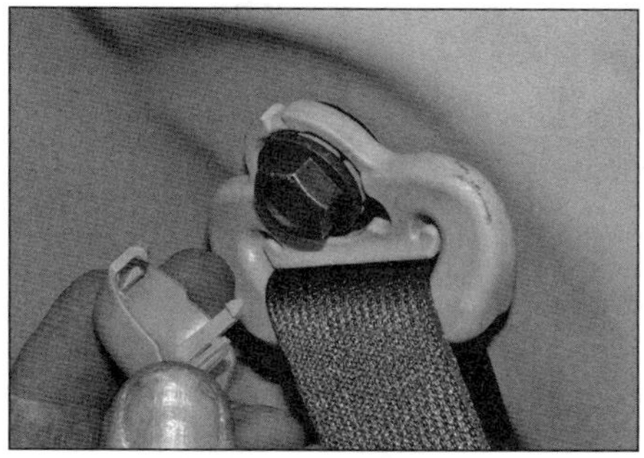

23.30 Stecken Sie die Kappe auf die obere Gurtverankerungs-Schraube.

24 Innenverkleidung – Ausbau und Einbau

Allgemeines

1 Die Innenverkleidungen können mit Clips aus Metall oder Kunststoff oder Schrauben befestigt sein. Für einige Stifte wird ein gegabeltes Werkzeug benötigt, damit die Verkleidung und der Clip nicht beschädigt werden. Manchmal muss zum Abziehen von Verkleidungszapfen etwas Kraft eingesetzt werden. Dass dabei manchmal Befestigungen abbrechen, lässt sich oft nicht vermeiden.

Türverkleidungen

2 Beachten Sie hierzu die Hinweise in Sektion 12.

Fußraumverkleidungen

3 Befreien Sie den seitlichen Trittschutz zuerst aus der B-Säulen-Verkleidung und dann aus dem vorderen Trittschutz (siehe Abbildungen)

24.3a Lösen Sie den seitlichen Trittschutz erst hinten ...

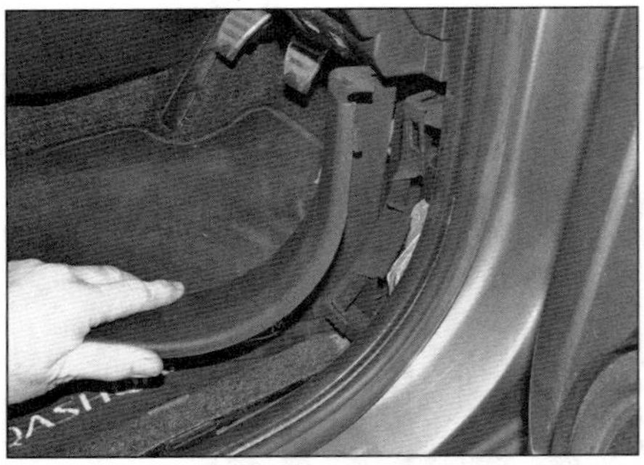

24.3b ... und dann vorn aus dem Trittschutz.

4 Lösen Sie unten an der A-Säule die Kunststoffmutter des vorderen Trittschutzes, und entfernen Sie diesen (siehe Abbildungen).

24.4a Lösen Sie die Mutter ...

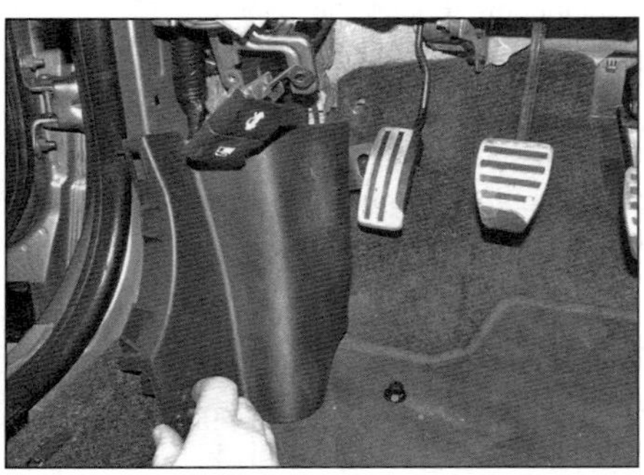

24.4b ... und befreien Sie den vorderen Trittschutz.

5 Lösen Sie unten an der B-Säulen-Verkleidung und an der inneren Radkastenblende den hinteren Trittschutz (siehe Abbildung).

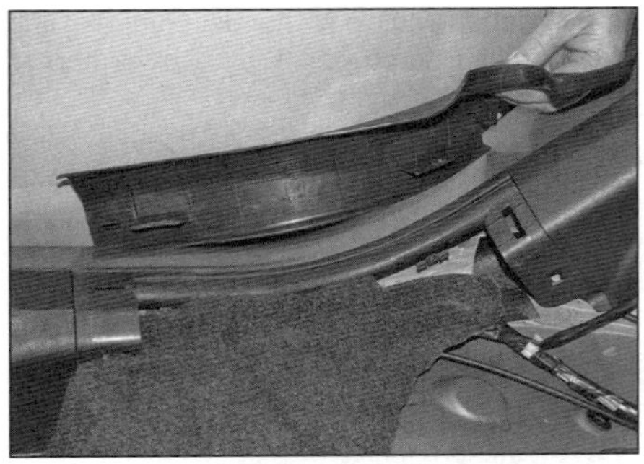

24.5 Befreien Sie den hinteren Trittschutz.

A-Säulen-Verkleidung

7 Hebeln Sie das Tür-Dichtgummi im Bereich der A-Säule ab (siehe Abbildung).

24.7 Ziehen Sie das Dichtgummi ab.

8 Beginnen Sie oben und ziehen Sie die Verkleidung vorsichtig von der A-Säule ab. Heben Sie die Verkleidung an, um sie vom Armaturenbrett zu befreien und aus dem Fahrzeug zu entnehmen (siehe Abbildung).

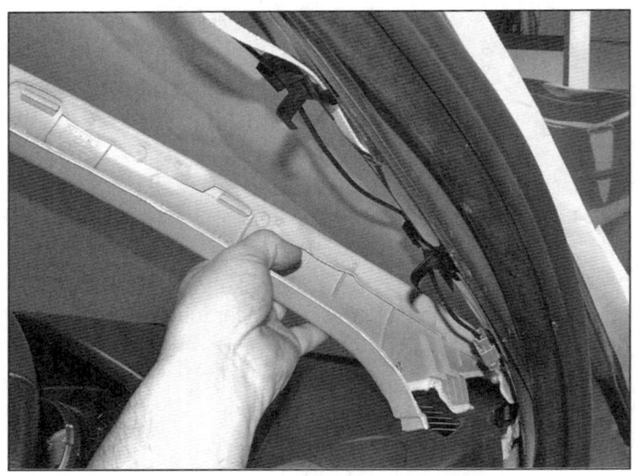

24.8 Befreien Sie die A-Säulen-Verkleidung

9 Der Einbau entspricht der umgekehrten Ausbaureihenfolge. Alle Befestigungen und das Dichtgummi müssen korrekt sitzen.

B-Säulen-Verkleidung

10 Schieben Sie den entsprechenden Sitz ganz nach vorn, um den Zugang zu verbessern.

11 Trennen Sie beim Modell mit Gurtstraffer mithilfe eines kleinen Schraubendrehers das untere Ende des Gurts aus dem Straffer (Abb. 23.4a und b).
12 Befreien Sie bei Modellen ohne Gurtstraffer die kleine Abdeckung aus dem Gurt-Schacht (siehe Abbildung).

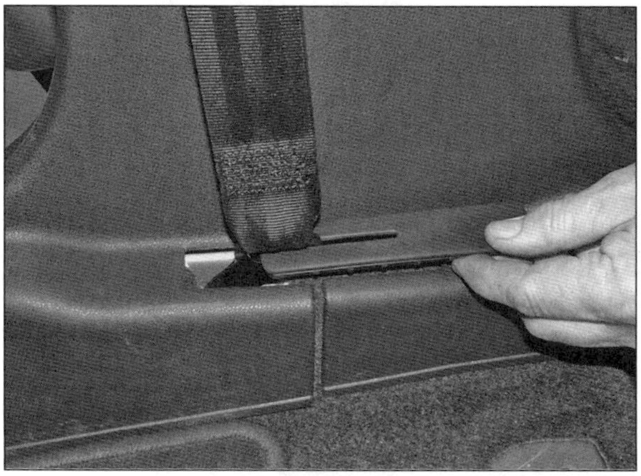

24.12 Entfernen Sie die Abdeckung über der unteren Gurt-Verankerung.

13 Entfernen Sie die seitlichen Trittschutze der vorderen und hinteren Tür (Schritte 3 bis 5).
14 Hebeln Sie vorsichtig die Dichtgummis der vorderen und hinteren Tür von den B-Säulen-Verkleidungen.
15 Befreien Sie das untere Verkleidungsteil von der B-Säule, und führen Sie den Gurt bzw. die Gummimanschette durch dessen Nut (siehe Abbildungen), um es zu entfernen.

24.15a Befreien Sie das untere Verkleidungsteil ...

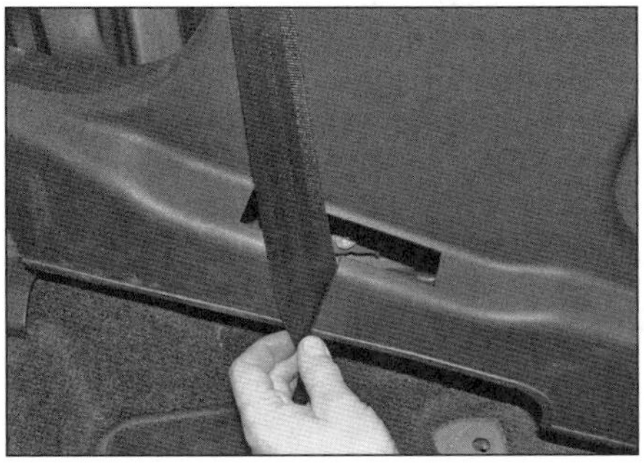

24.15b ... und führen Sie den Gurt ...

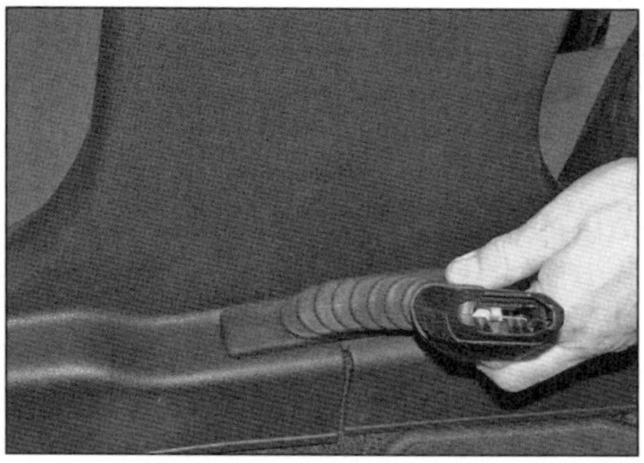

24.15c ... oder die Manschette des Gurtstraffers durch die Nut.

16 Befreien Sie das obere Verkleidungsteil von der B-Säule, und ziehen Sie es herunter, um es oben aus dem Dachhimmel zu befreien (siehe Abbildungen).

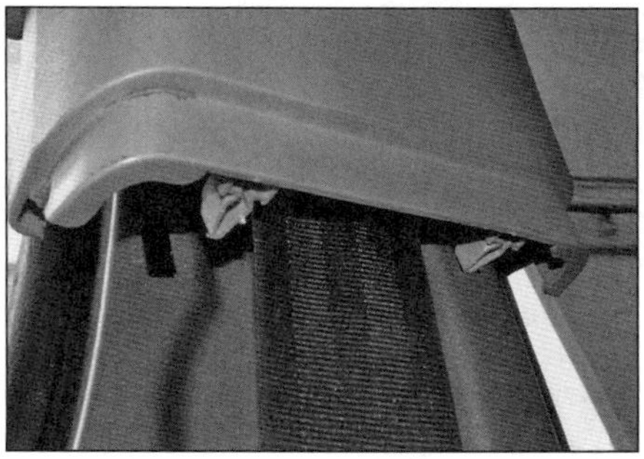

24.16a Befreien Sie das obere Verkleidungsteil ...

24.16b ... und ziehen Sie es aus dem Dachhimmel.

17 Das obere Verkleidungsteil kann vollständig entfernt werden, nachdem der Gurt hindurchgeführt wurde (siehe Abbildung) – lösen Sie dazu bei Modellen ohne Gurtstraffer die Schraube der unteren Gurtverankerung (siehe Sektion 23, Schritt 5).

24.17 Ziehen Sie den Gurt aus der oberen B-Säulen-Verkleidung.

18 Der Einbau entspricht der umgekehrten Ausbaureihenfolge. Alle Befestigungen und Dichtgummis müssen korrekt sitzen und die Schraube der unteren Gurt-Verankerung ggf. mit 49 Nm gesichert werden.

C-Säulen-Verkleidung (Modelle mit 2 Sitzreihen)

19 Falls die Verkleidung komplett entfernt werden soll, sollten für eine Verbesserung des Zugangs die Rücksitze ausgebaut werden (siehe Sektion 22). Demontieren Sie nötigenfalls die Kofferraum-Verkleidungen (ab Schritt 48).
20 Befreien Sie die innere Radkastenblende (siehe Abbildung).

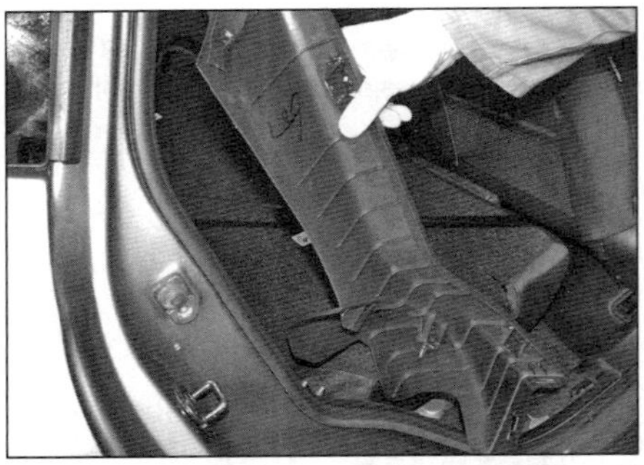

24.20 Entfernen Sie die innere Radkastenblende.

21 Lösen Sie die untere Gurt-Befestigung aus der Karosserie (Abb. 23.16).
22 Befreien Sie die kleine Abdeckung aus der Gurt-Führung (siehe Abbildung).

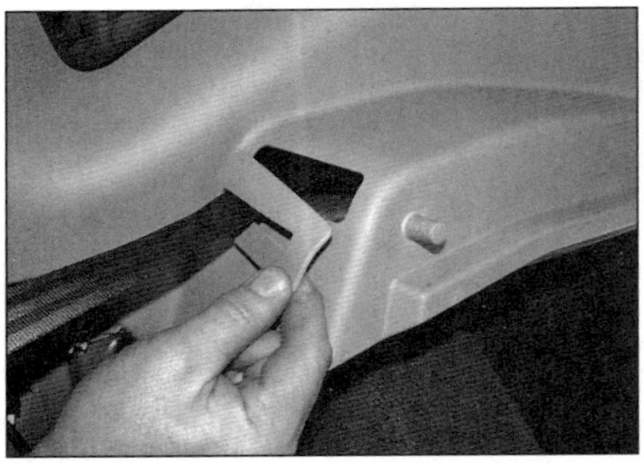

24.22 Befreien Sie die Gurtführungs-Blende.

23 Hebeln Sie vorsichtig die obere Verkleidung von der hinteren Dachsäule ab, um die Clips zu befreien (siehe Abbildungen).

24.23a Befreien Sie mit einem Hebel die Clips ...

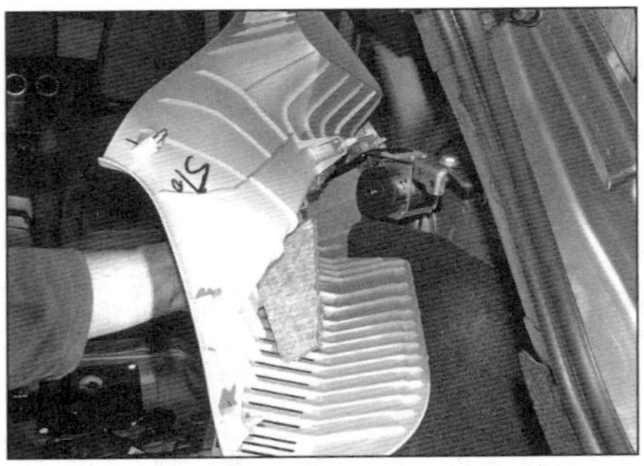

24.23b ... und ziehen Sie die obere Verkleidung ab.

24 Die obere Verkleidung kann komplett entfernt werden, wenn der Gurt hindurchgezogen wurde (siehe Abbildung).

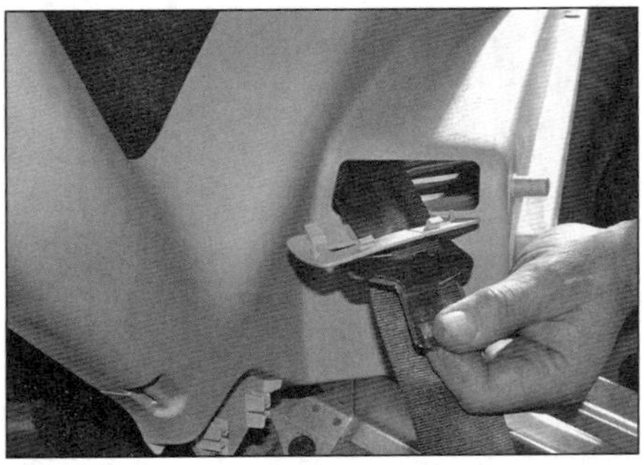

24.24 Ziehen Sie den Gurt aus der Verkleidung.

25 Um die untere (mit Teppich bestückte) Verkleidung entfernen zu können, müssen ihre Clips befreit werden (siehe Abbildungen).

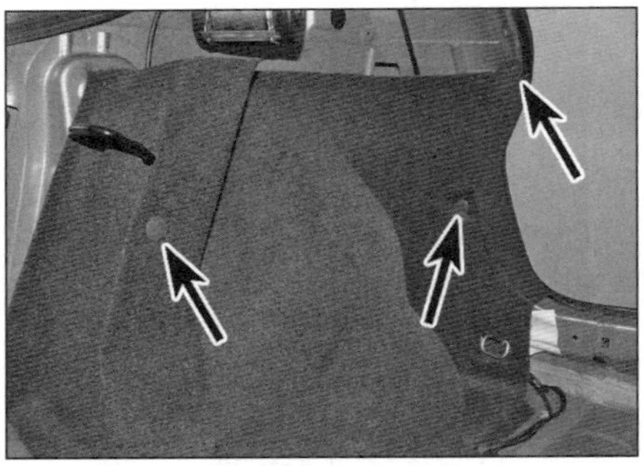

24.25a Lösen Sie die drei Clips ...

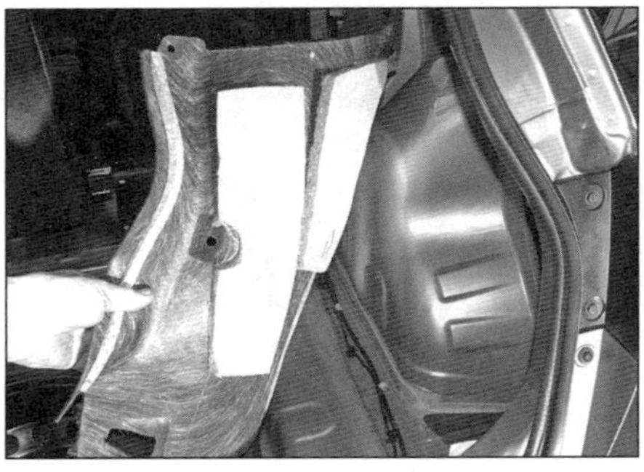

24.25b ... und entfernen Sie das untere Verkleidungsteil.

26 Der Einbau entspricht der umgekehrten Ausbaureihenfolge. Alle Befestigungen müssen korrekt sitzen und die Schrauben der hinteren Gurt-Verankerung ggf. mit 49 Nm gesichert werden.

C-Säulen-Verkleidung (Modelle mit 3 Sitzreihen)

27 Bauen die Rücksitze aus (siehe Sektion 22). Demontieren Sie die Kofferraum-Verkleidungen (ab Schritt 48).
28 Befreien Sie vorn an der unteren Abdeckung die Kappe von der Haltegriff-Schraube, und lösen Sie diese (siehe Abbildung).

24.28 Entfernen Sie die Kappe und lösen Sie die Schraube des Haltegriffs.

29 Lösen Sie hinten an der Verkleidung die Kappe von der Verankerung, und lösen Sie deren Schraube (siehe Abbildung).

24.29 Lösen Sie die Schraube und entfernen Sie die Verankerung.

30 Hebeln Sie vorsichtig das untere Verkleidungsteil ab, um die Clips zu befreien; entnehmen Sie die Verkleidung dann vom hinteren Radkasten (siehe Abbildungen).

24.30a Hebeln Sie vorsichtig die Clips ab ...

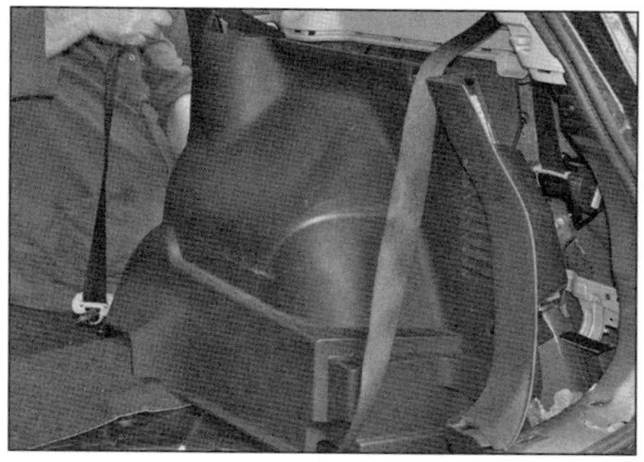

24.30b ... und befreien Sie die untere Verkleidung.

31 Entfernen Sie die Kappen von den oberen Gurt-Verankerungen, und lösen Sie die Schraube aus der hinteren Dachsäule (siehe Abbildung).

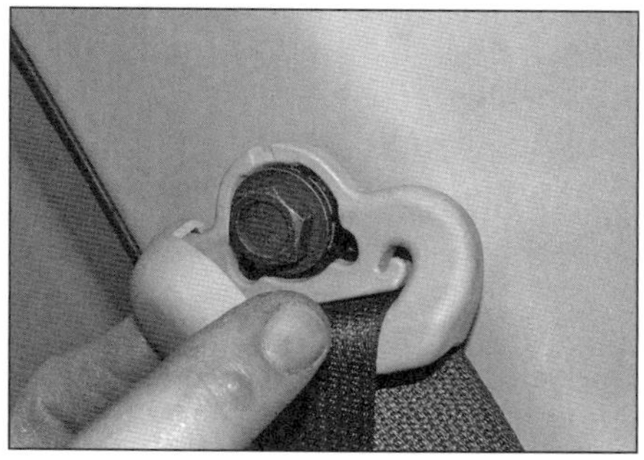

24.31 Entfernen Sie die Kappe und lösen Sie die Schraube der oberen Gurt-Verankerung.

32 Lösen Sie die Schraube hinten aus der Hutablagen-Halterung (siehe Abbildung).

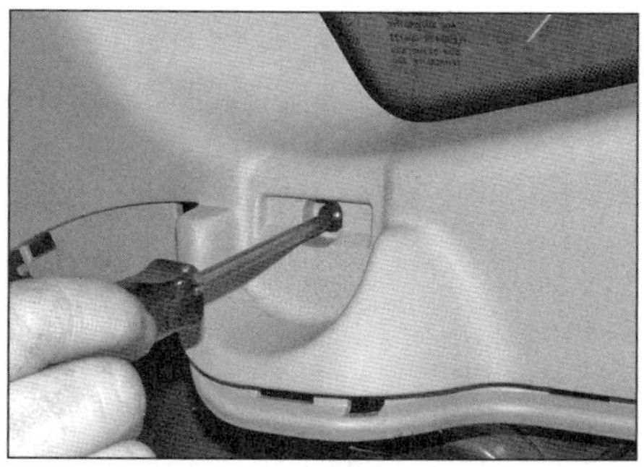

24.32 Lösen Sie die Schraube der Hutablagen-Halterung.

33 Lösen Sie hinten im Fußraum die Schraube der unteren Gurtverankerung.
34 Hebeln Sie vorsichtig das obere Verkleidungsteil ab, um die Clips zu befreien; entnehmen Sie die Verkleidung dann von der hinteren Dachsäule (siehe Abbildungen) – am oberen Rand gibt es fünf Metall-Clips und am unteren Rand sieben Kunststoff-Clips.

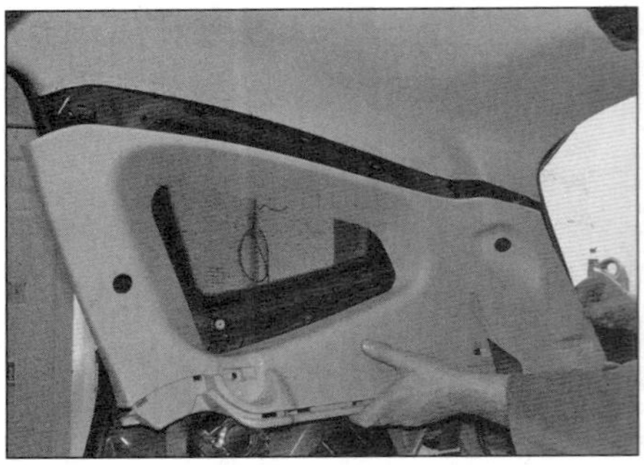

24.34a Entfernen Sie das obere Verkleidungsteil ...

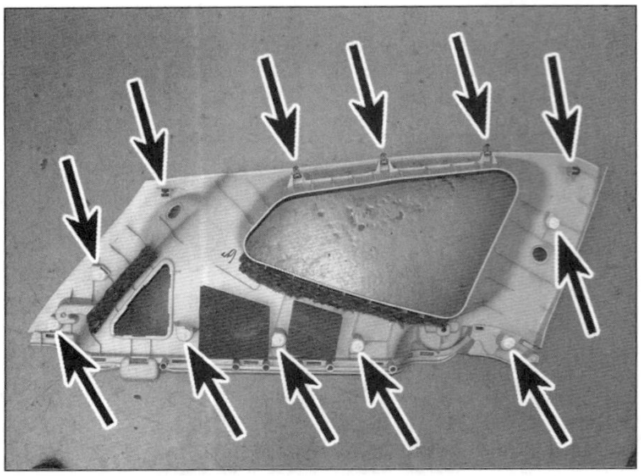

23.34b ... es ist oben mit fünf Metall-Clips und unten mit sieben Kunststoffstiften gesichert.

35 Sobald das obere Verkleidungsteil entfernt ist, kann das kleine Plastik-Dreieck entfernt werden, um den hinteren Gurt zu befreien (siehe Abbildung).

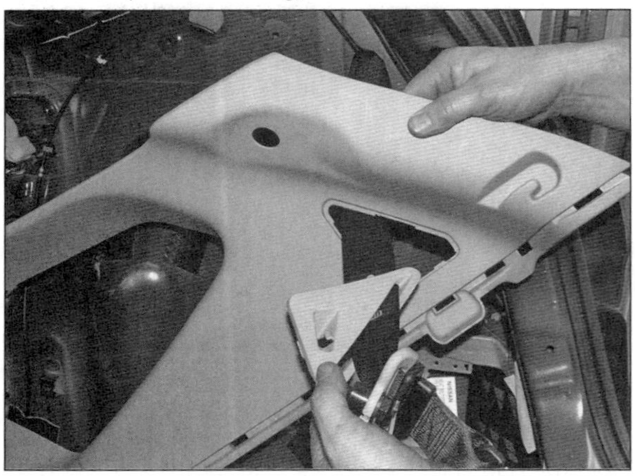

23.35 Führen Sie den Gurt samt Kunststoff-Dreieck durch die Verkleidung.

36 Der Einbau entspricht der umgekehrten Ausbaureihenfolge. Alle Befestigungen müssen korrekt sitzen und die Schrauben der hinteren Gurt-Verankerung ggf. mit 49 Nm gesichert werden.

Heckklappen-Innenverkleidung (frühe Modelle)

37 Lösen Sie die Schraube aus der am Innenrand der Heckklappe sitzenden Griffmulde (siehe Abbildung).

24.37 Lösen Sie die Schraube der Griffmulde.

38 Befreien Sie rundherum die Clips der Innenverkleidung und entfernen Sie diese von der Heckklappe (siehe Abbildung).

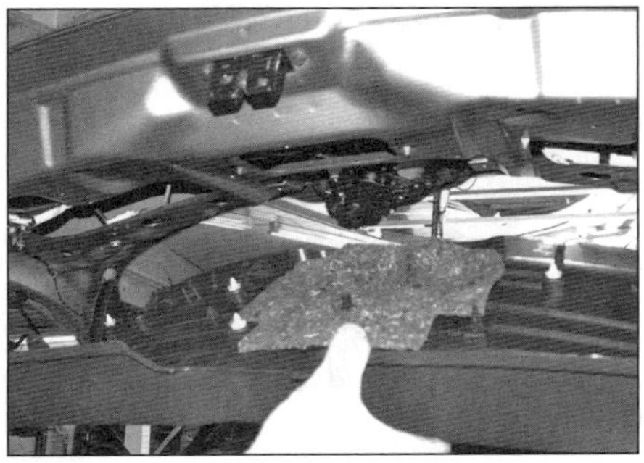

24.38 Befreien und entfernen Sie die Heckklappen-Innenverkleidung.

39 Befreien Sie auf beiden Seiten der Heckscheibe die Verkleidungen (siehe Abbildung).

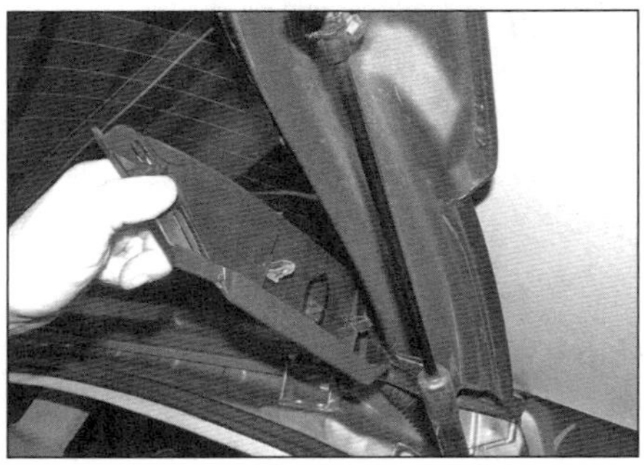

24.39 Entfernen Sie die Verkleidungsteile links und rechts der Heckscheibe.

40 Lösen Sie die Verkleidung oberhalb der Heckscheibe (siehe Abbildung).

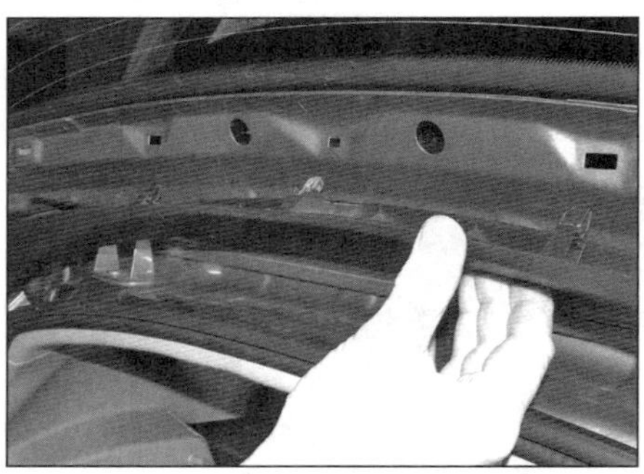

24.40 Befreien Sie die Verkleidung oben am Heckscheiben-Rahmen.

41 Der Einbau entspricht der umgekehrten Ausbaureihenfolge – alle Clips müssen korrekt sitzen.

Heckklappen-Innenverkleidung (späte Modelle)

42 Lösen Sie die Schraube aus der am Innenrand der Heckklappe sitzenden Griffmulde (siehe Abbildung).

24.42 Lösen Sie die Schraube der Griffmulde.

43 Ziehen Sie unten an der Heckklappen-Verkleidung die Stifte der zwei Verkleidungs-Clips heraus, und befreien Sie diese (siehe Abbildung).

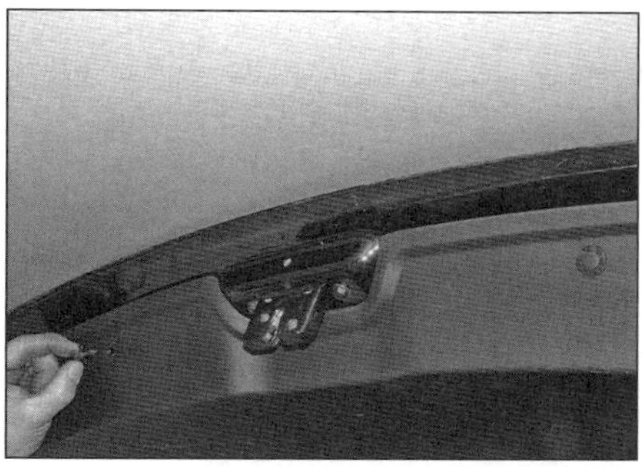

24.43 Befreien Sie unten an der Heckklappe die zwei Verkleidungs-Clips.

44 Befreien Sie rundherum die Clips der Innenverkleidung, und entfernen Sie diese von der Heckklappe (siehe Abbildung).

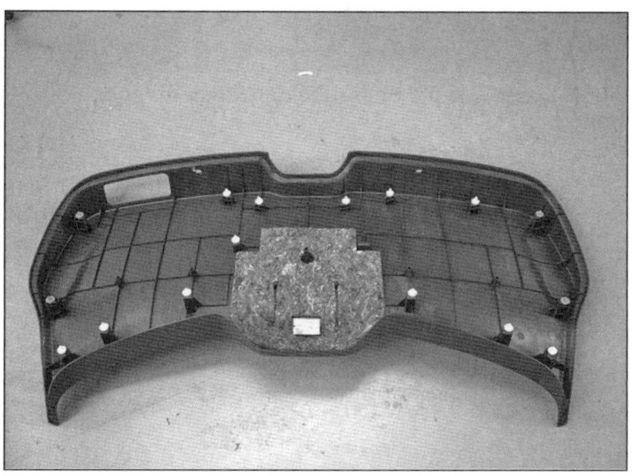

24.44 Clips der Heckklappen-Innenverkleidung.

45 Befreien Sie auf beiden Seiten der Heckscheibe die Verkleidungen.

46 Lösen Sie die Verkleidung oberhalb der Heckscheibe (siehe Abbildung).

47 Der Einbau entspricht der umgekehrten Ausbaureihenfolge – alle Clips müssen korrekt sitzen.

Kofferraum-Verkleidung (frühe Modelle)

48 Öffnen Sie die Heckklappe, und entfernen Sie den Bodenbelag.

49 Entfernen Sie die kleine Abdeckung aus der Mulde hinten im Kofferraum (siehe Abbildung).

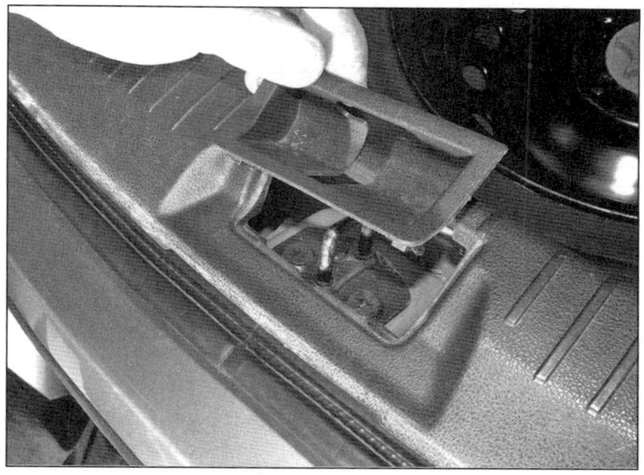

24.49 Befreien Sie die um den Riegel liegende Abdeckung.

50 Ziehen Sie aus den zwei Zapfen links und rechts vorn in der Ladekanten-Verkleidung die Stifte heraus, und entfernen Sie die Zapfen (siehe Abbildung).

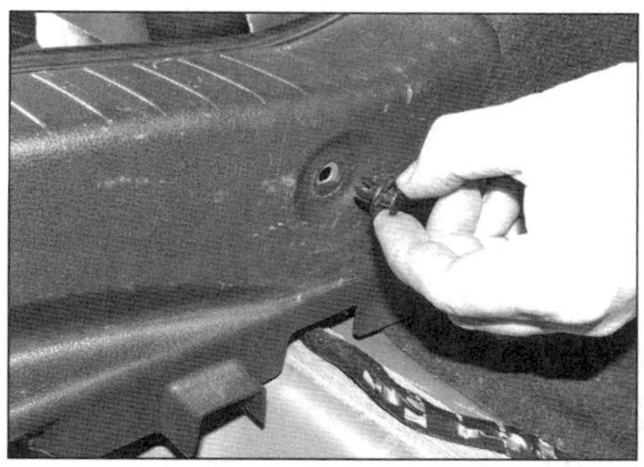

24.50 Befreien Sie die Zapfen aus der Ladekanten-Verkleidung.

51 Befreien Sie die Ladekanten-Verkleidung, indem Sie die mittlere Lasche vom Arretierstift lösen (siehe Abbildungen).

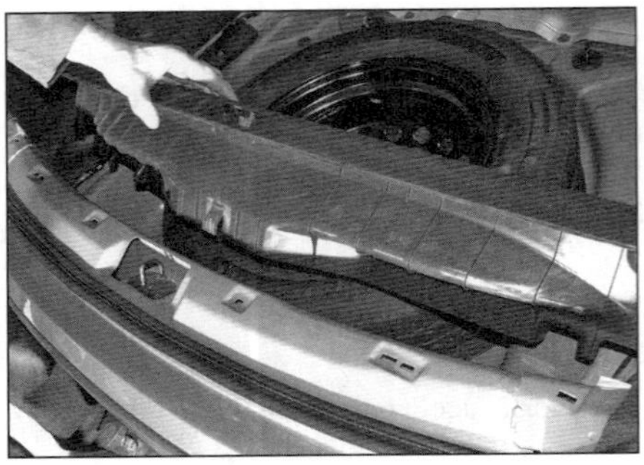

24.51a Befreien Sie die Ladekanten-Verkleidung, ...

24.51b ... indem Sie die mittlere Lasche lösen.

52 Der Einbau entspricht der umgekehrten Ausbaureihenfolge. Alle Befestigungen müssen korrekt sitzen.

Kofferraum-Verkleidung (späte Modelle)

53 Öffnen Sie die Heckklappe, und entfernen Sie den Bodenbelag.
54 Ziehen Sie aus den vier Zapfen vorn in der Ladekanten-Verkleidung die Stifte heraus, und entfernen Sie die Zapfen (siehe Abbildung).

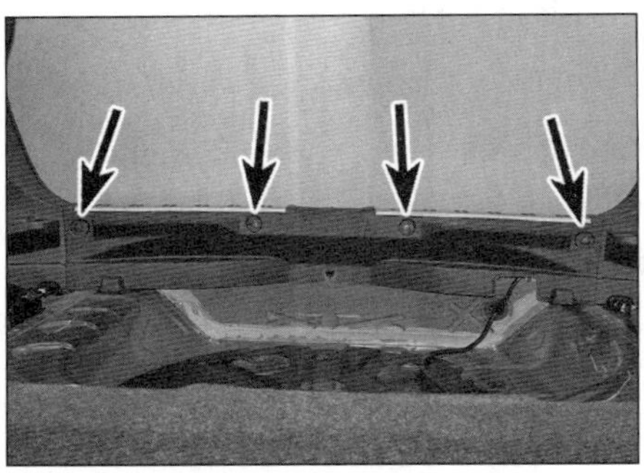

24.54 Befreien Sie die Zapfen aus der Ladekanten-Verkleidung.

55 Befreien Sie die Ladekanten-Verkleidung, indem Sie die mittlere Lasche aus dem Abschlussblech lösen (siehe Abbildungen).

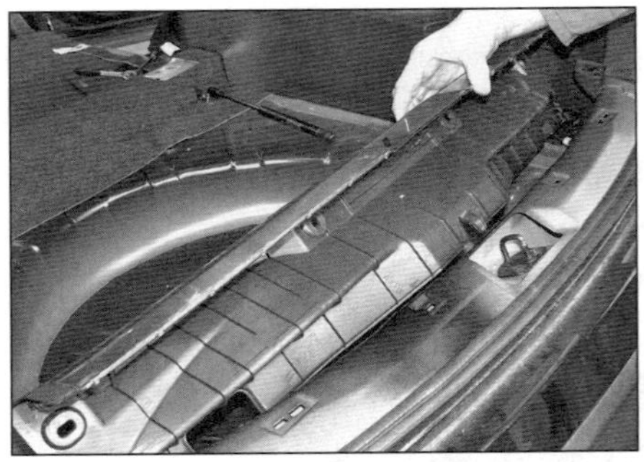

24.55a Befreien Sie die Ladekanten-Verkleidung, ...

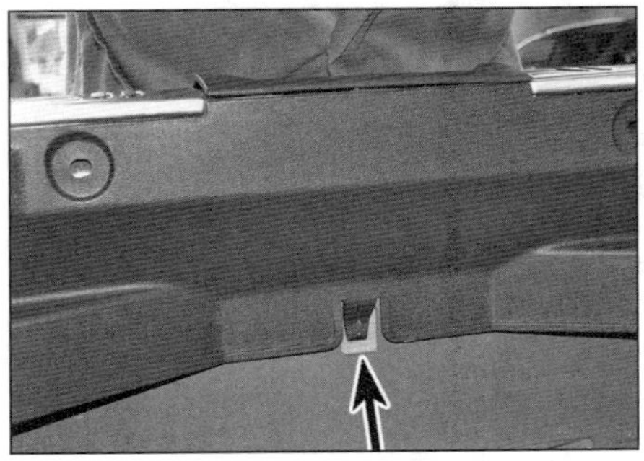

24.55b ... indem Sie die mittlere Lasche aus dem Abschlussblech lösen.

56 Der Einbau entspricht der umgekehrten Ausbaureihenfolge. Alle Befestigungen müssen korrekt sitzen.

Sonnenblenden

57 Lösen Sie die Schraube der Sonnenblenden-Halterung, um diese aus dem Dach zu entnehmen (siehe Abbildung).

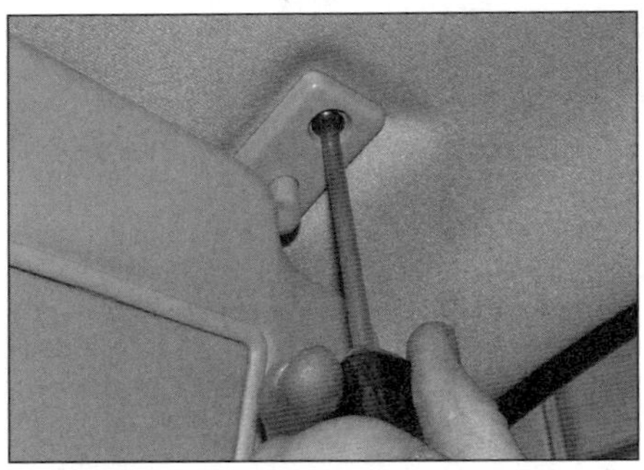

24.57 Lösen Sie die Schraube der Sonnenblenden-Halterung.

58 Wenn beim Abziehen der Halterung der Stecker der Sonnenblenden-Beleuchtung zugänglich wird, muss er getrennt werden (siehe Abbildung).

24.58 Trennen Sie den Stecker der Sonnenblenden-Beleuchtung.

59 Um den Klemmbügel der Sonnenblende entfernen zu können, muss er um 90° verdreht und aus seinem Sitz im Dach gezogen werden (siehe Abbildung).

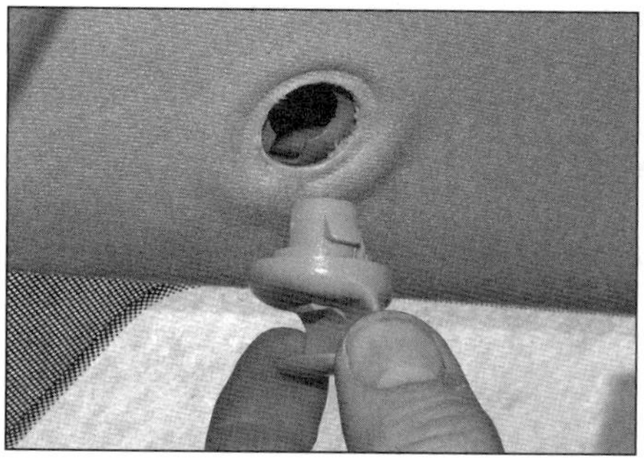

24.59 Verdrehen Sie den Klemmbügel, um ihn herausziehen zu können.

60 Der Einbau entspricht der umgekehrten Ausbaureihenfolge.

Haltegriffe

61 Ziehen Sie mit einem kleinen Schraubendreher die zwei Kunststoffzapfen aus der Griff-Halterung (siehe Abbildung).

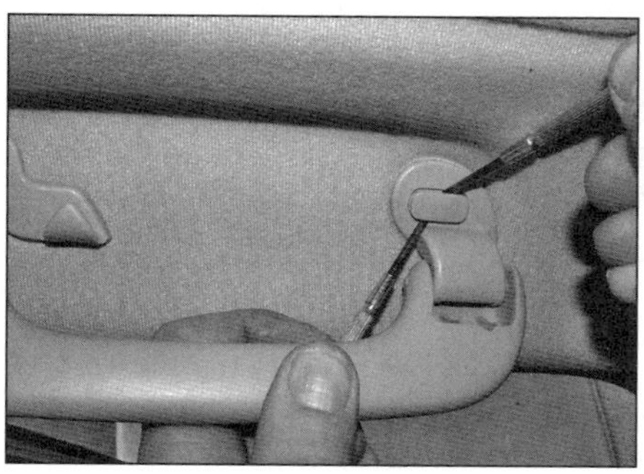

24.61 Entfernen Sie die Kappen ...

62 Ziehen Sie den Haltegriff jetzt aus der Aufnahme im Dachhimmel (siehe Abbildung).

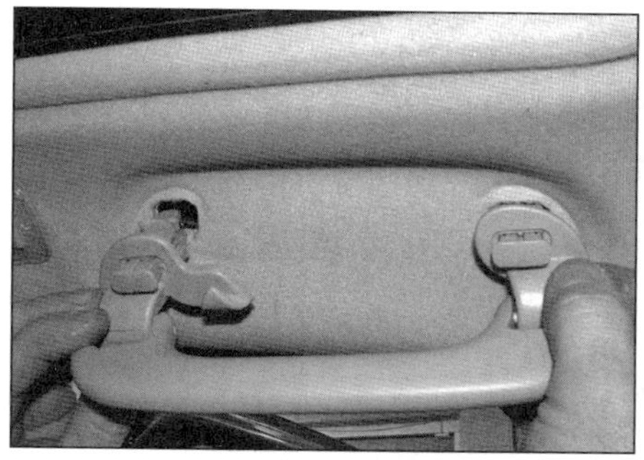

24.62 ... und befreien Sie den Haltegriff.

63 Der Einbau entspricht der umgekehrten Ausbaureihenfolge – die Zapfen müssen vollständig eingedrückt werden.

25 Mittelkonsole – Ausbau und Einbau

Ausbau

1 Trennen Sie zunächst das Massekabel (–) der Batterie (siehe Seite 532).

2 Befreien Sie vorn an der Mittelkonsole die zwei seitlichen Abdeckungen (siehe Abbildungen).

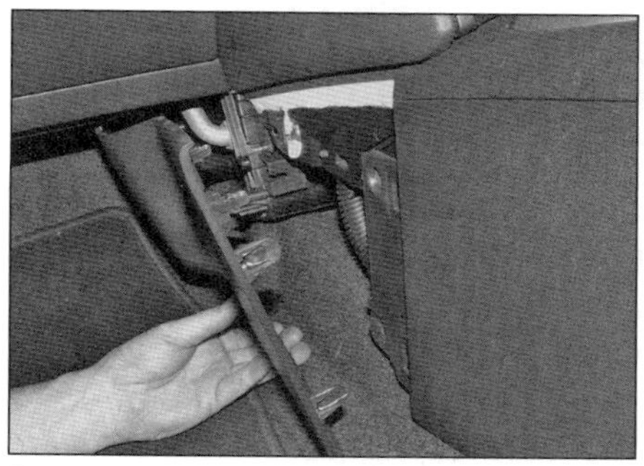

25.2a Befreien Sie an beiden Seiten ...

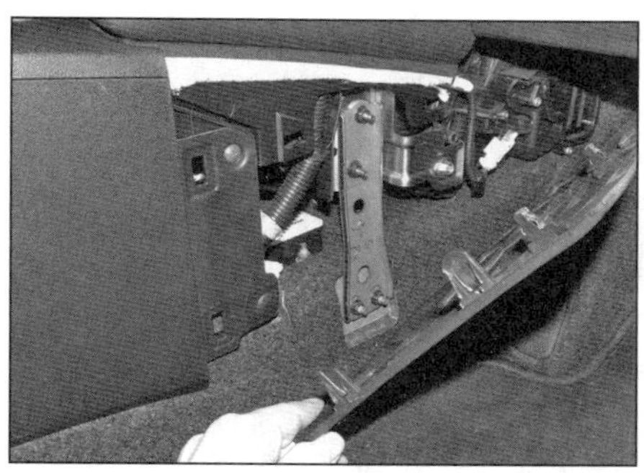

25.2b ... die vorderen seitlichen Abdeckungen.

3 Lösen Sie am vorderen Ende der Mittelkonsole unten die Zapfen und oben die Schrauben (siehe Abbildungen).

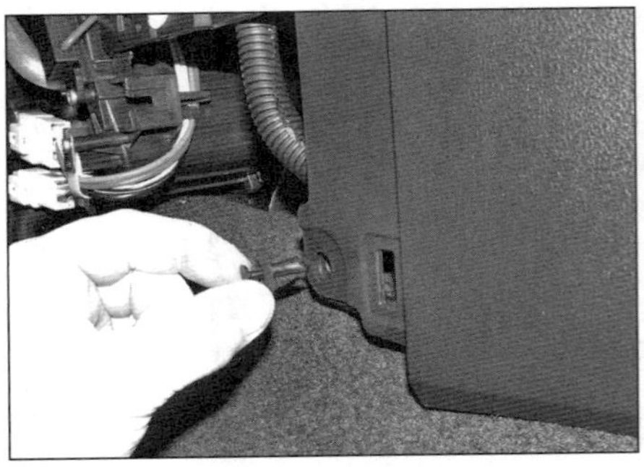

25.3a Lösen Sie die Zapfen ...

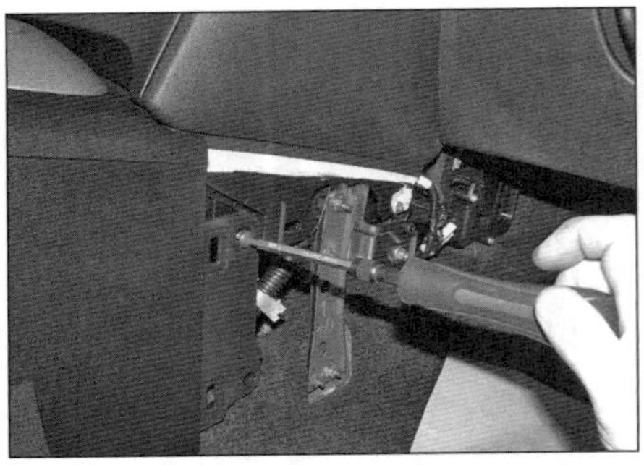

25.3b ... und die Schrauben vorn aus der Konsole.

4 Befreien Sie die obere Abdeckung (Getränkehalter) aus der Mittelkonsole (siehe Abbildung).

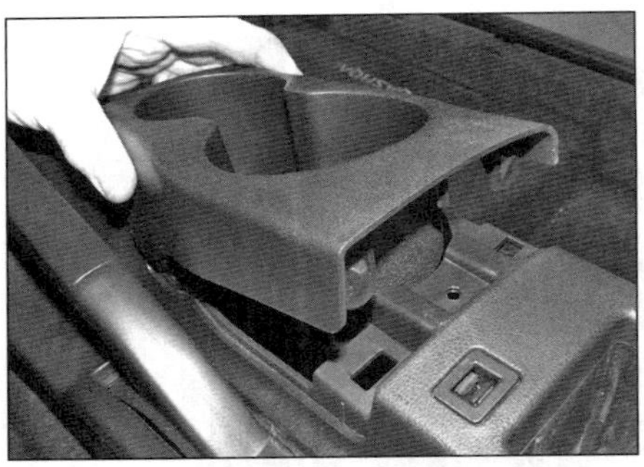

25.4 Lösen Sie die obere Abdeckung.

5 Lösen Sie die Schalterkonsole, und trennen Sie dabei deren Stecker (siehe Abbildung).

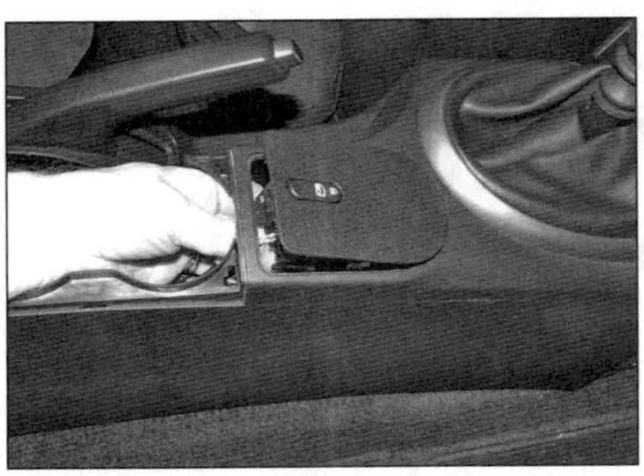

25.5 Befreien Sie die Schalterkonsole.

6 Befreien Sie den Rahmen der Schalthebelmanschette oder der Wahlhebel-Kulisse vorn aus der Mittelkonsole (siehe Abbildungen).

25.6a Befreien Sie den Rahmen der Schalthebelmanschette ...

25.6b ... oder der Wahlhebel-Kulisse.

7 Lösen Sie vorsichtig die Blende der Heizungs-/Klimaanlagen-Regelung aus dem Armaturenbrett-Mittelteil, und trennen Sie dabei alle Kabelstecker (siehe Abbildung).

25.7 Befreien Sie die Blende der Heizungs-/Klimaanlagen-Regelung.

8 Lösen Sie die zwei Schrauben vorn aus der Mittelkonsole (siehe Abbildung).

25.8 Lösen Sie die zwei vorderen Schrauben der Mittelkonsole.

9 Lösen Sie die hintere Abdeckung der Mittelkonsole (siehe Abbildung).

25.9 Ziehen Sie hinten an der Mittelkonsole die Blende ab.

10 Trennen Sie hinten in der Mittelkonsole den Stecker, und befreien Sie den Kabelbaum (siehe Abbildungen).

25.10a Befreien Sie den Kabelbaum ...

25.10b ... und trennen Sie alle Kabelstecker.

11 Schieben Sie die Vordersitze nach vorn, und lösen Sie hinten unten an der Mittelkonsole die seitlichen Schrauben (siehe Abbildung).

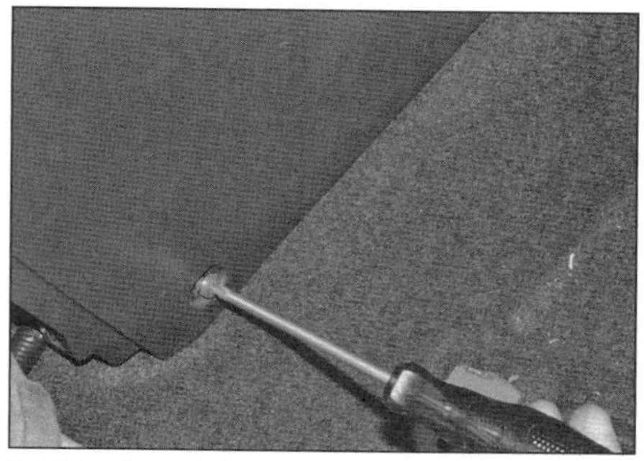

25.11 Lösen Sie die hinteren Mittelkonsolen-Schrauben.

12 Messen Sie am Handbremsen-Einsteller, wie weit das Gewinde aus der vorderen Einstellmutter herausragt (siehe Abbildung). Drehen Sie die Mutter bis zum Ende des Gewindes – so kann der Handbremshebel weiter hochgezogen werden, und der Ausbau wird erleichtert.

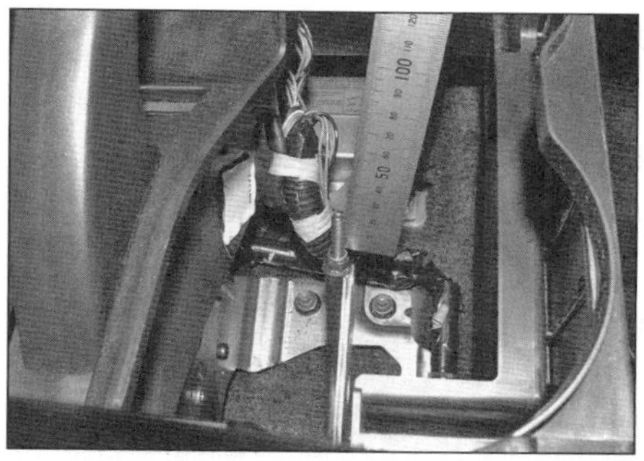

25.12 Messen Sie am Handbremsen-Einsteller, wie weit das Gewinde aus der Mutter ragt.

13 Heben Sie die Mittelkonsole hinten an, manövrieren Sie sie über den Handbremshebel und den Schalt- oder Wahlhebel, und entnehmen Sie sie aus dem Fahrzeug (siehe Abbildung).

25.13 Befreien Sie die Mittelkonsole aus dem Fahrzeug.

Einbau

14 Der Einbau entspricht der umgekehrten Ausbaureihenfolge. Drehen Sie die Einstellmutter auf, bis das Gewinde des Handbremsen-Einstellers um den zuvor notierten Wert herausragt. Prüfen Sie die Funktion der Handbremse, und stellen Sie sie nötigenfalls ein (siehe Kapitel 1A, Sektion 6 oder Kapitel 1B, Sektion 7).

26 Armaturenbrett-Komponenten – Ausbau und Einbau

Warnung: Beachten Sie bezüglich der Airbags (einer sitzt im Lenkrad und einer oberhalb des Handschuhfachs) die Warnhinweise in Kapitel 12. Ein detonierender Airbag kann schwerste Verletzungen hervorrufen!

Handschuhfach

1 Öffnen Sie das Handschuhfach, und lösen Sie die vier oberen und zwei unteren Schrauben (siehe Abbildung).

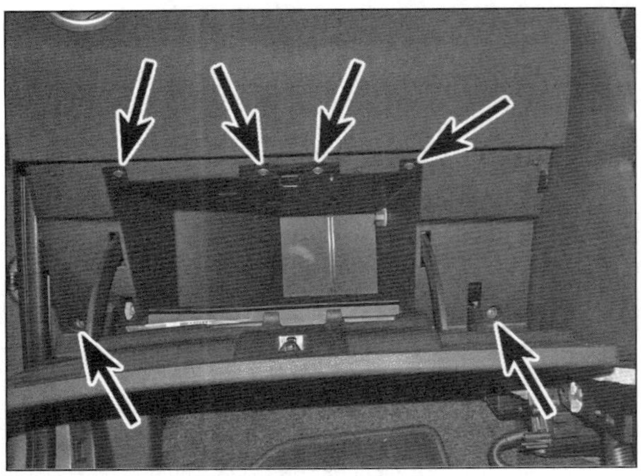

26.1 Handschuhfach-Schrauben

2 Befreien Sie die rechte Abdeckung vom Ende des Armaturenbretts (siehe Abbildung).

26.2 Lösen Sie rechts die Abdeckung vom Armaturenbrett.

3 Greifen Sie in die Armaturenbrett-Öffnung, und befreien Sie den Lampenhalter oben aus dem Handschuhfach (siehe Abbildung).

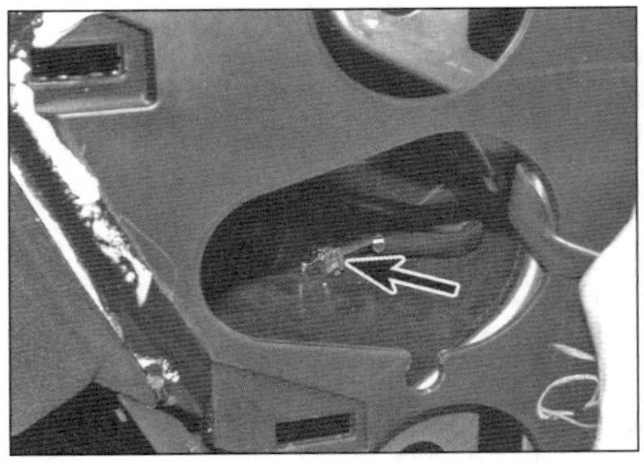

26.3 Befreien Sie den Lampenhalter oben aus dem Handschuhfach.

4 Ziehen Sie das Handschuhfach aus dem Armaturenbrett (siehe Abbildung) – achten Sie dabei darauf, keine Kabel abzureißen.

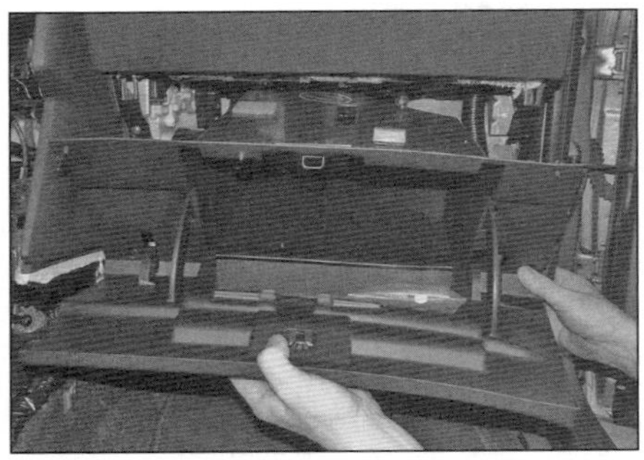

26.4 Ziehen Sie das Handschuhfach aus dem Armaturenbrett.

5 Der Einbau entspricht der umgekehrten Ausbaureihenfolge.

Armaturenbrett-Unterteil – Fahrerseite

6 Lösen Sie im Fahrerfußraum die zwei Schrauben der Öffnerhebel-Halterung, und befreien Sie diese vom Armaturenbrett (siehe Abbildungen).

26.6a Lösen Sie die zwei Schrauben ...

26.6b ... und befreien Sie die Halterung der Öffnerhebel aus dem Armaturenbrett (gezeigt am Linkslenkermodell).

7 Öffnen Sie die kleine Klappe der Sicherungsbox, und befreien Sie den Diagnosestecker-Sockel aus seiner Halterung (siehe Abbildung).

26.7 Befreien Sie den Diagnosestecker-Sockel.

8 Ziehen Sie die Abdeckung vorsichtig vom Armaturenbrett ab, um die Clips zu lösen. Sobald die Stecker und Luftschläuche zugänglich sind, müssen sie rechts von der Abdeckung getrennt werden (siehe Abbildungen).

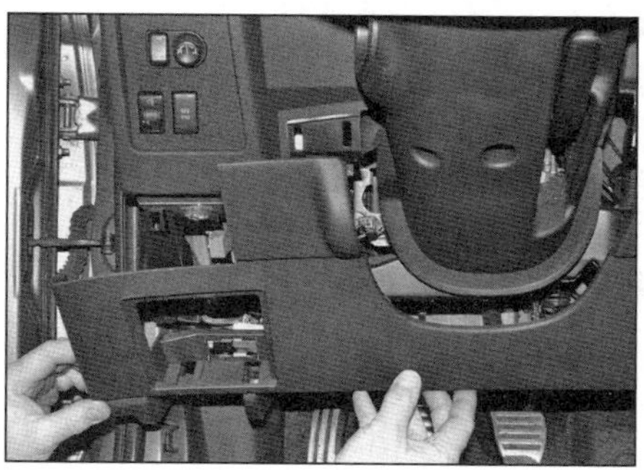

26.8a Lösen Sie die Abdeckung ...

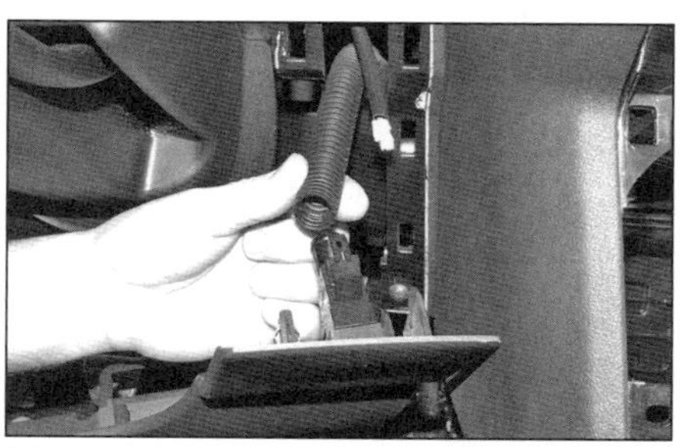

26.8b ... und trennen Sie den Belüftungsschlauch und den Stecker.

9 Der Einbau entspricht der umgekehrten Ausbaureihenfolge.

Mittelteil-Blenden

10 Lösen Sie vorsichtig die Blende der Heizungs-/Klimaanlagen-Regelung aus dem Armaturenbrett-Mittelteil und trennen Sie dabei alle Kabelstecker (siehe Abbildung).

26.10 Befreien Sie die Blende der Heizungs-/Klimanlagen-Regelung.

11 Lösen Sie die obere mittlere Blende, indem Sie sie seitlich vorsichtig abhebeln (siehe Abbildungen).

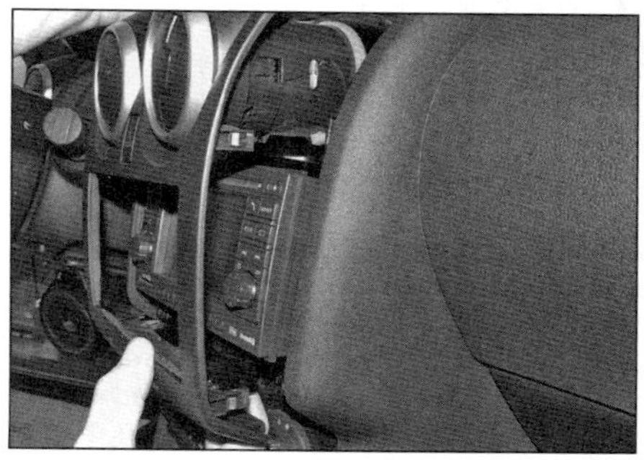

26.11a Befreien Sie die unteren ...

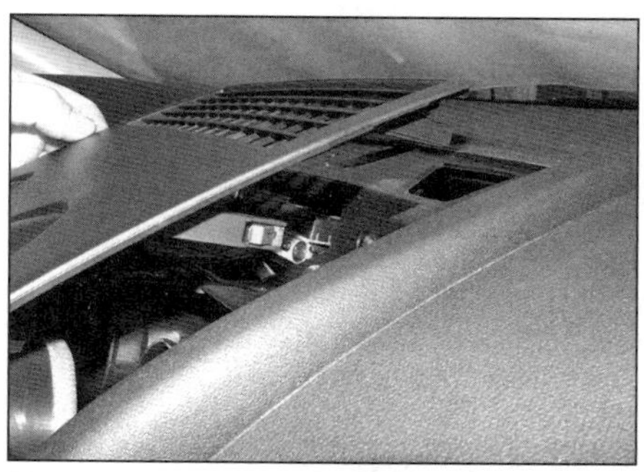

26.11b ... und oberen Clips der oberen Mittelblende.

12 Während die Blende abgenommen wird, müssen an ihrer Rückseite alle Kabelstecker getrennt werden (siehe Abbildung).

26.12 Trennen Sie alle Stecker.

Lenksäulen-Verkleidung

14 Demontieren Sie die um das Zündschloss sitzende Verkleidung (siehe Abbildung)

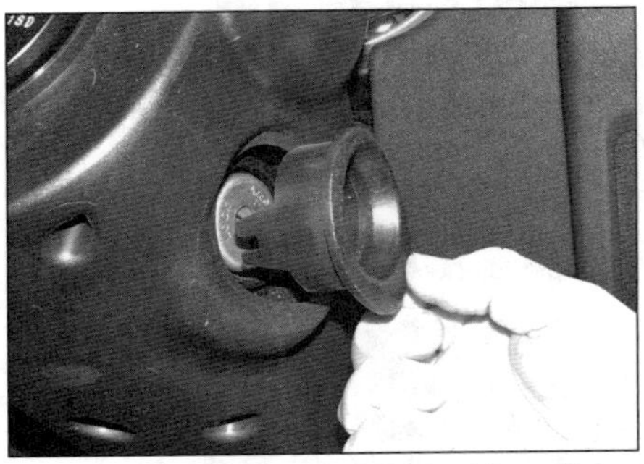

26.14 Entfernen Sie die Zündschloss-Umrandung.

15 Lösen Sie den Hebel der Lenkrad-Höhenverstellung, und schwenken Sie das Lenkrad vollständig herunter.

16 Lösen Sie von unten die Schrauben der Lenksäulen-Verkleidung. Lösen Sie die Laschen, die das untere Verkleidungsteil am oberen sichern, und ziehen Sie es nach unten von der Lenksäule ab (siehe Abbildungen).

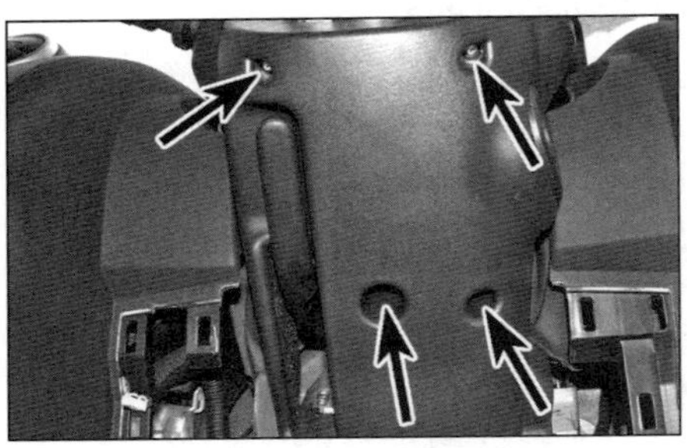

26.16a Lösen Sie die vier Schrauben, ...

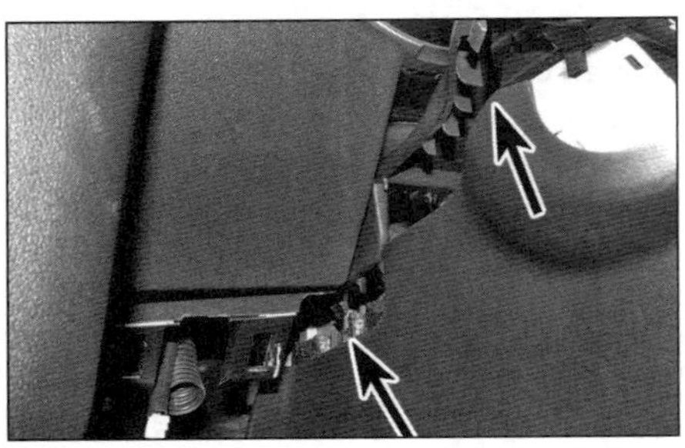

26.16b ... die Clips vorn und an der Seite, ...

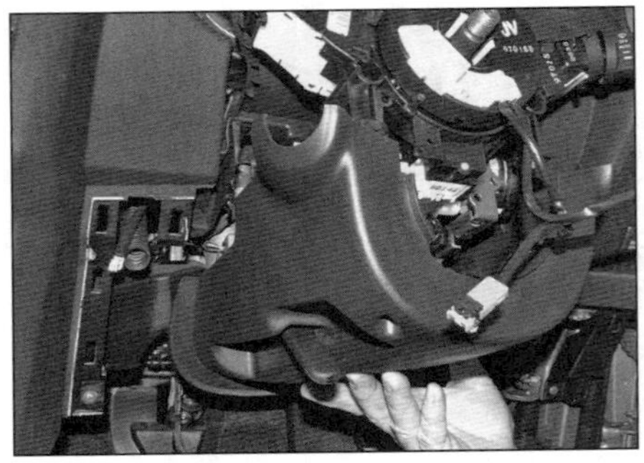

26.16c ... und entnehmen Sie das untere Verkleidungsteil.

17 Lösen Sie die zwei Clips, die die obere Lenksäulen-Verkleidung unten am Instrumentenrahmen sichern, und heben Sie sie oben von der Lenksäule ab (siehe Abbildungen).

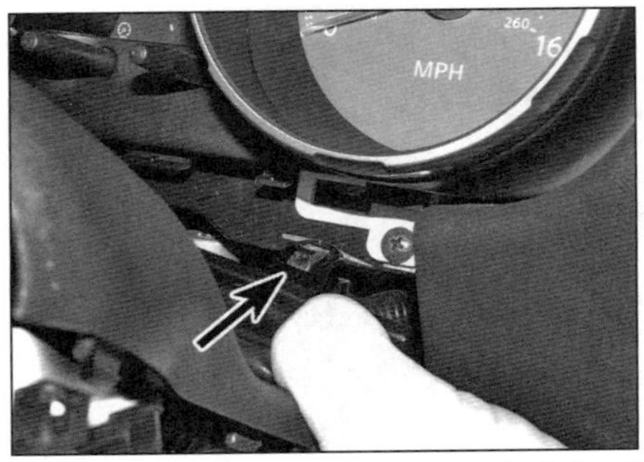

26.17a Befreien Sie die obere Lenksäulen-Verkleidung vom Instrumentenrahmen ...

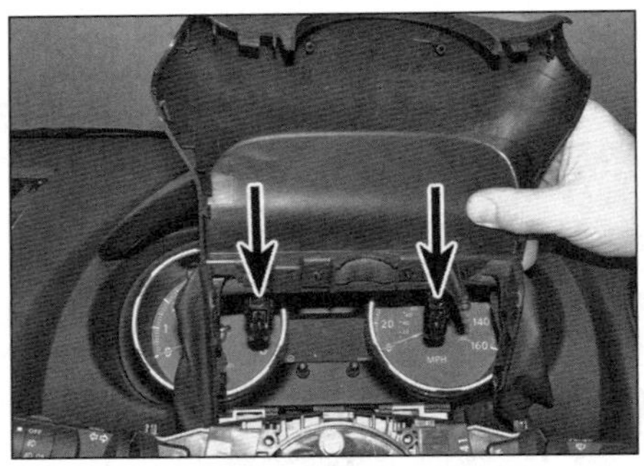

26.17b ... und heben Sie sie nach oben ab.

18 Der Einbau entspricht der umgekehrten Ausbaureihenfolge – beide Verkleidungen müssen korrekt ineinandergreifen.

Obere Instrumentenabdeckung

19 Hebeln Sie die Abdeckung vorsichtig mit einem geeigneten Werkzeug an, um ihre Laschen zu befreien (siehe Abbildung).

26.19 Hebeln Sie die Instrumentenabdeckung ab ...

20 Heben Sie die Abdeckung an, um alle Zapfen aus ihren Sitzen zu befreien, und entfernen Sie sie (siehe Abbildung).

26.20 ... und befreien Sie sie aus dem Armaturenbrett.

21 Der Einbau entspricht der umgekehrten Ausbaureihenfolge.

Seitliche Armaturenbrett-Abdeckungen

22 Hebeln Sie mit einem geeigneten Werkzeug vorsichtig die Blende vom Armaturenbrett (siehe Abbildung).

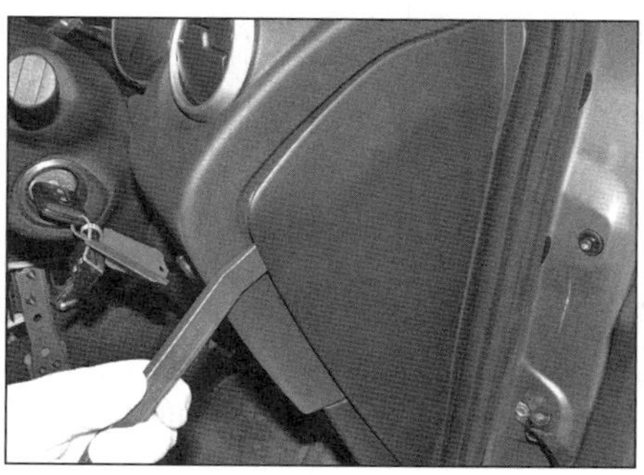

26.22 Hebeln Sie die seitliche Armaturenbrett-Blende ab (gezeigt an einem Rechtslenkermodell).

23 Trennen Sie an der Beifahrerseite (rechts) den Stecker des Airbag-Schalters, sobald dieser zugänglich ist (siehe Abbildung).

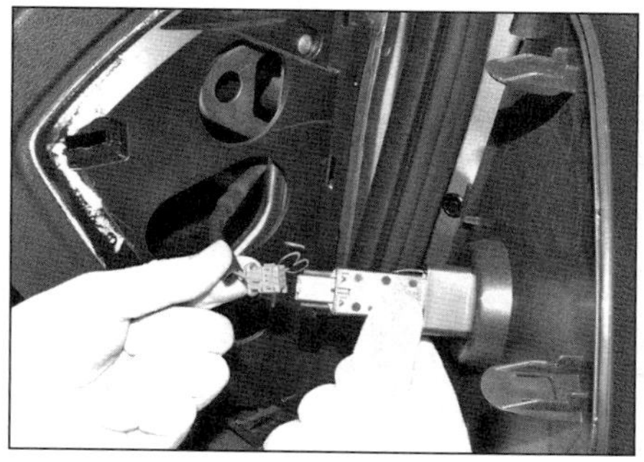

26.23 Trennen Sie rechts den Stecker des Airbag-Schalters.

24 Der Einbau entspricht der umgekehrten Ausbaureihenfolge.

Armaturenbrett-Baugruppe – komplett

Anmerkung: Diese Prozedur fällt sehr umfangreich aus. Es ist ratsam, die gesamte Sektion sorgfältig durchzulesen, bevor mit der Arbeit begonnen wird. Notieren Sie sich sorgfältig die Anschlüsse und Verlegung aller Kabel und Stecker, um den Zusammenbau zu erleichtern.

Ausbau

25 Trennen Sie zunächst das Massekabel (–) der Batterie (siehe Seite 532).
26 Entfernen Sie die Fußraumverkleidungen (siehe Sektion 24).
27 Entfernen Sie die A-Säulen-Verkleidungen (siehe Sektion 24).
28 Demontieren Sie die Mittelkonsole (siehe Sektion 25).
29 Entfernen Sie die folgenden Armaturenbrett-Verkleidungen, wie zuvor in dieser Sektion beschrieben. Beachten Sie die Verlegung aller Kabel, und halten Sie die entsprechenden Schrauben und Befestigungen bei den entsprechenden Verkleidungen, um beim Einbau nichts zu verwechseln.
a) Handschuhfach
b) Armaturenbrett-Unterseite – Fahrerseite
c) Zentrale Luftdüsen-Blende
d) Lenksäulen-Verkleidungen
e) Obere Instrumentenabdeckung
f) Seitliche Armaturenbrett-Abdeckungen
30 Demontieren Sie die Heizungs-/Klimaanlagen-Regelung (siehe Kapitel 3, Sektion 9).
31 Entfernen Sie das Audiosystem (siehe Kapitel 12, Sektion 15).
32 Entfernen Sie die Instrumenten-Baugruppe (siehe Kapitel 12, Sektion 9).
33 Entfernen Sie den Beifahrer-Airbag (siehe Kapitel 12, Sektion 21).
34 Demontieren Sie die oberen Armaturenbrett-Lautsprecher (siehe Kapitel 12, Sektion 16).
35 Hebeln Sie vorsichtig die linke Schalterblende ab (siehe Abbildung), trennen Sie die Stecker und entfernen Sie die Baugruppe.

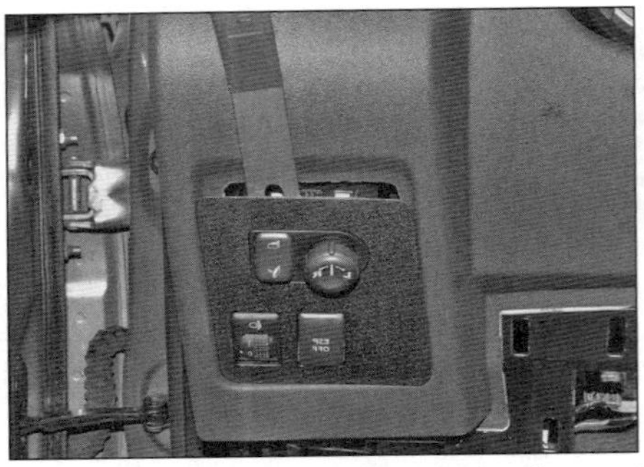

26.35 Befreien Sie die Schalterblende aus dem Armaturenbrett.

36 Lösen Sie an folgenden Stellen die Armaturenbrett-Befestigungen:

a) *Zwei Schrauben sichern das Mittelteil des Armaturenbretts am Querträger-Rohr (siehe Abbildung).*

b) *Eine Schraube innerhalb der Instrumentenöffnung sichert das Armaturenbrett am Querträger-Rohr (siehe Abbildung).*

c) *An jeder Seite sichert eine Schraube das Armaturenbrett am Querträger-Rohr (siehe Abbildung).*

d) *An jeder Seite sichert eine hinter dem zuvor entfernten Lautsprechergitter sitzende Schraube den oberen Rand des Armaturenbretts an der Karosserie (siehe Abbildung).*

e) *An der Fahrerseite sichern zwei Schrauben den unteren Rand des Armaturenbretts am Fahrzeug (siehe Abbildung).*

f) *Eine Schraube innerhalb der Handschuhfach-Öffnung sichert das Armaturenbrett am Querträger-Rohr (siehe Abbildung).*

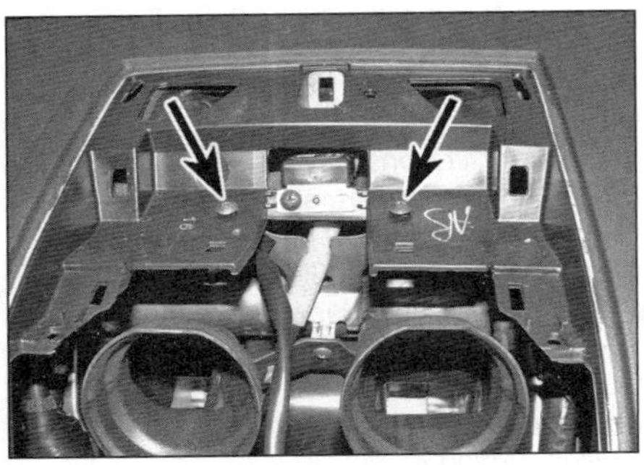

26.36a Lösen Sie die zwei Schrauben des Mittelteils, ...

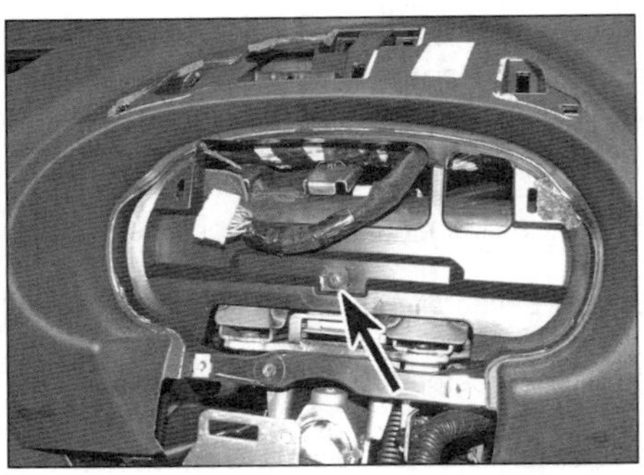

26.36b ... die Schraube innerhalb der Instrumentenöffnung, ...

26.36c ... die Schraube an jeder Seite, ...

26.36d ... die Schrauben links und rechts am oberen Rand, ...

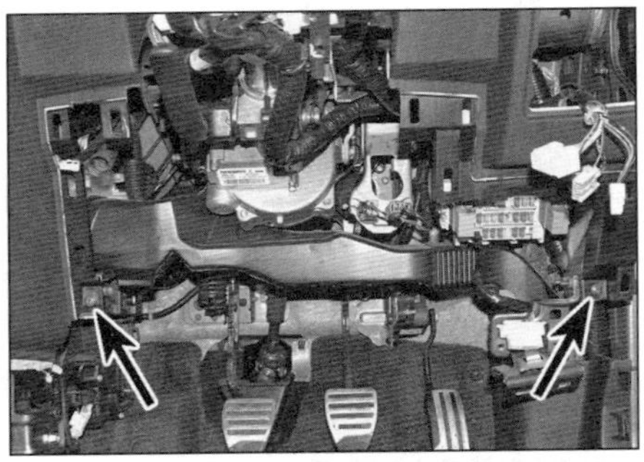

26.36e ... die unteren Schrauben im Fahrerfußraum (gezeigt bei einem Rechtslenkermodell) ...

26.36f ... und die Schraube in der Handschuhfach-Öffnung.

37 Führen Sie eine letzte Kontrolle durch, ob alle Stecker getrennt und alle Kabel befreit sind (siehe Abbildungen).

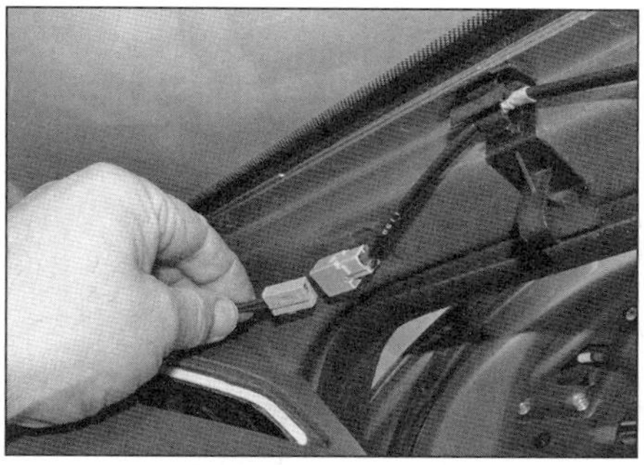

26.37a Trennen Sie alle Kabelstecker ...

26.37b ... und befreien Sie den Kabelbaum aus allen Befestigungen.

38 Ziehen Sie mithilfe eines Assistenten den oberen Teil des Armaturenbretts nach hinten, um ihn aus dem Belüftungsgitter zu befreien – dies kann etwas knifflig sein. Sobald das Armaturenbrett überall gelöst ist, kann es aus einer Türöffnung herausgehoben werden (siehe Abbildung).

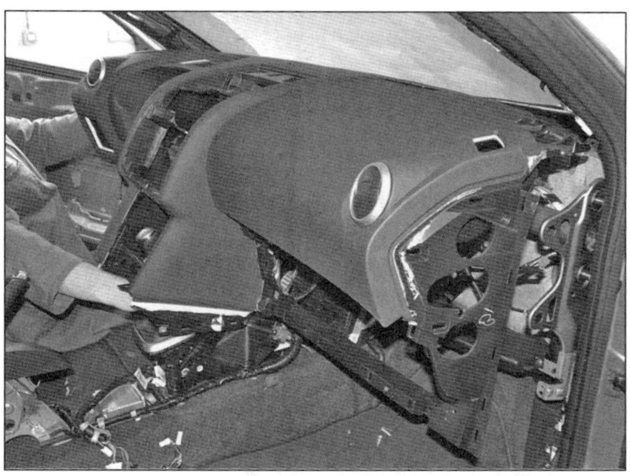

26.38 Heben Sie das Armaturenbrett vorsichtig aus dem Fahrzeug.

39 Um Zugang zum vorderen Bereich der Fahrgastzelle zu erhalten, kann das Querträger-Rohr nötigenfalls ausgebaut werden (siehe Abbildung). Dies wird beispielsweise erforderlich, um an das Heizungs-/Belüftungs-Gehäuse zu gelangen.

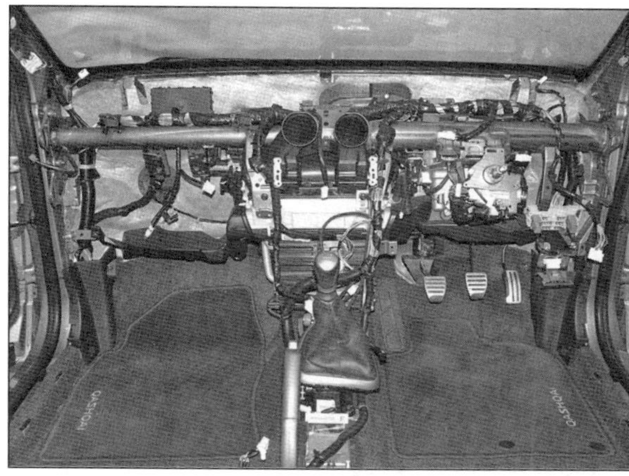

26.39 Das freigelegte Querträger-Rohr (gezeigt bei einem Rechtslenkermodell)

40 Befreien Sie die Lenksäule samt Servomotor vom Querträger-Rohr (siehe Kapitel 10, Sektion 14).

41 Lösen Sie rechts am Heizungsgehäuse die Schrauben der Haltestreben, und entfernen Sie diese (siehe Abbildung).

26.41 Haltestrebe des Heizungsgehäuses

42 Lösen Sie oben an der Spritzwand über der Lenksäulen-Halterung die Schraube (siehe Abbildung).

26.42 Lösen Sie die Schraube oberhalb der Lenksäulen-Halterung aus der Spritzwand.

43 Befreien Sie den Kabelbaum vom Querträger-Rohr, und trennen Sie dabei alle Stecker (siehe Abbildungen). Notieren Sie die Anschlüsse oder fertigen Sie Fotos an, um beim Einbau alles wieder richtig anzuschließen und zu verlegen. Kabelstecker müssen an folgenden Positionen getrennt werden:

a) Im Bereich der Mittelkonsole zum Airbag-Steuergerät, zum Handbremsen-Schalter, zu den Konsolen-Schaltern usw.

b) Im Bereich des Heizungsgehäuses zu den Luftklappen-Regelmodulen und Sensoren.

c) An beiden Seiten oben und unten an den A-Säulen.

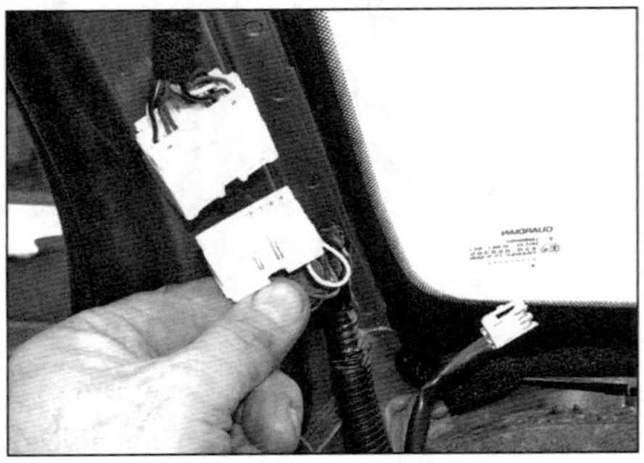

26.43a Trennen Sie u. a. die Stecker ...

26.43b ... an den A-Säulen.

44 Lösen Sie links im Fahrzeug die Kunststoffabdeckungen, und lockern Sie die Querrohr-Befestigungsschrauben (siehe Abbildungen) – zum Kontern der Querrohr-Einstellmutter wird ein passender Maulschlüssel benötigt.

26.44a Entfernen Sie die Kunststoffkappen, ...

26.44b ... und lockern Sie die Schrauben, ...

26.44c ... die Einstellmutter verbleibt links am Querrohr.

45 Lösen Sie rechts im Fahrzeug die Kunststoffabdeckungen und lockern Sie die Querrohr-Befestigungsschrauben (siehe Abbildungen). Die weiter vorn liegende Schraube kann nicht vollständig entfernt werden, da die Tür im Weg ist. Versuchen Sie **KEINESFALLS**, die Tür zu schließen, solange diese Schraube herausgedreht ist.

26.45a Lösen Sie die Querrohr-Schrauben, ...

26.45b ... beachten Sie, dass die vordere nicht vollständig entfernt werden kann. Schließen Sie nicht die Tür!

46 Führen Sie eine letzte Kontrolle durch, ob alle Stecker getrennt und alle Kabel befreit sind. Heben Sie dann das Querträger-Rohr samt Kabelbaum aus dem Fahrzeug (siehe Abbildung).

26.46 Heben Sie das Querrohr vorsichtig samt Kabelbaum aus dem Fahrzeug.

Einbau

47 Der Einbau entspricht im Wesentlichen der umgekehrten Ausbaureihenfolge – beachten Sie dabei folgende Punkte:

a) Ziehen Sie zuerst die rechten Querrohr-Schrauben sorgfältig an und dann die linken Schrauben – kontern Sie dabei die Einstellmuttern mit einem Maulschlüssel.

b) Alle Kabel müssen korrekt verlegt und verbunden sein.

c) Montieren Sie das Armaturenbrett samt aller Verkleidungen und Abdeckungen entsprechend der relevanten Hinweise in dieser Sektion.

Kapitel 12

Fahrzeug-Elektrik

Inhalt — Sektion

Schwierigkeitsgrade

Leicht. Geeignet für Anfänger mit wenig Erfahrung.	**Relativ leicht.** Geeignet für Anfänger mit etwas Erfahrung.	**Relativ schwierig.** Geeignet für geübte Selbstschrauber.	**Schwer.** Geeignet für Selbstschrauber mit viel Erfahrung.	**Sehr schwer.** Geeignet für Experten und Profis.

Spezifikationen

Allgemein	
System-Typ	12 Volt, Minus an Masse
Lampen	**Leistung (Watt)**
Blinker	21
Blinker-Seitenleuchte	5
Brems-/Rücklicht	21/5
Kartenleselampen	5
Kennzeichenbeleuchtung	5
Kofferraumbeleuchtung	5
Leselampen	5
Nebelscheinwerfer	55 (H11)
Nebel-Schlusslicht	21
Rückfahrleuchte	21
Scheinwerfer	
Abblendlicht	55 (H7 oder Xenon D1S)
Fernlicht	55 (H7)
Zusatzbremslicht	LED
Anzugsdrehmomente	
Airbag-Steuergerät-Befestigungsschrauben	20 Nm

1 Allgemeine Informationen und Warnhinweise

Allgemeine Informationen

Die Fahrzeug-Elektrik wird mit 12 Volt Spannung versorgt, Minus geht an Masse. Die Stromversorgung übernimmt ein Blei-Säure-Akkumulator, der von der Lichtmaschine geladen wird.

Dieses Kapitel beinhaltet Reparaturen und Wartungsarbeiten an den verschiedenen elektrischen Systemen, die nicht mit dem Ladesystem und der Motorsteuerung zu tun haben – diese finden sich in den Kapitel 5A, B oder C).

Warnhinweise

⚠ ***Warnung: Bevor an der Elektrik gearbeitet wird, müssen die Hinweise in der Sektion »Sicherheit geht vor!« am Anfang dieses Handbuchs sowie am Anfang von Kapitel 5A durchgelesen werden.***

⚠ ***Warnung: Bevor an der Elektrik gearbeitet wird, muss das Massekabel (–) der Batterie getrennt werden, um Kurzschlüsse und dadurch entstehende Brände zu verhindern – beachten Sie dazu die Hinweise auf Seite 532.***

⚠ ***Warnung: Die meisten Modelle sind mit Airbags und per Pyrotechnik aktivierten Gurtstraffern ausgerüstet – beachten Sie daher bei Arbeiten an der Elektrik die Warnhinweise in Sektion 20, um die Systeme nicht auszulösen und kein Verletzungsrisiko einzugehen.***

2 Elektrik-Fehlersuche – Allgemeine Informationen

Anmerkung: *Beachten Sie vor Arbeitsbeginn die Warnhinweise in Sektion 1. Die folgenden Tests beziehen sich auf Kontrollen der Hauptstromkreise und dürfen nicht bei empfindlichen Elektronik-Bauteilen wie dem ABS- oder anderen Steuergeräten durchgeführt werden.*

Allgemeines

1 Ein typischer Stromkreis besteht aus einem Verbraucher, entsprechenden Schaltern, Relais und Motoren sowie Kabeln und Steckern, die das Bauteil mit der Batterie und der Karosserie (Masse) verbinden. Zur Lokalisierung eines Problems und als Hilfe bei den Kabelfarben können die Schaltpläne am Ende des Kapitels beachtet werden.

2 Bevor Sie einen defekten Stromkreis untersuchen, müssen Sie den Schaltplan studieren, um ein vollständiges Bild über die Bestandteile des Stromkreises zu erhalten. Probleme können beispielsweise dadurch eingekreist werden, indem man andere zum Stromkreis gehörende Komponenten auf ihre Funktion überprüft. Wenn mehrere Komponenten eines Stromkreises gleichzeitig ausfallen, ist es sehr wahrscheinlich, dass der Fehler in der Sicherung oder einem defekten Masseanschluss liegt, da mehrere Stromkreise oftmals an derselben Sicherung oder Masse angeschlossen sind.

3 Elektrikprobleme sind oftmals auf Kleinigkeiten wie lockere oder korrodierte Stecker, eine durchgebrannte Sicherung oder ein defektes Relais (Prüfdetails in Sektion 3) zurückzuführen. Bevor Komponenten getestet werden, sollten stets die Sicherungen, Kabel und Stecker des betroffenen Stromkreises einer Sichtkontrolle unterzogen worden sein. Damit das Problem lokalisiert werden kann, müssen mithilfe der Schaltpläne die richtigen Anschlüsse überprüft werden.

4 Für Kontrollen am elektrischen System empfiehlt sich ein Multimeter – ein Mehrfachmessgerät, mit dem sich Spannungs-, Stromstärken- und Widerstandsmessungen durchführen lassen. Leicht ablesbare digitale Ausführungen sind nicht teuer. Für einfache Prüfungen reicht auch ein Durchgangstester oder eine Prüflampe, doch können hiermit keine Messungen vorgenommen werden. Für manche Messungen werden zudem Überbrückungskabel benötigt, mit denen Verbraucher direkt an die Batterie geklemmt werden können. Bevor versucht wird, ein Problem mit Prüfgeräten zu lokalisieren, muss mithilfe der Schaltpläne herausgefunden werden, wo diese angeschlossen werden müssen.

5 Um die Ursache einer unterbrochenen Leitung zu entdecken (üblicherweise eine korrodierte oder verschmutzte Steckverbindung oder eine beschädigte Kabelisolierung), kann ein »Wackeltest« hilfreich sein; hierbei wird von Hand an Kabeln gewackelt, um festzustellen, ob dabei der Fehler auftritt oder kurzzeitig behoben wird. Hierbei sollte es möglich sein, die Fehlerquelle auf eine begrenzte Sektion des Kabels einzugrenzen. Diese Prüfmethode kann zusammen mit den in den folgenden Untersektionen beschriebenen Tests verwendet werden.

6 Abgesehen von Problemen aufgrund schlechter Verbindungen können in einem elektrischen Stromkreis zwei grundlegende Fehlertypen auftreten: eine Stromkreisunterbrechung und ein Kurzschluss.

7 Stromkreisunterbrechungen können durch Kabelbrüche, abgerissene oder abgezogene Stecker irgendwo im Stromkreis hervorgerufen werden, sodass der Strom nicht mehr fließt. Eine Stromkreisunterbrechung hindert eine Komponente an der Funktion, sorgt aber nicht dafür, dass eine Sicherung durchbrennt.

8 Bei Kurzschlüssen findet der Strom eine Abkürzung, um nicht durch die elektrische Komponente, sondern direkt zu Masse zu fließen. Kurzschluss-Fehler entstehen üblicherweise durch eine defekte Kabelisolierung, sodass ein Stromkabel direkt mit einer mit Masse verbundenen Komponente oder der Karosserie in Kontakt kommt. Ein Kurzschluss-Fehler sorgt normalerweise dafür, dass die entsprechende Stromkreis-Sicherung durchbrennt.

Durchgangsprüfungen

9 Bei diesem Test wird ermittelt, ob der Strom durch einen Stromkreis fließen kann. Zum Testen eignen sich ein Durchgangsprüfer (der bei geschlossenem Stromkreis piept) oder das auf den Ohm-Messbereich geschaltete Multimeter. Beide Geräte arbeiten mit einer eigenen Stromversorgung, sodass die Zündung abgeschaltet sein muss. Zur Sicherheit sollte auch der Masseanschluss (–) der Batterie getrennt werden – ganz besonders, wenn das Zündsystem überprüft wird.

10 Schalten Sie das Multimeter auf die Durchgangsfunktion (falls vorhanden) oder den Ohm-Messbereich. Halten Sie die beiden Spitzen der Prüfkabel zusammen – das Gerät sollte jetzt durch Piepen oder eine angezeigte Null Durchgang erkennen lassen. Schalten Sie nach dem Prüfen das Gerät aus, damit sich die Batterie nicht entlädt.

11 Ein Durchgangsprüfer kann auf die gleiche Weise benutzt werden – entweder piept er, oder eine Lampe leuchtet auf, wenn Durchgang besteht.

12 Bei normalen Durchgangsprüfungen ist die Polarität des Messgerätes egal, allerdings muss beim Prüfen von Dioden oder Magnetschaltern darauf geachtet werden, den genauen Hinweisen über das Verbinden des Plus- und des Minus-Kabels zu folgen.

Durchgangsprüfung am Schalter

13 Scheint ein Schalter defekt zu sein, müssen seine Kabel bis zum Stecker verfolgt werden. Trennen Sie den Stecker und überprüfen Sie, ob seine Kontakte in Ordnung sind. Verschmutzte oder korrodierte Kontakte können Gründe für das Problem sein – reinigen Sie sie, und versehen Sie sie mit etwas wasserverdrängendem Lösungsmittel wie WD40 oder Kontaktreiniger und geeignetem Schutzspray.

14 Wird ein Multimeter verwendet, muss es entweder auf die Durchgangsfunktion (falls vorhanden) oder den Ohm-Messbereich geschaltet werden, dann werden die Prüfkabel-Spitzen mit den Steckerkontakten verbunden. Einfache An/Aus-Schalter wie Bremslichtschalter haben nur zwei Kontakte, während kombinierte Schalter wie diejenigen am Armaturenbrett oft über mehrere Kabelkontakte verfügen. Studieren Sie den entsprechenden Schaltplan (am Ende dieses Kapitels), um sicherzustellen, dass an den korrekten Kabelkontakten geprüft wird. Bei eingeschaltetem Schalter muss Durchgang bestehen, bei ausgeschaltetem Schalter darf kein Durchgang bestehen.

Durchgangsprüfung bei Kabeln

15 Viele elektrische Probleme sind auf beschädigte Kabel zurückzuführen, was oft an einer falschen Verlegung, Quetschung bei falscher Montage von Teilen sowie lockeren oder korrodierten Steckern liegt.

16 Eine Durchgangsprüfung kann an einem einzelnen Kabel durchgeführt werden, nachdem man es an beiden Enden getrennt und hier die Prüfklemmen angeschlossen hat. Ist ein Kabel in Ordnung, wird Durchgang angezeigt – besteht dieser nicht, wird das Kabel irgendwo gebrochen sein.

17 Um den Durchgang eines Massekabels zu Masse zu prüfen, wird eine Prüfklemme an den Massekontakt des Steckers und die andere an die Karosserie, den Motor oder (bei angeschlossenem Massekabel) an den Minuspol der Batterie gehalten. Sind das Kabel und sein Massekontakt in Ordnung, wird Durchgang angezeigt. Wird kein Durchgang festgestellt, wird ein Kabel gebrochen sein oder einen schlechten Massekontakt haben (siehe unten).

Spannungsprüfungen

18 Eine Spannungsprüfung kann belegen, ob der Strom einen Verbraucher erreicht. Schalten Sie das Multimeter auf den Volt-Messbereich für Gleichstrom (DC), um die Spannung des Gleichrichters oder hinter der Batterie zu prüfen, schalten sie es auf AC (Wechselstrom), um die Spannung der Lichtmaschine zu messen. Für den Gleichstrombereich kann auch eine einfache Prüflampe verwendet werden, doch das Messgerät hat den Vorteil, den Wert der Spannung anzuzeigen.

19 Verbinden Sie die Prüfklemmen parallel zur vorhandenen Verkabelung.

20 Identifizieren Sie zuerst den entsprechenden Stromkreis mithilfe des Schaltplans am Ende dieses Kapitels.

21 Wird ein Messgerät eingesetzt, muss zunächst sichergestellt sein, dass die Prüfklemmen korrekt daran angeschlossen sind – rot an Plus (+), schwarz an Minus (–). Schalten Sie das Messgerät auf den gewünschten Bereich (z. B. 0 bis 20 Volt DC). Verbinden Sie die rote Plusklemme mit dem stromführenden Kabel und die schwarze Minusklemme mit Masse am Motor oder der Karosserie oder dem Minuspol der Batterie. Bei eingeschalteten Schaltern muss beispielsweise Batteriespannung oder ein anderer in den technischen Daten angegebener Wert angezeigt werden.

22 Wird eine Prüflampe eingesetzt, muss die Plusklemme mit dem stromführenden Kabel und die Minusklemme mit Masse an Motor oder Karosserie oder dem Minuspol der Batterie verbunden werden – bei eingeschaltetem Stromkreis muss die Lampe leuchten.

23 Liegt keine Spannung an, muss man sich zur Stromquelle (z. B. der Batterie) vorarbeiten, um herauszufinden, wo das Problem liegt.

Masseprüfung

24 Masseverbindungen gibt es entweder direkt zur Befestigung an der Karosserie oder dem Motor (wie z. B. den Anlasser oder Zündspulen, die nur einen Steckerkontakt für Plus haben) oder über Kabel zum Massekabel an der Batterie. Auch kann ein kurzes Kabel vom Verbraucher direkt zur Karosserie verlegt sein.

25 Korrosion ist genauso ein verbreiteter Grund für eine schlechte Masseverbindung, wie es lockere Anschlüsse sind.

26 Fallen alle oder mehrere Verbraucher gleichzeitig aus, muss die Festigkeit des Haupt-Massekabels (–) an der Batterie überprüft werden, außerdem sind das an den Motor geschraubte Massekabel sowie die Massepunkte an der Karosserie zu kontrollieren. Bei Korrosion muss der Anschluss freigelegt und gereinigt werden, bis wieder blankes Metall zum Vorschein kommt. Verbinden Sie den Anschluss, und tragen Sie etwas Polfett auf, um weiterem Rost vorzubeugen.

27 Um einen Verbraucher auf guten Masseschluss zu prüfen, muss sein Massekontakt oder sein Gehäuse übergangsweise mithilfe eines Überbrückungskabels mit der Karosserie verbunden werden – arbeitet der Verbraucher jetzt, ist sein Masseschluss defekt.

28 Prüfen Sie bei einem Massekabel zunächst seine Anschlüsse auf Korrosion und lockere Kontakte, kontrollieren Sie dann das Kabel auf Durchgang (siehe Schritt 13).

Praxis-Tipp

Bedenken Sie immer: Ein elektrischer Stromkreis soll Strom von der Quelle (der Batterie) durch Kabel, Schalter, Relais usw. zum Verbraucher (Lampe, Anlasser etc.) leiten, von dort aus geht es über die Masseverbindung zurück zur Batterie. Elektrische Probleme sind im Wesentlichen Unterbrechungen dieses Stromflusses.

3 Sicherungen und Relais – Allgemeine Informationen

Sicherungen

1 Sicherungen haben die Funktion, einen Stromkreis zu unterbrechen, sobald eine vorgegebene maximale Stromstärke überschritten wird, damit dieser Strom keine Kabel und Bauteile beschädigt. Übermäßig viel Strom fließt normalerweise aufgrund einer defekten Komponente oder eines Kurzschlusses (siehe Sektion 2).

2 Die Hauptsicherungen befinden sich in der Sicherungsbox unterhalb des Armaturenbretts an der Fahrerseite.

3 Um Zugang zu diesen Sicherungen zu erhalten, muss die Abdeckung geöffnet werden (siehe Abbildung).

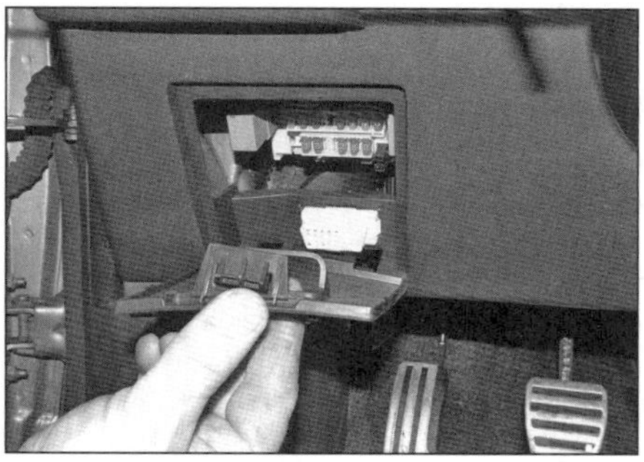

3.3 Sicherungsbox oberhalb des Fahrer-Fußraums

4 Weitere Schmelzsicherungen und Unterbrecherschalter befinden sich im Motorraum in einem Sicherungskasten neben der Batterie (siehe Abbildung).

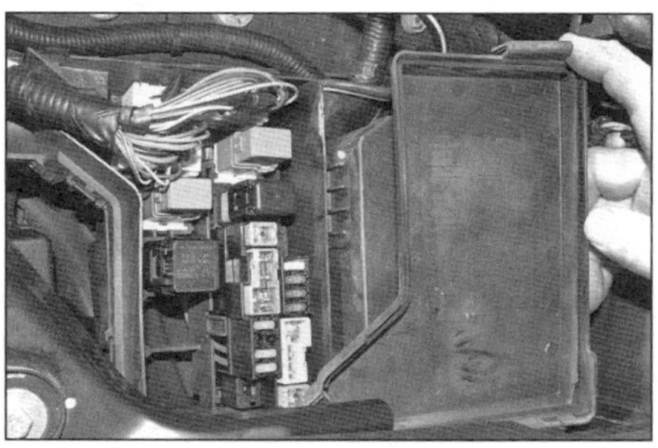

3.4 Motorraum-Sicherungsbox

5 Das »Intelligente Energieverteilungs-Modul« (IPDM) sitzt neben der Sicherungsbox im Motorraum (siehe Abbildungen).

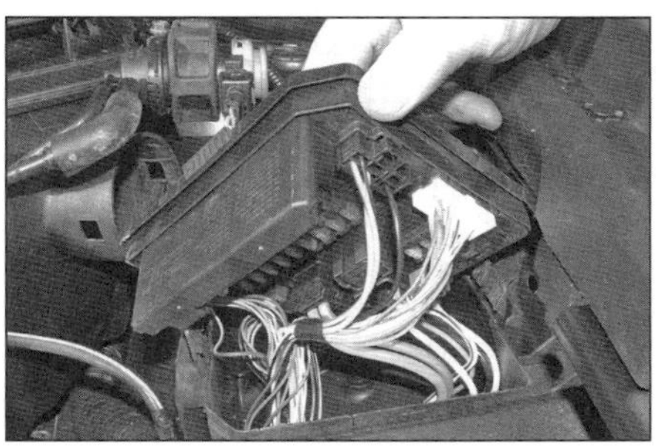

3.5a Das IPDM ist mit eigenen Sicherungen ausgerüstet, ...

3.5b ... deren Zuständigkeiten und Absicherungsraten an der Seite angegeben sind.

6 Je nach Modell kann es für den Zugang zur Motorraum-Sicherungsbox nötig sein, den Ansaugtrakt entfernen zu müssen (siehe Abbildungen).

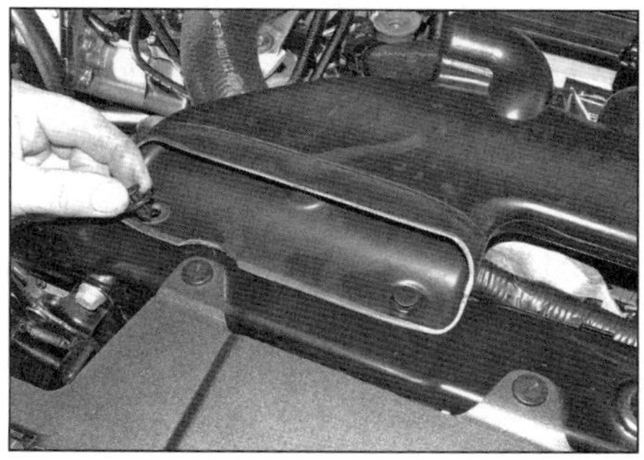

3.6a Lösen Sie die Zapfen ...

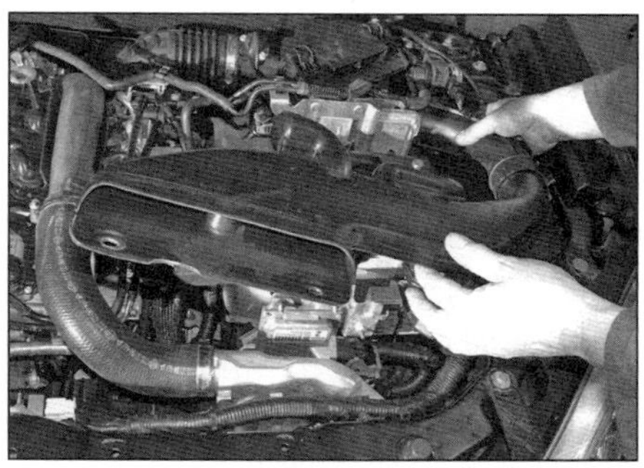

3.6b ... und entfernen Sie den Ansaugtrakt.

7 Eine durchgebrannte Sicherung kann an ihrem unterbrochenen Draht erkannt werden. Bevor eine Sicherung erneuert wird, muss sichergestellt sein, dass der entsprechende Stromkreis abgeschaltet ist.

8 Ziehen Sie mit dem in der Sicherungsbox sitzenden Werkzeug die Sicherung aus ihrem Sitz (siehe Abbildungen).

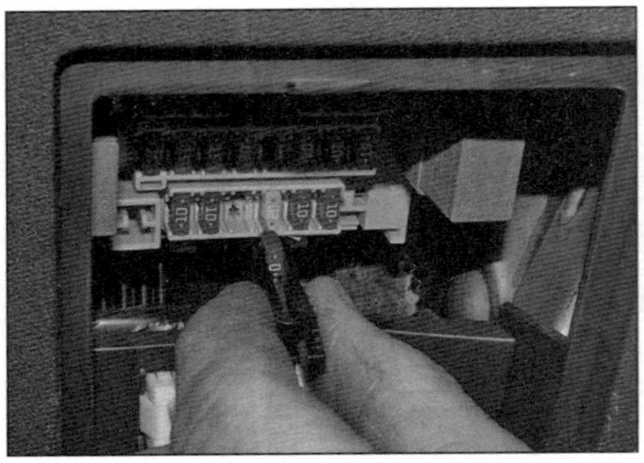

3.8 Ziehen Sie die Sicherung mit der beigefügten Zange heraus.

9 In der Hauptsicherungs-Box sollten Ersatzsicherungen aller Stärken vorhanden sein.

10 Vor dem Austausch einer Sicherung muss die Ursache für ihr Durchbrennen gefunden und beseitigt werden (im Deckel der Sicherungsbox ist – auf Englisch – der abgesicherte Stromkreis angegeben). Verwenden Sie nur Ersatzsicherungen der gleichen Absicherungsrate. Auch eine kurzzeitig eingesetzte »stärkere« Sicherung oder Notreparaturen mit einem Stück Draht können größere Schäden bis hin zum Brand nach sich ziehen.

11 Sicherungen sind mit unterschiedlichen Farben durchgefärbt, die auf die Absicherungsrate hinweisen:

Farbe	**Absicherungsrate**
Orange	5 Ampere
Rot	10 Ampere
Blau	15 Ampere
Gelb	20 Ampere
Weiß oder transparent	25 Ampere
Grün	30 Ampere

Relais

12 Ein Relais ist ein elektrisch betätigter Schalter, der aus folgenden Gründen zum Einsatz kommt:

a) Ein Relais kann abseits vom Stromkreis hohe Stromstärken steuern, sodass kleinere Schalterkontakte und dünnere Kabel zum Schalter und ggf. zum Armaturenbrett verwendet werden können.

b) Ein Relais kann anders als ein mechanischer Schalter mehr als einen Steuerimpuls empfangen.

c) Ein Relais kann eine Zeitschaltfunktion haben – beispielsweise das Blinkrelais oder die Intervallschaltung des Scheibenwischers.

13 Verschiedene Relais sitzen hinter dem Armaturenbrett neben der Sicherungsbox oder rechts im Motorraum (Abb. 3.4).

14 Wenn ein Stromkreis, der ein Relais enthält, einen Defekt aufweist, kann auch das Relais selbst die Ursache hierfür sein. Ein funktionierendes Relais muss beim Einschalten des Stromkreises ein hörbares Klicken von sich geben – in diesem Fall liegt der Fehler in der Verkabelung oder im Verbraucher. Wenn ein Relais nicht klickt, kommt bereits hier kein Strom an, oder das Relais selbst hat einen Defekt; die einfachste Kontrolle ist der Austausch gegen ein erwiesenermaßen funktionsfähiges Relais. **Achtung: Niemals darf davon ausgegangen werden, dass ein ähnlich aussehendes Relais gegen das vorhandene Relais ausgetauscht werden darf.**

15 Bevor ein Relais ausgebaut wird, muss sichergestellt sein, dass der entsprechende Stromkreis (oder die Zündung) abgeschaltet ist. Das Relais kann dann einfach aus seinem Sockel gezogen werden.

4 Schalter – Ausbau und Einbau

Anmerkung: *Bevor ein Schalter demontiert wird, muss das Massekabel (–) der Batterie getrennt werden, um Kurzschlüsse und dadurch entstehende Brände zu verhindern – beachten Sie dazu die Hinweise auf Seite 532.*

Zündschloss

1 Beachten Sie die Hinweise in Kapitel 10, Sektion 13.

Lenksäulen-Schalter

2 Entfernen Sie die untere und obere Lenksäulen-Abdeckung (siehe Kapitel 11, Sektion 26).

3 Lösen Sie die Laschen, und ziehen Sie rechts den Scheibenwischer-Schalter vom Schalter-Kombigehäuse ab, trennen Sie dabei den Kabelstecker (siehe Abbildungen).

4.3a Lösen Sie die Laschen, ziehen Sie den Scheibenwischer-Schalter ab ...

4.3b ... und trennen Sie seinen Stecker.

4 Lösen Sie die Laschen, und ziehen Sie links den Lichtschalter vom Schalter-Kombigehäuse ab, trennen Sie dabei den Kabelstecker (siehe Abbildungen).

4.4a Lösen Sie die Laschen ...

4.4b ... und ziehen Sie den Lichtschalter ab.

5 Der Einbau entspricht der umgekehrten Ausbaureihenfolge.

Heizungs-/Klimaanlagen-Schalter

6 Die Schalter sitzen in der Heizungs-Regelungs-Einheit, deren Aus- und Einbau in Kapitel 3, Sektion 9 beschrieben ist.

Front- und Heckscheiben-Heizungsschalter

7 Die Schalter sitzen in der Heizungs-Regelungs-Einheit, deren Aus- und Einbau in Kapitel 3, Sektion 9 beschrieben ist.

Schalter links am Armaturenbrett

8 Hierzu gehören je nach Modell der Außenspiegel-Schalter, die Leuchtweitenregulierung, der ESP-Schalter und der Tempomatschalter.
9 Entnehmen Sie die Schalterblende vorsichtig aus dem Armaturenbrett, und trennen Sie dabei die Kabelstecker (siehe Abbildungen).

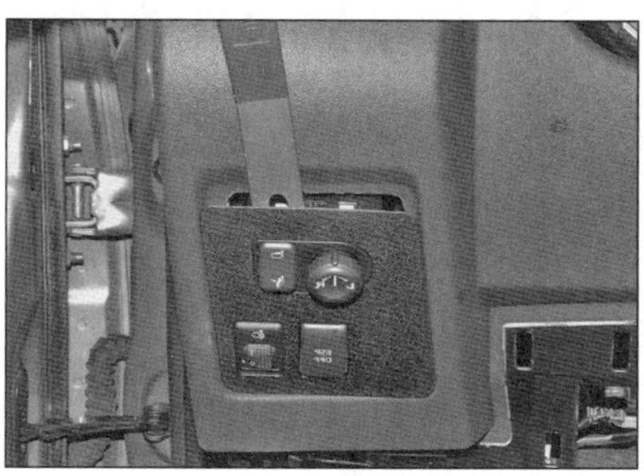

4.9a Hebeln Sie die Schalterblende heraus ...

4.9b ... und trennen Sie die Kabelstecker.

10 Zum Ausbauen eines Schalters werden die Blende umgedreht, die Laschen des Schalters gelöst und dieser aus der Blende herausgezogen (siehe Abbildungen).

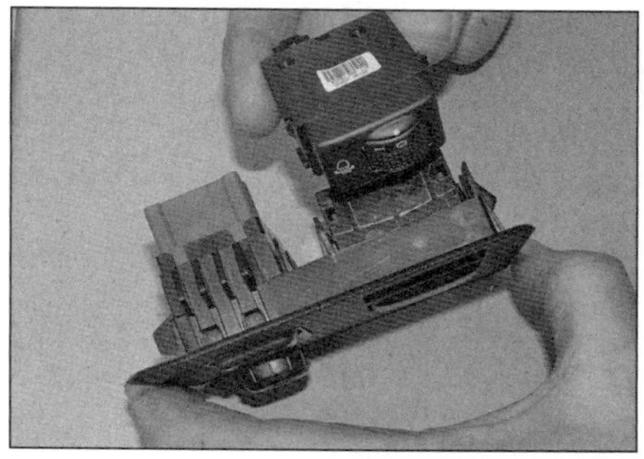

4.10a Lösen Sie die Laschen ...

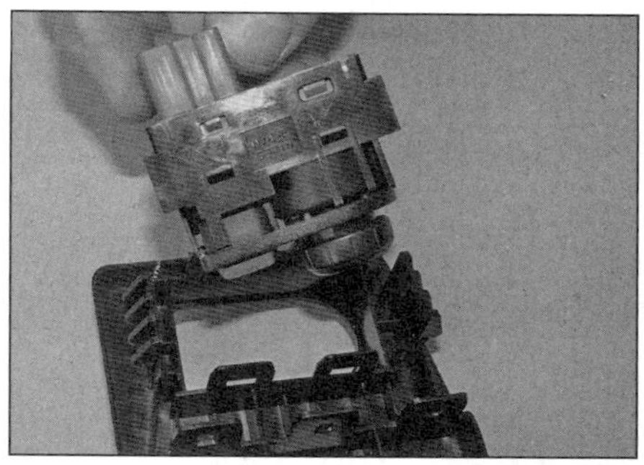

4.10b ... und nehmen Sie den Schalter aus der Blende.

11 Der Einbau der jeweiligen Schalter und der Blende entspricht der umgekehrten Ausbaureihenfolge.

Fensterheber-Schalter

Vordere Türen

12 Befreien Sie die Türschalter-Blende oben aus der Armlehne (siehe Abbildung).

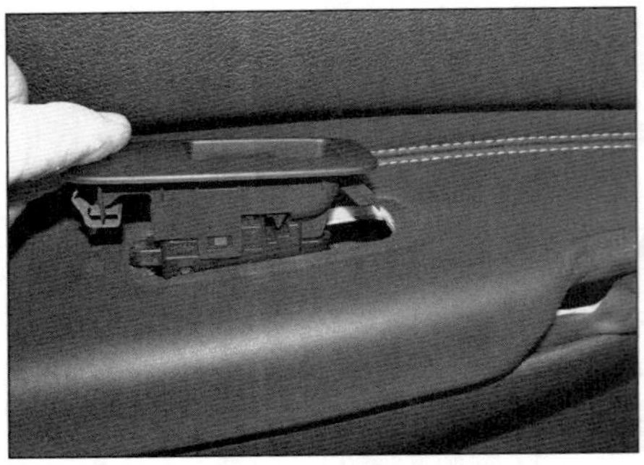

4.12 Befreien Sie die Türschalter-Blende oben aus der Armlehne ...

13 Trennen Sie den Stecker des Schalters, sobald dieser zugänglich wird (siehe Abbildung).

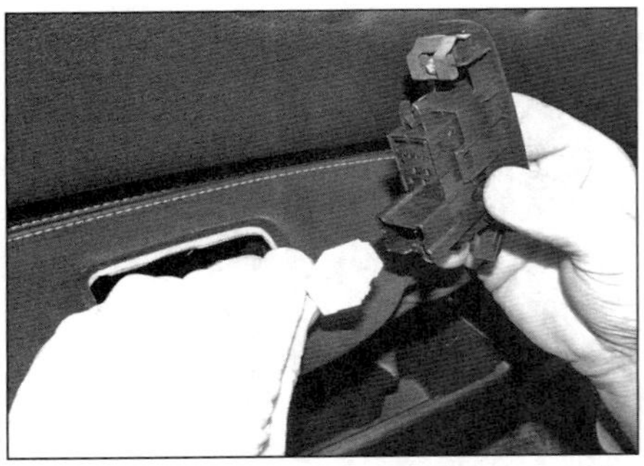

4.13 ... und trennen Sie den Schalterstecker.

14 Zum Entnehmen eines Schalters werden die Blende umgedreht, die Laschen des Schalters gelöst und dieser hinten aus der Blende herausgezogen (siehe Abbildungen).

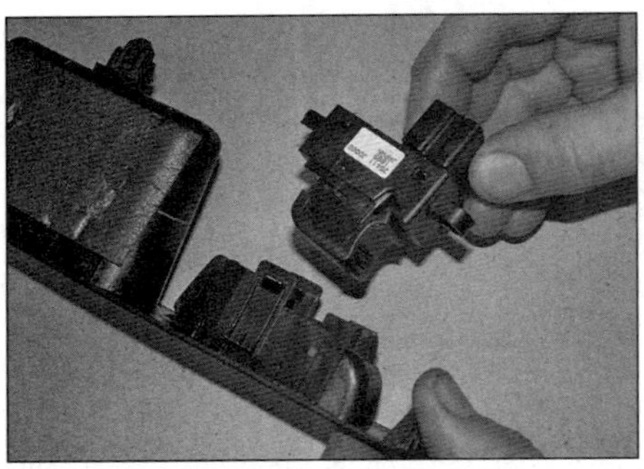

4.14a Lösen Sie die Laschen und nehmen Sie den Schalter aus der Blende.

4.14b Die Schalter der Fahrertür bilden eine gemeinsame Baugruppe.

15 Der Einbau der jeweiligen Schalter und der Blende entspricht der umgekehrten Ausbaureihenfolge.

Warnblinker-Schalter

16 Dieser Schalter sitzt in der zentralen Belüftungsklappen-Blende, deren Ausbau in Kapitel 11, Sektion 26 beschrieben ist.
17 Zum Ausbauen des Schalters werden die Laschen gelöst und dieser nach vorn aus der Blende entnommen (siehe Abbildungen).

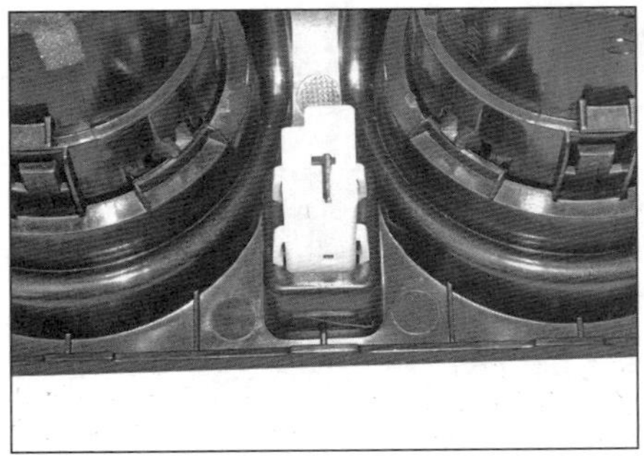

4.17a Lösen Sie die Laschen ...

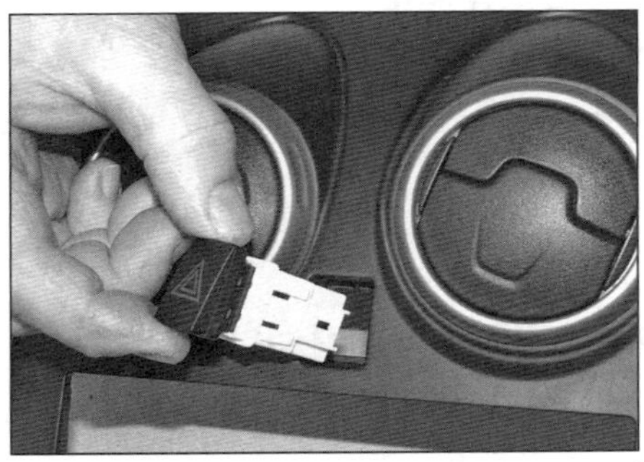

4.17b ... und nehmen Sie den Warnblinker-Schalter nach vorn aus der Mittelblende heraus.

Mittelkonsolenschalter

19 In der Mittelkonsole können je nach Modell die Schalter für die Sitzheizung, die Zentralverriegelung und den zuschaltbaren Allradantrieb sitzen.
20 Nehmen Sie die Schalterblende vorsichtig oben aus der Mittelkonsole und trennen Sie dabei die Stecker (siehe Abbildungen).

4.20a Befreien Sie die Schalterblende aus der Mittelkonsole ...

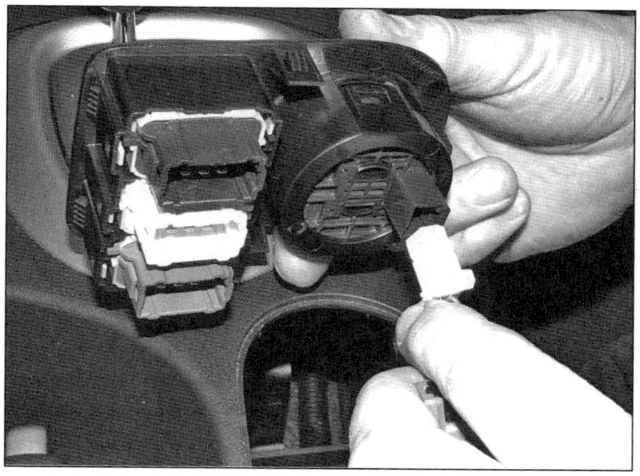

4.20b ... und trennen Sie alle Stecker.

21 Zum Befreien eines Schalters werden die Blende umgedreht, die Laschen des Schalters gelöst und dieser hinten aus der Blende herausgezogen (siehe Abbildungen).

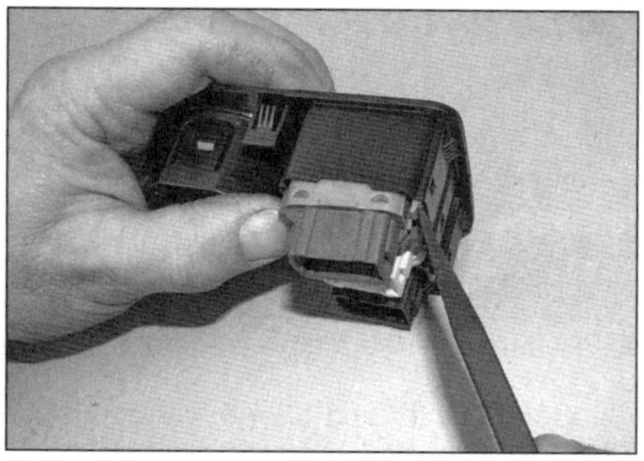

4.21a Lösen Sie die Laschen ...

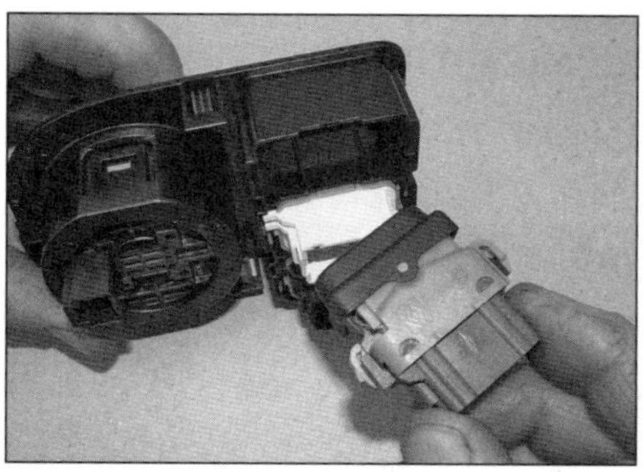

4.21b ... und nehmen Sie den Schalter aus der Blende.

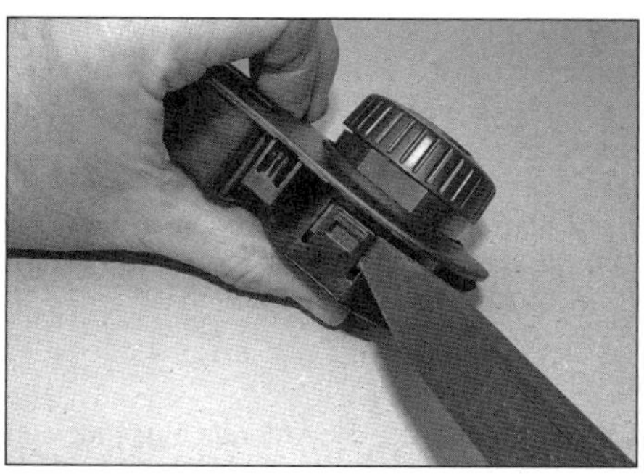

4.21c Lösen Sie die Laschen ...

4.21d ... und nehmen Sie den Allrad-Drehschalter aus der Blende.

22 Der Einbau der jeweiligen Schalter und der Blende entspricht der umgekehrten Ausbaureihenfolge.

Innenbeleuchtungs-/Tür-Warnschalter

23 Diese Schalter sind in die Schließmechanismen der Türen integriert – beachten Sie hierfür die Hinweise in Kapitel 11, Sektion 17.

Kofferraumbeleuchtungs-Schalter

24 Der Schalter ist in das Heckklappen-Schloss integriert – beachten Sie hierfür die Hinweise in Kapitel 11, Sektion 16.

Leselampen-/Innenbeleuchtungs-Schalter

25 Diese Schalter sind in die Innenbeleuchtungs-Baugruppen integriert und können nicht separat ausgebaut werden – das Ersetzen der Lampen ist in Sektion 6 beschrieben.

Lenkradschalter

26 Diese Schalter schließen je nach Ausführung den Audio-Regelungsschalter (links) und den Tempomat-Schalter (rechts) ein.

Praxis-Tipp

Warnung: Beachten Sie bei Arbeiten am Airbag die Warnhinweise in Sektion 20, um die Systeme nicht auszulösen und ein Verletzungsrisiko einzugehen.

27 Demontieren Sie den Airbag aus dem Lenkrad (siehe Sektion 21).

28 Trennen Sie den Masseanschluss hinten an der Airbag-Einheit (siehe Abbildung).

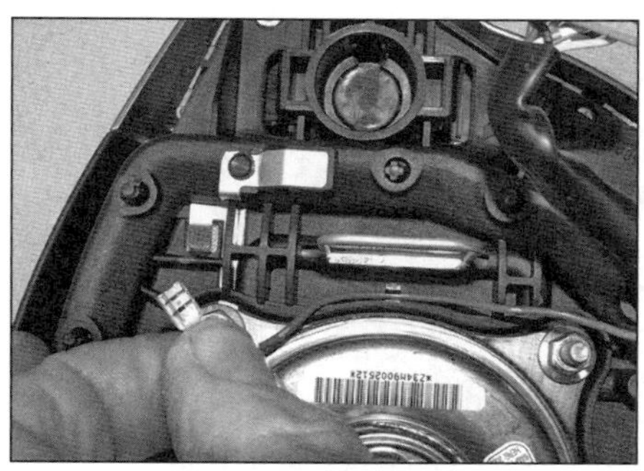

4.28 Trennen Sie das Massekabel.

29 Lösen Sie seitlich am Airbag die Schrauben, und entfernen Sie die Schalterblende vom Airbag (siehe Abbildungen).

4.29a Lösen Sie die Schrauben ...

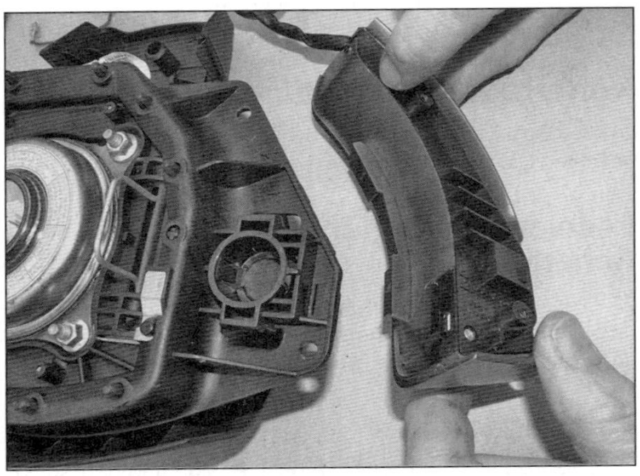

4.29b ... und entfernen Sie den Schalter vom Airbag.

30 Installieren Sie den Schalter und die Blende in der umgekehrten Ausbaureihenfolge, und installieren Sie den Airbag (siehe Sektion 21).

Beifahrer-Airbagschalter

31 Hebeln Sie vorsichtig rechts die seitliche Armaturenbrett-Abdeckung heraus (siehe Abbildung).

4.31 Entfernen Sie die Abdeckung rechts vom Armaturenbrett.

32 Trennen Sie den Stecker des Schalters, sobald dieser zugänglich wird.

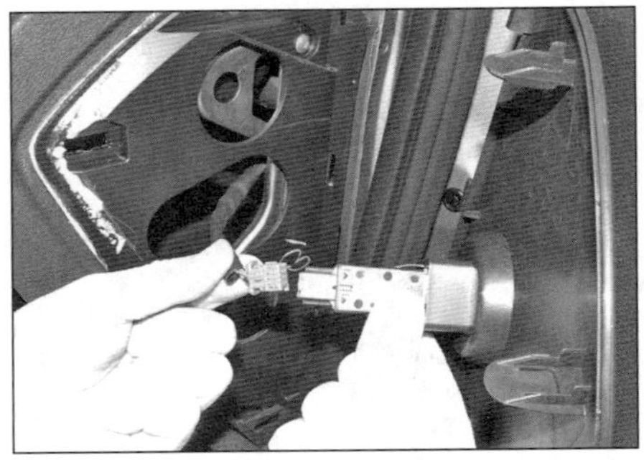

4.32 Trennen Sie den Stecker des Schalters.

33 Lösen Sie die Schellen, und ziehen Sie den Schalter aus der seitlichen Abdeckung (siehe Abbildung).

4.33 Ausbau des Beifahrer-Airbagschalters

34 Installieren Sie den Schalter und die Abdeckung in der umgekehrten Ausbaureihenfolge.

5 Lampen (außen) – Ersetzen

Allgemeines

1 Beachten Sie beim Austauschen von Lampen die folgenden Punkte:

a) Trennen Sie zunächst das Massekabel (–) der Batterie (siehe Seite 532).

b) Bedenken Sie, dass Lampen im Betrieb sehr heiß werden und etwas Zeit zum Abkühlen brauchen.

c) Kontrollieren Sie stets die Kontakte der Lampe und des Sockels. Entfernen Sie Korrosion und Schmutz, damit guter Kontakt sichergestellt werden kann.

d) Achten Sie bei Lampen mit Bajonettverriegelung darauf, dass die Kontaktplatte im Sockel mit Federkraft gegen die Lampe drücken kann.

e) Achten Sie auf die korrekte Watt-Stärke der neuen Lampe. Fassen Sie das Glas nicht direkt mit den Fingern an bzw. reinigen Sie das Glas nach dem Einbau.

Scheinwerferlampe

2 Öffnen Sie die Motorhaube. Je nach Modell muss für den Zugang zum linken Scheinwerfer ggf. der Ansaugtrakt entfernt werden (Abb. 3.6a und b).

3 Berühren Sie das Glas der neuen Lampe nicht mit den Fingern (Fett und Schmutz wird Brandflecken hinterlassen und den Verschleiß der Lampe beschleunigen) – wischen Sie Fingerabdrücke ggf. mit einem mit Spiritus getränktem Tuch ab.

Abblendlicht

Halogenlampe

4 Ziehen Sie an der Rückseite des Scheinwerfers die Schutzkappe ab (siehe Abbildung).

5.4 Ziehen Sie die Gummikappe ab.

5 Drehen Sie den Lampenhalter gegen den Uhrzeigersinn, und befreien Sie ihn aus dem Scheinwerfer (siehe Abbildung).

5.5 Verdrehen Sie den Lampenhalter, um ihn zu freizulegen.

6 Ziehen Sie die Lampe aus dem Lampenhalter (siehe Abbildung).

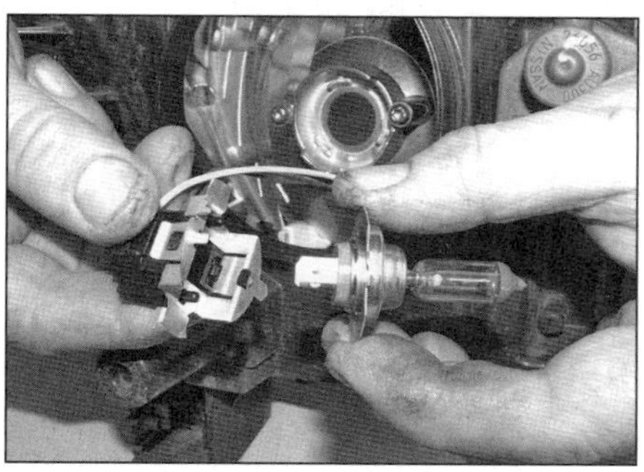

5.6 Ziehen Sie die Lampe aus dem Halter.

7 Installieren Sie die neue Lampe so, dass der Halter korrekt in den Reflektor greift (siehe Abbildung). Achten Sie auf die Hinweise in Schritt 3.

5.7 Der Lampenhalter muss korrekt im Scheinwerfer sitzen.

8 Stecken Sie die Gummikappe auf.

Xenon-Scheinwerfer

Praxis-Tipp

Warnung: Bei der Arbeit an Xenon-Scheinwerfern ist es ratsam, Schutzhandschuhe und eine Schutzbrille zu tragen. Zunächst müssen die Kabelstecker an der Rückseite des Scheinwerfers getrennt werden, dann muss gewartet werden, bis sich dieser genug abgekühlt hat. Schalten Sie KEINESFALLS die Scheinwerfer bei ausgebauten Leuchten ein – dies kann zu Augenverletzungen führen.

9 Das Massekabel (–) der Batterie muss getrennt sein (siehe Seite 532).
10 Drehen Sie an der Rückseite des Scheinwerfers die Kunststoff-Schutzkappe ab – laut Warnhinweis am Lampenhalter darf weder die Abdeckung entfernt noch ein Messgerät angeschlossen werden (siehe Abbildung). Bei Problemen mit der Lampe sollte eine Überprüfung von einer Fachwerkstatt vorgenommen werden.

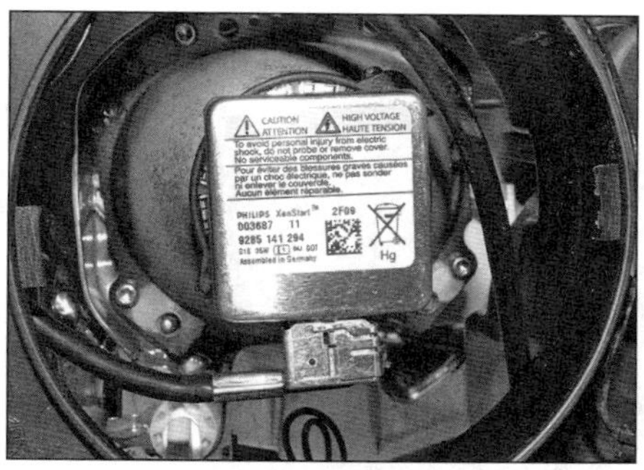

5.10 Hochspannungs-Warnhinweis am Lampenhalter

11 Trennen Sie den Kabelstecker der Hochspannungs-Einheit (siehe Abbildung).

5.11 Ziehen Sie den Stecker der Hochspannungseinheit ab.

12 Drehen Sie die Hochspannungseinheit gegen den Uhrzeigersinn, um sie aus dem Scheinwerfer zu befreien (siehe Abbildung).

5.12 Lösen Sie die Hochspannungseinheit aus dem Bajonettverschluss des Scheinwerfers.

13 Installieren Sie die neue Lampe korrekt an den Scheinwerfer. Achten Sie auf die Hinweise in Schritt 3.
14 Verbinden Sie den Kabelstecker und drehen Sie die Kunststoffkappe auf.

Fernlicht

15 Ziehen Sie an der Rückseite des Scheinwerfers die Schutzkappe ab (siehe Abbildung).

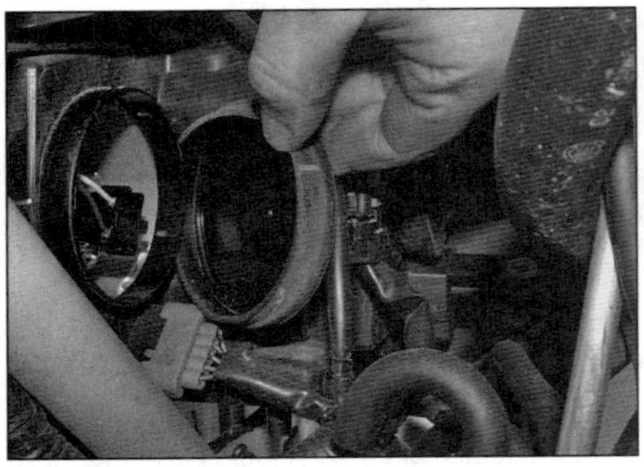

5.15 Ziehen Sie die Gummikappe ab.

16 Drehen Sie den Lampenhalter gegen den Uhrzeigersinn und befreien Sie ihn aus dem Scheinwerfer (siehe Abbildung).

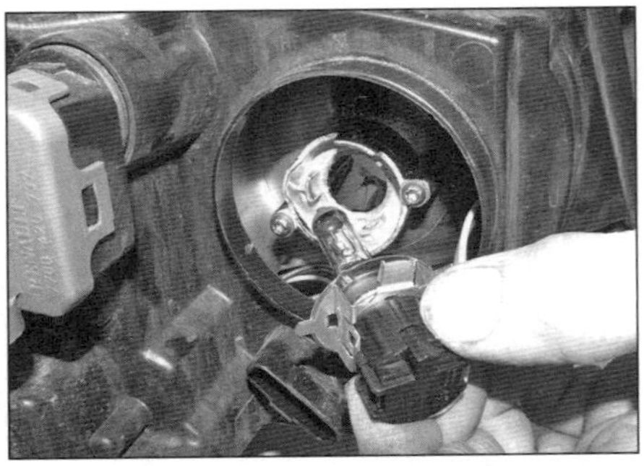

5.16 Verdrehen Sie den Lampenhalter, um ihn zu befreien.

17 Ziehen Sie die Lampe aus dem Lampenhalter (siehe Abbildung).

5.17 Ziehen Sie die Lampe aus dem Halter.

18 Installieren Sie die neue Lampe so, dass der Halter korrekt in den Reflektor greift (siehe Abbildung). Achten Sie auf die Hinweise in Schritt 3.

5.18 Der Lampenhalter muss korrekt im Scheinwerfer sitzen.

19 Stecken Sie die Gummikappe auf.

Standlichtlampe

20 Öffnen Sie die Motorhaube. Je nach Modell muss für den Zugang zum linken Scheinwerfer ggf. der Ansaugtrakt entfernt werden (Abb. 3.6a und b).
21 Trennen Sie oben am Scheinwerfer den Stecker der Standlichtlampe.
22 Drehen Sie den Lampenhalter aus seinem Sitz im Scheinwerfergehäuse (siehe Abbildung).

5.22 Drehen Sie den Lampenhalter heraus ...

23 Ziehen Sie die Lampe aus dem Halter – sie hat keinen eigenen Sockel (siehe Abbildung).

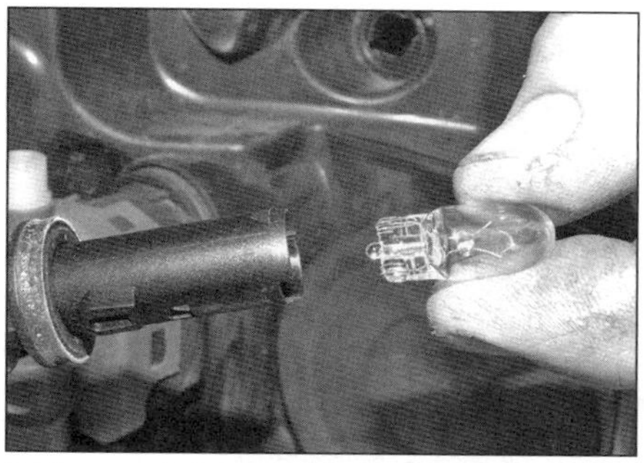

5.23 ... und ziehen Sie die Lampe heraus.

24 Installieren Sie die neue Lampe in der umgekehrten Ausbaureihenfolge.

Blinker vorn

25 Öffnen Sie die Motorhaube.
26 Drehen Sie den mit einem Griff versehenen äußeren Lampenhalter gegen den Uhrzeigersinn und ziehen Sie ihn aus dem Scheinwerfergehäuse (siehe Abbildungen).

5.26a Drehen Sie den Lampenhalter nach links ...

5.26b ... und befreien Sie ihn aus dem Scheinwerfergehäuse.

27 Die Lampe ist mit einem Bajonettsockel ausgerüstet, sodass sie vorsichtig heruntergedrückt, gegen den Uhrzeigersinn verdreht und herausgezogen werden kann (siehe Abbildung).

5.27 Drücken Sie die Lampe etwas ein und drehen Sie sie bis zum Anschlag nach links, um sie zu entfernen.

28 Installieren Sie die neue Lampe in der umgekehrten Ausbaureihenfolge.

Blinker im Kotflügel

29 Drücken Sie das Blinkergehäuse vorsichtig nach vorn, um es aus dem Kotflügel zu befreien (siehe Abbildung).

5.29 Befreien Sie vorsichtig das Blinkergehäuse.

30 Drehen Sie den Lampenhalter gegen den Uhrzeigersinn aus dem Gehäuse (siehe Abbildung).

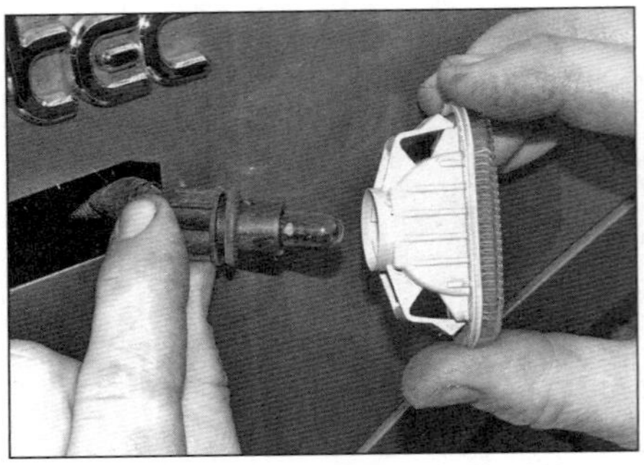

5.30 Drehen Sie den Lampenhalter heraus ...

31 Ziehen Sie die Lampe aus dem Halter – sie hat keinen eigenen Sockel (siehe Abbildung).

5.31 ... und ziehen Sie die Lampe heraus.

32 Installieren Sie die neue Lampe in der umgekehrten Ausbaureihenfolge.

Nebelscheinwerfer

33 Demontieren Sie die Radhausschale (siehe Kapitel 11, Sektion 21) (siehe Abbildung).

5.33 Befreien Sie die Radhausschale.

34 Greifen Sie hinter die Stoßstange und trennen Sie den Stecker des Lampenhalters (siehe Abbildung).

5.34 Trennen Sie in der Stoßstange den Stecker des Nebelscheinwerfers.

35 Drehen Sie den Lampenhalter gegen den Uhrzeigersinn, und ziehen Sie ihn aus dem Nebelscheinwerfergehäuse (siehe Abbildung).

5.35 Drehen Sie den Lampenhalter nach links und nehmen Sie ihn aus dem Scheinwerfer.

36 Bevor die Lampe aus dem Halter herausgenommen wird, muss überprüft werden, ob die neue Lampe mit oder ohne Halter geliefert wurde. Beachten Sie bei der Handhabung der Lampe die Hinweise in Schritt 3.
37 Installieren Sie die neue Lampe in der umgekehrten Ausbaureihenfolge.

Rücklicht-Lampen (Rücklicht/Bremslicht, Blinker)

38 Öffnen Sie die Heckklappe und demontieren Sie die entsprechende Rücklichteinheit (siehe Sektion 7).
39 Lösen Sie die Laschen und entfernen Sie den gemeinsamen Lampenhalter aus der Rücklichteinheit (siehe Abbildung).

5.39 Lösen Sie die Laschen des gemeinsamen Lampenhalters.

40 Die Lampen sind jeweils mit einem Bajonettsockel ausgerüstet, sodass sie vorsichtig heruntergedrückt, gegen den Uhrzeigersinn verdreht und herausgezogen werden können (siehe Abbildung).

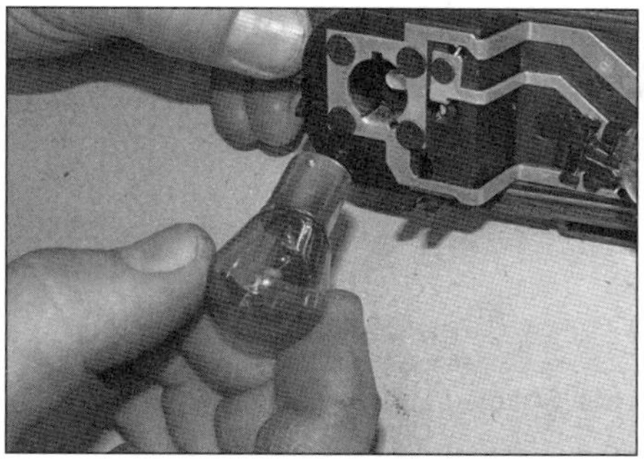

5.40 Drücken Sie die Lampe etwas ein und drehen Sie sie bis zum Anschlag nach links, um sie zu entfernen.

41 Installieren Sie die neue Lampe in der umgekehrten Ausbaureihenfolge – beachten Sie bei den Zweifadenlampen für Brems- und Rücklicht die versetzt angeordneten Bajonettstifte, die sicherstellen, dass die Lampen nur in einer Position installiert werden können.

Nebelschlussleuchte

42 Hebeln Sie vorsichtig das Lampengehäuse aus der hinteren Stoßstange (siehe Abbildungen).

5.42a Befreien Sie vorsichtig die Laschen des Lampengehäuses ...

5.42b ... und ziehen Sie es aus der Stoßstange.

43 Drehen Sie den Lampenhalter gegen den Uhrzeigersinn, und ziehen Sie ihn aus dem Lampengehäuse (siehe Abbildung).

5.43 Drehen Sie den Lampenhalter nach links, um ihn aus dem Gehäuse zu befreien.

44 Die Lampe ist mit einem Bajonettsockel ausgerüstet, sodass sie vorsichtig heruntergedrückt, gegen den Uhrzeigersinn verdreht und herausgezogen werden kann (siehe Abbildung).

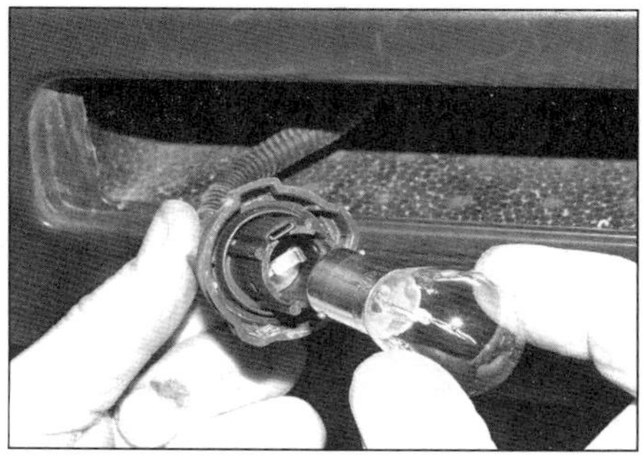

5.44 Drücken Sie die Lampe etwas ein und drehen Sie sie bis zum Anschlag nach links, um sie zu entfernen.

45 Installieren Sie die neue Lampe in der umgekehrten Ausbaureihenfolge.

Rückfahrleuchte

46 Öffnen Sie die Heckklappe, und entfernen Sie ihre Innenverkleidung (siehe Kapitel 11, Sektion 24).
47 Drehen Sie den Lampenhalter gegen den Uhrzeigersinn, und ziehen Sie ihn aus der Rückfahrleuchte (siehe Abbildung).

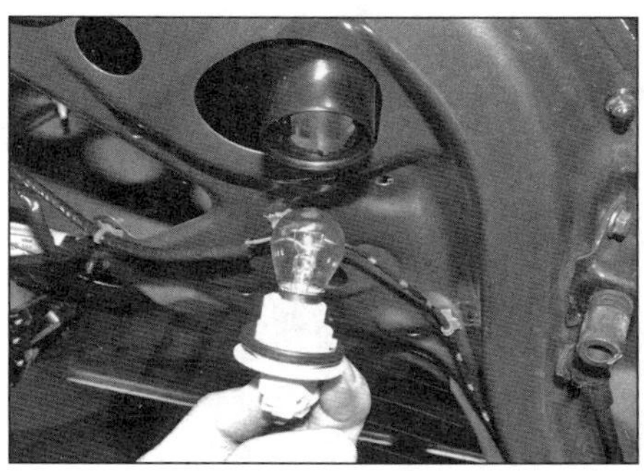

5.47 Drehen Sie den Lampenhalter nach links, um ihn aus der Leuchte zu befreien.

48 Die Lampe ist mit einem Bajonettsockel ausgerüstet, sodass sie vorsichtig heruntergedrückt, gegen den Uhrzeigersinn verdreht und herausgezogen werden kann (siehe Abbildung).

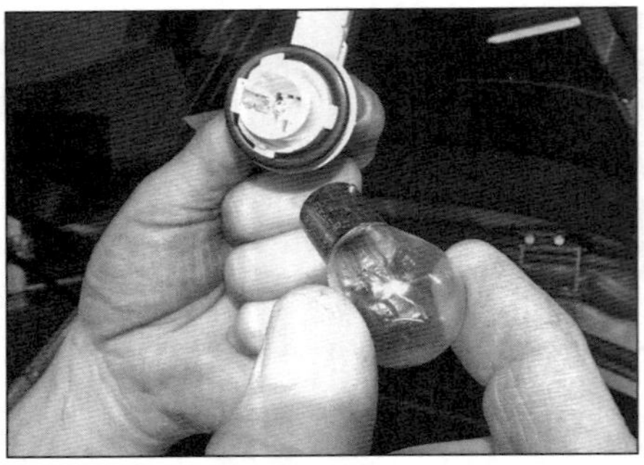

5.48 Drücken Sie die Lampe etwas ein und drehen Sie sie bis zum Anschlag nach links, um sie zu entfernen.

49 Installieren Sie die neue Lampe in der umgekehrten Ausbaureihenfolge.

Kennzeichenbeleuchtung

50 Befreien Sie vorsichtig das Lampengehäuse aus der Schalter-/Kennzeichen-Abdeckung (siehe Abbildungen).

5.50a Befreien Sie vorsichtig die Laschen ...

5.50b ... und befreien Sie das Lampengehäuse aus der Abdeckung.

51 Drehen Sie den Lampenhalter gegen den Uhrzeigersinn aus dem Gehäuse (siehe Abbildung).

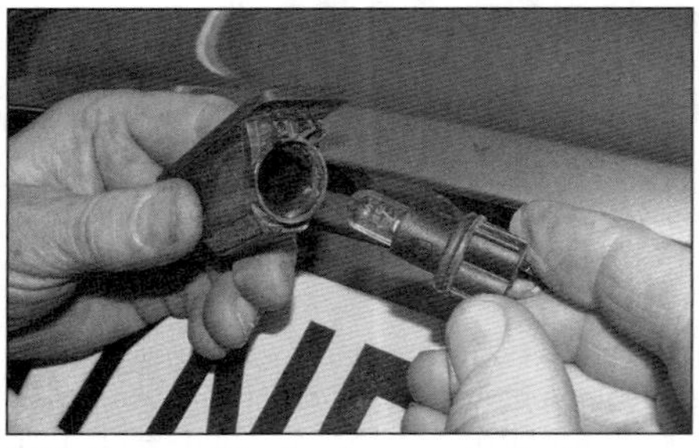

5.51 Drehen Sie den Lampenhalter heraus ...

52 Ziehen Sie die Lampe aus dem Halter – sie hat keinen eigenen Sockel (siehe Abbildung).

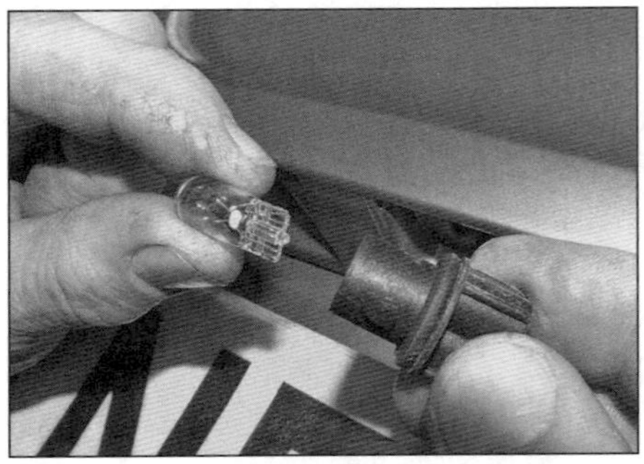

5.52 ... und ziehen Sie die Lampe heraus.

53 Installieren Sie die neue Lampe in der umgekehrten Ausbaureihenfolge.

Zusatzbremslicht

54 Öffnen Sie die Heckklappe, und entfernen Sie die obere Innenverkleidung (siehe Kapitel 11, Sektion 24).

55 Lösen Sie innerhalb der Heckklappe die zwei Laschen der Zusatzbremsleuchte, und ziehen Sie sie nach außen heraus (siehe Abbildungen).

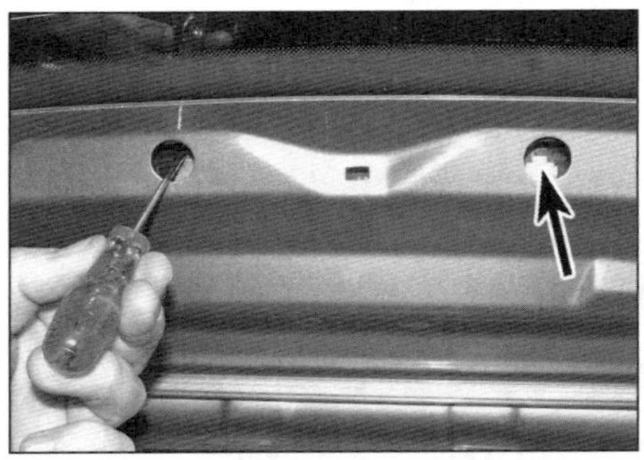

5.55a Lösen Sie die zwei Laschen ...

5.55b ... und befreien Sie die Zusatzbremsleuchte nach außen.

56 Ziehen Sie den Stecker und den Wischwasserschlauch ab, sobald diese zugänglich werden (siehe Abbildungen).

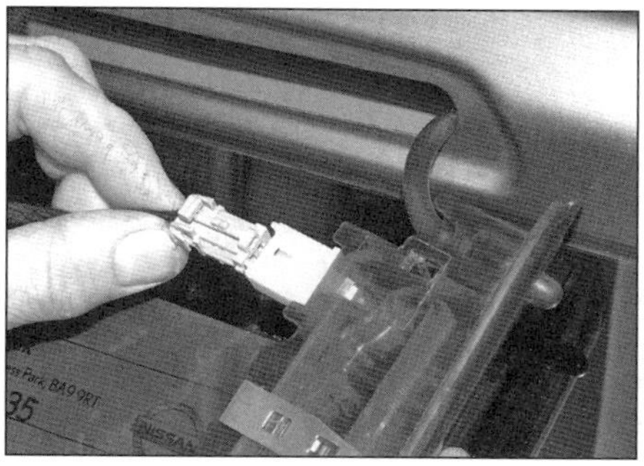

5.56a Trennen Sie den Kabelstecker ...

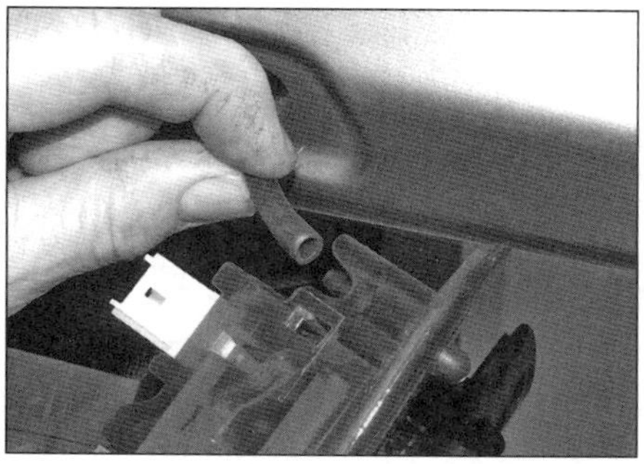

5.56b ... und ziehen Sie den Wischwasserschlauch ab.

57 Die Zusatzbremsleuchte ist mit LEDs bestückt, die nicht separat ausgetauscht werden können. Beschaffen Sie ggf. eine neue Zusatzbremsleuchte, und installieren Sie sie in der umgekehrten Ausbaureihenfolge – vergessen Sie nicht, den Wischwasserschlauch aufzustecken.

6 Lampen (innen) – Ersetzen

Allgemeines

1 Beachten Sie die Hinweise in Sektion 5, Schritt 1.

Leselampe/Innenbeleuchtung vorn

2 Hebeln Sie das Lampenglas vorsichtig (ggf. mit einem kleinen Schraubendreher) aus seinem Sitz (siehe Abbildung).

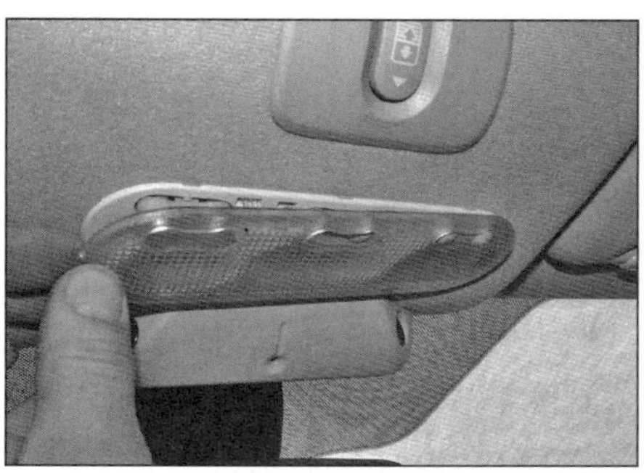

6.2 Hebeln Sie das Lampenglas vorsichtig ab ...

3 Ziehen Sie die entsprechende Lampe aus dem Halter – sie hat keinen eigenen Sockel (siehe Abbildung).

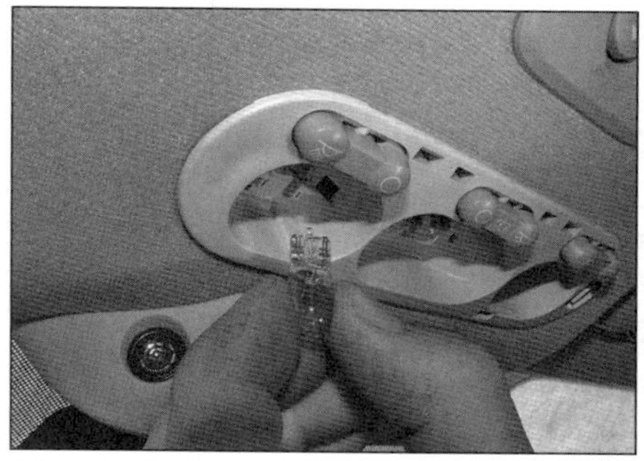

6.3 ... und ziehen Sie die Lampe heraus.

4 Lösen Sie nötigenfalls die Lasche des Lampengehäuses, um dies aus dem Dachhimmel zu befreien (siehe Abbildungen).

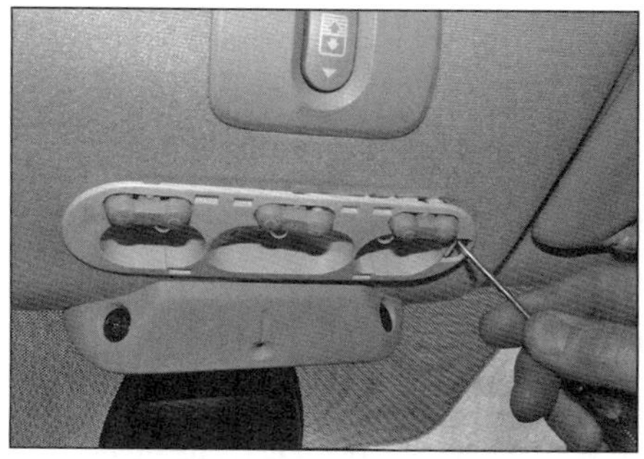

6.4a Drücken Sie mit einem kleinen Schraubendreher die Lasche ein, ...

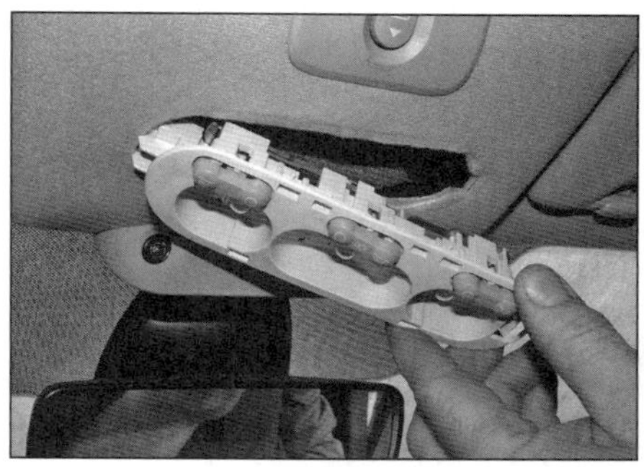

6.4b ... um das Lampengehäuse zu befreien.

5 Installieren Sie die neue Lampe und das Gehäuse in der umgekehrten Ausbaureihenfolge.

Innenbeleuchtung hinten

6 Hebeln Sie vorsichtig das Lampenglas (ggf. mit einem kleinen Schraubendreher) aus seinem Sitz (siehe Abbildung).

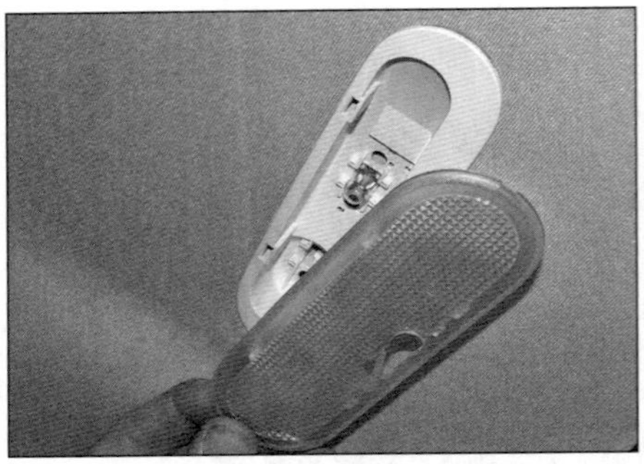

6.6 Hebeln Sie das Lampenglas vorsichtig ab.

7 Ziehen Sie die entsprechende Lampe aus dem Halter – sie hat keinen eigenen Sockel (Abb. 6.3).

8 Lösen Sie nötigenfalls die Lasche des Lampengehäuses, um dies aus dem Dachhimmel zu befreien (siehe Abbildungen).

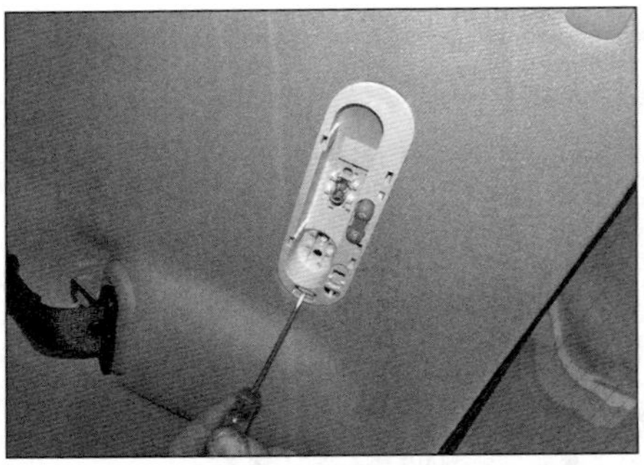

6.8 Drücken Sie die Lasche ein, um das Lampengehäuse zu befreien.

9 Installieren Sie die neue Lampe und das Gehäuse in der umgekehrten Ausbaureihenfolge.

Seitliche Innenbeleuchtung

10 Hebeln Sie vorsichtig das Lampengehäuse aus dem Dachhimmel (siehe Abbildung).

6.10 Hebeln Sie das Lampengehäuse vorsichtig heraus ...

11 Trennen Sie den Kabelstecker, sobald er zugänglich ist (siehe Abbildung).

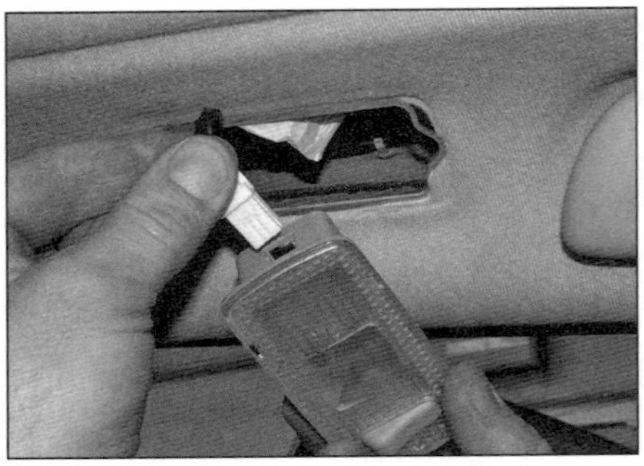

6.11 ... und ziehen Sie den Stecker ab.

12 Lösen Sie innen am Gehäuse die seitliche Schraube des Lampenglases, und befreien Sie dies (siehe Abbildungen).

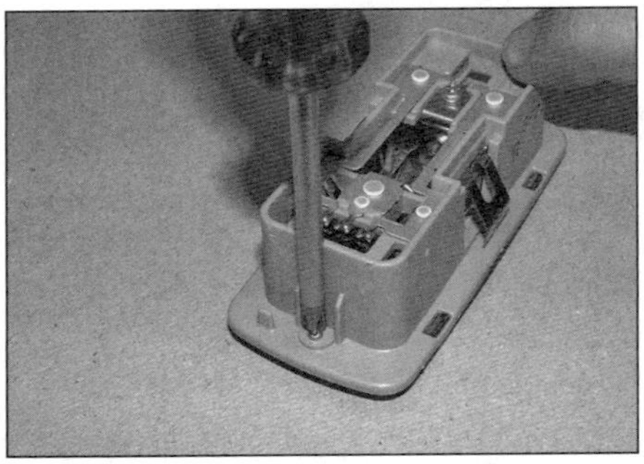

6.12a Lösen Sie die kleine Schraube ...

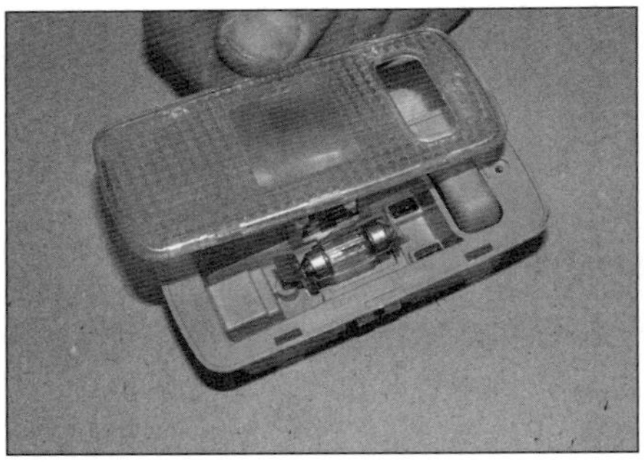

6.12b ... und befreien Sie das Lampenglas.

13 Befreien Sie die Soffittenlampe aus den beiden Kontakten (siehe Abbildung).

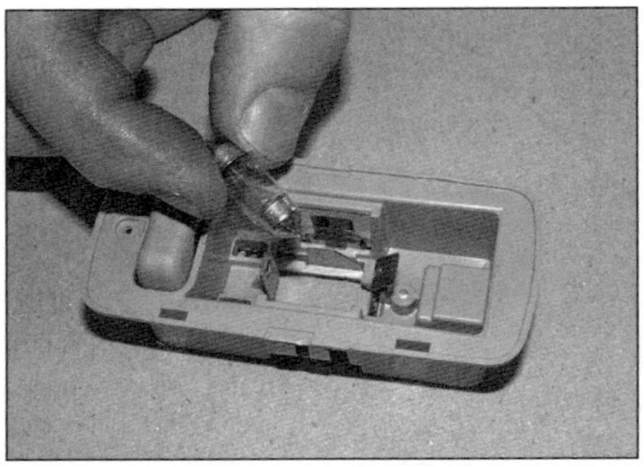

6.13 Befreien Sie die Soffitte.

14 Installieren Sie die neue Lampe und das Gehäuse in der umgekehrten Ausbaureihenfolge.

Sonnenblendenleuchte

15 Hebeln Sie das Lampenglas vorsichtig (ggf. mit einem kleinen Schraubendreher) aus seinem Sitz (siehe Abbildung).

6.15 Hebeln Sie das Lampenglas vorsichtig ab ...

16 Ziehen Sie die Lampe aus dem Halter – sie hat keinen eigenen Sockel (siehe Abbildung).

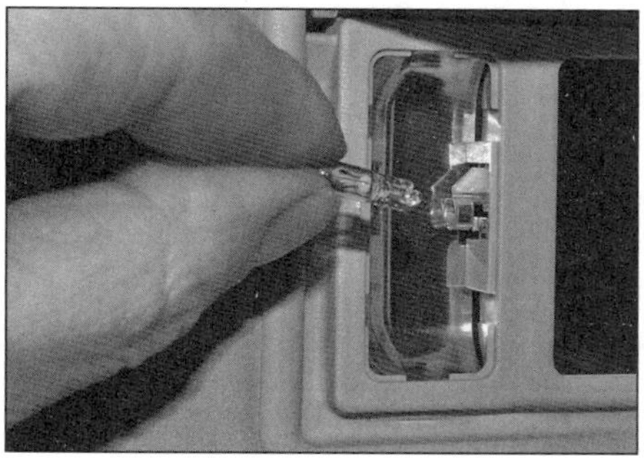

6.16 ... and pull the bulb from the light unit

17 Installieren Sie die neue Lampe in der umgekehrten Ausbaureihenfolge.

Kofferraumbeleuchtung

18 Öffnen Sie die Heckklappe.
19 Befreien Sie das Lampengehäuse aus der Verkleidung.
20 Trennen Sie den Kabelstecker, und ziehen Sie die Lampe heraus – sie hat keinen eigenen Sockel.
21 Installieren Sie die neue Lampe in der umgekehrten Ausbaureihenfolge.

Instrumentenbeleuchtung und Kontrolllampen

22 Sämtliche Beleuchtungs- und Kontrollleuchten der Instrumentenbaugruppe sind als LEDs auf der Platine verlötet, sodass sie nicht separat ersetzt werden können. Der Ausbau der Instrumenten-Baugruppe ist in Sektion 9 beschrieben.

Beleuchtung der Heizungs- und Klimaanlagenregelung

23 Sämtliche Beleuchtungs- und Kontrollleuchten der Schalterbaugruppe sind als LEDs auf der Platine verlötet, sodass sie nicht separat ersetzt werden können. Der Ausbau der Schalterbaugruppe ist in Kapitel 3, Sektion 9 beschrieben.

Sicherheitsgurt-Warnleuchten

24 Die Warnleuchten-Blende sitzt unten an der Mittelblende – deren Ausbau ist in Kapitel 11, Sektion 26 beschrieben.
25 Lösen Sie die zwei Schrauben der Warnleuchten-Blende und entfernen Sie diese aus der Mittelblende (siehe Abbildungen).

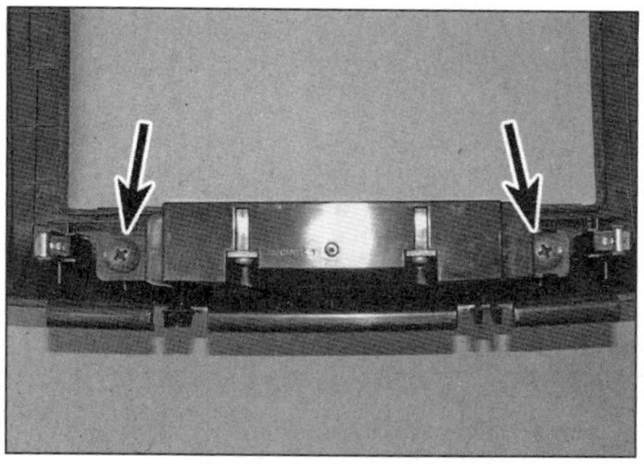

6.25a Lösen Sie die zwei Schrauben ...

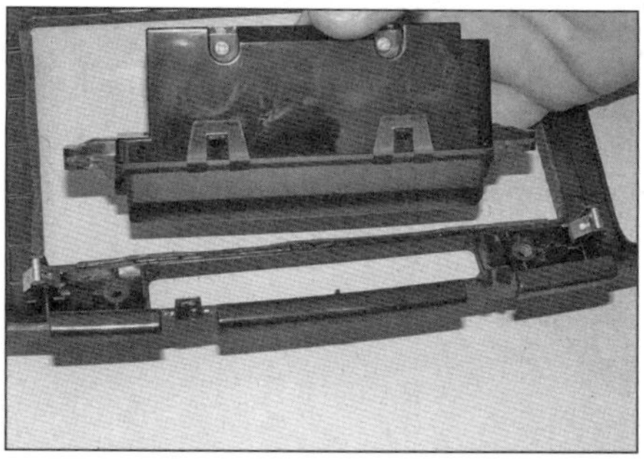

6.25b ... und entfernen Sie die Warnleuchten-Blende.

26 Die Warnleuchten bestehen aus LEDs, sodass nur die komplette Blende ersetzt werden kann.
27 Der Einbau entspricht der umgekehrten Ausbaureihenfolge.

Schalterlampen

28 Alle Schalter sind mit integrierten Lampen ausgerüstet, bei manchen zeigt eine zusätzliche Lampe an, ob der entsprechende Stromkreis in Funktion ist.
29 In den meisten Fällen muss bei einer defekten Lampe der gesamte Schalter ausgetauscht werden, doch manchmal kann die Lampe auch separat erneuert werden. Erkundigen Sie sich beim Nissan-Händler nach der Verfügbarkeit von Ersatzteilen.
30 Der Schalter für die Außenspiegel-Verstellung ist mit einer seitlich installierten Lampe ausgerüstet. Bauen Sie den Schalter aus (siehe Sektion 4), und drehen Sie den Lampenhalter mit einem kleinen Schraubendreher, um ihn aus dem Schaltergehäuse zu befreien (siehe Abbildungen) – die Lampe ist in den Halter integriert.

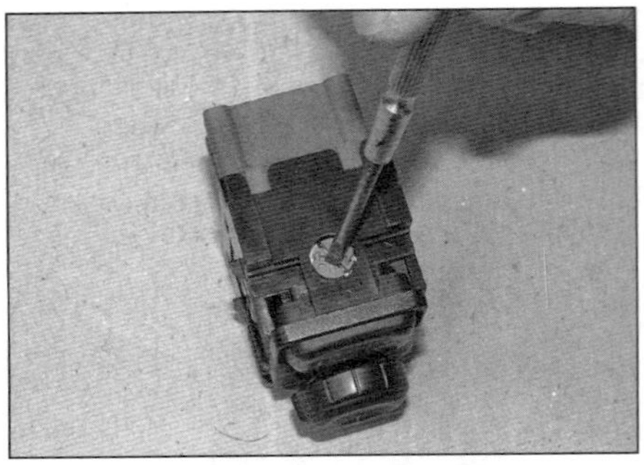

6.30a Drehen Sie den Lampenhalter ...

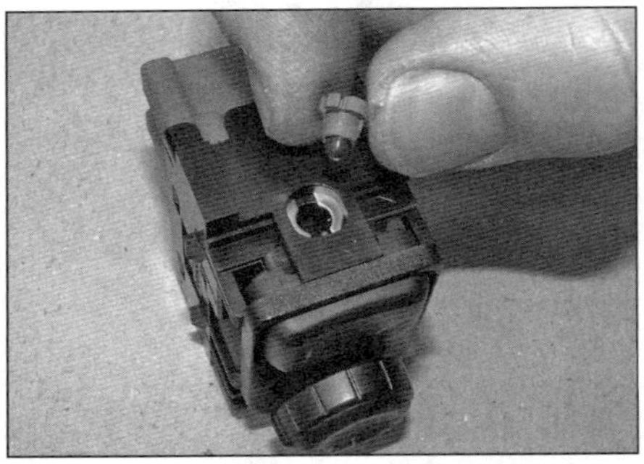

6.30b ... und entfernen Sie ihn aus dem Schaltergehäuse.

31 Installieren Sie die neue Lampe in umgekehrter Ausbaureihenfolge.

7 Lampen-Baugruppen (außen) – Ausbau und Einbau

Anmerkung: *Trennen Sie zunächst das Massekabel (–) der Batterie (siehe Seite 532), bevor eine Lampen-Einheit demontiert wird. Schließen Sie nach dem Einbau die Batterie wieder an.*

Scheinwerfer

1 Demontieren Sie die vordere Stoßstange (siehe Kapitel 11, Sektion 6).
2 Lösen Sie die zwei unteren Scheinwerfer-Befestigungsschrauben (siehe Abbildung).

7.2 Untere Scheinwerfer-Befestigungsschrauben

3 Lösen Sie die zwei oberen Scheinwerfer-Befestigungsschrauben (siehe Abbildung).

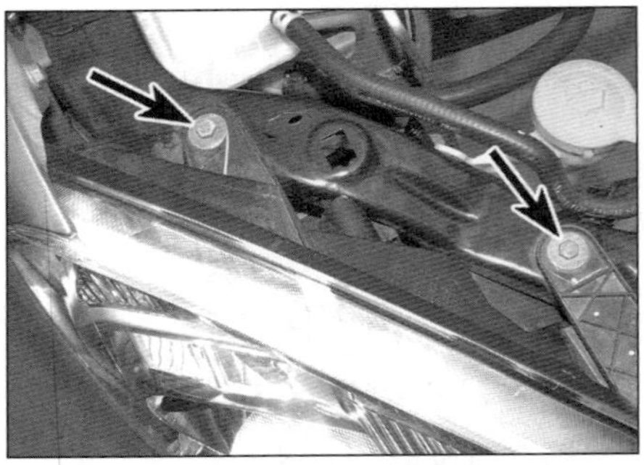

7.3 Obere Scheinwerfer-Befestigungsschrauben

4 Befreien Sie das Scheinwerfergehäuse, und trennen Sie dabei die Kabelstecker (siehe Abbildung).

7.4 Trennen Sie alle Stecker vom Scheinwerfer.

5 Der Einbau entspricht der umgekehrten Ausbaureihenfolge. Lassen Sie ggf. anschließend die Leuchtweite einstellen (siehe Sektion 8).

Standlicht

6 Das Standlicht ist in den Scheinwerfer integriert und kann nicht separat ausgebaut werden.

Blinker vorn

7 Die Blinkerlampe ist in den Scheinwerfer integriert und kann nicht separat ausgebaut werden.

Blinker im Kotflügel

8 Das Gehäuse muss für den Austausch der Lampe ausgebaut werden – beachten Sie die Hinweise in Sektion 5, Schritte 29 bis 31.

Nebelscheinwerfer

9 Demontieren Sie die Radhausschale (siehe Kapitel 11, Sektion 21) (Abb. 5.33)
10 Greifen Sie hinter die Stoßstange, und trennen Sie den Stecker des Lampenhalters (Abb. 5.34).
11 Lösen Sie die zwei Schrauben und befreien Sie den Nebelscheinwerfer nach hinten aus der Stoßstange (siehe Abbildung).

7.11a Lösen Sie in der Stoßstange die Nebelscheinwerfer-Befestigungsschrauben

7.11b ... und befreien Sie das Lampengehäuse.

12 Der Einbau entspricht der umgekehrten Ausbaureihenfolge.

Rücklichteinheit

13 Öffnen Sie die Heckklappe, und lösen Sie im jetzt zugänglichen Bereich die zwei Schrauben der Rücklichteinheit (siehe Abbildung).

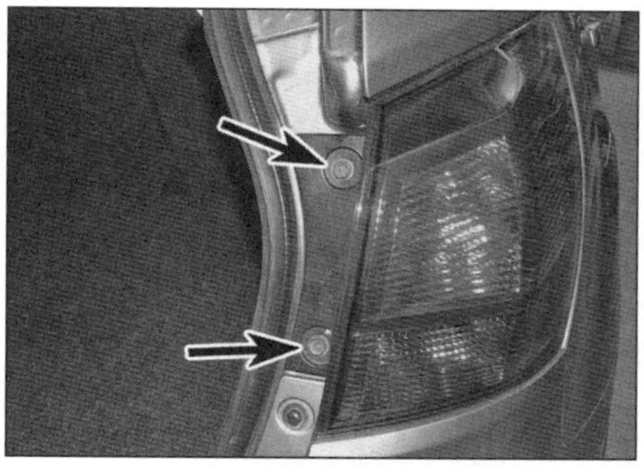

7.13 Rücklicht-Befestigungsschrauben

14 Ziehen Sie die Rücklichteinheit nach hinten aus dem Fahrzeug – befreien Sie dabei die zwei Zapfen aus dem Kotflügel (siehe Abbildung).

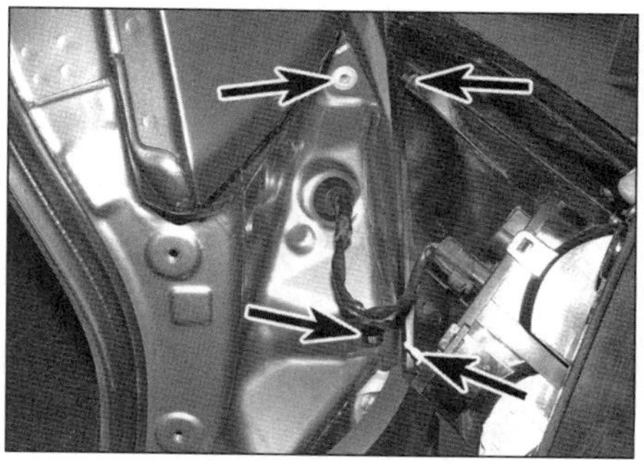

7.14 Befreien Sie die Zapfen aus den Ösen der Karosserie.

15 Trennen Sie den Kabelstecker, sobald er zugänglich ist (siehe Abbildung).

7.15 Trennen Sie den Rücklichtstecker.

16 Der Einbau entspricht der umgekehrten Ausbaureihenfolge.

Nebelschlussleuchte

17 Das Gehäuse muss für den Austausch der Lampe ausgebaut werden – beachten Sie die Hinweise in Sektion 5, Schritte 42 bis 45.

Rückfahrleuchte

18 Öffnen Sie die Heckklappe, und entfernen Sie ihre Innenverkleidung (siehe Kapitel 11, Sektion 24).
19 Trennen Sie den Kabelstecker der Lampe (siehe Abbildung).

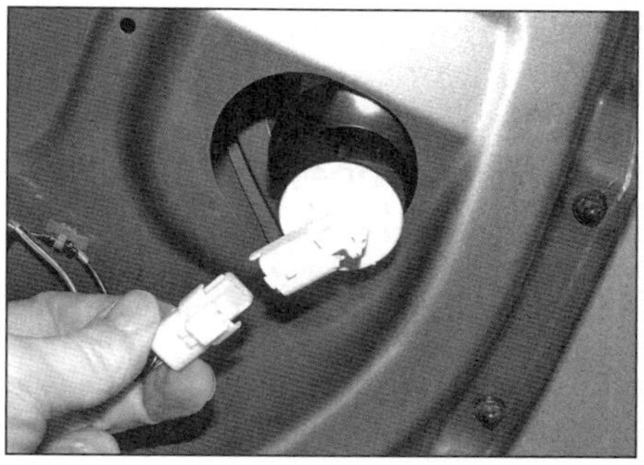

7.19 Trennen Sie den Stecker der Rückfahrleuchte.

20 Lösen Sie die drei Befestigungsmuttern, und nehmen Sie die Lampe aus der Heckklappe heraus (siehe Abbildungen).

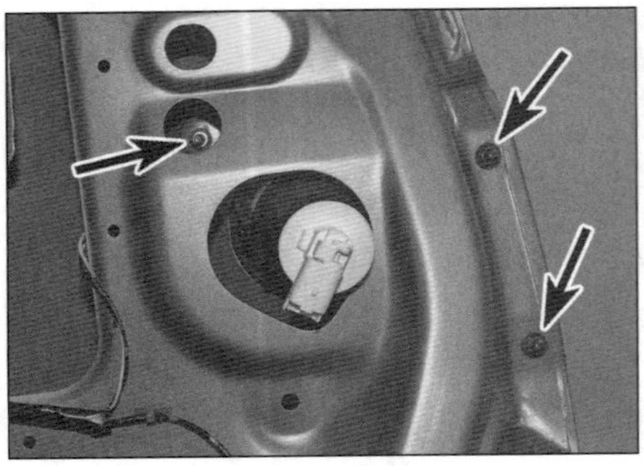

7.20a Lösen Sie die drei Muttern ...

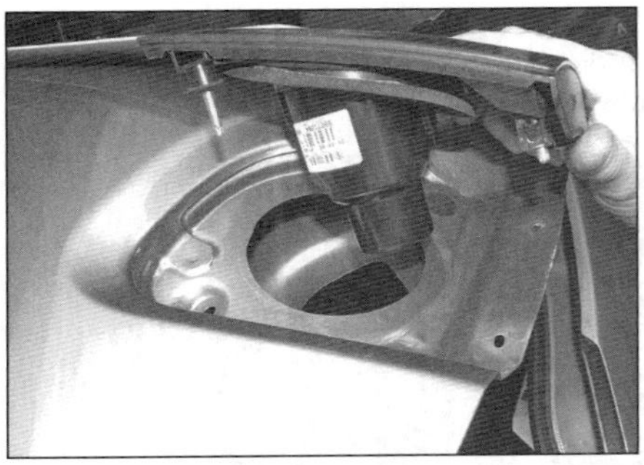

7.20b ... und entnehmen Sie die Rückfahrleuchte.

21 Der Einbau entspricht der umgekehrten Ausbaureihenfolge.

Kennzeichenbeleuchtung

22 Das Gehäuse muss für den Austausch der Lampe ausgebaut werden – beachten Sie die Hinweise in Sektion 5, Schritte 50 bis 53.

Zusatzbremslicht

23 Aus- und Einbau des Zusatzbremslichts ist in Sektion 5, Schritte 54 bis 57 beschrieben.

8 Scheinwerferausrichtungs-Komponenten – Allgemeine Informationen, Ausbau und Einbau

Allgemeine Informationen

1 Modelle mit Halogen-Abblendscheinwerfern haben am Armaturenbrett einen Drehschalter, mit dem die Höhe des Lichtkegels an die Beladung des Fahrzeugs angepasst werden kann (Abb. 4.9a) – Position 0 wird verwendet, wenn der Fahrer allein und ohne Gepäck unterwegs ist; je nach Zuladung und/oder Anhängerlast wird ansonsten die Position 1 bis 3 gewählt.

2 Modelle mit Xenon-Abblendscheinwerfern sind mit einer automatischen Einstellung ausgerichtet, die über einen Sensor an der Hinterradaufhängung überwacht wird. Falls am System ein Fehler auftritt, leuchtet eine Warnleuchte auf, und der Lichtkegel wird auf die niedrigste Position heruntergeschwenkt, um den Gegenverkehr nicht zu blenden – passen Sie die Geschwindigkeit an die schlechter werdenden Sichtverhältnisse an!

Warnung: Bei der Arbeit an Xenon-Scheinwerfern ist es ratsam, Schutzhandschuhe und eine Schutzbrille zu tragen. Zunächst müssen die Kabelstecker an der Rückseite des Scheinwerfers getrennt werden, dann muss gewartet werden, bis sich dieser genug abgekühlt hat. Schalten Sie KEINESFALLS die Scheinwerfer bei ausgebauten Leuchten ein – dies kann zu Augenverletzungen führen.

3 Eine akkurate Einstellung der Scheinwerfer erfordert spezielle optische Messgeräte und muss daher einer entsprechend ausgerüsteten Fachwerkstatt überlassen werden. Für eine grobe Einstellung kann das Fahrzeug zehn Meter von einer Wand entfernt auf eine ebene Fläche gestellt werden. Der Luftdruck aller Reifen muss korrekt sein, der Tank sollte halb gefüllt sein, und auf dem Fahrersitz muss eine Person sitzen. Schalten Sie die Zündung und das Licht ein, und prüfen Sie ggf., ob der Leuchtweiten-Drehschalter auf 0 steht. Messen Sie den Abstand zwischen dem Boden und der Mitte des Scheinwerfers, und subtrahieren Sie für Modelle mit Halogenlicht 5,0 cm; für Modelle mit Xenonlicht müssen 7,5 cm abgezogen werden. Bringen Sie nun an der Wand in der errechneten Höhe Markierungen an, und justieren Sie die Scheinwerfer mit den Einstellschrauben an ihren Rückseiten so, dass die Leuchtkegel-Mittelpunkte auf diesen Markierungen liegen.

Scheinwerfer-Einsteller

4 Öffnen Sie die Motorhaube. Je nach Modell muss für den Zugang zum linken Scheinwerfer ggf. der Ansaugtrakt entfernt werden (Abb. 3.6a und b).

5 Trennen Sie hinten am Scheinwerfer den Stecker des Einstellmechanismus (siehe Abbildung).

8.5 Stecker am Scheinwerfer-Einstellmechanismus

6 Drehen Sie den Einstellmechanismus gegen den Uhrzeigersinn, um ihn vom Scheinwerfergehäuse zu befreien (siehe Abbildungen).

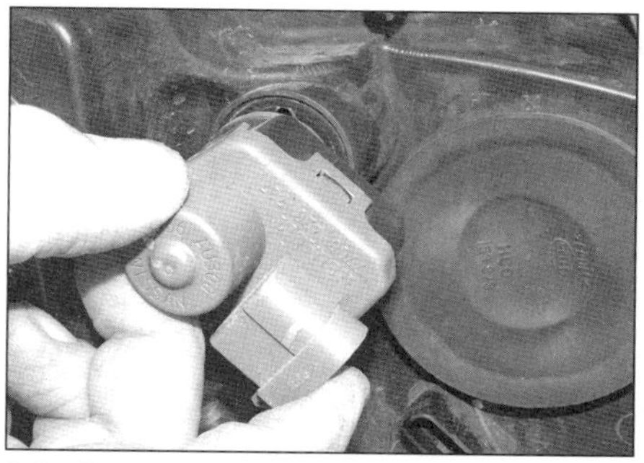

8.6a Drehen Sie den Einstellmechanismus nach links ...

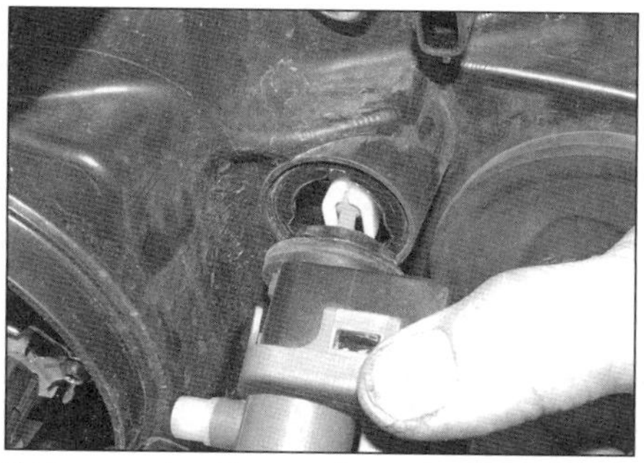

8.6b ... und entfernen Sie ihn vom Scheinwerfer.

7 Entfernen Sie die Staubkappe von der Rückseite des Scheinwerfers, und ziehen Sie den Lampenhalter zurück, um das Kugelgelenk besser vom Scheinwerfer trennen zu können (siehe Abbildung). Ziehen Sie den Einsteller heraus, und befreien Sie das Kugelgelenk aus der Nut des Reflektor-Verstellers.

8.7 Halten Sie den Lampenhalter zurück, um das Kugelgelenk zu befreien.

8 Verbinden Sie den Einstellmechanismus in der entgegengesetzten Ausbaureihenfolge mit dem Scheinwerfer.

Leuchtweiten-Schalter

9 Der Ausbau und Einbau des Schalters ist in Sektion 4, Schritte 8 bis 11, beschrieben.

Xenon-Hochspannungseinheit

Anmerkung: *Beachten Sie vor der Arbeit an Xenonlampen die Warnhinweise zu Beginn dieser Sektion.*

10 Demontieren Sie das Scheinwerfergehäuse (siehe Sektion 7).

11 Lösen Sie die zwei Schrauben, mit denen die Einheit unten am Scheinwerfer gesichert ist (siehe Abbildung). Trennen Sie beim Befreien den Kabelstecker.

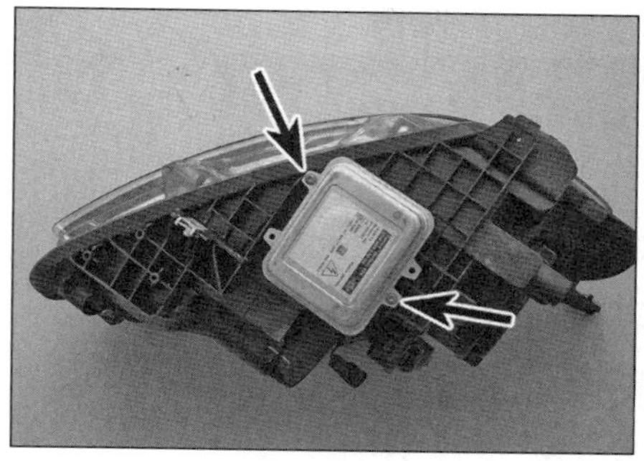

8.11 Befestigungsschrauben der Xenon-Hochspannungseinheit

12 Der Einbau entspricht der umgekehrten Ausbaureihenfolge.

Xenonlampen-Niveausensor

13 An der Hinterradaufhängung sitzt ein Sensor, der das Niveau der Hinterachse ermittelt und Daten an den automatischen Einstellmechanismus weiterleitet.

14 Heben Sie das Fahrzeug hinten an, und stützen Sie es sicher ab (siehe Seite 535).

15 Trennen Sie den Stecker vom Sensor, und lösen Sie dessen zwei Schrauben, um ihn samt Anlenkgestänge vom unteren Querlenker zu befreien (siehe Abbildungen).

8.15a Trennen Sie den Stecker des Sensors ...

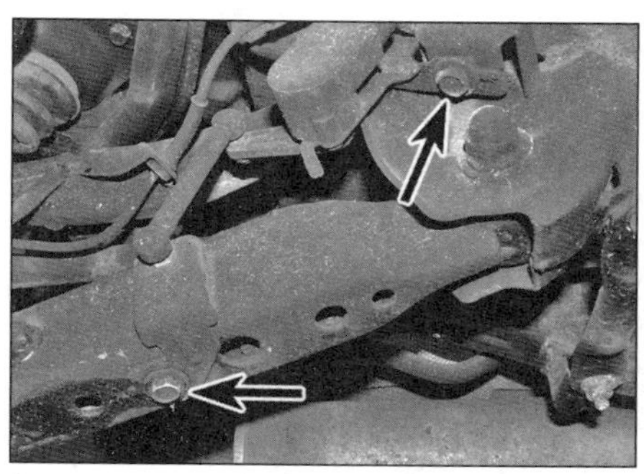

8.15b ... und lösen Sie die Schrauben des Sensors sowie des Anlenkgestänge-Halters.

Manuelle Einstellung

16 Die äußere (näher am Kotflügel sitzende) Einstellschraube des Scheinwerfers dient der seitlichen Justierung, während

die innere (näher am Kühler sitzende) Einstellschraube für die Höhenverstellung zuständig ist (siehe Abbildung). Bei Modellen mit elektrischer Leuchtweitenregulierung muss der Drehschalter auf Position 0 stehen.

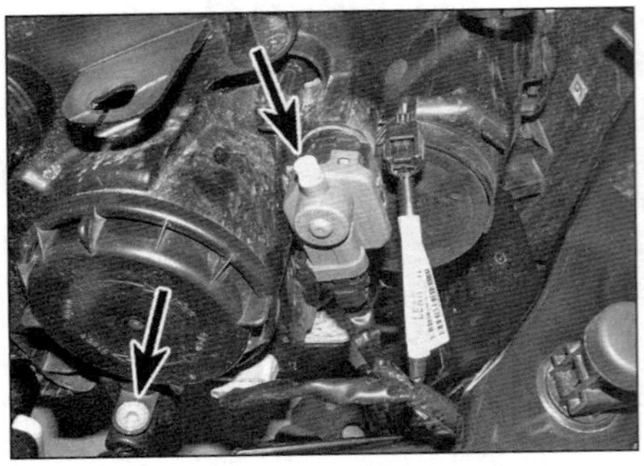

8.16 Scheinwerfer-Einstellschrauben

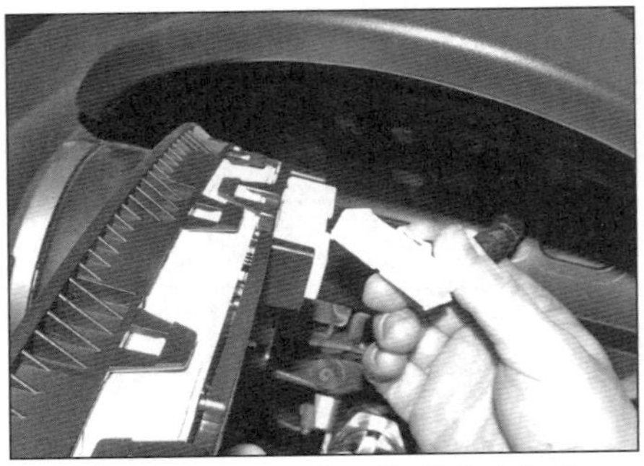

9.4b ... und trennen Sie alle Kabelstecker.

Einbau

5 Der Einbau entspricht der umgekehrten Ausbaureihenfolge.

9 Instrumente – Ausbau und Einbau

Ausbau

1 Trennen Sie zunächst das Massekabel (–) der Batterie (siehe Seite 532).
2 Demontieren Sie die untere und obere Lenksäulen-Verkleidung (siehe Kapitel 11, Sektion 26).
3 Lösen Sie die zwei unteren Befestigungsschrauben der Instrumenten-Einheit (siehe Abbildung).

9.3 Untere Instrumenten-Befestigungsschrauben

4 Ziehen Sie die Instrumenten-Einheit ab, und trennen Sie an ihrer Rückseite die Stecker (siehe Abbildungen). Befreien Sie die Instrumente dann aus dem Armaturenbrett.

9.4a Ziehen Sie die Instrumente ab ...

10 Hupe – Ausbau und Einbau

Ausbau

1 Trennen Sie zunächst das Massekabel (–) der Batterie (siehe Seite 532).
2 Demontieren Sie die vordere Stoßstange (siehe Kapitel 11, Sektion 6).
3 Trennen Sie den Hupenstecker (siehe Abbildung).

10.3 Ziehen Sie den Hupenstecker ab.

4 Lösen Sie die Schraube des Hupenhalters vom vorderen Querträger, und entnehmen Sie die Hupe samt Halter (siehe Abbildung).

10.4 Hupenhalter-Befestigungsschraube

Einbau

4 Der Einbau entspricht der umgekehrten Ausbaureihenfolge.

11 Scheibenwischerarme – Ausbau und Einbau

Ausbau

1 Schalten Sie die Scheibenwischer ein und wieder aus, sodass diese wieder in ihre Ruheposition gelangen.
2 Markieren Sie die Positionen der Wischerblätter auf der Scheibe mit Klebeband (auf manchen Windschutzscheiben sollte bereits eine Markierung angebracht sein).
3 Entfernen Sie die Kappe, und lösen Sie die Mutter der Wischerarm-Welle (siehe Abbildungen).

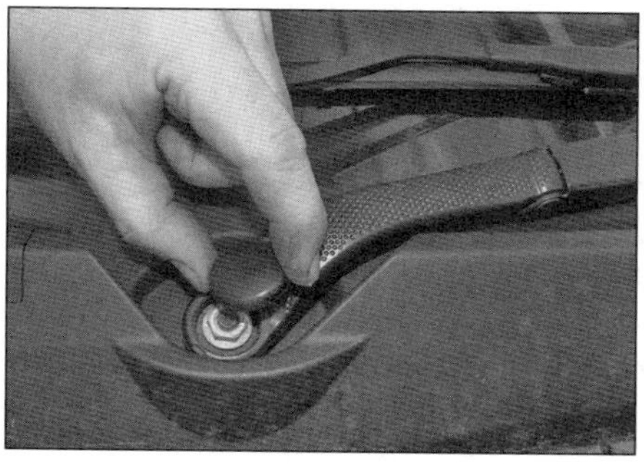

11.3a Entfernen Sie die Kappe ...

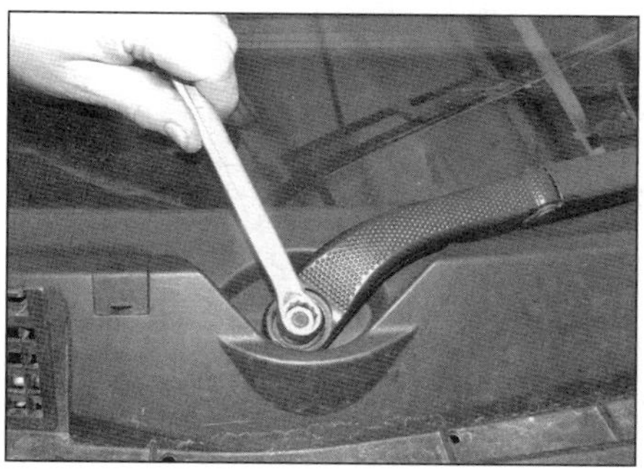

11.3b ... und lösen Sie die Mutter.

11.3c Mutter des Heckscheibenwischers

4 Heben Sie den Wischer von der Glasscheibe, und ziehen Sie den Wischerarm von der Welle (siehe Abbildung).

11.4 Entfernen Sie den Wischerarm.

5 Nötigenfalls muss der Wischerarm mit einem geeigneten Abzieher befreit werden (siehe Abbildung). Falls beide Windschutzscheiben-Wischerarme entfernt werden, müssen sie entsprechend ihrer Position markiert werden, da sie sich unterscheiden.

11.5 Abzieher zum Lösen des Wischerarms

Einbau

6 Die Kerbverzahnungen des Wischerarms und der Welle müssen sauber und trocken sein.
7 Richten Sie das Wischerblatt zur Markierung an der Scheibe aus, und stecken Sie den Wischerarm auf die Welle.
8 Falls beide Windschutzscheiben-Wischerarme entfernt wurden, dürfen sie nicht verwechselt werden.
9 Drehen Sie die Wellenmutter auf, und ziehen Sie sie sorgfältig an. Drücken Sie die Kappe auf.

12 Scheibenwischermotor und Gestänge – Ausbau und Einbau

Ausbau

1 Trennen Sie zunächst das Massekabel (–) der Batterie (siehe Seite 532).
2 Entfernen Sie den Lufteinlass-Grill (siehe Kapitel 11, Sektion 21).
3 Trennen Sie den Stecker des Wischermotors (siehe Abbildung).

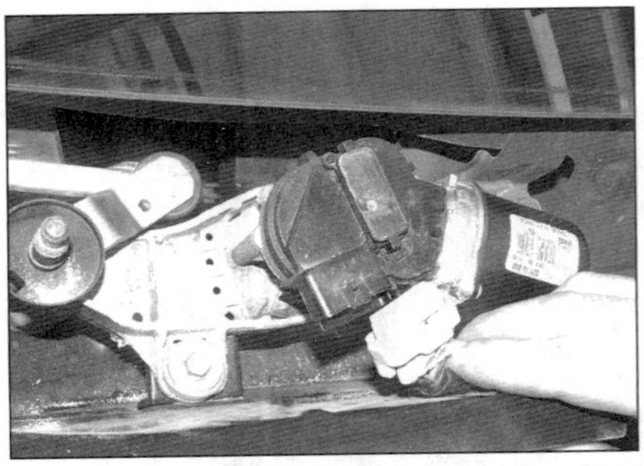

12.3 Ziehen Sie am Wischermotor den Stecker ab.

4 Lösen Sie am Motor und der zweiten Welle die Befestigungsschrauben, und befreien Sie die Baugruppe (siehe Abbildungen).

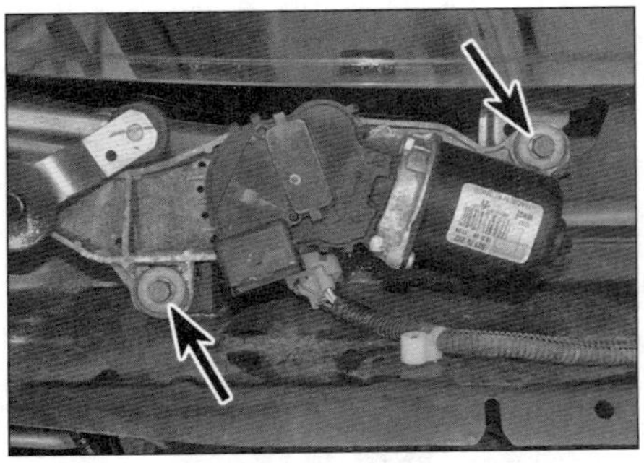

12.4a Lösen Sie die Befestigungsschrauben am Motor ...

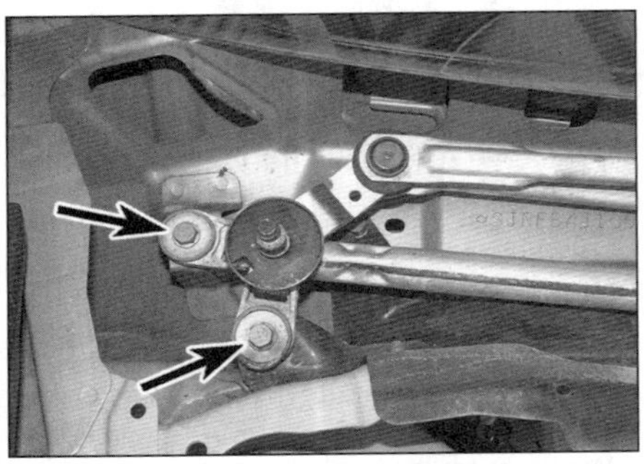

12.4b ... und an der zweiten Scheibenwischerwelle ...

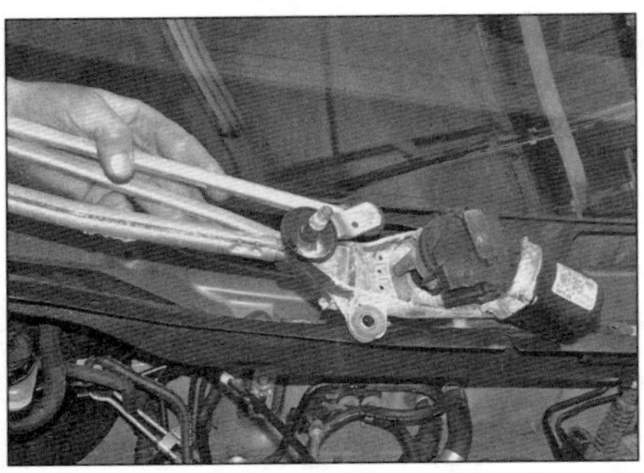

12.4c ... und entfernen Sie die Scheibenwischer-Baugruppe.

Einbau

5 Der Einbau entspricht der umgekehrten Ausbaureihenfolge.

13 Heckscheibenwischermotor – Ausbau und Einbau

Ausbau

1 Trennen Sie zunächst das Massekabel (–) der Batterie (siehe Seite 532).
2 Öffnen Sie die Heckklappe, und entfernen Sie die Heckklappenverkleidung (siehe Kapitel 11, Sektion 24).
3 Entfernen Sie den Wischerarm (siehe Sektion 11).
4 Trennen Sie den Stecker des Wischermotors (siehe Abbildung).

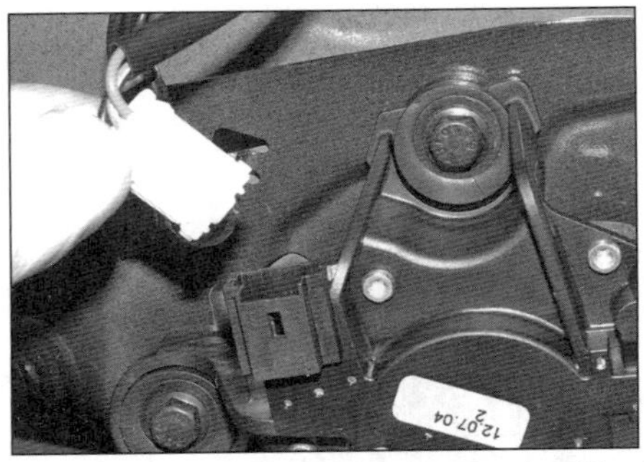

13.4 Ziehen Sie am Wischermotor den Stecker ab.

5 Lösen Sie die drei Schrauben, mit denen der Motor in der Heckklappe gesichert ist, und befreien Sie ihn (siehe Abbildung).

13.5 Lösen Sie die Schrauben des Scheibenwischermotors.

Einbau

6 Der Einbau entspricht der umgekehrten Ausbaureihenfolge.

14 Scheibenwaschsystem-Komponenten – Ausbau und Einbau

Wischwasserbehälter

Ausbau

1 Lösen Sie im Motorraum den Sicherungszapfen des Wischwasser-Einfüllstutzens, und ziehen Sie ihn aus dem Behälter (siehe Abbildungen) – der Wischwasserpegel sollte nicht bis in den Stutzen stehen.

14.1a Lösen Sie den Zapfen ...

14.1b ... und ziehen Sie den Stutzen heraus.

2 Trennen Sie das Massekabel (–) der Batterie (siehe Seite 532).
3 Demontieren Sie die vordere Stoßstange (siehe Kapitel 11, Sektion 6).
4 Befreien Sie den Kabelbaum und die Wischwasserschläuche aus den Befestigungen am Wischwasserbehälter (siehe Abbildung), und verlagern Sie sie beiseite, um Platz für dessen Ausbau zu schaffen.

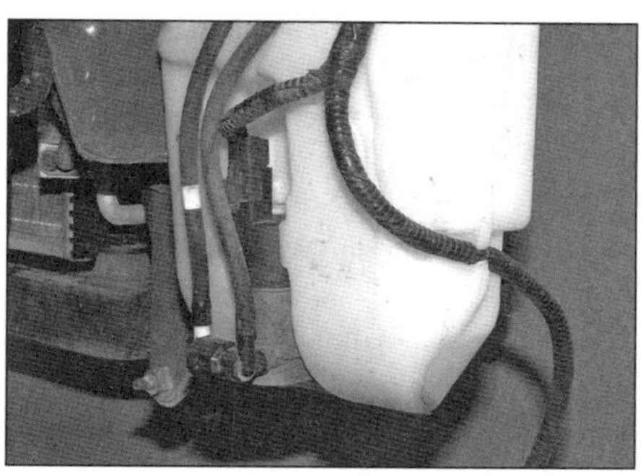

14.4 Befreien Sie die Schläuche und Kabel vom Behälter.

5 Trennen Sie die Schläuche von der Wischwasserpumpe (siehe Abbildung) – falls der Behälter noch Wischwasser enthält, muss dies in einen geeigneten Behälter ablaufen können.

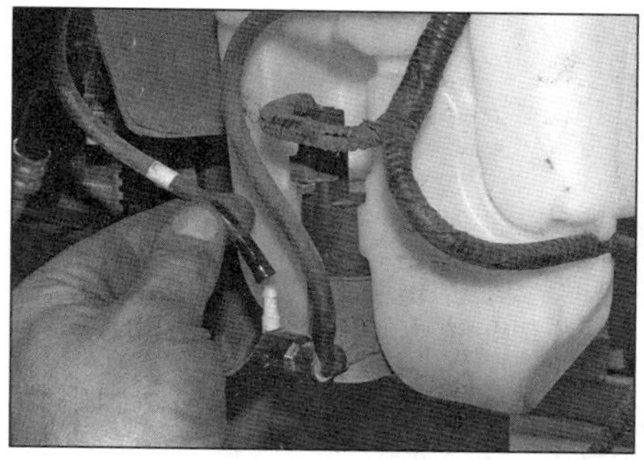

14.5 Ziehen Sie die Schläuche von der Pumpe ab.

6 Trennen Sie den/die Stecker von der/den Pumpe(n) und vom Pegelsensor (siehe Abbildung).

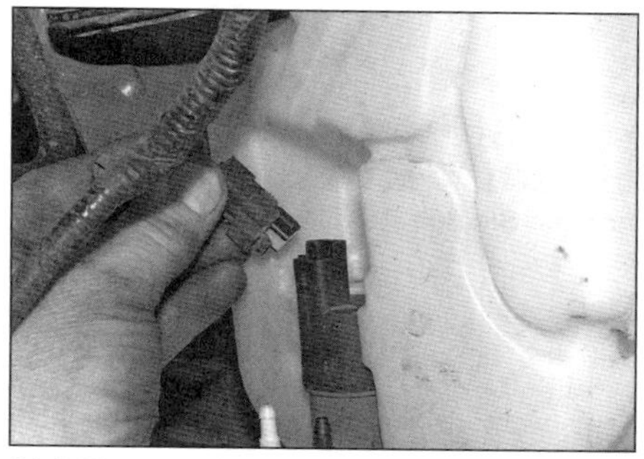

14.6 Trennen Sie alle Kabelstecker von den Behälter-Komponenten.

7 Lösen Sie die obere und untere Befestigungsschraube, und manövrieren Sie den Behälter nach unten aus dem Motorraum heraus (siehe Abbildungen).

14.7a Lösen Sie die obere ...

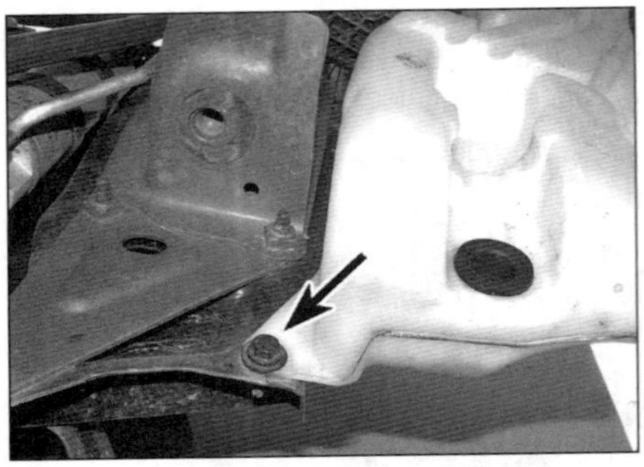

14.7b ... und untere Behälter-Schraube ...

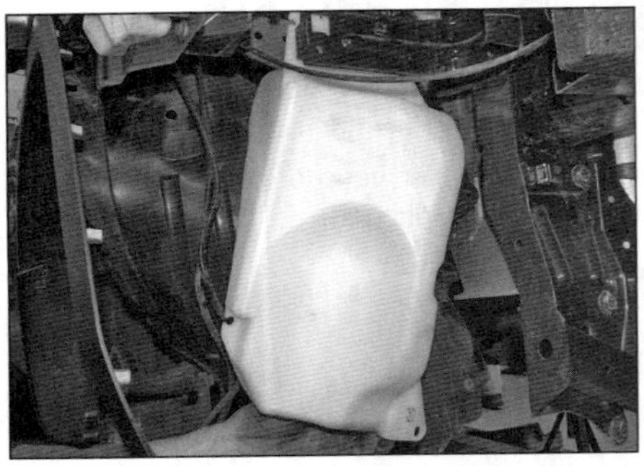

14.7c ... und befreien Sie den Behälter nach unten aus dem Fahrzeug.

Einbau

8 Der Einbau entspricht der umgekehrten Ausbaureihenfolge.

Wischwasserpumpe

Ausbau

9 Führen Sie die Schritte 2 bis 6 durch.

10 Ziehen Sie die Pumpe aus dem Behälter, und stellen Sie den Gummistopfen sicher (siehe Abbildung) – falls der Behälter noch Wischwasser enthält, muss dies in einen geeigneten Behälter ablaufen können.

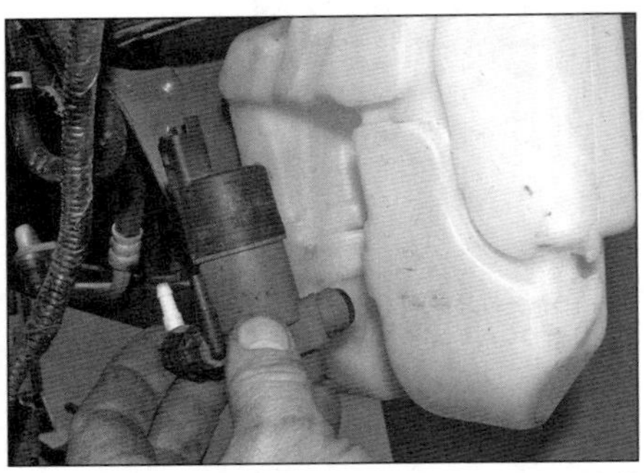

14.10 Ziehen Sie die Pumpe aus dem Behälter.

Einbau

11 Der Einbau entspricht der umgekehrten Ausbaureihenfolge – der Gummistopfen muss korrekt im Behälter sitzen, bevor die Pumpe installiert wird.

Windschutzscheiben-Düse

12 Öffnen Sie die Motorhaube, und befreien Sie das kleine Gitter aus der vor der Windschutzscheibe liegenden Abdeckung (siehe Abbildung).

14.12 Lösen Sie das Gittersegment aus dem Lüftungsgitter.

13 Greifen Sie in die Öffnung, und befreien Sie die Düse aus dem Lüftungsgitter. Ziehen Sie den Schlauch ab, und entnehmen Sie die Düse (siehe Abbildung).

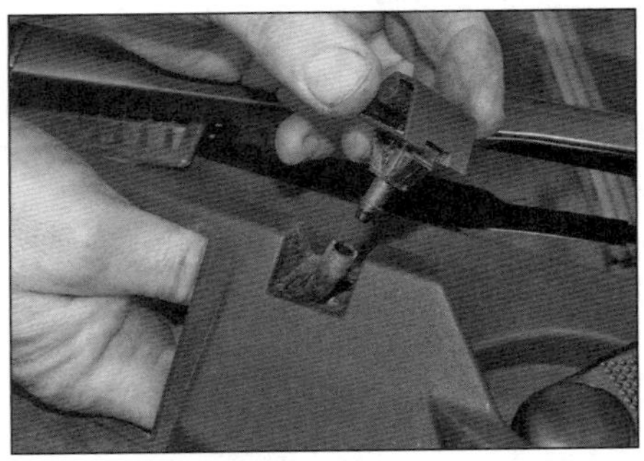

14.13 Befreien Sie die Wischwasserdüse aus dem Lüftungsgitter.

14 Um die Ausrichtung der Düse einzustellen, wird sie aus dem Lüftungsgitter befreit und mithilfe eines kleinen Schraubendrehers justiert (siehe Abbildung).

14.14 Drehen Sie die Düse, um den Wasserstrahl auszurichten.

Einbau

15 Der Einbau entspricht der umgekehrten Ausbaureihenfolge.

Heckscheiben-Düse

Ausbau

16 Demontieren Sie die Zusatzbremsleuchte (siehe Sektion 5). Die Heckscheibendüse sitzt rechts in der Bremsleuchte.

17 Befreien Sie vorsichtig die Laschen der Düse, um diese aus der Bremsleuchte zu befreien (siehe Abbildung).

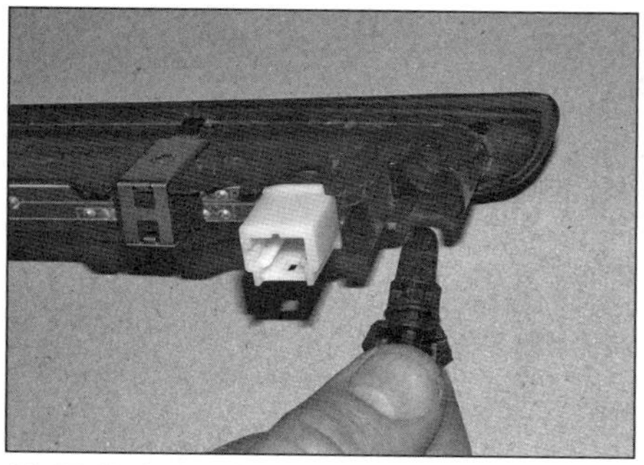

14.17 Befreien Sie die Düse aus der Zusatzbremsleuchte.

Einbau

18 Der Einbau entspricht der umgekehrten Ausbaureihenfolge.

Scheinwerfer-Düsen

Ausbau

19 Demontieren Sie die vordere Stoßstange (siehe Kapitel 11, Sektion 6).

20 Falls noch nicht geschehen, muss der Wischwasserschlauch von der Scheinwerferdüse gezogen werden (siehe Abbildung).

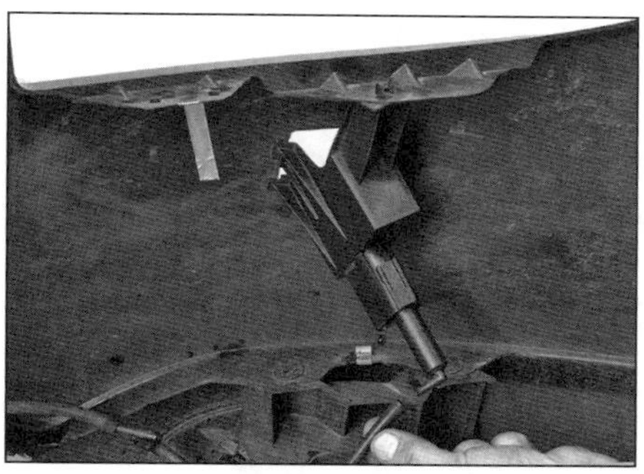

14.20 Ziehen Sie den Schlauch vom Stutzen der Scheinwerferdüse.

21 Ziehen Sie außen an der Stoßstange die Düsen-Abdeckung heraus, und befreien Sie sie vorsichtig vom Ende der Düse (siehe Abbildung).

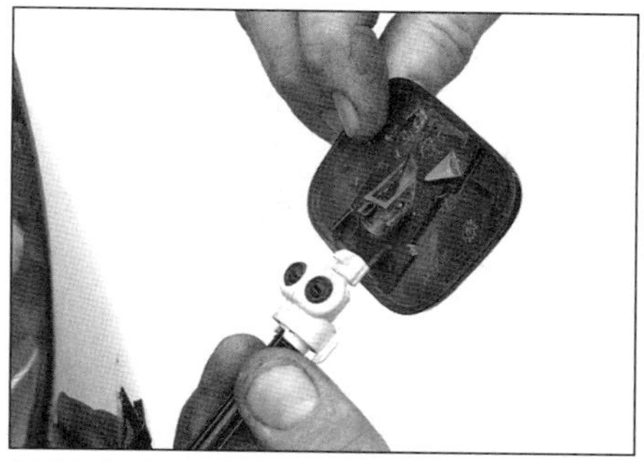

14.21 Befreien Sie die Düsen-Abdeckung.

22 Lösen Sie innerhalb der Stoßstange die Laschen der Düsen-Baugruppe, und befreien Sie diese (siehe Abbildung.

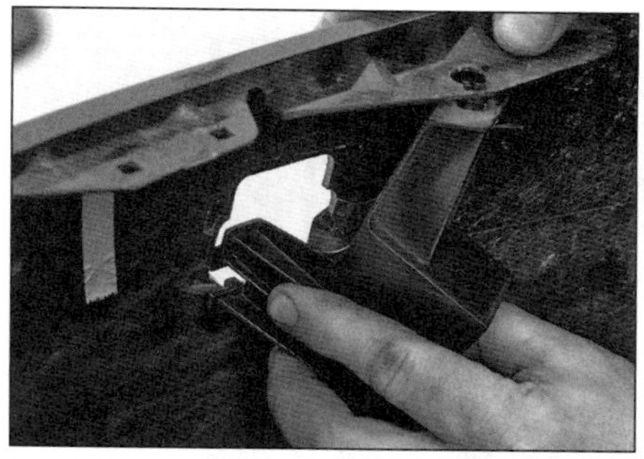

14.22 Befreien Sie die Düsen-Baugruppe nach innen aus der Stoßstange.

Einbau

23 Der Einbau entspricht der umgekehrten Ausbaureihenfolge.

15 Radio/CD-Spieler – Ausbau und Einbau

Ausbau

1 Trennen Sie zunächst das Massekabel (–) der Batterie (siehe Seite 532).

2 Demontieren Sie die mittlere Armaturenbrett-Blende (siehe Kapitel 11, Sektion 26).

3 Lösen Sie die vier jetzt zugänglichen Schrauben (siehe Abbildung).

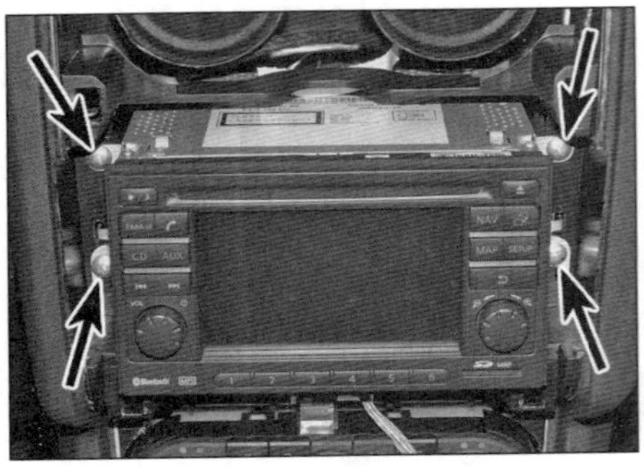

15.3 Lösen Sie die vier Schrauben.

4 Ziehen Sie das Audiogerät nach vorn, und trennen Sie die Stecker und den Antennenanschluss an der Rückseite (siehe Abbildungen).

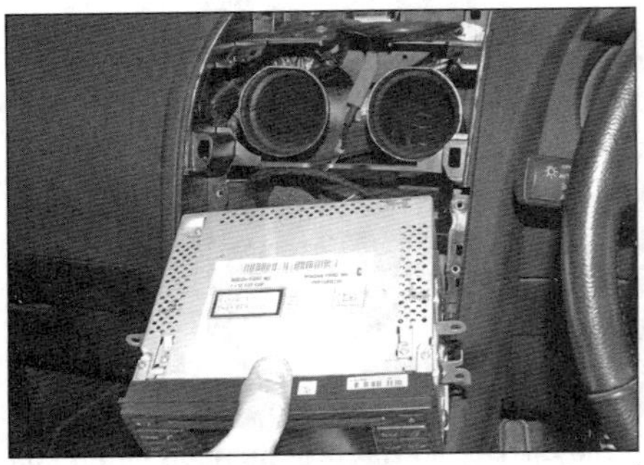

15.4a Ziehen Sie das Audiogerät aus dem Armaturenbrett ...

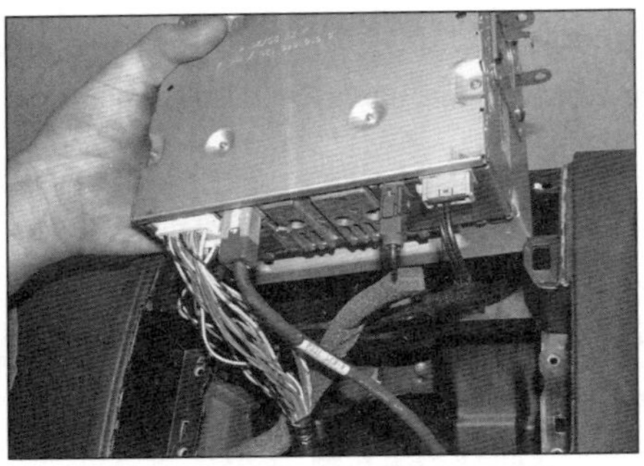

15.4b ... und trennen Sie alle Anschlüsse.

Einbau

23 Der Einbau entspricht der umgekehrten Ausbaureihenfolge – die Kabel dürfen beim Einschieben nicht eingeklemmt oder abgeknickt werden.

16 Lautsprecher – Ausbau und Einbau

1 Trennen Sie zunächst das Massekabel (–) der Batterie (siehe Seite 532).

Tür-Lautsprecher

2 Entfernen Sie die Türverkleidung (siehe Kapitel 11, Sektion 12).
3 Trennen Sie den Kabelstecker vom Türlautsprecher (siehe Abbildung).

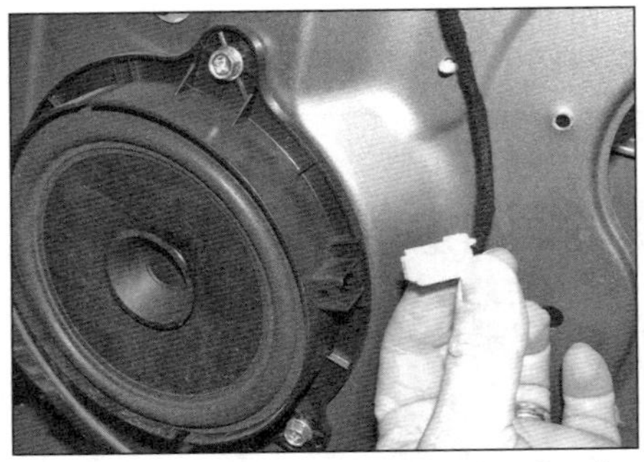

16.3 Trennen Sie den Lautsprecher-Stecker.

4 Lösen Sie die drei Schrauben, und ziehen Sie den Lautsprecher aus der Tür (siehe Abbildung).

16.4 Lösen Sie die drei Schrauben und entnehmen Sie den Lautsprecher.

5 Der Einbau entspricht der umgekehrten Ausbaureihenfolge – beachten Sie bei der Türverkleidung die Hinweise in Kapitel 11, Sektion 12.

Armaturenbrett-Hochtöner

6 Befreien Sie oben am Armaturenbrett vorsichtig das Lautsprechergitter (siehe Abbildung).

16.6 Entfernen Sie das Lautsprechergitter ...

7 Ziehen Sie den Hochtöner aus seinem Sitz oben im Armaturenbrett, trennen Sie seinen Stecker und entnehmen Sie ihn (siehe Abbildung).

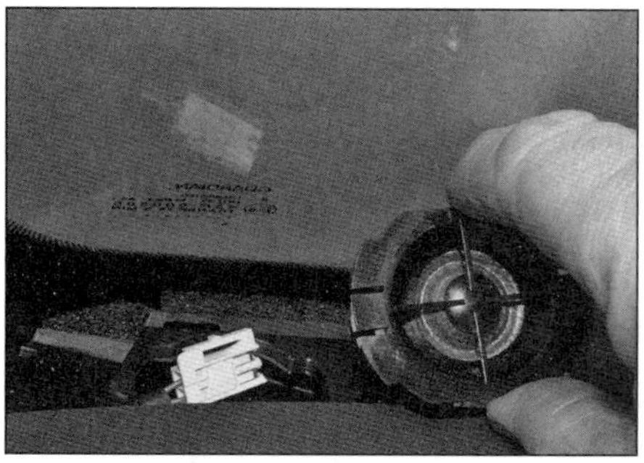

16.7 ... entnehmen Sie den Hochtöner und trennen Sie den Stecker.

8 Der Einbau entspricht der umgekehrten Ausbaureihenfolge.

17 Radio-Antenne – Ausbau und Einbau

Ausbau

1 Befreien Sie die hintere Innenbeleuchtung aus dem Dachhimmel (siehe Sektion 6).
2 Lösen Sie die Mutter, und trennen Sie das Antennenkabel, um die Antenne aus dem Dach zu entnehmen (siehe Abbildung).

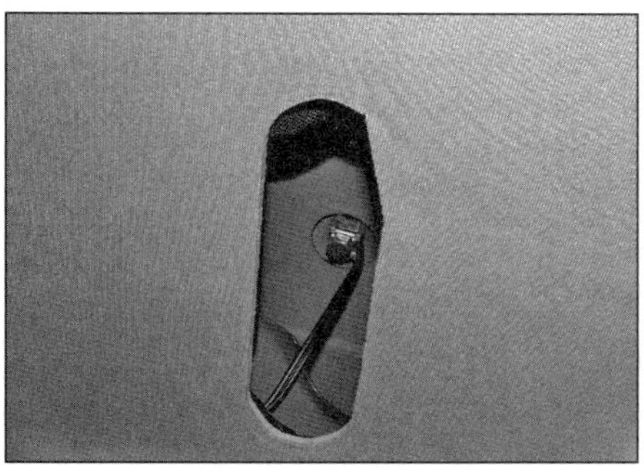

17.2 Dachantennen-Befestigungsmutter

Einbau

3 Der Einbau entspricht der umgekehrten Ausbaureihenfolge – das Antennenkabel muss sicher verbunden sein.

18 Alarmanlage und Wegfahrsperre – Allgemeine Informationen

Alle Modelle sind serienmäßig mit einer Zentralverriegelung ausgerüstet, die eine elektronische Wegfahrsperre beinhaltet. Die Wegfahrsperre sorgt dafür, dass das Fahrzeug nur mit dem Original-Zündschlüssel gestartet werden kann. Der Schlüssel enthält einen mit einem Code programmierten Elektronik-Chip (Transponder). Sobald der Schlüssel ins Zündschloss gesteckt wird, nutzt der Transponder die im Sensorring am Zündschlossgehäuse vorhandene Spannung, um ein Signal an das Wegfahrsperren-Steuergerät zu senden. Das Steuergerät prüft bei jedem Einschalten der Zündung den Code; falls dieser nicht zum gespeicherten Code passt, sperrt das Steuergerät den Anlasser, die Kraftstoffversorgung und ggf. die Zündung, damit der Motor nicht gestartet werden kann.
Nach dem Abschalten der Zündung wird ein Schließ-Signal an das Steuergerät gesendet, sodass die Funktion des Motors blockiert wird, bis wieder ein Öffner-Code gesendet wird.

19 Intelligentes Schlüsselsystem – Allgemeine Informationen

1 Das *Intelligent Key System* (IKS) erlaubt das schlüssellose Bedienen des Fahrzeugs. Der Schlüssel muss sich dazu allerdings (mit einer neuen Batterie) im Umkreis von 80 cm um eine der folgenden Antennen befinden:
a) hinten in der Mittelkonsole (siehe Abbildung)
b) im Kofferraum (siehe Abbildung)
c) rechts vom Heizungs-/Klimaanlagen-Gehäuse (siehe Abbildung)
d) an beiden vorderen Türgriffen (siehe Abbildung)
e) innerhalb der hinteren Stoßstange

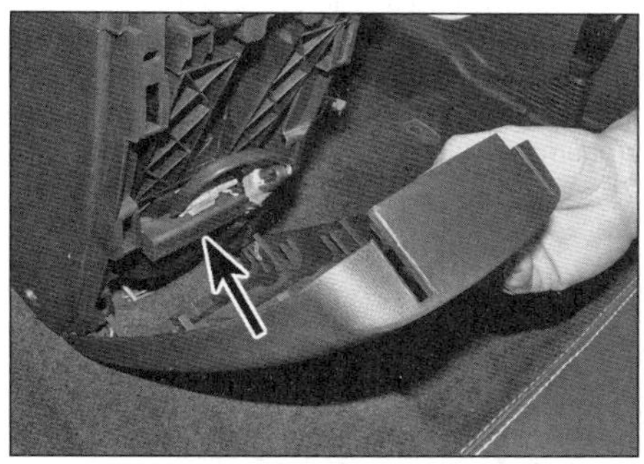

19.1a IKS-Antenne hinten in der Mittelkonsole

19.1b IKS-Antenne im Kofferraum

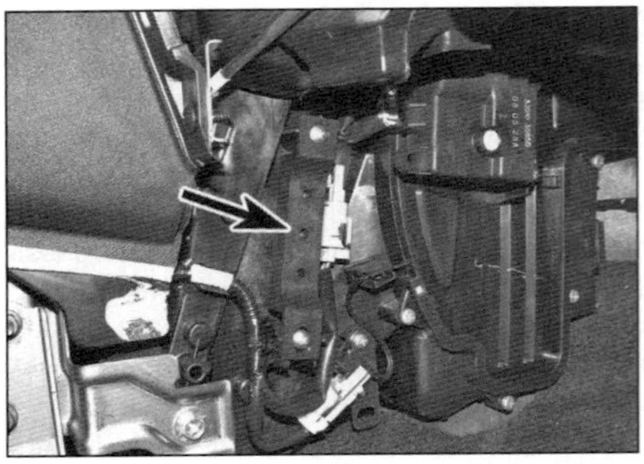

19.1c IKS-Antenne rechts am Heizungs-/Klimaanlagen-Gehäuse

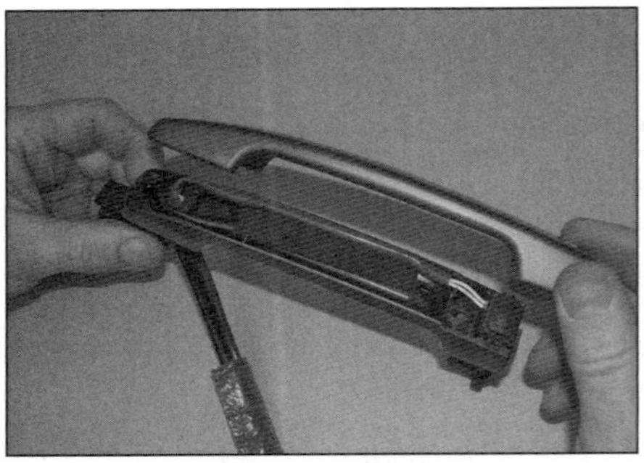

19.1d IKS-Antenne im Türgriff

2 Da sich die Batterie im Schlüssel mit der Zeit entlädt, verringert sich die Funktionsdistanz. Halten Sie den Schlüssel aber auch nicht zu dicht an den Türgriff, da hierdurch ebenfalls Fehlfunktionen entstehen können. Falls eine Tür nicht korrekt verschlossen ist, kann dies dazu führen, dass das IKS nicht korrekt funktioniert. Hinter der vorderen Stoßstange befindet sich ein IKS-Warnsummer (siehe Abbildung).

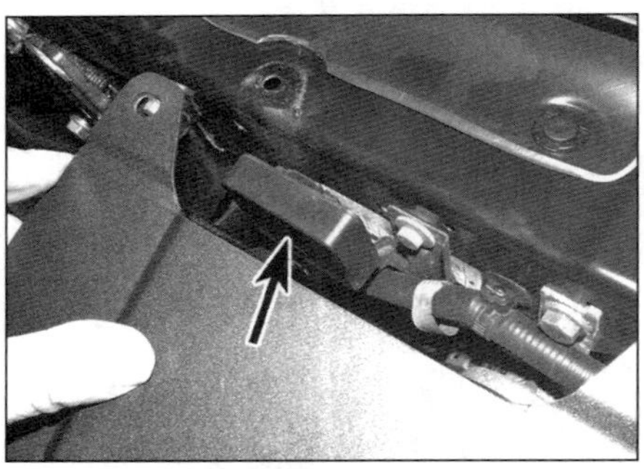

19.2 IKS-Warnsummer hinter der vorderen Stoßstange

20 Airbag-System – Allgemeine Informationen, Warnhinweise und System-Deaktivierung

Allgemeine Informationen

Alle Modelle sind serienmäßig mit einem Fahrer-Airbag (im Lenkrad) und einem Beifahrer-Airbag (oberhalb des Handschuhfachs) ausgerüstet. Manche Modelle sind zudem mit Seiten-Airbags (in den Vordersitzen) und Vorhang-Airbags (im Dachhimmel) ausgerüstet.

Das System ist nur bei eingeschalteter Zündung funktionsfähig, doch für den Fall einer Stromunterbrechung im Hauptkabel ist noch eine Reservestromquelle vorhanden. Die beiden vorderen Airbags werden von einem Verzögerungssensor aktiviert und von einem Steuergerät (unter der Mittelkonsole) überwacht. Die Seiten- und Vorhang-Airbags werden zusammen mit den vorderen Airbags bei einem schweren seitlichen Aufprall aktiviert.

Bei einem Aufprall werden die Airbags binnen Millisekunden aufgepumpt, um den Insassen ein Polster zum Lenkrad bzw. dem Armaturenbrett oder zur Seite zu bieten und das Risiko von Verletzungen zu reduzieren. Der Airbag entleert sich anschließend fast genauso schnell. Das Steuergerät aktiviert ggf. auch die Gurtstraffer der Vordersitze (siehe Kapitel 11).

Warnhinweise

⚠ ***Warnung: Die folgenden Vorsichtsmaßnahmen müssen bei der Arbeit am Airbag-System beachtet werden, um Gesundheitsrisiken zu minimieren.***

Allgemeine Vorkehrungen

Die folgenden Vorsichtsmaßnahmen **müssen** bei der Arbeit am Fahrzeug beachtet werden:

a) *Trennen Sie **niemals** die Batterie bei laufendem Motor.*
b) *Demontieren Sie alle Airbag-Komponenten, bevor irgendwelche Arbeiten in der Umgebung von Airbags durchgeführt werden.*
c) *Deaktivieren Sie das Airbag-System, bevor Schweißarbeiten am Fahrzeug vorgenommen werden.*
d) *Testen Sie **niemals** Stromkreise des Airbag-Systems mit irgendwelchen Messgeräten.*
e) *Versuchen Sie beim Aufleuchten der Airbag-Warnlampe **niemals** selbst, eine Fehlerdiagnose durchzuführen oder Teile des Airbag-Systems zu zerlegen – bringen Sie das Fahrzeug **unbedingt** in eine Nissan-Werkstatt.*

Umgang mit dem Airbag

a) *Transportieren Sie einen Airbag **immer** mit dem Luftsack nach oben.*
b) *Legen Sie **niemals** Ihre Arme um den Airbag.*
c) *Halten Sie den Airbag **stets** dicht am Körper – mit dem Luftsack nach außen.*
d) *Lassen Sie einen Airbag **niemals** fallen; setzen Sie ihn keinen Schlägen aus.*
e) *Versuchen Sie **niemals**, einen Airbag zu zerlegen.*
f) *Verbinden Sie **niemals** irgendwelche elektrischen Komponenten mit Teilen des Airbag-Stromkreises.*

Lagern eines Airbags

a) *Lagern Sie einen Airbag mit dem Luftsack nach oben in einem geschlossenen Schrank.*
b) *Setzen Sie einen Airbag **niemals** Temperaturen über 80 °C aus.*
c) *Setzen Sie einen Airbag **niemals** offenen Flammen aus.*
d) *Entsorgen Sie einen Airbag nur über eine Nissan-Werkstatt.*
e) *Bauen Sie **niemals** einen Airbag ins Auto ein, der erwiesenermaßen defekt oder beschädigt ist.*

Deaktivieren des Airbag-Systems

Bevor Arbeiten an Airbag-Komponenten oder umliegenden Bereichen erledigt werden, muss der Airbag folgendermaßen deaktiviert werden:

a) *Schalten Sie die Zündung ein, und prüfen Sie die Funktion der Airbag-Warnlampe – sie muss aufleuchten und dann erlöschen.*
b) *Schalten Sie die Zündung ab.*
c) *Ziehen Sie den Zündschlüssel ab.*
d) *Schalten Sie alle elektrischen Verbraucher ab.*
e) *Trennen Sie das Massekabel (–) der Batterie (siehe Seite 532).*
f) *Isolieren Sie den Minuspol der Batterie und das Ende des Massekabels, um alle Risiken auszuschließen.*
g) *Warten Sie mindestens 10 Minuten, bevor Sie fortfahren. Falls die Airbag-Warnlampe nicht korrekt funktionierte, müssen mindestens 10 Minuten verstreichen.*

Aktivieren des Airbag-Systems

Nachdem die Arbeiten an Airbag-Komponenten oder umliegenden Bereichen erledigt sind, muss der Airbag folgendermaßen aktiviert werden:

a) *Im Fahrzeug darf sich niemand aufhalten, und in der Nähe des Lenkrads dürfen sich keine losen Objekte befinden. Schließen Sie alle Fenster und Türen des Fahrzeugs.*
b) *Wenn sichergestellt ist, dass die Zündung abgeschaltet ist, wird die Batterie wieder angeschlossen.*
c) *Öffnen Sie die Fahrertür, und schalten Sie die Zündung ein, ohne dabei direkt über das Lenkrad zu greifen. Prüfen Sie, ob die Airbag-Warnlampe kurz aufleuchtet und dann erlischt.*
d) *Schalten Sie die Zündung ab.*
e) *Falls die Airbag-Warnlampe nicht kurz aufleuchtet und dann erlischt, muss Rat bei einer Nissan-Werkstatt gesucht werden, bevor mit dem Fahrzeug gefahren wird.*

21 Airbag-Systemkomponenten – Ausbau und Einbau

Warnung: Beachten Sie die Warnhinweise in Sektion 20, bevor Sie diese Arbeiten durchführen! Jeder potenzielle Defekt am Airbag-System sollte in einer Nissan-Werkstatt untersucht werden – versuchen Sie NIEMALS, Arbeiten zu erledigen, die über den Ausbau der vorderen Airbags oder des Drehschalters hinausgehen!

Anmerkung: *Trennen Sie das Massekabel (–) der Batterie (siehe Seite 532).*

Airbag-Steuergerät

1 Das Steuergerät sitzt vor der Handbremse in der Mittelkonsole – deren Ausbau ist in Kapitel 11, Sektion 25, beschrieben.

2 Trennen Sie die Stecker vom Steuergerät, lösen Sie die Schrauben, und entnehmen Sie das Gerät vom Fahrzeugboden (siehe Abbildung).

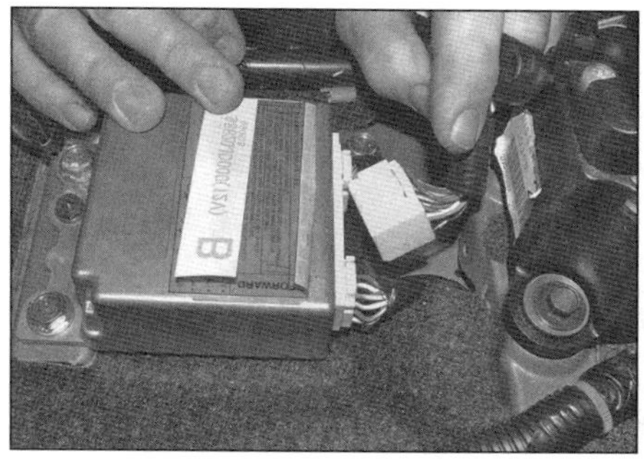

21.2 Trennen Sie die Steuergerät-Stecker.

3 Der Pfeil oben am Steuergerät muss beim Einbau nach vorn zeigen (siehe Abbildung).

21.3 Der Pfeil am Steuergerät muss in Fahrtrichtung zeigen.

Fahrer-Airbag

Ausbau

4 Deaktivieren Sie das Airbag-System (siehe Sektion 20).

5 Stecken Sie an beiden Seiten des Lenkrads Schraubendreher o. Ä. durch die hinten sitzenden Löcher, um die Bügel hinten an der Airbag-Einheit zu lösen (siehe Abbildung).

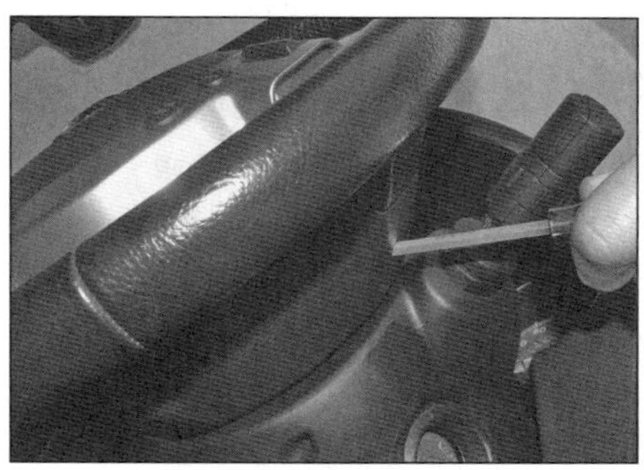

21.5 Stecken Sie einen Schraubendreher ein ...

6 Hebeln Sie den Airbag vorsichtig vom Lenkrad (siehe Abbildung).

21.6 ... um die Sicherungsbügel des Airbags zu lösen.

7 Lösen Sie mit einem dünnen Schraubendreher die Laschen der Kabelstecker an der Rückseite des Airbags (siehe Abbildungen).

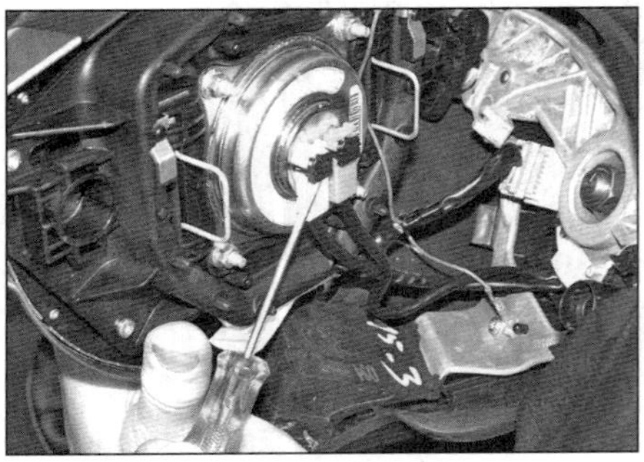

21.7a Heben Sie die Laschen an ...

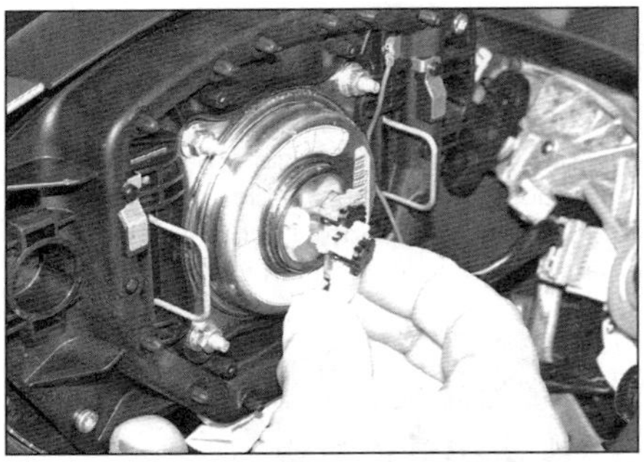

21.7b ... und ziehen Sie die Stecker vom Airbag.

8 Trennen Sie den Stecker der Lenkradschalter (s. Abb.).

21.8 Trennen Sie den Lenkerschalter-Stecker.

9 Trennen Sie den Stecker des Massekabels (s. Abb.).

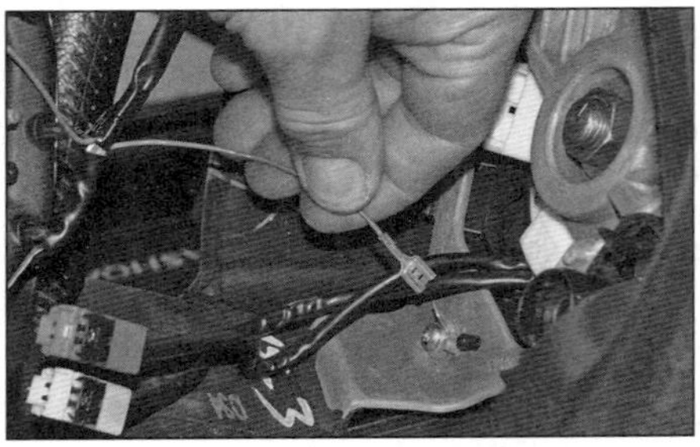

21.9 Trennen Sie den Massestecker.

10 Falls die Airbag-Einheit längere Zeit ausgebaut bleiben soll, muss sie mit dem Luftsack nach oben in einem geschlossenen Schrank gelagert werden (siehe Sektion 20).

Einbau

11 Der Einbau entspricht der umgekehrten Ausbaureihenfolge – beachten Sie dabei folgende Punkte:

a) *Achten Sie beim Einbau darauf, dass auf die Airbag-Einheit keine Schläge ausgeübt werden.*

b) *Aktivieren Sie nach dem Einbau das Airbag-System (siehe Sektion 20).*

Airbag-Drehschalter

Ausbau

12 Entfernen Sie den Fahrer-Airbag (siehe oben).

13 Drehen Sie die Lenkung geradeaus, und demontieren Sie das Lenkrad (siehe Kapitel 10, Sektion 11).

14 Entfernen Sie die obere und untere Lenksäulen-Verkleidung (siehe Kapitel 11, Sektion 26).

15 Demontieren Sie die Lenksäulenschalter (siehe Sektion 4).

16 Trennen Sie hinten an der Lenksäule von unten die Stecker der Drehschalter-Baugruppe (siehe Abbildung).

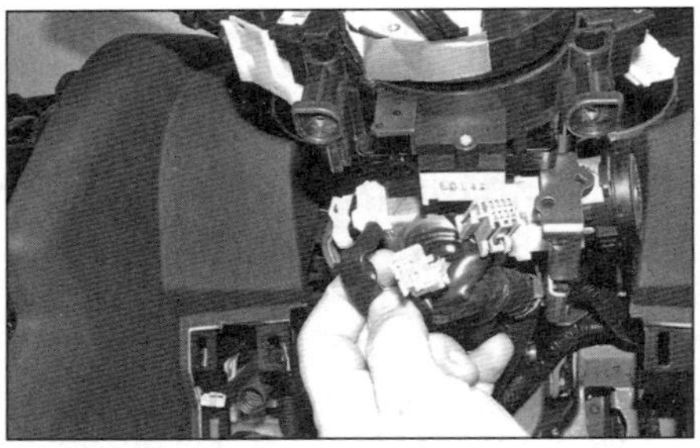

21.16 Trennen Sie die Drehschalter-Stecker.

17 Sichern Sie den Drehschalter mit Klebeband in seiner Position (siehe Abbildung) – so kann er sich nicht verdrehen.

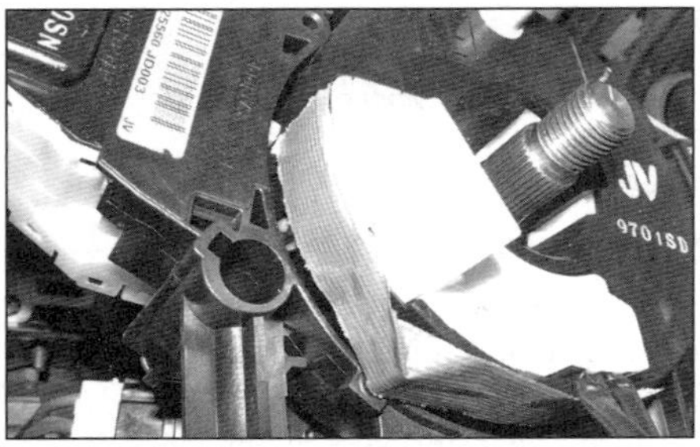

21.17 Sichern Sie den Drehschalter mit Klebeband in Position.

18 Lösen Sie die Laschen, und ziehen Sie die Drehschalter-Baugruppe von der Lenksäule (siehe Abbildungen).

21.18a Lösen Sie die Laschen ...

21.18b ... und ziehen Sie den Drehschalter von der Lenksäule.

Einbau

19 Der Einbau entspricht der umgekehrten Ausbaureihenfolge – beachten Sie dabei folgende Punkte:

a) Der Drehschalter darf sich nicht verdreht haben.

b) Die Vorderräder müssen weiterhin geradeaus stehen, bevor der Drehschalterstecker verbunden und das Lenkrad montiert wird.

c) Stellen Sie vor der Montage der Lenksäulen-Verkleidungen sicher, dass die Drehschalter-Kabel korrekt verlegt sind.

d) Montieren Sie das Lenkrad (siehe Kapitel 10, Sektion 11) und den Airbag (siehe oben).

Beifahrer-Airbag

Ausbau

20 Der Airbag sitzt oberhalb des Handschuhfachs im Armaturenbrett.

21 Deaktivieren Sie das Airbag-System (siehe Sektion 20).

22 Entfernen Sie das Handschuhfach (siehe Kapitel 11, Sektion 26).

23 Trennen Sie die Airbag-Stecker (siehe Abbildung).

24 Lösen Sie die Schrauben, die den Airbag an der Armaturenbrett-Querstrebe sichern, und befreien Sie ihn vorsichtig aus dem Armaturenbrett (siehe Abbildungen).

21.23 Ziehen Sie die Airbag-Stecker ab.

21.24a Lösen Sie die Airbag-Schrauben ...

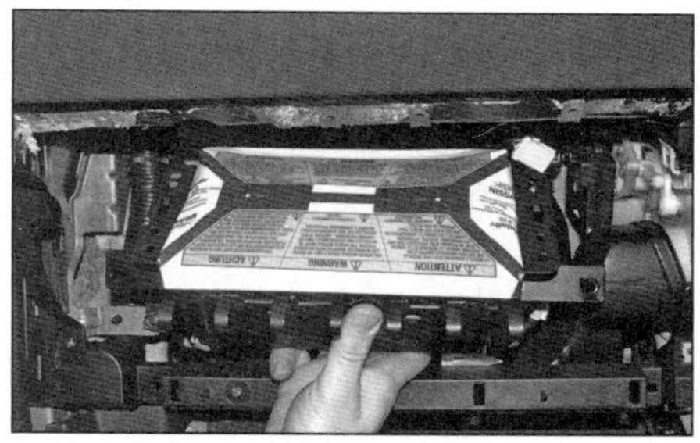

21.24b ... und manövrieren Sie die Baugruppe nach unten aus dem Armaturenbrett heraus.

25 Falls die Airbag-Einheit längere Zeit ausgebaut bleiben soll, muss sie mit dem Luftsack nach oben in einem geschlossenen Schrank gelagert werden (siehe Sektion 20).

Einbau

26 Der Einbau entspricht der umgekehrten Ausbaureihenfolge – beachten Sie dabei folgende Punkte:

a) Achten Sie beim Einbau darauf, dass auf die Airbag-Einheit keine Schläge ausgeübt werden.

b) Aktivieren Sie nach dem Einbau das Airbag-System (siehe Sektion 20).

Seiten-Airbag

27 Der Aus- und Einbau des Seiten-Airbags erfordert das Zerlegen des entsprechenden Sitzes – dies sollte einer Nissan-Werkstatt überlassen werden.

Vorhang-Airbag

28 Der Aus- und Einbau des Vorhang-Airbags erfordert einen Teilausbau des Himmels – dies sollte einer Nissan-Werkstatt überlassen werden.

Nissan Qashqai Schaltpläne

Grafik 1

Warnung: Die zum »Supplement Restraint System« gehörenden Airbags und Gurtstraffer können beim Einsatz elektrischer Prüfgeräte auslösen und schwere Verletzungen hervorrufen. Daher ist bei der Identifikation des korrekten Stromkreises extreme Vorsicht geboten, um nicht versehentlich SRS-Komponenten zu aktivieren.
Anmerkung: *SRS-Anschlüsse lassen sich üblicherweise anhand gelber und/oder oranger Kabel und Stecker identifizieren.*

Symbol-Legende

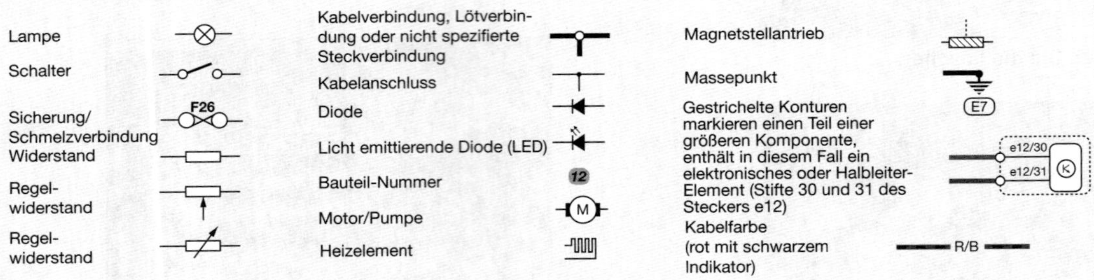

Motorraum-Sicherungsbox 6

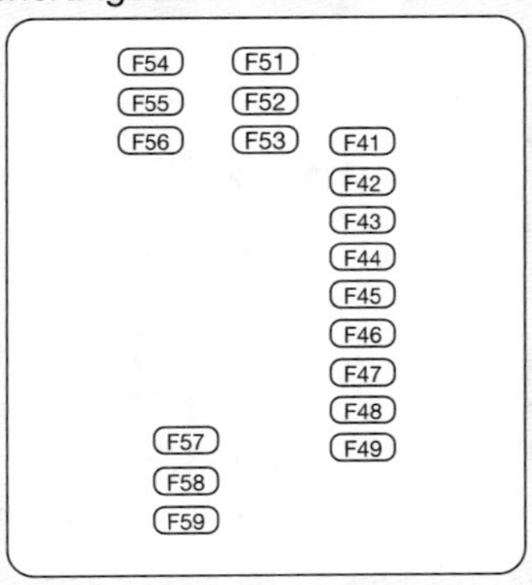

Schmelzverbindungsbox 4

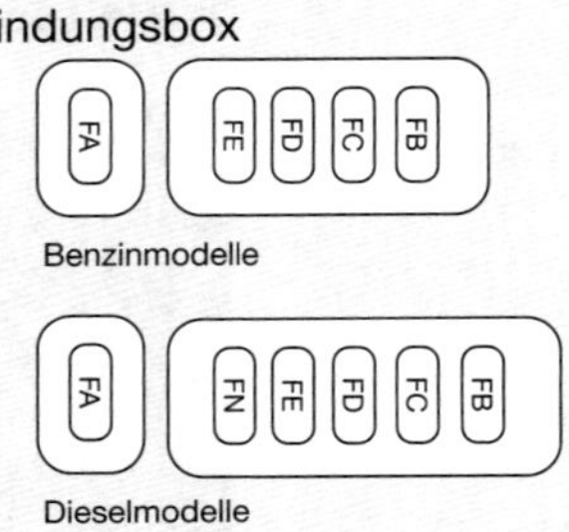

Sicherungs- und Schmelzverbindungs-Box 5

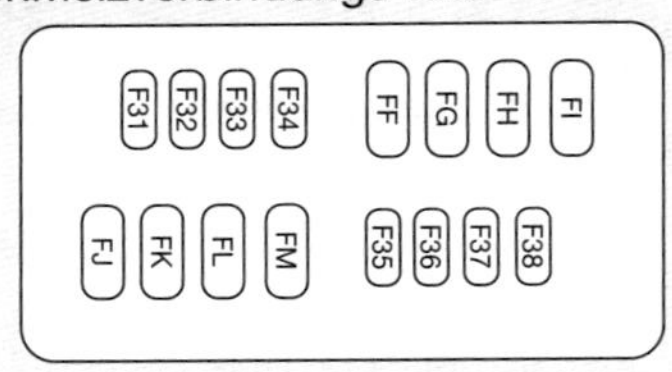

Fußraum-Sicherungsbox 7

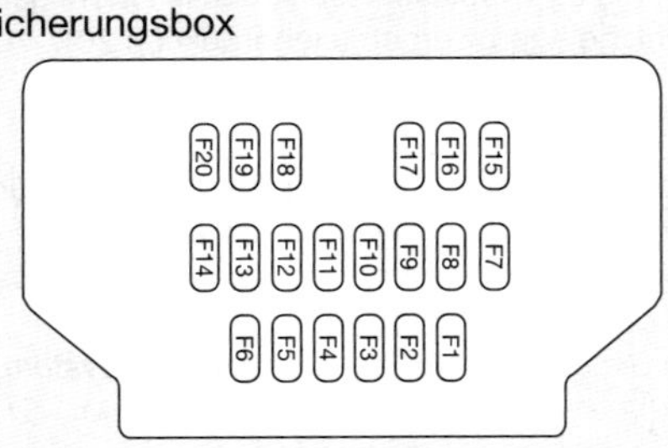

Die Absicherungsrate ist im Deckel der Sicherungsbox angegeben

Massepunkte

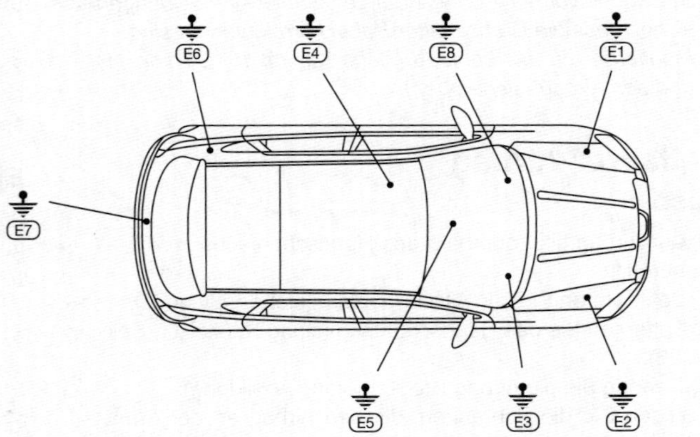

H47584

Kabelfarben

B	Schwarz	**O**	Orange
Y	Gelb	**L**	Blau
BR	Braun	**W**	Weiß
GR	Grau	**LG**	Hellgrün
V	Violett	**SB**	Hellblau
R	Rot	**DG**	Dunkelgrün
P	Pink	**CH**	Dunkelbraun
G	Grün		

* Dieselmodelle

Legende – Komponenten

Grafik 2

1 Batterie
2 Lichtmaschine
3 Anlasser
4 Schmelzverbindungs-Box
5 Sicherungs- und Schmelzverbindungs-Box
6 Motorraum-Sicherungsbox
   a = Anlasserrelais
   b = Zündschloss-Relais
   c = Steuergerät
   d = Ventilator-Relais 1
   e = Ventilator-Relais 2
7 Fußraum-Sicherungsbox
   a = Zubehör-Relais
8 Zündschloss
9 Hupe
10 Lenkrad-Drehkontakt
11 Hupenknopf
12 Hupenrelais
13 Steckdose/Zigarettenanzünder vorn
14 Steckdose hinten
15 Steckdosen-Relais hinten
16 Kühlventilator
17 Kühlventilator-Widerstand
18 Motorsteuergerät
19 Kühltemperatursensor

H47585

Anlasser und Ladesystem

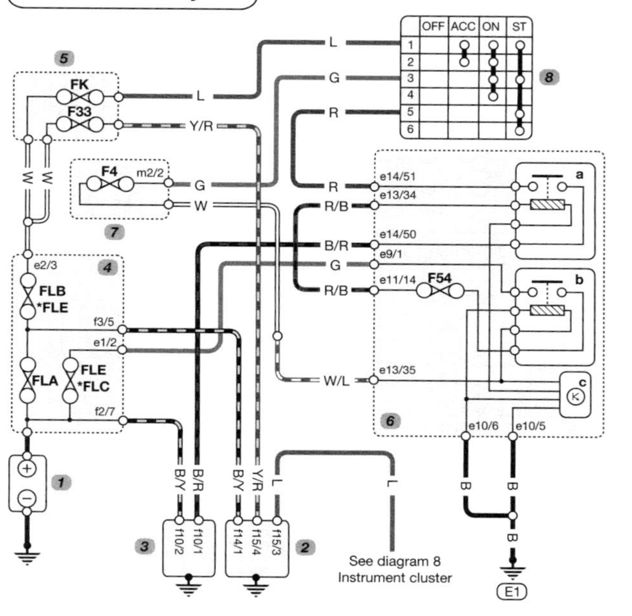

Hupe

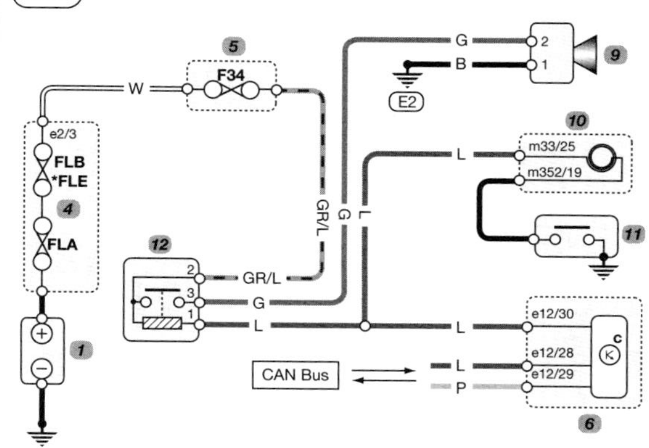

Kühlventilator

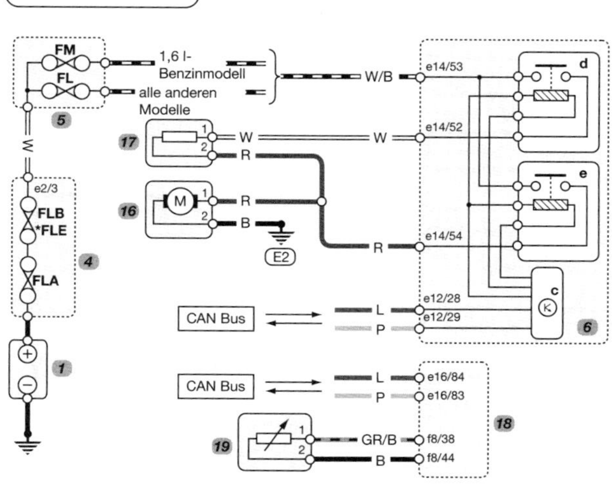

Zigarettenanzünder & Steckdose

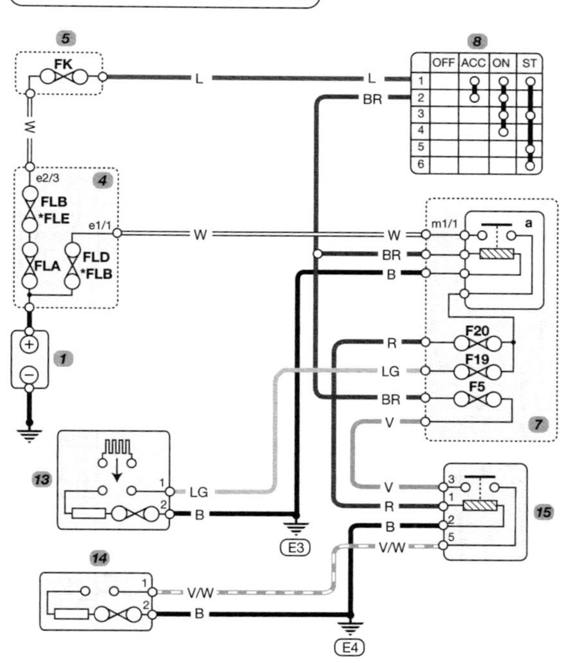

Grafik 3

Kabelfarben

B	Schwarz	**O**	Orange
Y	Gelb	**L**	Blau
BR	Braun	**W**	Weiß
GR	Grau	**LG**	Hellgrün
V	Violett	**SB**	Hellblau
R	Rot	**DG**	Dunkelgrün
P	Pink	**CH**	Dunkelbraun
G	Grün		

* Dieselmodelle

Legende – Komponenten

1 Batterie
4 Schmelzverbindungs-Box
5 Sicherungs- und Schmelzverbindungs-Box
6 Motorraum-Sicherungsbox
  b = Zündschloss-Relais
  c = Steuergerät
  f = Rückleuchten-Relais
7 Fußraum-Sicherungsbox
8 Zündschloss
20 Wahlhebel-Positionsschalter (Automatikgetriebe)
21 Wahlhebel-Positionsschalter (CVT-Getriebe)
22 Schalthebel-Positionsschalter (Schaltgetriebe)
23 Bremslichtschalter
24 Karosserie-Steuergerät
25 Rückleuchte links
  a = Bremslicht
  b = Rücklicht
26 Rückleuchte rechts (a & b wie bei links)
27 Zusatzbremsleuchte
28 Rückfahrleuchte links
29 Rückfahrleuchte rechts
30 Standlicht links
31 Standlicht rechts
32 Kennzeichenbeleuchtung links
33 Kennzeichenbeleuchtung rechts
34 Kombischalter
35 Fahrertür-Schalter

H47586

Brems- und Rückfahrleuchten

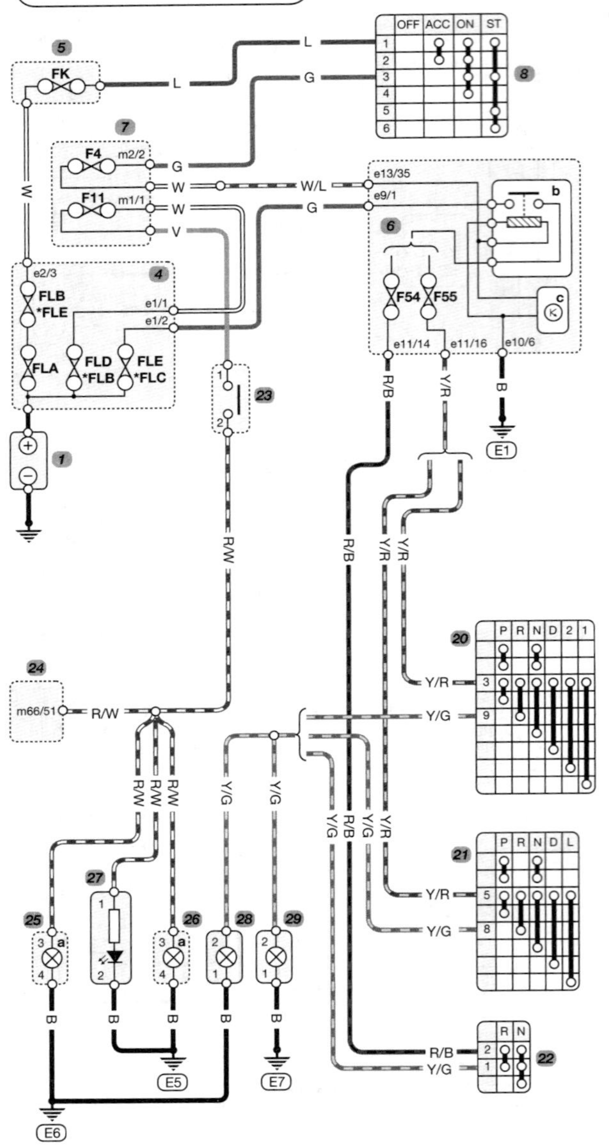

Standlicht, Rücklicht, Kennzeichenbeleuchtung

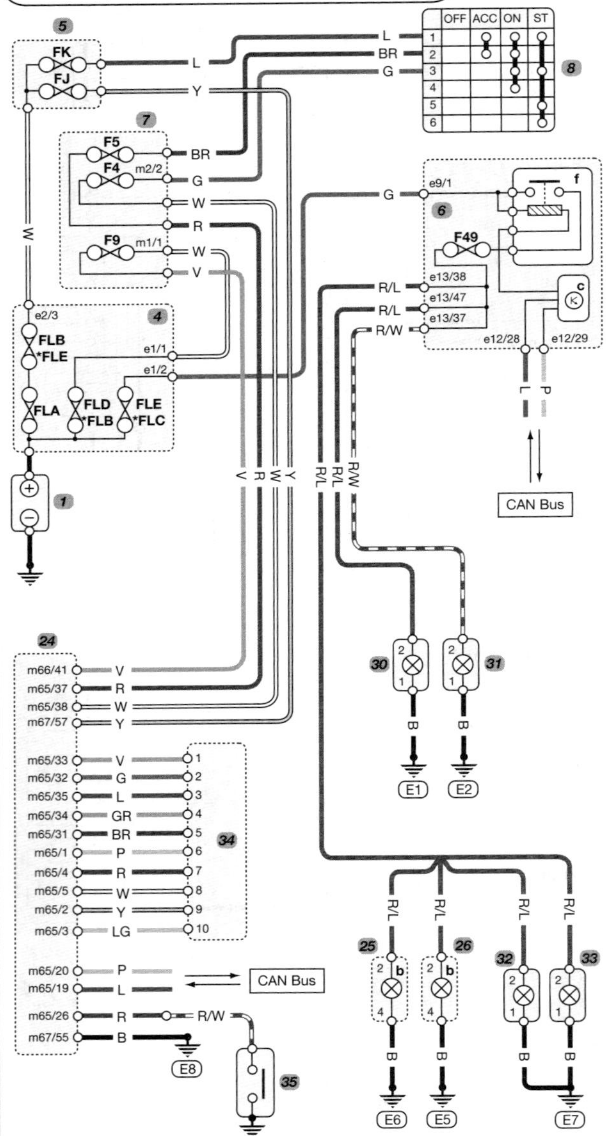

Grafik 4

Kabelfarben

B	Schwarz	**O**	Orange
Y	Gelb	**L**	Blau
BR	Braun	**W**	Weiß
GR	Grau	**LG**	Hellgrün
V	Violett	**SB**	Hellblau
R	Rot	**DG**	Dunkelgrün
P	Pink	**CH**	Dunkelbraun
G	Grün		

* Dieselmodelle

Legende – Komponenten

1 Batterie
4 Schmelzverbindungs-Box
5 Sicherungs- und Schmelzverbindungs-Box
6 Motorraum-Sicherungsbox
  c = Steuergerät
  g = Fernlicht-Relais
  h = Abblend-Relais
7 Fußraum-Sicherungsbox
8 Zündschloss
24 Karosserie-Steuergerät
25 Rückleuchte links
  c = Blinker
26 Rückleuchte rechts
  c = Blinker
34 Kombischalter
35 Fahrertür-Schalter
37 Scheinwerfer links
  a = Fernlicht
  b = Abblendlicht
38 Scheinwerfer rechts
  (a & b wie bei links)
39 Blinker vorn links
40 Blinker links im Kotflügel
41 Blinker vorn rechts
42 Blinker rechts im Kotflügel
43 Warnblinkschalter

H47587

Scheinwerfer

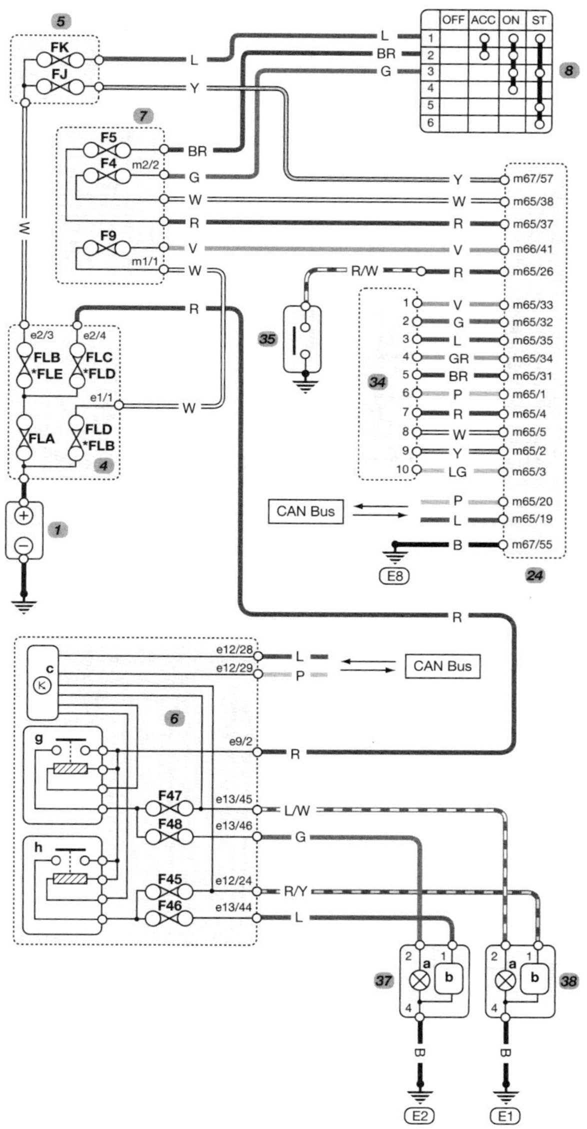

Blinker & Warnblinker

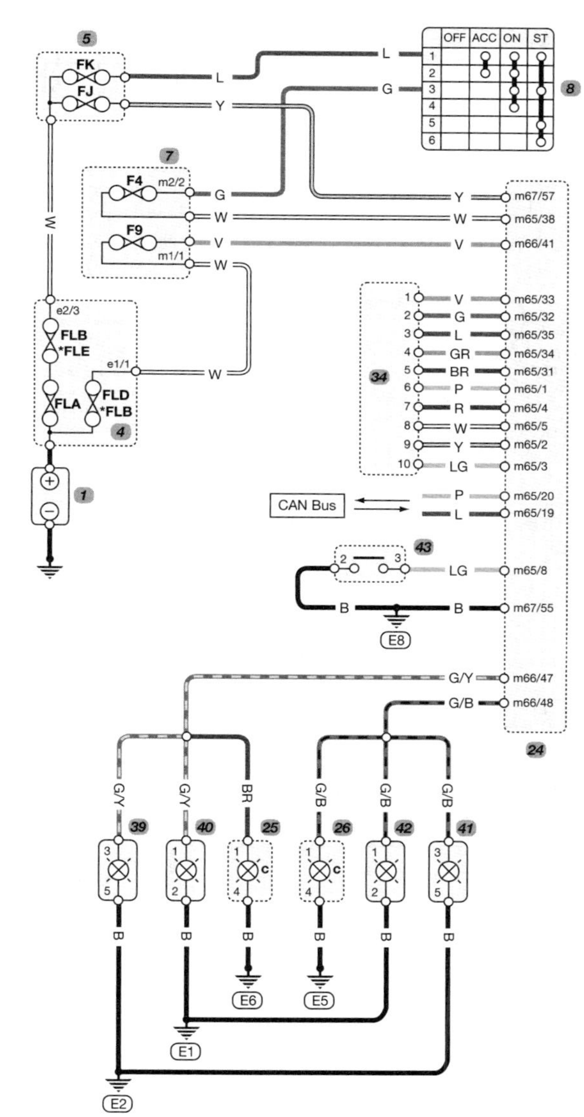

Grafik 5

Kabelfarben

B	Schwarz	**O**	Orange
Y	Gelb	**L**	Blau
BR	Braun	**W**	Weiß
GR	Grau	**LG**	Hellgrün
V	Violett	**SB**	Hellblau
R	Rot	**DG**	Dunkelgrün
P	Pink	**CH**	Dunkelbraun
G	Grün		

* Dieselmodelle

Legende – Komponenten

1 Batterie
4 Schmelzverbindungs-Box
5 Sicherungs- und Schmelzverbindungs-Box
6 Motorraum-Sicherungsbox
c = Steuergerät
f = Rücklicht-Relais
h = Abblendlicht-Relais
i = Nebelscheinwerfer-Relais
7 Fußraum-Sicherungsbox
8 Zündschloss
24 Karosserie-Steuergerät
34 Kombischalter
45 Nebelscheinwerfer links
46 Nebelscheinwerfer rechts
47 Nebelschlussleuchte
48 Leuchtweitenversteller links
49 Leuchtweitenversteller rechts
50 Leuchtweiten-Steuergerät
51 Diagnosestecker
52 Scheinwerfer-Wischwasserpumpen-Relais
53 Scheinwerfer-Wischwasserpumpe

H47588

Nebelscheinwerfer & Nebelschlusslicht

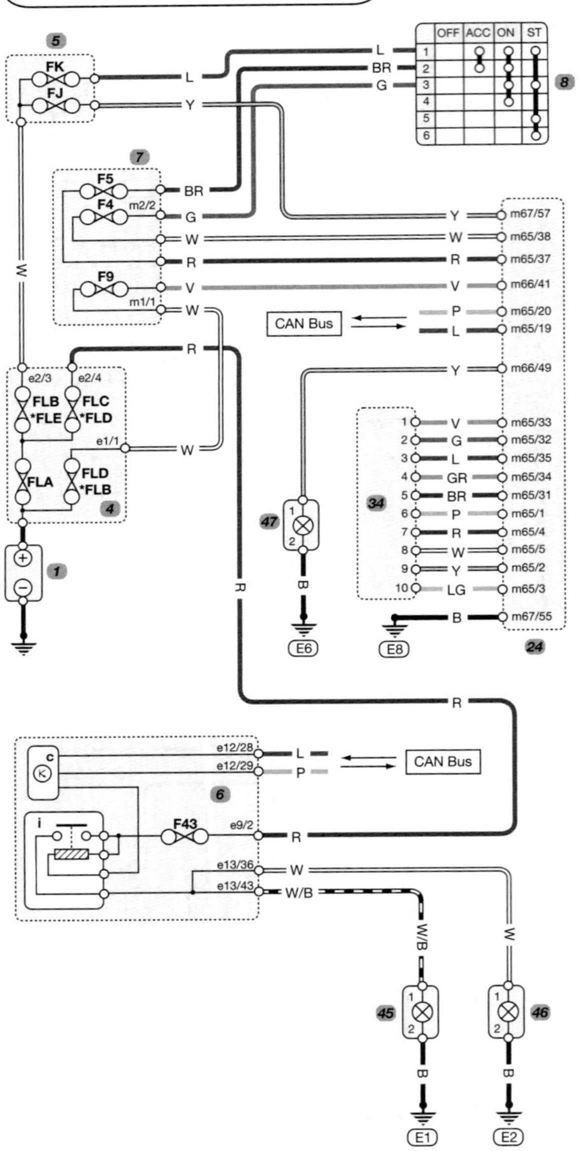

Leuchtweitenverstellung

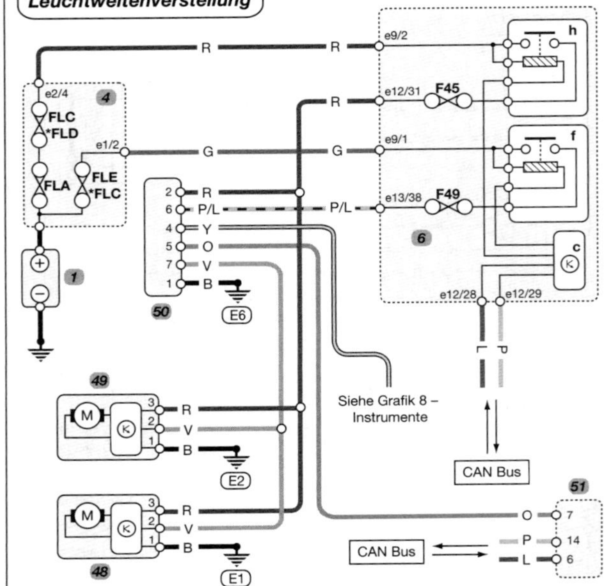

Scheinwerfer-Waschsystem

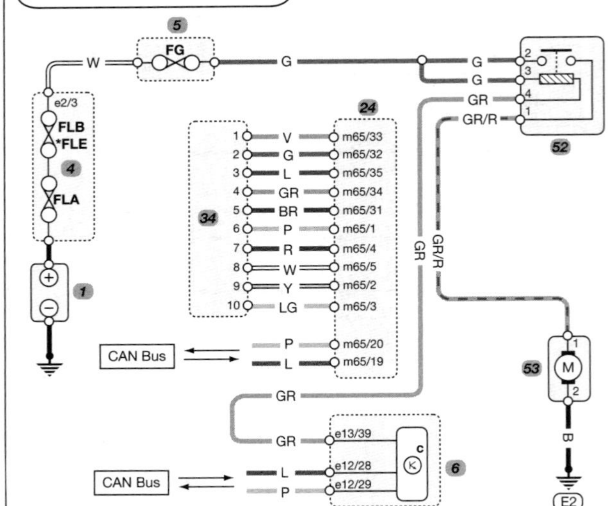

Kabelfarben

B	Schwarz	**O**	Orange
Y	Gelb	**L**	Blau
BR	Braun	**W**	Weiß
GR	Grau	**LG**	Hellgrün
V	Violett	**SB**	Hellblau
R	Rot	**DG**	Dunkelgrün
P	Pink	**CH**	Dunkelbraun
G	Grün		

* Dieselmodelle

Legende – Komponenten

Grafik 6

1 Batterie
4 Schmelzverbindungs-Box
5 Sicherungs- und Schmelzverbindungs-Box
6 Motorraum-Sicherungsbox
  c = Steuergerät
  j = Scheibenwischer-Relais vorn
  k = Scheibenwischer-Relais hinten
  l = Heckscheibenheizungs-Relais
7 Fußraum-Sicherungsbox
  a = Zubehör-Relais
8 Zündschloss
24 Karosserie-Steuergerät
34 Kombischalter
55 Regen-/Sonnenschein-Sensor
56 Wischwasser-Pumpe
57 Scheibenwischermotor vorn
58 Scheibenwischermotor hinten
59 Heizungsregelung (Außenspiegel-Heizung/ Fensterheber-Schalter)
60 Heckscheibenheizung
61 Außenspiegel-Schalter
62 Außenspiegel rechts
63 Außenspiegel links

H47589

Wischwasch-Anlage

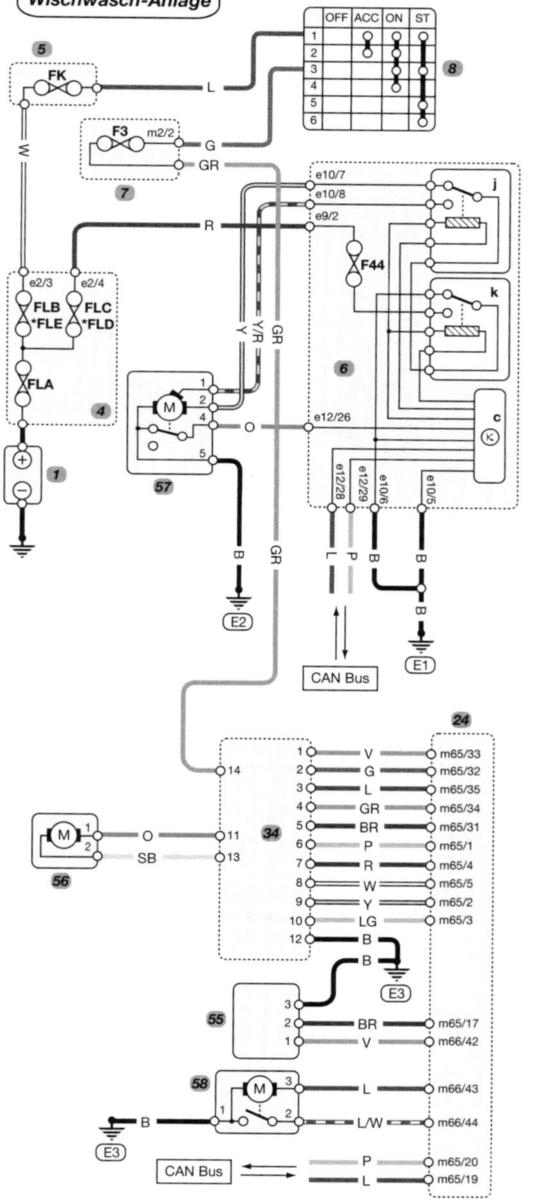

Heckscheibenheizung

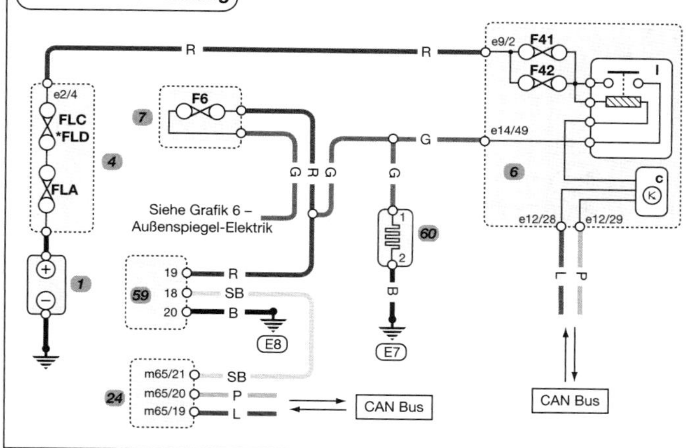

Außenspiegel-Elektrik

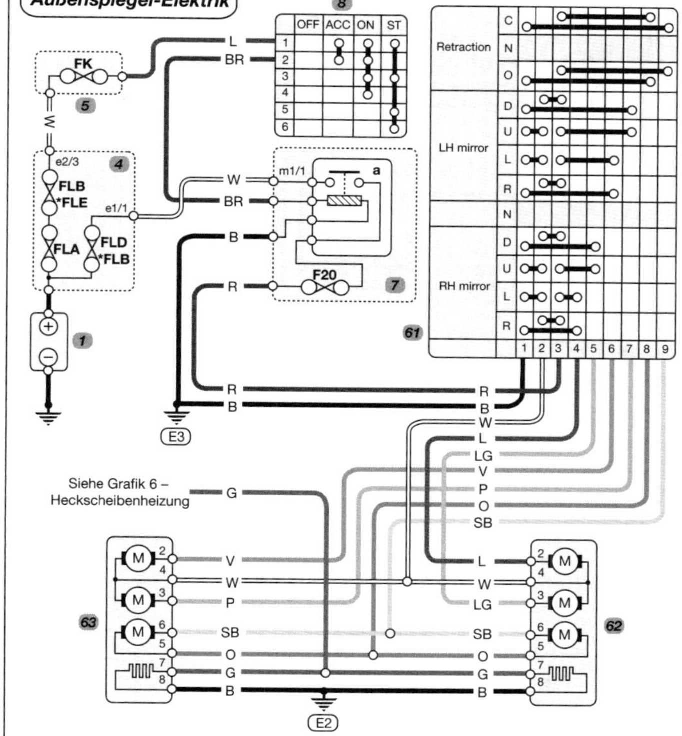

Kabelfarben

B	Schwarz	**O**	Orange
Y	Gelb	**L**	Blau
BR	Braun	**W**	Weiß
GR	Grau	**LG**	Hellgrün
V	Violett	**SB**	Hellblau
R	Rot	**DG**	Dunkelgrün
P	Pink	**CH**	Dunkelbraun
G	Grün		

* Dieselmodelle

Legende – Komponenten

Grafik 7

1 Batterie
4 Schmelzverbindungs-Box
5 Sicherungs- und Schmelzverbindungs-Box
7 Fußraum-Sicherungsbox
8 Zündschloss
10 Lenkrad-Drehkontakt
24 Karosserie-Steuergerät
35 Fahrertürschalter
65 Schlüssel-Schalter
66 Türschloss-Hauptschalter
67 Airbag-Steuergerät
68 Türschlossmotor vorn rechts
69 Türschlossmotor vorn links
70 Türschlossmotor hinten links
71 Türschlossmotor hinten rechts
73 Türschalter von links
74 Türschlossschalter hinten links
75 Türschlossschalter hinten rechts
76 Heckklappenschloss-Schalter
77 Lenkrad-Schalter (Audiosystem)
79 Mikrofon
80 Türlautsprecher links vorn
81 Hochtöner links
82 Türlautsprecher rechts vorn
83 Hochtöner rechts
84 Lautsprecher links hinten
85 Lautsprecher rechts hinten
86 Antenne
87 Radio/CD-Spieler

H47590

Zentralverriegelung

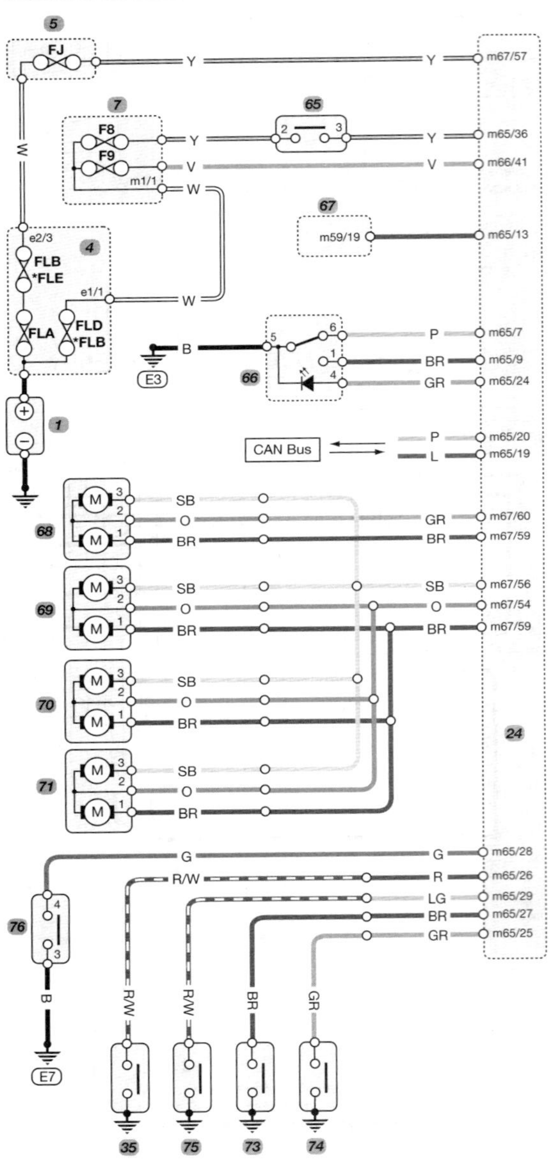

Audiosystem

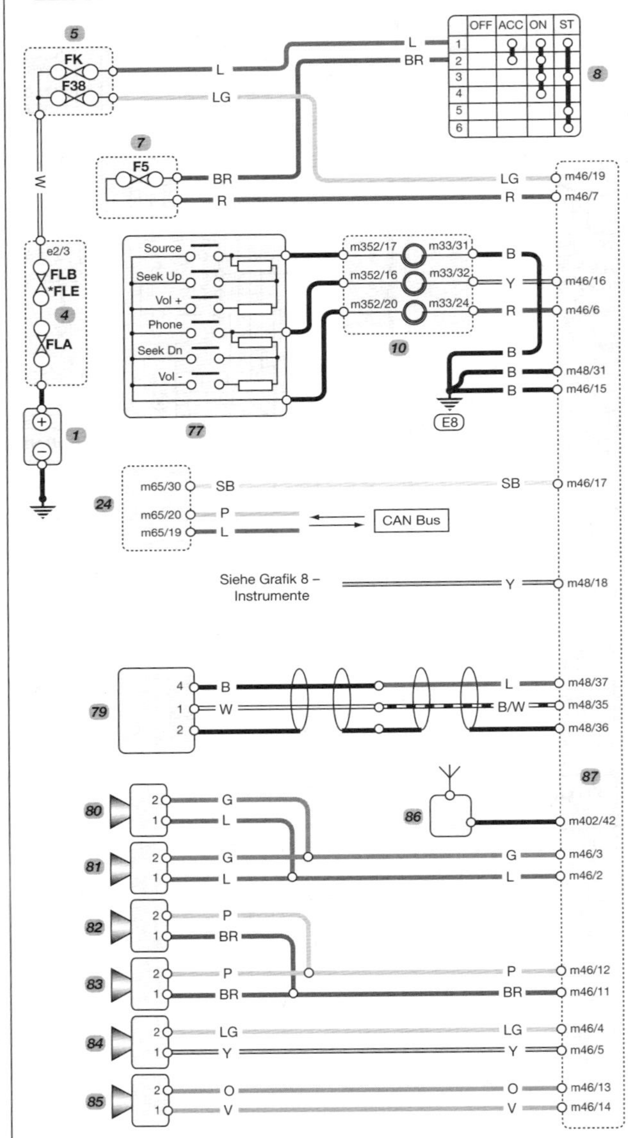

Grafik 8

Kabelfarben

B	Schwarz	**O**	Orange
Y	Gelb	**L**	Blau
BR	Braun	**W**	Weiß
GR	Grau	**LG**	Hellgrün
V	Violett	**SB**	Hellblau
R	Rot	**DG**	Dunkelgrün
P	Pink	**CH**	Dunkelbraun
G	Grün		

* Dieselmodelle

Legende – Komponenten

1 Batterie
4 Schmelzverbindungs-Box
5 Sicherungs- und Schmelzverbindungs-Box
6 Motorraum-Sicherungsbox
  b = Zündschloss-Relais
  c = Steuergerät
  m = A/C-Relais
7 Fußraum-Sicherungsbox
  b = Heizgebläse-Relais
8 Zündschloss
10 Lenkrad-Drehkontakt
18 Motorsteuergerät
24 Karosserie-Steuergerät
59 Heizungsregler (Klimaanlagen-Schalter)
67 Airbag-Steuergerät
78 Instrumenten-Einheit
90 Kompressor-Kupplung
91 Heizgebläsemotor
92 Heizgebläse-Widerstände
93 Heizgebläse-Schalter
94 Lüfterschalter Armaturenbrett
95 Luftklappenmotor Armaturenbrett
96 Luftklappenmotor Einlass
97 Kältemitteldruck-Sensor
98 Ölpegel-Sensor
99 Handbremsen-Schalter
100 Außentemperatur-Sensor
101 Tankuhr-Geber
102 Bremsflüssigkeitspegel-Sensor
103 Fahrersitz-Gurtschlossschalter
104 Beifahrersitz-Gurtschlossschalter
105 Beifahrersitz-Belegungs-erkennungs-Senor
106 Automatikgetriebe-Steuergerät
107 Tageskilometer-Rückstellknopf

H47591

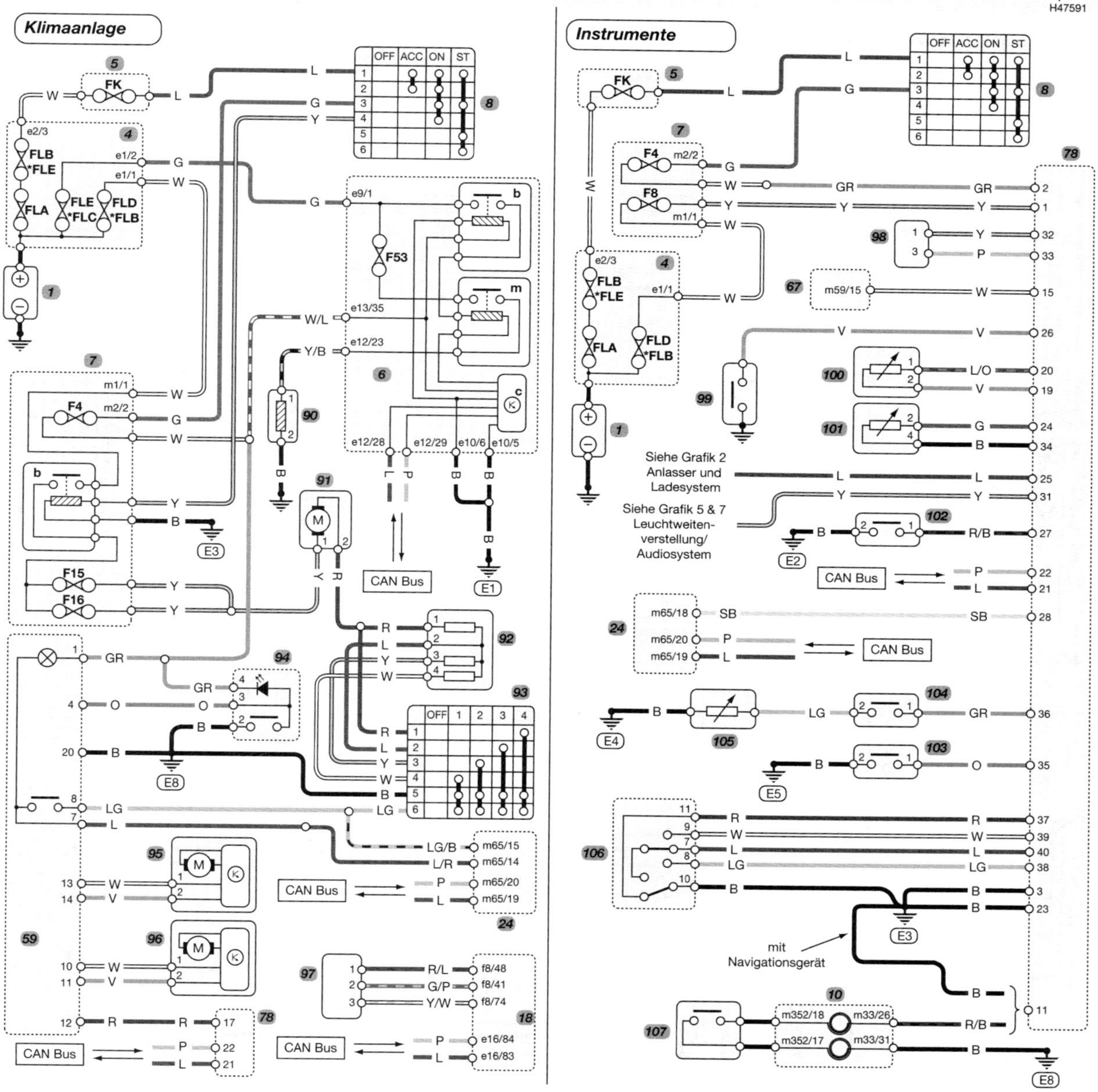

Grafik 9

Kabelfarben

B	Schwarz	**O**	Orange
Y	Gelb	**L**	Blau
BR	Braun	**W**	Weiß
GR	Grau	**LG**	Hellgrün
V	Violett	**SB**	Hellblau
R	Rot	**DG**	Dunkelgrün
P	Pink	**CH**	Dunkelbraun
G	Grün		

* Dieselmodelle

Legende – Komponenten

1 Batterie
4 Schmelzverbindungs-Box
5 Sicherungs- und Schmelzverbindungs-Box
6 Motorraum-Sicherungsbox
c = Steuergerät
f = Rückleuchten-Relais
7 Fußraum-Sicherungsbox
8 Zündschloss
10 Lenkrad-Drehkontakt
24 Karosserie-Steuergerät
34 Kombischalter
35 Fahrertür-Schalter
43 Warnblinker-Schalter
59 Heizungsregler
61 Außenspiegel-Schalter
65 Schlüssel-Schalter
66 Türschloss-Hauptschalter
73 Türschalter vorn links
74 Türschlossschalter hinten links
75 Türschlossschalter hinten rechts
76 Heckklappenschloss-Schalter
78 Instrumenten-Einheit
87 Radio/CD-Spieler
94 Lüfterschalter Armaturenbrett
106 Automatikgetriebe-Steuergerät
110 ESP-Schalter
111 Handschuhfach-Beleuchtung
112 Lenkradbeleuchtung
113 Kartenleselampe
114 Kofferraumbeleuchtung
115 Innenbeleuchtung
116 Sonnenblenden-Leuchte rechts
117 Sonnenblenden-Leuchte links

H47592

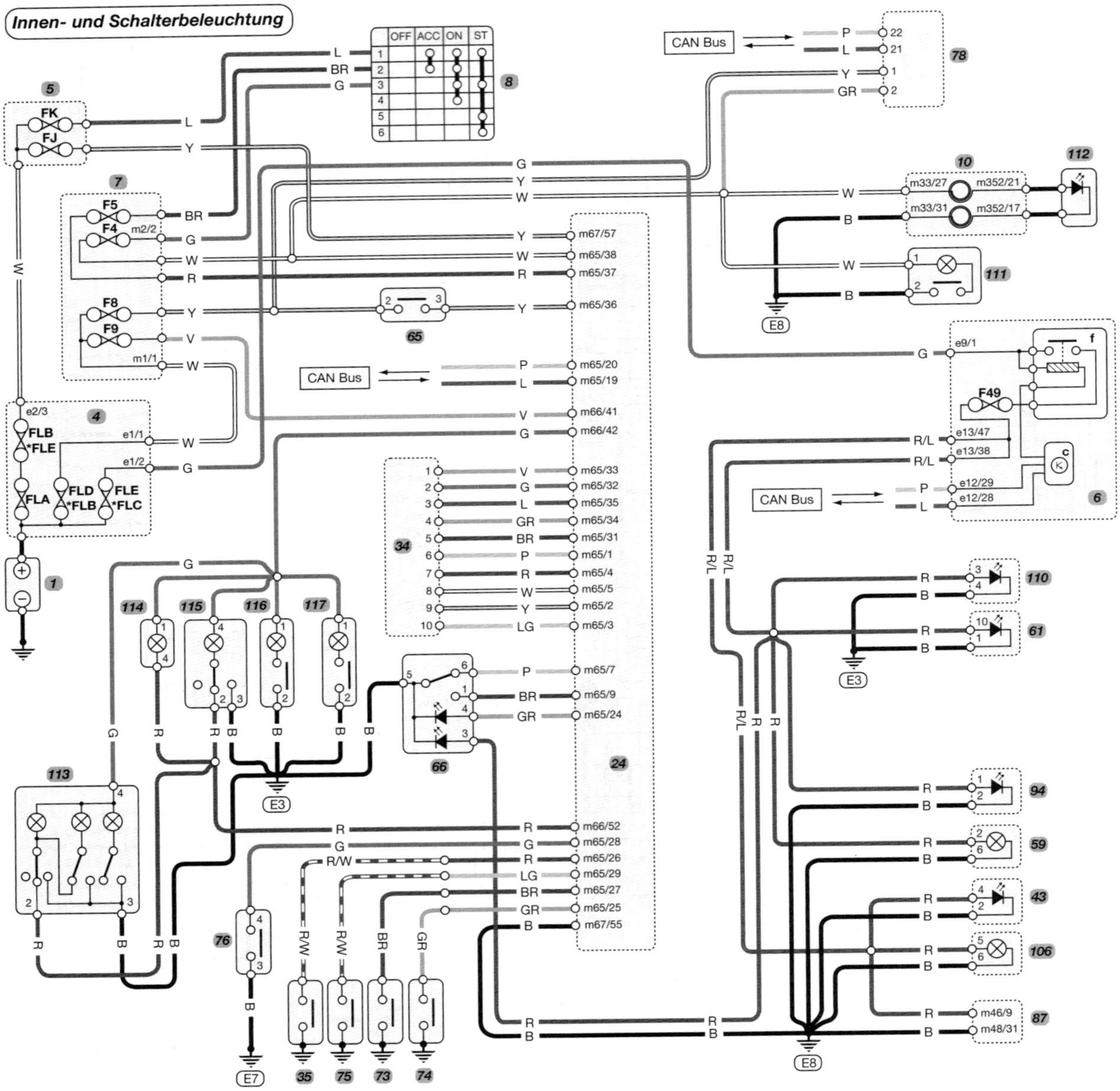

Maße und Gewicht

Anmerkung: *Alle Angaben sind grobe Richtwerte; die tatsächlichen Werte variieren je nach Modell und Ausstattung. Beachten Sie für exakte Werte die Hinweise des Fahrzeugherstellers.*

Maße

Gesamtlänge	
Fünfsitzer	4332 mm
Siebensitzer	4542 mm
Gesamtbreite (ohne Rückspiegel)	1780 mm
Gesamthöhe (unbeladen)	
Fünfsitzer	
ohne Dachreling	1605 mm
mit Dachreling	1622 mm
Siebensitzer	1645 mm
Radstand	
Fünfsitzer	2630 mm
Siebensitzer	2765 mm
Spurbreite Vorderräder	1540 mm
Spurbreite Hinterräder	
Fünfsitzer	1545 mm
Siebensitzer	1550 mm

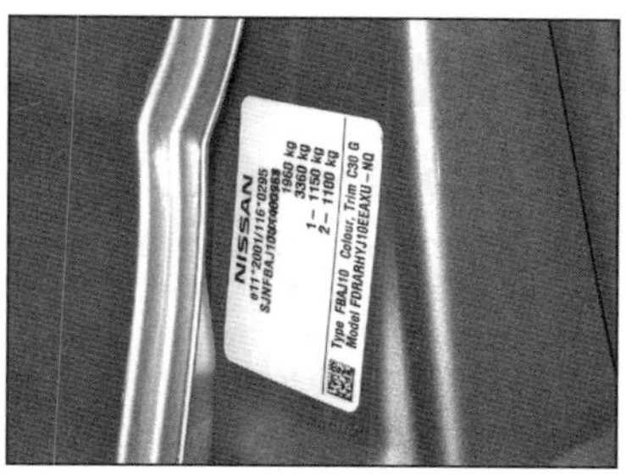

Gewicht

Die Gewichtsangaben auf dem Aufkleber an der B-Säule bedeuten:

1. Wert (kg)	zulässiges Gesamtgewicht
2. Wert (kg)	zulässiges Gesamtgewicht + Gesamtgewicht des Anhängers
3. Wert (kg)	maximale Achslast vorn
4. Wert (kg)	maximale Achslast hinten

Ersatzteilkauf

Ersatzteile sind aus unterschiedlichen Quellen erhältlich: über den offiziellen Nissan-Ersatzteilkatalog, aus dem Zubehörhandel, von Fachwerkstätten, vom Autoverwerter usw. Um sicherzugehen, das richtige Teil zu bekommen, sollten die Fahrzeug-Identifikations-, die Fahrgestell- und ggf. die Motornummer bereitgehalten werden; es kann auch hilfreich sein, das alte Teil zum Händler mitzunehmen. Dinge wie der Anlasser und die Lichtmaschine sind oft als Austauschteile erhältlich, sodass die Altteile gesäubert abgegeben werden müssen.
Unsere Ratschläge zum Thema Ersatzteil-Quellen lauten:

Offizielle Vertragshändler

Hier bekommt man Original-Ersatzteile und muss nicht das Risiko eingehen, minderwertige Nachbauten zu erhalten. Dies hat zwar seinen Preis, doch bei sicherheitsrelevanten Bauteilen darf Geld keine Rolle spielen. Bei neueren Fahrzeugen gilt zudem, dass Nachbauteile die Garantie erlöschen lassen.

Zubehörhandel

Hier können Teile gekauft werden, die bei der Wartung benötigt werden: Öle, Kraftstoff- und Luftfilter, Zündkerzen, Lampen, Antriebsriemen, Schmierstoffe, Bremsbeläge, Reparaturlack usw. Achten Sie darauf, dass das Material qualitativ hochwertig ist.

Fachwerkstatt

Gute Werkstätten haben die wichtigsten Verschleißteile auf Lager und können Komponenten zum Überholen von Baugruppen beschaffen. Sie erledigen auch Arbeiten wie das Schleifen von Zylinderbohrungen, das Einpressen vom Bauteilen usw.

Reifen- und Auspuff-Spezialisten

Oft bieten Spezialbetriebe den Austausch entsprechender Dinge zu besonders günstigen Konditionen an. Allerdings muss genau auf das Angebot geachtet werden, da beispielsweise bei einem Reifenwechsel das Auswuchten oder ein neues Ventil zusätzlich bezahlt werden müssen.

Andere Quellen

Wer Ersatzteile günstig im Internet, auf dem Flohmarkt oder bei ähnlichen Gelegenheiten kaufen will, darf sich nicht wundern, wenn ein niedriger Preis auch minderwertige Qualität bedeutet. Bei allen sicherheitsrelevanten Bauteilen wie Bremsbelägen sollte hier kein Risiko eingegangen werden.

Trennen der Batterie

Zahlreiche im Fahrzeug vorhandene Systeme müssen dauerhaft mit Batteriestrom versorgt werden – entweder zur Gewährleistung ihrer Funktion (z. B. die Uhr) oder zum Erhalt der gespeicherten Daten in Steuergeräten, die beim Trennen der Batterie gelöscht werden. Wenn also die Batterie getrennt werden soll, müssen zuerst die folgenden Punkte beachtet werden, damit keine unvorhergesehenen Konsequenzen entstehen:

a) *Zunächst ist es bei jedem Fahrzeug mit Zentralverriegelung ratsam, den Zündschlüssel abzuziehen und bei sich zu tragen, falls beim Anschließen der Batterie plötzlich sämtliche Türen verriegelt werden.*

b) *Ein Audiosystem mit Sicherheitscode wird nach dem Trennen der Batterie (oder des Audiosystems selbst) erst wieder nach der Eingabe des korrekten Codes funktionieren. Details hierzu unterscheiden sich je nach System und sollten in der Bedienungsanleitung angegeben sein. Bevor die Batterie getrennt wird, muss sichergestellt sein, dass der korrekte Code vorhanden ist – falls nicht, kann ein Nissan-Händler weiterhelfen (vorausgesetzt, man kann die Besitzverhältnisse belegen).*

c) *Alle Fahrzeuge sind mit »selbst lernenden« Motorsteuergeräten ausgerüstet. Dies bedeutet, dass sie während des Betriebs diejenigen Einstellungen überwachen und speichern, die unter allen Betriebsbedingungen die optimale Motorleistung gewährleisten. Wenn die Batterie getrennt wird, gehen diese Einstellungen verlore,n und das Steuergerät greift nach dem Verbinden auf die vom Werk mitgegebenen Grunddaten zurück. Beim ersten Motorstart kann dies zu einem kurzzeitigen rauen Motorlauf führen, bis das Steuergerät wieder optimale Einstellungen erlernt hat. Der Lernprozess lässt sich durch eine viertelstündige Probefahrt beschleunigen, bei der nach dem Erreichen der Betriebstemperatur alle Lastzustände und Drehzahlen – vor allem der Bereich zwischen 2500 und 3500/min – abgedeckt werden.*

e) *Bei allen Fahrzeugen muss nach dem Verbinden der Batterie die Zündung eingeschaltet und etwa 10 Sekunden gewartet werden, bis sich alle elektronischen Fahrzeugsysteme stabilisiert und neu initialisiert haben.*

Geräte wie »Speicher-Schützer« oder »Code-Speicher« können einige der oben beschriebenen Probleme lösen – genaue Details hängen vom Gerät ab. Typischerweise ist es mit einer eigenen Stromversorgung ausgerüstet und wird in die Bordsteckdose gesteckt. Wenn dann die Fahrzeugbatterie getrennt wird, speist das Gerät genügend Strom ins Bordnetz ein, damit Audiosystem-Codes und andere gespeicherte Werte erhalten bleiben und permanent laufende Systeme wie die Uhr weiterlaufen.

Warnung: Manche dieser Geräte versorgen das Bordnetz mit einer beträchtlichen Strommenge, sodass viele Systeme im Fahrzeug trotz getrennter Fahrzeugbatterie weiterhin einsatzbereit bleiben. Stellen Sie bei der Verwendung eines solchen Geräts sicher, dass der relevante Stromkreis tatsächlich »tot« ist, bevor Sie mit der Arbeit daran beginnen.

Allgemeine Reparaturarbeiten

Wenn am Fahrzeug Wartungs-, Überhol- oder Reparaturarbeiten erledigt werden müssen, sollten die folgenden Hinweise und Anleitungen beachtet werden, um sämtliche Prozeduren effizient und professionell durchführen zu können.

Dichtflächen und Dichtungen

Zum Trennen von Komponenten an ihren Dichtflächen dürfen diese niemals mit einem Schraubendreher oder anderen Hilfsmitteln an diesen Kontaktbereichen auseinandergehebelt werden, da hierbei schwere Schäden entstehen können, die zu austretenden Betriebsflüssigkeiten (Öl, Kühlmittel) führen können. Zum Trennen müssen die Teile im Bereich der Dichtflächen mit einem weichen Hammer abgeklopft werden, um sie voneinander zu lösen. Diese Methode ist jedoch an Verbindungen, die mit Passhülsen gesichert sind, nicht immer wirkungsvoll; bei solchen finden sich oft außerhalb der Dichtflächen spezielle Angüsse, an denen gehebelt werden darf.
Wo zwischen zwei Komponenten eine Dichtung (aus Papier, Metall oder anderen Materialien) vorhanden ist, muss diese generell ersetzt werden. Solange nicht anders erwähnt, müssen die Dichtflächen trocken und sauber sein und die Dichtungen trocken aufgelegt werden. Falls eine Dichtfläche von altem Dichtmaterial befreit werden muss, dürfen dazu nur mechanische Hilfsmittel verwendet werden, die kein Gehäusematerial abtragen oder ihm Riefen zufügen. Falls Kerben oder Grate vorhanden sind, müssen diese vorsichtig mit einem Abziehstein oder einer feinen Feile beseitigt werden.
Gewindebohrungen sollten mit einem Pfeifenreiniger von Dichtungsresten befreit werden; ein Gewindebohrer kann auch die Reste alter Gewinde-Sicherungspaste beseitigen.
Alle Bohrungen, Kanäle und Rohre müssen sauber sein und möglichst mit Druckluft ausgeblasen werden.

Wellendichtringe

Diese auch »Simmerringe« genannten Dichtringe können z. B. mit einem breiten Schlitzschraubendreher aus ihren Sitzen gehebelt werden. Alternativ können selbstschneidende Blechschrauben in vorgebohrte Löcher gedreht werden, um daran eine Zange anzusetzen und den Ring herauszuziehen.
Ein einmal ausgebauter Wellendichtring muss auf jeden Fall durch ein Neuteil ersetzt werden.
Die sehr feine Dichtlippe eines Wellendichtrings ist empfindlich und wird eine Welle, die nicht völlig frei von Kratzern oder Riefen ist, nicht lange abdichten können. Falls die originale Dichtfläche des Bauteils nicht wiederhergestellt werden kann und der Hersteller keine Angaben dazu macht, ob der Dichtring vielleicht etwas tiefer eingebaut werden darf, muss die Welle ersetzt werden.
Falls ein Dichtring z. B. über die Kerbverzahnung einer Welle geschoben werden muss, sollte diese mit Kreppband abgeklebt werden; an scharfen Kanten einer Welle sollte möglichst eine konische Hülse angesetzt werden. Schmieren Sie die Dichtlippe vor dem Einbau mit Öl; bei Doppel-Dichtlippen sollte der Bereich zwischen den beiden Lippen mit Fett gefüllt werden.
Soweit nicht anders erwähnt, müssen Wellendichtringe immer mit der Dichtlippe in Richtung der Flüssigkeit eingebaut werden.
Treiben Sie den Dichtring mit einem passenden Holzstück in seinen Sitz. Soweit der Sitz nicht in einer Vertiefung liegt und soweit nicht anders erwähnt, werden Dichtringe stets bündig zum Gehäuse installiert.

Schraubengewinde und Befestigungen

Festsitzende Muttern und Schrauben sind bei Korrosion ein unvermeidlicher Nebeneffekt. Kriechöl oder Rostlöser kann dieses Problem oft verringern, wenn ihm genügend Zeit zum Einwirken gegeben wird. Auch der Einsatz eines Schlagschraubers kann festsitzende Verbindungen lösen. Falls keine dieser Methoden Wirkung zeigt, muss das Glück mithilfe von Hitze und/oder einem Mutternsprenger gesucht werden; manchmal hilft nur noch eine Säge bzw. ein Winkelschleifer.
Stehbolzen werden üblicherweise mithilfe zweier gegeneinander verkonterter Muttern herausgeschraubt – der Schlüssel wird hierbei an der unteren Mutter angesetzt. Schrauben oder Stehbolzen, die bündig oder unterhalb der Kontaktfläche abgerissen sind, können manchmal mit einem Linksausdreher entfernt werden – hierzu gehört allerdings etwas Geschick.
Gewinde-Sacklöcher müssen frei von Öl, Wasser, Fett und Schmutz sein, bevor die Schraube oder der Stehbolzen wieder eingedreht wird – andernfalls kann der dabei entstehende hydraulische Druck Risse im Gehäuse erzeugen.
Eine Kronenmutter, die mit einem Splint gesichert wird, muss zunächst bis zum vorgeschriebenen Drehmoment und dann weitergedreht werden, bis die nächste Kerbe zur Bohrung ausgerichtet ist, um den Splint zu installieren.
Viele Befestigungen – z. B. bei Zylinderköpfen – werden in mehreren Schritten (und einer vorgeschriebenen Reihenfolge!) angezogen, bei der im letzten Schritt die Mutter oder Schraube in einem bestimmten Winkel per Gradscheibe weitergedreht werden muss.
Ob Schrauben oder Muttern mit dem korrekten Drehmoment angezogen sind, kann geprüft werden, indem man sie um eine Viertelumdrehung lockert und dann wieder mit dem korrekten Wert anzieht; dies gilt nicht für Befestigungen, die nach dem Anziehen per Drehmomentschlüssel in einem zweiten Schritt per Gradscheibe angezogen werden müssen.

Sicherungsmuttern, Sicherungsscheiben, Sicherungsbleche

Bei Befestigungen, die beim Anziehen gegen ein Gehäuse oder ein anderes Bauteil gedreht werden, muss stets eine Scheibe untergelegt werden.
Federringe oder Federscheiben müssen immer erneuert werden, wenn sie wichtige Komponenten wie z. B. Pleuelschrauben sichern. Auch Sicherungsbleche, bei denen Laschen gegen Muttern gebogen werden, müssen ersetzt werden.
Selbstsichernde Muttern können in unkritischen Bereichen wiederverwendet werden, solange beim Aufdrehen ein gewisser Widerstand fühlbar ist; die Nylon-Einsätze verlieren allerdings mit den Jahren ihre Spannkraft, sodass die Muttern hin und wieder ersetzt werden müssen.
Splinte, deren Enden umgebogen werden, müssen nach jedem Ausbau durch Neuteile ersetzt werden.
Falls eine Schraube mit Sicherungspaste (»Loctite«) versehen wurde, muss ihr Gewinde mit einer Drahtbürste und Lösungsmittel gereinigt werden (die Bohrung möglichst mit einem Gewindebohrer), bevor direkt vor dem Einsetzen frische Dichtmasse aufgetragen wird.

Spezialwerkzeuge

Manche Reparaturmethoden in diesem Handbuch erfordern spezielle Werkzeuge wie eine Hydraulik-Presse, einen Zwei- oder Dreiarmabzieher, Federpressen usw. Soweit möglich, werden Alternativen zu den Spezialwerkzeugen des Herstellers beschrieben und im Einsatz gezeigt. Manchmal ist jedoch aus Gründen der Sicherheit oder der Wirksamkeit keine Alternative möglich. Solange man nicht Profi ist und die durchzuführende Prozedur komplett verstanden hat, darf niemals versucht werden, ein Spezialwerkzeug zu umgehen, wenn dies verlangt ist; neben Gefahren für die Gesundheit besteht ansonsten auch das Risiko teurer Schäden.

Umweltschutz

Öle, Bremsflüssigkeit und Kühlmittel dürfen weder im Boden versickern noch in die Kanalisation gelangen. Füllen Sie alle Betriebsflüssigkeiten (separat!) in auslaufsichere Behälter. Jeder Händler, der technische Öle verkauft, ist auch dazu verpflichtet, entsprechende Mengen Altöl zurückzunehmen. Bringen Sie andere Flüssigkeiten zur fachgerechten Entsorgung oder zum Recyclinghof.

Fahrzeug-Identifikation

Während der Fahrzeugproduktion wurden unabhängig von größeren Modelländerungen ständig Bauteile verbessert und verändert, ohne dass dies irgendwo publiziert wurde. Ersatzteillisten und Handbücher wurden auf numerischer Basis erstellt und die individuellen Fahrzeug-Identifikationsnummern sind für die korrekte Identifikation der betreffenden Teile unerlässlich.

Beim Bestellen von Ersatzteilen müssen stets so viele Informationen wie möglich bereitgehalten werden: das Fahrzeug-Modell, das Modelljahr (nicht unbedingt identisch mit dem Baujahr und der Erstzulassung!) und ggf. die Fahrgestell- und Motornummer.

Die *Fahrzeug-Identifikationsnummer* ist hinter dem aus der Lüftungsgitterabdeckung entnehmbaren Gitter in die Spritzwand eingeschlagen und findet sich auf dem Aufkleber an der B-Säule der Fahrertür wieder; zudem ist sie unten rechts in der Windschutzscheibe ablesbar (siehe Abbildungen).

Die Motornummer ist auf einer geschliffenen Fläche links vorn am Motorgehäuse eingeschlagen (siehe Abbildung). Bei Dieselmotoren findet sich die Nummer auf einer Platte vorn am Motor. Die Motornummer beginnt mit dem Motorcode – z. B. MR20DE.

Die Getriebenummer ist auf einem Schild oben am Getriebe angegeben.

Entfernen Sie das Gitter, ...

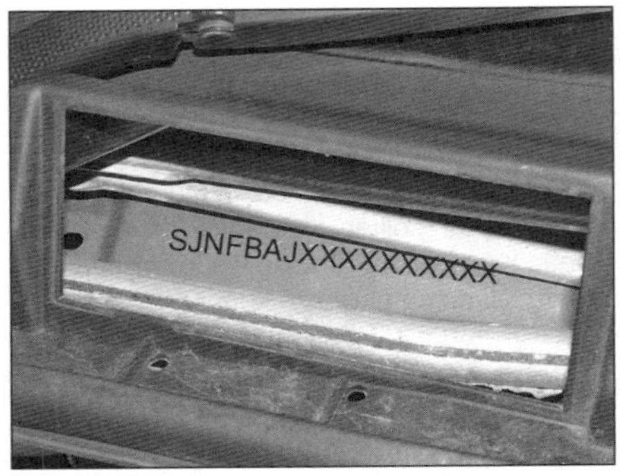

. . . um Zugang zur Fahrzeug-Identifikationsnummer zu erhalten.

Die Fahrzeug-Identifikationsnummer ist sowohl auf dem Aufkleber an der B-Säule ...

. . . als auch in einem »Fenster« rechts unten in der Windschutzscheibe angegeben (gezeigt beim Rechtslenkermodell).

Motornummer vorn an der Getriebe-Seite des Motors

Anheben und Abstützen

Der dem Bordwerkzeug beigefügte Wagenheber sollte nur bei Reifenpannen am Straßenrand verwendet werden, um das Reserverad zu montieren – siehe Seite 0.8. Für andere Arbeiten sollte das Fahrzeug unter den vorgegebenen Punkten mit einer hydraulischen Vorrichtung angehoben und mit Böcken abgestützt werden.

Bei der Verwendung eines hydraulischen Rangierwagenhebers oder von Stützböcken müssen diese stets zwischen den jeweiligen beiden Einschnitten an den Schwellern angesetzt werden (siehe Abbildung). (Beachten Sie, dass die Anhebepunkte des Bordwerkzeug-Wagenhebers andere sind als diejenigen eines Rangierwagenhebers.) Nissan empfiehlt beim Einsatz von Stützen die Verwendung entsprechender Adapter, die mit eingearbeiteten Nuten nicht die Blechnähte der Schweller beschädigen. Heben Sie das Fahrzeug KEINESFALLS unter der Ölwanne oder an Lenkungs- oder Federungs-Komponenten an!

Warnung: Arbeiten Sie niemals unter oder neben einem nur angehobenen, aber nicht abgestützten Fahrzeug!

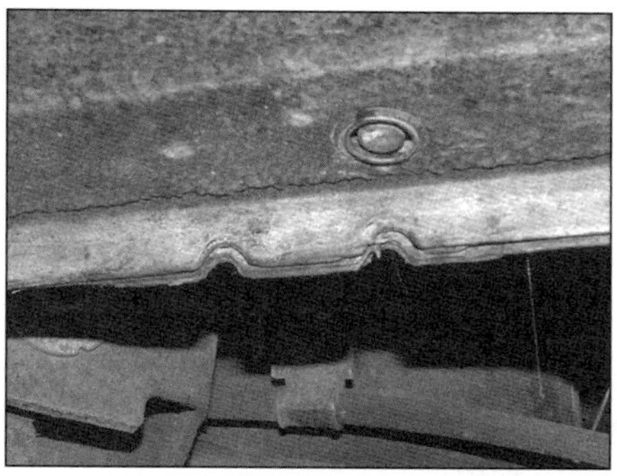

Der Wagenheber-Punkt unter dem Schweller ist mit zwei Ausschnitten markiert.

Werkzeug und Werkstatt-Ausrüstung

Einleitung

Ein gutes Werkzeugsortiment ist für jedermann, der Wartungs- und Reparaturarbeiten an seinem Fahrzeug durchführen möchte, eine grundlegende Voraussetzung. Wer kein oder nur sehr wenig Werkzeug zu Hause hat, muss zunächst in Werkzeug investieren, um durch Eigenleistung das Geld wieder einzusparen. Hochwertiges Werkzeug hält jahrzehntelang und macht sich bei regelmäßigem Gebrauch mehrfach bezahlt.

Um den Fahrzeugbesitzer besser entscheiden zu lassen, welche Werkzeuge er für die verschiedenen in diesem Buch beschriebenen Aufgaben benötigt, haben wir drei Listen erstellt: *Wartung und kleinere Reparaturen; Reparaturen und Überholung* sowie *Spezialwerkzeug.* Wer neu im Schrauber-Sektor ist, sollte mit dem Werkzeugsatz *Wartung und kleinere Reparaturen* beginnen und sich zunächst mit einfacheren Aufgaben am Fahrzeug vertraut machen. Sobald die Erfahrungen und das Vertrauen wachsen, können schwierigere Arbeiten verrichtet werden – mit den entsprechenden zusätzlichen Werkzeugen. Auf diese Weist kann ein *Wartung und kleinere Reparaturen*-Set mit der Zeit und ohne große Ausgaben zu einem *Reparaturen und Überholung*-Kit ausgebaut werden. Der erfahrene Hobbyschrauber hat dann eine Werkzeug-Ausstattung für die meisten Reparaturen und Überholtätigkeiten und muss nur noch dann Werkzeuge aus der letzten Kategorie dazukaufen, wenn er der Meinung ist, dass sich der finanzielle Aufwand zur Häufigkeit des Einsatzes lohnt.

Wartung und kleinere Reparaturen

Die hier aufgelisteten Werkzeuge können als Minimalausstattung für routinemäßige Wartungsarbeiten, die Instandhaltung und kleine Reparaturen betrachtet werden. Wir empfehlen den Kauf von kombinierten Ring-/Maul-Schlüsseln – diese sind zwar teurer als reine Maulschlüssel, hinterlassen bei richtigem Gebrauch aber auch weniger Schäden an Muttern und Schrauben.

- ☐ *Schraubenschlüssel-Set 8 bis 19 mm*
- ☐ *Rollgabelschlüssel bis ca. 35 mm*
- ☐ *Zündkerzenschlüssel (mit Gummieinsatz)*
- ☐ *Drahtlehre für Zündkerzen-Elektroden*
- ☐ *Fühlerlehren-Set*
- ☐ *Ringschlüssel für Entlüftungsnippel (falls kleiner als 8 mm)*
- ☐ *Schraubendreher: Schlitz – 100 mm lang, 6 mm breit*
  Phillips (Kreuzschlitz) – 100 mm lang, 6 mm breit
- ☐ *Inbus-Schlüssel, 4–10 mm Größe – je nach Fahrzeugtyp*
- ☐ *Torx-Schlüssel, verschiedene Größen – je nach Fahrzeugtyp*
- ☐ *Kombizange*
- ☐ *Metall-Bügelsäge*
- ☐ *Reifen-Luftpumpe*
- ☐ *Luftdruckprüfer*
- ☐ *Ölkanne*
- ☐ *Ölfilterschlüssel (Bandschlüssel)*
- ☐ *Feines Schleifpapier*
- ☐ *Drahtbürste (klein)*
- ☐ *Trichter (mittelgroß)*
- ☐ *Ablassschrauben-Schlüssel (je nach Fahrzeug)*

Reparaturen und Überholung

Diese Werkzeuge sind – zusammen mit denen für Wartung und kleinere Reparaturen – für Reparaturen und andere Arbeiten am Fahrzeug unerlässlich. Zu dieser Liste gehört ein umfangreicher Steckschlüsselsatz; auch wenn er relativ teuer ist, ist er aufgrund seiner Vielseitigkeit unbezahlbar – besonders, wenn darin verschiedene Antriebe enthalten sind. Wir empfehlen einen Knarrenkasten mit Halbzoll-Antrieb, weil diese Steckschlüssel auch auf die meisten Drehmomentschlüssel passen.

Die Werkzeuge aus dieser Liste müssen manchmal durch Teile aus der Spezialwerkzeug-Liste ergänzt werden:

- ☐ *Steckschlüsselkasten mit*
  - *Sechskantschlüsseln (6–24 mm)*
  - *Inbus-Einsätzen*
  - *Torx-Einsätzen*
  - *Ratsche*
  - *Verlängerung 250 mm*
  - *Kreuzgelenk*
  - *verstellbarem T-Griff*

- ☐ *Drehmomentschlüssel*
- ☐ *Gripzange*
- ☐ *Schlosserhammer mit Kugelkopf*
- ☐ *Kunststoff- oder Gummihammer*
- ☐ *Schlitzschraubendreher (verschiedene Größen)*
- ☐ *Phillips-Kreuzschlitzschraubendreher (verschiedene Größen)*
- ☐ *Zangen:*
  - *Spitzzange*
  - *Wasserpumpenzange*
  - *Seitenschneider*
  - *Seegerringzange (innen und außen)*
- ☐ *Flachmeißel*
- ☐ *Reißnadel*
- ☐ *Schaber*
- ☐ *Körner*
- ☐ *Treibdorn*
- ☐ *Metallsäge*
- ☐ *Bremsschlauch-Klemme*
- ☐ *Bremsen-/Kupplungs-Entlüftungskit*
- ☐ *Bohrer-Set*
- ☐ *Metall-Lineal/Richtwinkel*
- ☐ *Feilen-Sortiment*
- ☐ *Drahtbürsten*
- ☐ *Stützbock*
- ☐ *Hydraulischer Heber oder Rangierwagenheber*
- ☐ *Lampe mit Verlängerungskabel*
- ☐ *Multimeter (Volt AC/DC, Ohm, Ampere)*

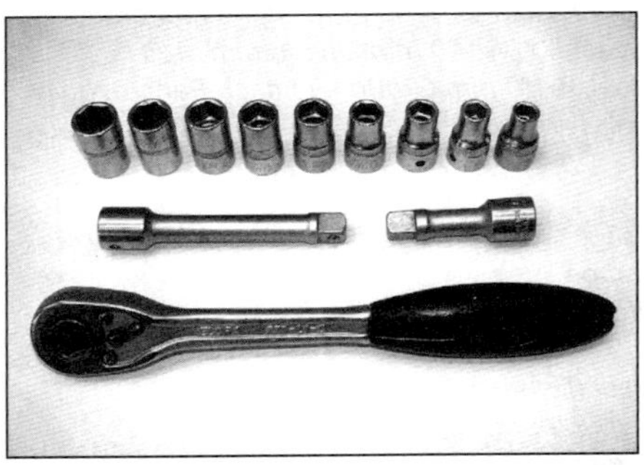

Steckschlüssel mit Ratsche und Verlängerungen

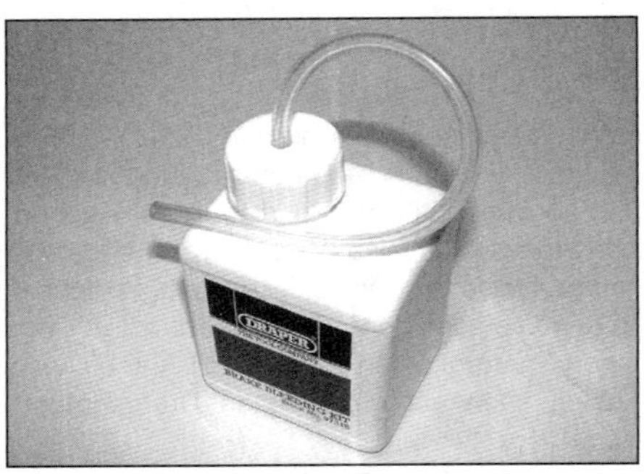

Bremsen-Entlüftungskit

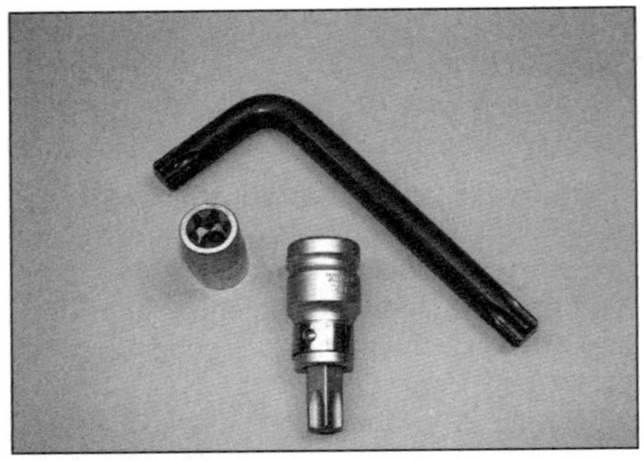

Torx-Schlüssel, -Steckschlüssel und -Bit

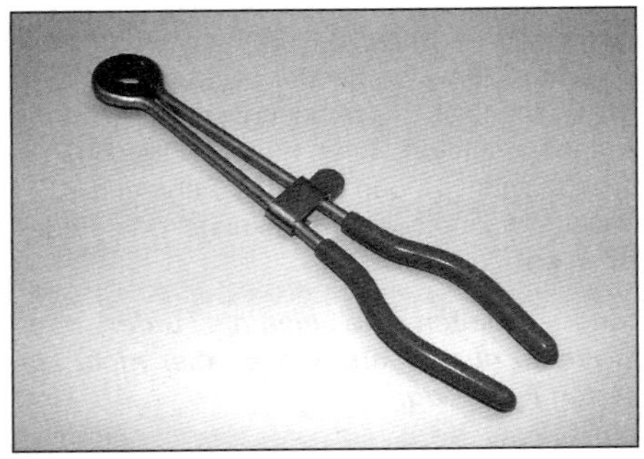

Schlauchklemme

Gradscheibe mit Vierkant für Steckschlüssel-Antrieb

Spezialwerkzeug

Die in dieser Liste aufgeführten Werkzeuge werden nicht regelmäßig benötigt, sind teuer oder müssen entsprechend der Anweisungen ihrer Hersteller eingesetzt werden. Solange nicht regelmäßig schwierige Reparaturarbeiten verrichtet werden, ist der Kauf vieler dieser Werkzeuge nicht wirtschaftlich. In solchen Fällen kann man das Werkzeug entweder mit Freunden zusammen kaufen, einem Klub beitreten oder das Teil bei einer Werkstatt oder einem Werkzeugverleiher mieten. Auch viele Baumärkte vermieten Werkzeug zu moderaten Konditionen.

Die folgende Liste enthält nur frei verkäufliche Werkzeuge und Instrumente, aber keine Spezialwerkzeuge, die vom Fahrzeughersteller für sein Händlernetz produziert werden. Im Handbuch wird gelegentlich auf solche Werkzeuge verwiesen, und oft wird auch eine Alternative dazu angegeben, doch manchmal ist das Hersteller-Spezialwerkzeug unerlässlich, sodass es beim Hersteller gekauft oder der Fachwerkstatt des Vertrauens ausgeliehen werden muss.

- ☐ *Gradscheibe*
- ☐ *Ventilfederpresse*

- ☐ *Ventil-Einschleif-Ausrüstung*
- ☐ *Kolbenringzange*
- ☐ *Zylinderbohrungs-Honwerkzeug*
- ☐ *Kolbenring-Aus- und Einbauwerkzeug*
- ☐ *Federpresse für Fahrwerk-Federn*
- ☐ *Kugelgelenk-Abzieher*
- ☐ *Zwei- und Dreiarmabzieher*
- ☐ *Schlagschrauber*
- ☐ *Messschieber und/oder Mikrometerschraube*
- ☐ *Messuhr*
- ☐ *Schließwinkelmesser / Drehzahlmesser*
- ☐ *Fehlercode-Auslesegerät*
- ☐ *Kompressionsprüfer*
- ☐ *Unterdruckpumpe und Druckprüfer*
- ☐ *Kupplungsscheiben-Zentrierwerkzeug*
- ☐ *Bremsbackenfeder-Ausbauwerkzeug*
- ☐ *Buchsen- und Lager-Aus- und Einbauwerkzeug*
- ☐ *Stehbolzenausdreher*
- ☐ *Werkstattkran*
- ☐ *Rangierwagenheber*

Werkzeug-Kauf

Im Autozubehör- und Werkzeugfachhandel wird oft hochwertiges Werkzeug zu günstigen Preisen angeboten, sodass sich der Preisvergleich lohnt.
Man muss nicht das teuerste Werkzeug kaufen, doch es ist auch ratsam, nicht das billigste zu nehmen. Vorsicht ist auf Flohmärkten und bei »Kofferraum«-Geschäften auf Automärkten geboten. Es gibt zahlreiche Marken, die hochwertiges Werkzeug produzieren, doch stets sollte vor allem darauf geachtet werden, dass das Material alle wichtigen Sicherheitsstandards erfüllt. Im Zweifelsfall sollten vor einer Kaufentscheidung Fachleute zurate gezogen werden.

Werkzeug – Sorgfalt und Pflege

Nachdem ein akzeptables Werkzeug-Sortiment erworben wurde, ist es wichtig, die Werkzeuge in einem sauberen und brauchbaren Zustand zu erhalten. Nach jedem Einsatz müssen Schmutz, Fett und Metallpartikel mit sauberen und trockenen Lappen abgewischt werden, bevor das Werkzeug weggepackt wird. Niemals sollte man Werkzeug herumliegen lassen. Ein einfaches Regal an der Garagen- oder Werkstattwand ist für die meisten Werkzeuge völlig ausreichend. Ein Knarrenkasten sollte stets vollständig sein und Messinstrumente, Messuhren und andere sensible Geräte müssen sorgfältig gelagert werden, sodass sie weder Stöße abbekommen noch rosten.
Werkzeuge verschleißen mit der Zeit: Ein Hammerkopf bekommt unweigerlich Riefen und Schraubendreher-Klingen werden mit der Zeit rund. Der gelegentliche Einsatz von Schleifleinen oder einer Feile kann solche Dinge wieder in einen guten Zustand versetzen.

Arbeitsplatz

Beim Thema Werkzeug darf die Werkstatt nicht vergessen werden. Sobald mehr als routinemäßige Wartungsarbeiten verrichtet werden sollen, kommt man um einen brauchbaren Arbeitsplatz nicht herum.
Viele Fahrzeugbesitzer sind gezwungen, Bauteile ihres Autos – bis hin zum Motor – im Freien auszubauen, doch dann sollten Reparaturen stets unter einem schützenden Dach stattfinden.
Sämtliche Zerlegungen sollten stets auf einer sauberen und ebenen Arbeitsfläche durchgeführt werden, die sich in einer angenehmen Arbeitshöhe befindet.
Jede Werkbank benötigt einen Schraubstock; mit einem Öffnungsbereich von 100 mm sollten sich die meisten Arbeiten erledigen lassen. Wie bereits erwähnt, werden auch saubere und trockene Lagerflächen für Werkzeug, aber auch für Schmiermittel, Reinigungsmittel, Lacke usw. benötigt.
Das wichtigste Elektrowerkzeug ist eine gute Bohrmaschine mit Drehzahl-Einstellung; in diese können außer Bohrern viele andere Werkzeuge eingespannt werden, die die Arbeit erleichtern.
Schließlich muss eine Sammlung alter Zeitungen und sauberer, nicht fusselnder Lappen bereitgehalten werden, um den Arbeitsplatz, das Werkzeug und die zu reparierenden Dinge möglichst sauber zu halten.

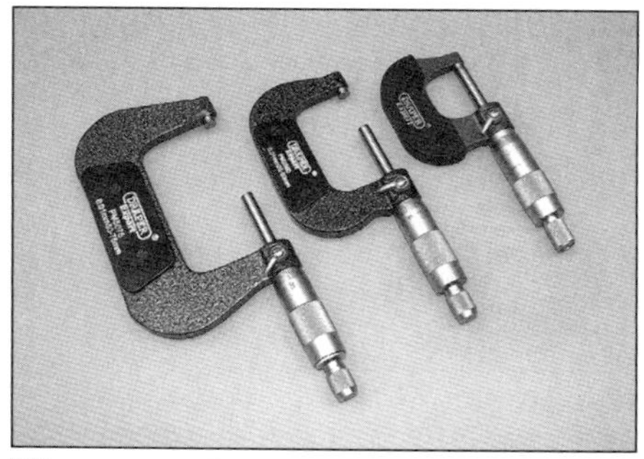

Mikrometerschraube (Bügelmessschraube)

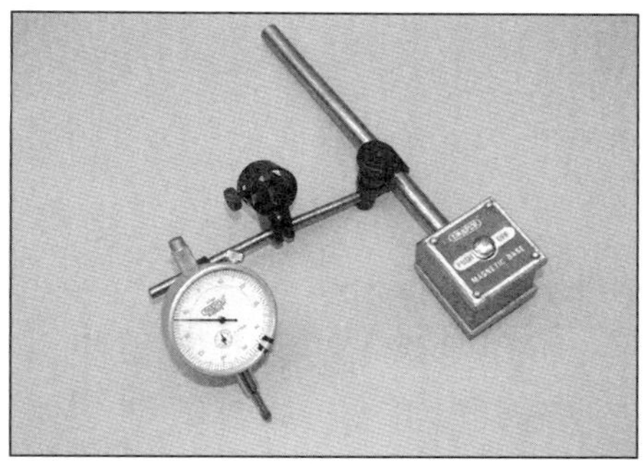

Messuhr

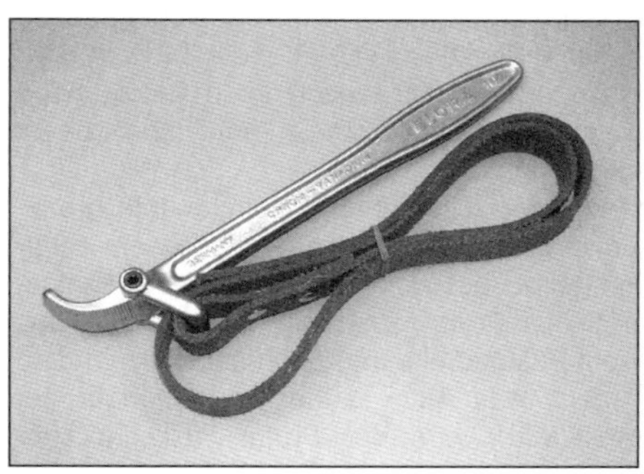

Bandschlüssel

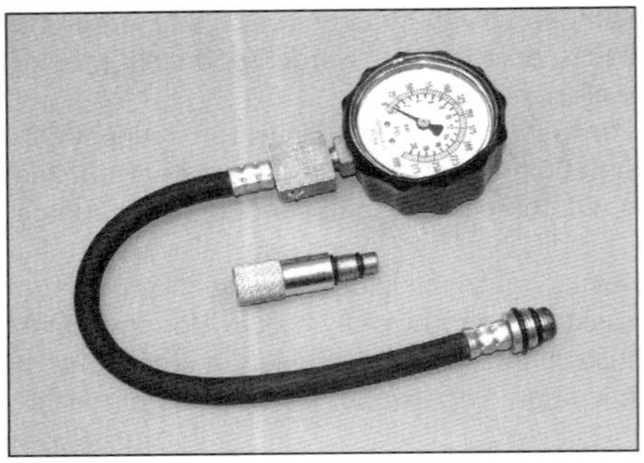

Kompressionsprüfer

Lager-Abzieher

Hauptuntersuchungs-Vorbereitungen

Diese Hinweise sollen helfen, das Fahrzeug durch die alle zwei Jahre anstehende Hauptuntersuchung (HU) zu führen. Natürlich kann der Hobbyschrauber sein Auto nicht genauso kontrollieren wie der Prüfer beim TÜV, bei der DEKRA oder anderen Organisationen. Wer sich jedoch durch die folgenden Prüfpunkte arbeitet, sollte alle Probleme erkannt haben, bevor das Fahrzeug vorgeführt wird.
Wenn der Zustand einer zu prüfenden Komponente grenzwertig ist, liegt es im Ermessen des Prüfers, ob er sie beanstandet oder durchgehen lässt. Die Grundlage dieses Ermessens liegt darin, ob der Prüfer gut damit leben könnte, das Fahrzeug in diesem Zustand einem Freund oder Verwandten anzuvertrauen. Wenn das Auto sauber und offenbar gut gepflegt vorgestellt wird, wird der Prüfer vielleicht eher geneigt sein, eine grenzwertige Komponente durchgehen zu lassen, als dies bei einem ungepflegten und offensichtlich vernachlässigten Fahrzeug der Fall wäre.
Die hier beschriebenen Anforderungen können nur den aktuellen Stand beim Verfassen des Buchs wiedergeben. Prüfstandards werden immer strenger, doch für ältere Fahrzeuge gelten oft Ausnahmen.
Für einige Kontrollen wird ein Assistent benötigt.

Die Kontrollen wurden in vier Kategorien unterteilt:

1 Die Prüfung erfolgt: Im Innenraum

2 Die Prüfung erfolgt: Bei auf dem Boden stehendem Fahrzeug

3 Die Prüfung erfolgt: Bei angehobenem Fahrzeug mit freien Rädern

4 Die Prüfung erfolgt: Am Abgassystem

1 Die Prüfung erfolgt: Im Innenraum

Handbremse

☐ Prüfen Sie die Funktion der Handbremse. Zu viele Klicks weisen auf eine schlecht eingestellte Bremse hin. Die Wirkung lässt sich behelfsweise im Fahrversuch prüfen: Lassen Sie das Fahrzeug rollen, und bremsen Sie es mit der Handbremse ab – die Räder müssen zum Blockieren gebracht werden können.

☐ Prüfen Sie, ob die Handbremse nicht durch seitliches Drücken des Hebels gelöst wird. Kontrollieren Sie die Festigkeit der Hebelaufnahme.

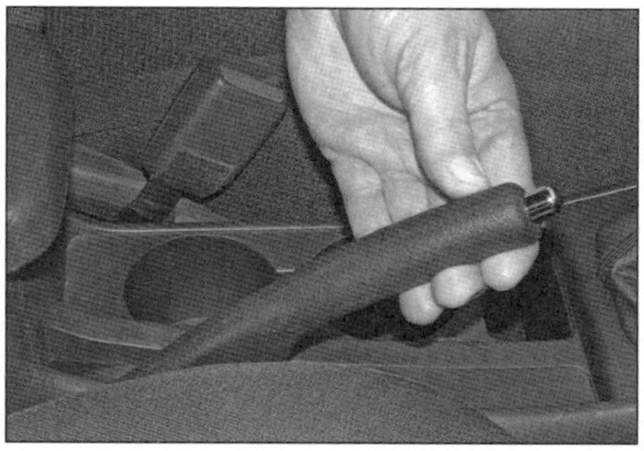

Fußbremse

☐ Treten Sie auf das Pedal, und prüfen Sie, ob es sich nicht bis zum Boden durchdrücken lässt (was auf einen Defekt im Hauptbremszylinder hinweist). Lassen Sie das Pedal zurückkehren, warten Sie einige Sekunden, und treten Sie es erneut. Falls es sich fast durchtreten lässt, bevor Widerstand spürbar wird, sind Einstellungen oder Reparaturen erforderlich. Falls sich das Pedal schwammig anfühlt und/oder sich „aufpumpen“ lässt, befindet sich Luft im System, die entleert werden muss.

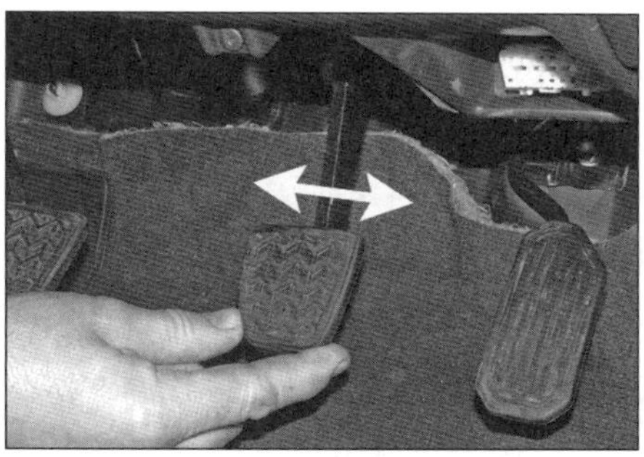

☐ Prüfen Sie, ob das Bremspedal sicher befestigt und nicht ausgeschlagen ist. Kontrollieren Sie auch den Bereich um das Pedal herum auf ausgetretene Bremsflüssigkeit – dies weist auf einen defekten Dichtring im Hauptbremszylinder hin.
☐ Kontrollieren Sie den Bremskraftverstärker, indem Sie das Bremspedal mehrmals durchtreten, dann gedrückt halten und den Motor starten – hierbei muss es sich etwas weiter herunterdrücken lassen; andernfalls kann der Unterdruckschlauch oder der Bremskraftverstärker selbst defekt sein. Schalten Sie bei getretenem Bremspedal den Motor ab: Wird der Unterdruck nicht gehalten, so sind Bremskraftverstärker und/oder Schlauch defekt.

Lenkrad und Lenksäule

☐ Begutachten Sie das Lenkrad auf Brüche, lockeren Sitz oder lockere Teile.
☐ Drücken Sie das Lenkrad nach links und rechts sowie auf und ab – es darf kein Spiel aufweisen. Kontrollieren Sie ggf. das Lenksäulen-Lager und die Lenkradschraube.

☐ Drehen Sie das Lenkrad – es darf weder Spiel aufweisen noch rau laufen, ansonsten können Lager, Kreuzgelenke oder das Lenkgetriebe verschlissen sein.
☐ Bei abgezogenem Zündschlüssel muss beim Drehen des Lenkrads das Lenkschloss einrasten.

Windschutzscheibe, Rückspiegel und Sonnenblende

☐ Die Windschutzscheibe darf im Sichtbereich des Fahrers keine Kratzer, Risse oder Steinschlaglöcher aufweisen. Als grobe Einschätzung für das Sichtfeld kann behelfsmäßig ein hochkant vor die Scheibe gelegtes DIN-A4-Blatt genommen werden. Die Rückspiegel müssen funktionsfähig und einstellbar sein.

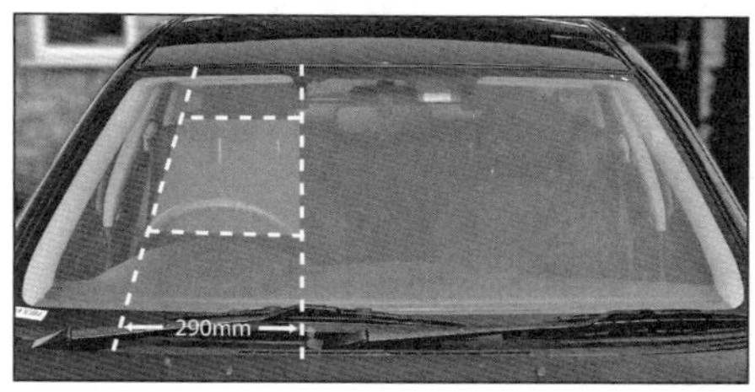

☐ Die Sonnenblende des Fahrers darf nicht von allein herunterklappen.

Sicherheitsgurte und Sitze

☐ Kontrollieren Sie das Gewebe aller Gurte auf Risse, Ausfransungen oder andere Beschädigungen. Prüfen Sie bei allen Gurten die Funktion der Gurtschlösser und – falls vorhanden – der Gurtrollen-Sperren. Prüfen Sie die Festigkeit aller von innen zugänglichen Gurt- und Gurtpeitschen-Befestigungen.

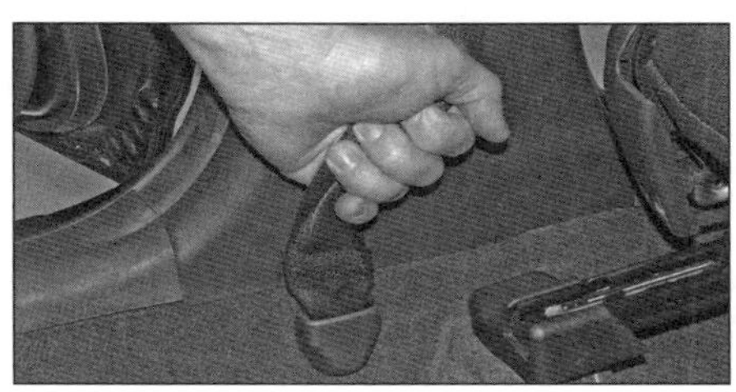

☐ Gurte mit Gurtstraffer-Vorrichtungen haben an der Gurtpeitsche eine Kennzeichnung – die Gurtstraffer selbst können nicht getestet werden.
☐ Die Vordersitze müssen sicher befestigt sein, und die Rückenlehne muss in jeder Position arretierbar sein.

Türen

☐ Alle Türen müssen sich von innen und außen öffnen und schließen lassen. Beim Zudrücken müssen sie sicher einrasten.

Motorhaube und Heckklappe

☐ Die Motorhaube und die Heckklappe müssen beim Zuschlagen sicher verriegelt werden.

2 Die Prüfung erfolgt: Bei auf dem Boden stehendem Fahrzeug

Fahrzeug-Identifikation

☐ Die Kennzeichen müssen sich in einem guten Zustand befinden und in ihren Maßen den Vorschriften entsprechen.

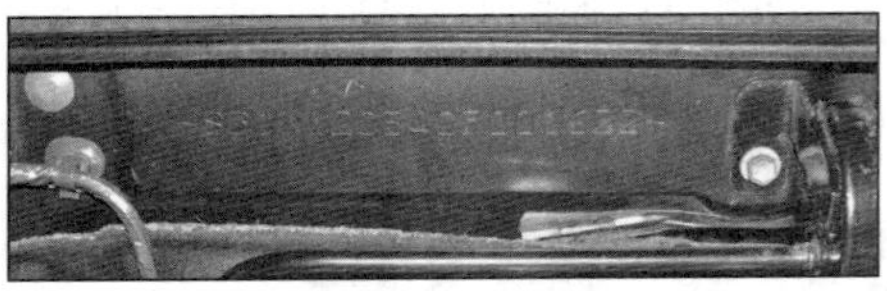

☐ Das Typenschild und die eingeschlagene Fahrgestellnummer müssen lesbar sein.

Fahrzeug-Elektrik

☐ Schalten Sie die Zündung ein, und prüfen Sie die Funktion der Hupe.
☐ Prüfen Sie die Funktion aller Scheibenwischer und der Scheibenwaschanlage. Ersetzen Sie beschädigte oder verschlissene Wischerblätter.

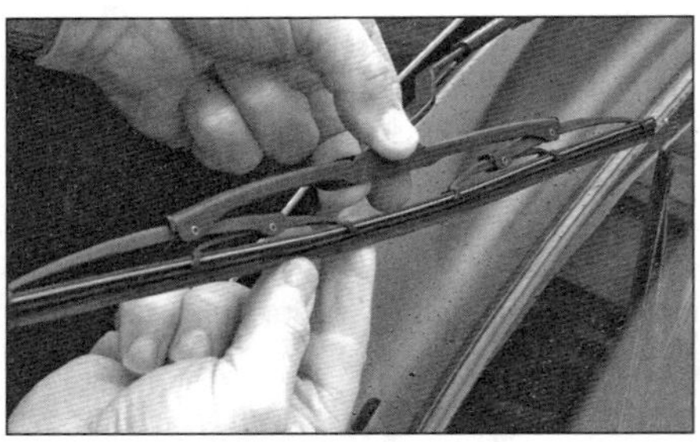

☐ Prüfen Sie die komplette Beleuchtungseinrichtung
☐ Prüfen Sie die Funktion der Bremsleuchten.
☐ Prüfen Sie die Funktion der Standleuchten und Rücklichter. Lampengläser und Reflektoren müssen fest sitzen, sauber sein und dürfen keine Risse aufweisen.
☐ Prüfen Sie bei eingeschalteter Zündung die Funktion und Ausrichtung der Scheinwerfer. Die Reflektoren dürfen nicht matt sein, und die Lampengläser dürfen weder matt sein noch Risse aufweisen.
☐ Achten Sie bei der Kontrolle des Abblendlichts darauf, dass die Leuchtweitenregelung funktioniert (Anpassung der Scheinwerfereinstellung an eventuelle Beladung). Die Einstellung des Abblendlichts ist für den Gegenverkehr von entscheidender Bedeutung und ist daher immer genau zu überprüfen (korrekte Asymmetrie und Höhe der Einstellung)
☐ Prüfen Sie bei eingeschalteter Zündung die Funktion aller Blinker einschließlich der Kontrollleuchten im Armaturenbrett. Prüfen Sie die Funktion des Warnblinkers. Die Blinker dürfen nicht die Standlicht- oder Rücklichtlampen beeinträchtigen – ansonsten liegt ein Massefehler vor. Falls die Blinkfrequenz ungewöhnlich schnell oder langsam ist, kann das Blinkrelais defekt sein oder ebenfalls ein Massefehler vorliegen.
☐ Prüfen Sie die Funktion der Nebelschlussleuchte und ihrer Kontrollleuchte im Armaturenbrett oder im Schalter.
☐ Alle Kontrollleuchten müssen nach dem Einschalten der Zündung entsprechend der Herstellervorgaben aufleuchten. Nach dem Starten des Motors müssen die meisten Leuchten wieder erlöschen, die ABS-Warnleuchte muss nach wenigen Sekunden erlöschen.

Bremsen

☐ Begutachten Sie den Hauptbremszylinder, den Bremskraftverstärker, den ABS-Modulator und alle Bremsleitungen auf korrekte Verlegung/Befestigung, Undichtigkeit, lockere Anschlüsse, Korrosion und andere Schäden.

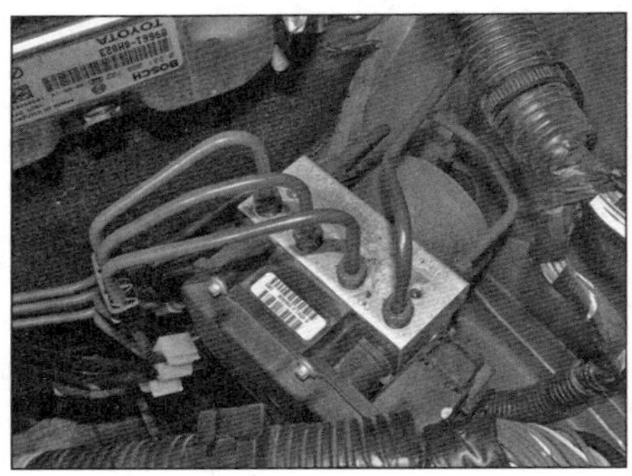

☐ Der Ausgleichsbehälter am Hauptbremszylinder muss fest sitzen, und der Pegel muss zwischen der MAX- (A) und MIN-Markierung (B) liegen (ein kurz vor Minimum stehender Bremsflüssigkeitsstand deutet auf verschlissene Scheibenbremsbeläge hin, eventuell auch auf eine Undichtigkeit).

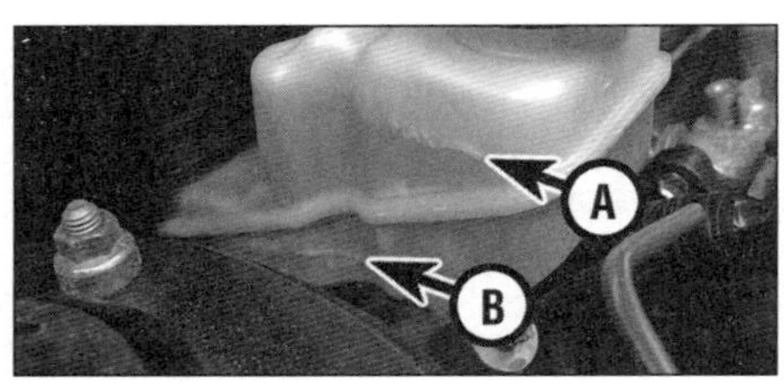

☐ Kontrollieren Sie alle Bremsschläuche auf Risse und Alterungserscheinungen. Drehen Sie die Lenkung von Anschlag zu Anschlag, um zu prüfen, ob die vorderen Schläuche nicht die Räder, Reifen oder andere Teile der Lenkung oder der Radaufhängung berühren. Bei fest gedrücktem Bremspedal muss kontrolliert werden, ob die Schläuche ausbeulen oder Lecks aufweisen. Treten Sie bei laufendem Motor ohne Gasgeben (also aktivem Bremskraftverstärker) mehrfach schlagartig und kräftig auf das Pedal, um eine Extrembelastung zu simulieren, der eine intakte Bremsanlage gewachsen sein muss.

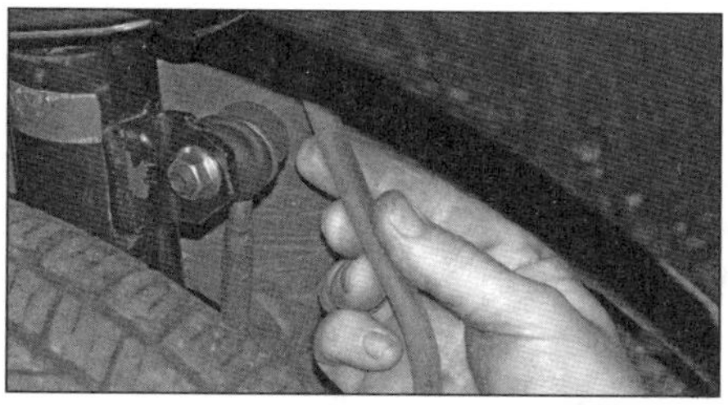

Lenkung und Radaufhängungen

☐ Lassen Sie einen Assistenten das Lenkrad leicht zwischen den Punkten, an denen die Bewegung auf die Räder übertragen wird, hin- und herdrehen, um sein Spiel zu ermitteln.
☐ Lassen Sie den Assistenten das Lenkrad kräftig in beide Richtungen drehen, sodass sich die Vorderräder zu bewegen beginnen. Kontrollieren Sie hierbei alle Verbindungselemente, Befestigungen und Anschlüsse (also Spurstangenköpfe, Spurstangen, Lenkhebel, Lenkschubstangen, Trag- und Führungsgelenke etc.). Ersetzen Sie alle Bauteile, die Verschleiß (also unzulässiges Spiel) oder Schäden aufweisen. Prüfen Sie die Funktion und den Zustand aller Komponenten der Servo-Unterstützung.
☐ Prüfen Sie, ob das auf einer ebenen Fläche stehende Fahrzeug nicht an einer Seite oder vorn bzw. hinten herunterhängt.

Stoßdämpfer

☐ Drücken Sie das Fahrzeug nacheinander an jeder Ecke herunter, und lassen Sie es wieder los – es muss wieder ausfedern und in seine Ruheposition zurückkehren. Falls es nachschaukelt, ist der Stoßdämpfer defekt; dieser Zustand kann zu gefährlichem Fahrverhalten führen. Zudem sind alle Stoßdämpfer auf Dichtigkeit zu überprüfen.

Auspuffanlage

☐ Starten Sie den Motor, und lassen Sie einen Assistenten das Auspuffrohr mit einem Lappen verstopfen. Prüfen Sie jetzt die gesamte Auspuffanlage auf Undichtigkeit, und reparieren oder ersetzen Sie entsprechende Bauteile.

3 Die Prüfung erfolgt: Bei angehobenem Fahrzeug mit freien Rädern

Heben Sie das Fahrzeug vorn und hinten an, und stützen Sie es so auf Böcken ab, dass diese nicht die Federelemente behindern. Die Räder müssen frei drehbar und die Lenkung von Anschlag zu Anschlag zu drehen sein.

Lenkung

☐ Lassen Sie einen Assistenten das Lenkrad von Anschlag zu Anschlag drehen. Prüfen Sie, ob sich die Lenkung frei drehen lässt und keine Teile der Lenkung (einschließlich der Räder und Reifen) mit Bremsleitungen oder andere Bauteilen in Kontakt kommen.
☐ Kontrollieren Sie die Gummimanschetten des Lenkgestänges auf Beschädigungen oder lockere Schellen. Prüfen Sie, ob irgendwo Hydraulikflüssigkeit der Servolenkung austritt. Kontrollieren Sie, ob die Lenkung schwergängig ist, ob irgendwo Splinte fehlen oder Befestigungen locker sind, und ob im Umkreis von 30 cm um irgendwelche Befestigungspunkte der Lenkung an der Karosserie starke Korrosion auftritt.

Vorder- und Hinterradfederung sowie Radlager

☐ Beginnen Sie an der vorderen rechten Ecke, greifen Sie das Vorderrad in der 3- und 9-Uhr-Position, und versuchen Sie, daran zu wackeln. Prüfen Sie, ob Spiel in den Radlagern, an den Federungs-Kugelgelenken, den Aufhängungen, Gelenken und Befestigungen festzustellen ist.

☐ Greifen Sie jetzt das Rad in der 12- und 6-Uhr-Position und wiederholen Sie die Prüfung. Drehen Sie das Rad, um im Radlager Schwergängigkeit oder rauen Lauf festzustellen.

☐ Falls an einem Gelenk übermäßiges Spiel vermutet wird, kann dies mit einem zwischen der Halterung und dem angeschlossenen Teil als Hebel eingeführten großen Schraubendreher festgestellt werden; so lässt sich ermitteln, ob der Verschleiß in seiner Befestigung, den Lagerbuchsen oder in der Halterung selbst liegt (oft schlagen die Schraubenlöcher aus).

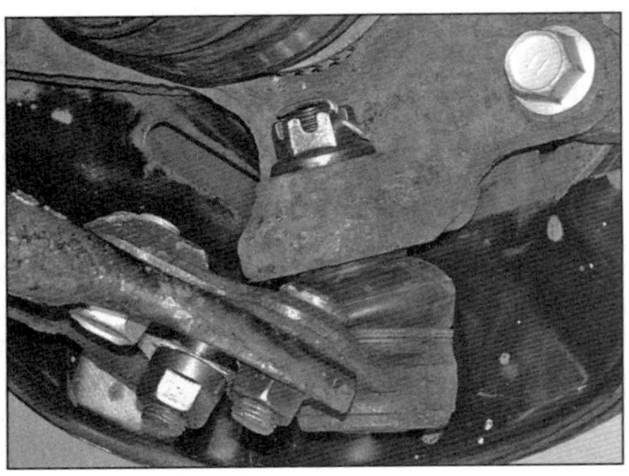

☐ Führen Sie alle beschriebenen Kontrollen am anderen Vorderrad und dann an den Hinterrädern durch.

Federn und Stoßdämpfer

☐ Begutachten Sie die Federbeine (soweit vorhanden) auf austretendes Öl, Korrosion oder ein beschädigtes Gehäuse. Prüfen Sie auch die Festigkeit aller Aufnahmen.
☐ Die Enden von Schraubenfedern müssen in ihren Sitzen liegen, und die Feder selbst darf nicht korrodiert, gerissen oder gebrochen sein.
☐ Falls Blattfedern vorhanden sind, muss geprüft werden, dass keine Federn gebrochen sind, dass die Achse fest mit ihnen verbunden ist und dass die Aufnahmen der Feder-Enden sowie alle Buchsen und Schäkel nicht ausgeschlagen sind.
☐ Ebensolche Kontrollen müssen an Fahrzeugen mit anderen Federsystemen (Drehstabfedern, Hydraulik- oder Luftdruckfedern) durchgeführt werden. Alle Anschlüsse und Befestigungen müssen fest verbunden sein, und es dürfen weder übermäßiger Verschleiß, Korrosion oder Beschädigungen festgestellt werden. Bei Hydrauliksystemen darf keine Flüssigkeit austreten. Bei Fahrzeugen mit Luftfederung schreiben die Hersteller oftmals bestimmte Algorithmen vor, bevor die Räder entlastet werden dürfen. Bei Nichtbeachtung drohen teure Schäden.

☐ Kontrollieren Sie die Stoßdämpfer auf Undichtigkeit. Anschlaggummis sowie Gummibuchsen in den Aufnahmen dürfen nicht spröde oder beschädigt sein.

Antriebswellen

☐ Drehen Sie die angetriebenen Räder, und überprüfen Sie dabei die Manschetten der Gleichlaufgelenke auf Risse und Beschädigungen. Die Antriebswellen selbst dürfen nicht verbogen oder beschädigt sein.

Bremssystem

☐ Prüfen Sie die Bremsbelag-Stärke und den Zustand der Bremsscheiben möglichst im eingebauten Zustand. Das Belagmaterial (A) und die Bremsscheibe (B) dürfen nicht unter die in Kapitel 9 angegebenen Werte verschlissen sein. Die Bremsscheibe darf weder gebrochen noch gerissen sein oder starke Riefen oder Ausbrüche aufweisen.

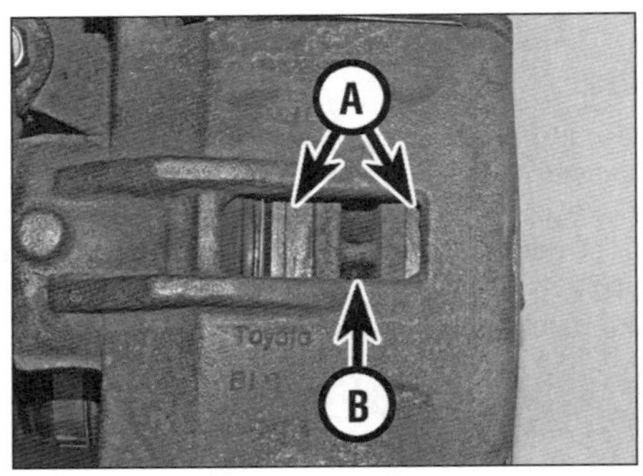

☐ Kontrollieren Sie alle Bremsleitungen und Bremsschläuche unter dem Fahrzeug auf Undichtigkeit und/oder andere Schäden. Die Leitungen dürfen nicht verrostet oder geknickt sein, die Schläuche dürfen keine Risse oder Blasen aufweisen.
☐ An den Bremssätteln und den Bremsankerplatten dürfen keine Flüssigkeiten austreten. Reparieren oder erneuern Sie undichte Bauteile.
☐ Drehen Sie jedes Rad langsam von Hand, während der Assistent das Bremspedal gleichmäßig herunterdrückt und wieder löst. Jede Bremse muss korrekt funktionieren, und das Rad muss sich nach dem Lösen wieder frei drehen lassen.

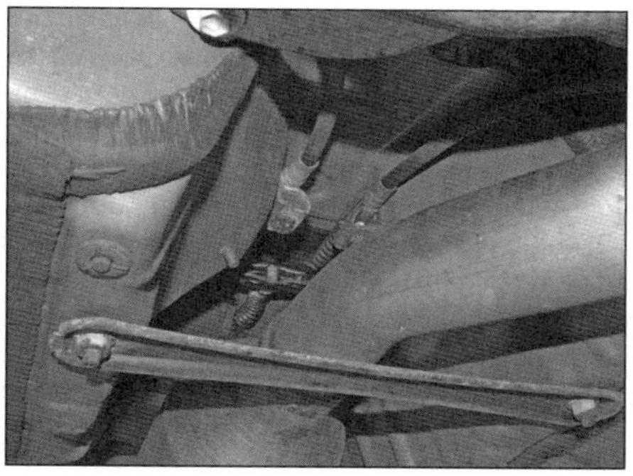

☐ Kontrollieren Sie den Handbremsmechanismus auf ausgefranste oder gerissene Seilzüge, starke Korrosion oder Verschleiß und übermäßiges Spiel am Gestänge. Prüfen Sie, ob die Bremse auf beide Hinterräder wirkt und diese sich nach dem Lösen wieder frei drehen lassen.
☐ Die Bremswirkung ist ohne einen Prüfstand nicht kontrollierbar, aber bei einer Probefahrt kann später getestet werden, ob das Fahrzeug beim Bremsen nicht zu einer Seite zieht.

Kraftstoff- und Auspuffsystem

☐ Kontrollieren Sie den Tank (einschließlich Tankdeckel), alle Kraftstoffleitungen und ihre Anschlüsse. Alle Komponenten müssen sicher befestigt sein und dürfen nicht lecken.
☐ Begutachten Sie die Auspuffanlage von vorn bis hinten auf Beschädigungen, gerissene oder fehlende Befestigungen, fest sitzende Schellen und Durchrostungen.

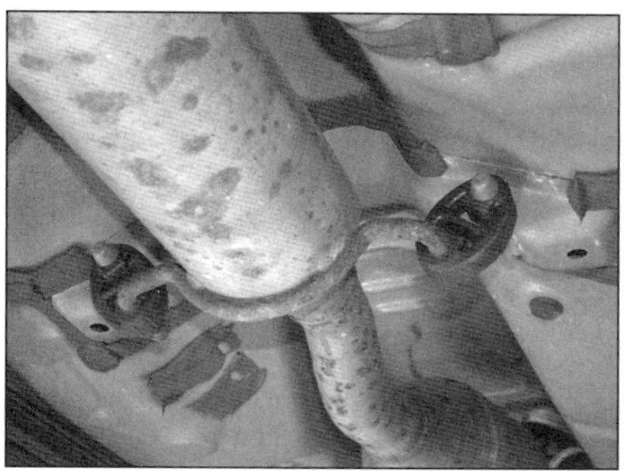

Räder und Reifen

☐ Kontrollieren Sie die Flanken und Laufflächen aller Reifen. Achten Sie auf Schnitte, Risse, Beulen, Auswölbungen, sich lösende Profilblöcke und durch Beschädigungen oder Verschleiß sichtbares Gewebe. Der Reifenwulst muss korrekt auf der Felge sitzen, das Ventil muss dicht sein und korrekt sitzen.
☐ Keine Felge darf verzogen, verbogen, gerissen oder stark korrodiert sein. Alle Radmuttern oder Bolzen müssen fest sitzen.

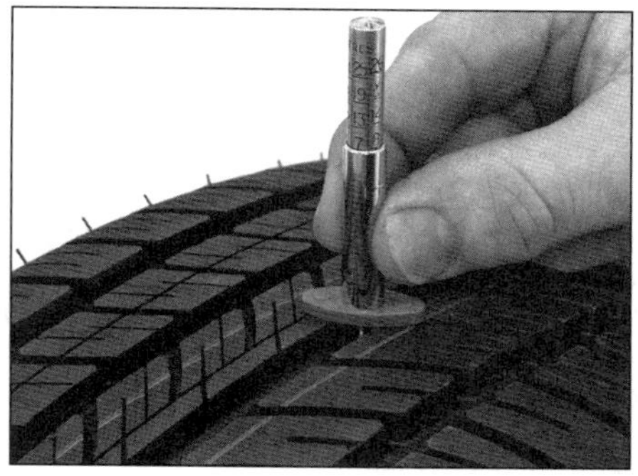

☐ Die Reifen müssen die in den Fahrzeugpapieren angegebene Größen haben. Reifen auf einer Achse sollten baugleich sein (empfehlenswert, aber nicht vorgeschrieben). Der Luftdruck aller Reifen muss in Ordnung sein.
☐ Kontrollieren Sie die Profiltiefe. Aktuell darf an keiner Stelle weniger als 1,6 mm gemessen werden. Ungleichmäßig verschlissene Reifen weisen auf falsch eingestellte Radaufhängungen hin.

Korrosion

☐ Überprüfen Sie die gesamte Fahrzeugstruktur auf Korrosion an tragenden Teilen (Kastenprofile des Chassis, Schweller, Querträger, Säulen und sämtliche Radaufhängungen, Federelemente, Lenkungs- und Bremsenteile sowie Gurtbefestigungen und Verankerungen). Jede Korrosion, die die Materialstärke tragender Teile verringert, stellt eine ernsthafte Gefahr dar, sodass professionelle Reparaturmaßnahmen eingeleitet werden müssen. Bei einer selbsttragenden Karosserie (um solche Karosserien handelt es sich bei heutigen Autos in 99 % aller Fälle) sind alle Blechteile als tragend zu betrachten. Eine durchgerostete Tür kann also durchaus dafür sorgen, dass eine HU nicht positiv abgeschlossen wird.
☐ Beschädigungen oder Korrosion, die zu scharfkantigen Rändern führen, können dazu führen, dass die HU nicht bestanden wird.

4 Die Prüfung erfolgt: Am Abgassystem

Benzinmotor

☐ Bringen Sie den gut gewarteten Motor (Zündsystem in Ordnung, Luftfilter sauber usw.) auf Betriebstemperatur.
☐ Lassen Sie den Motor zunächst rund 20 Sekunden mit etwa 2500/min drehen und dann auf Standgasdrehzahl abfallen; beobachten Sie dabei, ob aus dem Auspuff Rauch austritt. Falls das Standgas offensichtlich zu hoch ist oder länger als 5 Sekunden dichter blauer oder schwarzer Rauch austritt, kann dies dazu führen, dass die HU nicht bestanden wird. Als Faustregel gilt, dass blauer Rauch für verbranntes Öl und damit Motorverschleiß steht, während schwarzer Rauch auf unverbrannten Kraftstoff hinweist (verschmutzter Luftfilter oder Schäden bzw. Verschleiß im Kraftstoff- oder Zündsystem.
☐ Für weitere Kontrollen wird ein Abgas-Analysegerät benötigt, das den Gehalt an Kohlenmonoxid (CO) und Kohlen-

wasserstoff (CH) ermitteln kann. Falls dies nicht gemietet oder ausgeliehen werden kann, sollte die Prüfung gegen ein kleines Entgelt von einer Fachwerkstatt durchgeführt werden.

CO-Emissionen (Gemisch)

☐ Der HU-Prüfer hat Zugang zu den erlaubten CO-Abgaswerten aller Fahrzeuge. Der CO-Wert wird bei Standgas und »erhöhtem Standgas« (2500 bis 3000/min) gemessen. Die folgenden Werte sind nur Anhaltswerte:
Bei Standgas – weniger als 0,5 % CO
Bei erhöhtem Standgas – weniger als 0,3 % CO
Lambda-Messung – 0,97 bis 1,03
☐ Falls der CO-Wert zu hoch ist, kann dies ein Hinweis auf schlechte Wartung, ein Problem in der Gemischaufbereitung (Vergaser oder Einspritzanlage), eine defekte Lambdasonde oder einen schadhaften Katalysator sein. Probieren Sie eine Einspritzdüsen-Reinigung aus, und lesen Sie ggf. das Steuergerät auf Fehlercodes aus.

CH-Emissionen

☐ Der HU-Prüfer hat Zugang zu den erlaubten CH-Abgaswerten aller Fahrzeuge. Der CH-Wert wird bei »erhöhtem Standgas« (2500 bis 3000/min) gemessen. Als Anhaltswerte gilt: weniger als 200 ppm.
☐ Zu hohe CH-Emissionen weisen auf verbranntes Motoröl hin. Der Grund hierfür kann ein verschlissener Motor, eine verstopfe Motorentlüftung oder zu altes und verdünntes Motoröl sein, sodass ein Ölwechsel hilft. Falls der Motor insgesamt schlecht läuft, sollte ggf. das Steuergerät auf Fehlercodes ausgelesen werden.
Im Normalfall sind die CH-Emissionen zwar ermittelbar, im Rahmen der Abgasuntersuchung gibt es jedoch derzeit keine Grenzwerte. Gemessen werden CO, CO_2 O_2, HC und Lambda, wobei es lediglich für CO und Lambda vom Gesetzgeber bzw. Fahrzeughersteller einzuhaltende Vorgaben gibt. Hohe CO-Werte haben aber für sich allein auch schon eine hohe Aussagekraft über die Funktion der Abgasreinigung.
Zudem gelten die groben Faustregeln: Lambda-Werte über 1 (bei intakter Gemischaufbereitung) deuten auf eine undichte Auspuffanlage hin, Lambda unter 1 (fettes Gemisch) lassen auf eine defekte Gemischaufbereitung schließen. Hohe CO-Werte bei Lambda 1 deuten auf einen verschlissenen Katalysator hin.

Dieselmotor

☐ Hier wird lediglich der Anteil der Rußpartikel gemessen. Bei diesem Test wird der Motor je nach Herstellervorgabe für ein paar Sekunden mit Maximaldrehzahl betrieben. Bei der »freien Beschleunigung« wird die sogenannte Rauchgastrübung gemessen, die weder die vom Fahrzeug-Hersteller vorgegebenen noch die gesetzlichen Grenzwerte übersteigen darf.
Anmerkung: *Bei Modellen mit Steuerriemen (»Zahnriemen«) muss dieser in einem perfekten Zustand sein, damit der Motor den Test übersteht. Im permanenten Stadtverkehr zugesetzte Dieselmotoren sollten vor der Abgasuntersuchung auf einer längeren Strecke »freigefahren« werden.*
☐ Der aufgewärmte Motor wird zunächst maximal 5 Sekunden nach Herstellervorgabe (meistens Abregeldrehzahl) »gespült«, dann wird der Motor langsam auf seine maximale Drehzahl gebracht, um zu sehen, ob er dies aushält. Anschließend wird das Abgasmessgerät angeschlossen und der Motor wird dreimal hintereinander rasch auf Höchstdrehzahl beschleunigt. Liegt dabei die Rußentwicklung unter dem Maximalwert von 2,5 m^{-1} (Saugmotoren) bzw. 3,0 m^{-1} (Turbomotoren), hat das Fahrzeug die Prüfung bestanden (bei aktuellen Fahrzeugen liegt sie eher im Bereich zwischen 0,5 m^{-1} und 1,5 m^{-1}). Falls zu viel Ruß produziert wird, kann ein neuer Luftfilter oder eine Einspritzdüsen-Reinigung helfen. Falls der Motor insgesamt schlecht läuft, sollte ggf. das Steuergerät auf Fehlercodes ausgelesen werden. Kontrollieren Sie ggf. auch das Abgasrückführungs-System. Nach einer hohen Laufleistung müssen eventuell die Einspritzdüsen professionell kontrolliert werden.

Fehlersuche

Motor

☐ Motor lässt sich nicht per Anlasser durchdrehen
☐ Motor dreht, springt aber nicht an
☐ Motor springt kalt schlecht an
☐ Motor springt warm schlecht an
☐ Anlasser macht laute Geräusche oder rückt übermäßig hart ein
☐ Motor startet und geht gleich wieder aus
☐ Motor läuft im Standgas ungleichmäßig
☐ Motor produziert im Standgas Fehlzündungen
☐ Motor produziert im Fahrbetrieb Fehlzündungen
☐ Motor beschleunigt schlecht
☐ Motor stirbt ab
☐ Motorleistung mangelhaft
☐ Motor erzeugt Auspuffknallen
☐ Öldrucklampe leuchtet bei laufendem Motor auf
☐ Motor läuft nach dem Abschalten weiter
☐ Motor macht ungewöhnliche Geräusche

Kühlsystem

☐ Kühlmittel überhitzt
☐ Kühltemperatur zu gering
☐ Kühlmittel läuft aus
☐ Kühlmittel gelangt in den Motor
☐ Korrosion

Kraftstoff- und Auspuffsystem

☐ Übermäßiger Kraftstoffverbrauch
☐ Kraftstoff läuft aus und/oder verursacht Gerüche
☐ Laute Geräusche aus dem Auspuff
☐ Rauch aus dem Auspuff

Kupplung

☐ Kupplungspedal lässt sich bis zum Boden durchtreten – kein Druck oder geringer Widerstand
☐ Kupplung trennt nicht (Gänge lassen sich nicht einlegen)
☐ Kupplung rutscht (Motordrehzahl steigt, Geschwindigkeit aber nicht)
☐ Kupplung vibriert beim Einrücken
☐ Geräusche beim Einrücken oder Ausrücken der Kupplung

Schaltgetriebe

☐ Geräusche im Leerlauf bei laufendem Motor
☐ Geräusche in einem bestimmten Gang

☐ Gänge lassen sich schwierig einlegen
☐ Gang springt heraus
☐ Vibrationen
☐ Getriebeöl tritt aus

Automatikgetriebe

☐ Getriebeöl tritt aus
☐ Getriebeöl ist braun oder riecht verbrannt
☐ Generelle Gangwahl-Probleme
☐ Getriebe schaltet bei Vollgas nicht herunter – kein Kick-down
☐ Motor lässt sich in keiner Getriebestufe starten oder startet außerhalb von P oder N
☐ Getriebe rutscht durch, schaltet rau, macht Geräusche oder überträgt keine Kraft

Antriebswellen

☐ Geräusche (Klopfen oder Klicken) in Kurven (geringes Tempo bei eingeschlagener Lenkung)
☐ Vibrationen beim Beschleunigen oder im Schiebebetrieb

Bremssystem

☐ Fahrzeug zieht beim Bremsen zu einer Seite
☐ Geräusche (Schleifen oder Quietschen) beim Bremsen
☐ Langer Bremspedalweg
☐ Bremspedal fühlt sich beim Treten schwammig an
☐ Zum Verzögern ist übermäßige Kraft beim Treten des Bremspedals nötig
☐ Beim Bremsen treten im Bremspedal oder im Lenkrad Vibrationen auf
☐ Bremsen schleifen
☐ Hinterräder blockieren beim normalen Bremsen

Radaufhängungen und Lenkung

☐ Fahrzeug zieht zu einer Seite
☐ Räder flattern oder vibrieren
☐ Starkes Einsinken und/oder Schlingern in Kurven oder beim Bremsen
☐ Fahrzeug bleibt nicht in der Spur oder ist generell instabil
☐ Schwergängige Lenkung
☐ Übermäßiges Spiel in der Lenkung
☐ Mangelnde Servo-Unterstützung
☐ Starker Reifenverschleiß

Elektrik

☐ Batterie entlädt nach wenigen Tagen
☐ Ladekontrollleuchte leuchtet nach dem Starten des Motors weiter
☐ Ladekontrollleuchte leuchtet beim Einschalten der Zündung nicht
☐ Licht funktioniert nicht
☐ Instrumente zeigen falsch oder ungleichmäßig an
☐ Hupe funktioniert nicht oder nur unzuverlässig
☐ Scheibenwischer funktionieren nicht oder nur unzuverlässig
☐ Scheibenwaschanlage funktioniert nicht oder nur unzuverlässig
☐ Elektrische Fensterheber funktionieren nicht oder nur unzuverlässig
☐ Zentralverriegelung funktioniert nicht oder nur unzuverlässig

Einleitung

Fahrzeugbesitzer, die alle Wartungsarbeiten entsprechend der Vorgaben erledigen, müssen in diese Sektion nicht allzu oft hineinschauen. Vorausgesetzt, dass Verschleiß und Alterung regelmäßig überprüft und entsprechende Teile erneuert werden, muss dank der Zuverlässigkeit moderner Komponenten heute kaum noch mit plötzlichen Ausfällen gerechnet werden; allerdings steigt die Wahrscheinlichkeit mit zunehmendem Alter und hoher Laufleistung immer mehr an. Störungen entstehen üblicherweise nicht als Ergebnis eines plötzlichen Ausfalls, sondern entwickeln sich mit der Zeit. Gerade größeren technischen Defekten gehen oft charakteristische Symptome über Hunderte oder gar Tausende von Kilometern voraus. Bauteile, die gelegentlich ohne Vorwarnung ausfallen, sind oft klein und können leicht repariert oder ausgetauscht werden.

Bei jeder Fehlersuche liegt der erste Schritt in der Entscheidung, wo mit der Untersuchung begonnen werden soll. Manchmal ist dies offensichtlich, doch hin und wieder ist auch etwas Detektivarbeit nötig. Besitzer, die ein halbes Dutzend planlose Einstellungen vornehmen oder willkürlich Teile tauschen, mögen beim Behandeln von Ausfällen (oder deren Symptomen) erfolgreich sein, sind aber nicht klüger, wenn der Defekt zurückkehrt; zudem haben sie am Ende mehr Geld und Zeit als nötig investiert. Eine ruhige und logische Herangehensweise ist langfristig gesehen deutlich zufriedenstellender. Stets müssen Warnsignale und Abnormalitäten aller Art berücksichtigt werden, die in der Zeit vor dem Ausfall bemerkt wurden: Leistungsmangel, hohe oder niedrige Anzeigewerte, ungewöhnliche Gerüche usw. Zudem muss bedacht werden, dass Ausfälle von Bauteilen wie Sicherungen oder Zündkerzen zumeist nur Hinweise auf tatsächliche Defekte sind.

Die folgenden Seiten stellen einen einfachen Leitfaden zu den üblichen Problemen dar, die im normalen Fahrbetrieb auftreten können. Diese Probleme und ihre möglichen Ursachen sind nach den verschiedenen Komponenten oder Systemen (Motor, Kühlung usw.) geordnet. Das Kapitel, in dem das Problem behandelt wird, ist in Klammern angegeben. Wo auch immer der Defekt liegt – es gelten stets gewisse Grundprinzipien:

☐ *Überprüfen Sie den Defekt.* Hier geht es einfach darum, vor Arbeitsbeginn die Symptome mit Sicherheit zu erkennen. Dies ist besonders wichtig, falls man einen Fehler für jemand anderes finden muss, der das Problem vielleicht nicht exakt beschreiben konnte.

☐ *Übersehen Sie nicht das Wesentliche.* Lässt sich das Fahrzeug beispielsweise nicht starten, sollte auch überprüft werden, ob Kraftstoff im Tank ist (Vertrauen Sie gerade hierbei nie den Worten anderer oder der Tankanzeige). Falls ein Elektrik-Ausfall festgestellt wird, muss zuerst auf getrennte Stecker oder lockere Kabel geachtet werden, bevor die Prüfausrüstung ausgepackt wird.

☐ *Heilen Sie das Leiden, nicht die Symptome.* Eine entladene Batterie durch eine vollständig geladene zu ersetzen, kann einen zunächst einmal wieder nach Hause bringen, doch wenn die zugrunde liegende Ursache nicht behandelt wird, ist die neue Batterie auch bald wieder leer. Genauso macht bei Benzinmotoren der Austausch verölter Zündkerzen durch Neuteile das Auto erst einmal wieder mobil, doch auch der

Grund für diese Verschmutzung (solange es nicht ein falscher Wärmewert war) muss rasch gefunden und behoben werden.
☐ *Nehmen Sie nichts als gegeben hin.* Vergessen Sie vor allem niemals, dass auch eine »neue« Komponente defekt sein kann (besonders, wenn sie schon monatelang im Kofferraum durchgeschüttelt wurde). Schließen Sie auch keine Komponenten bei der Fehlerdiagnose aus, nur weil sie neu sind oder erst kürzlich installiert wurden. Wenn schließlich ein schwieriger Defekt diagnostiziert wurde, wird man möglicherweise feststellen, dass alle Beweise von Anfang an darauf hingewiesen haben.

Motor

Motor lässt sich nicht per Anlasser durchdrehen

☐ Batterieanschlüsse locker oder korrodiert (*Wöchentliche Kontrollen*)
☐ Batterie entladen oder defekt (Kapitel 5A)
☐ Verkabelung im Anlasserstromkreis gebrochen, locker oder getrennt (Kapitel 5A)
☐ Anlasser-Magnetschalter defekt (Kapitel 5A)
☐ Anlasser defekt (Kapitel 5A)
☐ Zähne am Anlasser-Zahnrad oder Schwungscheiben-Zahnkranz gebrochen (Kapitel 2A, B, C oder D sowie 5A)
☐ Massekabel des Motors gebrochen oder getrennt (Kapitel 5A)
☐ Automatikgetriebe nicht in Position P oder N oder Park-/Neutral-Schalter defekt (Kapitel 7B, Sektion 10)

Motor dreht, springt aber nicht an

☐ Tank leer
☐ Batterie entladen (Anlasser dreht langsam) (Kapitel 5A)
☐ Batterieanschlüsse locker oder korrodiert (*Wöchentliche Kontrollen*)
☐ Benzinmotoren: Zündungskomponenten feucht oder beschädigt (Kapitel 1A und 5B)
☐ Benzinmotoren: Gebrochene, lockere oder getrennte Kabel im Zündungs-Stromkreis (Kapitel 1A und 5B)
☐ Benzinmotoren: Zündkerzen verschlissen, defekt oder mit falschem Elektrodenabstand (Kapitel 1A)
☐ Einspritzung/Motorsteuerung defekt (Kapitel 4A oder B)
☐ Dieselmotoren: Hochdruck-Kraftstoffpumpe defekt (Kapitel 4B)
☐ Größerer technischer Defekt (z. B. Nockenwellen-Antrieb) (Kapitel 2A, B, C oder D)

Motor springt kalt schlecht an

☐ Batterie entladen (Kapitel 5A)
☐ Batterieanschlüsse locker oder korrodiert (*Wöchentliche Kontrollen*)
☐ Benzinmotoren: Zündkerzen verschlissen, defekt oder mit falschem Elektrodenabstand (Kapitel 1A)
☐ Einspritzung/Motorsteuerung defekt (Kapitel 4A oder B)
☐ Motorkompression niedrig (Kapitel 2A, B, C oder D)

Motor springt warm schlecht an

☐ Luftfilterelement verschmutzt oder verstopft (Kapitel 1A oder B)
☐ Einspritzung/Motorsteuerung defekt (Kapitel 4A oder B)
☐ Benzinmotoren: Zündungskomponenten feucht oder beschädigt (Kapitel 1A und 5B)
☐ Motorkompression niedrig (Kapitel 2A, B, C oder D)

Anlasser macht laute Geräusche oder rückt übermäßig hart ein

☐ Zähne am Anlasser-Zahnrad oder Schwungscheiben-Zahnkranz gebrochen (Kapitel 2A oder 5A)
☐ Anlasser-Befestigungsschrauben locker oder verloren gegangen (Kapitel 5A)
☐ Interne Anlasser-Komponenten verschlissen oder defekt (Kapitel 5A)

Motor startet und geht gleich wieder aus

☐ Benzinmotoren: Lockere oder defekte Anschlüsse im Zündungs-Stromkreis (Kapitel 1A und 5B)
☐ Unterdruck-Leck im Drosselklappengehäuse oder Einlassstutzen (Kapitel 4A oder 4B)
☐ Einspritzung/Motorsteuerung defekt (Kapitel 4A oder B)

Motor läuft im Standgas ungleichmäßig

☐ Luftfilterelement verstopft (Kapitel 1A oder B)
☐ Unterdruck-Leck im Drosselklappengehäuse oder Einlassstutzen (Kapitel 4A oder B)
☐ Benzinmotoren: Zündkerzen verschlissen, defekt oder mit falschem Elektrodenabstand (Kapitel 1A)
☐ Motorkompression ungleichmäßig oder niedrig (Kapitel 2A, B, C oder D)
☐ Nockenwellen-Nocken stark verschlissen (Kapitel 2A oder B)
☐ Steuerkette/Zahnriemen unkorrekt gespannt oder falsch installiert (Kapitel 2A oder B)
☐ Einspritzung/Motorsteuerung defekt (Kapitel 4A oder B)

Motor produziert im Standgas Fehlzündungen

☐ Benzinmotoren: Zündkerzen verschlissen, defekt oder mit falschem Elektrodenabstand (Kapitel 1A)
☐ Unterdruck-Leck im Drosselklappengehäuse oder Einlassstutzen (Kapitel 4A oder B)
☐ Einspritzung/Motorsteuerung defekt (Kapitel 4A oder B)
☐ Motorkompression ungleichmäßig oder niedrig (Kapitel 2A, B, C oder D)
☐ Motorentlüftungsschläuche getrennt, undicht oder beschädigt (Kapitel 4B)

Motor produziert im Fahrbetrieb Fehlzündungen

☐ Kraftstofffilter verstopft (Kapitel 1A oder B)
☐ Benzinmotoren: Kraftstoffpumpe defekt oder Druck zu gering (Kapitel 4A)
☐ Tankentlüftung oder Kraftstoffleitungen verstopft (Kapitel 4A oder B)
☐ Benzinmotoren: Zündkerzen verschlissen, defekt oder mit falschem Elektrodenabstand (Kapitel 1A)
☐ Unterdruck-Leck im Drosselklappengehäuse oder Einlassstutzen (Kapitel 4A oder B)
☐ Einspritzung/Motorsteuerung defekt (Kapitel 4A oder B)
☐ Benzinmotoren: Zündspule defekt (Kapitel 5B)

- ☐ Motorkompression ungleichmäßig oder niedrig (Kapitel 2A, B, C oder D)

Motor beschleunigt schlecht

- ☐ Benzinmotoren: Zündkerzen verschlissen, defekt oder mit falschem Elektrodenabstand (Kapitel 1A)
- ☐ Unterdruck-Leck im Drosselklappengehäuse oder Einlassstutzen (Kapitel 4A oder B)
- ☐ Einspritzung/Motorsteuerung defekt (Kapitel 4A oder B)

Motor stirbt ab

- ☐ Unterdruck-Leck im Drosselklappengehäuse oder Einlassstutzen (Kapitel 4A oder B)
- ☐ Kraftstofffilter verstopft (Kapitel 1A oder B)
- ☐ Benzinmotoren: Kraftstoffpumpe defekt oder Druck zu gering (Kapitel 4A)
- ☐ Tankentlüftung oder Kraftstoffleitungen verstopft (Kapitel 4A oder 4B)
- ☐ Einspritzung/Motorsteuerung defekt (Kapitel 4A oder B)

Motorleistung mangelhaft

- ☐ Steuerkette/Zahnriemen falsch installiert (Kapitel 2A, B, C oder D)
- ☐ Kraftstofffilter verstopft (Kapitel 1A oder B)
- ☐ Benzinmotoren: Kraftstoffpumpe defekt oder Druck zu gering (Kapitel 4A)
- ☐ Motorkompression ungleichmäßig oder niedrig (Kapitel 2A, B, C oder D)
- ☐ Benzinmotoren: Zündkerzen verschlissen, defekt oder mit falschem Elektrodenabstand (Kapitel 1A)
- ☐ Unterdruck-Leck im Drosselklappengehäuse oder Einlassstutzen (Kapitel 4A oder B)
- ☐ Einspritzung/Motorsteuerung defekt (Kapitel 4A oder B)
- ☐ Bremsen schleifen (Kapitel 1 und 9)
- ☐ Schaltgetriebe: Kupplung rutscht durch (Kapitel 6)

Motor erzeugt Auspuffknallen

- ☐ Steuerkette/Zahnriemen falsch installiert (Kapitel 2A, B, C oder D)
- ☐ Unterdruck-Leck im Drosselklappengehäuse oder Einlassstutzen (Kapitel 4A oder B)
- ☐ Einspritzung/Motorsteuerung defekt (Kapitel 4A oder B)

Öldrucklampe leuchtet bei laufendem Motor auf

- ☐ Ölpegel oder Viskosität niedrig oder Ölsorte falsch (*Wöchentliche Kontrollen*)
- ☐ Öldruckschalter defekt (Kapitel 5A)
- ☐ Ölpumpe und/oder Gleitlager im Motor verschlissen (Kapitel 2A, B, C oder D)
- ☐ Motortemperatur zu hoch (Kapitel 3)
- ☐ Öl-Überdruckventil defekt (Kapitel 2A, B, C oder D)
- ☐ Öl-Ansaugsieb verstopft (Kapitel 2A, B, C oder D)

Motor läuft nach dem Abschalten weiter

- ☐ Erhebliche Kohleablagerungen im Motor (Kapitel 2A, B, C oder D)
- ☐ Motortemperatur zu hoch (Kapitel 3)
- ☐ Einspritzung/Motorsteuerung defekt (Kapitel 4A oder B)

Motor macht ungewöhnliche Geräusche

Klingeln oder Klopfen beim Beschleunigen oder unter Last

- ☐ Benzinmotoren: Zündzeitpunkt unkorrekt/Zündsystem defekt (Kapitel 1A und 5B)
- ☐ Benzinmotoren: Zündkerzen mit falschem Wärmewert (Kapitel 1A)
- ☐ Benzinmotoren: Kraftstoffsorte falsch (Kapitel 4A)
- ☐ Unterdruck-Leck im Drosselklappengehäuse oder Einlassstutzen (Kapitel 4A oder B)
- ☐ Erhebliche Kohleablagerungen im Motor (Kapitel 2A, B, C oder D)
- ☐ Einspritzung/Motorsteuerung defekt (Kapitel 4A oder B)

Pfeifen oder Zischen

- ☐ Benzinmotoren: Einlassstutzen-Dichtung undicht (Kapitel 4A)
- ☐ Auspuffstutzen-Dichtung oder Rohranschluss undicht (Kapitel 4A oder B)
- ☐ Unterdruckschlauch undicht (Kapitel 4A, B oder C sowie 9)
- ☐ Zylinderkopfdichtung defekt (Kapitel 2A, B, C oder D)

Pochen oder Klappern

- ☐ Ventiltrieb oder Nockenwelle(n) verschlissen (Kapitel 2A, B, C oder D)
- ☐ Nebenaggregate (Wasserpumpe, Lichtmaschine usw.) defekt (Kapitel 3, 5A usw.)

Klopfen oder Schlagen

- ☐ Pleuelfußlager verschlissen (gleichmäßiges starkes Klopfen, unter Last eventuell leiser) (Kapitel 2E)
- ☐ Kurbelwellen-Hauptlager verschlissen (Rumpeln und Klopfen, unter Last eventuell stärker) (Kapitel 2E)
- ☐ Kolben-Kippen (bei kaltem Motor am lautesten) (Kapitel 2E)
- ☐ Nebenaggregate (Wasserpumpe, Lichtmaschine usw.) defekt (Kapitel 3, 5A usw.)

Kühlsystem

Kühlmittel überhitzt

- ☐ Kühlmittel-Pegel zu niedrig (*Wöchentliche Kontrollen*)
- ☐ Thermostat defekt (klemmt geschlossen) (Kapitel 3)
- ☐ Wasserkühler verstopft oder Rippen stark verschmutzt (Kapitel 3)
- ☐ Kühlerventilator oder Kühltemperatursensor defekt (Kapitel 3)
- ☐ Überdruckventil defekt (Kapitel 3)
- ☐ Einspritzung/Motorsteuerung defekt (Kapitel 4A oder B)
- ☐ Kühltemperatur-Geber sendet falsche Werte (Kapitel 3)
- ☐ Luftblasen im Kühlsystem (Kapitel 1)

Kühltemperatur zu gering

- ☐ Thermostat defekt (klemmt offen) (Kapitel 3)
- ☐ Kühltemperatur-Geber sendet falsche Werte (Kapitel 3)

Kühlmittel läuft aus

- ☐ Schläuche porös oder beschädigt, Schellen defekt (Kapitel 1)
- ☐ Wasserkühler oder Heizungs-Wärmetauscher undicht (Kapitel 3)
- ☐ Überdruckventil defekt (Kapitel 3)
- ☐ Wasserpumpendichtung defekt (Kapitel 3)
- ☐ Kühlmittel kocht bei Überhitzung auf (Kapitel 3)
- ☐ Froststopfen undicht (Kapitel 2E)

Kühlmittel gelangt in den Motor

- ☐ Zylinderkopfdichtung defekt (Kapitel 2A B, C oder D)
- ☐ Zylinderkopf oder Zylinderbohrung gerissen (Kapitel 2A, B, C, D oder E)

Korrosion

- ☐ Kühlmittel wurde nicht regelmäßig ersetzt (Kapitel 1)
- ☐ Falsches Frostschutz-Gemisch oder falscher Frostschutzmittel-Typ (Kapitel 1)

Kraftstoff- und Auspuffsystem

Übermäßiger Kraftstoffverbrauch

- ☐ Unökonomischer Fahrstil oder ungünstige Bedingungen (Kälte, starker Gegenwind usw.)
- ☐ Luftfilter verschmutzt oder verstopft (Kapitel 1)
- ☐ Einspritzung/Motorsteuerung defekt (Kapitel 4A oder B)
- ☐ Reifendruck zu gering (*Wöchentliche Kontrollen*)
- ☐ Bremsen schleifen (Kapitel 1 und 9)

Kraftstoff läuft aus und/oder verursacht Gerüche

- ☐ Tank, Kraftstoffleitungen oder Anschlüsse verrostet oder beschädigt (Kapitel 4A oder B)

Laute Geräusche aus dem Auspuff

- ☐ Auspuffanlagen-Verbindungen oder Auspuffstutzen undicht (Kapitel 1, 4A oder B)
- ☐ Schalldämpfer innerlich verrostet oder Rohre durchgerostet (Kapitel 1, 4A oder B)
- ☐ Halterungen gebrochen oder gerissen, sodass Kontakt zu Karosserie oder Fahrgestell entsteht (Kapitel 1)

Kupplung

Kupplungspedal lässt sich bis zum Boden durchtreten – kein Druck oder geringer Widerstand

- ☐ Kupplungshydraulik enthält Luft (Kapitel 6)
- ☐ Ausrückzylinder defekt (Kapitel 6)
- ☐ Geberzylinder defekt (Kapitel 6)
- ☐ Tellerfeder in Druckplatte gebrochen (Kapitel 6)

Kupplung trennt nicht (Gänge lassen sich nicht einlegen)

- ☐ Kupplungshydraulik enthält Luft (Kapitel 6)
- ☐ Ausrückzylinder defekt (Kapitel 6)
- ☐ Geberzylinder defekt (Kapitel 6)
- ☐ Mitnehmerscheibe klemmt auf Getriebewellen-Kerbverzahnung (Kapitel 6)
- ☐ Mitnehmerscheibe klemmt in Schwungscheibe oder an Druckscheibe (Kapitel 6)
- ☐ Druckscheiben-Baugruppe defekt (Kapitel 6)
- ☐ Ausrückmechanismus verschlissen oder falsch montiert (Kapitel 6)

Kupplung rutscht (Motordrehzahl steigt, Geschwindigkeit aber nicht)

- ☐ Druckscheiben-Beläge extrem verschlissen (Kapitel 6)
- ☐ Druckscheiben-Beläge verölt (Kapitel 6)
- ☐ Druckscheiben-Baugruppe defekt oder Tellerfeder ermüdet (Kapitel 6)

Kupplung vibriert beim Einrücken

- ☐ Druckscheiben-Beläge verölt (Kapitel 6)
- ☐ Druckscheiben-Beläge extrem verschlissen (Kapitel 6)
- ☐ Druckscheibe oder Tellerfeder defekt oder verzogen (Kapitel 6)
- ☐ Motor/Getriebe-Aufnahmen verschlissen oder locker (Kapitel 2A, B, C oder D)
- ☐ Druckscheiben-Nabe oder Getriebewellen-Kerbverzahnung verschlissen (Kapitel 6)

Geräusche beim Einrücken oder Ausrücken der Kupplung

- ☐ Ausrücklager verschlissen (Kapitel 6)
- ☐ Kupplungspedal-Buchse verschlissen oder trocken (Kapitel 6)
- ☐ Druckscheiben-Baugruppe defekt (Kapitel 6)
- ☐ Tellerfeder gebrochen (Kapitel 6)
- ☐ Druckscheiben-Dämpferfedern gebrochen (Kapitel 6)

Antriebswellen

Geräusche (Klopfen oder Klicken) in Kurven (geringes Tempo bei eingeschlagener Lenkung)

- ☐ Schmierstoffmangel an Gleichlaufgelenk (eventuell wegen beschädigter Manschette) (Kapitel 8)
- ☐ Äußere Gleichlaufgelenke verschlissen (Kapitel 8)

Vibrationen beim Beschleunigen oder im Schiebebetrieb

- ☐ Innere Gleichlaufgelenke verschlissen (Kapitel 8)
- ☐ Antriebswelle verbogen oder verdreht (Kapitel 8)

Schaltgetriebe

Geräusche im Leerlauf bei laufendem Motor

- ☐ Eingangswellen-Lager verschlissen (wird beim Treten der Kupplung leiser) (Kapitel 7a)*
- ☐ Kupplungs-Ausrücklager verschlissen (wird beim Treten der Kupplung lauter) (Kapitel 6)

Geräusche in einem bestimmten Gang

- ☐ Zahnrad-Zähne verschlissen oder ausgebrochen (Kapitel 7a)*
- ☐ Getriebelager verschlissen (Kapitel 7a)*

Gänge lassen sich schwierig einlegen

- ☐ Kupplung defekt (Kapitel 6)
- ☐ Getriebeölpegel zu niedrig (Kapitel 1A oder B)
- ☐ Schaltgestänge verschlissen oder defekt (Kapitel 7a)
- ☐ Synchronringe verschlissen (Kapitel 7a)*

Gang springt heraus

- ☐ Schaltgestänge verschlissen oder defekt (Kapitel 7a)
- ☐ Synchronringe verschlissen (Kapitel 7a)*
- ☐ Schaltgabeln verschlissen (Kapitel 7a)*

Vibrationen

- ☐ Getriebeöl-Mangel (Kapitel 1)
- ☐ Getriebelager verschlissen (Kapitel 7a)*

Getriebeöl tritt aus

- ☐ Wellendichtring am Antriebswellenflansch undicht (Kapitel 7a)
- ☐ Getriebegehäuse-Dichtfläche undicht (Kapitel 7a)*
- ☐ Eingangswellen-Dichtring defekt (Kapitel 7a)*

** Obwohl die notwendigen Arbeitsschritte zur Beseitigung der beschriebenen Symptome außerhalb der Fähigkeiten eines Hobbyschraubers liegen, können die Informationen helfen, die Ursache zu isolieren, sodass bei einer Fachwerkstatt klare Aussagen gemacht werden können.*

Automatikgetriebe

Anmerkung: *Weil die Fehlerdiagnose und die notwendigen Arbeitsschritte zur Beseitigung der beschriebenen Symptome außerhalb der Fähigkeiten eines Hobbyschraubers liegen, sollte das Fahrzeug in einer Fachwerkstatt überprüft werden. Viele Kontrollen müssen bei eingebautem Getriebe durchgeführt werden, sodass dessen vorzeitiger Ausbau eher kontraproduktiv wäre.*

Getriebeöl tritt aus

- ☐ Die rötliche oder grünliche Einfärbung des Automatikgetriebeöls (ATF-Öl) sollte dafür sorgen, dass es nicht mit Motoröl verwechselt werden kann, welches durch den Luftstrom ans Getriebe gelangt ist.
- ☐ Um die Ursache der Undichtigkeit zu finden, müssen zunächst das Getriebegehäuse und umliegende Komponenten gereinigt und entfettet werden – nötigenfalls mithilfe eines Dampfstrahlers. Führen Sie dann eine Probefahrt mit geringem Tempo durch, damit der Fahrtwind das Öl nicht allzu weit verteilen kann. Heben Sie das Fahrzeug dann an, und stützen Sie es ab, um die »Ölquelle« zu entdecken – folgende Bereiche kommen infrage:

a) Ölwanne (Kapitel 1)
b) Peilstab-Rohr (Kapitel 1)
c) Getriebeölkühler-Rohre und Anschlüsse (Kapitel 7B)

Getriebeöl ist braun oder riecht verbrannt

- ☐ Ölpegel zu niedrig oder Ölwechsel ist überfällig (Kapitel 1)

Generelle Gangwahl-Probleme

- ☐ In Kapitel 7B ist die Kontrolle und Einstellung des Wahlhebel-Seilzugs beschrieben. Folgende Probleme können bei einem schlecht eingestellten Zug auftreten:

a) Motor lässt sich nicht nur in Position P oder N starten.
b) Ganganzeige zeigt andere Fahrstufe an als tatsächlich eingelegt ist.
c) Fahrzeug bewegt sich in Position P oder N.
d) Schlechte oder ungleichmäßige Gangwechsel

Getriebe schaltet bei Vollgas nicht herunter – kein Kick-down

- ☐ Ölpegel zu niedrig (Kapitel 1)
- ☐ Falsch eingestellter Wahlhebel-Seilzug (Kapitel 7B)
- ☐ Falsch eingestellter Kick-down-Seilzug (Kapitel 7B)

Motor lässt sich in keiner Getriebestufe starten oder startet außerhalb von P oder N

- ☐ Falsch eingestellter Wahlhebel-Seilzug (Kapitel 7B)
- ☐ Motor lässt sich nicht nur in Position P oder N starten (Kapitel 7B)

Getriebe rutscht durch, schaltet rau, macht Geräusche oder überträgt keine Kraft

- ☐ Für diese Probleme gibt es zahlreiche mögliche Ursachen, doch der Hobbyschrauber kann sich lediglich um eines kümmern: einen zu niedrigen Ölpegel; kontrollieren Sie diesen, und korrigieren Sie ihn nötigenfalls oder führen Sie einen Ölwechsel durch (Kapitel 1). Falls weiterhin Probleme bestehen, muss Rat in einer Fachwerkstatt gesucht werden.

Bremssystem

Anmerkung: *Bevor von einem Bremsenproblem ausgegangen wird, muss überprüft werden, ob die Reifen in Ordnung und korrekt aufgepumpt sind, die Spur der Vorderräder korrekt eingestellt ist und das Fahrzeug nicht ungleichmäßig beladen* *ist. Abgesehen von der Überprüfung aller Bremsleitungen sollten alle Mängel am ABS von einer Fachwerkstatt diagnostiziert und behoben werden.*

Fahrzeug zieht beim Bremsen zu einer Seite

- ☐ Bremsbeläge einer Seite sind verschlissen, beschädigt oder verölt (Kapitel 1 und 9)
- ☐ Bremssattelkolben schwergängig oder fest (Kapitel 1 und 9)
- ☐ Bremsbelag-Material unterscheidet sich zwischen beiden Seiten (Kapitel 1 und 9)
- ☐ Bremssattel-Befestigung locker (Kapitel 9)
- ☐ Lenkungs- oder Radaufhängungs-Komponenten verschlissen oder beschädigt (Kapitel 1 und 10)

Geräusche (Schleifen oder Quietschen) beim Bremsen

- ☐ Bremsbeläge bis auf Trägerplatte verschlissen (Kapitel 1 und 9)
- ☐ Bremsscheiben stark korrodiert (z. B. nach langer Standzeit) (Kapitel 1 und 9)
- ☐ Fremdkörper (Steine, Äste usw.) zwischen Bremsscheibe und Spritzschutz eingeklemmt (Kapitel 1 und 9)

Langer Bremspedalweg

- ☐ Hauptbremszylinder defekt (Kapitel 9)
- ☐ Luft in Bremshydraulik (Kapitel 9)
- ☐ Bremskraftverstärker defekt (Kapitel1 und 9)

Bremspedal fühlt sich beim Treten schwammig an

- ☐ Luft in Bremshydraulik (Kapitel 9)
- ☐ Bremsschläuche stark gealtert (Kapitel 1 und 9)
- ☐ Hauptbremszylinder-Muttern locker (Kapitel 9)
- ☐ Hauptbremszylinder defekt (Kapitel 9)

Zum Verzögern ist übermäßige Kraft beim Treten des Bremspedals nötig

- ☐ Bremskraftverstärker defekt (Kapitel 9)
- ☐ Bremskraftverstärker-Unterdruckschlauch getrennt, beschädigt oder schlecht gesichert (Kapitel 9)
- ☐ Einer der Bremskreise defekt (Kapitel 9)
- ☐ Bremssattelkolben schwergängig oder fest (Kapitel 9)
- ☐ Bremsbeläge falsch montiert (Kapitel 9)
- ☐ Bremsbelag-Material falsch (Kapitel 9)
- ☐ Bremsbeläge verölt (Kapitel 9)

Beim Bremsen treten im Bremspedal oder im Lenkrad Vibrationen auf

- ☐ Bremsscheibe(n) stark verzogen oder verformt (Kapitel 9)
- ☐ Bremsbeläge verschlissen (Kapitel 1 und 9)
- ☐ Bremssattel-Befestigung locker (Kapitel 9)
- ☐ Lenkungs- oder Radaufhängungs-Komponenten verschlissen (Kapitel 1 und 10)

Bremsen schleifen

- ☐ Bremssattelkolben schwergängig oder fest (Kapitel 9)
- ☐ Handbremsmechanismus defekt (Kapitel 9)
- ☐ Hauptbremszylinder defekt (Kapitel 9)

Hinterräder blockieren beim normalen Bremsen

- ☐ Hinterradbremsbeläge verschmutzt (Kapitel 1 und 9)
- ☐ ABS defekt (Kapitel 9)

Radaufhängungen und Lenkung

Anmerkung: *Bevor von einem Problem an den Radaufhängungen oder der Lenkung ausgegangen wird, muss überprüft werden, ob das Problem nicht durch falschen Reifendruck, falsche Reifen oder eine schleifende Bremse entstanden ist.*

Fahrzeug zieht zu einer Seite

- ☐ Reifen defekt (*Wöchentliche Kontrollen*)
- ☐ Lenkungs- oder Radaufhängungs-Komponenten stark verschlissen (Kapitel 1 und 10)
- ☐ Spur und Sturz nicht korrekt eingestellt (Kapitel 10)
- ☐ Unfallschaden an Lenkungs- oder Radaufhängungs-Komponenten (Kapitel 1 und 10)

Räder flattern oder vibrieren

- ☐ Vorderräder nicht gewuchtet (Vibrationen vor allem im Lenkrad spürbar) (Kapitel 1 und 10)
- ☐ Hinterräder nicht gewuchtet (Vibrationen im Fahrzeug spürbar) (Kapitel 1 und 10)
- ☐ Räder beschädigt oder verzogen (Kapitel 1 und 10)
- ☐ Reifen beschädigt oder defekt (*Wöchentliche Kontrollen*)
- ☐ Lenkungs- oder Radaufhängungs-Gelenke, Buchsen und Komponenten verschlissen (Kapitel 1 und 10)
- ☐ Radmuttern locker (Kapitel 1 und 10)

Starkes Einsinken und/oder Schlingern in Kurven oder beim Bremsen

- ☐ Stoßdämpfer defekt (Kapitel 1 und 10)
- ☐ Federn und/oder Federelemente ermüdet oder gebrochen (Kapitel 1 und 10)
- ☐ Stabilisator-Befestigungen verschlissen oder beschädigt (Kapitel 10)

Fahrzeug bleibt nicht in der Spur oder ist generell instabil

- ☐ Spur und Sturz nicht korrekt eingestellt (Kapitel 1)
- ☐ Lenkungs- oder Radaufhängungs-Gelenke, Buchsen und Komponenten verschlissen (Kapitel 1 und 10)
- ☐ Räder nicht gewuchtet (Kapitel 1 und 10)
- ☐ Reifen beschädigt oder defekt (*Wöchentliche Kontrollen*)
- ☐ Radmuttern locker (Kapitel 1 und 10)
- ☐ Stoßdämpfer defekt (Kapitel 1 und 10)

Schwergängige Lenkung

- ☐ Servolenkungsmotor defekt (Kapitel 10)
- ☐ Spurstangenkopf- oder Federbein-Kugelgelenk klemmt (Kapitel 1 und 10)
- ☐ Spur und Sturz der Vorderräder nicht korrekt eingestellt (Kapitel 1 und 10)

☐ Lenkgestänge oder Lenksäule verbogen oder beschädigt (Kapitel 1 und 10)

Übermäßiges Spiel in der Lenkung

☐ Lenksäulen-Kreuzgelenk(e) verschlissen (Kapitel 10)
☐ Lenk-Zahnstange verschlissen (Kapitel 10)
☐ Lenkungs- oder Radaufhängungs-Gelenke, Buchsen und Komponenten verschlissen (Kapitel 1 und 10)

Mangelnde Servo-Unterstützung

☐ Servolenkungsmotor defekt (Kapitel 10)
☐ Lenk-Zahnstange verschlissen (Kapitel 10)

Starker Reifenverschleiß

Reifenprofil bildet »Sägezähne«

☐ Spur nicht korrekt eingestellt (Kapitel 10)

Reifenverschleiß in der Profilmitte

☐ Luftdruck zu hoch (*Wöchentliche Kontrollen*)

Verschleiß an den Innen- und Außenrädern

☐ Luftdruck zu gering (*Wöchentliche Kontrollen*)

Verschleiß an den Innen- oder Außenrädern

☐ Luftdruck zu gering (*Wöchentliche Kontrollen*)
☐ Spur und Sturz nicht korrekt eingestellt (Verschleiß nur an einer Seite) (Kapitel 10)
☐ Lenkungs- oder Radaufhängungs-Gelenke, Buchsen und Komponenten verschlissen (Kapitel 10)
☐ Sportliche Fahrweise
☐ Unfallschaden

Ungleichmäßiger Verschleiß

☐ Reifen schlecht oder nicht gewuchtet (*Wöchentliche Kontrollen*)
☐ Reifen oder Felge stark verschlissen (*Wöchentliche Kontrollen*)
☐ Stoßdämpfer verschlissen (Kapitel 1 und 10)
☐ Reifen defekt (*Wöchentliche Kontrollen*)

Elektrik

Anmerkung: *Probleme mit dem Anlasser werden unter dem Stichpunkt »Motor« behandelt.*

Batterie entlädt nach wenigen Tagen

☐ Batterie stark verschmutzt, sodass Kriechströme entstehen (*Wöchentliche Kontrollen*)
☐ Batterie hat internen Defekt (Kapitel 5A)
☐ Batterieanschlüsse locker oder korrodiert (*Wöchentliche Kontrollen*)
☐ Keilrippenriemen locker oder verschlissen (Kapitel 1)
☐ Lichtmaschine lädt nicht mit korrekter Leistung (Kapitel 5A)
☐ Lichtmaschine oder Spannungsregler defekt (Kapitel 5A)
☐ Kurzschluss verursacht dauerhafte Entladung (Kapitel 5A und 12)

Ladekontrollleuchte leuchtet nach dem Starten des Motors weiter

☐ Keilrippenriemen locker oder verschlissen (Kapitel 1)
☐ Lichtmaschinen-Kohlebürsten verschlissen, verklemmt oder verschmutzt (Kapitel 5A)
☐ Lichtmaschinen-Kohlebürstenfedern ermüdet oder gebrochen (Kapitel 5A)
☐ Lichtmaschine oder Spannungsregler defekt (Kapitel 5A)
☐ Kabel des Ladestromkreises getrennt, locker oder gebrochen (Kapitel 5A)

Ladekontrollleuchte leuchtet beim Einschalten der Zündung nicht

☐ Kontrollleuchte defekt (Kapitel 12)
☐ Kabel des Kontrollleuchten-Stromkreises getrennt, locker oder gebrochen (Kapitel 5A)
☐ Lichtmaschine defekt (Kapitel 5A)

Licht funktioniert nicht

☐ Lampe durchgebrannt (Kapitel 12)
☐ Lampen- oder Sockel-Kontakt korrodiert (Kapitel 12)
☐ Sicherung durchgebrannt (Kapitel 12)
☐ Relais defekt (Kapitel 12)
☐ Kabel getrennt, locker oder gebrochen (Kapitel 12)
☐ Schalter defekt (Kapitel 12)

Instrumente zeigen falsch oder ungleichmäßig an

Tankuhr oder Temperaturanzeige zeigt nichts an

☐ Geber defekt (Kapitel 3, 4A oder 4B)
☐ Stromkreis unterbrochen (Kapitel 12)
☐ Anzeige defekt (Kapitel 12)

Tankuhr oder Temperaturanzeige zeigen ständig Maximalwerte an

☐ Geber defekt (Kapitel 3, 4A oder 4B)
☐ Kurzschluss im Stromkreis (Kapitel 12)
☐ Anzeige defekt (Kapitel 12)

Hupe funktioniert nicht oder nur unzuverlässig

Hupe arbeitet ständig

☐ Hupenknopf klemmt oder hat Dauer-Massekontakt (Kapitel 12)
☐ Lenkrad-Kabelstecker hat Massekontakt (Kapitel 10)

Hupe funktioniert nicht

☐ Sicherung durchgebrannt (Kapitel 12)
☐ Lenkrad-Kabelstecker getrennt, locker oder gebrochen (Kapitel 10)
☐ Hupe defekt (Kapitel 12)

Hupe arbeitet unzuverlässig oder erzeugt krächzende Töne

- ☐ Lenkrad-Kabelstecker getrennt, locker oder gebrochen (Kapitel 10)
- ☐ Hupen-Befestigung locker (Kapitel 12)
- ☐ Hupe defekt (Kapitel 12)

Scheibenwischer funktionieren nicht oder nur unzuverlässig

Scheibenwischer funktioniert gar nicht oder nur sehr langsam

- ☐ Wischerblätter kleben auf Scheibe
- ☐ Wischergestänge klemmt, Scharniere stark verrostet (Kapitel 1 und 12)
- ☐ Sicherung durchgebrannt (Kapitel 12)
- ☐ Kabel getrennt, locker oder gebrochen (Kapitel 12)
- ☐ Relais defekt (Kapitel 12)
- ☐ Scheibenwischermotor defekt (Kapitel 12)

Wischerblätter wischen über zu großen oder zu kleinen Bereich der Glasscheibe

- ☐ Wischerarm falsch auf Welle positioniert (Kapitel 12)
- ☐ Wischergestänge stark verschlissen (Kapitel 12)
- ☐ Scheibenwischermotor- oder Wischerarm-Befestigungen locker (Kapitel 12)

Wischerblätter können Glasscheibe nicht wirkungsvoll reinigen

- ☐ Wischerblätter verschlissen oder eingerissen (*Wöchentliche Kontrollen*)
- ☐ Wischerarm-Feder gebrochen oder Scharniere verrostet (Kapitel 12)
- ☐ Waschwasser-Zusatz zu gering, fehlt oder falsch (*Wöchentliche Kontrollen*)

Scheibenwaschanlage funktioniert nicht oder nur unzuverlässig

Eine oder mehrere Düsen funktionieren nicht

- ☐ Düse verstopft – mit Nadel reinigen
- ☐ Schlauch abgezogen, abgeknickt oder verstopft (Kapitel 12)
- ☐ Waschwasser-Behälter leer (*Wöchentliche Kontrollen*)

Waschsystem-Pumpe arbeitet nicht

- ☐ Kabel getrennt, locker oder gebrochen (Kapitel 12)
- ☐ Sicherung durchgebrannt (Kapitel 12)
- ☐ Schalter defekt (Kapitel 12)
- ☐ Pumpe defekt (Kapitel 12)

Elektrische Fensterheber funktionieren nicht oder nur unzuverlässig

Fensterheber arbeitet nur in eine Richtung

- ☐ Schalter defekt (Kapitel 12)

Fensterheber arbeitet sehr langsam

- ☐ Fenster-Führungen falsch eingestellt (Kapitel 11)
- ☐ Fensterheber-Mechanismus festgegangen, Schmiermangel (Kapitel 11)
- ☐ Türverkleidung oder andere Komponenten behindern Fensterheber-Mechanismus (Kapitel 11)
- ☐ Motor defekt (Kapitel 12)

Fensterheber arbeitet nicht

- ☐ Fenster-Führungen falsch eingestellt (Kapitel 11)
- ☐ Sicherung durchgebrannt (Kapitel 12)
- ☐ Kabel getrennt, locker oder gebrochen (Kapitel 12)
- ☐ Motor defekt (Kapitel 12)
- ☐ Relais defekt (Kapitel 12)

Zentralverriegelung funktioniert nicht oder nur unzuverlässig

Zentralverriegelung komplett ausgefallen

- ☐ Sicherung durchgebrannt (Kapitel 12)
- ☐ Relais defekt (Kapitel 12)
- ☐ Kabel getrennt, locker oder gebrochen (Kapitel 12)
- ☐ Steuergerät defekt (Kapitel 12)

Türverriegelung schließt, aber öffnet nicht oder umgekehrt

- ☐ Hauptschalter defekt (Kapitel 12)
- ☐ Kabel getrennt, locker oder gebrochen (Kapitel 12)
- ☐ Relais defekt (Kapitel 12)
- ☐ Steuergerät defekt (Kapitel 12)

Einzelnes Türschloss funktioniert nicht

- ☐ Kabel getrennt, locker oder gebrochen (Kapitel 12)
- ☐ Magnetschalter oder Motor defekt (Kapitel 12)
- ☐ Ver- und Entriegelungs-Gestänge oder Hebel ausgehängt oder gebrochen (Kapitel 11)
- ☐ Türverriegelung defekt (Kapitel 11)